Hans Friedrich Ebel, Claus Bliefert
und Walter Greulich

**Schreiben
und Publizieren**
in den Naturwissenschaften

Beachten Sie bitte auch
weitere interessante Titel
zu diesem Thema

Ebel, H. F., Bliefert, C.
Vortragen
in Naturwissenschaft, Technik und Medizin

2004

ISBN-13: 978-3-527-31225-0
ISBN-10: 3-527-31225-2

Ebel, H. F., Bliefert, C.
Diplom- und Doktorarbeit
Anleitungen für den naturwissenschaftlich-technischen Nachwuchs

2003

ISBN-13: 978-3-527-30754-8
ISBN-10: 3-527-30754-0

Ebel, H. F., Bliefert, C., Kellersohn, A.
Erfolgreich Kommunizieren
Ein Leitfaden für Ingenieure

2000

ISBN-13: 978-3-527-29603-3
ISBN-10: 3-527-29603-4

Bürkle, H.
Karriereführer für Chemiker
Beruflicher Erfolg durch Aktiv-Bewerbung und Management in eigener Sache

2003

ISBN-13: 978-3-527-50069-7
ISBN-10: 3-527-50069-3

Debus-Spangenberg, I.
Karriereführer für Biowissenschaftler
Beschäftigungsfelder – Arbeitgeberwünsche – Crashkurs Bewerben

2004

ISBN-13: 978-3-527-50086-4
ISBN-10: 3-527-50086-3

Hans Friedrich Ebel, Claus Bliefert und
Walter Greulich

Schreiben und Publizieren
in den Naturwissenschaften

Fünfte Auflage

WILEY-VCH Verlag GmbH & Co. KGaA

Autoren

Dr. Hans Friedrich Ebel
Im Kantelacker 15
64646 Heppenheim
ebel-heppenheim@t-online.de

Prof. Dr. Claus Bliefert
Meisenstraße 60
48624 Schöppingen
bliefert@fh-muenster.de

Walter Greulich
WGV Verlagsdienstleistungen GmbH
Hauptstraße 47
69469 Weinheim
walter.greulich@wgv-net.de

5. Auflage 2006

Alle Bücher von Wiley-VCH werden sorgfältig erarbeitet. Dennoch übernehmen Autoren, Herausgeber und Verlag in keinem Fall, einschließlich des vorliegenden Werkes, für die Richtigkeit von Angaben, Hinweisen und Ratschlägen sowie für eventuelle Druckfehler irgendeine Haftung

Bibliografische Information
Der Deutschen Nationalbibliothek
Die Deutsche Nationalbibliothek verzeichnet diese Publikation in der Deutschen Nationalbibliografie; detaillierte bibliografische Daten sind im Internet über http://dnb.d-nb.de abrufbar.

© 2006 WILEY-VCH Verlag GmbH & Co. KGaA, Weinheim

Alle Rechte, insbesondere die der Übersetzung in andere Sprachen, vorbehalten. Kein Teil dieses Buches darf ohne schriftliche Genehmigung des Verlages in irgendeiner Form – durch Photokopie, Mikroverfilmung oder irgendein anderes Verfahren – reproduziert oder in eine von Maschinen, insbesondere von Datenverarbeitungsmaschinen, verwendbare Sprache übertragen oder übersetzt werden. Die Wiedergabe von Warenbezeichnungen, Handelsnamen oder sonstigen Kennzeichen in diesem Buch berechtigt nicht zu der Annahme, dass diese von jedermann frei benutzt werden dürfen. Vielmehr kann es sich auch dann um eingetragene Warenzeichen oder sonstige gesetzlich geschützte Kennzeichen handeln, wenn sie nicht eigens als solche markiert sind.

Printed in the Federal Republic of Germany

Gedruckt auf säurefreiem Papier.

Druck	betz-druck GmbH, Darmstadt
Bindung	Litges & Dopf Buchbinderei GmbH, Heppenheim
Umschlaggestaltung	4t Matthes + Traut Werbeagentur GmbH, Darmstadt

ISBN-13: 978-3-527-30802-6
ISBN-10: 3-527-30802-4

Vorwort

Schreiben und Publizieren sind noch näher aneinander gerückt. Schreiben als die Kunst, seine Gedanken verständlich und elegant in Worte zu fassen, ist nicht mehr zu trennen von der Kunst, diese Gedanken publik zu machen. Dazu muss man die modernen Mittel und Strategien des Kommunizierens und Publizierens kennen und sie sinnvoll einsetzen können. Wir haben in diesen beiden Arten von Kunstfertigkeit letztlich immer eine Einheit gesehen, gerade in der Sicht des Naturwissenschaftlers, der sich ja in seinen Publikationen und sonstigen Schriftstücken nicht nur in Worten mitteilt, sondern auch mit Bildern, Formeln und anderen Mitteln. Die elektronische Revolution, die besonders das Schreiben und Publizieren umgewälzt hat, wurde von Naturwissenschaftlern und Technikern angestoßen und vorangetrieben und hat deren Arbeitsplätze und das Geschehen daran grundsätzlich verändert. Täglich vollzieht sich an den Schreibtischen dieser Wegbereiter von Neuem eine digitale Evolution. Ein Begriff wie Personal Publishing, durch die Informationstechnologie unserer Tage erst denkbar geworden, belegt die Richtigkeit und Trägfähigkeit unseres umfassenden Ansatzes.

Um mit den Neuerungen Schritt halten zu können, die sich ebenso schnell wie nachhaltig vollziehen, haben wir unsere Autorschaft auf eine noch breitere Basis gestellt: Zu den beiden Altautoren (HFE, CB) ist ein Physiker (WG) gestoßen, der – mit allen Raffinessen des modernen Publikationswesens vertraut – die Schlagkraft unseres Teams erhöht. Zu dritt, so glauben wir, können wir unsere Kolleginnen und Kollegen noch detaillierter und aktueller über alles unterrichten, was für sie im Zusammenhang mit „Schreiben und Publizieren" wichtig ist. Unser Buch ist dabei noch mehr zu einem Nachschlagewerk geworden; doch halten wir den Versuch für gerechtfertigt, die vielen Methoden und Lösungsansätze, die heute zur Verfügung stehen, an einer Stelle gebündelt darzustellen.

Die Lesbarkeit unseres Textes haben wir der Fülle der Informationen nicht geopfert. Wir waren immer und sind weiterhin bestrebt, die einzelnen Kapitel und Abschnitte so zu gestalten, dass sie auch einzeln „lesbar" bleiben. Wer aber das Buch nicht so sehr zum Lesen – um Zusammenhänge zu erfahren – in die Hand nimmt, sondern um gezielt Auskunft über bestimmte Sachverhalte zu erlangen, wird in dem umfangreichen Register einen verlässlichen Wegweiser finden.

Gegenüber der 4. Auflage (1998) können wir noch mit einer Neuerung aufwarten, die in einem Rückgriff auf Bewährtes besteht: Das frühere Kapitel 10 „Die Sprache der Wissenschaft" ist wieder da – in überarbeiteter und erweiterter Form! Nach der 3. Auflage (1994) hatte es dem Stoff weichen müssen, den wir eingebracht hatten, um alle die in Gang gekommenen Neuerungen angemessen darstellen zu können. Nun sind wir also in jener Richtung noch weiter gegangen und haben gleichzeitig altes Terrain zurückgewonnen. Dies hat der Verlag möglich gemacht – dahinter steckt das Vertrauen in diesen Titel und die gute Aufnahme, die er nun schon über so viele Jahre gefunden hat. Für dieses Vertrauen möchten wir uns auch im Namen künftiger Leser und Benutzer des Buches bedanken. Bei Wiley-VCH geht unser Dank in erster Linie an unseren Lektor, Dr. Frank WEINREICH, der uns wie schon bei unseren anderen Büchern wiederum sehr viel Verständnis entgegengebracht hat. Weiterhin sei Peter J. BIEL für die – wie immer – problemlose Herstellung dieses Buches gedankt.

Danken wollen wir noch in andere Richtungen. Unter den Lesern der 4. Auflage, die uns mit wertvollen Hinweisen unterstützt haben, sei Dr. Lutz WITTENMAYER vom Lehrstuhl für Physiologie und Ernährung der Pflanzen des Instituts für Bodenkunde und Pflanzenernährung an der Martin-Luther-Universität in Halle (Saale) hervorgehoben. Er hat uns an seiner langen Erfahrung als Forscher und Hochschullehrer, Autor und Herausgeber teilhaben lassen und damit an mehreren Stellen zu Verbesserungen beigetragen. Für die Autoren eines Buches der Art, wie wir es hier vorlegen, sind der persönliche Kontakt und die Verbindung zur Grundlagenforschung wie auch zu praktischen Fragen – hier der Ernährung und Düngung von Kulturpflanzen – immer Gewinn und freudiges Erlebnis.

Auch gebührt unserem Freund William E. Russey herzlicher Dank: Einige Gedanken in dieser Neuauflage von „Schreiben und Publizieren" stehen schon in dem englischsprachigen Pendant *The art of scientific writing* (EBEL, BLIEFERT und RUSSEY; 2. Aufl., 2004) und finden sich im vorliegenden Manuskript an vielen Stellen wieder.

Weiterhin danken wir sehr herzlich für zahlreiche Hinweise und Hilfeleistungen Dipl.-Ing. Florian BLIEFERT, Saarbrücken, Dipl.-Chem Dipl.-Ing. Frank ERDT, Steinfurt, Prof. Dr. Volkmar JORDAN, Steinfurt, und Prof. Dr. Eduard KRAHÉ, Metelen.

Heppenheim,	HFE
Schöppingen und	CB
Weinheim	WG

Inhalt

Teil I Ziele und Formen des wissenschaftlichen Schreibens

1 Berichte 3
1.1 Kommunikation in den Naturwissenschaften 3
1.1.1 Schreiben und andere Formen der Kommunikation 3
1.1.2 Neues kommunikatives Verhalten 7
1.1.3 Eine Frage der Qualität 11
1.2 Zweck und Form des Berichts 13
1.3 Das Laborbuch 16
1.3.1 Bedeutung 16
1.3.2 Inhalt 20
Überschrift und Einführung • Das Versuchsprotokoll • Eine Anmerkung zur Ethik des Naturwissenschaftlers
1.3.3 Organisatorisches 24
Was ist ein Experiment? • Die Versuchsnummer
1.3.4 Das elektronische Laborbuch 27
1.4 Die Umwandlung von Laborbuch-Eintragungen in einen Bericht 31
1.4.1 Eine Versuchsbeschreibung 31
1.4.2 Anfertigen des Berichts 34
Gliederungsentwurf • Textentwurf • Verbesserte Fassung – Hinweise zur Sprache • Reinschrift
1.5 Verschiedene Arten von Berichten 40
1.5.1 Umfeld Hochschule: Vom Praktikumsbericht zum Forschungsantrag 40
1.5.2 Umfeld Industrie: Der technische Bericht 44
1.5.3 Berichte von Auserwählten: Gutachten 47

2 Die Dissertation 49
2.1 Wesen und Bestimmung 49
2.2 Die Bestandteile einer Dissertation 52
2.2.1 Die Bestandteile im Überblick 52
2.2.2 Titel und Titelblatt 54
2.2.3 Vorwort 56
2.2.4 Zusammenfassung 56
2.2.5 Inhaltsverzeichnis 57
Allgemeines • Struktur und Form, Stellengliederung
2.2.6 Einleitung 64
2.2.7 Ergebnisse 66
2.2.8 Diskussion 68
2.2.9 Schlussfolgerungen 69

2.2.10 Experimenteller Teil 69
2.2.11 Literaturverzeichnis, weitere Teile 70
2.3 Anfertigen der Dissertation 73
2.3.1 Vom Gliederungsentwurf zur Reinschrift 73
Technik des Entwerfens • Technik des Schreibens
2.3.2 Endprodukt Doktorarbeit 78
2.3.3 Die elektronische Dissertation 79
2.3.4 Abschluss des Promotionsverfahrens 81

3 Zeitschriften 83

3.1 Kommunikationsmittel Fachzeitschrift 83
3.1.1 Zeitschriften: Säulen des Publikationswesens 83
3.1.2 Elektronisches Publizieren 86
Wie es begann • Das erste E-Jounal • Archivierbarkeit und Recherchierbarkeit • Die digitale Evolution • Das „offene Journal" • „Authorship" heute
3.1.3 Die verschiedenen Arten von Zeitschriften 106
3.2 Entscheidungen vor der Publikation 109
3.2.1 Wann publizieren? 109
3.2.2 Was mit wem publizieren? 110
3.2.3 In welcher Form publizieren? 114
3.2.4 Wo publizieren? 117
3.3 Die Bestandteile eines Zeitschriftenartikels 119
3.3.1 Allgemeines, Titel, Autor 119
3.3.2 Zusammenfassung 121
3.3.3 Der eigentliche Artikel 123
3.4 Anfertigen des Manuskripts 125
3.4.1 Text 125
3.4.2 Formeln und Gleichungen 130
3.4.3 Abbildungen 133
Abbildung oder Tabelle? • Verbinden der Abbildungen mit dem Text
3.4.4 Tabellen 137
3.4.5 Fußnoten und Anmerkungen 139
3.5 Vom Manuskript zur Drucklegung 141
3.5.1 Verlag und Redaktion 141
Verlag • Redaktion
3.5.2 Gutachter und Begutachtung 147
3.5.3 Redigieren, Setzen, Umbrechen – von der klassischen Vorgehensweise zum PDF-Workflow 150
Klassische Abläufe • Moderne Verfahren und Abläufe
3.5.4 Korrekturlesen 159
Technik des Korrekturlesens • Korrekturzeichen

4	**Bücher** 163
4.1	Eingangsüberlegungen 163
4.1.1	Was ist ein Buch? 163
4.1.2	Wie entsteht ein Buch? 167
4.1.3	Was will ein Buch? 170
4.1.4	Zusammenarbeit mit dem Verlag 175
4.2	Planen und Vorbereiten 178
4.2.1	Disposition, vorläufiges Vorwort 178
4.2.2	Musterkapitel 179
4.3	Anfertigen des Manuskripts 182
4.3.1	Anmerkungen zur Organisation 182
4.3.2	Sammeln der Literatur 186
4.3.3	Gliedern des Textes 188
4.3.4	Textentwurf 189
4.3.5	Reinschrift 191
	Text • Sonderteile
4.4	Satz und Druck des Buches 198
4.4.1	Manuskriptbearbeitung 198
4.4.2	Fahnen- und Umbruchkorrektur 200
	Korrekturen und Korrekturabläufe bei Texten mit Copy Editing • Abläufe bei reproreifen oder druckreifen Manuskripten • Imprimatur
4.5	Die letzten Arbeiten am Buch 207
4.5.1	Register 207
	Allgemeines • Auswahl der Begriffe • Von Haupt- und Unterbegriffen, Haupt- und Untereinträgen • Seitenverweise und Querverweise • Die Präsentation des Registers • Zur Technik des Regeistererstellens
4.5.2	Titelseiten 221
4.5.3	Einband 224

Teil II Sonderteile und Methoden

5	**Schreibtechnik** 229
5.1	Einführung 229
5.2	Textverarbeitung und Seitengestaltung 231
5.2.1	Hardware und Betriebssoftware 231
	Der Personal Computer • Tastaturen • Verschiedene Peripherie-Komponenten • Drucker
5.2.2	Textverarbeitungs- und Layoutprogramme 247
5.3	Arbeiten mit dem Textprozessor 252
5.3.1	Sich mit Computer und Programmen vertraut machen 252
	Tastentechniken • Maustechniken • Fenster und Leisten • Fenstertechniken • Markieren • Formatieren

Inhalt

5.3.2 Die Programme nutzen 262
Ein Traum wird wahr • Die wichtigsten Methoden der Textverarbeitung
5.3.3 Textverarbeitung für Fortgeschrittene 266
Dokumentvorlagen • Formatvorlagen • Textbausteine • Gliederung • Register • Rechtschreibkontrolle • Suchen und Ersetzen • Redigierfunktionen
5.4 Elektronisches Publizieren 281
5.4.1 Das digitale Manuskript 281
Technische Voraussetzungen • Anmerkungen zum Satz digitaler Manuskripte
5.4.2 Noch einmal: Publizieren vom Schreibtisch? 293
5.5 Allgemeine Gestaltungsrichtlinien 296
5.5.1 Text 296
Schriften, typografische Maße • Zeichensätze und Zeichenformate • Manuskript: Gestaltung und Auszeichnung • Überschriften, Absätze, Gleichungen, Listen • Fußnoten
5.5.2 Fertigstellen des Schriftsatzes und Abliefern des Manuskripts 312
Das Papiermanuskript • Das digitale Manuskript

6 Formeln 315
6.1 Größen 315
6.1.1 Größen und Dimensionen 315
6.1.2 Abgeleitete Größen und Funktionen 320
6.1.3 Weiteres über Symbole und ihre Darstellung 324
6.1.4 Quantitative Ausdrücke 328
6.2 Einheiten 330
6.2.1 SI-Einheiten 330
6.2.2 Zusätzliche Einheiten 334
6.2.3 Vorsätze, Dezimalzeichen und andere Schreibweisen 336
6.3 Besondere Einheiten der Chemie 338
6.3.1 Die Stoffmenge und das Mol 338
6.3.2 Molare Größen, Mischungen von Stoffen 340
6.4 Zahlen und Zahlenangaben 342
6.5 Mit Formeln und Gleichungen umgehen 347
6.5.1 Verbinden von Text und Gleichungen 347
6.5.2 Aufgebaute und gebrochene Gleichungen 349
6.5.3 Indizes 350
6.5.4 Häufig vorkommende Sonderzeichen 352
6.5.5 Weitere Regeln für das Schreiben von Formeln 355
6.5.6 Leerräume, Ausschlüsse 357
6.6 Umsetzung der Regeln mit einem Formelprogramm 359
6.6.1 L<small>A</small>T<small>E</small>X als Formelgenerator 359

6.6.2	LaTeX für Text – eine Frage des Layouts	366
6.7	MathType und MathML	367

7 Abbildungen 369

7.1	Allgemeines	369
7.1.1	Abbildung und Abbildungsnummer	369
7.1.2	Bildunterschrift	371

Abbildungstitel • Bildlegende • Weitere technische Aspekte • Juristische Aspekte – das Bildzitat

7.2	Strichzeichnungen	377
7.2.1	Was ist eine Strichzeichnung?	377
7.2.2	Anfertigen von Strichzeichnungen	380

Zubehör • Zeichentechnik

7.2.3	Kurvendiagramme	384

Grafische Darstellung in Koordinatensystemen • Qualitative und quantitative Darstellungen • Skalierung • Achsenbeschriftungen

7.2.4	Histogramme, Balken- und Kreisdiagramme	394
7.2.5	Blockbilder	398
7.2.6	Technische Zeichnungen	399
7.2.7	Chemische Strukturformeln	401
7.3	Zeichnen mit dem Computer	404
7.3.1	Überblick und eine Einführung in die Vektorgrafik	404
7.3.2	Einfache Anwendungen	406
7.4	Halbton- und Farbabbildungen	407
7.4.1	Realbilder	407
7.4.2	Technische Aspekte	408
7.5	Übersicht über Grafik- und Bildbearbeitungsprogramme	413

8 Tabellen 417

8.1	Zur Logik von Tabellen	417
8.2	Zur Bedeutung von Tabellen	420
8.3	Zur Form von Tabellen	423
8.4	Bestandteile von Tabellen	426
8.4.1	Tabellenüberschrift	426
8.4.2	Tabellenkopf	428

Einfache Tabellenköpfe • Umgang mit Einheiten • Gegliederte Tabellenköpfe

8.4.3	Tabelleninhalt	431
8.4.4	Tabellenfußnoten	435
8.5	Tabellenblätter, Listen, Datenbanken	436
8.5.1	Tabellenkalkulation mit Tabellenblättern	436
8.5.2	Datenbanken	439

Inhalt

9	**Das Sammeln und Zitieren der Literatur**	**445**
9.1	Informationsbeschaffung	445
9.1.1	Lesen und Bewerten der Fachliteratur	445
9.1.2	Nutzung der Fachbibliothek	447

Bewährtes und Gültiges • Die Organisation einer Bibliothek • Fachbibliothek 2000

9.2	Der Aufbau einer eigenen Literatursammlung	453
9.2.1	Die konventionelle Autorenkartei	453
9.2.2	Die Rechner-gestützte Literatursammlung	461
9.3	Technik des Zitierens	465
9.3.1	Zitat und Zitierung	465
9.3.2	Das Nummernsystem	468
9.3.3	Das Namen-Datum-System	470
9.3.4	Vergleich der Verweissysteme	473
9.4	Die Form des Zitats	474
9.4.1	Allgemeine Qualitätskriterien	474
9.4.2	Standardisierung im Zitierwesen	477

Hintergrund • Die Vancouver-Konvention • Ausblick

9.5	Bestandteile von Quellenangaben	481
9.5.1	Allgemeines	481
9.5.2	Die verschiedenen Formen von Quellen	483

Bücher und Zeitschriften • Verschiedene Schriftsachen und Quellen

10	**Die Sprache der Wissenschaft**	**489**
10.1	Die Sprache als Mittel der wissenschaftlichen Kommunikation	489
10.1.1	Deutsch als Wissenschaftssprache	489

Blick in das Zeughaus der Sprache • Deutsch oder Englisch • Stil: Ein Paradigma

10.1.2	Rechtschreibung – ein Thema?	500

Hintergrund • Fallstudie: Nomenklatur und Terminologie der Chemie • Der Teufel steckt im Detail

10.1.3	Fachsprachen	515

Sprachmodelle • Vom Wesen der Technikersprache

10.2	Kriterien des sprachlichen Ausdrucks	523
10.2.1	Klarheit der Sprache	523

Verständlich – Missverständlich • Begriffe, Benennungen

10.2.2	Gliederung der Sprache	529

Das (unterdrückte) Komma • Wortbezüge, Wortstellungen, Entsprechungen, Ansschlüsse • Hauptsätze, Nebensätze, Schachtelsätze

10.2.3	Guter und schlechter Umgang mit Wörtern	541

Hauptwörterei und Hohlwörterei • Die lieben Verben • Adverbien • Fremdwörterei • Denglisch • Füllwörterei und die ungeliebten Adjektive •

Doppelt gemoppelt • Steigerungen • Wiederholungen • Verhältniswörterei • Metaphern und Redewendungen • Noch mehr Wortbedeutungen
10.3 Besonderheiten der wissenschaftlich-technischen Sprache 577
10.3.1 Zusammengesetzte Wörter und Aneinanderreihungen 577
Ein deutsches Laster • Bindestriche • Kopplungen
10.3.2 Abkürzungen 584
10.4 Wissenschaft und Öffentlichkeit 587

Anhänge

A **Zitierweisen** 599
B **Ausgewählte Größen, Einheiten und Konstanten** 609

Literatur 613
Register 625

I
Ziele und Formen des wissenschaftlichen Schreibens

1 Berichte

1.1 Kommunikation in den Naturwissenschaften

1.1.1 Schreiben und andere Formen der Kommunikation

Die Betrachtungen in diesem Buch gehen von einem Gedanken aus, den wir als Leitsatz voranstellen wollen:

- Was immer in den Naturwissenschaften gemessen, gefunden, erfunden oder theoretisiert wird – es verdient nicht, entdeckt zu werden, wenn es nicht anderen mitgeteilt wird.

Wissenschaftliche Ergebnisse wollen und sollen mit anderen geteilt werden, ins Einzelne gehend und so rasch wie möglich. Sich dem zu entziehen hieße, das Unterfangen Forschung der Vergeblichkeit preiszugeben, es zum Scheitern zu verurteilen. In der Mitteilung, kann man deshalb sagen, liegt der eigentliche Sinn der wissenschaftlichen Arbeit. Ohne den ständigen Austausch und die Weitergabe von Information gibt es auf Dauer keine Wissenschaft.

- In diesem Sinne ist die naturwissenschaftliche *Mitteilung* als das Endprodukt der Forschung bezeichnet worden.

Hierin sehen wir einen ausgezeichneten Ansatzpunkt für die Behandlung des Themas „der Wissenschaftler als Schreiber" (wie wir unser Buch auch hätten nennen können).

Jede naturwissenschaftliche Erkenntnis beruht auf den Erkenntnissen anderer, ist ein Schritt weiter auf einer langen Reise. Die Ergebnisse und Schlussfolgerungen aus dem Laboratorium dieser Gruppe oder vom Schreibtisch jenes Theoretikers regen die Untersuchungen eines anderen Forschers oder Arbeitskreises an, die zu neuen Ergebnissen und Folgerungen führen werden. So fügt sich das zusammen, was wir den „Fortschritt in den Naturwissenschaften" nennen können. Damit das Spiel so läuft, müssen die Ergebnisse mitgeteilt – kommuniziert – werden und zugänglich sein für andere Forschungsgruppen, deren Errungenschaften gerade dadurch maßgeblich beeinflusst werden können.

- Kommunikation unter Wissenschaftlern ist der Antrieb des wissenschaftlichen Fortschritts.

Welche Form nimmt die Mitteilung an? Im Wort Kommunikation (*lat.* communicare, etw. mit jmdm. gemeinsam haben, teilen) klingt Unterschiedliches an. Für den Linguisten bedeutet Kommunikation den *direkten* Austausch, die Interaktion zwischen zwei oder mehr Personen oder Gruppen, die sich etwas zu sagen haben, mündlich oder schriftlich. In der Informationstechnologie (IT) versteht man darunter auch den Fall, dass Personen oder Institutionen wechselseitig Zugang zu einem gemeinsamen Pool an Information – z. B. einer Datenbank – haben, den sie nutzen, *indirekt* gleichsam, ohne sich gegenseitig zu sehen oder zu kennen. Zwischen den Grenzen direkter und indirekter Kommunikation gibt es viele Übergänge.

Auch der Briefwechsel – heutzutage nicht mehr nur der klassische auf *Papier*, sondern auch der elektronische per *E-Mail* – kann als direkter Austausch gelten. Hingegen muss man den Begriffsumfang Kommunikation erweitern, wenn man (Fach)Texte einschließen will, die sich an einen anonymen Adressatenkreis wenden und bei denen keine unmittelbare Interaktion möglich ist. In diesem erweiterten Sinn, der in der Bezeichnung *(engl.)* „communication" für eine bestimmte Publikationsform Ausdruck findet, benutzen wir den Begriff in diesem Buch.

- Information, und somit auch wissenschaftliche Information, besteht im weitesten Sinne aus *Zeichen*. Kommunikation ist dann der Prozess der Übermittlung und Vermittlung dieser Zeichen.

Damit Zeichen übermittelt werden können, müssen sie zunächst in eine Form gebracht, müssen sie *formuliert* (und ggf. *formatiert*) werden. Dazu dienen in der Wissenschaft neben der allgemeinen *Sprache* die Elemente der jeweiligen *Fachsprache*. Zur Vermittlung des Formulierten sind Vermittlungsinstanzen nötig. Diese Aufgabe kann von den menschlichen Sinnesorganen übernommen werden, es können aber auch technische Aufnahme-, Übertragungs- und Wiedergabeeinrichtungen zum Einsatz kommen, wobei unter „technisch" alles gemeint ist, was der Mensch zur Kommunikation künstlich erschaffen hat – angefangen bei dem behauenen Stein oder dem Papier, auf dem Information festgehalten werden kann. Für das Thema unseres Buches wichtig ist die Unterscheidung in individuelle und organisierte *Vermittlung von Information*.

Als *individuell* kann jede Form von Kommunikation angesehen werden, bei der zwar gewisse Benimmregeln eingehalten werden sollten, die aber weitgehend von den Beteiligten selbst gestaltet werden kann. Dazu zählen Gespräche, Diskussionen, der Austausch per Brief oder E-Mail, das Telefonieren, das Vortragen oder das Abfassen eines Berichts. *Organisierte* Vermittlungseinrichtungen sind die Printmedien (Buch, Zeitungen, Zeitschrift), Datenbanken von großen Organisationen und – natürlich und vor allem – Hörfunk, Fernsehen und die Filmindustrie.

- Je organisierter die Vermittlungseinrichtungen sind, desto stärker formalisiert ist die Übermittlung der Information.

Um zur Veröffentlichung der eigenen Arbeit in einer bestimmten Zeitschrift zu gelangen, gilt es nicht nur, bestimmten inhaltlichen Kriterien zu genügen; vielmehr muss der Beitrag darüber hinaus nach gewissen Richtlinien aufgebaut und formal gestaltet sein. Gleiches trifft auf die Mitteilung wissenschaftlicher Information über das Medium Buch zu.

Der Übergang von individuell gestalteter zu organisierter Kommunikation ist fließend. Der Laborbericht beispielsweise ist zwar weitgehend vom einzelnen Wissenschaftler nach seinen persönlichen Vorstellungen anlegbar; um jedoch mitteilbar zu werden, müssen die darin festgehaltenen Ergebnisse in eine mehr oder weniger standardisierte Form gegossen werden, die von vielen anderen Personen akzeptiert und verstanden wird. Heute legen viele Institute oder Forschungseinrichtungen großen Wert darauf, dass Berichte von vornherein vielen Mitarbeitern zugänglich sind – das heißt, die Organisation der Kommunikation beginnt oft bereits beim Planen eines Experiments, spätestens aber beim Festhalten der Ergebnisse.

Beide Wege – der individuelle und der organisierte – befinden sich in einer stürmischen Entwicklung, wobei keineswegs die Rede davon sein kann, der eine Weg würde dem anderen den Rang ablaufen, ihn gar entbehrlich machen. Zunächst einmal:

- Das *Internet* hat zu einer Demokratisierung hinsichtlich des Besitzes an Information geführt, ja einen Boom in der individuell gestalteten Informationsvermittlung ausgelöst.

Wissenschaftler tauschen sich mehr oder weniger formlos per E-Mail über ihre Forschungsergebnisse aus, stellen sie vielleicht auf so genannte *Preprint-Server* (in der Physik üblich) oder auf ihre eigene *Website*, und das tun sie, ohne allzu viele formale Kriterien zu beachten. Diese Entwicklung ist wünschenswert und wird fortschreiten. Auf der anderen Seite kommen immer mehr *Content-Management*-Systeme (auf die wir später noch ausführlicher eingehen) zum Einsatz, die – was die äußere Form angeht – kaum noch Freiheiten zur individuellen Gestaltung lassen, dafür aber fast automatisch dafür sorgen, dass die hier niedergelegte Information allen formalen Kriterien einer Veröffentlichung innerhalb des Unternehmens oder der Organisation entspricht.

Um noch einmal auf jene andere Dichotomie – *direkt/indirekt* – zu sprechen zu kommen: Ein Vortrag, bei dem ein Redner mehr zu den Stuhlreihen spräche als zu seinen Hörern, so, als sei außer ihm gar niemand zugegen, wäre nicht sonderlich direkt. Umgekehrt kann gewiss das Schreiben Züge einer direkten Kommunikation zwischen Menschen annehmen, etwa in der Briefkorrespondenz. Der Verfasser eines Artikels für eine Fachzeitschrift oder die Autorin eines Lehrbuchs tritt zwar nur selten in unmittelbare Beziehung zu Lesern „irgendwo draußen", doch selbst hier existieren unsichtbare, über die Anonymität hinausreichende Bindungen zwischen Schreiber und Leser, zwischen *Sender* und *Empfänger* der *Botschaft* – sie sollten jedenfalls existieren und zu spüren sein. Auf diese Zusammenhänge wollen wir im Folgenden immer wieder abheben, denn in ihnen liegt der Schlüssel zum Erfolg jeglicher Kommunikation. Und erfolgreich soll die Kommunikation ja sein: Beim einen soll „ankommen", was ihm der andere mitteilen will.

Schon immer ist das *gesprochene* Wort – in der mündlichen (oralen) Kommunikation, z. B. als Zuruf, Gespräch, Debatte, Rede – ein wesentliches Mittel der Verständigung zwischen Menschen gewesen. Auch Naturwissenschaftler reden miteinander: Im Hörsaal, im Labor, auf den Korridoren der Tagungen, in der Kantine oder am Telefon teilen sie sich mit, tauschen sich aus. Schon die ersten Akademiker, die Philosophen des alten Hellas, erdachten sich ihre Welt – die Welt – am liebsten im Gespräch, das jeweils Gemeinte durch den Austausch von Argumenten einkreisend. Selbst ihren geschriebenen Traktaten verliehen sie oft, wie Platon und Aristoteles, die Gesprächsform (Dialog, Diskurs). Indessen:

- Das gesprochene Wort allein ist zu flüchtig, um Bestand zu haben, und oft zu ungenau, um komplizierte naturwissenschaftliche Zusammenhänge zu beschreiben.

Es reicht – auch im Zeitalter der Telekommunikation – nicht weit genug, um zu den vielen zu gelangen, die heute weltweit im Dienste der Naturwissenschaften stehen. Deshalb müssen das *geschriebene* Wort und die schriftliche, immer wieder und grundsätzlich an jedem Ort verfügbare Aufzeichnung von Fakten, Zahlen und Bildern die gesprochene Sprache, also die von der Stimme transportierte Information, ergänzen.[1] Wir nutzen dann unser Sehvermögen, um zuvor schriftlich oder grafisch niedergelegte Information aufzunehmen. Neben die auditive (*lat.* audire, hören), vom Ohr vermittelte Kommunikation tritt so verstärkt die visuelle (*lat.* videre, sehen), wiederum in verschiedenen Ausprägungen, die nahezu beliebigen Ansprüchen an Komplexität und Präzision genügen können.

- Geschrieben – in *Schrift* gefasst – sind Wörter beliebig weit zu verbreiten und beliebig lange aufzubewahren, bleiben sie aufrufbar.

In Verbindung mit anderen – nicht-linguistischen –, für das Auge entschlüsselbaren Zeichen *(Formeln)* und *Grafiken* eignet sich die Schrift in idealer Weise dazu, komplexe naturwissenschaftlich-technische Sachverhalte auszudrücken und zu fixieren, auch solche, die sich mit Worten allein nicht wiedergeben lassen.

Geschriebene Texte stoßen grundsätzlich an keine Kapazitätsgrenzen. Sie mögen der Spontaneität und hinreißenden Wirkung eher entbehren als gesprochene; dafür ist ihnen Eintönigkeit (Monotonie im Wortsinn) wesensfremd; sie tönen, außer im Hörbuch, gar nicht.[2]

- Aus allen diesen Gründen ist *Schreiben* das vorrangige Mittel der *Kommunikation* in den Wissenschaften, zumal in den Naturwissenschaften, geworden.

Dieser Kommunikationsprozess ist so wichtig, dass heute ein Naturwissenschaftler in der Regel mehr Arbeitszeit mit Schreiben verbringt als mit irgend etwas anderem.
Unser Buch richtet sich nicht nur an Kolleginnen und Kollegen, die sich den „reinen" Naturwissenschaften zugehörig fühlen, sondern gleichermaßen an die Absolventen, Dozenten und Studierenden der zahlreichen technisch orientierten Fächer in der Tradition der Technischen Hochschulen und Fachhochschulen (ehem. Ingenieurschulen), wie Maschinenbau, Elektrotechnik oder Bauingenieurwesen.[3] Auch wenn wir im vorliegenden Text *Techniker* und *Ingenieure* nicht immer besonders ansprechen: Die meisten Ausführungen dieses Buches sind nicht minder für sie bestimmt als für *Naturwissenschaftler*. Wo wären denn auch die Grenzen? Das nahe Beieinander von Grundlagen und Anwendungen in verschiedenen Fächern – wie es etwa in der Wortverbindung

---

[1] Die Schrift vermag manchmal sogar das gesprochene Wort zu ersetzen, wo dieses versagt, etwa wenn ein westlicher Reisender einem Taxifahrer in der Volksrepublik China sein Fahrtziel angibt, indem er eine Visitenkarte mit chinesischen Schriftzeichen vorweist.
[2] Langeweile verbreiten kann ein geschriebener Text durchaus, aber darin unterscheidet er sich nicht grundsätzlich von mancher Rede.
[3] Dass sich viele ruhmreiche Technische Hochschulen, vermeintlich modernen Bildungszielen nachstrebend, in Universitäten umbenannt haben, muss aus der Sicht Vieler nicht mit Beifall bedacht werden.

„Forschung und Entwicklung" (F+E, *engl.* Research and Development, R&D) zum Ausdruck kommt – und die Durchgängigkeit des Forschungs- und Bildungsangebots sind es ja gerade, die uns alle voranbringen. Diesem Gleichklang sieht sich unser Buch verpflichtet. Dass wir daneben immer unsere Kolleginnen einbegreifen, wenn wir Kollegen sagen, und umgekehrt – das versteht sich von selbst. Mit sperrigen Genusformen der deutschen Sprache oder Schreibweisen wie „der Ingenieur/die Ingenieurin" oder gar „IngenieurIn" wollen wir das freilich, umweltschonend, nicht zum Ausdruck bringen.

1.1.2 Neues kommunikatives Verhalten

Das Sinnen der Menschen ist heute weiter in die Ferne gerichtet (*gr.* tele, weit, fern) als je zuvor, und es wird mehr und mehr *audiovisuell*. „Sie hören weit. Sie sehen fern. Sie sind mit dem Weltall in Fühlung...", so sah es Erich KÄSTNER schon in den 1930er Jahren.[4] Konnte er ahnen, was sich seitdem ereignet hat?

- Ausgelöst durch die technische Entwicklung hat sich unser kommunikatives Verhalten geändert. Dem gilt es Rechnung zu tragen.

Dabei hat vor allem das Schreiben in den letzten Jahren einen Wandel erfahren und eine neue Qualität angenommen. Konnte man bislang in erster Linie Bleistift und Federhalter oder Kugelschreiber, Schreibmaschine, Notizblock, Manuskriptpapier und Druckbögen damit in Verbindung bringen, so wird dieses Bild zunehmend von einem anderen verdrängt: einem Computer-Arbeitsplatz mit einem oder mehreren Rechnern *(Computern)*, Bildschirmen, Tastaturen und Druckern. Von einem solchen Arbeitsplatz aus kann der Naturwissenschaftler zum einen Botschaften aller Art in geschriebener Form (z. B. Berichte oder Veröffentlichungen) in einer – technischen – Qualität auf Papier ausgeben, die noch vor wenigen Jahren für home und office unvorstellbar war. Zum anderen lassen sich mit Hilfe des Computers Botschaften in elektronischer Form über das *Internet* in Sekundenschnelle in die ganze Welt versenden. Die Änderungen, die die Informations- und Kommunikationstechnologie und das kommunikative Verhalten in den letzten – sagen wir – fünfzehn bis zwanzig Jahren erfahren haben und von denen längst nicht mehr Naturwissenschaftler allein profitieren, dürfen wir getrost als umwälzend bezeichnen. Dass Computer überhaupt einmal in das Alltagsleben einziehen würden, und wie gründlich das geschehen sollte, war noch 1980 kaum abzusehen. Die Umwälzung reicht inzwischen weit über das hinaus, was selbst die Pioniere der neuen Techniken sich vorstellen konnten. Ja, eine „Revolution am Schreibtisch" hat stattgefunden.[5] Die Jüngeren unter uns sind dessen kaum mehr gewahr, ein Grund, weshalb wir darauf abheben.

- Millionen Menschen rund um den Globus bedienen sich heute der neuen Kommunikationstechniken.

---

[4] Vielleicht kennen Sie sein bemerkenswertes Gedicht *Entwicklung der Menschheit*, in dem auch der bemannte Raumflug vorweggenommen wurde.
[5] Im Englischen sind *communication revolution* und *information revolution* gängige Begriffe.

Aber Naturwissenschaftler und Techniker können für sich in Anspruch nehmen, dass sie die Vorreiter der Entwicklung waren. Nicht nur, dass die ganze Computertechnologie ohne grundlegende neue Erkenntnisse und Erfindungen in Physik und Chemie gar nicht zustande gekommen wäre – mehr noch: Naturwissenschaftler waren die ersten Pioniere und Anwender der neuen Technik, Propagandisten des neuen Kults. Das *World Wide Web* (WWW) im Internet, heute ein sebstverständlicher Teil unserer vibrierenden Gesellschaft, ist in den Laboratorien der Hochenergiephysiker am CERN (Conseil Européen pour la Recherche Nucléaire) in Genf entwickelt und 1989 erstmals getestet worden.

Das heute so vertraut klingende, schon fast wieder aus dem Bewusstsein entschwindende DTP, Desktop Publishing („Publizieren vom Schreibtisch"), ist eine der Formeln für die Neuerungen, die inzwischen gegriffen haben.[6] Ziel der Tätigkeiten, die sich unter diesem Kürzel zusammenfassen lassen, ist oder war zunächst, Texte und andere Informationen auf Papier hervorzubringen, nur eben mit elektronischer Unterstützung, d. h. mit Hilfe von Neuerungen in Hardware und Software.[7] Dass sich hier eine Umgehung anbahnte von Einrichtungen und Dienstleistungen, die bis dahin eigenen Berufsständen vorbehalten waren, zeichnete sich bald ab, doch war die Entwicklung nicht aufzuhalten. Inzwischen ist diese noch einen Schritt weiter gegangen. Der Ausdruck *Elektronisches Publizieren* kam auf, dem sich ein weiterer anschließen sollte: *Personal Publishing*.

- In einem engeren Sinne ist der Zweck des elektronischen Publizierens, Botschaften unmittelbar an viele zu übermitteln: auf elektronischem Wege per *Datenträger* oder telekommunikativ über ein *Netz*.

Eigentlich gibt es den Schreibtisch des Naturwissenschaftlers gar nicht mehr. Aus ihm ist ein Kommunikationsplatz geworden. Der Computer – man kann ihn auch zum Rechnen benutzen! – ist mit anderen Computern am Institut oder der Hochschule oder der Firma zu einem Netzwerk (*Local Area Network*, LAN) zusammengeschlossen.[8] Der Benutzer und sein Arbeitskreis (das Institut, die Firma) haben eine E-Mail-Adresse (*E-Mail*, elektronische Post) und sind mit dem Internet verbunden. Dort, am Computer oder auf einer eigenen Homepage, empfängt der Naturwissenschaftler seine Post, dorthin gibt er die eigenen Nachrichten.

Einen Postboten braucht man nicht, um elektronische Post zuzustellen, auch nicht, um eine wissenschaftliche Mitteilung fast beliebiger Komplexität in Text und Bild als

---

[6] Der Ausdruck ist, soweit sich das heute noch feststellen lässt, auf Paul BRAINERD von der Aldus Corporation zurückzuführen. Entstanden ist er im Zusammenhang mit der Entwicklung und Markteinführung des Layoutprogramms PAGEMAKER für die damals (1985) noch ziemlich jungen Rechner von Apple Macintosh.

[7] Im Besonderen ging es dabei um den Ausbau der elektronischen Netztechnologie und die Neuentwicklung digitaler Speichermedien von immer größerer Speicherkapazität.

[8] Man spricht in diesem Zusammenhang heute oft von *Intranet* und versteht darunter Hochschul- oder Firmen-interne Netze, die auf die Übertragungstechniken (TCP/IP) und Dienste (wie E-Mail oder FTP) des Internet zurückgreifen und somit auch den Zugang zum weltweiten „Netz" ermöglichen. So lassen sich in Hin- und Rückrichtung nutzbare Direktverbindungen schalten, die den Globus umspannen. Von

Anlage *(engl.* attachment) zu einer E-Mail per Telefonleitung zum nächsten Knoten *(Server)* im Netz zu versenden, sei es, um bestimmte Adressaten gezielt zu erreichen, oder um das Kommunikationsprodukt im Internet allgemein zugänglich zu machen. Dass man einmal das Manuskript für die nächste Publikation, mitsamt Bildern, an die Redaktion der Zeitschrift „telefonieren" würde, das war in der Tat noch vor ein paar Jahren kaum abzusehen. Mehr noch: Verschiedene Formen des Schreibens und Lesens sind an einem Ort zusammengerückt – auf einem Bildschirm mit vielleicht 17 Zoll in der Diagonale. Ein merkwürdiger Vorgang! Das bedingt ein neues kommunikatives Verhalten, das mit der Schreib- und Lesekultur des 19., ja noch des 20. Jahrhunderts nicht mehr viel gemein hat.

Schreiben bedeutet ursprünglich Sich-Mitteilen mit Hilfe vereinbarter *Zeichen*. Auch das Eintippen eines Textes in den Computer ist Schreiben, unabhängig davon, auf welchem Weg die Nachricht an ihr Ziel gelangen und wem die Botschaft anvertraut werden soll: Am Zielort lässt sie sich, falls gewünscht, auf Papier abrufen, d. h. ausdrucken und in gewohnter Weise lesen.[9] Manche Nachrichten lesen wir nur am Bildschirm – oder überhaupt nicht – und freuen uns, dass auf dem „Schreibtisch" *(engl.* desktop) des Bildschirms ein Papierkorb steht, in dem man nicht (mehr) Benötigtes digital entsorgen kann.

● Botschaften müssen dazu in ein geläufiges Format gebracht oder übersetzt werden, beispielsweise in einen der konventionellen *Zeichensätze*. Nur wer diese Zeichensätze kennt und sinnvoll einsetzt, kann erwarten, dass seine Nachrichten ankommen und verstanden werden.

Dieser Übersetzungsvorgang ist ein unverzichtbarer, wenngleich in seiner Bedeutung oft unterschätzter Schritt. Nur wer ihn richtig geht, hat Gewähr, dass die von ihm gesendete Nachricht beim Empfänger empfangen werden kann – überhaupt und richtig im Detail. Moderne Computer bieten dem Benutzer für den heimischen Gebrauch eine große Zahl von Schriftsätzen an,[10] aber nur einige davon sind Standards im internationalen Nachrichtenverkehr geworden, z. B. *Times*, *Verdana*, *Arial* und *Courier*. Wer sich als Sender über diese Einschränkungen großzügig hinwegsetzt und seine Nachricht oder auch nur Teile davon in Zeichen aus exotischen Schriftsätzen vermittelt,

---

einer Gegnerschaft zu dieser Art von Globalisierung haben wir noch nichts vernommen, obwohl kaum an einer anderen Stelle deutlicher spürbar wird, wie sehr die Welt „ein Dorf" geworden ist.
Eine Zeit lang, bevor die Mikrocomputer immer mehr Selbständigkeit erlangt hatten, entstanden anspruchsvolle Manuskripte am Großrechner z. B. der Universität. Sätze wie „Der Aufruf zur Latex-Bearbeitung ist systemabhängig und muss vom Rechenzentrum erfragt ... werden" (KOPKA 1991, S. 18) lesen sich heute, ein paar Jahre, nachdem sie formuliert wurden, anachronistisch.
[9] Das Internet ist so konstruiert, dass einzelne Teile eines Dokuments den Adressaten auf verschiedenen Wegen erreichen. Am Zielort werden sie dann wie von Zauberhand automatisch wieder zur Botschaft zusammengesetzt.
[10] Zeichensätze *(engl. Fonts)* in verschiedenen Schriftschnitten und -stilen sind im Computer, je nach dessen Betriebssystem, z. B. in einem Ordner „Zeichensätze" oder in einer eigenen „Schriftartendatei" abgelegt.

muss damit rechnen, dass der Empfänger die Nachricht gar nicht oder nur mit Qualitätsverlusten lesen kann.

Es gibt weiterhin allen Grund, die Kunst des Schreibens von Texten und Fachtexten zu lernen und zu üben, ja, in der gewandelten Szene werden die Gründe noch zwingender! Sollten in Zukunft immer mehr Wissenschaftler und andere Kommunikatoren ihre eigenen „Verleger" werden, dann werden sie vermehrt für die Lesbarkeit und Verständlichkeit ihrer Texte Verantwortung übernehmen und auf die korrekte Ausführung mancher Details – auch ästhetischer, z. B. die Seitengestaltung (das *Layout*)[11] betreffender Natur – achten müssen, Details, denen zuvor die Aufmerksamkeit einer Redaktion galt (oder eines Verlagsdesigners; KOPKA 1996 an vielen Stellen, GULBINS und KAHRMANN 2000, FORSSMAN und DE JONG 2004). Wir werden auf diesen Gegenstand wiederholt zurückkommen (s. besonders Abschn. 3.1.2 „Elektronisches Publizieren").

Mag sich die Technik der Kommunikation in den letzten Jahren noch so drastisch verändert haben, die grundlegenden Ziele und Handwerke sind in ihrem Wesen doch – auch wenn sich Zuständigkeiten verschoben haben – dieselben geblieben: von der Erfüllung eines hohen sprachlichen Anspruchs bis hin zur Forderung, dass alles Mitgeteilte leicht aufzunehmen, zu dokumentieren und archivieren sein müsse.

- Die Botschaft muss andernorts mühelos zu verstehen und gedanklich einzuordnen sein.

Wie das im Einzelnen zu erreichen ist, war schon viele Abhandlungen, Anleitungen, ja Handbücher wert. Sehr gut hat neuerdings Peter RECHENBERG (2003) die Ziele mit „Klarheit, Kürze, Klang" umschrieben und dargelegt, wie man ihnen nahe kommen kann (vgl. „Stil: Ein Paradigma" in Abschn. 10.1.1). Seminare darüber werden angeboten, an manchen Hochschulen ganze Vorlesungen. Wer es beruflich „zu etwas bringen will", kommt an solchen Angeboten kaum vorbei. Die Fähigkeit, sich auszudrücken, seine Gedanken vorzubringen, war noch nie so stark gefragt wie heute in einem gesellschaftlichen Umfeld, in dem Selbstdarstellung alles ist – fast alles, jedenfalls. Dass die Kommunikatoren von heute gute Verleger ihrer Beiträge ab Schreibtisch sein müssen, um Erfolg zu haben, ist Teil davon.

- Die wichtigste Form der wissenschaftlichen Kommunikation ist und bleibt die schriftliche Mitteilung.

Dem sei ein Satz aus dem Verhaltenscodex der Deutschen Physikalischen Gesellschaft (DPG)[12] angefügt:

- Forschungsergebnisse müssen reproduzierbar sein und nachvollziehbar dokumentiert werden.

---

[11] Das im Englischen beheimatete Wort „Layout" ist inzwischen zu einem Bestandteil auch der deutschen Sprache geworden *(Duden, Wahrig)*, die noch in jüngerer Fachliteratur anzutreffende Schreibweise „Lay-out" darf man getrost als überholt ansehen.
[12] www.dpg-physik.de/dpg/statuten/kodex/deutsch.html.

Die geschriebene Aufzeichnung wissenschaftlicher Sachverhalte hat über das Mitteilen hinaus Bedeutung: Das Mitgeteilte wird von anderen Wissenschaftlern nicht nur zur Kenntnis genommen, sondern auch kritisch bewertet. Davon soll im nächsten Abschnitt die Rede sein.

1.1.3 Eine Frage der Qualität

Im wissenschaftlichen Verlagswesen und in der scientific community haben sich Mechanismen entwickelt (vgl. Kapitel 3 und 4), die über die Qualitätskontrolle hinausreichen und einem durchgängigen *Wertemanagement* der Wissenschafts- und Technik-Kommunikation gleichkommen. Eine Schlüsselrolle spielen dabei Redakteure, Lektoren und Gutachter. Nicht zuletzt aber stellt eine fachkundige und kritische Leserschaft selbst hohe Ansprüche an die Qualität des Mitgeteilten. Manchmal kommt die Kritik an einer Veröffentlichung in Form einer weiteren Publikation von anderer Seite daher, insofern waren schon vor hundertfünfzig Jahren viele Seiten etwa der Berichte der deutschen chemischen Gesellschaft ein Leserforum, das entsprechenden Seiten in einer Wochenzeitschrift von heute an Aktualität und oft auch Vehemenz nicht nachstand.[13]

Schon manch ein Redner, vor allem im politischen Raum, ist über eine unglückliche Formulierung in einer seiner Reden gestrauchelt. Doch liegt es in der Natur der Sache:

- Mehr als jede andere Kommunikationsform ist die *schriftliche Mitteilung* auf einem der klassischen oder neuen Kanäle offen für die kritische Bewertung.

In der Frühzeit des modernen wissenschaftlichen Publikationswesens etwa um die Mitte des 19. Jahrhunderts wurden Auseinandersetzungen um die Wahrheit (oder Richtigkeit) in den Fachzeitschriften recht hemdsärmelig ausgetragen, und im Nachhinein kann man über die Blüten dieser Literaturgattung schmunzeln. Für die beteiligten Forscher waren die Auseinandersetzungen damals unter Umständen existenziell. Die Frage kann

---

[13] Ein Periodikum, das diese Tradition von Anfang an gepflegt und gefördert hat, waren die *Philosophical Transactions of the Royal Society of London* – Erstausgabe am 6. Mai 1665(!). Schon sein Titel war Programm, denn „Transaction" hat mehr mit Wechselbeziehung, Handlung zu tun als mit purer Mitteilung, obwohl das Wort auch die Bedeutung von Sitzungsbericht (einer wissenschaftlichen Gesellschaft) angenommen hat. Die ehrwürdige Royal Society in London fungierte über Zeiträume, die heute als unermesslich lang gelten müssen, als Herausgeber. Ihre *Transactions* wechselten gelegentlich den Namen, wurden aufgeteilt – z. B. in *Series A. Mathematical and Physical Sciences* (später *Philosophical Transactions: Mathematical, Physical and Engineering Sciences*) und *Series B. Biological Sciences* –, mit den Namen bedeutender englischer Naturforscher wie DALTON und FARADAY verschmolzen und schließlich mit Einrichtungen von nationalem Rang in *anderen* Ländern zusammengeführt. So „haben zum Jahresbeginn 1999 die Royal Society of Chemistry und die Deutsche Bunsen-Gesellschaft für Physikalische Chemie ihre Zeitschriften *Faraday Transactions* und *Berichte der Bunsen-Gesellschaft für Physikalische Chemie* zusammengelegt. Die neue Zeitschrift heisst *Physical Chemistry Chemical Physics*. Den beiden genannten Fachgesellschaften haben sich auch die Koninklijke Nederlandse Chemische Vereiniging und die Societa Chimica Italiana angeschlossen. Weitere Partner werden erwartet. Neben der Printversion wird die neue Zeitschrift auch als E-Journal herausgegeben…", hieß es dazu lapidar in einer Pressemitteilung.

mit Sorge erfüllen, was aus diesem Wertemanagement wird, sollten Methoden des privaten Publizierens tatsächlich um sich greifen. Streiten sich die Gelehrten dann auf *virtuellen*[14] Foren? Oder kann sich – gefährlicher noch – die Kritik gar nicht mehr formieren, weil die Kritikpunkte nicht mehr sichtbar werden?

Es gehört zu den wesentlichen Merkmalen der modernen Naturwissenschaften, dass ihre Ergebnisse nachvollziehbar sein müssen. In diesem Sinne sucht die Mitteilung die Öffentlichkeit:

- Nur, was vor Fachkollegen Bestand hat, kann als Erkenntnis gelten; nur was *veröffentlicht (publiziert)* ist, ist Teil der Wissenschaft; nur wer veröffentlicht hat, hat einen Beitrag zu seinem Fachgebiet geleistet.

So trivial diese Aussagen sein mögen, so wenig scheinen sie verstanden zu werden. Wie sonst könnte es sein, dass an unseren Hochschulen immer noch zu selten in die Kunst des wissenschaftlichen Schreibens und Publizierens eingeführt wird? Wie kann man es verantworten, den akademischen Nachwuchs in dieser Sache über weite Strecken allein zu lassen? Vielleicht spielt eine Neigung mancher *senior scientists* herein, die Forschung selbst, das genial angelegte Experiment, für eine Leistung zu halten, nicht aber die *Weitergabe* von Forschungsergebnissen. (Die mag ihnen selbst immer leicht von der Hand gegangen sein, der Rede nicht wert, doch dann sind sie Glückspilze und verallgemeinern unzulässig.) Wahrscheinlich schwingt auch Skepsis mit, den Vorgang des *wissenschaftlichen Kommunizierens* überhaupt lehren oder vermitteln zu können, und so geht der Kommunikationsprozess nach wie vor mit der Vergeudung von viel Zeit und Kraft – und Geld – und mancher vermeidbaren Schlappe einher.

„Sprachempfinden mag tatsächlich nur beschränkt lehrbar sein. Man bildet den guten Stilisten nicht aus, eher kommt einer mit Stilgefühl zur Welt", hatten wir früher in diesem Zusammenhang eingeräumt. Dafür sind wir kritisiert worden, diese Sätze seien zu pessimistisch. Wohl möglich, um *Sprache* geht es aber nicht nur. (Dass wir uns diesem Gegenstand erst in unserem letzten Kapitel, Kap. 10 „Die Sprache der Wissenschaft", zuwenden, bedeutet nicht, dass wir ihm den letzten Rang einräumten. Im Gegenteil: Wir haben uns das schwierigste und wohl auch das schönste und unterhaltsamste Thema für den Schluss aufbewahrt!)

Viel Weiteres jenseits aller Stilkunde muss dazu kommen, bevor man beispielsweise einen Fachartikel zuwege bringt, der publikabel ist, dem Aufmerksamkeit und Anerkennung gewiss sind! Und da lässt die Erfahrung aller ernsthaft Bemühten keinen Zweifel:

- Wissenschaftliches Schreiben und Publizieren bedürfen der Anleitung, sind lehr- und lernbar, lassen sich üben.

---

[14] Virtuell ist ein Zauberwort der Computerwelt geworden, vgl. Howard RHEINGOLDs Buch *The Virtual Community* (1993, deutsch 1994). Das Wort rührt von *lat.* virtus, Tugend im Sinne von „der Kraft oder Möglichkeit nach vorhanden". Das Adjektiv virtuell nahm in der mittelalterlichen Philosophie die Bedeutung von „gedacht" oder „erdacht" an und fand Eingang in die Physik zuerst im Prinzip der „virtuellen Verrückungen", was immerhin zur Goldenen Regel der Mechanik führte.

Das Schreiben in den naturwissenschaftlich-technischen Fächern – *auch* und gerade mit dem Ziel der Publikation vor Augen – hat sehr viel mit dem Verstehen gewisser Zusammenhänge, mit Form und Technik zu tun hat, und hier kann man helfen. Genau das haben wir uns zunächst einmal vorgenommen. Wären wir vom Nutzen solcher Hilfe nicht überzeugt, hätten wir dieses Buch nicht geschrieben.

- Es gilt, Bewusstsein zu schaffen, Handlungsweisen und Techniken zu vermitteln, Lösungen anzubieten.

In jüngster Zeit scheint ein Umdenken einzusetzen. Vor allem Fachhochschulen haben die Notwendigkeit erkannt, fachübergreifend Lehrveranstaltungen über das Schreiben in Naturwissenschaft und Technik anzubieten; und sie haben dies zum Teil in ihren Studienordnungen verankert (manchmal versteckt hinter Namen wie „Einführung in das Praxissemester", wo es darüber hinaus noch um Gegenstände wie die mündliche Präsentation von Ergebnissen und die Technik des Bewerbens geht). Handwerk und Kunst der fachlichen Kommunikation – Schreiben und Publizieren, Anfertigen von Prüfungsarbeiten, Vortragen – stehen auf Platz 1 des studentischen Interesses.[15]

Forschen heißt immer Betreten von Neuland. Niemand weiß, wohin die Reise führt. Aber es kommt darauf an, mit der richtigen Vorbereitung, Ausstattung und Logistik auf Expedition zu gehen und nicht mit Hausschuhen unwegsames Gelände zu betreten. Das gilt gleichermaßen für das Berichten über die Ergebnisse der Forschung.

1.2 Zweck und Form des Berichts

Typische *Berichte*, wie sie im Leben der Naturwissenschaftler eine Rolle spielen, sind etwa Laborberichte, Zwischenberichte und Abschlussberichte über eine laufende Arbeit, Projektbeschreibungen, Anträge für die Bewilligung von Mitteln für ein Forschungsvorhaben, Firmenschriften, Produktbeschreibungen. Berichte – wissenschaftlich-technische Texte – können sich erheblich in ihrer Form und Länge unterscheiden (ANSI Z39.16-1979; BS-4811: 1972; DIN 1422-4, 1986). Wenn Sie wollen,[16] können Sie auch eine Patentschrift, eine Dissertation, eine Bachelor-, Diplom- oder Masterarbeit oder eine Monografie einen „Bericht" nennen. In einem internen Protokoll einer großen Forschungseinrichtung lasen wir den eindrucksvollen Satz:

- Ein wissenschaftlicher Text übersetzt und organisiert die Ergebnisse des Forschungsprozesses in eine an Konsistenz und Kohärenz orientierte Darstellungsform.

---

[15] Die Autoren des vorliegenden Buches haben selbst entsprechende Blockvorlesungen angeboten, so einen einwöchigen Kurs zum Thema „Schreiben von Diplomarbeiten, Berichten und Publikationen" im Fachbereich Chemische Technik der Fachhochschule für Technik und Gestaltung, Mannheim (1995, 1996), und ein zwei- bis viertägiges Seminar zum Thema „Vortragen und Schreiben in Naturwissenschaft und Technik" im Fachbereich Naturwissenschaftliche Technik der Fachhochschule Ostfriesland, Emden (seit 1990 mindestens einmal im Jahr).

[16] Wir kommen an dieser Stelle erstmals und gerne unserem Vorsatz nach, unsere Leserinnen und Leser – Sie – unmittelbar anzusprechen, einen „virtuellen Dialog" zu eröffnen und zu führen.

Wir kommen auf die ambitiösen Formen wissenschaftlichen Schreibens später zurück und wollen uns zunächst den unscheinbaren, kleinen – und doch so wichtigen – Berichten zuwenden, die zum Tagesgeschäft gehören und nicht notwendigerweise am Schreibtisch entstehen, sondern vielleicht auf der Laborbank, neben dem Messinstrument oder am Computer. Diese kurzen Aufzeichnungen sind keine Veröffentlichungen im Sinne des vorigen Abschnitts, aber vielleicht werden sie in naher Zukunft zu einer Veröffentlichung führen. Es soll also im Augenblick nicht interessieren, ob ein Bericht als solcher zur Veröffentlichung ansteht oder nicht. Einige wesentliche Merkmale von Berichten sind davon unabhängig.

Als Bericht lassen wir jedes Dokument gelten, das einen bestimmten wissenschaftlich-technischen Sachverhalt – z. B. das Ergebnis einer Untersuchung – systematisch aufzeichnet.

- Der Bericht ist ein dauerhaftes, unabhängiges und in sich abgeschlossenes *Dokument*.

Aus dem Bericht muss die Bedeutung der mitgeteilten Tatsachen ebenso hervorgehen wie der Aufwand, der vonnöten war, um die Ergebnisse zu erzielen.

Die Darstellung soll knapp sein und nicht den Eindruck erwecken, dass Weniges mit vielen Worten „verkauft" werden soll. Andererseits kann eine zu stark verkürzte Form den Zweck verfehlen, Aufwand, Umfang und Bedeutung einer Untersuchung klar erkennen zu lassen.

- Der Bericht wird zu einem bestimmten *Zweck* für einen bestimmten *Empfänger* geschrieben.

Der Empfänger des Berichts (Rezipient) kann der Leiter des Forschungsprojekts oder eine anonyme Bewilligungsstelle sein. Je nachdem werden Sie als Verfasser auf experimentelle Einzelheiten oder auf Schlussfolgerungen mehr oder weniger Wert legen. Hier müssen Sie geschickt abwägen, und der halbe Erfolg besteht schon darin, das *Informationsbedürfnis* des Empfängers richtig einzuschätzen.

- Der Bericht muss bestimmten – häufig in Anweisungen niedergelegten – Formen genügen.

Zur *Form* sei hier das äußere Erscheinungsbild ebenso gezählt wie die Sprache des Berichts. Die Form ist fast genauso wichtig wie der Inhalt – welcher Gutachter könnte oder wollte sich davon freimachen? Der Bericht „vertritt" den Verfasser (den *Kommunikator*), hoffen wir, dass er – der Bericht ebenso wie der Verfasser, sofern er persönlich in Erscheinung tritt – in angemessener Aufmachung daherkommt! Strenge Maßstäbe an die Form eines Berichts zu legen, wie das in vielen Autorenrichtlinien geschieht, hat eine Berechtigung: Unklare oder nicht zum Ziel kommende Formulierungen legen den Verdacht nahe, dass die berichteten Untersuchungen selbst oberflächlich oder unordentlich durchgeführt worden sind.

- Der *Zusammenhang*, in dem ein Bericht steht, muss für den Empfänger erkennbar sein.

1.2 Zweck und Form des Berichts

Jeder naturwissenschaftliche Fortschritt beruht auf bereits mitgeteilten – fremden oder eigenen – Ergebnissen. Dem sollte schon der kürzeste Bericht Rechnung tragen, indem er die „Stellen" (Dokumente) nennt, auf die sich die Arbeit oder bestimmte Einzelheiten darin beziehen. Dies führt auf Fragen des Umgangs mit der naturwissenschaftlich-technischen *Literatur* und des korrekten *Zitierens* von Literaturstellen (s. dazu die Abschnitte 2.2.11 und 9.3 sowie Anhang A).

- Der Bericht soll die Natur und Bedeutung der mitgeteilten Ergebnisse erkennen lassen ebenso wie die Art und Weise, wie – mit welchen Methoden – diese gewonnen wurden.

Der Bericht kann mit einem Ausblick auf fernere Untersuchungen schließen. Dies gilt vor allem für Berichte, die im Zusammenhang mit Bewilligungsanträgen stehen. Aber selbst die kurze Aufzeichnung eines – vielleicht missglückten – Experiments kann in einen Hinweis münden, welche Versuchsbedingungen für eine nächste Untersuchung geändert werden sollen. – Und schließlich:

- Der Bericht bedarf einer eindeutigen *Identifizierung*.

Unentbehrlich ist das Datum, an dem ein Bericht verfasst oder eingereicht wurde. Im Laborbuch (s. nächster Abschnitt) tritt an seine Stelle das Datum des Tages, an dem das beschriebene Experiment durchgeführt oder begonnen wurde. Des Weiteren ist es bei den Berichten, die Sie aus der Hand geben, erforderlich, dass Sie sich als *Verfasser* (oder einen der Verfasser) zu erkennen geben und die Institution, die Abteilung oder die Firma nennen, in der der Bericht entstanden ist.

Offizielle Berichte tragen darüber hinaus ein Kennzeichnungsmerkmal, z. B. eine von Ihnen oder Ihrem Institut vergebene Nummer *(Berichtsnummer)* oder die Projektnummer einer Behörde gemäß Bewilligungsbescheid. Eine übersichtliche, auch für den deutschen Wissenschaftler nützliche Beschreibung der Anforderungen an offizielle *Forschungsberichte* aus erster Hand bietet die englische Norm BS-4811: 1972; dort finden sich selbst Hinweise auf die Art, wie Geheimhaltungsvermerke anzubringen sind.

- Ein von Ihnen verfasster Bericht ist auch für Sie selbst von Wert.

Die – oft als lästig empfundene – Pflicht, ein Segment der zurückliegenden Arbeit exakt zu beschreiben, trägt zur Klärung bei und verbessert die Planung für die nachfolgende Arbeit. Auch sichert die Existenz des Berichts den gewonnenen Besitzstand Ihres Wissens. Einen Bericht nicht zur rechten Zeit geschrieben zu haben ist fast so schlimm wie das versehentliche Löschen einer Datei im Computer.

- *Ein* Empfänger des Berichts ist immer die Person, die ihn geschrieben hat.

So wie Sie beim Computern immer rechtzeitig abspeichern und Sicherheitskopien ziehen, sollten Sie von wichtigen Berichten auf Papier wenigstens zwei Exemplare anfertigen und an getrennten Orten aufbewahren. Nur so ist sicher gestellt, dass Ihre Arbeit von Wochen im Labor am Schreibtisch nicht wieder verloren gehen kann. Wir wissen von Jüngern der Chemie, die am Abend eines Labortages ihre Digitalkamera auf die betreffenden Seiten ihres „Journals" richten, um die Aufzeichnungen dort an anderem Ort als Bild zu speichern.

An einer etwas versteckten Stelle, nämlich als Bände 21 und 27 in der Reihe Duden-Taschenbücher („Praxisnahe Helfer zu vielen Themen"), sind zwei Bücher erschienen, auf die wir unsere Leser besonders hinweisen wollen: *Wie verfaßt man wissenschaftliche Arbeiten? Ein Leitfaden vom ersten Studiensemester bis zur Promotion* (POENICKE 1988) und *Schriftliche Arbeiten im technisch-naturwissenschaftlichen Studium: Ein Leitfaden zur effektiven Erstellung und zum Einsatz moderner Arbeitsmethoden* (FRIEDRICH 1997), von denen hier vor allem der zweite, im Fachbereich Maschinenbau der Technischen Hochschule Darmstadt entstandene Titel interessieren dürfte.

1.3 Das Laborbuch

1.3.1 Bedeutung

Das *Laborbuch* ist ein Tagebuch des experimentierenden Naturwissenschaftlers (Labortagebuch) – vielleicht nicht sein einziges, aber sein wichtigstes. Im Gegensatz zu anderen Tagebüchern kann dieses in der Regel nicht als persönliches Eigentum betrachtet werden, das man beliebig vor fremdem Einblick schützt. Im Gegenteil: Die wissenschaftliche Arbeit, über die darin berichtet wird, ist von jemandem bezahlt worden, und der hat auch das Recht, das Laborbuch einzusehen.

Beim Leiter oder der Leiterin eines akademischen Arbeitskreises kommt zum monetären Anspruch noch der geistige, der sich aus dem Benennen des Forschungsthemas und dem Anleiten und Beraten des jüngeren Kollegen ableitet. Firmen und Institutionen betrachten die Laborbücher ihrer angestellten Wissenschaftler wohl stets als *ihr* Eigentum, nicht als das der Angestellten. Dass freilich ein Laborbuch nicht für jedermanns Einblick gedacht ist, versteht sich gerade im industriellen Umfeld von selbst.

- Laborbücher sind die Keimzellen der naturwissenschaftlichen Literatur. Ihr Wert leitet sich aus ihrer Authentizität und Unverwechselbarkeit ab.

Im Laborbuch notiert der sorgfältige Naturwissenschaftler – der immer ein guter Beobachter ist – auch flüchtige Erscheinungen, die im Augenblick nicht bedeutsam sein mögen, sich aber später als der eigentliche Erkenntnisgewinn eines Experiments erweisen können.[17] In dem Sinne protokollieren Sie bei „Wiederholungen" die

---

[17] In einer Schrift *Die Rolle des Zufalls in der organischen Chemie* zeigte Otto BAYER, damals Forschungsleiter der Bayer AG (die Namensgleichheit ist Zufall), vor Jahren auf, dass ganze Substanzklassen entdeckt und neue Syntheseprinzipien entwickelt wurden, weil ein zufälliges Ereignis dem Experimentator in die Quere kam. – „Vergangenen Freitag, 16. April 1943, musste ich mitten am Nachmittag meine Arbeit im Laboratorium unterbrechen und mich nach Hause begeben, da ich von einer merkwürdigen Unruhe, verbunden mit einem leichten Schwindelgefühl, befallen wurde. Schnell war mir klar, dass Lysergsäurediäthylamid die Ursache des merkwürdigen Erlebnisses war." So schrieb später Albert HOFMANN, Forschungschemiker bei den pharmazeutischen Laboratorien der Sandoz AG in Basel,

jeweiligen genauen Versuchsbedingungen oder Abweichungen in der Versuchsführung gegenüber einem früheren ähnlichen Experiment. Selbst momentane Überlegungen und Deutungsversuche, die später wieder von Interesse sein mögen, können Sie notieren. Vieles davon findet sich in den Berichten und Veröffentlichungen, die aus Laborbüchern hervorgehen, nicht mehr wieder (vgl. Abschn. 1.4). Laborbücher haben daher dokumentarischen Wert, und sie wurden auch schon zu gerichtlichen Auseinandersetzungen herangezogen.

Johannes Mario SIMMEL verriet einmal in einem Interview eines der Erfolgsrezepte seiner Romane: Genauigkeit. Er lässt seinen Helden nicht „am späten Nachmittag" in „den Zug" steigen, sondern: „Um 16.58 Uhr fuhr mein Zug, der IC 234, ab Bahnsteig 7." SIMMEL soll für die Vorbereitung eines Romans bis zu 125 000 Euro ausgegeben haben. Das ist wissenschaftliche Akribie! Wir Naturwissenschaftler und Techniker wollen uns in dieser Hinsicht von einem Schriftsteller gewiss nicht übertreffen lassen.

Es scheint uns angebracht, einen Augenblick innezuhalten. Als Chemiker sahen wir in früheren Auflagen unseres Buches keinen Anlass, Herkunft und Reichweite des Begriffs „Laborbuch" zu erläutern – jeder unserer Kolleginnen und Kollegen weiß, was damit gemeint ist. In der Tat hat der Begriff Laboratorium in der *Chemie* – der Alchymie des ausgehenden Mittelalters – seinen Ursprung. Das *Laboratorium* in unserem wissenschaftlich-technischen Verständnis entwickelte sich aus den Studierstuben von Gelehrten und aus den Handwerkstätten etwa der Färber und Goldschmiede. Die ersten Laboratorien im heutigen Sinne plante um 1600 der deutsche Chemiker Andreas LIBAVIUS, wie Sie z. B. in www.britannica.com nachlesen können. Je weiter indessen unser Buch über die Chemie und die experimentellen Wissenschaften hinaus drang, desto deutlicher wurde, dass der Begriff „Laborbuch" zu kurz greift. Für weite Bereiche der *deskriptiven Naturwissenschaften* ist das Wahrnehmen von Gestalt und Beziehung, das Beobachten und Beschreiben des Seienden, ein geeignetes und ausreichendes Mittel, um Gesetzmäßigkeiten in der Natur zu erkennen. Erst wenn der Naturwissenschaftler bestimmte Einflussgrößen (Variable) willkürlich verändert und Bedingungen schafft, die so in der Natur nicht vorgekommen wären, wird er im engeren Sinn zum Experimentator. Zur Beobachtung „im Feld" passt aber der Begriff Laborbuch schlecht.

- Das Gegenstück zum *Laborbuch* ist in den beschreibenden (deskriptiven) Wissenschaften das *Protokollbuch*.

Darin halten beispielsweise Bio- und Geowissenschaftler ihre *Befunde* fest, darin führen sie ihre statistischen Auswertungen aus. Astronomen haben selten Gelegenheit, mit ihren Lieblingen am Himmelszelt zu experimentieren – immerhin können sie den tausendundeinten Versuch unternehmen, bestimmte von ihnen ausgehende Signale zu

---

über den Tag, an dem er durch ungewollten Selbstversuch zum Entdecker des LSD geworden war. Umstände dieser Art (vgl. neuerdings SCHNEIDER 2002), die den Experimentator selbst einbeziehen können, spornen zu höchster Aufmerksamkeit beim Experimentieren an. Uns weht an der Stelle ein Wort Friedrich SCHILLERS aus *Don Carlos* an: „Den Zufall gibt die Vorsehung, zum Zweck muss ihn der Mensch gestalten."

entschlüsseln. Wir werden auf die unterschiedlichen Arbeitsweisen der einzelnen naturwissenschaftlichen und technischen Disziplinen und auf die aus ihnen resultierenden unterschiedlichen Formen des Berichts noch gelegentlich zu sprechen kommen. Ansonsten aber gilt, was wir hier über das Laborbuch sagen, auch für Protokollbücher: Beides sind *Logbücher* des Naturwissenschaftlers und Ingenieurs.[18)]

- Die Aufzeichnungen müssen, sollen sie authentisch sein, *sofort* zum Zeitpunkt der Beobachtung oder Durchführung eingetragen werden.

Sie sollen *unmittelbar* im Laborbuch zu stehen kommen, nicht erst auf Wandtafeln oder auf Zetteln; dort können sie verloren gehen oder beim Übertragen verfälscht werden. Eher gehören hinfort Westentaschen-Computer – als Repositorium, Speicher oder Zwischenspeicher von Information – in die weißen Arbeitsmäntel, die man im Labor zu tragen pflegt, oder auf die Laborbank.

- Verlassen Sie sich niemals ohne Not auf das Gedächtnis: Es kann trügen!

Einen *Messwert* sofort und unmittelbar – in „Echtzeit" – in das Laborbuch einzutragen ist verlässlicher, als das später nach Abschalten des Instruments zu tun.

Es versteht sich nach alledem, wie ein Laborbuch beschaffen sein muss und wie es zu führen ist. Dass dabei *Handschrift* gebraucht wird, macht Labortagebücher keineswegs zu Fossilien des Wissenschaftsalltags. Im Gegenteil: Die Keimzelle der wissenschaftlichen Arbeit verlangt nach einer Urform, und das ist die Handschrift. Wir sagen dies, wohl wissend, dass auch an der Stelle die elektronische Revolution im Begriff ist, die Wegmarken neu zu setzen – durch das *elektronische Laborbuch* (s. Abschn. 1.3.4).

Abb. 1-1 zeigt einen handgeschriebenen Tagebucheintrag. Er entstand während der Untersuchungen von Sir Harold W. Kroto, für die dieser gemeinsam mit Robert F. Curl, Jr., und Richard E. Smalley den Nobelpreis für Chemie 1996 erhielt. Im Gegensatz zu den Daten, die auf elektronischen „memories" gespeichert sind oder von Druckern ausgedruckt wurden, sind die handschriftlichen Einträge im Laborbuch per definitionem Originale und insofern auch im Jahr 2006 von übergeordnetem Wert.

- Laborbücher sind gebundene Notizbücher mit festem Einband und gutem Papier. Geschrieben wird mit Kugelschreiber, dadurch werden Einträge dokumentenecht.
- Die Seiten des Laborbuchs sind zu nummerieren. Jedes neue Experiment beginnt auf einer neuen – nicht notwendig der jeweils nächsten – Seite und trägt ein Datum.

Unbeanspruchte Flächen auf einer Seite werden nach Abschluss des Experiments durchgestrichen. (Ähnlich sollen neuerdings Ärzte nicht beschriebene Flächen auf Rezep-

---

[18] Im Seewesen: Logbuch, Tagebuch auf Seeschiffen, in das alle für die Seefahrt wichtigen Beobachtungen, Messungen und Berechnungen eingetragen werden. Im Englischen steht für Laborbuch das *laboratory notebook*, oft verkürzt zu lab book, und man ist geneigt, darin den ersten Bestandteil zu streichen, um allen Beteiligten gerecht zu werden. Man landet dann beim „Notizbuch", was nicht ohne Hintersinn vermerkt werden kann, nachdem Notebook zum Begriff einer bestimmten Generation tragbarer Computer geworden ist.

ten durchstreichen, um die Rezepte fälschungssicher zu machen.) Einige Firmen gehen noch weiter und verlangen, dass wichtige Versuchsergebnisse von einem Kollegen durch Unterschrift bezeugt werden; manche geben vorgedruckte Laborbücher aus, in denen auch das Führen eines Inhaltsverzeichnisses vorgesehen ist.

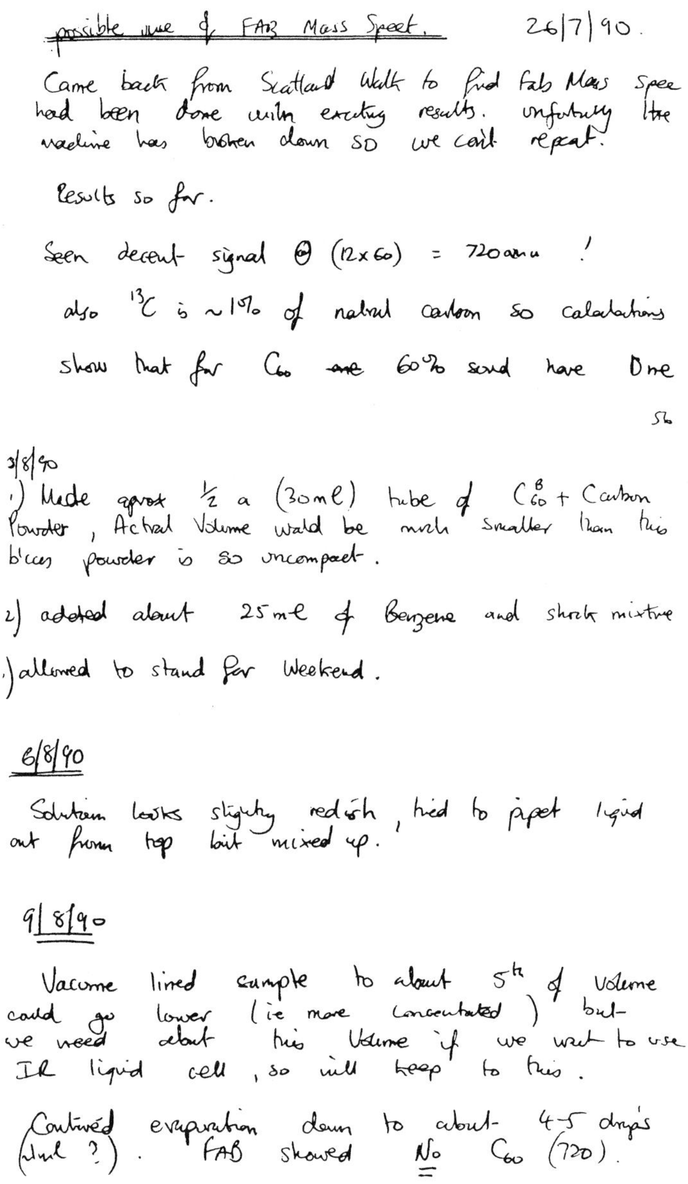

> possible use of FAB Mass Spect.   26/7/90.
>
> Came back from Scotland Walk to find Fab Mass Spec had been done with exciting results. Unfortunately the machine has broken down so we can't repeat.
>
> Results so far.
>
> Seen decent signal @ (12×60) = 720 amu !
>
> also ^{13}C is ~1% of natural carbon so calculations show that for C_{60} are 60% sould have One
>
>   56
>
> 3/8/90
> 1) Made aprox ½ a (30mL) tube of C_{60}^B + Carbon Powder, Actual Volume would be much smaller than this b'cos powder is so uncompact.
>
> 2) added about 25mL of Benzene and shook mixture
>) allowed to stand for Weekend.
>
> 6/8/90
>
> Solution looks slightly redish, tried to pipet liquid out from top but mixed up.
>
> 9/8/90
>
> Vacume lined sample to about 5th of volume could go lower (ie more concentrated) but we need about this volume if we want to use IR liquid cell, so will keep to this.
>
> Continued evaporation down to about 4-5 drops (1mL?). FAB showed No C_{60} (720).

Abb. 1-1. Historische Laborbuch-Eintragung im Zuge der Entdeckung der Fullerene (KROTO HW. 1992. *Angew Chem.* 104: 113-133, S 127; mit freundlicher Genehmigung).

Diese Forderungen hinsichtlich Beschaffenheit und Führen von Laborbüchern, die wir ähnlich schon 1987 in der Erstauflage von *The Art of Scientific Writing* (vgl. EBEL, BLIEFERT und RUSSEY 2004) erhoben hatten, haben vor einigen Jahren in dem unrühmlichen Ende der sog. Baltimore-Affäre unerwartete Aktualität erlangt. Wir verweisen dazu unsere Leser, auch wenn sie nicht Chemiker oder Chemikerin sind, auf einen Aufsatz im März-Heft 1992 des Organs der Gesellschaft Deutscher Chemiker (ROTH 1992) und zitieren daraus ein Resümee:

> Nicht ein „Haufen loser Blätter" […], sondern ein fest gebundenes Labortagebuch sollte geführt werden. Rückdatieren von (gefälschten) Experimenten und andere unseriöse Manipulationen, wie das Weglassen störender Meßpunkte, wären wesentlich erschwert.

1.3.2 Inhalt

Überschrift und Einführung

Gehen wir näher auf die Frage ein, wie die Eintragungen in das Laborbuch aussehen! Offenbar ist es erforderlich, eine bestimmte Folge von Handlungen und Beobachtungen zu einem Experiment zusammenzufassen.

- Das Protokoll eines Experiments beginnt mit einer Überschrift und einer kurzen Einführung.

Benötigt werden dazu mindestens die folgenden Eintragungen:

– *Bezeichnung* der Untersuchung (Überschrift) und laufende Nummer;
– *Datum*, ggf. Uhrzeit und Ort der Untersuchung oder der Beobachtung;
– Aussage über das *Ziel* der Untersuchung;
– Hinweise auf verwendete *Literatur*.

Sofern besondere Materialien oder Apparate verwendet werden, sollten auch sie an dieser Stelle vermerkt werden. Wahlweise können also weitere Sachverhalte in die Einführung übernommen werden, z. B.:

– Aussagen zu Messgeräten und Messbedingungen;
– Skizzen von Apparaten und Versuchsanordnungen;
– Angaben über verwendete Handelsprodukte (z. B. Chemikalien, Lösungsmittel) und deren Merkmale (z. B. Reinheitsgrade);
– Herkunftsbezeichnung nichtkommerzieller Materialien nebst Spezifikationen;
– genaue Beschreibung von Versuchstieren (Gattung, Spezies, Zuchtlinie, Haltungsbedingungen, ggf. in Verbindung mit einer durch den Tierschutzbeauftragten erlangten Genehmigung und dem Bescheid einer Ethikkommission);
– vorbereitende Maßnahmen besonderer Art (z. B. Reinigung von Ausgangsstoffen);
– äußere Bedingungen wie Temperatur, Luftdruck oder -feuchte.

Hier ist auch ein geeigneter Platz, um Überlegungen oder Erwartungen zu notieren, die man mit dem Experiment verbindet. Sicher werden Sie dabei zusehen, dass deutlich erkennbar bleibt, was Sie sich an dem Morgen *gedacht* und was Sie tatsächlich *getan* haben.

Im Bereich der Analytik kann es darum gehen, den Ursprung und Lebenslauf einer Probe zu dokumentieren:

- Wie, von welcher Messstelle oder von welchem Untersuchungsgut wurde die Probe genommen?
- Wann wurde sie genommen?
- Wer hat sie gewonnen? Wer hat die Probe eingesandt?
- Wie wurde sie am Probenahmeort behandelt?
- Wie wurde sie transportiert und gelagert?
- Wann traf sie im Labor ein?

Die Analyse selbst gestaltet sich in einem modernen Labor wahrscheinlich als automatische Abwicklung eines Programms mit selbsttätiger Dokumentation aller Einzelschritte in einem integrierten System. Das Laborbuch wird dann zur zentralen Registratur. Wir hielten es aber aus den vorgenannten Gründen für bedenklich (und in mancher Hinsicht auch für unpraktisch), das Laborbuch gänzlich durch irgendwelche Dateien zu *ersetzen*. Sollten Sie für sich oder Ihre Gruppe eine Lösung in dieser Richtung anstreben, so müssen Sie zwangsläufig eine hohe Verantwortung hinsichtlich *Transparenz, Datensicherung, Zugriffsberechtigung* usw. auf sich nehmen. Wenn es zum Schwure käme, hätten Sie sonst ggf. nicht mehr in der Hand als ein Protokoll ohne Unterschrift, mit Eintragungen womöglich ungeklärter Herkunft. Das *elektronische Labortagebuch* gibt es ja inzwischen, E-Notebook ist eine Handelsmarke geworden (s. Abschn. 1.3.4).

- Das Vordringen von Messautomaten und Laborrobotern aller Art wird es zunehmend schwierig machen, Übersicht zu wahren und Verantwortung festzulegen.

Hier sind logistisch-organisatorische ebenso wie ethische Probleme neuer Art entstanden. Mit dem Gedanken eines *virtuellen Labors* musste sich früher niemand auseinander setzen.

Das Versuchsprotokoll

Es folgt die Beschreibung des Versuchsablaufs. Hier ist es nützlich, sich eine bestimmte Darstellungs- und Sprachform anzueignen, deren striktes Einhalten dazu beitragen kann, Erwartung und tatsächliche Ereignisse zu trennen. Waren vorher – in der Einführung – Formulierungen im *Präsens* wie

„… will ich prüfen, ob …", „… erfolgt im …", „… wird wiederholt mit …",
„… wird erstmals …", „… bleibt unverändert."

angebracht, so werden Sie jetzt im *Präteritum* formulieren. Besonders eignet sich die *verkürzte Passivform*

„… gerührt 3 h bei (25,0 ± 0,2) °C", „gefunden", „berechnet",
„Fließgeschwindigkeit eingestellt mit GM 4000",

die bis zur stichwortartigen Formulierung ohne Verben verkürzt werden kann:

„REM wie üblich am Leo 440".

Wer schon einiges publiziert hat, wird dabei Darstellungsformen wählen, die denen in Berichten und Veröffentlichungen nahe kommen. Dies kann das spätere Umwandeln in ein förmliches Dokument (Abschn. 1.4) erheblich vereinfachen. Einzelne Teile oder Schritte eines Experiments können Sie durch Zwischenüberschriften oder Linien voneinander trennen.

- Das Protokoll darf sich eines gewissen *Laborjargons* bedienen.

Sogar „gerne" fügen wir hinzu, auch wenn spätere Berichte davon wieder Abstand nehmen müssen. Denn Kürze ist gefragt, und die bringt der Jargon. Für Kippscher Apparat und Erlenmeyerkolben genügen „der Kipp" und „der Erlenmeyer". Statt „im Rotationsverdampfer abziehen" können Sie einfach „abrotieren", und „Äther" erfüllt den Zweck, sofern sichergestellt ist, dass Diethylether gemeint ist. Selbst an Wendungen im Laborbuch wie „mit IR untersucht" oder „Signal weiter aufgetrennt", die in ihrer Kürze sachlich anfechtbar sind, braucht niemand Anstoß zu nehmen. Es genügt an der Stelle, wenn andere, die denselben Slang sprechen, die Bemerkung verstehen.

- Notieren Sie immer das *Unmittelbare*, also *Rohdaten!*

Beispiele für unmittelbares Protokollieren sind die obere und untere Bürettenablesung bei einer Titration oder das Gewicht des Tiegels vor und nach Veraschen. (Die Beispiele mögen altertümlich sein, dafür sind sie verständlich und auf andere Situationen übertragbar.) Erst daraus wird dann – für einen Bericht – das *Mittelbare:* abgeleitete Daten wie Volumen, Masse, Konzentration oder Stoffmenge, also die eigentlich interessierenden Größen. Warum auf Unmittelbarkeit bestehen? Schon beim Ermitteln der Einwaage aus Brutto und Tara kann ein Subtraktionsfehler eintreten, wie generell Übertragungsfehler aller Art nur auf ihre Chance warten. Andererseits können falsche Messreihen gerettet werden, wenn sich später im Laborbuch rekonstruieren lässt, auf welchem Gerät mit welchen Parametern gemessen wurde und wann das Gerät letztmals justiert worden war.

- Gleichwohl darf die Beschreibung eines Experiments bereits Umrechnungen enthalten, auch wenn die Ergebnisse erst später benötigt werden.

Eingesetzte Zahlenwerte, Faktoren und sonstige Umrechnungsgrößen sollten ersichtlich und der Gang der Rechnung später nachvollziehbar sein.

Den *Laborcomputer* können Sie dazu erziehen, dass er sich höflich ausdrückt, Sie nicht mit ein paar fertigen Resultaten abspeist. Schließlich wollen Sie als Besitzer eines Girokontos auf dem Bankauszug gewöhnlich nicht nur den alten und neuen Kontostand sehen, sondern alle einzelnen Vorgänge; wie Sie auch der Online-Telefonrechnung nicht nur entnehmen wollen, was Sie der Anschluss diesen Monat gekostet hat, sondern auch, welche Gespräche geführt wurden und wie teuer sie im Einzelnen waren. Ähnlich im Labor:[19]

---

[19] Der Vergleich mit anderen Erfahrenswelten ist manchmal interessant. In der Politik mögen Ergebnisprotokolle für viele Zwecke nützlich sein; aber um später zu rekonstruieren, wie die Abstimmungsverhältnisse zustande gekommen sind, sind solche knappen Aufzeichnungen untauglich.

- Schreiben Sie keine Ergebnisprotokolle! Hier interessiert zunächst, wie die Ergebnisse gewonnen wurden, nicht diese selbst.

Auch alle Befunde, die zur Qualitätssicherung der durchgeführten Arbeiten erhoben werden, gehören in das Laborbuch. Dazu zählen beispielsweise Angaben über die *Justierung* von Messgeräten, die *Kalibrierung* von Messverfahren sowie über Wartungs- und Instandsetzungsarbeiten an Geräten. „Jede Justierung ist unter Angabe von Datum und Ausführendem im Laborbuch zu vermerken" (FUNK, DAMMANN und DONNEVERT 1992, S.104). In der Analytik entscheiden solche Dinge darüber, ob ein Labor die Kriterien der *Guten Laborpraxis* (GLP) erfüllt:[20] In der Norm EN 45001 (vgl. auch DIN EN ISO/IEC 17025, 2005) wird dazu ausgeführt: „Es sind alle ursprünglichen Beobachtungen, Berechnungen und abgeleiteten Daten, ebenso wie die Aufzeichnungen über Kalibrierungen und der endgültige Prüfbericht, über einen angemessenen Zeitraum aufzubewahren. Die Aufzeichnungen über jede Prüfung müssen genügend Angaben enthalten, um eine Wiederholung der Prüfung zu gestatten."

Eine Anmerkung zur Ethik des Naturwissenschaftlers

Wir wollen auf ein *Dilemma* aufmerksam machen.

- Ihr Laborbuch-Protokoll enthält *mehr* Informationen, als Sie für einen Bericht brauchen.

Das ist gewollt und sinnvoll und hat weder mit Weitschweifigkeit noch Verschwendung zu tun. Allerdings muss eines klar sein:

- Daten oder andere Einzelheiten (später) *weglassen* darf nicht dazu missbraucht werden, um die Ergebnisse zu manipulieren.

Auswahl wird zum Sündenfall, wenn dadurch unerwünschte Ergebnisse vernebelt werden sollen. Es bedarf keiner Begründung, dass das Fälschen von Ergebnissen wie auch das Vorspiegeln niemals erzielter Ergebnisse unethische, unter Umständen sogar kriminelle Handlungen sind und zu Recht das Ende einer Wissenschaftlerkarriere bedeuten können, wenn sie aufgedeckt werden. Wir bedauern, dass die Baltimore-Affäre (s. weiter vorne in diesem Abschnitt) in Deutschland eine unrühmliche Fortsetzung, ja Steigerung, erfahren hat. Das ist aber nicht mehr unser Thema.

Die Sache mit dem Weglassen ist delikater. Einen Versuch zu protokollieren, der missglückte (weil vielleicht aus Versehen der Thermostat nicht eingeschaltet war), wäre wahrscheinlich wenig sinnvoll, es sei denn, Sie haben dabei ungewollt interessante Beobachtungen gemacht. Ein Messergebnis in einer Reihe zu unterdrücken, ist hingegen fragwürdig. Sie sollten dies nicht stillschweigend tun, sondern den „daneben"

---

[20] Der Begriff GLP bezeichnet eine international vereinbarte Vorgehensweise beim organisatorischen Ablauf und gilt den „Bedingungen, unter denen Laborprüfungen geplant, durchgeführt und überwacht werden" sowie der „Aufzeichnung und der Berichterstattung der Prüfung" (so steht es zu Beginn des Anhang 1 zum Chemikaliengesetz, „Grundsätze der Guten Laborpraxis"). Zur GLP gehören Standards u. a. für die Organisation der Arbeitsabläufe in einem Labor, für Ergebnisberichte und für die Archivierung von Daten. Die GLP soll die internationale Anerkennung von Prüfergebnissen erleichtern und ist heute Bestandteil von Verordnungen und Gesetzen.

liegenden Wert wie die anderen auch protokollieren. In dem späteren Bericht könnte er als „Ausreißer" mitgeführt und ggf. erläutert werden.

- Authentizität und Unverwechselbarkeit setzen absolute *Ehrlichkeit* voraus.

Die Folgen der Arbeit von Naturwissenschaftlern mögen manchen suspekt sein, aber es muss das generelle Vertrauen erhalten bleiben, dass die Wissenschaft als solche nicht manipuliert wird, weil sie nicht manipulierbar ist. Schlimm genug, wenn die Öffentlichkeit wiederholt den Eindruck gewinnt, dass sie nicht alles erfährt, was sie erfahren sollte.

Aber das ist wieder eine andere Angelegenheit. Sie betrifft die Wissenschaft nur insoweit, als viele Wissenschaftler sich zum einen schwer tun, aus ihrer wissenschaftlichen Kunstsprache auszubrechen, um die Allgemeinheit mit einfachen Worten zu unterrichten. Zum anderen fehlt vielen Forschern ein ausreichendes Bewusstsein dafür, wie notwendig es ist, das nicht-wissenschaftliche Umfeld über das eigene Tun angemessen zu informieren. Eben das ist erforderlich um der Glaubwürdigkeit unserer Wissenschaft willen und wegen ihrer engen Verflechtung mit weiten Bereichen der Gesellschaft. Doch dieser Vorwurf geht nicht nur an die Wissenschaft, sondern auch an die Publikations- und Informationspolitik und an den Journalismus.[21]

Auf ein ganz anders gelagertes Ethik-Anliegen, den Umgang mit Tieren im Tierversuch, können wir hier nicht eingehen. Der Gegenstand ist von K. GÄSTNER in LIPPERT (1989) mustergültig dargelegt worden („Auswahl von Versuchstieren und tierexperimentelles Vorgehen in der medizinischen Forschung", S. 30-58). Nur so viel: Dass der Bedarf an Versuchstieren in der *Pharmakologie* tatsächlich stark zurückgegangen ist, verdanken wir zu einem guten Teil der Wissenschaft selbst, hier der *Medizinischen Chemie* und speziell dem *Molecular Modelling,* durch das die Entwicklung neuer Arzneimittel in gezielte Bahnen geleitet werden kann.

1.3.3 Organisatorisches

Was ist ein Experiment?

Wir beginnen mit einigen Anmerkungen, die gemeinhin nicht zum Thema „Schreiben und Publizieren" gezählt werden. Doch gerade hier sehen wir uns in unserem ganzheitlichen Ansatz aufgerufen. Schließlich kann man über nichts geordnet berichten, was sich nicht schon im Vorfeld einer Ordnung unterworfen hat.

Wir haben angenommen, die im Labor oder „im Feld" durchgeführte Arbeit lasse sich immer in einzelne *Experimente* (oder *Protokolle*) zergliedern. Grundsätzlich ist das der Fall, aber es bleibt doch die Frage der optimalen Einteilung, letztlich die Frage: Was ist ein *Experiment*?

- Das Laborbuch gliedern heißt festlegen, wo ein Experiment aufhört und wo das nächste beginnt.

---

[21] Das Thema Wissenschaftskommunikation beleuchtet von der Fachjournalistik her das Buch von ARETIN und WESS (2005); wir kommen auf den Gegenstand in Abschn. 10.4 zurück.

Es gibt dazu keine besten Lösungen, als Experimentator werden Sie nach Kriterien der Effizienz und Transparenz fallweise ihre Wahl treffen müssen. Denken wir etwa an eine chemische Synthese, die beim Aufarbeiten des Reaktionsprodukts zu mehreren Fraktionen geführt habe. Ob Sie deren weiterer Untersuchung, Reinigung und Identifizierung jeweils ein neues Experiment widmen – und dazu eine neue Seite im Protokollbuch aufschlagen – oder nur der Bearbeitung der besonders interessierenden dritten Fraktion, oder ob Sie die Analytik insgesamt noch unter der Synthese protokollieren, werden Sie pragmatisch entscheiden. Ein geeigneter Maßstab kann sein, wie groß der erwartete experimentelle Aufwand jeweils ist, wie *lang* folglich das Protokoll wird.

- Bewährt hat sich als Faustregel „Nicht mehr als zwei Seiten für ein Experiment".

Ein anderer Maßstab, die Zeitachse, ist weniger hilfreich und versagt bei Langzeitversuchen beispielsweise in der Züchtungsforschung oder bei vielen *Freilandversuchen*. Mit der eben definierten „Einheitslänge" für ein Experiment werden Sie bei Untersuchungen, die sich über längere Zeit erstrecken, gleichfalls zurecht kommen. Es ist dann allerdings erforderlich, die zu unterschiedlichen Zeiten vorgenommenen Eintragungen innerhalb der Seite(n) jeweils gesondert zu datieren (vgl. Abb. 1-1). Vielleicht heißt ja Ihr Experiment „X-Messungen am Y-Gerät", dann genügt es – sofern Sie nicht einfach auf den Ausdruck eines Plotters verweisen können –, wenn Sie die Messwerte zusammen mit Datum und ggf. Uhrzeit eintragen und vielleicht noch besondere Umstände oder Vorkommnisse notieren – und fertig ist das „Experiment" (sei es auch erst in drei Wochen).

In den *deskriptiven* Wissenschaften scheint der Begriff Experiment zunächst kaum fassbar, so dass Fragen der *Protokollführung* noch schwieriger sind als etwa in der Chemie. Tatsächlich setzt aber der moderne Bio- oder Geowissenschaftler sehr oft die Rahmenbedingungen für seine Beobachtungen selbst – denken Sie etwa an Untersuchungen in der *Verhaltensforschung (Ethologie)*. Das heißt aber, auch er experimentiert. Eine Besonderheit haftet indessen diesen Experimenten an:

- Fragen der richtigen Wahl von *Stichproben* aus einer Gesamtheit, der erforderlichen Zahl von Einzelbeobachtungen usw. sind von herausragender Bedeutung für das Gelingen zahlreicher Untersuchungen.

Das gilt besonders für das Auswerten der Befunde. Sollen diese aussagekräftig und verlässlich sein, so müssen sie mit den Mitteln der *Statistik* analysiert werden (s. Abschn. 6.4). Um überhaupt Trends, Abweichungen usw. als *signifikant* dartun zu können, bedarf es schon vor Beginn der Beobachtungs- oder Messreihen des planmäßigen Vorbereitens, der *statistischen Versuchsplanung*. Auf eine kurze Formel gebracht heißt das (LAMPRECHT 1992, S. 73):

- Erst denken, dann messen!

Wir können die Konsequenzen hier nicht vertiefen, verweisen aber unsere jüngeren Kolleginnen und Kollegen eindringlich auf die soeben zitierte Publikation oder entsprechende neuere Literatur (z. B. NETER et al. 1996, COBB 1998). Im zuvor genannten Buch leistet vor allem das Kapitel „Von der Frage zum Versuchsplan" einen wichtigen methodologischen Beitrag. Wenn Sie am Anfang einer Prüfungsarbeit in der Biologie stehen, sollten Sie ihn nachlesen. (Eine ähnliche Methodenlehre ist uns nur noch von der Medizin bekannt: LIPPERT 1989.)

Die Versuchsnummer

Wir verlangten schon in Abschn. 1.3.2 unter „Überschrift und Einführung":

● Jedes Experiment muss eine *laufende Versuchsnummer* tragen.

Nehmen wir an, Sie seien die Verfasserin oder der Verfasser des Laborbuchs. Dann werden Sie auch die durchzuführenden Versuche planen und ihre Reihenfolge festlegen, d. h. jeden Versuch mit einer laufenden Nummer belegen. Zweckmäßig schließen Sie die Versuchsnummer an die Seitenzahl des Laborbuchs an, genauer: an die Seite, auf der die Versuchsbeschreibung beginnt. Auf einer Seite können Sie mehrere diskrete Handlungen oder Beobachtungen beschreiben (vgl. Abb. 1-1), und es muss zulässig sein, dass eine Versuchsbeschreibung zwei (in Ausnahmefällen auch mehr) Seiten in Anspruch nimmt. Einzelne Seitenzahlen fallen dadurch als Versuchsnummern aus. Da gut geführte Laborbücher bald gefüllt sind, werden Sie in der Zeit Ihrer Zugehörigkeit zu einem Arbeitskreis mehrere Laborbücher verbrauchen, die Sie mit römischen Zahlen versehen können. Das Experiment, das auf Seite 117 im Laborbuch III beginnt, wäre somit als „III-117" zu bezeichnen.

Dazu sollten Sie bei Verweisen die Erstbuchstaben Ihres Namens fügen, um vor allem in einem eng zusammenarbeitenden Team festhalten zu können, was Sie gemacht haben. Wir gelangen beispielsweise zu „NW III-117". Die im vorangegangenen Unterabschnitt erwähnte dritte Fraktion aus einer Synthese könnte mit „NW III-117-3" etikettiert werden und den Ausgangspunkt für ein neues Experiment bilden, vielleicht „NW III-118". Ein „narrensicheres" Ordnungsschema scheint uns unerlässlich, wenn Sie im Labor die Übersicht behalten wollen.

● Versuchsnummern sind ein wertvolles *Ordnungsinstrument* im Labor.

Die im Laborbuch notierten Bezeichnungen der verschiedenen Fraktionen, Substanzen, Proben usw. können auf Etiketten von Substanzgläschen, für die Kennzeichnung von Spektren und Chromatogrammen, in Auftragsformularen an andere Labors und als provisorische Bezeichnung für eine unbekannte Substanz in einem Zwischenbericht verwendet werden, um nur Beispiele zu nennen. Ein großer Arbeitskreis wird alle diese Nummern zentral zusammen mit den wichtigsten Stoffdaten usw. in einer Arbeitskreis-eigenen *Datenbank* erfassen.

● Das Schreiben in den Naturwissenschaften ist ein Vorgang, der zur Ordnung ruft, ja sogar zwingt.

Wir haben aus dem Führen von Laborbüchern eine Hilfe für die Labororganisation abgeleitet. Und auch dabei brauchen Sie noch nicht stehen zu bleiben: Manche Kollegen benutzen ihre Laborbücher darüber hinaus als Planungsinstrument, ja als Arbeitstagebuch. Hier notieren sie spontane Ideen, eine wichtige Einzelheit aus dem soeben geführten Ferngespräch oder eine Anregung aus der Literatur; sie haben ihr Laborbuch oft bei sich, auch beim Gang in die Bibliothek. Das ist manchmal hinderlich, denn um das alles aufnehmen zu können, wählen sie dafür ein großes Format. (Die im Handel angebotenen A4-Notizbücher, 192 Seiten, erfüllen den Zweck gut.) Machen Sie es ebenso! Auf den großen Seiten können Sie durch geeignetes Anordnen und mit Abgrenzungslinien verhindern, dass Ihre Einträge durcheinander geraten.

Allerdings wird Ihnen die Vorstellung, Sie würden das Laborbuch einmal irgendwo liegen lassen, Angstschweiß auf die Forscherstirn treiben. Es sei daher dringend geraten, in jedes Laborbuch Dienst-(Instituts-) und Privatanschrift mit Telefonnummern zu schreiben – für alle Fälle. Vielleicht gehen Sie sogar so weit (vgl. am Ende von Abschn. 1.2), vor jedem Wochenende die Einträge der vergangenen Woche zu fotokopieren, zu scannen oder mit Ihrer Digitalkamera abzufotografieren, um sie dann an einem sicheren Ort zu Hause in Papierform oder als Datei aufzubewahren.

Mit modernen *Handhelds*[22] können Sie sich das Leben leichter machen und fast unbegrenzte Datenmengen in der Westentasche verstauen – zeitgenau und ortsunabhängig, versteht sich. Auf eine Außenstation Ihres Laboratoriums werden Sie vielleicht ein *Laptop* mitnehmen, doch wie Sie sich auch technisch aufrüsten: Sie öffnen sich damit neuen Verhaltensweisen und sind bereits auf dem Weg zum *E-Notebook*!

1.3.4 Das elektronische Laborbuch

Sinn und Funktion des Labortagebuches, ja seine Geschichte, müssen angesichts moderner Entwicklungen der *Informationstechnologie* und *elektronischen Kommunikation* neu definiert werden. Um eine Ergänzung des bislang Gültigen kommt man nicht herum, nachdem führende Softwarehäuser vor allem in den USA eine Entwicklung ausgelöst haben, die nicht umkehrbar ist. Sie ist von Chemikern – deren Arbeit häufig gewissen Routinen folgt – angestoßen worden und mag für andere naturwissenschaftliche oder auch für ingenieurwissenschaftliche Fachgebiete heute, zum Zeitpunkt dieser Niederschrift (Mitte 2006), noch nicht sonderlich relevant sein. Aber für alle ist eine Neubewertung in Gang gekommen.[23]

---

[22] Zu dem noch jungen Begriff eine lexikalische Begriffsbestimmung (Wikipedia): „Ein Handheld, vollständig Handheld Computer, bezeichnet einen tragbaren Computer für unterschiedliche Anwendungen, der bei Benutzung in der Hand gehalten werden kann. Unter den Begriff fallen • tragbare Universalcomputer, so genannte Personal Digital Assistants (PDA) • Spezielle Datenerfassungsgeräte • Mobiltelefone mit erweiterten Funktionen ..." – An der frühen Entwicklung war der US-amerikanische Computerhersteller Apple maßgeblich beteiligt. Die ersten PDAs kamen 1993 auf den Markt. Enthusiastische Aufnahme fand beispielsweise der Palm Pilot (Markteinführung des Palm Pilot Professional™ in Deutschland 1997) mit einem eigenen Betriebssystem Palm OS (s. beispielsweise www.palm.com/us/).

[23] Vielleicht muss man mit dem elektronischen Labortagebuch aufgewachsen oder in die neue Entwicklung hineingewachsen sein, um sie würdigen zu können. Ein jüngerer Kollege – William JONES vom Hammersmith Hospital, Imperial College London – hat die Situation im Sommer 2005 wie folgt beschrieben *(ChemBioNews.Com 15.1)*: „For years I've had a close relationship with my paper lab book. But now that's ended. I have forged a new relationship with E-Notebook, and wonder how I ever managed

→

- Elektronische Laborbücher haben viel mit der Standardisierung von Arbeitsabläufen und Datenerhebung zu tun.

Sehr gut für ihre Benutzung und Anwendung eignet sich die experimentierende und messende Arbeit im chemischen Laboratorium, zumal dort, wo es um die Herstellung *(Synthese)* und Charakterisierung von Stoffen geht. Beispielsweise lassen sich in diesem Zusammenhang die folgenden Routinen benennen und in eine Schablone einfügen, hier als Fragen gestellt:

- Welche Ausgangsstoffe/Reagenzien wurden benötigt?
- Woher waren sie erhältlich/zu beziehen?
- Wie genau sollte vorgegangen werden, welche Literatur stand zur Verfügung?
- Was habe ich als für das Experiment Verantwortliche(r) tatsächlich unternommen/beobachtet?
- Was ergab sich? Wurde die erwünschte Substanz erhalten, mit welcher Ausbeute in welcher Reinheit?
- Was waren die physikalischen Eigenschaften (Spektren, Chromatogramme, …) der neuen „Formel"?

Es versteht sich nach der Natur der Sache, dass entsprechende Ergebnisse und Anmerkungen in weitem Umfang nach einheitlichen Mustern eingetragen werden können, sich also für die Beschreibung auf vorbereiteten *Arbeitsblättern* anbieten. Tendenzen dahin gab es bei forschenden Unternehmen z. B. der Pharmaindustrie schon bei konventionellen *notebooks* aus Papier, aber die Entwicklung dahin hat sich mit der Elektronisierung des Laborbuchs beschleunigt.

Das Laborbuch mit seinen terminologischen Spielarten [*laboratory notebook*, *notebook*, *laboratory journal* oder einfach *journal* (im Sinne von „daily record of events"), *diary*], wie es unserer ursprünglichen Vorstellung am nächsten kommt, sollte als Begriff Gemeingut aller Wissenschaftler bleiben. Ungeachtet dessen haben sich Bezeichnungen wie *E-notebook* für seine elektronischen Nachfahren z. B. als E-NOTEBOOK ULTRA,[24)] E-LAB NOTEBOOK oder E-NOTEBOOK ENTERPRISE zu Markenzeichen entwickelt, hier der CambridgeSoft Corporation in Cambridge, Massachusetts, USA.[25)]

---

without it. E-Notebook has been a lifesaver for my research. Chemical synthesis, …, electronic data (spectra, Excel spreadsheets, Word documents, etc.), observations, biological assay data and … can all be stored conveniently in one program. … But what about losing data? Essentially, all data can be backed up at the press of a button … E-Notebook has, quite frankly, revolutionized the way in which I work."

[24] Wir schreiben die Namen von Programmen in *Kapitälchen*, gleichviel ob sie ursprünglich Abkürzungen (Akronyme) oder echte Wörter der Gemeinsprache – wie im Falle word/Word – sind, ob sie als Wort artikulierbar sind oder buchstabenweise gesprochen werden müssen, ob sie als Markenzeichen geschützt sind oder nicht Diese Schreibweise verwenden wir auch bei den Namen von Autoren zur besseren Sichtbarmachung. Großbuchstaben *(Versalien)* haben wir für den Zweck nicht gewählt, weil Versalschrift zu stark ins Auge springt. Dazu verweisen wir auf das köstliche Traktat „FORTRAN oder Fortran – Ein Briefwechsel" in RECHENBERG 2003.

[25] Wir beziehen uns im Folgenden u. a. auf Mitteilungen und Berichte in Vol. 12/4 der Zeitschrift *ChemBioNews.Com* dieser Firma (als Internet-Publikation einsehbar unter http://chemnews.cambridge soft.com/issue.cfm?I=124).

Gemeint ist hier mit „notebook" nicht einer der mehr oder weniger kleinen tragbaren *Personal Computer*,[26] wie sie sich aus den Laptops entwickelt haben, sondern eine Software mit dem Ziel „to streamline daily record keeping for scientists", wie es an einer Stelle heißt (*ChemNews.Com 12/4*); von dort weiter:

> The electronic nature of E-NOTEBOOK gives it many advantages over traditional, paper notebooks. For example, the electronic format makes it easy to manage diverse types of data, such as chemical structure drawings, spectra, notes, and spreadsheets. Collaboration among scientists is easier with E-NOTEBOOK, because multiple people ... can access notebooks and pages. Also, E-NOTEBOOK is fully searchable.

Implizite Fragen der oben angeführten Art im Logbuch des Chemikers – ähnlich auch des Naturwissenschaftlers allgemein – sind „klassisch", aber man kann sie mit den neuen Mitteln umfassender und direkt in elektronischer Form beantworten, ohne den Zeitaufwand ins Unermessliche zu steigern. Zusätzlich lässt sich das elektronische Laborbuch, wie auch sein Papier-Pendant, als allgemeines Zeitplanungs- und Organisationsinstrument einsetzen.

Programme wie E-NOTEBOOK ULTRA[27] oder NOTEBOOKMAKER (www.notebookmaker.com) bieten dafür und für vieles Weitere Verankerungsplätze, d.h. Felder für *Arbeitsblätter* von Tabellenkalkulations- oder Datenbankprogrammen wie EXCEL (von Microsoft) oder FILEMAKER (von FileMaker Inc.), in denen die gewünschten Informationen aufgenommen, verarbeitet und recherchiert werden können. Als Verfasser eines elektronischen Labortagebuchs werden Sie bei stöchiometrischen Berechnungen oder Berechnungen anderer Art ebenso unterstützt wie beim Zeichnen von chemischen Strukturformeln z.B. mit Hilfe anderer integrierter Programme wie CHEMDRAW.

Wenn Ihnen das vorgegebene Muster nicht genügt oder nicht adäquat erscheint, können Sie weitere Felder hinzufügen oder das Muster nach Ihren Vorstellungen – oder denen Ihres *advisors* – verändern. Ob Sie etwa Ihren Laborbericht mit den Gefahren- und Sicherheitsdaten der verwendeten Reagenzien und deren Lagerbestand in Ihrem Arbeitskreis anreichern oder Verbindung zu anderen externen Datenquellen herstellen wollen, bleibt grundsätzlich Ihrem Urteil überlassen oder dem Ihres Teams.

- Auch der unmittelbare Austausch mit Messgeräten ist möglich, je nach elektronischer Ausstattung.

Im Prinzip können Sie alles als „Objekte" hinzufügen, was an der Stelle nützlich sein könnte: eigene Daten und/oder externe aus der Literatur verbürgte. Das ist eine Frage der Datenstruktur und Vernetzung, der Kompatibilität von Programmen. Grundsätzlich lässt sich auf diese Weise an einem einzigen Ort versammeln, was Sie selbst –

---

[26] Die Eindeutschung (im *Duden*) des englischen Begriffs als Personalcomputer halten wir für wenig glücklich, da sinnentstellend. *Wahrig: Rechtschreibung* (2005) lässt die Schreibweise *Personal Computer* (mit englischer Aussprache) zu.

[27] Das Programm ist im Software-Paket CHEMOFFICE ULTRA enthalten und wird in Deutschland z.B. von ScienceServe GmbH (www.scienceserve.com/Software/CambridgeSoft/ChemOffice_Ultra.htm) angeboten.

und andere – an Information im Zusammenhang mit dem Experiment benötigen könnten.

- In elektronischen Laborbüchern lässt sich Information unter vielfältigen Suchkriterien – wie chemische Struktur, Substruktur, Handelsnamen, relevante Einträge in Datenbanken – schnell wiederfinden.

Lenken wir noch kurz die Aufmerksamkeit auf das größere Umfeld etwa einer Firma. Das Ziel einer angemessenen Berichterstattung wird sein, dass alle, die dem Team angehören, Zugang zu allen Informationen haben; jeder will oder muss auch die Ergebnisse vom Labortisch nebenan kennen. Zweifellos liefern elektronisch geführte (Labor)Tagebücher – geordnet nach Tagebuch-, Projekt- und Experimentnummer sowie Namen des Experimentators oder Verfassers – dafür die beste Lösung, soweit Sorge getragen ist, dass die Eintragungen über die Laborplätze und *notebooks* der einzelnen Mitglieder des Teams oder Projekts hinaus, etwa im Rahmen eines korporativen Netzwerks, zugänglich sind. Dass damit Synergien frei gesetzt werden können, versteht sich; und dass wir es mit einem ausgeklügelten Fall von *Content Management* (Abschn. 1.1.1) zu tun haben, auch.

Sicher werden Sie das klassische Papier-Laborbuch vorziehen, wenn Ihr Computer am Arbeitsplatz (z. B. durch Lösungsmitteldämpfe) Schaden leiden könnte: Es macht keinen Sinn, sich Beobachtungen zu merken und sie erst später am „sauberen" Schreibplatz in den Computer zu übertragen (Unmittelbarkeit!). Einen Nachteil birgt das elektronische Festhalten von Informationen zudem: Eine fällige Notiz kann in Arbeit ausarten, wenn Sie erst die Laborhandschuhe ausziehen und sich noch die Finger waschen müssen, bevor Sie – vielleicht im „Zwei-Finger-Suchsystem" – den Eintrag vornehmen können. Also werden Sie nur noch das Nötigste notieren, kleinere Beobachtungen, die später vielleicht wichtig geworden wären, werden so möglicherweise gar nicht erst festgehalten. Und wenn Sie in verschiedenen Räumen oder gar in verschiedenen Gebäuden messen wollen, kann es mühsam sein, selbst einen kleinen PC – zusätzlich beispielsweise zu Messproben – mit sich zu schleppen.

- Kritisch stellt sich die Frage nach der Authentizität der Mitteilungen im elektronischen Laborbuch.

Natürlich kann man auch elektronisch Vorsorge gegen Missbrauch treffen etwa in der Form, dass spätere Eintragungen als solche erkennbar bleiben, vielleicht mit einem „Tagesstempel" und Namensvermerk versehen. Hier für geordnete neue Lösungen zu sorgen, wird nicht nur eine Aufgabe der Entwickler solcher Software sein und bleiben, sondern auch der Verantwortlichen vor Ort. Wie weit sich derartige neue Methoden des Führens von Laborbüchern im akademischen Bereich heute schon durchgesetzt haben, müssen wir an der Stelle offen lassen.

1.4 Die Umwandlung von Laborbuch-Eintragungen in einen Bericht

1.4.1 Eine Versuchsbeschreibung

Ein Beispiel für die Umwandlung eines *Versuchsprotokolls* in einen Bericht zeigen die beiden Abbildungen in diesem Abschnitt. Zunächst ist in Abb. 1-2a eine Seite aus dem Laborbuch zu sehen, die die Synthese einer organischen Substanz betrifft, genauer: das Reinigen und Charakterisieren dieser Substanz. (Die Synthese selbst ist, wie die Eingangsbemerkung ausweist, schon zuvor beschrieben worden.) Die Eintragungen sind *detailliert*, gleichwohl von hoher Informationsdichte. Es werden fast unverbundene Wörter und kurze Phrasen neben Zahlen verwendet. Der Experimentator schreibt den nach Kristallisation gemessenen Schmelzpunkt sicher ungeschönt hin, denn das große Schmelzintervall weist die Substanz als (noch) nicht rein aus. Eine kleine Berechnung (Anteil zurück gewonnener Substanz nach der Umkristallisation) geht aus den Angaben in Gramm (g) vor und nach der Maßnahme ohne weitere Erläuterung hervor.

Abb. 1-2b zeigt die diesem Protokoll entsprechende Stelle in einem daraus abgeleiteten Bericht.

- Die Darstellung im Bericht ist wie die Eintragung im Laborbuch *knapp* und folgt einer strengen *Form*. Im Gegensatz zum Versuchsprotokoll werden ganze Sätze formuliert.

Einige Rohangaben sind in stärker sinngebende *abgeleitete* Daten umgewandelt worden: die Auswaage (in g) in eine stoffmengenbezogene theoretische Ausbeute (in %) und der pH-Wert einer Testlösung in eine Aciditätskonstante (pK_a). Die Zusammensetzung des Lösungsmittels für die Umkristallisation, die im Experiment (Abb. 1-2a) nach einigen Löslichkeitsversuchen gewählt worden war, wird durch den Volumenanteil Methanol ($\varphi = 25\,\%$) gekennzeichnet, während vorher sehr handwerklich „(1 : 3)" vermerkt war. Die Löslichkeitsversuche werden im Bericht der Abb. 1-2b, da als trivial erachtet, *nicht* erwähnt, ebenso wenig die physikalisch-chemische Grundlage, auf der pK_a aus dem pH näherungsweise errechnet wurde. Schließlich wird dem gemessenen Schmelzpunkt ein schon in der Literatur angegebener gegenübergestellt.

Interessant sind noch die beiden *Datumangaben* auf derselben Seite sowie das Fehlen einer Überschrift. Wir haben uns vorzustellen, dass das Experiment schon früher begonnen und dort auch eingeführt worden ist. Die Eingangsbemerkung im Protokoll vom 15. November 2005 stellt den Zusammenhang her. Dass das Trocknen der Kristalle erst am anderen Tag abgeschlossen war, stört den Protokollführer nicht; er sieht darin keinen Grund, ein neues Experiment zu beginnen. Das Laborbuch ist eben mehr als ein vom Kalender vorgeprägtes Tagebuch. Aus dem eingangs gemachten Seitenvermerk lässt sich des Weiteren schließen, dass vermutlich auf zwei dazwischen liegenden Seiten (S. 54 und 55, eine linke und rechte Doppelseite) ein anderes Experiment

a   – 56 –

16. 11. 2005

Oxidation des Ketons 6a (Forts. von S. 53)

Reaktionsgemisch gefiltert (Büchner-Trichter), kristalliner Festsoff (hellgelb), 1.63 g

<u>*Löslichkeitsversuche*</u>

Aceton   unlöslich
Et_2O unlöslich
CCl_4 unlöslich
H_2O lösl. (bes. bei > Temp.)
CH_3OH sehr gut löslich (ca. 300 mg in 2 mL)

Umkristallisiert aus 30 mL CH_3OH/H_2O (ca. 1:3) farblose Nadeln.

16. 11. 1998

24 h über P_4O_{10} getrocknet ⇒ 1.40 g (86 %)
Schmp. 72–76 °C (Kristalle fallen zusammen bei 65 °C, keine Zersetzung bis 150 °C)
Vrb. reagiert sauer in wässriger Lösung (pH-Papier)
> 8.5 mg in 50 mL H_2O (doppelt dest.)
Zeigt pH 4.65 (pH-Meter Nr. 3)

b ... Das Rohprodukt (schwach gelb) wurde aus dem Reaktionsgemisch in kristalliner Form abgetrennt. **3a** wurde durch Umkristallisieren aus einem Wasser-Methanol-Gemisch (φ = 25 %) mit einer Aubeute von 75,8 % in Form farbloser Nadeln (Schmp. 72...76 °C; JONES, 1980: 78 °C) erhalten. Eine wässrige Lösung der Substanz reagiert schwach sauer (pK_a ≈ 9).

Abb. 1-2. Versuchsprotokoll. – **a** Beispiel eines Eintrags in ein Laborbuch; **b** Informationen aus (**a**) als Teil eines Berichts.

beschrieben worden ist. Die vorher als „Keton 6a" bezeichnete Substanz trägt im Bericht die Nummer **3a**, was darauf hinweist, dass sich die Abfolge in der Berichterstattung geändert hat.

Anmerkungen zur praktischen Durchführung in Berichten wegzulassen, ist durch den allgegenwärtigen Zwang diktiert, nur das unbedingt Erforderliche zu berichten oder zu veröffentlichen. Niemand hat Zeit zu ausschweifender Lektüre. Eine Folge davon ist:

1.4 Die Umwandlung von Laborbuch-Eintragungen in einen Bericht

- Je größer die – gedankliche – Distanz zwischen Verfasser und Empfänger oder je größer die *Reichweite* eines Dokuments ist, desto ärmer ist die Berichterstattung im experimentellen *Detail*.

Sie können diese Linie vom Laborbuch über den Zwischenbericht, über Diplom- und Doktorarbeiten und weiter bis in die verschiedenen Arten von Publikationen (Originalarbeit, Übersichtsartikel, Monografie) verfolgen. Umso schwerer muss es da werden, Experimente nachzuarbeiten, je weiter oben der Bericht in dieser Linie angesiedelt ist. Gerade deshalb greift man in bestimmten Situationen gerne auf Dissertationen und Zwischenberichte, ja auf Laborbücher zurück.

Dies ist der wesentliche Grund, weshalb Laborbücher oft jahre- oder jahrzehntelang in den Arbeitskreisen aufbewahrt werden. Schließlich sehen wir, weshalb ein Laborbuch sauber, ordentlich und lesbar zu führen ist:

- Auch *andere* sollen sich im Laborbuch zurechtfinden können, nicht nur heute, sondern auch in absehbarer Zukunft.

Setzen wir dem schließlich eine typische Spalte aus dem „Experimentellen Teil" einer modernen Originalpublikation entgegen (Abb. 1-3). Es ist nicht mehr davon die Rede, dass eine Messung nicht wiederholt werden konnte, weil das Vakuum zusammengebrochen war (wie in Abb. 1-1). Angaben über zahlreiche Apparate nebst Bedingungen, unter denen sie betrieben wurden, sind stichwortartig auf ein paar Zeilen zusammengedrängt. (Das Beispiel, das wir dem Jahrgang 1992 der 1822 gegründeten Zeitschrift *Archiv der Pharmazie* entnommen haben, zeigt noch etwas: die enge Verbindung heutiger Laborarbeit mit international eingeführten Produkten der Geräte- und Reagenzienhersteller.)

Schmp. (unkorr.): Gallenkamp.- $[\alpha]_D^{20}$: Polarimeter 141 (Perkin-Elmer).- NMR: Varian XL 300 (TMS), ^{1}H: 300 MHz, ^{13}C: 75 MHz.- MS: Kratos MS 50, Einlaßsystem Hot-Box, Quellentemp. 180 °C: 70 eV.- GC/MS: Finnigan/MAT 1020 B; Datensystem: INCOS 1. Kapillarsäule: DB-S (J & W Scientific Inc. Rancho Cordova, USA), Fused-Silica, 30 m × 0.32 mm i.D., 0.25 µm Filmdicke. Trägergas: Helium, Vordruck 26 psi. µ = 60 cm/s, Gerstel-Split-Injektor. Split 1 : 20, direkte Kopplung. Quellentemp.: 180 °C, Ionisierungsenergie: 70 eV, Multiplierspannung: 2000 V. Analyt. DC: Fertigplatten (Merck), Kieselgel 60F-254, 0.25 mm.- Präp. DC: Kieselgel 60 PF-254 (Merck), 0.75 mm.- SC: Kieselgel 60, 0.063-0.200 mm (70-230 mesh ASTM) (Merck).- Trimethylsilyl-Derivate (TMS-Derivate): 1 mg Substanz wurde in 100 µl *N*-Methyl-*N*-trimethylsilyl-trifluoracetamid (MSTFA) gelöst und 1 min im Ultraschallbad behandelt.

Abb. 1-3. Auszug aus dem Experimentellen Teil einer Publikation [aus *Arch Pharm (Weinheim)*. 1992. 325: 47-53; S 49].

1.4.2 Anfertigen des Berichts

Gliederungsentwurf

Wir stellen uns einen Zwischen- oder Abschlussbericht über eine Experimentaluntersuchung vor und geben einige Hinweise, wie er anzufertigen ist. Manches davon mag selbstverständlich scheinen – und wird doch immer wieder falsch gemacht. Wahrscheinlich finden Sie einige Anregungen, die Ihnen beim nächsten Mal helfen können, auch wenn Sie keineswegs unerfahren sind.

- Beginnen Sie mit dem Schreiben eines Berichts nicht, ohne eine *Gliederung* entworfen zu haben!

Der Gliederungsentwurf kann aus einer logisch begründeten Gruppierung und Aneinanderreihung von Stichwörtern bestehen, die eine Übersicht herstellen. Im Englischen gibt es dafür die treffende Bezeichnung *outline*: Kontur, Skizze. Wenn Sie sich die Mühe damit zu Beginn der Arbeit (und nicht erst am Schluss) machen, haben Sie eine bessere Chance, die Dinge in einer logischen Abfolge zu Papier zu bringen, nichts zu übersehen und aufwändiges nachträgliches Umstellen zu vermeiden.

Im Englischen unterscheidet man noch zwischen *topic outline* – die Gliederungspunkte bestehen nur aus Stichwörtern – und *sentence outline*; die darin enthaltenen Leitsätze könnten später am Anfang von Absätzen stehen.

- Je umfangreicher der Bericht werden soll, desto ausführlicher und stärker sollten Sie den Gliederungsentwurf strukturieren.

Sie nähern sich dann den Anforderungen, die an eine naturwissenschaftliche *Dissertation* – eine anspruchsvolle Form des Berichts – gestellt werden (s. folgendes Kapitel, besonders Abschn. 2.2). In der Tat gelten für alle diese Berichte ähnliche Leitlinien hinsichtlich der Gliederung – dieselben, die auch der typischen *Originalmitteilung* über eine Experimentalarbeit in einer Fachzeitschrift (Kap. 3) zugrunde liegen. Dieses durchgängige Muster sieht als übergeordnete Komponenten eines Berichts die Teile (vgl. Abschn. 2.2.1) vor:

- Einführung – Experimentelles (Experimenteller Teil) – Ergebnisse – Diskussion – Schlussfolgerungen (Schlussbemerkungen).

Darin kann der *Experimentelle Teil* auch erst an späterer Stelle, vor den Schlussfolgerungen, stehen (s. beispielsweise die Norm BS-4811: 1972). Die Schlussfolgerungen können in den Teil *Diskussion* integriert sein. Statt „Experimentelles" kann es auch „Material und Methoden" (oder noch anders) heißen. Aus den englischen Bezeichnungen *Introduction*, *Materials* and *Methods*, *Results* and *Discussion* dafür ist das Kunstwort IMRAD gebildet worden, das als Kurzformel für diesen Gliederungsaufbau steht und immer wieder Eingang in die studentische Anleitungsliteratur gefunden hat (zuletzt SCHNUR 2005).

Je nach Länge des Berichts werden die einzelnen Teile unterschiedlich ausfallen und müssen unterschiedlich stark untergliedert werden. Im Extremfall kann sich die Einleitung auf einen einzigen Satz reduzieren, aber sie sollte nicht fehlen. Eher könnten

Sie als Verfasser daran denken, Teile zu vereinigen – z. B. Ergebnisse und Diskussion oder Diskussion und Schlussfolgerungen –, um einen kurzen Bericht nicht unnötig aufzublähen.

Mit der Länge steigt die Wahrscheinlichkeit, dass Sie den ursprünglichen Gliederungsentwurf während des Schreibens modifizieren müssen. Deshalb sprechen wir von einem *Entwurf*, der sich durchaus von der endgültigen Gliederung unterscheiden kann. Ein Beispiel einer Feingliederung eines studentischen Berichts auf der Grundlage des obigen Schemas zeigt Abb. 1-4. Die dort verwendete Benummerung der Überschriften für einzelne Teile wird in Abschn. 2.2.5 erläutert.

Textentwurf

Nachdem Sie sich über den Aufbau schlüssig geworden sind, verfassen Sie einen ersten *Textentwurf (Rohfassung)* des ganzen Berichts. Hier formulieren Sie nicht mehr in Stichwörtern, sondern in Sätzen, ohne allzu sehr auf die sprachliche Wirkung zu achten.

- Es kommt darauf an, dass ein Satz aus dem anderen folgt und dass sich die Sätze zwanglos zu Absätzen zusammenfassen lassen.

Ist dies nicht der Fall, so liegen vermutlich Unstimmigkeiten im Gliederungsentwurf vor.

- Der *Absatz* ist ein Mittel, den Text noch unterhalb des Niveaus der letzten Überschrift in gedanklich zusammenhängende Teile zu untergliedern.

Dabei entstehen in sich ruhende Aussageblöcke, die, aneinandergefügt, das Ganze ergeben. Die Trennung zwischen den Absätzen ist lediglich durch den neuen Zeilenbeginn – oft eingerückt – und vielleicht noch eine Leerzeile, vergleichbar der Zementfuge im Mauerwerk, angedeutet. Der Leser wird sich der Absatzbildung oft kaum bewusst, und doch würde es ihn quälen, müsste er „Endlostext" lesen.

Dank der Textverarbeitung können Sie Absätze noch subtiler formatieren als angedeutet. Sie müssen nicht gleich eine Leerzeile einschalten;[28] vielmehr können Sie verlangen, dass oberhalb eines Absatzes ein Abstand von beispielsweise 4 Punkt zur letzten Zeile des vorstehenden Absatzes liegen soll. Die erste Zeile des Absatzes muss dann nicht mehr eingezogen werden, und beide Maßnahmen tragen zur Ästhetik des Dokuments und zum pfleglichen Umgang mit dem Druckraum bei. Der Einzug bleibt so anderen Anwendungen vorbehalten, z. B. Aufzählungen oder freistehenden Formeln (Kap. 6).

- Vor allem den *ersten* Satz eines Absatzes gilt es sorgfältig zu formulieren.

Er lässt erkennen, worum es sich nunmehr handelt. Der letzte Satz sollte dann versuchen, diesen neuen Gedanken zu einem Abschluss zu bringen und gleichzeitig den nächsten vorzubereiten.

---

[28] Tatsächlich *sollen* Sie das nicht tun. Es gibt in der Textverarbeitung besondere Anweisungen für vergrößerten Absatzabstand.

Grignard-Reaktion von 2-Methylbutylmagnesiumbromid mit 3-Pentanon

1   Einführung
1.1 Geschichtlicher Hintergrund
1.1.1 Allgemeine Übersicht über Grignard-Reaktionen mit Ketonen
1.1.2 Chemische Gleichung, Mechanismus, voraussichtliche Nebenprodukte
1.1.3 Beilstein: Eigenschaften und alternative Synthesen für 3-Ethyl-5-methyl-3-heptanol (**1**)
1.1.4 Jüngere Literatur über Synthese, Verwendung und physiologische Eigenschaften von **1**
1.2 Geplanter Syntheseweg und Gründe für seine Auswahl
2   Experimentelles
2.1 Material
2.1.1 Chemikalien
2.1.2 Ausrüstung
2.2 Beschreibung der Arbeit
2.2.1 Ausführung der Umsetzung
2.2.2 Aufarbeiten und Isolieren des Produkts
2.3 Charakterisierung der Reaktionsprodukte
2.3.1 Chemische Tests
2.3.2 Physikalische Daten (Schmelzpunkt, n_D^{20}, Dichte)
2.3.3 GC-Untersuchung
2.3.4 Spektroskopische Daten (IR, NMR, MS)
3   Ergebnisse
3.1 Ausbeute, Grundlagen für ihre Abschätzung
3.2 Reinheit (Interpretation des Gaschromatogramms und der physikalischen Daten)
3.3 Hinweise für die korrekte Struktur (Interpretation der Spektren, Vergleich mit der Literatur)
4   Diskussion und Schlussfolgerungen
4.1 Anmerkungen zu Ausbeute und Reinheit, Bewertung von Versuchsfehlern
4.2 Interessante und unerwartete Beobachtungen und Versuche zu deren Interpretation
4.3 Empfehlungen für dieses Präparat
5   Literatur

Abb. 1-4. Beschreibung eines Experiments aus der präparativen Organischen Chemie als Beispiel einer Gliederung für einen Laborbericht. – Die Haupteinheiten entsprechen den typischen Bestandteilen aller Berichte; auf einen eigenen Abschnitt „Schlussfolgerungen" ist verzichtet worden.

● Als Richtwert für eine günstige Länge des Absatzes mögen vier bis acht Sätze gelten.

Bei einem in A4-Format mit Maschine geschriebenen Text kommen so etwa zwei bis drei Absätze auf eine Seite, bei einem gesetzten Text in Buchformat eher fünf bis sechs. Das heißt nicht, dass ein Absatz von nur ein oder zwei Zeilen Länge nicht auch seine Berechtigung hätte – im Gegenteil. Ein kurzer Absatz wird in seinem Stellenwert betont,

1.4 Die Umwandlung von Laborbuch-Eintragungen in einen Bericht

die einzeln stehende Zeile wird zum *Leitsatz* oder *Merksatz*. Wir machen im vorliegenden Buch von diesem Mittel Gebrauch und betonen den Leitsatzcharakter zusätzlich durch einen vorgesetzten fetten Punkt [*engl.* bullet, (Gewehr)Kugel].

Verbesserte Fassung – Hinweise zur Sprache

Erst wenn Sie den ganzen Bericht in dieser Weise roh gefasst haben, sollten Sie ihn überarbeiten, ihn besser ausformulieren. Der Sinn unserer Empfehlung liegt nicht darin zu sagen, dass jeder von uns sich immer noch verbessern kann – das wäre trivial. Vielmehr raten wir, die Stufen der *Rohfassung* und einer ersten *verbesserten Fassung* bewusst voneinander zu trennen. Ging es zuerst vor allem um die logische Abfolge in der großen Linie, um den Gedankenfluss, so jetzt eher um den Klang jeder einzelnen Aussage.

- Das *Schreiben* ist ein Dialog, bei dem Sie sich als Schreibende(r) – im Vergleich zum gesprochenen Dialog – umso deutlicher auszudrücken haben, als Sie die Fragen der anderen nicht vernehmen.

Ersetzen Sie, jetzt an Ihrem Schreibtisch, den vom Vortragen her bekannten *Blickkontakt* durch einen „Schreibkontakt"! Stellen Sie sich vor, wie sich Ihr Text für einen Unbefangenen liest. Sagt jeder *Satz* wirklich das, was er sagen soll? Es ist eine erstaunliche Erfahrung, dass viele Naturwissenschaftler – unbeschadet ihrer Schulung in analytischem Denken – an dieser Stelle viel Unzulängliches produzieren. Sie schreiben nicht – unmissverständlich – das, was sie meinen. *Wörter* und *Wortbilder* mit nicht genau treffendem Sinngehalt verderben ihre Pointen, ungeschickt oder falsch zusammengefügte *Satzteile* verwirren den Leser, unklare *Bezüge* produzieren mehr Fragen als Antworten, falsche *Bindewörter* (z. B. eine kausale statt einer finalen Konjunktion) stellen die *Logik* auf den Kopf, Sätze mit nicht zusammenpassendem Anfang und Ende verderben die Lust am Lesen. Wo das so ist, hat es offenbar an Schreibkontakt gefehlt! Manchmal merken Sie das selbst, wenn Sie ihren eigenen Text am andern Tag erneut lesen.

- Lassen Sie Ihren Text aus der Distanz auf sich wirken, lesen sie ihn – am besten laut! Prüfen sie ihn nicht nur auf seine innere Logik und Struktur hin, sondern auch auf seinen *Klang*!

Liest er sich angenehm? Hat er ein Auf und Ab der *Sprachmelodie*, macht er Pausen, hat er *Rhythmus*? Betont er? Oder ist er atemlos, kurzatmig, langatmig? Monoton sollte er nicht wirken! Unnötige Wiederholungen nicht nur von Wörtern, sondern auch von Silben, die alle ähnlich klingen, womöglich alle auf „e" lauten, sollte er vermeiden. Vergleichen Sie Ihren Text unter solchen Kriterien mit anderen Texten.

Intensives Lesen – das sprachbewusste Aufnehmen von Lesestoff, der der Mühe wert ist – kann überhaupt als Pilgerweg zu gutem Schreiben gelten.

Wer viel zu schreiben hat, tut also gut daran, auch viel zu lesen. Bei diesem Rollentausch werden Sie sich eher bewusst als bei der Beurteilung der eigenen Schreibkünste, welcher Text „ankommt" und welcher nicht. Vom bewussten Lesen ist es nicht weit zu dem Schritt, von geschätzten Autoren das eine oder andere abzuschauen.

Es gibt Mittel und Wege, Fehler beim Schreiben zu vermeiden. Sorgfalt an dieser Stelle zahlt sich immer aus, denn nur zu schnell schwächt schlechte Form den Inhalt ab. Sie sollten nie aufhören, an Ihrem Stil zu arbeiten. Für Wissenschaftler, die Zeitschriftenartikel publizieren, und auch für Buchautoren ergibt sich manchmal eine unverhoffte Gelegenheit der *Qualitätskontrolle*: indem man ansieht, was ein Redakteur oder Lektor aus dem eigenen Text gemacht hat. Seinen oder ihren Empfehlungen oder Neuformulierungen nachzuspüren und zu folgen, muss nicht an Ihrem Ego rühren. Es sind Fachleute eigener Erfahrung, die hier ihr Streben nach Exzellenz mit dem Ihren zusammenbringen wollen.

Auf einige Feinheiten der Sprache – oder Stolpersteine, wenn Sie ein Glas lieber halb leer als halb voll sehen – gehen wir in einem eigenen Kap. 10 am Schluss des Buches näher ein.

Reinschrift

Nach Überarbeiten der ersten Fassung wird eine zweite entstehen, die erneut überarbeitet wird. Funktionen wie „Ausschneiden", „Kopieren", „Einfügen", das *Verschieben* von Textstücken mit der Maus und viele andere in den Textverarbeitungsprogrammen vorgesehene Befehle leisten dabei vortreffliche Dienste. Vor allem der weniger Erfahrene sollte sich aber hüten, alle Arbeiten unmittelbar am *Bildschirm* ausführen zu wollen: Dort geht nur zu leicht die *Übersicht* verloren; und nachher ist zwar beeindruckend, wie mühelos das Ganze manipuliert werden konnte, aber das Ergebnis stellt – andere jedenfalls – möglicherweise nicht zufrieden.

● Schließlich ist der Bericht in seiner letzten – inhaltlich, sprachlich und formal den Ansprüchen genügenden – Fassung als *Reinschrift* auszugeben.

Je nach Schreibfertigkeit des Autors und Komplexität des Manuskripts sind mehrere Fassungen nötig auf dem Weg zur Reinschrift.

● Selbst geringfügige Veränderungen und Korrekturen in der endgültigen Fassung stören das Erscheinungsbild.

Ob Sie wegen einiger spät entdeckter Mängel einzelne Seiten oder, je nachdem, den ganzen Bericht neu ausgeben, hängt nicht nur von Bedeutung und Zweck der Übung – letztlich dem Anspruch des Empfängers – ab, sondern auch von der technischen oder personellen Unterstützung, auf die Sie zählen können. Nachdem heute fast jeder Naturwissenschaftler auf ein eigenes Textverarbeitungssystem zugreifen kann, gibt es keine Entschuldigung mehr für *Handkorrekturen*, auch nicht für Flickstellen, wie sie in Schreibmaschine-geschriebenen Manuskripten mit Korrekturpapier oder -flüssigkeit an der Tagesordnung waren.

Die fertigen Seiten der Reinschrift tragen eine *Seitennummer* (in DIN 1422-1, 1983, und Programmen der Textverarbeitung: *Seitenzahl*). DIN 1422-4 (1986) vermerkt dazu unter *Paginierung*:

1.4 Die Umwandlung von Laborbuch-Eintragungen in einen Bericht

- Die Seiten werden durchgehend paginiert, mit dem *Titelblatt* als Seite 1 beginnend. Davon wird oft abgewichen, die eigentliche Seitenzählung wird erst mit der *Einführung* begonnen. Vorwort, Geleitwort u. ä. sowie das Inhaltsverzeichnis werden – häufig jedenfalls bei Büchern – „römisch" paginiert (I, II, III, IV, ...) und bilden den *Vorspann*. Eine andere Sache ist, dass Sie die Seitennummer[29] nicht überall anschreiben müssen. Beispielsweise würde sie auf dem Titelblatt und beim Vorwort oder einer Danksagung stören; auch wenn die betreffenden Seiten mitgezählt sind, lassen Sie sie dort einfach weg. Das gilt bei doppelseitiger Beschriftung auch für eine leer bleibende Seite vor Beginn eines neuen Kapitels.[30]

Wo auf einer Seite die Seitennummer stehen soll, lässt DIN 1422-4 offen. Nach DIN 5008 (2005) steht sie auf der Mitte über dem Text, um genauer zu sein: in der 5. Zeile (von der *Blattkante* gezählt), und zwar zwischen zwei Gedankenstrichen (z. B. – 3 –). Die englische Norm BS-4811: 1972 schreibt dafür die Mitte am Fuß der Seite (also *unter* dem Text) vor und verlangt darüber hinaus bei offiziellen Berichten, dass jede Seite die Berichtsnummer zu tragen habe.

Zweckmäßig für Berichte, Anträge, Protokolle u. ä. ist die Angabe der Seitennummern nach dem Muster (Beispiel) „3/5" (sprich: drei von fünf), wobei 5 die Gesamtzahl der Seiten des Dokuments (Seitenzahl) angibt und 3 die Seitennummer der betreffenden Seite. Bei einem losen (nicht gehefteten oder gebundenen) Manuskript kann man sich so überzeugen, ob man alle Seiten des Dokuments in Händen hält und ob eine Seite mehr am Anfang oder Ende steht.

In der Textverarbeitung werden solche Bestandteile eines Manuskripts in der *Kopfzeile* und/oder der *Fußzeile* aufgenommen. Das Zählen der Seiten überlassen Sie getrost dem Computer: Dazu müssen Sie nur das Symbol für die *automatische Paginierung* in die Kopf- oder Fußzeile holen (Befehl „Seitenzahl einfügen"); und da können Sie die Nummer durch die Anweisungen „zentriert" oder „rechtsbündig" über der Mitte oder dem rechten Rand des *Textfelds* positionieren, mit dem Tabulator auch an einer beliebigen anderen Stelle über bzw. unter dem eigentlichen Text. Meistens können Sie sogar eine „gesonderte Titelseite" verlangen – Kopf- und Fußzeilen bleiben da gewöhnlich leer – und nach Belieben arabisch oder römisch paginieren. (Dazu empfiehlt es sich, den Vorspann als eigenen *Abschnitt* anzulegen.)

- Die Seitennummern, in die Gliederung eingetragen, ergänzen diese zum *Inhaltsverzeichnis*.

Der fortlaufende Text wird im Allgemeinen mit eineinhalbzeiligem Zeilenabstand (s. „Manuskript: Gestaltung und Auszeichnung" in Abschn. 5.5.1) geschrieben und auf A4-Blättern so zentriert, dass überall ein Rand von wenigstens 25 mm bleibt. Verwen-

---

[29] Unter *Seitenzahl* wird oft die Anzahl der Seiten (z. B. eines Buches) verstanden.
[30] So, wie Kapitel 1 mit Seite 1 beginnt, werden alle Kapitelanfänge auf Seiten mit einer ungeradzahligen Nummer gelegt. Bei beidseitig beschriebenen Blättern werden die Seiten mit geradzahliger Nummer zu Rückseiten, nach Binden zu linken Seiten. Vor Beginn eines Teils sollte links eine leere Seite liegen, d. h. hier bleiben ggf. zwei Seiten (ein Blatt) frei.

den Sie eine normale Schreibmaschinenschrift, so können Sie davon ohne weiteres noch bequem lesbare Verkleinerungen auf das Format A5 gewinnen.

Näheres über das Anfertigen von Reinschriften vermittelt Kap. 5; auch Sonderteile eines Berichts wie Formeln, Gleichungen, Tabellen und Abbildungen werden in Teil II ausführlich behandelt.

1.5 Verschiedene Arten von Berichten

1.5.1 Umfeld Hochschule: Vom Praktikumsbericht zum Forschungsantrag

Wir haben in den vorangegangenen Abschnitten über das Anfertigen von Berichten gesprochen, ohne die Natur des entstehenden Dokuments näher zu beschreiben und abzugrenzen. Tatsächlich lassen sich nach Zweck, Anspruchsniveau und Länge viele Arten von Berichten – in der Sprache der Linguisten *Textsorten* – unterscheiden, auf die wir abschließend kurz eingehen wollen. Dabei wird deutlich werden, dass nicht jeder „Bericht", den ein Naturwissenschaftler schreibt, die Aufzeichnung einer Experimentalarbeit ist. Oft ist ein solcher Hintergrund nur in Andeutungen oder gar nicht zu erkennen. Dennoch lassen sich die meisten der vorstehend besprochenen Empfehlungen sinngemäß anwenden.

- Ein Anfang: Der *Praktikumsbericht*.

In den *Praktika* der naturwissenschaftlichen und technischen Fächer werden Versuchsbeschreibungen, Protokolle oder Berichte verlangt. Beispiele sind ein Bericht über die Teilnahme am elektronenmikroskopischen Kurs, ein Versuch im physikalischen Praktikum, das „Literaturpräparat" im organisch-chemischen Praktikum. In diesen Fällen werden überschaubare Sachverhalte auf wenigen Seiten beschrieben und mit Mess- oder Berechnungsergebnissen einem Assistenten oder Hochschullehrer zum Testat vorgelegt. Oft werden mehrere solcher Kurzberichte in einem Ordner oder Heft zusammengestellt, wodurch das Geschehen eines ganzen Semesters dokumentiert werden kann und nicht nur das eines Nachmittags. Die Protokolle zeigen möglicherweise Züge sowohl des Laborbuch-Eintrags als auch des Berichts. Die handschriftliche Form kann zugelassen sein. Wie immer Sie verfahren, tun Sie nichts, ohne sich nach den üblichen Formen erkundigt zu haben. (Dies ist ein Rat, der sich ausgesprochen oder unausgesprochen durch das ganze Buch zieht.)

- Eine fortgeschrittene Übung: Der *Seminarbericht*.

Die Aufgabe kann darin bestehen, neuere Arbeiten auf einem bestimmten Gebiet aus der publizierten Literatur oder aus arbeitskreiseigenen Unterlagen im Zusammenhang zu beschreiben und zu erläutern. Oft wird ein solcher Bericht nicht in schriftlicher Form eingereicht, sondern vorgetragen. Sich nicht mit einem schlecht vorbereiteten Vortrag vor Kommilitoninnen und Kommilitonen blamieren zu wollen, ist sicher

Ansporn genug zu einiger Anstrengung. Hier werden neben der Fähigkeit, Dinge in einen logischen Zusammenhang zu bringen, auch Grundkenntnisse der *Literaturarbeit* (Abschn. 9.2) und der *Vortragskunst* (EBEL und BLIEFERT 2005) verlangt. Sicher werden Sie in dieser Situation Ihren Bericht mit *grafischen* Elementen (Schemazeichnungen, Strukturformeln usw.) anreichern und ihre Präsentation beispielsweise mit Microsoft POWERPOINT unterstützen wollen. Die einschlägigen Kapitel in Teil II des genannten Buches geben dazu nähere Hinweise.

- Der Härtetest: Abschluss- und Prüfungsarbeiten.

Am Abschluss der Ausbildung zum Naturwissenschaftler oder Ingenieur steht in der Bundesrepublik Deutschland – oder stand traditionell – das *Diplom* oder die *Promotion*. Mit der entsprechenden Urkunde in der Tasche verlässt man die Hochschule z. B. als Diplombiologin (Dipl.-Biol.) oder als Diplomingenieur (Dipl.-Ing.), als Dr. rer. nat. oder Dr.-Ing.[31] Beide Arten der Qualifikation werden durch Vorlegen einer schriftlichen Arbeit – Diplomarbeit bzw. Doktorarbeit (*Dissertation*, *thesis*) – in Verbindung mit einer mündlichen und/oder schriftlichen Prüfung – im Falle der Promotion: Rigorosum – erlangt. Die schriftlichen Ausarbeitungen (Berichte), die zur Erlangung eines dieser akademischen Grade erforderlich sind, kann man gemeinsam als *Prüfungsarbeiten* (oder Abschlussarbeiten) bezeichnen und auch behandeln, unterscheiden sie sich doch eher in ihrem Umfang als ihrem Wesen. Auch die Arbeit mit dem Abschlussziel *Bachelor* lässt sich hier anschließen wie gleichfalls die *Masterarbeit*, die z. B. zum „Master of Science" (MSc) führt und neuerdings an Bedeutung gewinnt.[32]

Hochschulgesetze und Prüfungsordnungen (Promotionsordnungen) rund um Studium und Graduiertenstudium sowie die Palette der erreichbaren Abschlüsse und der verliehenen Grade (und deren Schreibweisen!) nebst ihren jeweiligen Regularien sind in diesem Buch nicht das Thema. Auf die zugehörigen Formen dieser Großberichte sowie die dazu benötigte Methodik hingegen gehen wir in Kap. 2 näher ein.

---

[31] In jüngerer Zeit ist es wieder akademischer Brauch geworden, sich nach bestandenem Examen Freunden, der Familie und der Öffentlichkeit mit Doktorhut oder anderer besonderer Kopfbedeckung und Kleidung vorzustellen und darin für die Fotografen zu posieren. Vielleicht lässt eine Zeit, in der man wieder von Eliteschulen zu sprechen wagt, solches Brauchtum – in den angelsächsischen Ländern ist es immer gepflegt worden – auch im deutschsprachigen Raum wieder aufkommen.

[32] Seit 1998 sind an vielen deutschen Hochschulen neuartige Studiengänge mit Master-Abschluss entwickelt worden. Sie haben sich in den naturwissenschaftlich-technisch orientierten Fächern (in denen der „Magister" nie Fuß fassen konnte) rasch etabliert. In einem Aufbaustudiengang, der weitgehend vom ersten berufsqualifizierenden Studienabschluss (Bachelorstudiengang) unabhängig ist, können in einem überschaubaren Zeitrahmen Zusatzkenntnisse erworben werden, die den Absolventen in spe eine breitere Basis für ihre berufliche Entfaltung verschaffen sollen. So umfassen die Masterstudiengänge an der Fachhochschule für Technik und Gestaltung in Mannheim drei Semester, wobei die ersten beiden theoretischen Studiensemester dem Erwerb und der Vertiefung wissenschaftlicher Kenntnisse und Methoden dienen, während das letzte Semester im Zeichen der Anfertigung der Masterarbeit (*engl.-dt.* Master Thesis) steht. „Mit dem Erwerb eines Mastergrades ... erlangen die Absolventen gleichzeitig die Befähigung zur Anfertigung einer Dissertation (Teilnahme an einem Promotionsverfahren)" (www.fh-mannheim.de/studium/ master/). Aktuelle Überblicke über diese hochschulpolitische Veränderung kann man sich beispielsweise beim idw Informationsdienst Wissenschaft verschaffen (http://idw-online.de).

- Ein Fall für Profis: Arbeitskreisberichte, Forschungsberichte.

Ausarbeitungen dieser Art kann der Arbeitskreisleiter als *Zwischenberichte* z. B. vom Diplomanden während seiner Diplomarbeit, vom Assistenten während seiner Assistenztätigkeit oder von den Beteiligten an einem Forschungsprojekt verlangen. Viele *Firmen* erwarten von ihren Mitarbeitern in Forschung und Entwicklung unaufgefordert *Quartalsberichte* oder eine noch kürzere periodische Berichterstattung. „Berichten" ist in der Geschäftswelt, englisch-amerikanischem Gebrauch folgend, zu einem Synonym geworden für „dienstlich zugeordnet sein" („Y berichtet X" statt „X ist der Vorgesetzte von Y"), wie ja auch moderne Vorstandsvorsitzende von Konzernen sich gerne als deren „Sprecher" bezeichnen lassen.

Der Gruppenleiter (Arbeitskreisleiter) seinerseits oder die Mitglieder einer Projektgruppe müssen *Forschungsberichte* an eine Bewilligungsbehörde oder das Management der Firma als Beleg für die geleistete Arbeit und die erzielten Ergebnisse weiterleiten (s. unten). Die Kunst besteht hier neben dem Einordnen komplexer Sachverhalte in einen logischen Zusammenhang vor allem darin, wesentliche *Ergebnisse* ins rechte Licht zu rücken, deutlich zu machen, was erreicht worden ist und was nicht, ggf. *Fehlschläge* zu begründen und verständlich zu machen, warum die Arbeiten gerade in dieser Form voran getragen worden sind. Am Schluss des Forschungsberichts sollte ein Ausblick auf begonnene und weitere Erfolg versprechende Arbeiten nicht fehlen.

Offizielle Forschungsberichte reichen über den Arbeitskreis hinaus. Sie sind beispielsweise einer Organisation der Forschungsförderung oder einer Behörde vorzulegen und bedürfen dazu einer bestimmten *Form*. Damit haben sich mehrere nationale und internationale Normen befasst (BS-4811: 1972; ISO 5966-1982; DIN 1422-2, 1984), aus denen wir hier nur die wichtigsten Empfehlungen und Erläuterungen mitteilen können. Zum Teil finden sich diese Empfehlungen – z. B. was das Formulieren einer Zusammenfassung angeht – an anderen Stellen des Normenwerks wie auch dieses Buches wieder und können dort eingesehen werden (ISO 214-1976; Abschn. 3.3.2 u. a.). Danach besteht ein offizieller Forschungsbericht aus den folgenden Teilen (Teile in Klammern sind fakultativ):

Vorderer Umschlagdeckel • Titelseite • Zusammenfassung • Inhalt
• (Glossar) • (Vorwort) • Einführung • Hauptteil • Schlussfolgerungen
• (Empfehlungen/Ausblick) • (Danksagung) • Literatur • (Anhänge)
• Dokumentationsblatt • (Verteiler) • Hinterer Umschlagdeckel

Darin könnte der „Hauptteil" noch in „Ergebnisse" und „Diskussion" zerlegt werden (vgl. „Gliederungsentwurf" in Abschn. 1.4.2); ein eigener „Experimenteller Teil" kommt für einen Bericht beispielsweise an eine Stiftungsorganisation weniger in Frage.

Umschlag und Titelblatt tragen außer Titel und Verfasser des Berichts und dem Abgabedatum eine Identifikationsnummer *(Projektnummer, Berichtsnummer;* s. Abschn. 1.2), die z. B. auf ein Projekt einer bestimmten Behörde hinweist, verbunden ggf. mit einer Bandnummer. Mit Hilfe dieser Angaben soll es möglich sein, den Bericht eindeutig zu beschreiben und ausfindig zu machen. Werden auch noch eine ISSN oder ISBN [s. Abschn. 3.1.1 bzw. Abschn. 4.5.2] angefügt, so tritt der Bericht aus dem Bereich der „Grauen Literatur" heraus und wird zu einer allgemein zugänglichen *Publikation*. Die Zusammenfassung dieser Angaben auf dem *Dokumentationsblatt* in einheitlicher Form soll es zusätzlich erleichtern, den Bericht wieder aufzufinden.

Es versteht sich, dass die Seiten zu nummerieren sind und dass das ganze Dokument ordentlich zu heften oder zu binden ist.

● Überlebenskunst des Naturwissenschaftlers: Der *Forschungsantrag*.

Vom Forschungsbericht, der seinem Wesen nach retrospektiv ist, unterscheidet sich der Forschungsantrag dadurch, dass er Experimente oder andere naturwissenschaftlich-technische Untersuchungen beschreibt, genauer: vorschlägt, die noch *nicht* durchgeführt worden sind. Der Antrag geht der Durchführung voraus, weil erst eine wesentliche Voraussetzung geschaffen werden muss, das Bereitstellen der benötigten *Geldmittel*.

In einer Zeit, in der die Forschung an unseren Hochschulen zu wesentlichen Teilen aus Drittmitteln finanziert wird, spielt das Stellen des Antrags auch für den ausgewiesenen Hochschulforscher eine überragende Rolle, sowohl was den Zeitaufwand als auch was den intellektuellen Einsatz angeht. An kaum einer anderen Stelle ist die Wechselwirkung zwischen Forschen und Schreiben in den Naturwissenschaften deutlicher zu greifen.

Ziel des Antrags muss es sein, die Bewilligungsstelle von mehreren Dingen zu überzeugen, nämlich

— dem Wert der angestrebten Forschungsergebnisse,
— der Durchführbarkeit des Projekts in einem vorgegebenen Zeit- und Mittelrahmen,
— der Fähigkeit des Antragstellers, das Ziel zu erreichen.

Dem Antrag werden deshalb häufig Sonderdrucke bereits veröffentlichter Arbeiten des Antragstellers beigefügt oder eine „Liste der Publikationen". Ferner ist es meist erforderlich, über bereits vorhandene Personal- und Sachmittel Rechenschaft zu geben. Wenn eine bestimmte Untersuchung den Einsatz eines hoch auflösenden Massenspektrometers voraussetzt, ist der Hinweis bedeutsam, dass ein solches Instrument zur Verfügung steht oder in Reichweite ist. Dies nicht zu erwähnen, könnte formal ein Grund für die Ablehnung des Antrags sein, es sei denn, der Antrag schließe die Beschaffung des Instruments ein.

Der Antrag muss eine Aufschlüsselung der beantragten Mittel nach den verschiedenen *Kostenarten* (im Wesentlichen Kosten für *Personal, Geräte* und *Verbrauchsmittel*) enthalten. Antragsteller sind gut beraten, wenn sie auch *Reise- und Publikationskosten* in ihrem Etatvorschlag vorsehen.

Manche Organisationen der Forschungsförderung stellen Formulare zur Verfügung. Solche Formblätter sollen das Antragstellen erleichtern; sie sollen die Anträge – darin besonders die Aufschlüsselung der beantragten Mittel – vereinheitlichen und übersichtlicher machen; und sie sollen helfen, dass elementare Informationen wie Name, akademischer Grad, Dienststelle und Anschrift des Antragstellers sowie Telefon-, Fax- und

E-Mail-Nummer nicht vergessen werden.[33)] Neuerdings verlangt beispielsweise die National Science Foundation in den USA, dass Forschungsanträge – dasselbe gilt für die Status-Berichte über laufende Forschungsvorhaben – auf ihren im Internet bereit gestellten Formularen elektronisch eingereicht werden. „Fastlane management" heißt das, begeben Sie sich also auf die Überholspur![34)]

- Schicksalhaft: das *Bewerbungsschreiben*.

Hier lässt sich die *Bewerbung* in Form des Bewerbungsschreibens anschließen. Auch sie ist in ihrem Wesen ein Antrag (nämlich ein Anstellungsantrag), nur bringen Sie nicht mehr eine Sache ein, mit der Sie sich beschäftigen wollen, sondern sich selbst. In einer Zeit knapper Arbeitsplätze und zunehmender Flexibilisierung und Mobilisierung des Arbeitsmarktes wird dieser Bericht wahrscheinlich der wichtigste in Ihrem Leben sein. Vielleicht müssen Sie ihn mehrfach einsetzen, und das nicht nur, in jeweils veränderter Form, am Anfang Ihrer beruflichen Tätigkeit, sondern auch an späteren Stationen Ihres Werdegangs und Berufswegs. Wir wollen uns an dieser Stelle dazu nicht näher äußern, raten Ihnen aber, der Sache unter allen denkbaren Gesichtspunkten – handwerklichen wie ästhetischen, taktischen wie strategischen – die größte Aufmerksamkeit zu schenken. Es gibt zahlreiche Bücher, die sich eingehend mit diesem Gegenstand wie überhaupt mit der Stellensuche beschäftigen – mit dem Abfassen eines Lebenslaufs und den Fallstricken eines Vorstellungsgesprächs etwa –, und Ihre Investition in eines von ihnen kann die rentabelste in Ihrem Leben werden. (Kurz behandelt wird das Bewerbungsschreiben in Abschn. 2.2 in EBEL, BLIEFERT und KELLERSOHN 2000; s. auch HESSE und SCHRADER 2005.)

1.5.2 Umfeld Industrie: Der technische Bericht

Immer mehr Produkte unserer technischen Welt – Geräte, Maschinen, Anlagen, Software usw. – bedürfen einer Beschreibung, um mit ihnen richtig umgehen zu können. Dafür haben sich Namen wie *Technische Dokumentation* (auch *Technikdokumentation*) oder *Technischer Bericht* eingebürgert. Und manchmal steht hinter einem solchen Bericht ein Verfasser, der sich bescheiden *Technischer Redakteur* nennt (HOFFMANN und SCHLUMMER 1990); auch *Technischer Autor* (oder *Technikautor*) oder *Produktredakteur* haben wir schon gelesen. (Besonders gefällt uns der „Beschreibungsingenieur".[35)])

---

[33] Falls Sie zu den viel beschäftigten Antragstellern zählen, mag es für Sie nützlich sein, solche Formulare in Ihren Computer zu scannen oder aus dem Internet zu laden und als Bilddateien im Hintergrund beim Ausfüllen zu verwenden (sofern Sie nicht gleich den elektronischen Weg des Antragstellens beschreiten).

[34] Ähnliches gilt in Deutschland. Wir machen in dem Zusammenhang auf sehr verdienstvolle Internet-Publikationen der Universität Kassel (www.uni-kassel.de.wissen) aufmerksam. Dort kann man Wesentliches über Drittmittelförderung und das Antragstellen als solches erfahren, aber auch Einzelheiten über Antragsstruktur, die „Sieben Todsünden bei der Antragstellung", über Formblätter und Richtlinien sowie über die wichtige Frage, „Worauf Gutachter achten".

[35] Erst seit Ende der 1970er Jahre wird den Problemen der Verbraucherinformation einige Beachtung geschenkt. 1978 wurde die Gesellschaft für technische Kommunikation (tekom) als Verein gegründet,

1.5 Verschiedene Arten von Berichten

Technische Dokumentation ist ein „Bindeglied zwischen Produkt (Hersteller) und Benutzer (Anwender)" (Blatt 1 der Richtlinie VDI 4500, 2004, *Technische Dokumentation – Begriffsdefinitionen und rechtliche Grundlagen*); es handelt sich dabei um Montage-, Betriebs-, Arbeits- und *Bedienungsanleitungen, Wartungs- und Reparaturhandbücher, Datenblätter* oder *Produktbeschreibungen* und *-kataloge* sowie um weitere Produkt-begleitende Literatur (*Produktinformation*, s. auch ZIETHEN 1990, S. 21 ff), um alles Schrifttum also von der *Anleitung* zum Einbau eines Radios im Küchenschrank über die Bedienung eines wissenschaftlichen Instruments bis zum *Benutzerhandbuch (Manual)* oder der Online-Hilfe für ein Computerprogramm.

Zu den technischen Berichten zählt auch die „betriebsinterne technische Dokumentation" in Form von *Pflichtenheften, Konstruktions-* oder *Fertigungsunterlagen* und *Arbeitsanweisungen, Qualitätssicherungs-* und *Umweltschutzdokumenten*. Solche technische Information kann einen enormen Umfang annehmen: Die Betriebsanleitung für eine große Maschine oder für eine Fertigungsanlage kann aus einem Handbuch mit mehreren Bänden bestehen. Beispielsweise wiegt die Betriebsanleitung eines U-Bootes in gedruckter Form mehr als 18 Tonnen, mehr vielleicht als das U-Boot selbst, und die Beschreibung eines Airbus umfasst knapp 400 000 Seiten.

Die Bedeutung des Schreibens oder Beschreibens hat in Firmen, die die Produkte auf den Markt bringen, heute wohl einen neuen Stellenwert bekommen. Benutzerinformationen sind inzwischen „integraler Bestandteil der Lieferung einer Maschine" (DIN EN 292-2, 1991), also Teil des Lieferumfangs (SEEGER 1993, S. 7) und „Bestandteil eines Erzeugnisses bzw. einer Lieferung" (DIN EN 62 079, 2001). Die Philosophie der Unternehmen hat sich gewandelt: Die Hersteller und/oder Vertreiber von Produkten nehmen die Einsicht „Ein Produkt ist nur so gut wie seine Beschreibung" zunehmend ernst: Eine überzeugende *Produktdokumentation* kann die Kaufentscheidung von Kunden wesentlich beeinflussen.

Doch welcher Anwender hat sich nicht schon über schlampige *Produktblätter* geärgert, die in einem technischen Jargon etwas zu erklären versuchen, was ohne Kenntnis des Vokabulars nicht zu verstehen ist; über Benutzerinformationen, in denen der

---

der sich zum Ziel gesetzt hat, „zur Verbesserung der Qualität technischer Dokumentation und Kommunikation beizutragen" und u. a. Ausbildungsgänge für Technikautoren zu entwickeln und festzuschreiben (BOCK 1993, S. 4). Seit Jahren gibt der Verein (www.tekom.de) eine Zeitschrift *technische kommunikation* heraus. Außer um Technik-Kommunikation kümmert man sich laut Satzung um Technik-Dokumentation. Zusammen mit dem Bildungsinstitut für Technische Kommunikation in Dortmund hat der Verein am Aufbau eines Studiengangs mit dem international anerkannten Abschluss „Professional Master of Science—Technische Kommunikation" mitgewirkt. „Wir bilden seit über 10 Jahren Technische Redakteurinnen und Redakteure aus und bieten Ihnen praxisorientierte Aus- und Weiterbildung im Themengebiet Technische Kommunikation ... Dabei geht es sowohl um unternehmensinterne Informations- und Kommunikationsprozesse als auch um externe Technische Dokumentation, die produktbegleitend für unterschiedliche Zielgruppen erstellt wird ...", beschreibt das Institut einen Teil seiner Aufgaben. – Noch weiter zurück, bis in das Jahr 1953, reichen die Wurzeln der Society for Technical Communication (STC) in den USA mit ihren heute 25 000 Mitgliedern weltweit. Die STC ihrerseits ist Mitglied des International Council for Technical Communication (INTECOM): Da hat sich seit Jahren mehr getan, als in einer breiteren Öffentlichkeit bekannt ist.

Text nur unzulänglich mit den Abbildungen verbunden ist; über Produktdokumentationen, in denen das Produkt und seine Beschreibung nicht zusammenpassen? Es sollte für Benutzer ohne große Mühe möglich sein, eine Gebrauchsanweisung zu verstehen – auch ohne vorhergehendes Sprach- oder Technikstudium! Ein ganzes Volk hat einen Schlagertext der 1970er Jahre verstanden und darüber gelacht: Ja, welchen Nippel soll man wo durch welche Lasche ziehen? Die Antwort der Verantwortlichen ist zum Teil noch immer mager, doch scheint, wie dargelegt, allmählich Einsicht einzukehren. Mittlerweile leben wir noch mit einer Schätzung, wonach durch fehlerhafte und unverständliche Benutzerinformation allein in Deutschland jährlich bis zu 1 Milliarde Euro Schaden verursacht werden.[36)]

Man kann Technik auf die Dauer nicht hervorbringen und noch weniger „verkaufen" (auch im übertragenen Sinn), wenn man nicht sagen kann, wie mit ihr umzugehen ist. Schicken Sie eine Bürgergruppe in eine Müllverbrennungsanlage oder ein Atomkraftwerk – die Meinungen in der Gruppe werden sich klären, setzen Sie nur einen guten Berichterstatter und Kommunikator ein. Doch dazu wird niemand von allein. Technikkenntnis *und* Menschenverständnis tun Not, und die Kunst der Kommunikation!

- Die *technische* Dokumentation: eine ungeliebte Kunst?

Neben der Sachinformation muss in technischen Dokumentationen besonderes Augenmerk auf Sicherheitsinformationen gerichtet werden, die den Benutzer vor Gefahren, die vom Produkt ausgehen können, und vor Fehlbedienungen und deren Konsequenzen warnen (SCHULZ 1993, S. 9). Zur technischen Dokumentation gehören daher allgemeine sowie spezielle Sicherheitshinweise (Warnungen, Verbote). Dazu angehalten werden „Inverkehrbringer" von Werkzeugen, Arbeitsgeräten, Hebe- oder Fördereinrichtungen u. ä. in Deutschland sogar durch ein eigenes Geräte- und Produktsicherheitsgesetz („Gesetz über technische Arbeitsmittel und Verbraucherprodukte") mit zahlreichen Verordnungen. Besonders die *Maschinenbauer* und *Elektrotechniker* haben für Maschinen und Geräte viele Sicherheitsgrundnormen entwickelt mitsamt Empfehlungen, wie Benutzerinformationen gestaltet sein sollen (vgl. z.B. DIN EN 292-2, 1991, und DIN EN 414, 1992; www.europa.eu.int). Danach müssen im Rahmen der CE-Kennzeichnung,[37)] die für Geräte mit elektrischen oder elektronischen Komponenten durch

---

[36] Hierher gehören auch die *Beipackzettel* in Arzneimittel-Packungen, die der Information und dem Schutz der Patienten dienen sollen und de facto oft kaum mehr sind als vorbeugende Haftungsabwehr der Arzneimittelhersteller: für den Patienten unlesbar, untauglich. „Jedes Jahr sterben in Deutschland schätzungsweise 57000 Menschen aufgrund unerwünschter Arzneimittelereignisse. Häufig sind eine falsche Dosierung oder das Nichtbeachten von Wechsel- und Nebenwirkungen der Grund. Wären die Beipackzettel lesbarer und verständlicher, ließen sich viele dieser Fälle vermeiden. Dies ist das Ergebnis einer Studie, die das Wissenschaftliche Institut der AOK (WIdO) gemeinsam mit dem Verbraucherzentrale Bundesverband (vzbv) am 3. November 2005 in Berlin vorgestellt hat" (aus einer Pressemitteilung des AOK-Bundesverbandes).

[37] Die CE-Kennzeichnung wurde vorrangig geschaffen, um den freien Warenverkehr innerhalb der Europäischen Gemeinschaft (EG) zu gewährleisten. Sie wird als „Reisepass" für den europäischen Binnenmarkt verstanden. Als Abkürzung haben die beiden Buchstaben ihren Ursprung in „Communauté

Europäisches Recht gefordert wird, solche Geräte mit einer Gebrauchsanweisung ausgeliefert werden. Darin muss beispielsweise für Medizingeräte etwas stehen zum Verwendungszweck, zu Kombinationsmöglichkeiten mit anderen Geräten, zur Reinigung und Desinfektion, zum Zusammenbau und zur Wartung (UNRUH und ZELLER 1996, S. 104).

Zur Gerätesicherheit kommt ein rechtlicher Aspekt, die *Produkthaftung*. Der Hersteller hat heute eine umfassende Schadenersatzpflicht: Er muss den Schaden erstatten, der bei Verletzung einer Person oder infolge eines Sachschadens durch den Fehler eines Produkts entstanden ist *(Produkthaftungsgesetz)*. Deshalb müssen Produzenten einem technischen Produkt haftungsrechtlich einwandfreie und anwendergerechte *Benutzerinformationen* beilegen – aus höchst eigenem Interesse!

Käufer werden mit Recht kritischer – inzwischen beurteilen sie ein Computerprogramm auch mit Blick auf das Benutzerhandbuch. Aufwertung einer ungeliebten Kunst!

1.5.3 Berichte von Auserwählten: Gutachten

Wir sind wiederholt gebeten worden, auch zum Thema *Buchbesprechung* etwas zu sagen, und tun es kurz an dieser Stelle (ausführlicher s. O'CONNOR 1991, S. 185-87). Eine Buchbesprechung *(Rezension)* ist ebenfalls eine Produktbeschreibung, wenn auch eine fremdverfasste. Da das besprochene Produkt Buch ein Kulturgut ist, wundert es nicht, dass sich manche Buchbesprechungen wie die Donnerworte eines Theaterkritikers lesen – und das sollen sie auch! Eine Rezension, die zu keinem Urteil kommt, für wen das Buch gut und nützlich (oder auch nicht nützlich) sei, ist das Papier nicht wert, auf dem sie geschrieben steht.

Wenn Sie zu den ausgewiesenen Fachleuten gehören, die gelegentlich um die Rezension eines neu erschienenen Buches gebeten werden, bedenken Sie bitte: Die Rezension ist eine Aussage nicht nur über das Geistesgut eines anderen – auch über Sie! Lassen Sie sich nicht beliebig lange Zeit damit, Sie behindern sonst den wissenschaftlichen Kommunikationsprozess. Wenn es etwas zu kritisieren gibt, bleiben Sie fair! „Zerreißen" Sie ein Buch nicht nur deshalb, weil Sie sich darin zu wenig zitiert fanden. Im übrigen gelten für das Abfassen einer Buchbesprechung ähnliche Kriterien wie für den *Peer Review* eines Zeitschriftenartikels (s. Abschn. 3.5.2). Und vergessen Sie nicht: Eine Monografie und ein Lehrbuch sind selbst schon Rezensionen im Sinne von Beurteilung. Indem diese Bücher nach Gutdünken weglassen oder lassen, bewerten sie, was in ihrem Fach wichtig scheint. Als Rezensent werden Sie zum Oberrichter. Eigentlich müssten Sie zu einer feierlichen Kopfbedeckung greifen, wenn Sie die Rezension verkünden (oder für die nächste Post freigeben).

Européenne", dem französischen Begriff für Europäische Gemeinschaft. Im Besonderen handelt es sich um ein europäisches Zeichen für den Bereich der technischen Sicherheit, des Gesundheitsschutzes, des technischen Arbeitsschutzes oder Umweltschutzes und der elektromagnetischen Verträglichkeit. Der Hersteller erklärt, wenn er dieses Zeichen auf einem Produkt anbringt, dass sein Produkt in allen Anforderungen mit den entsprechenden Richtlinien konform ist.

Stellen Sie sich einsichtige Fragen wie: Was bringt es (d.h. das Buch)? Was ist darin neu, worin geht es über andere Bücher hinaus? Was unterstützt es? Was hat es gut gemacht, was ist an ihm zu bemängeln? Für wen ist das Buch wichtig? Ist es für die *Zielgruppe* angemessen formuliert? Wenn Sie diese Fragen fair und kompetent beantwortet und die korrekten bibliografischen Angaben beigefügt haben, haben Sie eine gute Rezension geschrieben. Sehen Sie zum letzten Punkt vorherige Ausgaben der Zeitschrift an, die Sie zur Rezension aufgefordert hat! (Selbst können Sie sich als Rezensent in der Regel nicht anbieten, außer im Internet.)

Wir haben damit das Gebiet des Begutachtens betreten. Das Verfassen von *Gutachten* wird um so mehr von Ihrer Zeit beanspruchen, je mehr Ihr Ansehen in der *scientific community* gestiegen ist. Zum *Gutachter* macht man sich nicht, dazu wird man bestellt. An der Hochschule sind Gutachten im Rahmen von Prüfungsverfahren gefordert, z.B. bei Promotionen, Habilitationen und Berufungen. Auch bei der Bewilligung von *Forschungsanträgen* spielen Gutachten eine entscheidende Rolle. Faire und aussagekräftige Gutachten zu schreiben kostet Zeit und ist überdies eine Kunst, die gelernt sein will. Organisationen der Forschungsförderung wie die Deutsche Forschungsgemeinschaft (DFG) geben Hinweise oder Richtlinien heraus, wie Gutachten zu verfassen sind.

Auch die Beurteilung von Manuskripteinreichungen für die Publikation sind Gutachten in diesem Sinne und sollten entsprechend ernst genommen werden. Und auch hier: Bleiben Sie fair! Lesen Sie wenigstens, worüber Sie ein Urteil fällen. Und bleiben Sie auch im Kopf unbestechlich. Kaum etwas hat dem Ansehen der Wissenschaften mehr geschadet als die Beliebigkeit, ja Käuflichkeit mancher Gutachten.

2 Die Dissertation

2.1 Wesen und Bestimmung

Die Ausbildung in einem naturwissenschaftlichen oder technischen Beruf an einer deutschen Hochschule endet heute nach einem fünfjährigen Studium mit dem *Master of Science* oder *Master of Engineering* (früher: *Diplom*) oder dem *Staatsexamen*, denen sich die *Promotion* zum Dr. rer. nat. oder Dr.-Ing. als besondere akademische Auszeichnung anschließen kann.[1] Um einen dieser Grade zu erlangen, muss sich der Kandidat mündlichen oder schriftlichen Prüfungen stellen und zusätzlich – und vor allem – eine selbständige wissenschaftliche Arbeit durchführen, abfassen und in schriftlicher Form einreichen. Wiederum spielt die Kunst des Schreibens an einer entscheidenden Stelle des Wissenschaftlerlebens eine herausragende Rolle. Wir wollen uns in diesem Kapitel in erster Linie mit der *Dissertation (Doktorarbeit)*, der zum Erlangen der Doktorwürde erforderlichen Arbeit, befassen. *Masterarbeiten* (früher: *Diplomarbeiten*) und *Staatsexamensarbeiten* unterscheiden sich wegen ihres weniger weit reichenden wissenschaftlichen Anspruchs von Dissertationen meist durch ihren geringeren Umfang: Die Untersuchungen waren von Anfang an thematisch nicht so grundlegend vorgesehen und waren auch in kürzerer Zeit durchzuführen.[2]

Umgekehrt schließt sich auf der Seite des noch höheren Anspruchs die *Habilitationsschrift* an als Voraussetzung für die Verleihung der *Venia legendi*, des Rechts, an der Universität Vorlesungen zu halten. Auch sie soll mit der nachfolgenden Abhandlung angesprochen sein. In neuerer Zeit ist der Sinn der Habilitation in der überkommenen Form in Frage gestellt worden (ERKER 2000).

Die Dissertation ist nicht so sehr Rechenschaftsbericht als vielmehr die Bekanntgabe neuer Einsichten oder die Verkündung einer These. (Im Englischen heißt die Dissertation *thesis*; vgl. die Normen[3] BS-4812: 1972 sowie ISO 7144-1986.) Mögen auch die Umstände, unter denen diese Arbeiten durchgeführt werden, aus der Sicht des wissenschaftlichen Nachwuchses Anlass zu mancherlei Kritik geben (BÄR 2002), so dürfen

---

[1] Wir hätten dieses Kapitel auch „Die Prüfungsarbeit" nennen können, haben aber die spezifischere Überschrift „Die Dissertation" vorgezogen, weil wir unser Buch eher an Doktoranden und Anwärter auf einen Master-Abschluss (früher: Diplomanden) als Leser richten. Einen gezielten Zugang zu dem Gegenstand, mit etwas anderem Schwerpunkt, bietet *Diplom- und Doktorarbeit – Anleitungen für den naturwissenschaftlich-technischen Nachwuchs* (EBEL und BLIEFERT 2003). Dieses weniger umfangreiche Buch befasst sich ausschließlich mit dem Anfertigen von Prüfungsarbeiten – gründlich und ohne Fixierung auf Doktorarbeiten.
[2] Noch weniger umfangreiche Abschlussarbeiten sind für Anwärter auf einen *Bachelor*-Abschluss – nach einer Regelstudienzeit von drei oder dreieinhalb Jahren – vorgesehen.
[3] Dort findet sich die folgende Definition: „Thesis – A statement of investigation or research presenting the author's findings and any conclusions reached, submitted by the author in support of his candidature for a higher degree, professional qualification or other award."

Doktoranden und Postdoktoranden[4] doch einer Sache sicher sein: Auf ihren Schultern ruht der Fortschritt der Wissenschaften, und niemand wird ihnen das streitig machen. Das ist auch der Grund, weshalb wir der Dissertation ein eigenes Kapitel widmen.

In den Naturwissenschaften werden die Themen für die Arbeiten meist von einem Dozenten der betreffenden *Hochschule* gestellt – der dadurch zum Betreuer der Arbeit wird –, seltener vom Kandidaten selbst. In jüngerer Zeit werden Aufgaben aus der Industrie wieder häufiger bearbeitet, wenngleich die Experimente in vielen Fällen ganz oder teilweise an der Hochschule durchgeführt werden. Auch in Instituten der Max-Planck-Gesellschaft und in anderen öffentlichen Forschungseinrichtungen werden Themen für Arbeiten ausgegeben, aber in Deutschland haben nur die Universitäten und Technischen Hochschulen das Recht *(Promotionsrecht)*, Doktorgrade zu verleihen. *Fachhochschulen* verleihen in verschiedenen Fächern Mastergrade (früher: Diplome), die zur Promotion berechtigen, und haben darüber hinaus das Recht zur kooperativen Promotion (von je einem Hochschullehrer aus einer Universität oder Technischen Hochschule und einer Fachhochschule gemeinsam betreute Promotion).

Eine Diplom- oder Masterarbeit dauert typischerweise weniger als ein Jahr, wobei schätzungsweise 5 Prozent der Zeit mit Literaturstudien, 85 Prozent fürs Durchführen der Untersuchungen und 10 Prozent für das Abfassen der schriftlichen Ausarbeitung anzusetzen sind. (In den Geisteswissenschaften ist ein Großteil der „Untersuchungen" dem Literaturstudium zuzuschlagen; vgl. z. B. Eco 1990.) Ähnliches gilt für das Staatsexamen, das in den meisten Fällen zum Höheren Lehramt führt.

- Die Fachbereiche der Hochschulen geben oft im Rahmen der allgemeinen Ausbildungsrichtlinien eigene *Prüfungsordnungen* heraus.

Darin können Sie beispielsweise lesen, dass die Frist von der Themenstellung bis zum Abliefern der Masterarbeit neun Monate nicht überschreiten soll. Auf Antrag des Kandidaten und nach Befürwortung durch den Betreuer kann die Frist durch das Prüfungsamt verlängert werden (z. B. „um maximal weitere drei Monate").

Die durchschnittliche Promotionsdauer für Biologen in Deutschland liegt bei 4,2 (!) Jahren.[5] Durch straffere Organisation, beispielsweise im Rahmen des Modells

---

[4] In England und USA wird die Zeit, die ein Wissenschaftler nach der Promotion an der Hochschule – z. B. als Assistent eines Arbeitskreisleiters – verbringt, seit langem als *postdoctoral fellowship* bezeichnet. Daraus ist die Eindeutschung *Postdok* entstanden.

[5] In Deutschland sind nur wenige sorgfältige Untersuchungen über diesen Gegenstand durchgeführt worden. Eine davon ist die Kasseler Promoviertenstudie, deren Ergebnisse 2001 und 2002 veröffentlicht wurden (Bornmann und Enders 2002). Es geht darin um die Zeit, die für das Promovieren benötigt wird. Gefragt wurden neben Geistes-, Sozial- und Wirtschaftswissenschaftlern sowie Mathematikern auch Absolventen aus dem naturwissenschaftlich-technischen Bereich. Die Ergebnisse für Biologen decken sich mit der Zahl oben, die so schon in der 3. Auflage dieses Buches 1994 nachzulesen ist. Geändert hat sich seitdem also nichts. Das ist bedauerlich, denn viereinhalb wichtige Lebensjahre in einen akademischen Titel zu investieren, das kann nicht der Sinn der Sache sein. Die Überzeugung, dass unser Buch zur Verkürzung wenigstens der Schreibarbeit beitragen kann (wenn man es denn rechtzeitig in die Hand nimmt), haben wir dennoch nicht aufgegeben.

2.1 Wesen und Bestimmung

Graduiertenkolleg, ist man bemüht, die Promotionsdauer in naturwissenschaftlich-technischen Fächern auf 3 bis $3^{1}/_{2}$ Jahre zu drücken. Unser Buch will und kann solche Bemühungen unterstützen; einen noch gezielteren Vorstoß in dieser Richtung haben wir mit *Diplom- und Doktorarbeit* unternommen (s. unsere erste Fußnote).

Durch die Prüfungen wird der Kandidat in den Kreis der Fachleute aufgenommen. Besonders durch die Promotion wird der Nachweis geführt, dass der junge Wissenschaftler oder die junge Wissenschaftlerin in der Lage ist, anspruchsvolle wissenschaftliche Fragestellungen selbständig zu lösen. Auch die Fähigkeit, einen Sachverhalt wissenschaftlich-methodisch von allen Seiten zu beleuchten und vorzutragen, soll erlangt und nachgewiesen werden (*lat.* dissertare, erörtern).

- Das Anfertigen einer Dissertation ist eine anspruchsvolle Aufgabe – die sollten Sie nicht nebenher, unter ungebührlichem Zeitdruck oder unter anderen belastenden Umständen durchführen müssen.

Schließlich geht es nicht nur darum, die genannten wissenschaftlichen Leistungen zu erbringen, sondern auch darum, dafür eine handwerklich einwandfreie Form zu finden. Manche Dissertationen erreichen den Umfang von Büchern. (Es gibt Studienarbeiten, die noch vor der Diplomarbeit angefertigt werden und einen Umfang von 100 Seiten erreichen.) Als Kandidat oder Kandidatin sollen Sie also ein „Buch" schreiben und sogar selbst herstellen – dies alles mit zumeist nur geringer oder gar keiner Vorerfahrung im Publizieren! Kein Wunder, dass die Ergebnisse von recht unterschiedlicher Qualität sind.

Ein Wort noch zu einer Frage, die oft viel Kopfzerbrechen bereitet:

- Wann ist der Zeitpunkt gekommen, mit dem Schreiben der Dissertation zu beginnen?

Die Experimente, Berechnungen und Auswertungen, die für eine in sich schlüssige Darstellung erforderlich waren, sollten Sie abgeschlossen haben. Nur ungern werden Sie sich aus der gedanklichen Arbeit am Text wieder herausreißen lassen, um eine versäumte Messung nachzuholen.

- Zur Sicherheit sollten Sie Ihren Laborplatz möglichst lange zu erhalten suchen und Apparate nicht abbauen, Untersuchungsgut nicht aus der Hand geben, bevor die Dissertation im wesentlichen „steht".

Wann freilich genügend Material für das „Zusammenschreiben" (SCHNUR 2005)[6] vorliegt, ist nicht leicht zu entscheiden. Beraten Sie sich mit Ihrem Dozenten. Der zu erwartende Umfang der Dissertation sollte am wenigsten ein Maßstab sein. Vielmehr kommt es darauf an, ob aussagekräftige Ergebnisse vorhanden sind, die sich zu einem Bild fügen lassen. Ist das der Fall, sollte man – sollten *Sie!* – sich weder nötigen noch nötigen lassen, noch mehr Terrain zu erschließen.

---

[6] Dieses Buch enthält eine Zusammenstellung von (z. T.) annotierten und kommentierten Literaturquellen; sie kann sich als wertvoll erweisen vor allem dort, wo ein Interesse an weiteren Unterlagen zu speziellen Fragen wie „Zeitmanagement" oder „Schreiben auf Englisch" besteht.

2.2 Die Bestandteile einer Dissertation

2.2.1 Die Bestandteile im Überblick

Zunächst werden Sie sich über Aufbau und Bestandteile Ihrer Dissertation Gedanken machen. Wir stellen unsere Betrachtung auf eine *Experimentalarbeit* ab, also den am weitesten verbreiteten Typus in den Naturwissenschaften. Weitgehend gilt das Nachstehende auch für Arbeiten mit theoretischem Inhalt und auch für Diplom- und Staatsexamensarbeiten, wie überhaupt für Berichte fast jeglicher Art (s. auch „Gliederungsentwurf" in Abschn. 1.4.2).

In der folgenden *Standardgliederung* sind Bestandteile, die nicht notwendigerweise vorkommen müssen, in Klammern gesetzt (vgl. das Stichwort „Forschungsberichte" in Abschn. 1.5.1).

● Bestandteile einer Dissertation:
  • Titelblatt • (Vorwort) • Inhalt • Zusammenfassung
  • Einleitung • Ergebnisse • Diskussion • (Schlussfolgerungen)
  • Experimenteller Teil • Literatur • (Anhang) • (Anmerkungen)
  • (Lebenslauf).

Dazu können noch eine Danksagung, Liste der Abkürzungen (Liste der Symbole), Glossar und Register kommen. Andererseits können bestimmte Segmente wie „Ergebnisse" und „Diskussion" vereinigt werden. Anstelle von „Einleitung" liest man auch – aussagekräftiger – „Problemstellung" oder „Kenntnisstand". Statt „Experimenteller Teil" (auch kurz „Experimentelles" oder „Beschreibung der Versuche") wird es in einer medizinischen Dissertation (LIPPERT 1989; EBEL, BLIEFERT und AVENARIUS 1993; BAUR, GRESCHNER und SCHAAF 2000) eher „Methodik" heißen, in einer biologischen oder biomedizinischen „Material und Methoden", in einer geowissenschaftlichen „Feldarbeit". In einem theoretischen Fach (wie der Theoretischen Chemie oder Teilgebieten der Physik) können Sie „Experimentelles" durch „Theorie" ergänzen oder ersetzen.[7] Eine typische Überschrift in einer Arbeit aus der Physik lautet etwa „Experimenteller Aufbau und Messmethodik".

Bei sehr breit angelegten Arbeiten kann es sich anbieten, ein Schema wie „Versuchsdurchführung—Versuchsergebnisse—Berechnungen—Diskussion" quer über die ganze Arbeit zu wiederholen, beispielsweise dann, wenn Untersuchungsgut (etwa in einer materialwissenschaftlichen Arbeit) nach mehreren Kriterien wie Gefügeeigenschaften, mechanische Eigenschaften, Korrosionsverhalten geprüft und beurteilt worden ist.

Manchmal durchdringen sich theoretischer Ansatz, Experiment, Auswertung, Ergebnis, neue Modellbildung usw. in so komplexer Weise, dass mit dem obigen Schema nicht zu arbeiten ist.

---

[7] Auch in Experimentalarbeiten kommt das Wort *Theorie* vor: Einleitung, Ergebnisse und Diskussion/Schlussfolgerungen werden dem „Experimentellen Teil" manchmal gemeinsam als „Theoretischer Teil" gegenübergestellt.

2.2 Die Bestandteile einer Dissertation

Wie Sonette einen immer gleichen, streng kanonisierten Aufbau haben, so ist es ansonsten auch hier: Der strophenartigen Anlage nach dem angeschriebenen Muster – Sie haben sicher die IMRAD-Struktur von Abschn. 1.4.2 („Gliederungsentwurf") wiedererkannt – begegnet man in den meisten Berichtsformen in allen naturwissenschaftlichen Disziplinen.[8] Immer geht es letztlich darum, auf eine an die Natur gestellte Frage (oder einen Fragenkomplex) Antwort(en) zu finden.

Die richtigen Fragen zu stellen macht schon die halbe Kunst des Forschens aus. Die Frage muss beantwortbar sein. Am besten ist es, schon vorher eine Vorstellung davon zu haben, wie die Antwort lauten könnte. Diese Vorstellung – wir können sie *Arbeitshypothese* nennen – muss mit den vorhandenen Mitteln und in vertretbarer Zeit zu überprüfen sein. Die Frage „Wie entsteht das Küken aus dem Ei?" hat sich auch in 100 Jahren Entwicklungsbiologie nicht abschließend beantworten lassen, das wäre kein gutes Promotionsthema.

Mit solchen strategischen Überlegungen haben Sie sich schon zu Beginn der Arbeit oder, noch besser, vor Übernahme des Themas auseinandergesetzt. Jetzt greifen Sie auf Ihre Gedanken von damals zurück.

- Problemstellung: Wie lautete die Frage, die sich zu Beginn der Arbeit stellte? Hat sich ihr Akzent im Lauf der Arbeit verschoben?
- Experimentelles/Theorie: Was hatte ich mir vorgenommen, um eine Antwort zu finden? Welche Lösungsansätze sind neu, möglicherweise ganz unerwartet hinzugetreten?
- Ergebnisse: Was ergab sich, um die Frage(n) zu beantworten?
- Diskussion: Wie lautet die Antwort? Was bedeutet sie?

Wenn Sie sich dieses Prinzip einmal bewusst gemacht haben, werden Sie auch in der Lage sein, eine Dissertation als – vielleicht sogar spannende – *Geschichte* zu erzählen, die in einem großen Bogen von einer Ausgangssituation zu einem (hoffentlich) glücklichen Ende strebt.

Abweichungen von der Standardgliederung sind, wie schon angemerkt, durchaus zulässig. Zu unterschiedlich sind die methodischen Ansätze der einzelnen Fachdisziplinen, als dass sie sich immer in genau die gleiche Form pressen ließen. Der eingangs vorgestellte Aufbau indessen hat sich vielfach bewährt, er liegt auch zahllosen Publikationen in naturwissenschaftlichen Fachzeitschriften (s. Kap. 3) zugrunde. Für eine erste Annäherung an das Problem taugt er allemal. Wenn es aber gute Gründe gibt, das Raster abzuwandeln oder gänzlich aufzubrechen, brauchen Sie sich ihnen

---

[8] Besonders Arbeiten chemischen Inhalts scheinen sich für die Gliederung nach dem IMRAD-Grundmuster anzubieten, was mit einer gewissen „Standardisierung" der Arbeitsweisen in diesem Fach – etwa in der organisch-chemischen Synthese – zusammenhängen mag. In der Tat werden in manchen Arbeitsgruppen Protokollbögen ausgegeben oder zur Eigenentwicklung empfohlen. Darin kann der Diplomand oder Doktorand nach einheitlichem Muster in Formularfelder alles eintragen, was zur Synthese und Charakterisierung einer (neuen) Verbindung gehört. Wir halten solche Protokollbögen als Kurzberichte über die betreffenden Substanzen und als Checklisten zur Selbstkontrolle für nützlich. Eine Weiterentwicklung dieses Grundgedankens erweckt neuerdings unter dem Begriff *E-Notebook* Neugierde (s. Abschn. 1.3.4).

nicht zu verschließen. Wir werden auf Besonderheiten in den nachfolgenden Abschnitten eingehen. Zahlreiche Beispiele, Erläuterungen und Überlegungen dazu finden sich in EBEL und BLIEFERT (2003).

Der „Experimentelle Teil" steht oft unmittelbar nach der Einführung.

- Über die Abfolge der Teile und ihre genauen Bezeichnungen, die Art der Paginierung der Seiten wie überhaupt über die Form von Dissertationen erlassen die Hochschulen Vorschriften.

Wir raten, dass Sie sich diese Vorschriften – in aktueller Fassung! – und eventuelle Ausführungsbestimmungen zur Promotionsordnung von der Fakultät oder Fachschaft besorgen und im Einzelnen befolgen, auch wenn sie von den hier gegebenen Empfehlungen abweichen sollten. [Es ist zu befürchten, dass sie abweichen; POENICKE in *Duden-Taschenbuch 21* (1988, S. 100-1) zitiert den Hochschulverband und die Westdeutsche Rektorenkonferenz mit einer Bestandteilsliste, die weder eine Zusammenfassung noch einen Experimentellen Teil vorsieht und nach der Einführung mit einem „Durchführungsteil" aufwartet ohne Trennung in Ergebnisse und Diskussion; offenbar haben an dieser Richtlinie keine Naturwissenschaftler mitgewirkt.]

2.2.2 Titel und Titelblatt

Der *Titel* einer wissenschaftlichen Arbeit soll ihren Inhalt mit wenigen Worten möglichst genau umfassen.

- Ein guter Titel ist eine kurze Zusammenfassung des Dokuments.

Nun liegt es in der Natur der Forschung, dass sie Neuland betritt. Folglich können Sie einen Titel für Ihre Arbeit nicht im Voraus festlegen in der Erwartung, damit präzise zu beschreiben, was sich ergeben wird. Statt dessen behelfen Sie sich fürs Erste mit einem *Arbeitstitel*, der mag noch bis zum Beginn der Niederschrift taugen, um das Thema zu umreißen. Aber während Sie beginnen, die Ergebnisse zu ordnen und zu gewichten, wird sich die bisherige Formulierung möglicherweise als nicht mehr geeignet zeigen. Wie die Arbeit letztlich heißen soll, beschließen Sie zweckmäßig erst am Schluss, wenn schon alles geschrieben ist. Das ist der beste Zeitpunkt, hundert Seiten oder mehr auf eine Formel von wenigen Wörtern zu bringen.

- Die endgültige Formulierung des Titels werden Sie mit dem betreuenden Dozenten absprechen.

Das ist die Person, die in aller Regel schon das Thema ausgegeben hat, Sie während Ihrer Arbeit beraten hat und das Gutachten für die Fakultät schreiben wird. (Die liebevolle alte Bezeichnung *Doktorvater* ergänzen wir hier in gebührender Hochachtung durch *Doktormutter*.)

- Der Titel sollte nicht mehr als zehn Wörter lang sein.

Kommen Sie damit nicht zu einer ausreichend genauen Beschreibung, so zerlegen Sie den Titel in *Haupttitel* und *Untertitel*. Statt

> Eine Untersuchung des Einflusses von Temperatur, Lösungsmittel und Metallsalzen auf den Abbau von Phenolen durch Hefe

formulieren Sie besser:

> Der Abbau von Phenolen durch Hefe: Einfluss von Temperatur, Lösungsmittel und Metallsalzen

Damit erreichen Sie noch etwas anderes: Die wichtigsten Begriffe stehen vorne (im Haupttitel), die weniger wichtigen schließen sich an. Sofern Titel in Titelsammlungen aufgenommen werden, ist das für das Wiederfinden von unschätzbarem Wert. Formulierungen wie „Untersuchung von …" (im Beispiel oben) oder „Eine neue Methode zur …" tragen zur Sache nichts bei und können entfallen. Schließlich hoffen wir im Voraus, dass die Methode neu sei.

Titel sollen möglichst nur solche Begriffe verwenden, die von einer breiteren Fachwelt auch verstanden werden. Dabei sollen sie so spezifische Aussagen enthalten wie möglich. Statt der vagen Formulierung

> Der Einfluss von … auf die Transportgeschwindigkeit von …

wäre also besser

> Erhöhte Transportgeschwindigkeit von … bei …

zu schreiben (s. Abschn. 3.3.1).

- Abkürzungen (außer in Naturwissenschaft und Technik gängigen wie IR, DNA, BSE) gehören nicht in den Titel. Auch Sonderzeichen sollten Sie vermeiden.

Abkürzungen werden möglicherweise nicht verstanden, und Sonderzeichen – besonders die Buchstaben des griechischen Alphabets – sind in vielen Schriftsätzen nicht verfügbar, oder sie bereiten Schwierigkeiten bei Recherchen oder beim Einbau in Web-Seiten.

Außer dem Titel stehen auf dem Titelblatt der Name der Verfasserin oder des Verfassers, also Ihr Name mit ausgeschriebenen Vornamen, die Bezeichnung des Instituts, in dem Sie die Arbeit durchgeführt haben, sowie das Datum der Einreichung Ihrer Arbeit. Eventuelle weitere Eintragungen, die hier in Frage kommen, entnehmen Sie den jeweiligen Fakultäts- oder Hochschulrichtlinien.

Achten Sie auf „Kleinigkeiten" wie den Stand der Zeilen oder auf vorgeschriebene besondere Schriftmerkmale wie Sperren (Schreiben mit erweitertem Raum zwischen den Zeichen) im Haupttitel.

- Der Text des Titelblattes wird üblicherweise zentriert.

Man versteht unter Zentrieren eine Anordnung, bei der jede Zeile in die optische Mitte zwischen den seitlichen Rändern rückt. Zieht man links von der *Papierkante* einen Leerrand von etwa 30 mm ab und rechts einen Rand von ca. 20 mm, so verlagert sich die optische Mitte von der Mittelachse des Blattes um etwa 5 mm nach rechts. Bei allen gängigen Programmen der Textverarbeitung ist Zentrieren als Befehl aufrufbar.

2.2.3 Vorwort

Das *Vorwort* einer Dissertation ist kurz und zurückhaltend und geht auf den Inhalt der Arbeit und die Bedeutung der Ergebnisse nicht ein – deren Beurteilung ist Sache der Gutachter und des Promotionsausschusses. Benutzen Sie statt dessen das Vorwort dazu, die Umstände zu erwähnen, unter denen die Arbeit durchgeführt worden ist, und um Danksagungen auszusprechen. Ihr Dank wird sich in erster Linie an den Betreuer der Arbeit richten, daneben an Personen, die Ihre Arbeit unterstützt haben (beispielsweise durch Hilfe oder Beratung beim Bau einer Spezialapparatur, bei bestimmten Messungen oder Auswertungen). Dank gebührt oft auch einer Institution, einem Stiftungsfonds oder einer Firma für finanzielle Unterstützung oder andere Zuwendungen (z. B. von Geräten oder Chemikalien).

Das Vorwort kann mit einer Eintragung wie „Heidelberg, im Oktober 2003" und „Johanna K. Schulz" schließen, doch richten Sie sich bitte auch hier nach den Richtlinien und Vorbildern.

Manchmal erscheint eine *Danksagung* anstelle eines Vorworts. Danksagungen können Sie auch an den Schluss der Arbeit stellen, z. B. nach den Schlussfolgerungen.

2.2.4 Zusammenfassung

Auf Vorwort oder Danksagung folgt meist eine Zusammenfassung der Arbeit (*Abstract*, s. ISO 214-1976).

- Die *Zusammenfassung* soll auf einer Seite (ggf. in einem Absatz) unterzubringen sein und Ziel der Untersuchung, angewandte Methodik, wichtigste Ergebnisse und Schlussfolgerungen nennen.

Der Leser soll in die Lage versetzt werden, sich ein Bild von Ihrer Arbeit zu machen und deren Bedeutung für seine eigenen wissenschaftlichen Interessen zu beurteilen. Die Zusammenfassung muss unabhängig von der eigentlichen Arbeit gelesen werden können. Schreiben Sie bei aller gebotenen Kürze in vollständigen Sätzen (unter Vermeidung Ihrer eigenen Person). Hundert oder mehr nachfolgende Seiten in dieser Weise zu verdichten ist ein schwieriges Unterfangen. Es verlangt, jedes Wort abzuwägen, und bedarf besonderer Sorgfalt.

Was wir hier als Zusammenfassung bezeichnen, heißt im bibliothekarischen Sinn *Kurzreferat*. Die Norm DIN 1426 (1988) unterscheidet nach dem inhaltlichen Bezug zwei Arten von Kurzreferaten, das indikative und das informative Referat. Beim erstgenannten entfällt eine näheres Eingehen auf den Inhalt des Dokuments, beispielsweise bei Übersichtsartikeln (vielleicht genügt „Übersicht mit 134 Literaturnachweisen"). Die Zusammenfassung einer Dissertation ist natürlich immer informativ – sie soll es wenigstens sein. Wir sind hierauf an anderer Stelle ausführlicher eingegangen (EBEL und BLIEFERT 2003).

Für die Zusammenfassung wird oft ein geringerer Zeilenabstand im Vergleich zum Haupttext zugelassen oder vorgeschrieben. Auch eine kleinere Schrift als die des Haupttextes kann akzeptiert werden, um die Zusammenfassung noch (für dokumentarische Zwecke) auf einer Seite unterzubringen. Manchmal steht die Zusammenfassung am Schluss der Arbeit. Zeitlich sollte sie immer am Schluss stehen, das heißt, zuletzt geschrieben werden aus denselben Gründen, aus denen Sie sich auf den endgültigen Titel der Arbeit erst zuletzt festlegen.

Manche Arbeitskreisleiter empfehlen, dem Wort „Zusammenfassung" auf dieser Seite den Titel der Arbeit voranzustellen. Dann stehen – besonders leserfreundlich – die Zusammenfassung der Arbeit und ihr Titel, eine Ultrakurzzusammenfassung, auf einer einzigen Seite.

2.2.5 Inhaltsverzeichnis

Allgemeines

Das *Inhaltsverzeichnis* (kurz *Inhalt*) wird an den Anfang der Dissertation gestellt, obwohl auch dieser Teil zeitlich erst am Ende der Arbeit angelegt wird. Im Verlauf der Bearbeitung des Themas könnte sich herausstellen, dass die ursprüngliche Gliederung an der einen oder anderen Stelle nicht zweckmäßig vorgesehen war und Überschriften geändert oder verschoben werden müssen. Seitennummern können Sie ohnehin erst am Schluss eintragen.

Der „Inhalt" hat die Aufgabe, die Struktur der Arbeit im Einzelnen aufzuzeigen und den Leser mit Hilfe der Seitenverweise an die Stellen des Textes zu führen, an denen bestimmte Gegenstände oder Sachverhalte abgehandelt werden.

- Das Inhaltsverzeichnis besteht aus der Zusammenstellung aller Überschriften nebst zugehörigen Seitennummern und geht aus dem Gliederungsentwurf hervor.

Die aufgelisteten Überschriften müssen mit den im Text vorkommenden identisch sein, alle *Seitennummern* (Seitenzahlen) müssen stimmen. Wenn Sie über ein leistungsfähiges Textverarbeitungsprogramm verfügen, brauchen Sie sich darüber nicht den Kopf zu zerbrechen: Sie können das Inhaltsverzeichnis vom Computer aus den Überschriften im Text zusammenstellen lassen.[9] Dazu müssen den Überschriften vordefinierte (oder in der richtigen Weise selbst definierte) Überschrift-*Formatvorlagen* der jeweiligen Gliederungsebene zugeordnet werden. Dann genügt es, einen Befehl wie „Inhaltsverzeichnis" zu aktivieren, und Sie bekommen das aktuelle Inhaltsverzeichnis für Ihr Dokument.

Für die Überschriften der einzelnen Textsegmente – man spricht auch von *Abschnittstiteln* – gilt dasselbe wie für den Titel der ganzen Arbeit: Mit möglichst wenigen Worten soll der nachfolgende Text möglichst aussagekräftig und genau wiedergegeben werden.

---

[9] Hier ist eine gewisse Vorsicht angebracht. Wenn Sie Ihr Dokument direkt „nach Bildschirm" ausdrucken, könnte die eine oder andere Seitennummer auf dem Ausdruck nicht mit der übereinstimmen, die sie am Bildschirm sehen; dann nämlich, wenn der Drucker-Treiber irgendwo einen anderen Zeilenfall berechnet hat als der Rechner selbst. In dem Fall kann es geschehen, dass eine Überschrift nicht mehr auf Seite x unten zu stehen kommt, sondern auf Seite $x + 1$ oben.

- Die einzelnen Überschriften haben nicht alle denselben Rang.

Sie sind vielmehr hierarchisch einander zugeordnet, sie liegen auf verschiedenen Ebenen. Erst dadurch ergibt ihre Gesamtheit eine *Struktur* und nicht nur eine monotone Abfolge. Um sie deutlich zu machen und die Orientierung insgesamt zu erleichtern, tragen alle Überschriften Kennzeichnungsmerkmale, in Dokumenten mit naturwissenschaftlich-technischem Inhalt meist Nummern. Diese Merkmale sind der jeweiligen verbalen Aussage vorangestellt und sind Teile der Überschriften.

- Durch die Anordnung der Überschriften soll die Struktur des Inhalts zum Ausdruck kommen.

Wir gehen hierauf und auf besondere Schriftauszeichnungen für die Überschriften unterschiedlicher Kategorien (Ebenen) anlässlich der Anfertigung der Reinschrift (Abschn. 2.3.2) kurz ein. Anregungen dazu geben auch die nachfolgend behandelten Beispiele.

Struktur und Form, Stellengliederung

Das heute bei naturwissenschaftlich-technischen Manuskripten fast durchgängig verwendete und bewährte System, Überschriften gegliederter Texte hierarchisch zu kennzeichnen, ist die *Stellengliederung (Stellenklassifikation)*. Andere Systeme, die große und kleine lateinische sowie griechische Buchstaben und römische oder arabische Ziffern verwenden, wollen wir hier nicht vorstellen.

- Die Stellengliederung beruht auf Zahlen, die, durch Punkte voneinander getrennt, aneinandergefügt werden.

Man spricht auch von „Dezimalgliederung" (Dezimalklassifikation), doch ist diese Bezeichnung nicht sinnvoll, da die einzelnen Stufen der Gliederung zweistellige Nummern *(Abschnittsnummern)* haben können: Die Zahl 10 (*lat.* decim, zehn) spielt dabei keine besondere Rolle.

Zunächst werden die Hauptsegmente des Textes, die *Kapitel*, beginnend mit 1 durchgezählt. Die Überschriften der Kapitel tragen alle eine einstufige Nummer (1, 2, 3, ...). Dann werden die hierarchisch nächstfolgenden Unterteilungen, die *Abschnitte*, innerhalb eines jeden Kapitels wieder von 1 an durchgezählt. Die Abschnittsnummer wird aus der betreffenden Zahl, der die Kapitelnummer – getrennt durch einen Punkt – vorangestellt wird, gebildet (1, 1.1, 1.2, 1.3, ... 2, 2.1, 2.2, ...). Unterteilungen der zweiten Klassifikationsebene haben also „zweistufige" Nummern. In dieser Weise fahren Sie von Ebene zu Ebene fort, bis alle Gliederungen und Untergliederungen benummert sind. Ein Ausschnitt aus einem so aufgebauten Inhaltsverzeichnis[10] soll dies verdeutlichen:

---

[10] Das Beispiel ist ebenso wenig wie das der Abb. 2.1 gestellt. Im Fall hier handelt es sich um die verkürzte und für den Zweck geringfügig adaptierte Fassung des Inhaltsverzeichnisses einer Diplomarbeit(!) aus dem Bauingenieurwesen, die 1974 einer süddeutschen Technischen Hochschule vorgelegt wurde.

2.2 Die Bestandteile einer Dissertation

1	Einführung	1
1.1	Geschichtliche Entwicklung	1
1.2	Erläuterungen zur Wahl des Themas	4
1.3	Abgrenzung der Thematik	5
1.4	Ablauf der Erörterungen	8
2	Grundlagen und Voraussetzungen	10
2.1	Statik des Tunnelbaus und Gebirgsdruck	10
2.1.1	Primärer Spannungszustand	10
2.1.2	Sekundärer Spannungszustand	11
2.1.3	Spannungsumlagerung und Ausbau	12
2.1.4	Messung und Bemessung	16
2.1.5	Folgerungen	17
2.2	Gebirgsklassifizierung	19
2.2.1	Sinn und Zweck	19
2.2.2	Problematik	20
2.2.3	Gebirgsklassifizierung nach XXX	24
2.2.4	Diskussion der Varianten	29
2.2.4.1	Klassifizierung nach YYY	29
2.2.4.2	A-Methode	31
2.2.4.3	B-Methode	33
2.2.5	Geologische Erkundungen	35
2.2.5.1	Gegenstand der Erkundungen	35
2.2.5.2	Erkundungsmethoden	37
3	Verfahrenstechnik	41
3.1	Bauweisen	41
3.1.1	Klassische Bauweisen	41
3.1.2	U-Bauweise	43
3.1.3	V-Bauweise	45
usw.		

Am Schluss der Kapitel- und Abschnittsnummern sollen keine Punkte stehen. Gibt Ihre Textverarbeitung etwas anderes aus, so können Sie das ggf. manuell ändern.

Zur schnellen Verständigung werden gewöhnlich die Segmente der obersten Gliederungsebene als Kapitel bezeichnet, alle anderen als Abschnitte, wovon soeben schon Gebrauch gemacht wurde.[11] Wenn Sie wollen, können Sie Segmente mit dreistufigen Abschnittsnummern als Unterabschnitte, solche mit vierstufigen als Unter-Unterabschnitte bezeichnen, aber an der Stelle wird die Terminologie untauglich. Letzten Endes ist es nicht ratsam, ein Werk in zu vielen Ebenen zu untergliedern. Manche stoßen sich überhaupt an den sehr technisch wirkenden Abschnittsnummern (die sie vielleicht an ihre Steuernummer erinnern), und in der Tat:

● Abschnittsnummern mit mehr als vier Stufen wirken unschön und sind unübersichtlich.

---

[11] In der Textverarbeitung wird „Abschnitt" anders definiert, nämlich als Teil eines Dokuments, in dem einheitliche Formatierungen gelten. Solche Formatierungen betreffen Schriftart und Schriftstil, Schriftgrade (z. B. die Größe der Überschriften), Textanordnung (z. B. ein- oder zweispaltig) und mehr. Ein „Abschnitt" kann nur aus einem einzigen Absatz bestehen, oder er kann ein ganzes Dokument umfassen.

Was wir hier vortragen, ist im Wesentlichen Gegenstand der Norm DIN 1421 (1983) *Gliederung und Benummerung in Texten – Abschnitte, Absätze, Aufzählungen*. Der Begriff „Stellengliederung" kommt dort allerdings nicht vor: Da eine Alternative gar nicht erst erwogen wird, bedarf es auch keiner besonderen Bezeichnung. DIN 1421 (ebenso BS-4811: 1972) ist an dieser Stelle rigoros:

- Die Unterteilung soll in der dritten Stufe enden, damit die Abschnittsnummern noch übersichtlich, gut lesbar und leicht ansprechbar bleiben.

Wir haben uns in diesem Buch an die Empfehlung gehalten. Unser Verlag, Wiley-VCH, lässt bei umfangreicheren Buchwerken bis zu fünfstufige Gliederungen zu.

Es gibt einige Tricks, mit denen Sie beim Gliedern weiter kommen, ohne unübersichtliche Nummern vergeben zu müssen. Zum einen können Sie den letzten benummerten Überschriften unbenummerte folgen lassen, wie in diesem Buch schon unterhalb der dreistufigen Überschriften geschehen. Setzen Sie noch verschiedene Schriftarten und -größen ein, so können Sie auf diesem Wege sogar mehrere zusätzliche Gliederungsebenen schaffen; doch kommt das eher für umfangreichere zu druckende Werke in Betracht.

Zum anderen können Sie den Verbrauch der ersten Stelle in der Benummerung vermeiden, indem Sie Ihr Dokument in *Teile* zerlegen.

- Teile lassen sich durch römische Zahlen (I, II, III, IV, …) kennzeichnen.

In einer Dissertation könnten einige der in Abschn. 2.2.1 aufgelisteten Bestandteile solche „Teile" sein: Eine Aufgliederung in dem hier besprochenen Sinne würde dann vermutlich nur die Teile „Ergebnisse", „Diskussion" und „Experimenteller Teil" betreffen, möglicherweise auch die „Einleitung".

Lassen Sie uns das am vorigen Beispiel exerzieren, die Gliederung könnte auch so aussehen:

I	**Einführung**	
1	Geschichtliche Entwicklung	1
2	Erläuterungen zur Wahl des Themas	4
3	Abgrenzung der Thematik	5
4	Ablauf der Erörterungen	8
II	**Grundlagen und Voraussetzungen**	
1	Statik des Tunnelbaus und Gebirgsdruck	10
1.1	Primärer Spannungszustand	10
1.2	Sekundärer Spannungszustand	11
1.3	Spannungsumlagerung und Ausbau	12
1.4	Messung und Bemessung	16
1.5	Folgerungen	17
2	Gebirgsklassifizierung	19
2.1	Sinn und Zweck	19
2.2	Problematik	20
2.3	Gebirgsklassifizierung nach XXX	24
2.4	Diskussion der Varianten	29
2.4.1	Klassifizierung nach YY	29

2.4.2	A-Methode	31
2.4.3	B-Methode	33
2.5	Geologische Erkundungen	35
2.5.1	Gegenstand der Erkundungen	35
2.5.2	Erkundungsmethoden	37
III	**Verfahrenstechnik**	
1	Bauweisen	41
1.1	Klassische Bauweisen	41
1.2	U-Bauweise	43
1.3	V-Bauweise	45
usw.		

In dieser – gefälligeren – Form war die erwähnte Prüfungsarbeit tatsächlich angelegt. Die erste Fassung haben wir für Sie daraus konstruiert, damit Sie vergleichen können.

Um den Überblick nicht zu beeinträchtigen, kann es sich empfehlen, die Segmente innerhalb der „Teile" – in der Abfolge Teil–Kapitel–Abschnitt also die Kapitel – über das ganze Werk *fortlaufend* zu nummerieren. (Das ist im nachstehenden Beispiel ebenso wie im vorliegenden Buch geschehen, in dem Teil II mit Kapitel 5 beginnt.)

Das Beispiel einer Gliederung, die – ähnlich wie schon die soeben herangezogene – von der klassischen Einteilung Ergebnisse–Diskussion–Experimenteller Teil (Abschn. 2.2.1) gänzlich abweicht, zeigt Abb. 2-1. Hier gibt es acht Teile mit zusammen zwanzig Kapiteln, die Kapitel sind durchgezählt.

Mit dem Vorstellen dieser Beispiele haben wir viel Raum darauf verwendet, die Vielfalt der Gestaltungsmöglichkeiten aufzuzeigen und Sie zu eigenen Versuchen anzuregen – aber nicht ungebührlich viel, wie wir meinen.

- Es geht nicht nur um formale Fragen, sondern auch und vor allem um logische Strukturen und die Möglichkeiten, ein komplexes Thema sinnvoll zu zerlegen.

Für viele ist gerade diese Aufgabe die schwierigste an dem ganzen Unterfangen. Hier steht die Hürde, die zur „Angst vor dem leeren Blatt" führt, die es zu überwinden gilt (KRUSE 2004).

Die vorgestellten Gliederungsbeispiele zeigen, wie Sie Übersicht schon durch die Anordnung im Inhaltsverzeichnis erzeugen können. Bei der jeweils gewählten Schreibweise sieht man mit einem Blick, welche Überschriften hohen und welche niederen Rang haben oder wo neue Kapitel beginnen. Durch das Einziehen von Überschriften niedrigen Rangs und das Verwenden unterschiedlicher Schriften, also mit Mitteln der Typografie, können Sie diesen Effekt noch verstärken. Überschriften, die zu einer hohen Ebene in der Gliederungshierarchie gehören, werden eher in größeren Buchstaben, ggf. fett, geschrieben, solche niedrigeren Rangs in kleineren Buchstaben (kursiv oder „Standard"). Aber jetzt geht es um ästhetische Fragen, nicht so sehr um solche der strengen Form und Norm, wir wollen uns durch sie für den Augenblick nicht ablenken lassen.[12]

---

[12] WORD stellt einige Muster für die (automatisch zu erstellenden) Inhaltsverzeichnis zur Verfügung, aus denen man auswählen kann. Die Muster haben Namen wie „klassisch", „elegant", „ausgefallen", „modern"… erhalten. Nachdem Sie uns schon ganz gut kennen, sind Sie wohl nicht überrascht, dass unser eigenes Verzeichnis für dieses Buch dem Modell „klassisch" entspricht (es ist noch ein wenig →

I	Einführung
II	**Experimenteller Aufbau und Meßmethodik**
1	Merged Beams
2	Experimenteller Aufbau
3	Ionen in Hochfrequenzfeldern
4	Das Lasersystem
5	Auswerteverfahren für die Laufzeitverteilungen
III	**Der Düsenstrahl**
6	Effusiv- und Düsenstrahl
7	Der gepulste Düsenstrahl
8	Experimentelle Tests des piezo-elektrischen Ventils
9	Kühlexperimente
10	Der effektive Düsendurchmesser und das Geschwindigkeitsverhältnis
IV	**Die Präparation des ionischen Zustands**
11	Überblick über die Multiphoton-Ionisation
12	Zustandsselektive Präparationsverfahren
13	Die resonante Multiphoton-Ionisation am Wasserstoff-Molekül
14	Messungen zur Fragmentation und Autoionisation
15	Diskussion
V	**Zur Rotationsabhängigkeit von Ion-Molekül-Reaktionen**
16	Das Wasserstoff-Reaktionssystem
17	Messungen
18	Diskussion
VI	**Zusammenfassung**
VII	**Anhang**
19	Die Theorie des Düsenstrahls
20	Spezifikation und Betriebsdaten des Ventils
VIII	**Literatur**

Abb. 2-1. Beispiel einer „ungewöhnlichen" Gliederung.

Im Text selbst werden Sie allerdings die Abschnittstitel unmittelbar, nach zwei Leertasten, an die Abschnittsnummern anschließen. Ein „Spaltensatz" oder die Verwendung des Tabulators etwa gemäß

    3   Verfahrenstechnik

    3.1   Bauweisen

    3.1.1   Klassische Bauweisen

    Im „klassischen Tunnelbau" bezeichnete man ...

    ...

klassischer als vom Programm vorgesehen). Charakteristisch ist, wie noch angemerkt sei, das Anschlagen der Seitennummern rechts auf Kante, ohne Führungslinien oder -punkte.

würde hier, unmittelbar über dem Textbeginn des jeweiligen Abschnitts, keinen Sinn machen. – Das Beispiel nutzen wir zu einem Vermerk:

- Am Anfang von Kapiteln oder Hauptabschnitten entstehen Anhäufungen *(Cluster)* von Überschriften.

Um die Stellengliederung korrekt anwenden zu können, brauchen Sie zusätzlich einige Spielregeln, die noch nicht erwähnt worden sind.

- Die Bildung eines Abschnitts zieht das Erscheinen wenigstens ein*es* weiteren Abschnitts vom selben Rang nach sich.

Ist das nicht der Fall, so gab es an der Stelle nichts zu gliedern. Nummernfolgen wie 1, 1.1, 2 … oder 4.2, 4.2.1, 4.3, … sind also falsch. Dennoch findet man diesen Fehler immer wieder in Manuskripten, selbst in gedruckten Büchern.

Ein anderer, noch häufiger anzutreffender Regelverstoß besteht darin, Textteile zuzulassen, die der Stellengliederung nicht unterworfen sind. Konsequent ist das nicht, daher:

- Kein Textteil soll in einem „klassifikatorischen Niemandsland" liegen.

Denken wir etwa an das vorige Beispiel mit dem Überschriften-Cluster. Wäre hier auf die Überschrift mit der Kapitelnummer 3 zunächst Text gefolgt, bevor die nächste Überschrift mit der Abschnittsnummer 3.1 erreicht worden wäre, so wäre diese Regel verletzt worden.[13] Tolerierbar ist Derartiges am ehesten in einem Lehrbuch, wenn ein Kapitel mit einem kurzen *Vorspann* beginnt; dann sollte dieser aber in einer anderen Schrift und Anordnung stehen als der Haupttext, damit sein besonderer Status betont wird. In allen anderen Fällen sollte der Logik der Gliederung genüge getan werden.

Es gibt ein einfaches Mittel, die Situation zu bereinigen: Sie brauchen nur den Text, der sich zwischen die eine und die andere Überschrift schiebt, mit einer eigenen Überschrift auf der Ebene des nächstfolgenden Abschnitts zu versehen, indem Sie ihn beispielsweise „X.1 Allgemeines" nennen (wobei X die Nummer der übergeordneten Überschrift ist). Statt *Allgemeines* könnte es auch „Hintergrund", „Vorbemerkungen" oder dergleichen heißen.

- Norm DIN 1421 (1983) *Gliederung und Benummerung in Texten* lässt für Einführungen die Nummer 0 zu.

Damit ist ein Ausweg geschaffen, wie Sie Unzulänglichkeiten der geschilderten Art sogar nachträglich beheben können, ohne das ganze Nummernsystem durcheinander zu werfen.

Die soeben genannte Norm schreibt noch vor (vergleichen Sie dazu unsere Beispiele!):

---

[13] Peter RECHENBERG (2003, S. 113), dessen Buch wir sehr schätzen, nennt solche Textstücke im Niemandsland „Vorreiter"; er hält sie nicht für anstößig und bedient sich ihrer selbst, weil ihm eigene Überschriften dafür trivial erscheinen. Gerade in einem aus der Informatik stammenden Text nehmen sich diese Irregularitäten – mit in der Gliederungsansicht nicht angezeigten Textteilen – dennoch merkwürdig aus.

- In einer Abschnittsnummer ist nur zwischen zwei Stufen ein Punkt als Gliederungszeichen zu setzen; am Ende einer Kapitel- oder Abschnittsnummer steht kein Punkt.

Wir haben es nicht mit einer Aufzählung („erstens, zweitens, drittens ...") zu tun, sondern mit einer *Struktur*, das ist nicht dasselbe. Verstöße hiergegen, also das unerwünschte Setzen von Schlusspunkten nach der Benummerung, sind fast notorisch („gerichtsbekannt") – werden Sie nicht zum Mittäter!

Die Erörterung sei mit einer Anmerkung über die optimale Länge von Abschnitten abgeschlossen. Wir halten acht Seiten für eine Obergrenze bei Manuskripten auf A4-Seiten, entsprechend weniger bei Druckwerken. Wenn sich auch nach acht Seiten keine neue Überschrift bilden lässt, besteht der Verdacht, dass der Text in sich wenig strukturiert und vermutlich schlecht aufgebaut ist.

Sie sollten auch bedenken, dass Überschriften auflockernde Elemente in einem Text sind – schon aus diesem Grunde sollten Sie Ihren Lesern die nicht vorenthalten.

2.2.6 Einleitung

In der *Einleitung* (auch „Einführung", „Einführung in das Problem", „Problemstellung") wird das Panorama der Landschaft gezeichnet, in die Sie sich als Verfasser oder Verfasserin zu Beginn der Arbeit gestellt sahen. Wie und wann hatte das Thema begonnen, in der Wissenschaft Gestalt anzunehmen? Was war zu Beginn der Arbeit schon bekannt, was bedurfte der weiteren Erkundung? Wenn es Ihnen gelingt, beim Leser Neugier darauf zu erwecken, was sich hinter den Bergen jener Landschaft verbirgt, hat die Einführung ihr wesentliches Ziel erreicht.

- Die typische Einleitung einer naturwissenschaftlichen Experimentalarbeit präzisiert die Frage nach einer bisher unbekannten Eigenschaft oder Verhaltensweise der Natur.

Meist entwickelt die Einleitung bereits den methodischen Ansatz und nennt spezifische Beispiele der Untersuchung. In solchen Fällen kann es sinnvoll sein, die Einleitung zu untergliedern.

Achten Sie stets darauf, Fremdes und Eigenes auseinander zu halten (vgl. Abschn. 2.2.8).

- Kein anderer Teil der Dissertation hat soviel mit Literaturarbeit zu tun wie die Einleitung.

Sie haben einige vom betreuenden Dozenten genannte grundlegende Arbeiten zum Thema schon vor Beginn Ihrer experimentellen Untersuchungen gelesen. Spätestens jetzt werden Sie in deren Literaturverzeichnissen nach weiteren Quellen suchen und auch sie auswerten. So zieht die Lektüre immer weitere Kreise.

Sie können auch unter Schlüsselwörtern (*engl.* keywords) eine Literatursuche über eine zentral organisierte Datenbank durchführen oder durchführen lassen. Die Hochschulbibliotheken sind heute fast durchweg online über verschiedene Datenbankanbieter („Hosts") wie STN International, Datastar, MEDLINE, DIMDI, Dialog oder FIZ Technik an eine Vielzahl von *externen* Datenbanken angeschlossen; damit hat die ortsständige Bibliothek (über das Internet) direkten Zugriff auf die weltweit wichtigsten für das jeweilige Fach relevanten Literatur-Datensammlungen (mehr zur Nutzung von Online-Datenbanken s. SAUER 2003).; vgl. auch Abschn. 9.1 sowie das Stichwort „Referateorgane" in Abschn. 3.1.3). Von Jahr zu Jahr verbessern sich zudem die Möglichkeiten, wissenschaftliche Dokumente auf elektronischem Weg weltweit zu besorgen.

Hinzu kommt, dass immer mehr interne Datenbanken (Inhouse-Datenbanken) geschaffen werden, die von den Bibliotheken über CD-ROM (compact disc read-only memory), DVD (digital versatile disc) oder über interne Server angeboten werden. Über die vielfältigen Möglichkeiten der Recherche müssen Sie sich vor Ort informieren. Die systematische Literatursuche (Näheres s. Kap. 9) zu Anfang schützt Sie vor der späteren niederschmetternden Erkenntnis, dass dieser oder jener Aspekt Ihrer Arbeit längst ausgeleuchtet war. Sie sind dann auch weniger der Gefahr ausgesetzt, an einem späteren Zeitpunkt zu der Einsicht zu gelangen: „Hätte ich das gewusst, hätte ich dieses und jenes anders und besser und mit weniger Aufwand gemacht."

- Es gilt, diejenigen Publikationen zu lesen, zu verstehen, einzuordnen und zu zitieren, die für die Fragestellung von Bedeutung sind.

Meist stellen Sie fest, dass deren Zahl beliebig groß ist – je weiter Sie die Kreise ziehen, desto größer. Es ist nicht verkehrt, wenn Sie mehr lesen, als Sie nachher beim Schreiben unbedingt brauchen. Je gründlicher Sie die Umgebung ausgespäht haben, desto sicherer können Sie sich darin bewegen.

Hüten Sie sich jedoch davor, die Literatur bis ins Uferlose sichten zu wollen. Dabei könnten nur Resignation und Zweifel an den eigenen Möglichkeiten aufkommen, und die Freude an der Arbeit würde im gleichen Maße verloren gehen. Als Obergrenze für die Vorbereitung sollten Sie sich das Studium von 50 Originalarbeiten und Übersichten – innerhalb eines Zeitraums von ein bis zwei Monaten – setzen. Weitere Literatur wird später im Laufe Ihrer Arbeit hinzukommen. Aber irgendwann muss Schluss sein mit dem Sichten der Literatur, irgendwann müssen Sie auf die eigenen Ergebnisse zusteuern. [Albert EINSTEIN hat in seiner Dissertation *Eine neue Bestimmung der Moleküldimension* (Universität Zürich, 1905) – sie ist 21 Seiten lang – keine einzige fremde Arbeit zitiert!]

- Wenn Sie schon während der experimentellen Phase der Arbeit wichtige Publikationen für Ihre Zwecke ausgewertet und bereitgestellt haben, werden Sie sich bei der Niederschrift leichter tun.

Ob in der Einleitung schon wesentliche Ergebnisse der Untersuchung oder Einsichten des Verfassers mitgeteilt werden sollen, wird unterschiedlich beurteilt. Manche Hochschullehrer sehen darin eine falsche Dramaturgie – als erführe der Leser schon auf der ersten Seite eines Krimis, wer der Täter ist – und raten dementsprechend davon ab. (Wir erinnern uns an Geschichten, in denen der Bösewicht von Anfang an feststand; spannend war dennoch, wie er überführt und dingfest gemacht wurde.)

2.2.7 Ergebnisse

Meist beginnt der eigentliche Beitrag des Verfassers zum Thema mit dem Teil *Ergebnisse*, der *Experimentelle Teil* steht dann am Schluss. Nicht selten verlangen die Regularien allerdings, dass zunächst – wie in vielen Forschungsberichten (s. „Gliederungsentwurf" in Abschn. 1.4.2) – „Experimentelles" („Material und Methoden") vorgestellt wird, bevor die Ergebnisse mitgeteilt und diskutiert werden. Wieder besteht für Sie aller Anlass, die Vorschriften einzusehen oder zu klären, was in Ihrem Arbeitskreis üblich ist. (Die englische Norm BS-4812: 1972 enthält sich bemerkenswerterweise jeglicher Äußerung zur Gliederung des Hauptteils einer „Thesis".)

- War die Einführung noch gedankliche Vorarbeit, so geht es jetzt darum, die eigenen Befunde darzulegen, ohne zunächst auf ihren Stellenwert näher einzugehen.

Da das wissenschaftliche Umfeld der Arbeit bereits ausgeleuchtet worden ist, brauchen Sie die einzelnen Versuche oder Versuchsreihen nicht ausholend zu begründen.

- Teilen Sie experimentelle Einzelheiten nur so weit mit, wie sie zum Verständnis der Ergebnisse notwendig sind.

Beispielsweise können der Aufbau einer Versuchsanordnung oder die Funktion eines Apparates Gegenstand der Beschreibung der Ergebnisse sein, wenn sonst die Messungen nicht nachvollzogen werden können. Das Aufführen der verwendeten Bauelemente und Materialien hingegen gehört in den Experimentellen Teil. Im Einzelfall zu entscheiden, was wo berichtet werden soll, gehört zu den Schwierigkeiten beim Abfassen dieses Teils.

- Zusammengehörende, vergleichbare oder zum Vergleich herausfordernde Ergebnisse stellen Sie zweckmäßig in *Tabellen* zusammen.

Umfangreiches Datenmaterial können Sie in einen *Anhang* verlegen und nur summarisch oder anhand ausgewählter repräsentativer Werte ansprechen. Dadurch wird der Lesefluss weniger gestört.

- Funktionale Zusammenhänge werden am besten in Diagrammen veranschaulicht, in denen die Messpunkte und ihre Fehlerbreite eingetragen sind.

Diagramme sind Strichzeichnungen, die der bildlichen Darstellung numerischer Verhältnisse und quantitativer Zusammenhänge dienen (über die verschiedenen Arten von Diagrammen und die Methoden ihrer Herstellung s. Kap. 7).

- Die Ergebnisse werden mit einem Minimum an Interpretation mitgeteilt.

Auf eine Deutung und Gewichtung der Ergebnisse verzichten Sie zunächst weitgehend, die bleiben dem Teil *Diskussion* vorbehalten. Diese Zurückhaltung beim Darstellen der Ergebnisse ist nicht immer einfach.

- Maßstab dafür, was zu den Ergebnissen gehört und was nicht, kann der Adressat oder gedachte Leser der Arbeit sein.

Er/sie will zunächst erfahren, was Sache ist, welchen Umfang die Untersuchung angenommen hat, wie sorgfältig oder einfallsreich gearbeitet worden ist. Erst danach wird es interessieren zu erfahren – in der Diskussion –, wie die Ergebnisse von Ihnen, Verfasserin oder Verfasser der Dissertation, gedeutet und im Licht von bereits Bekanntem gewertet werden. Wir erachten es daher für einen Verlust an Übersichtlichkeit, wenn die Arbeit keine getrennten Teile „Ergebnisse" und „Diskussion" enthält. Nicht nur das Lesen wird dadurch erschwert, sondern auch das Abfassen; denn Sie müssen in solchem Falle vermehrt darauf achten, dass Tatsachen und Deutungen, Eigenes und Fremdes unterscheidbar bleiben.

- Im Teil *Ergebnisse* wird nur wenig oder überhaupt nicht zitiert.

Das liegt in der Natur der Sache, geht es doch jetzt darum, was Sie selbst gefunden haben. Literaturhinweise kommen am ehesten in methodischem Kontext vor, etwa in dem Sinne:

> Mit der Methode von Miller [100] ergaben sich stärker streuende Werte als bei Anwendung der Methode von Maier [101].

Auf jeden Fall gehören in den Teil „Ergebnisse" – und nicht nur in den *Methodischen Teil* – Hinweise auf Gültigkeitsgrenzen und Schwachstellen von Verfahren, wie sie sich beim Durchführen und Auswerten z. B. von Messreihen ergeben. Einschränkende Beobachtungen bei den Methoden oder im Anhang zu verstecken (wo sie unter Umständen nicht gelesen werden) wäre der Sache nicht dienlich. Auch hier ist es nicht immer einfach abzugrenzen.

- Der Teil „Ergebnisse" bedarf immer einer Gliederung, weil sonst zuviel Material ungeordnet auf den Leser zukommt.

Gliederungspunkte einer chemischen Untersuchung können das Bereitstellen von Ausgangsmaterialien, die Synthese bestimmter Verbindungen sowie ihre Charakterisierung und Strukturaufklärung betreffen. Ob Sie dabei an erster Stelle unter methodischen oder unter substanzspezifischen Gesichtspunkten gliedern wollen, müssen Sie für Ihren Fall entscheiden.

Die Ergebnisse werden in kurzen, einfach gegliederten Sätzen wiedergegeben. Ähnlich wie im Methodischen Teil werden Sie häufig im Präteritum berichten:

> „… erwies sich also …"
> „… lag höher …"
> „… konnte kein Zusammenhang festgestellt werden …"
> „… hatte somit keinerlei Einfluss …".

Wir halten nach wie vor nichts davon, dass Sie sich als Verfasser einer Experimentalarbeit selbst in der 1. Person einbringen („Ich tat", „Ich fand"). Bei aller Wertschätzung des Individuums: Subjektives gehört nicht in einen streng fachlichen Kontext, schon gar nicht unter „Ergebnisse". Niemanden interessiert Ihr Bedauern, dass „leider" oder „unglücklicherweise" die eine oder andere Sache missglückte, die Sie sich vorgenommen hatten, oder dass sie sich als nicht aussagekräftig erwies. Es war so, basta! Am ehesten noch passt das Pronomen der 1. Person in die Diskussion (folgender Abschnitt), weil verschiedene Personen dieselben Fakten unterschiedlich beurteilen können

– selbst in den Naturwissenschaften. Ein „ich bin daher der Meinung" oder „nach meiner Meinung" halten wir aber auch dort nicht für angebracht.

Insgesamt dürfte dieser Teil der Dissertation nicht allzu schwer zu bewältigen sein, besonders dann nicht, wenn Sie während der Durchführung Ihrer Untersuchungen regelmäßig Zwischenberichte angefertigt haben. Im günstigsten Falle können Sie die Ergebnisse mit geringem Aufwand aus Zwischenberichten zusammenstellen.

2.2.8 Diskussion

In mancher Hinsicht ist der Teil *Diskussion* das Herz der Dissertation. Hier (und in den „Schlussfolgerungen") wird die Antwort auf die in der Einleitung gestellte Frage gegeben, begründet und als These verkündet. Und hier wird offenbar, wie gut Sie als Verfasser in Zusammenhängen denken können.

- Ziel der Diskussion ist es, die gewonnenen Ergebnisse zu analysieren, mit Bekanntem zu vergleichen und in ihrer Bedeutung zu bewerten.

Dass dabei wichtige Aussagen aus dem vorangegangenen Teil der Arbeit erneut aufgegriffen werden, ist wiederum in der Sache begründet. Ein gewisses Maß an Wiederholung ist also an dieser Stelle unvermeidlich, wenngleich Sie durch den mehr kommentierenden Charakter der Ausführungen – der Teil „Ergebnisse" war seiner Bestimmung nach konstatierend – der Darstellung einen neuen Klang geben können.

Von anderer Seite Publiziertes und Eigenes fügen Sie zu einem neuen Bild des Wissens auf dem Arbeitsgebiet zusammen. Stellen Sie sich dieses Bild als Mosaik vor, in dem Ihre eigenen Beiträge als Steinchen einer Farbe deutlich erkennbar bleiben.

- Die Ergebnisse anderer belegen Sie so konsequent durch Nennung der *Quellen*, dass jedes nicht belegte Ergebnis zwangsläufig eines Ihrer eigenen sein muss.

Seien Sie sich dabei bewusst: Eine unterlassene Literaturangabe lässt den Verdacht des Plagiats, d. h. des unrechtmäßigen Aneignens, aufkommen. Durch Formulierungen wie „im Gegensatz dazu zeigt die vorliegende Arbeit ..." können Sie für zusätzliche Klarheit sorgen.

- Erreichtes und Nicht-Erreichtes werden herausgearbeitet und mit der ursprünglichen Zielsetzung bei Beginn der Arbeit verglichen.

Dabei sollten Sie sich bewusst von der Chronologie der experimentellen Arbeit lösen. Der Erkenntnisgewinn in den Naturwissenschaften lässt sich nicht programmieren. Jede Experimentalarbeit ist eine Fahrt ins Ungewisse, mit Umwegen und Sackgassen. Die Dissertation ist nicht so sehr Rechenschaftsbericht als vielmehr die Bekanntgabe neuer Einsichten oder, wie wir schon eingangs sagten, das Verkünden einer These. Wie die Ergebnisse erzielt wurden, mag für die Beurteilung des Kandidaten eine gewisse Rolle spielen; ansonsten interessiert das nur, wenn die näheren Umstände der Ergebnisfindung methodisch relevant sind.

Die „Diskussion" ist am ehesten der Ort, wo Sie als Verfasser aus der Anonymität heraustreten und Ihre Meinung sagen können. Meinungsäußerung gehört schließlich zum Wesen der Diskussion. Dennoch empfehlen wir auch hier Zurückhaltung. Diskussionen in den Naturwissenschaften werden letztlich nicht geführt, um Meinungen zu äußern und zu vernehmen, sondern um Meinungen anderer entstehen zu lassen. Dem ist ein „… kann wohl nur bedeuten …" angemessener als ein „Ich bin deshalb der Ansicht …".

Am Ende von so viel kritischer und selbstkritischer Berichterstattung werden Sie als Verfasser den Wunsch verspüren, darüber zu spekulieren, „wie es weitergeht". Das ist ein legitimes Anliegen, das gerade in der Diskussion seinen Niederschlag finden darf.

- Solange die Spekulation das Erreichte nicht überwuchert, sind Ausblicke auf mögliche weitere Entwicklungen zu begrüßen.

Allerdings muss zu erkennen sein, dass Sie als Doktorand das Thema vollständig bearbeitet haben. Visionäre Sätze wie „Weitere Untersuchungen könnten zeigen …" ziehen unweigerlich die Anmerkung der Gutachter nach sich: „… also möge er/sie weitermachen!" Einen praktikablen Ausweg aus diesem Dilemma erreichen Sie, indem Sie die erreichten Ergebnisse gegen die im Thema und in der Einleitung formulierte Zielsetzung stellen.

2.2.9 Schlussfolgerungen

Nicht jede Dissertation enthält *Schlussfolgerungen* als selbständigen Teil. Dabei macht es durchaus Sinn, die Schlussfolgerungen in einem eigenen Abschnitt hinter das Ende der *Diskussion* zu stellen. In mancher Hinsicht sind sie eine Zusammenfassung der Diskussion, für den Leser also eine Möglichkeit, in Geist und Inhalt einer Dissertation schnell einzudringen.

Wenn „Schlussfolgerungen" enthalten sind, dann wird sich die *Zusammenfassung* (Abschn. 2.2.4) auf die Kurzbeschreibung von Zielsetzung, Methoden und Ergebnissen beschränken, sich jeglicher Gewichtung enthalten und am Beginn der Arbeit stehen.

- Die Schlussfolgerungen schließen den Hauptteil der Dissertation ab und betonen das wertende Element; sie sind Überblick und Ausblick zugleich.

2.2.10 Experimenteller Teil

Im Vergleich zum geistig-schöpferisch anspruchsvollen Abfassen der vorangegangenen Teile bedeutet die Niederschrift des *Experimentellen Teils* eher Fleißarbeit. Dennoch darf sie nicht leicht genommen werden, sind es doch gerade die Experimentellen Teile, derentwegen ein Wissenschaftler später noch auf eine Dissertation zurückgreift. Tragen Sie Sorge dafür, dass alle Experimente (Beobachtungen, Befunde, Messergebnisse, Auswertungen, Verfahrensmodifikationen, Tests usw.), die in den Teil „Ergebnisse" Eingang gefunden haben, im Einzelnen beschrieben werden; lassen Sie nichts Sachdienliches aus! Sie sollten diesen Teil vorrangig bearbeiten, schon aus Gründen der Ergonomie, d. h. des bestmöglichen Einsatzes Ihrer Kraft.

Serien gleichartiger Experimente können Sie durch einen Prototyp vorstellen, Abweichungen davon können Sie von diesem ableiten (vgl. ausführlicher EBEL und BLIEFERT 2003). Vor allem, wenn der Teil die Überschrift „Material und Methoden" trägt, wird es notwendig sein, auf beide damit angesprochenen Aspekte ausführlich einzugehen und dafür ggf. Zwischenüberschriften zu bilden.

Unter Material können beispielsweise chemische Substanzen und Reagenzien gemeint sein; hier interessieren in erster Linie Bezugsquellen und Reinheitsgrade oder sonstige Spezifikationen, also Angaben, wie sie auch am Anfang einzelner Versuchsprotokolle im Laborbuch stehen (vgl. unter „Überschrift und Einführung" in Abschn. 1.3.2). Wenn mit biologischem Untersuchungsgut gearbeitet wurde, sind die verwendeten Spezies oder Zuchtstämme genau zu beschreiben, bei Tieren auch das Alter und Geschlecht, der Ernährungsstatus, die angewandte Haltungsform oder Art der Konditionierung vor dem Versuch. Außerdem müssen Sie bei Tierversuchen die Art der erteilten Genehmigung im Rahmen der tierschutzgesetzlichen Bestimmungen nennen.

- Beschreiben Sie die Experimente so, dass sie von einem Fachmann wiederholt werden können.

Auf das Motiv *Wiederholbarkeit (Reproduzierbarkeit)* haben wir schon in Kap. 1 hingewiesen. Handgriffe und Vorgehensweisen, die zum Gelingen des Versuchs beitragen können, verdienen erwähnt zu werden, auch wenn sie in eine daraus abgeleitete Publikation aus den früher genannten Gründen keinen Eingang finden werden.

Im Übrigen gilt hier wie für die *Ergebnisse*: Die Übersichtlichkeit und Vollständigkeit der zuvor gesammelten Unterlagen entscheidet darüber, wie schnell Sie diesen Teil zu Papier bringen können. Neben früheren Zwischenberichten sind hier vor allem wieder Ihre Laborbücher gefordert.

2.2.11 Literaturverzeichnis, weitere Teile

Im *Literaturverzeichnis* (oft kurz *Literatur* genannt) werden die Quellen, auf die sich der Text bezieht, nach bestimmten Normen beschrieben. Die Leistungen anderer müssen, wie wir schon mehrfach betont haben, als solche kenntlich gemacht werden. Es ist zu belegen, wo ein früher erzieltes Ergebnis nachgelesen werden kann. Das Literaturverzeichnis ist der Ort, dieser Pflicht Genüge zu tun.

Wir werden auf die Frage des *Zitierens* von Literatur in einem späteren Kapitel (Kap. 9) gesondert eingehen. Hier sei nur soviel festgehalten:

- Das Literaturzitat muss Angaben darüber enthalten, wer die betreffende Arbeit wann publiziert hat und wo sie in der Fachliteratur zu finden ist.

Ergebnisse, die nicht publiziert worden sind, braucht man nicht zu zitieren – man kann es meist auch nicht, da keine Möglichkeit besteht, von ihnen systematisch Kenntnis zu erlangen. Ja, man soll es nicht: Der Hinweis auf einen Vortrag irgendwo oder eine „persönliche Mitteilung" wird von den meisten Fachgenossen als unerheblich betrachtet werden. (Wir verweisen auf unsere Aussage „Nur was veröffentlicht ist, ist Teil der

Wissenschaft" in Abschn. 1.1.) Wenn etwas ordnungsgemäß z. B. in einer Fachzeitschrift oder als Buch publiziert ist, dann gibt es Mittel und Wege, die Publikation ausfindig zu machen und ihren Inhalt zu prüfen. Dieser Mittel haben Sie sich als Verfasser der Dissertation bedient, und durch das *Zitat* – die *Quellenangabe* – geben Sie nunmehr anderen Wissenschaftlern die Möglichkeit, dasselbe zu tun. Wie Quellen gefunden, beschafft und zitiert werden sollen, wenn Wissenschaftler die Ergebnisse ihrer Forschung künftig – zunehmend bereits heute – außerhalb der tradierten Wege mitteilen, weiß im Augenblick niemand zu sagen. Wird das Zitat der Zukunft wie „info@camsci.com" oder „http://piele.organik.uni-erlangen.de" lauten?[14)]

Der Begriff Zitat wird fachsprachlich in zweierlei Bedeutung gebraucht. Einmal bedeutet er die wörtliche Wiederholung der Aussage *in einem Dokument,* zum andern die Beschreibung *des Dokuments.*[15)] In diesem zweiten Sinne sprechen wir hier von „Zitat" oder „Literaturzitat".

Gelegentlich werden neben den im Text angesprochenen Quellen noch weitere zusammengestellt. Als Verfasser sollten Sie dann zwischen „Zitierter Literatur" und „Bibliografie" – oder „Literaturübersicht" – unterscheiden und diese ggf. innerhalb gewisser Kategorien ordnen.

● An die „Literatur" können sich noch weitere Teile anschließen.

Zunächst kann das ein *Anhang* sein, der selbst aus mehreren Teilen bestehen kann.

Achten Sie darauf, dass die Anhänge keine wichtigen Aussagen enthalten, die nicht auch in einem der Hauptteile angesprochen werden: Die Anhänge werden selten gelesen, Aussagen an dieser Stelle gingen ins Leere.

Hier ist der Platz, lange Messreihen, Spektren, Fließschemata, mathematische Ableitungen, Computerprotokolle, Spezifikationen eines Geräts oder anderes Belegmaterial unterzubringen. In Anhänge werden Informationen vor allem dann ausgelagert, wenn sie im Haupttext den Fluss der Argumentationen stören würden. Ausnahmsweise kann

---

[14] Die schon in Abschn. 1.1.1 beschworene Informations-Revolution hat in ein Dilemma geführt. Kann man Texte, die man am Bildschirm gelesen hat, in dem eigenen Text, den man gerade in Arbeit hat, „anziehen", sich darauf berufen oder beziehen? Man kann wohl, aber ob der Text morgen noch so dort steht oder überhaupt noch anzutreffen ist, ist eine andere Frage. Selbst der Fachartikel in der elektronischen Enzyklopädie *Wikipedia,* die im Web entsteht und innerhalb kürzester Zeit Weltruhm erlangt hat, muss sich morgen nicht so lesen wie heute. (Es macht gerade den Wert von *Wikipedia* aus, dass sie in hohem Maße aktuell ist; da müssen nicht ständig neue Stichworte aufgenommen, sondern auch bestehende verändert werden.) Die Website, auf der eine Information im Internet zu finden war, muss es am andern Tag gar nicht mehr geben, oder sie hat einen anderen Namen angenommen. Dessen ungeachtet haben auch wir bei der Arbeit am vorliegenden Buch das Internet als unerschöpfliches Informationsreservoir immer wieder genutzt und unseren Lesern Wege zu einzelnen „Teichen" gewiesen, an die man sich als Wissenschaftskommunikator zum Angeln begeben kann. Der unter solchen Gesichtspunkten sicherste Aufbewahrungsort für Information bleibt noch immer das Papier: Die darauf gedruckten Informationen sind die eigentlichen *Quellen*. Dorthin sollten wir uns, wo immer es angeht, letztlich wenden, getreu dem Wahlspruch der alten Scholaren: „Ad fontes!" – Wir werden diese flüchtige Betrachtung später vor allem im Zusammenhang mit den elektronischen Zeitschriften vertiefen müssen.

[15] Im Englischen kann man mit den Begriffen „quotation" und „reference" besser unterscheiden; im Deutschen kommt ihnen *Zitat* und *Zitatbeleg* am Nächsten.

in den Anhang ein *Exkurs* aufgenommen werden, der eine zufällige Randbeobachtung beschreibt und in gebotener Kürze kommentiert; er bleibt nicht im Hauptteil des Textes, weil er thematisch nicht dorthin gehört.

Falls Sie mehrere Anhänge brauchen, unterscheiden Sie sie als A, B, C, ... (wie in diesem Buch geschehen) und untergliedern Sie ggf. gemäß A.1, A.2, ...

- Einen weiteren Teil können Sie mit *Anmerkungen* überschreiben.

Hier können Sie ergänzende Aussagen, Erläuterungen, Hinweise und dergleichen sammeln, deren Integration in den Haupttext dort den Gedankengang unterbrechen würde. In naturwissenschaftlichen Arbeiten spielen Anmerkungen eine geringe Rolle. Die wenigen, die ein Autor zu machen wünscht, werden eher als Fußnoten auf der jeweiligen Seite angebracht.

Weiterhin könnte Ihre Arbeit eine *Liste der verwendeten Symbole* und/oder ein *Glossar* enthalten.

- Ein kurzer – meist tabellarischer – *Lebenslauf* ist ein häufig geforderter Bestandteil einer Dissertation.

Die Angaben über Sie – die Verfasserin oder den Verfasser – sind dieselben, die man auch in einem Bewerbungsschreiben machen oder erwarten würde. Die Angaben sollten die wichtigsten Stadien Ihrer bisherigen Ausbildung erfassen und sich gegebenenfalls auf schon vorhandene berufsbezogene Erfahrungen, Wehr- oder Zivildienst und Anerkennungen oder Publikationen erstrecken. Auch Hinweise auf Studienwechsel, Wechsel der Fachrichtung oder des Studienorts, Sprachkenntnisse, Auslandaufenthalte, Stipendien und auf bereits abgelegte Prüfungen gehören dazu.

- Obligat ist schließlich eine *Erklärung*.

Darin versichern Sie als Kandidat, dass Sie die Arbeit selbständig durchgeführt haben, dass Ihnen keine Hilfsmittel oder Hilfen zuteil wurden außer den in der Arbeit genannten und dass Sie die benutzten fremden Quellen vollständig zitiert haben; ggf. werden Sie angeben, welche Teile einer Gemeinschaftsarbeit Sie selbst erbracht haben. Außerdem erwartet der Promotionsausschuss eine Erklärung, dass Sie die Arbeit noch keiner anderen Fakultät als Dissertation vorgelegt haben.

Wir müssen noch einmal an den Anfang anknüpfen. In manchen Doktorarbeiten folgt auf das Titelblatt eine *Widmung*. Sie steht dann allein auf einer (rechten) Seite und ist nur wenige Wörter lang, z. B. „Meinen Eltern in Dankbarkeit gewidmet". Die Verehrung gegenüber einem akademischen Lehrer an dieser Stelle zum Ausdruck zu bringen ist heikel – das könnte als Anbiederung empfunden werden. (Noch muss die Arbeit vor den Promotionsausschuss!)

2.3 Anfertigen der Dissertation

2.3.1 Vom Gliederungsentwurf zur Reinschrift

Technik des Entwerfens

Wir haben über Sinn und Zweck eines Gliederungsentwurfs schon im Zusammenhang mit dem Schreiben von Berichten gesprochen (Abschn. 1.4.2). Sodann sind wir (in Abschn. 2.2.5) gewahr geworden, wie vielschichtig eine größere wissenschaftliche Arbeit gegliedert sein kann. Wir wollen hier noch einige Hilfestellungen zu der Frage geben, wie man zu einer so komplexen Struktur gelangen und wie man die Gliederung eines größeren Werkes entwerfen kann.

- „Entwerfen" ist ein schöpferischer Akt, der durch freies Assoziieren gefördert werden kann.

Einzelne Gedanken haben wir zuhauf. Es kommt darauf an, sie in Beziehung zueinander zu setzen, sie zu „assoziieren". Um das zu erreichen, wollen wir frei sein, jeden Gedanken zunächst für sich zu artikulieren und verschiedene Assoziationen zuzulassen, bevor wir uns für eine davon entscheiden.

- Eine Methode des freien Assoziierens besteht im Verwenden von Karten.

Wir brauchen dazu einen Vorrat leerer Karteikarten[16] z. B. im Format A6 oder A7. Auf jede Karte schreiben wir eine „Idee" (davon: *Ideen-Karte*), einen wichtigen Sachverhalt oder eine Schlussfolgerung. Erst wenn das geschehen ist und alles, worüber wir uns verbreiten wollen, in dieser Form angelegt ist, beginnen wir damit, die Karten zu ordnen – sie einander zuzuordnen. Der Kartenhaufen wird strukturiert: Gruppen zusammengehörender „Ideen" werden gebildet, innerhalb jeder Gruppe stellen wir Unterordnungen her, und schließlich werden alle Gruppen in eine Reihenfolge gebracht. Dabei stellt sich heraus, dass die eine oder andere Karte besser in ein anderes Umfeld passt oder bestimmte Abfolgen nicht allen Wünschen entsprechen. Wenn schließlich, nach weiterem Umordnen, keine Mängel mehr festzustellen sind, haben wir das Problem gelöst: Der Kartenstapel entspricht dem Gliederungsentwurf.

- Eine verwandte Methode besteht darin, die Stichwörter nach freier Eingebung auf leere Blätter zu schreiben.

Die Dinge oder Konzepte, die in irgendeiner Form zusammengehören, fallen uns meist gleichzeitig ein. Wir schreiben sie in lockerer Anordnung auf das Blatt, wie sie den eher unbewussten Gehirnregionen entsteigen. Bestimmte Begriffe haben eine überge-

---

[16] Das elektronische Pendant zu einem Kartensystem sind *Datenbankprogramme*, wie sie heute in jeder Office-Anwendung zur Verfügung stehen. Auch EXCEL (kein Datenbankprogramm im engeren Sinn) lässt sich sehr gut dazu einsetzen. Einer Karte entspricht hier eine Zeile. D. h., jeder Gliederungspunkt wird in eine separate Zeile eingetragen. Vorteile: In EXCEL können sämtliche Informationen (auch zusätzliche Überlegungen zu einem Gliederungspunkt) wie in einer Matrix angeordnet werden, und man kann fast beliebig und immer wieder (mehr oder weniger auf Knopfdruck) umgruppieren und sortieren – solange, bis die Gliederung steht. Sie lässt sich dann problemlos nach WORD übertragen.

ordnete Bedeutung, ihnen lassen sich andere zuordnen. Zusammengehörendes schreiben wir näher aneinander und beginnen schließlich, Zugehörigkeiten durch Umfahren mit Umrisslinien zu betonen. Es entstehen Flächen von *Stichwort-Clustern*. Wir können dann in einer nächsten Stufe das eher intuitiv gewonnene Ergebnis kritisch-analytisch weiter ausbauen und die sich ergebende Struktur weiter verbessern und verfeinern, z. B. durch Ziehen von Linien.

Auch können Sie sich Ihr Thema als Baum vorstellen (und das auch technisch realisieren). Der Baum weiß immer, welche Zweige an welchem Ast zu wachsen haben; er keimt und treibt aus. Wo er wenig Licht empfängt, hält er die Seitentriebe kürzer. Tun Sie es ihm nach! – Wir sprechen diese Dinge an, weil immer wieder auf die Angst vor dem leeren Blatt Papier abgehoben wird, die eine Angst vor dem Anfangen ist (s. „Struktur und Form, Stellengliederung" in Abschn. 2.2.5). Notwendig ist sie nicht.

Es gibt Computerprogramme, die sich für das Sammeln und Strukturieren von umfangreichem Stoff (*engl.* mind mapping) einsetzen lassen. Mit einem solchen Gliederungsprogramm *(Outliner)* können Sie Ihre Ideen ungeordnet – ähnlich wie bei den *Ideen-Karten* – als eine Zeile in den Computer eingeben. Anschließend können Sie die Zeilen mit einfachen Befehlen auf dem Bildschirm

– umordnen und zusammenfassen,
– hierarchisch strukturieren,
– ihnen automatisch Gliederungsnummern zuordnen,
– mit umfangreichen, auf dem Bildschirm auf Wunsch nicht angezeigten Zusatzbemerkungen versehen,
– erweitern usw.

und sie schließlich zum weiteren Überarbeiten ausdrucken.[17]

Leistungsfähige Programme für die Textverarbeitung (wie WORD von Microsoft) haben dem Thema viel Aufmerksamkeit geschenkt. In einer *Gliederungsansicht* lassen sich Gliederungen mit einfachen und wirksamen Mitteln entwerfen und nachträglich verändern. Änderungen dort wirken wie am normalen Text vorgenommen: Der zugehörige Textkörper verschiebt sich entsprechend. Die Überschriften werden ggf. nach der jetzt geltenden Ordnung neu formatiert und können mit einer Nummerierfunktion automatisch neu durchnummeriert werden. Und nicht nur das: Mit der Gliederungsfunktion lassen sich auch später, wenn die eigentlichen Texte erstellt sind, diese komplett zusammen mit den Überschriften verschieben. Sogar Fußnoten werden wieder an den richtigen Stellen eingefügt und ggf. neu nummeriert. Es handelt sich um Maßnahmen, die vor allem beim Abfassen längerer Texte wertvoll sind, so auch bei Prüfungsarbeiten. Solche Funktionen der Textverarbeitung benutzen bedeutet mehr Flexibilität. Als Verfasser können Sie dann tatsächlich ungezwungen – und effizienter – schreiben.

---

[17] Die Anschaffung solcher Spezial-Gliederungsprogramme lohnt sich allerdings nur, wenn Sie auch aus anderen Gründen (nicht nur wegen Ihrer Dissertation) oft komplexe Gliederungen entwerfen.

- Gliederungshilfen bieten die Möglichkeit, früher festgelegte Schemata zu lockern und sie mit geringem Aufwand an eine neue Situation anzupassen.

Nichts hindert Sie daran, die Arbeit an Ihrer Dissertation auf der Gliederungsebene zu beginnen – und weiterzuführen. Vielleicht wollen Sie zu bestimmten Überschriften gleich noch ein paar Stichworte als Merkposten hinzufügen. Platz steht dafür unbegrenzt zur Verfügung – nutzen Sie die gute Möglichkeit, schnell einen flüchtigen Gedanken festzuhalten, vielleicht als „Kommentar" (eigener Befehl in mancher Textverarbeitung) oder mit irgendeiner Kennzeichnung als Nicht-Text. Wenn Sie wollen, können Sie in der Gliederung auch anfangen zu schreiben, um später in der Standard-Darstellung fortzufahren. Sie können den Schauplatz mehrfach wechseln. Immer haben Sie es mit demselben Text zu tun, der selben Information, nur eben in wechselnder „Ansicht" (so der Name des entsprechenden WORD-Menüs).

Nützlich kann es sein, das Dokument-Fenster auf dem Bildschirm zu teilen, so dass Sie beispielsweise oben die normale Textdarstellung haben, unten die damit synchron laufende Gliederungsansicht. So behalten Sie jederzeit die Übersicht und können sich schnell und gezielt von einer Textumgebung nach einer anderen orientieren. Es kann dabei nützlich sein, die Absatzanfänge einzuschalten. Mit Hilfe der *Gliederungsansicht* verschaffen Sie sich den gezielten Zugriff auf Teile Ihrer Schrift, wie später der Leser über das Inhaltsverzeichnis. In Papierstapeln – ersten Ausdrucken der entstehenden Schrift – wühlen, um bestimmte Textumgebungen zu finden, müssen Sie dazu nicht mehr.

Wie auch immer Sie vorgehen, entscheidend ist, dass Sie zunächst eine Gliederung entwerfen. Panik vor dem weißen Papier wird dann nicht eintreten, das Papier wird sich schnell füllen. Und die Gefahr ist gering, dass Sie schwerwiegende Aufbaufehler machen.

Technik des Schreibens

Die Frage, wie man die Schreibarbeit am besten organisiert, hat früher viel Kopfzerbrechen bereitet. Schreibt man seine ersten Textentwürfe von Hand? Hat es einen Sinn, mit ungeübten Fingern eine Schreibmaschine zu misshandeln, oder lässt man jemanden für sich schreiben? Wer ist in der Lage und bereit, sowohl mit der Maschine als auch mit einem schlecht leserlichen, mit Fachausdrücken gespickten handschriftlichen Manuskript erfolgreich umzugehen? Wie viele Fassungen wird der Text durchlaufen? Was kostet das alles an Zeit und Geld?

Wer heute einen Abschluss an einer deutschen Hochschule erlangt, ist mit Rechnern aufgewachsen. Also werden Sie Ihre *Textverarbeitung*[18] einsetzen und kennen

---

[18] Aus der unübersehbaren Fülle von Literatur dazu seien zwei Titel herausgegriffen, die sich für unsere Leser als besonders nützlich erweisen könnten: *Technisches Schreiben (nicht nur) für Informatiker* (RECHENBERG 2003) und das Duden-Taschenbuch 27 *Schriftliche Arbeiten im technisch-naturwissenschaftlichen Studium. Ein Leitfaden zur effektiven Erstellung und zum Einsatz moderner Arbeitsmethoden* (FRIEDRICH 1997); dieses ist stärker mit technischen Fragen befasst, im ersten gibt der Autor auch eine Fülle praktischer Regeln für guten Stil in technischen Texten.

Schreibprobleme dieser Art nicht mehr. Sie werden alle Fassungen einschließlich des Rohmanuskripts über die Rohschrift(en) bis zur Reinschrift auf dem Rechner selbst schreiben, auch wenn Ihnen das nicht fehlerfrei und nicht so schnell gelingt wie einer geübten Schreibkraft.[19] Mit dem elektronischen Textverarbeitungssystem dürfen Sie ruhig Fehler machen – sie sind schnell verbessert. Größere Revisionen lassen sich auf Papierausdrucken vornehmen, und selbst umfangreiche Korrekturen können Sie mit geringem Aufwand selbst in das System eingeben. Das Schreiben ist so leicht geworden, dass eine Gefahr besteht: Man schreibt zu schnell und unüberlegt und produziert zu lange, aufgeblähte Texte! Früher bot da die schwerfällige Schreibmaschine eher Einhalt, ihre flinken Nachkommen zwingen vermehrt zur Selbstdisziplin.

Sie gestalten so die ersten Entwürfe in einem fast kontinuierlichen Prozess immer mehr zur Reinschrift aus. POENICKE in *Duden-Taschenbuch 21* (1988, S. 118) vermerkt dazu:

- Bei Nutzung des Computers entfällt die Unterscheidung zwischen Roh- und Reinschrift weitgehend.

Wir möchten dem ein „Dennoch" anfügen: Man sollte die einzelnen Bearbeitungsstufen auch auf dem Computer auseinander halten. Legen Sie also mehrere Fassungen *(Versionen)* Ihrer Prüfungsarbeit auf der Festplatte Ihres Computers und auf externen Datenträgern ab, der Speicherplatz dort ist es wert! Versehen Sie diese Fassungen mit Etiketten wie „Vers. 3" oder „E5" (für „Version 3" bzw. „Entwurf 5") und einem Datum (z. B. dem Abschlussdatum einer wichtigen Überarbeitung).

Frühere Fassungen einer Prüfungsarbeit können wichtig sein, um die Entstehungsgeschichte bestimmter Aussagen noch einmal rekonstruieren zu können. An anderer Stelle abgelegte *Sicherheitskopien* der einzelnen Versionen geben zudem Gewähr, dass im Unglücksfall „nur" die Arbeit der letzten paar Tage verloren geht, nicht aber die ganze Frucht Ihres Mühens.

Es entstehen verbesserte Fassungen, die schließlich ausgereift scheinen. Zuletzt kann es angeraten sein, über den ganzen Text ein *Rechtschreibprogramm* laufen zu lassen (vgl. „Rechtschreibkontrolle" in Abschn. 5.3.3) und auch Ihre *Silbentrennungen* mit Programmunterstützung zu überprüfen. Wenn Sie Ihren Text in Blocksatz ausgeben wollen („Formatieren" in Abschn. 5.1.1), damit er am rechten Schreibrand nicht „flattert", werden Sie wiederholt längere Wörter trennen, um unschöne Zwischenräume zwischen den Wörtern in den Zeilen zu vermeiden. Dabei kann Ihnen das Programm mit seinem Untermenü „Silbentrennung" helfen. Es trennt längere Wörter automatisch oder macht Ihnen Vorschläge für die „manuelle" Trennung. Die vom Programm vorgenommenen Trennungen können Sie akzeptieren (annehmen) oder verwerfen (ablehnen) und durch andere ersetzen und gelangen so, halbmanuell, zu den besten Ergebnissen. Was die Schreibweisen der Wörter angeht, sind die Programme gerade

---

[19] Dem einen von uns sind Tochter und Sohn überaus dankbar, dass er sie rechtzeitig dazu angehalten hat, das *Blindschreiben* auf der Tastatur – die übliche Rechnertastatur ist ja der früheren Schreibmaschine nachempfunden – zu lernen und zu üben.

Fachtexten gegenüber recht hilflos, weil sie die vielen Fachausdrücke nicht kennen und beim Durchsehen der Texte ständig etwas zu monieren haben, wo es für Sie und Ihre Umgebung nichts zu monieren gibt. Dennoch: Selbst ein paar versehentlich zusammen (d. h. ohne Leertaste dazwischen) geschriebene Wörter oder ein paar irrtümlich verdoppelte Leerzeichen, die auf diese Weise entdeckt werden, mögen die Übung als der Mühe wert erscheinen lassen.

- Die Endfassung wird Kollegen und dem Betreuer der Arbeit zur kritischen Lektüre vorgelegt.

Haben Sie das Glück, an dieser Stelle auf Hilfsbereitschaft zu stoßen, so wird bereits aufgekommene Euphorie wahrscheinlich einer Ernüchterung Platz machen. Es werden weitere Verbesserungen inhaltlicher und sprachlicher Art, Umstellungen und ähnliches mehr vorgeschlagen werden: Die Endfassung war – für andere – noch nicht endgültig, sie war nur ein *Entwurf* zur Reinschrift. Es wird erforderlich, erneut in den Text einzugreifen. Mit Hilfe der elektronischen Textverarbeitung ist auch dies schnell erledigt.

- Schließlich können Sie eine *Reinschrift* in endgültiger Form ausgeben.

Wenn ein guter Drucker für diese letzte Ausgabe verwendet wird, wird sie allen typografischen und ästhetischen Ansprüchen genügen. Setzen Sie einen *Laser-* oder *Tintenstrahldrucker* ein, so werden Sie über eine Dissertation „wie gedruckt" verfügen. Wir kommen auf technische Hintergründe und Implikationen dieser folgenreichen – von vielen schon als selbstverständlich angesehenen – Entwicklung an anderer Stelle zurück (Abschn. 5.2).

Eines liefern Textverarbeitungssysteme nur in beschränktem Umfang: grafische Elemente. Wir verstehen darunter alles, was sich nicht durch den Zeichenvorrat gängiger Textverarbeitungssysteme darstellen lässt. Hierher gehören *Abbildungen* aller Art, in chemischen Texten auch *(Struktur)Formeln*. Allerdings gibt es heute eine große Palette ausgereifter Zusatzprogramme, die harmonisch mit Ihrem Textverarbeitungsprogramm zusammenarbeiten, so dass Sie diese Bestandteile – *Sonderteile* in der Sprache der Verlagshersteller – nicht mehr, wie bis vor einigen Jahren üblich, manuell herstellen und mit der Reinschrift des Textes durch Einkleben vereinigen müssen. Heute lässt sich jede *Grafik*, selbst wenn sie noch auf Papier gezeichnet wurde, durch Einscannen digitalisieren und dann in das elektronische Manuskript (s. Abschn. 5.4.1) einbauen. Ähnliches gilt für Tabellen und vor allem für mathematisch-physikalische *Gleichungen*.

- Es empfiehlt sich, für alle Sonderteile, für die Sie Spezialprogramme einsetzen können, jeweils eigene Dateien anzulegen und diese Teile erst zu einem späteren Zeitpunkt mit dem Haupttext zu vereinigen.

Wenn Sie viele *mathematische Formeln* zu Papier bringen müssen, werden Sie vielleicht Ihren ganzen Text in TEX oder LATEX schreiben, weil diese Programme mit Blick auf den Formelsatz entwickelt worden und in dieser Hinsicht entsprechend leistungsfähig sind (vgl. Abschn. 6.6). Die meisten Physiker und Mathematiker benutzen tatsächlich das zuletzt genannte Programm für ihre Publikationen und sonstigen Fachtexte, eben auch für Prüfungsarbeiten.

- Beziehen Sie die Leistungsgrenzen Ihres Textverarbeitungssystems bei Formeln, Tabellen und Grafik rechtzeitig in die vorbereitenden Überlegungen ein.

Noch eine abschließende Bemerkung zur Reinschrift: In der Regel werden Sie nicht Ihren letzten Ausdruck höchster Qualität als Prüfungsarbeit einreichen, sondern die Reinschrift lediglich als Kopiervorlage (oder ggf. als Druckvorlage) verwenden. Dies bedeutet u. a., dass Sie die Reinschrift ungebunden aufbewahren werden, um ggf. später noch problemlos weitere Exemplare Ihrer Arbeit anfertigen zu können, die Sie beispielsweise im Rahmen von Bewerbungen benötigen.

2.3.2 Endprodukt Doktorarbeit

Wir haben erörtert, wie das Werk entstehen soll. Es fehlen noch Hinweise, wie es *beschaffen* sein soll.

- Die Beschaffenheit und das Aussehen von Dissertationen sind strengen Richtlinien der Hochschule unterworfen.

Diese *Richtlinien* sind ohne Abstriche zu befolgen. Sie nicht zu beachten könnte zur Folge haben, dass Ihre Arbeit aus formalen Gründen zurückgewiesen wird, was den Promotionstermin gefährden würde. Ähnliche Auflagen und Konsequenzen mögen auch bei Diplom- und bei anderen akademischen Abschlussarbeiten gelten; aber bei der Dissertation sind sie besonders streng. Dissertationen werden in der Hochschulbibliothek archiviert und als halböffentliche Dokumente für die Einsicht durch Fachleute bereitgehalten.

- Körperliche Aufbewahrung, Mikroverfilmung, Einbeziehung in den Leihverkehr und Aufnahme von Titel und Verfasser in Titellisten sind Motive für die Hochschule, strenge Maßstäbe an die Form von Dissertationen anzulegen.

Für den Doktoranden ist es nützlich zu wissen, welche dieser Maßnahmen tatsächlich vorgesehen sind, um sich der Konsequenzen bewusst zu werden.

- Erkundigen Sie sich, wie viele Exemplare in welcher Ausstattung abzuliefern sind.

Für die genannten Zwecke besteht die Hochschule in der Regel darauf, dass Sie mehrere fest gebundene Exemplare abliefern. Eines verbleibt in der Fakultät, an der die Arbeit entstanden ist. Wenigstens ein Exemplar sollten Sie dem Betreuer Ihrer Arbeit übergeben, ob das Vorschrift ist oder nicht. Daneben werden Sie für eigene Zwecke, für Eltern, Freunde, Studiengefährten und Kollegen eine Reihe weiterer Exemplare zur Verfügung haben wollen, die nicht notwendigerweise fest gebunden sein müssen. Erkundigen Sie sich rechtzeitig, wo Sie Ihr Werk am besten vervielfältigen und binden lassen können.

- Oft wird ein bestimmtes Papier für die *Archivexemplare* vorgeschrieben.

2.3 Anfertigen der Dissertation

Schlechte Papiersorten, vielleicht in Verbindung mit ungeeigneter Druckfarbe, zerfallen vorzeitig und werden durch die Buchstaben regelrecht zerfressen. Fragen Sie in diesem Zusammenhang auch nach, welche Kopier- oder sonstigen Vervielfältigungsverfahren zugelassen sind.

- Die Richtlinien schreiben Format, Begrenzung der Schreibfläche, Zeilenabstand, Stand von Seitenzahlen und Überschriften u. ä. vor.

Auf alle diese Dinge – in der Sprache der Verlags- und Druckbranche betreffen sie *Reprografie* und *Layout* – ist zu achten (mehr dazu s. Kap. 5). Sollten Sie die Reinschrift durch andere Hand besorgen lassen, so werden Sie die entsprechenden Anweisungen weitergeben. Zweckmäßig lassen Sie sich *Musterseiten* vorlegen und vergleichen mit anderen in jüngerer Zeit angenommenen Arbeiten.

Wenn Sie wollen, können Sie heute Ihre „Diss" mit Ihrem Schreibsystem in einer Qualität fast „wie gedruckt" ausgeben (*engl.* near-print quality). Die früher verbreitete Forderung, eine *Inauguraldissertation* tatsächlich drucken zu lassen, ist folglich weitgehend aufgegeben worden. Sie begeben sich mit dem Originalausdruck in einen Copyshop – den es in jeder Hochschulstadt „um die Ecke" gibt –, fertigen die gewünschte Zahl von Kopien an und lassen die erforderliche Stückzahl des Dokuments auch gleich binden[20] – Fall erledigt.

2.3.3 Die elektronische Dissertation

Seit einigen Jahren lassen deutsche Hochschulen *elektronische Dissertationen* zu, also Doktorarbeiten, die nicht mehr auf Papier, sondern auf geeigneten Datenträgern aufgezeichnet sind – digital statt „schwarz auf weiß"! Eine der erste Dissertationen dieser neuen Aufzeichnungs- und Verbreitungsart in Deutschland war eine Untersuchung über bestimmte Stilelemente im Film, für deren Präsentation der Verfasser die Verwendung von Videoclips für unerlässlich erachtete. Die Arbeit wurde 1995 an der Universität Mannheim eingereicht und angenommen, womit ein Bruch mit jahrhundertealten Traditionen vollzogen war. Im Mai 2006 wies die Suchmaschine *Google* zu „elektronische Dissertation" 1 840 700 Fundstellen nach – für uns Grund genug, dem einige Aufmerksamkeit in einem neuen Abschnitt zu widmen.

Die Implikationen sind nicht ganz so weit reichend, wie das zuerst scheinen will. Denn die meisten Hochschulen, auch wenn sie sich der Neuerung geöffnet haben, bestehen darauf, dass weiterhin einige Exemplare der Arbeit in der klassischen (gebundenen) Form abgegeben werden. In Informationsschriften gehen sie auf Fragen ein, die sich in diesem Zusammenhang stellen, wie:

– In welchen Datenformaten und auf welchen Datenträgern kann eine elektronische Dissertation an die Bibliothek abgegeben werden?

---

[20] Das Binden besteht wahrscheinlich in einem Kleben. Suchen Sie sich einen Copyshop, der eine Einrichtung für das Thermobinden bereithält. Vergewissern Sie sich vorher, ob mit Heißleim in einem Klarsichthefter geleimte Bibliotheksexemplare akzeptiert werden.

2 Die Dissertation

- Was muss zusätzlich zum Text der Dissertation abgegeben werden?
- Wie sollte die Dissertation gespeichert werden?
- Wie wird eine elektronische Dissertation verbreitet?
- In welchen Formaten werden die elektronischen Dissertationen im Netz angeboten?
- Kann eine Dissertation neben der Internet-Veröffentlichung auch noch als Buch oder Aufsatz veröffentlicht werden?
- Wie sicher ist eine elektronische Dissertation im Internet vor Manipulationen geschützt?

Offenbar hat sich hier in kurzer Zeit ein friedliches Nebeneinander zweier Darstellungsformen entwickelt, wobei die elektronische Dissertation auf der Überholspur liegen dürfte. Was sind die Gründe? Die digitale Aufzeichnung bietet eine ganze Reihe von Vorteilen, die wieder in Aufzählungsform genannt seien:

- Elektronische Dateien nehmen weniger Platz in Anspruch als gedruckte Dokumente, im Extremfall gar keinen, wenn die Datei lediglich auf der Festplatte eines ohnehin installierten Rechners liegt. Für die Hochschulbibliothek ist das ein nicht unerheblicher Vorteil.[21]
- Das Besorgen von Dissertationen war in der Vergangenheit immer mit Schwierigkeiten verbunden, so dass es manchmal noch am einfachsten war, sich selbst an den betreffenden Hochschulort zu begeben und die wichtige Quelle dort einzusehen. Heute können Dissertationen rund um die Uhr besorgt werden, im Prinzip aus aller Welt.
- Anspruchsvolles Bildmaterial kann einer elektronischen Aufzeichnung (*engl.* data file) besser anvertraut werden als einer Drucksache. Bewegte Bilder – das zugehörige Stichwort *Videoclip* ist oben schon gefallen – „gehen" (im Doppelsinn) nur elektronisch.
- Auch *Audiomaterial* lässt sich problemlos integrieren.
- Die elektronische Dissertation kann – sie wird dadurch zum *Hypertext* – Verknüpfungen (*Links*)[22] zu anderen Quellen aufnehmen, wodurch das klassische Zitat durch die direkte Zugriffsmöglichkeit ersetzt wird.

---

[21] Das Argument gilt für die Bücher und Zeitschriften, die eine Bibliothek verwahren und zum Nachlesen bereithalten will, genauso, zumal der Trend dahin geht, große Teile der z. B. auf einem Hochschulcampus benötigten Literatur gar nicht mehr vor Ort vorrätig zu halten, sondern „elektronische Kopien" bei Bedarf aus dem Datennetz zu ziehen. Bibliotheken sind leistungsfähiger und gleichzeitig kleiner geworden, eine von Hochschulverwaltungen in aller Welt freudig begrüßte Entwicklung.

[22] Inzwischen (*Duden Rechtschreibung*, 22. Aufl. 2000; *Wahrig: Die deutsche Rechtschreibung*, 2005) ist das Wort zu einem Bestandteil der deutschen Sprache geworden: „ Der (oder das) **Link** auf Deutsch: ‚Verweis' (als englisches Lehnwort *die Verbindung, das Bindeglied*) ..." *(Wikipedia)*; uns gefällt neben „Verweis" (RECHENBERG 2003) die Bezeichnung *Sprungmarke;* sie wird allerdings auch als Äquivalent für den Namen – das *Label* – der Stelle in einem Quellcode, die „angesprungen" werden soll – verwendet. Vom Verb *linken* machen wir lieber keinen Gebrauch, damit wir nicht in Verdacht geraten, jmd. „über's Ohr hauen" zu wollen.

– Die intensive Beschäftigung mit diesem Stück Datentechnik ist für den Verfasser der Dissertation eine zusätzliche Bereicherung (mit zweifellos Karriere-fördernder Wirkung).

Jenseits des Atlantik hat die Entwicklung – das Losungswort ist dort ETD, *Electronic Theses and Dissertations* – schon früher eingesetzt als in Europa, nicht zuletzt dank den Aktivitäten eine Firma, die sich schon lange (seit 1938) der Verbreitung von Dissertationen angenommen hatte, der UMI (vormals University Microfilms, Inc.) in Ann Arbor, Michigan, USA. Die Idee, Dissertationen hinfort nicht (nur) auf Papier oder in mikroverfilmter Form zur Verfügung zu stellen, sondern (auch) digital, hat schnell Anklang gefunden. Zahlreiche Universitäten unterstützen das Unterfangen, und heute gehören der Networked Digital Library of Theses and Dissertations (NDLTD) über 100 Universitäten weltweit an.

ETDs sind als SGML-Files (Abschn. 3.1.1) oder als PDF-Dateien (Abschn. 5.3) zu erstellen. Ansonsten gibt es keine Notwendigkeit, die Dinge zu ändern. Die Hochschulen können nach wie vor ihre Vorstellungen verwirklichen, wie eine Dissertation anzulegen ist – fast ist noch alles beim Alten. Wir können Ihnen nur empfehlen, sich der neuen Herausforderung zu stellen, wenn sich eine Gelegenheit dazu an Ihrer Hochschule bietet.

2.3.4 Abschluss des Promotionsverfahrens

Die Dissertation wird im Rektorat der Hochschule oder im Dekanat abgegeben. Ein Fachgremium *(Promotionsausschuss)* benennt zwei Gutachter, die nichts voneinander (d. h. von ihrem gutachterlichen Auftrag) wissen sollen.[23] Die Gutachter sind angehalten, innerhalb einer vorgegebenen Zeit, beispielsweise von längstens sechs Wochen, ein Referat abzugeben, d. h. eine Beurteilung der Dissertation. Neuerdings findet der Gutachter (Referent) der Dissertation häufig ein „Votum informativum" beigelegt, das der Betreuer der Arbeit oder ein anderer offiziell bestellter Berichterstatter verfasst hat. Hierin steht, welche Bedeutung der Arbeit zukommt, wie aufschlussreich die Ergebnisse sind und was das Ziel der Arbeit war. Da der Referent die Arbeit ohnehin lesen muss, ist dieses Votum eigentlich überflüssig. Wie immer: Jeder der beiden Referenten schreibt eine Beurteilung und schließt sein Referat mit einer Zensur ab, die „summa cum laude", „magna cum laude", „cum laude" oder „rite" lauten oder auch in der Ablehnung bestehen kann. Die beiden Referate werden dem Gremium sowie dem Betreuer der Arbeit zugeschickt. Bei Ablehnung der Arbeit durch die Gutachter oder wenn Nachbesserungen gewünscht werden, werden die Referate oft auch dem Doktoranden zugänglich gemacht.

Damit ist das Verfahren noch nicht abgeschlossen. Der Kandidat oder die Kandidatin muss noch das mündliche Verfahren der Doktorprüfung über sich ergehen las-

---

[23] In einigen Bundesländern dürfen nicht-habilitierte Hochschullehrer als Berichterstatter oder Referent im Promotionsverfahren fungieren, oft im Rahmen von „kooperativen Promotionen"; in den anderen müssen die Berichterstatter jedoch Mitglieder des Lehrkörpers der betreffenden Fakultät sein.

sen. Dessen traditionelle Bezeichnung *Rigorosum (lat.* rigor, Strenge, Härte) lässt schlimme Befürchtungen aufkommen, aber so gefährlich ist die Sache nicht. Niemand beabsichtigt, den Kandidaten – Sie – an dieser Stelle noch zu Fall zu bringen.

- Oft läuft die Doktorprüfung auf eine – oft hochschulöffentliche – „Verteidigung" der in der Dissertation entwickelten „Thesen" hinaus.

Sie sind gut beraten, wenn Sie Ihre Arbeit im Kopf haben, so dass Sie etwa in der Reihenfolge der schriftlichen Bestandteile Einführung, Diskussion und Schlussfolgerungen darüber berichten und auch Fragen zu experimentellen Einzelheiten beantworten können.

- Die Doktorprüfung kann die Form eines *Vortrags* mit anschließender Diskussion annehmen.

Einen solchen Fall sollten Sie vorbereiten, und zwar gründlich. Einen Vortrag zum Rigorosum auswendig zu lernen, um ihn dann – scheinbar frei – zu halten, ist keine Schande.[24] Dies umso weniger, als meist ein strenges Zeitlimit (z. B. 15 Minuten) gesetzt ist und kaum etwas von der Prüfungskommission kritischer vermerkt wird als ein Überschreiten um nur eine halbe Minute. Erkundigen Sie sich nach der üblichen Prüfungsdauer und bereiten Sie einen Vortrag für einen angemessenen Teil dieser Zeit vor.

Für den Fall, dass Sie später eine *Habilitation* anstreben sollten, fügen wir dazu noch eine Anmerkung bei. Auch zu dieser höheren akademischen Weihe gehört eine schriftliche Arbeit *(Habilitationsschrift),* sie hat jedoch ein noch umfassenderes Thema zu bewältigen und gleicht darin mehr einer Monografie (s. Kap. 4). Die Habilitanden sollen Unterrichtserfahrung nachweisen und bereits mehrfach publiziert haben. Gutachter der früheren Originalarbeiten und der Habilitationsschrift sind (je nach Art des Themas) zwei oder drei Ordentliche Professoren, darunter wenigstens einer, der nicht der heimischen Fakultät angehört. Das Verfahren schließt mit einer Probevorlesung ab, die heute allerdings in der Regel nicht mehr als Diskussionsvortrag verstanden wird. Eine Zensur gibt es nicht. Nach einer öffentlichen Antrittsvorlesung wird der Habilitierte nach Verlesung einer Verpflichtungsformel als *Privatdozent* feierlich in den Lehrkörper aufgenommen.

---

[24] Die Kunst des Vortragens über einen wissenschaftlichen Gegenstand haben wir in einem eigenen Buch dargelegt (EBEL und BLIEFERT 2005).

3 Zeitschriften

3.1 Kommunikationsmittel Fachzeitschrift

3.1.1 Zeitschriften: Säulen des Publikationswesens

„Wissenschaft entsteht im Gespräch" (HEISENBERG 1973, S. 7), unter vier Augen, im engeren Arbeitskreis, vielleicht in der Diskussion nach einem Vortrag. Irgendwann aber müssen die sorgsam gesicherten Erkenntnisse der Öffentlichkeit zugänglich gemacht, d. h. *publiziert* werden.

● Das wichtigste Kommunikationsmittel in den Wissenschaften ist die *Fachzeitschrift*.

Zeitschriften sind periodisch (wenigstens viermal im Jahr) erscheinende Printmedien (*Periodika*). Fachzeitschriften teilen Dinge mit, die nur mehr oder weniger enge Kreise von Fachleuten oder die Angehörigen bestimmter Berufe oder Berufsgruppen interessieren. Wissenschaftliche Zeitschriften sind Fachzeitschriften mit dem Ziel, wissenschaftliche Erkenntnisse zu verbreiten. Von den Zeitungen, die täglich oder wöchentlich erscheinen und vornehmlich über aktuelle Ergebnisse berichten, unterscheiden sich Zeitschriften durch ihre geringere Erscheinungsfrequenz und ihre über den Tag hinaus reichende Berichterstattung.

Zeitschriften wenden sich an eine – nicht immer „die" – Öffentlichkeit. Alles, was darin steht, gilt daher als *veröffentlicht*. Der Umkehrschluss ist nicht möglich: Es gibt noch andere Mittel der *Veröffentlichung* als Zeitschriften, z. B. *Bücher* und *Patentschriften*. Auf die Rolle des wissenschaftlichen Buches werden wir im nächsten Kapitel zu sprechen kommen.

Daneben haben Wissenschaftler heute die Möglichkeit, sich auf dem Wege der *Telekommunikation* – z. B. über das *Internet* – unmittelbar und unzensiert an ihre Kollegen in aller Welt zu wenden. Es bleibt abzuwarten, ob und in welchem Umfang „elektronische Wandtafeln" (*engl.* bulletin boards), an die jeder seine Nachrichten „anschlagen" darf, den Erfordernissen der Wissenschaft genügen und ob und in welchem Umfang sich *elektronische Zeitschriften* als legitime Geschwister der Print-Zeitschriften etablieren können. Inzwischen kann man mit Sicherheit sagen, dass beispielsweise von einem Institut herausgegebene Informationsseiten ihren Platz in der Welt der Kommunikation naturwissenschaftlich-technischer Informationen gefunden haben oder noch finden werden. Ähnliches gilt auch für elektronische Fachzeitschriften, soweit sie, vielleicht *neben* Print-Ausgaben, nach den Spielregeln des seriösen Publizierens zustande kommen, die immer eine freiwillige Selbstkontrolle einschließen (mehr dazu im nächsten Abschnitt „Elektronisches Publizieren").[1]

---

[1] Im Internet stoßen Sie auf Auflistungen von „elektronischen Zeitschriften". Darunter befinden sich rein elektronische Ausgaben, die also ausschließlich über das Internet angeboten werden. Einige in diesen
→

Wir sehen, wie schon angedeutet, die wissenschaftlichen Zeitschriften als Untergruppe der Fachzeitschriften an. Korrekt muss man dann von *wissenschaftlichen Fachzeitschriften* sprechen. In den Statistiken des Verbandes Deutscher Zeitschriftenverleger (VDZ) gibt es daneben noch „andere Fachzeitschriften". Sind die „wissenschaftlichen" immer einer wissenschaftlichen Disziplin gewidmet, so wenden sich die „anderen" eher an große Berufsgruppen wie „Industrie", „Handel", „Verwaltung". In den „wissenschaftlichen" Fachzeitschriften steht als Ziel *Informieren* im Vordergrund: Man findet eng gedruckten Text und Formeln. In den „anderen" Fachzeitschriften tritt *Aufmerksam-Machen* als Merkmal hinzu: Hier spielt die „ansprechende" Gestaltung durch Mittel der Typografie und des Bildes eine größere Rolle.

- Für Wissenschaftler, die in der einen oder anderen Art von Zeitschriften publizieren, genügt es, dass sie sich der Unterschiede bewusst sind und ihren Stil oder ihre Darstellungsmittel der jeweiligen Zeitschrift anpassen.

Das sprachliche Äquivalent für „wissenschaftliche Zeitschrift" im Englischen ist „scientific journal", mit einem engeren Sinngehalt. Da „science" für *Naturwissenschaften* steht, sind diese Zeitschriften dem Verbreiten naturwissenschaftlicher Erkenntnisse gewidmete Publikationsorgane. In diesem Sinne wollen auch wir im Folgenden verkürzt von „wissenschaftlichen Zeitschriften" sprechen, wohl wissend, dass Mediziner, Juristen, Linguisten usw. jeweils eigene Räume in diesen Galaxien der wissenschaftlichen *Fachinformation* einnehmen.

Den wissenschaftlichen Zeitschriften (im vorigen engeren Sinn) stehen „technische Zeitschriften" und „medizinische Zeitschriften" (vgl. Kap. 3 in EBEL, BLIEFERT und AVENARIUS 1993) am nächsten. Der Gleichklang in Inhalten, Formen und Zielen des Publikationswesens in *Naturwissenschaften*, *Technik* und *Medizin* hat dazu geführt, dass sich zahlreiche auf diesen Gebieten publizierende Verlage zu einem internationalen Dachverband *International Group of Scientific, Technical & Medical Publishers* zusammengeschlossen haben. Dessen Signum STM steht also für die drei genannten Wissensgebiete. Die Vereinigung ist so bekannt, dass man in der Branche von „stm publishing" u. ä. sprechen kann, ohne Gefahr zu laufen, nicht verstanden zu werden.

- Was in einer wissenschaftlichen Fachzeitschrift steht, gilt als veröffentlicht (publiziert).

Der terminologischen Konsistenz zuliebe haben wir uns entschieden, von den beiden synonymen Begriffen *Veröffentlichung* und *Publikation* den zweiten zu bevorzugen

---

Listen aufgeführte Titel *sind* keine Online-Journale, sie sind vielmehr im Netz lediglich durch Inhaltsverzeichnisse (manchmal zusammen mit Abstracts) vertretene „klassische" Zeitschriften. Solche Angebote indessen als Werbemaßnahmen der herausgebenden Institutionen oder Verlage abzutun wäre der Sache nicht dienlich; denn hier baut sich ein neues System der Informationsbeschaffung auf. Zunehmend lassen sich „Full Papers" über solche Netz-Anzeigen besorgen (s. dazu einige Anmerkungen in Abschn. 9.1.2, „Fachbibliothek 2000").

und damit auch das Verb publizieren, was im Titel unseres Buches seinen Niederschlag gefunden hat.[2]

- Publiziert ist ein wissenschaftlicher Sachverhalt nach traditioneller Auffassung nur, wenn die Mitteilung über ihn in größerer Stückzahl *hergestellt* und *verbreitet* worden ist.

Für das Herstellen und Verbreiten sorgen im allgemeinen *Verlage*. Grundsätzlich kann jedermann oder jede Institution Mitteilungen in größerer Stückzahl herstellen und verbreiten. Die Frage ist, ob dafür die finanziellen, technischen, organisatorischen und personellen Voraussetzungen gegeben sind. Fortschritte in der *Text-* und *Bildverarbeitung* haben in der Tat das Publizieren für jedermann – im angelsächsischen Sprachraum: *personal publishing* – in Reichweite gerückt. Da aber die eigentliche Kunst des Verlegens in Erwerb *(Akquisition)*, *Aufbereitung* und *Verteilung (Distribution)* – und nicht im Herstellen – von Information liegt, wird man auf die Tätigkeit der wissenschaftlichen *Organisationen* und Verlage auch in Zukunft nicht verzichten können.

Dazu kommt noch etwas anderes, das bisher als Konsens Bestand hatte:

- Als der Öffentlichkeit übergeben kann ein wissenschaftliches Dokument nur gelten, wenn es *identifizierbar* und *auffindbar* ist.

Wirksame Mittel, um diese Eigenschaften einer Publikation sicherzustellen, sind die von den Verlagen benutzte *International Standard Serial Number* (ISSN) für Zeitschriften und andere Periodika und die *International Standard Book Number* (ISBN) im Falle von Büchern. Dem publizierenden Wissenschaftler sind beide wenig bewusst, wohl aber dem verbreitenden *Buch- und Zeitschriftenhandel* und dem *Bibliothekswesen*. Wir wollen hier die ISSN kurz erläutern (mehr zur ISBN s. Abschn. 4.5.2).

Die *ISSN* geht auf eine gemeinsame Initiative des American National Standards Institute (ANSI) und der International Organization for Standardization (ISO) zurück. Seit 1971 steht die ISSN als Instrument zur eindeutigen *Identifizierung* von Periodika (Zeitschriften) und anderen fortlaufend erscheinenden Publikationen weltweit zur Verfügung. Sie besteht immer aus acht Ziffern, die von einer eigens dafür ins Leben gerufenen Organisation (ISDS, International Serial Data System) auf Antrag des Verlags vergeben werden: Eine bestimmte Ziffernfolge kennzeichnet jeweils eine bestimmte Zeitschrift.[3] Auf jeder Ausgabe der Publikation sollen diese Ziffern – sie werden in zwei durch Bindestrich verbundenen Viergruppen geschrieben – in Verbindung mit dem Akronym ISSN zu sehen sein. Die Ziffern haben keinerlei Bedeutung außer der, dass sie untrennbar mit der Publikation verbunden sind.

- Eine ISSN wird nur einmal vergeben; sie erlischt, wenn die Publikation zu existieren aufhört oder auch nur ihren Namen ändert.

---

[2] „Publizieren" klingt für unsere Ohren schöner als „veröffentlichen", und es ist um eine Silbe kürzer. Vor allem aber sind wir damit näher beim Englischen *(publish, publishing, publication)*.
[3] Alle Angaben über das „Serial" und seinen Verlag sind bei ISDS hinterlegt. Internationale Kataloge wie CASSI *(Chemical Abstracts Service Source Index)* bedienen sich ihrer; von dort können sie für Zwecke des *Zitierens* und *Besorgens* genutzt werden.

Was wir hier beschrieben haben, ist im Wesentlichen das „klassische", über 200 Jahre alte Modell der auf Papier gedruckten Fachzeitschrift.[4] Heute muss eine Zeitschrift nicht mehr notwendigerweise ein *Printmedium* sein: Die Fortschritte der *Informationstechnologie* (IT) haben das „Medium wissenschaftliche Fachzeitschrift" auf eine neue Basis gestellt. Wie schon erwähnt, sind *elektronische Zeitschriften* auf dem Informationsmarkt erschienen und tragen dazu bei, das Publizieren von Fachartikeln in mancher Hinsicht geschmeidiger zu machen. Die Neuerungen – greifbar etwa als kürzere Publikationsfristen – kommen lange gehegten Wünschen der publizierenden Wissenschaftler entgegen.

Als noch wertvoller darf man die Verbesserungen einstufen, die beim Bereitstellen der publizierten Information erzielt worden sind. Die *Informationsbeschaffung*, die Kehrseite des Informierens (Publizierens), hat eine neue Qualität erlangt. Und das für manche Überraschende dabei: Nicht nur die Wissenschaft selbst hat dabei gewonnen, sondern auch das wissenschaftliche *Verlags-* und *Dokumentationswesen*. Wir mussten nicht Zeugen von deren Niedergang werden, sondern sehen sie mit neuer Kraft, wie verjüngt, ihre Aufgaben erfüllen. Anders als noch in der letzten Auflage dieses Buches können wir das heute mit Sicherheit sagen.

3.1.2 Elektronisches Publizieren

Wie es begann

Wissenschaftlern steht heute eine ganz neue Welt der *Kommunikation* offen: die Verbreitung von Forschungsergebnissen an Kollegen in aller Welt auf elektronischem Weg, im Besonderen über das *Internet*. Anfang der 1990er Jahre trat das Potenzial der neuen Form des *Informationstransfers* allmählich ins Bewusstsein. Was sich hier anbahnte, schien fast erschreckend, zumal abzusehen war, dass die neuen Methoden bald *überall* zur Verfügung stehen würden. *Personal Computer* auf jedem Schreibtisch, in ein globales Netz eingebunden, würden sich als Augen in die Welt erweisen, bisherige Sichtweisen verändernd.

Die Herausgeber und Redakteure von wissenschaftlichen Fachzeitschriften und ihre Verlage begannen, sich für die Computer-basierte *(computergestützte)* Kommunikation zu interessieren, weil sich für sie eine Möglichkeit auftat, *Synopsen* traditioneller Zeitschriftenartikel elektronisch zu generieren und weltweit zu verbreiten. So waren jedenfalls die ersten Vorstellungen, so bescheiden die ersten Pläne. Man dachte an periodische Updates von Disketten, dann zunehmend an die Präsentation der Inhalte im *Internet*. Dieses, wie schon sein Name andeutet, international angelegte Informations- und Kommunikations-*Netz* erfreute sich bald großer Beliebtheit bei Hochschulen und forschungsintensiven Firmen, bei wissenschaftlichen Einrichtungen aller Art. Wissenschaftler sahen sich plötzlich in der Lage, weltweit auf aktuelle *Titel-* und

---

[4] Die älteste Zeitschrift im Programm des Verlags dieses Buches, *Liebigs Annalen der Chemie* – heute fortlebend in *European Journal of Organic Chemistry* –, lässt sich bis zum Jahr 1822 zurückverfolgen. EJOC gibt es in gedruckter Form und online (Print ISSN: 1434-193X, Online ISSN: 1099-0690).

Autorenlisten zuzugreifen, zunehmend jetzt auch auf die Zusammenfassungen (Synopsen, *Abstracts*) von Artikeln, die irgendwo in der Welt erschienen waren. Dies alles erreichten sie mühelos vom Schreibtisch ihres Büros aus, genauer: am Bildschirm ihres *Personal Computers*.

Wer hieran erst einmal Gefallen gefunden hatte, wollte bald auch Zugang zu den *ganzen* Artikeln haben einschließlich der darin enthaltenen grafischen Materialien. Innerhalb weniger Jahre sollte sich erweisen, dass auch solche weiter gesteckten Ziele zu erreichen waren, dass der uneingeschränkte elektronische Zugriff machbar war. Ein auf den Kunden zugeschnittenes Publizieren – *(engl.)* custom(ized) publishing – entwickelte sich, wo jeder Informationsnutzer sich besorgen konnte, was ihm nützlich schien, und weglassen, was er nicht brauchte.

Wer sich der neuen Möglichkeiten in dieser Weise bedienen konnte, und das waren im Prinzip alle, wollte wohl auch damit beginnen, sich *selbst* als Informationsanbieter einzubringen. Neben das professionelle Publizieren trat so ein „privates". Konflikte entstanden, jetzt eigentlich schon an einer zweiten Front, zwischen *Professional Publishing* und *Personal Publishing*. Erstaunlich für manche: Heute, wieder ein paar Jahre später, kann man die Konflikte als halbwegs überwunden ansehen. Zum großen „clash" kam es nicht.

Grundsätzlich kann sich der Austausch wissenschaftlicher Information über das Internet sehr direkt, kostenlos oder nahezu kostenlos, vollziehen, unbehindert von irgendwelchen Kontrollen – und praktisch ohne Zeitverlust! Einige begannen, von einem die Welt umspannenden elektronischen Basar zu träumen, mit vielen Wandtafeln,[5] auf denen jeder, ob Anbieter oder potenzieller Käufer von Information, in völliger Freiheit „anschlagen" konnte, was er gerade mitzuteilen, „mitnehmen", was er zu wissen wünschte. Wir werden sehen, dass und warum diese Vorstellung weitgehend Utopie bleiben musste. Doch ist einzuräumen: Ungezählte *Websites*[6] haben sich als neuartige *Kommunikationsforen* bewährt, die ausschließlich dem Austausch wissenschaftlicher Information dienen. Wissenschaftliche Gesellschaften, Organisationen, Institute, Fachbereiche akademischer Einrichtungen und einzelne Wissenschaftler stellen darin wertvolles Material zur Verfügung. Forschungsgruppen in aller Welt sind dadurch näher aneinander gerückt, als man sich noch vor Kurzem vorstellen konnte.

Einige Visionäre sahen schließlich die *elektronische Zeitschrift (electronic journal, e-journal, E-Journal)* als gleichwertige oder überlegene Alternative zur konventionell gedruckten Zeitschrift *(print journal, p-journal)* auf den Plan treten und demnächst die Szene beherrschen. Ende der 1990er Jahre begannen die Visionen Gestalt anzu-

---

[5] Das schon weiter vorne benutzte *engl.* Wort *bulletin board* dafür hat in dem Zusammenhang fachsprachliche Bedeutung im Sinne einer elektronischen Pinnwand angenommen.
[6] Eine *Website* ist ein „Knoten"im *World Wide Web*. [*Web (engl.).* heißt eigentlich: Spinnennetz; *site* bedeutet Standort, Platz, Gelände; Website: eine Stelle im Netz.] Jeder dieser Knoten hat eine unverwechselbare Adresse [*Webadresse;* URL, *Uniform Resource Locator,* einheitliche (Internet-)Ressourcenadresse] und dient als Platz, wo spezifische Informationen, auf Seiten *(Webseiten, pages)* angeordnet und gebündelt, gesucht und gefunden – und genutzt – werden können: im Prinzip zu jeder Zeit und von jeder anderen an das Netz angeschlossenen Stelle aus.

nehmen, und die neuen Wirklichkeiten und erste Ergebnisse ließen die Frage aufkommen: Hat das tradierte p-journal eine Überlebenschance? Wir können heute, im Jahr 2005 (zur Zeit dieser Neuabfassung) mit ziemlicher Sicherheit eine Antwort geben: Ja, nämlich in mehr oder weniger friedfertiger Koexistenz mit seinem jüngeren ungebärdigen Spross, dem e-journal. Der Zusammenprall und eine tödliche Umgarnung sind ausgeblieben, wir sagten es schon; wie auch jene nicht Recht behielten, die seinerzeit den Untergang der Zeitungen angesichts des Aufkommens des Rundfunks vorhergesagt hatten, dann das Ende des Rundfunks durch das Fernsehen, und schließlich das der Zeitungen (die es doch noch gibt!) durch ihre Online-Töchter.

Verleger und andere kommerzielle Informations-Lieferanten wurden zu Mitspielern in der neuen Welt der *elektronischen Kommunikation*. Sie sahen, dass niemand die Entwicklung würde aufhalten können, und so war Mitgestalten angesagt. Nicht alle Ideen, die aufkamen, ließen sich verwirklichen, aber im Großen und Ganzen darf man heute sagen: *Gemeinsam* haben Viele Vieles zuwege gebracht, was man gerne als Verbesserungen preisen darf. Inzwischen ist es ganz normal, dass eine Fachzeitschrift für die unterschiedlichen Verwendungszwecke in zwei Versionen erscheint und *zwei* ISSNs trägt (vgl. Fußnote [4])): eine ISSN print ·····-····. und eine ISSN electronic ·····-···: *Quod libet* – was gefällt!

- Der „Markt", auf dem die Ware Information vermehrt angeliefert und verkauft wird, ist das *World Wide Web* (WWW) im Internet.

Längst ist es üblich geworden, sich Fachartikel aus dem Internet in den Speicher des eigenen Rechners zu laden, auf Disc zu brennen oder auszudrucken – jedermann sein eigener Drucker! Der Fachartikel *als solcher* jedenfalls hat die Probe bestanden. In welcher Form er daher kommt, ist zweitrangig, bis zu einem gewissen Grad sogar, wie er vermarktet wird.

Das erste E-Journal

Die erste vollwertige Zeitschrift der neuen Art – „peer-reviewed, electronic, full-text including graphics"– war 1992 *Online Journal of Current Clinical Trials* (OJCCT). Sie ist gleich sehr weit vorgeprescht Als wichtigstes Ziel galt,[7]) die Information *schnell* zu verbreiten. Gerade wenn es um jüngste Erfahrungen aus der Klinik geht, kann Tempo Leben retten. Die größten beeinflussbaren Verlustfaktoren im Zeitablauf vom Manuskripteingang bis zur Veröffentlichung sind die Herstellung der Druckausgabe und deren Distribution auf den herkömmlichen Handelswegen. Deshalb sah man die Chance zur „elektronischen" Beschleunigung gerne: Mediziner in Kliniken und Forschungsinstituten sollten in die Lage versetzt werden „to read a ‚paper' almost the moment it has been accepted" – im Zeitalter der *Telekommunikation* kein Wunschtraum mehr![8])

---

[7] Vgl. Nachricht „New electronic journal" in *Eur Sci Editing*. 1992; 45: 26-27.
[8] Beachten Sie die Anführungszeichen um „paper": Gerade im Englischen war „paper", *Papier,* zum Synonym für eine wissenschaftliche Publikation geworden, so dass das Wort hier seinen ursprüngli-

3.1 Kommunikationsmittel Fachzeitschrift

Beiträge an OJCCT sollten *digital* aufgezeichnet und auf elektronischem Weg zugestellt werden. Beim Anliefern eines *elektronischen Manuskripts* – so ein Grundgedanke der OJCCT-Gründer – sollte der Gang der *Begutachtung*, wie er für die konventionelle Publikation üblich war und ist, *nicht* abgekürzt werden. Deshalb heißt es in dem zitierten Satz „accepted" und nicht „received", was ja „veröffentlicht wie eingegangen" bedeutet hätte. Nein: „Acceptance will only follow full peer review." Und: In das System aufgenommene Beiträge sollen dort „für immer" unverändert gespeichert werden.

Für welche Zeitdauern das „für immer" hier und in ähnlich gelagerten Fällen stehen kann, wird sich allerdings noch zeigen müssen. Die *Identifizierbarkeit* und *Datierbarkeit* von Quellen in *Bibliotheken* und an anderen Orten haben seit Jahrhunderten der Forschung als Ausweise der *Authentizität* gegolten. Wer garantiert dafür, dass ein elektronisch gespeichertes Dokument, das heute von diesem, morgen von jenem „abgerufen" wird, immer ohne Abstriche dasselbe ist? Wie lange kann man überhaupt *digitale* Aufzeichnungen archivieren, ohne dass sie sich verändern, Daten verlieren oder unlesbar werden? Die Zeit ist noch zu kurz, als dass jemand darauf schon verlässliche Antworten geben oder ggf. verbesserte technische Lösungen bereithalten könnte.[9] Hier klingen Fragen nach den Grenzen der Technik *(Datentechnik)* wie auch nach dem rechten Umgang mit der Technik an. Doch ungeachtet der Sorgen, die man mit ihnen verbinden kann, zieht die Entwicklung immer schneller immer weitere Kreise. Neue Wege der Wissenschaftskommunikation haben sich aufgetan. *Elektronisches Publizieren* (EP) ist zu einem Leitwort unserer Tage geworden.[10]

● Schnelles und kostenloses Publizieren – Wunschtraum oder Realität?

---

chen Sinn verliert, zur reinen Redeform wird. Aber das macht nichts: Papier wird schließlich schon lange nicht mehr aus dem Rohr der *Papyrus*-Staude gemacht!

[9] Die magnetisierbaren *Festplatten* in den meisten Computern sind schon nach 2 Jahren nicht mehr absolut „sicher". Den *Compact Discs* (CDs) gibt man 50 Jahre, aber wer weiß das heute schon? Schließlich erschienen die ersten CD-*Textspeichermedien* erst Ende der 1980er Jahre auf der Bühne. Auch ist durchaus fraglich, ob es in 50 Jahren noch die Geräte gibt, um die Datenträger von heute zu lesen. Bis zu der – jetzt schon 3000 Jahre währenden – Dauerhaftigkeit der in *Stein* gemeißelten Gesetzestafeln des HAMMURABI ist da noch ein weiter Weg! Für Zwecke der Konservierung kommen Bibliothekswissenschaftler neuerdings vermehrt auf die *Mikroverfilmung* zurück, doch müssen wir zugestehen, dass auch sie angesichts geschichtlicher Abläufe nicht eben altbewährt ist. – Wahrscheinlich wird die Entwicklung in eine andere Richtung gehen, die in Ansätzen bereits zu erkennen ist: Das Internet wird es eines Tages ermöglichen, sämtliche im Netz vorhandene Information über alle (oder zumindest sehr viele) angeschlossenen Computer zu verteilen, so dass der einzelne Nutzer nicht mehr seine eigenen Speichermedien verwenden muss; selbst der Prozess des Rechnens könnte verteilt (und gleichzeitig) ablaufen (man spricht auch vom *grid computing*, „Gitter-Rechnen"). Das Internet als virtuelles Speichermedium für reale Daten ist schon fast selbstverständlich *(Online-Speicherung)*. Noch bedeutet das, dass die Daten letzten Endes von der lokalen Festplatte auf eine der Festplatten des E-Mail-Providers hochgeladen werden; aber in Zukunft könnten sie per Grid Computing auf beliebig viele auf der ganzen Welt befindliche Festplatten verteilt werden. Sind die technischen Fragen und die des Datenschutzes erst einmal gelöst, wird die Archivierung digitaler Daten keinerlei zeitlichen Beschränkung mehr unterliegen, es sei denn, durch eine weltweite Katastrophe würden alle wichtigen Rechenzentren auf einmal zerstört! Damit wäre HAMMURABI wieder in der Vorhand.

[10] Wir hätten lieber von *digitalem Publizieren* gesprochen, s. dazu den nachstehenden Abschnitt. Aber am *e-journal*, E-Journal, kommen wir nicht vorbei.

In technischer Hinsicht bereitet das schnelle elektronische Publizieren heute keine Schwierigkeiten mehr. *Kostenlos* wird die neue Form der Wissensverbreitung auf Dauer allerdings nicht angeboten werden, jedenfalls nicht generell. Um das zu sagen, braucht man kein Prophet zu sein.

Wertvolle Nebeneffekte der neuen Publikationsform von OJCCT wurden in einer Pressemitteilung erläutert. So kann der Empfänger der elektronischen Botschaft *Kommentare* zu den Ausführungen des Autors oder der Autorengruppe an die Redaktion schicken; solche Kommentare werden dann zusammen mit dem Artikel archiviert. Damit werden diese Zeitschriften zu *Diskussionsforen*, in die Meinungen anderer ohne große zeitliche Verzögerungen eingebracht werden können. Ein großer internationaler Hydepark für Wissenschaftler tut sich auf.

OJCCT wurde nicht von Außenseitern ersonnen, sondern von Verlagsprofis. Als „Schriftleiter" der neuen Zeitschrift wurde der Mediziner Edward J. HUTH bestellt, der zuvor die Zeitschrift *Annals of Internal Medicine* herausgegeben und jahrelang den Vorsitz des Council of Biology Editors (CBE) geführt hatte. Er ist auch als Verfasser bedeutender Bücher wie *Writing and publishing in medicine* (1998) und *Scientific style and format: The CBE manual for authors, editors, and publishers* (1994) bekannt geworden. Die treibenden Kräfte bei dieser wichtigen Gründung waren Personen, die im wissenschaftlichen Verlagsgeschäft „aufgewachsen" waren, sich aber den Blick für Neues nicht hatten verstellen lassen.

- Das elektronische Publizieren ist in Szene gesetzt worden, es geschah nicht einfach.

OJCCT wurde in enger Zusammenarbeit mit der American Association for the Advancement of Science (AAAS; vergleichbar mit der *Deutschen Forschungsgemeinschaft*, DFG) ins Leben gerufen – ein kluger Schachzug. Auch sonst mangelte es nicht an Ideen, der Neugründung Überlebenschancen einzuräumen. So wurde vereinbart, dass Kurzfassungen der Artikel in der renommierten medizinischen Fachzeitschrift *The Lancet* veröffentlicht werden konnten, und wichtige Eilmitteilungen durften sofort und ohne Begutachtung als „work in progress" publiziert werden.[11]

Nach all dem fällt uns der Gebrauch des Wortes „publizieren" auch für das E-Journal nicht mehr schwer.

- Beim elektronischen Publizieren von heute geht es vor allem um Fragen der *Akzeptanz* und des Gebrauchs, nicht mehr so sehr um Technik.

Wie informieren sich Wissenschaftler, wie bilden sie sich weiter? Was unterstützt ihre Gewohnheiten, was ist abträglich? Wir brauchen geeignete Orte und Umgebungen und

---

[11] Für den Außenstehenden schwer zu verstehen ist das Ende dieses kühnen und weitreichenden Unterfangens: 1995 entzog die AAAS dem Journal ihre finanzielle Unterstützung, und bald darauf hörte es auf zu existieren. Offenbar war die Zeit noch nicht reif für OJCCT gewesen. Wahrscheinlich erwies es sich als Fehler, dass die Zeitschrift *nur* elektronisch angeboten wurde. Die meisten online erreichbaren – und durchaus lebendigen – Zeitschriften von heute kann man wahlweise als Print- *oder* als E-Medium nutzen. Die Gründeridee aber lebt fort und trägt Frucht, beispielsweise in jüngeren „open access"-Journals wie *Current Controlled Trials in Cardiovascular Medicine*.

dazu passendes Informationsträger, um einen komplizierten wissenschaftlichen Sachverhalt aufzunehmen und rezipieren zu können (*lat.* recipere, einfangen, aufnehmen). Im Hochgeschwindigkeitszug ICE verlockt selbst ein „Portable" nicht zum *Lesen*, und mit einem Computer auf dem Schoß kann man sich am Wochenende nicht auf dem Sofa ausstrecken. Die von Steckdose und Batterie unabhängige Zeitschrift auf Papier bietet dazu hervorragende Möglichkeiten: Man kann in ihr an jedem Ort *lesen*, umschlagen, zurückblättern, überfliegen, überspringen, auswählen – womit ja schon eine erhebliche geistige Leistung vollbracht ist. Dabei ist man für alles offen und hat die Informationen selbst ausgewählt, die für die eigene Arbeit wichtig sein könnten. Eine Zeitschrift durchsehen bewirkt eine andere, höhere Art des Informiertseins als das *Scrollen* in *Hit*-Listen,[12] die, auf den Kunden zugeschnitten, nur Merkmale aufweisen, welche dieser selbst vorgegeben hat. Klüger wird man so schwerlich. *Wissen* ist noch nicht *Weisheit*, und Informiertsein ist nicht Wissen. Hoffen wir, dass die Ansprüche, die Wissenschaftler diesbezüglich an sich selbst stellen, im neuen Kommunikationszeitalter nicht verloren gehen.

Archivierbarkeit und Recherchierbarkeit

„Elektronische Zeitschriften" haben wie auch „elektronische Bücher" (s. Abschn. 4.1.1) gegenüber ihren gedruckten Geschwistern Vorteile, die wir noch nicht erwähnt haben. Da ist die bequeme *Archivierbarkeit*: Gedruckte Zeitschriften müssen gebunden werden und brauchen, wie Bücher, Stell- oder Lagerplatz in der Bibliothek oder in einem Magazin. Der reduziert sich jetzt, sagen wir untertreibend, im Verhältnis 1 : 1000. Papier wird dafür überhaupt nicht mehr verbraucht – man muss nicht auf grünen Kopfkissen schlafen, um diesem Aspekt einiges abgewinnen zu können.

Ein weiterer wichtiger Vorteil betrifft die überlegene *Recherchierbarkeit* elektronisch aufbereiteter Information (s. „Informationsbeschaffung heute" in diesem Abschnitt). Elektronische Zeitschriften sind – das ist inzwischen Standard – Volltext-Datenbanken, Sonderteile wie *Tabellen* und *Grafiken* einschließend. Einzelne Beiträge oder Artikel oder auch Begriffe darin lassen sich schnell und vollständig aus einem großen Datenbestand heraussuchen, und das zuverlässig! In mehreren Jahrgängen einer (gedruckten und gebundenen) Zeitschrift einen bestimmten Beitrag zu finden, den Sie schon einmal gelesen hatten, von dem Sie aber nur noch eine vage Erinnerung haben, konnte in der „Papierwelt" prohibitiv zeitraubend sein: Im ungünstigsten Fall mussten Sie alle Jahrgänge durchblättern und Seite für Seite überprüfen. Bei einer elektronischen Datenrecherche hingegen kann diese Aufgabe in ein paar Sekunden erledigt sein.

- In einer elektronischen Zeitschrift suchen Sie im gesamten Datenbestand der einzelnen Beiträge.

---

[12] Wir haben englische Wörter, die sich gewissermaßen ohne Aufenthaltserlaubnis in deutschen (Fach)Texten tummelten, anfänglich in Anführungszeichen gesetzt. Viele solche Wörter sind inzwischen offiziell *(Duden, Wahrig)* als Bestandteile des deutschen Wortschatzes anerkannt, wir haben dann die Anführungszeichen entfernt und uns nach Möglichkeit einer eindeutschenden (intergrierenden) Schreibweise – z. B. mit Großschreibung von Substantiven – bedient..

Das Schwierige an der Aufgabe, die Information in der Zeitschrift zu finden – oder in einer von vielleicht tausend anderen, die als Aufbewahrungsort der Information in Frage kommen –, hat sich eher umgekehrt. Es kommt nicht so sehr darauf an, auf die bestimmte Information zu stoßen, sondern darauf, sie von einer übergroßen Anzahl von „Auch-Treffern" abzusondern, die Ihre Frage zwar tangieren, aber nicht genau das sind, was Sie gesucht haben und wirklich gebrauchen können. Sie haben zu *viele* Antworten, wahrscheinlich, weil Ihre Frage nicht ausreichend präzis gestellt war. Sie müssen Ballast abwerfen. Über einschlägige Suchstrategien werden wir uns in Kap. 9 auslassen, im Augenblick genügt ein kurzes Bewusstmachen der Natur dieses Problems. Es besteht in der schieren Menge der Daten, die man heute elektronisch verwalten kann.

Wenig bewusst sind sich viele publizierende Wissenschaftler der Tatsache, dass ihr Artikel die Merkmale schon in sich trägt, die darüber entscheiden, wie effizient er nachher recherchierbar ist.

- Autoren und Editoren haben es in der Hand, einen Artikel für die maschinelle Recherche vorzubereiten – mehr oder weniger gut.

Ob ein Artikel im Internet schnell gefunden wird, hat vor allem mit zwei Dingen zu tun:

1. dem Mitführen von sog. *Metainformationen* und
2. dem *Ranking*, dem jede Veröffentlichung im Internet unterworfen ist.

Den ersten Punkt kann ein Autor selbst beeinflussen (oder der ihm zur Seite stehende persönliche oder zum Institut gehörende Webmaster). Metainformationen werden in der Kopfzeile (im „Header") einer Internetseite abgelegt und sollten immer aus aussagekräftigen Schlagwörtern bestehen, die den eigentlichen Text beschreiben. Um sie erzeugen und bearbeiten zu können, benötigt man einen sog. HTML-Editor; solche Programme (wie FRONTPAGE von Microsoft oder HOTMETAL von Softquad) sind heutzutage günstig zu erwerben (z. B. gegen Bezahlung aus dem WWW herunterladbar). HTML *(Hypertext Markup Language)* ist die formale Sprache, nach der alle Internet-Veröffentlichungen aufgebaut sein müssen. Selbst moderne Textverarbeitungsprogramme wie WORD sind im Prinzip in der Lage, HTML auf Knopfdruck zu erzeugen. Auf HTML und die noch mächtigeren Sprachen SGML *(Standard Generalized Markup Language)* und XML *(Extensible Markup Language)* gehen wir an anderer Stelle ein.

Das Ranking ist eine Angelegenheit allein der Suchmaschinen. Die heute wichtigste Suchmaschine ist *Google*, und sie erlangte ihre Sonderstellung durch ihr besonders intelligentes und effektives Ranking-Verfahren.[13]

In Dublin im Bundesstaat Ohio, USA, ist die wohl größte elektronische Literaturdatenbank der Welt aufgebaut worden: Das *Online Computer Library Center* (OCLC)

---

[13] Ranking ist die automatische Bewertung von Suchergebnissen nach ihrer Relevanz durch die Suchmaschine. Ein Verfahren besteht z. B. darin festzustellen, wie oft der Suchbegriff im Text auf einer Seite vorkommt, ein anderes untersucht die Position der Wortfundstellen im Text. Googles Erfolg beruht vor allem auf einem Ranking-Verfahren, das die Zahl der Verweise von anderen Web-Seiten auf die eigene berücksichtigt. Bringt man also Inhaber anderer Homepages dazu, einen Link auf die eigene Seite zu setzen, so steigt diese beim Ranking.

dort mit seinem zentralen *Online Union Catalog* umfasst über 50 Millionen Titel mit jährlich zwei Millionen Neuzugängen und steht im Web als WORLDCAT zur Verfügung. Die meisten Titel sind Bücher, aber es werden auch 9000 E-Journale „full-text" gespeichert. Von unmittelbarem Wert für Forschungsbelange scheint eine Einrichtung der Universitätsbibliothek Regensburg zu sein, die *Electronic Journals Library/Elektronische Zeitschriftenbibliothek* (EZB). Zum Zeitpunkt unserer letzten Recherche (2003) wurden dort über 12 000 E-Journale geführt, von denen etwa jedes zehnte *nur* online zur Verfügung stand, für das also kein „print counterpart" existierte. Von etwa 3000 der dort geführten Zeitschriften können Artikel im Volltext bezogen werden (was man freilich auch bei den Verlagen selbst tun kann), doch geht das gewöhnlich nicht kostenlos: Den Zutritt zu den betreffenden Webseiten bekommt man nur über *Passwort*.[14]

Inzwischen kommen noch weiter reichende Überlegungen auf und haben in einem neuen Wort ihren Niederschlag gefunden, *open access (OA) publishing*. Für viele ist das *electronic publishing* (EP), wie es heute praktiziert wird, nichts anderes als eine Fortsetzung des traditionellen Publizierens mit anderen Mitteln, sie wollen noch mehr „Offenheit" des Systems. Der Anspruch der frühen Tage, jeder solle unbehindert alles publizieren und sich „natürlich" kostenlos mit allem an Information eindecken dürfen, ist wohl verflogen. Aber es bleibt Raum für weitere Überlegungen. Eine davon will keineswegs negieren, dass Information etwas kostet, aber sie fragt, *wer* für die Kosten aufkommen soll – warum nicht die Autoren[15] oder jene, die die Forschung finanziert haben? Wer die Publikation als Endprodukt der Forschung sieht, kann den Gedanken so abwegig vielleicht nicht finden, die *page charges* der Print-Zeitschriften gibt es in manchen Ländern schon lange. Aber er erinnert an die Versuche der Hohen Politik, das Gesundheitswesen durch „Entkoppelung" zu sanieren.[16] Eines aber ist schon heute sicher:[17]

- Die Kosten des Publizierens sind durch die neuen Technologien um 30 Prozent gesenkt worden.

---

[14] Auch kommerzielle Firmen und Agenturen mit z. T. jahrzehntealten Erfahrungen in der Literaturversorgung haben sich auf der neuen Bühne „gut aufgestellt". Ein herausragendes Beispiel eines modernen *Information Brokers* ist die Firma Otto Harrassowitz GmbH & Co. KG in Wiesbaden. Es lohnt sich, deren Homepage www.harrassowitz.de aufzusuchen. Von da können Sie sich zu einer lesenswerten Seite weiterklicken, die eine Kurzgeschichte des E-Journals nebst Begriffsbestimmungen enthält. Hätten nicht Platzgründe dagegen gestanden, hätten wir sie am liebsten hier abgedruckt.

[15] Im August 2005 fand sich diese Nachricht im Internet: „Der Wissenschaftsverlag Springer verstärkt sein Engagement für *Open Choice*, das Angebot für frei zugängliche Forschungsliteratur im Internet. ... Bereits im Juli 2004 startete der Verlag ... ein zusätzliches Publikationsmodell unter dem Namen Springer Open Choice, das das traditionelle Subskriptionsmodell ergänzt. Seitdem steht es den Autoren frei, gegen eine Gebühr von 3.000 US Dollar ihre Zeitschriftenartikel kostenlos jedem Interessierten zur Verfügung zu stellen. Open Choice ist eine Weiterentwicklung des in einem Teil der wissenschaftlichen Welt unterstützten Open Access-Konzepts ..." – So kann man's auch versuchen!

[16] Wer Anschluss an die aktuelle Diskussion sucht, sei auf ein Editorial „Who will pay for open access?" von Hervé MAISONNEUVE (damals Präsident von EASE und Chefredakteur von ESE) in *Eur Sci Editing*. 2004; 30(4): 112 verwiesen.

[17] Wellcome Trust. 2004. *Costs and business models in scientific research pulishing*. London: Wellcome Trust (www.wellcome.ac.uk/assets/wtd003185.pdf), zitiert nach H. MAISONNEUVE (Fußnote[16]).

Inzwischen wird die Kostensenkung als selbstverständlich angesehen, und man streitet um die Verteilung der verbliebenen Kosten. In einem Artikel „Beyond electrification: innovative models of scientific and scholarly publication" in *European Science Editing*. 2005; 31(1): 5-7 stellt der Verfasser[18] seinen Betrachtungen die folgende Zusammenfassung voran:

> Starting from the assumption that what is nowadays called „electronic publication" still mostly emulates traditional publishing models in digital environments, this paper examines some of the technical requirements and consequences of potential models of genuine e-publishing. The vital role of 'open' strategies – is stressed and a concluding view is given ...

European Science Editing ist das Organ der European Association of Science Editors (EASE, www.ease.org.uk), einer der Gesellschaften, die sich um die Entwicklung und Verbreitung des EP verdient gemacht haben. Von den vielen weiteren Trendsettern und Mitgestaltern sei noch die Association of Learned and Professional Society Publishers (ALPSP)[19] genannt. Den professionellen Vereinigungen kommt das Verdienst zu, viel für die Entwicklung tragfähiger Verrechnungsmodelle getan zu haben. Galt es doch, den Einzelverkauf der Ware Information wie auch die Subskription (den Kauf im Abonnement) gänzlich neu zu organisieren, Modelle für Nutzungslizenzen zu entwickeln und mehr. Begriffe wie „individual license", „single-use network license" und „multi-use network license" beherrschen jetzt die Szene. Offenbar sind für die meisten Situationen Lösungen gefunden wurden, die von den Anbietern und Vertreibern der Information ebenso akzeptiert werden konnten wie von den Benutzern. Den Zeitschriftenartikel wird es wohl weiterhin geben, und das ist es, was wir hier wissen wollten.

Im übernächsten Unterabschnitt von Abschn. 3.1.2 gehen wir unter dem Stichwort *open journal* näher auf einige der Implikationen ein.

Die digitale Evolution

Dürfen wir diese Betrachtung mit einem Zitat beginnen?

> Ten years ago, all of my editorial work was done on paper typescripts, using pen, ruler, scissors, glue and correcting fluid. Today, 95 per cent of my work is on screen, either using authors' disks or scanning manuscripts ... Within the last year, I have started sending and receiving articles for paper publication via email instead of on disk. From my base in Germany, I can put an edited document of several hundred pages on a colleague's desktop in Japan in five seconds ... I am one of thousands experiencing in their work the twin aspects of increasingly global markets and the application of faster and faster electronic technologies ... It is a precipitous metamorphosis.
>
> Michael ROBERTSON, An International Editor Contemplates the Electronic Age, *LOGOS*. 1996; 7(2): 186–90

---

[18] Stefan GRADMANN, Virtuelle Campusbibliothek Regionales Rechenzentrum der Universität Hamburg.
[19] Die Association (www.alpsp.org/default.htm) versteht sich als „international trade association for not-for-profit publishers" und ist auch für diejenigen ziemlich unverdächtig, die in *e-publishing* nur eine besonders anstößige Form des *e-commerce* sehen.

3.1 Kommunikationsmittel Fachzeitschrift

Statt von elektronischer Revolution sprechen wir heute gerne von einer *digitalen Evolution*, die stattgefunden hat und sich vor unseren Augen weiter vollzieht. Das ist gerade das Wesen der Evolution: Sie endet nie.

Der Begriff ist nicht ganz neu, wir lieben ihn. Er soll zum Ausdruck bringen, dass wir Zeugen einer *Weiterentwicklung* sind hin zu immer besser angepassten, leistungsfähigeren Kreationen und Modellen und Überlebensstrategien, nicht so sehr eines Bruchs mit allem Bisherigen. Gleichzeitig betont das Wort digital ein Prinzip, eine Strategie eher als eine Technik (Elektronik), und steht dem Denken derer, die um die bestmögliche Bereitung und Verbreitung von Information bemüht sind, näher als „elektronisch". Digital ist *das* Stichwort der *Informationstechnologie* (IT).

- Einen Informationsmehrwert im Vergleich zu herkömmlichen Print-Dokumenten erfahren digitale Dokumente dadurch, dass man in ihnen *Hyperlinks* vorsehen kann.

Diese Hyperlinks (kurz Links; *engl.* to *link*, verbinden, anschließen, verketten; *link*, Bindeglied, Verbindung)[20]. sind das wichtigste Merkmal von WWW-Seiten: Es handelt sich um Verkettungen mit anderen Seiten im *aktuellen* Dokument, auf *andere* Dokumente des aktuellen Servers[21] oder auf ausgewählte Dokumente, die auf einem *anderen* Server irgendwo in der Welt bereitstehen. Die Links können einzelne Wörter oder Textstücke betreffen oder Bildelemente/Bilder – bewegte Bilder, selbst Tonaufzeichnungen, die ganze multimediale Welt einschließend – oder auch komplette Dokumente, die mit der Adresse einer bestimmten Internet-Seite hinterlegt sind: Man braucht ein Link nur mit dem Mauszeiger anzuklicken, um zu den hinterlegten Informationen zu gelangen. Bei OJCCT beispielsweise war von den Initiatoren wohlweislich die Möglichkeit vorgesehen, sich aus der Bibliografie in die große Datenbank MEDLINE *einzuklinken*[22] und dort weitere bibliografische Angaben zu erfahren. Wir werden darauf zurückkommen.

Evolution wird manifest, wenn man die Zeitachse rückwärts blickt. Werfen wir, als Schreibende, dazu einen Blick auf *Duden: Die deutsche Rechtschreibung* (in diesem Buch kurz *Duden: Rechtschreibung* oder „Duden"). Dort, an unerwarteter Stelle, kann man dem Aussterben der einst mächtigen Gattung *machina scriptoria* unter den Bewohnern des Biotops „Büro" geradewegs zuschauen. Es gab im „Duden" schon seit langem ein Kapitel „Hinweise für das Maschinenschreiben", dem später ein Kapitel

---

[20] Das Aktivieren eines Links veranlasst den *Browser*, eine Verbindung zu der Internet-Adresse herzustellen, die das „angekettete" Dokument enthält. Auch in die Dateien am eigenen Bildschirm kann man Links einbauen. Hyperlinks beeinflussen somit nachhaltig das Schreiben und Organisieren größerer Dokumente in Verbindung mit dem „Blättern" am Bildschirm.
[21] Ein *Server* ist ein Computer, der in einem Netz seine Dienste anderen Computern – *Clients* (Kunden) genannt – zur Verfügung stellt. Fast alle Zeitschriften verfügen heute über einen eigenen Server, wie es ihrer Aufgabe als Informations-Dienstleister zukommt. – Das in der vorigen Fußnote benutzte Wort *Browser* bezeichnet usprünglich ein Hilfsprogramm zum Betrachten von Daten. Heute versteht man darunter meist ein Anwendungsprogramm, mit dem im Internet (heute v. a. im *World Wide Web*) Daten aufgerufen und angezeigt werden können *(Web-Browser)*. Die bekanntesten Web-Browser sind NETSCAPE NAVIGATOR, INTERNET EXPORER und SAFARI. Der etymologische Hintergrund ist bemerkenswert: (to) *browse* heißt *engl.* ursprünglich „abgrasen", „äsen".
[22] Seltsam: Man hätte auch einklicken oder einlinken sagen können.

„Richtlinien für den Schriftsatz" zur Seite gestellt wurde. Noch in der 20. Auflage 1991 *folgten* diese Richtlinien[23] den „Hinweisen für das Maschinenschreiben", aber in der 21. Auflage wurde die Reihenfolge umgekehrt. Jetzt ist zuerst der *Schriftsatz* an der Reihe, das *Maschinenschreiben* hinkt hinterher. Den „Richtlinien für den Schriftsatz" (S. 65-73) steht in der Auflage von 1996 diese Anmerkung voran:

> **Richtlinien für den Schriftsatz**
>
> Bei der Herstellung gedruckter Texte sind die folgenden Richtlinien zu beachten: Moderne Textverarbeitungsprogramme nähern sich im hier behandelten Bereich den Möglichkeiten von Satzsystemen immer mehr an, sodass für sie heute dieselben Maßstäbe gelten können. Sofern sie diese nicht erfüllen, gelten die allgemeinen Regeln für das Maschinenschreiben (→ Hinweise für das Maschinenschreiben). Um eine problemlose Umwandlung elektronisch gespeicherter Texte in Schriftsatz zu gewährleisten, sollte schon die Texterfassung in Absprache mit der Druckerei erfolgen.
>
> Einzelheiten, die im Folgenden nicht erfasst sind, und sachlich begründete Abweichungen sollten – als Anleitung für Korrektoren und Setzer – in einer besonderen Satzanweisung für das betreffende Werk eindeutig festgelegt werden.

Diese „Richtlinien" empfehlen wir jeder publizierenden jungen „Ich-AG" zur Anschaffung aus ihrem Venture Capital. In der 22. Auflage 2000 haben die „Richtlinien" nochmals ihren Habitus verändert, wie einer Internetseite zu entnehmen ist:

> Aus den „Richtlinien für den Schriftsatz" ist ein Abschnitt „Textverarbeitung" geworden. Moderne Textverarbeitungssysteme nähern sich immer mehr den Möglichkeiten von Satzsystemen, weshalb die bisherigen Regeln für den Schriftsatz auf die Textverarbeitung ausgedehnt werden. Die meisten Hinweise sollten künftig auch von Lehrkräften der Textverarbeitung beachtet und Bestandteil von deren Ausbildung werden.

Aus den „Hinweisen für das Maschinenschreiben" sind, fährt der Web-Rezensent fort, „Empfehlungen für Maschinenschreiben und E-Mails" auf der Grundlage von DIN 5008 geworden, die auch „beim Verfassen elektronischer Mitteilungen beachtet werden sollten, soweit die dafür zur Verfügung stehenden ASCII-Zeichen dies erlauben." Vielleicht lesen Sie auch diese Empfehlungen einmal durch, damit Sie Ihren *Cover Letter* an die Redaktion „richtig" schreiben können. Denn auch den werden Sie wahrscheinlich nicht mehr der Briefpost anvertrauen, sondern der E-Mail.

Das „offene Journal"

Im Spätherbst 1997 prangerten Zehntausende von Studenten in Deutschland u. a. die Kürzung der Bibliotheksetats als staatlich gelenkte Verdummung an – mit gewissem Recht. Vielleicht noch die besten Antworten auf ihre Fragen und Forderungen gaben die Verlage, wenn auch nicht auf Foren und Straßen: „Gerade angesichts der ... zunehmenden Digitalisierung unserer Inhalte, der weltweiten Mittelknappheit der öffentlichen Hände und der damit einhergehenden Streichungen bei den Etats der Bibliothe-

---

[23] Ein lapidarer Einleitungssatz erklärte kaum, weshalb man hier ein Kapitel brauchte, das am ehesten für Mitarbeiter der Satz- und Drucktechnik nützlich schien.

ken usw. müssen wir uns im Klaren sein, dass es geradezu unsere Pflicht ist, etwas Besonderes zu sein", sagte eine Botschaft des Verlags dieses Buches zum Jahreswechsel 1998, um gleich darauf ein elektronisches Zeitschriften-Informationssystem vorzustellen.

Als Ziele des Systems wurden genannt „Suchmöglichkeiten mit Inhaltsverzeichnissen und Abstracts" – für immerhin ca. 400 Zeitschriften! „Eine persönliche Homepage ... ermöglicht es jedem Nutzer, seine persönlichen und spezifischen Suchprozeduren zu aktivieren. So kann der Nutzer seine bevorzugten Zeitschriften, Artikel und Suchkriterien speichern. Er erhält die Möglichkeit, Artikel auf seinen Arbeitsplatzrechner zu laden und die Artikel zusammen mit Abbildungen, Tabellen und Grafiken zu drucken. Darüber hinaus besitzt jede Zeitschrift eine eigene Homepage, die umfangreiche Informationen über die Zeitschrift enthält. In vielen Fällen wird das ... Angebot durch Hyperlinks zu verwandten Produkten, Gesellschaften und externen Internet-Adressen ergänzt."

So, wie zahlreiche Tages- und Wochenzeitungen heute neben ihren klassischen Printausgaben *zusätzlich* Online-Versionen anbieten, vollzog sich also eine ganz gleichartige Entwicklung hin zu einem „Dualen System"[24] auch bei den wissenschaftlichen Fachzeitschriften. Ob man die Bezeichnung „Elektronische Zeitschrift" (E-Journal) im Geiste der Gründer von OJCCT solchen Zeitschriften vorbehalten möchte, die *nur* in elektronischer Form existieren, oder auch den Online-Versionen solcher Zeitschriften zugesteht, die parallel als *Printmedien* zur Verfügung stehen, ist unerheblich. Zweifellos werden immer mehr Zeitschriften das Internet besiedeln, so oder so. Gewiss werden viele Zeitschriften weiterhin (auch) in gedruckter Form angeboten werden, und die mediale Koexistenz wird sich als ein wunderbares Mittel erweisen, um unterschiedlichen Nutzerwünschen gerecht zu werden.

Viele Verlage oder Institutionen, die mit der Herausgabe von Zeitschriften kommerzielle Interessen verbinden, kommen mit der Situation gut zurecht, sie haben ihre Aufgabe neu definiert – und florieren! Ihr von manchen erwarteter Exitus ist ausgeblieben. Nehmen wir – Pars pro toto – die US-amerikanische Verlagsgruppe John Wiley & Sons (heute in Hoboken, N. J.) als Beispiel, zu der auch der Verlag dieses Buches gehört.[25] Das Unternehmen hat seine elektronischen Interessen bei *Wiley Intersciene* gebündelt, setzt mehr und mehr auf elektronische Zeitschriften und Bücher und erzielt bei den E-Journalen steigende „non-subscription revenues". Das heißt, die für die Weiterführung der Aktivitäten erforderlichen Geldrückflüsse kommen zunehmend nicht mehr aus dem konventionellen Subskriptions-Geschäft, sondern aus dem gezielten Verkauf von Inhalten über das Internet. Eine ganze Branche setzt zunehmend auf E-Commerce. Und dabei kommt nicht nur eine Umschichtung zustande, sondern insge-

---

[24] Wir spielen nicht auf die Abfallentsorgung (die mit dem „Grünen Punkt") an, eher auf die zweigleisige – in Deutschland seit Langem bewährte – Form der Berufsausbildung in Betrieb *und* Schule.
[25] Auch andere bedeutende Verlagsgruppen wie *Elsevie*r mit Headquarters in Amsterdam (www.elsevier.nl) – lesen Sie den interessanten Artikel über Elsevier in *Wikipedia*! – oder *Academic Press* in New
→

samt ein *Wachstum* des Geschäftsvolumens bei durchaus zufrieden stellender Entwicklung nicht nur der Umsätze, sondern auch der Gewinne.[26]

Wird es neben den Aktivitäten der professionellen Informationsindustrie ein *privates* Publizieren – *Personal Publishing* – auf den schnellen *Datenautobahnen* geben? Einige der Grundsätze aus der Gründerzeit des Internet – nichts ist organisiert, nichts darf etwas kosten – sprechen *dagegen*, behaupten wir. Wer sich eigene Informationsleistungen nicht vergüten lassen will, entzieht sich selbst der Pflicht, für die Verlässlichkeit seiner Mitteilungen einzustehen und ggf. zu haften. (Jeder Verlag unterliegt für seine Produkte der *Produkthaftung*.) Wer umgekehrt Gebühren für erbrachte Leistungen anderer ablehnt, entzieht jenen die wirtschaftliche Grundlage und löscht Professionalität aus. Dennoch: Die Zwänge zur Veränderung sind so vielfältig und die an die Neuerungen geknüpften Erwartungen der Wissenschaftler so weit reichend und zwingend, dass an einer zunehmenden Umgestaltung der Informationslandschaft nicht gezweifelt werden kann. Die Umgestaltung ist, wie wir gesehen haben, in vollem Gang. Nur läuft sie etwas anders, als mancher sich das in seinen Träumen von der grenzenlosen Freiheit über den Wolken vorgestellt haben mag.

Personal Publishing ist heute nicht mehr unbedingt ein Reizwort für die „Informationsindustrie". Privat oder kommerziell, das ist jedenfalls nicht das *ganze* Problem. Eher glauben wir, einen großen Denker und Meister der knappen Formulierung – Sie wissen schon – bemühen und so abwandeln zu dürfen:

● To digitize or not to digitize, that is the question!

Eine existenzielle Frage für manche, zweifellos. Wer die richtigen Antworten findet, überlebt, und das wissen sie fast alle.

Für das, was hier „gefragt" ist und von vielen als Antwort verstanden wird, ist wiederum eine Kurzformel gefunden worden: *Open Journal* (vgl. schon kurz das Stichwort *OA Publishing* in Abschn. „Archivierbarkeit und Recherchierbarkeit"). Man könnte es als Synonym für *Electronic Journal* nehmen, aber es setzt einen anderen Akzent. Es hebt nicht auf eine Technologie ab, sondern auf ein Ziel: Die moderne Fachzeitschrift soll offen sein, und das meint leicht zugänglich, mit hellen Gängen von einem Raum in den anderen und unversperrten Türen. Ein elektronisches Leitsystem, das in diesem lichten Gebäude immer den Weg weist und überall Eingang verschafft, ist mit dem Losungswort *Hyperlink* verbunden, wir haben davon. schon gesprochen (s. unter „Archivierbarkeit und Recherchierbarkeit" weiter vorne in diesem Abschnitt).[27]

York – beide gehören heute zusammen, siehe z. B. www.academicpress.com/journals – und viele andere haben an den Entwicklungen in der einen oder anderen Form mitgewirkt und können z. T. ähnliche Erfolge vorweisen.

26 Sie können dazu die Wiley-Websites unter „Corporate News" (hier: vom 15.6.2005) einsehen. Weitere Informationen zu den E-Journalen der Verlagsgruppe finden sich unter www.interscience.wiley.com.

27 In diesem Zusammenhang zieht ein neues Schlagwort immer größere Kreise: *Weblog*, oft abgekürzt zu *Blog*. „Weblogs ... sind Online-Journale, die sich durch häufige Aktualisierung und viele Verlinkungen auszeichnen. Die meisten Blogs setzen bei einem neuen Artikel einen oder mehrere zentrale Server davon in Kenntnis. Jedes Weblog ist ein für sich eigenes Journal. – In einem typischen Weblog hält ein

3.1 Kommunikationsmittel Fachzeitschrift

In England formierte sich 1995 das *Open Journal Project* und nahm alsbald eine vielseitige Tätigkeit auf, um wenig mehr als ein Jahr später erstmals darüber zu berichten. Wieder glauben wir, mit einem Zitat die Ambitionen des Projekts am treffendsten beschreiben zu können:[28]

> Overall objective:
> To build a framework for commercial publishing applications which enables online journals (published on the Web) to be interlinked, and to provide users with the ability to create or follow numerous, flexible linked paths designed to support themed study and research using the maximum available online resources.

Das World Wide Web signalisiert schon in seinem Namen das Streben der Forscher nach weltweiter *Vernetzung*. Bevor Techniker und Wissenschaftler am CERN dem Internet ihre Aufmerksamkeit zuwandten, war dieses für den täglichen Gebrauch zu wenig geordnet und zu langsam gewesen. Mit Hilfe des in Genf entwickelten Übertragungsprotokolls HTTP (*hypertext transfer protocol*) – in *Web-Adressen* als http:// geläufig[29] – konnten sich fortan Information-Suchende und Anbieter von Information direkt „unterhalten": Unabhängig vom verwendeten Computer und dessen Betriebssystem können sie sich heute nach dem HTTP-Standard aufbereitete beliebige Multimedia-Dokumente zusenden. Im Internet kann also jeder Teilnehmer nicht nur *Client* (Kunde, Benutzer) sein, sondern auch *Server* – d. h. Anbieter.[30]

Autor (der *Blogger*) seine *Surftour* durch das World Wide Web fest, indem er zu besuchten Webseiten einen Eintrag schreibt. Eine besondere Form dieses ‚Festhaltens des eigenen Surfverhaltens' wird in einem Linkblog ausgeübt. Es gibt aber auch Fach-Weblogs, in denen ein Autor Artikel zu einem bestimmten Thema veröffentlicht ... Typischerweise linken Blogger auf andere Webseiten und kommentieren aktuelle Ereignisse. Viele Einträge bestehen aus Einträgen anderer Weblogs oder beziehen sich auf diese, so dass Weblogs untereinander stark vernetzt sind. Die Gesamtheit aller Weblogs bildet die *Blogosphäre*. Die Blogosphäre bezeichnet sich selbst oft auch als ‚(Klein-)Bloggersdorf'" (*Wikipedia*). Auch Privates wird hier getratscht, Selbstdarstellung und Werbung werden betrieben bis hin etwa zu neuen Formen einer Unternehmenskultur. Zum Gelben vom Ei des wissenschaftlichen Publikationswesens wird die neue Kommunikationsform, das Blogging, sicher nicht werden. „Weblogs sind demnach keine Alternative zu (Online-)Zeitungen, sondern eine Ergänzung. Im Idealfall reagieren Weblogs schneller auf Trends oder bieten weiterführende Informationen bzw. Links zu bestimmten Themen" (a. a. O.).

[28] Quelle: http://journals.ecs.soton.ac.uk/1st_year.htm. Darin stehen ecs für das Department of Electronics and Computer Science, soton für die University of Southampton, UK.

[29] Mit der Entwicklung dieses Übertragungsprotokolls ist ein Mitarbeiter am CERN, Tim BERNERS-LEE, zum eigentlichen „Erfinder" des Web geworden. Er verband seine technische Pionierleistung so sehr mit idealistischen Zielen, dass es eine Zeitlang schien, als wolle er sich selbst um jegliche Anerkennung bringen. Heute wird Sir TIM (inzwischen geadelt) als „Gutenberg des 20. Jahrhunderts" gefeiert. Am 3. Oktober 2005 wurde ihm in Berlin der Quadriga-Preis verliehen, in derselben Feier, in der Altbundeskanzler Helmut KOHL gleichfalls diesen Preis aus der Hand von Michael GORBATSCHOW entgegennahm. Zufall? Kaum, wie sich das Preiskomitee wohl bewusst war. Allen drei Visionären war die Idee einer besseren *einen* Welt gemeinsam.

[30] Im Engeren versteht man unter „Server" einen zentralen Rechner in einem Netz, der für einen spezifischen Zweck eingesetzt wird, z. B. zur Verwaltung einer Datenbank, zum Bereitstellen von Internet-Seiten oder für spezielle Dienste (beispielsweise zum Bereitstellen von Speicherplatz). Am Internet angeschlossene Rechner, die HTTP verstehen, nennt man oft kurz *WWW-Server* oder *Web-Server* – sie sind die „Knoten" des Web im Internet. Der Server antwortet auf Fragen von im Netz angeschlossenen „Clients" (das sind Arbeitsstationen von Anwendern, die über das Netz mit dem Server verbunden sind). →

An dem Open Journal Project haben von Anbeginn Wissenschaftliche Gesellschaften (wie die British Computer Society, die American Psychological Association und The Company of Biologists Ltd.) mitgewirkt, Bibliotheken – *eLibrary* muss für den Augenblick als Stichwort genügen – und Verlage. Von den großen Wissenschaftsverlagen, die das Projekt unterstützten und begleiteten, seien hier genannt Academic Press, Cambridge University Press, Electronic Press Ltd., Oxford University Press und John Wiley & Sons.

Eine der großen Fragen des elektronischen Publizierens betrifft die *Zitierfähigkeit*. Während bei gedruckten Publikationen auf Zeitschrift, Jahrgang, Ausgabe und Seitenzahl verwiesen werden kann, fehlt bei elektronischen Publikationen der eindeutige „Zeiger" auf die zitierte Stelle. Durch die Angabe der URL[31)] einer Web-Seite ist nämlich nur wenig gewonnen: URLs können sich ändern! Außerdem gibt es noch kaum eine Möglichkeit, die Inhalte einer Internetseite (quasi ihr „Inneres") eindeutig zu kennzeichnen – was entwickelt werden muss, ist ein standardisiertes System von *Digital Object Identifiers* (DOIs). Anstrengungen in dieser Richtung unternimmt u. a. die *Text Encoding Initiative* (TEI, www.tei-c.org).[32)]

Naturwissenschaftler wollen nicht nur Texte einsehen, also in Zeichen darstellbare Daten. Für sie ist auch das *Bild* unabdingbarer Bestandteil der Information. Das gilt in besonderem Maße für die eher beschreibenden Naturwissenschaften wie *Biologie* – Biologen haben an der Wiege des *Open Journal Project* gestanden – oder *Geologie*. Für *Chemiker* und für *Ingenieure*, die in räumlichen Strukturen denken, sind Bilder gleichfalls unabdingbar – ein WWW ohne *Grafik* (ohne Möglichkeit der Wiedergabe einer Strukturformel etwa oder der Schemazeichnung einer Maschine) wäre für sie nahezu wertlos. „Es reicht nicht, mit Worten zu erklären, wie eine Brücke aussehen soll. Man muss sie zeichnen. Eine solche Bauzeichnung aus dem neunzehnten Jahr-

---

Besonders aktive Teilnehmer an diesem weltweiten Informationssystem bieten eine eigene Homepage an, eine *Website*. – Besondere Beachtung verdienen bestimmte *Anwender-Programme*, mit denen Daten aus dem weltweiten Netz abgerufen und am Arbeitsplatz verarbeitet werden können, die *Browser* (s. Abschn. 9.2.1). Neben *Text* beherrschen Browser – z. T. mit Hilfe von *Plugins* (Hilfsprogrammen, die die Leistungsmöglichkeiten erweitern) – auch *Grafiken, Tonsequenzen* und *Videoclips*.

[31] URL bedeutet „Uniform Resource Locator", zu deutsch: „einheitliche Resourcenadresse". Sie besteht üblicherweise mindestens aus der Angabe des Zugangsprotokolls (meist http) sowie des Hosts (Name der Homepage, auf der die Veröffentlichung zu finden ist), also z. B.: http://www.wiley-vch.de.

[32] Innerhalb der wenigen Monate seit unserer ersten Begegnung mit diesem neuen Stichwort hat sich das DOI-System weltweit etabliert. Es wird von zahlreichen Organisationen und Unternehmen unterstützt und ist mit nationalen und internationalen Normenwerken (ANSI, ISO …) verknüpft. Wer genau hinschaut, entdeckt in vielen Zeitschriften in der Kopfzeile oder unter dem Abstract von Artikeln neuerdings eine DOI-Kennzeichnung. Außer dem Akronym DOI, das ähnlich wie das Label ISSN dem eigentlichen Code vorangestellt wird, ist nur noch ein Schrägstrich (Slash) in der Mitte der Abfolge von Ziffern und Zeichen charakteristisch. In den Zeichen vor dem Slash steckt verborgen, wer das bewusste „Objekt" ins Netz gestellt hat. Hinter dem Slash folgen oft Buchstaben, die auf ein größeres Objekt-Reservoir hindeuten, z. B. ein (E-)Journal. Die letzten Zeichen identifizieren das einzelne Objekt, beispielsweise einen Fachartikel. Zu der Quelle gelangt man mit Hilfe des *Identifiers* unabhängig davon, ob es die ursprüngliche Web-Adresse (den Uniform Resource Locator, URL) noch – und unter dem ursprünglichen Namen – gibt oder nicht, unter dem das Objekt generiert worden ist.

hundert steht, 300 Meter hoch, in Paris: der Eiffelturm." (Mit diesen Worten wurde Karl CULMANN zum Begründer der *Graphischen Statik*, vgl. MAURER und LEHMANN 2006.)

Bis vor kurzem ging es noch darum, ob die *digitale Bildaufzeichnung* der Informationsdichte gewachsen ist, die in jedem Halbton-„Litho" enthalten ist. Aber die „Elektroniker" haben auch an dieser Front gewonnen, wovon wir inzwischen schon wie selbstverständlich Gebrauch machen, und sie haben selbst das bewegte Bild zugänglich gemacht.

In Suchroutinen werden Bilder oft vorübergehend durch *Platzhalter* ersetzt. Wenn Sie aber ein Bild sehen oder ausdrucken wollen, ist es meist in Sekundenschnelle zugegen, sofern Sie über einen modernen Anschluss (wie ISDN, Integrated Services Digital Network, oder DSL, Digital Subscriber Line) und ausreichende Computerleistung verfügen.

Die *Chemie* eignet sich dank ihrer besonders klar definierten Gegenstände (Moleküle, Strukturen, Reaktionen usw.) gut als Experimentierfeld in Sachen *Informationstechnologie*. Nicht umsonst heißt eines ihrer jüngsten Kinder *Computational Chemistry*. Deshalb seien in diesem und dem folgenden kleinen Abschnitt einige Gedanken eingeflochten, die Chemiker am „Computer Chemie Centrum" der Universität Erlangen-Nürnberg im Herbst 1996 vorgestellt haben (IHLENFELDT 1996).

Es geht gar nicht „nur" um die Fortführung des Verlegens mit anderen Mitteln, sondern um neue Formen und Qualitäten der Kommunikation von Wissenschaftlern überhaupt. Das Schlüsselwort „Vernetzung" bedeutet das Verbinden von Computern dergestalt, dass man Informationen auch an weit voneinander entfernten Orten auf den Monitor holen oder sich gegenseitig zuspielen kann, ja, dass die Computer, falls erwünscht, dazu selbst in der Lage sind. Lokale *Netzwerke* (LAN, Local Area Network; logistisch als *Intranets* zu verstehen) z.B. innerhalb eines Instituts oder Campus oder einer Firma, machen da erst den Anfang. Rechner aller Art können heute weltweit miteinander verknüpft werden. Die Information wird praktisch momentan ausgetauscht – im Prinzip wenigstens –, allein dies ist ein wichtiges Attribut. Auf eine kurze Formel[33] gebracht:

- „The network is the computer!"

Auch die Daten vieler Messgeräte sind Bilder oder lassen sich als Bilder darstellen, z.B. in Form von *Spektren*. Spektrometer sind mit Sensoren ausgestattete Computergestützte, Daten-produzierende Einrichtungen. Bisher konnten Spektren aus Kosten-

---

[33] Slogan der kalifornischen Computerfirma Sun Microsystems, bekannt nicht zuletzt durch ihre Programmiersprache JAVA, in offenkundiger Anlehnung an MACLUHANS „The medium is the message". – Im Internet stehen Ihnen grundsätzlich nicht nur *Daten* zur Verfügung, sondern auch die Mittel zur Verwaltung von Daten, d.h. *Programme*. Auch als Doktorand können Sie heute (und dies schon seit mehreren Jahren vor Erscheinen dieser Auflage) komplizierte Strukturberechnungen auf einem Computer in einem Labor ausführen, das Sie nie betreten haben. Sie müssen nur wissen, wie an solche Möglichkeiten „heranzukommen" ist. Naturwissenschaftler waren schon immer findig, aber das Navigieren in dieser neuen Datenwelt eröffnet gerade für sie neue Dimensionen des Denkens und Handelns.

gründen nur in beschränktem Umfang publiziert werden. So blieb vieles unveröffentlicht, oder die Daten wurden in schwer zugänglichen Archiven oder Datenbanken deponiert, vielleicht als COM-Microfiches.[34] Jetzt ist das anders geworden: Jeder kann jedem mitteilen, was er will und soviel er will![35] Am Ende geht es nicht mehr „nur" um Tele-*Kommunikation*, sondern auch um Tele-*Operation*, z. B. die Fernsteuerung von Vorgängen im Laboratorium mit Hilfe von *Laborrobotern*.[36]

Wir können hier auf mögliche Implikationen all dessen nicht eingehen. Ein über Netz und Computer in Echtzeit eingeblendetes Spektrum oder ein (z. B. elektrophoretisch gewonnener genetischer) „Print" aus einem anderen Kontinent kann den weiteren Gang der Forschung wie auch der Anwendung hier und heute verändern. Die Forschung erfährt auf diese Weise eine gewaltige Beschleunigung, ob das zu begrüßen ist oder nicht.

Das elektronische Publizieren fordert die Benutzer heraus. Wissenschaftler müssen sich andere Denk- und Verhaltensmuster angewöhnen als die zuvor bewährten. Dass das elektronische Publizieren seine Anhänger und Anwender *fordert*, nicht nur *fördert*, wird oft verschwiegen. Mit einer *Lesebrille* ist es ja nicht mehr getan. Um *ein Online-Journal* mit allen Grafiken und (ggf. farbigen) Bildern studieren zu können, brauchen Sie einen PC mit dem Betriebssystem Windows 2000 oder Windows XP mit wenigstens 256 MByte *Arbeitsspeicher* (RAM).[37] Selbstverständlich wird vorausgesetzt, dass Ihr PC über eine geeignete Grafikkarte verfügt, um Bilder ausreichend hoch aufgelöst und mit vielen Farben auf dem Bildschirm darstellen zu können. Sollten Objekte im Raum dargestellt werden können, ist eine spezielle 3D-Grafikkarte erforderlich.[38]

Doch die größten von allen Problemen, die es noch zu lösen gilt, sind nicht technischer Art, sondern juristischer. Das Stichwort hier ist *Copyright*. Die *Berner Konvention* von 1886, auf der die Urheberrechts-Gesetzgebung fast aller Länder beruht, ist kaum in der Lage, die eingetretenen Veränderungen sinnvoll aufzugreifen; hier bedarf es neuer Lösungsansätze, muss *Urheberrecht* für das elektronische Zeitalter neu definiert werden. Beauftragt damit ist die *World Intellectual Property Organization* (WIPO) in Genf, eine Unterorganisation der United Nations. In ihr arbeiten gegenwärtig 170

---

[34] COM, Computer Output on Microfilm; es handelt sich um eine computerisierte Form der Mikroverfilmung.

[35] Die Freude wird getrübt durch die Tatsache, dass zur Zeit der Rushhour die „Datenautobahnen" des Internet immer noch recht langsam sind und die Übertragung großer Datenmengen lange dauern kann und dann teuer wird. Findige Geister haben längst bei sich gespeichert, dass die Rushhour nicht überall auf der Welt zur selben Weltzeit stattfindet.

[36] Vgl. dazu auch das Stichwort *grid computing* in „Das erste E-Journal" in Abschn. 3.1.2. – Dass ein Ärzte-Team eine schwierige Operation – das Wort im engeren *(med.)* Sinne verstanden – aus der Ferne steuert, ist bereits Wirklichkeit.

[37] Entsprechend wird in der Macintosh-Welt das Betriebssystem MacOS X und ein Arbeitsspeicher von wenigstens 512 MByte benötigt.

[38] Solche Rechner werden gewöhnlich aus einem anderen Etat-Posten beglichen als „Literatur". Manchmal überwuchern folglich haushaltsrechtliche Überlegungen das eigentliche Ziel, nämlich zu gewährleisten, dass die Wissenschaftler und Studierenden optimal mit Information versorgt werden.

3.1 Kommunikationsmittel Fachzeitschrift

Länder an neuen Lösungsvorschlägen und Modellen, und große Hoffnungen richten sich auf ihre Arbeit, die von zahllosen Foren, Diskussionskreisen, Vorschlägen und Eingaben letztlich auch der unmittelbar betroffenen Interessengruppen und Verbände begleitet wird. Die einschlägige Literatur füllt ihrerseits große Archive, der Hinweis soll uns als Hintergrund für den folgenden Abschnitt ausreichen.

„Authorship" heute

Wissenschaftliche Zeitschriften erfüllen eine doppelte Funktion im Sinne von Nehmen und Geben, Sammeln und Verbreiten. Sie nehmen das, worüber sie zu informieren haben, von Wissenschaftlern entgegen und geben es weiter an andere Wissenschaftler, die diese Information brauchen. Jeder forschende Wissenschaftler ist komplementär dazu ständig in der Rolle des Gebenden und des Nehmenden. Seit über 200 Jahren spielen Zeitschriftenverlage dabei eine unverzichtbare Mittlerrolle.

- Der Wissenschaftler, der einen Beitrag zur Publikation freigibt, wird zum *Autor*.

Als Autor oder *Urheber* einer Mitteilung verfügt der Wissenschaftler über Rechte, die in Deutschland im Urheberrechtsgesetz (UrhG) festgeschrieben sind. Nach dem Urheberrecht in seinen ähnlich lautenden nationalen und internationalen Ausprägungen ist jeder Werkschöpfer Urheber oder „Autor", gleichgültig ob es sich bei dem „Werk" um eine wissenschaftliche Abhandlung handelt, eine Novelle oder ein Gemälde, eine Skulptur, ein anderes Kunstobjekt. Dem Urheber (bei Sprachwerken auch *Verfasser*) steht das *Nutzungsrecht (engl. copyright)* an dem Werk oder die Verfügung darüber zu. In den meisten Ländern – so auch in Deutschland – können nur *natürliche Personen* Urheber literarischer oder künstlerischer Werke, und damit die ursprünglichen Rechteinhaber, sein. Durch Verkauf, Lizenzgewährung oder einen vertraglichen Akt können sie die Nutzungsrechte ganz oder teilweise auf einen *Verlag*, eine Rundfunk- oder Fernsehanstalt, eine Datenbank oder auf eine andere „juristische Person" übertragen.

- Das Urheberrecht garantiert einen Besitzstand (geistiges Eigentum), der sowohl ökonomischer als auch persönlichkeitsrechtlicher Natur ist („moralisches Recht").

Dem Urheber steht ein angemessener Anteil aus den Einnahmen zu, die durch das Vermarkten des Werkes erzielt werden. Hieraus leitet sich der grundsätzliche Anspruch auf ein *Autorenhonorar* auch bei wissenschaftlichen Publikationen ab. Er kommt vor allen Dingen bei *Büchern* zum Tragen. Darüber hinaus garantiert das Persönlichkeitsrecht die Integrität des Urhebers und seines Werkes, wodurch das Werk permanent mit dem Namen seines Urhebers verbunden bleibt und gegen Nachahmung *(Plagiat)* oder Entstellung geschützt ist.

Bei literarischen Werken bedeutet Nutzungsrecht in erster Linie das Recht, Kopien des Werkes herzustellen – d. h. zu drucken – und zu verkaufen. (Daraus resultiert auch die englische Bezeichnung Copyright, die aber nach dem Gesagten dem vollen Sinngehalt des Begriffs Urheberrecht nicht gerecht wird.) Das *Vervielfältigungsrecht* schließt weitere Rechte ein wie das des Verteilens und Ausstellens. Bei Buchwerken (s. Kap. 4) wird üblicherweise zwischen Autor (Übersetzer, Herausgeber oder einem anderen

Werkschöpfer) und Verlag ein Vertrag geschlossen, der u. a. den Umfang der Übertragung der genannten und evtl. weiterer Rechte – wie das der Übersetzung in fremde Sprachen – und die Honorare dafür regelt. Fragen des Schutzes von Urheber- und Nutzungsrechten an Werken, die durch *elektronisches Publizieren* zugänglich gemacht werden, sind zur Zeit erst teilweise geklärt.

- Auch im Bereich der wissenschaftlichen Fachzeitschriften kommt durch Einreichen und Annahme eines Manuskripts ein vertragsähnlicher Zustand zwischen Autor und Zeitschriftenverleger zustande.

Dazu kann der Autor schon beim Einreichen des Manuskripts – was heute oft online geschieht *(online submission)* – aufgefordert werden, von sich aus eine Erklärung abzugeben, dass er bereit ist, die Nutzungsrechte an dem Artikel zeitlich begrenzt an den Verlag abzutreten. Das dazu vorgelegte *Copyright Transfer Agreement* spricht den Umfang der Copyright-Übertragung an (Abb. 3-1). Die Unterschrift unter diesem Papier ist Voraussetzung dafür, dass das Begutachtungsverfahren eingeleitet wird.

Honorare werden für „Kleinwerke" von der Art einer Originalpublikation meist nicht gezahlt, weil dies das Publikationswesen in unzuträglicher Weise wirtschaftlich belasten würde. (Bei vielen amerikanischen Verlagen müssen die Autoren umgekehrt sogar *page charges* bezahlen, damit ihr Beitrag gedruckt werden kann.) Im Grundsatz ist aber der

---

Archiv der Pharmazie – Chemistry in Life Science
...
Please note that the conditions for publication are as follows:
1. The authors possess the copyright and are entitled to submit the manuscript for publication.
2. The authors declare that the manuscript in its present form has not been published elsewhere, either as a whole or in part, that it has not been submitted to another journal and that it will not be submitted to another journal, if it is accepted for publication.
3. With the acceptance of the manuscript for publication in the „Archiv der Pharmazie – Chemistry in Life Science", WILEY-VCH acquires exclusively for three years from the date on which the article is published and thereafter for the full term of copyright, including any future extensions on a non-exclusive basis all publishing rights including those of the pre-publication, reprinting, translating, other forms of reproduction e.g. by photocopy, microform or other means including machinereadable forms like CD-ROM, CD-I, DVD, diskettes, electronic storage and publishing via Local Area Networks, Intranet and Internet, and other data networks and other forms of distribution e.g. by Document Delivery-Services of this article world-wide. This includes the right of WILEY-VCH to transfer to third parties the partial or full rights. Moreover, the provisions of laws of the Federal Republic of Germany apply.
4. The manuscript, originals of illustration, and proofs will be destroyed two month after publication of the manuscript, unless it is requested that this material be returned to the authors.
5. Submission of a manuscript does not imply claim for publication.

Abb. 3-1. Rechteübertragung per *Copyright Transfer Agreement* bei Einsendung eines Zeitschriftenartikels.

rechtliche Status der Verfasser von Zeitschriftenartikeln dem von Buchautoren gleichzustellen. Insgesamt sind das Urheberrecht und das mit ihm korrespondierende Verlagsrecht, dem noch das *Presserecht* angeschlossen werden kann, wegen der Vermischung materieller und immaterieller Güter eine überaus komplexe Materie. Wir wollen es bei diesen wenigen Anmerkungen belassen.

Was sind die *Motive*, die einen Naturwissenschaftler dazu bringen zu publizieren?

- Zu dem jeder Wissenschaftlichkeit inhärenten Motiv des Sich-mitteilen-Wollens kommt ein berufliches: Die Publikation wird zum *Leistungsnachweis* des Wissenschaftlers.

Es war dem Englischen vorbehalten, dafür die kurze Formel zu finden: „Publish or perish!" So fragwürdig dieser Imperativ sein mag, so treffend beschreibt er nach wie vor die Wirklichkeit in der wissenschaftlichen Szene. Fragwürdig ist er deshalb, weil er Anlass bietet, *Quantität* vor *Qualität* zu setzen. Zutreffend ist er, weil die *Liste der Veröffentlichungen (Publikationsliste)* eines Wissenschaftlers bei dessen Berufung oder bei anderen Karriereentscheidungen tatsächlich eine maßgebliche Rolle spielt. Mit welchen Veränderungen ihres Gebarens die akademische Welt auf die Errungenschaften des elektronischen Publizierens reagieren wird, können wir uns heute noch nicht vorstellen.

Den Verlagen – genauer: den *Redakteuren (Schriftleitern)* und *Herausgebern*[39] von Zeitschriften und den *Lektoren* der Buchbereiche – kommt die Aufgabe zu, bei der Informationsvermittlung regulierend zu wirken. Meist vertreten sie durch ihr häufig in einer Ablehnung endendes Begutachtungsverfahren das Motiv *Qualität*. Wir werden darauf zurückkommen und zunächst einen anderen Aspekt ansprechen:

- Die Publikation sichert den – auch rechtlich relevanten – Anspruch des Autors auf *geistige Urheberschaft* und *Priorität*.

Unabhängig von beruflichen oder unmittelbaren finanziellen Konsequenzen legt jeder Wissenschaftler Wert darauf, dass seine Ergebnisse tatsächlich als von ihm gewonnen anerkannt werden. Jede wissenschaftliche Leistung wird im Wettstreit mit anderen erbracht. Insofern kann es entscheidend sein, wer zuerst eine Entdeckung publik gemacht hat: Ihm oder ihr steht der wissenschaftliche Anspruch zu, dahinter kann ein Nobelpreis stehen. Im *Sport* kennen wir das: Wer hat das Tor geschossen? Wer war um die entscheidenden hundertstel Sekunden schneller? Nur sie/er darf als erste(r) vor die TV-Kamera treten. Wer den Ball im richtigen Wimpernschlag durch einen tollen Pass vorgelegt hat, wird höchstens lobend erwähnt. Auch Wissenschaftlern sei es vergönnt, auf Anerkennung bedacht zu sein, wenngleich sie von vornherein wissen, dass es selten die große Öffentlichkeit ist, die an ihrer Arbeit Anteil nimmt.

---

[39] Das *engl.* Wort *editor* umfasst, in verschiedenen Varianten wie *editor-in-chief, managing editor, staff editor* oder *copy editor*, journal editor, series editor, book editor, *acquisition editor, project editor...*, beide Funktionsbereiche, die im Deutschen in stärkerer Differenzierung entweder mit Redakteur/Lektor oder Herausgeber belegt sind. Wir gebrauchen gelegentlich das Wort *Editor* in dem weiteren Sinn des englischen Verständnisses.

- Wissenschaftliche Zeitschriften attestieren das *Eingangsdatum* eines Manuskripts. Dieses Datum wird meistens mitveröffentlicht, es entscheidet in Prioritätsfragen. Den ersten Musterprozessen um eine *elektronische* Veröffentlichung oder Vorveröffentlichung darf man mit Spannung entgegensehen.

Wir waren diese Ausblicke auf entstehende neue Formen – und Implikationen – des Primär- und Sekundärpublizierens unseren Lesern schuldig. Doch nun zurück zum Gewohnten und seit langem Vorhandenen. Oder ist auch da nichts mehr wie gewohnt?

3.1.3 Die verschiedenen Arten von Zeitschriften

Wissenschaftliche Zeitschriften bestehen aus einer Sammlung einzelner *Artikel (Beiträge)*.

- Bevor Sie erstmals einen Beitrag zur Publikation einreichen, sollten Sie sich eine Grundkenntnis des wissenschaftlichen *Zeitschriftenwesens* verschaffen.

Es gibt in jeder naturwissenschaftlichen, technischen oder medizinischen Disziplin eine Vielzahl von Zeitschriften, die zum Teil unterschiedliche Kommunikationsbedürfnisse befriedigen, zum Teil miteinander konkurrieren. Dabei kann man einige Typen herauskristallisieren, die wir kurz vorstellen wollen; der Blickwinkel sei etwa der des Jahres 2000.

- *Primärzeitschriften* sind der Ort für die Publikation von *Originalmitteilungen* (Originalpublikationen, Erstveröffentlichungen).

Zeitschriften dieser Art übergeben Berichte über neue Forschungsergebnisse erstmals (daher der Name) der wissenschaftlichen Öffentlichkeit. Das sind die Zeitschriften „schlechthin". Um einen Eindruck vom Umfang des Zeitschriftenwesens zu vermitteln, seien ein paar Zahlen genannt: Man muss von 200 000 bis 300 000 Fachzeitschriften insgesamt weltweit ausgehen; darin erscheinen jährlich ca. 5 Millionen Originalpublikationen. Weltweit gibt es derzeit etwa 15 000 Zeitschriften, die allein der *Chemie* und ihren Randgebieten zuzuordnen sind oder wenigstens gelegentlich Originalmitteilungen chemischen Inhalts bringen, und die Anzahl der Zeitschriften im Bereich der *Biowissenschaften* und der *Medizin* ist noch größer. Von diesen veröffentlichen die meisten ausschließlich Originalpublikationen, sind also Primärzeitschriften. Sie sind es auch, mit denen wir uns in diesem Kapitel in erster Linie beschäftigen.

Die große Zahl der Primärzeitschriften und die noch viel größere Zahl von Artikeln fachspezifischen Inhalts darin (sie liegt in der Chemie und ihren Grenzgebieten bei über einer Million jährlich) hat längst dazu geführt, dass der einzelne Wissenschaftler gegenüber dieser Informationsflut hilflos wäre, gäbe es nicht andere Zeitschriften, die als Orientierungshilfe dienen können:

- *Referateorgane* veröffentlichen Kurzfassungen von Originalpublikationen.

Indem sie zusammenfassen, was andernorts *in extenso* publiziert worden ist, und indem sie auf die Originalpublikationen verweisen, bieten sie die gewünschte Orientierungshilfe. Der Name leitet sich von dem Synonym „Referat" für Zusammenfassung ab. (Das *engl.* Wort für Zusammenfassung ist „abstract", woraus *abstracts journal* wird.)[40] Da diese Zeitschriften Wissenschaft „aus zweiter Hand" vermitteln, rechnet man sie der *Sekundärliteratur* zu. (Die Primärzeitschriften bilden die *Primärliteratur*.)

Referateorgane (auch *Referateblätter* oder *Referatezeitschriften* genannt) mögen einen Verdichtungsfaktor in der Größenordnung von 100 bewirken, gemessen an dem für einen Artikel und für ein Referat benötigten Druckraum. Es ist ersichtlich, dass das nicht ausreicht, um durch Lesen dieser Zeitschriften den verloren gegangenen Überblick wiederzugewinnen. Auch die Sammelliteratur wird daher nicht mehr systematisch *gelesen,* wie das noch um 1900 der Fall war. Der eigentliche Zweck der Referateorgane besteht darin, die in der Primärliteratur enthaltene Information aufzubereiten, zu indexieren und sie letztlich der *computergestützten Recherche* zugänglich zu machen, d. h. dem Wiederauffinden der Literatur *(engl. literature retrieval).*

Das älteste Referateorgan der Chemie (1830 als *Pharmazeutisches Centralblatt* in Leipzig gegründet), und das erste in den Naturwissenschaften überhaupt war das *Chemische Zentralblatt,* das, bedingt durch die politischen Entwicklungen, 1969 sein Erscheinen einstellen musste. Das Feld wird heute von *Chemical Abstracts* des Chemical Abstracts Service (CAS) beherrscht, einer Abteilung der American Chemical Society. Daneben gibt es eine Vielzahl weiterer Referateorgane mit nationalen und vor allem fachlichen Schwerpunkten, von denen aber keines Umfang und Breite von *Chemical Abstracts* erreicht.[41]

Andere Fächer haben ihre eigenen Referateorgane: *Physics Briefs, Physics Abstracts, Biological Abstracts, Index Medicus, Engineering Index,* um wichtige Beispiele zu nennen.

- Referateorgane und die mit ihnen verbundenen *Datenbanken* eignen sich vorzüglich dazu, Informationen gezielt zu finden, also *Literaturrecherchen* auch online durchzuführen.

Daneben haben Wissenschaftler Bedarf nach einer anderen Art von Orientierungshilfe:

- *Übersichtsartikel* bereiten eine größere Zahl von Originalpublikationen mit dem Ziel auf, über den Fortschritt auf einem Arbeitsgebiet zu *unterrichten.*

Stand vorher der Nachweis der Einzelinformation im Vordergrund, so geht es jetzt darum, Fakten aus der Primärliteratur zu sammeln, in Beziehung zueinander zu setzen und kritisch zu *bewerten,* d. h., *Wissen* zu vermitteln. Der Verfasser des Übersichts-

---

[40] *Abstract* (m., mit *engl.* Aussprache) ist inzwischen zu einem Bestandteil der deutschen Sprache geworden mit der Bedeutung „kurze (meist schriftlich abgefasste) Inhaltsangabe eines Vortrages, Artikels o. Ä." (*Wahrig: Rechtschreibung 2005).*

[41] Wir verweisen auf einen Artikel von W. MARX und H. SCHIER in *Nachrichten aus der Chemie* 53: 1228-1232 (2005), der sich unter dem reizvollen Titel „CAS contra Google" zu Erfolg und Misserfolg von Recherchen in den (Natur)Wissenschaften verbreitet. Er ist nicht nur für Chemiker eine lesenswerte Momentaufnahme. Wie dem Beitrag zu entnehmen ist, sind im Jahr 2004 fast 1,3 Millionen chemierelevante Arbeiten erschienen, Patente mitgerechnet. Darin wurden mehr als 2 Millionen (!) neue Verbindungen und rund 15 Millionen Biosequenzen beschieben. Wie finden, strukturieren und verarbeiten Chemiker die für sie wichtige Fachinformation? Das ist hier die Frage, und ähnlich stellt sie sich in anderen Wissensgebieten auch.

artikels übernimmt für andere die Literaturrecherche unter einem vorgegebenen Gesichtspunkt. Der gute Übersichtsartikel ist mehr als die Sammlung der verstreuten Primärliteratur. Sein Verfasser wählt aus und ordnet, und indem er bewertet, wird er zum „Trendsetter" für die weitere Forschung. In einer Zeit zunehmender Atomisierung der Wissenschaft kommt solchen Übersichten eine größere Bedeutung zu als je zuvor; doch leidet die *Review*-Literatur in jüngerer Zeit nicht zuletzt aus ökonomischen Gründen an Auszehrungserscheinungen.

Auch diese Form der Publikation wird der Sekundärliteratur zugerechnet. Für Zeitschriften, die Übersichtsartikel publizieren, ist im Deutschen kein gängiger Name eingeführt. Im Englischen existiert der Begriff *review journal*.[42] Statt von Übersichtsartikel spricht man auch von *Fortschrittsbericht*. Die Titel solcher Publikationen beginnen oft mit

„Fortschritte der ...", „Advances of ...", „Progress in ...".

Publikationen dieser Art erscheinen in Reihen von einzelnen Bänden, sie werden daher im Englischen als „serials" bezeichnet. Meist sind sie keine *Periodika (periodicals)* im Wortsinn.

- Der Übersichtsartikel steht am Übergang von der Zeitschriften- zur Buchliteratur.

Während die Originalarbeit vom Autor unaufgefordert *eingereicht* wird, wird der Übersichtsartikel i. Allg. von der Zeitschrift – d.h. ihrer Redaktion – *angeworben (akquiriert)*. Die Einladung, einen Übersichtsartikel zu schreiben, dürfen Sie als Anerkennung einer besonderen Expertenschaft ansehen. Vor allem als jüngerer Wissenschaftler werden Sie eine solche Einladung nicht ohne Not abschlagen, auch wenn die Arbeit Sie belasten kann, die mit dem Abfassen des Artikels verbunden ist.

Die einzelnen Zeitschriften unterscheiden sich nicht nur in ihrer Zugehörigkeit zum einen oder anderen Typus, sondern auch in sonstigen Merkmalen wie Publikationsform, Erscheinungsfrequenz oder Länge der Artikel. Es gibt noch ein weiteres Unterscheidungsmerkmal, das in keinem Verlagsimpressum steht: die *Reputation*, die eine Zeitschrift in der Fachwelt genießt. Davon wird in Abschn. 3.2.4 die Rede sein.

3.2 Entscheidungen vor der Publikation

3.2.1 Wann publizieren?

Nehmen wir an, Sie haben sich zur Publikation Ihrer Ergebnisse entschieden. Es gilt jetzt für Sie, den richtigen *Zeitpunkt* zu finden. Eine einfache Formel dafür gibt es nicht, wir können nur einige Gesichtspunkte anführen und ein Bewusstsein für die Problematik schaffen.

---

[42] Das Wort *Review* ist in der Bedeutung „Übersicht, Rundschau (oft Titel von Zeitschriften)" in den deutschen Wortschatz aufgenommen worden (*Wahrig: Rechtschreibung* 2005); das dem Substantiv zugewiesene Genus „f." (Femininum) entspricht allerdings nicht der Sprachwirklichkeit; wer das Wort – mit *engl*. Aussprache, versteht sich – gebraucht, sagt *der* (m.) Review.

3.2 Entscheidungen vor der Publikation

Die Publikation von Daten, die sich nachher als irrtümlich erweisen, könnte Ihrem Ruf ebenso schaden wie falsch gezogene Schlussfolgerungen. Es ist nicht so, als ob die Naturwissenschaften frei von Irrtümern wären; auch große Gelehrte haben geirrt, ohne daran zugrunde zu gehen. Dessen ungeachtet werden Sie versuchen, Fehler zu vermeiden, die den Geruch mangelnder Professionalität haben.

- Übereilt publizieren birgt die Gefahr, fehlerhaft zu publizieren.

Ein einziger Messwert, der sich beim Wiederholen der Messung als ungenau oder falsch erweist, kann die Freude an Ihrer Publikation nachträglich trüben – vor allem dann, wenn der Fehler von anderen nachgewiesen wird. Wenn Sie einer neuen Verbindung eine falsche Struktur zuordnen, was sich bei Aufnahme des ^{13}C-NMR-Spektrums hätte vermeiden lassen, wird Ihnen das sicher angekreidet werden.

- Ihre Messungen sollen gesichert und die Beweisketten geschlossen sein, bevor Sie damit an die wissenschaftliche Öffentlichkeit treten.

Das probate Mittel zur *Qualitätssicherung* von Messwerten ist, Messungen zu wiederholen und sie auf Wiederholbarkeit *(Reproduzierbarkeit)* zu prüfen. Vor allem unerwartete, im Widerspruch zu anerkannten Theorien stehende Ergebnisse müssen überprüft werden. Stellen sie sich erneut ein, dann sollten Sie allerdings nicht zögern, sie zu publizieren: Schließlich muss sich die Theorie den Fakten beugen und nicht umgekehrt.

Es wäre ein schwerwiegender Mangel, Versuche vor der Publikation „aus Zeitmangel" nicht durchgeführt zu haben, die – wie etwa der Einsatz von Placebos in der *Pharmakologie* – nach allgemeiner Auffassung zur Methodik des Fachs gehören.

- Der frühest mögliche Zeitpunkt für eine Publikation ist gegeben, wenn alle nach dem Stand der Wissenschaft erforderlichen Untersuchungen durchgeführt und gesichert worden sind.

Dies ist nicht unbedingt der „richtige" Zeitpunkt. Die Synthese nur eines Vertreters einer neuen Verbindungsklasse bekannt zu geben, mag im Einzelfall gerechtfertigt sein. Ein neues Syntheseprinzip zu postulieren, das erst an *einem* Beispiel erprobt worden ist, wäre unangemessen. Auch wenn daran nichts falsch ist, erwarten Ihre Kollegen, dass Sie ein Prinzip mit *mehreren* Fällen belegen: Denn wo es sonst nichts zu sagen gibt, braucht man keine Grundsätze zu entwickeln.

- Der *optimale* Zeitpunkt für eine Publikation ist gekommen, wenn lückenlose und gesicherte Ergebnisse in einer dem Zweck angemessenen *Ergiebigkeit* vorliegen.

Was hier angemessen ist, entscheidet auch die angestrebte Publikationsform. Für eine Kurzmitteilung (s. Abschn. 3.2.2) brauchen Sie weniger Material als für die normale Publikation einer Experimentalarbeit.

Länger, als unter solchen Kautelen erforderlich, sollten Sie nicht warten, weil Ihnen sonst andere Forscher mit ihrer Publikation gleicher oder ähnlicher Ergebnisse zuvorkommen können. Bei den mehrmals im Jahr stattfindenden Treffen der Experten auf Tagungen und Kongressen wird erkennbar, welche Themen „in der Luft liegen" und von anderen besetzt werden, wenn man selbst damit zu lange zögert.

Eines bedenken Sie bitte noch: Einen *Patentanspruch* können Sie nicht mehr anmelden, wenn Sie etwas veröffentlicht haben! (Denn alles Publizierte, und sei es durch Sie selbst hervorgebracht, gehört zum „Stand der Technik" und ist demzufolge nicht mehr patentfähig.)

3.2.2 Was mit wem publizieren?

Ähnlich wie ein Patentanspruch bestimmten Kriterien der Neuartigkeit und Eigenständigkeit genügen muss, damit ein Patent erteilt wird, muss auch ein Beitrag für eine Zeitschrift bestimmte Merkmale aufweisen, damit er publiziert werden kann.

- Die in dem Beitrag mitgeteilten Ergebnisse können experimenteller, theoretischer oder beobachtend-deskriptiver Art sein oder einen Fortschritt in der praktischen Anwendung bekannter Prinzipien bedeuten; sie müssen *verlässlich*, *bedeutsam* und *neu* sein.

Über die *Verlässlichkeit* haben wir schon im vorigen Abschnitt im Zusammenhang mit der „Wann?"-Frage gesprochen: Die Ergebnisse sollen erst publiziert werden, wenn sie gesichert sind. Das Kriterium Bedeutsamkeit *(Signifikanz)* lässt sich nicht mit dem Maßstab Zeit messen. Eine als Routine angelegte Untersuchung, z. B. das Anwenden einer etablierten Synthesemethode auf einen beliebigen weiteren Anwendungsfall, ergibt auch durch langes Zuwarten keine bedeutsame Publikation. Mangelnde Signifikanz kann ein Grund für die Ablehnung durch die Redaktion sein.

Wesentlich ist das Kriterium der *Neuartigkeit*. Will das Zeitschriftenwesen nicht einem Kollaps erliegen, müssen Wiederholungen und Doppelpublikationen soweit wie möglich vermieden werden. Ergebnisse, die Sie schon an anderer Stelle publiziert haben, sollten Sie nicht ein zweites Mal veröffentlichen. Darüber wird Konsens bestehen, doch gibt es Zweifelsfälle. Beispielsweise wird die *scientific community* zulassen, dass *einige* der jetzt vorgelegten Ergebnisse bereits bekannt sind, wenn dafür *andere* tatsächlich neu sind und zu einer erweiterten Gesamtsicht beitragen.

- Wichtige neue Ergebnisse werden oft als *Kurzmitteilung* publiziert und dann in einer folgenden ausführlichen Publikation – ergänzt, kommentiert und ggf. mit experimentellen Angaben ausgestattet – erneut vorgestellt.

Dies ist ein zulässiges Verfahren. Anstoß erregen werden Sie aber, wenn Sie mehr oder weniger dieselben Ergebnisse immer wieder, in verschiedenen Verpackungen und Sprachen, in verschiedenen Zeitschriften unterbringen oder das Mitzuteilende künstlich in kleine Scheiben zerlegen („Salami-Taktik").

Neuerdings tauchen zunehmend Daten oder einzelne Versuchsergebnisse in den wissenschaftlichen Informationsnetzen auf, *bevor* sie in Fachzeitschriften publiziert sind. Ja, ganze Artikel erscheinen auf den Bildschirmen als *Previews,* bevor sie im Druck zu lesen sind. Auf die dadurch entstandene Problematik mit Blick auf Prioritätsfragen haben wir im vorigen Abschnitt schon abgehoben. Unabhängig davon besteht die Aufgabe zu wissen, *ob* bestimmte Ergebnisse schon Bestandteil der Weltliteratur sind oder nicht. Angesichts des Umfangs der heutigen Literatur können weder Autoren noch Redakteure oder deren Gutachter – selbst wenn sie das Gras wachsen hören – sich dafür verbürgen. Vor allem nahezu gleichzeitige Veröffentlichungen sind nur schwer auszumachen, da die üblichen Referateorgane und Dokumentationssysteme solche Konkurrenzpublikationen vielleicht noch nicht anzeigen.

Nun zur Frage der *Koautorschaft*: „Mit wem?" Die meisten naturwissenschaftlich-technischen Originalpublikationen sind nicht von *einem* Wissenschaftler, sondern von zweien oder mehreren geschrieben und eingereicht worden und erscheinen folglich unter gemeinsamem Namen.

- Jeder, der für die Publikation oder für einen Teil davon *Verantwortung* trägt, soll als Autor genannt werden.

Wer unter Anleitung Messwerte erstellt und dabei nach Anweisungen handelt, deren Richtigkeit ein anderer zu verantworten hat, wird danach nicht als Mitautor aufzunehmen sein. (Ihm gebührt aber eine Danksagung am Schluss der Arbeit.) Anders wäre es, wenn nach Einführung einer neuen Methode Messungen vielleicht erstmals durchzuführen sind und diese Aufgabe einem Mitarbeiter übertragen wird; hier sollte der Kollege in der Publikation, die sich aus dieser Arbeit ergibt, auch als Autor genannt werden.

Bei Publikationen, deren Ergebnisse wesentlich von statistischen Auswertungen abhängen, muss ein Fachmann der *Statistik* in hohem Maße Verantwortung übernehmen. Ein verstohlen dankender Händedruck am Ende der Arbeit genügt da nicht: Der Statistiker hat es verdient, als einer der Autoren genannt zu werden.

Die Praxis zeigt fast täglich, dass Kooperationen sogar mit anderen Arbeitsgruppen erforderlich sind, um eine komplizierte Sachfrage in den Griff zu bekommen. Kommt es zur Publikation, so muss aus jeder Gruppe (wenigstens) ein Vertreter die Verantwortung als Mitautor übernehmen. Wesentliche Beiträge anderer Mitarbeiter aus den beteiligten Arbeitsgruppen rechtfertigen, dass ihre *Verantwortlichkeit* im Artikel benannt wird.

- Das Verdienst am Zustandekommen der Arbeit sollte darüber entscheiden, wer seinen Namen mit der Publikation verbinden darf.

Angesichts der intensiven Teamarbeit in vielen modernen Arbeitsgruppen ist diese Frage nicht leicht zu beantworten. Der Institutsdirektor oder Klinikchef denkt über die Angelegenheit wahrscheinlich anders als jüngere Kollegen. Eine Publikation, die aus einer Dissertation hervorgeht, wird oft in der klassischen Zweierkonstellation Doktorvater/-mutter–Doktorand vorgelegt. Werden mehrere Dissertationen zu einer Publikation verschmolzen, so sollten alle ihre Verfasser auch *Mitautoren* der Publikation sein.

Andererseits darf niemand als Autor genannt werden, der dem nicht ausdrücklich zugestimmt hat. Das wiederum schließt ein, dass alle Autoren die Arbeit in der

Endfassung mindestens vollständig *gelesen* haben sollten. In einer Autorenrichtlinie heißt es dazu, ähnlich lautend wie in vielen anderen:

> The submitting author accepts the responsibility of having included as co-authors all persons appropriate and none inappropriate. [He] certifies that all co-authors have seen a draft copy of the manuscript and agree with ist publication.

Wie ansonsten die Rollen beim Zustandekommen des Manuskripts zu verteilen waren, darüber gibt es keine „beste Empfehlung". Eine Möglichkeit besteht darin, dass nur einer der beteiligten Wissenschaftler *schreibt*. Das kann beispielsweise die Person sein, die unter mehreren heterogen ausgebildeten Fachleuten integrierend gewirkt hat; oder auch der Initiator der Arbeit, der den entscheidenden Einfall hatte. In seine Vorlage kann hineinkorrigiert werden *(kritisches Gegenlesen)*, es kann umformuliert werden, um Aussagen deutlicher werden zu lassen. Nur einem gleichmäßigen Sprachduktus zuliebe um jeden Satz zu feilschen bringt allerdings nichts.

Vielleicht trägt jedes Mitglied des „Autoren-Kollektivs" (der Ausdruck ist wieder aus der Mode gekommen) einen vorher vereinbarten Teil zum Manuskript bei, was wahrscheinlich mehrere gemeinsame Sitzungen notwendig macht, um die Teile zu koordinieren. Was hier jeweils vernünftig ist, hängt von der Situation und den beteiligten Personen ab. Sind Wissenschaftler aus mehreren Arbeitskreisen beteiligt, sollten die jeweiligen Institutionen/Firmen, unter Verwendung von *Titelfußnoten*, kenntlich gemacht werden wie in Abb. 3-2. Der *Korrespondenzautor* (auch: *Submitting Author, Senior Corresponding Author* im *engl.* Sprachgebrauch, s. Beispiel oben) wird mit vollständiger Postanschrift eingeführt. Meist wird sie/er darum gebeten, auch Telefon- und Faxverbindungen mitzuteilen sowie die E-Mail-Adresse anzugeben, die dann gewöhnlich als Bestandteil der Adresse mitgedruckt wird. Im Beispiel eines nach Vorschrift gebildeten Artikelkopfs der Abb. 3-2, das der Dokumentation eines Artikels in der Online-Journal-Datenbank von Wiley Interscience entnommen ist, fehlt die E-Mail-Adresse allerdings.

Eine Wissenschaft, die besonders stark auf globales Teamwork angewiesen ist, ist die *Hochenergiephysik* mit ihren außerordentlich aufwändigen Großgeräten (Beschleunigern usw.), die zum Teil nur einmal auf der Welt vorhanden sind. Wir haben Artikel in *Physics Letters* gesehen, die unter einer Autorenbezeichnung wie „L3 Collaboration" die Namen von über 400 (!) Wissenschaftlern und Technikern aus einem Dutzend Forschungsinstituten aufführten. In dieser Umgebung nehmen unsere Empfehlungen einen anderen Wert an. Die geschilderte Situation führt auch zu einer veränderten Einstellung der Autoren gegenüber dem *peer review* (s. Abschn. 3.5.2): Die Mitglieder des Teams empfinden, dass sie selbst ausreichend um Qualitätssicherung bemüht waren und niemand mehr an dem von ihnen z. B. als *Preprint* freigegebenen Bericht etwas verbessern kann.[43]) Die einzigen „Ebenbürtigen" *(engl. Peers)*, die man als Gutachter hätte bestellen können, waren wahrscheinlich ohnehin Mitglieder der *Collaboration*.

---

[43] Ein Computer in Los Alamos, der „Atomstadt" in der Hochwüste von New Mexico, veröffentlicht seit 1991 ungeprüft – ohne Längenbeschränkung und angeblich ohne Schutz vor Manipulation – noch unbegutachtete Vorversionen von Veröffentlichungen der *Physiker* aus aller Welt als Preprints im Internet

> Article
> **Widespread expression of the peripheral myelin protein-22 gene (*pmp22*) in neural and non-neural tissues during murine development**
>
> D. Baechner[1], T. Liehr[2], H. Hameister[1], H. Altenberger[2], H. Grehl[3], U. Suter[4], B. Rautenstrauss[2] *
>
> [1] Institute for Medical Genetics, Ulm, Erlangen, Germany
> [2] Institute of Human Genetics, Erlangen, Germany
> [3] Department of Neurology, Erlangen, Germany
> [4] Institute of Cell Biology, Swiss Federal Institute of Technology, ETH-Hoenggerberg, Zurich, Switzerland
>
> * Correspondence to B. Rautenstrauss, Institute of Human Genetics, Schwabachanlage 10, D-91054 Erlangen, Germany

Abb. 3-2. Muster eines Artikelkopfs.

Eine weitere Frage ist, in welcher *Reihenfolge* die Namen in der Publikation genannt werden; da Publikationen oft nur nach dem Erstautor zitiert werden und in das Gedächtnis eingehen, ist dies nicht unerheblich. Dass der Leiter eines Arbeitskreises vorne steht, ist aber heute nicht mehr selbstverständlich. Oft entgehen mehrere Autoren der Notwendigkeit, die Beiträge der Mitwirkenden am Zustandekommen der Arbeit zu gewichten, dadurch, dass sie ihre Namen in alphabetischer Folge aufführen. Wie auch immer – hier werden Dinge berührt, die von den meisten Wissenschaftlern ernst genommen werden.

- Sie tun gut daran, einen Konsens über die Reihenfolge der Nennung schon vor Beginn der Arbeit herbeizuführen oder zu verlangen – und nicht erst kurz vor der Publikation.

Damit gehen Sie späteren Misshelligkeiten am ehesten aus dem Weg.
Es gibt eine weitere Implikation, auf die wir hinweisen müssen:

- Wenn Sie Mitautor sind, tragen Sie auch Mitverantwortung.

Bei der Frage der Verantwortung sollte es nicht um Freundlichkeiten oder strategische Bündnisse gehen. Sollten sich Aussagen oder Daten in der Publikation später als falsch erweisen, so haben Sie den Kopf mit in der Schlinge, wenn Sie Ihren Namen mit dem Artikel verbunden haben. Vor allem (und allen) als Arbeitskreisleiter müssen Sie für die Richtigkeit des Mitgeteilten einstehen – so das Fazit einer in der *scientific*

(Adresse: http://eprints.lanl.gov). Dieses elektronische Archiv ist von dem theoretischen Physiker Paul H. GINSPARG ins Leben gerufen worden. Es war schon bald nach Gründung „die zur Zeit am schnellsten wachsende Zeitschrift der Welt" (KORWITZ 1995; s. auch STIX 1995). Unter der Bezeichnung *arXiv* wird es heute, anders als sich das Paul GINSPARG vielleicht vorgestellt hatte, von der Cornell University betrieben (http://arXiv.org), und es hat sich längst anderen Disziplinen als der (Hochenergie)Physik geöffnet. Im August 2005 liegt der Zugang von Manuskripten, die *monthly submission rate*, bei knapp 4000 Artikeln – im Monat!

community, aber auch in der Öffentlichkeit hitzig geführten Diskussion (s. auch Abschn. 1.3.1). Als Chef seinen Namen *blind* auf eine Publikation setzen zu lassen, zahlt sich nicht aus.

3.2.3 In welcher Form publizieren?

Die Besprechung der verschiedenen Arten von Zeitschriften in Abschn. 3.1.3 muss noch ergänzt werden durch eine Betrachtung der verschiedenen Arten von *Beiträgen,* die man bei einer Zeitschrift einreichen kann. *Primärzeitschriften* nehmen *Originalpublikationen* gewöhnlich in einer von zwei möglichen Formen an: als (normale) ausführliche Publikation oder als *Kurzmitteilung (Zuschrift).* Vor allem Originalpublikationen zählen bei Berufungen an der Hochschule. Leider gibt es für die erste Art keine griffige deutsche Bezeichnung außer *Normalbeitrag.* Im Englischen spricht man treffend von *full paper*, während die Kurzmitteilung der *short communication* oder einfach *communication* entspricht. Daneben gibt es im Englischen noch den Begriff der *note*, Notiz. „Der Hauptgrund für eine Kurzmitteilung besteht darin, wesentliche Ergebnisse schnell bekannt zu geben", und: „Notizen sollten kurze, endgültige Mitteilungen über Untersuchungen sein, die für eine normale Publikation nicht ergiebig genug sind" (wörtlich: „... more narrow than is usual for an article") [*J Org Chem.* 1989. 54 (1): 10A].

- Für die Publikation wissenschaftlicher Ergebnisse bieten sich mehrere Formen an, zwischen denen man je nach Situation wählen kann.

Diese Aussage gilt auch für die äußere Form, nämlich die handwerkliche Verarbeitung des einzureichenden Manuskripts.

Während in der klassischen Zeitschrift jeder Artikel *gesetzt,* d. h. vom Manuskript mit Maschinenunterstützung in eine hochwertige Druckvorlage umgewandelt wurde,[44)] verzichteten manche Zeitschriften darauf und druckten die Beiträge so, wie sie bei der Redaktion eingingen, auf *fotomechanischem* Wege ab. Die erste Zeitschrift, die mit diesem Modell hervortrat – und Erfolg hatte! –, war *Tetrahedron Letters.* Man spricht seitdem auch im Deutschen von *Letters-Zeitschriften.* Als Autor mussten Sie sich *vor* Niederschrift des Beitrags darüber klar werden, ob eine solche Publikationsform vorgesehen war. War dies der Fall, so mussten Sie die Richtlinien der Zeitschrift genau befolgen und an die Qualität Ihrer Reinschrift höchste Anforderungen stellen, weil die *Direktreproduktion* sonst nicht möglich war oder das Ergebnis im Druck unansehnlich gewesen wäre. Ein nicht unwesentliches Detail: Den Beitrag schrieben Sie im eineinhalbfachen Zeilenabstand, während für die konventionelle Publikation (diejenige, die nachher gesetzt wurde) ein Manuskript im doppelten Zeilenabstand ver-

---

[44] An der Stelle stand in den bisherigen Auflagen dieses Buches „wird". Da inzwischen Manuskripte fast nur noch in digitaler Aufzeichnung eingereicht werden, verwenden wir jetzt wiederholt eine Vergangenheitsform, wo man früher im Präsens formulieren konnte – und das nur dort, wo es sich noch über den Gegenstand zu sprechen lohnt. Das ist oben der Fall. Andere Ausführungen, die nur noch geringen Bezug zur Wirklichkeit unserer Tage hätten, sind entfallen.

langt wurde (s. Abschn. 3.4.1). Mit dem Aufkommen von Textverarbeitungssystemen in der Hand der Autoren haben die Letters-Zeitschriften mehr und mehr ihren Schreibmaschinen-Look verloren: Die einzelnen „Briefe" mochten nach wie vor als Originale für die nächste Ausgabe des Journals zusammengestellt und auf reprografischem Wege für den Druck vorbereitet worden sein – sie sahen dennoch aus „wie gedruckt". (Eigentlich müsste es heißen: wie gesetzt, gedruckt waren sie allemal.)

In veränderter Form hat sich die Letters-Zeitschrift in das elektronische Zeitalter gerettet und geht gewissermaßen am Bildschirm einer neuen Zukunft entgegen. Im Jahre 2003 gründete der Verlag dieses Buches das E-Journal *Laser Physics Letters*, ein internationales Organ mit – wie das immer öfter anzutreffen ist – zwei ISSNs, einer für die elektronische Version und einer für die Print-Version. Gesetzt oder nicht gesetzt, Zeilenabstand so oder so: derlei Fragen treffen gar nicht mehr das Problem. Eingereicht wird das Manuskript – lassen wir die Gänsefüßchen weg – ohnehin elektronisch via Datenautobahn, also über das Internet. Die Autorenrichtlinie, die man sich gleichfalls aus dem Internet besorgt hat (www.lasphys.com/lasphyslett.htm), beleuchtet die Veränderungen, die seit unserer letzten Äußerung zum Thema eingetreten sind, so schlaglichtartig, dass wir sie, als Beispiel für viele andere, in ihrer Kurzfassung hier vorführen wollen (Abb. 3-3).

Wenn von Form und Inhalt her alles stimmt und der Autor sich an diese Richtlinie gehalten hat, kann er sich 14 Tage, nachdem er seinen Beitrag der E-Mail anvertraut hat, veröffentlicht sehen.

Eine andere Zeitschrift, das *Journal of Chemical Research*, veröffentlicht in gedruckter Form nur eine als *Synopse* bezeichnete Kurzform einer Originalarbeit, während experimentelle und andere Details so, wie sie eingereicht werden, mikroverfilmt werden und für die Einzelnachfrage oder gesonderte Subskription zur Verfügung stehen.[45] Auch dieses Modell hat Zeitschriftengeschichte gemacht, man spricht seitdem von *Synopsen-Zeitschriften*. Selbstverständlich müssen Sie auch hier im Voraus wissen, ob Sie in einer solchen Zeitschrift publizieren wollen, weil die Anlage Ihres Beitrags davon abhängt. Wieder einmal kommen Sie nicht umhin, sich die Richtlinien zu besorgen oder sich wenigstens früher publizierte Synopsen genau auf ihren Aufbau hin anzusehen.

- Sowohl die Letters- als auch die Synopsen-Zeitschriften waren frühe Antworten auf drängende Fragen des Publikationswesens.

Sie sind Früchte des Bemühens, Ergebnisse *schnell* und *kostengünstig* zu publizieren und an die wissenschaftliche Öffentlichkeit nur so viel zu bringen, wie für den Fortschritt in der Disziplin tatsächlich benötigt wird.

Auf die neuen Aspekte, die sich aus der Existenz und dem Einsatz *digitaler Manuskripte* ergeben, gehen wir vor allem in Kap. 4 „Bücher" ein, weil die Entwicklung

---

[45] Die Zeitschrift existiert gegenwärtig (2005) im 25. Jahrgang mit ungefähr der ursprünglichen Gründungsidee fort. Sie wird in England bei der Firma Ingenta herausgegeben und erfreut sich eines hohen Impact Factors.

> **Laser Physics Letters < Information for Authors >**
>
> **Instructions to Authors (short version)**
> Manuscripts should be submitted in English. The full description covering the details of manuscript preparation is available via http://www.lasphys.com.
>
> Submission Stage
> Only original papers not yet published and not simultaneously submitted for publication elsewhere will be accepted. Only electronic submission is accepted.
> Authors should submit their manuscripts via e-mail to staffeditor@lasphys.com sending as attachment one archive. This will significantly accelerate the time required for handling and refereeing.
> At the moment of sending manuscript or, it is better, one week earlier, the author has to send the Transfer of Copyright Agreement by Express Mail to ...
>
> Acceptance Stage
> The Staff Editor will send an acceptance message to the corresponding author.
> Only files conforming to the following guidelines will be accepted:
> ...
>
> Proof Correction Stage
> Prior to publication, authors will receive page proofs by e-mail in PDF format.
> ...

Abb. 3-3. Autorenrichtlinie einer modernen Letters-Zeitschrift, stark gekürzt.

bei *Büchern* schon früher eingesetzt hat als bei Zeitschriften – aus einsichtigen Gründen: Noch immer bedarf es mancher Absprachen zwischen Verlag und Autoren, um die neue Technik erfolgreich anwenden zu können, und die rentieren bei dem großen Informationspaket Buch eher als bei den vielen kleinen Beiträgen in einer Zeitschrift, die jeweils von anderen Schreibtischen kommen. Es besteht aber kein Zweifel, dass dem Einreichen von Manuskripten auf elektronischem Weg, der *Online Submission*, auch bei den Zeitschriften die Zukunft gehört (vgl. Abschn. 3.4).[46]

Für viele Verlage ist diese Zukunft seit dem Erscheinen unserer letzten Auflage Realität geworden, Teil des Geschäftsalltags, schneller als erwartet. Die Redaktionen selbst mussten dazu anspruchsvolle Lernprozesse durchmachen. Dabei war manches eigene Experimentieren gefragt, der Austausch mit Kollegen und in Expertengruppen, sicher viel „Management by Looking Around": Was bieten die neuen Technologien, was kann/will man davon umsetzen? Was kann wirklich zur Erleichterung und Beschleunigung von Arbeitsabläufen beitragen? Auch Redakteur sein will gelernt sein. Dazu gehört das *Wissen*, was Form und Norm eines hohen Ansprüchen genügenden wissenschaftlichen Beitrags ausmacht,[47] ebenso wie das ständige *Erproben* neuer

---

[46] Ab dem 1. Januar 2005 nimmt das *Journal of the American Chemical Society* (JACS) Manuskripte nur noch auf elektronischem Wege entgegen – Ausweis der stürmischen Veränderungen in diesen Jahren.
[47] An der Stelle hat das Buch, das Sie in Händen halten, durchaus missionarisch gewirkt. Es ist nicht ohne Wirkung auf die Arbeit in den Redaktionen geblieben, nicht zuletzt weil es ja selbst einen Teil seiner Wurzeln dort hat. So stellt die Rezension der 1. Auflage von *Schreiben und Publizieren in den*

Möglichkeiten, diese Ziele nach dem jeweiligen Stand der Kunst – *state of the art*[48] – zu erreichen. Heute geben, so dürfen wir feststellen, viele sorgfältig ausgearbeitete *Instructions to Authors* (vgl. Abb. 3-3) zunehmend Gewähr, dass alles klappt.

3.2.4 Wo publizieren?

Für Ihre laufende Literaturarbeit müssen Sie die Fülle der gelesenen oder recherchierten Publikationsorgane sowie den behandelten Gegenstand auf ein überschaubares Maß eingrenzen: Was nicht in diesen Rahmen fällt, können Sie nicht oder nur am Rande berücksichtigen. Als Autor werden Sie überlegen, bei welcher Zeitschrift Sie Ihren nächsten Beitrag einreichen wollen, damit Sie mit Ihren Ergebnissen eine bestimmte Leserschaft oder „Familie" innerhalb der *scientific community* am besten erreichen. Angesichts der vielen existierenden Publikationsorgane haben Sie die Qual der Wahl.

Bei der Auswahl kann der vom Institute for Scientific Information (ISI)[49] in Philadelphia seit 1963 herausgegebene *Science Citation Index* (SCI) hilfreich sein. Er teilt Jahr für Jahr statistische Angaben über derzeit etwa 6000 (natur)wissenschaftliche und technische Fachzeitschriften auf etwa 100 Fachgebieten mit; er ermittelt:

- die Anzahl der Beiträge pro Jahr in jeder der berücksichtigten Zeitschriften;
- den *Impact-Faktor*, der angibt, wie häufig z. B. im Jahr 1999 die Artikel, die in den beiden Jahren zuvor in der Zeitschrift X erschienen sind, irgendwo zitiert wurden. Der Faktor ergibt sich dann als Anzahl der 1999 angetroffenen Zitate, geteilt durch die Anzahl der in den beiden Vorjahren in der Zeitschrift X publizierten Originalarbeiten [es gibt noch andere Berechnungsweisen (GARFIELD 1972)], und zeigt an, wie oft ein in der Zeitschrift erschienener Artikel im Mittel irgendwo zitiert wird;
- die *Publikationsfrist*, das ist die durchschnittliche Dauer, die ab Einreichen des Manuskripts vergeht bis zum Erscheinen des Beitrags in der Zeitschrift.

Diese Auflistungen – man kann mit ihnen selbst wieder Statistik treiben – geben Einsichten in Verbreitung und Akzeptanz einer Zeitschrift und die Schnelligkeit, mit der Manuskripte den Leser erreichen. Als Orientierungshilfe sollten sie nicht überbewertet werden, weswegen wir hier auch darauf verzichten, etwa eine SCI-Rankingliste auszugsweise abzudrucken.

Wir wollen hier nicht weiter auf Maßstäbe der Qualität von Zeitschriften – oder ihrer *Akzeptanz* – eingehen. Solche Maßstäbe gibt es; im Laufe der Jahre entwickeln Sie wohl auch Ihre eigenen. Vielmehr wollen wir auf eine Implikation hinweisen:

● Je angesehener eine Zeitschrift ist, desto höher ist auch ihre *Ablehnungsquote*.

Naturwissenschaften in *Chemie-Ingenieur-Technik 4/1991* fest: „... Darüber hinaus ist das Buch allen Mitarbeitern von Redaktionen zu empfehlen, die Autorenmanuskripte verarbeiten oder drucken müssen."
[48] Nicht umsonst heißt ein Buch, das uns nahe steht, *The Art of Scientific Writing*.
[49] Das Institut, das sich (im Jahre 2005) seit über 45 Jahren einen Namen als nutzbringender Sekundärverwerter wissenschaftlicher Literatur einen Namen gemacht hat, gehört heute zur großen Unternehmensgruppe Thomson (Thomson Scientific, http://scientific.thomson.com).

3 Zeitschriften

Der Beschluss, etwas publizieren zu wollen, ist eine Sache – er ist Ihre Sache als Autor oder Autorin oder Mitglied einer Autorengruppe. Die Frage, ob es tatsächlich zur Publikation kommen wird, ist eine andere – sie war und ist in der Mehrzahl der Fälle auch heute die Entscheidung der *Redakteure* von Zeitschriften und ihrer *Gutachter*. Den ersten Gesichtspunkt haben wir in den vorangegangenen Abschnitten aus verschiedenen Blickwinkeln angesprochen; auf den zweiten werden wir in den Abschnitten 3.5.2 und 3.5.3 zurückkommen. Für den Augenblick ist es für Sie wichtig zu wissen, *dass* Zeitschriften keineswegs alle ihnen zugehenden Beiträge zur Publikation annehmen. Vielmehr wird ein nennenswerter Teil – bei begehrten Zeitschriften weit mehr als die Hälfte – *zurückgewiesen (abgelehnt)*.

Unsere Aussage nötigt nicht nur dazu, sich ein Urteil über den Rang einer Zeitschrift zu bilden, sie zwingt auch zur Selbstkritik. Was ist wichtiger: dass Sie sich in einer renommierten Zeitschrift publiziert sehen, oder dass Sie sich überhaupt publiziert sehen? Wir wollen es jedem selbst überlassen, darauf eine Antwort zu finden. Aber die Frage hat außer ihrer selbstkritischen Bewandtnis noch wenigstens zwei andere Aspekte. Zum einen:

- Eine sehr gefragte Zeitschrift hat oft lange *Publikationsfristen*.

In bestimmten Situationen kann eine lange Publikationsfrist nachteilig sein – unerwünscht ist sie immer.

Zum anderen: Die renommierte Zeitschrift wird am häufigsten gelesen, und nicht immer *ist* es das Ziel des Autors, dass seine Ergebnisse von vielen registriert werden. Nach allem, was wir über das Prinzip der wissenschaftlichen Kommunikation gesagt haben, mag dieser letzte Satz befremden. Dahinter verbirgt sich jedoch eine nüchterne Überlegung: Etwas publiziert zu haben, sichert Priorität und genügt für manche Zwecke. Etwas in einer viel gelesenen Zeitschrift publiziert zu haben, bedeutet für konkurrierende Arbeitskreise Anregung und Ansporn – und das ist nicht immer erwünscht. Wiederum: Sie tun gut daran, sich dieser Zusammenhänge bewusst zu sein, um die richtigen Entscheidungen treffen zu können.

Eine damit in Zusammenhang stehende Entscheidung betrifft die *Publikationssprache*:

- Eine Publikation in *Englisch* bewirkt im weltweiten Rahmen eine größere Aufmerksamkeit als eine in Deutsch oder irgendeiner anderen Sprache.

Manchmal macht es unter den genannten Gesichtspunkten für Sie Sinn, zunächst eine *nationale* Zeitschrift für Ihre Publikationen auszuwählen, bevor Sie mit einer weiteren Publikation an eine große *internationale* Zeitschrift herantreten. Je nachdem wäre ein Beitrag in deutscher oder englischer Sprache abzufassen. (Anleitungen zum Abfassen englischsprachiger Manuskripte geben u. a. ALLEY 1996, DAY 1998, STRUNK, WHITE und ANGELL 2000,[50]) sowie EBEL, BLIEFERT und RUSSEY 2004.) Die Rechnung

---

[50] Dieser Klassiker aus dem Jahre 1918 ist nicht umsonst jetzt zum wiederholten Mal neu herausgegeben worden. Fast schon altehrwürdig und gleichfalls nach wie vor gut und – für Chemiker – nützlich zu lesen ist *The chemist's English* von Robert SCHOENFELD (1989).

geht freilich immer weniger auf: Die Zahl nationaler wissenschaftlicher Fachzeitschriften ist im Schwinden, und wo solche noch existieren, erscheinen sie zunehmend in Englisch (und werden, hopefully, auch von einer internationalen Leserschaft wahrgenommen).

Es gibt noch eine Reihe praktischer Gesichtspunkte – O'CONNOR (1991, S. 6) hat deren 12 aufgezählt –, unter die man seine Entscheidung stellen kann, wie: In welcher Zeitschrift kann ich Fotos unterbringen? Wo muss ich eine Publikationsgebühr *(page charge)* bezahlen? Wo bekomme ich *Sonderdrucke?*

Lassen wir es dabei. Manche Wissenschaftler fühlen sich einer bestimmten Zeitschrift verbunden. Sie kennen die Personen in deren Redaktionen, und das zählt für sie mehr als alles andere; sie reichen ihre Beiträge dort ein.

3.3 Die Bestandteile eines Zeitschriftenartikels

3.3.1 Allgemeines, Titel, Autor

Noch bevor Sie zu schreiben beginnen, sollten Sie sich also mit Blick auf eine angemessene formale Gestaltung für ein Publikationsorgan entscheiden und dann die in dieser Zeitschrift in regelmäßigen Abständen abgedruckten oder im Internet bereit gehaltenen *Guidelines for Authors (Instructions to Authors)* sorgfältig lesen und berücksichtigen. Möge eine selbst entworfene oder eine nach offiziellen Empfehlungen[51]) ausgerichtete Gliederung dem Gegenstand noch so angemessen sein: erfüllt sie nicht die Vorgaben der Redaktion, so geht das Manuskript an Sie zurück, bevor noch jemand den Gegenstand der Arbeit geprüft hat – wenn Sie Glück haben nur mit der Aufforderung, den Beitrag den Gepflogenheiten der Zeitschrift anzupassen.

Wir wollen hier auf einige spezifische Konsequenzen der Titelwahl (vgl. Abschn. 2.2.2) bei einer Publikation eingehen.

- Die Quellenangaben vieler Publikationen enthalten die *Titel* der zitierten Zeitschriftenartikel; Arbeiten mit schlecht formulierten Titeln werden weniger zur Kenntnis genommen als solche mit prägnanten Titeln.

Manche Periodika drucken die Titel anderswo publizierter Beiträge ab und versuchen so, die betreffenden Arbeiten für die Literatursuche *(Recherche)* zu erschließen. Sie werden von „Sekundärverlegern" (*engl.* secondary publishers) auf den Informationsmarkt gebracht. Besonders bekannt ist der im vorigen Abschnitt erwähnte *Science Citation Index* (SCI) mit seinem „Permuterm Subject Index", eine andere Publikation dieser Art ist *Current Contents* (ebenfalls von ISI). Auch Referateorgane wie *Chemical Abstracts* sowie Literaturverwaltungsprogramme (s. Abschn. 9.2.2) machen Gebrauch

---

[51] Als in vieler Hinsicht verbindliche Leitlinie sei genannt das vom Council of Biology Editors (HUTH 1994) herausgegebene Werk *Scientific Style and Format: The CBE Manual for Authors, Editors, and Publishers.*

von Beitragstiteln in der Primärliteratur, desgleichen Datenbanken und Server aller Art. Die Bedeutung reiner Titelverzeichnisse wird in dem Maße schwinden, wie Zeitschriften selbst dazu übergehen, wenigstens die Titel und Abstracts der von ihnen veröffentlichten Artikel im World Wide Web bereit zu halten.

- Der Titel der Arbeit soll konzis und informativ sein und eine Länge von zwölf Wörtern möglichst nicht überschreiten.

Wir beziehen uns damit auf eine vor uns liegende Richtlinie,[52] räumen jedoch ein, dass es mit den zwölf Wörtern nicht immer getan ist. Beispielsweise enthält der Titel der Arbeit von Abb. 3-2 siebzehn Wörter und erblickte trotzdem das Licht der Welt (im selben Verlag, der die Richtlinie herausgab). – Wenn die Arbeiten, die Sie publizieren, richtig eingeordnet werden sollen, müssen Sie der Wortwahl beim Bilden der Titel besondere Aufmerksamkeit schenken. Nichts sagende Wörter wie „neu", „verbessert" können Sie einsparen zugunsten solcher, die dazu dienen, Ihre Arbeit sachlich einzuordnen. Wenig aussagekräftig sind auch Formulierungen wie „Abhängigkeit der ... von ...". Es kostet nicht mehr Raum, daraus etwa ein „Anstieg der ... mit ..." zu machen, aber der Leser erfährt mehr. Eigentlich hätten auch Verben verdient, öfter in Titeln vorzukommen; auf Englisch klingt das jedenfalls gut:

> Natural mouse IgG reacts with self antigens including molecules involved in the immune response (drei Verben!)

- Da Sie in den ca. acht Wörtern des Titels nicht alle Sachverhalte Ihrer Arbeit ansprechen können, fordern manche Zeitschriften Sie dazu auf, zusätzliche *Stichwörter (Sachwörter)* zu nennen.

Zusätzlich heißt, dass ein Stichwort i. Allg. nicht gleichzeitig Bestandteil des Titels sein soll. Suchen Sie die wichtigsten Begriffe, die im Artikel vorkommen und auf seinen Inhalt einen spezifischen Hinweis geben. Manche Zeitschriften wünschen statt solcher Stichwörter (im engeren Sinn) von außen zugeordnete, einem *Thesaurus* – z. B. dem Vokabular eines Referatedienstes – entnommene *Schlagwörter* (*engl.* keywords); sie heißen so, weil sie von der Fachwelt üblicherweise für das Nachschlagen benutzt werden (s. Abschn. 9.2.1). Das *European Journal of Chemical Physics and Physical Chemistry* (ChemPhysChem) bittet um die Angabe von bis zu fünf Schlagwörtern, von denen wenigstens zwei aus einer *basic keyword list* der Zeitschrift entnommen sein sollten „to aid online searching".

Zum *bibliografischen* Teil der Arbeit – also demjenigen, der in *Sammelverzeichnissen (Bibliografien)* ausgewertet wird – gehören neben dem Titel der Arbeit die *Namen der Autoren*. Über Fragen der Nennung von Autoren haben wir schon in Abschn. 3.2.2 gesprochen.

---

[52] Sie ist in Englisch abgefasst und schließt die Bitte an: „Please capitalize nouns, verbs, and adjectives. Also, please avoid abbreviations." Das mit dem Großschreiben von wichtigen Wörtern (nouns ...) ist allerdings ein ungewöhnlicher Wunsch: Meist erscheinen im Druck nur das erste Wort des Titels und ggf. Eigennamen mit großem Anfangsbuchstaben, wie auch sonst im Englischen üblich.

- Den Autorennamen kommt eine wesentliche bibliografische Ordnungsfunktion zu.
- Damit Ihre Arbeiten immer an *einer* Stelle in Verzeichnissen erscheinen, müssen Sie Ihren Namen stets gleich schreiben. Mindestens ein Vorname ist auszuschreiben.

Für Computer, die Such- und Sortierläufe durchführen, wären

> Eva Schultz, Eva M. Schultz, Eva-M. Schultz, Eva Maria Schultz, Evamaria Schultz, Eva Schultz-Zobel

jedes Mal ein anderer Autor.

In Verbindung mit den Namen der Autoren ist auch die *Dienstanschrift* mit der offiziellen Bezeichnung des betreffenden Instituts oder der Firma anzugeben. Auch diese Namen finden Eingang in bestimmte Verzeichnisse, z. B. den „Corporate Index" von *Index Chemicus*.

Ein besonderes Problem sind Artikel in Fortsetzungsreihen mit Titeln von der Art „*x*-te Mitteilung über ...". Wenn nicht alle Artikel in derselben Zeitschrift untergebracht werden können und nicht immer derselbe Wissenschaftler als Erstautor genannt wird, werfen solche Reihen beim Bibliografieren mehr Probleme auf, als sie lösen. Statt

> Untersuchungen mit oxidierenden Bakterien.
> Teil 6: α-Ketoglutarsäure durch oxidative Fermentation

hätten Sie besser nur den Untertitel (nach dem Doppelpunkt) gewählt, zumal Gefahr besteht, dass in Literaturverzeichnissen lediglich der vordere Teil auftaucht. Die Verbindung zu den vorangegangenen Arbeiten können Sie vor Ort durch Zitieren herstellen.

Manche Zeitschriften bitten darum, neben dem Titel noch einen *Kurztitel* von beispielsweise nicht mehr als 70 Zeichen anzugeben, der als *Kolumnentitel* (*engl.* running title) in der Kopfzeile des Artikels verwendet werden kann.

3.3.2 Zusammenfassung

Auf Form und Bedeutung der Zusammenfassung *(Abstract)* sind wir erstmals bei den Dissertationen (Abschn. 2.2.4) eingegangen. Einige Merkmale, die einer Zusammenfassung zukommen sollten, seien mit
- vollständig – genau – objektiv – verständlich – kurz

noch einmal umschrieben. Was hier kurz bedeutet, hat eine US-Norm mit „nicht mehr als 100 Wörter" für eine Kurzmitteilung, nicht mehr als 250 Wörter für einen normalen Zeitschriftenartikel und nicht mehr als 500 Wörter für eine Dissertation spezifiziert. (Es handelt sich um die Norm *Guidelines for Abstracts*, ANSI/NISO Z39.14-1997, deren Anschaffung sich für einen publizierenden Naturwissenschaftler lohnt; vier der neun Beispiele von „informative abstracts" stammen aus stm-Fachzeitschriften.) Eine aktuelle Richtlinie des Verlags dieses Buches ist etwas restriktiver und nennt 200 Wörter als Obergrenze für den Abstract eines Artikels.[53)]

Die von Ihnen – als Autor des Beitrags – selbst verfasste Zusammenfassung heißt in DIN 1426 *Autorenreferat*. Da die Zusammenfassung einer Arbeit vor dem eigentlichen Text abgedruckt und häufig für Dokumentationszwecke herangezogen wird, ist es wichtig, dass die darin enthaltene Information aussagekräftig ist.

● Ein Abstract soll unabhängig vom Artikel zu lesen sein.

Das bedeutet beispielsweise, dass in einer Arbeit chemischen Inhalts Formelnummern nicht als Ersatz für die Namen der Verbindung stehen dürfen. Die Zusammenfassung (wir haben sie gedruckt gesehen!)

> Die Synthese der α-Chrysanthemylmethylen-γ- und -δ-lactone **7 - 9**, **11** und **12** aus den Lactonen **1 - 3**, **5** und die von **10** aus 2-Oxo-chroman (**4**) und dem Aldehyd **6** wird beschrieben. Die Verbindungen **7 - 9** und **11**, **12** zeigen cytostatische Wirkung.

ist vom Informations- und Dokumentationswert nahezu null.

Sich an dieser Stelle zu bemühen lohnt. Dennoch ist nicht ausgemacht, dass Ihr Autorenreferat von den Referatediensten übernommen wird. Im Gegenteil: in den meisten Fällen wird es durch das *Fremdreferat* eines professionellen *(engl.) abstractors* ersetzt.

Gegenstände der Zusammenfassung sind, wie nochmals in Erinnerung gerufen sei:

● Ziel und Umfang der Untersuchung – verwendete Methoden – wichtigste Ergebnisse – Schlussfolgerungen.

Unabhängig davon beachten Sie bitte, was die Redaktion der Zeitschrift an dieser Stelle erwartet. Eine in Deutsch publizierende Zeitschrift verlangt möglicherweise eine Zusammenfassung in *englischer Sprache* oder in Deutsch *und* Englisch oder noch zusätzlich in Französisch. Auf das Abdrucken von Abstracts in chinesischen Schriftzeichen sind wir noch nicht eingestellt.

Eine Zusammenfassung soll keine Abbildungen, Tabellen, Strukturformeln oder andere Teile enthalten, die sich nicht mit Hilfe der Textverarbeitung darstellen lassen. Darin unterscheiden sich Zusammenfassungen von den Kurzfassungen (Synopsen), die einige Zeitschriften anstelle der vollständigen Beiträge publizieren (s. Abschn. 3.2.3).

Noch ein anderer Unterschied ist im Englischen zu machen: Manche Zeitschriften lassen am Schluss des Artikels ein *summary* zu, eine *Zusammenfassung*, worin für den Leser die wichtigsten Ergebnisse und Schlussfolgerungen noch einmal zusammengefasst sind. Das ist nicht dasselbe wie ein Abstract, vor allem fällt der methodische

---

[53] Es handelt sich um die „Instructions to authors" der Zeitschrift *Molecular Nutrition & Food Research* (Mol. Nutr. Food Res.) in der Revision vom Februar 2005. Die Richtlinie sagt an der Stelle: „[the abstract] must be self-explanatory and intelligible without reference to the text. It should not exceed 200 words. Abbreviations, including standard abbreviations, must be written in full when first used." Sie sind gut beraten, wenn Sie sich die Richtlinie – oder/und natürlich weitere der Sie interessierenden Zeitschriften – in Ihren Computer und auf Ihr Regal holen (www.mnf-journal.de).

Ansatz in der Zusammenfassung unter den Tisch. Im Gegensatz dazu gibt der am Anfang des Artikels stehende Abstract ein verkürztes Bild der Arbeit als Ganzer und ersetzt oft deren Lektüre (vgl. O'CONNOR 1991, S. 73).

3.3.3 Der eigentliche Artikel

Nach diesen Präliminarien folgt der Artikel als solcher, der aus *Einleitung*, einem – vermutlich gegliederten – *Hauptteil* und *Schlussfolgerungen* (*engl.* conclusions) bestehen kann. Diese drei Teile sind mit den Phasen Start, Flug und Landung einer Reise im Flugzeug verglichen worden – ein trefflicher Vergleich, der sich weiter ausmalen lässt.

In Ergänzung zu früher (in Kap. 2) Gesagtem sei noch einmal auf den Sinn der Schlussfolgerungen hingewiesen: Hier sollen keineswegs wichtige Konsequenzen erstmals formuliert werden; es können aber solche, die im Hauptteil vorgetragen worden sind, wiederholt werden. Ihr Tenor ist immer

„Es konnte gezeigt werden, dass ...".

Ob eine Zusammenfassung überhaupt erwünscht ist, ob der Hauptteil in *Ergebnisse* („Befunde", „Auswertung der Befunde"), *Diskussion* und *Experimenteller Teil* (auch: „Methoden" oder „Material und Methoden", „Feldarbeit", „Kasuistik", „Fallbeschreibung", „Experimental Section", „Computational Methods" ...) oder sonst wie zu gliedern ist und welche anderen den Aufbau betreffenden Wünsche bei der Redaktion bestehen, geht aus den von ihr ausgegebenen oder in den Heften abgedruckten *Richtlinien* hervor. Orientieren Sie sich zusätzlich an jüngeren Ausgaben der Zeitschrift, bei der Sie den Beitrag einreichen wollen.

Sie können, sofern die Richtlinien das zulassen, die wesentlichen Teile nummerieren und innerhalb jeder Hauptgliederungseinheit eine Abschnittsbenummerung im Sinne der Stellengliederung (s. „Struktur und Form, Stellengliederung" in Abschn. 2.2.5) einführen, wie in Abb. 3-4 gezeigt. Weitere Beispiele finden sich in *Diplom- und Doktorarbeit* (EBEL und BLIEFERT 2003).

Die schon in einer vorstehenden Fußnote erwähnte Richtlinie (von *Mol. Nutr. Food Res.*, MNF) nennt an der Stelle ohne Umschweife als erwartetes Gliederungsmuster:

"1 Introduction": containing a description of the problem under investigation and a brief survey of the existing literature on the subject.

"2 Materials and methods": for special materials and equipment, the manufacturer's name and location should be provided.

"3 Results"

"4 Discussion"

"5 References"

Sections 3 and 4 may be combined and should then be followed by a short section entitled "Concluding remarks".

Subdivision of sections should be indicated by subheadings.

> 1   Introduction
> 2   Materials and methods
> 2.1 Mice
> 2.2 Antigens
> 2.3 Antibodies and conjugates
> 2.4 Preparation of Serum IgM and IgG
> 2.5 Preparation of IgG F(ab')$_2$ fragments
> 2.6 Immunoadsorbents, antibody and antigen isolation
> 2.7 Preparation of mouse organ lysates
> 2.8 Iodination of cell-surface antigens and immuno-precipitation
> 2.9 PAGE and immunoblotting
> 2.10 Autoradiology
> 2.11 ELISA
> 2.12 Measurement of the IgG affinities
> 2.13 Computerized data banks
> 3   Results
> 3.1 Autoreactivity of serum natural antibodies from various mouse antigens
> 3.2 Identification of the organ antigens reacting with normal immunoglobulins
> 3.3 Binding of IgG to MHC antigens
> 3.4 Polyreactivity of normal IgG
> 4   Discussion
> 5   References

Abb. 3-4. Gliederung einer immunologischen Arbeit (in Englisch). – Bemerkenswert ist die starke Untergliederung des mit „Materials and methods" überschriebenen Teils, der in der Publikation nur knapp zwei Seiten in Anspruch nahm; dadurch wird ein hohes Maß an Übersichtlichkeit erreicht.

Das Gliederungsschema Introduction (Einführung), Materials and Methods, Results and Discussion ist als IMRAD bekannt geworden (vgl. Abschn. 1.4.2 und Abschn. 2.2.1). Zum Gliederungsschema für biomedizinische Beiträge stellen die *Uniform Requirements for Manuscripts Submitted to Biomedical Journals* des International Committee of Medical Journal Editors (ICMJE) fest:

> The text of experimental and observational articles is usually (but not neccessarily) divided into sections with the headings Introduction, Methods, Results, and Discussion. This so-called "IMRAD" structure is not simply an arbitrary publication format, but rather a direct reflection of the process of scientific discovery. Long articles may need subheadings within some sections (especially the Results and Discussion sections) to clarify their content. Other types of articles, such as case reports, reviews, and editorials, are likely to need other formats.

Die Zwischenüberschriften – sie müssen nicht benummert sein wie in Abb. 3-4 – enthalten im Experimentellen Teil manchmal Funktionswörter wie „Herstellung", „Präparation", „Messung", die auf ihre Zugehörigkeit unmittelbar hinweisen. Manchmal genügt ein einziges Wort als Überschrift, z. B. der Name einer chemischen Substanz.

Ein Abschnitt, auf den in biomedizinischen Arbeiten nicht verzichtet werden kann, heißt „Statistische Auswertungen" (o. ä.).

Hingegen treten in den *Ergebnissen* und in der *Diskussion* allgemeine Begriffe wie „Reaktivität", „Bindung", „Identität", „Verhalten", „Optimierung" auf.

Eine Kurzmitteilung weist außer dem Titel meist nur eine Überschrift auf: *Experimenteller Teil* oder *Arbeitsvorschrift*.

3.4 Anfertigen und Einreichen des Manuskripts

3.4.1 Text

Wir wollen in Abschn. 3.4 nicht nur darüber sprechen, wie die einzelnen Teile eines Beitrags für eine Fachzeitschrift – *Fließtext* nebst *Sonderteilen* – angefertigt werden, sondern auch darüber, wie sie zu der Zeitschrift der Wahl „transportiert" werden. Dies geschieht heute zunehmend auf elektronischem Wege über das *Internet*. Das Anfertigen hat dann auf die Art und Weise, wie die einzelnen Teile zu einem digitalen Paket verschnürt und über das Web auf den Weg gebracht werden sollen, Rücksicht zu nehmen. Die beiden Vorgänge bedingen einander so sehr, dass wir sie hier stets im Kontext sehen und darstellen werden.

Es gibt eine Ergonomie des Schreibens. Das Abfassen einer Publikation ist ein geistig anspruchsvoller Vorgang, dem Sie sich mit klarem Kopf, mit ausgeruhten Nerven und abgeschirmt von der Tagesarbeit stellen sollten. Der Versuch ist zu rechtfertigen, sich ein paar Stunden lang Telefonate und anderen Stress vom Leib zu halten, und er wird sich – wenn er gelingt, fügen wir leidvoll hinzu – bezahlt machen, selbst für die abgewehrten Störenfriede. Denn je besser Sie abgeschirmt waren, desto eher werden Sie in die Gefilde der Irdischen zurückkehren! Von solchen Grundregeln abgesehen wird jeder seinen eigenen Arbeitsstil finden müssen (s. dazu auch „Technik des Schreibens" in den Abschnitten 2.3.1 und 4.3.1).

Ein eigenes Arbeitszimmer, das Schutz vor Sprechangriffen bietet, erscheint fast unerlässlich. Unser Freund Peter Panter brachte das Anliegen auf den Punkt: „Denn dies ist mein Privatsparren: Still muß es sein, so still, daß man die Druckfehler in den Büchern knistern hört." (Gefunden in TUCHOLSKY: *Sprache ist eine Waffe*, S. 5).

Waren ein ausgegorener Gliederungsentwurf, Rohfassungen von Abbildungen und Tabellen sowie die erforderlichen Laborbücher und Berichte zur Hand, so können Sie das Wesentliche nach ein paar Stunden geschafft haben.

- Wenn es Ihnen gelingt, in *einer* Sitzung zu einem ersten Entwurf zu kommen, hat die Publikation eine Chance, später wie aus einem Guss zu wirken.

Feinarbeit sprachlicher und formaler Art bis zur Reinschrift hat noch Zeit – Zeit, die Sie sich sogar einräumen sollten, um die für weitere Verbesserungen erforderliche Distanz zu Ihrer eigenen Arbeit zu gewinnen. Hier noch ein Ratschlag:

- Niemand muss sich zwingen, mit dem Schwierigsten – und Schwerwiegendsten – anzufangen.

Einen guten Einstieg bietet der „Experimentelle Teil", gleichgültig, wo er schließlich zu stehen kommen wird. Von dort gelangen Sie meist zwanglos zu den „Ergebnissen" und so immer weiter über „Diskussion", „Schlussfolgerungen", „Zusammenfassung" zu guter Letzt zum Titel.

An dieser Stelle eine Warnung:

- Wenn Sie selbst in den PC schreiben, laufen Sie Gefahr, zu früh mit Ihrer Arbeit zufrieden zu sein, weil alles schon so perfekt aussieht.

Es ist immer gut, sich daran zu erinnern! Schon gar nicht empfiehlt es sich, nur am Bildschirm zu verbessern, dort haben Sie keinen Überblick. (Ein alter Hase mit sehr viel Erfahrung mag sich über diesen Rat hinwegsetzen.)

Wir gehen jetzt auf einige Fragen ein, die mit dem Fertigstellen eines Zeitschriftenartikels zusammenhängen (Näheres über das Anfertigen von naturwissenschaftlichtechnischen Schriftsätzen s. Kap. 5). Dabei wollen wir im Folgenden von der Situation ausgehen, die fast überall Alltag geworden ist.

- Sie reichen der Redaktion der Zeitschrift in der Regel ein *digitales Manuskript* ein.

Das Wort *Manuskript* (*lat.* manus, Hand; scribere, schreiben) trifft auf die Verhältnisse heute nicht mehr im Wortsinn zu, werden Beiträge doch längst nicht mehr in handschriftlicher Form, sondern in Maschinen-geschriebener und neuerdings fast immer in digitalisierter, am Computer generierter Form eingereicht. Sie haben Ihren Text eingetastet, vielleicht von einer Vorlage, die sie immerhin mit der Hand geschrieben haben mögen; aber das war dann schon fast das einzig Manuelle an dem ganzen Vorgang. Mit Sicherheit haben Sie den Text und was noch dazugehört auch ausgedruckt, wahrscheinlich nicht nur einmal, sondern in mehreren Versionen. Gewiss, Sie haben noch einmal ein paar Seiten Papier in die Hand genommen, darin gelesen und Verbesserungen angebracht. Eingebracht in das Dokument haben Sie diese Verbesserungen dann wieder am Bildschirm Ihres Rechners, und von dort geht Ihr Artikel auch an die Redaktion der von Ihnen favorisierten Zeitschrift.

Wir müssen das heute fast kategorisch so vorbringen, wie eben geschehen, um mit der Realität gleichzuziehen. Die Entwicklung zum papierlosen Austausch Autor–Redaktion hat sich schneller vollzogen, als wir das noch vor wenigen Jahren abgesehen haben. Wir mussten deshalb ganze Abschnitte entsprechend umschreiben. Bedürfen wir dazu einer Rechtfertigung, brauchen wir Zeugen, Zeugnisse? Für Sie vielleicht nicht mehr, andere mögen noch ungläubig verharren, Gewohntes vermissen, und deshalb wollen wir im Folgenden wiederholt Belege beibringen, wie sie für das Tagesgeschäft heute charakteristisch sind. Einige davon lassen wir, ihre Authentizität unterstreichend, so stehen, wie wir sie aufgegriffen und zum Teil selbst erlebt haben, und das heißt häufig: in englischer Sprache. Für Sie, Leser dieses Kapitels, macht es keinen großen Unterschied mehr, ob etwas in *Deutsch* oder *Englisch* gesagt wird. Sie denken selbst

Englisch, publizieren zunehmend in Englisch, und die Richtlinien werden Ihnen vermutlich auch in dieser Sprache zugemutet. Und so steht es dann geschrieben:

- *[Journal X]* offers a web-based manuscript submission and peer review system … Usage of this system is obligatory, conventional submission of manuscripts is not accepted.
- *[Journal X]* publishes articles in English. Manuscripts must be grammatically and linguistically correct …

Für „Journal X" stand an der Stelle, der wir die beiden Statements mehr oder weniger nach dem Zufallsprinzip entnommen haben, *Molecular Nutrition & Food Research* (MNF). Die Zeitschrift erscheint im Verlag dieses Buches in Weinheim an der Bergstraße, vormals als *Nahrung/Food* mit Redaktion in Berlin. Als „Journal X" kann heute fast jede ansehnliche naturwissenschaftliche Zeitschrift unserer Tage, gleich welcher Provenienz, in die beiden Sätze eintreten, die wir soeben herausgestellt haben.

Das Einreichen von Manuskripten auf elektronischem Wege fordert die Programmierung des Verfahrens geradezu heraus. Verlage sehen in der *Online Submission* von Zeitschriften-Beiträgen über das Internet eine erhebliche Verkürzung des ganzen Annahme-Verfahrens, einschließlich der Begutachtung, und haben dafür gesorgt, dass man sich von ihren Homepages zu entsprechenden Diensten (z. B. *manuscriptXpress* im Falle von Wiley-VCH) klicken kann. Ein solches Programm führt Plausibilitätschecks durch, macht Sie beispielsweise darauf aufmerksam, dass Ihr *Abstract* Überlänge hat oder eine im Text angesprochene *Abbildung* nicht vorhanden ist oder in keinem brauchbaren Datenformat vorliegt. Gewünschte Formate würden automatisch eingestellt oder ggf. bereitgestellt werden, fehlende *Sonderzeichen* in Ihren SUITCASE[54] geladen werden, und aus der Expressvariante ELMSEX (Electronic Manuscript Submission Express – aber die haben wir uns ausgedacht) könnten Sie Subroutinen für den problemlosen *Datentransfer* herunterladen.

Tatsächlich haben Verlage und Zeitschriften mit einem guten Redaktionsmanagement – das sind die, die wirtschaftlich überleben und reüssieren werden – damit begonnen, *Templates* in ihre Webseiten einzustellen. In das Download einer solchen *Manuskriptschablone* brauchen Sie nur hineinzuschreiben, dann erscheinen Ihre Überschriften, Texte, Tabellen, Fußnoten usw. gleich in den von der Zeitschrift gewünschten Formaten.

In dieser Weise lässt sich vieles denken, was die Zusammenarbeit zwischen Autoren und Redaktion/Gutachtern erleichtern und beschleunigen und die Kosten des ganzen Systems senken kann. Allein dieser letzte Aspekt verbietet es, solche Ansätze – noch mögen sie an manchen Stellen visionär oder anstößig erscheinen – als unnötig oder unerwünscht abzutun. Die Vermeidung von Reibungsverlusten auf dem Weg vom Manuskript zur Publikation kann entscheidend dazu beitragen, dass fundamentale Aufgaben des Publikationswesens in Zukunft überhaupt noch wahrgenommen werden können.

---

[54] SUITCASE: ein Unterprogramm zur Zeichensatzverwaltung.

- Manuskripte sind in doppeltem Zeilenabstand mit breitem Rand auf neutralem, gutem Schreibmaschinenpapier im Format A4 einzureichen.

Seltsam nach unserer Auslassung: Der ehrwürdige Satz kann etwa stehen bleiben „wie gehabt"! Dieselbe Zeitschrift, MNF, die vorher ihr „conventional submission of manuscripts is not accepted" erklärt hatte, verlangt: „Manuscripts must be typewritten with double spacing (including footnotes, tables, legends, etc.) using a page setup that leaves margins of 3.5 cm on all sides". Ein anderes E-Journal (*Archiv der Pharmazie – Chemistry in Life Sciences*) lässt eine etwas intensivere Nutzung der Fläche zu, spezifiziert aber letztlich ähnlich: „Manuscript files should have margins of 2 cm and be 1.5-line spaced." Die Online-Richtlinie von ChemPhysChem (© 2005) wiederum gibt sich in dem Punkt vollkommen konventionell: „The manuscript should be double-spaced and in a large, nonproportional[55] script (recommended Courier, 12 pt). We prefer text prepared with Microsoft WORD (PC or Macintosh versions) or LaTeX." Nostalgie der Redaktroniker?[56] Fast möchte man es meinen. Auch am Bildschirm wollen sie jedenfalls den Text gut lesen können. Und vor allem: Der Text soll jederzeit während der Bearbeitungsphase ohne Umformatieren seitengerecht (!) auf Papier ausgegeben (also ausgedruckt) werden können, damit man dort in konventioneller Manier eingreifen kann, wo es Not tut.

Beruhigend zu wissen, dass manche Ziele sich nicht geändert haben, wenn auch die Mittel dahin andere geworden sind. Statt (ganz früher) die Rastungen einer Schreibmaschine einzustellen, um zum gewünschten *Zeilenabstand* zu gelangen, genügt es heute, eine Schaltfläche auf der Menüleiste über dem Arbeitsfenster des Bildschirms entsprechend zu aktivieren.

Doppelzeiliger Abstand von Schreibzeile zu Schreibzeile *(doppelter Zeilenabstand)* bietet Redakteuren und Gutachtern eine gute Augenführung, und:

- Nur bei Texten, die mit doppeltem Zeilenabstand geschrieben worden sind, kann man gut zwischen den Zeilen *redigieren*.

Bei Typoskripten, die mit der Schreibmaschine hergestellt waren, kam man früher mit den in naturwissenschaftlichen Texten häufigen *Superskripten* und *Subskripten,* also hoch- und tiefgestellten Zeichen *(Hochzeichen, Tiefzeichen)* schon bei eineinhalbfachem Zeilenabstand (engl. „1.5-line spacing") ins Gedränge. Ein davon abgeleitetes Motiv, wenigstens vorübergehend einen erhöhten Zeilenabstand zu wählen, ist in der Textverarbeitung dank verbesserter Möglichkeiten der Justierung zwar weitgehend entfallen. Ein bisschen Luft zwischen den Zeilen will man in diesem Stadium trotzdem haben.

Ein Redigieren in anspruchsvollem Sinne ist direkt am Bildschirm – der primären Darstellungsform des Datenträgers – kaum möglich. Am einfachsten lassen sich Ver-

---

[55] *Nonproportional* ist eine Schrift, wie wir in Kap. 5 noch ausführen werden, wenn sie aussieht wie eine Schreibmschinenschrift! *Courier* ist die „Schreibmaschinenschrift" der Textverarbeitung schlechthin.

[56] Den *Redaktroniker*, den elektronischen Redakteur, hat Wolf SCHNEIDER wenn auch nicht erfunden, so doch zu einem Gegenstand der Literatur gemacht: „Selbstironisch nennen sich viele Redakteure Redaktroniker – Teile eines elektronischen Systems ..." (SCHNEIDER 1994, S. 308).

änderungen oder auch Anmerkungen auf Papierausdrucken handschriftlich eintragen. Da sind breite Ränder zweckdienlich, sie dienen also ebenso wie der erhöhte Zeilenabstand Belangen der Manuskriptbegutachtung und -bearbeitung.

Früher wurde meist *ein* breiter Rand von 5 cm rechts gewünscht, das war für das Redigieren besonders praktisch. Man kam dann mit 30 Zeilen à etwa 50 Anschlägen auf ca. 1500 bis 1600 *Anschläge – Zeichen (engl.* characters), Leerzeichen eingerechnet – pro Manuskriptseite in der Größe eines DIN-A4-Blatts. Diese Maßzahl war nützlich, um die Länge größerer Manuskripte abzuschätzen, und damit auch die Seitenzahlen im Druck. Zu der genannten Zeichenzahl gelangt man in der Textverarbeitung, wenn man die Schriftart *Courier* und den Schriftgrad 12 Punkt wählt, womit man einer Schreibmaschinenschrift am nächsten kommt (s. eine der vorstehenden Fußnoten). Wie wir gesehen haben, werden gerade diese Schrift und diese Schriftgröße von manchen Redaktionen noch heute gern gesehen! Die Zählung (nach Zeichen, Wörtern und Zeilen) übernimmt in jedem Falle der Computer, und seine Statistik sollte man gelegentlich in Anspruch nehmen, da die Redaktionen von Zeitschriften oft recht stringente Vorstellungen haben, wie lang ein Artikel sein darf.

Beispielsweise soll im *European Journal of Chemical Physics and Physical Chemistry* (ChemPhysChem) eine *Communication* nicht länger als 10 000 Zeichen oder sechs Manuskriptseiten sein, ein normaler Artikel darf ungefähr zehn Seiten (ca. 17 000 Zeichen) haben, ein Minireview 15 Seiten (25 000 Zeichen) und ein ausgewachsener Übersichtsartikel 40 Seiten (65 000 Zeichen).

- Die Seiten des Manuskripts sind zu nummerieren (paginieren).

Das Zählen der Seiten und Einsetzen der *Seitennummer* übernimmt wiederum der Computer, wenn Sie vorher in einer *Kopf-* oder *Fußzeile* eine automatische *Seitennummerierung* eingerichtet haben.

- Das *Hervorheben* von Überschriften, überhaupt die Vorgabe bestimmter *Schriftformate*, wird von der Redaktion meist nicht gern gesehen.

Hervorhebungen werden oft *Schriftauszeichnung* oder kurz *Auszeichnung* genannt, in Anlehnung an *(engl.) mark-up* zunehmend auch *Markierung*. Das „Markieren" bereitet eine Anweisung vor, bei deren Ausführung dann das verlangte Schrift-(oder sonstige) Format entsteht. *Schriftformate* im Besonderen betreffen *Schriftart, Schriftstil* und *Schriftgröße* (s. mehr dazu in Kap. 5). Die vorstehende Anmerkung über das Hervorheben gilt für *alle* Textteile, Wörter oder Symbole, und das heißt: *Formatierungen* jeglicher Art sind (ohne Absprache) in aller Regel *nicht* erwünscht. Die Redaktion wird ihre eigenen Formate „nach Art des Hauses" vergeben wollen, dabei die Ziele der *Standard Generalized Markup Language* (SGML, vgl. Abschn. 5.2.2 und „Technische Voraussetzungen" in Abschn. 5.4.1) verfolgend. Dementsprechend sind Hinweise auf spezielle Formate (z. B. die Schriftschnitte, *Fonts,* betreffend) in modernen Autorenrichtlinien kaum anzutreffen, am ehesten noch als „Schriftart Arial oder Helvetica 10 pt" für das Schreiben chemischer Formeln oder Fettdruck *(engl.* boldface type) für Verbindungsnummern.

3.4.2 Formeln und Gleichungen

Mit *Formeln* können in naturwissenschaftlich-technischen Beiträgen mathematisch/physikalische oder chemische gemeint sein. Im einen Fall spricht man besser von *Ausdrücken* und *Gleichungen,* im anderen von *Strukturformeln.* Von Formeln der ersten Art (*engl.* equations) soll zunächst die Rede sein (s. auch Abschn. 6.5.2).

- In typografischer Hinsicht sind Gleichungen eine besonders komplizierte Form von Text.

Sie lassen sich in einzelnen *Zeichen* (*Formelzeichen*, Symbolen) darstellen, wobei allerdings der benötigte Zeichenvorrat den eines landläufigen Textverarbeitungssystems schnell übersteigt. Zwar verfügen die meisten Programme für die Textverarbeitung über eine große Zahl von *Sonderzeichen* für das Schreiben von Gleichungen und anderen Ausdrücken *mathematisch-physikalischen* Inhalts, mindestens über alle jene, die im ASCII-Zeichensatz (*American Standard Code for Information Interchange*; s. auch „Zeichenformate" in Abschn. 5.3.3) – einem geordneten Satz aus Buchstaben, Ziffern und Sonderzeichen – enthalten sind. Auch die in Formeln oft benötigten Groß- und Kleinbuchstaben des *griechischen* Alphabets stehen üblicherweise zur Verfügung, z. B. in der Schrift „Symbol". Eine Anweisung aus einer modernen Autorenrichtlinie (MNF unter der dortigen Überschrift „3.2 Electronic Manuscripts") scheint an der Stelle, besonders im Blick auf das in der Fußnote Gesagte, besonders wichtig – sehen Sie uns bitte den abermaligen Gebrauch des Englischen nach; Zitat:

- If working in WORD for Windows, please create special characters through *Insert/Symbol.*

Gleichungen und andere Ausdrücke bergen eine besondere Schwierigkeit insofern, als sie meist mehr als *eine* Zeile Platz benötigen. Nicht in der normalen *Schreibzeile*, d. h. unterhalb oder oberhalb, stehen *Subskripte* (z. B. Indizes) bzw. *Superskripte* (z. B. Hochzahlen; *Nebenzeichen* in DIN 1304-1). Ausdrücke mit waagerechten *Bruchstrichen* oder mit Summen- oder Integralzeichen beanspruchen noch mehr Raum. Mit modernen Programmen der Textverarbeitung ist der *mathematische Formelsatz* heute kein Problem mehr; darüber hinaus gibt es auch noch spezielle Hilfsprogramme (*engl.* utilities) für den Satz von mathematischen und physikalischen Ausdrücken.

- Auf keinen Fall sollten Sie Formeln am Bildschirm „von Hand" entwerfen oder selbstdefinierte Makros verwenden, also Befehlsfolgen, die außer Ihnen und Ihrem Computer niemand versteht.

Wenn ein Text mit mathematischen Formeln gespickt ist, kann es lohnen, sich ein *Satzprogramm* (auch *Formatierungsprogramm* genannt) wie TEX (früher TeX geschrieben) anzuschaffen (s. dazu KNUTH 1987 oder SCHUMANN 1995). TEX und seine jüngere Weiterentwicklung LATEX sind komplette Satzsysteme. TEX mit seinen mehr als 1000 Kommandos war in seiner ursprünglichen Form wenig benutzerfreundlich, doch hat sich dies durch die Zusammenfassung besonders häufig verwendeter Befehle in LATEX verbessert. Hinzugekommen sind in den letzten Jahren menügesteuerte TEX- bzw.

LaTeX-Editoren, die das Eingeben von Befehlen wesentlich erleichtern.[57] Gleichwohl galt es abzuwägen, ob sich das Einarbeiten in die Eigenheiten dieses Programms lohnte. *Physiker* und *Mathematiker* waren als Erste bereit, sich der Mühe zu unterziehen und diese Programmiersprache zu erlernen. Bald stellte sich heraus, dass in vielen mathematisch durchsetzten Disziplinen ohne LaTeX eigentlich nichts mehr ging (mehr dazu s. Abschn. 6.6).[58]

Über das Anfertigen *chemischer Strukturformeln* (DIN 32 641, 1999) unterrichtet kurz Kap. 7, so dass wir uns hier auf einige allgemeine Anmerkungen beschränken können, wie Text und Formeln korrekt verbunden werden. Der folgende Satz aus früheren Auflagen hat auch heute noch eine gewisse Berechtigung:

- Strukturformeln werden üblicherweise in einem eigenen *Formelmanuskript* vom eigentlichen Manuskript getrennt gehalten und mit diesem in unmissverständlicher Weise durch geeignete Hinweise im Text verbunden.

Die Empfehlung rührt daher, dass auch die moderne *Satztechnik* nicht in der Lage ist, eine chemische Formel (von den linearen Elementar-, Molekül- und Konstitutionsformeln abgesehen) zu generieren. Text einerseits und Formeln – die in dieser Hinsicht wie Abbildungen behandelt werden – andererseits gingen also bis in die jüngste Zeit und gehen oft heute noch getrennte Herstellungswege.

Um die Mitte der 1990er Jahre begannen Chemiker damit, die Formel-*Zeichenschablonen* (z. B. der Familie Chem • Art nach Manfred SCHLOSSER, im Verlag VCH), die bis dahin gute Dienste beim Zeichnen auch recht komplizierter Strukturen geleistet hatten, aus der Hand zu legen und ihre Formeln zunehmend am Bildschirm – statt auf dem Zeichenbrett – zu generieren. Leistungsfähige Programme wie CHEMDRAW (von CambridgeSoft Corp.), CHEMWINDOWS oder CHEMINTOSH (von Bio-Rad Laboratories) kamen auf und begannen, immer anspruchsvollere, auch dreidimensionale Darstellungswünsche für immer ausgefallenere Strukturen zu erfüllen. Doch damit nicht genug. Das amerikanische Softwarehaus CambridgeSoft, dem man eine Führerschaft auf diesem Gebiet kaum absprechen kann, dachte bei seiner Entwicklungsarbeit stets – so auch hier – an die Schnittstelle solcher Sonderprogramme[59] mit der normalen Textverarbeitung und hatte sich vorgenommen, nicht nur das Leben der Wissenschaftler bei ihrer Forschungs- und Publiziertätigkeit zu erleichtern, sondern auch das der wissenschaftlichen Redakteure. Das heißt, es ging auch und nicht zuletzt um eine Verbesserung der Schnittstelle Autor–Redakteur.

---

[57] s. beispielsweise LAMPORT 1995, GOOSSENS, MITTELBACH und SAMARIN 1995 oder DETIG 1997). Kurz gehen wir auf LaTeX in Abschn. 6.6 ein. – Mehr darüber können Sie bei DANTE (Deutschsprachige Anwendervereinigung TeX e. V., mit eigenen Foren und Benutzergruppen im Internet) erfahren (www.dante.de).

[58] Schon früh wurde TeX von der American Mathematical Society für ihre Zeitschriften empfohlen; sie hat sogar mit AMS-Tex einen eigenen „Dialekt" entwickelt, den sie allen zur Verfügung stellt, die mathematische Texte nach den Vorgaben der Zeitschriften der Gesellschaft einreichen wollen.

[59] Den Anwendungen in der Chemie folgen gegenwärtig ähnliche in den Biowissenschaften nach, z. B. in Form des Programms BIODRAW.

Ziel war es, die Spezialprogramme nahtlos an die führende Office-Software heranzuführen. Das ist, wiederum unbestritten, die unter Windows-WORD laufende von Microsoft.[60] Tatsächlich gelingt es in dieser Konstellation, die Formeln nicht nur in einen entstehenden Textfile herein zu holen, sondern sie dort, wo erforderlich, mit dem Instrumentarium des *Formel-Zeichenprogramms* weiter zu bearbeiten.[61]

Ob es bei Ihrer nächsten Publikation noch notwendig oder erwünscht sein wird, die Formeln zunächst vom Text getrennt zu halten[62] und das Zusammenführen mit dem Textfile der Redaktion zu überlassen, erkunden Sie am besten durch Anfrage, sofern Sie das derzeit praktizierte Handling bei den von Ihnen favorisierten Zeitschriften nicht schon kennen. Die Antwort mag von den Pogrammen abhängen, die Ihnen zur Verfügung stehen. Stellen Sie fest, welche Formelzeichenprogramme die Redaktion mit ihrer technischen Einrichtung verarbeiten kann oder bevorzugt!

Die Strukturformeln für die einzelnen Verbindungen werden über den Beitrag durchnummeriert, z. B. als **1, 2** ..., wobei nicht jede einzelne Formel eine Nummer tragen muss.

- *Formelnummern* erscheinen im Druck in einer besonderen, meist fetten Schrift (*engl.* boldface type).

Im laufenden Text werden die Formelnummern üblicherweise dem Namen einer Verbindung in *runden Klammern* nachgestellt, wie in „2-Pentanon (**5**)". *Vertritt* die Nummer die Verbindung – wird sie also verwendet, ohne den Verbindungsnamen zu nennen –, so lässt man die Klammern meistens entfallen, z. B. in „das Keton **5**" oder „eine Lösung von **5**". Statt auf einzelne Formeln können Sie auch auf *Reaktionsgleichungen* und *Reaktionsschemata* verweisen.

---

[60] Als Mac-Fans betonen wir gerne, dass auch die *Macintosh-Rechner* des (gleichfalls) US-amerikanischen Computerherstellers Apple an den Hochschulen und in Forschungsinstituten (und in unseren Büros) nach wie vor stark vertreten sind.

[61] So schrieb Derek MCPHEE, Editor-in-Chief der in der Schweiz erscheinenden Online-Chemiezeitschrift *Molecules* (www.mdpi.net/molecules/), in einem Beitrag „ChemDraw 9.0: Publishing and Editing with Ease and Excellence" (*Chem&BioNews* 2005; 15/1: 10-11; vgl. www.ChemBioNews.com): „From a journal editor's point of view, the key feature in any structure drawing program must be speed and ease of use and this is an area where CHEMDRAW ULTRA 9.0 certainly excels. Unlike competitor's products where clicking on a structure for editing purposes opens a separate window of the original structure drawing program, CHEMDRAW allows full editing in place without leaving the original document ... A simple double-click on the figure activates it and brings up the familiar ChemDraw menus, where another couple of clicks allows instant selection of a more appropriate font size. A click outside the figure returns the editor to the original manuscript with the changes in place. Nothing could be more effortless!"

[62] In doppelte Klammern gesetzte Formelnummern dienen oder dienten früher als Platzhalter für die Formeln.

3.4.3 Abbildungen

Abbildung oder Tabelle?

Gleichungen und Strukturformeln, von denen zuletzt die Rede war, sind stark verdichtete Informationen, die sich in Worten oder in der gewohnten Zeichensprache nur unzulänglich oder überhaupt nicht vermitteln lassen. In naturwissenschaftlich-technischen Mitteilungen tauchen noch zwei weitere Arten der nichtverbalen oder jedenfalls nichttextlichen Informationsvermittlung auf, die wir bisher nicht erwähnt haben: Abbildungen und Tabellen. Ihnen soll in diesem und dem folgenden Abschnitt unsere Aufmerksamkeit gelten. Näheres über die technische Ausführung ist in den Kapiteln 7 und 8 nachzulesen.

Man kann mehrere Arten von *Abbildungen* unterscheiden: *Strichzeichnungen* und *Halbton-/Farbabbildungen* unter technischen Gesichtspunkten, *Zeichnungen* (z. B. von Apparaten) und *Diagramme* unter mehr inhaltlichen Gesichtspunkten. Von diesen soll im Folgenden vor allem die Rede sein.

- *Diagramme* und *Tabellen* dienen dazu, komplexe Zusammenhänge aufzuzeigen. In Diagrammen geschieht dies mit grafischen Mitteln, in Tabellen durch besondere Anordnung numerischer (gelegentlich auch verbaler oder grafischer) Bestandteile.

Der Zusammenhang kann eine mathematische *Funktion* sein, die Abhängigkeit einer Größe von einer anderen. Stellen Sie die Abhängigkeit durch eine Folge von (in Ziffern dargestellten) *Wertepaaren* dar, so führt dies zu einer Tabelle. Tragen Sie die Zahlenwerte in einem Koordinatensystem gegeneinander auf, so entsteht ein Diagramm. In ihrer letzten Konsequenz sind Abbildungen *(Grafiken)* und Tabellen *analoge* bzw. *digitale* Darstellungen. (Diese Klassifizierung soll nicht außer Kraft setzen, was ebenfalls gilt: Auch Grafiken, selbst Bilder, lassen sich – nach *Bildpunktzerlegung* – digital darstellen.)

Oft kommen beide Darstellungsweisen in Frage, um einen bestimmten Zusammenhang aufzuzeigen. In einer Publikation sollten Sie sich bei *einer* Sache für die eine *oder* andere Form entscheiden, also nicht beispielsweise die Stahlproduktion in verschiedenen Jahren oder Ländern tabellieren *und* in einem Balkendiagramm darstellen.

- Ökonomische Rahmenbedingungen des Publikationswesens verbieten in der Regel ein Sowohl-als-auch, wenn es um die Beschreibung von Sachverhalten durch Abbildungen und Tabellen geht.

Wann bietet sich besonders die tabellarische, wann die grafische Form an? Eine verbindliche Antwort kann schlecht gegeben werden. Die *Tabelle* ist immer einfacher zu erzeugen, wenngleich schwieriger als normaler *Fließtext*, es bedarf dazu keiner besonderen Hilfsmittel oder Arbeitsgänge. Auch wird man sich für die Tabelle entscheiden, wenn bestimmte *Zahlenwerte* hervorgehoben oder eingeprägt werden sollen. Andererseits:

- Geht es um die Veranschaulichung *(Visualisierung)* von Zusammenhängen auf einer eher qualitativen Ebene, dann ist das Diagramm – oft mit nicht-skalierten Achsen – das Mittel der Wahl.

Ein Diagramm kann einen Sachverhalt oft unmittelbarer sinnfällig machen als wortreiche Beschreibungen. Bevor Sie sich entscheiden, eine Abbildung einzusetzen, sollten Sie sich aber der Folgen bewusst sein: Eine Abbildung zu entwerfen ist immer mit einem besonderen Aufwand verbunden, ebenso auch die weitere technische Verarbeitung des Entwurfs zur *Bildvorlage*.

Verbinden der Abbildungen mit dem Text

Früher war es erforderlich, Abbildungen wie chemische Strukturformeln – die ja nichts anderes sind als Diagramme besonderer Art – zu behandeln (s. vorstehender Abschn.) und vom eigentlichen Text, dem *Textmanuskript,* getrennt zu halten. Man sprach etwas frei vom *Abbildungsmanuskript.*

In dem Maße, wie sich die Drucktechnik von filmbelichteten Druckplatten verabschiedet[63)] und Bilder immer häufiger digital dargestellt, gespeichert und übertragen werden, sind auch hier die Dinge in Bewegung geraten. Jede Tageszeitung, die ein gestern „geschossenes" Bild vielleicht vom anderen Ende der Welt heute früh in ihrer jüngsten Ausgabe – egal, ob „p" oder „e" – präsentiert, ist Ausweis der unaufhaltsamen technischen Entwicklung. Viele Verlage, auch wissenschaftliche, verarbeiten *nur* noch digitale Vorlagen und sind nicht mehr bereit, auch nur ein einziges Bild *einzustrippen* (wie das in Zeiten der Druckfilmbelichtung hieß) – sie sind dafür gar nicht mehr eingerichtet und sie müssen es auch nicht mehr sein, denn der gesamte *Workflow* bis zum Druck verläuft heute digital!

Eine aktuelle Autorenrichtlinie (ChemPhysChem) schlägt tatsächlich vor, Abbildungen, Schemata und Formeln jeweils auf getrennten Blättern – also nach wie vor konventionell auf Papier – einzureichen, wenn möglich aber *zusätzlich* in digitalisierter Form. Nicht alle Grafikprogramme, so fährt die Richtlinie fort, seien aber für die Verarbeitung in den von der Redaktion eingesetzten Druckern zu brauchen, woraus die Bitte an die Autoren folgt, sich auf der Homepage der Zeitschrift näher kundig zu machen. Der registrierte Autor könne dort nähere Hilfe erfahren.

Über möglicherweise unterschiedliche Herstellungswege von Text und Grafik oder besondere Vorgehensweise für den Fall, dass eine fotomechanische *Direktreproduktion* vorgesehen ist, wollen wir uns hier nicht mehr verbreiten und statt dessen einen Rat für digitale („elektronische") Manuskripte herausstellen (aus der schon mehrfach erwähnten MNF-Richtlinie:[64)]

---

[63] Von der *Druckplatte* an sich verabschiedet sich die Drucktechnik keinesfalls; der reine Digitaldruck, der ohne Druckplatten auskommt, ist für hohe Auflagen nicht geeignet; was sich dagegen immer mehr durchsetzt, ist die Direktbelichtung der Druckplatte – man spricht auch von *Direct-to-Plate-* oder *Computer-to-Plate*-Techniken.

[64] Wir nehmen an, dass Sie mit den Implikationen vertraut sind, bieten aber als Denkstütze hier Kurzerklärungen der verwendeten Akronyme an: TIFF, Tagged Image File Format, von Microsoft, Hewlett-Packard und Aldus definiertes Dateiformat für Bitmap-Grafiken; EPS, Encapsulated PostScript; PSD,

- Abbildungen sollten nach Möglichkeit als jeweils eigene Dateien in einem der Formate TIFF, EPS, PSD, AI oder PDF übermittelt werden.
- In der Redaktion werden alle Teile des digitalen Manuskripts zusammengeführt, bearbeitet und am Ende in eine PDF-Datei umgewandelt.

Gegebenenfalls – in einer noch halbwegs konventionellen Umgebung – ist durch *Platzhalter* dafür zu sorgen, dass die Abbildungen nach ihrer Bearbeitung im Text richtig *platziert* werden können. Richtig ist die Platzierung dann, wenn die Abbildung im gedruckten Beitrag in der Nähe der Textstelle zu stehen kommt, in der auf sie erstmals Bezug genommen wird, und wenn sie neben oder über ihrer Bildunterschrift (s. unten) steht. Ein freigestellter Hinweis nach der Zeile der ersten Erwähnung der Abbildung im Text oder am Ende des betreffenden Absatzes kann die endgültige Festlegung des *Seitenlayouts* erleichtern.[65]

Es ist schwer abzusehen, wohin die Entwicklung geht, wenn alle Kommunikatoren ihre Zeichnungen bis hin zum *Instituts-* oder *Firmenlogo* selbst am Bildschirm druckreif entwerfen können und wenn Drucker und Belichtungsmaschinen zunehmend in der Lage sein werden, solche aus Text und Grafik zusammengesetzte Botschaften – womöglich in Farbe – von Datenträgern zu lesen und auf Papier zu übertragen. Mit Sicherheit rücken Text und Grafik näher aneinander. Schließlich bedarf es bei manchen Textverarbeitungsprogrammen nur eines Mausklicks z. B. auf eine Schaltfläche in der *Formatierungsleiste,* um in ein Dialogfeld „Grafik" zu gelangen und Bilder zu erstellen, aus anderen Dateien einzufügen, zu bearbeiten und nachher auch zusammen mit dem Text ausdrucken zu können (vgl. auch die vorangegangene Fußnote).

Es empfiehlt sich, bei der Redaktion anzufragen, wie Bilder verarbeitet werden sollen. Noch vor Kurzem waren die Erfahrungen mancherorts eher ernüchternd: Die Übernahme von *Druckformaten* und anderen Codierungen des Autors, die ein anderes als das ursprüngliche Textverarbeitungsprogramm zunächst nicht versteht und die daher interpretiert werden müssen, und das *Transformieren* von Texten in ein anderes Programm lohnen sich bisher in der Praxis oftmals wenig. Ein Umformatieren kann teuer sein, nicht überall werden Autoren ermutigt, sich damit selbst zu versuchen.

Ein Wort zur Größe von Abbildungen: Viele Zeitschriften haben ein Zwei-Spalten-Layout („werden 2-spaltig gesetzt", hätte man früher gesagt). Eine Standardbreite für eine solche Spalte ist 8,5 cm. Die Abbildung sollte also so angelegt werden, dass sie diese Breite nach Möglichkeit ausfüllt, aber keinesfalls überschreitet. Gelegentlich kann

---

Photoshop-Document, zu PHOTOSHOP von Adobe als dem am weitesten verbreiteten Profi-*Bildbearbeitungsprogramm*; AI, Adobe Illustrator, Standard-Grafikprogramm; PDF, Portable Document Format, das Format des Programms Adobe Acrobat. – PDF ist heute das Standardformat im professionellen *Druck*, es dient zum Ansteuern von Druckern und Belichtern und wird für das *elektronische Publizieren* im Internet eingesetzt.

[65] Microsoft WORD, auch WORD für den Macintosh, sieht verschiedene Layout-Versionen für die *Bildmontage* vor. Man kann die Abbildungen „freistellen" oder, was zwar in Fachartikeln weniger in Frage kommt, von Text „umfließen" lassen. Sehr viel eleganter gelingt der *Seitenumbruch* mit Layoutprogrammen wie INDESIGN oder XPRESS (s. auch Abschn. 4.4.2).

man auch eine Abbildung zulassen, die über beide Spalten läuft, dann darf ihre Breite (nach evtl. Verkleinerung auf ihr Endformat) die Breite von 17,5 cm nicht überschreiten. Ist, wie das meist der Fall ist, eine Verkleinerung der Original-Bildvorlage auf 60 % der ursprünglichen Größe vorgesehen, liegen die Bildbreiten, die nicht überschritten werden dürfen, bei 14 cm bzw. 28 cm.

Für Sie als Autor bleibt noch, für Folgendes zu sorgen:

- Die Abbildungen eines Beitrags sind zu *nummerieren*. Auf jede Abbildung muss im laufenden Text wenigstens einmal durch Nennung der Abbildungsnummer *hingewiesen* werden.

Abbildungsentwürfe und -vorlagen müssen die betreffenden Nummern tragen. Man spricht in diesem Zusammenhang auch vom *Verankern* der Abbildungen im Text und spielt damit auf das Verankern von Bojen in einem Fluss an. Der Vergleich ist nicht schlecht gewählt, sollen doch die Abbildungen Fixpunkte des Leseflusses sein.

- *Bildverweise* im Text haben oft die Form einer (nachgestellten) Angabe der Abbildungsnummer, z. B. „(Abb. 12)", am Ende eines Satzes.

Auch Hinweise innerhalb eines Satzes kommen in Frage, z. B. „... wie Abb. 12 zeigt" oder „... wird durch die obere Kurve in Abb. 12 wiedergegeben".

Von der

- Regel: Keine Abbildung ohne Nummer und ohne Hinweis im Text!

gibt es Ausnahmen, die Sie aber nur restriktiv und in Absprache handhaben sollten. Gelegentlich – z. B. in Lehrbüchern – ist es wünschenswert, Abbildungen ähnlich wie Gleichungen mit Text zu umbauen, um so eine enge Verbindung zu schaffen, die das Verständnis und das Erfassen von Text *und* Bild erleichtert. Hier könnten Verweise stören, die den Leser zwingen, auf eine andere als die gerade gelesene Textstelle zu schauen. In der Mathematik, die oft mit knappen Skizzen auskommt, erzeugt man dadurch keine unlösbaren Umbruchprobleme. Aber von Lehrbüchern ist hier nicht die Rede. Dilettantisch ist in jedem Fall der Hinweis auf die „folgende Abbildung", die aus Platzgründen vielleicht schon „weiter oben" zu stehen kommen muss.

- Zu jeder Abbildung gehört eine Bildunterschrift oder *Legende (Bildlegende)*.

Die *Bildunterschrift* ist der Titel der Abbildung. Sie sollte möglichst kurz gefasst sein. Zusammen mit der Abbildung selbst sollte sie den Leser in die Lage versetzen, Aussage und Bedeutung der Abbildung auch unabhängig vom Text zu verstehen.

Allerdings übernimmt die *Bildunterschrift* oft noch eine weitere Funktion: Sie erläutert inhaltliche und technische Details der Abbildung.

- Bilderläuterungen (Legenden im engeren Sinn) fügt man oft der eigentlichen Bildunterschrift an.

Dafür bietet sich die *Blockform* an, sofern Sie nicht nach der eigentlichen Bildunterschrift, von dieser durch Punkt und Gedankenstrich getrennt, in der Zeile weiterschreiben wollen (Näheres s. Abschn. 7.1.2).

3.4 Anfertigen und Einreichen des Manuskripts

- Bildunterschriften mitsamt ihren zusätzlichen Erläuterungen sind getrennt in einem eigenen *Legendenmanuskript* aufzusammeln.

Leicht modifiziert hat diese Regel noch heute Bestand, z. B. bei ChemPhysChem: „Each figure and scheme should have a legend; these should be listed together at the end of the reference section of the text file rather than being included with the drawings in the graphics files."

- Die Abbildungen selbst sollten nur ein Minimum an typografischen Elementen enthalten.

Solche sind zum Beispiel die *Skalierungen* und *Achsenbeschriftungen* in Diagrammen. Weitere Einzelheiten geben Sie in der Abbildung zweckmäßig nur verkürzt (z. B. mit Ü für „Überdruckventil") oder mit Ziffern und Symbolen an (z. B. für die Unterscheidung von Messpunkten); die verwendeten Bezeichnungen und Symbole erläutern Sie dann in der Legende. Dieses Verfahren ist, zugegeben, nicht unbedingt von Vorteil für den Leser, da er mit den Augen zwischen Bild und Legende springen muss, aber es spart Zeit und Kosten beim Entwerfen und Bearbeiten von Abbildungen; auch können die Abbildungen leichter in anderssprachige Ausgaben der Publikation übernommen werden.

Auch diese Argumentation verliert an Gewicht, seitdem man *Textelemente* am Bildschirm in jede Grafik leicht einbauen und dort auch verändern kann. Was bleibt, ist ein ästhetisches Moment: Bilder sollten nicht mit Schrift überladen werden, sonst sind sie am Schluss keine Bilder mehr.

Abbildungen und Tabellen (s. nächsten Abschnitt) sind die Blickfänger Ihres Beitrags. Leser pflegen beim schnellen Durchlesen neben den Titeln vorwiegend diesen Bestandteilen der Beiträge ihre Aufmerksamkeit zu schenken. Als Verfasser werden Sie daher diese Teile besonders sorgfältig anlegen und ausführen. Wenn Sie sich angewöhnt haben, Abbildungen und Tabellen noch *vor* dem Text zu entwerfen, werden Sie gut damit fahren, zumal das Vorbereiten (einschließlich des Klärens von Bildrechten; s. „Juristische Aspekte – Das Bildzitat" in Abschn. 7.1.2) einige Zeit in Anspruch nehmen kann.

Technische Fragen des Herstellens von Abbildungsvorlagen werden in Kap. 7 besprochen.

3.4.4 Tabellen

Für das Anlegen der *Tabellen* und ihr Verbinden mit dem Text gilt dasselbe wie für Abbildungen. Auch Tabellen sind zu nummerieren und im Text zu *verankern*.

- Tabellen sollen in einem eigenen *Tabellenmanuskript* angelegt und mit dem Text durch Verweise unmissverständlich verbunden werden.

Auch für das Tabellenmanuskript ist *doppelter*, wenigstens eineinhalbfacher *Zeilenabstand* erforderlich, d. h., die Tabellen werden *zweizeilig* geschrieben. Eng geschriebene oder gar aus anderen gedruckten Unterlagen reproduzierte Tabellen waren bei

Redakteuren und den Mitarbeitern in den technischen Betrieben nie gern gesehen – irgendwelche Verbesserungen lassen sich in Kleingedrucktem kaum durchführen –, und das hieß und heißt heute allemal: sie wurden u. U. nicht angenommen. Autoren waren sich oft zu wenig bewusst, welcher Aufmerksamkeit für das Detail es bedarf, um eine schön gesetzte Tabelle hervorzubringen. Seitdem Sie sich im Zuge des DTP verstärkt um Dinge wie *Spaltenbreite, Zeilenhöhe,* Stand der Schrift in den einzelnen *Tabellenfächern (Zellen)* selbst kümmern dürfen (müssen!), ist sicher mehr Liebe zum Detail eingekehrt – am Bildschirm, versteht sich. Die Leichtigkeit und Eleganz, mit der Lösungen sich da fast von allein anbieten, entschädigt für manche zusätzliche Mühe.

Tabellen sind, ähnlich wie Gleichungen, Text:[66] komplizierter und aufwändiger zwar, gemessen an den erforderlichen Formatierungen, als normaler Fließtext, aber eben doch wie dieser in gängigen Schriftzeichen *(Fonts)* darstellbar, seiner Natur nach *alphanumerisch.* Jedes leistungsfähige Programm der Textverarbeitung enthält daher ein Untermenü „Tabellen". Eine Tabelle lässt sich problemlos in das Textumfeld holen, nach den Erfordernissen einrichten und alsbald mit Daten füllen. Diese neue Behändigkeit besteht seit den ersten Tagen des Desktop Publishing und ist ein Merkmal auch der elektronischen Manuskript-Einreichung. Dabei dürfen Tabellen weiterhin, wie früher üblich, auf je eigenen Blättern oder als Objekte in eigenen Unterdateien (*engl.* files) angelegt und eingesandt werden. Die Schablonen (*engl.* templates), die von den Redaktionen zunehmend für das Eingeben der Text- und sonstigen Daten zur Verfügung gestellt werden, enthalten gewöhnlich auch ein *Tabellen-Leermuster.* Darin ist in uns vorliegenden Fällen ein fester Abstand von 24 Punkt zwischen den Zeilen eingestellt, was für eine 12-Punkt-Schrift ersichtlich *doppelten Zeilenabstand* bedeutet.

Dabei soll es Sie nicht stören, wenn – bedingt durch den großen Zeilenabstand – eine Tabelle im (digitalen) Manuskript über zwei oder mehr Seiten läuft. Nach abschließender Formatierung wird daraus vielleicht noch eine Tabelle, die sich auf *einer* Seite oder sogar auf einer Spalte unterbringen lässt. Auch brauchen Sie sich nicht zu scheuen, eine Tabelle im *Querformat* anzulegen (also längs der langen Kante einer A4-Seite). In der Redaktion oder spätestens beim Setzer wird auch daraus auf Wunsch eine Tabelle in normaler Orientierung, die sich in den vorgegebenen *Satzspiegel* einordnet.

- Schreiben Sie Tabellen wie normalen Text in doppeltem (mindestens eineinhalbfachem) Zeilenabstand, und versehen Sie eine jede mit einer nummerierten *Überschrift.*

Anders als bei den Abbildungen ist die *Tabellenüberschrift* ein fester Bestandteil der Tabelle schon im Manuskript. (Zur Erinnerung: Die Abbildung hat eine *Unterschrift,* die man im Manuskript von der eigentlichen Abbildung getrennt hält.) Der Grund ist einfach, sind doch Tabellen letztlich Text wie die Überschrift auch! Einer älteren Emp-

---

[66] Wie um das zu unterstreichen, gibt es in WORD den Befehl „Tabelle als Text ..." oder „Tabelle in Text umwandeln ..." und umgekehrt: „Text in Tabelle umwandeln".

fehlung (DIN 1422-1, 1983), auch „Tabellenlegenden" gesondert beizufügen, konnten wir zu keiner Zeit einen Sinn abgewinnen.

Eine Unsitte ist es, in Tabellen nach Belieben Wörter abzukürzen, um so mit dem Raum in einer Spalte zurechtzukommen. Wir sehen in *Abkürzungen*, die nicht im *Rechtschreib-Duden* vorkommen oder nicht in der Arbeit selbst erläutert worden sind, eine Zumutung für den Leser. Annehmbar wäre allenfalls, bestimmte *Akronyme* oder *Symbole* – möglichst übereinstimmend mit allgemeinem Brauch – zu verwenden, die dann in der Arbeit (z. B. in einer eigenen „Liste der Symbole", s. Abschn. 4.2.2) oder in einer Fußnote zur Tabelle erläutert werden.[67]

Näheres über das Anlegen von Tabellen finden Sie in Kap. 8.

3.4.5 Fußnoten und Anmerkungen

Autoren haben oft den Wunsch, Dinge anzumerken, die zwar im Kontext von Bedeutung sind, aber doch den eigentlichen Fluss der Ausführungen unterbrechen würden, anders gesagt: die der Leser bei schneller Durchsicht überschlagen kann. Dies hat zu *Fußnoten (Anmerkungen)* geführt, die oft einen wissenschaftlichen Text begleiten. In manchen Manuskripten bieten Fußnoten zudem eine Möglichkeit, Dinge vorzubringen, die der strengen Zensur vielleicht nicht standhalten, d. h., persönliche Anmerkungen beizufügen. Wir machen in unseren Büchern davon Gebrauch und wissen, dass manche Leser sich mit Vorliebe den Fußnoten darin zuwenden: weil sie an der Sichtweise von Kollegen Interesse haben oder einige „Rosinen" zu finden hoffen. Wir halten Fußnoten für ein gutes Mittel, die Ökonomie des *Lesens* zu verbessern: Der – eilige – Leser, der an bestimmten Stellen mit einer Basisinformation auskommt, braucht nur den Haupttext aufzunehmen; wer andererseits für jede Gelegenheit dankbar ist, eine Sache noch zu vertiefen, findet vielleicht in den Fußnoten seine Chance. Ist das nicht ein faires Angebot? Kommt es nicht dem *Leser*, um den es ja geht, entgegen?

Eine Fußnote soll, wie der Name sagt, am Fuß der Seite stehen, auf der die betreffende Information vom Haupttext abgezweigt wurde. Auf die Fußnoten kann man mit *Ziffern* oder – seltener – anderen Zeichen *(Fußnotenzeichen)* wie

$$*, **, ***, ^+, ^{++}, ^{+++}, ...$$

verweisen: Das Fußnotenzeichen – in der Regel also eine *Fußnotenziffer* – erscheint im Haupttext und wird am Fuß der Seite wiederholt und der (meist in kleinerer Schrift gesetzten) Zusatzinformation, dem *Fußnotentext*, vorangestellt. Da mehrfach hintereinander stehende Verweiszeichen wie *** Schwierigkeiten bereiten, die Fußnotentexte einheitlich anzuordnen, und da sie zu keinem fortlaufend nummerierten *Fußnotenmanuskript* führen, werden gewöhnlich Ziffern als Fußnotenzeichen bevorzugt. (In diesem Buch zählen wir die Fußnotenzeichen auf jeder Seite mit 1 beginnend.) Die Ziffern sind hochgestellt und kleiner als die Grundschrift [Duden-Taschenbuch 5: *Satz-*

---

[67] Manche Redaktionen geben in ihren Richtlinien Listen von „Standard-Abkürzungen" aus, die im jeweiligen Fachgebiet keiner Erläuterung bedürfen. Die Liste von *Mol. Nutr. Food Res.* umfasst ca. 150 Abkürzungen, die von ACN für acetonitrile bis WWW, World Wide Web, reichen.

und Korrekturanweisungen (1986) und DIN 1442-1 (1983)]. In manchen Fachtexten wird hinter die hochgestellte Zahl im *Haupttext* eine Nachklammer gestellt, um Verwechslungen mit anderen Hochzahlen, z. B. Exponenten, zu vermeiden. (Einige Zeitschriften verfahren ähnlich mit Zitatnummern, die oft sogar in eckigen Klammern, z. B. als [39], hochgestellt werden; vgl. auch Abschn. 9.3.2.)

Für die Fußnoten-*Verweiszeichen* hatte man sich früher eine Rangfolge ausgedacht (*Sternchen* * vor hochgestellten Pluszeichen + und so weiter). In englischen und amerikanischen Publikationen treten dafür oft andere Zeichen wie

* asterisk, † dagger, ‡ double dagger, § section sign, ‖ parallel sign,
¶ paragraph sign und # number sign (hash).

Nur das Sternchen ist beiden Traditionen gemeinsam, doch wollen wir solcher Symbolik keine große Bedeutung mehr beimessen – sie ist überholt.

Am rationellsten ist es, die Fußnoten – bei einem Zeitschriften-Artikel – fortlaufend durch den ganzen Beitrag zu zählen (DIN 1422-1, 1983). Genau das ist auch in der Textverarbeitung erste Wahl. Früher blieb dann noch das Problem, die Fußnoten am unteren Seitenrand tatsächlich unterzubringen: Sahen Sie zu wenig Raum vor, so flossen die Fußnoten auf die nächste Seite über; bei zu viel Raum blieb ein Teil der Seite leer. Heute managt das der Computer für Sie. Sie legen in einem der Hauptmenüs („Einfügen") die Art fest, wie Fußnotenzeichen aussehen und wo die Fußnoten selbst, also der jeweilige Fußnotentext, zu stehen kommen sollen: am *Seitenende* oder am Ende des Dokuments *(Textende)*. Dabei bedeutet „Seitenende" am Fuß der Seiten, das sind dann die Fußnoten im engeren Sinn. Anmerkungen am Ende des Textes sollte man eher als *Endnoten* bezeichnen.[68)]

Aber das sind Optionen, die Sie in diesem Kontext gar nicht ausschöpfen können. Viele Zeitschriften lassen Fußnoten nicht zu, sprechen das Thema in ihren Richtlinien vielleicht gar nicht an, oder allenfalls im Zusammenhang mit den Quellenangaben. Wenn sich eine Richtlinie dazu äußert, dann vielleicht so: „Footnotes, i. e., explanations or comments on the text, should be indicated by an asterisk* and written at the bottom of the page on which the asterisk appears in the text."

Eine andere Frage ist, ob „Anmerkungen" – also Fußnoten – Hinweise auf die Literatur enthalten dürfen. Meist wird diese Frage verneint, weil sonst das Auffinden von Literaturhinweisen im Text erschwert wird. Manchmal entgeht man der Problematik dadurch, dass man Anmerkungen und Literaturhinweise vermischt. Ist dies der Fall, so sollte das Literaturverzeichnis mit „Anmerkungen und Literatur" (oder ähnlich) überschrieben werden. Ob das zulässig ist, entnehmen Sie bitte den Richtlinien der Zeitschrift, in der der Beitrag publiziert werden soll.

---

[68] Grundsätzlich können Sie das Programm beauftragen, Ihre Fußnoten seiten- oder abschnittsweise zu nummerieren oder durch das ganze Dokument hindurch. Diese letzte Option stößt dort auf Schwierigkeiten, wo auch für die Literaturverweisung Zahlen verwendet werden und die Literatur – die *(engl.) References* – wie üblich am Schluss des Beitrags zusammengestellt wird. In dem Fall wäre Sorge zu tragen, dass Literatur- und Fußnotenverweise nicht verwechselt werden können.

Echte Fußnoten – der „Teppich, auf denen die Abhandlung daherschreitet" (wir wissen leider nicht mehr, wer das schöne Bild gebraucht hat) – sind ziemlich in Verruf geraten.[69] (Vor dem Aufkommen der Textverarbeitung konnte man dafür Gründe der Arbeitsökonomie anführen.) Früher wurde auch die im Text zitierte *Literatur* meist am Fuß der betreffenden Seite angegeben. Für den Leser hatte das den Vorteil, dass er sofort (anhand von Autor, Erscheinungsdatum und -ort) prüfen konnte, ob ihn die zitierte Arbeit interessierte oder nicht. Diesen Komfort bieten heute nur noch wenige Zeitschriften und Bücher – gewöhnlich müssen Sie zur Einsicht der Literatur bis an den Schluss des Beitrags blättern. Doch können sich die Dinge wieder ändern, vielleicht stehen wir vor einer Wiedergeburt der Fußnote.

In keiner Autorenrichtlinie fehlen Hinweise, wie die angeführte („angezogene") *Literatur* zitiert wird, wie *Quellenhinweise* und die *Quellenangaben* formatiert und angeordnet werden sollen. Wir kommen darauf ausführlich in Kap. 9 zu sprechen.

3.5 Vom Manuskript zur Drucklegung

3.5.1 Die Rollen von Verlag und Redaktion

Verlag

Eine Zeitschrift *erscheint* gewöhnlich in einem *Verlag*. Der Verlag ist ein Wirtschaftsunternehmen, das sich der Herstellung und Vermarktung der Zeitschrift unter ökonomischen Gesichtspunkten widmet. Auch wenn es um das Kulturgut Wissenschaft geht, findet sich in der Regel niemand, der bereit wäre, eine *wissenschaftliche Zeitschrift* unabhängig von den Gesetzen des Marktes zu finanzieren und zu verbreiten. Das heißt aber nicht, dass die Zeitschriften immer Eigentum eines Verlages sein müssten. Eine Zeitschrift kann einer wissenschaftlichen Gesellschaft gehören und dem Verlag – gegen Zahlung einer Pacht – zur Betreuung und Vermarktung überlassen worden sein. Eine wissenschaftliche Gesellschaft kann auch selbst eine Zeitschrift verlegen, aber indem sie dies tut, wird sie *de facto* zum Verleger. Sie muss sich dann um den Eingang von Manuskripten und vielleicht auch um Anzeigen kümmern, um die Drucklegung, den Vertrieb und die Rechnungsstellung. Für die Gesellschaft sind das bestimmungsfremde Aufgaben, doch kann das Modell tragfähig sein, wenn es in erster Linie darum geht, die *Mitglieder* mit einem Fachblatt zu beliefern.

Die *Anschrift* des Verlags geht aus dem *Impressum* hervor, das sich in jeder Ausgabe der Zeitschrift befindet.

---

[69] Im englisch-amerikanischen Kulturkreis gelten Fußnoten, unabhängig von technischen oder Kosten-Überlegungen, als Zeichen einer gelehrten Manieriertheit, fast suspekt. Was nicht im Text gesagt werden könne, brauche man nicht. Ein ähnlicher Bannstrahl trifft die *Klammern,* die man ja als „in-line notes" auffassen kann. Doch geht ein solcher Rigorismus an den Gegebenheiten eines Fachtextes vorbei: Wir haben beide Stilmittel *mäßig* eingesetzt.

3 Zeitschriften

Redaktion

Wie immer die Dinge gehandhabt werden: Es bedarf einer *Redaktion*, um die Zeitschrift betreiben zu können.

- Aufgabe der Redaktion ist es, für einen kontinuierlichen Zugang von *Beiträgen* und für deren einwandfreie Umsetzung in gedruckte (zunehmend auch maschinenlesbare) *Artikel* zu sorgen.

Die Redaktion (auch: *Schriftleitung*) kann aus einer oder mehreren Personen bestehen, die ihre Aufgabe hauptamtlich oder nebenberuflich wahrnehmen. Die Redaktion kleinerer wissenschaftlicher Zeitschriften wird oft von Wissenschaftlern „vor Ort" besorgt, z. B. in einem Universitätsinstitut oder in einer Klinik *(Schriftleiter, Herausgeber)*. Dass diese Wissenschaftler gleichzeitig ihrer Lehre und Forschung nachgehen, kommt einer Unmittelbarkeit oder Echtheit der Zeitschrift zugute. Aber diese Personen sind nicht nach Belieben mit Zusatzaufgaben belastbar, größere Zeitschriften lassen sich nicht nebenher machen. Eine professionelle Redaktion besteht beispielsweise aus einem Chefredakteur (Schriftleiter, Schriftleiterin), mehreren Redakteuren oder Redaktionsassistenten und einer Sekretariatskraft.

- Die Redaktion leitet der Herstellung Beiträge der erforderlichen *Qualität* in ausreichender *Quantität* zu und gewährleistet so, dass die jeweils nächste Ausgabe der Zeitschrift zum vorgesehenen Zeitpunkt erscheinen kann.

So trivial diese Zielbestimmung klingen mag, so hoch sind die Anforderungen, die vor das Ziel gesetzt sind. (Und nicht immer wird es erreicht.) Bei einer wissenschaftlichen Zeitschrift bedarf es sowohl der Kompetenz im jeweiligen Fach als auch eines gehörigen Maßes an Erfahrung und Organisationstalent, um dieser Aufgabe gerecht zu werden.

- Die ursprüngliche Aufgabe des *Redakteurs* ist es, die eingereichten Beiträge publikationsreif zu machen und dazu ggf. zu verbessern.

Warum müssen Beiträge verbessert werden?[70] Viele Manuskripte von bemerkenswertem Inhalt, die bei Redaktionen eingehen, genügen nicht in jeder Hinsicht den Regeln der *Sprache*. Sie enthalten Mängel in *Syntax* und *Semantik*, manchmal sogar *orthografische* Fehler. Und weiter:

- Manuskripte entsprechen nicht in allen Einzelheiten der gewünschten *Form* und *Norm*.

Wer je in der Redaktion einer wissenschaftlichen Zeitschrift gearbeitet hat, weiß, dass es wenige Ausnahmen von dieser kategorischen Behauptung gibt. Unter Form kann etwas gemeint sein, was tatsächlich mehr die Redaktion als den Autor interessiert, z. B. die Zitierweise von Literaturstellen. Für die Redaktion ist eine gewisse *Einheitlich-*

---

[70] Wir spüren, wie sich bei einigen Kolleginnen und Kollegen die Nackenhaare sträuben: „Was gibt es an *meinem* Manuskript noch zu verbessern? Geht es hier um eine Arbeitsbeschaffungsmaßnahme, oder um besserwisserische Nörgelei?" Vielleicht fällt ihnen dazu die berühmte Figur des Beckmessers aus einer WAGNER-Oper ein. Aber getrost: Es geht bei dieser Oper um die *Meistersinger*!

keit (Konsistenz) in formalen Dingen wichtig. Sie gibt daher *Richtlinien* aus, die helfen sollen, diese einheitliche Form herbeizuführen. Aber nicht alle Wissenschaftler lesen diese Richtlinien, bevor sie einen Beitrag einreichen, und schon deshalb muss in der Redaktion oft nachgearbeitet werden. Schließlich gibt es über die frei gewählte Form hinaus offizielle *Normen*, die zu beachten sind, z. B. nationale und internationale Vereinbarungen im Bereich der *Nomenklatur* und *Terminologie*. Hier kennt sich der Redakteur oft besser aus als der Autor, das gehört zu seinem Beruf, während die Einreicher der Beiträge gerne eine Das-ist-mir-gehupft-wie-gesprungen-Haltung einzunehmen scheinen. So muss auch hier nachgebessert werden. Das geht in Ordnung, es handelt sich um Arbeitsteilung.

In *Duden Etymologie: Herkunftswörterbuch der deutschen Sprache* wird „redigieren" definiert als „ein Manuskript überarbeiten und druckfertig machen"; dort wird der Begriff, der über das Französische in unsere Sprache gelangt ist, von *lat.* redigere (zurücktreiben, zurückführen, in Ordnung bringen) abgeleitet. Dies kann auch *kürzen* eines Beitrags im Sinne von zusammenfassen oder streichen oder „entfernen von sprachlichem Ballast" heißen.

● Das Redigieren vollzieht sich auf mehreren Ebenen: *inhaltlich, sprachlich, formal*.
Manchmal wird ein Manuskript in mehreren Arbeitsgängen – auch von mehreren Personen – „in Ordnung gebracht". Bei einem in Englisch verfassten Beitrag eines deutschsprachigen Autors kann zusätzlich ein *(engl.) language polishing* erforderlich sein, das besser von jemandem mit Englisch als Muttersprache durchgeführt wird als von deutschsprachigen Redakteuren.

Die sich verschärfenden ökonomischen Zwänge, die auf dem wissenschaftlichen Publikationswesen lasten, zwingen die Redaktionen zu einer zunehmend rauen Gangart.[71] Sie verkünden in ihren Richtlinien – vielleicht sollten Sie sie doch einmal lesen! –, dass Beiträge, die gewissen Mindestanforderungen an die Form (z. B. bei Gliederung, Benummerung, Schriftauszeichnung, Zitierweisen) nicht genügen, nicht an die *Gutachter* weitergeleitet, sondern sogleich zurückgeschickt werden. Und viele Redaktionen verfahren auch so!

● Redakteur sein heißt mehr, als redigieren können.

Die Aufgabe des Redakteurs beginnt bei dem Bemühen um den kontinuierlichen Manuskriptzufluss und endet bei der Sorge um Image und Marktwert „ihrer" oder „seiner" Zeitschrift. Bei näherer Betrachtung liegen diese beiden Grenzstrukturen des Redakteur-Seins eng beisammen: Denn der angesehenen und sorgfältig redigierten Zeitschrift werden viele Beiträge eingereicht, und das Problem des Manuskript-Zuflusses regelt sich von allein. Man hat in diesem Zusammenhang von einem „Henne-und-Ei"-Problem gesprochen. Was war zuerst da, die gute Zeitschrift oder der gute Beitrag?

---

[71] In den Richtlinien einer Zeitschrift dieses Verlags, die nur Beiträge in Englisch entgegen nimmt, heißt es beispielsweise: „Manuscripts must be grammatically and linguistically correct, and authors less familiar with English usage are advised to seek the help of English-speaking colleagues."

Das *Herstellen* der Zeitschrift – in größeren Verlagen früher immer in einer eigenen *Herstellungsabteilung* angesiedelt – gehört heute oft ebenfalls in die Verantwortung der Redaktion. Moderne technische Entwicklungen gestatten es, die Manuskripte dort zu *erfassen,* am Bildschirm weiter zu *bearbeiten* und für den *Druck* vorzubereiten.

Eine wesentliche Funktion des *Schriftleiters* (Chefredakteurs) oder *Herausgebers* der Zeitschrift ist noch nicht angesprochen:[72]

- Der Schriftleiter (Editor) einer wissenschaftlichen Zeitschrift *wertet* und *wählt aus.*

Guten Zeitschriften werden mehr Beiträge eingereicht, als sie jemals publizieren könnten oder wollten.

- Je besser die Zeitschrift, desto strenger sind die Qualitätskriterien und desto größer der Spielraum für die Selektion.

Manchmal veröffentlichen Redaktionen Daten über die eigene Bewertungsarbeit; das liest sich dann beispielsweise so:

> 113 Manuskripte wurden als Normalbeiträge angenommen, 15 als Kurzmitteilungen. 57 Manuskripte (30 % der Gesamtzugänge) mußten zurückgewiesen werden, da sie den Zielsetzungen oder dem Standard der Zeitschrift nicht entsprachen; 6 befinden sich noch in der Begutachtung. 34 % der angenommenen Beiträge konnten publiziert werden wie eingereicht, 49 % nach Revision, 13 % nach völliger Überarbeitung.

Wie aus diesem *Redaktionsbericht* zu ersehen ist, entscheiden die Redaktionen und ihre Gutachter in vielen Fällen nicht einfach mit Ja oder Nein. Sie reagieren differenzierter: Sie empfehlen bestimmte Veränderungen oder Verbesserungen – *Revisionen* – und lassen wissen, dass der Artikel angenommen werden kann, wenn er die Revisionskriterien erfüllt. Die als erforderlich erachteten Überarbeitungen sind manchmal mehr oder weniger formaler Art; sie können *Zitierweisen* und *Quellenangaben* betreffen, vielleicht auch *Nomenklatur, Abkürzungen* und *Fußnoten.* Hier mag es genügen, etwas nachzuholen, was schon vorher angesagt war, nämlich Anpassung an den Stil der Zeitschrift. Bei Ihnen stößt das wahrscheinlich auf ein cooles „no problem!".

Vielleicht erklärt die Redaktion lapidar: „Kürzen!" – z. B. auf den „halben Umfang" oder „höchstens 10 Seiten". Jetzt werden Sie, um das Manuskript auf die gewünschte *Länge* zu reduzieren, jedes Detail prüfen – Wort für Wort, Zahl für Zahl –, ob es nicht doch entbehrlich ist. (Wir haben eine Prozedur dieser Art für das vorliegende Buch freiwillig auf uns genommen, ohne daran gestorben zu sein.)

---

[72] Verzeihung, es gibt eine noch weiter reichende, und sie ist die hehrste und schwerste von allen: Festlegen oder Mitbestimmen der „Redaktionspolitik". Welche Arten von Beiträgen nimmt die Zeitschrift auf? Welche Rubriken gibt es? Soll die Zeitschrift gelegentlich Themenhefte herausbringen? Wo sollen überhaupt thematische Schwerpunkte gesetzt werden? Solche und ähnliche Fragen rechtzeitig zu stellen und die richtigen Antworten darauf – in dem sich ständig wandelnden wissenschaftlichen Umfeld – zu finden, kann das Renommee und den wirtschaftlichen Erfolg eines Periodikums nachhaltig beeinflussen, über Wohl und Wehe entscheiden. Es gäbe interessante Fallstudien darüber vorzutragen, doch ist dafür hier nicht der Platz.

Sind auch *Logik* und *Anordnung* beanstandet worden, bleibt Ihnen nur, diesen Ratschlägen zu folgen – sofern Sie nicht zu vorzeitiger Resignation oder zu wilden Trotzreaktionen neigen.

Nehmen Sie alle Kritik an Ihrem Beitrag als das, was sie in erster Linie sein will: Hilfe dahin, dass Ihre Publikation auch von denen verstanden und in ihrer Bedeutung gewürdigt werden kann, die nicht auf genau Ihrem Arbeitsgebiet zu Hause sind. Dafür haben Sie als Befangener nicht unbedingt das richtige Gespür – warum sollten Sie sich dem Rat wohlmeinender und erfahrener Kollegen nicht einmal überlassen?

Die Ablehnungsquote kann 80 % übersteigen! Was tatsächlich angenommen wird, ist dann so gut – im Sinne von verlässlich, bedeutsam und neu –, dass das hohe Ansehen der Zeitschrift sich selbst erhält. Offenbar kommt dem Schriftleiter oder Redakteur einer wissenschaftlichen Zeitschrift eine *Macht* zu, die es zu berücksichtigen gilt. Letztlich entscheidet sie oder er darüber, ob Ihr Wunsch in Erfüllung geht, den Beitrag in der Zeitschrift veröffentlicht zu sehen. Allerdings wird der Redakteur seine Macht nur behutsam einsetzen und sich beim Annehmen oder Ablehnen von Beiträgen von fachkundigen Gutachtern beraten lassen (wie in Abschn. 3.5.2 dargestellt). Auch achtet meistens ein *Herausgebergremium (Kuratorium)* darauf, dass die Redaktion ihrer Aufgabe sachdienlich und ohne Ansehen von Personen nachgeht: Kontrolle der Kontrolleure also! In diesem Zusammenhang ist von einem „durchgängigen Werte-Management der Wissenschaftskommunikation" gesprochen worden (EBEL 1997).

Zunächst gilt es für Sie, der Redaktion Ihren Beitrag *einzureichen*. Unsere Anmerkungen dazu in früheren Auflagen – sie betrafen u. a. die Anzahl der erforderlichen (Papier)Kopien – sind weitgehend hinfällig geworden, nachdem Sie Ihr Manuskript mit ziemlicher Sicherheit als digitale Aufzeichnung *(Datei)* übergeben werden, sei es auf CD oder, wahrscheinlicher, online. Im ersten Fall bemühen Sie die Deutsche Post AG oder einen anderen Zustelldienst: Dazu gibt es nicht viel zu sagen. Im zweiten Fall bedienen Sie sich der Dienste der Deutsche Telekom/T-Online oder eines anderen Unternehmens der Telekommunikation.

In einem *Begleitschreiben (engl.* cover letter) verbinden Sie die Bitte um *Publikation* der Arbeit in der Zeitschrift mit der Zusicherung, dass dieselbe Arbeit nicht auch an anderer Stelle eingereicht worden ist. Diese Aussage brauchen Sie nicht eigens zu machen, wenn Sie das Manuskript *elektronisch* einreichen und das vom Verlag dafür vorgehaltene *Copyright Transfer Agreement* beifügen; denn darin ist die Zusicherung schon formuliert (s. unter „,Authorship' heute" in Abschn. 3.1.2, im Besonderen Abb. 3-1). Den elektronischen Vordruck können Sie zwar nicht gut unterschreiben, aber als Absender einer E-Mail mit üblicher Signatur haben Sie sich für den Zweck ausreichend legitimiert und Ihre Zusicherung kundgetan.

Eine kurze Erklärung von Zweck oder Hintergrund der Publikation – z. B. „... in Fortführung unserer in YYY publizierten Arbeiten ..." – kann angemessen sein. Ihre (Dienst)*Anschrift* muss vollständig sein, also Ihre Zugehörigkeit zu einer bestimmten Institution oder Firma – Ihre *(engl.) affiliation* – erkennen lassen. Denken Sie bitte daran, dass zur Anschrift heute auch die E-Mail-Adresse gehört.

Wahrscheinlich wird Ihr Anschreiben selbst eine *E-Mail* sein, mit dem Manuskript als *Anlage* (*engl.* attachment). Die E-Mail-Adresse der Redaktion entnehmen Sie dem *Impressum* der Zeitschrift. Gelegentlich werden die Autoren aufgefordert, ihre Arbeiten nationalen oder regionalen Vertretern der Redaktion einzureichen. Geht die Sendung direkt an den Verlag, so ist es wichtig, die Zeitschrift zu nennen, in der der Beitrag publiziert werden soll.

- Die Redaktion bestätigt den *Eingang* des Manuskripts.

Zusammen damit erklärt sie meistens, dass sie ein *Prüfverfahren* (*Begutachtung*, siehe dazu den nächsten Abschnitt) eingeleitet hat und dass im Falle der Annahme des Beitrags die *Nutzungsrechte* an den Verlag übergehen. Damit kommt formal ein *Vertrag* zwischen Ihnen als Autor und dem Zeitschriftenverleger zustande, dessen Bestimmungen ggf. schon vorher in dem genannten *Agreement* angeführt waren. Sollte ein solches *Bestätigungsschreiben* nicht innerhalb von zwei bis drei Wochen bei Ihnen eingehen, so fragen Sie vorsorglich nach: Ihre Sendung könnte ja auf dem Wege zur Redaktion verloren gegangen sein, wie auch deren Antwortschreiben.

- Die Begutachtung kann in die Bitte der Redaktion an den Autor oder die Autoren einmünden, bestimmte näher bezeichnete Änderungen vorzunehmen.

Sie tun gut daran, diese *Revisionen* nicht auf die lange Bank zu schieben. Meist setzt die Redaktion dafür einen Termin. Sollten Sie eine Frist von beispielsweise drei Monaten bis zum Vorlegen der revidierten Fassung des Manuskripts überziehen – „three months after revision was requested" –, laufen Sie zumindest Gefahr, das ursprüngliche *Eingangsdatum* (*date of receipt*) zu verlieren.

Wir müssen hier ein Problem ansprechen, das sich aus der „Elektrifizierung" des ganzen Prozedere ergeben hat: Es besteht die Gefahr, dass der Durchblick verloren geht, wo wann von wem welche Veränderungen in den verschiedenen Etappen bis zur Drucklegung vorgenommen worden sind. Früher, als den Autoren noch Korrekturabzüge aus der Setzerei zugingen, war das einfacher. An der Stelle des Ablaufs, die wir eben erreicht haben, finden sich immerhin Ansätze, die früher als selbstverständlich erachtete Transparenz aller Arbeitsgänge zu wahren, wenigstens in einer Richtung:

> Revised manuscripts should be returned as follows. A text file in which all alterations are clearly marked and visible should be submitted. Use either (1) the *track change mode* in Word or (2) change the script colour of areas containing the required alterations. The manuscript should be accompanied by a point by point letter summarising how you have dealt with each of the reviewers' remarks. The file(s) with the changes visible on screen should be submitted to the online procedure. Upon acceptance of the manuscript the final uploaded version will be taken as the basis for copyediting and the subsequent production process.

Damit ist gewährleistet, dass die Redaktion mit einem Blick sieht, wie die andere Seite, der Autor, mit den Revisionsvorschlägen umgegangen ist. Näher gehen wir darauf in den nachfolgenden Abschnitten ein, denn in der Praxis stellt sich das Nachvollziehen der Änderungen – wer wann was an einem Text gemacht hat – als recht kompliziert heraus.

Ein *(engl.) copyediting*, das Redigieren unter mehr formalen Gesichtspunkten mit dem Ziel der Schaffung der endgültigen Druckvorlage, wird die Schriftleitung erst nach der Annahme der revidierten Fassung aufnehmen. Redaktionelle Änderungen (Korrekturen) wurden früher auf dem Manuskript, d. h. auf Papier, vorgenommen und dann in der *Setzerei* zum *Korrekturabzug* verarbeitet. Als Autor erhielten Sie Ihr Manuskript *mit* den Korrekturen und eine vorläufige Druckversion, *Fahne* genannt, zur Prüfung vorgelegt. Sie konnten *sehen*, fast mit Händen greifen, was man Ihrem Werk angetan hatte, und notfalls protestieren. Sollte es zur Routine werden, dass Redakteure Veränderungen digital vornehmen und die Daten ohne sonstige Bekundung weiterreichen, wäre es mit einer Durchsichtigkeit dieser Art vorbei. Es *ist* zu fürchten, dass hier mehr Anonymität Eingang in den Ablauf findet – nicht eigentlich das, was man von verbesserter Kommunikation gerne erwartet hätte.

Immerhin pflegen auch Redaktionen, die ganz auf das elektronische Einreichen der Beiträge eingerichtet sind, vor Drucklegung *Korrekturabzüge* an den Korrespondenzautor zu schicken, auch wenn dies heute per E-Mail geschieht und die „Abzüge" Kopien der Layout-Dateien sind (s. Abschnitt 3.5.3).

● Die eigentliche Aufgabe der Redaktion ist die *Qualitätssicherung*.

Sorgen, die angesichts des Aufkommens neuer Technologien das Ende des wissenschaftlichen Publikationswesens kommen sahen oder sehen, sind vorerst unbegründet, wie dargelegt. Bestehen bleibt das Qualitätskriterium als Anspruch der wissenschaftlichen Gemeinschaft, die sich dadurch vor unkontrollierter Informationsüberflutung schützt.

Dem genannten Ziel dient auch das Begutachtungsverfahren, das wir im folgenden Abschnitt besprechen wollen.

3.5.2 *Gutachter und Begutachtung*

Die meisten wissenschaftlichen Zeitschriften schicken die ihnen zugehenden Beiträge routinemäßig oder in Zweifelsfällen an einen (oder mehr, meistens zwei) *Gutachter* (*engl.* referee) mit der Bitte um ein schriftliches Gutachten.[73] Die Redaktion verfügt dazu über einen Stab von Fachleuten, die ihr für die gestellte Aufgabe ehrenamtlich zur Verfügung stehen, und über Anschriften von weiteren Experten, auf deren Rat im Bedarfsfall zugegriffen werden kann. Jede Redaktion hat hier ihre eigenen Strategien. Für publizierende Wissenschaftler ist das *Begutachtungsverfahren* ein wesentliches Kriterium zur Beurteilung der Qualität der Zeitschrift. Eine Zeitschrift, die nicht den Anspruch „fully refereed" erheben kann, gilt für sie als zweitklassig, wenn nicht unseriös. Begutachtet wird hier also in zwei Richtungen, und das ist gut so.

---

[73] Der *engl.* Begriff dafür ist review, oft auch *peer review*; das Wort *peer* darin hat ursprünglich Bedeutungen wie Angehöriger der Adels, angesehene Persönlichkeit, Hochgestellter. *Wahrig: Rechtschreibung* (2005) führt das Wort *Review* als Bestandteil des deutschen Wortschatzes mit dem Vermerk „Übersicht, Rundschau (oft Titel von Zeitschriften)", wie schon weiter vorne in Abschn. 3.1.3 vermerkt. Im Text oben wird das Wort allerdings anders gebraucht.

- Eine eingereichte Arbeit wird unter einer Reihe mehr oder weniger standardisierter Gesichtspunkte begutachtet.

Als solche sind zu nennen:
- Ist die berichtete Untersuchung bedeutsam (signifikant)?
- Sind die Arbeit und ihre Zielsetzung originell?
- Ist das Untersuchungsverfahren zweckmäßig im Sinne der Fragestellung?
- Sind die ausgewählten Methoden geeignet?
- Ist die Interpretation der Ergebnisse schlüssig?
- Ist die Diskussion relevant?
- Ist der Beitrag sinnvoll aufgebaut?
- Ist der Beitrag „richtig" im Sinne der Richtlinien der Zeitschrift?
- Sind Abbildungen und Tabellen ordnungsgemäß ausgeführt?
- Entspricht der Beitrag den Nomenklatur- und Terminologie-Richtlinien?
- Wird die Literatur in vernünftigem Umfang und korrekt zitiert?
- Hat der Beitrag eine angemessene Länge?
- Ist die Zusammenfassung prägnant?
- Passt der Titel der Arbeit zu ihrem Inhalt?

Dazu tritt neuerdings immer zwingender die Frage:
- Sind die Aussagen statistisch abgesichert?

Dieses Kriterium ist in den letzten Jahren so entscheidend geworden, dass man die Aussage wagen darf:

- Arbeiten werden kaum mehr zur Publikation angenommen, wenn die darin enthaltenen quantifizierbaren Ergebnisse nicht statistisch ausgewertet und abgesichert sind.

Es geht an der Stelle darum, numerische Ergebnisse so darzustellen, dass ein fachkundiger Leser sie verifizieren kann. Dazu gehört vor allem, dass das „Design" der Untersuchung unter statistischen Gesichtspunkten erklärt wird, z. B. was die Auswahl der Probanden in einem klinischen Test angeht. Es gilt, mögliche Messfehler und -unsicherheiten, Standardabweichungen, Vertrauensintervalle, Streubereiche usw. zu definieren und evtl. angewandte Berechnungsmethoden einschließlich der benutzten Symbole oder Abkürzungen unter Bezug auf Standardwerke (unter Angabe der Seitenzahl!) zu erläutern, nicht einfach einen „P-Wert" hinzuschreiben. Auch einen Hinweis auf das verwendete *Statistikprogramm* darf der Leser erwarten.

Die Gutachter bewerten die Manuskripte oft (z. B. mit outstanding, high quality, medium quality, low quality, poor). Dabei kommen sie häufig zu dem Schluss, dass die Arbeit im Prinzip geeignet für die Veröffentlichung sei, aber noch gewisser Verbesserungen (Ergänzungen, Umstellungen, Kürzungen) bedürfe. Die Redaktion wird diese Änderungswünsche an die Autoren weitergeben, sofern sie nicht beabsichtigt, selbst am Artikel aktiv zu werden.

Kommen zwei Gutachter zu unterschiedlichen Auffassungen, so entscheidet der Redakteur. Sie oder er ist letzten Endes für die Zeitschrift verantwortlich. Als Autor bleibt Ihnen im Falle einer Ablehnung immer noch, es bei einer anderen Zeitschrift zu versuchen. Das muss nicht unbedingt ein Abstieg sein; vielleicht wurde Ihnen mitgeteilt, dass Ihre Arbeit zu der Zeitschrift Ihrer Wahl nicht passt, was kein Qualitätsurteil sein muss und mehr als nur Schönrederei sein kann.

Das *Begutachtungsverfahren* ist ein Thema, das unter Wissenschaftlern – Editoren wie Kollegen in der Forschung – fast in Permanenz erörtert wird, eben weil es so wichtig für die Karrieren von Wissenschaftlern ist. Es gibt Bedenken und Einwände gegenüber dem *peer review*, auch Ängste (gegriffen von einer schier endlosen Latte): Braucht man überhaupt eine Begutachtung? Kostet das nicht zu viel Zeit und Aufwand? Wie sachkundig, zuverlässig und unabhängig sind die Gutachter? Und wie fair sind sie? Besteht nicht die Gefahr des Missbrauchs? Werden die Gutachter nicht geradezu dazu verführt, die Arbeiten von Konkurrenten zum eigenen Vorteil niederzuhalten oder nur Mitglieder des eigenen Klüngels zum Zug kommen zu lassen? Sollen Gutachter wissen, wer einen Beitrag verfasst hat? Dürfen Autoren die Namen der Gutachter erfahren, oder würde das deren Unabhängigkeit gefährden?

Solche und andere Fragen werden immer wieder in Zuschriften und Fachbeiträgen, auf Podiumsdiskussionen und Tagungen gestellt und aus unterschiedlichen Blickwinkeln und Interessenlagen diskutiert.[74] Man kann dem auch mit Akribie nachgehen, z. B. in Form von Fragen wie: Wie oft liegen die beiden Gutachten zu einem Beitrag in ihrem Urteil und Votum auseinander? Wie oft werden Artikel, die von einer Zeitschrift zurückgewiesen wurden, von einer anderen angenommen? Wie hoch ist deren Zitierhäufigkeit dort? Die umfangreichste Untersuchung dazu ist wohl die von Hans D. DANIEL (1993). Am Beispiel einer bedeutenden Chemie-Fachzeitschrift *(Angewandte Chemie* und *Angewandte Chemie International)* kommt sie zu dem Ergebnis: Das Begutachten, richtig organisiert und gehandhabt, macht Sinn.

Das Bemühen um mehr Transparenz, vielleicht auch mehr „Demokratie" im Begutachtungsverfahren hat an manchen Stellen gefruchtet. So laden einige Zeitschriften dieses Verlags die Autoren dazu ein, an der Auswahl der Gutachter mitzuwirken. Dazu können die Autoren Fachvertreter (im Beispiel MNF bis zu fünf) vorschlagen, die aus ihrer Sicht als Gutachter in Frage kommen. Und sie können sagen, wen sie *nicht* als Gutachter haben wollen!

Die Redaktionen einiger Zeitschriften haben sich bemüht, den Gutachtern selbst so etwas wie eine Richtschnur, eine *Policy Guide for Referees*, an die Hand zu geben. Im Internet wendet sich eine der Wiley-VCH-Zeitschriften so an ihre Gutachter (Auszug):

---

[74] Mitte der 1980er Jahre erregte eine Arbeit in der Gentechnologie Aufsehen, die *Nature* zur Publikation eingereicht worden war. Es ging um die Nucleotid-Sequenz des Gens, in dem Interleukin 1 codiert ist. Vor der Publikation war der Beitrag zweimal zurückgewiesen worden, u. a. wegen Unvollständigkeit. Makaber dabei: Die Untersuchungen waren von einer Gentechnikfirma gesponsort worden, und ein Gutachter saß bei der Konkurrenz! Hier geht es um millionenschwere Geschäfte – prompt kam es zu Rechtsstreitigkeiten, die sich über Jahre hinzogen. Am 20. September 1996 berichtete darüber Dieter E. ZIMMER in *Die Zeit (39)* unter dem provozierenden Titel „Lohnende Lektüre: Gutachter erfahren viel – was dürfen sie damit anfangen?"

> The peer review process is employed to guarantee the highest possible quality of the content published in the journal. Typically, several referees are asked to assess each manuscript, with the aim of forming a balanced opinion of the scientific quality of the manuscript. This, together with the assessment of the editorial staff is used as the basis for the selection of manuscripts.
>
> Every attemp is made to select impartial referees. However, should a referee recognize a conflict of interest they are asked to point this out to the editor.
>
> Referees are encouraged to provide detailed comments, as generalizations are difficult to communicate to the authors and therefore of limited value. The comments of referees are passed on to authors and should be formulated in a way that facilitates this. […]
>
> The identity of referees is not disclosed, however, we shall inform the authors of some or all of your comments, especially if you advise that the manuscript be rejected, or that it be revised or expanded. Should you require further detailed information from the author, we shall arrange this for you immediately.

Von Gutachtern und Redaktion verlangte *Revisionen* werden Sie üblicherweise als Autor selbst ausführen. In der Redaktion wird man, nachdem Sie das Manuskript erneut eingereicht haben, prüfen, ob die vorher beanstandeten Punkte jetzt in Ordnung gebracht sind (vgl. vorstehend „Redaktion").

3.5.3 Redigieren, Setzen, Umbrechen – von der klassischen Vorgehensweise zum PDF-Workflow

Klassische Abläufe

Im Folgenden werden wir zunächst einige der früher – bis Ende der 1990er Jahre – üblichen Vorgehensweisen etwa so schildern, wie wir das in vorausgegangenen Auflagen getan haben, zuletzt also 1998. Auch wenn viele der beschriebenen Schritte nur noch Historie sind, kann ihre Darlegung zum Verständnis dessen, was beim Redigieren, Setzen und Umbrechen passiert, beitragen. In den nachstehenden Absätzen wollen wir also den konventionellen Produktionsablauf – in den die Korrekturgänge eingebunden sind – skizzieren, modifiziert hier und da durch technische Neuerungen. Von ihm weichen die Redaktionen der Zeitschriften heute, wie wir einschränkend nochmals betonen, an vielen Stellen ab, streben nach moderneren Lösungen, überspringen einzelne Schritte, bis an manchen Stellen von der ursprünglichen Vorgehensweise nicht mehr viel übrig ist.

Wie die Dinge gegenwärtig meistens gehandhabt werden, versuchen wir dann in den nächsten beiden Unterabschnitten („Moderne Verfahren und Abläufe" und „Abläufe bei E-Journals") darzulegen.

Wenn wir im Folgenden Bezeichnungen wie „konventionell" oder „klassisch" verwenden, so müssten wir zu ihrer Erläuterung eigentlich einen Exkurs in die Entwicklung der *Drucktechnik* unternehmen. Das würde zu weit führen, und wir empfehlen allen, die sich zu diesem Thema detailliert informieren möchten, einen gelegentlichen Blick in das umfassende *Handbuch der Printmedien* (KIPPHAHN 2000). An dieser Stelle

3.5 Vom Manuskript zur Drucklegung

sei lediglich erwähnt, dass man grundsätzlich zwischen *analogen* und *digitalen* Verfahren unterscheidet. Der analoge – inzwischen historische – Weg zeichnete sich vor allem durch die getrennte Verarbeitung von Text und Bild aus. Computer kamen dabei zwar auch bereits zum Einsatz, aber das Zusammenführen von Text und Bild geschah erst bei der sog. *Filmmontage*. Auf der anderen Seite ist ein Hauptkennzeichen des digitalen Wegs die Text-Bild-Integration bereits auf dem Computer. Im engeren Sinne „klassisch" sind alle analogen Verfahren. Doch auch da, wo digitale Techniken zum Einsatz kommen, können die Abläufe, die Autoren und Redaktionen betreffen, immer noch recht konventionell sein.

Beginnen wir bei der *Texterfassung*. Der erste Schritt des klassischen Wegs bestand (viele Jahrzehnte hindurch) darin, dass der – ggf. revidierte und redigierte – Text in der Setzerei *gesetzt* wurde. Dieses Verfahren wird wohl nie ganz verschwinden, es stellt aber heute die absolute Ausnahme dar. Alternativ (aber trotzdem konventionell!) wurde der Text in der Redaktion in ein Textverarbeitungssystem eingegeben, wodurch das Setzen (der *Schriftsatz*) als eigene Produktionsstufe entfiel. Unabhängig von der Erfassung der Daten übernahm die *Setzerei*[75] üblicherweise die Aufgabe, aus Text, Abbildungen und Sonderteilen das *Layout* zu erstellen, und zwar entsprechend dem einmal entworfenen Muster für die jeweilige Zeitschrift. Bei einigen Zeitschriften wurde und wird allerdings das „Layouten" – *Umbrechen* – von der Redaktion erledigt. Mit den Layout-Daten wurde dann entweder ein Film belichtet (das geschah in der Setzerei oder in einem *Belichtungsstudio*), und dieser Film diente in einem zweiten Arbeitsgang (in der Druckerei) zur Belichtung der *Druckplatten*, oder – und das war ab etwa Ende der 1990er Jahre ein großer Fortschritt – die *Filmbelichtung* entfiel, und die Druckplatten wurden direkt belichtet.[76] *Abbildungen* wurden, falls erforderlich, neu gezeichnet oder verbessert (z. B. neu *beschriftet*) und dann zur Herstellung der Druckformen zunächst abfotografiert oder eingescannt. Die einzelnen Produktionsabläufe wurden oft von einer eigenen *Herstellungsabteilung* des Verlags gesteuert.

Vom gesetzten Text und den Abbildungen wurden *Abzüge (Korrekturabzüge)* zur Korrektur an die Autoren geschickt. Für die Verfasser bestand jetzt die Aufgabe darin, die Abzüge auf Richtigkeit zu prüfen und festgestellte Fehler zu vermerken. Dabei wurden üblicherweise Text, Formeln, Tabellen, Fußnoten und Abbildungen getrennt zur Korrektur vorgelegt: Das ergab sich aus den unterschiedlichen Herstellungswegen, die die einzelnen Teile zu gehen hatten.

---

[75] Heute gibt es kaum noch klassische Setzereien. Das Berufsbild des Setzers ist so gut wie verschwunden, es wurde ersetzt durch den *Layouter*, den Seitengestalter, der meist eine grafische Ausbildung mitbringt.

[76] Im Druckwesen heißt *Druckträger (*oder *Druckform)* das Material, welches das *Druckbild* enthält, trägt und stützt. Im *Flachdruck (Offsetdruck)* ist Druckträger eine dünne metallische Platte, eben die Druckplatte. In neuen „direct-to-plate"-Verfahren wird die *Druckvorlage* („das, was gedruckt werden soll") ohne Offsetfilm und Filmmontage direkt auf die Druckplatte gebracht. Dazu kann man eine Aufsichtsvorlage abtasten und das Licht auf die zunächst noch lichtempfindliche Druckplatte lenken; oder man bringt POSTSCRIPT-Daten (s. „Verschiedene Peripherie-Komponenten" in Abschn. 5.2.1) aus dem Computer mit einem Laserlichtstrahl direkt auf die Druckplatte („computer-to-plate").

- Das *Korrekturlesen* war darauf beschränkt, Fehler festzustellen.

Den ursprünglichen Text nachträglich zu *ändern* oder gar stillschweigend Text oder Daten *hinzuzufügen,* war unerwünscht. Änderungen im schon gesetzten Text erzeugten Kosten, die höher waren als die Kosten für den ursprünglichen Satz einer gleichen Textmenge; sie konnten den Autoren in Rechnung gestellt werden. Außerdem würden nachträgliche Änderungen die Authentizität des Beitrags aushöhlen. Aus diesem Grund waren sie eigens als solche auszuweisen, im Druck erschienen Änderungen oder *Nachträge* inhaltlicher Art als „Anmerkung bei der Korrektur" (o. ä.; *Note added in proof*). Über Eingriffe jeglicher Art in den ursprünglichen Text verständigte man sich am besten mit der Redaktion!

Mit der Redaktion sprechen mussten Sie auch dann, wenn Sie mit einzelnen der von ihr ergriffenen Maßnahmen nicht einverstanden waren.

Sie schickten die korrigierten Abzüge[77] mit Ihren *Autorkorrekturen* zur Prüfung an die Redaktion zurück (nicht an den technischen Betrieb, selbst wenn sie Ihnen von dort zugegangen waren!). Ihre Korrekturen waren als Anweisungen auf dem *Fahnenabzug* vermerkt worden. Eigentlich waren es nur *Vorschläge*: Manchmal konnten nicht alle Ihre Verbesserungswünsche berücksichtigt werden, z. B. dann nicht, wenn Sie der Meinung waren, noch die eine oder andere sprachliche Verbesserung vornehmen zu sollen. Dazu war schon aus Gründen der Kostendisziplin jetzt nicht mehr die Gelegenheit. Umgekehrt konnte sich die Redaktion gezwungen sehen, selbst noch einmal Korrektur zu lesen um sicherzustellen, dass tatsächlich *alle* Fehler gefunden worden waren.

Die Korrekturen wurden dann in die technischen Betriebe gegeben, wo sie ausgeführt wurden. Jetzt wurden die verschiedenen Teile (Text, Formeln, Tabellen, Abbildungen) erstmals zu *Spalten* und *Seiten* zusammengestellt, neue Korrekturabzüge wurden ausgegeben. Zur Unterscheidung von den ersten sprach man jetzt von *Umbruchabzügen (Umbruchkorrekturen)*. Das Wort „Umbruch" leitet sich davon ab, dass der Text, der zuerst in fortlaufenden Spalten (Fahnen) angeordnet war, jetzt zusammen mit den Sonderteilen *umbrochen,* d. h. spalten- und seitengerecht ausgegeben war.

- Die Umbruchabzüge von Zeitschriftenartikeln wurden meist nur noch in der Redaktion auf Richtigkeit geprüft.

Die Frage war: Sind alle Teile vorhanden und sinnvoll aneinandergefügt worden? Auch: Sind die Korrekturen aus dem Fahnenstadium richtig ausgeführt worden?

Autoren haben oft ihre eigenen, nicht immer praktikablen Vorstellungen, was den bestmöglichen Umbruch angeht. Deshalb ersparte man sich aus Kosten- und aus Zeitgründen, das ganze Material den Autoren erneut vorzulegen. Schließlich mussten die Redaktionen „schon damals" Termine für die Freigabe ihrer Hefte zum Druck einhalten! Sich kurz vor Drucklegung nochmals auf eine zügige Zusammenarbeit mit den Autoren und auf kurze Postwege verlassen zu müssen, hätte das pünktliche Erscheinen der nächsten Ausgabe der Zeitschrift gefährdet.

---

[77] Text wurde in diesem Stadium oft in langen Bahnen auf „Endlos"-Papier ausgegeben, woher der Ausdruck *Fahne (Fahnenabzüge, Fahnenkorrekturen)* für diese ersten Korrekturabzüge rührte.

Moderne Verfahren und Abläufe

Und wie ist die Situation heute? Alles strebte mehr und mehr hin zu einem *digitalen Produktionsprozess* mit dem Ziel, Verfahren abzukürzen, Zeit einzusparen und trotzdem keine Qualitätseinbußen hinzunehmen. Für den modernen Weg gilt daher (*Apple Magazine,* Ausgabe 5 Winter 1997, S. 24):

- Vorlagen jeder Art – Texte, Grafiken, Bilder, Audios – werden so früh wie möglich digitalisiert.

Am besten also auf den Schreibtischen der Autoren (fügen wir hinzu)! Das Material, zu dem Zweck einmal auf die elektronische Schiene gesetzt, soll von dieser bis zum Erreichen des „Zielbahnhofs" nicht mehr herunter genommen werden. Oder? Ganz so rigoros, wie es auf den ersten Blick scheint, sind die modernen Zeiten denn doch nicht – zum Glück für alle Beteiligten. In den letzten Jahren ist, wie bereits im Abschn. 3.1.2 beschrieben, eine Ernüchterung eingetreten. Warum nicht sinnvolle klassische Verfahren in die modernen digitalen integrieren? Die gute Mischung macht es!

Die lockere Art, mit der man heute die Dinge handhabt, zeigt sich bereits in der Weiterverwendung von altbekannten Ausdrücken der Satztechnik: Wie selbstverständlich wird im Zusammenhang mit Korrekturen noch von *Fahne* (*engl.* galley) gesprochen, obwohl da nichts mehr körperlich etwas mit einer Fahne (einem langen bedruckten Papierstreifen) zu tun hat: Auch die Korrekturabzüge (*engl.* galley proofs) gehen den Autoren elektronisch zu! Wieder sind wir an eine Stelle gelangt, an der zwei Takte Originalton angemessen erscheinen (aus der Richtlinie von *Archiv der Pharmazie – Chemistry in Life Sciences*):

> • The editorial staff reserves the right to edit the manuscript.
>
> • Before publication the corresponding author receives galley proofs for the sole purpose of correcting misprints and/or absolutely necessary corrections. Proofs will be sent as a zipped pdf file directly by the typesetter. Corrections must be returned within 48 hours. Checking of proofs is solely the author's responsibility.

Der *typesetter* ist natürlich nicht mehr der *Schriftsetzer* im klassischen Sinne, sondern er ist der *Layouter*, also die Person im technischen Betrieb, die letzte Hand an die Gestaltung der Seiten legt. Bei dem technischen Betrieb handelt es sich heute meist um die Einrichtung, die für die *Druckvorstufe* verantwortlich ist (und nicht mehr um eine Setzerei oder ein Belichtungsstudio); sie ist oft direkt in der Druckerei angesiedelt. In dem obigen Zitat aus der Richtlinie taucht noch ein weiterer Begriff auf, der nun allerdings nicht der klassischen Drucktechnik entlehnt ist, sondern erst in den letzten Jahren Bedeutung erlangt hat: PDF. Das Kürzel[78] leitet sich von *Portable Document Format* ab, dem Format des Programms Adobe Acrobat. (Wir waren darauf schon unter „Verbinden der Abbildungen mit dem Text" in Abschn. 3.4.3 zu sprechen

---

[78] Ein weiteres verbirgt sich in dem Wort „zipped". Hier wurde das Akronym ZIP für ein Komprimierungsformat – wir wollen es terminologisch nicht weiter ergründen – verbalisiert, Ausdruck der Wichtigkeit eines Vorgangs, der auch mit dem Wort *Datenkompression* belegt ist.

gekommen.) Sinnbildlich steht es für *die* Zugmaschine schlechthin, die den Transport auf den Schienen des elektronischen Publizierens besorgt.[79)]

● Der bedeutendste Produktionsablauf in der Verlagswelt ist heute der *PDF-Workflow*. Wegen seiner beherrschenden Stellung – Autoren, Verlage und technische Betriebe sind gleichermaßen davon betroffen – soll hier kurz darauf eingegangen werden. Lassen Sie uns den PDF-Workflow aus zwei Blickrichtungen betrachten: organisatorisch und technisch.

Organisatorisch: Am Anfang der Kette steht Ihr Text, den Sie zum Beispiel als WORD-Dokument an die Redaktion senden. Sämtliche Sonderteile (insbesondere die Abbildungen) kommen als separate Dateien, und zwar in Formaten, die weiterverarbeitet werden können (s. „Technische Voraussetzungen" in Abschnitt 5.4.1). Möglicherweise gehen verschiedene Fassungen der WORD-Datei zwischen Redaktion und Ihnen hin und her – solange, bis eine Version als endgültig angesehen wird. Ob bei diesem Austausch mit den technischen Hilfen gearbeitet wird, die WORD zur Verfügung stellt – gemeint ist die Funktion „Änderung verfolgen" – sei dahin gestellt; entscheidend ist einzig, dass die Beteiligten rasch und zuverlässig zu den gewünschten Ergebnissen kommen. Nun werden Text und Bilder in einem Layoutprogramm (meistens INDESIGN, XPRESS oder 3B2) zusammengeführt: der *Umbruch* entsteht. Dafür zuständig ist die Redaktion oder der Layouter, je nachdem, ob in der Redaktion das entsprechende Grafiker-Knowhow vorhanden ist oder nicht.

Bis hierhin spielt PDF noch keine entscheidende Rolle[80)]. Sobald aber das entwickelte Layout ausgegeben werden soll, kommt man heute an PDF nicht mehr vorbei.

---

[79] Adobe ACROBAT ist technisch gesehen ein WYSIWYG-POSTSCRIPT-Editor. ACROBAT stellt die POSTSCRIPT-*Daten*, die eigentlich hinter jeder PDF-Datei stecken, so dar, dass man das fertige Layout sieht. Mit dem Progamm ACROBAT und mit Zusatzprogrammen lässt sich der POSTSCRIPT-*Code* einfach dadurch bearbeiten, dass man Text- oder Bildelemente ändert oder verschiebt oder sonst erforderliche Maßnahmen am Bildschirm ergreift. In der elektronischen Frühzeit mussten sich die Setzer selbst als Programmierer betätigen, wenn sie solche Änderungen kurz vor dem Druck vornehmen wollten, denn es galt, in den Original-PostScript-Code einzugreifen.

[80] PDF kann sehr wohl bereits beim Austausch von WORD-Dateien wichtig werden. Ein immer wieder zu Ärgernissen führender Effekt beim Austausch von WORD-Dateien ist der unterschiedliche Zeilenfall, der auf dem Rechner des Autors und demjenigen der Redaktion auftritt. Obwohl dieselben Schriften verwendet werden und bei beiden die Silbentrennung eingeschaltet (oder ausgeschaltet) ist, sieht der WORD-Umbruch am Bildschirm des Autors zumindest streckenweise anders aus als in der Redaktion. Der Grund liegt in den unterschiedlichen *Druckertreibern*, die Autor und Redaktion verwenden und die natürlich von den angeschlossenen Druckern abhängen. Lösen lässt sich dieses Problem nur auf zwei Weisen: Entweder arbeiten Autor und Redaktion mit dem gleichen Drucker (Kosten!), oder aber beide installieren einen Standard-Druckertreiber. *Der* Standard-Druckertreiber schlechthin aber ist der ACROBAT-PDF-Treiber (früher auch ACROBAT-DISTILLER-Treiber). Jeder, der viel schreibt oder große Mengen an Texten verarbeitet, sollte das Voll-Programm ADOBE ACROBAT auf dem eigenen Rechner installiert haben. Damit lassen sich nicht nur aus jedem Windows-Programm PDF-Dateien erzeugen, sondern es wird auch automatisch der Adobe-PDF-Druckertreiber und mit ihm zusammen ein *virtueller Drucker* installiert, über den sich alle Dokumente auf die *Festplatte* (!) drucken lassen. Sobald nun beide Seiten – Autor und Verlag – diesen virtuellen Drucker bei sich (und sei es nur für eine kurze Zeit) als Standarddrucker einstellen, sind die WORD-Umbrüche an den beteiligten Bildschirmen absolut identisch. (Ausdrucke auf Papier können sich immer noch unterscheiden, je nachdem, welcher Drucker auf dem Schreibtisch steht.)

Darauf gehen wir gleich beim Punkt „Technisch" noch etwas näher ein. Jetzt interessiert erst einmal, an welcher Stelle des Ablaufs Sie mit PDF in Berührung kommen. In der Regel, wenn es um das *Korrekturlesen* geht. Wie in der zitierten Richtlinie beschrieben, werden Sie vom Layouter (manchmal auch von der Redaktion) die Umbruchseiten zugeschickt bekommen, und zwar in Form von PDF-Dateien.

Hier wollen wir kurz innehalten und die Frage nach dem Sinn des Korrekturlesens stellen. Letztlich soll damit sichergestellt werden, dass sowohl inhaltlich als auch formal alles in Ordnung ist. Und da es sich um Ihren Beitrag handelt und nicht um den der Redaktion – Sie allein sind der Urheber –, liegt der größte Teil der Verantwortung, dass alles seine Richtigkeit hat, bei Ihnen. Das gilt unabhängig davon, ob bis zur Veröffentlichung ein klassischer oder ein nichtklassischer Weg beschritten wird. Mit anderen Worten: Sie werden irgendwann auf diesem Weg Ihren Text zum Druck freigeben. Sie verpflichten sich als Autor der Zeitschrift dazu, dies zu tun, oder anders herum:

- Als Autor sollten Sie immer das Recht haben, Ihren Beitrag in einer Form zu sehen, die dem Druck möglichst nahe kommt und die Sie mit gutem Gewissen freigeben können.

Die modernen Abläufe sind hier in mancher Hinsicht autorenfreundlicher als die klassischen. Diese ließen es aus Kosten- und Zeitgründen nicht zu, dass Sie den Umbruch noch einmal zur Korrektur vorgelegt bekamen; im Grunde erfolgte die *Druckfreigabe* bereits im *Fahnenstadium*. Beim modernen Verfahren dagegen gibt es kein echtes Fahnenstadium, es wird durch die Phase der Aufbereitung der endgültigen Manuskriptversion ersetzt. In dieser Phase können Sie mit einiger Freiheit korrigieren, weil alles, was Sie tun, in der WORD-Datei geschieht, die zwischen Ihnen und der Redaktion ausgetauscht wird. Das eigentliche Korrekturlesen fällt erst im *Umbruchstadium* an. Klassisch mussten Sie die Abbildungen getrennt vom Text freigeben. Nun erfolgt die Freigabe zusammen mit dem Text im Umbruch. Den Text selbst dürfen Sie jetzt freilich nicht mehr ändern, das ist vorher geschehen. Wie beim klassischen Verfahren sollten Sie auch jetzt gestalterische (oft vom Geschmack abhängige) Aspekte ganz der Redaktion und dem Layouter überlassen.

- Ihre Aufgabe beim Korrekturlesen ist zu prüfen, ob der Text vollständig ist (und nicht Zeilen beim Layouten verloren gegangen sind), ob die richtigen Bilder eingebunden wurden, ob die Daten in Tabellen wirklich der letzten Version entsprechen, die Sie abgeliefert haben.

Das sind Aufgaben genug, wenngleich – zu Recht – erwartet wird, dass sich der Umfang der Korrekturen sehr in Grenzen hält.

Nun wäre es eine Möglichkeit, dass Redaktion oder Layouter Ihnen Papierausdrucke des Umbruchs zusenden und Sie die (wenigen) Korrekturen auf Papier vornehmen. Das hätte einen nicht zu unterschätzenden Vorteil: den der *Sicherheit*. Papierkorrekturen zeichnen Sie persönlich mit Ihrer Unterschrift ab, und Sie bewahren eine Kopie davon bei sich auf für den Fall, dass die Originale verloren gehen sollten und es später zu Fragen kommt. Aus diesem Grund ziehen manche Redaktionen diesen Weg dem rein elektronischen noch heute tatsächlich vor. Allerdings gilt auch: Keine Redaktion kann es sich auf Dauer erlauben, kurz vor dem Druck noch einmal *Änderungen* durchzuführen, zu denen sich der Autor durch den Papierabzug vielleicht „eingeladen" gefühlt hatte. So hat sich der – schnelle! – elektronische Weg trotz eines gewissen Sicherheitsmankos in den letzten Jahren zum Standardweg entwickelt, denn er bietet einige entscheidende Vorteile. Oft kommt auch ein gemischtes Vorgehen – „digital" und „Papier" – zum Einsatz.

- Sie werden von Redaktion oder Layouter die PDF-Datei mit den Layoutdaten Ihres Textes zugesandt bekommen.

Da Sie wenigstens über das Programm ACROBAT READER verfügen, wenn nicht sogar über das Vollprogramm ACROBAT,[81)] haben Sie kein Problem, diese Datei zu öffnen. Da sämtliche Schriften eingebunden sind (siehe den nachstehenden Punkt „Technisch"), spielt es keine Rolle, ob Sie dieselbe Plattform (dasselbe Betriebssystem) verwenden wie der Layouter oder nicht:

- Auf einem Windows-Rechner lässt sich eine Macintosh-PDF-Datei ohne Schwierigkeit öffnen, betrachten und – wichtig – drucken, wie auch umgekehrt.

Sie sollten die Datei auf jeden Fall ausdrucken! Egal, wie Sie später die Korrekturen an den Verlag übermitteln, korrekturlesen sollten Sie immer auf Papier! Denn die hohe Konzentration, die Sie bei diesem Lesevorgang brauchen, können Sie am Bildschirm, in der Datei, kaum entwickeln. Nun läge es auf der Hand, die Korrekturen auf Papier an den Verlag zu senden. Das können Sie, wenn genügend Zeit da ist, auch tun. Denn Ihre Korrekturen müssen auf jeden Fall vom Layouter in die Original-Layout-Datei (meistens eine INDESIGN-, XPRESS- oder 3B2-Datei) übertragen werden. Der Versand kann per Post oder per Fax erfolgen. Allerdings wird dadurch das schöne elektronische Vorgehen unschön unterbrochen.

Aber es geht ja auch digital:

- Adobe ACROBAT ist von Anfang so konzipiert worden, dass es in Korrekturabläufe eingebunden werden kann.

Dazu dienen vor allem drei Werkzeuge: Hervorheben, Notizen und Stempel. Mit dem *Hervorheben*-Werkzeug können Sie Texte z. B. durchstreichen oder farblich markieren; zu jeder hervorgehobenen Stelle lassen sich direkt Korrekturweisungen eingeben. *Notizen* dienen dazu, übergeordnete Bemerkungen aufzuschreiben. Und mit den verschiedenen *Stempeln* können Sie digital mit Datum und Namen unterschreiben, ihr OK geben oder eine vorgenommene Änderung ablehnen. Sie übertragen also Ihre auf Papier vorgenommenen Korrekturen in die PDF-Datei und senden diese dann an Verlag oder Layouter zurück, und zwar per E-Mail. Der PDF-Versand in beiden Richtungen hat den großen Vorteil der Schnelligkeit.

Was die Sicherheit angeht, so wollen wir PDF auch einmal kurz mit anderen digitalen Formaten vergleichen, statt mit dem Papier. Es wäre denkbar, dass Sie als Autor

---

[81] Adobe ACROBAT kam 1993 auf den Markt.

vom Layouter z. B. die Original-XPRESS-Datei zugeschickt bekämen, damit Sie darin die Korrekturen vornehmen – vorausgesetzt, Sie verfügten über dieses Layoutprogramm. Nun könnten Sie aber aus Versehen oder bewusst Änderungen vornehmen, die das mühsam erstellte Layout zerstören und einen hohen Nachbearbeitungsaufwand durch den Layouter nach sich ziehen. Das will niemand. PDFs können mit den normalen Mitteln, die Ihnen als Autor (und Nicht-Layouter) zur Verfügung stehen, nicht geändert werden – das Layout steht „bombenfest".

- Gegenüber dem Papierversand hat die PDF-Korrektur neben der Schnelligkeit noch den Vorteil, dass Korrekturen nicht von anderer Seite eingetippt werden müssen.

Der Layouter kann sie vielmehr aus Ihren digitalen Anweisungen herauskopieren und in sein Programm einfügen. Die Wahrscheinlichkeit, dass erneut Fehler entstehen, verringert sich somit.

Technisch: Eine professionelle Ausgabe eines Dokuments aus dem Layoutprogramm heraus (z. B. zum Zweck des Korrekturlesens) geschieht heute nicht mehr direkt auf Papier, sondern man „druckt" auf die *Festplatte des Rechners* (s. dazu eine vorstehende Fußnote). Bis vor wenigen Jahren war es das Ziel, dabei eine POSTSCRIPT-Datei zu erzeugen, die dann mit dem Programm ACROBAT DISTILLER in eine PDF-Datei umgewandelt werden konnte. Heute wird ein abgekürzter Weg beschritten: Der Druck auf die Festplatte erzeugt direkt die PDF-Datei (genau genommen über eine im Hintergrund temporär vorhandene POSTSCRIPT-Datei). Beim Erzeugen der PDF-Datei sind vielerlei Dinge zu beachten; vor allem kommt es darauf an, ob mit dieser PDF-Datei eventuell die Druckmaschine angesteuert werden soll. Geht es nur um Korrekturlesen, so sollten zumindest die *Schriften* „eingebunden" (d. h. installiert und aktiviert) sein. Eine solche Datei kann der jeweilige Partner dann bei Bedarf auf seinem *Drucker* ausdrucken (wozu der allseits bekannte und weit verbreitete ACROBAT READER ausreicht).

Bei der endgültigen Ausgabe der PDF-Datei für die *Druckmaschine* kommen über die Schriften hinaus zwei weitere Aspekte ins Spiel: das *Farbmanagement* und die Strichstärken von Linien in Grafiken. Dazu kann Ihnen aber, falls es Sie interessiert oder Sie selbst die Druckdaten erzeugen, Ihr Hersteller im Verlag alles Wichtige mitteilen. Zum kompletten PDF-Workflow aus technischer Sicht gehört schließlich, dass die *PDF-Druckdatei* vor dem Drucken noch einmal gründlich überprüft wird. Diese Prüfung ist sogar die Hauptaufgabe der bereits erwähnten *Druckvorstufe.* Zum Einsatz kommen hier Spezialprogramme, die in der Lage sind, POSTSCRIPT-Fehler zu erkennen, und die die Möglichkeit zur allerletzten Korrektur bieten. Beruhigend mag sein, dass technisch gesehen selbst in dieser Phase, also vielleicht Minuten, bevor der Druckvorgang gestartet wird, noch Textänderungen, ja selbst kleine Layoutänderungen vorgenommen werden können – aus Kostengründen wird eine solche Aktion aber nur selten vertretbar sein.

Abläufe bei E-Journals

Das vorstehend Beschriebene gilt in erster Line für Texte, die am Ende in gedruckter Form erscheinen. Wir sollten die Geschichte aber noch weiterdenken. Digital eingereichte Manuskripte werden heute oft auch zusätzlich elektronisch veröffentlicht. Wenn das zum Ziel auserkoren ist, kann (muss nicht) neben dem PDF-Workflow noch ein anderer ins Spiel kommen: der *XML-Workflow* (XML: *Extensible Markup Language*).

Im Grunde lässt sich jede PDF-Datei auch im Internet veröffentlichen. Das hat sogar den Charme, dass gedruckte Ausgabe und Internetversion 1:1 übereinstimmen. Wird dieser Weg beschritten, sind die Schritte mit denen für den Druck weitgehend identisch, insbesondere ist kein separates Korrekturlesen erforderlich. Lediglich beim Erzeugen der endgültigen PDF-Datei sind für das Internet deutlich andere Parameter zu verwenden (hinsichtlich Farben, Auflösung usw.) als für den Druck.

Der PDF-Workflow hat aus der Sicht des WWW aber einige Nachteile.

– Die zu betrachtenden Seiten sind nicht dynamisch, das heißt, sie passen sich nicht dem jeweiligen Browser oder Bildschirm an.
– PDF-Seiten sind den Suchalgorithmen von Suchmaschinen nicht so direkt zugänglich wie HTML-Seiten.
– PDF-Dateien sind letztlich PostScript-Dateien, d.h., sie sind, was eine Weiterverarbeitung angeht, relativ unflexibel; das gilt erst recht für die Original-Layoutdateien.

Aus diesen (und weiteren) Gründen hat sich HTML für das Internet und in den letzten Jahren XML als das Format für elektronische Publikationen schlechthin (auch, wenn es um CD-ROMs oder DVDs geht) durchgesetzt.

Für Sie als Zeitschriftenautor muss das hinsichtlich Ihrer Arbeitsweise keine großen Auswirkungen haben. Sie arbeiten üblicherweise in Ihrem gewohnten Textverarbeitungsprogramm und erzeugen Ihre Bilddaten auch wie immer. Sie senden anschließen Ihre Daten per E-Mail oder auf CD an die Redaktion. Erst dort oder bei einem Web-Layouter werden die Daten auf die Erfordernisse des Internet „getrimmt", wird also XML erzeugt.

Oft allerdings werden Sie angehalten, bei der Durchformatierung Ihres Textes etwas genauer und konsistenter vorzugehen, als wenn es „nur" um eine gedruckte Veröffentlichung ginge. Wenn Sie nämlich in (z. B.) WORD konsequent mit den vom Verlag zur Verfügung gestellten Formatvorlagen arbeiten, ist nachher die Konvertierung in XML weniger aufwändig oder fehleranfällig.

● Wenn es an das Korrekturlesen geht, so ist es auch bei XML-Daten möglich und üblich, PDF-Dateien zu erzeugen und diese den Autoren zuzusenden.

Eingearbeitet werden die Korrekturen dann in das entsprechende XML-Programm (beispielsweise DREAMWEAVER von Macromind).

Eine Entwicklung, die seit einigen Jahren zu beobachten ist: Verlage gehen mehr und mehr dazu über, für Ihre rein elektronischen Publikationen *Content-Management-Systeme* einzusetzen. Das sind im Grunde Datenbanken, zu denen Sie als Autor schreibenden Zugriff erhalten, und die Ihnen Felder zur Verfügung stellen, in denen Sie Ihre

Texte oder Bilder einfügen können, wobei Texte normalerweise eingetippt, die Bilder dagegen hochgeladen werden. Ein typisches Beispiel für ein solches Content-Management-System ist (in technischer Hinsicht) die bekannte Internet-Enzyklopädie *Wikipedia*.[82]

Welche Anforderungen an Sie als Autor gestellt werden, hängt vom Verlag und von den speziellen Gegebenheiten des E-Journals ab, weshalb wir unsere Ausführungen darüber hiermit beenden wollen. Die nächsten Jahre werden zeigen, welche Standardwege sich herausschälen.

3.5.4 Korrekturen

Technik des Korrekturlesens

Das Prüfen wissenschaftlicher Texte auf Fehlerfreiheit erfordert ein hohes Maß an Konzentration. Mehr noch: es bedeutet ein Umdenken gegenüber sonstigen Lesegewohnheiten. Wir müssen darüber sprechen, auch wenn manche Korrekturgänge heute nicht mehr so sichtbar in Szene gesetzt werden wie „früher", sich eher hinter der Bühne abspielen. Korrekturen müssen dennoch gelesen werden. Wissenschaftler – angesichts des Missverhältnisses von verfügbarer Zeit und Menge des Lesestoffs sonst im schnellen Lesen geübt – sollen dazu Texte nicht mehr „überfliegen", sondern buchstabengetreu aufnehmen: Gilt es doch, gerade die Details zu beachten, das einzelne Wort! Ist jedes wirklich so geschrieben, wie es zu schreiben ist? Hier hilft es nicht zu wissen, wie das Wort an der Stelle buchstabiert werden *soll* – Sie müssen hinsehen, ob es tatsächlich so buchstabiert *ist*!

An *Tabellen* sieht ein Redakteur oder Lektor am schnellsten, ob sorgfältig Korrektur gelesen wurde, ob Sie beispielsweise den Stand von Zahlen in Spalten und von Einheiten im Tabellenkopf geprüft haben. *Zahlen* gehören zum Heikelsten in einem wissenschaftlichen Kontext. Da sind Sie als Korrektor *und* Fachmann gefragt: Ist die Zahl plausibel, ist sie tatsächlich richtig, kann sie durch irgendein Missgeschick verfälscht, kann ein Komma verrutscht sein? Wo muss nachgeprüft werden?

Genau hinsehen, ob ein Wort so geschrieben ist, wie es zu schreiben ist, und wissen, wie es zu schreiben ist, sind zwei Dinge. Bei beidem verlassen wir (Autoren dieses Buches) uns am liebsten auf unsere Augen und unsere Sprachbildung. Nur zur letzten Absicherung lassen wir das Programm „Rechtschreibung" über einen Text laufen. Nach-

---

[82] Am besten fragt man *Wikipedia* selbst, was es mit dem Namen dieser „kooperativen Enzyklopädie" – als die sie sich sieht – auf sich hat. Danach leitet sich der Titel von *wikiwiki* ab, dem hawaiianischen Wort für „schnell". „Ein *Wiki*, auch WikiWiki und WikiWeb genannt, ist eine im World Wide Web verfügbare Seitensammlung, die von den Benutzern nicht nur gelesen, sondern auch online geändert werden kann. Wikis ähneln damit Content Management Systemen [...]." Im Januar 2006 enthielt *Wikipedia* 1,7 Mio. Artikel, verteilt auf über 100 Sprachen, wie an der Stelle vermerkt sei. – Natürlich findet man in *Wikipedia* auch einen Artikel über unser Stichwort oben, er fängt so an: „Ein **Content-Management-System** (**CMS**) ist ein Anwendungsprogramm, das gemeinschaftliche Erstellung und Bearbeitung von Text- und Multimedia-Dokumenten *(Content)* ermöglicht und organisiert ..." (Letzte Änderung des Artikels war am 28. März 2006, einen Tag bevor wir ihn aufschlugen.)

dem die neue *Rechtschreibung (Rechtschreibreform)* des Deutschen – Sie wissen schon: dass statt daß, Schifffahrt statt Schiffahrt, platzieren, nummerieren usw. (s. Abschn. 10.1.2) – seit August 2005 endlich in Kraft getreten ist, sind Sie gut beraten, wenn Sie eine *reformierte* Rechtschreibkontrolle installiert haben.

Frust kommt auf, wenn der *spelling checker (engl.* für *Rechtschreibprogramm)* über jedes zweite Wort eines Fachtextes stolpert, weil es ihm unbekannt und somit verdächtig ist. Dem können Sie zwar entgegenwirken, indem Sie unbekannte Wörter dem Sprachschatz des Programms (d. h. Ihrem persönlichen Benutzerwörterbuch) hinzufügen, aber es bleibt abzuwägen, wann und wo sich die Mühe lohnt. Ähnliches gilt für die *Silbentrennung* und das *Silbentrennprogramm*, das üblicherweise als Bestandteil der Textverarbeitung zur Verfügung steht. Das sei hier nicht vertieft, zumal es für Sie heute vielleicht wichtiger ist, entsprechende Programmteile für *Englisch* zu installieren und sinnvoll einzusetzen.

Programme, die die *Grammatik* überprüfen sollen, haben wenig Nutzen.

Eine Zeit lang erfreute sich das *Scannen* von Texten einiger Beliebtheit. Es kam überall dort zum Zuge, wo gedruckte Texte vorlagen, die man in digitalisierter Form zur Verfügung haben wollte, ohne sie dazu am Rechner neu eingeben zu müssen. Das Scannen besteht im Abtasten – Bildpunkt für Bildpunkt, Bit für Bit – und „Einlesen" von Vorlagen mit Hilfe von Leuchtdioden (manchmal auch mittels Laserstrahl). Um einen Text als solchen wirklich lesen und erkennen zu können, müssen Methoden der *Zeichenerkennung* hinzukommen (s. dazu das Stichwort OCR, *Optical Character Recognition*, unter „Verschiedene Peripherie-Komponenten" in Abschn. 5.2.1). Beim Scannen können *Ablesefehler* entstehen, vor allem, wenn die Vorlage matt ist, aus unscharfen Buchstaben auf schlechtem Papier besteht. Da kann es leicht zu Fehlinterpretationen von Zeichen kommen, hier ein paar typische Verwechslungen:

im/nn, H/II, 'I'/T, ü/ii, (j/G

Der soeben verwendete Schrägstrich selbst lässt sich von dem kursiven Großbuchstaben *I* kaum unterscheiden, und manche Schriften sind wie geschaffen, um Ablesefehler zu provozieren (1 i l I /). Entdecken werden Sie solche Fehler nur, wenn Sie „nichts glauben" und Ihre Augen fokussieren. Glücklicherweise verfügen wir alle über ein erstaunlich leistungsfähiges visuelles Gedächtnis, das uns oft in einem Sekundenbruchteil warnt „Hier stimmt etwas nicht!", bevor wir sagen können, wo der Fehler sitzt.

In den Jahren, als man Manuskripte auf *Disketten (Floppy Disks, Floppys)*[83] einzureichen pflegte, wurde auch in den Redaktionen viel gescannt, beispielsweise dann,

---

[83] *Floppy disk* (*Duden: Rechtschreibung* 1991), später stärker eingedeutscht zu Floppydisk oder Floppy Disk; „die; -, -s (*EDV* als Datenspeicher dienende [flexible] Magnetplatte)". – „Manuskript auf Diskette" war Ende der 1980er Jahre zu einem gängigen Begriff geworden. In unserer digitalen Postmoderne ist er schon wieder in Vergessenheit geraten. Wer heute sein Manuskript nicht *online* einreicht, wird seine Datei auf eine CD oder DVD „brennen" (*Compact Disc* bzw. *Digital Versatile Disc*), also einen Datenträger mit z. B. 700 MByte oder mehreren Gigabyte Speicherkapazität! Sonst mag man sich eher wieder mit einem Stapel Papier in einer Schachtel versuchen, denn im Verlag oder der Redaktion gibt es vermutlich keinen Arbeitsplatz mehr, wo man Disketten „lesen" könnte. Die *Disc* unserer Tage (mit „c" geschrieben) ist ein optisches, auf Laser-Technologie gestütztes – und insoweit keineswegs „elek-

wenn eine Diskette auf den Redaktionscomputern nicht zu „lesen" war und das Papiermanuskript ersatzweise dafür herhalten musste, den Text (wieder) zu digitalisieren. Als Autor musste man wissen, ob solches geschehen war! Nur dann hatte man eine gute Chance, versteckte Fehler der bezeichneten Art zu entdecken – ein Beispiel für Handlungen, die nur Sinn machen, wenn man die Arbeitsabläufe und Hintergründe kennt (s. auch unter „Strategien" in Abschn. 5.4.2).

Für Sie kann es eine große Arbeitserleichterung bedeuten, wenn niemand nach Ihnen an den Text „Hand angelegt" hat – und wenn Sie das wissen! Die Wahrscheinlichkeit ist gering, dass Fehler entstanden sind, *nachdem* das digitale Manuskript Ihren Schreibtisch verlassen hat. War Ihr Text vorher, aus Ihrer Sicht, fehlerfrei, dann wird er es „zu 99 %" auch jetzt sein, und Sie brauchen den Aufwand, noch einmal Korrektur zu lesen, nicht zu erbringen. Ein Durchlesen mit besonderem Blick auf die *Zeilenenden, Absatzwechsel, Sonderzeichen* und andere heikle Stellen mag jetzt genügen. Viele Autoren legen schon deshalb Wert darauf, dass ihr Manuskript die elektronische Ebene, auf die sie selbst es gehoben haben, nicht mehr verlässt.

Anders, wenn der Text konventionell gesetzt wurde: Dann konnten oder können *Satzfehler* entstanden sein, die es zu finden gilt. Wahrscheinlich nehmen auch Sie ein Mehr an Sorgfalt beim Herstellen Ihres digitalen Manuskripts gerne auf sich, wenn Sie wissen, dass Sie dadurch einen Korrekturgang sparen.

- Besonderes Augenmerk schenken Sie bitte *Zahlen*.

Wir haben darauf schon aufmerksam gemacht. *Eine* falsche Zahl in der Beschreibung einer Arbeitsvorschrift kann eine Explosion oder eine Vergiftung zur Folge haben! Sofern Sie die Zahlen nicht wirklich „im Kopf" haben, hilft nur, beim Korrekturlesen das Gedruckte minutiös mit dem Manuskript zu vergleichen und auf Plausibilität zu prüfen.

- Die besten Korrekturen sind die, die „zu zweit" gelesen worden sind.

Wenn die eine Person das Manuskript vorliest und die andere den gesetzten Text vergleicht, werden Fehler am sichersten entdeckt.

Bei der *Umbruchkorrektur* – der einzigen möglicherweise, die Ihnen heute noch vorgelegt wird (s. Abschn. 3.5.3) – gilt es manches zu beachten: Sehen die Seiten vernünftig und gefällig aus? Fehlt nichts? Stimmen die Absatzanfänge und -enden? Sitzen alle Fußnotenhinweise und die Fußnoten selbst an den richtigen Stellen? Sind die richtigen Abbildungen und Tabellen platziert und wenn ja: Ist die Platzierung sinnvoll? Sind die Abbildungslegenden mit ihren Abbildungen richtig zusammengeführt? Sind (die richtigen) Kolumnentitel vorhanden? Und natürlich: Sind evtl. vorangegangene Korrekturen („Fahnenkorrekturen") richtig ausgeführt worden?

In der klassischen Situation verglichen Sie die „zweiten Korrekturabzüge" – den *Umbruch* – mit der korrigierten *Fahne*. Dabei kam es nicht nur darauf an festzustellen,

---

tronisches" – Speichermedium, ganz im Gegensatz zu den alten Disketten, auf denen die Information magnetisch abgelegt war.

ob alle Korrekturen aus dem Fahnenstadium richtig ausgeführt waren, sondern auch darauf zu prüfen, ob die Umgebung der Korrekturstelle unversehrt geblieben war. Beim Ausführen der Fahnenkorrekturen konnten *neue* Fehler zustande gekommen sein! Das galt nicht nur zu Zeiten des Bleisatzes, als eine kleine Änderung den *Neusatz* vieler Zeilen bis zum Absatzende nach sich ziehen konnte, mit allen Chancen für die Neugeburt von Fehlern; vielmehr ist man auch beim computergestützten Satz nicht davor gefeit, dass unerwartet Mängel auftauchen, und seien es nur falsche Silbentrennungen. Prüfen Sie also das Umfeld von Korrekturen besonders sorgfältig!

Korrekturzeichen

Über das Korrigieren mit Hilfe von *Korrekturzeichen* wollen wir uns hier nicht mehr verbreiten. Das war Handarbeit auf Papier, die heute – davon haben wir uns zur Genüge überzeugt in den vorstehenden Abschnitten – meist nicht mehr Teil irgendwelcher tatsächlich ablaufender Arbeitsgänge ist. Für den Hausgebrauch mögen Sie auf den Ausdrucken Ihrer Manuskripte oder sonstigen Schriftstücke gerne Handkorrekturen anbringen, die Sie nachher am Computer einarbeiten. Dafür lohnt es aber nicht mehr, die offiziell empfohlenen Vorgehensweisen und die dabei benutzten Zeichen durchzugehen, zumal Sie die nach wie vor im *Rechtschreib-Duden* in einem Kapitelchen „Korrekturvorschriften" (sieben Seiten) nachsehen können.

Wichtiger ist es heute – zumindest solange Ihr Text sich im Manuskriptstadium befindet –, etwa ein Menü *Überarbeiten* (oder ähnlich, je nach Programm) zur Verfügung zu haben. Im Überarbeiten-Modus der Textverarbeitung werden *Änderungen* – Einfügungen oder Streichungen (Löschungen) jeglicher Art, sogar Format(Eigenschafts-)änderungen – als solche zunächst nur kenntlich gemacht. Sie erscheinen in einer (anderen), frei wählbaren Farbe und heben sich dadurch vom unveränderten Textumfeld deutlich ab. So können Sie im Austausch mit der Redaktion die jeweiligen Änderungen ansehen und entweder annehmen oder ablehnen (verwerfen).

Und noch wichtiger ist es, mit PDF-Dateien und dem Programm Acrobat umgehen zu können, damit Sie das Korrekturlesen im Umbruchstadium nach dem Stand der Technik durchführen und die Korrekturen schnell und sicher übermitteln können.

Gerade damit, mit den Korrekturen, enden auch die Richtlinien meist, manchmal mit einem freundlichen „Thank you in advance for your kind cooperation."

Wenn Sie alle die vorstehend beschriebenen Mühen auf sich genommen haben, werden Sie bald einer fehlerfreien Publikation in der gewünschten Zeitschrift entgegensehen können.

4 Bücher

4.1 Eingangsüberlegungen

4.1.1 Was ist ein Buch?

Wird das *Buch* als Institution innerhalb weniger Jahre im *Cyberspace* verschwinden? Ist die Frankfurter Buchmesse das „Deck eines sinkenden Schiffes", wie es einmal apostrophiert wurde, braucht man gar nicht mehr zu lernen, wie dieses Schiff getakelt wird? Das *wissenschaftliche Fachbuch*[1] hat in den 1990er Jahren zweifellos eine schwierige Phase durchlebt. Wo nur wenige Zeit zu haben glauben, ein Buch durchzuarbeiten, und wo viele meinen, kein Geld für seine Anschaffung zu haben, werden auch Fachbücher seltener produziert. Viele Wissenschaftler fühlen sich ohnehin nicht berufen, ein solches zu schreiben oder an seiner Abfassung mitzuwirken. Brauchen wir also dieses Kapitel? Wohl schon, wenigstens für einen Teil unserer Leserschaft. Die Einstellungen mögen sich ändern, und wenn nur darin, dass man hinfort häufig unter „Buch" beispielsweise auch eine CD-ROM begreift. Wie ein Buch entsteht – Hauptgegenstand dieses Kapitels –, bleibt davon weitgehend unberührt, jedenfalls auf der schöpferischen Ebene.

Wir ernennen *Sie*, geneigte(r) Leser(in), hiermit zu *Buchautoren (Verfassern)*. Spielen Sie das Spiel mit, vielleicht geraten Sie doch schneller in diese Rolle, als Sie vorausgesehen hatten! Einige Teile dieser Abhandlung, etwa das Anfertigen von Registern betreffend, werden Sie in jedem Falle auch an anderer Stelle brauchen können.

Erstaunlicherweise sagt uns keine Definition, was ein „Buch" sei, obwohl wir alle eine Vorstellung damit verbinden. Im Bereich der wissenschaftlichen Buchliteratur ist eine Aussage wie „in Zeichen dargestelltes Wissen zwischen zwei Deckeln" vielleicht noch am treffendsten. Sie weist das Buch als ein isoliertes „Stück Information" aus, ohne etwas über seine Beschaffenheit, die Art seines Inhaltes oder sein Anliegen zu sagen. Verbunden mit dem Gedanken „Buch" ist die Vorstellung, dass jemand es „gemacht" hat, dass es in größerer Stückzahl hergestellt worden ist und dass man es kaufen oder ausleihen kann, wenn sein Titel angegeben ist. Vielleicht auch die Vorstellung: Nur um *Information* sollte es sich auch bei einem Fachbuch nicht handeln; das Buch soll, so dürfen Leser erwarten, *Wissen* vermitteln, vielleicht – hoffentlich – auch ein wenig Unterhaltung. Das Lehrbuch ist das beste, das Studenten begierigen Auges verschlingen wie ein paar Jahre vorher (beispielshalber) *Ein Kampf um Rom*.

Hergestellt hat das Buch in der Regel ein *Verlag*. Er bietet es zum Kauf an und sorgt dafür, dass man von seiner Existenz erfährt: Er hat es an die Öffentlichkeit gebracht, publiziert – kurz, er hat das Buch *verlegt*.

---

[1] Dieses meinen wir hier immer, auch wenn wir verkürzt „Buch" sagen. Der Begriff sei ähnlich definiert und abgegrenzt wie die „wissenschaftliche Fachzeitschrift" (s. Abschn. 3.1.1).

- Da das Buch ein „isoliertes" Stück Information und Wissen ist, wird es als *unabhängige* oder *selbständige Publikation* eingestuft.

Eine unabhängige, wenngleich immer wieder erscheinende Publikation ist auch eine Zeitschrift, nicht aber deren einzelne Ausgabe oder ein Artikel darin. Diese Unterscheidung wird uns später bei der Zitierweise wissenschaftlicher Literatur (s. Abschn. 9.4) wieder von Nutzen sein.

Bücher können die unterschiedlichsten Formen und Größen annehmen und den unterschiedlichsten Zwecken dienen. Es gibt Taschenbücher, Lehrbücher, Monografien, Nachschlagewerke, Lexika, Wörterbücher, Atlanten, Sachbücher, Fachbücher, Ringbücher, Loseblattwerke und viele andere Arten. Und es gibt, in steigender Zahl, elektronische Bücher.

Wie die Aufzählung zeigt, kann man ein Buch nach mehreren Kriterien beschreiben, die sich auf seine Zweckbestimmung oder auf seine Beschaffenheit beziehen. Ein Buch kann statt mit bedruckten Seiten mit Einstecktafeln für Mikrofiches bestückt sein.[2] Das Buch – oder *Werk* – kann körperlich aus mehreren Einzelstücken, *Bänden*, bestehen. Die Blätter, aus denen sich das Buch zusammensetzt, können durch Klebetechnik oder Fadenheftung miteinander verbunden werden. Sie können auch lose in einen Ringordner eingelegt sein; ein *Loseblattwerk* wird meist in fortlaufenden Teilen geliefert, die der Bezieher selbst in einen Ordner einsortieren muss. Nur Schriftrollen stellen, für Altertumsforscher, keine Bücher dar, obwohl sie Geschriebenes enthalten: Das sind eben *Rollen*, nicht zum Blättern geeignet. Die Blätter und das Blättern galten offenbar bislang als unabdingbare Merkmale von „Buch".

Heute haben wir keine Bedenken, in einer silberglänzenden runden Scheibe ein Buch zu sehen, ein elektronisches eben. Manche Bücher kann man wahlweise in der klassischen Form beziehen, d. h. als *Printmedium,* oder auch auf einem modernen Datenträger, beispielsweise einer CD-ROM *(compact disc read-only memory).* Auch sonst verwischen sich Grenzen: Handbücher begleiten Computerprogramme,[3] Rechenprogramme unterstützen gedruckte Datensammlungen, Bücher kommen mit elektronischen Datenträgern (CDs) im Deckel auf den Markt. Das *elektronische Buch* ist dabei, sich zu etablieren. Schon heute spricht z. B. die Leitung einer kleinen städtischen Bibliothek davon, dass so und so viele „Medien" angeschafft werden konnten – nicht „Bücher". Vielleicht sind damit auch *Hörbücher* gemeint, in denen Text nicht geschrieben aufgezeichnet ist, sondern gesprochen. Das Buch als Depot von Schrift war immer ein *visuelles* Medium. Jetzt sind z. B. Sehbehinderte (und nicht nur diese) dankbar, dass man ein Buch auch als *auditives* Medium erleben kann. Vielleicht wird aus

---

[2] Dieser Satz bezieht sich auf eine Anwendung des Mikrofilms, um komplexe visuelle Gegenstände, z. B. Spektren, darzustellen und zu archivieren – eine Anwendung, die eine Zeit lang durch die elektronisch gestützten Techniken gänzlich verdrängt zu werden schien. Tatsächlich bewährt sich die Mikroverfilmung auch weiterhin für viele Zwecke der Datensicherung und Archivierung, u. a. auch bei gefährdeten Altbeständen von Bibliotheken (mehr dazu s. BAYERISCHE STAATSBIBLIOTHEK 1994).

[3] Werden solche Handbücher als CD zur Verfügung gestellt, entbehrt das nicht einer gewissen Ironie. Wie soll man daraus auf dem abgestürzten Rechner Rat schöpfen?

der „Stadtbücherei" die „Stadtmediothek" (und zuletzt gar eine Diskothek?). Wer heute das Verzeichnis lieferbarer (VLB) Bücher der Buchhändler-Vereinigung auf dem Computer einer Buchhandlung oder im Internet z. B. nach dem Stichwort „Rom" durchstöbert, kann sicher sein, unter zwei Dutzend Büchern auch ein paar CD-ROMs (sic!) angeboten zu bekommen.[4)]

In den Hochschulbibliotheken hat sich in jüngerer Zeit vieles geändert, nicht nur was die dort ausliegenden – oder nicht mehr ausliegenden – Zeitschriften angeht (s. Abschn. 3.1.2): Man darf von „dramatischen" Änderungen sprechen. Wurden noch um 1990 von einem naturwissenschaftlich-technischen Bibliotheksetat weniger als 5 Prozent für Non-Print-Medien ausgegeben, lag dieser Wert zehn Jahre später in Deutschland durchschnittlich bei 15 Prozent (bezogen auf den Gesamtetat für Anschaffungen) – Tendenz steigend. Die elektronischen Medien sind im Vormarsch! Dies kann wegen einiger ihrer wichtigen Vorteile gegenüber den klassischen Print-Produkten nicht verwundern: CD-ROMs benötigen wenig Stell- oder Lagerplatz auf irgendwelchen Regalen; über einen Bibliotheks- oder sonstigen Server können sie von jedem Arbeitsplatz jederzeit, auch außerhalb der Bibliotheksöffnungszeiten, eingesehen werden – Voraussetzung ist ein am internen Netz angeschlossener Rechner und eine Zugangsberechtigung, mehr nicht. Das Einrichten und Unterhalten eines Computerarbeitsplatzes mit CD-Laufwerk in der Bibliothek bedeutet weniger Verwaltungsaufwand und damit geringere Kosten als das Abwickeln eines umfangreichen Leihverkehrs; und der Erwerb einer „Campus-Lizenz" für ein bestimmtes Produkt, etwa eine bibliografische Datenbank oder ein Nachschlagewerk, macht sich in der Regel bald bezahlt. Ein – fast nach Belieben heraus gegriffener und inzwischen selbst schon etwas in die Jahre gekommener – Artikel in der *Computerwoche* vom 2. Oktober 1998 macht die Aufbruchstimmung deutlich; hier Ausschnitte daraus (PIETROFORTE M. *Computerwoche*. 1998; 4: 97-100):

> **IT in der Medienbranche /**
> **Ein Ende des Wühlens in Karteikarten ist abzusehen**
>
> Während Studenten und Wissenschaftler sich früher durch Regalmeter von Bibliografien quälen mußten, sitzen sie heute am PC und recherchieren per CD-ROM. Manche Bibliotheken verfügen sogar über einen eigenen Infobroker, der professionell in mehreren tausend Online-Datenbanken von kommerziellen Anbietern recherchiert. [...]

---

[4] Die erste Audio-CD-ROM wurde 1982 von der Firma Philips produziert. 1985 wurde die Audio-Technologie weiterentwickelt für das Speichern von Daten. Inzwischen wird mit „CD-ROM" eng der Begriff „Multimedia" verknüpft: Auf diesem Datenträger können Text, Grafik, Ton, Video und Computersimulation integriert werden. Neben die *CD* haben sich weitere Medien wie *DVD (Digital Versatile Disc)* geschoben mit noch höheren Speicherdichten und -kapazitäten, wodurch das Buchlesen allmählich zu einer audiovisuellen Angelegenheit im Heimkino wird. Dass Sie vom Besuch in einem Museum keinen Ausstellungskatalog mehr mitbringen können, dafür eine DVD, ist zur erlebten Wirklichkeit geworden. – Die neue Art der „Information" scheint keinerlei Mühe zu haben, den Buchhandel zu erobern, anders als vor einigen Jahren die Musik, die, zuerst in Form von Schallplatten, am Buchhandel weitgehend vorbeiging.

Auch an deutschen Universitätsbibliotheken wurde unverkennbar das digitale Informationszeitalter eingeläutet. Wer vor mehr als zehn Jahren sein Studium beendet hat, würde heute deutliche Veränderungen erkennen. Der Einzug von reichlich digitalem Equipment in die ehrwürdigen Gemäuer hat die bibliografische Recherche und die Buchbestellung wesentlich vereinfacht und verbessert. Zwar muß man in aller Regel nach wie vor zur Bibliothek, um die Früchte seiner Recherche abzuholen, doch die virtuellen Bibliotheken von morgen befinden sich schon im Bau.

Eine bibliografische Datenbank ist schon eine gewaltige Vereinfachung im Vergleich zur Suche in Büchern, aber nichts geht über Online-Recherchen. Sie bieten mehr Quellen und enthalten oftmals schon die Texte selbst, so daß auch eine Volltextrecherche möglich ist und der Text auf Wunsch gleich geliefert wird. Dieser Service ist allerdings nicht ganz billig. [...]

Die Recherche per CD-ROM ist für den Bibliotheksbenutzer hingegen kostenlos. Und sie führt dank einer meist relativ leicht zu bedienenden Retrieval-Software zu guten Ergebnissen, während man bei den Online-Datenbanken mit einer komplizierten Recherchesprache arbeiten muß. Nach einer kurzen Einarbeitungszeit kommt auch der Computern nicht so freundlich gesonnene Geisteswissenschaftler für gewöhnlich mit der CD-ROM zurecht.

An vielen Universitäten muß man sich hierzu nicht mal in die Bibliothek bemühen. Uni-Angehörige können von ihrem Arbeitsplatz über das Intranet auf die CD-ROMs der Bibliothek zugreifen. Das ist gegebenenfalls auch von zu Hause aus per Modem möglich.

Damit greifen wir einigen Ausführungen in Kap. 9 vor, halten diese Einstimmung hier aber für wünschenswert. Zeigt sie doch, dass die Bücher letztlich durch die neuen Medien näher an die Menschen gerückt sind, für die sie geschrieben werden – an Studenten und Wissenschaftler, beispielsweise. So machen sie mehr Sinn als je zuvor!

Der schnelle Zugriff auf Daten auch an fernem Ort, die im Allgemeinen starke *Kumulierung* der Daten – man sucht in *einem* Datenbestand und nicht, wie bei manchen Buchwerken, in vielen einzelnen Bänden womöglich noch an unterschiedlichen Aufbewahrungsorten –, die Möglichkeit des *mehrdimensionalen Suchens* durch die logische Verknüpfung verschiedener und verschiedenartiger Suchkriterien: Das alles sind Quantensprünge in höhere Anregungszustände der Informationsbeschaffung!

- Ziel der Buchpublikation in Naturwissenschaft, Technik und Medizin ist es, ein geschlossenes „Stück" Wissen weiterzugeben; die Form, in der dies geschieht, kann in weitem Rahmen dem verfolgten Ziel angepasst werden.

Wir haben hier erneut auf die Trinität „stm" (s. Abschn. 3.1.1) angespielt, sind uns aber bewusst, dass auch andere wissenschaftliche Disziplinen ohne das Buch nicht existieren können und – wir wagen die Prognose – auch in Zukunft dieses Medium brauchen werden.

4.1.2 Wie entsteht ein Buch?

Zunächst muss jemand bereit sein, das Buch zu schreiben, also als *Buchautor (Verfasser)* zur Verfügung zu stehen. Manchmal übersteigt diese Aufgabe die Kraft des Einzelnen, so dass sich mehrere Verfasser zusammentun: Es entsteht ein *Mehrautorenwerk* oder ein *Vielautorenwerk*. Sind mehr als vier Autoren beteiligt, so bedarf es meist der koordinierenden Hand eines *Herausgebers,* der die einzelnen Teile zu einem Ganzen zusammenfügt und als Sprecher der Autoren auftritt.

Dem Autor, der Autorengruppe oder dem Herausgeber steht der *Verlag* gegenüber, dessen Anliegen es ist, das Werk herzustellen und zu verbreiten (s. Abschn. 4.1.1).

- Zwischen Autoren und Verlag sollte frühzeitig ein Konsens darüber erzielt werden, ob das Verfassen des Buches ein sinnvolles Unterfangen ist und wie das Buch beschaffen sein muss, damit es als „sinnvoll" gelten kann.

Ein Gespräch oder eine briefliche Absichtserklärung mag fürs Erste genügen. Doch reicht ein solcher noch nicht verbindlicher Schritt umso weniger aus, je mehr Zeit, Kraft und Kapital gebunden werden müssen. In die Situation, für Ihr Werk womöglich keinen Verlag zu finden, wollen Sie als Experte nicht gelangen, auch wenn für Sie in aller Regel das Bücherschreiben nicht Broterwerb ist, eher ein ehrenvoller Zeitvertreib.

- Die Verfasser und Herausgeber von Buchwerken sollten mit ihren Verlagen schriftliche Vereinbarungen in Vertragsform treffen.

An klaren Vereinbarungen sind auch die Verlage interessiert, die schließlich Planungsgrundlagen für ihre Geschäftstätigkeit brauchen. Sie legen für jedes Buchwerk den Beteiligten einen *Verlagsvertrag* vor, den man je nachdem als *Autoren-, Herausgeber-, Übersetzer-* oder *Bearbeitervertrag* unterscheiden kann. Solche Verträge müssen dem *Verlagsrecht* entsprechen, das in das allgemeine *Urheberrecht* eingebettet ist. Dieses wiederum ist für Deutschland im Urheberrechtsgesetz (UrhG) niedergelegt, über das Sie sich in Werken wie ULMER (1980) oder HILLIG (2003) unterrichten können. Einführungen in das nationale und internationale Urheberrecht *(Copyright)* finden sich in RÖHRING (2003) und SCHICKERLING und MENCHE (2004)[5] bzw. EBEL, BLIEFERT und RUSSEY (2004).

Verlagsverträge sind weitgehend standardisiert, gleichviel ob sie in gedruckter oder geschriebener Form ausgegeben werden. Ihre Formen und Inhalte sind in der Bundesrepublik Deutschland ausgehandelt mit dem *Börsenverein des Deutschen Buchhandels* in Frankfurt, der die Interessen der Verlage vertritt, und der *Verwertungsgesellschaft Wort (VG Wort),* der „Standesvertretung" der Urheber (www.vgwort.de). Musterverträge können Sie sich von dort besorgen.

---

[5] Der Verleger des Schickerling/Menche, K.-W. BRAMANN, war jahrelang Dozent an den Schulen des Deutschen Buchhandels in Frankfurt-Seckbach. Den Verlag, der seinen Namen trägt, gründete er 1998. Im selben Verlag (in Gemeinschaft mit dem Input-Verlag in Hamburg) ist auch ein *Verlagslexikon* erschienen, an dem alle drei Autoren des vorliegenden Buches mitgewirkt haben (BRAMANN und PLENZ 2002).

- Der Verlagsvertrag regelt die Rechte und Pflichten der Partner, besonders Art und Umfang der vom Urheber an den Verlag übertragenen *Nutzungsrechte* und die Art der *Vergütung*; er enthält außerdem Angaben über Art und Umfang des Werkes sowie den Termin, zu dem das Manuskript fertig gestellt sein soll.

Anders als bei den Zeitschriften werden bei Büchern meist *Honorare* an die Autoren bezahlt. Ein typisches Buchhonorar liegt heutzutage bei sieben Prozent vom Ladenpreis eines jeden verkauften Exemplars oder bei zehn bis zwölf Prozent vom Nettopreis (dem vom Verlag nach Abzug von Buchhandels- und Vertreterrabatten sowie Steuer tatsächlich erzielten Erlös). Hierbei handelt es sich um *Beteiligungshonorare.* Autoren von Sammelwerken werden meist mit einem *Pauschalhonorar* abgefunden, das sich nach der Größe ihres Beitrags bemisst. Autorenverträge werden heute oft differenzierter gestaltet im Sinne von mehr Risikobeteiligung der Autoren: Vereinbart wird ein nach Verkaufserfolg gestaffeltes Beteiligungshonorar oder ein Festhonorar, zu dem ein Beteiligungshonorar ab dem so und so vielten verkauften Exemplar tritt.

Wissenschaftsverlage in der westlichen Welt arbeiten, wie andere Verlage und Betriebe generell, als Wirtschaftsunternehmen: Ihre Arbeit muss einen Ertrag abwerfen, der ausreicht, die Geschäfte fortzuführen (und die *Shareholder* zufrieden zu stellen). Ungeachtet der Tatsache, dass die wissenschaftliche Publikation ein Kulturgut ist, gelten die Gesetze des Marktes. Die besondere Rolle und Schutzbedürftigkeit der Ware Buch hat sich bislang in Deutschland an zwei Stellen gespiegelt: bei der Preisbindung im Buchhandel[6] und der halbierten Mehrwertsteuer. Davon geriet die erste ins Wanken, als Anfang 1998 die Kommissare der Europäischen Kommission die für Wettbewerbsfragen zuständige Direktion ermächtigten, ein förmliches Verfahren über die Rechtmäßigkeit der grenzüberschreitenden Preisbindung zwischen Deutschland und Österreich zu eröffnen. Geändert hat sich bislang in diesem Punkt nichts.

Die Preise für Bücher von deutschen Anbietern enthalten bereits die Mehrwertsteuer, und die beträgt bei Büchern 7 Prozent (sonstige Produkte: 16 Prozent) – auch im Jahre 2006.

Im Internet haben sich in jüngerer Zeit Methoden des Anbietens und Verkaufens von Büchern durch Fernbuchhändler – besonders bekannt ist Amazon – und durch besondere (Tausch)Märkte wie eBay breit gemacht, die nicht alle durch gültiges deutsches Recht gedeckt sind. Damit ist die deutsche *Buchpreisbindung* in letzter Zeit vermehrt Gegenstand gerichtlicher Auseinandersetzungen geworden. So entschied das OLG Frankfurt im Sommer 2004, dass es untersagt ist, geschäftsmäßig über eBay neue Bücher anzubieten, wenn diese der Buchpreisbindung unterliegen.[7] „Nun hat das

---

[6] Die Buchpreisbindung, festgelegt in § 3 des Buchpreisbindungsgesetzes, soll vermeiden, dass Bücher als Kulturgut uneingeschränkt dem freien Spiel von Angebot und Nachfrage ausgesetzt sind. Damit soll sichergestellt werden, dass es nicht zu einem ruinösen Preiswettbewerb im Bereich der Buchverlage kommt und die Qualität des literarischen Angebots nicht völlig marktwirtschaftlichen Aspekten untergeordnet wird.

[7] Die Bücher wurden nach einer Nachricht in den Medien, die auch im Internet zu lesen war, von einem Journalisten in größerem Umfang zu einem Verkaufspreis ab 1 Euro angeboten, wobei es sich größtenteils

4.1 Eingangsüberlegungen

Buchpreisbindungsgesetz auch Amazon erwischt", fährt eine Mitteilung darüber fort.[8] (Auf Quellenangaben sei im vorliegenden nicht-juristischen Kontext verzichtet, doch wollten wir das brisante Thema unseren Lesern nicht gänzlich vorenthalten.)

- Was sich nicht in angemessener Stückzahl und zu angemessenem Preis verkaufen lässt, kann nicht verlegt werden.

In den Naturwissenschaften bleibt es eine Ausnahme, dass ein Publikationsvorhaben durch eine Stiftung gefördert oder dass ein *Druckkostenzuschuss* gewährt wird. In der Regel wird kein naturwissenschaftliches oder technisches Buch erscheinen, für das kein „Markt" abzusehen ist. Der Markt ist die *Zielgruppe,* an die sich das Buch wendet. Ist sie ausreichend groß, so kann man eine entsprechende Anzahl von Exemplaren des Buches drucken und einen *Ladenpreis* für das Werk berechnen, der voraussichtlich von der Zielgruppe akzeptiert wird.

- Je spezieller das Thema, je kleiner also die Zielgruppe ist, desto schwieriger lassen sich Buchwerke *kalkulieren*.

Ein Werk zur Drucklegung vorzubereiten kostet eine bestimmte Menge Geld, die *Fixkosten*. Hierzu zählen – oder zählten bei konventioneller Herstellung – vor allem die *Satzkosten* und die *Einrichtungskosten* (Herstellen der Druckformen u. a.), die immer denselben Betrag ausmachen, gleichgültig wie viele Exemplare nachher gedruckt werden. Hinzu kommen die fortlaufenden *(variablen)* Kosten für Papier, Drucken und Binden. Nur wenn sich die Fixkosten auf eine größere Zahl von Exemplaren „umlegen" lassen, bleiben die Gesamtkosten für die Herstellung pro Exemplar niedrig. Ist die Zahl der zu druckenden Exemplare, die *Auflage,* zu gering, so steigen die Stückkosten und damit auch der *Ladenpreis,* den der Verlag ansetzen muss – unter Umständen prohibitiv. Bei Auflagen unter etwa 600 Exemplaren sind die Bücher kaum mehr verkäuflich. Für viele Spezialmonografien liegen die Auflagen nicht wesentlich höher, d. h., die Verlage arbeiten hier am Rande des Machbaren. Unter diesen Umständen ist verständlich, dass die Randbedingungen optimiert werden müssen und dass die Autoren immer stärker moderne Techniken der Text- und Grafikverarbeitung nutzen (s. dazu auch RUSSEY, BLIEFERT und VILLAIN 1995).

Die frühzeitigen Vereinbarungen zwischen Autoren und Verlag müssen sich auf *Anspruchsniveau, Ausstattung* und *Herstellungsart* des Werkes ebenso erstrecken wie auf die Art und Erreichbarkeit der Zielgruppe und die Möglichkeiten, für das Werk *zu werben*. Mehr noch:

---

um ungelesene Rezensionsexemplare(!) handelte. Das OLG wertete dies als Verstoß gegen die Buchpreisbindung, da der Journalist nicht als Endabnehmer betrachtete werden kann. Damit hätte er beim geschäftsmäßigen Verkauf dieser neuen Bücher auch die Buchpreisbindung beachten müssen.

[8] Zuständig war hier ebenfalls das OLG Frankfurt. Das Gericht hatte zu entscheiden, ob die Gutscheine in Höhe von 5 Euro, die Amazon-Neukunden erhalten, einen unzulässigen Verkaufsnachlass darstellen. Auch in diesem Fall wurde ein Verstoß gegen die Buchpreisbindung bejaht. Dabei macht es nach Ansicht des Gerichts keinen Unterschied, ob Amazon das Buch preiswerter verkauft oder den Wert des Gutscheins von dem jeweiligen Verkaufspreis abzieht.

- Gegenstand der Absprachen müssen alle Maßnahmen sein, die dazu beitragen, das Manuskript reibungslos in das fertige Werk umzuwandeln und unnötige Herstellungskosten (dazu gehören auch Redigier- oder Korrekturkosten) zu vermeiden.

Nicht immer gehen die Anstöße für ein neues Buch von den Wissenschaftlern aus. Im Gegensatz zu Schriftstellern sind Naturwissenschaftler, Techniker und Mediziner nicht Buchautoren *von* Beruf, sondern *im* Beruf. Das Verhältnis Autor–Verlag ist dadurch anders als in der Belletristik mit dem Ergebnis, dass die wissenschaftlichen Verlage häufig die Buchthemen selbst definieren und die Autoren suchen, die in der Lage und bereit sind, das Buch innerhalb ihrer eigentlichen beruflichen Verpflichtungen zu verfassen. Große vielbändige Werke sind in der Regel das Ergebnis der Planungsarbeit in den Verlagen. Oft ist es schwierig, einen mitten in seiner Forschung oder Karriereplanung stehenden Wissenschaftler davon zu überzeugen, dass es für sie oder ihn Motive gibt, ein Buch zu schreiben.[9]

- Ein anerkanntes Buch verfasst oder herausgegeben zu haben trägt mehr als eine lange Liste von Originalpublikationen dazu bei, den Namen eines Wissenschaftlers bekannt zu machen.

Hierin dürfte neben dem allgemeinen Kommunikationsbedürfnis der Wissenschaftler ein wesentlicher Anreiz für sie liegen, sich als „Schriftsteller" zu betätigen – Anreiz demnächst auch für Sie?

4.1.3 Was will ein Buch?

Bücher wollen vieles und sehr Unterschiedliches. Manche wollen unterhalten, andere ablenken, anregen, Identifikation mit „Helden" herbeiführen, Einsichten erwecken, überzeugen, aufrütteln, indoktrinieren, ..., anleiten, belehren, informieren. Für das vorliegende Buch nehmen wir gleich drei dieser Ziele in Anspruch, nämlich die letzten drei; sie sind es, die in einer Abhandlung über „Schreiben und Publizieren in den Naturwissenschaften" relevant sind.

Wir ergreifen die Gelegenheit, unter der Frage „Was will ein Buch?" wenigstens einmal, und kurz, auf *Inhalte* zu sprechen zu kommen. (Im übrigen Verlauf ist dieses Kapitel, wie überhaupt unser Buch, vor allem organisatorischen, technischen und formalen Fragen gewidmet.) Erwarten Sie aber bitte an der Stelle keine Einführung in die naturwissenschaftlich-technische Buchliteratur. Wir können nur einige wenige Hinweise geben, die für Sie als schreibenden und publizierenden Naturwissenschaftler

---

[9] Sich als Verfasser eines Buches hervorzutun kann in einer Zeit scharfen beruflichen Wettkampfes an allen Fronten in der Tat ein starkes Motiv sein, zumal für einen jüngeren Wissenschaftler. Ein anderes könnte man in dem Selbstlern-Effekt sehen, der mit der Arbeit an einer größeren Publikation unweigerlich einhergeht. Den hat ein Kollege einmal so auf den Punkt gebracht: „Wenn ich mich einem neuen Arbeitsgebiet zuwenden will, schreibe ich über das neue Gebiet zunächst einmal einen Übersichtsartikel." Für die Autoren dieses Buches geht es um all das nicht oder nicht mehr. Unser einziges Verlangen ist, „to touch our reader's mind: nothing more, and nothing less", wie es unser amerikanischer Kollege ausgedrückt hat (EBEL, BLIEFERT und RUSSEY 2004, S. 201).

nützlich sein mögen, um sich einiges bewusst zu machen und sich an einiges zu erinnern.

- Das *Anleitungsbuch*: eine Sammlung aufgeschriebener und aufgezeichneter *Handlungsanweisungen*.

Anleitungsbücher gibt es auch für den Hobby-Bereich und für die nicht-professionelle Anwendung; hier werden sie üblicherweise *Ratgeber* oder *Ratgeberbücher* genannt (vgl. HEINOLD 2001). Beispiele sind Kochbücher, Hilfen für die Steuererklärung, Sport- und Heimwerkerfibeln oder Gartenbücher („Gartenarbeit richtig gemacht"). Die Titel einschlägiger englischer Bücher fangen oft mit „How to ..." an, und dieses Buch sieht sich in der geistigen Nähe zu Publikationen, die entsprechend heißen: *How to find chemical information* (MAIZELL 1987), *How to write and publish a scientific paper* (DAY 1998), *How to write and publish papers in the medical sciences* (HUTH 1990) oder *How to write a successful science thesis* (RUSSEY, EBEL und BLIEFERT 2006).

Auch die naturwissenschaftlich-technische Ausbildung hat ihre Anleitungsliteratur. Hier sind beispielsweise *Praktikumsbücher* zu nennen, wie sie in manchen Disziplinen zum studentischen Alltag gehören. Manche von ihnen tragen das Wort „Praktikum" schon im Titel.

Viele Handbücher (*engl.* manuals) zum Benutzen von Computerprogrammen bestehen im wesentlichen aus Anweisungen, sind, wie jemand gesagt hat, *Befehlsliteratur*: „Go to ...!" Auch sie zählen in diese Buchgruppe. Auf einer etwas darüber liegenden Ebene haben Bücher für das Selbststudium rund um das Thema *Software*, solche also mit eher lehrbuchartigem Charakter, seit Jahren eine weite Verbreitung gefunden. Soeben sind wir durch ein solches Werk spaziert – am Bildschirm allerdings.

Damit berühren wir erneut das Thema elektronische Publikation, das uns zuerst in Kap. 3 an vielen Stellen beschäftigt hat. Jetzt also geht es um das elektronische Buch, *E-Buch (e-book)*, eine Informationsform, die offenbar im Begriff steht, zunehmend in unsere Studierstuben einzudringen. Unser virtueller Besuch galt einem der zahlreichen Titel, die der Verlag Markt+Technik elektronisch anbietet.[10] Wir haben mit Erfolg einige Erkundigungen darin eingezogen, ohne dass uns jemand nach einem Passwort oder sonst einer „Eintrittskarte" gefragt hätte. Wen also das gelegentliche Wackeln am Bildschirm, das Geflimmer von Werbestreifen und die Kunstpausen bis zum Aufbau einer neuen Internetseite nicht stören, der kann seinen Informationshunger auch auf diese Weise stillen. Probeweise haben wir uns gleich in das *M+T Online-Lexikon* eingeklinkt und sind ohne Mühe in ein nützliches Computer-Glossar geraten. Den Buchpreis scheinen in diesem Metier die Werbeabteilungen von Softwarehäusern und anderen Anbietern zu entrichten.

---

[10] Der Verlag Markt+Technik (www.mut.de) mit Sitz in München zählt zu den bekannten deutschen Fachverlagen und hat sich (mit jährlich etwa 100 Fachbüchern allein über Soft- und Hardwaretechniken) im deutschsprachigen Raum bei Einsteigern wie Experten einen Namen gemacht. Sein starkes IT-Standbein – „IT-Wissen direkt von der Quelle" – hat M+T genutzt und liegt mit E-Büchern derzeit an der Spitze der Entwicklung. – Die Einblendung mag im Hinblick auf wichtige Anliegen dieser Neuauflage von Interesse für unsere Leser sein.

- Das *Lehrbuch*: die systematische Einführung in Wesen und Inhalt eines Fachgebiets.

Wenngleich das Wort „belehren" heute im Alltagsgebrauch fast negativ belegt ist, wissen wir doch alle: Studieren ist eine Zeit des Lernens, *Studium* ist Interaktion zwischen Lehrenden und Lernenden, ohne *Lehrbuch* kein Studium. Das Lehrbuch ergänzt die Lehrveranstaltungen, manchmal ersetzt es sie sogar. Viele Studenten können sich schwierige Wissensstoffe aus guten Lehrbüchern besser erarbeiten als aus den Darbietungen ihrer Professoren, und in Zeiten überfüllter Hörsäle (von denen allerdings die naturwissenschaftlich-technischen Fächer in Deutschland zur Zeit weit entfernt sind) gibt es ein zusätzliches Motiv, das Lernen verstärkt an den eigenen Schreibtisch zu verlagern.

Was macht das gute Lehrbuch aus? Wir haben es oben in unserem Versuch einer Definition schon vorweggenommen: Es muss vor allem *systematisch* sein. Es sollte den gängigen Wissensstoff des Fachs lückenlos so abdecken, wie er etwa in Prüfungen verlangt wird. Dass das Buch darüber hinaus Dinge anbietet, die vielleicht nicht oder nicht an jedem Hochschulort Prüfungsstoff sind, wird man ihm nachsehen. Steigender Leistungsdruck auf den Studierenden hat in jüngerer Zeit Tendenzen zur „Verschulung" der akademischen Ausbildung verstärkt, zum Teil auch in den naturwissenschaftlich-technischen Disziplinen. Ob man eine solche Entwicklung begrüßt oder nicht – es gibt jedenfalls das klassische Lehrbuch noch, das nach akademischer Tradition weniger auswendig gelernt als vielmehr verstanden sein will.

Dass ein Lehrbuch den aktuellen Stand des Wissens richtig und in übersichtlicher Form wiedergeben soll, versteht sich fast von selbst. Es sollte *eingängig* geschrieben sein, eine Forderung, die Lehrbücher aus dem englischsprachigen Raum oft besser erfüllen als deutsche. Dazu kommt neuerdings und verstärkt eine Tendenz zu immer besserer typografischer Gestaltung und Bebilderung. Kaum ein Lehrbuch mehr, das nicht auch Farbe einsetzte, um wichtige Bestandteile in Text und Abbildungen hervorzuheben.

Lehrbücher erscheinen in unterschiedlichen Formen, je nach Zweck: gedruckt beispielsweise als Taschenbuch, als *Hardcover* oder kiloschweres Konvolut. Die Verlegung eines Lehrbuchs verschlingt große Geldsummen und will sorgfältig geplant sein. Um die Grundkosten durch Mehrfachnutzung zu senken, werden Lehrbücher oft in mehreren Sprachen ausgegeben, häufig durch Übersetzung aus dem Englischen. Die Studenten können in den meisten Fächern aus einem reichen Angebot auswählen und dabei neben den Empfehlungen der Dozenten ihre persönlichen Lese- und Lerngewohnheiten berücksichtigen.

Einige didaktisch begabte und engagierte Hochschullehrer haben mit ihren Werken Generationen von Studenten in vielen Sprachkreisen geholfen, ihr Studium zu bewältigen (und einige wenige sind dabei reiche Leute geworden). Heute sind zu vielen Themen nur noch Mehr- oder Vielautorenwerke am Markt, die nicht immer alle Wünsche hinsichtlich Didaktik und vor allem Homogenität erfüllen können, doch belegt eine Reihe von Beispielen, dass auch auf diesem Wege hervorragende „Lehrmittel" entstehen können.

Seit Jahren gibt es neben dem Besuch von Vorlesungen und dem Durcharbeiten von Lehrbüchern weitere Formen des Lernens: Fernuniversitäten und andere Einrichtungen der Aus- und Weiterbildung haben mit *Fernstudiengängen* Pionierarbeit geleistet. Lernstoffe und Übungsmaterialien werden dabei zunehmend über das *Internet* angeboten, ein Lehrbuch, sofern noch benötigt, wird zum „Begleitmaterial". Als Beispiel für viele, die hier Erwähnung verdient hätten, sei das Lehrbuch *Botanik* von Peter von SENGBUSCH erwähnt. Erweitert um Hunderte von Abbildungen und neu gestaltete Grafiken wurde es zu einem Lehr- und Nachschlagewerk *Botanik Online* umfunktioniert und dem „Web" anvertraut (www.biologie.uni-hamburg.de/b-online/). Der Themenkreis des ursprünglichen Buches kann jederzeit verändert oder ergänzt werden, und zwar von allen, die etwas dazu beitragen möchten: Botaniker, Biowissenschaftler, Informatiker, Lehrende, Lernende. Es gibt keine gedruckte Version mehr. Was hier in einem Projekt der Universität Hamburg entstanden ist, bezeichnet sich selbst als *Internethypertextbuch*, es verdient zweifellos Aufmerksamkeit.[11]

Bilder spielen besonders in den mehr beschreibenden Wissenschaften wie den Bio- und Geowissenschaften eine herausragende Rolle. Das Bild ist für uns „Augenmenschen" ein unentbehrliches Kommunikationsmittel. Hier eröffnet die Datenverarbeitung neue Möglichkeiten: Bilder werden *beweglich (Bildschirm-Animation)* und *interaktiv*: Der Betrachter kann sich Bilder oder Bildsequenzen so zugänglich machen, wie er es gerade wünscht. *Ton* kann hinzugefügt werden. Aus der Lektüre wird ein *Multimedia*-Ereignis, aus dem Buch ein *Hypertext,* der auch mit anderen Büchern oder sonstigen Quellen verknüpft sein mag. Die ersten Produkte auf CD-ROM, die solche Verheißungen mehr oder weniger gut erfüllten, sind Anfang der 1990er Jahre erschienen; die meisten gehörten allerdings der Kategorie *Lexikon* an.

Was wir oben geschildert haben, fällt unter den Begriff *E-Learning*, elektronisches Lernen. Das will nicht sagen, dass die kleinen grauen Hirnzellen jetzt beim Lernen ausgedient hätten. Vielmehr geht es darum, wie das aufzunehmende Wissen an den Lernenden herangetragen wird, und da gibt es Potenziale, die mit dem soeben Geschilderten noch nicht ausgeschöpft sind. Der Verlag dieses Buches steht im Begriff, unter dem Label WILEY PLUS® auf den „Lehrmittelmarkt" zu gehen. Hier ist eine neue Plattform geschaffen worden, halb Programm, halb Datenbank, die nicht nur den Lehr-

---

[11] Dieses Fernlehrbuch ist aus Vorlesungen, Seminaren und Praktika hervorgegangen, die an mehreren deutschen Universitäten seit 1970 veranstaltet und ursprünglich von Skripten begleitet wurden. Daraus hatte v. SENGBUSCH zunächst drei „klassische" Lehrbücher entwickelt: *Einführung in die allgemeine Biologie* (1974; 474 S., Hochschultext), *Molekular- und Zellbiologie* (1979; 671 S.), beide bei Springer, sowie die oben erwähnte *Botanik* (1989; 864 S.) bei McGraw-Hill. – Eine Zeitlang spielte auch der Hörfunk hier eine Rolle. Vielleicht erinnern sich einige von Ihnen an eine Senderreihe *Biologie: Systeme des Lebendigen*, die von vier südwestdeutschen Rundfunksendern 1973/74 ausgestrahlt wurde. Hier ging das Bemühen den umgekehrten Weg. Nachträglich (1976) wurde die Sendefolge in Form zweier Taschenbücher *Funk-Kolleg Biologie* verlegt. Die verlagsseitige Betreuung dieses Projekts lag damals bei einem der Autoren des Buches, das Sie in Händen halten.

stoff in digitaler Form – durch Integration von Materialien, darunter ganzen Lehrbüchern – bereit stellt, sondern auch das Lehren und Lernen zu einem wechselseitigen Prozess macht. Dozenten können auf dieser Lehr- und Lernplattform nach Belieben eigene Beiträge zu ihrer Vorlesung einbringen und beispielsweise auch Übungsaufgaben stellen; Studenten können ihre Lösungen „zurückmelden"; das Programm erkennt „richtig" und „falsch" und entlastet den Dozenten von weniger kreativen Aufgaben, setzt seine Kräfte frei für die Optimierung der Lehre. Wieder spielt das Internet als Medium eine entscheidende Rolle, aber die Vorlesung ist damit nicht *abgeschafft*, sie bekommt nur eine neue Basis. Studenten empfinden das Verfahren überwiegend und in mehrfacher Hinsicht als „beneficial". Hier wird aus dem Lehrbuchautor ein Mediendidaktiker.[12]

- Die *Monografie*: Quelle der vertieften Information über ein wissenschaftliches Spezialgebiet.

Monografien heißen so, weil sie *einem* (*gr.* monos, einzeln) mehr oder weniger geschlossenen Themenkreis gewidmet sind *(Einzeldarstellung)* und nicht so sehr, weil sie von einer einzigen Person verfasst worden wären. Sie stehen an der Spitze der aus Büchern aufgebauten „Wissenspyramide", und wie bei allen Pyramiden ist auch hier die hochgelegene Plattform eng. Monografien erreichen daher meist nur geringe Auflagen[13] und sind entsprechend teuer. Für die Wissenschaftler, die Monografien verfassen, ist das ebenso bedauerlich wie für die Verlage. Um des Honorars willen wird höchstens ein Phantast eine Monografie verfassen. Es sind andere Motive, die dafür sorgen, dass es nach wie vor ein reichhaltiges Angebot an Monografien über fast jeden wissenschaftlichen Gegenstand gibt, den man sich ausdenken kann. An erster Stelle darf sicher, wie schon weiter vorne angesprochen, der Wunsch eines Wissenschaftlers genannt werden, sich durch das Verfassen oder die Herausgabe einer Monografie als führender Experte auf dem betreffenden Fachgebiet auszuweisen. An dem Satz „Ein Buch zählt mehr als zehn Originalmitteilungen" ist sicher etwas Wahres, wenngleich noch niemand (von den Literaten einmal abgesehen) für ein Buch einen Nobelpreis bekommen hat.

- Es gibt inhaltliche und formale Merkmale, in denen sich Lehrbücher und Monografien unterscheiden.

Lehrbücher enthalten oft Übungsaufgaben mit Lösungen und zitieren vergleichsweise wenig Literatur („weiterführende Literatur"). Auf den Nachweis der Quellen für die einzelnen Inhalte des Texts wird weitgehend verzichtet. Umgekehrt belegen die Autoren

---

[12] Im Prinzip kann jeder sein eigenes Lehrbuch ins Internet schreiben. POWERPOINT (von Microsoft) oder ein anderes Präsentationsprogramm oder sogar ACROBAT (von Adobe) wird ihn dabei unterstützen. – Vorlesungen im Internet sind, wenngleich meist als Angebot auf Einseitigkeit, schon seit einigen Jahren keine Seltenheit mehr, man kann sie oft auch als Gast mithören oder -sehen, ohne den Campus zu betreten.

[13] Das Wort „Auflage" wird in doppeltem Sinn gebraucht: als *Ausgabe-Bezeichnung* und zur Messung einer *Druckquote*. Man sagt z. B.: „Dies ist die 3., verbesserte Auflage des Buches" und „die Auflage betrug 5000 Stück". Oben war die zweite Verwendung gemeint. Dass Monografien in Folgeauflagen gehen, kommt selten vor.

4.1 Eingangsüberlegungen

von Monografien praktisch jede Aussage mit Quellen und werden damit zu Wegweisern in die Primärliteratur (s. Kap. 3), auf die Fachleute gerne Zugriff haben möchten. An der Schnittstelle „gehobenes Lehrbuch"/„einführende Monografie" verschwinden freilich diese Grenzen.

Zur „informierenden" Buchliteratur sind auch die großen, zum Teil enzyklopädisch gestalteten *Nachschlagewerke* zu zählen, die – fast immer über viele Jahre verteilt – in mehreren Bänden oder Teilbänden erscheinen, und dies, ähnlich wie auch die Monografien, zunehmend in englischer Sprache.

- *Handbücher* halten das als gesichert geltende Wissen zum Zeitpunkt ihres Erscheinens fest.

Sie schöpfen oft auch aus älterer Literatur, die mit den modernen Mitteln der Literaturrecherche nicht einfach zu finden ist. Da es kaum möglich ist, alle Teile derart monumentaler Werke gleichzeitig erscheinen zu lassen, sind die einzelnen Bände jeweils unterschiedlich aktuell mit einem anderen Literaturstand. Eine stets aktualisierbare Basisinformation kann durch Herausgabe des Handbuchs in *Loseblattform* erreicht werden, wobei das Grundwerk durch Austausch von überarbeiteten Einzelblättern und durch Nachlieferungen in kürzeren Abständen auf dem jeweils neuesten Stand gehalten wird. Nachdem wir weiter vorne Motive hinter dem Bücherschreiben angesprochen haben, fügen wir hier noch eines an: Die Einladung, an einem berühmten Handbuch mitzuwirken, darf man getrost als Ehre ansehen. Institutionen oder Firmen legen oft Wert darauf, ein bestimmtes Thema mit einem ihrer Fachleute zu „besetzen". Das hat Sinn, und solche Einstellungen machen das Handbuch erst machbar.

- In jüngerer Zeit verstärken die Verlage das Bemühen, ihre großen „Wissensspeicher" als *elektronische Bücher* zu führen und auf dem Informationsmarkt anzubieten.

Höhere Flexibilität und Aktualität gehören zu den Gewinnen für den Leser – den wir dann freilich besser als „Benutzer" (*engl.* user) bezeichnen.[14]

4.1.4 Zusammenarbeit mit dem Verlag

Viele Wissenschaftsverlage geben sowohl *Zeitschriften* als auch *Bücher* heraus, und das ist vernünftig: Die Erfahrung auf dem einen Gebiet kommt der auf dem anderen zugute. Das gilt vor allem für das Wichtigste, worüber ein Wissenschaftsverlag ver-

---

[14] Zur Frankfurter Buchmesse 1997 legte der Verlag dieses Buches sein (damals) 36-bändiges Nachschlagewerk *Ullmann's Encyclopedia of Industrial Chemistry* (5. Aufl.) auf CD-ROM vor. Ein internationales Publikum konnte sich von dem außerordentlichen Fortschritt überzeugen, der bei der gezielten und raschen Suche nach bestimmten Stichwörtern und Sachverhalten gegenüber der ursprünglichen, auf Papier gedruckten Ausgabe mit ihren doch recht schwerfälligen Registern erreicht worden war. Man durfte eine Weltpremiere mitfeiern. Die „Elektronifizierung" der Enzyklopädie zahlte sich aus, sie konnte bald darauf online fortgeführt werden, heute bei Wiley InterScience. Dort erscheinen Hypertext-Nachschlagewerke in steigender Zahl als *Wiley InterScience OnlineBooks*. Ein weiteres wichtiges Produkt dieser Art ist beispielsweise die *Encyclopedia of Applied Physics*. Die Angebote richten sich an institutionelle Nutzer, der Zugang zu der Information wird durch Lizenzverträge geregelt (vgl. www.interscience.wiley.com/aboutus/onlinebooks.html).

fügt: seine Verbindung zu den Autoren. Dennoch sind es oft unterschiedliche Personen, die den einen und den anderen Bereich versehen: Die einen betreuen Bücher, die anderen Zeitschriften.

- Die Buchplanungsgruppen in den Verlagen werden Lektorate genannt, ihre leitenden Mitarbeiter *Lektoren* (Buchplaner).

Lektoren beteiligen sich, wie im folgenden Abschnitt näher beschrieben wird, an der Ideenfindung für neue Buchpublikationen und stimmen mit Autoren und Herausgebern Einzelheiten der Publikationsvorhaben ab. Häufig tragen die Lektoren die Verantwortung für den wirtschaftlichen Erfolg der Publikation, wodurch ihnen ein Mitspracherecht bei den Ausgaben für *Herstellung* und *Werbung* zukommt. Der Lektor (*engl.* acquisition editor, commissioning editor) führt auch die Vertragsverhandlungen, die in den Abschluss des Verlagsvertrags (s. Abschn. 4.1.2) einmünden.

Lektoren in deutschen naturwissenschaftlich-technischen Verlagen haben in der Regel selbst einen Hochschulabschluss in einem der von ihnen betreuten Fächer. Dadurch können sie – soweit dies dem Generalisten gegenüber dem Spezialisten möglich ist – ihren Autoren ebenbürtige Gesprächspartner sein und die Bedeutung neuer Entwicklungen und Arbeitsrichtungen einordnen. Die Lektoren (mehr über ihre Rolle in RÖHRING 2003, DAVIES 1995) werden oft von Buchredakteuren und Lektoratsassistenten unterstützt, so beim Bearbeiten von Manuskripten und beim Abwickeln größerer Publikationen.

- Außer mit den Lektoren wird der Autor oder Herausgeber eines Buches mit den Leitern der *Herstellungsabteilung* und des *Marketing* und ihren Mitarbeitern zu tun haben.

Viele verbinden mit „Verlag" und Herstellungsabteilung das Bild von Maschinensälen, in denen gesetzt und gedruckt wird und Bücher oder Zeitschriften über Fließbänder rollen. Die Vorstellung kann zutreffen, muss es aber nicht. Die körperliche Herstellung ist nicht eigentlich Aufgabe des Verlags, sondern die von technischen Betrieben *(Setzerei, Druckerei, Buchbinderei)*. Solche Betriebe können dem Verlag angeschlossen sein, doch haben es viele selbst große Verlage schon immer vorgezogen, ihre Aufträge an Fremdfirmen zu vergeben: frühe Beispiele von „schlanker" Produktion, von *(engl.) outsourcing*.

- „Herstellung" im engeren Sinne umfasst alle Aufgaben, die verlagsseitig wahrzunehmen sind zwischen Entgegennahme eines Manuskripts und Anlieferung der fertigen Ware Buch (oder Zeitschrift).

Es sind dies die technische Vorbereitung des Manuskripts und seiner Sonderteile für Satz und Druck, Auftragsbearbeitung und Einholen von *Angeboten*, Auftragsvergabe und deren Abwicklung, Überwachung von Terminen und Abläufen (z. B. während der Korrekturen), Einkauf von Papier und vieles mehr. In der Herstellungsabteilung werden zumeist auch die Kalkulationen für die einzelnen Buchwerke nach den Vorgaben der Lektoren durchgeführt. Häufig werden Vertreter der Herstellungsabteilung mit am Tisch sitzen, wenn über Fragen der Buchgestaltung gesprochen wird, besonders bei drucktechnisch aufwändigen Werken (etwa mit farbigen Teilen oder mit vielen Abbildungen).

Das Berufsbild der Verlagsherstellers ist im Wandel begriffen: Mehr und mehr wird aus dem Fachmann in typografischen und drucktechnischen Dingen ein Makler in moderner Informationstechnologie (IT).

- Eine bedeutende Rolle in den Verlagen spielt das *Marketing*.

Ein gutes Buch zuwege zu bringen ist eine Sache; es gut zu verkaufen eine andere. Autoren tun gut daran, ihre Kenntnis der Zielgruppen dem Verlag zu übermitteln. Meistens werden sie dazu mit Hilfe eines *Autorenfragebogens* aufgefordert. Ihre Angaben über mögliche Leser und Käufer des Buches, über wissenschaftliche Gesellschaften oder Industriezweige, für die das Buch eine Bedeutung hat; ihre Hinweise auf Tagungen und Kongresse, auf denen es *ausgestellt* werden sollte; auf Zeitschriften, in denen es *angezeigt* oder *rezensiert* werden sollte – all das unterstützt die Arbeit des Verlags.

Für Sie, die Sie vielleicht über einen Ihnen persönlich bekannten Lektor Verbindung mit dem Verlag aufgenommen haben, mag es überraschend sein zu erfahren, wie viele Personen sich mit Ihrem Werk beschäftigen werden. Aber das ist angesichts der Vielfalt der Aufgaben und der Größe vieler Wissenschaftsverlage nur zu verständlich.

Der Verlag wird von einem oder mehreren Personen geleitet, die auch Eigentümer des Verlags sein können *(Verlagsleiter, Verleger)*.

- Bei wichtigen Entscheidungen, besonders bei großen Publikationsvorhaben, finden Begegnungen auch auf der obersten Ebene des Verlagsmanagements statt.

Wenn Sie sich auf das Abfassen oder die Herausgabe eines Buchwerkes einlassen, fällen Sie einen weit reichenden Entschluss. Es ist gut, wenn Sie die damit verbundenen Konsequenzen und Belastungen kennen – und auch die Personen, denen Sie viel Vertrauen entgegenbringen müssen.

Ob eine Buchpublikation gelingt, hängt nicht zuletzt von der engen und vertrauensvollen Zusammenarbeit zwischen Autoren und Herausgebern einerseits und Verlagsmitarbeitern andererseits ab. Wem – welchem „Haus" – Sie dieses Vertrauen schenken wollen, ist eine kritische Prüfung wert. Wir verweisen auf unsere Bemerkungen in Zusammenhang mit Zeitschriften (Abschn. 3.2.4), wenngleich die Fragen hier anders gestellt werden müssen als im vorangegangenen Kapitel. Bevor Sie sich einem Verlag als Buchautor zur Verfügung stellen, ist es für Sie wichtig, zumindest von einem der in Frage kommenden Verlagshäuser das Programm zu kennen. Den besten Überblick darüber vermittelt das Verzeichnis *(Verlagsverzeichnis,* Gesamtverzeichnis, *Katalog)*, das ein jeder Verlag herauszugeben pflegt. Auch das Urteil von Kollegen, die Repräsentation des Verlages auf Tagungen und Messen sowie seine Neuerscheinungsankündigungen in Fachzeitschriften sind von Bedeutung, neuerdings auch die Präsentation des Unternehmens im Internet mit dem jeweiligen *Verlagsprogramm* und seinen „Produktlinien" und einzelnen Publikationen. Am wichtigsten scheint es aber, dass Sie wenigstens einige der Verlagsmitarbeiter und -mitarbeiterinnen persönlich kennen lernen, mit denen Sie zusammenarbeiten sollen.

4.2 Planen und Vorbereiten

4.2.1 Disposition, vorläufiges Vorwort

Als Autor oder Herausgeber werden Sie – ebenso wie der Verlag – den Wunsch haben, das Vorhaben näher zu beschreiben.

- Zunächst gilt es, einen *Arbeitstitel* zu finden.

Er wird vielleicht nicht der später verwendete *Titel* sein, muss aber ausreichen, um das Projekt für den Augenblick auf eine kurze Formel zu bringen (vgl. die Anmerkungen zum Titel von Dissertationen, Abschn. 2.2.2). Wir werden die Angelegenheit der Titelfindung nicht noch einmal aufgreifen, weisen aber darauf hin, dass dem Wortlaut des Titels größte Aufmerksamkeit geschenkt werden sollte. Man kann ein gutes Buch mit einem schlechten Titel zugrunde richten, ihm die verdiente weite Verbreitung verbauen. Überlange Titel können ebenso schädlich sein wie nichts sagend kurze, zu umfassende ebenso verkaufshinderlich wie zu stark einengende. Zu gegebener Zeit ist die Frage nach dem endgültigen Titel noch einmal zwischen Autor und Verlag zu erörtern.

- Sodann ist eine *Disposition* zu erstellen, die den späteren Aufbau des Buches in groben Zügen erkennen lässt.

Die Disposition *(Gliederungsentwurf,* s. Abschn. 2.3.1*)* nennt die Teile, Kapitel und wichtigsten Abschnitte, aus denen das Buch bestehen soll. Zu den jeweils untersten Gliederungsebenen können Sie *Stichwörter* vermerken, die an der betreffenden Stelle abgehandelt werden sollen. Da das Buch mit einiger Sicherheit nach der *Stellengliederung* (s. Abschn. 2.2.5) gegliedert werden wird, ist es sinnvoll, wenn Sie schon jetzt die vorgesehenen Kapitel- und Abschnittsnummern verwenden. Ändern und umstellen, vor allem aber weiter in kleinere Gliederungseinheiten aufteilen können Sie später immer noch. Arbeitstitel und Disposition sollten aber ausreichen, um das Werk im Verlag frühzeitig bestimmten *Sachgebieten* und *Zielgruppen* zuordnen zu können.

Für den Verlag ist es wichtig, Ihr Werk richtig in das Verlagsprogramm einzuordnen, nicht zuletzt, um die Werbeaktivitäten vorzubereiten, den Titel in *Fachgebietskatalogen* anzukündigen und für andere Maßnahmen. Darüber hinaus setzt die Disposition den zuständigen Lektor oder von ihm eingeschaltete *Gutachter* nochmals in die Lage, den Plan zu beurteilen und ggf. modifizierend einzugreifen.

- In der Disposition werden Sie die vorgesehenen Seitenzahlen für die einzelnen Kapitel veranschlagen.

An dieser Stelle geht die qualitative Beschreibung des Projekts in eine quantitative Bewertung über: Die einzelnen Kapitel werden „gewichtet". Erstmals wird erkennbar, an welchen Stellen das Buch seine Schwerpunkte haben wird, ob im Bereich der Theorie, der Methoden oder der Anwendungen. Gerade hieran kann sich ein weiteres

fruchtbares Gespräch zwischen Ihnen sowie ggf. den weiteren Autoren und Verlagsmitarbeitern entzünden.
- Ein vorläufiges *Vorwort* kann als zusätzliche Kurzbeschreibung und Begründung der geplanten Buchpublikation dienen.

Anders als die meist sehr formal gehaltenen Vorwörter von Dissertationen (s. Abschn. 2.2.3) offenbaren gut geschriebene Vorwörter von Büchern eine Menge über deren Zielsetzung und Inhalt. Das Vorwort soll nicht nur den Leser des Buches auf das vorbereiten, was ihn erwartet, sondern eine weiterreichende, werbliche Funktion erfüllen:
- Das Vorwort eines Buches ist die Selbstdarstellung des Autors und seines Werkes. Es entscheidet oft darüber, ob das Buch gelesen wird oder nicht.

Aus gutem Grund leiten sich die Werbetexte der Verlagsankündigungen oft in ihren Kernaussagen von den Vorwörtern ab, die Autoren ihren Werken vorangestellt haben.
- Das Vorwort ist der geeignete Ort, über *Ziele, Inhalt, Aufbau* und *Abgrenzung* eines Buches Auskunft zu erteilen.

Dies sind wichtige Anliegen. Ihnen bleibt es unbenommen, später Ihr Vorwort doch noch anders zu formulieren und beispielsweise Danksagungen hinzuzufügen.

4.2.2 Musterkapitel

Als Autor werden Sie oft gebeten, zu einem frühen Zeitpunkt – noch vor Vertragsabschluss – ein *Musterkapitel* zur Verfügung zu stellen. Damit verfolgt der Lektor mehrere Zwecke.
- Das Musterkapitel enthüllt Sprache, Stil und Darstellungsform und hilft dem Verlag, das Projekt besser einzuschätzen, und Ihnen, die auf Sie zukommende Arbeit genauer zu beurteilen.

Das Musterkapitel zeigt (sollte zeigen!) Beispiele der charakteristischen Sonderteile des Buches wie Formeln, Tabellen und Abbildungen. Der Lektor wird es selbst lesen und redigieren, auch wenn er später das Bearbeiten des Manuskripts aus der Hand geben muss. Oft kann er/sie Hinweise zu Ausdruck und Form geben oder zu speziellen Fragen bei *Nomenklatur* und *Terminologie,* zum korrekten Gebrauch von *Größen* und *Einheiten* und all den anderen Dingen, die in Teil II dieses Buches behandelt werden. Hier wie in allen Phasen der Buchentstehung gilt:
- Je früher Schwierigkeiten oder Mängel erkannt werden, desto leichter lassen sie sich beheben; rechtzeitig getroffene Vereinbarungen helfen spätere Reibungsverluste vermeiden.

Manche Autoren sind nicht willens, zu einem so frühen Zeitpunkt eine „Schreibprobe" abzugeben. (Genügt nicht in ihrem Falle, bringen sie vielleicht vor, ein Sonderdruck einer ihrer Arbeiten mit vergleichbarem Inhalt als Ersatz?) Doch das Abfassen eines naturwissenschaftlichen Manuskripts ist nicht nur ein schöpferischer Akt, sondern auch ein interaktiver Prozess. Je umfangreicher und aufwändiger der Text, desto wertvoller erweisen sich rechtzeitige Absprachen zwischen Autor und Verlag für die gesamte Abwicklung. Eine Zeitschrift setzt ihre Normen selbst, denen hat sich der Autor anzupassen. Anders das Buch – jedes hat seine Eigenheiten und lässt Spielraum für freie Vereinbarungen.

- Ziele der Vereinbarungen sind ein möglichst hohes Maß an *Einheitlichkeit (Konsistenz)* innerhalb des Buches wie auch an Wiedererkennungswert innerhalb des Verlagsprogramms.

Die einheitliche Handhabung im Buch kann den durchgängigen Gebrauch bestimmter Termini oder das Festhalten an stets genau derselben Schreibweise betreffen und sich auf so banale Dinge wie das Verwenden des Bindestrichs bei zusammengesetzten Begriffen erstrecken. Unbewusst nehmen wir als Leser solche „Nebensächlichkeiten" als zu den Qualitätskriterien von Büchern gehörend wahr.

- *Konsistenz* – dem *(lat.)* Wortsinn kommen Festigkeit, Beständigkeit, Verlässlichkeit nahe – ist ein Zauberwort des Schreibens und Publizierens.

Frühzeitige und klare Festlegungen sind ein wirksames Mittel, dem Buch ein hohes Maß an „Verlässlichkeit" in diesem Sinne zu sichern und gleichzeitig den Aufwand zum Erreichen dieses Ziels zu minimieren, die Arbeit zu rationalisieren. Bei dem Umfang der vorgesehenen Publikation wird sich jeder Gedanke darauf auszahlen. In Kap. 10 („Fremdwörterei" in Abschn. 10.2.3) kommen wir auf Konsistenz als Stil-Merkmal kurz zurück.

Der Verlag kann anhand des Musterkapitels den Grad der technischen Schwierigkeiten erkennen. Gibt es viele Sonderzeichen und Formeln? Wie stark ist das Buch bebildert, in welchem Zustand erreichen die Bildvorlagen den Verlag? Zusammen mit dem schon früher eingegrenzten Umfang kann das Werk erstmals *kalkuliert* werden. Kein Verlag wird einen Vertrag ausstellen, so lange nicht eine *Vorkalkulation* durchgeführt worden ist.

Verfassen Sie als deutscher Wissenschaftler ein Manuskript in Englisch, so geben Sie dem Verlag mit Ihrem Musterkapitel Gelegenheit, das Ausmaß einer notwendigen *Sprachrevision* („language polishing") zu beurteilen.

Nicht zuletzt lässt sich bei der Gelegenheit klären:

- Können die vom Autor abgelieferten Daten später für den Satz herangezogen werden?

Diese Frage ist nun schon seit Jahren *die* Frage schlechthin. Einerseits verfügen Naturwissenschaftler nicht erst seit gestern über ein mehr oder weniger leistungsfähiges *Textverarbeitungssystem,* das sie gerne einsetzen, weil dadurch die Mühe mit dem Abfassen des Manuskripts drastisch reduziert werden kann (s. Abschn. 5.3). Andererseits waren oder sind die Standardisierung im Bereich der *Textverarbeitung* und die Angleichung an die technischen Normen, die das *Druckwesen* bestimmen, immer noch nicht weit genug fortgeschritten, um die in den modernen Rechnern und Datenträgern steckenden Möglichkeiten beim Setzen und/oder Drucken überall und in vollem Umfang ausschöpfen zu können.[15] Das holpernde „und/oder" an der Stelle trifft recht gut den Stand der Dinge: Gedruckt wird zwar immer, wenn ein Buch oder ein anderes Druckerzeugnis entstehen soll, aber *Schriftsatz* als eigenen Produktionsschritt muss man dazu nicht unbedingt veranstalten. Was also wird der nächste Schritt sein nach der *Freigabe* des Manuskripts: Setzen *oder* Drucken? Da bestehen weiterhin Unsicherheiten, hapert es noch, holpert es noch. Wie entsteht überhaupt die Vorlage, die man guten Gewissens „zum Druck freigeben" kann?

Der Wunsch von Autoren und Verlagen geht dahin, dass ein einmal auf Datenträger gespeichertes Manuskript die „elektronische Ebene" nicht mehr verlässt und ohne neuerliches Eintasten – *Setzen* – zur fertigen Druckvorlage weiter verarbeitet werden kann (vgl. auch schon Abschn. 3.5.4). Das Ziel – der möglichst durchgängige digitale Produktionsprozess also – ist so verlockend, dass die Beteiligten alles daran setzen, „Schnittstellenprobleme" der eben genannten Art möglichst frühzeitig zu erkennen und aus dem Weg zu räumen. Dazu weisen wir auf eine Autorenrichtlinie für Bücher hin, die der Verlag Wiley-VCH in das Internet gestellt hat (www.wiley-vch.de/publish/dt/authors/auguidelines/text). Diese Richtlinie ist in sieben Kapitel geteilt, von denen an der Stelle vor allem „5 Manuskripte in elektronischer Form" wichtig ist.[16]

Die physische Form des *elektronischen Manuskripts* (s. auch Abschn. 5.4.1) war anfänglich die *Diskette*. Der Standard-Datenträger der Gegenwart ist die CD. Wenn Sie Ihr komplettes Buchmanuskript fertig gestellt haben und in digitaler Form abliefern wollen, so ist die Abspeicherung der Daten auf einer CD (oder DVD) der richtige Weg. In der Anfangsphase des Schreibens jedoch, wenn Sie gemeinsam mit dem Verlag Inhalt und Form Ihres Textes abstimmen, ist das einfachste und schnellste Verfahren der Versand Ihrer Daten per *E-Mail* („Online-Manuskript"). Wurde früher eine „Musterdiskette" an den Verlag geschickt, geht es heute um „Musterdateien".[17]

- *Musterdateien* bieten eine Gelegenheit, Fragen der *Kompatibilität* zwischen Textverarbeitungssystem des Autors und Satz- oder Drucktechnik zu klären und zu prüfen, ob die vom Autor bereitgestellten Daten problemlos weiter verarbeitet werden können.

Der Verlag nutzt häufig die Gelegenheit, von einem Musterkapitel einen *Probedruck* anfertigen zu lassen. Man kann dann *Schriftart* und *Schriftgröße* festlegen und da-

---

[15] Wir dürfen nicht vergessen: *Satz-* und *Drucktechnik* sind älter als die Textverarbeitung am Schreibtisch. Die beiden Domänen sind nicht nebeneinander entstanden, sondern in großem zeitlichem Abstand; sie müssen sich aufeinander zu bewegen. Es gab zwar gemeinsame Wurzeln (vgl. Abschn. 4.4.3), aber die waren – leider – nicht stark genug, um ein echtes Miteinander von den Anfängen des DTP an zu gewährleisten.

[16] Die Richtlinie verweist auf das vorliegende Buch als ausführliche ergänzende Literatur, genauer: auf seine 4. Auflage 1998, und trägt außer dem Copyright-Vermerk ©2005 den von 1999. Zum Zeitpunkt unserer gegenwärtigen Arbeit ist sie nicht mehr in allen Punkten topaktuell und sieht einer Überarbeitung entgegen. Wir werden uns gelegentlich auf diese Quelle mit „VCH-Autorenrichtlinie" beziehen.

[17] Die Frage der Hardware – auf welchem Medium sollen die Dateien gespeichert werden? – spielt heute praktisch keine Rolle mehr; CDs können sowohl von Macs als auch von Windows-Rechnern gelesen werden, weil es eine Norm gibt, nach der sich alle „Plattformanbieter" richten. Auch können die Laufwerke der Rechner gleich gut mit CDs wie mit DVDs arbeiten.

durch besser die zu erwartende *Seitenzahl*, den *Umfang* des Buches, abschätzen. Seit Textverarbeitungssysteme die Anzahl der Zeichen in einem Dokument zählen können, lässt sich der Umfang recht genau angeben – man muss es nur machen! Sie als Autor mag es beruhigen und zugleich anspornen, dass Sie sich Aussehen und Umfang Ihres Werkes schon zu diesem frühen Zeitpunkt vorstellen können.

- Dem Musterkapitel eines naturwissenschaftlich-technischen Textes sollten Sie eine *Liste der Symbole* beifügen.

In dieser Liste erläutern Sie die verwendeten Symbole möglichst aller *physikalischen Größen,* die im Text vorkommen werden, sowie anderweitige *Sonderzeichen* (z. B. für mathematische Operationen). Unter technischen Gesichtspunkten kann davon die Wahl des Satzverfahrens abhängig gemacht werden. Später kann die Liste, vermehrt möglicherweise um spezielle *Abkürzungen* und *Akronyme* und am Anfang des Buches abgedruckt, dem Leser zu einem leichteren Verständnis des Textes verhelfen.

Für die weitere Arbeit am Manuskript können an dieser Stelle Vereinbarungen über die *Codierung* bestimmter Zeichen getroffen werden, die nicht im Zeichensatz Ihres Textverarbeitungsprogramms enthalten sind, der sog. *Sonderzeichen*. Beispielsweise könnten Sie mit dem Verlag absprechen, dass Sie die mathematischen Zeichen ∅ oder ∞ durch § bzw. $ darstellen werden, was Sinn macht, solange Sie das Paragraph- und das Dollarzeichen nicht als solche brauchen. Auch Fragen der allgemeinen *Schriftauszeichnung* (Kennzeichnen von Sonderschriften und von *Hochzeichen* oder *Tiefzeichen*) können bereits jetzt geklärt werden.

Zu Sonderzeichen äußert sich die VCH-Autorenrichtlinie wie folgt:

> Bitte geben Sie im Text vorkommende Sonderzeichen, die nicht direkt über die Tastatur erreichbar sind, als Kombination von Zeichen ein. Als Anfangs- und Schlußcode wird ein Zeichen verwendet, das nicht in Ihrem Text vorkommt, beispielsweise § § oder < >. Das Zeichen ∞ könnte etwa als <unendlich> kodiert werden. Dokumentieren Sie unbedingt alle diese kodierten Sonderzeichen in Form einer Liste in einer speziellen Datei und als Ausdruck.

In vielen Zeitschriften-„Guidelines" findet sich darüber hinaus die Bitte, so weit wie möglich die „Einfügen Sonderzeichen"-Anweisung von WORD auszuschöpfen. Doch wollen wir derlei Einzelheiten im Augenblick nicht vertiefen.

4.3 Anfertigen des Manuskripts

4.3.1 Anmerkungen zur Organisation

Mag ein Beitrag in einer Zeitschrift 10 gedruckte Seiten umfassen, so liegen wir jetzt, was die Zahl der zu produzierenden Seiten und das Maß an Arbeit angeht, um ein bis zwei Größenordnungen höher: Eine typische *Monografie* umfasst in der Größenordnung von 200 bis 300 Druckseiten, ein großes *Lehrbuch* kann die Seitenzahl 1000 erreichen oder übersteigen. Es hieße ein Scheitern programmieren, würde man eine so monumentale Aufgabe annehmen, ohne der *Arbeitsvorbereitung* einige Aufmerksamkeit zu schenken.

- Zunächst ist zu klären, *wie* der zu behandelnde Stoff zu Papier gebracht oder sonstwie bereitgestellt werden soll.

Soll Text *handschriftlich* aufgezeichet und anschließend in eine *Maschinenschrift* umgewandelt werden? Wer besorgt diese Umwandlung? Die Überlegungen sind ähnlich, wie sie schon beim Abfassen einer Dissertation anzustellen waren (s. Abschn. 2.3.2), mit dem Unterschied, dass die viel größere Aufgabe noch zwingender nach rationellen Lösungen verlangt. Vermutlich ist ungeachtet aller Fortschritte in der Schreibtechnik auch heute das handschriftliche Aufzeichnen ein häufig beschrittener Weg während der ersten Entwürfe und Fassungen. Wer zur aussterbenden Gattung der *Stenografie*-Kundigen gehört, der wird seine Urfassungen wahrscheinlich in *Kurzschrift* zu Papier bringen.[18]

Diese ersten Aufzeichnungen müssen wiederholt verändert und ergänzt werden, so dass der Einsatz eines Rechners an der Stelle möglicherweise nicht lohnt. Für die meisten ist der Bildschirm ohnehin nicht der Ort, an dem sie längere Gedankengänge entwickeln und formulieren können. Da fehlt ihnen die dritte Dimension eines Papierstapels, in dem man wühlen kann, die leichte Greifbarkeit, fast Tastbarkeit, die Körperlichkeit und Nähe, der inspirierende enge Kontakt zum Geschaffenen. Ein nummerierter Satz von A4-Blättern, einseitig beschrieben, bietet immerhin einen guten Überblick und erlaubt ein schnelles Aufschlagen der Stellen, die im Zuge der weiteren Arbeit nachgebessert werden müssen. Da „sieht" man, was man gemacht hat, wo man schon eingegriffen hat, da kann man spontan etwas dazu schreiben, vielleicht nur eine Anmerkungen oder Erinnerung für sich selbst. Für manche scheint aus dem Papier die Inspiration zu steigen, die sie an der „Rechenmaschine" nicht empfinden können. Dann ist es aber fast unerlässlich, dass sie das Blindschreiben auf der Tastatur beherrschen, damit sie nachher mit vertretbarem Zeiteinsatz ihr Elaborat erfassen und für das Weitere den Elektronen anvertrauen können.

- Es empfiehlt sich, für jedes Kapitel einen *Schnellhefter* oder *Ordner* anzulegen und darin alle Fassungen bis zum Ende der Arbeit aufzubewahren.

Wenn Ihr Manuskript durch mehrere diskrete Fassungen geht, so sollten Sie die einzelnen Fassungen datieren und durch Einlageblätter voneinander trennen. Im Prinzip dasselbe gilt, wenn Sie am Computer arbeiten: Hier speichern Sie von jedem Kapitel

---

[18] Diese Methode hat bei unseren früheren Büchern und Auflagen eine große Rolle gespielt: Die Stenoaufzeichnungen wurden nach gehörigen Verbesserungen auf Band gesprochen und von anderer Hand „nach Diktat" geschrieben. Heute entstehen unsere Texte fast durchweg direkt an Tastatur und Bildschirm. Wir schöpfen dadurch die Segnungen der Textverarbeitung von Anfang an aus und machen uns von fremder Hilfe unabhängig. Auch ein Zeitfaktor beeindruckt uns: Was wir am Anfang einer Arbeitssitzung geschrieben haben, können wir ausdrucken oder ein paar Stunden später als ordentlich geratenen Entwurf weiter bearbeiten oder als Anlage einer E-Mail auf einen anderen Schreibtisch bringen – um uns vielleicht bald darauf erneut verbessernd darüber herzumachen.

oder größeren Abschnitt mehrere V̱ersionen, die Sie beispielsweise als V1, V2 … in Verbindung mit der jeweiligen Kapitel-Kurzbezeichnung oder Abschnittsnummer voneinander unterscheiden und mit dem jeweiligen *Erstellungsdatum* (z. B. aus dem Menü „Einfügen" von WORD) versehen.

Fertigen Sie vor der nächsten Revision eine Kopie der betreffenden Datei an, die Sie neu benennen („Speichern unter …"), bevor Sie mit dem Ändern beginnen. Bewahren Sie alle Fassungen bis zum Abschluss der Arbeit auf – der Speicherplatz auf der Festplatte Ihres Computers ist gut angelegt! (Dass Sie von allen Fassungen auch mindestens eine Sicherheitskopie beispielsweise auf CD an einem „sicheren" Ort außerhalb des Rechners und möglichst auch außerhalb des Arbeitsraums aufbewahren werden, sei in Erinnerung gerufen; vgl. Abschn. 5.2.2.) Verwalten Sie Ihr Buchmanuskript kapitelweise – zu große Einheiten sind auch am Computerarbeitsplatz „für den gewöhnlichen Gebrauch" unhandlich.

Angesichts der Größe und Komplexität der Aufgabe sollten Sie sich von vornherein mit der Abschrift auf einer klassischen Schreibmaschine nicht mehr zufrieden geben.

- Für die *Ausbaustufen* empfiehlt sich auf jeden Fall der Einsatz der elektronischen Textverarbeitung.

Nur sie bietet die Möglichkeit, auch *nach* Abschrift mit geringem Aufwand weiter verbessernd in den Text einzugreifen. Wie das im Einzelnen geschieht, wird in Kap. 5 (besonders in Abschn. 5.3) näher erläutert.

Der „Schreibcomputer" darf, seine weit über das „Texten" hinaus reichenden Fähigkeiten einmal gar nicht bedenkend, als eine fortentwickelte „elektronische Schreibmaschine" angesehen werden, der kraft seiner Intelligenz Fehler bei der Eingabe des Textes nicht übel nimmt. Die Programme, die dem Rechner diese Intelligenz verleihen, werden unter der gemeinsamen Bezeichnung *Textverarbeitung* subsumiert. Mit Ihrem Textverarbeitungssystem können Sie unbekümmert arbeiten: Tippfehler sind am *Bildschirm* schnell behoben, und auch größere Mängel lassen sich aus der Welt schaffen, ohne dass Sie ganze Absätze oder Seiten neu schreiben müssten. Bemerken Sie Fehler erst nach dem Ausdrucken, so können Sie die ebenso schnell beheben; das einzige Problem ist dann vielleicht ein ungebührlicher Verbrauch von *Papier* und *Druckertinte* oder *Toner*. Auch wer sich sonst mit einer *Tastatur* schwer tut, kann so gute Arbeit leisten. [19]

Gerade wenn Sie ein großes Dokument zu bewältigen haben, hilft Ihre „Textverarbeitung" noch in vieler anderer Hinsicht. So kann es angeraten sein, nicht nur einzelne Kapitel eines entstehenden Buches und deren verschiedene Fassungen als eigene Dokumente zu speichern und zu sichern, sondern *zusätzlich* ein *Gesamtmanuskript* anzulegen. Wenn Sie über einen ausreichend großen *Arbeitsspeicher* (Random Access

---

[19] Aus Sicherheitsgründen werden Sie die Datei in regelmäßigen Abständen während einer Arbeitssitzung speichern, sei es automatisch („AutoWiederherstellen" o. ä.) oder durch besondere Anweisung. Ist ihr Programm von einem starken *Virenschutzprogramm* umwehrt, dauert das *Speichern* größerer Dateien möglicherweise mehr als nur ein paar Sekunden.

Memory, RAM) verfügen, können Sie es sich leisten, ein ganzes Buchmanuskript von beispielsweise 400 Seiten (entsprechend vielleicht 1,2 MByte gespeicherter Information) auf den „Schreibtisch" Ihres Computers zu holen und daran zu arbeiten. Mit einem einzigen Suchlauf finden Sie alle Stellen, an denen ein bestimmtes Zeichen oder Wort (oder eine Zeichenfolge) vorkommt. So können Sie sich jederzeit vergewissern, was über den durch das Wort bezeichneten Gegenstand an anderer Stelle schon gesagt worden ist. Mit der Funktion „Ersetzen ..." lassen sich *Schreibweisen* quer durch das ganze Dokument in einem Aufwasch ändern. Auch über die *Gliederungsansicht* (vgl. „Technik des Entwerfens" in Abschn. 2.3.1) können Sie schnell an bestimmte Sachverhalte in anderen Abschnitten oder Kapiteln herankommen, ohne in einem Stapel von 1000 Manuskriptseiten wühlen zu müssen. Vielleicht wird der Computer etwas stöhnen und für manche *Suchen* Sekunden statt nur Sekundenbruchteile brauchen, aber das werden Sie ihm nachsehen.

Die meisten Wissenschaftler haben die Arbeit aus all diesen Gründen selbst „in die Hand genommen" und finden Spaß daran, sich als Schreibkünstler zu betätigen. In den Verlagen registriert man Zeichen einer größeren Schreibbereitschaft und nimmt diesen Dienst der Technik gerne an. Doch nun zu einer heiklen Frage:

- *Wann* soll die Arbeit bewältigt werden?

Wollen Sie das Buch in der verlängerten Dienstzeit schreiben, abends, am Wochenende, im Urlaub?

Wer in den Naturwissenschaften, in Technik oder in der Medizin etwas leistet, hat notorisch keine Zeit. Seine oder ihre Arbeitszeit reicht weit in die Abendstunden und in die Zeit notwendiger Muße hinein. Es ist ein „strenges Glück", das der schöpferische Naturwissenschaftler erfährt. Sie sollten diese Frage gerade im Blick auf eine geplante Buchpublikation ernst nehmen, sie vielleicht auch mit Ihrer Familie besprechen und für die nächsten zwei oder drei Jahre andere Dinge zurückstellen.

- Eine *Zeitplanung* ab dem Zeitpunkt der Vertragsunterschrift ist unerlässlich.

Wir empfehlen, schon im Voraus aufzuzeichnen, bis wann welche Teile der Arbeit erledigt sein sollen, und dann Tagebuch zu führen. Wenn Sie hinter den Zeitplan zurückfallen, müssen Sie dies registrieren, damit Sie auf Mittel und Wege sinnen können, sich nicht noch weiter zu „verspäten".

- Beginnen Sie mit der Arbeit, sobald ein *Termin* für die Fertigstellung Ihres Manuskripts festgelegt ist.

Verlagsverträge sehen oft zwei bis drei Jahre oder länger für die Arbeit am Manuskript vor. Bei kleineren Beiträgen zu Sammelwerken mag der Zeitraum auf einige Monate angesetzt sein. Es wäre ein Fehler, diese Zeitspannen als reichlich bemessen anzusehen! Eher wird sich herausstellen, dass sie gerade ausreichen, wenn Sie sich der Aufgabe sogleich stellen; sie vor sich her zu schieben hat keinen Zweck. „Ewig" an einem Buch zu schreiben macht Ihnen die Sache nicht leichter und zwingt Sie beispielsweise dazu, ständig weitere Literatur einzuarbeiten, damit Ihr entstehendes Werk aktuell bleibt und nicht schon veraltet ist, wenn es erscheint.

- Lange Unterbrechungen während der Arbeit am Manuskript bergen die Gefahr, dass Sie „den Faden verlieren".

Auch können Sie nicht in zu kleinen Zeitportionen an einem Buchmanuskript arbeiten, weil die immer neuen Anläufe Zeit verschlingen, ohne Sie gebührend vorwärts zu bringen.

- Am Ende einer Arbeitssitzung schon den Stoff für die nächste vorzubereiten hilft, die Anlaufzeiten zu verkürzen.

Diese Empfehlung ist mit der verglichen worden, einen schlecht anspringenden Wagen an abschüssiger Straße *in Fahrtrichtung* bergab zu parken. Wir halten viel von diesem „Trick", obwohl er dazu zwingt, genau das *nicht* zu tun, was ein natürlicher Impuls ist: den Kugelschreiber wegzulegen oder die Tasten Tasten sein zu lassen, wenn man einen Abschnitt (endlich!) zu Ende gebracht hat.

Mit der verfügbaren Zeit kommen Sie am besten zurecht, wenn Sie sich schon früh auf die Herausforderung eingestellt haben. Als gute Exerzitien und Vorarbeiten können Übersichtsartikel gelten, die Sie zu einem früheren Zeitpunkt verfasst haben, auch Vorträge und Vorlesungen. Auf jeden Fall sollten Sie die Literatur schon vor Beginn gut im Griff haben. Wenn es Ihnen gelingt, die Sätze in „längst ausgebreitete Hohlformen fließen zu lassen" (wir lasen die Formulierung in einem Roman), werden Sie den Wettlauf mit der Zeit gewinnen. Stellt sich heraus, dass Sie trotz aller Vorkehrungen den vorgesehenen Termin für die Fertigstellung des Manuskripts nicht einhalten können, so gebietet es der Anstand, dass Sie dem Verlag oder anderen Partnern – z. B. Mitautoren – darüber umgehend Mitteilung machen. Sich anders zu verhalten hieße ein schlechter Mitspieler sein.

- Verlagsverträge pflegen das Recht des Verlags vorzusehen, vom Vertrag zurückzutreten, wenn ein Autor exzessiv seine Termine überschreitet.

Als säumiger Autor liefen Sie eines Tages Gefahr, Jahre umsonst gearbeitet zu haben.

- Wer als *Mitverfasser* eines Mehrautorenwerkes oder als Beitragender zu einem Sammelwerk Termine überschreitet, verhindert die Publikation nicht nur seines eigenen Beitrags, sondern auch die der Beiträge seiner Kollegen.

Vor dem Vorwurf, unkollegial zu sein, kann in Notfällen nur Ehrlichkeit retten. Dadurch eröffnen Sie anderen die Möglichkeit, nach einem Ersatz für Sie zu suchen.

4.3.2 Sammeln der Literatur

Nehmen wir an, Sie haben die für Ihr Buch relevante Literatur reichlich und wohlgeordnet bereitgestellt. Wo soll die *Literatursammlung* stehen? Ihre Arbeit am Buch wird sich zum Teil am häuslichen Arbeitsplatz vollziehen. Andererseits wird Ihre „private" Sammlung auch in der Dienststelle benötigt, z. B. von den jüngeren Mitgliedern Ihres Arbeitskreises.

4.3 Anfertigen des Manuskripts

- Wer einen eigenen Computer besitzt, kann eine eigene *Literaturdatei* aufbauen oder mit Kopien der Datei im Dienstbereich zu Hause arbeiten.

Sie können dazu ein allgemeines *Datenbank*-Programm einsetzen (s. dazu Abschn. 8.5.2). *Felder* als Raster für spätere *Recherchen* lassen sich nach Belieben definieren, formatieren und positionieren und zu einer eigenen elektronischen „Karteikarte" zusammenfügen. Damit können Sie beispielsweise mehrere Tausend *Datensätze* mit zusammen einigen Megabyte an Information verwalten und nutzen und gleichzeitig das Manuskript bearbeiten: Das gelingt heute selbst mit einem *Portable*. Meist in Sekundenschnelle findet sich, was früherer Fleiß in die Datenbank eingebracht hat. Sie können mit einem solchen System u. a. nach *Autoren* fahnden, nach *Bearbeitern*, *Institutionen, Publikationsorganen, Registriernummern* (die den Weg zu den Original-Dokumenten weisen), *bibliografischen Merkmalen*, nach Zeit- und anderen Daten, Stich- und Schlagwörtern und natürlich nach *Inhalten*. Die Datensätze lassen sich in verschiedenen Ordnungen *sortieren*, z. B. numerisch, alphabetisch oder chronologisch, und jedes Mal können sie neue Einsichten bieten.

Einträge in die eigentlichen Inhaltsfelder mögen *Zusammenfassungen, Exzerpte, Kommentare* oder *Zitate* sein. Dort enthaltene Textstücke sind Vorarbeiten für Ihr Buch: Im günstigen Fall können Sie später Teile davon mit geringer Mühe in ein entstehendes Manuskript kopieren oder importieren und mit ein paar Änderungen an den neuen Text anpassen. Manche Autoren sind dazu übergegangen, ganze Dokumente zu *scannen* oder – besser – aus dem Internet „herunter zu laden" und dann in ihrer eigenen *Literaturdatenbank* zu speichern, so dass ihnen *Volltexte* für späteres Auswerten zur Verfügung stehen, ohne dass ganze Schränke von *Kopien* oder *Sonderdrucken* angelegt werden müssten oder spätere Gänge zur Bibliothek noch erforderlich wären.[20] Wem das nicht genügt und wer z. B. fordert, dass externe Daten direkt eingeladen und dass bibliografische Angaben in verschiedenen Formaten ausgegeben werden können, der wird zu einem Spezialprogramm wie ENDNOTE, PROCITE oder REFERENCEMANAGER greifen (Abschn. 9.2.2). Solche Programme verfügen über zahlreiche vordefinierte Ausgabeformate, so dass sie auch den Text eines entstehenden Manuskripts gestalten helfen, wie folgende Kurzbeschreibung andeutet:[21]

> Komfortables Literaturverwaltungsprogramm unter Windows mit Publikationsunterstützung und vielseitigen Recherchemöglichkeiten. Es unterstützt Datenaustausch mit Textverarbeitungssystemen und formatiertes Drucken (ca. 300 Formate werden mitgeliefert). Verschiedene Dokumententypen können in einer Datenbank integriert werden.

---

[20] Die Volltext-Speicherung ganzer Artikel können Sie sich u. U. sparen und stattdessen mit *Hyperlinks* arbeiten, durch die Sie sich jederzeit schnell an die Quellen heranführen lassen können (sofern Sie dort „Zutritt" haben).

[21] Dieser Auszug aus einem Informationstext bezieht sich auf eines der ersten Programme der genannten Art, *VCH Biblio*. Wiley-VCH hat zum 1. März 2005 dessen Vertrieb eingestellt. Der Service und die Weiterentwicklung wurden von der Ferber-Software GmbH in Lippstadt übernommen (info@biblio.ferber-software.de).

4.3.3 Gliedern des Textes

Die Disposition, die Sie dem Verlag übergeben haben, werden Sie noch einmal daraufhin prüfen, wie gut der Ansatz von früher nach den inzwischen erfolgten Vorbereitungen als *Gliederungsentwurf* noch taugt. Die früher beschriebene Cluster-Methode, das Spiel mit Ideenkarten oder das *Mind Mapping* (s. „Technik des Entwerfens" in Abschn. 2.3.1) können dabei eine wertvolle Hilfe sein. Spätestens bei der Gelegenheit werden Sie beginnen, unter jeder Überschrift *Stichwörter* zu sammeln, erste Passagen zu formulieren oder einzubringen.

- Dabei achten Sie darauf, dass die einzelnen Abschnitte nicht zu lang werden, und gliedern gegebenenfalls weiter auf.

Die Länge von wenigen Druckseiten (s. Abschn. 2.2.5) für eine Gliederungseinheit nicht zu überschreiten ist vor allem im Hinblick auf die in den Text aufzunehmenden *Querverweise (Verweisungen)* wichtig. Querverweise sollen später dem Leser helfen, tangierende Sachverhalte an anderer Stelle des Buches nachlesen zu können. Für den Leser wäre ein Verweis auf *Seiten* bequem, weil der Sachverhalt auf dem engen Raum einer Seite schnell zu finden ist. Aber *Seitenverweise* sind für Sie als Autor eine große Belastung, da Sie die *Seitennummern* erst im Umbruchstadium, kurz bevor das Buch fertig gestellt ist, eintragen können. Bis dahin müssen Sie sich mit der Manuskript-*Paginierung* behelfen, was nach mehreren Manuskriptfassungen dazu führen kann, dass Sie die Bezugsstellen selbst nicht mehr finden. Moderne Textverarbeitungsprogramme[22] bieten zwar die Möglichkeit, mit so genannten *Textmarken* und mit automatischer Nummerierung zu arbeiten, aber wir raten davon ab, bei allen Texten, die Sie verfassen, diese nicht ganz einfachen Techniken einzusetzen. Sie müssten innerhalb eines Dokuments konsequent damit arbeiten und dürften nicht einen einzigen Seitenverweis einfach von Hand eingeben, denn sonst verlieren Sie den Überblick, welche Verweise als „richtige" gelten, welche nicht. Ein noch gewichtigeres Argument gegen allzu viel Automatisierung ist die Tatsache, dass automatisch erzeugte Nummern von den Layoutprogrammen, die die professionellen Setzer verwenden, oft nicht verstanden werden. Dies würde zu Umbruchkorrekturen führen, und die sind bekanntermaßen teuer.[23] Über die Länge eines Buches können sich Zeitaufwand und Kosten in nicht tragbarer Weise summieren. Deshalb:

- Gliedern Sie nach der *Stellengliederung*, und verweisen Sie auf *Abschnittsnummern*.

Damit sich der Leser leichter im Buch zurechtfindet, ist später dafür Sorge zu tragen, dass die Überschriften der Kapitel und Hauptabschnitte im Kopf der linken bzw. rechten Seiten (in den *Kolumnentiteln*) mitsamt ihren Nummern angezeigt werden. Aber das betrifft schon den Seitenumbruch und die Vorbereitung des Drucks. Wie immer: wir halten diesen Dienst am Leser gerade bei Buchwerken mit Abschnittsverweisen

---

[22] Erstmals stellte WORDPERFEKT in der Version 5.1 diese Hilfe bereit (Anfang der 1990er Jahre).

[23] Sollten Sie allerdings selbst als Layouter auftreten und das Layout direkt in Ihrem Textverarbeitungsprogramm gestalten, so können die Funktionen zur automatischen Nummerierung sehr hilfreich sein.

für unverzichtbar. (In den Informationswissenschaften zählt man Kolumnentitel neben den Seitenzahlen und Verweisen zu den *Metainformationen* des Haupttextes.)
- Der Querverweis erfolgt immer nach der *kleinstmöglichen* Gliederungseinheit, die eine Länge von drei bis vier Seiten nicht überschreiten soll.

Wir haben hier einiges vorweggenommen, denn noch ist das Buch nicht geschrieben. Tatsächlich ist es aber schon beim Gliederungsentwurf wichtig, sich dieser späteren Konsequenzen bewusst zu sein. Schon frühzeitig können Querverweise in die Stichwortlisten unter jeder Überschrift eingetragen werden.

- Abschnittsnummern mit mehr als vier Stufen sind gerade bei Querverweisen unhandlich.

Über Möglichkeiten, vielstellige Abschnittsnummern zu vermeiden, haben wir bereits im Zusammenhang mit der Gliederung von Dissertationen gesprochen (s. Abschn. 2.2.5).

- Beschäftigen Sie sich erneut mit Disposition und Gliederungsentwurf, um den Terminplan zu überprüfen.

Die innere Logik und Struktur des Buches muss nicht den Weg vorzeichnen, auf dem Sie am besten voranschreiten können. Für Sie gibt es „leichtere" und „schwerere" Kapitel – solche, auf die Sie vorbereitet sind, und andere, die Sie sich erst noch erarbeiten müssen, zu denen Sie weitere Quellen beiziehen müssen. Hier müssen Sie sich für die rationellste Vorgehensweise entscheiden.

4.3.4 *Textentwurf*

Wenn eine in dieser Weise verfeinerte Gliederung zur Verfügung steht – und nicht vorher! – können Sie damit beginnen, einen *Textentwurf* abzufassen. Es geht bei diesem *ersten Entwurf* (oft auch *Rohfassung* genannt) darum, die in den Überschriften der einzelnen Abschnitte angekündigten und vielleicht in Stichworten vorskizzierten oder in ersten Fassungen eingebrachten Inhalte und Textstücke erstmals in zusammenhängenden *Sätzen* auszuformulieren.

- Schreiben Sie schnell und raumgreifend! Es kommt darauf an, Gedankenflüsse möglichst nicht abreißen zu lassen; Feinarbeit sprachlicher und anderer Art ist einer nächsten Phase vorbehalten.

An der Stelle werden viele Fehler gemacht, wie wir aus eigener Erfahrung sagen müssen: Wer hohe Ansprüche an sich stellt, dem fällt es schwer, „halbe Sachen" gelten zu lassen; aber Perfektionismus ist erst später angesagt. Auch eine Skulptur wird nicht in einem Zug aus dem Stein gehauen: Erst wenn Maß und Bewegung stimmen, wird der Bildhauer glätten und ziselieren.

So auch hier: es hat keinen Zweck, Passagen auszuformulieren, nur um nachher festzustellen, dass Mängel in der Gliederung Umstellungen oder noch weiter reichende Konsequenzen nach sich ziehen und die Feinarbeit zunichte machen. Den Inhalt zu erarbeiten ist auch für den Autor ein Lernprozess – manche Wissenschaftler sehen gerade darin die entscheidende Motivation![24)] Sich zu früh festzulegen behindert das schöpferische Gestalten.

Naturwissenschaftlich-technische „Texte" bestehen nicht nur aus *Text*. Vielmehr werden verbale Aussagen durch *Formeln*, *Abbildungen* und *Tabellen* unterstützt.

- Schenken Sie den *Sonderteilen* schon beim ersten Textentwurf Aufmerksamkeit!

Sobald Sie entschieden haben, welche Sonderteile wo benötigt werden, können Sie die zu ihrer Identifizierung benötigten Nummern festlegen und parallel zum Textmanuskript unter anderem ein „Abbildungsmanuskript" anlegen. Auch hier gilt: Benötigt wird für den Augenblick keine Reinzeichnung, sondern eine Skizze oder ein Quellenvermerk genügt zunächst. Ähnliches gilt für die anderen Sonderteile.

- Für Abbildungen, Tabellen und sonstige Sonderteile legen Sie *Listen* an.

Die Listen verschaffen Überblick und dienen Ihnen zur Kontrolle, ob Sie richtig nummeriert haben und ob nichts fehlt. Aus den Listen gehen später die Sammlung der Abbildungsvorlagen und Tabellen sowie das *Legendenmanuskript* hervor.

- Der Textentwurf soll schon die korrekte *Nomenklatur* und *Terminologie*, normgerechte *Größensymbole* und *Einheiten* enthalten.

Eine schon früher angefertigte Liste der Symbole (s. Abschn. 4.2.2) verbessern und ergänzen Sie jetzt. Zusätzlich kann es sich empfehlen, dass Sie bestimmte Schreibweisen (z. B. bezüglich der Verwendung des Bindestrichs in zusammengesetzten Begriffen) notieren, um dann deren einheitliche Verwendung überprüfen zu können. In der Textverarbeitung werden Sie für öfter wiederkehrende Begriffe oder Ausdrücke *Textbausteine* einsetzen wollen (in WORD: AutoText).

- Erst wenn eine in sich schlüssige und konsistente, lückenlos mit allen Sonderteilen verknüpfte Textfassung *(Rohfassung, Rohmanuskript)* des ganzen (!) Buches vorliegt, beginnt das weitere Ausarbeiten und Verbessern, jetzt hauptsächlich unter *sprachlichen* Gesichtspunkten.

Mit Sicherheit wird das Ergebnis noch nicht allen Ansprüchen – weder Ihren eigenen noch denen anderer – genügen. Aus der Distanz einiger Tage oder Wochen nach der letzten Bearbeitung finden Sie manches nicht mehr so gut, was Sie damals formuliert haben. Dieses und jenes Wort erkennen Sie als überflüssig, Sie bemerken Gedankensprünge, elegantere oder präzisere Formulierungen drängen sich auf. Kollegen finden Schwachstellen, die Sie, der „betriebsblinde" Autor, nicht gesehen haben.

- Das maschinenschriftliche Manuskript (Typoskript) legen Sie im *doppelten* Zeilenabstand mit wenigstens 3,5 cm Rechtsrand an.

---

[24] Uns hat das Buch von Al GORE *Earth in the balance: Ecology and human spirit* (1992) (deutsch: *Wege zum Gleichgewicht: Ein Marshallplan für die Erde*, 1992) nicht nur wegen seines Inhalts beeindruckt, sondern auch wegen der inneren Einstellung des Verfassers: Er habe, so bekennt der ehemalige Vizepräsident der USA, das Buch u. a. deshalb geschrieben, um seinen eigenen Standpunkt klarer zu sehen und festzulegen.

Wenn das Manuskript redigiert oder für den Satz vorbereitet werden soll, ist die geforderte Schreibweise mit doppeltem Zeilenabstand und breitem Rand alles andere als Papierverschwendung! (Auch schon für die ersten Versionen bevorzugen wir Ausdrucke mit doppeltem Zeilenabstand.)

- Verbesserungen lassen sich zwischen den Zeilen und auf dem Rand anbringen und anschließend weiterverarbeiten.

In der Textverarbeitung können Sie doppelten Zeilenabstand auch *nach* dem Schreiben mit einem Befehl verlangen – vielleicht nur für den Zweck des Ausdruckens. Nichts hindert Sie, die Datei später wieder anders formatiert abzulegen.

4.3.5 Reinschrift

Text

Das Manuskript nähert sich so, über eine oder eher mehrere Stufen der Verbesserung *(verbesserte Fassungen)*, der *Reinschrift,* die Sie dem Verlag einreichen. Die Reinschrift fertigen Sie nach den Richtlinien des Verlags an und nach den getroffenen Vereinbarungen.

- Stellen Sie sicher, dass die Reinschrift in der gewünschten Form ausgegeben wird.

Nadeldrucker-Protokolle in typischer „Computerschrift" oder die Ausgabe auf *Endlospapier* sind nur noch Erinnerungen an die Frühzeit der Textcomputerei – im Verlag würde so etwas heute nicht mehr angenommen werden.

Der Verlag wird auf wenigstens eine *Hardcopy*, d.h. eine Ausgabe auf Papier, auch dann nicht verzichten, wenn Ihr digitales Manuskript als Basis für die weitere Bearbeitung (im Lektorat und später im Satz) dienen soll.

- Klären Sie vor Ausgabe der Reinschrift, welche *Schriftauszeichnungen* – auf Papier und ggf. in der Datei – Sie vornehmen sollen.

Die Schriftauszeichnung kann beispielsweise die *Kursivschreibung* der Symbole mathematisch-physikalischer Größen betreffen oder die Kursivschreibung in Literaturverzeichnissen (s. Abschn. 6.1.3 bzw. Abschn. 9.4.1). Sprechen Sie sich ab, ob die erforderlichen Maßnahmen von Ihnen zu ergreifen sind oder von Mitarbeitern des Verlags oder der Setzerei.

Dem Autor, der nicht über eine Rechner-gestützte Textverarbeitung verfügt, wird der Verlag letzte hand- oder maschinenschriftliche Korrekturen in der „Reinschrift" seines Buches nachsehen. Angesichts des Umfangs der geleisteten Arbeit sind hier Konzessionen angebracht und üblich (und, wie die Praxis ausweist, auch erforderlich). Wahrscheinlich finden aber der Verlag und Sie selbst, dass es ohne Textverarbeitung doch nicht geht und die letzten inhaltlichen Korrekturen dort schnell ausgeführt sind; dann erübrigt sich diese Anmerkung.

- Letzte Korrekturen in einem Manuskript, das zum *Satz* eingereicht werden soll, führen Sie nach Möglichkeit zwischen den Zeilen bei den zu verbessernden Stellen aus.

Keinesfalls verwenden Sie bitte an dieser Stelle Korrekturzeichen mit Randkorrektur! Der *Zeilenkorrektur* bedienen sich auch Lektoren, Redakteure und Manuskriptbearbeiter beim weiteren Verbessern *(Redigieren)* des Manuskripts. Einen Ausschnitt aus einer so bearbeiteten Manuskriptseite zeigt Abb. 4-1.[25] Wir lassen diese Abbildung aus früheren Auflagen unverändert stehen, wenngleich das Schriftbild inzwischen ziemlich nostalgisch wirkt. Nachdem aber einige Verlage weiterhin Manuskripte, auch wenn sie digital aufgezeichnet sind, gerne im doppelten Zeilenabstand ausgedruckt sehen, ist an der Abbildung nicht viel falsch geworden. Warum das so ist, hat das ICMJE in seinen *Uniform Requirements...* (ICMJE 2004) so begründet:

> Double spacing of all portions of the manuscript—including the title page, abstract, text, acknowledgments, references, individual tables, and legends—and generous margins make it possible for editors and reviewers to edit the text line by line, and add comments and queries, directly on the paper copy. If manuscripts are submitted electronically, the files should be double spaced, because the manuscript may need to be printed out for reviewing and editing.
>
> During the editorial process reviewers and editors frequently need to refer to specific portions of the manuscript, which is difficult unless the pages are numbered. Authors should therefore number all of the pages of the manuscript consecutively, beginning with the title page.

Eine *Randkorrektur* unter Verwendung von *Korrekturzeichen* (s. Abschn. 3.5.5) hat den Zweck, an die Stellen zu lenken, an denen in den *schon gesetzten* (!) Text eingegriffen werden muss. Korrekturen innerhalb des gesetzten Textes wären schwerer zu finden oder würden übersehen, ganz abgesehen davon, dass gesetzter Text dem Bearbeiter kaum Raum lässt, zwischen den Zeilen zu korrigieren.

Bei Verbesserungen im zu setzenden *Manuskript* kommt es darauf an, dass später der *Setzer* – oder wer immer die *Druckvorlage* schafft – den Text möglichst zügig abarbeiten kann. Wären seine Augen gezwungen, dauernd zwischen Text und Rand hin und her zu springen, so würde dies die Geschwindigkeit des *Eintastens* verringern. Für die Eingabe des Textes ist die am Ort des Fehlers ausgeführte Korrektur *im* Textfeld des Manuskripts – die „Korrektur in den Zeilen", die *Zeilenkorrektur* – die einzig sinnvolle. Gerade dafür (und um die Lesbarkeit zu erhöhen) ist der doppelte Zeilenabstand im Manuskript gewählt worden.

Doch die Zusammenhänge sind, wie wir einräumen müssen, komplizierter als bisher dargelegt, nachdem sich dank der Textverarbeitung die Grenzen zwischen Manuskript und gesetztem Text zunehmend verwischt haben. Der Grund, um es noch einmal deutlich zu machen: Der *Ausdruck* des Textes vom Computer aus ist Manuskript im traditionellen Sinn *und* „gesetzter" Text gleichzeitig. Wie soll man vorgehen? Es kommt auf die weitere Strategie an.

---

[25] Gewiss hätte man die meisten Mängel vorher am Bildschirm entdeckt und behoben, so dass es nicht zu so hoher Fehlerdichte gekommen wäre. (Das Beispiel ist gestellt, um die wichtigsten Kardinalfehler beisammen zu haben.)

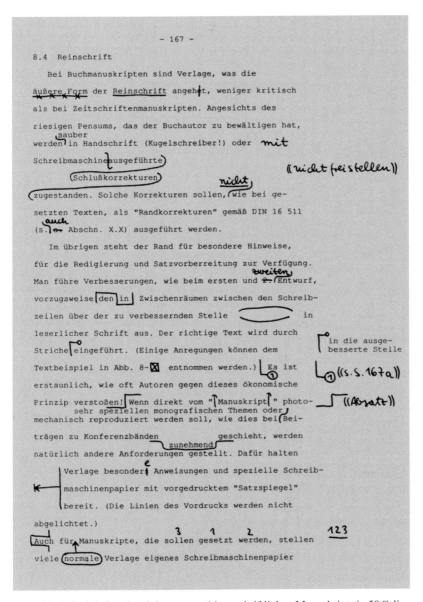

Abb. 4-1. Beispiel eines korrigierten maschinenschriftlichen Manuskripts in 50 % linearer Verkleinerung.

- Wird mit den digitalen Daten weitergearbeitet, so liegt der Vorteil beim schnellen Auffinden der auf dem Rand des Ausdrucks angebrachten Korrekturen; soll hingegen die Ausgabe auf Papier weiter verwendet werden, so ist die enge Verbindung von Text und Korrektur, also die Zeilenkorrektur, von größerem Nutzen.

Dementsprechend werden die Manuskriptbearbeiter im Verlag vorgehen, wenn sie das eingereichte Manuskript weiter verbessern. Redigiert wird auch heute noch oft der *Papierausdruck*. Danach kann zweierlei geschehen. Geht das redigierte Manuskript an Sie, den Autor und Hersteller des *Autorensatzes*, zurück mit der Bitte nicht nur um Einsichtnahme, sondern um *Ausführung der Korrekturen*, so werden Sie die verlangten Änderungen am Bildschirm Ihres Textverarbeitungssystems vornehmen, um dann eine *neue* Datei mit den entsprechenden Veränderungen für den Druck bereitzustellen (und, falls erwünscht, davon ein jetzt hoffentlich fehlerfreies „Satzprotokoll" auszugeben).[26] In jedem Falle werden Sie Wert darauf legen, im redigierten Manuskript sofort – an den hoffentlich wenigen Stellen auf dem Rand – zu sehen, wo Sie eingreifen müssen. Gehen redigiertes Manuskript *und* Datei in einen technischen Betrieb mit dem Ziel, dass die Datei dort in ein Layoutprogramm übernommen wird, so gilt dasselbe – nur die Aufgabenverteilung ist eine andere.

- Nur wenn konventioneller Satz *ab ovo* vorgesehen ist, das Textverarbeitungssystem des Autors also lediglich eine Hilfsfunktion hatte, ist Zeilenkorrektur angezeigt.

Jedermann kann auf Papier im Prinzip ohne Rücksicht auf das weitere Verfahren *in der Zeile* korrigieren, wenn er dafür farbige Korrekturstifte (am besten Kugelschreiber) benutzt. Die Korrekturen sind dann gut sichtbar und können ähnlich abgearbeitet werden wie Randkorrekturen. So vorzugehen ist immer richtig, wenn die Entscheidung bezüglich des Satzes noch nicht gefallen ist.

Die Textverarbeitung bietet heute die Möglichkeit, Änderungen an Texten als solche anzuzeigen, sichtbar zu machen und auf bedingte Zeit sichtbar zu halten – auf dem Bildschirm, und immer *im* Text. In jüngeren WORD-Versionen gibt es die Funktionen „Überarbeiten" und „Änderungen verfolgen". Damit können Sie und andere nach der *Revision* oder dem *Redigieren* die neue Version eines Textes mit der ursprünglichen vergleichen und auf dem Bildschirm einen Text anzeigen lassen, in welchem Sie alte und neue Version ineinander gestellt sehen, *einen* String (*engl*. für *Zeichenkette*) bildend. Was nicht mehr gelten soll, steht noch im laufenden Text, ist aber *durch*gestrichen; und was neu ist, ist *unter*strichen. Beides ist dazu noch farblich hervorgehoben.[27] Nennen wir eine Funktion, die das vermag, *Redigierfunktion*. (In der Software-Werbung wird sie zu den *Teamarbeitsfunktionen* gezählt.)

- *Redigierfunktionen* können dazu dienen, die Vorgänge in der Redaktion transparent zu halten und die Zusammenarbeit zwischen Autoren und Verlag zu rationalisieren.

---

[26] Sie haben sicher mitgedacht und festgestellt, dass Ihre Diskette im Verlag dann gar nicht gebraucht worden ist, *dafür* jedenfalls nicht. Richtig. (Um die technische Umwandelbarkeit der Daten zu überprüfen, war sie allemal nützlich.) Es kann sein, dass Sie tatsächlich gebeten werden, zunächst einmal nur ein Manuskript auf Papier einzureichen. – Verzeihen Sie das *(lat.)* ab ovo („vom Ei") hinter dem folgenden dicken Punkt oben; vielleicht wollen Sie es als „ganz von vorne" interpretieren. Im technischen Sinne gemeint war *a papyro*.

[27] In manchen Programmen öffnen sich beim Anfahren einer Korrekturstelle mit der Maus „Sprechblasen" (z.B. *Quickinfo* genannt), die automatisch anzeigen, wer die Löschung oder Hinzufügung wann vorgenommen hat – bis auf die Minute genau.

Solche Funktionen – sie werden nach unserem Eindruck zu selten eingesetzt – können dazu beitragen, dass weiterhin sichtbar bleibt, wo und wie ein Manuskript verändert worden ist, ggf. auch wann und durch wen. Damit sind sie ein wichtiger Schritt auf dem Weg zur *elektronischen Redaktion*. Ängste der Autoren, dass in ihr „Manuskript" unkontrollierbar eingegriffen wurde, müssen nicht notwendigerweise aufkommen (s. am Ende von Abschn. 3.5.1).

Der Programmteil „Überarbeiten" ist nützlich vor allem dort, wo mehrere Autoren an einem Manuskript zusammenarbeiten. Dann kann man in mehreren Datei-Versionen die Änderungen, die von den verschiedenen Schreibtischen kommen, sogar farblich auseinander halten.[28] Es kann jedoch aufwändig werden, die von mehreren Autoren oder Bearbeitern stammenden Änderungen nachzuvollziehen; Manuskriptbearbeiter (Copy Editors, freie Lektoren) haben – im Gegensatz zu Autoren – einen Horror vor der Überarbeiten-Funktion, weil sie von der eigentlichen Arbeit ablenkt und zuviel Zeit kostet, die niemand honoriert.

Sonderteile

Wer früher mit der *Schreibmaschine* umzugehen und die Walze geschickt zu benutzen wusste, konnte hoch- und tiefgestellte Zeichen und komplizierte mathematische Ausdrücke in *Gleichungen* einigermaßen gut zu Papier bringen. Ob Ihnen das mit Ihrem Textverarbeitungssystem gelingt, hängt nicht nur von dessen Leistungsfähigkeit ab, sondern auch von Ihrer Erfahrung im Umgang damit.[29]

● Es kann ratsam sein, Formeln (Gleichungen usw.) konventionell zu schreiben und vom eigentlichen Textmanuskript zu trennen, um die Option des Autorensatzes lediglich für den Text offen zu halten.

Mit Schreibcomputern ausgestattete Autoren tun sich beim *Formelsatz* oft schwer. Dabei gibt es recht einfache Mittel, um mathematische Formeln zu generieren und in einen WORD-Text einzustrippen. Gut funktioniert das beispielsweise mit dem GLEICHUNGSEDITOR, der in dem integrierten Programmpaket APPLEWORKS der Firma Apple enthalten ist. Man schreibt die Gleichungen mit diesem – in seiner übersichtlichen kleinen Menüleiste geradezu selbstredenden – „Editor" und führt die Gleichungen per „Copy and Paste" an die gewünschte Stelle des Textmanuskripts. Dennoch ist nicht gewährleistet, dass sich die Gleichungen von Ihrem Datenträger auf den Satzrechner übernehmen lassen, da die von Ihnen oder Ihrem Programm verwendeten Codes für *Sonderzeichen, Hoch-* und *Tiefstellungen* usw. von der professionellen Satztechnik oder auch von den Rechnern in modernen Belichtungsstudios oder Druckereien nicht not-

---

[28] Der Text ist nachher auf Änderungen schnell durchgesehen. Die Korrekturstellen lassen sich automatisch ansteuern, und man kann jede Änderung durch Mausklick *annehmen* oder *ablehnen*. – Man kann darüber hinaus *Kommentare* anbringen. Die Chance, Vorschläge zu unterbreiten, Fragen zu stellen oder an etwas zu erinnern, wird das Team freilich nur in einem früheren Manuskriptstadium ausschöpfen wollen oder können.

[29] Wie Sie bemerken, verwenden wir Ausdrücke wie *Autorensatz*, *Diskettensatz*, „Satz direkt vom Datenträger" als synonym nebeneinander, ein Grund, im Register auf „siehe auch"-Verweise zu achten.

wendigerweise „verstanden" werden. Rechtzeitige Absprachen anhand von Mustern (s. Abschn. 4.2.2) haben aber bereits den besten Weg erkennen lassen.[30]

- Die Schlussfassung des Manuskripts (Reinschrift) besteht demgemäß oft – auch heute noch – aus mehreren Teilen:
  - dem eigentlichen *Textmanuskript*,
  - dem *Formelmanuskript*,
  - den *Tabellen*,
  - dem *Legendenmanuskript*,
  - den *Abbildungsvorlagen*.

Deren Vereinigung zur Druckvorlage ist normalerweise Aufgabe des Verlags und der von ihm beauftragten technischen Betriebe.

- Dem Textmanuskript voran stellen Sie noch das Inhaltsverzeichnis (den *Inhalt*).

Dieses Verzeichnis können Sie erst fertig stellen, wenn Sie das Textmanuskript geschrieben haben, weil Ihnen vorher die Seitennummern mit den Kapitel- und Abschnittsanfängen nicht bekannt sind. Üblicherweise wird Ihr selbst erzeugtes Inhaltsverzeichnis nicht digital weiterverarbeitet, aber es kann dem Setzer als Anhaltspunkt dienen: Die modernen Layoutprogramme erzeugen Inhaltsverzeichnisse mehr oder weniger automatisch. Auch Sie können, wenn sie mit einem komfortablen Textverarbeitungsprogramm arbeiten, Ihr *Inhaltsverzeichnis* automatisch ausgeben (z. B. im Menü „Einfügen" von WORD durch den Befehl „Inhaltsverzeichnis"), *vorausgesetzt* Sie haben die Überschriften bei der Texteingabe oder -bearbeitung mit einer Formatvorlage als solche gekennzeichnet.[31]

- Von allen Teilen bewahren Sie als Autor eine Kopie auf, wozu Sie sich vertraglich verpflichtet haben; auch von den Datenträgern müssen Sicherheitskopien vorhanden sein.

Das typische Textmanuskript besteht aus ungelochten Blättern eines guten weißen Schreibpapiers[32] (ohne Briefkopf, ohne Prägung irgendwelcher Art!) im Format A4, die *einseitig* im doppelten Zeilenabstand beschrieben und durchnummeriert sind. Auch wenn ein *digitales* („elektronisches") *Manuskript* erstellt und auf Datenträger überge-

---

[30] Wir gehen auf mathematische Ausdrücke und Gleichungen in Kap. 6 ein und empfehlen dort spezielle Formelprogramme (z. B. LATEX; Abschn. 6.6) oder Formeleditoren (z. B. MATHTYPE; Abschn. 6.7).

[31] In diesem Falle müssen Sie auch nicht besonders sorgfältig sein, um sicherzustellen, dass die *Kapitel-* und *Abschnittstitel* in Verzeichnis und Text identisch sind. Das alte Gruselied der Setzer, dass noch nie ein Inhaltsverzeichnis mit den Überschriften völlig übereingestimmt habe, kann man danach nicht mehr singen.

[32] Ein Qualitätsmerkmal ist das Flächengewicht. Im Schreibwaren- und Bürohandel werden gute Sorten mit Bezeichnungen wie *(engl.)* multi-purpose office paper, 80 g/m^2, angeboten. Wer mit Tintenstrahl-Druckern arbeitet, muss auf „inkjet"-Qualität achten. Sollten Sie Ihr Manuskript an einen Verlag im englisch-amerikanischen Raum einreichen, verwenden Sie besser nicht DIN A4-Papier; vielmehr ist dort oft „8 × 11″ paper (or ISO A4 sized paper) with one inch margins" vorgeschrieben, das sind 20,32 cm × 27,94 cm. (DIN A4: 21,0 cm × 29,7 cm). (Ärgerlich: das auf Druckern angebotene US-Briefformat hat noch einmal andere Maße, 21,58 cm × 27,94 cm, es ist nämlich $8^1/_2''$ breit.)

ben oder *online*[33]) zugestellt wird, erwartet der Verlag zusätzlich(!) einen Papierausdruck des kompletten Manuskripts, d. h. von allen Text- und Tabellenteilen sowie vom grafischen Material (VCH-Autorenrichtlinie):

- Bitte liefern Sie einen einseitigen Papierausdruck mit großem rechten Rand (ca. 3,5 cm). Der Textteil soll zweizeilig und linksbündig ausgedruckt sein.

Wählen Sie außerdem – worum in in den Richtlinien mancher Verlage gebeten wird – eine typische Schreibmaschinenschrift (wie Courier 12 Punkt) für den Ausdruck, so bekommen Sie mit diesen Maßgaben etwa 30 Zeilen zu je etwa 50 Anschlägen (Leertasten mitgezählt) auf das Blatt, etwa 1500–1600 Anschläge pro Seite (s. Abschn. 3.4.1). Zwei bis zweieinhalb solcher Seiten entsprechen einer Druckseite eines normalformatigen Buches. Ein in kleiner Type gesetztes Nachschlagewerk in zweispaltigem Satz nimmt reichlich drei Manuskriptseiten auf, für ein Taschenbuch braucht man etwas weniger als zwei Seiten. Früher wendeten die Buchhersteller umständliche Methoden an, um die einem Manuskript entsprechende Anzahl von Druckseiten zu veranschlagen. Heute genügt es, wenn Sie dem Verlag die Anzahl von *Zeichen* des Dokuments mitteilen, die Textverarbeitungsprogramme anzugeben pflegen.

Verlage gaben früher oft spezielles *Manuskriptpapier* mit vorgedrucktem *Schreibspiegel* für die Reinschrift aus. Es zeigte die Fläche, innerhalb derer geschrieben werden sollte, und den Zeilenabstand in feinen blauen Linien, die beim Kopieren unterdrückt werden konnten. Der breite *Rand* lag meist *rechts*, damit die Textzeilen beim Redigieren nicht von der Hand verdeckt wurden. Seit fast nur noch Rechner-gesteuerte Drucker verwendet werden, ist solches Papiers nicht mehr sinnvoll. Wichtig bleibt, dass Sie den Text etwa so formatieren, wie oben geschildert. Der Abstand des linken Zeilenbeginns von der Papierkante sollte wenigstens 25 mm betragen, so dass noch geringfügige Auszeichnungen z. B. für die Größen von Überschriften links vom Text vorgenommen werden können.

- Besondere Sorgfalt und das genaue Einhalten der Verlagsrichtlinien erfordern solche Manuskripte, die – z. B. für Kongressbände – auf fotomechanischem Wege (durch *Direktreproduktion*) weiterverarbeitet werden sollen.

Näheres hierzu wurde im Zusammenhang mit Beiträgen für *Letters*-Zeitschriften in Abschn. 3.2.3 erläutert, detaillierte technische Anleitungen gibt die Norm DIN 1422-2 (1984).

- Schließlich schicken Sie das ganze Manuskript als Paket oder Wertpaket sorgfältig verschlossen an den Verlag – meist genügt dem Verlag *ein* Original oder eine saubere Kopie.

Von Reinzeichnungen und anderen Vorlagen, die direkt reproduziert werden sollen, müssen die *Originale* oder gute Fotos davon zur Verfügung gestellt werden.

---

[33] Das *(engl.)* Wort „online" ist in der 21. Aufl. 1996 des *Rechtschreib-Duden* – ähnlich wie etwa „live" – vollends zu einem Wort der deutschen Sprache mit der Bedeutung „,(EDV) in direkter Verbindung mit der Datenverarbeitungsanlage arbeitend" geworden (*vorher:* on line").

Zuoberst liegen Vorwort und Inhalt, zuunterst das Kapitel mit der höchsten Nummer und die *Sonderteile*. Die Kapitel trennen Sie zweckmäßig durch Einlagekartons, oder Sie legen sie in einfache Aktendeckel.

Falls das so abgesprochen war, werden Sie eine Kopie auf CD als „elektronisches Manuskript" mitsenden.[34]

- Speichern Sie die Dateien kapitelweise ab.

Auf der CD sollten (Autor)Name und der gekürzte Buchtitel zu lesen sein. Außerdem sollen neben der Dateibezeichnung das verwendete Textverarbeitungs- oder Grafikprogramm/Programmversion sowie das Betriebssystem (Beispiel: „Windows XP", „Betriebssystem Mac OS X") vermerkt werden. Die Benennungen *aller* enthaltenen Dateien wird man u. U. nicht auf die CD schreiben können oder wollen, nämlich dann nicht, wenn die CD eine größere Zahl davon trägt. Tatsächlich gehen ja die Empfehlungen dahin, nicht nur für jedes Kapitel eine eigene Datei anzulegen, sondern auch für jeden Sonderteil, also etwa jede einzelne Abbildung. Die Symbole und Bezeichnungen aller auf der Disc (oder früher: Diskette) gespeicherten Dateien werden bei deren „Öffnen" in einem Fenster auf dem Bildschirm sichtbar, das genügt im Prinzip. Nützlich ist noch die Bitte in der VCH-Autorenrichtlinie, die einzelnen Dateien genau so zu nennen, wie sie auch im Text heißen, z. B. „Abb. 1-2", wenn der Verweis auf diese Abbildung im Text so lautet.

Als Einzelstück kann man ein solches „Manuskript" in einen verstärkten Briefumschlag stecken. Bürobedarfshandlungen und Computershops verkaufen praktische Versandhüllen, in denen die CDs besonders gut geschützt sind. Die CD-Scheibe sollte sich dabei immer in einem der stabilen Kunststoffgehäuse befinden, in denen CDs üblicherweise geliefert werden. Es empfiehlt sich keinesfalls, sie einfach in Papier einzuschlagen und solchermaßen „geschützt" auf den Versandweg zu bringen – die Gefahr der Beschädigung (z. B. des Bruchs) wäre zu groß!

4.4 Satz und Druck des Buches

4.4.1 Manuskriptbearbeitung

Der Eingang des Manuskripts im Verlag wird vom *Lektorat* bestätigt. Der zuständige Lektor leitet die Manuskriptbearbeitung ein, indem er das Manuskript „anredigiert" und sich mit seinen spezifischen Problemen vertraut macht. Danach gibt er es meist

---

[34] *Kompressionsprogramme* wie PKZIP (vom Erfinder des ZIP-Verfahrens PKWARE, Inc), WINZIP (Shareware von WinZip Computing, Inc.), STUFFIT (von Aladdin Systems) oder DISKDOUBLER (von Symantec Corp.) wurden gerne eingesetzt, um die Textdateien für ein Buch von beispielsweise 800 Druckseiten auf einer 3 $^1/_2$-Zoll-Diskette unterbringen zu können. Heute werden Sie solche Programme einsetzen, wenn Sie sehr umfangreiche Dateien als Anlagen per E-Mail versenden wollen. Für den Verlag sollte eine Erläuterung der verwendeten Komprimierungssoftware nicht fehlen. Um ganz sicher zu gehen, dass der Empfänger Ihrer gepackten Datei keine Probleme beim Entpacken hat, können Sie ein so genanntes selbstextrahierendes Archiv schicken.

an Mitarbeiter (oder Außenmitarbeiter) des Lektorats weiter, um die Arbeit im begonnenen Sinne fortführen zu lassen. Wir haben technische Fragen des Korrigierens und Redigierens schon in Abschn. 4.3.5 angesprochen, hier besonders im Unterabschnitt „Text".

Eine *Sprachrevision* in Englisch abgefasster Beiträge deutscher Autoren wird, wenn möglich, von Personen vorgenommen, die mit Englisch als Muttersprache aufgewachsen sind.

Wenn bei der Prüfung größere Probleme auftauchen, findet zuvor eine Besprechung mit dem oder den Verfasser(n) statt mit dem Ziel, die erforderlichen Maßnahmen abzustimmen. Haben Sie sich mit dem Lektorat schon *vor* Abfassen des Manuskripts ausgetauscht und hat ein Musterkapitel vorgelegen (s. Abschn. 4.2.2), dann sollte diese Rücksprache nicht mehr erforderlich sein.

Ziel des Lektorats ist es, mit einem Minimum an Aufwand die für unerlässlich erachteten Verbesserungen herbeizuführen.

- Aus wirtschaftlichen Gründen sind Buchredakteure und Manuskriptbearbeiter gehalten, so wenig wie möglich und gerade soviel wie notwendig an einem Manuskript zu verändern.

Das Redigieren kann sich auf das Beheben inhaltlicher, sprachlicher und formaler Mängel erstrecken (vgl. unter „Verlag" in Abschn. 3.5.1). *Inhaltliche* Mängel können unlogische oder ungeschickte Einteilungen betreffen, unpräzise Begriffsbildungen, falsch angeschriebene Formeln und Gleichungen, ungebräuchliche Fachausdrücke (eine Gefahr vor allem bei Übersetzungen), nicht mit dem Text abgestimmte Abbildungen und Ähnliches mehr.

Sprachliche Mängel reichen von Unzulänglichkeiten des Stils über Verstöße gegen Syntax und Grammatik bis zu Rechtschreib- und Satzzeichenfehlern. Manche Autoren sind für jede Art von Unterstützung dankbar, andere lassen über „Stil" nicht mit sich reden. Hier muss das richtige Maß getroffen werden. Die Serviceleistung des Redakteurs ist einmal mit der einer Wäscherei verglichen worden: So wie man von dort die ursprünglichen Wäschestücke – nicht zerrissen, eingegangen oder verfärbt – sauber und gebügelt zurückerwartet, so sei es auch mit den Manuskripten, die man einer Redaktion oder einem Lektorat zur Reinigung anvertraut. (Der Vergleich hinkt ein wenig, denn von den Wäschestücken ist bekannt, dass sie schon vorher tragbar waren; im Grundsatz umschreibt er aber die Sicht auch der Verlage treffend.)

Formale Mängel schließlich haben oft etwas mit mangelnder *Konsistenz* und Ungenauigkeiten im Detail zu tun, etwa bei Überschriften, in Abbildungen, Tabellen und Literaturzitaten.

Es ist nicht ehrenrührig, sich in diesen Dingen helfen zu lassen. Schließlich sind Lektoren und Redakteure – oft selbst ausgebildete oder aktive Wissenschaftler – in diesen Dingen „professionell"; sie haben sich ihre Erfahrungen mühsam erarbeitet und stehen mit Kollegen in nationalen und internationalen Vereinigungen wie der European Association of Science Editors (EASE) und dem Council of Science Editors (CSE;

früher Council of Biology Editors, CBE) in Gedankenaustausch, wirken in Kommissionen und Arbeitskreisen mit.[35] Längst ist hier ein eigener Berufsstand erwachsen.

Da insgesamt auf recht unterschiedliche Dinge zu achten ist, befassen sich oft mehrere Personen mit einem Manuskript und teilen sich die Arbeit nach ihren Qualifikationen. Wir wollen uns hierüber – im Englischen sind über „Editing" und „Copy Editing" eine Anzahl nützlicher Bücher erschienen (z. B. O'CONNOR 1978; O'CONNOR 1986) – nicht weiter verbreiten, sondern annehmen, dass das bearbeitete (redigierte) Manuskript in absehbarer Zeit in die *Herstellung* gegeben werden kann.[36]

Im „klassischen" Prozedere wurde das Manuskript in der Herstellungsabteilung erneut geprüft und im Hinblick auf die nachfolgenden technischen Abläufe vorbereitet. Textmanuskripte wurden zur Bereitstellung von „Fahnen" einer Setzerei zugeleitet, Bildvorlagen einem technischen Zeichner[37] oder einer Reproanstalt, chemische Formeln wieder anderen Spezialisten. An diesem Ablauf hat sich in den zurückliegenden Jahren manches geändert, wie der folgende Bericht über die gegenwärtige Situation zeigt.

4.4.2 Fahnen- und Umbruchkorrektur

Korrekturen und Korrekturabläufe bei Texten mit Copy Editing

Über das Korrekturlesen und die Korrekturabläufe wurde schon in Abschn. 3.5.5 im Zusammenhang mit Zeitschriftenartikeln das Wichtigste gesagt. Vieles, was für Zeitschriften gilt, lässt sich auf Bücher übertragen – aber nicht alles. An zwei Parametern sind die Unterschiede besonders deutlich auszumachen: am *Umfang* der einzelnen Publikationen und an der für die Abwicklung erforderlichen *Zeit*. Bücher sind umfangreicher als Zeitschriftenartikel, und die Zeitskala bei der Vorbereitung von Buch-

---

[35] Besonders stark organisiert haben sich die Redakteure im *biomedizinischen* Sektor. Die *Uniform Requirements for Manusccripts Submitted to Biomedical Journals: Writing and Editing for Biomedical Publication* des International Committee of Medical Journal Editors (ICMJE 2004) haben normativ gewirkt. Die genannte Richtlinie, derzeit letztes Update: Oktober 2004, darf man sich aus dem Internet ausdrucken. Das Dokument umfasst, auf 75 % der ursprünglichen Darstellungsgröße gezoomt, 25 Druckseiten und enthält neben manchem Medizin-Spezifischem viele wertvolle Empfehlungen und Hinweise nebst Links zu anderen wichtigen Dokumenten. Es kann jedem stm-Autor zur Lektüre empfohlen werden. Alle Fachgebeite abdeckend hat sich in Deutschland der Verband der freien Lektorinnen und Lektoren (VFLL; www.vfll.de) etabliert, dessen Mitglieder im Auftrag von Verlagen die professionelle Manuskriptbearbeitung übernehmen.

[36] Das „copy editing" hat im englisch-amerikanischen Kulturkreis lange Tradition. Es befasst sich vor allem mit den formalen Aspekten der Manuskriptbearbeitung und wird in manchen Verlagen unter der Regie der Herstellungsabteilung besorgt.

[37] *Technische Zeichner* gibt es kaum mehr, die am Reißbrett mit Tuschefüller und Winkellineal arbeiten: Diese Aufgaben werden heutzutage am Monitor erledigt, und die gesamte Information, Text wie Bild, wird zuletzt von Rechner-gesteuerten *Laserstrahlen* direkt auf *Druckplatten* belichtet. Auch der *Reprografie,* die im Wesen eine Nass-Chemie war, bleibt da wenig Raum. Schon der „Große Brockhaus" (19. Aufl., Bd. 18 von 1992) vermerkt unter *Reprophotographie:* „Die R. ist bereits in erhebl. Umfang von elektron. Abtastverfahren (,Scanner') abgelöst worden." Was man datentechnisch erfasst hat, kann man auch ohne „Entwicklungsbäder" wieder zum Vorschein bringen, wie zuerst *Telefax*-Geräte und *Laserdrucker* vor Augen geführt haben.

publikationen bemisst sich nicht in Wochen (wie bei Zeitschriftenartikeln), sondern in Monaten oder gar Jahren. Allein aus diesem Grund sind die Bearbeitungs- und Korrekturabläufe jeweils andere. Derzeit spielt sich bei Büchern noch immer ein größerer Teil der Arbeitsgänge auf Papier ab als bei Zeitschriften, ungeachtet der Tatsache, dass die „Elektronisierung" der Abläufe in Einzelfällen bei Büchern früher eingesetzt hat, weil sich dort gerade der Größe der Vorhaben wegen besondere Absprachen zwischen Verlagen und Autoren eher lohnten.

Aber auch bei Büchern gibt es die klasssiche *Fahnenkorrektur* heute kaum noch, denn Sie als Autor können Ihren Text – am besten in Abstimmung mit dem Verlag (vgl. Abschn. 4.4.1) – auf Ihrem Computer so lange bearbeiten, bis er inhaltlich, sprachlich und formal sehr weit gediehen ist. Im Idealfall ist er so gut wie druckreif, so dass Text und Bild vom *Layouter* zusammengeführt werden können. Dieser Idealzustand wird allerdings in den wenigsten Fällen tatsächlich erreicht.

In der Regel wird das von Ihnen als „Endfassung" abgelieferte digitale (!) Manuskript im Verlag nochmals[38)] einem *Copy Editing* unterzogen. Danach weicht die Datei möglicherweise an einigen oder vielen Stellen von der Version auf Ihrem Computer ab. Erfahrene Autoren wissen aber, dass sie vor diesem Arbeitsgang keine Angst zu haben brauchen: Professionelles Copy Editing verbessert immer den schon guten Originaltext und rundet ihn ab. Es wird ja nicht (mehr) in den Inhalt eingegriffen, sondern es geht ausschließlich um die professionelle Präsentation Ihrer Ideen, Experimentbeschreibungen und Ergebnisse. Besonders kritische Fragen (das sind zum Beispiel solche, die die Vollständigkeit betreffen) werden während der Bearbeitung direkt mit Ihnen geklärt; kleinere Fragen (wie die nach Unstimmigkeiten zwischen Literaturhinweisen im Text und der Literaturliste am Ende des Textes) schreibt der Copy Editor dagegen *in das digitale Manuskript* hinein und versieht diese Stellen, damit sie später besser zu finden sind, mit *Blockaden* (z. B. in Form schwarzer Vierecke ▌, ■).

Üblicherweise wird Ihnen die bearbeitete Datei nicht noch einmal zugeschickt, sondern sie geht direkt weiter an den Layouter, der Text und Bilder zusammenführt. Was Sie dann zum *Korrekturlesen* erhalten (vermutlich als Papierausdruck, s. unten), ist die erste Version des *Umbruchs*. Bei Zeitschriften ist dies, Sie erinnern sich (Abschn. 3.5.5), anders: Dort bildet die *Umbruchkorrektur* bereits die zweite Korrekturstufe, in die die Autoren meist nicht einbezogen werden. Kehren wir zurück zum Buch. Die Formulierung „erste Version des Umbruchs" ist bewusst gewählt, denn Sie werden im weiteren Verlauf des Projekts möglicherweise noch eine zweite Version erhalten. Der erste Umbruch ist in gewisser Hinsicht der Ersatz für die *Fahne*. Er ist aber mehr. Sie sehen jetzt erstmals die Seiten des entstehenden Buches vor sich. Abbildungen sind eingefügt, Legenden dazu gestellt, chemische und andere Formeln und – wo zugelassen – Fußnoten an ihren Platz gerückt. Überschriften haben die verlangte Größe und stehen

---

[38] Das „nochmals" soll an die vorangegangenen Stufen des Redigierens erinnern, die in Abschn. 4.3.5 und Abschn. 4.4.1 beschrieben worden sind.

an der vorgesehenen Stelle. Die Seiten haben eine *Seitennummer* und – bei einem Buch, das freundlich zu seinen Lesern sein will – einen *Kolumnentitel*.

- Vielen Elementen und Zuordnungen muss beim Lesen des Umbruchs Aufmerksamkeit geschenkt werden.

Ihre Aufgabe beim Korrekturlesen dieses ersten Umbruchs besteht vor allem aus Folgendem:

1. Überprüfen der vom Copy Editor vorgenommenen Bearbeitung,
2. Klären der Fragen, also „Auflösen" der Blockaden,
3. Prüfen der Rechtschreibung, besonders von Trennungen,
4. Prüfen, ob Formeln, Bilder und Tabellen an den richtigen Stellen platziert sind,
5. Prüfen auf Vollständigkeit: Ist nichts abhanden gekommen?

Wir haben im Zusammenhang mit Zeitschriftenartikeln schon über das „richtige" Umbrechen gesprochen (s. Abschn. 3.5.4). Einen aufwändigen, von Gleichungen und Formeln durchsetzten und mit Tabellen und Abbildungen garnierten Text so zu umbrechen, dass das Ergebnis sachlichen *und* ästhetischen Ansprüchen genügen kann, ist eine schwierige Aufgabe. Zugeständnisse sind unvermeidlich, manchmal wird eine Abbildung nicht auf der Seite ihrer ersten Erwähnung im Text stehen können. Autoren überschätzen oft ihre Fähigkeit, das ihnen vorgelegte Ergebnis noch verbessern zu können. Wenn Sie Änderungen wünschen, dann bitte mit Augenmaß – noch besser mit einem Maßstab in der Hand! Sie werden Zeilen auszählen müssen, um sicher zu sein, dass sie an anderer Stelle Platz finden, dass keine Überschrift an die untere Begrenzung einer Seite rutscht oder dass kein Absatz mit *einer* Zeile oben auf der nächsten Seite endet. Gerade bei einem kompliziert aufgebauten Schriftsatz ist das Umbrechen eine eigene Kunst.[39)] Was immer Sie im Umbruch korrigieren oder ändern, Sie müssen sich der technischen und wirtschaftlichen Konsequenzen bewusst sein.

- Umbrechen ist – von wenigen Buchtypen wie Wörterbüchern oder Lexika abgesehen – auch heute noch ein weitgehend manueller Vorgang, der durch das Anordnen aller Teile eines Textes auf den Seiten des Layoutprogramms bewerkstelligt wird.

Beim Copy Editing wurde u. a. auf korrekte Rechtschreibung und auf *Konsistenz*, also zum Beispiel auf einheitliche Schreibweisen (Zusammen- und Getrenntschreibung, mit oder ohne Bindestrich usw.) geachtet. Auf die dabei ggf. ergriffenen Maßnahmen können Sie sich meistens verlassen, denn an dieser Stelle professionell zu arbeiten gehört zu den erprobten Leistungen, die ein Verlag zu bieten hat.

Als Referenz für die genannten Überprüfungsaufgaben sollte Ihnen Ihre Originaldatei dienen. Das bedeutet auch, dass Ihnen in der Regel außer dem Umbruch kein anderes Material zugeschickt wird. Der Umbruch geht Ihnen üblicherweise auf Papier (!) zu – die Zeit für den Versand ist normalerweise kein kritischer Punkt –, doch spricht

---

[39] Die tradierte Berufsbezeichnung für den *Schriftsetzer*, der den Satz zu Seiten umbricht und druckfertig macht, ist *Metteur* (frz. mettre, setzen, stellen, zurichten). Das englische Wort für Seitenumbruch ist *Layout* – „Text- und Bildgestaltung einer Seite, eines Werbemittels bzw. einer Publikation" laut einer lexikalischen Definition. Dazu gibt es im Lehn-Deutsch bereits die Wörter „Layouter" und „layouten".

heutzutage nichts mehr dagegen, auch bei Büchern den „PDF-Weg" zu beschreiten. Da PDF-Dateien von Umbrüchen oft sehr groß sind (hauptsächlich wegen der integrierten Bilder), ist der Versand per E-Mail allerdings so gut wie ausgeschlossen.[40]

Eine Alternative zu E-Mail ist das sog. FTP-Verfahren (File Transfer Protocol), das gerade im Wissenschaftsbereich auch zum Austausch von Daten zwischen Wissenschaftlern gerne verwendet wird (siehe die Bemerkungen zu *Preprint-Servern* im Zusammenhang mit *Online-Publikationen* von Zeitschriftenartikeln in Abschn. 3.1.2). Der Verlag wird Ihnen dazu Server-Adresse, Benutzernamen und Passwort mitteilen, und Sie können die PDF-Datei(en) vom FTP-Server herunterladen. Die PDF-Datei können Sie mit ACROBATREADER oder dem Vollprogramm ACROBAT öffnen und auf Ihrem Drucker ausdrucken.

Ihre Korrekturen werden Sie – egal wie Ihnen das Manuskript/die Datei zurückgegeben wurde – „wie früher" auf Papier (also auf einem Ausdruck) vornehmen, und zwar, indem Sie mit den üblichen Korrekturzeichen arbeiten (vgl. „Korrekturzeichen" in Abschn. 3.5.4). Im Unterschied zu Zeitschriftenartikeln sollte die Möglichkeit, die Korrekturen anschließend in die PDF-Datei zu übertragen, nicht in Erwägung gezogen werden, weil der Layouter bei Papierkorrekturen eine bessere Kontrolle über die Ausführung oder Nichtausführung der Korrekturen hat als bei Korrekturhinweisen in der PDF-Datei.[41]

Am Ende des Korrekturlesens der ersten Umbruchversion fertigen Sie aus Sicherheitsgründen eine *Hardcopy* aller Seiten des durchgesehenen Ausdrucks an (auch derjenigen, die keine Korrekturen enthalten) und senden den so bearbeiteten Umbruch wieder an den Verlag. Nach einem kurzen Check in Lektorat und Herstellungsabteilung gehen Ihre Umbruchkorrekturen weiter an den Layouter, der sie in die Layoutdatei überträgt.

Schließlich wird die *zweite Umbruchversion* erzeugt und Ihnen – vielleicht, je nach Absprache – zusammen mit Ihren Korrekturen zugesandt. Ihre Aufgabe ist nun eine andere als beim ersten Durchgang. Die Aufmerksamkeit muss nicht mehr dem Text als Ganzem gelten, sondern den kritischen Stellen. Beispielsweise hatten Sie Blockaden „aufgelöst", und nun besteht Ihre Aufgabe darin nachzusehen, ob die Unklarheit wirklich wunschgemäß beseitigt worden ist.

- Zu prüfen ist im zweiten Umbruch, ob jede einzelne Korrekturanweisung des ersten Umbruchs richtig *ausgeführt* wurde.

---

[40] Die PDF-Datei eines Buchkapitels von 100 Seiten kann, besonders wenn es stark bebildert ist, mehrere Megabyte groß sein. Zwar können prinzipiell auch große Dateien als E-Mail-Anhang verschickt werden, aber auf Seiten des Empfängers gibt es oft institutionelle Beschränkungen: In vielen Unternehmen und auch Hochschulen dürfen die Mitarbeiter aus Sicherheitsgründen nur Dateien bis zu einer Größe von 2 oder 3 MByte empfangen.

[41] Das schließt nicht aus, dass Sie die Veränderungen in Ihre eigene Datei übertragen und eine neue Version davon speichern; wir würden auf diese Maßnahme nicht verzichten wollen, auch wenn der Aufwand der Übertragung groß sein mag.

Fehlerhaft ausgeführte Korrekturen müssen keineswegs schlechte Arbeit seitens der Technik bedeuten. Den Anlass können Sie selbst gegeben haben, wenn Sie im ersten Umbruch Korrekturzeichen undeutlich platziert oder wenn Sie unleserlich geschrieben haben. Sollte also an der einen oder anderen Stelle nicht alles seine Richtigkeit haben, müssen Sie erneut korrigieren. In schwierigen Fällen – z. B. bei Gleichungen, Formeln, Tabellen und Abbildungen – können zusätzliche Erklärungen, in *doppelten Klammern* angefügt, hilfreich sein, z. B. ein Hinweis wie:

((Strich auf derselben Höhe enden lassen wie rechts))

- Prüfen Sie beim Lesen von Umbruchkorrekturen auch das *Umfeld* des ursprünglichen Fehlers.

Wie schon unter „Technik des Korrekturlesens" in Abschn. 3.5.5 vermerkt, können auch im modernen Computersatz neue Fehler entstehen, und sei es durch Bedienungsfehler. „Beliebt" sind *Silbentrennfehler* an den Zeilenenden. Sie können schon *vor* der Korrekturstelle eintreten, wenn der Satzrechner einen anderen Zeilenausgleich gefunden hat. Kontrollieren Sie also alle Zeilen, die anders enden als in der ersten Umbruchversion.

- Die weitere Aufgabe besteht in einer letzten Prüfung des Layouts: Stehen alle Teile an der richtigen Stelle, ist nichts abhanden gekommen? Kolumnentiteln, sofern vorgesehen, ist besondere Aufmerksamkeit zu schenken.

Bitte bedenken Sie die Auswirkungen komplexer Korrekturen in diesem Stadium. War in der ersten Umbruchkorrektur – vielleicht durch Eingriffe in den Text – für eine ausgewogene Anordnung von Text, Überschriften, Fußnoten, Abbildungen, Legenden und anderen Sonderelementen gesorgt worden, so kann das nachträgliche Einschieben eines Absatzes oder einer Zeile, manchmal nur eines Wortes, die vorangegangene Arbeit der *Seitengestaltung* zunichte machen. Solche Änderungen bedeuten, dass Textteile oder Abbildungen elektronisch ausgeschnitten und neu eingebaut werden müssen.[42] Diese Arbeiten sind lohnkostenintensiv und können alle für das Buch erstellten Wirtschaftlichkeitsberechnungen noch im Nachhinein ad absurdum führen. Wenn Sie als Autor sich diese Dinge bewusst gemacht haben, werden Sie mit einer anderen Einstellung Korrekturen vornehmen. Letztlich verteuert jede Korrektur das Buch und mindert seine Chance, wie erhofft verbreitet zu werden. Damit der Verlag exzessive, z. B. 10 Prozent der Satzkosten übersteigende Korrekturkosten abdecken kann, werden Autoren u. U. sogar zur Kasse gebeten.

- Versuchen Sie, aus inhaltlichen Gründen notwendige Korrekturen *seitenneutral* („umbruchunschädlich") vorzunehmen. Falls eine Streichung oder eine Einfügung die Zahl der Zeilen auf der Seite ändert, so gleichen sie dies durch eine entsprechende Gegenmaßnahme auf der Seite aus.

---

[42] Ein englisches Wort für Umbruch ist „paste-up", was soviel wie „Zusammenkleben" bedeutet; auch im „cut and paste", von dem man bei digitalen Daten manchmal spricht, steckt diese Vorstellung.

4.4 Satz und Druck des Buches

Die soeben ausgesprochene Empfehlung sollten Sie sich zu Herzen nehmen. Falls Sie dazu Fragen haben, werden Ihnen Lektoren und Hersteller Ihres Verlags gerne anhand von Beispielen erläutern, wie seitenneutral korrigiert werden kann.

Als Zusammenfassung dieses Abschnitts mag die VCH-Autorenrichtlinie von 1999/ 2005 dienen, die ohne lange Rede davon ausgeht, dass es ein Copy-Editing an Ihrem Manuskript gegeben hat und dass es wenigstens einen Korrekturgang geben wird. Hier ein Auszug aus dem Abschnitt „2.2 Die Herstellung – vom Manuskript zum fertigen Buch":[43]

> Copy-Editing: Der Copy-Editor prüft sämtliche Teile Ihres Manuskripts auf formale Konsistenz und überarbeitet den Text gegebenenfalls auch sprachlich. Bei starker Überarbeitung wird Ihnen das Manuskript vor dem Satz zur Genehmigung vorgelegt.
>
> Satz: Eine Setzerei konvertiert Ihre Dateien in das Format eines Satzsystems. Bei den verwendeten Satzsystemen handelt es sich nicht um Textverarbeitungsprogramme, sondern meist um hochentwickelte Desktop-Publishing(DTP)-Systeme. Text und graphisches Material werden zum Umbruchseitenlayout kombiniert. Der Umbruchausdruck hat noch keine Druckqualität, sondern entspricht einer Fotokopie.
>
> Umbruchkorrektur: Den Umbruch erhalten Sie zur Korrektur, damit Sie Satzfehler anzeichnen/korrigieren können. Ferner sollten Sie darauf achten, daß sämtliche mit Blockaden (meist schwarze Vierecke) gekennzeichneten Unklarheiten beseitigt sind. Notwendige Korrekturen werden anschließend von der Setzerei ausgeführt.
>
> Druckvorbereitung und Druck: Die korrigierten Satzdateien werden als Filme ausgegeben oder direkt auf eine Druckplatte belichtet. Das Resultat der Ausgabe wird überprüft. Unsere Bücher werden meist im Offset-Verfahren gedruckt.

Selbst wenn die meisten Druckaufträge heute bereits „vollelektronisch" abgewickelt werden, so sind Umbruchprobleme doch nicht aus der Welt. Die Tendenz geht, wie wir an vielen Stellen dieses Buches festgestellt haben, freilich dahin, Sie als Autor immer stärker in die digitalen Abläufe einzubeziehen. Als engagierter Autor werden Sie irgendwann an einem Buchprojekt arbeiten, bei dem Sie auch das Layout miterledigen. Spätestens dann werden Sie in aller Tiefe erschlossen haben, was Umbruch und Umbrechen bedeuten und wie vorsichtig man mit nachträglichen Korrekturen umgehen sollte.

Abläufe bei reproreifen oder druckreifen Manuskripten

Es gibt Autoren, die ihre Bücher tatsächlich *reproreif* („camera ready", s. Abschn. 3.4.6) oder *druckreif* zur Verfügung stellen. Dabei kann es sich um Papiervorlagen im Format A4 handeln, die abfotografiert und auf die endgültige Buchgröße verkleinert werden; oder um Dateien (z. B. auf CD), die direkt im Druckvorstufenbetrieb oder in der Druckerei auf Film oder auf Druckplatte übernommen werden. Voraussetzung in beiden Fällen

---

[43] Das Wort „Setzerei" im zweiten Absatz ist heute eigentlich nicht mehr angemessen, wir haben an seiner Stelle weiter vorne den Begriff *Druckvorstufenbetrieb* verwendet. Einer ähnlichen Interpretation bedarf das Wort „Satzfehler" im dritten Absatz.

ist, dass Sie das Layout Ihres Textes selbst entwickelt haben. Dazu können Sie im Prinzip Ihr Textverarbeitungsprogramm verwenden.[44] Wenn auch grafische Elemente oder sogar Bilder dazukommen sollen, bewältigen Sie diese Aufgabe weniger mühsam, flexibler und professioneller mit *Layoutprogrammen* wie PAGEMAKER, FRAMEMAKER, INDESIGN (alle von Adobe) oder XPRESS (von Quark), die besonders in typografischer Hinsicht weit über die Textverarbeitung hinaus reichen.[45] Auf die Technik von Layoutprogrammen gehen wir in Abschn. 5.4.2 näher ein.

Damit Sie als Autor auch die Funktion des Setzers und Layouters übernehmen können, müssen Sie nicht nur Ihr Layoutprogramm beherrschen, sondern Sie müssen auch gute Typografiekenntnisse besitzen und sich mit Zusatzprogrammen (z. B. zur Bild- und Grafikbearbeitung, zum Erzeugen mathematischer oder chemischer Formeln) sowie mit dem auf Ihrem Rechner installierten Betriebssystem gut auskennen. Und wenn Sie digitale Daten abliefern (als druckreifes „Manuskript"), dann sollten Sie wissen, worauf Sie zu achten haben, damit Ihre Daten überhaupt gedruckt werden können: Sie müssen sich im PDF-Workflow (s. Abschn. 3.5.3) auskennen.

Dies alles vorausgesetzt, sind Sie hinsichtlich der Korrekturabläufe mehr oder weniger autark: Sie lesen Korrektur und führen die Korrekturen selbst aus. Wie viele „interne" Umbrüche Sie anfertigen, bleibt Ihnen überlassen. Allerdings wird in der Regel zumindest der Hersteller im Verlag den Papierausdruck der Version, die aus Ihrer Sicht die endgültige, druckreife ist, noch einmal kontrollieren und Ihnen ggf. Änderungsvorschläge unterbreiten. Das eigentliche Imprimatur werden Lektor und Hersteller des Verlages erteilen.

Imprimatur

Im Zusammenhang mit der zweiten Umbruchkorrektur haben wir bereits von der *letzten* Prüfung des Layouts gesprochen. Zu einer der noch zu erledigenden Taten Ihrerseits könnte das Auflösen einer ganz bestimmten Form von Blockaden gehören, die sich bis in die letzten *Umbruchabzüge* schleppen: Blockaden für *Seitenverweise*. Bevor der Umbruch wirklich feststeht, es also keine Layout-verändernden Eingriffe mehr gibt, können auch die Seitennummern nicht angegeben werden, auf die verwiesen werden soll. Nach dem Vorausgegangenen dürfte verständlich sein, warum wir an früherer Stelle (s. Abschn. 4.3.3) Seitenverweise als unerwünscht bezeichnet haben.

---

[44] Dass Sie vorher mit dem Verlag die damit zusammenhängenden technischen Fragen klären müssen, haben wir wiederholt angemerkt. Manchmal „belohnen" die Verlage diese Arbeit ihrer Autoren – die eigentlich nicht deren Sache sein sollte, wie wir ebenfalls an anderer Stelle angefügt haben – und bieten ihnen ein zusätzliches Honorar für das Reproreif-Aufbereiten. Wir sehen allerdings neben dieser Belohnung zunehmend die Gefahr der *Bestrafung*: Wer nicht mitspielt, wird nicht publiziert. *Brave New World!*

[45] Speziell PAGEMAKER ist als „Großvater aller DTP-Programme" bezeichnet worden. Kaum ein Programm hat so viel zu den Umwälzungen in der Branche beigetragen wie dieses. Der Amerikaner Paul BRAINERD, der es für den Apple-Macintosh-Computer entwickelt hat, gilt auch als der Erfinder des Wortes „Desktop Publishing". Er war selbst Schriftsetzer. Durch seine Arbeit errichtete er einem angesehenen Berufsstand (und sich selbst) ein Denkmal und trug gleichzeitig, Tragik der Geschichte, zu dessen Niedergang bei. Seine Arbeit fand weltweit Anerkennung, 1994 verlieh ihm die Stadt Mainz den Gutenberg-Preis.

- Wenn Sie alles sorgfältig auf Richtigkeit geprüft haben, versehen Sie den Umbruchabzug mit Ihrem *Imprimatur* und schicken ihn an den Verlag zurück.

Ihr Imprimatur, Ihre *Druckfreigabe*, ist ein Privileg, das Ihnen laut Vertrag zugestanden worden ist. Bei Vielautorenwerken imprimiert der Herausgeber. Tatsächlich gedruckt wird aber erst, wenn auch der Lektor seinen Segen dazugegeben hat. (Im Zeitschriftenbereich hat *ausschließlich* der Redakteur die Druckfreigabe-Hoheit.) Oft trägt die erste Seite des Umbruchs einen Stempelaufdruck, in welchem der Autor oder Herausgeber durch Abzeichnen mit Namen und Datum erklärt, dass er das gerade geprüfte Teilstück des Werkes zum Druck freigibt.

In der Praxis heißt Imprimatur „Kann *nach Ausführung meiner letzten Korrekturen* gedruckt werden". Im Idealfall gibt es keine Korrekturen mehr, und die Anweisung kann im ungeschmälerten *(lat.)* Wortsinn verstanden werden: „Es werde gedruckt!"

4.5 Die letzten Arbeiten am Buch

4.5.1 Register

Allgemeines

Ein Fachbuch braucht ein *Register* (auch *Index*[46] genannt, manchmal einfach Verzeichnis, z. B. *Sachverzeichnis*), oder eher, wenigstens *ein* Register. Anders als der Roman wird es ja nicht nur gelesen, sondern zum *Nachschlagen* benutzt, und dazu bedarf es einer technischen Hilfe. Ein Register sorgt dafür, dass man eine bestimmte im Buch enthaltene Information finden (nachschlagen) kann, indem es die Seiten nennt, auf denen der gesuchte Sachverhalt behandelt wird. Wer ein Register aufschlägt, wendet sich als Fragesteller an das Buch. Das Register soll Auskunft geben darüber, wo die Antworten auf die gestellte Frage gefunden werden können.

- Ein Register ist gut, wenn es auf viele Fragen präzise Auskünfte erteilen kann.

In überspitzter Form ist gesagt worden, ein wissenschaftliches Buch sei „so gut wie sein Register". Welche Merkmale muss ein Register erfüllen, um hohen Ansprüchen zu genügen? Woraus soll das Register bestehen?[47]

- Die wichtigste Form des Registers ist das allgemeine *Sachregister* (Sachverzeichnis), eine alphabetische Liste von im Buch behandelten Begriffen mit zugeordneten *Seitennummern*.

Zu jedem *Registereintrag* gehört wenigstens *ein* Seitenverweis. (Wir haben auch schon Register mit gelegentlichen „leeren" Einträgen gesehen; die hinterlassen ein schales oder ärgerliches Gefühl.) Allerdings wird man nicht jeden Begriff, der im Buch auf-

---

[46] Im angelsächsichen Sprachraum wird immer vom „Index" gesprochen, und die Registerersteller sind die „Indexer".
[47] Auf *Autorenregister* und andere Sonderformen (z. B. Substanznamen-Register) gehen wir hier nicht ein.

taucht, als „registerwürdig", nicht jede Seite, auf der er vorkommt, als „verweiswürdig" ansehen. An dieser Stelle beginnt die Kunst des Registermachens, die eine Kunst des Abwägens ist.

Wer ein Register zu einem Fachbuch anlegt, sollte zu unterscheiden wissen zwischen *Begriff* und *Bezeichnung*: Begriff ist das „Gemeinte", der geistige Gehalt eines in der außersprachlichen Wirklichkeit Existierenden, das *Denotat* (von *lat.* denotare, bezeichnen; also das „Bezeichnete"); Bezeichnung *(Notation)* ist das dafür verwendete, vielleicht in jeder Sprache für immer dieselbe Sache verschieden lautende *Wort*. In einem fachlichen Umfeld wird dieses Wort *Terminus technicus (pl.* Termini technici) genannt, *Fachausdruck* oder einfach *Terminus*. Aufgabe der *Terminologie* ist es, die Verwendung solcher Bezeichnungen dem Belieben des Einzelnen zu entziehen und womöglich zu international anerkannten Absprachen zu gelangen. An diese, soweit vorhanden, haben Sie sich als sachkundiger Autor schon vorher beim Schreiben gehalten. Jetzt gilt es für Sie „nur" noch, Fachausdrücke (und was sonst wichtig scheint) Ihren Lesern zugänglich zu machen.

- Schreiben Sie terminologisch korrekt. Indexieren Sie anerkannte Fachausdrücke (aber nicht nur diese).

Spätestens wenn *Synonyme* und *Homonyme* auftreten, tritt die Problematik beim Anfertigen eines Registers zutage. Wer beispielsweise im Register des WORD-Handbuchs unter dem Wort „Register" nachsieht, wird enttäuscht sein: kein Eintrag! Dabei sind Sie sicher, dass darüber etwas im Handbuch zu finden sein muss. Das ist auch so, nur unter einem anderen Wort, „Index".[48] Woher sollen Sie als Informationsuchende(r) das wissen? Vielleicht haben Sie mögliche Synonyme im Kopf, vielleicht hilft Ihnen im Beispiel die Erinnerung an den amerikanischen Ursprung des Handbuchs weiter; aber ein *gutes* Register sollte an der Stelle Hilfen geben.

Große Verlage oder Datenbankbetreiber beschäftigen geschulte *Indexer,* um zu gewährleisten, dass der Inhalt der zu indexierenden Werke unter sprachlogischen und praktischen Gesichtspunkten möglichst gut ausgeschöpft wird. Das Jahresregister einer Fachzeitschrift anzufertigen wird oft zur „Chefsache" erhoben.[49] Die *Lexikografie* ist zu einer eigenen Wissenschaft geworden, die sich mit dem Aufzeichnen und Erklären eines Wortschatzes (in Form eines Wörterbuchs) befasst. Gilt es doch, deren Kriterien nach bestem Vermögen auf das inhaltliche Erschließen eines Fachbuches anzuwenden!

---

[48] Es handelt sich bei dem Wortpaar Register–Index tatsächlich um (bedingte) Synonyme, denn die erste Erläuterung unter „Index" in *Duden Deutsches Universalwörterbuch* lautet: „alphabetisches Namen-, Stichwort-, Sachverzeichnis; Register." – „Indizieren" bezeichnet nach *Duden* die Aufnahme in einen (bestehenden) Index (eben das Auf-den-Index-Setzen), wohingegen für das Erstellen eines Registers das Verb „indexieren" zu verwenden ist. In der Literatur, namentlich in der Computerliteratur, wird locker mit diesen Begrifflichkeiten umgegangen. Wir wollen es hier aber genau nehmen, denn nur so lassen sich Missverständnisse vorn vornherein vermeiden.

[49] Register spielen nicht nur bei Büchern, hier besonders bei den großen *Nachschlagewerken*, eine bedeutsame Rolle, sondern auch und vor allem in der Welt der *Datenbanken*. Überall haben sich Expertengruppen gebildet, die sich das gute Indexieren auf die Fahnen geschrieben haben; werden Veranstaltungen abgehalten, Indexing-Kurse angeboten. In Deutschland hat sich 2004 das Deutsche Netzwerk

Auswahl der Begriffe

- Ein gutes Register lässt keinen *wichtigen* Begriff aus, der im Buch abgehandelt wird. Es nennt bevorzugt die Stellen, an denen etwas *Bedeutsames* über den Begriff ausgesagt wird. Es versucht, den *Kontext* anzuzeigen, in dem der Begriff behandelt wird.

Was hier wichtig, bedeutsam, registerwürdig usw. ist, hat viel mit den Zielsetzungen der Publikation zu tun. Wiederum ist ein Gegenstand gegeben, über den Sie sich als Autor mit Ihrem Lektor verständigen sollten: Wie umfangreich soll das Register werden? Verbindliche Maßstäbe gibt es nicht. Zehn Prozent des Textumfangs für Register zu veranschlagen, dürfte eine obere, ein Prozent eine untere Grenze sein. Ein Buch, das immer wieder zu Rate gezogen wird, braucht ein umfangreicheres Register als eines, das man einmal liest, um es dann beiseite zu legen. Wir haben dem vorliegenden Buch ein umfangreiches Register beigegeben.

Wichtige Begriffe sind solche, die im thematischen Rahmen des Buches eine Rolle spielen. Eine bedeutsame Erwähnung ist eine Stelle im Buch, an der ein Begriff definiert oder näher erläutert wird. Zweifellos bieten sich Begriffe, die in *Überschriften* vorkommen, zur Aufnahme in das Register an. Würde man *nur* solche wählen, so wäre das Register ein durch andere Anordnung gekennzeichnetes Abbild des Inhaltsverzeichnisses. Es will aber mehr sein. Weitere wichtige Begriffe finden sich in Tabellenüberschriften und Bildunterschriften. Die meisten werden sich jedoch aus dem Text rekrutieren.

- Bei der Auswahl der Registerbegriffe lassen Sie sich von der mutmaßlichen Art der Fragen von Benutzern des Registers leiten.

Die Aussage mag banal klingen, und doch bewährt sie sich als Richtschnur. Ein Beispiel möge das verdeutlichen: Wenn der Schmelzpunkt einer Verbindung gesucht ist, wird man ihn eher über den Namen der Verbindung suchen als unter „Schmelzpunkt". Unter diesem Stichwort, wenn es denn in dem Register vorkommt, würde man eher Verweise auf eine Definition, auf Methoden zur Bestimmung des Schmelzpunkts, auf Zusammenhänge zwischen Schmelzpunkt und Struktur oder dergleichen erwarten. Wenn das Buch tatsächlich eine Angabe über den gesuchten Schmelzpunkt enthält, beispielsweise in einer Tabelle zusammen mit anderen Daten (Siedepunkt, Dichte oder dergleichen), dann wäre „Schmelzpunkt" als Unterbegriff bei der betreffenden Verbindung eine Überbestimmung, den Zweck erfüllen würde „physikalische Eigenschaften". Der Benutzer des Registers weiß, dass man den Schmelzpunkt zu den physikalischen Eigenschaften einer Substanz zählt, und mit derselben Eintragung wird sich auch der Benutzer zufrieden geben, der den Siedepunkt der Verbindung sucht.

---

der Indexer (DNI, http://www.d-indexer.org/) formiert und wirbt um Interesse für seine Arbeit vor allem in den Verlagen. Es gibt seit einigen Jahren eine rasch wachsende Anzahl von Publikationen, die sich mit dem Gegenstand befassen. Besonders bekannt ist *Indexing Books* von Nancy MULVANY (2. Aufl. 2005). Es kommt aus der University of Chicago Press, die auch das berühmte Standardwerk *The Chicago Manual of Style* – z. Z. dieser Revision bereits in der 15. Aufl. – herausgibt.

Dieses Beispiel macht einen „beliebten" Fehler des Registererstellens deutlich: die Aufnahme von allgemeinen Begriffen, unter denen ein Leser nie und nimmer nachschlagen würde. So sollte man vorsichtig damit sein, Begriffe aus dem Titel des jeweiligen Buches in das Register aufzunehmen, denn es geht ja im *gesamten* Buch um genau das, was im Titel steht. Allerdings könnten Begriffe für bestimmte Aspekte, die sich irgendwo im Text verstecken, zu denen der Leser durch die Kapitel- und Abschnittsüberschriften nicht direkt geführt wird, sehr wohl ins Register aufgenommen werden (von diesen Überlegungen haben wir uns auch beim vorliegenden Buch leiten lassen). Unbrauchbar sind allgemein gehaltene Registereinträge wie „Anwendungen" oder „Beispiele" usw. Es dürfte nur sehr wenige wissenschaftliche Werke geben, in denen derart allgemeine Begriffe registerwürdig sind.

Von Haupt- und Unterbegriffen, Haupt- und Untereinträgen

Manche Begriffe kommen in einem Buch wiederholt vor, wenngleich jedes Mal in einem anderen *Kontext*.

- Hinter einem Registerstichwort sollen nicht zu viele Seitenverweise stehen, weil es mühsam wäre, ihnen allen bei der Suche nach einer bestimmten Information nachzugehen. Vermeiden Sie *Seitenzahl-Bandwürmer*!

Als noch praktikable Obergrenze können fünf Seitenverweise pro Stichwort gelten. Wird diese Grenze beim Anfertigen des Registers überschritten, so besteht für Sie Anlass, den Begriff in *Unterbegriffe* zu *zerlegen* oder durch *Beifügungen* den jeweiligen Kontext anzudeuten. Die Seitenverweise verteilen sich dann auf die einzelnen Eintragungen, und das Register kann wieder gezielt benutzt werden.

Plötzlich ist die Rede von *Begriffen* (oder *Stichworten*) und *Unterbegriffen*, von Haupt- und Untereinträgen und Beifügungen. Im gedruckten Register werden solche Unterschiede gar nicht oder nur versteckt zu erkennen sein – warum müssen wir uns trotzdem mit ihnen befassen?

- Das Erstellen von Registern ist eine Wissenschaft (und eine Kunst!) für sich.

Es gibt wahrscheinlich keinen Autor, der beim ersten Bemühen darum nicht eine gewisse Hilflosigkeit verspürte, vielleicht gar der Verzweiflung nahe war. Im Laufe der Zeit gewinnt man Erfahrung, macht intuitiv vieles richtig, zählt sich zu den Registerkünstlern – kann aber möglicherweise nicht recht beschreiben, wie man gute Register macht. Oder man hat eine pragmatische Einstellung dazu gewonnen und verlässt sich technisch auf sein Textverarbeitungsprogramm, inhaltlich auf die Lektoren des Verlages. Wir möchten mit unseren Ausführungen zu mehr Klarheit beitragen und Unsicherheit abbauen. Lassen Sie uns zunächst einige Definitionen vorwegnehmen.

- Die Wörter, die ein Register enthält, kann man nach zwei Kriterien betrachten und beschreiben: formal und inhaltlich.

Formal: Von den *Einträgen* eines Registers sollte man immer sprechen, wenn man ihre Anordnung im Blick hat: Einträge können sortiert oder nicht sortiert sein, sie können rein „optisch" in der Hierarchie höher oder tiefer stehen, also *Haupt-* bzw.

Untereinträge bilden. Untereinträge stehen üblicherweise „unterhalb" der Haupteinträge, also in einer neuen Zeile (und evtl. Folgezeilen) und sind meist eingerückt (mit oder ohne Gedankenstrich davor). DIN 31630-1 (1988) spricht übrigens von *Haupt- und Nebeneingängen*, doch sind die Bezeichnungen *Haupteintrag* und *Untereintrag* geläufiger (und weniger stark durch andere Vorstellungen belegt).

Inhaltlich: In ein Register wandern nur Wörter, die *registerwürdig*, ja, die bedeutend sind. Ein Wort, mit dem man den Inhalt eines Textes (eines ganzen Buches, eines Kapitels, eines Abschnitts, eines Absatzes oder eines Satzes) oder den Inhalt einer Abbildung beschreiben kann, heißt *Schlagwort*. Was man beim Erstellen eines Registers macht, ist also nichts anderes als eine *Verschlagwortung* von Text und Bild. Ein *Stichwort* ist genau genommen ein Schlagwort, das aus einem Titel (einer Überschrift) stammt, es muss zumindest genauso geschrieben im Text vorkommen (von Beugungen wie Mehrzahlendungen abgesehen). Oben hatten wir bereits die Unterscheidung von Begriff und Bezeichnung vorgenommen. Wie ist der Zusammenhang mit Schlag- und Stichwörtern? Bezeichnungen für Begriffe müssen nicht geschriebene Bestandteile des Textes sein, sie sind also *nicht* immer Stichwörter, aber immer (potenzielle) Schlagwörter.

- Ein gutes Register besteht nicht nur aus Stichwörtern (die so geschrieben im Text zu finden sind). Es ist anders ausgedrückt keine Wortfindeliste, sondern eine *Begriffsliste*.

Um uns nicht im Definitionsdschungel zu verlieren, möchten wir für die Diskussion über Register empfehlen, ausschließlich von *Einträgen* (wenn eher der formale Aspekt im Vordergrund steht) oder von *Begriffen* (inhaltlicher Aspekt) zu sprechen. Oft spielt die Unterscheidung von „Begriff" und „Eintrag" keine wesentliche Rolle.

Geht es allerdings um das Vermeiden von Seitenzahl-Bandwürmern, ist es für das Verständnis der Vorgehensweise besser, „Begriffe" und „Einträge" auseinander zu halten. Wir haben hier nämlich die Aufgabe, herauszufinden, in welchen *Kontexten* ein Begriff auftaucht.

- Als Benutzer eines Registers wollen wir nicht eigentlich Unterbegriffe finden, sondern *Kontexte*!

Jeder Kontext sollte daher einen *Untereintrag* im Register bilden. Bei der *Kontextfindung* schauen wir nach *oben* – wir haben sozusagen einen integrativen Blick und suchen im Grunde genommen den *Oberbegriff* zum aktuellen Begriff. Wir *fügen* diesen Oberbegriff *bei*, um die Bedeutung des aktuellen Begriffs näher zu bestimmen.

Ein Beispiel mag verdeutlichen, was gemeint ist. In der *Verfahrenstechnik* ist es seit einigen Jahren üblich, bei der Planung neuer Anlagen nicht nur Simulationen durchzurechnen, sondern mit einer miniaturisierten Version der späteren Anlage echte Experimente durchzuführen. Man spricht von der Miniplant-Technik. Eine wichtige Frage dabei ist die nach dem Scale-Up solcher Miniplants. In einem Buch zur Miniplant-Technik kommt der Begriff „Scale-Up" an zahlreichen Stellen vor. Wenn wir als Registermacher beim Herausziehen der Begriffe nicht aufpassen, kann es für „Scale-

Up" schnell zu einer unerwünschten Häufung von Seitenzahlen kommen. Also sollten wir nicht nur „Scale-Up" markieren, sondern bei jedem registerwürdigen Auftreten sofort nach oben schauen: In welchem Zusammenhang, unter welchem Oberbegriff, wird Scale-Up behandelt? Das könnten auf den Seiten 258 bis 261 die Destillationskolonnen sein, auf den Seiten 199 bis 202 die Flüssig/Flüssig-Systeme usw. Der Ausschnitt aus dem zugehörigen Register könnte folgendermaßen aussehen:

S
Scale-down   364
– Quenchkondensation   394
– siehe auch Down-Scaling
Scale-up
– Agar-Hoar-   216–218
– API-Trockner   348–353
– Apparate-   15–16, 387
– Bioreaktoren   213–216
– Destillationskolonnen   258–261
– Dimensionsanalyse   356–360, 365
– elektrochemische Reaktoren   216–218
– Fest/Flüssig-Systeme   204–208
– Festbettreaktor   208
– Filtration   332–333
– fluide Reaktionssysteme   199–204
– Flüssig/Flüssig-Systeme   199–202
– Gas/Fest-Systeme   208–211
– Gas/Flüssig/Fest-Systeme   211–213
– Gas/Gas-Systeme   202–203
– Grenzen   333

- Um Seitenzahl-Bandwürmer zu vermeiden, ist es angebracht, Kontexte *(Oberbegriffe)* zu Untereinträgen zu machen.

Das Weitere ahnen Sie schon: Beim Registererstellen können wir nicht nur nach *oben* schauen, sondern auch nach *unten* – wenn man so will, können wir einen atomisierenden Blick auf den vor uns liegenden Text werfen. Wir zerlegen dann einen Begriff in *Unterbegriffe*. Es kann für den Leser hilfreich sein, wenn ein Begriff aus einer Kapitelüberschrift einen Haupteintrag im Register bildet und ihm einige Untereinträge zugeordnet werden, die sich ihrerseits aus den Abschnittsüberschriften dieses Kapitels „speisen". Auch einen Begriff, der nicht aus einer Überschrift stammt und dennoch über mehrere Seiten geht, können wir so zerlegen.

Dabei sollten wir uns hüten, das Register unnötig aufzublähen. So hat es keinen Sinn, einen Begriff, der in dem ganzen Buch nur an der Stelle vorkommt, in Unterbegriffe zu zerlegen, um sie dann alle mit *demselben* Seitenverweis zu belegen. Dennoch begegnet man diesem Kunstfehler. In diesem Fall heißt die Devise: Begriffe bündeln und den einen Seitenverweis (oder die wenigen Seitenverweise) nur beim übrig bleibenden Hauptbegriff bringen. Die Unterbegriffe müssen dabei nicht komplett vom Register ausgegrenzt werden. An der Bündelungsstelle tauchen sie zwar im Register

4.5 Die letzten Arbeiten am Buch

nicht mehr auf, sie könnten aber sehr wohl *eigene* Haupteinträge bilden. Der Fehler war somit nicht, diese Begriffe überhaupt ins Register aufgenommen zu haben, sondern er bestand darin, sie als Untereinträge zu behandeln.

- Einen Begriff zu zerlegen ist immer dann (und nur dann) hilfreich, wenn die Eintragungen bei den einzelnen Unterbegriffen zu *verschiedenen* Seiten führen.

Welche Möglichkeiten der Zerlegung von Begriffen gibt es?

- Ein Begriff lässt sich auf mehrere Weisen in Unterbegriffe auffächern, die unterschiedliche *Begriffsebenen* repräsentieren und denen bestimmte Formen von *Registereinträgen* entsprechen.

Beispielsweise können Sie durch nachgeschaltete Adjektive den Begriff einengen oder näher erläutern:

    Chlorid-Bestimmung
        gravimetrische   X
        potentiometrische   Y

Ebenso gut können Sie Substantive hinzufügen und so, ggf. in Verbindung mit Präpositionen, den Begriff näher bestimmen:

    Daten
        Lesen von   X
        Löschen von   Y

Auch eine umgekehrte Stellung der präpositionellen Beifügung ist möglich, z. B.

    Substitution
        durch Bromid   X
        durch Chlorid   Y

Schließlich können Sie den Begriff durch Verbindung mit einem anderen zu einem zusammengesetzten Begriff genauer bestimmen, z. B.

    Datei
        Karten-   X
        Namen-   Y
        Stichwort-   Z

Der Haupteintrag („Datei") ist hier als zweiter Teil des jeweils zusammengesetzten Begriffs gemeint (Kartendatei usw.).

Zusammengesetzte Begriffe könnten auch noch in der anderen Richtung in einem Register auftreten, nämlich dergestalt, dass das erste Teilwort des Begriffs als Haupteintrag und das zweite als Untereintrag verwendet wird. Denkbar wären die Einträge:

    Datei
        Erweiterung   V
        Format   W
        Namen   Z

Hier sind die Begriffe Dateierweiterung, Dateiformat und Dateinamen gemeint, und sie würden üblicherweise eingereiht in weitere Untereinträge zum Haupteintrag „Datei" auftreten:

Datei
   Erweiterung   V
   Format   W
   lesbare   X
   Löschen von   Y
   Namen   Z

Diese Auffächerung von Begriffen in Unterbegriffe hat den Nachteil, dass manche Untereinträge missverstanden werden könnten: Den Untereintrag „Namen" könnte man als „Namendatei" auffassen (das Fehlen des Bindestrichs fällt uns evtl. beim schnellen Lesen nicht auf) und nicht als „Dateinamen".

- Wir raten davon ab, zusammengesetzte Begriffe zu zerlegen. Was zusammengeschrieben ist, sollte – von wenigen Ausnahmen abgesehen – auch im Register zusammengeschrieben bleiben.

Das vorstehende Beispiel sähe korrekt folgendermaßen aus:

Datei
   lesbare   X
   Löschen von   Y
Dateierweiterung   V
Dateiformat   W
Dateinamen   Z

Dasselbe Problem tritt – in verschärfter Form – bei englischsprachigen Texten auf. Im Englischen gibt es nur wenige wirklich zusammengeschriebene Begriffe („football"), aber es gibt zahllose Begriffe, die sich aus mehreren Wörtern zusammensetzen. Zusammengesetzt und zusammengeschrieben ist ja nicht dasselbe, wie die Diskussion um die Rechtschreibreform in Deutschland in penetranter Weise bewusst gemacht hat (vgl. Abschn. 10.1.2). Im Englischen müssen wir auf den Unterschied noch mehr achten.

Betrachten wir als Beispiel den Begriff „error" (*deutsch:* Fehler). Er könnte in einem Buch zur Angewandten Physik in den unterschiedlichsten Zusammenhängen auftreten:

Error analysis   T
Error correction   U
Error detection   V
Error propagation   W
Errors
   calibration   X
   measurements   Y
   statistical   Z

Es wäre falsch, „analysis" oder „correction" als Untereinträge zu „Errors" aufzunehmen, denn „error analysis" und „error correction" sind zusammengesetzte Begriffe, und die sollten im Register als solche erhalten bleiben. Dagegen haben bei „errors, calibration" und „errors, measurements" die Untereinträge ein größeres Gewicht: Es geht um „calibration of errors" und „measurements of errors".

Dieses Beispiel beleuchtet noch zwei weitere Aspekte, die wir durchaus auf deutschsprachige Register übertragen können:

a) Soll die Einzahl- oder die Mehrzahlform (*Singular* bzw. *Plural*) eines Begriffs aufgenommen werden?
b) Die Mehrzahlform lässt sich bewusst als „Trick" einsetzen!

Die Antwort auf die Frage a) lautet:

● Man sollte sich, abhängig von der Art des Begriffs, für Singular oder Plural der Registereinträge entscheiden und diese Form dann möglichst konsequent im gesamten Register durchhalten.

Wir empfehlen *nicht*, sich grundsätzlich für Einzahl oder die Mehrzahl zu entscheiden, die Betonung liegt auf „abghängig von der Art des Begriffs". Phänomene, Gesetzmäßigkeiten, Effekte bilden eine *Begriffsart*, die man vorzugsweise im Singular in das Register aufnimmt. Dasselbe gilt für Personen. Gegenständliche Begriffe – wer will, kann in einem technischen Dokument Bauelemente und Geräte als eigene Begriffsart ansehen, für die aber dasselbe gilt – werden vorzugsweise im Plural aufgenommen. Bei allgemeinen und eher abstrakten Begriffen sowie Methoden und Prozessen kann man sich so und so entscheiden.

Im Englischen ist es – vgl. b) – in der Tat üblich, die Mehrzahlform eines Begriffs zu nehmen, wenn man sich von den *Zusammensetzungen* desselben Begriffs abheben will oder muss. Wenn das obige Beispiel so ausgesehen hätte:

    Error
        calibration   X
        measurements   Y
        statistical   Z
    Error analysis   T
    Error correction   U
    Error detection   V
    Error propagation   W

wäre wahrscheinlich der Eindruck entstanden, hier hätte sich der Indexer keine Mühe gegeben. Der Trick mit der Mehrzahlform lässt dagegen keine Fragen aufkommen. Im Deutschen kann man diesen Trick ebenfalls anwenden, um für mehr Klarheit zu sorgen.

    Anstatt

        Datenbank   R
            bibliografische   S
            Literatursuche   T
            Maske   U
            relationale   V
            Verwaltung   W
        Datenbankanbieter   X
        Datenbankfunktion   Y
        Datenbankprogramm   Z

wäre es besser, das Register folgendermaßen aufzubauen:

Datenbankanbieter	X
Datenbanken	R
bibliografische	S
Literatursuche	T
relationale	V
Datenbankfunktion	Y
Datenbankmaske	U
Datenbankprogramm	Z
Datenbankverwaltung	W

Zum einen wird so der Block, in dem es im Register um Datenbanken geht, nun nicht mehr vom alleinigen Wort Datenbank „eingeläutet", sondern vom zusammengesetzten Begriff „Datenbankanbieter". Das mag auf den ersten Blick ein Nachteil sein, aber als Nutzer des Registers ist man ja auf eine streng alphabetische Sortierung eingestellt. Zum Zweiten haben wir noch eine Bereinigung vorgenommen: Eigentlich hätten auch vorher bereits die zusammengesetzten Begriffe „Datenbankmaske" und „Datenbankverwaltung" als Haupteinträge auftauchen müssen. Durch die Umwandlung von „Datenbank" in „Datenbanken" sind diese Fehler deutlich zutage getreten – zwei mögliche Missverständnisse für den Nutzer des Registers wurden ausgeräumt.

- Ein und derselbe Begriff sollte innerhalb eines Begriffsblocks (einer Begriffsgruppe, eines Begriff-Clusters) nicht gleichzeitig als Untereintrag und als separater Haupteintrag in Erscheinung treten.

Wir sind so auf die Frage der *Redundanz*[50] in einem Register gestoßen. Von der eben beschriebenen Situation („innerhalb eines Begriffsblocks") abgesehen, darf man sagen:

- Eine sinnvolle (und eher große) Portion an Redundanz ist durchaus ein Merkmal eines guten Registers.

Es geht ja immer darum, dem Leser des Werks einen schnellen und zuverlässigen Zugriff auf den Inhalt zu ermöglichen. Und da der Registerersteller sich nicht in alle Leser hineinversetzen kann, sollte er sich absichern, indem er bestimmte Redundanzen zulässt oder bewusst einbaut.

- Durch Umkehren *(Permutieren)* von *Begriffspaaren* lassen sich die Möglichkeiten der inhaltlichen Erschließung verdoppeln.

So können Sie beispielsweise sowohl unter

Tabelle	
Überschrift	X

als auch unter

Überschrift	
Tabelle	X

nach etwas suchen, was auch mit dem zusammengesetzten Wort „Tabellenüberschrift" belegt werden kann. Auf die Seite X stoßen Sie im einen Fall, wenn Sie allem nach-

---

[50] *lat.* redundare heißt überfließen. Da Wiederholungen meist überflüssig sind, werden die beiden Wörter, Wiederholung und Redundanz, oft als Synonyme aufgefasst. Das ist nicht ganz richtig, denn auch manches ist überflüssig, was nur einmal daherkommt.

spüren, was im Kontext „Tabelle" interessiert; im anderen Fall, wenn es um „Überschriften" und ihre Ausprägungen geht.[51]

Andere Redundanzen sollte man aber eher vermeiden. So geben manche Begriffe für ein Register nicht viel her, sodass man sie erweitern möchte, selbst wenn an keine weitere Untergliederung gedacht ist (z. B. „Eisen, Biokatalyse"). Es hat aber keinen Zweck, ganze Überschriften oder Textphrasen zu Registereinträgen zu machen („Eisen als aktives Zentrum von Oxidoreduktasen", womöglich noch verlängert um „Beteiligung an Elektronentransportprozessen im Energiestoffwechsel") – das Register soll keine Romane erzählen, sondern Begriffe und Begriffsverknüpfungen anbieten.

Seitenverweise und Querverweise

Wie selbstverständlich klingt die Feststellung: Die *Seitennummern* stehen am Ende der Registereinträge. Die Umkehrung trifft aber nicht immer zu. Es gibt Einträge, die ohne *Seitenverweise* auskommen, und Einträge, die anstelle von Seitenverweisen *Querverweise* auf andere Einträge zeigen.

- Das Fehlen eines Seitenverweises ist bei solchen Haupteinträgen zulässig, die am Beginn einer Liste von Untereinträgen stehen.

Der Einsatz von Querverweisen hat wieder viel mit Benutzerfreundlichkeit zu tun. Sich zu vergegenwärtigen, *wonach* im Register gesucht werden mag, ist wichtig. Vielleicht sucht der Benutzer den Begriff unter einem anderen Namen als dem, den Sie verwendet haben (wir haben oben ein Beispiel dafür mit dem Wortpaar Register–Index gegeben). Auf diese Möglichkeit sollten Sie sich schon beim Abfassen des Buches einstellen und im Text *Synonyme* anbieten. Nehmen Sie dann die Synonyme mit einem „siehe"-Verweis in das Register auf, so ist das Register auch in dieser Hinsicht auskunftsfreudig. Falsch im Sinne von *redundant* wäre es, Seitenverweise unter beiden (oder allen) Synonymen aufzuführen. Hingegen kann es angebracht sein, *sinnverwandte* (z. B. Ion – Ladungsträger) und *sachverwandte* (z. B. Satz – Tabellensatz) Begriffe jeweils mit eigenen Seitenzahlen zu versehen und „siehe auch"-Verweise – in beiden Richtungen! – anzufügen.

- Synonyme in einem Buch wie dem vorliegenden – das zu Terminologiefragen Stellung nehmen muss – vorzustellen ist eine gute Sache; sie nebeneinander zu verwenden, wäre freilich schlecht.

„siehe"-Verweise haben noch einen anderen Zweck. Stellen Sie sich vor, in Ihrem Register haben sich bei einigen Untereinträgen Seitenzahl-Bandwürmer gebildet. Bei Haupteinträgen lässt sich das Bandwurm-Problem schnell durch das Aufmachen von Untereinträgen lösen. Bei Untereinträgen geht das aber u. U. nicht: Nur, wenn im Register Unter-Untereinträge zugelassen sind, könnten Sie diesen Lösungsweg beschreiten. Meistens sind aber nur zwei Hierarchiestufen erwünscht, weil das Register sonst

---

[51] Die beiden zuletzt gezeigten Beispiele werden Sie so nur eintragen, wenn es zu „Tabelle" und „Überschrift" jeweils weitere Untereinträge gibt. Sonst hätten „Tabelle, Überschrift X" und „Überschrift, Tabelle X" genügt.

unübersichtlich würde. Die Alternativlösung heißt: Den Untereintrag mit dem Seitenzahl-Bandwurm zu einem neuen Haupteintrag mit (ebenfalls neuen) Untereinträgen machen und an der alten Stelle einen Siehe-Verweis anbringen!

- „siehe"-Verweise dienen unter anderem zum Auflösen von Seitenzahl-Bandwürmern bei Untereinträgen.

An dieser Stelle erscheint es angebracht, sich erneut mit der Begrifflichkeit der Registererstellung zu befassen. Wenn von Verweisen in einem Register die Rede ist, denkt man spontan an das, was wir soeben als Querverweise (*„siehe"-, „siehe auch"-Verweis*e, *engl.* cross references) bezeichnet haben. Die im Register auftretenden Seitennummern ebenfalls als Verweise *(Seitenverweise)* zu bezeichnen kann zu Missverständnissen führen. Im englischsprachigen Raum, in dem man sich schon länger und intensiver mit der Terminologie der Registererstellung beschäftigt, hat man die *page reference* durch *page locator* (kurz *locator*) ersetzt, und entsprechend sollte im Deutschen besser nicht von Seitenverweisen gesprochen werden, sondern von *Seitenzeigern.* (Die Bezeichnung *locator* begegnet dem Benutzer von Software zur Registererstellung wieder, denn die gibt es zurzeit – außerhalb der Textverarbeitung – ausschließlich in englischer Sprache.)

Eine Frage, auf die man bei Seitenverweisen in der Praxis stößt, lautet: Wie soll man mit *Seitenbereichen* umgehen? Ein Fehler, der immer wieder gemacht wird, besteht darin, nur die Anfangsseitenzahl eines Bereichs, in dem der Begriff eine Rolle spielt, zu nennen. Das macht das Register zwar kompakter, aber auch weniger leserfreundlich. Grundsätzlich sollte dem Leser die Information darüber, dass der Begriff auf mehreren hintereinander folgenden Seiten behandelt wird, nicht vorenthalten werden.

Im deutschsprachigen Raum ist es Usus, Seitenbereiche nur *anzudeuten*, indem „f" oder „ff" an die Seitenverweise angefügt wird. Dabei steht „f" für „und folgende Seite", „ff" für „und folgende Seiten". Hilfreicher noch für den Benutzer des Registers wäre die Angabe von Seitenbereichen („von bis"), zum Beispiel als „315-320", doch so zu verfahren bürdet dem Indexer erhebliche zusätzliche Mühe auf, und es fragt sich, ob der Leser die ausreichend zu schätzen weiß. (Wir bieten im Register unseres Buches diesen im angelsächsischen Raum verbreiteten Komfort nicht an, zumal wir der Meinung sind, dass mancher Leser sich lieber selbst von der Reichweite eines Begriffs auf den Buchseiten wird überzeugen wollen.)

Weitere Hinweise zur Registerherstellung kann man der Norm DIN 31630-1 (1988) entnehmen. Dort werden beispielsweise die *Siehe-Verweisung* und die *Siehe-auch-Verweisung* – beide als *Verweisfloskeln* bezeichnet – nebst ihrem Gebrauch näher erläutert.

Die Präsentation des Registers

Beim Blick auf ein Register fällt als Erstes seine „Stufigkeit" (*Verschachtelung*) auf. Die meisten Register sind zweistufig, d. h., sie bestehen aus Haupt- und Untereinträgen. Bei hochspezialisierten Werken können auch dreistufige Register zu finden sein. Die

Leser sind dann sicher ihrerseits Spezialisten und werden mehr Wert auf die Tiefe der Information legen als auf den bequemen Zugang.

In vielen Registern finden sich bei den Untereinträgen Striche (–) oder Tilden (~), manchmal noch zusätzlich Satzzeichen (meist Kommas). Moderne Register verzichten darauf und arbeiten bei den Untereinträgen ausschließlich mit *Einrückungen*. (Wem das zu schnörkellos ist, der sollte zumindest keine Satzzeichen verwenden.) Register, die in dieser Weise angelegt werden, sind sehr übersichtlich:

>Fahrzeuge
>>Landfahrzeuge
>>>für den Personenverkehr   U
>>
>>Nutzfahrzeuge   V
>>Wasserfahrzeuge
>>>motorgetriebene Schiffe   X
>>>windgetriebene Schiffe   Y
>
>(usw.)

Sie können sogar auf Präpositionen verzichten, ohne allzu viel zu verlieren. Registereintrag und -untereintrag bilden dann ein *Begriffspaar*, das dem Benutzer in ähnlicher Weise zum weiteren gedanklichen Verarbeiten angeboten wird wie beispielsweise eine Permutation in einem „Keyword-in-context"-Register (KWIC-Register) bestimmter Referateorgane. (Auch manche Literaturrecherchen arbeiten nach diesem Prinzip; sie verlangen z. B.: „Zeige mir alle Dokumente, in denen ‚Blasensäule' und ‚Schwefelsäure' innerhalb von 50 Wörtern vorkommen!") Das Register dieses Buches ist nach solchen Prinzipien aufgebaut, wobei auf Satzzeichen ganz, auf Präpositionen und andere verbindende Wörter weitgehend verzichtet wurde.

Nicht unerwähnt bleiben soll (weil ebenfalls nicht unmodern), dass es neben den eingerückten Registern (*engl.* indented indexes) noch fortlaufende Register (*engl.* running indexes) gibt. Bei diesen steht jeder Haupteintrag in einer neuen Zeile und die Untereinträge sind durch ein Sonderzeichen (meist ein Semikolon) voneinander getrennt:

>Datenbanken 100–124; bibliografische 187;
>>Literatursuche 186; relationale 115

Die Übersichtlichkeit geht hier verloren, aber es wird viel Platz gespart.

Register weisen oft noch eine Feinfomatierung auf. So sind üblicherweise die Querverweise *(siehe, siehe auch)* kursiv geschrieben. Und in Sachbüchern oder Lehrbüchern wird oft darauf geachtet, dass der Leser des Registers sofort erkennt, ob eine Seitenangabe zu einer Fundstelle im Text (in Standardschrift geschrieben) oder einer in einem Bild (*kursive* Seitenzahl) führt. Didaktische Gesichtspunkt zu berücksichtigen, kann man noch weitertreiben: In manchen Nachschlagewerken wird zwischen Haupt- und Nebenfundstellen unterschieden. An Hauptfundstellen wird ein Begriff definiert oder länger beschrieben (Seitenzeiger **fett**), eine Nebenfundstelle ist zwar registerwürdig, bietet aber keine Definition (Seitenzeiger in Standardschrift).

Zur Technik des Registererstellens

Beim Registermachen kann man vier Phasen unterscheiden:

1. Auswählen und Anstreichen (Markieren)
2. Erfassen
3. Bearbeiten
4. Ausgeben und Korrigieren

Die Phasen lassen sich oft nicht deutlich voneinander trennen. Wird ein Register zum Beispiel mit einem Textverarbeitungsprogramm erstellt, so fallen *Anstreichen* und *Erfassen* zusammen, wie man das vom *Formatieren* gewöhnt ist. Tatsächlich *ist* das Markieren eines Wortes für die Aufnahme in das Register eine Formatierung im Sinne der Standard Generalized Markup Language (SGML): Ein Wort nimmt durch die Kennzeichnung im laufenden Text das Format „registerwürdig" an, und vielleicht ist es wirklich – wie häufig in diesem Buch – mit einem besonderen Schreibformat (Schriftstil, nämlich kursiv) oder Absatzformat (nämlich Überschrift) verbunden. Gleichfalls fallen das *Bearbeiten* und *Korrigieren* in der Computer-gestützten Registererstellung häufig zusammen.

Wie werden heute Register üblicherweise erstellt und welches Verfahren ist für Sie als Autor, Redakteur oder Lektor am besten geeignet? Eine umfassende Antwort können wir an dieser Stelle nicht geben, das würde den Rahmen des Buches sprengen. Wir können aber unsere Leser auf einen Artikel „Registererstellung – effektiv und kostengünstig" im *Verlagshandbuch* verweisen (GREULICH 2000; s. auch GREULICH 2006). Einige Gedanken hieraus können wir hier ausbreiten.

Grundsätzlich kann man drei Methoden unterscheiden: das klassische Verfahren sowie das *Dedicated Indexing* und das *Embedded Indexing*. Für diese beiden Ausdrücke gibt es (noch) keine passenden deutschen Entsprechungen. Man könnte vom „engagierten Registererstellen" bzw. vom „Registerstellen per Einbetten" sprechen.

Beim Embedded Indexing werden die Registerfunktionen von *Textvarbeitungs-* und *Layoutproprgrammen* ausgenutzt. Heute bieten alle diese Programme die Möglichkeit, Registerbegriffe direkt in den jeweiligen Dateien *(embedded)* zu kennzeichnen und auf der Basis dieser *Registermarkierungen* ein alphabetisch sortiertes, fertig formatiertes Register mit Seitenzahlen auszugeben. Die Methode scheint sehr zielstrebig und effizient, doch muss man sich einige Mühe mit Nachbearbeitungen geben, wenn ein didaktischen Ansprüchen (wie vorstehend geschildert) genügendes Register herauskommen soll. Lassen Sie uns immerhin einen Blick auf die Technik der Registerherstellung mit dem am weitesten verbreiteten Programm, WORD, werfen.

Man beginnt (nachdem man sich über die Registerwürdigkeit Gedanken gemacht hat) damit, den Registerbegriff durch Doppelklick zu markieren und ruft nun den Befehl „Indexeintrag festlegen" auf; in dem daraufhin erscheinenden Dialogfeld ist der markierte Begriff als Haupteintrag zu sehen und kann „festgelegt" werden. In diesem Augenblick wird in den Text ein Feld eingefügt, das Indexfeld, das zwischen geschweiften Klammern den Befehlscode „XE" zur Kennzeichnung des Indexeintrags sowie dahinter den eigentlichen Indexbegriff enthält:[52])

{XE „Datenbank"},

hier gezeigt für den Eintrag „Datenbank".

Bei weiterhin geöffnetem Dialogfeld lassen sich der Reihe nach weitere Begriffe markieren und als Indexeinträge festlegen. Mühsam wird es, wenn Untereinträge aufgenommen werden sollen oder wenn als Verweis nicht die aktuelle Seitenzahl, sondern ein Querverweis („siehe") oder ein Seitenbereich („von Seite ... bis Seite ...") kommen soll. Untereinträge müssen von Hand eingetippt werden, ebenso die Querverweise, und bei Seitenbereichen müssen zunächst sog. *Textmarken* im Text gesetzt werden. Als weiterer Nachteil dieser Vorgehensweise erweist es sich, dass man als Registerersteller immer nur *einen* Eintrag am Bildschirm sieht (ähnlich wie auf einer Karteikarte, wie man sie früher für das Anfertigen von Registern – als *Registerkärtchen* – verwendete).

- Daher empfehlen wir, aus WORD heraus – auch, wenn dabei nur mit vorläufigen Seitenzahlen gearbeitet wird – immer wieder ein Gesamtregister zu erzeugen, dieses zum Korrekturlesen zu verwenden und die Korrekturen in die *Indexfelder* des Programms zu übertragen.

Einmal erzeugte Registereinträge werden in diesen Feldern bearbeitet, nicht mehr in dem anfänglichen Dialogfenster. Nur wenn diese Mühe zu Beginn investiert wird, kann am Ende ein brauchbares Register herauskommen und können die Kosten in einem vorgegebenen Rahmen gehalten werden.

Moderne Layoutprogramme (QUARKXPRESS ab Version 6, INDESIGN ab Version 2, FRAMEMAKER ab Version 5) sind in der Lage, auch die Daten aus Indexfeldern korrekt zu übernehmen. Falls der Setzer allerdings ältere Versionen dieser Programme verwendet, funktioniert die direkte Übernahme nicht. Wie in solchen Fällen vorgegangen werden kann – es gibt eine Reihe von Möglichkeiten –, ist an der oben genannten anderen Stelle dargelegt.

Neben den allgemeinen Sachregistern gibt es noch andere Arten von Registern für spezielle Suchzwecke. Genannt seien hier *Substanznamen-Register*, *Reagenzien-Register* oder *Summenformel-Register* in der Chemie und *Pflanzennamen-Register* in der Botanik. *Autoren-Register* kommen vor allem in Sammelwerken, größeren Monografien u. ä. vor, ansonsten haben sie in Zeitschriften ihre Bedeutung.

4.5.2 Titelseiten

Register stehen am Schluss von Büchern. Machen wir einen Sprung nach vorne zu den ersten Seiten! Auch sie werden dem Autor zur Korrektur vorgelegt, bevor sie gedruckt werden, wenngleich sie im Verlag entworfen worden sind. Diese ersten Seiten,

---

[52] Es handelt sich dabei um *verborgenen Text* oder *Metainformation*.

die *Titelseiten (Titelei),* sind die Visitenkarte des Buches. Sie dürfen keine Fehler enthalten und sollen ansprechend gestaltet sein.

- Die ersten vier Seiten eines Buches haben besondere Namen, die auf ihren jeweiligen Zweck abheben.

Auf das *Vorsatzpapier,* das in den *Einband (Buchdeckel, Umschlag)* eingeklebt ist, folgt als erste rechte Seite der *Schmutztitel (Schmutztitelseite).* Diese despektierliche Bezeichnung soll nicht zum Beschmutzen auffordern, sie scheint eher darauf hinzuweisen, dass das erste Blatt eines viel benutzten Buches Gefahr läuft, unansehnlich zu werden. Auf dieser Seite steht der Name des Autors – Ihr Name? –, meist ohne Vorname, und (üblicherweise darunter) der Titel des Werkes (Werktitel). Untertitel entfallen in der Regel. Die Namen mehrerer Autoren werden in der zuvor vereinbarten Reihenfolge nebeneinander gesetzt, durch Kommas (seltener durch Schrägstriche) voneinander getrennt. Bei einem herausgegebenen Werk tritt der Name des Herausgebers an die Stelle der Autorennamen, wird aber meist mit dem Zusatz „Herausgegeben von ..." dem Titel nachgestellt.

Außerdem trägt der Schmutztitel häufig das *Verlagssignet.*

Die erste linke Seite ist der *Reihentitel (Reihentitelseite).* Steht das Buch in einer Reihe oder ist es Bestandteil eines Sammelwerks, so werden hier die entsprechenden Angaben gemacht (Titel und Herausgeber der Reihe, schon erschienene und geplante Bände), sonst bleibt die Seite meist leer.

Es schließt sich rechts davon die eigentliche *Titelseite* (Haupttitel, *Haupttitelseite)* an.

- Die Titelseite ist der Ort, dem die für das *Bibliografieren* und *Zitieren* des Werkes maßgeblichen Daten zu entnehmen sind.

Sie zeigt, wie ihr Name sagt, den (ungekürzten) Titel des Werkes, jetzt auch mit eventuellem *Untertitel* und mit *Auflagenbezeichnung* sowie ggf. *Bandnummer* und *Bandbezeichnung.* Wiederum erscheinen die Namen der Autoren oder des Herausgebers, wobei meist zusätzlich die Vornamen aufgenommen werden. Auch die Namen weiterer Personen, die an dem Werk mitgewirkt haben (z. B. eines Übersetzers), können angeführt werden. Schließlich steht auf dieser Seite der Name des *Verlags* oder sein Signet (oder beides), gelegentlich auch das *Erscheinungsjahr* und der *Verlagssitz (Verlagsort,* ggf. auch mehrere Verlagsorte).

- Die linke Seite nach der Titelseite heißt *Impressum.*

Hier findet man viel „Kleingedrucktes", beispielsweise die Anschrift des Autors oder Herausgebers, den offiziellen Eintrag der Deutschen Bibliothek einschließlich der ISBN, den *Copyright-Vermerk,* Warenzeichen- und sonstige Schutzvermerke, das Erscheinungsjahr und die genaue Bezeichnung und Anschrift des Verlags. (Im Impressum dieses Buches sind noch einige weitere Angaben zu entdecken.)

Die soeben erwähnte ISBN, *International Standard Book Number,* hat eine ähnliche Funktion wie die ISSN bei Zeitschriften (s. Abschn. 3.1.1), dient also der Identifizierung einer Buchpublikation. Es handelt sich um eine zehnstellige Nummer. Die zehn Ziffern zerfallen in vier Gruppen, die durch drei Bindestriche verbunden werden.[53] Die erste Gruppe (oft nur eine Ziffer) beschreibt die Sprachdomäne (z. B. 3 für „Deutsch"); die zweite den Verlag; die dritte den jeweiligen (Buch)Titel; und die vierte ist ein Kontrollsymbol, das sich aus den vorangegangenen Ziffern nach einer bestimmten Formel errechnet. Die Ziffern der *Titelgruppe* und das Kontrollsymbol werden vom Verlag festgelegt bzw. ermittelt.

- Ein anderes Buch oder auch nur eine andere *Ausgabe* oder *Auflage* des Buches erhalten eine andere ISBN.

Im Buch (neuerdings: auf dem Buch) ist die Nummer in Verbindung mit dem vorgestellten Akronym ISBN abzudrucken. Wird eine ISBN an die zuständige Nationalbibliothek gemeldet, bewirkt dies ihren Eintrag in nationale Verzeichnisse und Kataloge, wodurch wiederum die Besorgung (Bestellung und Lieferung) entscheidend erleichtert wird. Ohne ISBN ist der Buchhandel kaum mehr vorstellbar. Es wundert nicht, dass es Bestrebungen gibt, die ISBN zu einem regelmäßigen Bestandteil eines Buchzitats zu machen. Wir fügen an, dass die ISBN über ihre ursprüngliche Funktion „Buchnummer" hinausgewachsen ist: Fast in jeder deutschen Buchhandlung können Sie darunter heute auch andere „Medien" als Bücher bestellen, z. B. CD-ROMs.

Dem Impressum schließen sich das *Vorwort* an – gelegentlich noch ein *Geleitwort* oder eine *Widmung* – und das *Inhaltsverzeichnis* (meist kurz *Inhalt*); sie bilden zusammen mit der Titelei den *Vorspann*. Zum Vorspann können noch gehören ein *Verzeichnis der Autoren* (bei Vielautorenwerken) und eine *Liste der Symbole*. In einem solchen Symbolverzeichnis können die verwendeten Größensymbole samt Einheiten sowie Akronyme und Abkürzungen mit ihren jeweiligen Bedeutungen aufgelistet sein (s. auch Abb. 6-1 in Abschn. 6.1.3).

---

[53] Kurz vor Drucklegung dieser Auflage müssen wir hier von einer Neuerung berichten. Mit der ISBN, die schon so viele Jahre hervorragende Dienste leistet, hat sich 'was getan. Sie bleibt weiterhin unverzichtbar für die Identifikation von Büchern, aber sie ist um drei Ziffern länger geworden. Im Frühjahr 2006 tragen Neuerscheinungen zwei ISBNs, die man der Einfachheit halber als *ISBN-10* und *ISBN-13* unterscheidet. Auf dem rückwärtigen Umschlagdeckel dieses Buches können Sie sich davon überzeugen. Offiziell heißt die „neue Buchnummer" anders: Buchland-EAN (darin steht EAN sinnig für *International Article Number*, weil das ursprünglich die *European Article Number* gewesen war). Die drei neuen Ziffern sind (fast) immer „978". Wenn in einem „Buchland" die Nummern ausgehen, kann auch „979" verwendet werden. Darum, mehr Ziffernkombinationen zur Verfügung zu haben, ging es offenbar nur in zweiter Linie. In erster Linie erleichtert die EAN als 13-stellige Kennnummer den internationalen Handel, die ISBN-13 also den weltweiten Vertrieb und Verkauf von Büchern. Vorläufig (bis zum 1. Januar 2007) wird die ISBN-Agentur den Verlagen also Blöcke von *zwei* ISBNs zur Verfügung stellen, die sich außer dem Vorsatz mit den drei Ziffern nur noch in der Kontrollziffer an der letzten Stelle unterscheiden. (Die muss umgerechnet werden.) Detektivisch Veranlagte können entdecken, dass so etwas wie die ISBN-13 schon lange unter den *Strichcodes* von Büchern steht – eine EAN! Die war nur noch nicht als ISBN-13 verstanden worden. Wer Lust hat, kann sich die nett gemachte Minibroschüre *ISBN-13 für Dummies* von Wiley-VCH besorgen oder die Sache bei http://www.german-isbn.org oder bei http://isbn-international.org nachsehen. Doch muss die Angelegenheit Autoren kaum interessieren, wohl aber die „Industrie" und den Buchhandel.

- Die Seiten des Vorspanns werden meistens *römisch* gezählt.

Dass römische Zahlzeichen verwendet werden, hat nicht nur den Zweck, den Vorspann vom eigentlichen Text abzuheben, sondern auch den, die Seitenzählung des Hauptteils von der des Vorspanns unabhängig zu machen. Dadurch kann man den Hauptteil *paginieren*, noch ehe beispielsweise der *Inhalt* gesetzt ist, obwohl man nicht weiß, wie viele Seiten er in Anspruch nehmen wird. Auch auf Änderungen in letzter Minute, z. B. den Wunsch, noch ein Geleitwort aufzunehmen, kann der Verlag dank der besonderen Zählweise im Vorspann problemlos reagieren.

Autoren und Herausgeber werden den Wunsch haben, alle diese Teile mit besonderer Sorgfalt zu prüfen.

- Fehler auf den ersten Seiten möchte man unbedingt vermeiden, weil sie dort von mehr Personen entdeckt werden als im Innern des Buches.

Auch vom Stand des Titels auf dem Haupttitelblatt oder von der Größe der verwendeten Schriften – z. B. derjenigen, in der ihre Namen geschrieben sind – werden sich Autoren und Herausgeber ein Bild machen wollen, um ggf. Änderungswünsche vorbringen zu können. Die größte Mühe bereitet das Inhaltsverzeichnis – hier werden oft Fehler übersehen; die Sorgfalt gebietet, alle Überschriften und deren Nummern noch einmal mit denen im Buch zu vergleichen und alle Seitenzahlen zu kontrollieren.

Manchmal verschickt die Herstellungsabteilung zum Schluss noch *Aushänger*: Das Buch ist jetzt bereits ausgedruckt und bogenweise zusammengetragen, aber noch nicht gebunden. Sollte in den Aushängern ein gravierender Fehler gefunden werden, so muss der betreffende Bogen nachgedruckt werden. Solche Aushänger müssen Sie umgehend prüfen, da der Produktionsprozess nicht aufgehalten werden darf.

4.5.3 Einband

Das Buch hat einen *Einband (Umschlag)*, manchmal auch einen *Schutzumschlag*. Gleichgültig, ob das Buch broschiert (mit weichem Einband, als *Broschur*, *Softcover* oder *Paperback*) oder kartoniert (mit festem Einband, als *Pappband* oder *Hardcover*) herauskommt: Die modernen Techniken der Materialverarbeitung und des Drucks gestatten es, den Einband künstlerisch unter Verwendung von Farbe zu gestalten. Auf den Schutzumschlag, der früher für schönes Aussehen zu sorgen hatte, wird daher – jedenfalls bei Fachbüchern – zunehmend verzichtet.

- Beim Einband kommt es noch mehr als bei den Titelseiten darauf an, dass das Ergebnis den Urhebern des Buches gefällt.

Andererseits muss die Einbandgestaltung den Gepflogenheiten und dem Stil des Verlags entsprechen. Bis sich die Beteiligten hier abgestimmt haben, mag einige Zeit vergehen, müssen vielleicht mehrere Entwürfe vorgelegt werden. Schon aus diesem Grund sollte das Gespräch darüber sogleich beginnen, wenn das Manuskript an den Verlag übergeben wird.

Sofern der Einband nicht rein *typografisch* gestaltet wird, braucht man ein *Bildmotiv* für seine Vorderseite. Oft wird dazu auf eine Abbildung im Buch zurückgegriffen, die nach künstlerischer Verarbeitung durch einen Grafiker oder Designer Thema und Anliegen des Buches sinnfällig zum Ausdruck bringen soll. Was hier sinnfällig, was schön ist, wie Farbe eingesetzt werden kann – darüber bestehen oft recht unterschiedliche Auffassungen. Der Wissenschaftler sieht die Dinge mit einem anderen Auge als der Hersteller im Verlag oder die Marketingfachkraft. Manchmal ist es für den Lektor, der das Buch bis hierher betreut hat, nicht einfach, zu vermitteln oder eigene Vorstellungen durchzusetzen.

Die *Rückseite* des Einbands trägt oft einen Werbetext, möglicherweise denselben, der auch in *Prospekten* und anderen Werbemitteln (*Anzeigen, Buchhandelsinformationen* usw.) verwendet wird. Neuerdings finden solche Texte, oft in Verbindung mit der Einband-Vorderseite, zunehmend Eingang in die Web-Seiten von Verlagen und Bibliografien im Internet, eine sehr nützliche Entwicklung![54]

- Der Werbetext soll Inhalt, Ziele und Vorzüge des Buches mit wenigen Worten so beschreiben, dass die Personen sich angesprochen fühlen, für die das Buch gedacht ist.

Die meisten Autoren überlassen es gerne den Mitarbeitern des Verlags, die richtigen Formulierungen zu finden. Ein Entwurf kann beispielsweise vom Lektor kommen und in einer Abteilung *Produktinformation* in Endform gebracht werden.

Wenn auch diese Prüfungen abgeschlossen sind, steht dem baldigen Erscheinen des Werkes nichts mehr im Wege.

Wir haben in diesem Kapitel oft auf die Mühsal des Buchschreibens hingewiesen. So dürfen wir diese Ausführungen mit einer anderen Anmerkung ausklingen lassen: Der Augenblick, in dem ein Autor sein wohlgeratenes Werk erstmals in die Hand nimmt, wird zu den glücklichen in seinem Leben gehören. Vielleicht haben Sie sich jetzt vorgenommen, sich dieses Glück auch einmal zu gönnen – *einmal!*

---

[54] Bei Büchern mit Schutzumschlag stehen die Texte meist auf den „Klappen" des Umschlags, sie heißen daher auch *Klappentexte*.

4 Bücher

Der Mensch vergeht, der Leib zerfällt in Staub, alle seine Zeitgenossen kehren in die Erde zurück. Aber da ist das Buch, das sein Gedächtnis von Mund zu Mund geben wird.

Altägyptischer Papyrus,
zitiert nach ADLER und ERNST (1988, S. 89)

II
Sonderteile und Methoden

5 Schreibtechnik

5.1 Einführung

In vorangegangenen Kapiteln haben wir uns wiederholt zu Fragen der Arbeitsvorbereitung und der „Organisation" der Schreibarbeit geäußert, vor allem in den Abschnitten 2.3 (Dissertationen) und 4.3 (Buchmanuskripte). Im Folgenden wollen wir mehr auf die handwerklichen und technischen Vorgänge eingehen, die mit dem Herstellen von Schriftsätzen in Naturwissenschaft und Technik verbunden sind, und damit die in Abschn. 3.4 begonnene Erörterung wieder aufnehmen. Dabei verwenden wir den Ausdruck *Schriftsatz* – „aus Lettern zusammengefügte Vorlage für den Buchdruck" – für alle Arten schriftlicher Aufzeichnungen (für besonders kurze auch *Schriftstück*), unabhängig davon, ob sie zur Publikation eingereicht werden sollen oder nicht.

- In der Sprache der Programmierer ist ein in sich geschlossener Schriftsatz ein *Dokument* oder eine *Datei*.

Noch vor einigen Jahren war über *Schreibtechnik* nicht allzu viel zu sagen. Wer mit einer *Schreibmaschine* umgehen konnte oder wusste, wie sie funktioniert und was sie zu leisten vermag, brauchte nur noch einige Hinweise, wie das Schriftstück aussehen sollte, und die Arbeit am Text konnte beginnen. Die Situation begann sich zu ändern, als die klassische Schreibmaschine mit ihrer mechanischen Hebelübersetzung („Typenhebelmaschine") durch *elektrische Schreibmaschinen* mit einem erweiterten Leistungsangebot verdrängt wurde.

Zu einer durchgreifenden Neuerung kam es aber erst, nachdem *Computer* Einzug in die Schreibtechnik gehalten hatten.[1] Seitdem dürfen wir getrost von einer *elektronischen Revolution* der Schreibarbeit sprechen – ihre Auswirkungen haben keinen Vorgang am Schreibtisch unberührt gelassen. Die Entwicklung ist noch nicht abgeschlossen und bringt gerade für die technisch anspruchsvollen Schriftsätze der Naturwissenschaftler und Ingenieure immer neue Lösungen hervor. Das Stichwort heißt *Textverarbeitung*, doch reicht die Entwicklung darüber hinaus: Zunehmend erfasst sie auch die den Text begleitende *Grafik* (z. B. *Liniengrafik* und *Bilder*) – wir sollten an der Stelle von *Bildverarbeitung* sprechen –, also das Schriftstück als Ganzes. Text und Grafik, *Typografie* und *Layout* sind bei gehobenen Anwendungen wie dem *elektronischen Publizieren* (Abschn. 5.4) von zentraler Bedeutung und sind von BLIEFERT und VILLAIN (1989) und von RUSSEY, BLIEFERT und VILLAIN (1995) vor allem mit Blick auf das Herstellen von naturwissenschaftlich-technischen Schriftsätzen behandelt worden (s. auch FORSSMAN und DE JONG 2004 sowie GULBINS und OBERMAYR 1999).

---

[1] Wir schließen uns terminologisch im Folgenden möglichst eng an die Fachliteratur an, besonders an die Benutzerhandbücher der Programmhersteller. Leider ist deren Terminologie nicht einheitlich, so dass wir häufig Synonyme anbieten, um es unseren Lesern zu erleichtern, sich in die genannten Quellen zu vertiefen.

Wir wollen in diesem Kapitel unsere Aufmerksamkeit vorrangig der Computergestützten *Text*verarbeitung widmen und andere Anwendungen, die zum Anfertigen eines naturwissenschaftlich-technischen Berichts gehören – wie Grafik, Datenbanken und Tabellenkalkulation – nur streifen, oder wir verweisen dazu auf spätere Kapitel. Einen noch in der 3. Auflage enthaltenen kurzen Abschnitt über das Arbeiten mit der Schreibmaschine haben wir entfallen lassen: Wissenschaftler und Studenten in vielen Teilen der Welt bedienen sich heute bei ihren Schreibarbeiten fast nur noch der Textverarbeitung, nahezu jeder besitzt einen eigenen „PC" *(Personal Computer),* freilich nicht nur für die Textverarbeitung. An anspruchsvollen Hochschulen in den USA bekam schon vor Jahren niemand einen Studienplatz, der nicht einen eigenen Computer vorweisen konnte: Die Lehre war vollständig darauf abgestellt, und das wird so bleiben und weltweit zu einem Standard der Bildungs- und Informationsindustrie werden.

- Die modernen Naturwissenschaften sind ohne Computer nicht denkbar.

Grundkenntnisse der *Informationstechnologie* und der *Datenverarbeitung* gehören zum Rüstzeug. Studenten der naturwissenschaftlich-technischen Fächer belegen entsprechende Kurse, verstehen etwas vom *Programmieren,* von *Software* und *Hardware.* Die Computer, ohne die „nichts mehr geht", haben im Labor nicht halt gemacht. Sie stehen nicht nur zur Messwerterfassung und -auswertung zur Verfügung, sondern auch am Schreibtisch. Laborplatz und Schreibtisch sind zusammengewachsen. Messprotokolle können direkt vom Ort ihres Entstehens in den Laborbericht oder eine andere schriftliche Ausarbeitung „eingespielt" werden. Formeln werden nicht mehr mit Schablonen und Tuschefedern gezeichnet, sondern am Bildschirm mit Hilfe geeigneter Programme erzeugt. Dem allem gilt es Rechnung zu tragen. Viele Programme der gehobenen Text- und Bildverarbeitung sind in enger Zusammenarbeit zwischen *Naturwissenschaftlern* und *Informatikern* entstanden. Wo dies nicht fruchtete, entwickelten Naturwissenschaftler „ihre" Systeme selbst, ohne an kommerzielle Verwertung zu denken – dafür sind viele ihrer Anwendungen auch zu speziell.

- Der moderne naturwissenschaftlich-technische Bericht ist eine digitale, elektronisch steuerbare und verwertbare Aufzeichnung von verbalen, numerischen und grafischen Informationen.

Was dabei herauskommt, ist das digitale Manuskript.[2] Aber die digitale Aufzeichnung ist nicht Selbstzweck; sie ist auch nicht nur Hilfsmittel, um Informationen zusammenzustellen und auf Papier wieder auszugeben. Es geht um noch mehr:

- Im Hintergrund steht die totale Nutzung der elektronischen Datenverarbeitung für alle Zwecke des Aufzeichnens, Archivierens, Wiederauffindens und Ausgebens wissenschaftlich-technischer Information.

Wir haben es selbst erlebt: In *Forschungseinrichtungen* der Bundesrepublik Deutschland ist in Arbeitszirkeln und Seminarfolgen über Fragen der modernen Textverarbei-

---

[2] Die Bezeichnung *elektronisches Manuskript* kann heute als überholt betrachtet werden (s. dazu Abschn. 5.4.1). Der äquivalente Ausdruck *Compuskript* wird wohl in Vergessenheit geraten.

tung mindestens ebenso intensiv nachgedacht worden wie in den *Wissenschaftsverlagen*. Und einige Anstrengungen des wissenschaftlichen Verlagswesens wurden vom Bundesminister für Bildung, Wissenschaft, Forschung und Technologie (BMBF; zuvor ausschließlicher und markanter Bundesminister für Forschung und Technologie, BMFT) gezielt unterstützt. Am Ende steht das *elektronische Buch* (vgl. RIEHM, BÖHLE, GABEL-BECKER und WINGERT 1992), allgemeiner: das jeweils bestmögliche Medium, Ergebnisse der Forschung und Entwicklung mit elektronischen Mitteln bereitzustellen.

- Steht in der Forschung das Wiederauffinden von Information im Vordergrund, so in den Verlagen das Umwandeln der Information in lesbare und verbreitbare Form.

In erster Linie sind die Verlage deshalb an der digitalen Textverarbeitung interessiert, weil ihre Autoren durch sie in die Lage versetzt werden, bessere Manuskripte mit geringerem Aufwand anzufertigen. In zweiter Linie sehen die Verlage in der modernen Textverarbeitung eine Möglichkeit, Manuskripte durch Ausschalten klassischer Bearbeitungsschritte kostengünstig – vielleicht sogar „fehlerfreier" – in Druckerzeugnisse umzuwandeln. Die Entwicklung unter diesem letzten Aspekt vollzieht sich unter Stichwörtern wie *Autorensatz, Diskettensatz* oder – in extremer Ausprägung – *Desktop Publishing*. Wir kommen darauf später (Abschnitt 5.4.2) zurück und wollen uns zunächst näher mit Textverarbeitungssystemen als solchen befassen.

5.2 Textverarbeitung und Seitengestaltung

5.2.1 Hardware und Betriebssoftware

Der Personal Computer

Naturwissenschaftlich-technische Texte sind in allen formalen Belangen komplex (und nicht nur in diesen). Dieser Umstand und die hohen Anforderungen, die von anspruchsvollen Formen der Informationsverarbeitung und -übertragung ausgehen, zwingen jeden, der an dem Geschehen mit Erfolg teilnehmen möchte, dazu, sich mit Computertechnologie und ihren Produkten zu befassen.

- Zumindest Grundkenntnisse des Systems Computer sind für jeden unverzichtbar, der mit einer so komplexen Maschine sinnvoll und selbständig umgehen will.

Ohne ein solches Grundverständnis sind die Handbücher an manchen Stellen kaum zu verstehen, und als Benutzer geraten Sie schnell in Bedrängnis, wenn einmal eine Situation außerhalb der Routine eintritt oder „trouble shooting" angesagt ist.

Wir betrachten hier den Computer – wie sollte es anders sein – aus der Sicht des Schreibenden und Textgestaltenden. In der Anfangszeit des *PC* (Personal Computer, heute auch Personalcomputer geschrieben) gab es, wenn es um seinen Einsatz zum Schreiben ging, noch eine eigene Begrifflichkeit, durch die die Computertechnik von der herkömmlichen Technik der Schreibmaschinen abgegrenzt wurde. Man sprach von

Textverarbeitungssystem – und meinte damit „die datentechnische Einrichtung zur Eingabe, Verarbeitung und Ausgabe von Texten" –, manchmal vom *Schreibcomputer* oder auch vom *Textprozessor* in Anlehnung an das englische *word processor*. Heute braucht es eine solche Unterscheidung nicht mehr, weil wahrscheinlich niemand mehr mit einer Schreibmaschine einen Text verfasst und weil der Computer universeller eingesetzt wird, als es in den alten Bezeichnungen zum Ausdruck kommt. Wir verwenden daher im Folgenden hauptsächlich diesen Begriff, sprechen vom Arbeitsplatz-, Einzelplatz-, Netzwerk- oder Server-Rechner (je nachdem, welcher Aspekt im Vordergrund steht), oft auch einfach vom PC.

Die Bezeichnung PC stammt vom größten Computerhersteller der Welt, von IBM, und kennzeichnete zunächst den 1981 herausgebrachten IBM-Computer für den Heim- und Bürogebrauch. Er war Urvater und Vorbild aller heutigen „Computer für den einzelnen Benutzer". Im Laufe der Zeit hat sich die Bedeutung der Kennzeichnung „PC" immer wieder verschoben. Allgemein versteht man darunter alle leistungsfähigen Einzelplatzrechner. Diese grenzen sich nach oben von den *Workstations* ab, nach unten von den *Kleinstcomputern* (Handhelds usw.). Neben den am Aufstellungsort verbleibenden PCs gibt es die tragbaren PCs, zu denen Laptops und Notebooks gehören. In diesem allgemeinen Sinn zählen alle Windows- und Apple-Rechner zu den PCs; oft wird allerdings auch heute noch zwischen den Betriebssystemwelten unterschieden: die Windows-basierten Rechner sind die eigentlichen PCs (früher auch: IBM-kompatible PCs), während die Rechner mit dem Apple-Betriebssystem eben Apple- oder Macintosh-Rechner sind. Eine relativ neue Entwicklung sind Einzelplatzrechner, die mit dem Betriebssystem Unix (oder Varianten davon wie Linux) arbeiten.

PCs sind im Wesentlichen modular aufgebaute Komplettsysteme. Hauptbestandteile sind im Inneren des Gehäuses der Prozessor (auch Hauptprozessor oder Zentralprozessor, *engl.* central processing unit, CPU), der *Arbeitsspeicher* (auch Hauptspeicher oder RAM von *engl.* random access memory) und die Bussysteme. Sie befinden sich alle auf der System- oder Hauptplatine, dem Herzstück eines PC. Um die Daten, besonders Bilddaten, am Bildschirm darstellen zu können, ist in jeden Computer eine Grafikkarte eingebaut, die meistens über einen eigenen Prozessor (Grafikprozessor) und eigenen Speicher (Grafik-RAM) verfügt. Zur langfristigen Speicherung von Daten dient die *Festplatte*. Ebenfalls im Gehäuse untergebracht, aber von außen zugänglich, ist das CD/DVD-Laufwerk, mit dem sich CDs und DVDs nicht nur lesen, sondern auch „brennen" (d. h. beladen) lassen.[3]

PC-Bestandteile, die zur Ein- und Ausgabe von Daten dienen, sind die *Tastatur*, die *Maus* und der *Bildschirm*. Da sie sich nicht im Innern des PC befinden, werden sie auch *Peripheriegeräte* genannt. Ein weiteres Peripheriegerät ist der *Drucker*; er wird aber üblicherweise nicht zu den eigentlichen PC-Komponenten gerechnet, weil man ihn ebenso wenig zum Bedienen des PC benötigt wie z. B. einen Scanner. In der Praxis

---

[3] Ein Diskettenlaufwerk wird nur noch auf besonderen Wunsch in einen Rechner eingebaut. Auch reine CD-Laufwerke findet man in neuen Standardrechnern nicht mehr.

wird man dennoch kaum auf einen Drucker verzichten können, weil die Daten (Texte, Bilder) zumindest zum Korrekturlesen auf Papier ausgedruckt werden müssen. Insofern ist der Drucker zwar kein notwendiges, aber ein sehr wichtiges Peripheriegerät, besonders für Autoren und alle anderen Anwender, die sich professionell mit dem Erstellen von Dokumenten am PC beschäftigen. (Eine äußerst wichtige Rolle spielen in diesem Zusammenhang die sog. *Druckertreiber* – kleine Programme, auf die wir später noch eingehen.)

Jeder moderne Rechner ist darüber hinaus erweiterbar: Er hat mehrere Steckplätze, in die zusätzliche „Steckkarten" eingebaut werden können. Einer der Steckplätze ist meist von der Grafikkarte belegt (Grafikprozessor und -speicher können sich aber auch direkt auf der Systemplatine befinden), die anderen können z. B. eine Soundkarte und – in Zeiten des Internet besonders wichtig – eine Netzwerkkarte aufnehmen.

Erwähnt werden sollen auch die *Schnittstellen*, das sind die Verbindungsstellen eines Rechners zu seiner Peripherie. Klassisch ausgedrückt handelt es sich um die „Steckdosen", in die Stecker der Peripheriegerätekabel eingesteckt werden können. Die Schnittstellen sind normiert, so dass sichergestellt ist, dass das Druckerkabel nur an die Parallelschnittstelle und das Netzwerkkabel an die Netzwerkschnittstelle angeschlossen werden kann. In den letzten Jahren ist eine Schnittstelle besonders populär geworden: die *USB-Schnittstelle*. USB steht für *Universal Serial Bus* („universelles serielles Leitungssystem"). Alle Geräte, die USB-fähig sind (und das sind heute alle externen Festplatten, externen optischen Laufwerke, Digitalkameras usw.), lassen sich hier anschließen, und zwar sogar während des laufenden Betriebes (*engl.* hot plug and play).

- Das eigentliche „Gehirn" des Rechners ist die *Central Processing Unit* (CPU, Zentralprozessor), der *Prozessor*.

Die CPU übernimmt alle Rechen- und Steueroperationen; u. a. werden hier arithmetische und logische Funktionen ausgeführt, Befehle decodiert: Hier wird veranlasst und gesteuert. Die CPU steht unter dem Kommando eines *Taktgebers* und liegt zusammen mit diesem, dem RAM und dem ROM (Read Only Memory, Nur-Lesen-Speicher, der die Software des zu Grunde liegenden *Eingabe-Ausgabe-Systems* enthält, *engl.* Basic Input/Output System, BIOS) auf der Hauptplatine. Ein Hauptkennzeichen von Prozessoren ist die Taktrate, in der sie Daten verarbeiten können. Diese liegt bei Standardprozessoren zurzeit (2006) in der Größenordnung 3 GHz.

Ein Prozessor könnte nicht arbeiten, wenn sich die von ihm berechneten Daten nicht zwischenspeichern ließen. Dazu ist der *Arbeitsspeicher (Hauptspeicher)* da, der wegen seiner Eigenschaft, die Daten nur solange vorzuhalten, wie der Computer eingeschaltet ist, auch RAM (*engl.* random access memory; *Kurzzeitspeicher*) genannt wird. Die heute in Standardrechnern eingebauten RAM-Speicherbausteine besitzen typischerweise eine Kapazität von 512 MByte (MB, Megabyte). Für professionelle Anwendungen, vor allem dann, wenn anspruchsvolle Textverarbeitung und -gestaltung zusammen mit *Bildverarbeitung, Datenbankverwaltung* und anderen Anwendungen betrieben werden sollen, empfehlen sich 1 GByte[4)] Arbeitsspeicher oder mehr.

Irgendwann möchte man seine mit Mühe und Fleiß erarbeiteten Daten längerfristig abspeichern – sie sollen beim nächsten Einschalten des Rechners wieder zur Verfügung stehen. Dazu dient die in jedem Computer eingebaute Festplatte (*engl.* hard disk, oft abgekürzt HD), ein rotierendes magnetisierbares Speichermedium. Man spricht zwar von *einer* Platte, in Wirklichkeit handelt es sich aber um ein System von mehreren Platten, die in einem abgeschlossenen Gehäuse dicht übereinander auf einer Achse sitzen und während der sehr schnellen Rotation von Schreib-/Leseköpfen abgetastet werden. Die Kapazitäten moderner Standardfestplatten liegen bei 200 GByte. Die reine Textdatei eines 500-Seiten-Buchs beansprucht zwar nur etwa 2 MByte Speicherplatz, dieselbe Datei im Format eines modernen Textverarbeitungsprogramms kann aber schon 20 MByte groß sein (ohne Bilder!). Bilddateien besitzen in der Regel Größen von vielen Megabyte, und wenn aus einem Layoutprogramm heraus „auf die Festplatte gedruckt" wird, entstehen Dateien von mehreren hundert Megabyte bis über ein Gigabyte. Zur Installation vieler Programme (so auch von Microsoft Office) werden ebenfalls einige hundert Megabyte benötigt. So nimmt es nicht Wunder, dass die Kapazität von Festplatten in nicht zu ferner Zukunft in den Terabyte-Bereich vorstoßen wird.

- Die Festplatte hat neben der Speicherung von Programmen und Anwendungsdaten noch einen anderen Zweck zu erfüllen: Auf ihr befindet sich das Betriebssystem, also das Programm, das den Rechner „betreibt".

1979 entwickelte die US-Firma Seattle Computer Products ein *Betriebssystem* für Mikrocomputer, vor allem „Personal Computer". Es wurde als *Disk Operating System* (DOS) bezeichnet. Die Rechte an diesem *Betriebssystem* wurden 1981 von der *Microsoft* Corporation im benachbarten Redmond im US-Bundesstaat Washington gekauft. Deren Gründer William („Bill") GATES wurde im Gefolge dieses Deals der reichste Mann der Welt – uns zur Erinnerung, dass Textverarbeitung (das Programm WORD ist ein Produkt von Microsoft) und andere Rechnerkünste am Schreibtisch ein Anliegen der Welt geworden sind, vergleichbar dem Autofahren oder Fliegen. Das Betriebssystem nannte sich jetzt MS-DOS, mit MS für Microsoft.

- Zum Betriebssystem zählt man oft außer Systemprogrammen, der Dateiverwaltung und einem Kommandointerpreter auch das Eingabe-Ausgabe-System.

Die Entwickler und Eigentümer von Betriebssystemen sorgten dafür, dass die darunter betriebenen Rechner mit anderen, die auf einem anderen Betriebssystem fußten, nicht *kompatibel* (verträglich) waren, dass man bestimmte Software nicht hier wie da einsetzen und Dateien nicht überall bearbeiten konnte. Für die Anwender hatte und

---

[4] Das *Byte* ist ein Maß zur Angabe der Speichergröße, des Umfangs von Dateien usw.; 1 KByte = 2^{10} Byte = 1024 Byte; in der Datenverarbeitung wird meist der Vorsatz „K" (und nicht k) für „Kilo" verwendet, da sich 1 Byte und 1 KByte um den Faktor 2^{10} = 1024 (und nicht 10^3 = 1000) unterscheiden. – Megabyte: 1 MByte = 2^{10} KByte = 1024 KByte = 1 048 576 Byte. Für „Byte" wird oft als Einheitenzeichen B verwendet, was zu 1 B, 1 KB, 1 MB, 1 GB usw. führt.

hat das noch immer leidige Folgen z. B. beim *Datenaustausch,* bei Neuanschaffung von Software, bei einer maschinellen Erweiterung des Arbeitsplatzes oder bei Neuanschaffung eines Rechners und bei seiner *Vernetzung.*

1992/93 brachte Microsoft die *Benutzeroberfläche* Windows und Windows NT (NT für New Technology) auf den Markt, die eine programmtechnische Loslösung vom Betriebssystem MS-DOS einleiteten. Sie wurden zu neuen „Fixsternen" am schnell veränderlichen Computerhimmel. Inzwischen liegt Windows in der Version XP vor, von der es eine „Home-Edition" und eine „Professional-Edition" (mit besseren Netzwerkfähigkeiten) gibt. Aus Sicherheitsgründen sollten Sie als Autor, wenn irgend möglich, auch zuhause ein kleines Netz aus wenigstens zwei Computern betreiben. So können Sie sehr schnell die aktuellen Daten von einem Rechner auf den anderen sichern. Allein aus diesem Grund empfiehlt sich der Einsatz von XP Professional.

Neben Windows-Rechnern hat sich die Rechnerwelt der amerikanischen Computerfirma Apple[5] in „home" und „office" gerade bei Wissenschaftlern behauptet, besonders dort, wo es um Text- und Bildverarbeitung geht. (Diese Anmerkung sagt nichts aus über die Verbreitung und Marktdominanz oder -akzeptanz von Hardware- und Softwaresystemen auch anderer Hersteller z. B. im Business-Sektor.) Apple-Macintosh signalisiert eine andere Systemwelt als Windows XP, und der neueste Wurf ist das auf Unix basierende MacOS X (oder MacOS 10). Dieses Betriebssystem verhält sich im Betrieb wesentlich stabiler als die Vorversionen und auch als Windows XP. Besonders kommt es einem Urwunsch der Benutzer nach: Programme, die gleichzeitig geöffnet sind, laufen wirklich unabhängig voneinander, was nichts anderes bedeutet, als dass beim Absturz eines der Programme nicht der ganze Rechner „einfriert", sondern man mit den anderen Programmen weiterarbeiten kann, als sei nichts Schlimmes geschehen. Dass Unix die Basis für das Apple-Betriebssystem ist, braucht den Anwender nicht zu interessieren – wichtig ist das stabile Arbeiten.

- Beide Betriebssystemwelten – Windows und Apple – arbeiten heute leidlich gut zusammen, vor allem lassen sie sich problemlos in ein gemeinsames Netz integrieren.

Die drei wesentlichen Peripheriegeräte, über die wir Computeranwender mit dem Rechner, also letztlich mit dem Betriebssystem, kommunizieren sind die Tatstatur, die Maus und der Bildschirm.

- Daten und Befehle werden mit einer Tastatur oder der Maus eingegeben.

---

[5] Stephen JOBS und Stephen WOZNIAK, zwei junge Pioniere der neuen Chip-Technologie, hatten Apple als Garagenfirma in Cupertino, dem Herzen des „Silicon Valley" an der amerikanischen Westküste, gegründet. Es waren diese beiden, die „Big Blue" mit ihrer Idee eines Rechners für jedermann zuvorkamen. Wer an spannender Hintergrundinformation interessiert ist, sei auf das Buch *Kristallene Krisen* (QUEISSER 1985) verwiesen. – *Apple* war ein Wegbereiter der Computer-Kultur. Die Rechner der Firma, die unter dem Namen *Macintosh* – „Mac", „Power Mac", „iMac" usw. – bekannt geworden sind, haben ein eigenes Betriebssystem, und alle Programme, die auf einem „Apple" funktionieren sollen, sind darauf zugeschnitten.

Als weitere Eingabegeräte können u. a. elektronische Zeichentafeln (Tabletts), Scanner und Digitalkameras dienen. Wir gehen auf Tastaturen etwas ausführlicher ein und vertiefen den Gegenstand noch unter „Tastentechniken" in Abschn. 5.3.1; im Anschluss daran werden wir noch Besonderheiten beim Arbeiten mit der Maus beschreiben.

Tastaturen

Bei Computern trifft man viele Arten von *Tastaturen (Tastenfeldern)* an. Tastenfelder können sich in der Zahl der Tasten unterscheiden (zwischen ca. 60 bis über 100), und die Tasten können unterschiedliche Funktionen haben. Die genaue Beschreibung Ihrer Tastatur entnehmen Sie den Betriebsanweisungen. Wir wollen im Folgenden nur auf einige für die Textverarbeitung wichtige Tasten näher eingehen.

Die Tasten können in der Textverarbeitung *zwei* im Wesentlichen verschiedenen Zwecken dienen:

- Tastaturen werden dazu benutzt, um *Zeichen* in den Text einzugeben und um *Anweisungen* an das System zu richten.

Den ersten Teil der Aufgabe beschreibt man mit Schreibtasten *(Zeichentasten)*. Die größte Gruppe darunter bilden die *Buchstabentasten*, es folgen die für *Ziffern* und *Satzzeichen*.

- Durch Drücken der Schreibtasten – ggf. zusammen mit der Umschalttaste und/oder anderen Tasten – entstehen auf dem Bildschirm Zeichen.

Beim Macintosh-System sind alle Schreibtasten mit vier Zeichen belegbar und meistens auch belegt (z. B. x, X, ≈, Ù), bei Windows meist nur mit bis drei Zeichen (also z. B. x und X, aber +, * und ~).

Die *Leertaste* lässt sich wie eine Buchstabentaste verwenden: Auch der *Leerschritt (Zwischenraum; engl.* blank*)* ist ein Schreibzeichen!

Mit vielen Tasten auf dem Tastenfeld eines Computers kann man indessen nicht schreiben, wohl aber anweisen, welche Zeichen geschrieben werden sollen, wie das Schreiben zu geschehen hat oder wie bereits Geschriebenes zu verändern ist. Diese Tasten wollen wir unter dem Begriff *Sondertasten* zusammenfassen.

- Eine an das System gerichtete Anweisung heißt *Befehl*, eine aus der Tastatur heraus erfolgende *Kurzbefehl*.

Durch Kombination von Schreibtasten mit Sondertasten lassen sich Befehle an das Textverarbeitungssystem erteilen.

Einige dieser Sondertasten tragen – je nach *Funktion,* System und Hersteller – Namen wie:[6]

    Strg-Taste, Befehlstaste, Alt-Taste, Optionstaste, Wahltaste, Hochstelltaste, Zeilenschalter, Tabulator, Funktionstaste u. a. m.

---

[6] Auf den Tasten selbst werden die Kennzeichnungen meist kleingeschrieben: *strg* (auf deutschen Tastaturen: für Steuerung; *engl. ctrl*, control), *alt* für Alternate Key (Wechseltaste, Wahltaste), *esc* für Escape-Taste (*engl.* escape, Flucht, Entkommen).

Für die meisten Sondertasten gibt oder gab es nicht einmal in Ansätzen ein Äquivalent auf der klassischen Schreibmaschine. Von ihnen ist die eine oder andere in Kurzbefehlen fast immer enthalten. Einige davon seien nachstehend angesprochen, weil sie in dieser Gruppe nochmals eine besondere Rolle spielen: Für sich allein bewirken sie gar nichts. Sie kündigen nur an: „Achtung! Es folgt ein Befehl." Nennen wir sie *Kommandotasten*!

Dabei kann ein *Kurzbefehl* im Bedienen mehrerer Tasten gleichzeitig bestehen, z. B. der Kommandotasten „strg" und „alt" in Windows-Anwendungen oder der *Befehlstaste* und *Wahltaste* auf den Tastaturen von Apple-Rechnern. Da hinzu werden Tasten für Buchstaben und andere *Zeichen* (Schreibzeichen*)* kombiniert, d. h. getastet, die an den Befehl erinnern sollen, um dessen Ausführung es geht. Diese Befehle sind nach Möglichkeit unter *mnemotechnischen* (*griech.* mneme, Gedächtnis), d. h. das Gedächtnis entlastenden Gesichtspunkten gebildet, z. B. C für Kopieren *(engl. copy)*, S für Sichern oder Speichern *(engl. save)*, P für Drucken *(engl. print)*, O für Öffnen *(open)*, N für Neu *(new)*, wobei z. B. „neu" alles Mögliche Bedeuten kann, je nachdem, in welchem Programmumfeld man sich gerade befindet.

- Ein Kurzbefehl wird so schnell ausgeführt, wie die Finger arbeiten können; es kommt darauf an, sich die *Tastenkombination* zu merken, noch besser, sie in die Fingerspitzen zu bekommen.

Welche Wirkungen eine Tastenkombination hat, hängt prinzipiell davon ab, in welchem Programm sie verwendet wird. Beispielsweise wird jedes Betriebssystem, jedes Textverarbeitungs-, Tabellenkalkulations- oder Datenbankprogramm mit vorgegebenen (aber vom Benutzer änderbaren) Standard-Tastenkombinationen geliefert.

Zu den gleichen Ergebnissen wie durch Kurzbefehle gelangen Sie auch, indem Sie das in Frage kommende Angebot eines der *Programmmenüs* aufrufen und die gewünschte Funktion mit der *Maustaste* auswählen; das verlangt kein großes Erinnerungsvermögen oder ständige Übung, da die „Speisefolge" in diesen „Menüs" weitgehend selbsterklärend ist. So zu verfahren dauert aber länger.

Unter Windows lässt sich für Vieltipper noch eine weitere schnelle Variante des Befehlsaufrufs einsetzen: die unter Kennern geschätzten Drei-Tasten-Kombinationen, die es in ähnlicher Form bereits zu Zeiten des Betriebssystems DOS gab. Mit der Alt-Taste wird die Menüleiste aktiviert. Danach tippt man einen einzelnen Buchstaben ein, um ein bestimmtes Menü aufzuklappen (z. B. „t" für das Format-Menü) und anschließend wieder einen Buchstaben für den gewünschten Menübefehl (z. B. „a" für den Absatzbefehl).

Zu den Sondertasten gehören die Eingabetaste, die Löschtaste (auch *Backspace-Taste*, *Rücktaste*), die *Entfernentaste* („Entf" oder „Del" für *Delete*) und der *Tabulator*. Die *Eingabetaste* (auch *Enter-Taste, Return-Taste, CR-Taste,* dargestellt durch einen nach links zurück gekrümmten Pfeil) hat mehrere Funktionen und deshalb auch mehrere Namen. Sie wird zum einen dazu verwendet, um Anweisungen an das System zu bestätigen; in *Dialogfenstern* wirkt sie meistens wie ein „OK-Schalter". Ist kein Dialogfenster geöffnet, so fungiert diese Taste in Textprogrammen als *Zeilenschalter* (besser *Absatzschalter*). (Manche Tastaturen besitzen für diese verschiedenen Funktionen mehrere Tasten.)

- Der Zeilenschalter wird benutzt, um „Neuer Absatz" zu verlangen.

Die *Löschtaste* – das Zeichen auf ihr ist meist ein einfacher nach links gerichteter Pfeil – wirkt in der Textverarbeitung wie ein sich rückwärts bewegender Radiergummi. Die Entfernen-Taste „radiert" genau in der anderen Richtung. Während die Löschtaste immer funktioniert, zeigt das Betätigen der Entfernen-Taste nur unter Windows stets die gewünschte Wirkung, unter dem Macintosh-Betriebssystem ist sie in bestimmten Situationen nicht aktiv (was wohl damit zu tun hat, dass diese Taste wie einige andere ursprünglich nicht zum Repertoire der Macintosh-Tastatur gehörte).

- Drücken der Löschtaste löscht das links hinter der *Einfügemarke* stehende Zeichen oder einen zuvor markierten Textabschnitt.

Die *Tabulatortaste* bewegt in der Textverarbeitung die am Absatzende oder -anfang stehende Einfügemarke jeweils zum nächsten *Tabulator* (*Tabstopp,* vgl. „Formatieren" in Abschn. 5.3.1) weiter und springt dann auf den Anfang einer neuen Zeile über. Steht die Marke innerhalb des Absatzes, so wird der Text in Tabstopp-Sprüngen vor der Marke her geschoben. In *Tabellen* und *Datenbanken* rückt die Marke jeweils in die nächste *Zelle* bzw. das nächste *Feld* vor.

Weitere Tasten, die die Einfügemarke an andere Stellen bewegen, sind die *Pfeiltasten* (*Cursortasten*) mit ihren in die vier Richtungen weisenden Pfeilsymbolen. Diese Tasten bieten somit in der Textverarbeitung neben der Maussteuerung (s. „Maustechniken" in Abschn. 5.3.1) eine Möglichkeit, die Einfügemarke an eine gewünschte Stelle des Textes zu bringen.

Computer haben oft noch andere Tasten wie die *Escape-Taste* (manchmal sarkastisch durch ein Sargsymbol dargestellt), Tasten zum Auf- und Abwärts-Scrollen des aktiven Fensters, zum Einfügen und Entfernen von Schriftzeichen u. a.; mehr über diese hilfreichen Funktionen entnehmen Sie bitte Ihren Betriebsanweisungen.

Verschiedene Peripherie-Komponenten

Teile wie Tastatur und Laufwerke, die man gemeinhin der „Peripherie" eines Computers zurechnet, können mit dem Rechner in einem Chassis zusammengebaut sein oder eigene Einheiten bilden.

Ein Rechner kann mit mehreren Schreibplätzen (Tastaturen) und mehreren Ausgabegeräten (Druckern u. a.) verbunden und/oder in einem *(lokalen) Netzwerk* ggf. mit anderen Computern integriert sein („Intranet"; s. auch Abschn. 1.1).

Von den Rechnereinheiten in *Messgeräten* kann der Computer ebenso Daten empfangen wie über Fernleitung von einer *externen Datenbank,* wodurch die Möglichkeiten der Dateneingabe noch erweitert werden.

- Als Datenträger, die „beschrieben" und gelöscht werden können, sind auch heute noch Disketten im 3,5-Zoll-Format verbreitet.

Bereits eine dieser herkömmlichen Disketten kann bis zu 1,4 MByte an Informationen aufnehmen – das entspricht ca. 700 Seiten Text![7)] Durch *Datenkompression* (s. auch unter „Sonderteile" in Abschn. 4.3.5) können Sie – je nach Art der Datei – erreichen, dass die auf einer Diskette unterzubringende Textmenge sich womöglich noch mehr als verdoppelt. *Disketten* werden zur Unterscheidung von den *Festplatten* („hard discs") wegen ihrer Beschaffenheit auch als Floppys, „floppy discs", bezeichnet (*engl.* floppy, weich, biegsam).

Ein echter „Quantensprung" ist in den 1990er Jahren gelungen: die Verwendung von *Compact Discs* (CDs) im Büro nicht nur als Speicher- und „Lese"-Medium (vgl. Abschn. 7.3.2), sondern auch als Ausgabemedium für eigene Daten. Seit „CD-Brenner" im Handel sind, kann jedermann riesige Datenmengen eigener Produktion selbst „auf Rille" legen. Das Speichervermögen von CDs – sie sind vom Typ her optische Speicher – liegt (zur Zeit) bei 650 MByte.[8)] Die Entwicklung bleibt aber nicht stehen, im Gegenteil: Sie schreitet immer schneller voran und brachte im Bereich der Speichermedien als weiteren Hit die DVD (Digital Versatile Disc, *dt.* „vielseitige digitale Disc") hervor. Diese optischen Speicher sehen aus wie CDs, besitzen aber – bei ähnlicher Technik – eine sehr viel höhere Speicherkapazität, nämlich zwischen etwa 5 und 17 GByte! Moderne Computer sind bereits standardmäßig mit einem CD/DVD-Brenner ausgestattet, mit dem sich CDs und DVDs sowohl lesen als auch brennen lassen.

Disketten, CDs und DVDs werden gemeinhin als Wechselmedien bezeichnet (auf andere Wechselmedien gehen wir weiter unten ein) – im Unterschied zu den meist fest eingebauten, nicht zum schnellen Auswechseln gedachten Festplatten. Auf der Festplatte eines Rechners befindet sich das Betriebssystem – auch ein Grund für die Unverrückbarkeit dieses Mediums, denn ohne Betriebssystem würde der Rechner nicht laufen.

- Wechselmedien sind vor allem zur Aufnahme von *Anwendungsdaten* da. Auch die *Installationsdaten* von Programmen werden meist auf einem Wechselmedium ausgeliefert.

Die fertig installierten und anwendungsbereiten Programme dagegen befinden sich wieder auf der Festplatte, denn dorthin werden sie normalerweise installiert. Und hier – auf der Festplatte – werden auch die Anwendungsdaten erzeugt, indem der Benutzer

---

[7] Für die Darstellung eines Zeichens, z. B. eines Buchstabens oder einer Ziffer, wird 1 Byte an Information benötigt; eine Manuskriptseite enthält ungefähr 2000 Zeichen oder „Anschläge", eine Buchseite etwa 3500 (Buchformat 17 cm × 24 cm).

[8] CDs arbeiten nach einem anderen Speicherprinzip als „gewöhnliche" Disketten. Die bitweise Information wird in Form winzigster Vertiefungen in die Oberfläche planarer Scheiben mit Hilfe von Laserstrahlen „eingebrannt" und auch wieder abgelesen. Außer einer höheren *Speicherdichte* bergen CDs einen weiteren Vorteil: höhere *Lebensdauer* der eingeprägten Information. Während man magnetisch gespeicherter Information eine „Haltbarkeit" von *höchstens* 10 Jahren gibt, darf man getrost sein, eine ordnungsgemäß behandelte und aufbewahrte CD auch in 50 Jahren noch störungsfrei lesen zu können. DVDs arbeiten nach demselben Prinzip wie CDs, bei ihnen liegen die Informationsbits aber sehr viel dichter beieinander. Dies lässt sich dadurch erreichen, dass die Laser in DVD-Laufwerken mit kleinerer Wellenlänge arbeiten und exakter fokussiert werden.

Programme aufruft, in den damit angelegten Dateien arbeitet und diese dann auf der Festplatte abspeichert. Erst, wenn man die Daten weitergeben oder sichern möchte, kommen die Wechselmedien ins Spiel.

Neben Disketten, CDs und DVDs findet man die Installationsdaten von Programmen heute auch im Internet. Software – *Public-Domain-Software*[9] und Programme des „normalen" Handels – können Sie von den Homepages der Programmentwickler herunterladen, wobei wir für Sie hoffen, dass Sie sich dabei keine „Viren" einhandeln.[10]

Für nahezu alle denkbaren Anwendungen sind im Fachhandel Programme erhältlich. Die Aufnahme in das eigene Computersystem ist vor allem begrenzt durch den *Speicherbedarf* der Programme und Dateien, durch die Leistung des Prozessors und die Kapazität des Arbeitsspeichers. Das Programm WORD von Microsoft nimmt in seinen aktuellen Windows- und Macintosh-Versionen mindestens 60 MByte „Information" in Anspruch, wobei es heute nicht mehr möglich ist (manchmal könnte man den alten Zeiten nachtrauern!), irgendein Anwendungsprogramm in Reinkultur zu installieren; den größten Platz beansprucht das „Zubehör", das automatisch mitinstalliert wird und das man als normaler Anwender auch nicht löschen sollte (und nicht löschen kann, weil man nicht weiß, was gelöscht werden darf, ohne die Lauffähigkeit des Programms zu beeinträchtigen).

Kurz eingehen sollten wir noch auf die bereits erwähnten Wechselmedien. Dazu zählen neben Disketten, CDs und DVDs auch spezielle Laufwerke mit auswechselbaren magnetisierbaren Platten, sog. *Wechselplatten*. Sie vereinigen in sich eine große Flexibilität mit hoher Speicherkapazität und verhältnismäßig kurzer Zugriffszeit, und – das ist das eigentlich Besondere – von ihnen aus lässt sich der Rechner genauso starten wie von der Festplatte. Man sagt auch, sie sind *boot-fähig*.[11] Voraussetzung für die Boot-Fähigkeit einer Wechselplatte ist, dass sich auf ihr ein komplettes Betriebssystem befindet (welches man z. B. von der Festplatte hierhin kopieren kann).[12] Da sich die Standards bei den Wechselmedien laufend ändern, gehen wir hier nicht näher auf einzelne Ausführungen ein.

---

[9] Es handelt sich dabei vorwiegend um Programme, die von ihren geistigen Urhebern oder den Copyright-Inhabern kostenlos *(Freeware)* oder mit der Bitte um Überweisung eines bestimmten Betrags *(Shareware)* zur Verfügung gestellt werden.

[10] Vor der Gefahr, Ihr Computersystem mit programm- oder datenverändernden oder -zerstörenden Fremdprogrammen zu „infizieren", können Sie sich mit *Antivirus-Programmen* wie NORTONANTIVIRUS (von Symantec), VIRUSSCAN (von McAfee Corp.) oder VIREX (von Datawatch Corp.) schützen.

[11] *engl.* boot (sprich: bu:t), Stiefel; *Booten*, „in die Stiefel kommen" (oder sich mit dem Stiefel aus dem Sumpf ziehen?).

[12] Genau genommen ist die Boot-Fähigkeit keine Eigenschaft von Wechselplatten. Wesentliche Voraussetzung ist die Art der Schnittstelle, also die Art des Anschlusses der Wechselplatte an den Rechner. Geräte, die über eine USB-Schnittstelle angeschlossen werden, sind zum Beispiel nicht boot-fähig. Wenn Sie Ihren Rechner von irgendeinem Wechselmedium booten möchten, so muss das Laufwerk entweder in den Rechner eingebaut sein, oder sie müssen das externe Laufwerk über eine SCSI- oder *Firewire-Schnittstelle* anschließen.

- Für den Datenaustausch mit Kollegen, Verlag oder Druckerei sollten Sie ausschließlich CDs oder DVDs verwenden (oder gleich den hardwarefreien Weg über das Internet wählen).

Ein Wechselmedium anderer Art und eine der praktischsten Erfindungen der letzten Zeit ist der *Memorystick*[13] („Speicherstab") – eine kompakte Speicherkarte, die bis zu 2 GByte Kapazität besitzt, und die das ideale Medium zum schnellen Austausch von Daten zwischen zwei nicht vernetzten Rechnern ist. Im Unterschied zu den soeben beschriebenen Wechselmedien wird der Memorystick gewöhnlich nicht aus der Hand gegeben, er ist hervorragend zum persönlichen Gebrauch geeignet, nicht aber zum Verschicken. Memorysticks besitzen keine beweglichen, mechanischen Teile, sondern beruhen auf dem Prinzip der Electrically Erasable and Programmable Read Only Memorys (EEPROMs). Sie werden über die *USB-Schnittstelle* mit dem Computer verbunden. Aktuelle Daten lassen sich mit dem Memorystick (am Halsband oder Schlüsselbund) überallhin mitnehmen und auf jedem Rechner nutzen, der über eine USB-Schnittstelle verfügt (was heute auf ausnahmslos alle Computer zutrifft).

Alle angesprochenen Medien und Laufwerke dienen zum Aufnehmen und Speichern von Daten (da sich große Datenmengen auf ihnen speichern lassen, spricht man oft auch von *Massenspeichern*). Andere Geräte sind zum Einlesen und Umwandeln von Daten da (die dann auf Massenspeichern abgelegt werden); gemeint sind *Scanner* [*engl.* to scan, absuchen, (mit Strahlen) abtasten].

- Scanner sind zusammen mit geeigneter Software in der Lage, Schriftstücke und Bilder zu „lesen" und von der Vorlage, z. B. einem Blatt Papier, auf einen Datenträger zu übertragen.

„Dazu wird eine Vorlage (Text, Foto, Zeichnung usw.) von einer Lichtquelle, meistens einer Leuchtstofflampe, angestrahlt. Helle Flächen reflektieren die Strahlung und werfen diese über eine Optik [...] auf lichtempfindliche Sensoren. Das optische Lesegerät tastet die Vorlagen ab und übersetzt die Hell-Dunkel-Information in Binärwerte. Auf diese Weise gelangt ein Abbild der Vorlage als Bit-Muster in den Speicher des Computers, indem jeder Punkt des Bilds – entsprechend der Auflösung des Scanners – durch ein Speicherbit dargestellt wird (digitalisiertes Bild)" (EBEL und BLIEFERT 1995).

Man unterscheidet zwei Anwendungen von Scannern. Bei der einen tastet der Scanner eine Bildfläche ab und entscheidet, wo Schwarz und wo Weiß ist – im einfachsten Fall (z. B. beim Scannen von Barcodes). Die Steigerungen davon heißen *Graustufenscanner* und *Farbscanner*: Damit lassen sich auch *Halbtonabbildungen* (Abschn. 7.4) bzw. Farbbilder bearbeiten. Die andere, noch „intelligentere" Anwendung ist darauf ausgerichtet, aus den empfangenen Hell-Dunkel-Informationen Buchstaben und Ziffern

---

[13] In Vorgriff auf Kap. 10 merken wir an, dass wir hier gelegentlich sprachschöpferisch oder jedenfalls wortfinderisch tätig sein müssen. In *Wahrig: Rechtschreibung* (2005) ist das *(engl.)* Wort noch nicht vermerkt, in der nächsten Auflage wird das wohl der Fall sein. Wir schreiben es im Folgenden gleich eindeutschend in *einem* Wort.

zu erkennen. Mit ihr verbindet sich das Kürzel OCR *(engl.* Optical Character Recognition, *optische Zeichenerkennung).*

- Ein wesentliches Element jedes PCs ist der *Bildschirm (Monitor).* Der Bildschirm gehört bereits zu den *Ausgabegeräten* des Systems.

Bildschirme zeigen die gerade im Rechner aufgerufene Information, beispielsweise den soeben über die Tastatur eingegebenen oder den aus einer Datei „geladenen" Text. Es ist in erster Linie der Bildschirm, über den Sie als Benutzer mit dem Rechner kommunizieren: Der Bildschirm sorgt dafür, dass Sie gegenüber dem System nicht „blind" sind.

Je nach Leistungsklasse und Größe können nur einige Zeilen oder ganze Seiten eines Schriftstücks als „Bild" dargestellt werden. Wenn Sie effizient und ohne rasches Ermüden mit dem System arbeiten wollen, werden Sie einen großen, hochauflösenden Bildschirm wählen und mit großer Bildschirmschrift arbeiten. Die *Bildschirmgröße* wird gewöhnlich in Länge der Diagonale, und zwar in Zoll, angegeben. Mit weniger als einem 17-Zoll-Bildschirm sollten Sie sich nicht zufrieden geben.[14] Bis vor wenigen Jahren waren Kathodenstrahlröhren die am weitesten verbreitete Bildschirmtechnik. Heute werden – von Spezialanwendungen abgesehen – nur noch LCD-Bildschirme eingesetzt. LCD steht für *Liquid Crystal Display* (Flüssig-Kristall-Anzeige). Die einfachen LCD-Monitore der ersten Jahre sind inzwischen von denen auf Basis der TFT-LCD-Technik abgelöst worden (TFT: *Thin-Film-Transistor,* Dünnschicht-Transistor).

Will man das Ergebnis der am Rechner geleisteten Arbeit anderen Personen präsentieren, so bleiben nur zwei Möglichkeiten: zu drucken (darauf gehen wir gleich ein) oder aber die Personen um den Bildschirm zu versammeln – neuerdings gibt es zu diesem nicht ganz so bequemen Verfahren eine gute Alternative, den *Beamer.* Dieses Gerät, in seinem Äußeren und seiner Funktion einem Diaprojektor ähnlich, ist heute bei keiner Präsentation mehr wegzudenken. Es wird wie ein Bildschirm mit dem Computer verbunden, und die Signale vom Rechner steuern eine kleine, transparente LCD-Einheit im Beamer an. Diese nimmt im Grunde den Platz eines Dias beim Diaprojektor ein. Das Licht einer Lampe durchstrahlt die LCD-Einheit und projiziert das Bild auf eine Wand.

Drucker

Ausgabegeräte im engeren Sinn sind vor allem *Drucker (engl.* printer) und *Plotter.* Da sie stets getrennt, wenngleich nicht unabhängig vom Rechner betrieben werden, muss darauf Wert gelegt werden, dass sie korrekt mit dem Rechner verbunden sind.

Die Ausgabe der zuvor am *Bildschirm* geschriebenen oder aufgerufenen Information auf Papier ist ein technisch anspruchsvoller Vorgang. Drucker haben heutzutage eigene Speicher im Megabyte-Bereich und führen damit das Ausdrucken, also die Ausgabe der Information als „hard copy" (neuerdings deutsch auch *Hardcopy*) auf Papier, in

---

[14] Der amerikanische Zoll ("), *inch,* entspricht 2,54 cm; das gibt für 15 Zoll ungefähr 38 cm in der Diagonalen.

weitgehend eigener Regie durch. Dabei gilt es, jedes einzelne Zeichen – jeden Buchstaben, jedes Detail einer Grafik – in ein *Punktmuster* umzuwandeln, das z. B. zur Steuerung eines *Tintenstrahls* oder eines *Lichtstrahls* verwenden werden kann.

Wegen der Komplexität – und damit verbunden: der Dauer – des Vorgangs[15] stellt man nicht wirklich viele Kopien eines Dokuments mit dem Drucker her. Meistens genügt *eine* Ausgabe; für alle weiteren lohnt sich im Institut oder Büro der Gang zum nächsten *Kopierer*.[16]

- Da Menschen auch heute einen Text am liebsten Schwarz auf Weiß in der Hand haben, um ihn lesen und beurteilen zu können, bilden Drucker nach wie vor die wichtigste *Schnittstelle* zwischen Computer und Außenwelt und in der Regel die erste, mit der Benutzer umzugehen lernen.

Wer anspruchsvolle Aufgaben der Textverarbeitung zu bewältigen hat, wird nicht umhin kommen, sich mit den technischen Voraussetzungen des *Datenaustauschs* zwischen Rechner und Drucker auseinanderzusetzen. Je mehr Verständnis Sie als Benutzer für die zu Grunde liegende Datentechnik aufbringen, desto eher wird es Ihnen möglich sein, optimale Ergebnisse zu Papier zu bringen.

In der Textverarbeitung ist es unumgänglich, sich mit *Zeichen* zu befassen, denn Computer-gestützte Drucker verarbeiten *Textdateien* als eine Folge einzelner Zeichen und Punktmuster,[17] nicht ganzheitlich als Text – obwohl sie Text auch als Bilder *(Grafiken)* ausgeben können.

Als Benutzer eines Textverarbeitungssystems erwarten Sie, dass der Drucker-Ausdruck so aussieht wie die Darstellung am Bildschirm: Gleiches Aussehen der Zeichen, Zeilen- und Seitenwechsel an genau denselben Stellen. WYSIWYG, What You See Is What You Get, ist die Formel dafür, die allerdings nur näherungsweise erfüllt ist. Und das ist in mancher Hinsicht gut: Das Druckbild sieht nämlich schöner aus als die Darstellung am Bildschirm! Denn gute Drucker haben eine um ein Vielfaches bessere *Auflösung* als der Bildschirm, und schon deshalb können die beiden Bilder nicht identisch sein. Beispielsweise mag die Auflösung am Bildschirm 72 dpi (dots per inch, Punkt pro Zoll) betragen, die von Laser- oder Tintenstrahldruckern liegt heutzutage bei 1200 dpi und mehr.

Sowohl am Bildschirm als auch beim Drucken wird ein Bild (also auch jedes Zeichen) in ein *Punktmuster* (*Punktraster*) zerlegt. Beim Bildschirm heißen die einzelnen

---

[15] Für das „Drucken" einer Textseite muss man mit etwa 5 bis 10 Sekunden rechnen; aber z. B. bei gerasterten Bildern kann der Druckvorgang für eine Seite durchaus einige Minuten in Anspruch nehmen – auch abhängig von der Rechnerleistung und Speicherkapazität des Druckers. Ein moderner Kopierer stellt ein Bild (ab Vorlage) bedeutend schneller und billiger her.
[16] Das in unserem Merksatz benutzte Wort „Schnittstelle" ist im Computerbereich wahrscheinlich eines der am häufigsten verwendeten, geradezu ein Modewort. Da alles mit allem irgendwie verbunden ist, gibt es überall „Schnittstellen". Bildschirm, Drucker, Tatstatur und Maus zählen zu den sog. Benutzerschnittstellen. Die in den Computer eingebauten „Steckdosen" für Drucker-, Bildschirm-, Maus- und Tastaturkabel sind dagegen Geräte- oder Hardware-Schnittstellen.
[17] Das Prinzip der *Bildpunktzerlegung* ist aus der Reprografie und dem Drucken von Bildern durch *Rasterung* bekannt. Ein Qualitätsmaßstab hierfür ist die *Punktdichte (Auflösung)*.

Punkte Bildpunkte oder *Pixel*, bei einem Drucker spricht man von *Rasterpunkten* (manchmal auch von Matrixpunkten). Technisch gibt es mehrere Lösungen, um die Rasterpunkte zu Papier zu bringen: Nadeldrucker, Tintenstrahldrucker, Laserdrucker, Laserbelichter und Kathodenstrahlbelichter mit in dieser Reihenfolge steigender Leistungsfähigkeit.

Entscheidend für die Qualität, mit der die Zeichen auf dem Papier erscheinen, ist die *Punktdichte* oder *Auflösung* des Punktrasters. Wird ein Zeichen nur durch wenige dicke „Punkte" dargestellt, so wirkt das Zeichenmuster grob; je feiner das Punktraster ist, desto mehr nähert sich die Wiedergabe eines Zeichens dem „gestochenen" Bild einer professionell gedruckten Type. Die höchste Leistung am Schreibtisch lässt sich derzeit mit Laserdruckern und Tintenstrahldruckern erreichen: Mit ihnen wird fast Satzqualität („typeset quality") erreicht. Kaum etwas kennzeichnet die Fortschritte der Schreibtechnik mehr als die Tatsache, dass leistungsfähige Drucker, die bequem auf dem Schreibtisch Platz finden, heute für unter 500 Euro zu haben sind.[18]

In *Tintenstrahldruckern* wird ein Strahl feinster elektrisch geladener Tröpfchen durch elektrische Felder so abgelenkt, dass die gewünschten Zeichen, Figuren usw. auf dem Papier entstehen. In *Laserdruckern* ist es ein Laserstrahl, der auf die richtigen Stellen gelenkt wird, das weitere vollzieht sich dann ähnlich wie in Trockenkopierern. Die meisten Drucker, die heute im Einsatz sind, arbeiten nach dem einen oder anderen dieser beiden Prinzipien.

Die gleiche Schrift kann in verschiedenen Formaten (*engl.* font formats) dargestellt und gespeichert werden. Hier handelt es sich nicht um Schriftschnitte im typografischen Sinn, sondern um elektronische Ausführungsformen. Das einfachste Format sind Bitmap-Schriften (*engl.* bitmap fonts, mit *font* für Schriftform, Type):

● Bei *Bitmap-Schriften* werden Zeichen als Punktmuster gespeichert.

Die Punkte werden auf den Bildschirm gerufen oder über den Drucker auf die zu bedruckende Fläche. Auf diese Weise wurden vor allem früher Bildschirmschriften dargestellt. Bei Bitmap-Schriften brauchte man, wie verständlich ist, für jede Schriftgröße, die man am Bildschirm sehen wollte, eine eigene Teildatei mit dem Bild jedes einzelnen Schriftzeichens.

Schon um 1980 wurde eine andere Art der Darstellung von Schriftzeichen entwickelt: Die Umrisslinien – *Konturen* – eines jeden Buchstabens einer Schriftart wurden mathematisch durch Punkte und durch diese eindeutig bestimmte Kurvenstücke (z. B. Bézier-Kurven) beschrieben. Man kann diese Schriften *Konturschriften* (*engl.* outline fonts) nennen.

---

[18] Einen Laserdrucker bekommen Sie (2006) ab ca. 300 Euro, Tintenstrahldrucker gibt es schon für weniger als 200 Euro. Laserdrucker bringen es heute auf eine Auflösung bis 2400 dpi (Standard: 600 dpi), das sind 2400 Punkte auf 2,54 cm in Zeilenrichtung oder ungefähr 0,01 mm pro Punkt. Eine weitere Steigerung der Auflösung kann das Auge nicht mehr als „noch schärfer" (im Druckbild) wahrnehmen. Erstaunlich, dass auch Tintenstrahldrucker – nach Angaben der Hersteller – in die Region bis 2400 dpi Auflösung vordringen können, in der schon an die Beschaffenheit des Papiers besondere Anforderungen gestellt werden müssen. – Hersteller solcher Drucker sind Firmen wie Hewlett Packard, Epson und Lexmark.

- Konturschriften bestehen aus Umrisslinien, die erst während der Verwendung ausgefüllt werden.

Zu diesen Schriften gehören neben den POSTSCRIPT-Schriften (ursprünglich von Adobe) die von Apple und Microsoft gemeinsam entwickelten und seit 1991 verwendeten TRUETYPE-Schriften. Typische TRUETYPE-Beispiele sind die Windows-Schriften „Times New Roman" und „Arial". Schriften in diesem neuen größenunabhängigen und „skalierbaren" Schriftformat müssen nur einmal – ggf. für jeden Schriftschnitt oder „Stil" (*engl.* style, z. B. Kursiv)– „konstruiert" werden. Ausgeben lassen sie sich dann als Bitmuster in hoher Qualität und in jeder beliebigen Größe. Der Designer der Schriftzeichen ist unabhängig von der Auflösung der Ausgabegeräte: Der jeweilige *Druckertreiber* oder *Prozessor* im Drucker oder Fotobelichter rechnet sich „sein" Bitmuster für jedes Zeichen aus, mit dem die Umrisslinien der Schriftzeichen gefüllt werden müssen. Ähnlich verhält sich die Sache mit POSTSCRIPT-Schriften, nur dass man für diese zusätzlich ein spezielles Programm (z. B. Adobe TYPEMANAGER) benötigt, um die Zeichen für die Bildschirmdarstellung umzuwandeln.

Es ist verständlich, dass die Hochleistungswiedergabe z. B. mit Laserbelichtern, wie sie im DTP (vgl. Abschn. 5.4.2) „ab Autor-Diskette" möglich ist, nicht nur von Grafik-Dateien, sondern auch von Textdateien einen bedeutenden Rechenaufwand erfordert – die übliche Auflösung im Profidruck beträgt 2540 dpi! Die Aufgabe übernimmt dort ein *Raster Image Processor (RIP)*: Er setzt Computerdaten aus Text-, Grafik- oder Layoutprogrammen so um, dass sie von dem jeweiligen Ausgabegerät in der gewünschten Auflösung ausgegeben werden können. Ein solcher Prozessor verarbeitet auch umfangreiche POSTSCRIPT-Dateien und ist zur Rasterung von Farbfotos geeignet, er muss also sehr schnell arbeiten können.

Die *Schriftendisketten* mancher Drucker (wie des DESKWRITER von Hewlett Packard) werden mit beiden Arten von Schriftdateien geliefert, die in das Textsystem installiert werden müssen: Bitmap-Schriften für den Bildschirm und Outline-Schriften für den Druck von z. B. elf (im Falle des genannten Druckers) Schriftarten: von „Avant Garde" über „Bookman", „Courier", „Symbol" usw. bis zur Symbolschrift „Zapf Dingbats". Im Falle von TRUETYPE-Schriften vereinfacht sich die Handhabung deutlich; sie können (durch eine entsprechende Einstellung im Druckmenü des jeweiligen Programms) als sog. Soft Fonts („weiche Zeichen") während des Druckvorgangs vom Rechner auf den Drucker geladen werden. An eine solche Einstellung muss man unbedingt denken, wenn man als Autor mit TRUETYPE-Schriften gearbeitet hat und POSTSCRIPT-Dateien für die spätere Ansteuerung der Film- oder Druckplattenbelichtung an den Verlag abliefert.

Noch ein Begriff spielt eine Rolle, „EPS" *(Encapsulated POSTSCRIPT)*: „E. ist ein reduziertes POSTSCRIPT-Format. Gibt man DTP-Dateien mit integrierten E-Dateien zur Belichtung, muss die Original-E-Datei immer mitgeliefert werden, da andernfalls die grobauflösende Bildschirmdarstellung belichtet wird. Alle Schriften der benutzten E-Dateien müssen im System des Belichtungsdienstleisters vorhanden und aktiviert sein, ansonsten wird die E-Datei fehlerhaft belichtet" (Eintrag mit Verweisen auf „PostScript" und „Belichtung" bei BRAMANN und PLENZ 2002).

Es bedarf eines gewissen Grundverständnisses, um die Vorgänge an Bildschirm und Drucker richtig einordnen und ggf. beeinflussen zu können. Wenn Sie moderne Geräte und Software-Ausstattungen haben, ist Ihnen die Verantwortung für die Qualität beim Drucken allerdings weitgehend abgenommen.

„POSTSCRIPT-fähige Drucker", wie sie von allen großen Druckerherstellern angeboten werden (Hewlett Packard, Minolta-QMS, OKI usw.), verarbeiten *POSTSCRIPT-Dateien*; das bedeutet, dass diese Drucker alle Zeichen unter dem Kommando der *Seitenbeschreibungssprache* POSTSCRIPT darstellen (s. weiter hinten in diesem Abschnitt): Der vom Programm kommende Text samt anderen grafischen Elementen und die dazugehörigen Formatierungsbefehle werden in POSTSCRIPT-Anweisungen umgewandelt, und das Dokument wird gedruckt.[19] POSTSCRIPT-fähige Drucker besitzen einen eigenen leistungsfähigen Prozessor (was ihren höheren Preis erklärt).

- Das als *POSTSCRIPT-Datei* angelegte Dokument lässt sich von jeder Druckerei in ein *Druckerzeugnis*, z. B. eine Publikation, umwandeln.

Die Seitenbeschreibungssprache POSTSCRIPT wurde 1985 von der Firma Adobe erfunden und an andere Computerfirmen lizenziert, seit einigen Jahren sind Betriebssysteme und Anwendungsprogramme so standardisiert (zumindest in dieser Hinsicht), dass zur Erzeugung einer POSTSCRIPT-Datei nur noch ein entsprechender Druckertreiber nötig ist, der kostenfrei von der Homepage von Adobe heruntergeladen werden kann. Dazu zwei Kommentare aus der Fachliteratur: „Durch die Beschreibung von Vektoren statt Pixeln kann eine POSTSCRIPT- oder EPS-Datei ohne Qualitätsverlust in verschiedenen Vergrößerungen ausgedruckt oder belichtet werden" (aus Stichwort „PostScript" im Fachwörter-Lexikon des *Verlagshandbuch*, PLENZ 1995 f) und „P. ist eine von dem Softwarehersteller Adobe Systems Inc. entwickelte Seitenbeschreibungssprache, die sich in der digitalen Druckvorstufe als Quasi-Standard durchgesetzt hat. Sie beschreibt Dokumente weitgehend geräteunabhängig, so dass etwa die Auflösung eines Bildes erst im Ausgabegerät festgelegt wird. Das neuere PostScript a bietet unter anderem eine Verbesserung der farbmetrischen Fähigkeiten, da der Referenz-Farbraum nach dem CIE-Standard integriert ist. Das aktuelle PostScript 3 bringt ... Verbesserungen bei der Darstellung von Farben und räumlichen Objekten ..." (in BRAMANN und PLENZ 2002).

Die Entwicklung ist inzwischen weitergegangen, und heute liefert eigentlich niemand mehr POSTSCRIPT-Dateien zum Drucken ab, sondern Dateien im Format PDF. Auf PDF (Portable Document Format) sind wir bereits in Abschn. 3.5.3 eingegangen, es ist, wenn man so will, ein POSTSCRIPT, das „betrachtet" werden kann. Ob POSTSCRIPT

---

[19] Statt in dieser Weise aus Ihrem Textverarbeitungsprogramm heraus zu drucken, können Sie auch die POSTSCRIPT-Anweisungen in eine eigene Datei auf Ihren Rechner leiten („auf die Festplatte drucken"). In solchen Dateien wird jede Seite so beschrieben, als ob sie von Ihrem Programm in POSTSCRIPT angelegt worden wäre (POSTSCRIPT-Datei).

oder PDF, wenn Sie Druckdaten abliefern wollen, so sollten Sie sich immer mit dem Hersteller des Verlags oder direkt mit der Druckerei abstimmen. Was Sie benötigen, sind die Vorgaben zum Drucken aus Ihrem Anwendungsprogramm heraus und die „Joboptions" für die Erzeugung von PDF-Dateien. Professionell zu drucken ist ein viel „ernsteres" Geschäft als einen Druckbefehl auf den Laserdrucker im Büro zu schicken.

- Im Gegensatz zur Rasterpunkt-Darstellung (digital) vieler Drucker arbeiten die meisten *Plotter* (auch *Zeichengeräte, X-Y-Schreiber, Koordinatenschreiber, Kurvenschreiber* genannt) nach einem anderen Prinzip, der *vektoriellen* Darstellung (analog).

Plotter eignen sich weniger dafür, *Text* wiederzugeben, als vielmehr *Grafik* wie Zeichnungen, Diagramme oder Strukturformeln. Für die vektorielle Darstellung ist eine Gerade eine Gerade und ein Kreis ein Kreis; wie fein die Wiedergabe wird, ist nur durch die Trägheit des Schreibkopfes und die erzeugte Strichstärke (oder die Stärke der Lichtspur auf dem Bildschirm) begrenzt. Dass sich auch Buchstaben und andere Zeichen vektoriell darstellen lassen, wurde schon dargelegt.

- Drucker und Plotter lassen sich auch nach der Art des verwendeten Papiers und nach der Art der Papierzuführung unterscheiden.

Bei Druckern kommt nur der maschinelle (automatische) Einzug in Frage, denn niemand würde die Seiten für einen längeren Schriftsatz einzeln einlegen wollen – von Einlage- und Deckblättern aus Karton vielleicht abgesehen. Das für Matrixdrucker so typische „Endlospapier" mag sich für das Ausdrucken von Listen eignen (und dafür werden sie auch heute noch eingesetzt); für Schriftsätze ist es nicht ideal, zwingt es doch dazu, die einzelnen Blätter nach dem Ausdruck von Hand zu trennen und die Randlochstreifen abzulösen. Deshalb hat sich der *Einzelblatteinzug* für die üblichen Büroanwendungen durchgesetzt – Laser- und Tintenstrahldrucker sind solche Einzelblattdrucker.

Schließlich kann man zu den Peripheriegeräten noch *Modems* (neben den üblichen 56K-Modems auch die sog. DSL-Modems) und *ISDN-Karten* zählen. Mit dieser Ausrüstung zur *Datenfernübertragung* und entsprechender Software können Sie beliebige Dateien, besonders auch Text und Grafik, über Telefonleitungen übermitteln und empfangen (vgl. Abschn. 3.5.2).

Dies soll als Überblick über die technischen Komponenten von Textverarbeitungssystemen genügen, und wir wenden uns den „Dienstleistungen" der Systeme zu.

5.2.2 Textverarbeitungs- und Layoutprogramme

Wie mit den Texten und sonstigen Daten umgegangen werden kann, ist in den Programmen vorgegeben, die von Software-Häusern und anderen Firmen (auch Verlagen) auf den Markt gebracht werden.

- Ein *Programm* ist eine Vorschrift über den Ablauf und die Verknüpfung logischer Einzelschritte, mit deren Hilfe ein Rechnersystem komplexe Aufgaben lösen kann.

Zusammen mit dem *Betriebssystem* (der inneren Intelligenz des Rechners) und den Dateien bilden die Programme die *Software* von Rechnersystemen.

Leider lässt sich nicht jedes Programm auf jedem Rechner „zum Laufen bringen". Fragen der *Kompatibilität* – oder Inkompatibilität – beherrschen oftmals den Arbeitsalltag am Computer, auch und vor allem wenn es um das Weitergeben von aufgezeichneten Daten an andere Rechner geht. Daher sollten Sie sich vor dem Kauf eines für Sie neuen Programms von erfahrenen Anwendern in Ihrem Umfeld beraten lassen.

Dasselbe gilt für die Hardware-Konfiguration, den meist teureren Teil der Anschaffung. Aber es ist nicht verkehrt, sich der Auswahl der Hardware von der Software-Seite zu nähern. Zuerst müssen Sie wissen, was Sie erreichen wollen und welche intelligenten Lösungen dafür zur Verfügung stehen. Danach hat sich die maschinelle Ausstattung zu richten.

Generell gilt allerdings: Je schneller der Rechner und je mehr Arbeitsspeicher er besitzt, umso unwahrscheinlicher ist es, dass Sie bei der Arbeit mit Ihrem Programm – egal, ob Textverarbeitungs-, Layout-, Tabellenkalkulations- oder Grafikprogramm – böse Überraschungen in Form von „Abstürzen" mit damit verbundenem Datenverlust erleben. Und eines ist gewiss: Der Speicherhunger aller Programme wird mit jeder neuen Version größer, denn die (aus Nutzersicht oft unnötigen) „Features" werden immer zahlreicher, die Programme immer komplexer.

- Bei Textverarbeitungsprogrammen hat in den vergangenen Jahren ein harter Verdrängungswettbewerb stattgefunden mit einem eindeutigen Sieger: WORD von Microsoft.

Daneben existieren als einzig bedeutsame Konkurrenten noch WORDPERFECT von Corel, WORDPRO von Lotus und ein Programm, das aus STARWRITER von Sun hervorgegangen und in der Tat wie ein Stern am Himmel aufgegangen ist: das OPENOFFICE-Paket. Dieses entstammt der Open-Source-Initiative, die 1998 ins Leben gerufen wurde. Der Programmcode von Open-Source-Programmen liegt offen und kann von jedermann, der sich dazu in der Lage fühlt, verändert werden.[20]

- WORD gilt als Standard, mit der Konsequenz, dass sich alle diese Programme (einschließlich OPENOFFICE) hinsichtlich Bedienung und Benutzerfreundlichkeit kaum voneinander unterscheiden.

Wer allerdings sicher gehen will, dass seine Daten bei der Weiterverarbeitung keine oder möglichst wenig Probleme bereiten, dem bleibt nichts anderes übrig, als zum Produkt des Marktführers zu greifen.

Praktisch alle diese Programme haben eine so gute „Benutzerführung", dass Sie aus dem Stand beginnen können, mit dem Programm zu arbeiten, ohne ein Handbuch gelesen zu haben („learning by doing"). Jedenfalls mag das gelten, wenn Sie schon einige Vorerfahrung mit Computern haben. Oftmals gibt es in die Programme inte-

---

[20] Eine ähnliche Idee stand hinter der Gründung der freien Enzyklopädie *Wikipedia*.

grierte *Hilfe-Funktionen,* mit denen Sie sich Rat direkt am Bildschirm einholen können *(Online-Hilfen).*

Wie benutzerfreundlich Ihr Programm auch ist – oder zu sein scheint: In keinem Falle halten wir es für klug, die *Benutzerhandbücher* der Programmanbieter gänzlich beiseite zu lassen, auch wenn diese heute oft nicht mehr als gedruckte Bücher beim Kauf des Programms in der „Packung" enthalten sind, sondern man gezwungen ist, sie sich von der Installations-CD auszudrucken. Es empfiehlt sich darüber hinaus, wenigstens ein von einem unabhängigen Autor verfasstes Benutzerhandbuch im Buchhandel zu erstehen. In Benutzerhandbüchern sind mit Sicherheit viele Erläuterungen, Hinweise und Tipps zu finden, auf die Sie von allein nicht kommen. Es wäre schade, wenn allzu viele Möglichkeiten des Programms, für das Sie schließlich Geld ausgegeben haben, ungenützt blieben. Einem Novizen der Textverarbeitung raten wir, tatsächlich ein paar Tage für einen Einführungskurs in das neue Textverarbeitungsprogramm zu opfern und in der nächsten Volkshochschule einen Kurs zu besuchen – das zahlt sich aus!

- Neben den Textverarbeitungsprogrammen gibt es *Layoutprogramme,* die speziell für die *Seitengestaltung* geschaffen worden sind.

Mit Layoutprogrammen können Sie Texte in Flächen (Satzspiegel, Spalten) „einfließen" oder die für Bilder oder andere Zwecke freigestellten Flächen vom Text „umfließen" lassen; *Formatierungsbefehle* können Sie zu Druckformaten zusammenfassen, was allerdings auch in der Textverarbeitung gelingt (s. „Formatvorlagen" in Abschn. 5.3.3). Mit einem Layoutprogramm ausgerüstet, können Sie zum „Umbruch am Bildschirm" schreiten und Texte, Bilder und andere grafische Elemente (wie Linien oder gerasterte Flächen zum Hinterlegen von Text) am Bildschirm vereinigen. Als Bilder kommen nur die Computer-generierten in Frage, Sie brauchen also auch Bildbearbeitungsprogramme *(Grafikprogramme, Kap. 7).*

Derzeit ist eine Entwicklung dahin zu erkennen, dass Textverarbeitungsprogramme immer mehr Layoutfunktionen erhalten und dass man umgekehrt in Layoutprogrammen immer mehr Funktionen der reinen Textverarbeitung findet (wie die automatische Erstellung von Inhaltsverzeichnissen oder einen Tabellengenerator), dass also die beiden Arten von Software allmählich ineinander übergehen. Manche Fachleute halten diesen Trend für nicht begrüßenswert: Es entstehen, so der Vorbehalt, auf diese Weise Programm-Monster, mit denen kaum mehr umzugehen ist.

WORD beispielsweise ist in der Tat fast *zu* leistungsfähig (und entsprechend teuer). Das Leistungsangebot mit ungefähr 280 Befehlen und Tastenkombinationen sowie einer großen Zahl von Dialogfenstern ist kaum auszuschöpfen. Auch Grafik-Funktionen fehlen nicht, WORD ist eigentlich ein Bastard aus Textverarbeitungs-, DTP- und Grafiksoftware.

Speziell bei Layoutprogrammen gilt noch die folgende Feststellung:

- Die Systeme, die für bestimmte Zwecke die leistungsfähigsten sind, sind nicht immer auch die marktgängigsten.

Das von KNUTH (1985) nicht zuletzt mit Blick auf den *mathematischen Formelsatz* entwickelte Programm TEX (sprich: Tech wie „Pech"; s. Abschn. 6.6) ist zweifelsohne hinsichtlich Flexibilität und Eignung für den *Formelsatz* eines der leistungsfähigsten auf dem Markt, ebenso kann man das DTP-Programm FRAMEMAKER als sehr leistungsfähig betrachten, wenn es um den wissenschaftlichen Bereich oder um große Textmengen, aber wenig Abbildungen geht. Während TEX sich bei den Satzprofis (auch in versteckter Form in Satzprogrammen mit anderen Namen wie 3B2) durchgesetzt hat, ist FRAMEMAKER in der eher grafisch ausgerichteten DTP-Welt ein Exot neben dem Marktführer Quark XPRESS oder seinem stärksten Konkurrenten INDESIGN. Der DTP-Urvater PAGEMAKER wird nicht weiterentwickelt; INDESIGN hat inzwischen alle „überlebenswerten" PAGEMAKER-Funktionen integriert (beide stammen von Adobe).

Marktgängigkeit spielt aber eine große Rolle, da sie über die Wahrscheinlichkeit eines Systems entscheidet, mit anderen *kompatibel* zu sein. Wichtig ist auch, ob der Markt geeignetes Zubehör anbietet, damit das Programm mit anderen – vor allem unter den Betriebsystemen Windows und Mac OS – in *Netzwerke* integriert werden kann. Die raschen technischen Entwicklungen in Verbindung mit den ständigen Bewegungen am Markt sind es, die es schwer machen, sich für ein bestimmtes Programm zu entscheiden. Dies um so mehr, als die Konsequenzen weitreichend sind: Wenn Sie sich bei einem Layoutprogramm einmal auf eine bestimmte „Linie" festgelegt haben, können oder wollen Sie nicht ohne Weiteres einen neuen Beginn machen. Bisher benutzte Programme und Dateien wären bei einem „Systemwechsel" möglicherweise nicht mehr oder nur mit großem Aufwand zu brauchen. Wir können an dieser Stelle nur ein Problembewusstsein schaffen, aber nicht näher auf einzelne Angebote eingehen.

Wenn Sie Ihr „altes" Programm beherrschen, sollten Sie nicht ohne Not zu einem Programm eines anderen Herstellers überwechseln – eine verbesserte Version Ihres Programms gestattet Ihnen in der Regel, an Ihren bisherigen Benutzungsgewohnheiten festzuhalten.

Je näher ein Schriftsatz der Publikation rückt, desto deutlicher wird, dass von der sorgfältig erstellten Textdatei und den Dateien mit Sonderanwendungen der zuletzt genannten Art bis zur Druckvorlage noch ein weiter Weg ist. Es gilt, ein Muster für die Anordnung von Text und anderen Elementen auf der Seite zu entwickeln und jede einzelne Seite zu gestalten, sich dem *Layout* zuzuwenden.

- *Seitengestaltung* ist die Kunst, Text und grafische oder andere Elemente auf der Seite sinnvoll und gefällig anzuordnen.

Vor seiner fachsprachlichen Festlegung hatte das *engl.* Wort *layout* die allgemeine Bedeutung von Plan, Skizze, Entwurf, im Besonderen Raumaufteilung. Von daher wird verständlich, dass es häufig im Zusammenhang mit „Format", „formatieren" vorkommt.

- Layout ist die Summe der *Formate*, die benötigt werden, um ein Dokument in *Seiten* nach Kriterien der Einheitlichkeit und inneren Konsistenz anzulegen.

„Layout" ist längst auch in der deutschen Sprache und Fachsprache zu Hause, sogar als Verb.[21] In der Kommunikationstechnik ist Layout ein Lieblingswort der Programmierer geworden und bedeutet beispielsweise auch einen Darstellungsmodus in *Datenbankprogrammen,* nämlich das Aussehen und die innere Logik des *Datenblatts,* das der Datenbank zu Grunde liegt. Das Layout wirkt wie eine Karteikarte oder ein Formularblock, von dem für jeden Datensatz ein neues Blatt angelegt wird. Im Prinzip ähnlich liegen die Dinge in der Textverarbeitung, das Datenblatt wird dort zum *(engl.) style sheet* (s. „Formatvorlagen" in Abschn. 5.3.3).

Werden inhaltliche Merkmale einbezogen, so wird auch die Strukturierung eines Textes nach einer allgemeinen Auszeichnungssprache wie SGML (Standard Generalized Markup Language; s. auch „Register" in Abschn. 5.3.3 und „Technische Voraussetzungen" in Abschn. 5.4.1) eine Layout-Angelegenheit.[22] Bevor dort mit dem Zuordnen von Textabschnitten zu wiederkehrenden Kategorien *(Strukturmerkmalen, Elementen, Tags)* begonnen werden kann, müssen diese definiert worden sein. In ihrer Summe bilden auch sie ein Layout.

Zuerst hatte dieser englische Terminus Eingang in die Sprache von Verlagsmitarbeitern, Setzern und Druckern gefunden. Dort ist Layout die „Bemaßung des Schreib- oder Satzspiegels, Größe und Platzierung der Satzkolumnen und Abbildungen, Anordnung von Titel und Legenden usw. in einem Druckwerk; dazu gehören auch andere typografische Angaben, die etwa die Ränder des Texts auf der Seite, Überschriften, Einrückungen und Fußnoten betreffen, also die gesamte Seitengestaltung. Wenn man das Layout nur auf eine Seite und nicht auf das gesamte Druckwerk bezieht, spricht man auch von Seitenlayout. Einzelne Merkmale, wie Schriftgröße und Schriftart einer Überschrift bestimmten Grads, können als Druckformate festgelegt werden. Es gibt Layoutprogramme, in denen Text und Grafik mit speziellen Funktionen bearbeitet und auf einer Seite platziert werden können (z. B. PAGEMAKER von Aldus oder XPRESS von Quark) …" (EBEL und BLIEFERT 1995).

● Es ist nicht die Textverarbeitung, die im Mittelpunkt des DTP steht, sondern die *Seitengestaltung.*

Das Ziel der Arbeit an Texten, namentlich der Gestaltung von Texten, ist, dass die Texte professionell gedruckt werden, und wie wir bereits gesehen haben (Abschn. 5.1) ist die Basis dazu die *Seitenbeschreibungssprache* POSTSCRIPT. Im Vergleich zu Textverarbeitungsprogrammen bieten Layoutprogramme („Seitengestaltungsprogramme") oder DTP-Programme[23] eine deutlich höhere Genauigkeit in der Anordnung von Text-

---

[21] „layouten" hat es noch nicht bis in die deutsche Gemeinspache geschafft, wohl aber der Layouter.
[22] SGML wurde ursprünglich von der US-Regierung entwickelt, um Dokumente leicht codieren und formatieren zu können (ISO 8879-1986); heute wird diese Sprache zur neutralen Strukturierung und Datenauszeichnung für den Austausch von Daten unabhängig von Rechnerbetriebssystemen und Programmen verwendet. Für Deutschland ist die DIN EN 28 879 (1991) *Informationsverarbeitung; Textverarbeitung und -kommunikation; Genormte Verallgemeinerte Auszeichnungssprache (SGML)* maßgebend (s. auch SZILLAT 1995).
[23] Das *Desktop-Publishing* hat es inzwischen zu Ehren in der deutschen Rechtschreibung gebracht, auch in *einem* Wort geschrieben.

und Bildelementen auf einer Seite (bis zu hundertstel Millimeter genau). Dadurch können sie die Möglichkeiten, die POSTSCRIPT bereithält, viel besser ausschöpfen.

- Ohne Layoutprogramme ist kein anspruchsvolles *Layouten* möglich.

Zu PAGEMAKER, dem „Großvater aller DTP-Programme", seinem Entwickler Paul BRAINERD und den Umwälzungen, zu denen dieses Programm seit Mitte der 1980er Jahre im Schriftsatz beigetragen hat (Stichwort „Desktop Publishing"), haben wir uns bereits in einer Fußnote unter „Abläufe bei reproreifen oder druckreifen Manuskripten" in Abschn. 4.4.2 geäußert.

5.3 Computer und Textverarbeitungsprogramm im Einsatz

5.3.1 Sich mit Computer und Programmen vertraut machen

Tastentechniken

Wenn Sie mit Computerspielen und anderen Computeranwendungen aufgewachsen sind, können Sie die folgenden Absätze wahrscheinlich überlesen. Ansonsten empfehlen wir: Stürzen Sie sich nicht unvorbereitet in das Abenteuer Textverarbeitung. Überall werden Kurse angeboten, oft getrennt für Anfänger und Fortgeschrittene, die in moderne Schreibtechniken einführen. Nicht ohne Grund kommen die *Handbücher* mancher Programme der Textverarbeitung auf achthundert oder tausend Seiten.[24]

- Wer ohne Hilfe „einsteigen" will, vergeudet Kraft und Zeit.

Zunächst wollen Sie sich mit dem Computer vertraut machen, den Sie benützen werden. Zu jedem Computer gibt es ein Benutzerhandbuch, eine *Betriebsanleitung*. Hier erfahren Sie, wie der Rechner funktioniert, wie er zu bedienen ist. Vielleicht lernen Sie so zum ersten Mal,

– wie der PC konfiguriert und mit anderen Teilen (Mausschalter, Drucker, ...) verbunden wird;
– wie die Systemsoftware installiert wird;
– wie ein Programm installiert wird und wie man es öffnet;
– wie man mit dem Computer kommuniziert;
– wie die Maus funktioniert;
– was Fenster bei Computerfachleuten bedeutet;

---

[24] Dass selbst gute Schreibkräfte kaum mehr als 5 % der Anwendungen einer jüngeren WORD-Version einsetzen und damit die meisten Möglichkeiten ihres Programms ungenutzt lassen, ist eine wahrscheinlich zutreffende Beurteilung nicht nur von uns.

- wie Dokumente und Ordner (Verzeichnisse) angelegt und benannt werden;
- wie man Dateien öffnet, sichert und schließt;
- wie Dateien kopiert oder verschoben werden;
- wie mit Disketten und CDs umzugehen ist;
- wie gedruckt wird;
- wie man die modernen Möglichkeiten des Datenaustausches und der Datenrecherche – Stichworte E-Mail und Internet – nutzt

und vieles mehr bis hin zu Hinweisen, wie Sie sich am besten in *Störfällen* verhalten oder wie Sie Ihren Computer als Uhr, Notizblock und Wecker verwenden.

Die Anzahl der Schreibzeichen, mit denen die einzelnen Tasten Ihrer Tastatur belegt sind, hängt vom Betriebssystem Ihres Computers ab; Sie können aber das Arsenal der schreibbaren *Zeichen* vergrößern, wenn Sie andere Schriften, z. B. Sonderschriften, wählen. Frühzeitig werden Sie die *Zeichen* kennen lernen wollen, die Sie mit den einzelnen Tasten (vgl. „Tastaturen" in Abschn. 5.2.1) oder auf anderem Weg, z. B. über *Kurzbefehle*, hervorbringen können. Hinweise dazu finden Sie in den Programm-Handbüchern.

Das Aussehen von Zeichen lässt sich auf dem Bildschirm verändern, so dass z. B. aus einer steilen Schrift eine *kursive* oder **fette** Schrift wird. Dazu können Sie eine bestimmte Tastenkombination als Kurzbefehl einsetzen oder mit dem Mauszeiger eine bestimmte Schaltfläche „wählen" – in diesem Fall eine mit der Anweisung „Kursiv" bzw. „Fett" (s. nächster Unterabschnitt „Maustechniken").

Wichtig ist es, bei der Eingabe von Text den *Zeilenschalter* korrekt zu bedienen (s. „Tastaturen" in Abschn. 5.2.1). Diese Taste entspricht dem Befehl „Neuer Absatz": Am Ende des aktuellen Absatzes wird eine nicht druckbare *Absatzmarke* (¶) eingefügt, und in der nächsten Zeile fängt ein neuer Absatz an. Den Zeilenschalter an jedem Zeilenende zu betätigen wäre ein kardinaler Fehler – und doch wird er manchmal gemacht. Nicht nur müssten Sie auf einen wichtigen Rationalisierungseffekt beim Tasten verzichten, schlimmer: Zeilenend-Marken in den fortlaufenden Text zu „setzen" wäre vor allem dort verhängnisvoll, wo ein Text später in ein anderes *Absatzformat* umgewandelt werden soll, beispielsweise dann, wenn ein „elektronisches Manuskript" (s. Abschn. 5.4.1) in einem Layoutprogramm verarbeitet werden soll, das andere Zeilenlängen und Formate verwendet und in dem der Text vielleicht in schmalen *Spalten* gesetzt werden soll. In einem anderen Format entstünden die Zeilentrennungen unter Absatzbildung wieder an denselben Textstellen, an denen Sie den Zeilenschalter betätigt haben, obwohl sie dort keinen Sinn machen, da die Zeilen kürzer oder länger (breiter) sein mögen oder weil vielleicht eine breitere Schrift gewählt worden ist.

● Sie können und müssen es den Rechnern überlassen, die Zeilen jeweils passend zu berechnen!

Die Bezeichnungen *Zeilenschalter* und *CR-Taste* (CR für „carriage return" mit *engl.* carriage, „Schlitten") sind verfänglich, jedenfalls für alle, die noch mit der Schreibmaschine aufgewachsen sind.[25] Heute wäre es angemessen, den Namen *Absatztaste* zu verwenden.

Es gilt, das „Befehlen" zu lernen, um sich Zeichen und Funktionen zu erschließen.

- Befehle werden mit der Tastatur – mit Hilfe von *Tastenkombinationen* – oder mit dem *Mauszeiger* erteilt.

Reicht Ihnen das Standardangebot des Programms an Tastenkombinationen nicht aus, so können Sie für Befehle, die *Sie* häufig brauchen, eigene Verschlüsselungen bilden und dem System eingeben. Es hat aber wenig Sinn, mit zu vielen Tastenkombinationen hantieren zu wollen: Bevor Sie die eine oder andere dann doch erst nachgeschlagen haben, sind Sie mit der Maus über die Menüs und Dialogfenster schon am Ziel (s. auch unter „Tastaturen" in Abschn. 5.2.1).

Maustechniken

Das wichtigste Dialogmittel bei der Arbeit am Bildschirm ist der *Mauszeiger (Lichtmarke* oder einfach *Zeiger).* Mit Hilfe des Mauszeigers – er heißt so, weil er mit der „Maus" (s. nachstehend) gesteuert wird – können Sie bestimmte Stellen, einzelne Zeichen oder eine Gruppe aufeinander folgender Zeichen auf dem Bildschirm aufsuchen und *Anweisungen* an das System auslösen. Dies geschieht, indem Sie beispielsweise auf eine *Schaltfläche* (s. nachstehend „Fenster und Leisten") „klicken" oder ein *Wort* „doppelklicken", um es zu kennzeichnen *(markieren).*[26] In Tabellen können einzelne *Zellen* durch Anklicken aktiviert werden, in manchen Datenbanken ganze *Felder.*

Der Mauszeiger nimmt je nach Rechner, Programm und Anwendung verschiedene Gestalt an, z. B. in einem *Textbereich* die Form eines I-artigen Zeichens, das steil oder schräg gestellt sein kann; eines Pfeils, Fragezeichens oder einer Uhr; eines Kreuzes oder einer Hand, Lupe und mehr. Entsprechend wird er als Textmarke, Tabellenzeiger u. ä. bezeichnet.

- Der Zeiger wird über einen beweglichen „Schalter", die *Maus*, gesteuert.

Dazu sind deren Bewegungen auf einer waagrechten Unterlage mit den Bewegungen auf dem Bildschirm über eine *Rollkugel* oder moderner über eine optische Abtastung gekoppelt.[27] Bei „Notebooks" ist die Maus als *Touchpad* in den Computer integriert.

---

[25] Früher verstand man unter „carriage return" etwas anderes. Die Älteren erinnern sich noch an das Klingeln der mechanischen Schreibmaschine, das ertönte, wenn sich die Aufschlagstelle der Typenhebel dem rechten Papierrand näherte; man musste dann den „Schlitten" mit der Walze wieder nach vorne stellen und mit einem Hebel einen Zeilenvorschub bewirken. Mehr war mechanisch kaum zu realisieren, vor allem konnte die Maschine keine Wortlängen erkennen oder gar *Zeilenlängen* berechnen.

[26] „Klicken" („Anklicken", „Einklicken", „Doppelklicken", „Dreifachklicken") gehört zum einschlägigen Vokabular. Wir werden dieses Wort, das auf das Geräusch beim Betätigen der Maustaste zurückzuführen ist, benutzen mit gehörigem Respekt vor denen, die sich diese Art von Befehlen mit dem Finger „mit einem Klick", fast mit einem Fingerschnippen, ausgedacht haben. – „Doppelklicken": Den Mauszeiger auf ein Objekt führen und die Maustaste zweimal kurz hintereinander betätigen.

[27] Die Maus als Ganzes kann als Schalter betrachtet werden, eben als beweglicher Schalter; die eigentliche Schaltfunktion wird über eine *auf* der Maus befindliche Taste ausgeübt.

5.3 Computer und Textverarbeitungsprogramm im Einsatz

- In einem Textbereich lässt sich mit dem Mauszeiger durch Drücken einer Maustaste an der gewünschten Stelle ein Zeichen einfügen, die *Einfügemarke*.

Der zum Einfügen benötigte Schalter liegt in Form einer Taste gewöhnlich im Rücken der Maus, daher die Bezeichnung „Maustaste". Bei Notebooks ist er in das Chassis des Rechners eingelassen. Die Maus ist, sofern sie ein unabhängiges Bauteil bildet, mit dem Rechner über ein Kabel verbunden (neuerdings kann sie auch kabellos, per Infrarot, mit dem Rechner kommunizieren); dieses Bild, zusammen mit der länglich gerundeten, der Hand angepassten „Körperform" dieses beweglichen Schalters, hat zu der Bezeichnung „Maus" geführt. Manche „Mäuse" verfügen über zwei oder drei Schalter.

Die Einfügemarke, auch *Cursor* genannt (*lat.* currere, laufen; also Läufer, „Laufzeichen"), ist kein Zeichen wie die mit der Tastatur eingegebenen Buchstaben, Ziffern usw., sondern ein momentan an einer bestimmten Textstelle verankertes Signal, das über die *Pfeiltasten* der Tastatur – sie heißen auch *Cursortasten* – oder durch andere Tastenbefehle (s. vorstehend „Tastentechniken") nach links und rechts, oben und unten verschoben werden kann.

- Die Einfügemarke in einem Textbereich ist ein kleiner Balken, der blinkt. Das nächste Schreibzeichen wird an der Stelle eingefügt, an der die Einfügemarke steht.

Beim *Schreiben* bewegt sich die Einfügemarke vor[28] den einzutastenden Zeichen her. Das jeweils zuletzt eingetastete Zeichen entsteht also links von der Marke.

- Die Einfügemarke springt automatisch an den Anfang der nächsten Zeile, wenn mehrere hintereinander stehende Zeichen oder ein Wort nicht mehr auf die vorige passen.

Die schon getasteten Buchstaben eines für das *Zeilenende* zu langen Wortes werden dabei automatisch mit an den Anfang der nächsten Zeile genommen. Somit geben Sie Text ein, ohne auf die Zeilenenden achten zu müssen – das allein schon eine große Erleichterung gegenüber der früheren Arbeit mit der Schreibmaschine!

Dass Sie den *Zeilenschalter* nur am Absatzende betätigen dürfen, haben wir unter „Tastentechniken" am Anfang dieses Abschnitts schon erläutert.

Der eingegebene Text wird zunächst „nur" gespeichert. Er gerät zur Information im Arbeitsspeicher oder – nach „Sichern" – auf der Festplatte oder einem anderen Speicher. Das Schreiben selbst, d. h. das Übertragen der Information auf Papier, ist ein besonderer Vorgang, der durch Befehle wie „Drucken" ausgelöst werden muss. Das Trennen von *Eingabe* (Eintasten) und *Ausgabe* (Drucken), scheinbar eine Komplikation, erweist sich als äußerst nützlich: Gerade dadurch behalten Sie als Schreibende(r) bis zuletzt die Kontrolle über den Text.

- Sie können den Text am Bildschirm korrigieren oder verändern, ohne Papier und Druckerschwärze zu verbrauchen.

---

[28] „vor" hier: vor dem Text, wenn man von rechts auf das Zeilenende blickt.

Wollen Sie z. B. einen Satz wieder entfernen, so ziehen Sie mit gedrückter Maustaste darüber und betätigen die Löschtaste: Er ist „ausradiert", und die Lücke ist automatisch geschlossen. So und ähnlich ergreifen Sie alle die Maßnahmen, die erforderlich sind, den Text fertigzustellen (vgl. „Die wichtigsten Methoden der Textverarbeitung" in Abschn. 5.3.2).

Das hat einen ökonomischen und einen ökologischen Aspekt. *Ökonomisch:* Sie haben noch nie zuvor so effizient und schnell am Schreibtisch gearbeitet. *Ökologisch:* Sie verbrauchen kein Material, Ihre Arbeit vollzieht sich bis dahin im Virtuellen. Dass Sie manche Dokumente vielleicht überhaupt nie auf Papier ausgeben wollen, belegt nur die Reichweite dieser Überlegung. Am Ende steht das papierlose Büro, das ohne Leitz-Ordner auskommt.[29]

Da wir bei Mäusen sind: Auch unsere „Maus" kann denken!

- Durch ihre Verbindung mit dem *Zwischenspeicher* des Rechners erlangt die Maus, wenn man so will, ein Gedächtnis.

Zu den wichtigsten Manipulationen am Text gehören die Befehle „Ausschneiden", „Kopieren" und „Einfügen". Wenden Sie einen der ersten beiden Befehle auf einen markierten Textabschnitt an, so wird er bis zur nächsten Ausübung eines dieser Befehle in dem eben erwähnten *Zwischenspeicher*, auch *Zwischenablage* genannt, gespeichert. An der Einfügemarke, die an einer beliebigen Stelle des Textbereichs stehen kann, lässt sich der vorübergehend „abgelegte" Text wieder einfügen – an beliebigen Stellen beliebig oft, als sei ein Stempel angefertigt worden. Insofern gehen die beiden Maßnahmen über das hinaus, was „Ablage" früher bei der Büroarbeit bedeutete.

- Der ausgeschnittene oder kopierte Text bleibt so lange gespeichert, bis der Zwischenspeicher erneut gebraucht wird.

Die Befehle „Ausschneiden" und „Kopieren" laden den temporären Speicher. Im ersten Fall wird der Textabschnitt aus der ursprünglichen Textumgebung entfernt („herausgeschnitten"), im anderen bleibt er dort stehen, wird also „kopiert".

Fenster und Leisten

Wir wollen sicherstellen, dass einige Begriffe, die wir im Folgenden immer wieder brauchen, richtig verstanden werden. In den Handbüchern werden sie oft unter anderen didaktischen Gesichtspunkten eingeführt und ausführlicher dargestellt (und von vielen – meistens und leider! – nie nachgelesen).

- Ein *Fenster* ist eine umrahmte rechteckige Fläche auf dem *Bildschirm*.

---

[29] Ihre „Ordner" mit der ganzen ausgehenden Post liegen auf der Festplatte, und wenn Sie wollen, liegt die eingehende dabei: Sie brauchen nur das Empfangene, sofern es nicht gleich als E-Mail *(elektronische Post)* ankommt, mit einem *OCR-Scanner* einzulesen und haben dann auf die neue Art alles zur Verfügung, was relevant ist, griffiger – mit besserem Zugriff darauf! – als je zuvor (s. auch „Strategien" in Abschn. 5.4.2).

Auf dem Bildschirm können mehrere Fenster und auch mehrere Arten von Fenstern untergebracht und dort neben-, unter- oder „hinter"einander angeordnet oder gestapelt sein.

- Wenn mehrere Fenster geöffnet sind, ist immer nur eines von ihnen *aktiv*.

Es ist das „vorderste", oder – bei neben- oder untereinander liegenden – dasjenige, in dem der Cursor blinkt oder der Mauszeiger steht.

Die meisten Programme im Bereich der Textverarbeitung besitzen am oberen oder unteren Bildrand eine Leiste, die *Menüleiste*.

Was auf dem Bildschirm dargestellt ist, bevor ein Anwenderprogramm gestartet ist, welche Menüs ggf. in einer Menüleiste enthalten sind, welche Befehle in ihnen vorkommen und wie damit umzugehen ist – das alles wird im Handbuch des jeweiligen Computerherstellers oder Systemanbieters beschrieben.

- Die nutzungsspezifischen *Fenster* entstehen beim Öffnen von Programmen oder Dateien, oder Sie werden mit einem Befehl wie „Neue Datei" bereitgestellt.

Die *Dateien (Dokumente)* liegen auf der Festplatte als *files (engl.* für Akten, *Ordner)* vor. Sie können dort (unter Windows spricht man eher von *Verzeichnissen*) aufbewahrt werden, die in vielleicht noch größeren Ordnern – virtuellen Schubladen, Schränken usw. – enthalten sind. Das Fenster, das beim Öffnen einer Datei entsteht, heißt auch *Dokumentfenster* oder *Dateifenster*.

Wenn Sie mehrere Fenster „geöffnet" haben, können Sie durch Klicken mit der Maus in den *Fensterrahmen* oder die Fläche anzeigen, welches Sie betrachten und sich näher vornehmen wollen. Dieses ist dann die „Akte", die Sie gerade bearbeiten. Für das jeweils aktive Fenster sind die Bezeichnungen *Arbeitsfenster* und *aktives Fenster* gebräuchlich. Die Fenster können Sie öffnen, schließen, oft in ihrer Größe verändern und auf dem Bildschirm an eine gewünschte Stelle bewegen. Hier können Sie „blättern" und Inhalte eingeben oder verändern, aus Dialogfenstern bestimmte vorgegebene Befehle oder Einstellungen auswählen und mehr.

- Die in den Menüleisten von Dokumentfenstern angezeigten *Menüs* listen die Befehle auf, die an dem gerade aufgerufenen Dokument eingesetzt werden können.

Die Menüs sind als zunächst geschlossene Listen angelegt. Durch Anklicken können Sie die Listen öffnen, „aufklappen": Sichtbar wird der Inhalt des jeweiligen „Menüs" – d. h. die darin untergebrachten Befehle an das Programm – in Form eines schmalen Fensters, das aus der Menüleiste herunterfällt und sich über das Arbeitsfenster legt (*Aufklapp-Menü, Dropdown-Menü*). Einige durch „..." gekennzeichnete Befehle öffnen, wenn sie aktiviert werden, entweder ein Untermenü oder ein *Dialogfenster* (*Dialogfeld*) oder eine Anzahl von hintereinander liegenden *Registerkarten*, die wiederum durch Anklicken mit der Maus aktiviert werden können.

- Die Anordnung und Auswahl der Befehle in den einzelnen Menüs ist bei einigen Programmen veränderbar.

Als Benutzer können Sie sich selbst Ihre optimale Umgebung am „Schreibtisch" schaffen und oft benötigte Befehle in den Vordergrund rücken, andere beiseite legen.

- *Dialogfenster, Registerkarten* u. ä. sind Bestandteile der Programme, über die sich Benutzer und Programm miteinander „verständigen" können.

Bei solchen Fenstern entfallen einige der Merkmale von Dateifenstern; statt dessen können *Schaltflächen, Schreibflächen, Optionsfelder, Kontrollkästchen* und *Dropdown-Listen* vorkommen.

Fenstertechniken

Die Rahmen der Fenster erfüllen über die Aufgabe des Abgrenzens hinaus einige Funktionen, sie sind *Funktionsrahmen*. Schon beim Aktivieren von Fenstern aus einem Stapel durch Klicken auf den Rahmen wird von einer solchen Funktion Gebrauch gemacht.

Ein typisches Dateifenster ist auf allen vier Seiten von *Leisten* umgeben, die zusammen den *Rahmen* bilden. Die obere heißt meist *Titelleiste*, weil darin der Name des gerade aktivierten Dokuments *(Dokumentname, Dokumenttitel, Dateiname)* angezeigt wird. Die Titelleiste können Sie üblicherweise zum Verschieben des Fensters auf dem Schreibtisch benutzen, indem Sie daran mit der Maus bei gedrückter Maustaste „ziehen". Außerdem enthält die Titelleiste meist ein *Schließfeld* (auch *Schließfläche* genannt) – wenn Sie darauf klicken, verschwindet das Fenster – sowie *Erweiterungsfelder*.

An den Seiten rechts und unten sind bei einigen Fenstern *Rollbalken* angebracht. Mit Hilfe der darin enthaltenen Symbole – der *Rollpfeile* und *Rollboxen* – und der Maus, versteht sich, können Sie den *Inhalt* der gerade gezeigten Datei nach oben/unten, rechts/links verschieben, wenn er nicht ganz in das geöffnete Fenster passt: Sie führen einen *Bildlauf* durch, Sie *scrollen*[30] durch den Text, um andere Teile der Datei einzusehen.

Die Leisten, die den Rahmen von Fenstern für Textdateien bilden, haben z. T. die Eigenschaften von Menüleisten, was von Benutzern oft nicht ausreichend wahrgenommen wird. In der unteren Fensterleiste werden oft sog. *Statusinformationen* mitgeteilt (z. B. Seitenzahl und Anzahl der Seiten/Wörter/Zeichen).

Manche Programme, so auch alle Textverarbeitungsprogramme (Layoutprogramme dagegen nicht) gestatten das Teilen von Fenstern durch *Fensterteiler*. Durch Wählen des entsprechenden Menübefehls oder durch geeignete Manipulationen mit der Maus entsteht eine *Trennungslinie* zwischen *zwei* Fenstern in *einem* Rahmen.

- Wichtig für das Bearbeiten größerer Dateien ist die *Fensterteilung*.

---

[30] Im Englischen heißt der Rollbalken *scroll bar*, von *engl.* scroll, verschieben, winden. Das *Duden-Oxford Großwörterbuch Englisch-Deutsch/Deutsch-Englisch* (1990) des Dudenverlags in Mannheim vermerkt das Wort *(fachspr.)* scrollen mit Hinweis auf „Computing" in der Bedeutung *verschieben*. Inzwischen hat das Wort Scrollbalken nebst Verb scrollen mit kurzen Erklärungen sogar Eingang in den allgemeinen deutschen Sprachgebrauch gefunden (*Wahrig: Rechtschreibung* 2005).

Sie können Ihre Arbeitsdatei im vorigen Zustand im oberen Fensterteil lassen; unten aber verlangen Sie z. B. die „Gliederungsansicht". Sie haben sich damit einen Vorteil bei der Bearbeitung größerer Dokumente verschafft, da beide Fenster synchron gescrollt werden können (s. „Gliederung" in Abschn. 5.3.3). Jetzt können Sie sich z. B. bei der Revision eines größeren Dokuments ständig davon überzeugen, wie der Text, den Sie gerade lesen, im Rahmen der Gliederung in den Gesamttext eingebunden ist. Ist die Anzeige der Absatzmarken eingeschaltet, so erkennen Sie Wiederholungen und finden vielleicht eine Möglichkeit, den Text noch besser zu strukturieren. Auch können Sie die Gliederungsansicht benutzen, um gezielt an andere Stellen eines (längeren) Dokuments zu gelangen.

- Ein entscheidender Schritt während einer Arbeitssitzung, und erst recht vor dem Schließen eines Fensters, ist das *Sichern (Speichern)*.

Nicht *gesicherte (gespeicherte)* Daten werden nicht in auf der Festplatte gespeichert und gehen verloren, oder sie können verloren gehen.[31] Sichern Sie Ihre Daten umso öfter, je wichtiger Ihnen Ihre Arbeit ist.

Markieren

Weiter sei ein unscheinbares Stichwort in Ihr Bewusstsein gerückt: *Markieren*. Wir haben „markieren" (oft auch *hervorheben*) schon mehrfach gebraucht, doch was versteht man darunter im Zusammenhang mit Textverarbeitungsprogrammen?

- Markieren bedeutet das Kennzeichnen und Hervorheben von *Textabschnitten* – einzelnen Zeichen, Wörtern, Textteilen, Grafiken usw. – gegenüber anderen (nicht markierten) Teilen einer Datei.

„Textabschnitt" kann *ein* Zeichen sein, auch eines aus der Metainformation des Textes wie die Absatzmarke (¶), der geschützte Trennstrich oder das Leerzeichen, selbst *verborgener Text* wie „Registereintrag". Die Absatzmarke können Sie, wie ein Schreibzeichen, markieren, dann kopieren und an einer anderen Textstelle wieder einfügen: Es entsteht auf diese Weise ein „Absatz-Klon" mit allen Formateigenschaften (s. nächster Abschnitt) des ursprünglichen Absatzes!

- Es gibt keinen einzelnen Befehl „Markieren", dafür viele Möglichkeiten zu markieren.

Setzen Sie den Mauszeiger irgendwo in den Text und überstreichen Sie einen Teil davon bei gedrückter Maustaste, so nimmt er ein anderes Aussehen an: Die Zeichen in den markierten Teilen liegen jetzt am Bildschirm *negativ* (in Negativschrift, also weiß) in schwarzem oder dunkelblauem Untergrund und sind von allem Übrigen leicht zu unterscheiden, sie sind hervorgehoben. Wenden Sie jetzt bestimmte *Befehle* an, so gelten sie nur für den markierten Teil.

---

[31] Einige Programme sichern in kurzen Abständen selbsttätig, beispielsweise das Datenbankprogramm FILEMAKER. – Computer „schließt" man aus dem System heraus; sie haben nur eine Notabschaltung für den Fall, dass das System außer Kontrolle geraten ist, eine Situation, die leider vorkommen kann.

- An markierten Textabschnitten lassen sich Maßnahmen gezielt anwenden.

So können Sie verlangen, dass ein bestimmtes Wort oder ein ganzer Absatz anders dargestellt werden soll als zunächst vorgegeben, z. B. in einer anderen Schriftart oder -größe oder in einem anderen „Stil" *(Zeichenformat),* oder dass ein Textabschnitt gelöscht werden soll; dass auf einen Absatz eine andere Formatvorlage angewendet werden soll; dass ein grafisches Element auf dem „Zeichenbrett" an eine andere Stelle bewegt werden soll, und so weiter.

- Die Möglichkeiten der Manipulation markierter Text- und sonstiger Elemente sind so vielfältig wie die Methoden des Markierens selbst.

Man kann zwischen Maus- und Tastenverfahren unterscheiden. Wir wollen uns darüber nicht weiter auslassen, verweisen Sie aber eindringlich auf das Handbuch oder die Hinweise, die in Ihrem Programm als „Hilfe-Funktion" eingebaut sind.

- Markierungen lassen sich entfernen, verändern und verschieben.

Soll der markierte Textabschnitt durch einen anderen ersetzt werden, so genügt es, mit dem Schreiben zu beginnen; der neue Text entsteht dort, wo der ursprüngliche Textabschnitt seinen Anfang hatte: Der alte Text wird *überschrieben.*

- *Achtung:* Wenn Sie aus Versehen eine *Zeichentaste* drücken, solange ein Textabschnitt markiert ist, so wird er durch das Zeichen ersetzt, d.h., er ist nicht mehr vorhanden!

Behalten Sie die Nerven – es gibt einen Befehl, der die meisten der jeweils zuletzt ergriffenen Maßnahmen *rückgängig* macht. Er heißt „Rückgängig machen" (oder ähnlich, je nach Programm). In den meisten modernen Programmen, so auch in allen Textverarbeitungs- und Layoutprogrammen, können Sie einige hundert (!) Änderungen, die sie nacheinander vorgenommen haben, rückgängig machen. Die maximale Zahl der rückgängig zu machenden Aktionen hängt von der Speicherkapazität des Arbeitsspeichers Ihres Rechners ab. Trotzdem sollte das kein Freibrief dafür sein, beliebig viele falsche Änderungen vorzunehmen, denn Sie verlieren irgendwann die Übersicht darüber, was falsch und was richtig ist. Bezogen auf den Umgang mit Markierungen empfehlen wir: Betrachten Sie große markierte Flächen als einen gefährdeten Zustand, der so schnell wie möglich – und mit Umsicht! – beendet werden muss. Beendet werden kann er auf unterschiedliche Weise: durch Ausschneiden des markierten Textstücks, durch Anklicken oder durch die Betätigung einer der Pfeiltasten.

Die kurze Betrachtung sei mit einem Hinweis abgeschlossen:

- Es gibt in den meisten Textverarbeitungsprogrammen einen Befehl „¶ einblenden" (o. ä.), durch den Metainformationen des Textes wie „Leerzeichen", „Absatzende" eingeblendet werden – nutzen Sie ihn!

Das ¶ ist im englischen Sprachkreis als *paragraph sign* (worin „paragraph" „Absatz" bedeutet) bekannt, im deutschen als *Absatzmarke.* Beide Begriffe heben auf die wichtigste Anwendung des Befehls ab: Haben Sie ihn gewählt, so sehen Sie (auf dem

Macintosh hellgrau, wie im Hintergrund liegend) überall dort ein ¶-Zeichen, wo Sie einen *Absatz* gemacht haben. Sie sehen nicht nur, dass da ein Absatz ist, sondern auch, dass Sie den *Zeilenschalter (Absatztaste!)* betätigt haben. Das ist nicht dasselbe, es ist eine *zusätzliche* Information, eine Metainformation, die alle Formatierungseigenschaften des abgeschlossenen Absatzes in sich trägt. Diese Eigenschaften übertragen sich automatisch auf den nächsten Absatz, wenn Sie den „Zeilenschalter" betätigen, solange Sie keine andere Anweisung geben.

Es gibt noch mehr solcher unsichtbarer („nichtdruckbarer") Zeichen, die Leerzeichen (*engl.* blanks) zwischen Wörtern oder Zeichen gehören dazu, desgleichen *verborgener Text* wie „das ist ein Registereintrag" (*Indexeintrag*, s. „ Zur Technik des Registererstellens " in Abschn. 4.5.1 und „Register" in Abschn. 5.3.3). Durch eine Voreinstellung können Sie entscheiden, ob Sie verborgenen Text am Bildschirm sehen wollen oder nicht.

Formatieren

Eines der Ziele der Arbeit an einem Text ist das *Formatieren,* das üblicherweise nicht im Voraus vorgenommen wird (obwohl auch das mit einiger Übung geht), sondern erst, wenn der Text (ein Buchstabe, ein Wort, ein Absatz usw.) bereits geschrieben am Bildschirm steht. Um geschriebenen Text zu formatieren, müssen wir ihn in den meisten Fällen vorher markieren. (Absatzformate entstehen teilweise automatisch.) Das Wort „Formatieren" wird innerhalb der Computerwissenschaften in mehreren Sinnzusammenhängen verwendet.

- In der Textverarbeitung wird unter Formatieren das *Gestalten* von Text und Zeichen verstanden.

lat. formare heißt nichts anderes als gestalten, bilden, einrichten, formen. Wenn Sie formatieren, ändern Sie das Erscheinungsbild des Textes, indem Sie dem Text oder Textabschnitt (nachdem Sie ihn markiert haben) bestimmte Attribute, *Formate,* zuweisen.

- Der Vorgang wird mit *Formatierungsbefehlen* herbeigeführt.

Mit einem Schriftstück als Ganzem, dem *Dokument,* oder einzelnen *Abschnitten* sind Begriffe assoziiert wie „Flattersatz" oder „Blocksatz", „einspaltig" oder „zweispaltig". Auf der untersten Ebene, der der *Zeichen,* spricht man von *Zeichenformaten.* Dazwischen liegen die *Absatzformate.*

Zu den wichtigsten Anwendungen in Textverarbeitungs- und auch in Layoutprogrammen gehört das Menü „Format" (o. ä.). Dort finden Sie Untermenüs mit Namen wie „Absatz" oder „Abschnitt", in denen die Eigenschaften der *Schrift* (*Schriftart*, -grad und -schnitt, *Zeilenabstand,* Laufweite usw.) und auch des gesamten Layouts (z. B. *Blocksatz*) festgelegt werden.

Formatierungsbefehle können auf mehrere Arten gegeben werden: über entsprechende Menüs und Untermenüs, ggf. mit weiteren Aufklappmenüs oder Auswahlfeldern, über spezielle Schaltflächen, die beispielsweise in einer *Symbolleiste* über dem

Textfeld angeordnet sind, oder über Kurzbefehle (*engl.* shortcuts; mehr dazu s. „Tastaturen" in Abschn. 5.2.1).

Wer dabei ist, die Textverarbeitung für sich zu erschließen, wird von der Angebotsfülle des Programms und von der Klugheit, mit der alles eingerichtet ist, beeindruckt sein – so sehr, dass er nicht auf den Gedanken kommt, noch irgendetwas verbessern zu wollen. Und doch: „Stellen Sie sich vor, Sie könnten Ihr eigenes Textverarbeitungsprogramm gestalten, bei dem die Menübefehle, Tastenzuweisungen und Standardeinstellungen in Dialogfeldern genau so festgelegt sind, wie Sie sie für Ihre Arbeit benötigen" (so steht es in den Handbüchern). Sie dürfen sich das nicht nur vorstellen, sondern können es herbeizaubern. Mit Hilfe der Funktionen, die es jedem Benutzer gestatten, das Programm nach seinen Bedürfnissen anzupassen, lässt sich der Gedanke leicht verwirklichen: „Anpassen" wird zur Anweisung an das Programm. Lassen Sie sich die Möglichkeit nicht entgehen, Sie verzichten sonst auf eine Chance, höchste *Ergonomie* beim Schreiben zu erreichen.

- Durch Ändern der *Standardeinstellungen* des Programms und *Anpassen* an die eigenen Erfordernisse lässt sich die Arbeit am PC weiter beschleunigen.

Wenn Sie beispielsweise häufig von einer „Grundschrift" in eine andere Schrift – ggf. Farbe – wechseln wollen, kann es sinnvoll sein, dieser anderen Schrift oder auch beiden eine Tastenkombination zuzuweisen mit dem Ergebnis, dass Sie den Text fortlaufend tasten können.

5.3.2 Die Programme nutzen

Ein Traum wird wahr

Im Menü „Format" (o. ä.) Ihres Textverarbeitungsprogramms können Sie viele Eigenschaften vorgeben, die der Text innerhalb eines Absatzes, Abschnitts oder des ganzen Dokuments haben soll. Zu diesen zählt auch der vertikale *Zeilenabstand* innerhalb des Absatzes. Sie können ihn genauer festlegen als im überkommenen Schema „einzeilig – eineinhalbzeilig – zweizeilig", und zwar auf den *Punkt* (oder auf zehntel Millimeter) genau (vgl. „Schriften, typografische Maße" in Abschn. 5.5.1).

Entsprechendes gilt für die Abstände, die der Absatz nach oben und/oder unten gegenüber benachbarten Absätzen halten soll *(Absatzabstand)*. Weiter lassen sich für Absätze *Einzüge* und ein besonderer *Erstzeileneinzug* numerisch definieren, z. B. in Zentimetern. Für alles das können Sie *Ihre* Formatvorlagen entwickeln und verwenden (vgl. Abschn. 5.3.3).

- Das eigentlich Neue der Textverarbeitung liegt in der *Veränderbarkeit* der Zeichen und in ihrer *Beweglichkeit* in der Fläche.

Alles, was Sie an Veränderungen am Bildschirm vornehmen, überträgt sich später durch den Befehl „Drucken …" auf das Papier und erstarrt dort zur zuletzt gewollten Form.

Ein *Formatierungsbefehl,* der „Veränderbarkeit" in besonderem Maße bewusst macht, ist der *Randausgleich*. Das Programm kann jede einzelne Zeile entsprechend der Vorgabe „berechnen" und die *Wortabstände* so festlegen, dass alle Zeilen gleich lang werden. Aus dem „flatternden" rechten Rand wird durch diesen Formatierungsbefehl ein „ausgeglichener", es liegt *Blocksatz* vor.

Der Randausgleich wirkt „professionell", da diese Textausrichtung früher der Satztechnik vorbehalten war. Doch fragt sich, wann es Sinn macht, das Absatzformat „Blocksatz" zu verwenden. Als Modus für die Arbeit am Bildschirm ist randausgeglichener Text nicht zu empfehlen, da er es erschweren würde, Leerzeichen zu erkennen und zu beurteilen, ob hier oder da versehentlich zwei Leerzeichen getastet wurden. Auch die Ausgabe eines Dokuments im Blocksatz ist nicht immer geraten, auch wenn sie leicht zuwege gebracht werden kann. Viele Berichte und andere Schriftsätze werden weiterhin mit flatterndem rechtem Rand geschrieben, da nicht immer „Druck" – vielleicht Perfektion? – suggeriert werden soll. In Druckerzeugnissen erwarten wir aber zu Recht den Randausgleich, und diesen Wunsch im DTP (s. „Desktop Publishing" in Abschn. 5.4.2) zu erfüllen bereitet keine Schwierigkeit.

Randausgleich eines Textes ist ein ästhetisches Motiv. Ein weiteres Motiv dieser Art liegt in der *Schrift* selbst verborgen. Alle modernen Programme (unter MacOS und Windows) arbeiten standardmäßig mit *Proportionalschriften* (s. Abb. 5-1 in Abschn. 5.5.1). Darin wird jedem Zeichen eine seiner Natur entsprechende Breite (*Buchstabenbreite, Dickte, Zeichenbreite*) zugewiesen. Auch dazu waren der professionelle Blei- und Lichtsatz in der Lage, nicht aber die klassische Schreibmaschine[32], die den Schlitten nach jedem Anschlag immer nur um *dasselbe* Stück vorwärts bewegen konnte. Eine Schrift, in der jedem Buchstaben der ihm angemessene Platz auf der Zeile gegönnt wird, sieht schöner aus als eine „Monotonschrift" mit konstanten Buchstabenbreiten (*Festbreitenschrift, Nichtproportionalschrift*; in der Textverarbeitung beispielsweise die Schrift „Courier").

Die vom Blocksatz erhoffte Ästhetik kann bei schmalem *Spaltensatz* (< 6 cm, mit Zu- oder Abschlägen je nach Schriftgröße und -art) allerdings in ihr Gegenteil umschlagen, Hässlichkeit: Zwischen den Wörtern tun sich Lücken auf, die nicht zu übersehen sind. Unter diesen „Randbedingungen" sollten Sie auf Blocksatz besser verzichten, es sei denn, Sie seien zu vielen – zum Teil unschönen – Worttrennungen bereit.

Das Mittel der *Silbentrennung* mit Hilfe des *Trennstrichs* ist aufwändig – auch wenn Sie einen Befehl wie „Silbentrennung" aufrufen –, und die Silbentrennung ist dazu fehleranfällig. Das System kann automatisch trennen, oder Sie lassen es vorschlagen, welche Wörter an welchen Stellen getrennt werden könnten, worauf Sie bestätigen oder nicht. Aber auch dann machen Silbentrennprogramme Fehler, besonders bei *Fremdwörtern*.

---

[32] Wir haben bewusst von der „klassischen" Schreibmaschine gesprochen, die uns heute am ehesten noch als Staffage in alten Schwarzweißfilmen begegnet. Modernere *elektrische oder elektronische Schreibmaschinen* konnten Proportionalschriften erzeugen: Bei ihnen war den einzelnen Zeichen zwar keine individuelle Breite zugeordnet, wohl aber eine aus vier Standardbreiten ausgewählte. Unterschiedliche Dickten setzten variable *Schrittschaltung* voraus. Aber das ist Technikgeschichte …

Doch zurück zu Grundsätzlicherem!

- Der Traum des Schreibenden ist wahr geworden. Aufgezeichnet werden Gedanken und Informationen, ihre Darstellung ist zweitrangig.

Welcher Schreibende hätte sich früher nicht gewünscht, er könnte mit einem Blick auf das Papier das nicht mehr genehme Wort oder Zeichen entfernen, also löschen[33] oder durch ein anderes ersetzen; oder ganze Absätze an eine andere Stelle verschieben? Heute sind solche Wünsche über die Textverarbeitung leicht zu erfüllen, und sie sind von allem, was machbar geworden ist, noch die bescheidensten.

- Die moderne Datenaufzeichnung unterscheidet sich von der früheren durch ihre *Flexibilität* und *Manipulierbarkeit*.

Die Angelegenheit ist erregend und ernüchternd zugleich. Denken wir etwa an einen mittelalterlichen Text mit seinen kunstvoll ausgeschmückten Initialen und all der gewollten Einmaligkeit. Daraus ist der Buchstabe als standardisiertes *Bitmuster* geworden. In welchen Formen wir ihn ausgeben können, hängt von Phantasie und Fleiß der Schriftschneider des elektronischen Zeitalters ab.

Die wichtigsten Methoden der Textverarbeitung

Die elektronische Datenverarbeitung unterstützt das Aufbereiten von Texten in vielfacher Weise. Die wichtigsten Manipulationen am Text, die vorgenommen werden können, seien genannt:

– Hinzufügen, Verändern, Entfernen von einzelnen Zeichen, Wörtern, Sätzen, Absätzen oder anderen Textabschnitten (z. B. Funktion „Einfügen");
– Umstellen oder Verschieben von einzelnen Zeichen, Wörtern, Sätzen, Absätzen oder anderen Textabschnitten (z. B. Funktion „Gliedern");
– hierarchisches Kennzeichnen und Ordnen von Überschriften, Fußnoten, Literaturstellen und anderen Textelementen („Sortieren");
– Zählen von Textelementen („Nummerieren");
– Wiedererkennen von Buchstabenfolgen für Such-, Korrektur- oder Registerzwecke (z. B. Funktionen „Suchen" und „Ersetzen");
– Ausgeben der Information in beliebiger Form und Größe sowie Anordnung in der Fläche („Formatieren");
– Einspielen von Texten oder Daten (z. B. grafischen Elementen) aus anderen Quellen („Importieren").

Nachdem Sie jetzt einzelne Zeichen, Zeichenfolgen, Wörter, Satzteile usw. kennzeichnen und danach verschieben, löschen, verändern oder durch anders gestaltete ersetzen (d. h. umformatieren) können, haben Sie einen anderen Umgang mit Texten gewonnen. Sie brauchen nicht mehr ein Dokument Seite für Seite neu zu schreiben oder mit Schere

---

[33] Wir müssen hier einräumen, dass es *nicht* immer von Vorteil ist, einfach etwas zu löschen, wenn es gerade in den Sinn kommt. Manchmal wäre es ganz gut, auch morgen oder übermorgen noch zu sehen, was der schnellen Löschversuchung zum Opfer gefallen ist.

und Klebstoff daran zu hantieren, weil es irgendwo noch eine größere Änderung gegeben hat: Am Bildschirm arrangiert sich alles innerhalb von Sekunden neu. Das bewirkt, dass Sie an das Formulieren von Text beherzter herangehen können als zuvor. Wenn Sie mit der Textverarbeitung schon aufgewachsen sind, können Sie sich kaum vorstellen, wie viel Mühsal früherer Generationen Ihnen erspart geblieben ist!

Was allein die Zählfunktion *(automatische Nummerierung)* einer Fußnotenverwaltung an Hilfe bedeuten kann, wird nur ermessen, wer einmal gezwungen war, Literaturnachträge in ein Dokument manuell einzuarbeiten. Beim Umstellen des Textes oder beim Nachtragen von Fußnoten werden alle numerischen Fußnotenzeichen vom Rechner automatisch neu gezählt, die Fußnoteneinträge umgeordnet und entsprechend mit den neuen Nummern versehen. Dabei können Sie noch entscheiden, ob die Fußnoten seiten- oder abschnittsweise oder über das ganze Dokument gezählt werden sollen.

● Textverarbeitungsprogramme helfen beim *Gliedern* von Texten und erstellen *Inhaltsverzeichnisse* „auf Tastendruck".

Beide Aspekte – zum Stichwort „Ordnen und Sortieren" gehörend – hängen eng zusammen, sind doch die *Gliederungsüberschriften* gleichzeitig *Inhaltsverzeichniseinträge* (vgl. „Gliederung" in Abschn. 5.3.3).

Eine weitere Anwendung ist das Computer-gestützte *Indexieren* (s. dazu die Grundsätze des Registermachens in Abschn. 4.5.1).

● Textverarbeitungs- und Layoutprogramme helfen, *Register* anzulegen.

Flexible Anordnung in der Fläche hilft beim Herstellen von *Tabellen* (s. Kap. 8). Mit einem Textverarbeitungsprogramm ist es ein leichtes, eine *Kolonne (Tabellenspalte, Spalte)* in einer Tabelle weiter nach rechts oder links zu rücken oder schmaler oder breiter zu machen, um zu einer besseren Raumeinteilung zu gelangen, oder *Tabulatoren* einer Tabelle in einer anderen zu wiederholen.

So neuartig das Ganze scheint, so konservativ ist die Textverarbeitung andererseits im Hinblick auf manche gewohnte Arbeitsweise. Es besteht kein Zwang, tatsächlich alle Änderungen und Korrekturen am Bildschirm zu *ersinnen*. Ausführen muss man sie dort wohl, aber der geistige Prozess – des Vergleichens, Abwägens, Beurteilens – kann nach wie vor auf dem Papier durchgeführt werden – fernab vom Rechner in einer ruhigen und entspannten Umgebung. Erst danach werden die Änderungen in einem zweiten Schritt, und nicht notwendigerweise von derselben Person, in das digitale Manuskript eingearbeitet, woraufhin Sie eine verbesserte Papierversion ausgeben können – um das Spiel des Überarbeitens vielleicht zu wiederholen.

Das funktioniert so gut, dass viele Autoren dazu übergegangen sind, sogleich „in den PC zu schreiben". Dabei besteht aber eine Gefahr: Der Text sieht von Anfang an sogar am Bildschirm so gut – „wie gedruckt!" – aus, dass er Mängelfreiheit suggeriert und die Bereitschaft lähmt, ihn noch verbessern zu wollen. SCHNEIDER (1989) hat diese Gefährdung des „elektronischen Redakteurs" („Redaktronikers") beschworen.

Schreibkräfte sind, nachdem sie eine anfängliche Scheu überwunden haben,[34)] meist schnell von der neuen Technik angetan, weil sie es ihnen gestattet, bessere Arbeit in kürzerer Zeit zu leisten. Auch kann es zu Recht Genugtuung verschaffen, ein so komplexes Instrument zu beherrschen.

- Ein weiterer Vorzug der Textverarbeitung liegt in der hohen *Dichte* elektronisch gespeicherter Daten.

Das System spart Raum für die Ablage oder Archivierung sowie Versandkosten. Für manche Zwecke genügt es, statt eines Pakets mit mehreren hundert Seiten einen Brief mit einer einzigen CD zu schicken. Sie können Daten auch als *E-Mail* versenden, wenn Ihr Computer geeignet ausgestattet ist und die notwendige *Kommunikationssoftware* zur Verfügung steht. [In den meisten Fällen reicht eine Software wie NAVIGATOR (von Netscape Communications Corp.) oder OUTLOOK EXPRESS (von Microsoft) aus.]

Schließlich kann der Computer, auf dem wir Texte verarbeiten, unsere „Textverarbeitungsstation", als zentrales Organisationsinstrument eingesetzt werden. Es hilft u. a. beim Strukturieren von Gedanken, verwaltet die Literatursammlung (s. Abschn. 9.2.2), hält Anschriften und Dokumente bereit, erinnert an Termine und anderes mehr.

Für das Herstellen von *Formeln* und *Abbildungen* sind besondere Programme geschaffen worden (mehr dazu in Kap. 6 und Kap. 7).

5.3.3 Textverarbeitung für Fortgeschrittene

Dokumentvorlagen

Sie haben das wahrscheinlich schon erlebt (wenn nicht, dann steht es Ihnen mit Sicherheit noch bevor): Der Verlag, für den Sie schreiben, bittet Sie, den Text zu Ihrem Zeitschriftenartikel oder Ihrem Buch auf der Basis der *Dokumentvorlage* anzufertigen, die Sie geschickt bekommen oder von der Homepage des Verlages heruntergeladen haben. Was hat es mit Dokumentvorlagen auf sich?

- Eine Dokumentvorlage (auch Schablone oder *Template* genannt) ist bei Textverarbeitungs- oder DTP-Programmen eine vordefinierte Datei, die als Muster verwendet werden kann.

Die Dokumentvorlage selbst bleibt unberührt, wenn sie aufgerufen oder angewendet wird. Dadurch kann sie immer wieder eingesetzt werden und liefert jedes Mal dasselbe Ergebnis. Dabei wird eine *Arbeitsdatei* (die Datei, die den eigentlichen Text und eventuell auch Bilder aufnimmt) entweder auf der Basis der Dokumentvorlage erstellt, oder die Vorlage wird der Arbeitsdatei später zugewiesen. In jedem Fall weist eine solche Arbeitsdatei alle formalen Merkmale der Dokumentvorlage auf.

- Eine Dokumentvorlage enthält vor allem Absatz- und Zeichenformate, darüber hinaus auch Angaben für das Layout des Dokuments.

---

[34] Wir haben diesen Satz vor ein paar Jahren formuliert. Selbst von einer Anfangsscheu muss man heute kaum mehr reden. Wer sich einem büronahen Beruf zuwendet, weiß, dass er mit Computern leben wird, und sieht darin nichts Besonderes.

Selbst allgemein verwendbare Textteile und grafische Elemente, eventuell *Textbausteine* und *Makros* sowie ggf. spezielle Anpassungen in der Benutzeroberfläche (z. B. Definitionen von Menüs, Tastaturbelegungen usw.) können in der „Schablone" für Ihren Text vorgegeben sein.[35)]

Bei WORD ist die Dokumentvorlage eine Datei mit der Erweiterung **.dot**, die in einem eigenen Ordner abgelegt wird. Die Standarddokumentvorlage trägt den Namen „normal.dot" (auf dem Macintosh gibt es keine Dateierweiterungen, daher heißt die Standarddokumentvorlage hier einfach „Normal"). Die vordefinierten Formate sind global gültig, stehen also allen Dokumenten zur Verfügung.

- Wird eine neue Datei als leeres Dokument angelegt, so wird dieses automatisch mit der *Standard*-Dokumentvorlage verbunden.

Eine WORD-Datei ohne zugrunde liegende Dokumentvorlage gibt es insofern gar nicht mehr.[36)] Man kann *jedes* normale (Standard-)WORD-Dokument als spezielle Dokumentvorlage abspeichern, indem man den Befehl „Speichern unter" aufruft und hier den Dateityp „Dokumentvorlage" wählt. Eine in der Praxis brauchbare Dokumentvorlage sollte *keinen* Text enthalten, den wir für einen speziellen Zweck geschrieben hatten, denn dann wäre sie keine allgemein einsetzbare Schablone mehr. Wenn wir also in einem Dokument *Formatvorlagen* (s. weiter hinten) und vielleicht auch einige Tastenkürzel definiert haben, sollten wir erst sämtlichen Text löschen, bevor wir die Datei als Dokumentvorlage abspeichern.

Beim Erstellen einer neuen Datei ist es unsere Entscheidung, WORD die Standard-Dokumentvorlage nehmen zu lassen oder *unsere* Dokumentvorlage als Basis der neuen Datei vorzugeben. Genau das trifft dann auch auf die Dokumentvorlage des Verlages zu: Sie können sie bewusst einsetzen.

Darauf, wie eine Dokumentvorlage einem bereits existierenden Dokument zugewiesen werden kann (wie wir also die Dokumentvorlage des Verlags mit unserem bereits vorliegendem Text verbinden können), wollen wir hier nicht näher eingehen. Wichtig ist, dass dieses möglich ist. (Näheres dazu finden Sie in der WORD-Hilfe.)

---

[35] Bei *Layoutprogrammen* sind Dokumentvorlagen mehrstufig aufgebaut: Zwischen der Gesamtstruktur der Datei und den Absatz- und Schriftformatvorlagen steht noch die Ebene der Musterseiten. Typische Musterseitenelemente sind leere Textrahmen (oft mit mehreren Spalten), Kolumnentitel und Seitennummern.

[36] Das bedeutet aber *nicht*, dass Sie, wenn Sie eine Datei verschicken, immer auch die Dokumentvorlage automatisch mitverschicken. Jede WORD-Datei führt ein Eigenleben, kann als separate Einheit betrachtet werden. Nur: immer dann, wenn Sie oder der Empfänger Ihrer Datei eine WORD-Datei öffnen, sucht diese automatisch (das lässt sich nicht verhindern!) nach einer Dokumentvorlage. Ohne Umschweife wird das Dokument mit der Standard-Dokumentvorlage verbunden, wenn nichts anderes vorgegeben wird. Wenn die spezielle Dokumentvorlage, mit der Sie evtl. das Dokument erstellt haben, beim Adressaten nicht vorhanden ist, stehen einige der von Ihnen definierten Formatierungsmerkmale nicht zur Verfügung, und der Text läuft anders als auf Ihrem Bildschirm. Bei länger andauernden Projekten ist es daher immer von Vorteil, wenn alle Beteiligten neben der Standarddokumentvorlage zusätzlich mit derselben projektbezogenen Dokumentvorlage arbeiten. Das ist der Grund, weshalb Verlage ihren Autoren solche speziellen Dokumentvorlagen an die Hand geben.

Zeichenformate

Ein finiter Vorrat an unterschiedlichen Zeichen bildet einen *Zeichensatz (Zeichenvorrat; engl.* character set*);* er wird im Allgemeinen unterteilt in *alphanumerische Zeichen, Sonderzeichen* und *Symbole* sowie Steuerzeichen.

- Eine *Schriftart* ist die Ausführung eines Zeichensatzes.

Die elektronische Darstellung, in der ein Zeichensatz an einem bestimmten Ort eines Rechners hinterlegt ist, bildet eine *Schrift* (*engl.* font). Unterschiedliche Rechner oder Rechnerfamilien brauchen und verwenden unterschiedliche Schriften.

- Die Zwänge, Software- und Hardware-Komponenten im Datenaustausch anzupassen, haben zum *American Standard Code for Information Interchange* (ASCII) und zu dessen Erweiterung, dem ANSI-Code, geführt.

ASCII und ANSI (American National Standards Institute) sind bei Computern weit verbreitet und zu international anerkannten Standards geworden. ASCII besteht in der Zuordnung von 128 Nummern zu den verschiedenen Zeichen.

- Durch ASCII wurde „das Wesen" der Zeichen zum Code erhoben und mit einer Nummer belegt: eine Nummer, ein Zeichen.

Der ASCII-Zeichensatz besteht aus $2^7 = 128$ als *Bitmuster*[37] genormten *Zeichen*; davon sind die ersten 32 Steuerzeichen (Tab. 5-1). Beispielsweise ist der *Code* für „null" die Zahl 48, gleichgültig wie das Zeichen dargestellt wird: Die Codierung gilt für alle Schriften, der Code vertritt immer das Zahlenzeichen null! Die Codenummern 48 bis 57 gehören den Ziffern. Die Codenummern 65 bis 90 sind den (lateinischen) *Großbuchstaben* zugeordnet, 97 bis 122 den *Kleinbuchstaben*.[38]

Woher rührt die Zahl 128? Computer arbeiten digital, im Besonderen *binär*: Ihr Zahlensystem besteht nur aus Nullen und Einsen *(Dualsystem)*, was sich mit physikalischen und technischen Mitteln besonders einfach realisieren lässt: an-aus (oben-unten, hell-dunkel...)! Ein Buchstabe, den man per Computer erzeugen will, muss sich aus Kombinationen solcher An-Aus-Zustände (eines elektronischen Schaltelements, eines Transistors) zusammensetzen. In der Frühzeit der Computertechnik hat man sich darauf geeinigt, für jeden Buchstaben 8 Grundeinheiten, *Bits* genannt, zu verwenden; für diese Zusammenstellung aus 8 Bits wurde der neue Name *Byte* erfunden. Im Dualsystem bedeutet das, dass man $2^8 = 256$ verschiedene Kombinationen bilden kann. Also sind auch 256 verschiedene Buchstaben oder Zeichen erzeugbar.

Speicherplatz war bei den frühen Computern rar, und man versuchte, sämtliche Computeroperationen auf möglichst geringem Speicherbedarf zu halten, so auch bei den ersten Personal Computern, die aus heutiger Sicht über winzige Arbeitsspeicher

---

[37] Wir kennen das *Byte* als Informationseinheit. Eine lexikalische Definition beschreibt das Byte als eine „Gruppe von 8 Binärzeichen (Bits), die als Einheit behandelt werden" und als „im allgemeinen die kleinste adressierbare Speichereinheit".

[38] In WORD (ab 2003) kann man per Befehl <Einfügen · Sonderzeichen> die komplette Palette der Zeichen und Sonderzeichen zur Ansicht bringen und – besonders praktisch – die ASCII-Codes (und auch die UNICODE-Nummern) direkt ablesen.

Tab. 5-1. Beispiele einiger ASCII-Codes.

Nummer	Bedeutung	Nummer	Bedeutung	Nummer	Bedeutung
2	STX (Start of text, Textbeginn)	47	/	98	b
		48	0	99	c
13	CR (Carriage return, Wagenrücklauf)	49	1	124	|
		50	2	126	~
32	SPC (Space, Leerzeichen)	64	@	160	†
		65	A	173	≠
33	!	66	B	176	∞
35	#	67	C	177	±
37	%	91	[	189	Ω
42	*	92	\	198	Δ
44	,	93	]	182	∂
45	-	94	^	185	π
46	.	97	a	197	≈

verfügten. Die Computerbranche und einige Norminstitute (größtes Gewicht hatte das American National Standards Institute, ANSI) verständigten sich darauf, zunächst nur $2^7 = 128$ Zeichen mit einem festen Bit-Code zu versehen, also jedes dieser normierten Zeichen nur aus 7, nicht aus 8 Bit aufzubauen. Ein Bit pro Byte war sozusagen übrig, es diente als Prüfbit. Die Norm, die diese Festlegung beschreibt, ist die ASCII-Norm.

Bald stellte sich heraus, dass die PCs doch in der Lage waren, auch das achte Bit brauchbar zu verarbeiten, und es wurden alle 256 aus 8 Bits erzeugbaren „Buchstaben" zugelassen. Allerdings hat man es damals, in den 1980er Jahren, nicht für sinnvoll gehalten, eine neue Norm für alle 256 Buchstaben zu schaffen. Der Bereich vom 129. bis zum 256. Buchstaben, der als *erweiterter ASCII-Code* bezeichnet wurde, konnte von den Programmierern nach deren Vorstellungen belegt werden. Daher gab es eine Zeit lang große Probleme, wenn Daten von einem Betriebssystem (z. B. DOS) in ein anderes (Macintosh) übertragen werden sollten. Erst als Windows aufkam, wurde der Druck nach erneuter Standardisierung groß. Und wieder war es das ANSI, dass hier für Ordnung sorgte: Es legte auch die Codierung der übrigen 128 Buchstaben fest. Seit Mitte der 1990er Jahre arbeiten alle gängigen Betriebssysteme und Anwendungsprogramme mit Zeichen, die auf dem ANSI-Code beruhen. Ab 128 folgen im ANSI-Code u. a. Buchstaben mit *Akzenten* und anderen *diakritischen* Zeichen (die in den USA normalerweise nicht gebraucht werden), zu denen z. B. die *Tilde* (˜) und die *Cedille* (¸) (span. „kleines Zeichen") gehören.

ASCII- und *ANSI-Format* sind Standard-Zeichenformate, die in allen Textverarbeitungsprogrammen verstanden und verarbeitet werden können. Jede Datei, die als „Nur-Text-Datei" abgespeichert wird, ist eine ASCII- oder ANSI-Datei. Beim Abspeichern kann man wählen, ob ANSI (oft auch als „Windows-ASCII" bezeichnet) oder ASCII („DOS-ASCII") entstehen soll. Es handelt sich dabei um Text, der lediglich Buchstaben, Satzzeichen, Ziffern, Symbole und einige wenige Steuerzeichen enthält, die im ASCII- bzw. ANSI-Code vorkommen. Dies bedeutet, dass im Wesentlichen nur „Wagenrücklauf" und „Neue Zeile" angezeigt werden, um Überschriften, den Beginn neuer Absätze und die Freistellung von Textzeilen zu kennzeichnen. Andere Auszeichnungen für Textabschnitte wie „kursiv" oder „fett" oder „größere Schrift" kommen nicht vor (und gehen verloren, wenn ein Manuskript in das Nur-Text-Format umgewandelt wird).

Nicht unerwähnt bleiben soll eine neue Entwicklung: Da die Computer auf unseren Schreibtischen immer leistungsfähiger werden, lässt sich heute ein Traum nahezu verwirklichen: eine Schriftcodierungsnorm zu entwickeln und einzusetzen, die sämtliche Zeichen enthält, die auf der Welt verwendet werden! Dieses Codierungssystem existiert, es nennt sich UNICODE, und es definiert 2^{16} = 65 536 Zeichen. Die modernen Versionen der Betriebssysteme und auch der Anwendungsprogramme sind auf UNICODE eingerichtet. Nachziehen müssen/können wir als Anwender. In der Verlagswelt spielt UNICODE bereits eine wichtige Rolle. Noch kommen Autoren allerdings in der Regel mit dem ANSI-Code aus. Wenn Sie UNICODE-Zeichen verwenden möchten, sprechen Sie sich unbedingt mit dem Verlag ab.

Formatvorlagen

Formatvorlagen (engl. styles oder *style sheets,* deutsch auch *Stilvorlagen,* früher oft *Druckformate)* sind Zusammenstellungen von Formatierungsbefehlen. In der gehobenen Textverarbeitung sind sie von großer Bedeutung: Sie erleichtern es, komplexe Texte herzustellen und – vor allem – diese einheitlich zu formatieren. Wollen Sie erreichen, dass sich die Form eines Absatzes oder anderen Textabschnitts, z. B. auch einer Tabelle, nach Schrift, Ausrichtung, Zeilenabstand, Einzug usw. an anderer Stelle in genau gleicher Weise wiederholt, dann legen Sie dafür eine eigene Formatvorlage an.

- Komplexe Anweisungen an das System, die sowohl Zeichen- als auch Absatzformate enthalten, werden als Formatvorlage bezeichnet.

Um eine solche komplexe Anweisung zu geben, markieren Sie beispielsweise den betreffenden Absatz – in dem Sinne ist auch eine Überschrift oder eine Fußnote ein Absatz – und wählen über einen geeigneten Befehl das „Fenster", in dem sich die Formatvorlagen definieren lassen: Dort können Sie die Gesamtheit der Formatierungsmerkmale in dem markierten Textabschnitt zu einer Formatvorlage machen, nachdem Sie einen Namen oder ein Kürzel dafür eingegeben haben. Dann können Sie die Formatvorlage speichern[39] und sie danach anderen Textabschnitten zuweisen, die dadurch alle genau in der gleichen Weise formatiert werden.

---

[39] Standardmäßig werden Formatvorlagen im aktuellen Dokument gespeichert; Sie können aber auch verlangen, dass sie in der Standarddokumentvorlage oder in einer speziellen Dokumentvorlage gespeichert werden, die sich auf Ihrem Computer befindet.

Beispielsweise lautet die Formatvorlage für diesen Abschnitt, den Sie jetzt gerade lesen:[40]

> Times 12 Punkt, Blocksatz, Zeilenabstand genau 16 Punkt, anschließend 1 mm, Einzug links 5,3 mm.

Auch kleinere Textabschnitte bis herab zu einzelnen Zeichen – etwa das *Fußnotenzeichen* – können Sie auf diese Weise „konfektionieren", wenn Sie nicht wiederholt die entsprechenden Formatanweisungen erteilen wollen. In einem mit einer Formatvorlage geschriebenen Absatz sind jetzt gewisse Auszeichnungen als Standard vorgegeben, was nicht heißt, dass Sie einzelne Teile innerhalb des Absatzes nicht abweichend formatieren könnten. Am besten ist, wenn in Ihrem Text kein einziger Absatz vorkommt, dem nicht eine der von Ihnen definierten Formatvorlagen zugeordnet ist.

- Formatvorlagen erleichtern die Arbeit und sorgen für *Konsistenz*.

Besonders, wenn Sie digitale Texte produzieren, die zum Setzen verwendet werden sollen, sind Formatvorlagen unverzichtbar (s. Abschn. 5.4.1). Als Verfasser eines Schriftsatzes müssen Sie nicht immer wieder bestimmte Details (Schriftart und -größe, Zeilen- und Absatzabstände, Einzüge u. a.) nachsehen, um in gleichen Situationen gleiche Ergebnisse zu erzielen, die untereinander abgestimmt, *konsistent*, sind.[41] Und Sie sind auf dem besten Weg zu SGML, der Standard Generalized Markup Language (s. auch „Technische Voraussetzungen" in Abschn. 5.4.1).

Das Thema ist mit diesen Anmerkungen noch lange nicht ausgeschöpft, doch können wir uns hier nicht länger darüber verbreiten. Näheres findet sich in einem Beitrag des einen von uns über „Modernes technisches Handwerkszeug im Lektorat – Teil II: Textbearbeitung mit Dokument- und Formatvorlagen" (GREULICH 2004).[42]

Textbausteine

Textbausteine – in den moderneren Versionen der Textverarbeitungsprogramme leider nicht mehr ganz eingängig als „AutoText-Einträge" bezeichnet – gehören ähnlich wie Formatvorlagen zur Klasse „Sammelbefehl", doch sind sie nicht auf Form oder Anordnung gerichtet, sondern auf die Bedeutung von Zeichen.

- Eine Folge von Zeichen, die in einem Text häufig vorkommt, lässt sich als *Textbaustein* definieren und dann immer wieder in genau gleicher Weise in den Text einsetzen.

---

[40] Er bezieht sich auf die Darstellung vor Verkleinerung auf 80 % (s. auch S. 660).
[41] Ein lateinisch-deutsches Wörterbuch gibt Konsistenz mit „Widerspruchslosigkeit" wieder. Konsistenz ist das erste Gebot für Redakteure und Lektoren. Eine bestimmte Maßnahme mag nicht jedermanns Beifall finden, aber wenn sie einmal angenommen worden ist, muss sie in einem vergleichbaren anderen Fall wieder so gelten, jedenfalls innerhalb eines Schriftstücks, Buchs oder Periodikums. Als Leser fühlen wir uns unwohl, wenn wir auf formale Widersprüche stoßen, als seien wir zu Gast in einem unaufgeräumten Haus. Wir schließen, dass auch der Inhalt nicht aufgeräumt ist, und legen den Bericht, die Zeitschrift oder das Buch möglicherweise beiseite.
[42] Die anderen Artikel in dieser Serie: „Teil I: Textverarbeitungsprogramme – Möglichkeiten und Tücken", „Teil III: Suchen und Ersetzen", „Teil IV: Effizienteres und schnelleres Arbeiten am PC (vor allem in Word)"; s. dazu www.input-verlag.de/.

In Textbausteinen können Wortfolgen (z. B. „Mit freundlichen Grüßen"), Wörter, Buchstaben, Ziffern, Zeichen oder Anweisungen wie „Punkt gesperrt um 2 Punkt" auftreten. Wenn in einem Schriftsatz der kaum schreibbare Name eines Autors, z. B. „Wojtowicz" oder „Csikszentmihalyi", immer wieder gebraucht wird, wenn ein Wort wie „*exo*-Bicyclo[2.2.1]heptan-2-ol" oder eine Wortfolge wie „integrierte digitale bipolare Schaltung" zwar öfter vorkommt, Sie diese Textabschnitte aber nicht öfter als *ein* Mal schreiben wollen, dann machen Sie daraus Textbausteine. In den Textverarbeitungsprogrammen stehen dafür Dialogfenster zur Verfügung. Haben Sie zuvor den betreffenden Textabschnitt markiert, dann brauchen Sie nur ein Kürzel dafür festzulegen, um daraus einen Textbaustein zu machen, der dann zusammen mit dem Textverarbeitungsprogramm (genauer: mit der Dokumentvorlage, siehe oben) gespeichert bleibt und bei späteren Anwendungen wieder zur Verfügung steht und eingefügt werden kann.

Erteilen Sie beim Schreiben an einer bestimmten Stelle im Text einen Befehl wie „Textbaustein einfügen" und tasten Sie nun eines der Kürzel aus Ihrer Textbausteinliste, so erscheint der zugehörige Textbaustein im Text an der Einfügemarke. Haben Sie das Kürzel vergessen, so hilft Ihnen das Programm auch da.

- Textbausteine tragen außer zur „Arbeitszeitverkürzung" dazu bei, den Text fehlerärmer zu machen.

Bei Verwendung von Textbausteinen laufen Sie weniger Gefahr, bei einem *Suchlauf* (s. „Suchen und Ersetzen" in Abschn. 5.3.3) eine Fundstelle zu überspringen, nur weil dort nicht die korrekte Zeichenfolge steht.

Gliederung

Leistungsfähige Textverarbeitungsprogramme halten ein Instrumentarium bereit, das sich mit einem Befehl wie „Gliederung" erschließen lässt. Wenn Sie mit Ihrem Textverarbeitungssystem nicht nur Briefe oder kurze Notizen, sondern auch größere gegliederte Dokumente schreiben wollen – und das wollen Sie –, sollten Sie sich damit befassen. Unter „Gliederung" verbirgt sich nicht nur Textverarbeitung, sondern auch Gedankenverarbeitung, Strukturierung.

In den meisten Textverarbeitungsprogrammen können Sie Text in verschiedenen „Ansichten"[43] am Bildschirm anzeigen:

– In der *Normalansicht* („Standard", „Normal" o. ä., Bezeichnung je nach Programm) als fortlaufenden Text, den Sie durch Scrollen am Bildschirm „ablaufen" lassen können; die Seitenenden sind in dieser Ansicht auf dem Bildschirm vielleicht durch Linien gekennzeichnet, und Fußnoten müssen in einem gesonderten Fenster sichtbar gemacht werden;

---

[43] In den neueren Versionen von Textverarbeitungsprogrammen gibt es darüber hinaus noch die *Weblayout*-Ansicht und eine *Lesemodus*-Ansicht; zusätzlich lässt sich am linken Fensterrand noch ein senkrechter Streifen zur Ansicht bringen, in dem die Struktur des Dokuments oder die einzelnen Seiten als kleine „Kacheln" zu sehen sind. – Was es damit jeweils auf sich hat, schauen Sie sich am besten direkt in Ihrem Textverarbeitungsprogramm an.

- In der *Seitenlayout*-Ansicht, die fast so aussieht wie gedruckt, die aber noch eine Bearbeitung zulässt;
- in der *Druckansicht* („Druckbild", oft auch missverständlich „Seitenansicht") der jeweiligen Seite(n), die vorauszeichnen, wie der Text später über Ihren Drucker ausgegeben wird (vgl. Stichwort „WYSIWYG" unter „Drucker" in Abschn. 5.2.1), in denen aber nichts bearbeitet werden kann;
- in der *Gliederungsansicht*.

Um diese zuletzt genannte Ansicht geht es hier.

● In die Gliederungsansicht sind Merkmale des hierarchischen Erkennens integriert.

Sie können in ihr Begriffe notieren und sie nachträglich ordnen. Dazu enthält das Dateifenster beispielsweise in WORD anstelle des sonst gewohnten Lineals eine Leiste mit Pfeilen, die nach links und rechts, oben und unten weisen. Wenn Sie den nach rechts gerichteten Pfeil auf einen Eintrag anwenden, ordnet er sich dem darüber stehenden Eintrag unter, indem er nach rechts rückt.[44)] Entsprechend bewirkt der nach links gerichtete Pfeil, dass sich der betreffende Eintrag dem darüber stehenden (hierarchisch) überordnet. Mit der „Nach-oben-Taste" rückt der Punkt um einen Platz nach oben in der Gliederung (d.h. nach „weiter vorne" im Text), und vielleicht schon vorhandener Text folgt mit! Entsprechend verschieben Sie die Überschrift samt Text nach „weiter hinten" mit der „Nach-unten-Taste". Das können Sie bei komplexeren Gliederungen in allen Richtungen nach Belieben wiederholen, und das System ist jederzeit erweiterbar. Wenn ein Gliederungspunkt zurück- oder vorgestuft wird, dann widerfährt das automatisch auch allen zugehörigen Untergliederungen. So lassen sich zuerst hierarchische Strukturen und dann Abfolgen „programmieren".

Das ist äußerst pragmatisches *mind mapping* (vgl. „Technik des Entwerfens" in Abschn. 2.3.1)!

● In der Gliederungsansicht lassen sich Begriffe nach hierarchischen Stufen *(Ebenen)* und innerhalb dieser nach Abfolgen ordnen.

Zum Schreiben des eigentlichen *Textkörpers* eignet sich am besten die Normalansicht. Für spätere Eingriffe in die Struktur des Texts bietet sich wieder die Gliederungsansicht an.

● Die Gliederungsansicht bietet ein ideales Instrument, um die Arbeit an einem größeren Dokument zu steuern.

In der Gliederungsansicht ist es möglich, die Gliederung eines Dokuments nur bis zu einer bestimmten *Ebene* darzustellen, z.B. nur in der ersten (der „obersten") Ebene oder bis zur zweiten usw.

Mit einem entsprechenden Befehl wie „Inhaltsverzeichnis erstellen" können Sie es dann Ihrem Programm übertragen, das *Inhaltsverzeichnis* zusammenzustellen. Dabei haben Sie wiederum die Wahl, Überschriften nur bis zu einer bestimmten Ebene zu

---

[44] Wie in manchen Inhaltsverzeichnissen üblich, erscheint ein Gliederungspunkt in dieser Ansicht um so weiter rechts, je niedriger er in der Rangfolge steht (*gestaffelte* Anordnung).

berücksichtigen oder aber die Absatzanfänge hinzuzunehmen. Wenn Sie an einem großen Dokument arbeiten, z. B. einem Buch, werden Sie diese Möglichkeiten der Gliederungsansicht zu schätzen lernen.

Voraussetzug dafür, dass in der Gliederungsansicht verschiedene Ebenen dargestellt werden, ist, dass Sie Ihren Text mit Formatvorlagen (insbesondere Überschrift-Formatvorlagen) durchformatiert haben.

Register

Die meisten Programme unterstützen das Anfertigen eines *Registers*. Die früher zu dem Zweck benutzten gelochten Kärtchen mit handschriftlichen Einträgen existieren wohl nur noch in der Erinnerung der Älteren.

- In Textverarbeitungs- und Layoutprogrammen können Sie mit einem Befehl wie „Index" ein Wort zu einem *Registereintrag* machen.

Dazu markieren Sie beispielsweise das betreffende Wort *(Registerbegriff)* und rufen dann den Befehl oder einen entsprechenden Kurzbefehl auf. Dem Wort wird dadurch im Text ein *Indexcode* zugeordnet. Die so formatierten Index-Begriffe werden als *verborgener Text* (s. auch schon Abschn. 4.5.1, besonders Abb. 4-3, sowie „Der Satz digitaler Manuskripte" in Abschn. 5.4.1) gespeichert. Die Indexcodes sind *Metainformation*, die in dem Fall sagt: „dies ist ein registerwürdiges Wort".

- Das Programm nimmt ein Wort oder einen *Textabschnitt*, den Sie als registerwürdig erachtet haben, in das *Register* auf.

Es ist Vorsorge getroffen, dass Sie auch Wörter in das Register *(Index, Sachverzeichnis)* aufnehmen können, die *nicht* oder *so nicht* im Text stehen: Dazu brauchen Sie nur in entsprechenden Fenstern, die Ihnen Ihr Programm anbietet, den gewünschten Begriff einzugeben.

Des Weiteren können Sie dafür sorgen, dass bestimmte Einträge zu *Untereinträgen* anderer werden. Dazu gibt es in den Eingabefenstern für Indexbegriffe entsprechende Felder. Die meisten Programme bieten mindestens Felder für zwei *Untereintragsebenen* an – die reichen nach unseren Erfahrungen gewöhnlich auch aus.

- Nach dem „Indexieren" können Sie das Register in verschiedenen Formen *(verschachtelt* oder *fortlaufend)* ausgeben.

Wenn Sie das machen wollen, müssen Sie vor der Ausgabe des Registers ggf. den verborgenen Text deaktivieren, ihn also tatsächlich vom Bildschirm verschwinden lassen, weil sich sonst die Seitennummern auf den durch die vielen Index-Codes aufgeblähten Text beziehen.

Einträge in ein Register beziehen sich nicht nur auf Begriffe und die Seitenzahlen, auf denen sie vorkommen; viele Programme sehen auch *Siehe-Verweise* (ohne Seitenzahlen) vor, z. B. „Index *siehe* Register". Für *Siehe-auch-Verweise* werden selten einfache Funktionen angeboten, solche Verweise müssen meistens „von Hand" nachgearbeitet werden.

5.3 Computer und Textverarbeitungsprogramm im Einsatz

Ähnlich wie mit einem Textverarbeitungsprogramm gestaltet sich das Registermachen unter dem Kommando von Layoutprogrammen. Sowohl bei Textverarbeitungs- als auch bei Layoutprogrammen können Sie mehrere Dateien (z. B. die der einzelnen Kapitel) unter einem Befehl wie „Index erstellen" zusammenzufassen, um so das Register eines umfangreicheren Schriftsatzes (wie dieses Buches) anzufertigen.

Die Reihenfolge, in der Registerbegriffe in Ihrem Programm angeordnet werden, entspricht wahrscheinlich den Empfehlungen der Normen DIN 5007 (1991) und DIN 5007-2 (1996) *Ordnen von Schriftzeichenfolgen*. Danach sollen *Umlaute* und andere Buchstaben mit Akzenten und diakritischen Zeichen wie ihre Grundbuchstaben geordnet werden, z. B. ä, å, à, wie a; dabei wird der Umlaut dem originären Schriftzeichen nachgeordnet (z. B. „fällen" nach „fallen"; zur Anordnung von Umlauten in Namensverzeichnissen vgl. Abschn. 9.3.3).

Leerzeichen und einige nicht gesprochene Zeichen wie *Bindestrich*, *Punkt*, *Komma* oder *Schrägstrich* werden, entsprechend ihrer Stellung im ASCII-Code (s. Tab. 5-1), allen Buchstaben und Zahlen vorgeordnet.

Bei einem umfangreichen Register werden Sie nicht umhin kommen, nach einem ersten Ausdruck und Korrekturlesen einiges nachzubessern.

Rechtschreibkontrolle

Sie beginnen, Ihr Dokument zu überarbeiten, und wollen es mit Hilfe des Computers auf korrekte Rechtschreibung *(Orthografie)* prüfen. Viele Programme verfügen über ein Dialogfenster, mit dem oder in dem Sie die *Rechtschreibkontrolle* vornehmen können, sofern ein „Wörterbuch" installiert ist. In diesem Fenster schlägt Ihnen das Programm Korrekturen vor nach Schreibweisen, die in diesem *Wörterbuch* enthalten sind. Sie können einen der Vorschläge aufgreifen oder nicht.

- In vielen Programmen können Sie neben dem vorinstallierten „Standard-Wörterbuch" eigene *Benutzerwörterbücher* anlegen.

Ohne diese Möglichkeit würde Rechtschreibkontrolle in Fachtexten wenig helfen: Die Suche würde bei „jedem dritten Wort" unterbrochen, da die Fachausdrücke nicht im Standard-Wörterbuch stehen. Manchmal wird ein Wort als möglicherweise falsch angezeigt, nur weil es im Satz in gebeugter Form erscheint. Darüber gehen Sie mit einem Befehl wie „Nicht ändern" hinweg.

Hilfreich ist bei einigen Programm-Versionen die Option, dass bereits während des Schreibens am Bildschirm vom Programm solche Wörter[45)] gekennzeichnet werden (z. B. durch eine farbige Unterstreichung), die nicht in den Wörterbüchern vorkommen. Oder das Programm erzeugt einen Piepston, wenn es mit einem Wort nichts „an-

---

[45] *Wort* wird hier als geschlossene, d. h. nicht durch Leerzeichen unterbrochene Folge von Buchstaben und/oder Ziffern verstanden. Bindestriche zählen nicht als Unterbrechung. Dasselbe gilt für den Punkt, „u.a.w.g." wäre also ein Wort. (Auf diesem Wege können Sie fehlende Leerzeichen entdecken! In den Handbüchern oder aus eigener Erfahrung werden Sie noch weitere „Tricks" entdecken.) – Manche Programme können nur nach Wörtern suchen (s. nächster Abschnitt), nicht nach Zeichenfolgen innerhalb von Wörtern.

fangen" kann. So können Sie mögliche Fehler schon während der Texteingabe erkennen und sofort korrigieren.

Suchen und Ersetzen

Mit der Rechtschreibprüfung und untereinander eng verwandt sind die Funktionen *Suchen* und *Ersetzen,* die Sie in allen Textverarbeitungs- und auch Layoutprogrammen aufrufen können. Wer viel zu texten hat, wird in diesen Funktionen eine der großartigsten Leistungen der Textverarbeitung sehen. *Datenbanken* zumal sind nur so viel wert wie ihre Suchstrategien.

- Der Befehl „Suchen" gestattet es, vorgegebene Wörter oder *Zeichenfolgen* und/oder deren Merkmale (Formate) in einer Datei ausfindig zu machen.

Wenn Sie diesen Befehl geben, erscheint meist ein Dialogfenster, in das die gesuchte Zeichenfolge geschrieben werden kann. Im Prinzip können Sie jetzt den *Suchlauf* starten. Bei der ersten Fundstelle wird die Suche unterbrochen, und die gesuchte Zeichenfolge, ein *Textabschnitt,* steht hervorgehoben in ihrem Umfeld.

Sie können verschiedene Ziele verfolgen. Wollen Sie z. B. wissen, ob ein Begriff schon einmal in dem (langen) Dokument vorgekommen ist und in welchem *Kontext,* gelangen Sie so an die entsprechende Stelle (Fundstelle) im Dokument. Und wenn Sie nicht vorher abbrechen, wird das Dokument bis zum Schluss durchsucht.

In einem längeren Dokument kann es hilfreich sein, in der Gliederungsansicht zu suchen. Wahrscheinlich erinnern Sie sich an Überschriften oder Absatzanfänge und lassen sich schnell an die richtige Stelle leiten. Jeweils getrennt lassen sich auch Fußnoten, Kopf- und Fußzeilen durchmustern.

- Eine typische Anwendung in einem wissenschaftlichen Manuskript ist das Auffinden von Textstellen, die zu bestimmten *Quellenangaben* gehören.

Die Quellenangaben stehen vielleicht im Namen-Datum-Modus (s. Abschn. 9.3.3) am Schluss der Datei oder in einer anderen Datei, und es wird so möglich, die entsprechenden *Zitierstellen* im Text rasch zu finden. Andere typische Anwendungen: Wenn Sie z. B. alle Abbildungen und Verweise auf Abbildungen in Kapitel 3 daraufhin überprüfen wollen, ob sie in aufsteigender Zahlenfolge vorkommen, tasten Sie „Abb. 3-" in das Suchfeld ein. Drittes Anwendungsbeispiel: Vielleicht wollen Sie noch einmal möglichst alle Stellen sehen, an denen von Schwefelverbindungen die Rede war; mit „sulf" finden Sie gleich gut Sulfat-Ion, Natriumsulfit und Rohsulfan-Gewinnung, wenn Sie nicht Großschreibung des Anfangsbuchstabens oder „nur ganzes Wort" fordern.

- Sofern beliebige Zeichenfolgen gesucht werden können und nicht nur Wörter, lassen sich Textstellen finden, gleichgültig, ob die sinngebenden Zeichen am Anfang, in der Mitte oder am Ende eines Worts stehen.

Wollen Sie das gerade *nicht,* so wählen Sie die zuletzt genannte Funktion. Mit einem Befehl wie „Groß-/Kleinschreibung beachten" könnten Sie „UN" aus h<u>un</u>dert irrelevanten „<u>und</u>" usw. heraussieben; den BUND würden Sie mit „UN" finden, wenn Sie die „Nur-ganzes-Wort"-Option ausschalten.

Ähnlich wie das Suchen wirkt auch die Ersetzen-Funktion: Sie sieht die Möglichkeit vor, den gesuchten Textabschnitt zu verändern, und zwar durch einen anderen zu ersetzen.

- Das Suchen und Ersetzen wird umso erfolgreicher und zuverlässiger sein, je konsistenter geschrieben worden ist.

Wo es an Konsistenz gemangelt hat, können Sie noch nachträglich dafür etwas tun. Sind Sie nicht sicher, ob Sie vom *gr.* Wortstamm *graphein,* schreiben, abgeleitete Wörter manchmal als ...graph... und manchmal als ...graf... wiedergegeben haben, können Sie sich jetzt entscheiden, welche Version Sie bevorzugen, z. B. die zweite. Dann brauchen Sie nur die erste Zeichenfolge durch die zweite zu ersetzen. Dabei werden Sie vorsichtshalber keinen „Alles-ersetzen"-Befehl erteilen, sondern fallweise prüfen. [Sollten Sie auf einen „Graph" stoßen, können Sie daraus keinen Grafen machen, denn das erste ist ein festgelegter Fachbegriff, *Terminus technicus,* der Mathematik (Graphentheorie), über den höchstens ein Terminologieausschuss im DIN verfügen könnte.]

- Mit den Funktionen „Suchen" und „Ersetzen" lässt sich die *Konsistenz* von Fachtexten verbessern.

Die meisten Suchsysteme kennen die Begriffe „beliebiger Buchstabe" (z. B. *), manche auch „beliebige Ziffer" (z. B. #).[46] Es handelt sich um Sonderzeichen, die gelegentlich als „Joker" bezeichnet werden und sich beim Suchen als nützlich erweisen können. Wenn Sie sicherstellen wollen, dass sie alle Textstellen finden, wo von Calcium und seinen Verbindungen die Rede ist, auch ggf. in der Schreibweise „Kalzium", setzen Sie an der ersten und vierten Stelle des Suchtexts, d. h. des Eintrags im Textfeld „Suchen nach", einen Buchstaben-Joker. Aber das ist eher eine Strategie für die Recherche in fremden Datenbeständen. In Ihren Texten haben Sie es ja in der Hand, für Einheitlichkeit zu sorgen, und dazu brauchen Sie keinen Joker: Sie verfahren wie beim „Graph".

Der Ziffern-Joker könnte nützlich sein, wenn Sie z. B. in einem Literaturverzeichnis alle Quellen zwischen 1990 und 1999 finden wollen: Sie suchen nach „199#". (Die 1 hätten Sie auch weglassen können.)

- Die „Suchen"-Funktion verschafft Überblick während der Arbeit am Dokument.

Dem Herzen der Textverarbeitung liegt das Ersetzen näher als das Suchen, heißt doch Ersetzen von Text nichts anderes als Schreiben. In Textverarbeitungsprogrammen gibt es dazu die Funktionen „Ersetzen" und „Alles ersetzen". Im einen Fall wirkt sich die Anweisung fallweise aus: Sie prüfen jede *Fundstelle* und ersetzen ggf. erst *dann,* um mögliche Falschfehlermeldungen auszuschließen. Im anderen Fall sind Sie sicher, dass keine Verwechslungen eintreten können und dass z. B. dieses Wort immer so und nicht anders geschrieben werden muss, wie Sie es jetzt wünschen. Dafür kämen Sie auch

---

[46] *Trunkierungszeichen,* die am Ende oder am Beginn einer Zeichenfolge eine beliebige Anzahl von Buchstaben ersetzen, sind bei Recherchen in Textverarbeitungsprogrammen – im Gegensatz zu Suchläufen in Datenbanken – i. Allg. nicht erforderlich (s. unser Beispiel mit „sulf" weiter oben).

mit der „Rechtschreibung" zurecht, eine typischere „Ersetzen"-Anwendung wäre aber der Ersatz von Synonymen in Fachtexten.

Es solle in einem Text z. B. nicht beliebig von „Optionstaste" und „Wahltaste" für dieselbe Sache die Rede sein: Dann können Sie nachträglich dafür sorgen, dass immer nur das eine Wort verwendet wird und das Synonym nur noch *einmal* vorkommt, nämlich an der Stelle, an der ein Begriff eingeführt wird.

Manchmal sind es Kleinigkeiten: Sie können alle in Ihrem Text vorkommenden „doppelten Leerzeichen" – sie entstehen versehentlich beim Tasten – durch einfache ersetzen. Unter den *Zeichenformaten*, die solchen „Ersetzen"-Funktionen zugänglich sein können, finden sich u. a. Schriftstile, Unterstreichungen sowie Hoch- und Tiefstellungen.

Bedeutender sind Anwendungen im Zusammenhang mit Schriftmerkmalen und mit *Formaten*. Beispielsweise könnte es erforderlich sein, überall *gesperrte* Schrift durch *normale* zu ersetzen oder die Breite des Leerzeichens vor dem Prozentzeichen zu verringern: Das sind für die „Ersetzen"-Funktion einfache Aufgaben.

Beim Suchen und Ersetzen kann es um mehr gehen, als bestimmte Zeichenfolgen zu verändern. Sie können absichtlich „Fähnchen" in Ihren Text gesetzt haben, um die betreffenden Textabschnitte später z. B. während der Revision leichter auffinden zu können. Schreiben Sie $, ¶, ‡, @, *, XX, (()) o. ä. hinein an Stellen, die Sie noch einmal aufsuchen müssen, um z. B. einen Querverweis nachzuholen oder Literaturbelege einzubringen, die ursprünglich gefehlt haben. Im letzten Beispiel könnten Sie Anmerkungen in die Doppelklammern schreiben wie „((nochmal mit Dr. Klug besprechen))"; nachher finden Sie solche Stellen, wenn Sie nach „((" suchen.

Seit Mitte der 1990er Jahre sind die Suchen-Ersetzen-Funktionen der Textverarbeitungsprogramme „erwachsen" geworden, denn sie bieten nun das, was zuvor eher Programmiertools vorbehalten war: die Suche nach Mustern. Schöne Beispiele für das, worum es geht, sind Wortanfänge und Wortenden. Bestimmt haben Sie sich manchmal gewünscht, Sie könnten nach einer Buchstabenfolge wie „inter" suchen, die wirklich nur am Wortanfang vorkommt. Dazu setzen Sie in der Suchenansicht die Checkmarke „Mustersuche" oder „Platzhalterzeichen" und geben einfach vor die zu suchende Buchstabenkette das *Kleiner-als*-Zeichen ein: „<inter" findet „interessieren" und „intern", nicht jedoch „Winter" oder „Winterreise". Oder Sie möchten Ihren Text von dem etwas hausbackenen Genitiv-„es" am Wortende befreien (nicht überall, aber dort, wo es nicht nötig ist); so soll aus „Textes" das kürzere „Texts", aus „Buches" „Buchs" werden usw. Die erste Idee ist, einfach nach „es" mit nachfolgendem Leerzeichen zu suchen. Das würde auch funktionieren. Aber was wäre mit den Vorkommen von „es", hinter denen ein Komma oder ein Punkt oder ein anderes Satzzeichen steht? Sie müssten in getrennten Suchläufen gefunden und verbessert werden. Mit der Mustersuche geht das alles in einem Arbeitsgang! Man sucht jetzt nach der Buchstabenfolge „es>". Das

Größer-als-Zeichen signalisiert bei eingeschalteter Mustersuche das Wortende.[47] Weil diese Suchmöglichkeit so fantastisch ist, hier noch ein Beispiel aus der Praxis:

> Sie möchten Ihren Text auf neue Rechtschreibung überprüfen, die eingebaute Rechtschreibprüfung ist Ihnen aber zu „nervig". Vor allem gehe es Ihnen um den korrekten Gebrauch von „ß" und „ss". Nun wissen Sie, das nach einem Doppelvokal wie „ie" oder „au" immer ein „ß" kommen muss und nie ein „ss" stehen darf. Sie haben in Ihrem Text viele „muß" und außerdem Wörter mit den Bestandteilen „guß" und „luß", aber auch viele „außen". Ein globales Suchen nach „uß" und Ersetzen durch „uss" hilft nicht, denn manche dieser Wörter müssen das Eszett behalten. Die Lösung besteht darin, bei der Suche jedenfalls das Muster „auß" *auszuschließen*. Das geschieht, indem im Suchenfenster die Buchstabenfolge [!a]uß eingegeben wird. Die eckigen Klammern und das Ausrufungszeichen vor dem a bewirken, dass „auß" nicht gesucht wird, wohl aber „guß", „luß", „ruß"...

- Mit der Mustersuche lassen sich allgemeine Suchen durchführen, die mehrere „normale" Suchen zusammenfassen und so die Korrekturarbeit effizienter machen.

Neuerdings verfügt WORD auch über eine *Ergänzen*-Funktion. Sie gestattet es, variable Texte zu suchen und durch sich selbst sowie einen Zusatz(text) zu ersetzen. Wir können auf elegante Anwendungen dieser Funktion und auf weitere Tricks, die in diesen Zusammenhang gehören, nicht näher eingehen und müssen auf den schon weiter vorne (am Ende des Abschnitts „Textbausteine") erwähnten Artikel „Teil III: Suchen und Ersetzen" im *Verlagshandbuch* (GREULICH 2004) verweisen.

Abschließend hierzu sei noch ein wichtiger Gesichtspunkt angesprochen:

- Elektronisch aufbewahrte Dokumente bleiben dank der „Suche"-Funktion auch *nach* „Manuskriptschluss" recherchierbar.

Das hat nichts unmittelbar mit Schreiben zu tun, wohl aber mit der Qualität Ihrer privaten Dokumentation und der Möglichkeit, mit ihrer Hilfe nach Information zu suchen. Sie werden wichtige Berichte, Vortragsmanuskripte, Publikationen usw., nachdem sie einmal „elektronisch" geworden waren, auf Datenträger aufbewahren. Dort bleiben die Dokumente der Suche zugänglich. Das Stöbern in den alten eigenen Sonderdrucken hat wohl ein Ende genommen.

Wenn Sie frühere Quellenangaben oder andere Textabschnitte aus einem älteren Dokument in ein neu entstehendes übertragen, sind Sie doch wieder beim Schreiben! Sind Ihre Ansprüche in dieser Hinsicht groß, werden Sie überlegen, ob Sie Ihre Textdateien nicht als *Datenbanken* verwalten wollen. Strategien dazu gibt es, das Stichwort ist *Database Publishing* oder *Digiset Publishing*.[48]

---

[47] Am besten, Sie probieren diese Methode aus. Die WORD-Hilfe liefert alle Erklärungen, wenn Sie dort unter „Platzhalterzeichen" oder „Suchen und Ersetzen" nachsehen.

[48] „Verwalten, Pflegen und Aktualisieren von strukturiertem Datenmaterial mit Unterstützung einer Datenbank. Nach Bedarf können Daten nach vorher definierten Kriterien ausgewählt werden und bilden – neu zusammengestellt – die Grundlage eines neuen Produkts." (*Fachwörter-Lexikon* in PLENZ 1995 f)

Redigierfunktionen

Dass es in der modernen Textverarbeitung *Redigierfunktionen* („Überarbeiten", „Änderungen verfolgen") gibt, mit denen man in einer überarbeiteten Version die Unterschiede zum ursprünglichen Dokument kennzeichnen kann, haben wir schon unter „Text" in Abschn. 4.3.5 angesprochen: Wenn Sie ein Dokument überarbeiten oder anderen zum Überarbeiten überlassen, sorgt Ihr Programm dafür, dass über alle *Korrekturen* automatisch Buch geführt wird; und die Änderungen können Sie auf dem Bildschirm verfolgen oder auf Papier ausdrucken.

- Beim Überarbeiten entsteht neuer Text in einer anderen Farbe, zu entfernender Text bleibt zunächst, in eben dieser Farbe (aber durchgestrichen), noch stehen.

Der Bearbeiter selbst oder ein anderer kann in einer weiteren Arbeitssitzung die einzelnen Änderungen – sie sind bis dahin nur Vorschläge – einzeln noch einmal ansehen und annehmen oder verwerfen, wozu es jeweils nur eines Tastendrucks bedarf.

Moderne Textverarbeitungsprogramme (z. B. WORD 2003) bieten weitere Möglichkeiten, die besonders dann interessant sind, wenn mehrere Personen den gleichen Text bearbeiten. In diesen Programmen können Sie Ihr Dokument *schützen*, so dass niemand es verändern kann; Sie können aber dann mit entsprechenden Befehlen – und ggf. durch ein Kennwort abgeschirmt – befugten Bearbeitern die Möglichkeit geben, Ihr Dokument an beliebigen Stellen mit Korrekturvorschlägen, Kommentaren u. ä. „neben" dem eigentlichen Text zu versehen, ohne dass dabei in den ursprünglichen Text eingegriffen wird. Das Programm listet diese *Anmerkungen* auf, beispielsweise in einem eigenen Fenster (ähnlich wie bei Fußnoten) und den jeweiligen Stellen zugeordnet – ggf. zusätzlich noch nach den Namen der Bearbeiter geordnet. Und Sie können dann die Informationen aus den Anmerkungen in das eigentliche Manuskript übernehmen oder die Änderungsvorschläge verwerfen.

Solche Strategien sind besonders bei Mehrautorenwerken von Wert. Vergewissern Sie sich rechtzeitig, ob Sie mit der derzeitigen Version Ihres Textverarbeitungsprogramms so verfahren können, und befragen Sie ggf. für weitere Informationen dazu die Bedienungsanweisung.

Die Redigierfunktion zählt zu den *Teamware*-Merkmalen von Textverarbeitungsprogrammen (neuerdings kann auch mit Layoutprogrammen im Team gearbeitet werden), aber es sei auch eine Warnung ausgesprochen: So schön es auf den ersten Blick sein mag, Änderungen nach den einzelnen beteiligten Personen sehen und bewerten zu können, so mühsam kann es für die Beteiligten (die Team-Mitglieder) werden, einen solchen Text zu lesen, in diesem Text die wichtigen und unwichtigen, die richtigen und falschen Stellen zu identifizieren. Wirklich sinnvoll lässt sich die Redigierfunktion nur einsetzen, wenn ein Mitglied des Teams die Rolle des Chefredakteurs übernimmt und die anderen Teammitglieder nur ihm zuarbeiten und nur diejenigen Änderungen zu sehen bekommen, die vom Chefredakteur akzeptiert wurden.

5.4 Elektronisches Publizieren

5.4.1 Das digitale Manuskript

Technische Voraussetzungen

Wir haben uns mit dem Einsatz von Computern befasst, um Schriftsätze zu erzeugen, ohne der Frage viel Aufmerksamkeit zu schenken, wie Daten aus- und weitergegeben und weiter verwendet werden. Dies wollen wir jetzt nachholen und dabei an die Einführung in Abschn. 5.1 anschließen.

Ist vorgesehen, die auf den Datenträgern enthaltenen Informationen zu *publizieren*, so kommen im Wesentlichen zwei Möglichkeiten in Betracht, wie weiter vorgegangen werden kann. Geben Sie die gespeicherte Information mit einem Drucker aus und schicken den *Ausdruck (Protokoll, Papierprotokoll)* zur Umwandlung in ein *Druckerzeugnis* an den Verlag, so haben Sie die Textverarbeitung als Hilfsmittel benutzt (vgl. Abschn. 4.3.5). Weitere Bearbeitung und der Satz schließen sich in traditionellen Bahnen an.

Soll andererseits im Verlag mit den von Ihnen erzeugten digitalen Daten weitergearbeitet werden und wird das Papierprotokoll nur zur Kontrolle benutzt, so werden die Möglichkeiten der modernen Datenverarbeitung erst richtig ausgeschöpft.

- Man bezeichnet die mit dem Ziel der Publikation angefertigte und für die maschinelle Umwandlung vorgesehene Aufzeichnung von Text und anderen Informationen auf Datenträgern als *elektronisches Manuskript*, neuerdings (so auch in diesem Buch) zunehmend als *digitales Manuskript*.

- Das Umwandeln elektronischer Manuskripte[49] in Druckerzeugnisse ist ein Teil des *elektronischen Publizierens*.

„Elektronisches Publizieren" (*engl.* electronic publishing, EP)[50] ist ein Zauberwort der Verlagsbranche geworden. Der Begriff wird von Fachleuten verschieden interpretiert und unterschiedlich weit gefasst. Man kann darunter auch das Anbieten der Ware Information auf elektronischem Wege verstehen und schließt damit zum Beispiel das Geschäft ein, das moderne *Datenbanken* führen. Es bleibt unbenommen, die Anbieter von Datenbanken (*engl.* hosts) als „Verlage" aufzufassen, und tatsächlich haben sich klassisches Verlagsgeschäft und modernes Datenbankmanagement längst durchdrungen.

Oft wird „Elektronisches Publizieren" *ausschließlich* verstanden als „Veröffentlichungsform (Abkürzung EP), bei der Daten digital gespeichert und meist auch dem Benutzer in digitaler Form zur Verfügung gestellt werden, zum Beispiel auf CD-ROM oder im Internet. Die Veröffentlichung im Internet wird auch als Web-Publishing oder

---

[49] Der Ausdruck *digitales Manuskript* dafür ist treffender (vgl. Abschn. 5.1), doch wollen wir ihm hier nicht rigoros den Vorzug geben, um die gedankliche Nähe zum Elektronischen Publizieren nicht zu gefährden.
[50] Das Publizieren erfolgt tatsächlich auf elektronischem Wege, es machte keinen Sinn, den eingeführten Begriff „elektronisches Publizieren" durch „digitales Publizieren" ersetzen zu wollen.

Online-Publishing bezeichnet. Das Herstellen einer Druckvorlage mittels DTP-Programmen zählt vor diesem Hintergrund nur im erweiterten Sinn zum Elektronischen Publizieren." (*Fachwörter-Lexikon* in PLENZ 1995 f)

Trotz Internet-Boom – die größte Euphorie ist bereits verraucht – werden die meisten Texte nach wie vor mehr oder weniger „klassisch" verarbeitet und auf Papier veröffentlicht. Das Buch ist noch längst nicht tot und wird es nach Ansicht von Kommunikationsexperten auch in den nächsten Jahren und Jahrzehnten nicht sein. Daher wollen wir uns an dieser Stelle umgekehrt auf die Sinngebung des Begriffs „elektronisches Publizieren" mit Blick auf das Herstellen von Druckerzeugnissen konzentrieren.

- Das direkte Umwandeln digitaler– auf Disketten, CDs und anderen „modernen Datenträgern" gespeicherter oder über das „Netz" (per E-Mail) angelieferter – Daten in Druckvorlagen unter Umgehung des klassischen Satzes wird oft *Autorensatz* (früher: *Diskettensatz*) genannt.

Die Umwandlung kann man auf einem von drei möglichen Wegen erreichen. Wir wollen diese drei Varianten kurz beschreiben, verweisen aber wegen Einzelheiten auf die Speziallitteratur (z. B. RUSSEY, BLIEFERT und VILLAIN 1995; PLENZ 1995 f).

- Dringend anzuraten ist vor allem das Gespräch zwischen Autor und Verlagsmitarbeitern, *bevor* mit dem Erstellen des digitalen (elektronischen) Manuskripts begonnen wird.

Manche Verlage halten Anleitungen bereit, in denen die Implikationen der drei Verfahren und die jeweiligen Vorgehensweisen einschließlich möglicher Varianten beschrieben werden.

1. Das *uncodierte digitale Manuskript:* „Uncodiert" heißt ein digitales Manuskript, wenn es nur den reinen Text und – von der Anweisung „Neue Zeile" abgesehen – keine weiteren Steuerzeichen oder Formatierungsanweisungen (Codes) enthält. Im Wesentlichen bestehen diese Manuskripte aus Buchstaben, Ziffern und Zeichen des ASCII- oder ANSI-Zeichensatzes (s. „Drucker" in Abschn. 5.2.1), man spricht von „Nur-Text"-Dateien. Eine in der Textverarbeitung entstandene Datei lässt sich in allen Programmen auf diesen Dateityp „herunterformatieren".[51] Dabei geht Information verloren, so dass man diesen Weg nur dann beschreiten wird, wenn ein Weiterverwenden der Daten technisch anders nicht gelingt oder wenn der Text in unbrauchbarer Weise formatiert worden war.

- Eine *Nur-Text-Datei* reicht meistens nicht aus, um einen komplizierten wissenschaftlichen Text ohne größeren Aufwand in ein Druckerzeugnis gewohnter Qualität umzuwandeln.

---

[51] Bevor Sie diese Maßnahme ergreifen, werden Sie Ihre Datei in der ursprünglichen (und ggf. mühsam formatierten) Form speichern. Geben Sie der neuen Datei einen anderen Namen, z. B. „Kapitel 5, ASCII".

Beispielsweise fehlen dafür Anweisungen für Hoch- und Tiefstellungen oder für besondere Schriftarten *(Schriftauszeichnung)*, von besonderen Merkmalen der Seitengestaltung wie *Einzug* oder *Zeilenabstand* ganz abgesehen. Dafür hat ein Nur-Text-Manuskript den Vorteil, dass es von allen DTP- und Satzprogrammen verstanden wird, so dass die satztechnische Weiterverarbeitung kaum Probleme aufwirft. In diesem Sinne wurde „Nur Text" als *Speicherformat* der „kleinste gemeinsame Nenner" genannt, auf den sich die Programmierer und Software-Hersteller einigen konnten.

Die besonderen *Auszeichnungen* des Textes können auf einem Papierausdruck vorgenommen und nach dem „Einlesen" der Daten in den *Satzrechner* in der Setzerei eingearbeitet werden.

Wichtig ist, dass das Manuskript tatsächlich keine für den Satzrechner störenden Anweisungen enthält, sondern nur solche, die aus der Textverarbeitung kommen (also möglichst keine oder nur die vorher abgesprochenen Layoutmerkmale!). Zur mahnenden Erinnerung noch einmal:

- In uncodierten digitalen Manuskripten verzichten Sie auf Silbentrennungen am Zeilenende; neuen Zeilenanfang verlangen Sie nur am Beginn von Absätzen *(fließende Texteingabe)*!

2. *Das handcodierte digitale Manuskript:* Schriftauszeichnungen und andere Satzanweisungen können über die Tastatur in Form bestimmter Codezeichen *(Steuerzeichen)* manuell eingegeben und nachher vom Satzprogramm entschlüsselt und entsprechend umgewandelt werden. Alles über die Ansprüche der ANSI-Konvention Hinausgehende wie Befehle für Einrücken, Kursivsatz, Hoch- und Tiefstellen muss individuell (wie zwischen Autor und Verlag *vereinbart*!) codiert werden. Technisch anspruchsvolle Manuskripte mit zahlreichen „Sonderwünschen" führen zu kaum lesbaren Papierausdrucken, da der eigentliche Text mit den Steuerzeichen durchsetzt ist.

Um beispielsweise eine Tiefstellung zu erzeugen, muss ein entsprechender „Beginn"-Befehl und ein „Ende"-Befehl gegeben werden, was vor allem komplexe mathematische Ausdrücke unübersichtlich macht. Ein Papierausdruck, in dem die Befehle noch nicht ausgeführt sind, ist daher schwer zu lesen und zu redigieren. Andererseits kann ein entsprechend programmierter Satzrechner die Anweisungen in das gewünschte Ergebnis umwandeln, so dass einem „Autorensatz" wiederum nichts im Wege steht.[52] Auch hier dürfen keine Anweisungen für Silbentrennung am Zeilenende und – wenn überhaupt – nur ausdrücklich vereinbarte Codes für Layoutanweisungen enthalten sein.

Ein satztechnisch anspruchsvolles Manuskript in dieser Weise zu erstellen und zu bearbeiten macht den Autoren mehr Mühe, als eine alte Schreibmaschine zu betätigen. Da zusätzliche Arbeit nicht das Ziel der technischen Entwicklung sein kann, können wir diese Vorzugehensweise höchstens dann empfehlen, wenn es sich um einen einfachen Text mit nur wenigen Schriftauszeichnungen handelt, oder aber, wenn das genaue Gegenteil der Fall ist: Wenn zum Beispiel Messdaten oder Daten aus einer

---

[52] Das Umwandeln kann auch am PC des Autors geschehen.

alten, aber im Labor immer noch ihren Dienst verrichtenden Datenbank publiziert werden sollen und diese Daten so komplex sind, dass sie sich im Textverarbeitungsprogramm nur sehr umständlich aufbereiten ließen. In solchen Spezialfällen sprechen Sie sich am besten mit dem Verlag ab; es wird dann wahrscheinlich darauf hinauslaufen, dass Sie Ihre Daten nach einem mit der Setzerei abgestimmten System codieren.

3. *Das programmgesteuerte digitale Manuskript:* Wer über ein leistungsfähiges *Textverarbeitungsprogramm* verfügt, braucht keine Zeichen (Codes) für Sonderschriften oder dergleichen zu setzen. Im Idealfall erzielen Sie das gewünschte Ergebnis durch Positionieren des Zeigers und einen „Maus-Klick" – zuerst am Bildschirm, im günstigen Fall später auch beim Druck: Das System gibt „entschlüsselte", d. h. lesbare, Protokolle aus. Offen bleibt, ob das *Satzprogramm* die System-immanenten Anweisungen erkennen und richtig umwandeln kann. Hier stößt man an Fragen der *Kompatibilität* zwischen *Schreibtechnik* und *Satztechnik*.

Ein Lektor hat der Problematik gegenüber seinen Kollegen Ausdruck verliehen: „Viele Autoren sind heute schon bestens mit Hard- und Software ausgestattet und erstellen ihre Manuskripte so, dass man sie durchaus als druckreif bezeichnen könnte. Doch so schön glatt die Oberfläche auch sein mag, nicht selten verbirgt sich dahinter ein Wust an unvorhergesehener Arbeit, wenn Sie das Manuskript im Verlag selbst bearbeiten oder einem Satzstudio zur Weiterverarbeitung übergeben. Prüfen Sie deshalb genau, ob sich die Übernahme eines Manuskripts in Dateiform überhaupt lohnt. Wenn ja, ist ein effizienter und ökonomischer Weg zu finden, wie etwa mit Korrekturen umzugehen ist oder welche Leistungen wie honoriert werden ..." (ADAMSKI 1995). Dieses Zitat, fügen wir hinzu, hat noch heute volle Gültigkeit.

Und weiter: „Für ein professionelles Layout müssen Sie ein Layout-Programm einsetzen, denn die Textprogramme bieten keine gute typografische Qualität. Bei der Datenübernahme gehen die mühsam erstellten Tabellen gänzlich verloren. Die Änderung des Schriftgrads ändert den Zeilenumbruch, daher müssen alle unnötigen Zeilenvorschübe, Worttrennungen und Tabulatoren sowie die zahllosen Leerschritte (zur Erreichung der Einzüge gesetzt) gelöscht und die einzelnen Absätze mit geeigneten ‚Druckformaten' versehen werden."

Autoren wundern sich manchmal, warum in einem technischen Betrieb nicht möglich sein sollte, was auf ihrem Schreibtisch (meistens) gelingt, nämlich die Ausgabe der Bildschirminhalte auf Papier. Sie übersehen dabei, dass sie ihren Drucker und ihr Textverarbeitungsprogramm aufeinander abgestimmt – vielleicht schon so erworben – haben. Manchmal erzeugen Autoren die Probleme unnötigerweise selbst, indem sie z. B. *verschiedene* Formatanweisungen für *einen* bestimmten Effekt verwenden. Beim Konvertieren solcher Dateien in einem professionellen Satzsystem geht's dann bestimmt schief.

Inzwischen ist es Stand der Technik, dass Dateien für POSTSCRIPT-fähige Laserdrucker auch über Laserbelichter mit Auflösungen bis 2540 dpi ausgegeben werden können. Problemlos funktionierte schon Ende der 1980er Jahre der Datenaustausch bei wichtigen Programmen wie PAGEMAKER (von Aldus) zwischen Geräten der MACINTOSH-Serie des Herstellers Apple und den Laserbelichtern der Firma Linotype. Die meisten anderen Rechner- und Satzsysteme haben inzwischen nachgezogen. Und seit einigen Jahren macht in Verlagen, in sog. Druckvorstufenbetrieben und in Druckereien der „PDF-Workflow" von sich reden (s. Abschn. 3.5.3, besonders „Abläufe bei E-Journals"): Dabei wird eine vorher erzeugte POSTSCRIPT-Datei in eine viel „schlankere", aber dennoch sämtliche Informationen enthaltende PDF-Datei (Portable Document Format, wie POSTSCRIPT von Adobe erfunden) umgewandelt, die – und das ist einer der vielen Vorteile – noch im letzten Moment, also kurz vor dem Drucken, bearbeitet und von Fehlern befreit werden kann. Hier ist mit „Fehler" nicht unbedingt ein inhaltlicher Fehler gemeint, sondern vor allem sind es falsche oder nicht eingebundene Schriften, falsche Farbsysteme – RGB (Rot-Grün-Blau) statt CMYK –, zu dünne Linien, die beim Drucken „wegbrechen" usw.

- Der *PDF-Workflow* hat das gesamte Druckwesen revolutioniert.

Viele Zeitschriften- und Buchverlage nutzen seitdem solche und andere hinzukommenden Lösungsmöglichkeiten. Auch das vorliegende Buch ist auf diesem Wege entstanden (vgl. Anmerkung S. 660).

- Aber noch immer sind es Probleme der mangelnden *Kompatibilität*, die den Weg vom PC des Autors zur Hochleistungs-Setzmaschine einengen und beschwerlich machen.

Bevor er auf breiter Front beschritten werden kann, sind weitere Fortschritte erforderlich bei der Standardisierung im Bereich der Datentechnik und Telekommunikation, Zugeständnisse der Hersteller von Hard- und Software und Angleichungen zwischen den Computern der Autoren und den Rechnern der professionellen Satztechnik.

So einfach ist DTP nicht! Aus diesem Grund sehen die Verlage die fortschreitende Höherentwicklung der Textverarbeitungsprogramme auch mit Sorge, weil dadurch immer wieder neue Kompatibilitätsprobleme bei der Datenumwandlung entstehen. In den meisten Programmen der Text- und Grafikverarbeitung sind aber heute, so viel kann zur Beruhigung gesagt werden, *Speicher-* und *Austauschformate* integriert und werden mit Anwendungshinweisen beschrieben. Eine wichtige Rolle spielt in diesem Zusammenhang das *Dateiaustauschformat* RTF (*engl.* Rich Text Format):

- In RTF werden sämtliche Formate einer Datei mitgespeichert.

Diese können dann in Anweisungen umgewandelt werden, die andere Programme lesen und interpretieren können. Das RTF-Austauschformat ist besonders dazu geeignet, Dateien aus einer Applikation in eine andere umzuwandeln und um Dateien zwischen zwei verschiedenen Systemen, z. B. dem Macintosh-System und Windows, zu übertragen.

Nicht alle Autoren sind gewohnt, mit ihren Textverarbeitungsprogrammen Dateien in andere Formate umzuwandeln oder mit speziellen Umwandlungsprogrammen (*Konvertierungsprogrammen, Konvertern*) umzugehen, sofern die entsprechende Software auf ihrem PC überhaupt installiert ist. Verlage sollten daher wenigstens *einen* Computerarbeitsplatz bereitstellen, an dem *Konvertierungen* u. ä. durchgeführt werden können, und das entsprechende Know-how „vorrätig" halten.

- Unter *Konvertierung* versteht man die Übersetzung von digitalen Daten von einem Programmformat in ein anderes.

Hier ist eine Menge Technik in Gang gekommen, die mit allen Konsequenzen bedacht sein will. *Frühe* Kontakte zwischen Autor und Lektor sind wichtiger denn je geworden, Probeläufe mit Autordaten im DTP-Betrieb können helfen, spätere Enttäuschungen zu vermeiden. Vielleicht kommen die neuen Formen des Zusammenspiels bei Mehrautorenwerken und Handbüchern deshalb schwer in Gang, weil da die Gelegenheiten zu frühen Kontakten meist nicht gegeben sind. Hier helfen nur deutliche Hinweise der Redaktionen und Lektorate, was erwünscht ist und was nicht, und Anleitungen für die Autoren. Solche Anleitungen mögen von Fall zu Fall unterschiedlich ausfallen, je nachdem, mit welchem technischen Betrieb der Verlag bei dem anliegenden Projekt zusammenarbeitet.

Die Konvertierung wird von Programmen oder Programmteilen durchgeführt, die *Konverter* oder *Filter* heißen. Sie arbeiten etwa folgendermaßen: Zeichen werden in allen Computern in einem achtstelligen *Binärcode* dargestellt. Darin liest sich z. B. der ASCII-Code 66 wie 01000010; wenn nun oberhalb ASCII-Code 127 verschiedene Binärcodes verschiedene Bedeutungen haben können (für den Fall, dass nicht mit ANSI-Zeichen gearbeitet wurde), braucht man einen „Übersetzer" (*engl.* interpreter) schon auf der Ebene der *Buchstaben*. Aber das ist nicht alles – wie eine Sprache nicht nur aus Buchstaben und Wörtern, sondern auch aus Regeln der Grammatik und Syntax besteht, so ist es auch mit den „Computersprachen": In der Textverarbeitung müssen auch die internen Codes für beispielsweise Textauszeichnungen (wie kursiv, fett, hoch, tief), Schriftart, Tabulatorpositionen u. ä. als *Kombinationen von Nummern* abgespeichert werden. Und da haben die verschiedenen Textverarbeitungsprogramme wie auch die verschiedenen Dateiformate ihre eigenen Sprachen und Dialekte. Es gilt, diese ineinander umzuwandeln – eben zu übersetzen.[53)]

Durch *Importfilter* oder *Exportfilter* werden die einzelnen Binärcodes nach einer Konvertierungstabelle so geändert, dass sie dem Speicherformat eines anderen Programms entsprechen. Exportfilter sind „Software für den PC, die wie ein Dolmetscher wirkt. Sie ist z. B. Bestandteil von Text-, Layout- oder Kalkulationsprogrammen (Excel). Beim Speichern von Daten auf Diskette oder andere Speichermedien schaltet der Benutzer durch die Wahl eines Speicherformats den gewünschten Exportfilter dazu. Da fast jedes Programm und jede Programmversion ein eigenes Format der Datenspeicherung hat, benötigt man viele Importfilter, damit der Empfänger die Daten fehlerfrei konvertiert einlesen kann." (BRAMANN und PLENZ 2002). Ohne gewisse Computer-

---

[53] Da das Anliegen nur ein Spielen mit Zahlen ist, kommen Computer damit gut zurecht. Nur müssen sie die „Grammatik" der „Sprachen", die sie ineinander umwandeln sollen, kennen. Deshalb braucht man im Prinzip für jede Kombination Programm A ÷ Programm B oder Dateiformat X ÷ Dateiformat Y einen eigenen Konverter.

5.4 Elektronisches Publizieren

kenntnisse aller Beteiligten ist hier nichts mehr zu bewirken. Andererseits braucht man nicht zu verzweifeln, denn im Grunde kommt es auf einige wenige Dinge an, die zu beachten sind, wenn man Daten konvertieren will.

Heute können alle Textverarbeitungsprogramme Dateien, die in anderen wichtigen Programmen angelegt worden sind, öffnen oder eigene Dateien in diesen Programm-Formaten ablegen, sofern die betreffenden *Filter*[54] installiert sind. WORD beispielsweise vermag in dieser Weise Dateien in Nur-Text-Format (ASCII-/ANSI-Format) und im Rich-Text-Format (RTF) auszugeben, und es kann mit mehreren anderen Programmen kommunizieren, u. a. mit EXCEL, mit WORDPERFECT und mit Microsoft WORKS. Selbst POSTSCRIPT lässt sich umwandeln, zum Beispiel im Rahmen des PDF-Workflows in RTF mittels geeigneter Konverter.

Oft bedarf es „nur" des Know-hows über den richtigen Weg, um effizient zu konvertieren. Denn die rein technischen Voraussetzungen für einen Datenaustausch oder eine Datenumwandlung sind oft gegeben, sie sind sozusagen inhärente Bestandteile der Betriebssysteme oder Anwendungsprogramme. Beispielsweise ist eine WORD-Datei, die auf dem Macintosh mit WORD 98 oder WORD 2004 erzeugt wurde, sofort ohne jeden Eingriff auf einem Windows-PC (mit WORD 97 oder höher) zu öffnen, wobei sämtliche Formatierungen erhalten bleiben. Lediglich evtl. nicht vorhandene Schriften können zu einem Problem werden. Das hat aber nichts mehr mit Konvertierung zu tun – ein Ü bleibt ein Ü, sieht nur in der Standard-Helvetica des Macintosh anders aus als in der Standard-Arial des Windows-Rechners –, sondern bedeutet nur, dass man ggf. die entsprechenden Schriften auf seinem PC nachinstallieren muss.

- Stellen Sie sicher, dass Sie dieselben Schriften verwenden wie der Verlag oder der technische Betrieb, in dem Ihr Text weiterverarbeitet werden soll.
- Der kleinste gemeinsame Nenner (und somit auch der kostengünstigste für alle Beteiligten) sind Schriften, die „von Hause" aus auf allen Rechnern vorhanden sind: *Times* oder *Times New Roman* als Standard-Serifenschrift[55] und *Arial* oder *Helvetica* als Standard-Serifenlos-Schrift.

Für die Übertragung von *Layout*-Dateien von einer Plattform zur anderen gilt dasselbe; hier ist lediglich zu beachten, dass in beiden Plattformen (z.B. Macintosh und Windows) dieselben Programmversionen der Layoutprogramme verwendet werden. Man sollte also nicht versuchen, eine Macintosh-XPRESS-4-Datei mit Windows-XPRESS-5 zu öffnen – auf beiden Plattformen wird in diesem Fall die *ältere* Version benötigt! Wie weit die Programmierer aber (im positiven Sinne) gehen können, zeigt das Beispiel von INDESIGN. Wohl, um das Programm, das in Konkurrenz zu XPRESS steht, in den Markt zu „drücken", hat Adobe dafür gesorgt, dass sich sogar Plattformübergreifend ältere Macintosh-XPRESS-Dateien mit der Windows-Version von INDESIGN öffnen lassen – unter Beibehaltung sämtlicher Layoutmerkmale!

---

[54] Konvertierungsprogramme innerhalb eines Anwendungsprogramms werden generell als Filter bezeichnet.
[55] Im Buchbereich von Wiley-VCH dominiert neuerdings die Schriftfamilie *Scala*.

- Ein Grund, weswegen die Windows- und Macintosh-Versionen von Textverarbeitungs- und Layoutprogrammen sich heute gut „verstehen", liegt in der Verwendung des ANSI-Codes für Schriften auf beiden Plattformen.

(„ANSI, nicht ASCII!" ist hier die Devise, vgl. Abschn. 5.3.3.)

WORD hat Filter eingebaut, um auch fremde Formate „lesen" zu können. Man braucht eine Datei nur zu öffnen und anschließend im WORD-Format zu speichern: In diesem Augenblick werden alle Zeichen der Datei gemäß ANSI-Norm codiert. Diese Datei kann dann von Windows zum Macintosh oder umgekehrt übertragen werden, und in beiden Welten werden alle Zeichen richtig dargestellt, wenn man die Datei mit WORD oder einem Layoutprogramm öffnet. Dabei lässt sich die Datei auf der anderen Plattform wieder in demjenigen Format abspeichern, in dem es auf der ursprünglichen Plattform vorgelegen hat! Durch den Umweg über WORD kann man so Plattform-übergreifend konvertieren.

Auch das Übertragen von Textverarbeitungsdaten in ein Layoutprogramm ist meist auf einfache Weise möglich.

- Sogar Formeln, Tabellen und Grafiken, die z.B. in WORD eingebaut wurden, werden von Layoutprogrammen wie FRAMEMAKER komplett und richtig übernommen.

Auch der Austausch zwischen QUARKXPRESS und WORD oder INDESIGN und WORD hält positive Überraschungen bereit. Die erschließen sich dem Benutzer allerdings nicht intuitiv, sondern erst über das ausgiebige Studium der Online-Hilfe und vor allem guter Handbücher.[56]

Dass die Übernahme von Textverarbeitungsdaten in der Praxis trotz all dieser Entwicklungen zum Guten oft – noch immer – für nicht sinnvoll erachtet wird, hat einen nicht-technischen Grund:

- Die uneingeschränkte Nutzung von Autoren-Dateien setzt *zielgerechtes* Vorgehen bei ihrem Erstellen voraus.

Wenn Autoren im Textverarbeitungsdokument bei der Formatierung nicht konsequent und konsistent vorgegangen sind, wäre es für den Layouter mit mehr Aufwand verbunden, sämtliche Autorenfehler zu korrigieren als gleich eine Nur-Text-Datei im Layoutprogramm von Grund auf neu „aufzubauen"! Genau an dieser Stelle wollen wir mit unseren Darlegungen ansetzen: Wir möchten die Zusammenhänge zwischen der Arbeit des Autors und derjenigen des Setzers/Layouters verdeutlichen und Sie anregen, die Möglichkeiten, die Ihnen die Textverarbeitungsprogramme bieten, zielgerecht anzuwenden.

- Das Ziel heißt: professioneller Druck bei vertretbarem Aufwand an Zeit und Kosten.

---

[56] Dazu wenigstens noch: Seit XPRESS 7 bzw. INDESIGN 4 (auch als INDESIGN CS2 bezeichnet) ist es kein Problem mehr, Tabellen, Fußnoten und Indexmarkierungen korrekt von WORD zu übernehmen. Das liegt u.a. daran, dass die neuen Versionen dieser Layoutprogramme über Funktionen verfügen, die in Textverarbeitungsprogrammen schon seit vielen Jahren enthalten sind: Tabellenerstellung und wirkliche Verwaltung von Fußnoten sowie eine Index-Funktion.

Konsistentes Formatieren ist auch die Ur-Überlegung hinter den Bemühungen, eine allgemeine „Schriftauszeichnungssprache" zu entwickeln und einzuführen. Man stelle sich vor, Dokumente könnten auf eine einzige Weise ausgezeichnet werden! Dann sollte es möglich sein, sie auf ganz unterschiedliche Weise „auszugeben": in professionell gelayouteter gedruckter Form, elektronisch auf CD-ROM und sogar im Internet! Das ist wahrlich ein gewaltiges Unterfangen, aber man ist auf dem Weg dorthin schon ein gutes Stück voran gekommen. Das Stichwort lautet SGML,[57] *Standard Generalized Markup Language*. In der Tat ist es in den 1980er Jahren gelungen, sich auf eine Norm zu einigen, die seitdem von vielen Verlagen beherzigt wird und die bereits in zahlreichen Publikationen, meist auf CD-ROM, angewendet worden ist (Norm ISO 8879-1986; s. auch Abschn. 5.2.2 und „Register" in Abschn. 5.3.3).[58]

Inzwischen ist die Entwicklung weitergegangen. Ein jüngeres Softwareprodukt ist HTML, *Hypertext Markup Language*, eine „Untermenge" von SGML und wie dieses eine vom Rechnersystem (Windows, UNIX, Macintosh usw.) unabhängige Dokument-Beschreibungssprache, die aber speziell auf die Belange des *Internet* abgestellt ist. HTML ist 1989 ursprünglich für Internet-Seiten am CERN in Genf entwickelt worden. Anfang der 1990er Jahre bildete diese Sprache dann die Grundlage des von Tim BERNERS-LEE, einem CERN-Mitarbeiter, erfundenen *World Wide Web* (WWW), das für die meisten unter uns heute genauso zum Alltag gehört wie Autofahren. Mit der „Auszeichnungssprache" HTML lässt sich die Struktur von Web-Dokumenten beschreiben: HTML-Dokumente bestehen aus normalem ASCII-Text mit zusätzlichen Steueranweisungen (HTML-*Tags*; immer in <> eingeschlossen).

HTML-Dateien lassen sich nicht nur mit speziellen HTML-Editoren oder Browsern (wie NETSCAPE NAVIGATOR oder INTERNET EXPLORER) erstellen, sondern auch mit Textverarbeitungsprogrammen. Jeder kann heute – ohne sich mit HTML-Codes auszukennen – beispielsweise einen Text aus dem Format seines Textverarbeitungsprogramms durch einen Befehl wie „Datei als HTML speichern" in eine Web-Seite konvertieren. Dabei werden die HTML-Steueranweisungen automatisch erzeugt: Beispielsweise wird der Befehl für „neue Zeile" (Zeichen: ¶) umgewandelt in den HTML-Code <p> für „neuer Abschnitt" (p für *engl.* paragraph); und aus einem (fetten) Wort wie **Keller** wird Keller (b für *engl.* boldface). Bei dieser Art, Web-Dokumente zu schaffen, können zwar einige Formatierungsinformationen verloren gehen, aber man braucht sich dafür auch nicht mit den speziellen HTML-Befehlen auseinandergesetzt zu haben.

---

[57] SGML: „Ursprünglich zur neutralen Strukturierung und Datenauszeichnung entwickelte ISO-Norm, die einen Austausch von Daten unabhängig von Rechnerbetriebssystemen und Programmen ermöglichen soll. [...] Dokumente werden bei der Erfassung nach ihrer formalen Struktur mit Strukturmerkmalen (Tags) ausgezeichnet (,getaggt'). Zusätzliche Schriftauszeichnungen werden in neutraler Form codiert [...]." (*Fachwörter-Lexikon* in PLENZ 1995 f; s. auch Abschn. 5.2.2 und „Technische Voraussetzungen" in Abschn. 5.4.1).

[58] In SGML sind Merkmale der oberen Ebene der *Metainformation* eines Textes (s. Abschn. 4.3.3) der Gegenstand besonderer *Codierungen*. Dabei geht es vorrangig um inhaltlich-gedankliche Merkmale, nicht so sehr um drucktechnische – die sind nachrangig. Beispielsweise unterscheiden sich Bildlegenden und Tabellenüberschriften auch dann in ihrem Aussagewert, wenn sie gleichartig gedruckt werden (mehr dazu s. RUSSEY, BLIEFERT und VILLAIN 1995, SZILLAT 1995).

Auf Ihren Web-Seiten können Sie neben Text weitere Elemente hinzufügen, z. B. Linien, Hintergrund (als Farbe, in Form eines Bildes oder als „Wasserzeichen"), *Hyperlinks* (s. „Elektronisches Publizieren" in Abschn. 3.1.1); Sie können Tabellen und Grafiken einbinden, dynamische Daten (z. B. Rechercheergebnisse aus einer eigenen Datenbank) bereitstellen u. a. m.

Wenn Sie eine „elektronische Publikation" einreichen wollen, werden Sie den Hinweisen der „Zeitschrift" folgen, wie die Daten aufzubereiten und bereitzustellen sind, aber Sie werden sich kaum um HTML kümmern müssen. Wenn Sie aber Ihre eigene Web-Seite mit Ihrem Photo und der Liste Ihrer Publikationen usw. ins Internet setzen oder Berichte Ihres Arbeitskreises elektronisch veröffentlichen wollen, dann werden Sie sich intensiver damit beschäftigen müssen, wie Web-Seiten geschaffen, gestaltet und ins Netz gebracht werden. (Kompakte Einführungen bieten beispielsweise PLATE 1996 und REIBOLD 1997.)

Den nächsten Entwicklungsschritt brachte Ende der 1990er Jahre die erweiterbare Auszeichnungssprache *Extensible Markup Language*, XML, wobei „erweiterbar" sich im Wesentlichen auf HTML bezieht, denn trotz all seiner Verdienste ist HTML eine starre Sprache, in der sich anspruchsvolle Web-Layouts nicht verwirklichen lassen. XML ist, ebenso wie HTML, aus SGML hervorgegangen, lehnt sich aber viel stärker an SGML an und ist von daher leistungsfähiger.

- XML ist die fortgeschrittene Variante sowohl von HTML als auch von SGML für alle Anwendungen, bei denen es um das Internet geht.

Moderne Textverarbeitungs- und Layoutprogramme beherrschen XML, als Autor haben Sie in der Regel damit nichts zu tun. Der richtige Umgang mit XML setzt tiefere Kenntnisse voraus als es bei HTML der Fall ist. Falls Sie an einem XML-Projekt beteiligt sind, werden Sie mit den entsprechenden Hilfen und Richtlinien vom Verlag versorgt werden.

Anmerkungen zum Satz digitaler Manuskripte

Digitale Manuskripte – „elektronische" passt hier wirklich schlecht, wenn es schon um Zeichen[59] geht –, die im Nachhinein umformatiert werden sollen, dürfen nur solche *Silbentrennungen* am *Zeilenende* enthalten, die man per Hand (je nach Programm mit unterschiedlichen Tastenkombinationen), mit dem Befehl zur manuellen Silbentrennung oder mit der automatischen Silbentrennung erzeugt hat. Diese „weichen Trennstriche" (*engl.* soft hyphens), auch *bedingte Trennstriche* genannt, treten nur in Erscheinung, wenn ein Wort am Zeilenende getrennt werden muss, damit sich ein optimaler *Zeilenfall* ergibt, mit anderen Worten: Die Trennstriche werden nur gedruckt, wenn sie eine Zeile umbrechen, nicht, wenn das Wort weiter innen in der Zeile zu stehen kommt. Den bedingten Trennstrich können Sie in WORD durch den Befehl Strg-Bindestrich (Windows) oder Befehlstaste-Bindestrich (Mac) erzeugen. Er wird auf dem Bildschirm am Zeilenende angezeigt: Sollte durch eine Umformatierung oder nachträgliche

---

[59] Das *engl.* Wort für die Zeichen des Zahlensystems, die *Ziffern*, ist *digit*.

Textänderung das Zeichen dafür in das Zeileninnere geraten, so verschwindet es wieder – es sei denn, Sie haben zuvor einen Befehl gewählt, durch den die unsichtbaren Zeichen eingeblendet werden: Dann bleibt das Zeichen als Metainformation am Bildschirm sichtbar, wird aber nicht gedruckt. Immer am Bildschirm angezeigt und gedruckt werden die Trennungen, die am Zeilenende liegen.

Der *harte Trennstrich* ist mit dem *Bindestrich* (-) identisch, er liegt auf der Tastatur rechts neben dem Punkt-Zeichen.

Es gibt auch den *geschützten Trennstrich*: Hier wird beim automatischen Zeilenwechsel *nicht* getrennt. Wenn Sie erreichen wollen, dass z. B. MS-DOS am Bindestrich nicht getrennt wird, so wählen Sie einen Befehl wie „Geschützten Trennstrich einfügen": MS-DOS wird dann nur noch als geschlossene Buchstabenfolge in die nächste Zeile verschoben. (Am *harten Trennstrich*, der als Bindestrich in ein *Kompositum* eingefügt wurde, trennt das Programm, wenn es am Zeilenende knapp wird.)

Haben Sie einen Befehl wie „¶ einblenden" aktiviert, so sehen Sie auf dem Bildschirm an jedem Absatzende ein „¶", die *Absatzmarke* (vgl. „Markieren" in Abschn. 5.3.1). Das Zeichen gehört zu den „Hintergrundinformationen" oder *Metainformationen* des Textes. Anders als bei der Zuordnung „Verborgener Text" oder „Ausgeblendeter Text" handelt es sich nicht um einen *Teil des* Textes, sondern um ein *Steuersignal für* den Text. Man kann es löschen, verschieben, sogar kopieren, aber nicht ausdrucken. Auf dem Macintosh erscheinen dieses und andere Signale *grau*: Sie bilden im Hintergrund eine zweite Informationsebene bezüglich des Textes, unter Windows werden sie genauso dargestellt wie alle anderen Zeichen (lassen sich aber ebenso ausblenden und werden auch nicht ausgedruckt) Neben dem ¶-Zeichen gehören das *geschützte Leerzeichen*, der *bedingte Trennstrich*, der *geschützte Trennstrich*, *Zeilenwechsel* und *Seitenwechsel* sowie das *Leerzeichen* (s. weiter unten) zu den Steuersignalen.[60]

- Auch die *Metainformation* wissenschaftlicher Texte verdient die Aufmerksamkeit der Verfasser.

Zeilenwechsel können angezeigt sein, um freigestellte Gleichungen mit Text zu „umbauen". *Seitenwechsel* fügen Sie ein, um z. B. zu erzwingen, dass eine neue Überschrift auf der nächsten Seite zu stehen kommt, oder um zu verhindern, dass ein nicht mehr auf die Seite passender Absatz auf der nächsten Seite fortgesetzt und dadurch getrennt werden muss *(Absatzschutz)*.

Eine *Leerzeile* soll *nicht* (durch zweimaliges Betätigen des Zeilenschalters) verlangt werden – eine Zeile Zwischenraum ist zuviel, nur um einen Absatz optisch deut-

---

[60] Wir schlagen vor, diese Zeichen *virtuelle Zeichen* zu nennen (uns gefiele auch „Metazeichen"). Auch *Schriftauszeichnungen* und besondere Merkmale wie Hoch- oder Tiefstellung können Sie zur Metainformation zählen, des Weiteren Formatanweisungen (für Überschriften, Bildlegenden, Tabellenüberschriften u. a.). In einem weiteren Sinn zählen zur Metainformation auch Merkmale, die zwar Text *sind*, aber nicht zum eigentlichen Textkörper gehören, diesen vielmehr strukturieren und vernetzen (z. B. in Form von *Klammern, Fußnotenzeichen*, Abschnitts-, Quellen-, Tabellen- und Abbildungsverweisen, *Seitennummern, Kolumnentiteln*). Selbst *Satzzeichen* darf man hier anschließen. In letzter Konsequenz sind auch *Inhaltsverzeichnisse* und *Register* Teile der Metainformation, denn um ihrer selbst willen braucht man sie nicht, sie bringen nur – eine gewollte – Redundanz in einSchriftstück.

lich vom anderen abzusetzen. Für das Ende von Absätzen sollten Sie eher eine *Formatvorlage* definieren, die sagt, wie viele „Punkt" Abstand ein Absatz zum nächsten halten soll. Wenn Ihr gesamtes Dokument mit Formatvorlagen für Absätze durchformatiert wurde, können Sie den Abstand zwischen Absätzen mit *einer* einzigen Anweisung ändern, indem Sie die Formatvorlage umdefinieren. Nach dem „OK" für die neue Definition besitzen alle Absätze des Dokuments andere Abstände voneinander.

- Das Arbeiten mit Formatvorlagen macht Texte konsistenter und besser umzuformatieren und erleichtert so den Satz des digitalen Manuskripts.

In wissenschaftlichen Texten verdient das Leerzeichen (manchmal auch *Leerschritt* oder *Leerraum*) besondere Aufmerksamkeit. Wollen Sie erreichen, dass z. B. „10 %" am Zeilenende *nicht* auseinander gerissen wird, so kombinieren Sie die *Leertaste* mit der Strg- und Umschalttaste (Windows) oder der Wahl- und Umschalttaste (Macintosh). Das so hervorgebrachte Zeichen wird als *geschütztes Leerzeichen (*auch *untrennbarer Leerschritt)* bezeichnet. Außer seiner Funktion, eine Trennung am Zeilenende zu verhindern, hat es noch eine andere: Es verhindert auch jegliche *Erweiterung* im Blocksatz, der Leerschritt bleibt immer gleich groß, gleichgültig, was in der Textumgebung geschieht.

- Das geschützte Leerzeichen ist für mathematische *Ausdrücke* und *Formeln* wichtig.

Auch Paragrafzeichen/Zahl (z. B. in „§ 21"), Zahl/Einheit (z. B. in „2 cm") und allgemein mathematische Formelausdrücke sollen vor Trennung geschützt werden, desgleichen Datumsangaben (so weit sie mit Leerzeichen geschrieben werden) oder Name und gekürzter Vorname oder Titel (W. Schmidt, Dr. Schmidt).

- Innerhalb mehrgliedriger Abkürzungen („z. B.", „u. a. m."), vor dem Prozentzeichen („10 %") und zwischen den Symbolen zu multiplizierender Größen *(a b c)* sollten verkleinerte Zwischenräume („halbe Leerschritte") stehen.[61]

Die letzten beiden Empfehlungen (Duden-Taschenbücher Bd. 5 *Satz- und Korrekturanweisungen*, S. 45) gehören schon zum mathematischen Formelsatz, wir kommen darauf zurück (s. Abschn. 6.5.6).

---

[61] Diesen verkleinerten Zwischenraum erreichen Sie beispielsweise dadurch, dass Sie die entsprechenden geschützten Leerzeichen in der halben Schriftgröße formatieren. In WORD haben Sie noch die Möglichkeit, die „Abstandsfunktion" zu verwenden, die sich beim Menübefehl „Format – Zeichen" verbirgt. Hier können Sie, fast wie ein Satzprofi, Buchstabenabstände beliebig verändern, indem Sie beispielsweise „gesperrt um 1,5 Punkt" verlangen. Wenn Ihr digitales Manuskript in einem Layoutprogramm weiterverarbeitet werden soll, gehen Sie aber besser nicht auf diese Weise vor, denn diese Feinformatierung kann zwar im Prinzip auch konvertiert werden, sie führt aber im Layoutprogramm u. U. zu typografischen Effekten, die nicht erwünscht sind und die der Setzer dann mühsam korrigieren muss. Sprechen Sie sich lieber mit Verlag oder Setzer vorher ab, welche Spezialzeichen Sie zur Kennzeichnung halber oder anderer Buchstabenabstände Sie verwenden sollen.

5.4.2 Noch einmal: Publizieren vom Schreibtisch?

Die technische Entwicklung in der Textverarbeitung hat uns den Anglizismus *Desktop Publishing*[62] mit dem Kürzel DTP beschert.

- Desktop Publishing ist das Schaffen einer Druckvorlage „am Schreibtisch".

Wer alle verfügbaren Instrumente nicht nur der Textverarbeitung, sondern auch der Seitengestaltung und der *Bildbearbeitung* beherrscht und über einen Drucker ausreichender Qualität verfügt, ist in der Lage, vervielfältigungsreife Vorlagen hoher Qualität *(Druckqualität)* zu schaffen – auf Papier oder „nur" als elektronisches (digitales) Manuskript. Der englische Begriff („Desktop Publishing") ist falsch, insofern Schaffen einer Vorlage nicht „publizieren" bedeutet. Publizieren ist mehr als ein technischer Umwandlungsvorgang, wie wir in den Kapiteln 3 und 4 wohl ausreichend deutlich gemacht haben. Kritische Geister sind sich dessen bewusst und haben aus der Not eine Tugend gemacht, indem sie DTP anders interpretieren: als „Desktop Processing". Damit könnten wir uns anfreunden. Der gelegentlich anzutreffende Ausdruck „Desktop Printing" trifft wiederum nicht den Kern der Sache, da es sich nicht eigentlich um eine Drucktechnik handelt.

- DTP setzt nicht nur voraus, dass man mit Textverarbeitung, Bildbearbeitung und Layoutprogrammen umgehen kann, sondern es verlangt auch solide Grundkenntnisse der Typografie.

Um druckfertige Vorlagen herzustellen, muss man am Bildschirm *umbrechen* können. Umbrechen ist nicht zuletzt eine „Kunst" im ästhetischen Sinne. Außerdem bedarf es einer leistungsfähigen Einrichtung. Vor allem müssen Sie am Bildschirm sehen können – mit kleineren Zugeständnissen an die unterschiedliche Darstellungsform auf Bildschirm und Papier –, was nachher auf dem Papier erscheint (WYSIWYG, s. „Drucker" in Abschn. 5.2.1). Um einen fehlerfreien Text in eine gut aufbereitete Druckvorlage umzuwandeln, brauchen Sie auch bei bester Ausstattung an Hard- und Software einige Erfahrung und Übung.

Die erforderlichen Kenntnisse eignet sich normalerweise nur jemand an, der sie auch dauernd einsetzen kann. Aus diesem Grund ist DTP für Werbeagenturen und Werbeabteilungen von Firmen, besonders wenn die Möglichkeiten von Laserbelichtern genutzt werden, eine bedeutsame und vielerorts aufgegriffene Entwicklung – nicht so im Regelfall für Autoren.[63] Schließlich gibt es einen wichtigen Unterschied: Ein Werbemittel ist ein Dokument geringen Umfangs, bei dem gestalterische Aspekte eine

---

[62] Das Wort Desktoppublishing ist durch Aufnahme in das Wörterverzeichnis des Regelwerks (RW) zu einem Bestandteil der deutschen Sprache geworden, es darf auch mit Bindestrich geschrieben werden; wir lassen es bei zwei Wörtern ohne Strich wie im Englischen (ähnlich dem Personal Computer (vgl. *Wahrig: Rechtschreibung* 2005).

[63] Das vorliegende Buch ist Beleg dafür, dass Naturwissenschaftler heute durchaus in der Lage sind, druckfertige Layouts abzuliefern. (Unser erstes mit DTP gefertigtes Buch, EBEL/BLIEFERT/RUSSEY *The art of scientific writing*, ist bereits 1987 erschienen.) Wir kennen einige Naturwissenschaftler, die Herausragendes zur Gestaltung ihrer Werke beigetragen haben bis hin zur Illustration ganzer Lehrbücher. Aber solche Fälle bleiben doch eher die Ausnahme.

große Rolle spielen. Im Gegensatz dazu hat beispielsweise ein wissenschaftliches Buch einen hohen Informationsinhalt, während gestalterische Momente in den Hintergrund treten. Deshalb wird auch in Zukunft eine Arbeitsteilung sinnvoll sein.

- Es ist die Aufgabe wissenschaftlicher Autoren, Informationen bereitzustellen, und nicht, sie zu verarbeiten.

Gerade bei längeren Dokumenten sollte es den Fachleuten der grafischen und technischen Berufe überlassen bleiben, für die angemessene Darstellung zu sorgen, und den Autoren, ihnen dafür das Material zu liefern. DTP kann nicht das Ziel des wissenschaftlichen Publikationswesens sein. Wo der Weg doch dorthin führt, handelt es sich in der Regel um ein Kapitulieren vor Sachzwängen, nicht um die Erfüllung von Wunschvorstellungen.

Das schließt nicht aus, dass Autoren, die über die erforderliche Ausrüstung verfügen und an der Sache Spaß gefunden haben, doch Dokumente in Druckqualität an die Verlage liefern. Auch für das Anfertigen von Berichten, Forschungsanträgen und dergleichen können hohe Ansprüche an die äußere Erscheinungsform sinnvoll und ein Anreiz sein. Beispielsweise verlieren Beiträge für Zeitschriften in „kamerafertiger" Form mehr und mehr ihren Briefcharakter (s. das Stichwort „Letters-Zeitschriften" in den Abschnitten 3.2.3 und 3.4.6) und sehen wie normale Druckerzeugnisse aus.

Wer sich für diese Technik interessiert, sei auf die umfangreiche Spezialliteratur verwiesen. Die meisten der zum Stichwort „Desktop Publishing" erschienenen Publikationen sind von Computer- oder Werbefachleuten verfasst worden und sind vor allem für die Werbebranche sowie für die Hersteller von Firmendrucksachen, Produktbeschreibungen, Beipackzetteln, Gebrauchsanweisungen und dergleichen von Interesse. Ein Buch, das sich speziell mit der naturwissenschaftlichen Typografie und den einschlägigen Techniken zum Herstellen reproreifer Bilder und Formeln befasst, ist das von BLIEFERT und VILLAIN (1989; sechs Jahre jünger ist RUSSEY, BLIEFERT und VILLAIN 1995; wichtig sind ferner *Mut zur Typografie – ein Kurs für Desktop Publishing* von GULBINS und KAHRMANN 2000, die *Detailtypografie* von FORSSMAN und DE JONG 2004 und die *Lesetypographie* von WILLENBERG und FORSSMAN 1997).

Noch in der letzten Auflage dieses Werks haben wir Überlegungen darüber angestellt, wer bei den Umwälzungen, die das DTP mit sich gebracht hat, zu den Gewinnern oder zu den Verlierern gehört. Die Diskussion darüber ist müßig geworden. Man hat sich daran gewöhnt, dass Layout *auch* von Autoren vorgenommen werden kann. Die Satzprofis müssen die „Konkurrenz" seitens der Autoren nicht mehr fürchten, denn was das Anfertigen und Abliefern druckfertige Dateien „vom Schreibtisch weg" angeht, ist Ernüchterung eingekehrt. Wer da mithalten will, muss sich eine Menge typografisches und grafisches Know-how aneignen, sei es durch Aus-den-Fehlern-Lernen oder durch eine entsprechende Ausbildung. Welcher Autor ist dazu bereit und in der Lage? Das alte „Schuster bleib' bei deinem Leisten!" kommt wieder in Erinnerung.

- Die alte Rollenverteilung zwischen Autoren als den Produzenten der Inhalte, den technischen Betrieben als den Weiterverarbeitern und den Verlagen als den Informationsvermittlern hat sich in den letzen Jahren wieder gefestigt.

Der große Erwartungsdruck, der sowohl auf Verlagsmitarbeitern als auch auf Autoren lastete, ist glücklicherweise weg. Man geht pragmatisch an die Sache – den Autorensatz – heran.

Es gibt einen Bereich – den der stark mit Formeln befrachteten Werke –, in dem sich dabei relativ unauffällig eine ganz eigene Entwicklung vollzogen hat. Sehr viele Bücher mit *mathematischen Formeln* werden heute von den Autoren mit dem Programm TEX geschrieben, und TEX ist nicht nur zum *Formelsatz* hervorragend geeignet, es bietet auch umfangreiche Hilfen zum halbautomatischen Umbrechen von Texten. Immer dann, wenn es bei solchen Texten um Spezialthemen geht, wenn also klar ist, dass die Bücher nur in kleinen Auflagen gedruckt werden, greifen Verlage und Autoren gerne auf eine der professionellen Umbruchvorlagen zurück, die für TEX zur Verfügung stehen. Die Philosophie ist allerdings auch hier: Der Autor soll sich um den Inhalt kümmern, jemand anderes – hier sogar nur ein Programm – erledigt das Layout. Auf TEX kommen wir in Zusammenhang mit Formeln (Abschn. 6.6) zurück.

Der Verlag dieses Buches hat Richtlinien für die Gestaltung seiner wissenschaftlichen („stm") Bücher entwickelt und in einem zweihundert Seiten starken Ringbuch *Basisgestaltung für das wissenschaftliche Buchprogramm* niedergelegt. Berücksichtigt werden drei Gestaltungsmodelle, nämlich einspaltig, einspaltig mit Marginalspalte und zweispaltig. Die Richtlinie wurde zusammen mit einem Projekt der Fachhochschule Druck (heute: Hochschule der Medien) in Stuttgart entwickelt und dient allen Mitarbeitern der Herstellungsabteilung des Verlags als Arbeitsgrundlage.[64] Ziel war es dabei in erster Linie, durch Vereinheitlichung zur Kostensenkung und Rationalisierung von Arbeitsabläufen, auch in der Zusammenarbeit mit externen technischen Betrieben, beizutragen. An die Ausgabe einer für einen solchen Zweck geeigneten Fassung der Gestaltungsrichtlinie an Buchautoren des Verlags oder an die Bereitstellung von „elektronischen" Dokumentvorlagen ist im Augenblick nicht gedacht. Im Zeitschriftenbereich hat sich eine solche Entwicklung bereits vollzogen (vgl. das Stichwort „*manuscriptXpress*" in Abschn. 3.4.1).

Bei Zeitschriften (vgl. Kap. 3) hat sich die Lage etwas anders entwickelt als im Buchbereich, wobei nicht so sehr die Rolle der Autoren betroffen ist, als vielmehr die der *Redaktionen*. Es hat sich bei vielen Zeitschriften als sinnvoll – Zeit und Kosten sparend – erwiesen, dass die Redakteure selbst layouten oder zumindest in vorgegebene Layoutmuster hineinarbeiten und dass derart erstellte Dateien dann direkt zum Drucken verwendet werden. DTP ja, aber nicht Publizieren vom Schreibtisch des Autors aus, sondern von dem des Redakteurs! Die Gründe für die unterschiedliche Entwicklung bei Zeitschrift und Buch sind nachvollziehbar: Bei Zeitschriften geht es geht um

---

[64] Wir danken Axel EBERHARD, dem Leiter der Herstellungsabteilung, für den Hinweis und die Überlassung eines Exemplars.

kleinere Informationseinheiten und um kürzere Zeiträume, und – besonders wichtig – immer mehr Zeitschriften publizieren gleichzeitig in gedruckter Form und elektronisch, sprich: im Internet.

Weder bei den Zeitschriften noch bei den Büchern ist die Vision des „papierlosen Büros" erreicht worden, wie sie zu Beginn des PC-Zeitalters am Technikhorizont auftauchte. Einschlägige Untersuchungen zum Papierverbrauch in Büros kommen eher zum umgekehrten Ergebnis: Die Möglichkeit, ein Dokument schnell einmal auf dem Laserdrucker im eigenen Zimmer oder nebenan ausdrucken zu können, hat zu einer immensen *Steigerung* des Papierverbrauchs in den letzen Jahren geführt! Allerdings gilt auch, dass die von den Autoren abgelieferten digitalen Manuskripte vermehrt direkt am Bildschirm gelesen und bearbeitet werden. In diesem Zusammenhang aber gleich von einer *elektronischen Redaktion* oder einem *elektronischen Lektorat* zu sprechen, wäre übertrieben. Immer wenn es um Übersichtlichkeit geht, um die gedankliche Durchdringung des Inhalts, dann führt am Papier kein Weg vorbei. Diese locker umgesetzte Symbiose im Umgang mit den verschiedenen Medien ist vielleicht das eigentliche Ergebnis der „digitalen Evolution" (s. unter dieser Überschrift in Abschn. 3.1.2) in der Verlagswelt.

5.5 Allgemeine Gestaltungsrichtlinien

5.5.1 Text

Schriften, typografische Maße

Im Folgenden werden Hinweise zur äußeren Form von Schriftsätzen in Naturwissenschaft und Technik zusammengestellt. Sie beruhen auf den allgemeinen Gestaltungsrichtlinien vor allem der folgenden Normen: DIN 1422 *Veröffentlichungen aus Wissenschaft, Technik, Wirtschaft und Verwaltung*, Teil 1 (1983) *Gestaltung von Manuskripten und Typoskripten*, Teil 2 (1984) *Gestaltung von Reinschriften für reprographische Verfahren*; DIN 1421 (1983) *Gliederung und Benummerung in Texten: Abschnitte, Absätze, Aufzählungen*; DIN 1338 (1996) *Formelschreibweise und Formelsatz*, hier besonders die Beiblätter 1 (1996) und 2 (1996) *Form der Schriftzeichen* bzw. *Ausschluss in Formeln* sowie schließlich DIN 5008 (2005) *Schreib- und Gestaltungsregeln für die Textverarbeitung*. Wer viel zu schreiben hat, dem empfehlen wir, sich ergänzend zu den folgenden Ausführungen diese Normen über den Buchhandel oder direkt vom Verlag (Beuth, Berlin · Wien · Zürich, oder VDE-Verlag, Berlin · Offenbach) zu besorgen (www.beuth.de bzw. www.vde-verlag.de).

Die modernen Textverarbeitungssysteme gestatten es Ihnen, zwischen verschiedenen Schriften auszuwählen: *Proportionalschriften* ohne und mit *Serifen* (Abb. 5-1 a, b) und *Nichtproportionalschriften (Schreibmaschinenschriften*; Abb. 5-1 c).

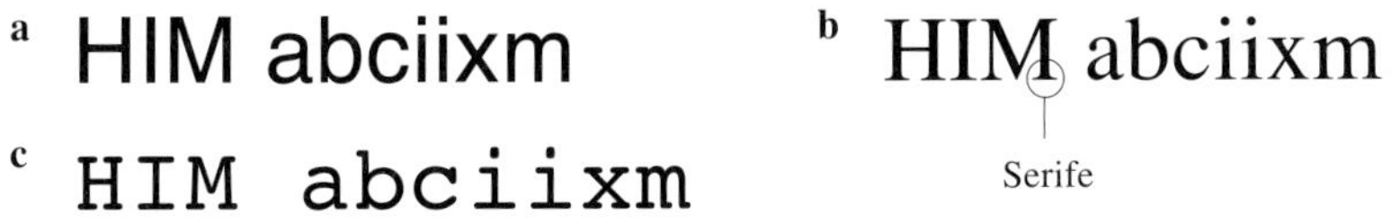

5.5 Allgemeine Gestaltungsrichtlinien

^a HIM abciixm   ^b HIM abciixm

^c HIM abciixm   Serife

Abb. 5-1. Schriftmuster. – **a** Serifenlose Proportionalschrift („Helvetica"); **b** Proportionalschrift mit Serifen („Times"); **c** Nichtproportionalschrift („Courier").

- Wenn Sie einen Schriftsatz in „Briefqualität" mit Hilfe Ihrer Textverarbeitung ausgeben, so wählen Sie eine „normale", nicht zu kleine Schrift mit *senkrechtem (aufrechtem, steilem)* Schriftschnitt.

Eine zierliche Perlschrift mag ästhetisch ansprechen, eignet sich aber für naturwissenschaftlich-technische Dokumente weniger; üblich ist für den Haupttext eine Schriftgröße um 12 Punkt. *Kursive* (schräge) Schrift – als Grundschrift – ist schwerer zu lesen und würde zudem die Möglichkeit verbauen, eine Schriftauszeichnung für Symbole physikalischer Größen (s. Abschn. 6.1.3) oder andere *Hervorhebungen* vorzunehmen.

- Der normalen Schreibmaschinenschrift am nächsten kommt in der Textverarbeitung eine Schrift wie „Courier" 12 Punkt.

Eine senkrechte (gerade) *Schreibmaschinenschrift* als Grundschrift war für viele Zwecke durchaus der Überlegung wert. Ein so angefertigtes Schriftstück erhebt keinen so starken Anspruch auf „Vollkommenheit" wie eine „gesetzte" Arbeit, ein manchmal erwünschter Effekt – ähnlich dem, der entsteht, wenn man den Text am Rand „flattern" lässt. Doch scheinen solche Überlegungen bei der Schriftwahl nicht mehr zu zählen, „Courier" ist kaum mehr anzutreffen.

Wenn Sie auf eine anspruchsvollere Gestaltung des Manuskripts Wert legen, werden Sie ohnehin in einer Proportionalschrift mit Serifen schreiben. Serifen-betonte Schriften, die gerade in den Naturwissenschaften häufig eingesetzt werden, sind die „Times" (wie in diesem Buch) und die „Times New Roman", die auf den meisten Computern vorhanden sind. Sie verbinden gute *Lesbarkeit* – die Serifen bieten den Augen eine optische Führung – mit hoher *Zeichendichte* (auf eine bestimmte Strecke gehen mehr als doppelt so viele Times-„i" wie Courier-„i"). Wollen Sie ein Dokument ausgeben, das wie gedruckt aussehen oder das nachher tatsächlich gedruckt werden soll, so werden Sie wahrscheinlich „Times" verwenden – hier könnte es nützlich sein, wenn Sie sich früh mit dem Verlag absprechen.

Wir gehen an dieser Stelle kurz auf einige Begriffe der *Typografie* ein, da sie helfen, Fragen der *Lesbarkeit* – auch von Bildbeschriftungen, Verkleinerungen usw. – besser zu beurteilen. Eine auch nur halbwegs gründliche Beschreibung von Schriften ist nicht beabsichtigt. [Für den Interessierten sind aus unserer Sicht BOSSHARD (1980) und WILLBERG und FORSSMAN (1997) empfehlenswert; Hinweise zu Fragen der Typografie in naturwissenschaftlich-technischen Manuskripten finden sich in BLIEFERT und VILLAIN (1989) sowie in RUSSEY, BLIEFERT und VILLAIN (1995).]

Das traditionelle Maß für Höhen, Breiten und Abstände im Druckwesen ist der *typografische Punkt* (DIN 16 507-1 und DIN 16 507-2). Im deutsch-französischen „kontinentalen", mit dem Namen DIDOT assoziierten System ist 1 Punkt = 0,376 mm, oft gerundet auf 0,375 mm. Dem englisch-amerikanischen typografischen Maßsystem liegt eine etwas kleinere Einheit zugrunde, der *Point*: 1 Point = 0,351 mm. Daneben gibt es z. B. für Papierformate außer dem Zentimeter (cm) noch immer den im angloamerikanischen Raum verbreiteten *Inch*, der mit dem früheren deutschen „Zoll" identisch ist: 1 inch = 2,54 cm. In Deutschland sind die alten typografischen Einheiten seit dem 1. Januar 1978 offiziell nicht mehr zugelassen, doch nützt ein solcher Erlass wenig, wenn er nicht international durchgesetzt werden kann, und das war bisher nicht der Fall. Auch ein deutscher Schriftsetzer kann sich eine „10-Punkt-Schrift" besser vorstellen als eine 3,76-mm-Schrift. Für Umbemaßungen nimmt er ein *Typometer* zu Hilfe. Zu den „Punkten" gibt es abenteuerliche Abkürzungen wie p, dp (für „Didot-Punkt" zur Unterscheidung vom englisch-amerikanischen Point oder „Pica Point"), P, Pt., Pkt., pt; für Inch schreibt man oft das "-Zeichen (z. B. 3,5"-Diskette): Man sieht, die Kunst des Buchdrucks ist älter als DIN und ISO zusammengenommen, und sie behauptet sich auch noch im elektronischen Zeitalter.

Immerhin ist in der Textverarbeitung eine Tendenz auszumachen, typografische Objekte *metrisch,* d. h. in Zentimetern und Millimetern, anzugeben. Beispielsweise kann man in den meisten Textverarbeitungs- und sonstigen Programmen Maße so einstellen, dass beispielsweise „Lineale" oder Rasterlinien im Hintergrund nicht in Zoll, sondern in Zentimetern geteilt werden.

- Da die heute weltweit verbreiteten Textverarbeitungs- und Layoutprogramme in den USA entwickelt worden sind, liegt ihnen der „Point" zugrunde, der etwas kleiner ist als der im „kontinentalen Maßsystem" verwendete (Didot-)Punkt.

Leider gibt es unterschiedliche Festlegungen, was die Schriftgröße angeht. Nach einer Definition des deutschen Normenwerks (DIN 1451-1, 1998) gilt *Schriftgröße* als die Höhe eines Großbuchstabens wie „H" (vgl. s in Abb. 5-2). Zutreffender wird diese Größe als *Versalhöhe* (von *Versalie* für Großbuchstabe) bezeichnet. Die DIN-Definition war offenbar aus alten Setzkästen herausgelesen worden, weil dort tatsächlich größere Zeichen kaum vorkamen. Mit modernen, auch international verständlichen Notationen hat sie wenig zu tun. Gebraucht wird die Höhe von *Schriftfamilien*, nicht von einzelnen

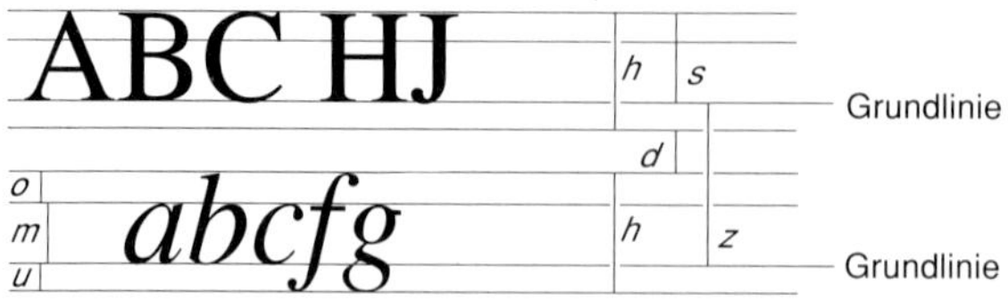

Abb. 5-2. Benennungen und Nenngrößen von Schriften. – *h* Zeilenhöhe, identisch mit dem Schriftgrad (Schriftgröße), *o* Oberlänge, *m* Mittellänge, *u* Unterlänge, *s* Versalhöhe, *z* Zeilenabstand, *d* Durchschuss.

Zeichen. Dabei war eine „fiktive Kegelhöhe", die Ober- *und* Unterlängen der Schrift einschloss, schon früher als *Schriftgrad* definiert worden. Dieser „Schriftgrad" ist i. Allg. gemeint, wenn man heute – so auch in diesem Buch – von „Schriftgröße" (*engl.* type size) spricht, da sie letztlich das Maß für die Beurteilung eines Schriftstücks ist. Auch in den Handbüchern der Textverarbeitungs- und Seitengestaltungsprogramme wird Schriftgröße in diesem Sinne verstanden. „The *overall size* of a type family is established by measuring the maximum vertical extension exhibited by a complete set of letters" (RUSSEY, BLIEFERT und VILLAIN 1995, S. 60).

Diese *Schriftgröße* ist die Zeilenhöhe h in Abb. 5-2. Direkt messbar ist sie nur an den wenigen Buchstaben, die sowohl Ober- als auch Unterlänge haben, z. B. *f* und Q.[65] Auf die Schriftgröße beziehen sich seit alters Verlagshersteller und Setzer, wenn sie das Grundmerkmal eines (gedruckten) Schriftstücks etwa mit „10/12 p" (gelesen „10 auf 12 Punkt") angeben: Darin bedeuten 10 p die *Zeilenhöhe* (Grundabstand, h in Abb. 5-2), 12 p die Zeilenhöhe vermehrt um den dazugehörenden Durchschuss d,[66] d. h. den *Zeilenabstand* (z in Abb. 5-2).

- Als Zeilenhöhe oder Schriftgröße gilt der Abstand zwischen zwei Linien, in denen alle Buchstaben einer Schriftfamilie, also auch solche mit Ober- und Unterlängen, gerade Platz haben.

Die Zeilenhöhe ist der *Grundabstand* zweier Zeilen, d. h. der geringste technisch realisierbare Abstand von Grundlinie zu Grundlinie der beiden Zeilen.

- Als *Zeilenabstand* gilt der in einem Schriftstück tatsächlich gemessene Abstand zwischen den Grundlinien zweier aufeinander folgender Zeilen; er ist um den Durchschuss größer als der Grundabstand.

Dabei ist die *Grundlinie* oder *Schriftlinie* definiert als eine gedachte Linie, auf der alle Zeichen wie H oder m stehen; *Unterlängen* befinden sich unterhalb der Grundlinie.

Ohne einen Versuch zu machen, in die schier endlose Diskussion zwischen Druckfachleuten und Normsachverständigen über Schriftgröße, Kegelhöhen, die verschiedenen „Punkt"-Systeme und andere tradierte Maße *(Cicero, Pica* usw.*)* einzudringen, sei vermerkt: Eine normale deutsche Schreibmaschine erzeugt Buchstaben mit einer Versalhöhe von etwa 2,5 mm, woraus mit dem Verkleinerungswert (s. „Zubehör" in Abschn. 7.2.2) von 80 % ein 2 mm großer Großbuchstabe wie in diesem Buch wird.

Zeichensätze und Zeichenformate

Die Programmierer der Textverarbeitung verstehen unter „Zeichensatz" soviel wie „Schrift" *(engl. font)*, oder genauer: einen Satz von Zeichen, die in einer bestimmten Schrift „geschnitten" sind (vgl. „Tastaturen" in Abschn. 5.2.1; das Bild des Schneidens sei hier beibehalten, auch wenn man zum Entwerfen eines Schriftzeichens heute kein Messer mehr braucht).

---

[65] Deshalb gibt es Tabellen und Typometer, mit denen man die (direkt messbaren) Versalhöhen in Schriftgrößen (Schriftgrade) umwandeln kann.
[66] Das englische Sprachäquivalent *leading* für den Durchschuss erinnert daran, wie er handwerklich zustande kam (*engl.* lead, Blei).

- Spätestens dann, wenn Sie Daten austauschen wollen, müssen Sie mit *Zeichen* und Zeichensätzen umgehen können.

Wir alle machen aus einem und demselben Satz von Buchstaben für das von uns benutzte *lateinische Alphabet* unsere je eigene *Handschrift*. Im Maschinen-gestützten Schriftverkehr ist davon eine endliche Mannigfaltigkeit von *Schriftschnitten* übrig geblieben, die manchmal als „styles", Stile, unterschieden werden. „Avant Garde", „Arial", „Bookman", „Courier", „Helvetica", „New York" und „Times" sind solche Schriften, die man in anspruchsvollen Textverarbeitungssystemen findet.[67]

Es gibt Genealogien von *Schriften,* die zusammen Bilderbücher der Kulturgeschichte füllen,[68] mit Bezeichnungen wie „gotisch", „Fraktur", „Kurrent" usw. oder beispielsweise einer Unterscheidung zwischen Schriften, die einen Ort oder eine geografische Bezeichnung in ihrem Namen tragen („Chicago", „Geneva", „Monaco", „New York"), und anderen. Wir können darauf nicht eingehen.

Das Arbeiten mit dem Schriftmenü oder der Formatierungsleiste Ihres Textverarbeitungsprogramms entspricht technisch dem Griff in einen anderen Setzkasten oder dem Wechsel eines Typenrads auf einer „modernen" Schreibmaschine um 1975. Davor war Schriftwechsel am Schreibtisch eine Utopie.

Schriften wollen verschiedenen ästhetischen und praktischen Ansprüchen genügen:[69] So ist die „Times" eng geschnitten und bietet, wie alle Schriften mit Serifen (s. „Typografische Maße" in Abschn. 5.5.1), eine gute Führung in der Zeile beim Lesen, den Erfordernissen einer Zeitung entsprechend. Seit Datenaustausch immer mehr zu einer internationalen Angelegenheit geworden ist, hat sich der Zwang zur Normung verstärkt. Die schon unter „Zeichenformate" in Abschn. 5.3.3 vorgestellten ASCII- und ANSI-Formate sind bis heute der wichtigste Schritt dahin geblieben.

Besonders hilfreich für Naturwissenschaftler ist die Schrift „Symbol". Anstelle der großen und kleinen Buchstaben des lateinischen Alphabets enthält sie die des *griechischen* (vgl. Tab. 6-5 in Abschn. 6.5.5). Außerdem bietet sie viele *Symbole* aus der Mathematik an, z. B.:

$$\partial \; \nabla \; \cong \; \equiv \; \Leftrightarrow \; \rightarrow \; \cup \; \supset \; \emptyset \; \in \; \notin \; \vee \; \angle \; \infty \; \div \; \times \; \otimes \; \oplus \; \aleph \; \wp$$

- Besondere Zeichensätze, die für Ihre Arbeit wichtig sind, können Sie käuflich erwerben (z. B. auf CD oder Diskette).

Auch seltsame Zeichen – *Symbole* – finden sich:

---

[67] Die Schriften und ihre Namen sind z. T. eingetragene Warenzeichen und dürfen nicht ohne entsprechende Kauflizenz verwendet werden. So sind „Helvetica", „Times" und „Palatino" eingetragene Warenzeichen der Linotype AG bzw. ihrer Tochtergesellschaften. An anderen Schriften oder Ausführungsformen davon halten Firmen wie International Typeface Corporation oder AGFA Compugraphic Rechte.
[68] Uns hat gut gefallen *Die Geschichte der Schrift* (JEAN 1991).
[69] Auch Handschriften sind letztlich genormt. Den Älteren unter uns ist noch der um 1940 per Erlass herbeigeführte Übergang von der „Sütterlinschrift" – einer einstmals gesetzlich eingeführten deutschen Schreibschrift (benannt nach einem Berliner Grafiker, Ludwig SÜTTERLIN) – zur „Deutschen Normalschrift" in Erinnerung, die nichts anderes ist als eine *lateinische Schreibschrift*.

Manche Zeichensätze verstehen sich überhaupt als Sammlung von Symbolen, nicht von Buchstaben. Hier wird dem Analphabetentum (♥, ©) eine Bresche geschlagen, doch müssen wir zugeben, dass auch wir Zeichen wie ● ○ ❑ → („Zapf Dingbats") gelegentlich gerne einsetzen.

Wenn Ihr Manuskript an anderer Stelle (z. B. am Computer eines Redakteurs oder in einer Satzmaschine) weiterverarbeitet werden soll, müssen Sie vor allem bei *Sonderzeichen* mit einem *Zeichenverlust* rechnen – auch dies ein Grund, Ihr Vorgehen unbedingt mit dem Verlag abzustimmen, wenn eine Publikation vorgesehen ist![70]

Grundsätzlich interpretiert der *Drucker* nur die Zeichen, deren Zeichensätze ihm „bekannt" sind, und er interpretiert sie auf seine Weise. Derselbe digitale Text muss, auf Druckern zweier verschiedener Hersteller ausgegeben, nicht völlig identisch aussehen, und beide Ergebnisse werden sich deutlich vom Aussehen auf dem Bildschirm unterscheiden.[71]

Manuskript: Gestaltung und Auszeichnung

Wir wollen die äußere Form von Manuskripten betrachten und einige Maßnahmen durchsprechen, die an einem Manuskript durchzuführen sind, das für den Satz vorgesehen ist. Unser erstes Augenmerk soll dem *Zeilenabstand* gelten.

Manuskripte für die Satzherstellung werden üblicherweise im *doppelten* Zeilenabstand geschrieben (s. Abschn. 3.4.1). Dabei hat der *Zwischenraum (Leerraum)* zwischen je zwei Zeilen dieselbe Höhe wie eine Schreibzeile (Zeilenhöhe + Durchschuss, Zeilenabstand *z* in Abb. 5-2). In der Textverarbeitung ist *zweizeilig* ein gängiger Zeilenabstand, und die Programme bieten darüber hinaus *eineinhalbzeilig* und natürlich *einzeilig* als Standard-Zeilenabstand an. Durch Tastendruck können Sie zwischen diesen Formaten wechseln und, wenn das nicht reicht, den Zeilenabstand nach Wunsch (z. B. in Punkt, „pt") festlegen. Bei einer 12-Punkt-Schrift bedeutet *einzeilig* einen Mindest(!)abstand von Zeile zu Zeile von 12 Punkt, *eineinhalbzeilig* von 18 Punkt, *zweizeilig* von 24 Punkt.

---

[70] Am eigenen Arbeitsplatz müssen Sie darauf achten, ob Ihnen nicht einzelne Zeichen verloren gehen, wenn Sie z. B. einen Absatz umformatieren.

[71] Wir hatten bereits an anderer Stelle beschrieben, dass Computerschriften sich in der Art und Weise unterscheiden, wie sie erzeugt, also am Bildschirm dargestellt oder auf dem Drucker ausgegeben werden. Das hängt mit den zugrunde liegenden „Seitenbeschreibungssprachen" zusammen. Es gibt im Wesentlichen POSTSCRIPT-Schriften und TRUETYPE-Schriften. Wenn Sie mit POSTSCRIPT-Schriften arbeiten, so werden diese, sobald Sie den Druckbefehl aus Ihrem Textverarbeitungsprogramm heraus abschicken, an den Drucker übergeben, so dass er in der gewünschten Schrift druckt. Bei den (unter Windows) sehr viel häufiger eingesetzten TRUETYPE-Schriften sieht es leider anders aus; diese müssen durch eine besondere Voreinstellung im Textverarbeitungsprogramm erst einmal dauerhaft mit der Datei verbunden werden („TrueType-Schiften einbetten"), aber damit noch nicht genug: Beim Abschicken des Druckbefehls müssen sie durch eine weitere Einstellung bewusst als „Soft Fonts" zum Drucker übertragen werden. Wenn Sie diese Einstellungen nicht vornehmen, ersetzt der Drucker die Schriften durch eigene, so dass das Druckergebnis stark von der Bildschirmdarstellung abweichen kann. Die korrekten Einstellungen zur Übergabe der Schriften sind auch beim mehrfach angesprochenen *PDF-Workflow* einer der entscheidenden Punkte für einen reibungslosen Ablauf.

Zu den schreibtechnischen Problemen bei zu enger Schreibweise kommt bei allen Texten, die gesetzt werden sollen, die Forderung nach ausreichend Zwischenraum für das Redigieren, in diesem Falle für *alle* Teile des Schriftsatzes (s. dazu auch Abschn. 3.4.1).

Bei früherer Gelegenheit (s. Abschn. 3.4.6) haben wir konsequenterweise für „kamerafertige" Typoskripte einen ca. eineinhalbfachen Zeilenabstand empfohlen, weil hier *nicht* redigiert werden muss. Der Zeilenzwischenraum hat jetzt die halbe Höhe der Schreibzeile, und das genügt, um den Text auch nach der üblichen Verkleinerung auf 70% (dies entspricht ungefähr der Verkleinerung von A4 auf A5) noch gut lesen zu können. Schwierigkeiten mit den Indizes können Sie umgehen, wenn Sie – aber nur zur Not – an einigen Stellen den Zeilenabstand vergrößern. In den meisten Textverarbeitungs- und Layoutprogrammen lassen sich zwei Arten von Zeilenabstand vorgeben: fester Zeilenabstand (z. B. genau 16 Punkt) oder ein *Mindestabstand* zwischen den Zeilen (z. B. mindestens 16 Punkt). Nur bei der zweiten Einstellung vergrößert sich der Zeilenabstand automatisch, wenn sich zwei Zeichen, z. B. Indizes und Hochzeichen, aus benachbarten Zeilen zu nahe kommen. – Bei alledem kann der in DIN 1422-1 (1983) genannte eineinhalbfache Zeilenabstand nur als eine manchmal hinreichende Mindestforderung verstanden werden.

Ist keine Publikation vorgesehen, so bleibt die Form weitgehend anheim gestellt. Auch jetzt kann sich doppelter Zeilenabstand empfehlen. Reservieren Sie, etwa in einem Bericht, das Schreiben mit geringerem Zeilenabstand für Sonderteile (z. B. Fußnoten und Bildlegenden), so können Sie diese vom Haupttext auffällig unterscheiden.

Ist vorgesehen, dass Ihre digital abgelieferten Daten weiterverarbeitet (gesetzt) werden, so werden Sie für alle Teile des Manuskripts die mit dem Verlag vereinbarten *Formatvorlagen* einhalten. Vielleicht wird man Ihnen – wie heute im Zeitschriftenbereich durchaus üblich – eine *Dokumentvorlage* (s. „Dokumentvorlagen" in Abschn. 5.3.3) zur Verfügung stellen, die Sie über das Internet von der Homepage des Verlags herunterladen können: In ihr sind bereits alle wichtigen Formatvorlagen mit den korrekten Zeilenabständen, Schriftgrößen und anderen Layoutbedingungen enthalten.

Zur Erörterung weiterer Fragen der *Manuskriptgestaltung* haben wir das Wort „Schreibmaschinenblatt" aus den früheren Auflagen durch *Manuskriptblatt* ersetzt. Wie der Text auf das Blatt gekommen ist – von der Schreibmaschine oder heute vom Drucker –, soll jetzt nur insoweit interessieren, als damit verschiedene Arbeitsweisen oder Darstellungsmöglichkeiten verbunden sind.

- Geschrieben wird auf Blätter im *Papierformat* A4. Zuoberst auf dem Manuskriptblatt, etwa 15 mm von der Papierkante entfernt, steht die *Seitennummer*.

In Deutschland und in den meisten anderen europäischen Ländern wird im Geschäftsverkehr und für Schriftsätze aller Art praktisch ausnahmslos das *Format A4* (DIN-A4; DIN 476-1, DIN EN ISO 216) verwendet; es hat die Abmessungen 210 mm × 297 mm. Das *amerikanische* Format $8\,^1/_2$ Zoll × 11 Zoll ist um fast 2 cm weniger hoch (ca. 216 mm × 279 mm). Das müssen Sie beachten, wenn Sie Partner in den USA haben und wünschen, dass Ihre Schriftstücke dort kopiert werden können: Zu stark nach oben und unten bedruckte A4-Seiten lassen sich nicht vollständig auf Papier in US-Standardformat ablichten!

- Der Mindestabstand der *untersten* Schreibzeile von der Papierkante beträgt ca. 30 mm. Ein Mindestabstand von 25 mm muss auch von der *linken* Papierkante eingehalten werden.

Bei Schriftsätzen, die in einem modernen Schnellhefter mit Clip-Verschluss aufbewahrt oder die gebunden werden sollen, wird ein linker *Rand* von 35…40 mm Breite benötigt. Für DIN 1422-1 ist 40 mm das normale Randmaß. Das Standardmaß von 25 mm bei einigen Textverarbeitungsprogrammen sowohl für den linken als auch den rechten Rand ist für manche Zwecke unpraktisch.

Am rechten Rand käme man mit einem Abstand zwischen Zeilenende und Papierkante von ca. 10 mm aus. Allerdings ist daran zu erinnern (s. Abschn. 4.3.5), dass für zu setzende Manuskripte oft ein „Redigierrand" von 50…60 mm Breite verlangt wird. In den Textverarbeitungs- und Layoutprogrammen lassen sich die Ränder auf zehntel Millimeter genau vorgeben.

Jede Seite eines längeren Schriftsatzes, bis auf die erste, sollte eine *Seitennummer* (auch Seitenzahl, *Pagina*) tragen (vgl. „Reinschrift" in Abschn. 1.4.2). Es ist nicht verkehrt, schon bei zweiseitigen Dokumenten (Briefen) mit dem Zählen zu beginnen, damit man sich auf bestimmte Inhalte besser beziehen kann. Meist wird die Seitennummer auf der Mittelachse (mittig) oberhalb der Schreibfläche – auch *Textfeld* oder Textbereich genannt – angeordnet. Von der obersten Textzeile ist sie durch zwei oder drei Zeilenhöhen getrennt. Gelegentlich, z. B. für Berichte, wird die mittige Anordnung unter dem Text gewünscht.

Die Seitennummer entfällt auf *Titelseiten*. Auch auf Widmungen oder Danksagungen würde sie stören. In Buchwerken tragen die Seiten mit Kapitelanfängen keine Nummer, weil sie unmittelbar über einer großen Überschrift nicht gut aussehen würde; sie nicht hinzuschreiben heißt aber nicht, die Seite bei der *Paginierung* (Seitenbenummerung) zu überspringen.

In Textverarbeitungsprogrammen können Sie auf jeder Seite den automatischen Eintrag der aktuellen Seitennummer verlangen. Allein diese automatische Paginierung ist eine wertvolle Hilfe beim Abfassen größerer Dokumente, wie schon bei früherer Gelegenheit angesprochen. Auch das Datum, an dem Sie das Dokument verfasst haben, können Sie in eine *Kopfzeile* (als *Kolumnentitel*) eintragen. Hier finden des Weiteren Verfassernamen, der (gekürzte) Titel des Dokuments oder eine Kapitelüberschrift, eine Berichtsnummer und mehr ihren Platz.

Sofern die Aufzeichnung „endgültig" ist, werden Sie beim Schreiben darauf bedacht sein, dass die Zeilenenden am rechten Rand möglichst wenig „flattern".

- Indem Sie Wörter am Zeilenende trennen, können Sie dafür sorgen, dass die Toleranz der *Zeilenlänge* bei einer Silbenlänge, also der Breite weniger Buchstaben, liegt.

Zur Erinnerung: In Manuskripten für die elektronische Weiterverarbeitung dürfen Trennstriche zur Worttrennung *(Silbentrennung)* nur ausnahmsweise, dann als „weiche Trennstriche", gesetzt werden.

Schöner in ästhetischer Hinsicht sind die Ergebnisse, die Sie mit Textverarbeitungssystemen bei automatischem *Randausgleich* (s. Abschn. 5.2.2) erzielen. Manchmal müssen Sie auch hier mit Worttrennungen nachhelfen, wenn das Programm schwierige oder seltene Wörter falsch, irritierend oder gar nicht getrennt hat. Der Randausgleich sollte nicht zu deutlichen Lücken innerhalb der Zeilen führen. Fest definierte Abstände wie die zwischen Zahlen und Einheiten (s. am Ende von Abschn. 5.4.1) sollten *nicht* in die Dehnungen in der Zeile einbezogen werden; durch *geschützte Leerschritte* lässt sich das verhindern.

Sodann geht es um *Hervorhebungen* im Text. Wir denken wieder an ein Manuskript, das gesetzt werden soll, und machen mit Hinweis auf die Definition eines Fachlexikons bewusst, was das bedeutet (DORRA und WALK 1990, mit Bezug auf das Normblatt DIN 16 500):

- *Satzherstellung* ist der Teilbereich innerhalb der Druckformenherstellung, bei dem mittels Setzverfahren von einer Textvorlage (z. B. Manuskript) eine *Druckform* gefertigt wird.

In der Satzherstellung versteht man unter Hervorheben u. a. das Verwenden besonderer Schriften oder Schriftschnitte (wie „steil" oder „kursiv"), das Ändern der *Laufweite* der Schrift, das Verwenden von Schriftfarbe oder von Farbflächen mit negativ (weiß) darin stehenden Zeichen, das Unterstreichen oder die Wahl sonstiger Modifikationen für bestimmte Textteile.

Anders als der *Setzer* denkt der *Redakteur* nicht so sehr an das entstehende besondere Schriftbild, als vielmehr an die Maßnahmen am Manuskript, die zu dem Schriftbild im Satz führen sollen.

- Das Markieren von Zeichen im Manuskript mit dem Ziel, sie im Druck hervorzuheben, heißt fachsprachlich *Auszeichnen*.

Ob und in welcher Form eine Schriftauszeichnung (*engl.* mark-up, vgl. „markieren") erwünscht ist – sei es im Druckbild, sei es im Manuskript durch den Autor –, klären Sie bei Dokumenten, die für den Druck vorgesehen sind, mit dem Verlag. Dies gilt im besonderen für das Auszeichnen digitaler Manuskripte.

Am „klassischen" Schreibmaschinenmanuskript *(Typoskript)* werden die jeweils gewünschten Schriftstile vom Autor oder Redakteur auf dem Papier von Hand „verlangt". *Ausgeführt* werden diese *Satzanweisungen* dann in der Setzerei. Es gelten, soweit dieser Arbeitsablauf noch aktuell ist, die folgenden Vereinbarungen:

- Die übliche Hervorhebung von Wörtern oder Satzteilen ist der *Kursivsatz*. Im Manuskript kennzeichnet man Teile, die kursiv gesetzt werden sollen, durch einfaches Unterstreichen.

Die *einfache Unterstreichung* entspricht der Empfehlung der Norm DIN 1422-1 (1983). Sie sollte im Typoskript von Hand vorgenommen werden, damit sie nicht mit dem

Schriftstil „unterstrichen" verwechselt wird (für den die Schreibmaschine einen *Grundstrich* bereithält). Vorzuziehen ist aber die *untergezogene Wellenlinie*, die nicht als „unterstrichen" missverstanden werden kann.

- *Fette* Schrift wird durch *doppelte Unterstreichung* verlangt.

Um dieser Maßgabe nach DIN 1422-1 mit der Schreibmaschine nachzukommen, konnte man früher das tiefgestellte Gleichheitszeichen verwenden; besser ist auch hier die Auszeichnung von Hand mit Bleistift oder Farbstift. Die fette[72] Satzschrift hebt sich von der Grundschrift stärker ab als die kursive; sie wird meist nur für starke Betonungen, beispielsweise für unbenummerte Zwischenüberschriften oder Gefahrenhinweise, verwendet.

- *Eigennamen* und *Markenbezeichnungen* werden gelegentlich in Kapitälchen gesetzt; die Auszeichnung dafür ist die unterbrochene *(gestrichelte)* Unterstreichung.

Kapitälchen – das sind kleine Großbuchstaben (wie in GOETHE, WORD) – werden außer für die genannten Zwecke nur noch selten in Druckwerken verwendet.[73]

Mit Ihrem Textverarbeitungssystem können Sie die Hervorhebungen maschinell selbst herbeiführen, d. h. im Manuskript verifizieren. An die Stelle des Hantierens mit Bleistift auf Papier ist das Markieren und Formatieren am Bildschirm mit Hilfe von Maus und Befehlstasten getreten (s. „Markieren" in Abschn. 5.3.1).

- Im „Desktop Publishing" geben Sie alle Schrift- und sonstigen Auszeichnungen im Text vor.

Sie achten nur darauf, dass Ihr Drucker auf dem Schreibtisch sie richtig wiedergibt. Sofern ihm die betreffenden Schriftmerkmale bekannt sind, wird das der Fall sein.

Anders verhalten Sie sich bei *digitalen Manuskripten*, die einem Verlag zur weiteren Bearbeitung und *elektronischen* Umwandlung übergeben werden sollen (s. Abschn. 5.4.1): Hier können von Ihnen bereits vorgegebene Auszeichnungen unerwünscht sein. Von Hand vorgenommene Codierungen oder die konsequente und konsistente Anwendung von Formatvorlagen sind meistens der einzig erlaubte und gangbare Weg.

- Kaum irgendwo sonst sind Absprachen zwischen Autor und Verlag so wichtig wie beim Formatieren der digitalen Textdateien im Electronic Publishing.

---

[72] Unter „fett" versteht man in der Satztechnik einen speziellen *Schriftschnitt (Schriftstil)* mit kräftiger Strichführung innerhalb einer Schriftfamilie (wie **i**, **m** im Vergleich zur Standardschrift i, m). Varianten sind beispielsweise dreiviertelfette, halbfette und schmalfette Schriftschnitte. Von diesen ist der „Stil" halbfett am weitesten verbreitet, doch stellt sich das Problem in der Textverarbeitung meistens nicht, da gewöhnlich nur der Schriftstil *(engl.) bold*, fett, angeboten wird, der etwa der Variante halbfett im konventionellen Satz gleichkommt. – Bei der zuvor erwähnten *Kursivschrift* sind die Buchstaben und sonstigen Zeichen nach rechts geneigt. Was hier ausschließlich eingesetzt werden sollte, sind speziell zugeschnittene Fonts, nicht Zeichen, die lediglich elektronische Modifikationen der Standardschrift sind. (Hier ist zwischen echten und unechten Kursivschriften zu unterscheiden.)

[73] Bei den meisten Computerschriften kann man Kapitälchen als Zeichenformat verlangen und bekommt die Zeichen als verkleinerte *Großbuchstaben (Versalien)* ausgegeben. Das Schriftbild ist meist wenig überzeugend, es wirkt unproportioniert und mager. Besser sind eigens für den Zweck entwickelte Fonts mit einer etwas vergrößerten Dickte (Laufweite) der Buchstaben, doch haben wir für dieses Buch aus Kostengründen auf diese *nicety* – wie es wohl oft geschieht – verzichtet.

Überschriften, Absätze, Gleichungen, Listen

In Berichten (Dokumenten), die *nicht* gesetzt werden, sollten Sie selbst dem Stand und Aussehen der *Überschriften* und anderer Sondermerkmale Aufmerksamkeit schenken (Abb. 5-3). Große Kapitel beginnen Sie zweckmäßig auf einer neuen Seite.

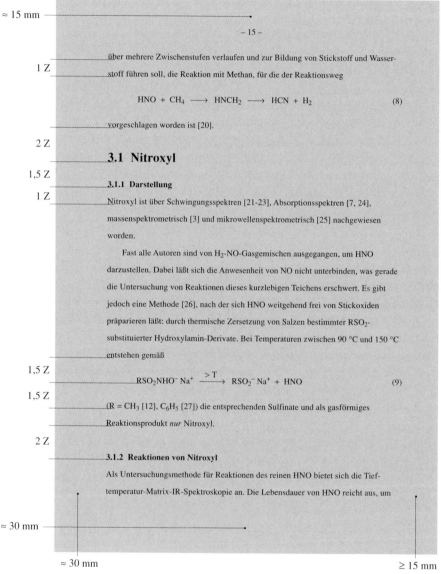

Abb. 5-3. Seite eines zweizeilig geschriebenen Manuskripts (gegenüber dem Original linear um ca. 50% verkleinert) mit Hinweisen auf Zeilenabstände und Ränder. – Z doppelter Zeilenabstand.

- Überschriften schreiben Sie entweder linksbündig (d. h. am linken Rand des Textfelds beginnend) oder zentriert (d. h. auf die Mittelachse des Textfelds ausgerichtet).

Das Zentrieren von Überschriften verlangte früher ein Auszählen der Buchstaben und war wenig rationell; es war daher ganz außer Mode gekommen. Textverarbeitungsprogramme können die Aufgabe leicht bewältigen, doch wirkt das Ergebnis nach heutigem Geschmack gerade in naturwissenschaftlich-technischen Schriftsätzen eher verspielt.

- Entschließen Sie sich für die Schlussfassung eines Dokuments, die Zentrierfunktion anzuwenden, dann müssen einheitlich *alle* Überschriften und Unterschriften, auch die von Abbildungen und Tabellen (und diese selbst!), zentriert werden.

Würden Sie anders vorgehen, so würden Sie einen Stilbruch begehen, der das Auge jedes Druckfachmanns beleidigen müsste.

Zur optischen Unterscheidung von Überschriften unterschiedlicher hierarchischer Ordnung kommt nicht die *Positionierung* (linksbündig, mittig, rechtsbündig), sondern nur die Wahl von Schriftart und -größe in Frage. Von der Verwendung von Großbuchstaben für „kapitale" Überschriften und von *Sperren* (Schreiben mit Leertaste zwischen den Buchstaben) raten wir aus Gründen der Ästhetik und der Lesbarkeit ab.

Beim Einsatz der Textverarbeitung gibt es meist mehr nach Größe, Art und Schnitt unterschiedene Schriften, als für den Zweck benötigt werden. Geeignet sind für Überschriften der letzten Gliederungsebene Schriften mit der gleichen Größe wie im Haupttext, ggf. kursiv oder halbfett. Die Überschriften der vorletzten Gliederungsebene sollten mindestens 20...30 % größer sein usw. Ob Sie eine andere Schriftart für Ihre Überschriften wählen als für den Haupttext, hat zu einem großen Teil mit Ästhetik zu tun – wie so oft in der Typografie, gilt auch hier: Weniger ist oftmals mehr! Dass Sie sich viel Mühe sparen können, wenn Sie auch für die Überschriften Formatvorlagen definieren, haben wir schon gesagt (s. „Formatvorlagen" in Abschn. 5.3.3).

Zum Abstand vor und nach Überschriften an dieser Stelle der Hinweis:

- Der Zwischenraum vor einer Überschrift sollte 1,5- bis 2mal den Zwischenraum nach dieser Überschrift ausmachen.

Wenn also beispielsweise nach einer Überschrift kein Zwischenraum vorgesehen ist (Beginn des Textes in einer neuen Zeile), so sollte vor dieser Überschrift (zu einer darüber stehenden Überschrift oder zu darüber stehendem Text) ein Abstand von ungefähr $0,5\,z$ (vgl. Abb. 5-2), zusätzlich zu dem standardmäßig eingestellten Zeilenabstand z, vorgesehen werden. Wenn entsprechend nach einer Überschrift *eine* Zeile Platz gelassen wird, sollten Sie davor $1,5...2\,z$ Abstand lassen.

- Der eigentliche *Textkörper* wird nach inhaltlichen und zum Teil auch ästhetischen Gesichtspunkten durch das Bilden von *Absätzen* strukturiert.

Es gibt mehrere Möglichkeiten, um Absätze als solche kenntlich zu machen und gegeneinander abzugrenzen. Beim Arbeiten mit der Schreibmaschine war das Mittel der Wahl die *Leerzeile,* an deren Stelle in der Textverarbeitung der frei wählbare Durchschuss, definiert als Abstände oberhalb und unterhalb von Absätzen, tritt (vgl. unter „Manuskript: Gestaltung und Auszeichnung" in diesem Abschnitt). In digitalen Manuskripten dürfen Leerzeilen *nicht* verwendet werden! Benutzen Sie für Abstandsvorgaben Ihr Textverarbeitungsprogramm, wenn Sie einmal einen Textabschnitt stärker nach oben oder unten „absetzen" wollen.

Als Alternative – weniger zusätzlich – können Sie den Text „einziehen". *Nicht* eingezogen (eingerückt) werden in der Regel Überschriften mit Rücksicht auf den schon vorhandenen Abstand zwischen Überschrift und Text in vertikaler Richtung. Auch die der Überschrift folgende erste Textzeile wird oft nicht eingezogen, doch gibt es darüber unterschiedliche Auffassungen (TSCHICHOLD 1987).

- Unter *Einzug* versteht der Fachmann die Versetzung des Zeilenbeginns vom linken Rand nach rechts und des Zeilenendes vom rechten Rand nach links.

Genauer muss man also vom linken bzw. rechten Einzug sprechen. Meist genügt es, die *erste* Zeile eines Absatzes am linken Rand um ca. 5 mm bei einer 12-Punkt-Schrift einzurücken. Im einspaltigen Satz dürfen Sie damit etwas großzügiger verfahren (entsprechend 5 Buchstaben). Sie können sich dazu der Einzugsmarken bedienen, die Sie in den meisten Textverarbeitungsprogrammen in einem „Lineal" am oberen Bildschirmrand einstellen. Statt mit dem „Lineal" können Sie die gewünschten Einstellungen meistens auch in einem Dialogfenster zur Absatzformatierung numerisch, d.h. durch Vorgabe einer Maßzahl, herbeiführen *(Absatzformat)*.

Für bestimmte Zwecke kommen auch Tabulatoren für die Bildung von Einzügen in Frage. Verschiedene Arten von Einzügen und *Absatzabständen* können Sie als Formatvorlagen (s. Abschn. 5.3.3) speichern.

- Am *Absatzbeginn* ist der Einzug der ersten Zeile ein Gliederungsmittel in Druckwerken und Typoskripten; er ist unerlässlich, wenn zwischen den Absätzen kein besonderer Durchschuss vorgesehen ist.

Ließe man den Erstzeileneinzug in den letzten Fällen weg, so fiele ein *Absatzwechsel* nicht auf, wenn der vorhergehende Absatz mit seiner Schlusszeile zufällig ganz am rechten Rand endete.

Sie können auch ganze Absätze einziehen, ggf. links *und* rechts; ja, Sie können mit *negativen Einzügen* arbeiten, um auf dem Rand schreiben zu können. Auf dem Rand stehende Texte, z.B. als Absatz freigestellte und auf den Rand gezogene kurze Textabschnitte – *Marginalien* – können den Text strukturieren und zu seiner schnelleren Rezeption beitragen. Wollen Sie allerdings daneben, d.h. auf gleicher Höhe, im normalen Textbereich schreiben, so müssen Sie in der Textverarbeitung mit speziellen Rahmen, *Text-* oder *Positionsrahmen,* arbeiten.

Manchmal besteht der Wunsch, bestimmte Sätze oder Passagen durch besonders augenfällige Anordnungen oder Merkmale vom übrigen Text abzugrenzen:

- Ein weiteres Mittel, einen Textteil abzugrenzen, besteht darin, ihn unter Voranstellen eines besonderen Zeichens einzurücken.

Häufig – so auch in diesem Buch – wird dafür ein *fetter Punkt* (*engl.* bullet) verwendet, in der Druckersprache auch so genannt; man spricht auch von *Blickfangpunkt*. Im Manuskript könnte dafür ein anderes vereinbartes Zeichen (wie + oder ➪) treten. Eine gängige Alternative ist der Gedankenstrich (nicht der kürzere Binde- oder Trennungsstrich), in diesem Zusammenhang auch als *Spiegelstrich* bezeichnet. Folgen mehrere Passagen dieser Art aufeinander, so kann man von einer *Aufzählung* sprechen. In der Textverarbeitung können Zeichen wie ❖ oder andere als *Aufzählungszeichen* geeignete Symbole eingesetzt werden.

- Aufzählungen, in denen lediglich Wörter oder Wortphrasen untereinander gereiht sind, werden als *Listen* (auch *Auflistungen*) bezeichnet.

Listen können als rudimentäre Tabellen (s. Kap. 8) aufgefasst werden. Schreibtechnisch bildet jeder Blickfangpunkt mit dem dahinter stehenden Text einen eigenen Absatz.

Laufen die einzelnen Punkte einer Aufzählung über mehrere Zeilen, so ist es geraten, die Folgezeilen nach der ersten Zeile wieder am linken Schreibrand beginnen lassen.[74)] Den ganzen Text bis zum Ende der Abgrenzung einzurücken verbraucht Druckraum und bewirkt möglicherweise eine zu starke Betonung. Im Übrigen gilt hier wie allgemein für die typografische Gestaltung von Dokumenten:

- Jede besondere Maßnahme hinsichtlich Schrift und Anordnung bringt ein Element der Unruhe in das Bild der Seite.

Sie sollten also mit solchen Maßnahmen zurückhaltend umgehen.

Wollen Sie in einer Liste wirklich *zählen* (und nicht nur aufzählen), so ersetzen Sie die Blickfangpunkte durch Ziffern 1, 2, 3, … oder durch Zeichen wie I, II, III, …; i, ii, iii, …; A, B, C, … und a, b, c, … Arabische Ziffern sollten Sie mit einem Punkt versehen (man liest „erstens", „zweitens", …), kleine Buchstaben mit einer Nachklammer (vgl. DIN 1421, 1983):

    1.   a)
    2. oder b)
    3.   c)

und so weiter. Verwenden Sie nicht Punkt und Klammer zusammen. Wenn nicht wirklich gezählt oder unterschieden werden soll – etwa deshalb, weil man sich auf die Aufzählung mit „Ad 1" o. ä. beziehen will –, sind neutrale (nicht-zählende) Symbole vorzuziehen. So werden auch Verwechslungen mit der Benummerung von Überschriften vermieden.

Unvermeidlich in naturwissenschaftlichen Texten ist die optische Abgrenzung von Formeln und Gleichungen vom eigentlichen Text:

- *Gleichungen* sind um ca. eine zusätzliche halbe Höhe des normalen Zeilenabstands vom übrigen Text oben und unten abzusetzen.

Untereinander sollten mehrere Sequenzen eines Gleichungsblocks den üblichen Abstand halten, sofern zur Darstellung jeweils eine Schreibzeile genügt; lediglich vor

---

[74] In der Textverarbeitung ist diese Maßnahme meist nicht vorgesehen, man würde dann „von Hand" arbeiten.

der ersten und nach der letzten Gleichung sollten Sie etwa eine halbe Zeile freilassen. Bei aufgebauten Gleichungen mit größerem Raumbedarf in der Vertikalen – z. B. solchen, in denen Brüche, Wurzeln oder Summen dargestellt werden – müssen die Zwischenabstände und die Abstände zum Text entsprechend erhöht werden. Ein Beispiel einer aufgebauten Gleichung zeigt Abb. 6-3 a in Abschn. 6.5.5, in dem das Thema besonders für die Textverarbeitung vertieft wird.

- Formeln und Gleichungen werden immer eingerückt (eingezogen). Der *Formeleinzug* ist größer als der Einzug am Beginn eines Absatzes.

Fußnoten

Auf Fußnoten wird im Text mit einem Verweiszeichen hingewiesen; sie stehen, wie der Name sagt, am Fuß der Seiten. Fußnoten haben vor dem Aufkommen der Textverarbeitung viel Kopfzerbrechen bereitet (s. Abschn. 3.4.5). Da sie anzubringen auch in der Satztechnik einen zusätzlichen Aufwand bedeutet, lassen viele Zeitschriften- und Buchverlage Fußnoten nicht mehr zu. Sind sie doch erlaubt, so empfiehlt es sich in einem für den Satz einzureichenden Typoskript, den Text nach der Zeile mit dem Fußnotenverweis *(Fußnotenzeichen)* oder nach dem entsprechenden Absatz durch eine durchgezogene Linie zu unterbrechen, dann die Fußnote unter Wiederholung des Verweiszeichens anzuschreiben und mit einer weiteren waagrechten Linie abzuschließen, bevor mit dem Haupttext fortgefahren wird. Die Fußnote steht dann im Typoskript nicht wirklich am Fuß der Seite, ist aber so am leichtesten unterzubringen; alles Weitere ist dann Sache der Satztechnik.

In der Textverarbeitung werden Fußnoten mit Hilfe einer speziellen Fußnotenfunktion an den betreffenden Textstellen durch ein Verweiszeichen „verankert", für die richtige Platzierung der Fußnoten sorgt dann das Programm nach entsprechender Anweisung. Haben Sie in Ihrem Textverarbeitungsprogramm einen Befehl wie „Fußnote" gewählt oder die zugehörige Tastenkombination eingegeben, so teilt sich das Arbeitsfenster, und unter einer dicken Linie steht die Einfügemarke vor dem Fußnotenzeichen (von rechts gesehen); oder im unteren Teil der Druckansicht erscheint das Fußnotenzeichen, wieder mit der Einfügemarke davor. – Sie können sogleich mit dem Schreiben des *Fußnotentextes* beginnen.

Sie können vorgeben, ob Sie von dem Angebot einer automatischen *Nummerierung* Gebrauch machen oder besondere Verweiszeichen verwenden wollen; und Sie weisen schließlich an, ob die Fußnoten am Fuß der jeweiligen Seite erscheinen sollen *(Seitenende)* oder am Ende eines Abschnitts (Abschnittsende) oder des ganzen Dokuments (Dokumentende).[75]

---

[75] Glücklicherweise können die neueren Versionen der gängigen Layoutprogramme XPRESS, INDESIGN und FRAMEMAKER und auch Satzsysteme wie 3B2 (das jetzt *Arbortext Advanced Print Publisher* heißt) mit Fußnoten umgehen; sie können zumindest alle Fußnoten einlesen (u. U. werden sie automatisch an das Textende gestellt) oder besitzen sogar eigene Fußnotenverwaltungen, d. h. sie nummerieren selbsttätig durch und verteilen den Fußnotentext automatisch über die Seiten.

- Für den Satz legen Sie, wenn Sie mit einem Computer arbeiten, am besten eine eigene *Fußnotendatei* an.

Die Norm DIN 5008 (2005) äußert sich zur Platzierung der Fußnoten in einem Dokument, etwa einem Bericht oder einer Dissertation, wie folgt: „Die entsprechenden Fußnoten werden jeweils unten auf die Seite [wir fügen hinzu: in 70...80 % der Größe der Grundschrift] geschrieben, auf der im Text auf sie hingewiesen ist. Sie werden mit dem Fußnotenstrich (bei Schreibmaschinen 10 Grundstriche) vom Text abgegrenzt, mit dem einfachen Grundzeilenabstand wie Absätze geschrieben und mit dem entsprechenden Fußnoten-Hinweiszeichen gekennzeichnet." Dem entspricht in der Textverarbeitung die erwähnte Option „Fußnoten an das Seitenende". Mit ihr erscheinen die Fußnoten immer auf derselben Seite, auf der auch die zugehörigen Verweise im Text stehen – auch dann, wenn von einer Fußnote nur noch ein Teil auf dieser Seite geschrieben werden kann. Das mühsame Auszählen von Zeilen ist damit abgetan. Bei einem für die Publikation vorgesehenen Text werden Sie mit Ihrem Verlag über Fußnotenformate sprechen.

- Das Verweiszeichen für Fußnoten ist im Text allen Satzzeichen mit Ausnahme des Gedankenstrichs nachgestellt.

Verweiszeichen besonderer Art sind in wissenschaftlichen Texten die (manchmal) hochgestellten Zahlen (Nummern, *Zitatnummern*), die beim Zitieren nach dem Nummernsystem (s. Abschn. 9.3.2) auf Literaturquellen hinweisen. Auch für sie gilt das eben Gesagte.

Als Fußnotenzeichen sind *Ziffern* anderen Zeichen wie dem Sternchen (*) vorzuziehen. Zahlen erlauben die Nummerierung der Fußnoten durch den ganzen Schriftsatz und die Anlage eines eigenen Fußnotenmanuskripts. Die Ziffern werden im Textkörper hochgestellt, in gesetzten Texten in kleinerer Schrift als der Grundschrift. Dabei ist in naturwissenschaftlichen Schriftsätzen zu empfehlen, abweichend vom sonstigen Gebrauch (DIN 1422-1, 1983) der Ziffer eine runde Schlussklammer *(Nachklammer)* folgen zu lassen – z. B. als [1] oder [39] –, um eine Verwechslung mit Exponenten und anderen Hochzeichen auszuschließen (vgl. Abschn. 3.4.5). Durch geeignete Formatierungen ist vor allem Sorge zu tragen, dass Fußnoten- und Quellenverweise nicht verwechselt werden können (z. B. [1] versus [1]).

Das Fußnotenzeichen wird dann an der gewünschten Stelle (Seiten-, Abschnitts- oder Dokumentende) wiederholt und der Fußnote selbst vorangestellt, wobei das Textverarbeitungsprogramm die richtige Stelle von allein findet, z. B. als:

    [1]   Fußnotentext.
    [39]   Fußnotentext.

Eine Stelle, an der Fußnoten oft nicht zu vermeiden sind, sind Tabellen.

- Als Fußnotenzeichen in Tabellen werden meist kleine hochgestellte *Buchstaben* und runde Nachklammern verwendet.

Das Zeichen, beispielsweise ª⁾, wird unmittelbar am Fuß der Tabelle – allerdings ohne Klammer – wiederholt. Dass man hier auf Buchstaben ausweicht, hat seinen Sinn darin, zum einen Verwechslungen mit den Fußnotenzeichen im Text und zum andern mit den häufig in Tabellen vorkommenden Zahlen zu vermeiden.

- Keinen Platz haben Fußnotenzeichen oder Literaturverweise in Überschriften.

Wie unschön und wenig zweckdienlich Fußnotenverweise in Überschriften sind, wird spätestens dann deutlich, wenn Sie die Überschriften zum *Inhaltsverzeichnis* zusammenstellen: Dorthin gehören die Verweise mit Sicherheit nicht! Wer gewohnt ist, sich dabei vom Computer helfen zu lassen und durch Gliederungsansichten zu scrollen, würde die Idee absurd finden. Sie können sich dem Drang entziehen, in einer Überschrift auf die für das Thema wichtige Literatur hinzuweisen, indem Sie einen entsprechenden Eröffnungssatz schreiben und ihre Fußnotenzeichen dort verankern.

5.5.2 Fertigstellen des Schriftsatzes und Abliefern des Manuskripts

Das Papiermanuskript

Schon die Sicherung gegen Verlust verlangt das Anfertigen wenigstens *einer* Kopie des Originals, d. h. einer *Sicherheitskopie*. Von Papiermanuskripten liefern moderne Kopierer hervorragende „Ablichtungen", allerdings nur, wenn sie gut gewartet sind: ohne Schmutzflecken auf den Fenstern und dergleichen Mängel mehr. Notfalls versuchen Sie es mit einem anderen Gerät oder lassen den Wartungsdienst kommen, bevor Sie Ihre Mühe durch unansehnliche und verschmierte „Abzüge" wieder entwerten.

Auch in einer Zeit umweltbewussten Denkens und Handelns werden Sie für die Endfassung eines wichtigen Berichts oder für ein zu setzendes Manuskript gutes Kopierpapier [*Xerografiepapier* der Qualität „holzfrei weiß" (ca. 80 g/m^2)] verwenden. Graues Recycling-Papier sieht nicht nur weniger schön aus, es hat auch einen messbaren Nachteil: Das lesende Auge – auch das des Setzers! – ermüdet schneller. Zudem zeigen weitere Kopien von grauen Vorlagen möglicherweise Mängel, die Fehlerquote beim Scannen steigt. Eine Dissertation auf grauem Papier wird wahrscheinlich zurückgewiesen werden.

- Hochleistungskopierer können größere Schriftsätze selbständig *einziehen* und die Kopien sortiert wieder ausgeben.

Alle (!) Seiten des Originals müssen glatt ablaufen, sonst bleiben sie – beschädigt – hängen, und die Maschine versagt ihren Dienst. Seiten mit eingeklebten Korrekturen müssen einzeln von Hand eingelegt werden.

Mit dem Vervielfältigen können Sie auf vielen Kopierern ein *Verkleinern* verbinden. In 70 % der ursprünglichen Größe gewinnt Schreibmaschinenschrift oder eine andere 12-Punkt-Schrift Ihres Textverarbeitungsprogramms die Größe einer üblichen Druckschrift (etwa 2 mm für einen Buchstaben mit Oberlänge).

Mehr als 100 Abzüge sollten Sie auf diesem Wege nicht herstellen wollen. Brauchen Sie noch mehr Kopien, so wird es billiger, das Manuskript in einem Kleinoffset-Betrieb drucken zu lassen.

Dort kann man Ihnen auch die Abzüge *konfektionieren*. Unter Umständen wollen Sie sich nicht damit begnügen, die einzelnen Ausfertigungen zu klammern und zu lochen. Für höhere Ansprüche kommen *Spiralheftung, Rückendrahtheftung* oder auch das Verfahren der *Klebebindung* in Frage. Die dafür benötigten Einrichtungen stehen in einem Institut oder Büro meistens nicht zur Verfügung.

Wenn Sie Ihren Text zum Druck einreichen wollen, kommen Sie in der Regel mit zwei oder drei (nicht geklammerten oder gebundenen!) Abzügen aus, wovon einer für Sie bestimmt ist.

Das digitale Manuskript

Auch bei digitalen Manuskripten bleibt das Papier nicht gänzlich außen vor. In den meisten Fällen werden Sie gebeten, neben der CD oder DVD auch einen Ausdruck Ihres Textes an den Verlag zu senden. So sind die Verlagsmitarbeiter in der Lage zu überprüfen, ob die digitalen Daten auch wirklich dem entsprechen, was Sie abliefern wollten. Denn schnell (schneller als beim Papiermanuskript) kommt es zu Verwechslungen, ist versehentlich die falsche Version einer Datei auf die CD gebrannt, oder Sie haben Sonderzeichen verwendet, aber die Schriften nicht mitgegeben, so dass beim Einspielen auf den Verlags- oder Satzrechner manche Zeichen nicht dargestellt werden. Der *Ausdruck* liefert die Referenz, an die man sich halten kann. Dieses Vorgehen – Abliefern eines Ausdrucks – widerspricht auf den ersten Blick völlig den Vorstellungen, die man mit modernen elektronischen Verfahren verbindet. Aber auch hier zeigt sich das, was wir schon mehrfach angesprochen haben: Verlage und mit Ihnen die Autoren gehen heute ganz pragmatisch mit der Computertechnik um.

Auch muss man wieder den Unterschied zwischen den Abläufen bei Zeitschriften und bei Büchern herausstellen. Bei jenen kann und sollte der rein elektronische Weg wenn möglich eingehalten werden, was wegen der viel kleineren Informationsmengen auch gelingen kann. Buchmanuskripte verursachen an allen Stellen, die sie durchlaufen, einen größeren Aufwand als Zeitschriftenmanuskripte: Sie entstehen in längeren Zeitabschnitten, die Datenmengen sind größer, sie benötigen eine längere Bearbeitungszeit im Verlag (oder beim freien Mitarbeiter), mögliche Fehler (Formatierungsfehler, fehlende Schriften usw.) können einen großen Korrekturaufwand nach sich ziehen usw.

Das Prozedere vom digitalen Manuskript zum Buch kann seine Besonderheiten haben. In der Regel werden Sie eine CD mit Ihren Daten abliefern oder, wenn diese nicht ausreicht, eine DVD. Kleinere Manuskriptteile (etwa korrigierte Versionen einzelner Kapitel) können Sie per *E-Mail* schicken. Geht es um das Zusenden von Bilddaten, verbietet sich E-Mail meistens, weil die elektronischen Postfächer von Mitarbeitern größerer Unternehmen (so auch Verlagen) aus Sicherheitsgründen nicht mehr als 3 oder 4 MByte aufnehmen können. An dieser Stelle und auch für den direkten Austausch mit technischen Betrieben – gerade bei Bilddaten werden Sie sich auf

Wunsch der Verlagsherstellung möglicherweise direkt mit der Druckerei in Verbindung setzen – hat sich ein anderes Verfahren etabliert: der Austausch per FTP (*File Transfer Protocol*, deutsch: Datenübertragungsprotokoll).

Im Internet gibt es verschiedene Methoden, Daten zu versenden und anzuzeigen. Das bekannteste Verfahren nennt sich HTTP, *Hypertext Transfer Protocol*. Wir kennen es alle, denn die meisten Internetadressen beginnen mit http://. Wir könnten aber auch ftp:// eingeben, gefolgt von einer gültigen Web-Adresse, und wir würden „fündig" werden, und zwar würden wir auf einem sog. *FTP-Server* landen. FTP-Server sind vor allem bekannt als Rechner, von denen Software heruntergeladen werden kann. Dieses Protokoll stammt aus den Frühzeiten des Internet, es ist älter als HTTP. Wissenschaftler nutzen es häufig, um Daten direkt auszutauschen. Die Vorteile gegenüber E-Mail liegen auf der Hand: Während E-Mails vom E-Mail-Programm zum Versenden „verpackt" und damit größer werden, lassen sich per FTP die puren Daten verschicken. Während eine E-Mail nur Dateien aufnehmen kann, ist bei FTP auch das Versenden ganzer Ordner und Ordnerstrukturen möglich. Vor allem aber kann der Empfänger selbst entscheiden, wann er die ihm zugegangenen Daten herunterladen möchte, während das E-Mail-Verfahren sich gerade dadurch auszeichnet, dass die Post automatisch abgeholt wird. Bei großen Datenmengen ist diese Automatik aber äußerst hinderlich, weil dadurch u. U. der ganze Rechner für eine gewisse Zeit lahm gelegt ist, ohne dass man als Anwender die Gründe dafür kennt.

Bei FTP sprechen sich Sender und Empfänger ab (tauschen sich z. B. per E-Mail zum anstehenden FTP-Versand aus), und dann lädt der Sender die Daten mit einem FTP-Programm in einen speziellen Bereich des FTP-Servers, auf den der Empfänger zugreifen darf. Und der Empfänger lädt sie von dort – wieder mit einem FTP-Programm – herunter. Das Erfreuliche: Jeder *Browser*, so auch der INTERNET EXPLORER, ist ein einfaches (und für viele Zwecke ausreichendes) FTP-Programm. Des Weiteren erfreulich ist, dass heute bereits jeder mittlere Verlag, viele Setzereien und praktisch alle Druckereien über eigene FTP-Bereiche verfügen. Hoch- und Herunterladen geht mit DSL-Geschwindigkeit (falls man über DSL verfügt), so dass selbst Dateigrößen von vielen Megabyte kein Problem beim Verschicken sind.

- Wenn Sie große Dateien z. B. aus Zeitgründen nicht per CD oder DVD, sondern per FTP an den Verlag schicken möchten, so lassen Sie sich die Zugangsdaten zum Verlags-FTP-Bereich geben, und es kann losgehen.

Sie benötigen den Servernamen, einen Benutzernamen und ein Passwort.

Auch und gerade bei digitalen Manuskripten muss an die Sicherheit gedacht werden. An die Stelle der *Sicherheitskopie* auf Papier tritt hier eine solche auf der zweiten Festplatte, auf einer CD oder auch im Internet (z. B. im FTP-Bereich des Verlages oder des Instituts). Vom Datenträger, auf dem das Manuskript entstanden ist (meistens Ihrer Festplatte), sollten Sie am besten zwei Kopien auf CD oder DVD brennen. Eine davon senden Sie zusammen mit dem Ausdruck an den Verlag, die andere bewahren Sie an einem sicheren Ort (außerhalb des Büros!) auf.

6 Formeln

6.1 Größen

6.1.1 Größen und Dimensionen

Wir befassen uns jetzt mit den „Sonderteilen" naturwissenschaftlich-technischer Texte und geben zunächst, in diesem Kapitel, die für den rechten Umgang mit „Formeln" erforderlichen Hinweise schreibtechnischer Art. Dabei wollen wir einigermaßen gründlich vorgehen: Nur wer *weiß*, was beispielsweise (physikalische) Größen sind, kann sie richtig schreiben. Diesem Gedanken dienen die ersten vier Abschnitte des Kapitels, die den Größen, Einheiten und Zahlen gewidmet sind; dazwischengeschaltet ist noch eine kurze Betrachtung der besonderen Einheiten der Chemie.

Wenn wir jetzt für das, was man aus Größen, Einheiten, Zahlen und speziellen Symbolen zusammensetzen kann, einfach „Formeln" sagen,[1] verengen wir gleichzeitig das Thema: Wir meinen *Ausdrücke* und Formeln *mathematisch-physikalischer Art*, die in genormten Zeichen der Satztechnik oder der Textverarbeitung darstellbar sind. Die besondere Welt der *chemischen Formeln* – die eigentlich mehr Bilder als Schrift sind[2] – haben wir hier ausgeklammert und nur kurz in Abschn. 7.2.5 „Chemische Strukturformeln" behandelt.

Die *Naturwissenschaften* sind meist nicht nur an der Qualität, dem „Wie" einer Sache, interessiert, sondern auch an der Quantität, dem „Wie viel". Das macht sie schwierig und hebt sie empor. Bei dem Bemühen, die Erscheinungen quantifizierbar oder messbar zu machen, hat der Begriff der *Dimension* Bedeutung erlangt. Die Natur lässt sich nur in mehreren Dimensionen darstellen. Doch ist dies in der *Physik* anders gemeint, als wenn wir von der Dreidimensionalität des Raumes sprechen.

---

[1] Das Wort *Formel* ist weder in der Gemeinsprache noch fachsprachlich streng festgelegt, zu vielfältig sind seine Anwendungen. Gemeinsprachlich kann man mit „Formel" einen feststehenden Ausdruck meinen, eine Redensart (vgl. „Grußformel" oder das Adjektiv „formelhaft" in der Bedeutung von feststehend, starr). Eine lexikalische Begriffsbildung (*Wahrig: Deutsches Wörterbuch* 2005) bietet „kurze Schreibweise eines mathemat. od. physikal. Zusammenhanges durch Verwendung von Gleichungen und speziellen Zeichen" an. Noch weniger bestimmt ist das Wort *Ausdruck*, wie wir es hier verwenden, nämlich als Äquivalent für *engl.* (mathematical) *expression*. Dafür ist auch noch das Fachwort *Term* gebräuchlich; man spricht beispielsweise von einem „bestimmten Term in einer Gleichung". Auch im Normenwerk (etwa in DIN 1302, DIN 1304-1 oder DIN 1313) haben wir zu „Ausdruck" keine Definition gefunden, obwohl das Wort verwendet wird. Beispielsweise werden in IUPAP (1981, S. 3) Zeichenkombinationen wie $\sin\{2\pi(x - x_0)/\lambda\}$, $\exp\{(r - r_0)/\sigma\}$ und $\exp\{-V(r)/kT\}$ beiläufig „Ausdrücke" genannt. Dem Setzer alter Schule war „Ausdruck" als Bestandteil des *Formelsatzes* ein Begriff: „der Satz mathematischer und chemischer Formeln" (in DORRA und WALK 1990). Nicht zu verwechseln damit ist der *Ausdruck* im Sinne von *(engl.)* print-out (Ergebnis des Ausgabevorgangs mit einem Drucker) im vorangegangenen Kapitel.

[2] Vgl. „Die neuere Fachsprache der Chemie unter besonderer Berücksichtigung der Organischen Chemie" (EBEL 1998).

Sich erstrecken, dauern, schwer sein, zählbar sein bedeutet jeweils eine andere „Dimension". Wenn wir **L** als Symbol für „sich erstrecken" wählen, dann benötigt man nur diese eine Dimension, um außer Strecken auch Flächen und Räume zu beschreiben, allerdings jetzt in der zweiten bzw. dritten Potenz ($\mathbf{L}^2$, $\mathbf{L}^3$).

Um in diesen Dimensionen messen zu können, brauchen wir den Begriff der *physikalischen Größe* (*Messgröße*) oder kurz *Größe*. Dem „Sich-Erstrecken" oder „Lang-Sein" ist eine Größe zugeordnet, die wir *Länge* nennen, mit dem Symbol l.[3] Für die Physik sind auch Höhen, Tiefen, Dicken oder Abstände jeder Art „Längen" (z. B. in der Form eines Atomabstands für eine bestimmte Bindungslänge). Messen eines Abstandes heißt dann feststellen, wie oft eine Einheitslänge in diesem Abstand enthalten ist. Diese Einheitslänge heißt auch die *Einheit* der Länge.

- Jeder spezielle Wert einer *Größe* ist darstellbar als Produkt einer *Zahl* und einer *Einheit*.

Dieses Produkt heißt *Größenwert* (in der Messtechnik: *Messwert*). Wenn wir als allgemeines Symbol für eine Größe G benützen, können wir das in Form einer Gleichung (*Größengleichung*, Grundformel des Größenkalküls) ausdrücken:

$$G = \{G\} \cdot [G] \qquad (6\text{-}1)$$

Darin bedeutet $\{G\}$ den *Zahlenwert* der Größe, $[G]$ ihre Einheit.

Damit lässt sich Gleichung (6-1) in die Worte fassen:

> Größenwert ist gleich Zahlenwert mal Einheit.

Es hat lange gebraucht, um Klarheit darüber zu gewinnen, wie vieler voneinander *unabhängiger* Größen – *Basisgrößen* genannt – es bedarf, um die Natur vollständig beschreiben zu können. Die Problemstellung war gleichbedeutend mit der Beantwortung der Frage, wie viele *unabhängige Einheiten* oder *Basiseinheiten* man einführen muss, um alle Naturerscheinungen messen zu können. Die Antwort wurde erst 1960 durch die Conférence Générale des Poids et Mesures (CGPM) auf dem Wege einer internationalen Konvention, des *Système International d'Unités* (SI), gegeben, und sie war verblüffend:

- Für die Quantifizierung der Natur genügen *sieben* Basisgrößen mit ihren zugehörigen Basiseinheiten.

Die *Bezeichnungen* der Basisgrößen des SI und der zugehörigen Einheiten sind in Tab. 6-1 zusammengestellt (vgl. DIN 1301-1, 2002, *Einheiten: Einheitennamen, Einheitenzeichen*).

Neben den Bezeichnungen (Namen) von Größen und Einheiten bedarf es noch einer „Kurzschrift", um komplexe Sachverhalte in knapper Form ausdrücken zu können. Die international vereinbarten *Größensymbole (Formelzeichen)* und *Einheitensymbole (Einheitenzeichen)* sind ebenfalls in Tab. 6-1 aufgeführt. Außerdem werden dort die Symbole der den Basisgrößen entsprechenden Dimensionen aufgeführt.

---

[3] Die Wahl des Zeichens l im Beispiel (für Länge) ist nicht Ausdruck schriftstellerischen Beliebens, sondern Anerkennung internationaler und nationaler Normung.

Tab. 6-1. Basisgrößen und Basiseinheiten des SI.

Basisgröße (Dimension)	Größen-symbol	Dimensions-symbol	zugehörige Basiseinheit	Einheiten-symbol
Länge	l	**L**	Meter	m
Masse	m	**M**	Kilogramm	kg
Zeit	t	**T**	Sekunde	s
elektrische Stromstärke	I	**I**	Ampere	A
thermodynamische Temperatur	T	**Θ**	Kelvin	K
Stoffmenge	n	**N**	Mol	mol
Lichtstärke	I, I_V	**J**	Candela	cd

Wie die Tabelle zeigt, sind mit den Namen und Zeichen auch bestimmte Schreibweisen vereinbart worden, die sich auf das Zeichenformat (den Schriftstil) beziehen.

- Für Größensymbole (Formelzeichen) ist eine *Kursivschrift*, für Dimensionssymbole eine senkrechte *serifenlose Fettschrift* und für Einheitensymbole eine *senkrechte Grundschrift* vorgesehen.

Dies sind Empfehlungen, die sich nicht immer einhalten lassen. Aber sie haben ihren Sinn. Die „Kursivschreibung von Formelzeichen" ist etwas so Elementares, dass *Formeleditoren* im Schreibmodus „Math" automatisch den kursiven Schriftschnitt wählen; man muss dann auf die steile Grundschrift „zurückrudern", wenn kursiv gerade *nicht* zu brauchen ist.

DIN 1338 Beiblatt 1 (1996) *Formelschreibweise und Formelsatz: Form der Schriftzeichen* erklärt darüber hinaus: „Als für den Formelsatz geeignete Schriften werden die Antiqua-Schriften der Gruppe I bis Gruppe IV nach DIN 16 518 (Schriftarten mit Serifen) empfohlen. Nur für Sonderfälle sollte die serifenlose Linear-Antiqua (Grotesk) der Gruppe VI nach DIN 16 518 verwendet werden." Die verbreitete Meinung, für Formeln seien die schnörkellosen Zeichen einer Grotesk-Schrift gerade recht, erfährt hier eine offizielle Abfuhr, und das zu Recht: Sind es doch gerade die *Serifen* („Füßchen", *Endstriche*), die Zeichen gut lesbar machen – und darauf kommt es in Formeln zu allererst an.

- In anspruchsvollen Druckerzeugnissen sollte die *Kursivschreibung* von Größensymbolen keinesfalls außer Acht gelassen werden, weil durch sie die Lesbarkeit von Gleichungen wie überhaupt von naturwissenschaftlichen Texten erhöht wird.

Hingegen kann auf den Fettdruck von *Dimensionssymbolen* verzichtet werden, wenn die Grundschrift selbst und die anderen Formelzeichen serifenbetont sind (s. „Schriften, typografische Maße" in Abschn. 5.5.1): Als Unterscheidungsmerkmal bleibt ja noch „grotesk".

An dieser Stelle erscheint es angebracht, den Begriff „Größe" noch zu erweitern. Auch die Mathematik kennt den Größenbegriff, wenngleich in etwas anderer Weise als in der Physik: Man spricht dort eher von *Variablen*. Gemeinsam ist der Variablen und der Größe, dass sie im Prinzip beliebige Zahlenwerte bzw. Größenwerte (Zahlenwerte in Verbindung mit einer Einheit) annehmen können. Wann immer das der Fall ist, ist das zugehörige Symbol kursiv zu schreiben. Ähnliches gilt für *allgemeine Funktionen*, deren Symbole stets kursiv gesetzt werden, z. B. f, u und φ in $f(x) = u[\varphi(x)]$.

Wie die Betrachtung der Dimension **L** gezeigt hat, kann man Dimensionen potenzieren, also miteinander multiplizieren ($\mathbf{L}^2 = \mathbf{L} \cdot \mathbf{L}$). Das gilt auch für zwei oder mehr *verschiedene* Dimensionen, wir kommen darauf im nächsten Abschnitt im Zusammenhang mit den abgeleiteten Größen zurück. Führt man dim G als Symbol der Dimension einer Größe und **D** als allgemeines Dimensionssymbol ein, so kann man diesen Sachverhalt in Form einer allgemeinen *Gleichung*[4] ausdrücken, die wir Gl. (6-1) zur Seite stellen wollen.

$$\dim G = (\mathbf{D}_1)^{n_1} \cdot (\mathbf{D}_2)^{n_2} \cdot \ldots \cdot (\mathbf{D}_7)^{n_7} \qquad (6\text{-}2)$$

Darin sind $\mathbf{D}_1$ bis $\mathbf{D}_7$ die sieben Symbole der Dimensionen der Tab. 6-1, also **L**, **M**, **T** usw. Die Hochzahlen n_i in Gl. (6-2) sind kleine positive oder negative Zahlen oder haben den Wert 0. Beispielsweise gilt für die in Abschn. 6.1.2 vorgestellte Größe Kraft, F,

$$\dim F = \mathbf{L}\, \mathbf{M}\, \mathbf{T}^{-2} \qquad (6\text{-}2\,a)$$

worin **L**, **M** und **T** die Symbole der Dimensionen Länge, Masse und Zeit sind.

Gl. (6-2) kann die Form annehmen:

$$\dim G = \mathbf{D} \cdot \mathbf{D}^{-1} = 1 \qquad (6\text{-}2\,b)$$

● Eine Größe kann die Dimension 1 haben.

Unerwünscht, da den Hintergrund verschleiernd, ist die Aussage „G ist dimensionslos".

Ein Beispiel für die Anwendung von Gl. 6-2 b ist der Brechungsindex, der durch Division zweier Größen mit der Dimension einer Geschwindigkeit gebildet wird. Doch weiter – handelt es sich wirklich nur um Formalia?

● In Exponenten und Logarithmen dürfen nur Größen mit der Dimension 1 stehen, weil Potenzieren und Logarithmieren rein numerische Vorgänge sind.

Man kann von der *Zahl* 100 den Logarithmus zur Basis 10 bilden, aber nicht von „100 Gramm", wie man umgekehrt die Zahl 10 in die 2. Potenz, nicht aber in die „2 g"-te Potenz erheben kann. Leider wird hierauf in der Literatur wenig geachtet. (Der pH-Wert beispielsweise ist nicht der negative dekadische Logarithmus der Wasserstoffionen-Konzentration, wie oft zu lesen ist, sondern des *Zahlenwerts* der Wasserstoffionen-Konzentration, s. Abschn. 6.1.2; offenbar muss bei der Definition des pH eine Abrede getroffen werden, in welcher Einheit die Wasserstoffionen-Konzentration zu messen ist.)

---

[4] Wir kürzen nachstehend das Wort „Gleichung" zu „Gl."; *Gleichungsnummern* bei freistehenden Gleichungen werden, wie allgemein üblich, gegen den rechten Rand gerückt.

Des Weiteren kann man Größen unterschiedlicher Dimension nicht addieren oder subtrahieren, weil man Unvergleichbares nicht vereinigen kann. Dies ist eine Art der *Dimensionsbetrachtung*, die zur Prüfung der Richtigkeit naturwissenschaftlicher Ausdrücke *(Terme)* herangezogen werden kann. Eine andere besteht in der Prüfung von *Gleichungen*:

● Die Ausdrücke links und rechts vom Gleichheitszeichen in einer Gleichung müssen dieselbe Dimension haben.

Dass auf beiden Gleichungsseiten dieselben *Einheiten* stehen müssten, kann man hingegen – wegen des Auftretens von Zahlenfaktoren – nicht behaupten, wie die Gleichungen für die *Umrechnung* von Einheiten zeigen, z.B.[5]

$$1 \text{ m} = 1000 \text{ mm} \quad \text{oder} \quad 1 \text{ min} = 60 \text{ s} \tag{6-3}$$

Es gibt viel mehr (physikalische) Größen als die sieben Dimensionen (s. Tab. 6-1), woraus folgt:

● Gleiche Dimension bedeutet nicht unbedingt gleiche *Größenart*.

Beispielsweise haben sowohl die Dichte als auch die Massenkonzentration die Dimension $\mathbf{M} \mathbf{L}^{-3}$. Viele ganz unterschiedliche Größen haben die Dimension 1. Alle Zählraten haben die Dimension $\mathbf{T}^{-1}$, wobei es gleichgültig ist, ob beispielsweise Schwingungen *(Frequenz)*, Umdrehungen *(Kreisfrequenz)* oder radioaktive Zerfälle *(Radioaktivität)* gezählt werden. Entsprechendes gilt auch für Einheiten: So haben die Induktivität L und auch der magnetische Leitwert L die Einheit Henry (H; 1 H = 1 m^2 kg s^{-2} A^{-2}), und in m^2 kann man nicht nur Flächen messen, sondern z.B. auch Kernquadrupolmomente.[6]

● In den Naturwissenschaften, besonders in der Thermodynamik, unterscheidet man zwei Arten von Größen, *extensive* und *intensive*.

Extensive Größen haben etwas mit der „Mächtigkeit" eines Objekts zu tun, intensive mit seinem „Zustand". Von den Basisgrößen des SI in Tab. 6-1 ist die Masse eine extensive, die Temperatur eine intensive Größe. Auch zahlreiche abgeleitete Größen wie der vorhin genannte Brechungsindex oder die Dichte sind Beispiele intensiver Größen.

Wir wollen an Gl. (6-1) noch eine Betrachtung über Größenangaben in Abbildungen und Tabellen anschließen. Oft besteht der Wunsch, unmittelbar bei einem Größensymbol anzugeben, in welcher Einheit die Größe gemessen wird, weil erst dann die – vielleicht an anderer Stelle erfolgende – Angabe von Zahlenwerten einen Sinn macht. Das gilt für *Achsenbeschriftungen* in Diagrammen ebenso wie für *Tabellenköpfe*. Es ist ein häufiger Brauch, die Einheiten in eckigen Klammern dem Größensymbol nach-

---

[5] MERKEL (1980) unterscheidet zwei Arten von *Einheitengleichungen*. Die eine verwendet man bei Einheitenangaben, z.B. in der Form (gelesen: „Die Einheit der molaren Gaskonstante ist ..."); die andere gibt eine zahlenmäßige Beziehung zwischen Einheiten an nach Art der Beispiele in Gl. (6-3) oben.

[6] DIN 1301-1 (2002) vermerkt dazu: „Zur besseren Unterscheidung zwischen Größen gleicher Dimension dürfen bestimmte Namen oder bestimmte Kombinationen bevorzugt werden. Zum Beispiel: für das Kraftmoment das Newtonmeter (N · m) anstelle des Joule; für die Frequenz eines periodischen Vorgangs das Hertz (Hz) und für die Aktivität einer radioaktiven Substanz das Becquerel (Bq) anstelle der reziproken Sekunde (1/s)."

zustellen. Wie immer dieser Brauch zustande gekommen ist: Er ist heute nicht mehr zulässig. Der Grund ist die spezifische Verwendung der eckigen Klammer in Gl. (6-1) mit der Bedeutung „Einheit von G": In den eckigen Klammern steht das allgemeine Größensymbol G, nicht eine Einheit! Und eine Einheit von einer Einheit bilden gibt keinen Sinn. Was statt dessen gebraucht wird, ist eine deutlich als *Anmerkung* zu verstehende Notation.

- Wollen Sie angeben, in welcher Einheit eine Größe gemessen wird, so fügen Sie die Einheitenzeichen nach einem Komma dem Größensymbol an, schreiben sie in runden Klammern dahinter (auch in Verbindung mit dem Wort „in") oder stellen sie – z. B. in einem Tabellenkopf – *unter* das Größensymbol.

In gleicher Weise können Sie auch mit dem Namen der Größe (statt mit dem Größensymbol) verfahren, um anzugeben, in welcher Einheit die Größe gemessen wird. Dies führt zu Notationen wie

Blutglucose, mmol/L
Blutglucose (mmol/L)
Bestrahlungszeit (s).

- Eine andere Möglichkeit besteht in der Division der Größe durch die Einheit.

Gemäß Gl. (6-1) liefert die Division eines Größenwertes durch die Einheit den Zahlenwert. Dieser ist es, der in Diagrammen aufgetragen, in Tabellen aufgelistet wird. Hieraus resultiert diese zweite Empfehlung, die sich in naturwissenschaftlichen Schriften immer mehr durchsetzt, nachdem sie seit Längerem von Normen und internationalen Organisationen (DIN 461, 1973; BS-4811: 1972; IUPAC International Union of Pure and Applied Chemistry 1993a) unterstützt wird. Beispiele für die Anwendung finden sich in den Kapiteln 7 und 8 dieses Buches.

Die obigen Empfehlungen führen im einfachen Fall einer Länge l, die in mm gemessen worden ist, zu:

l, mm l (mm) l (in mm) l/mm   (*nicht:* l [mm])

6.1.2 Abgeleitete Größen und Funktionen

Alle Größen der Naturwissenschaften kann man – so die Kernaussage des SI – auf sieben Basisgrößen *zurückführen* oder umgekehrt jede Größe aus diesen *ableiten*.

- Größen, die nicht selbst Basisgrößen sind, werden *abgeleitete Größen* genannt, ihre Einheiten *abgeleitete Einheiten*.

Einen Überblick über einige wichtige abgeleitete Größen und ihre Einheiten gemäß DIN 1301-1 (2002) bietet Tab. 6-2. Die alphabetische Anordnung darin folgt den Symbolen der Einheiten. Weitere Größen und Einheiten sind, nach Fachgebieten geordnet, in Anhang B zusammengestellt. Eine von der IUPAC (International Union of Pure and Applied Chemistry) besorgte Zusammenstellung in englischer Sprache findet sich im „Grünen Buch" dieser Organisation (IUPAC 1993a), das im Wesentlichen mit einer vergleichbaren Publikation der IUPAP (International Union of Pure and Applied

Tab. 6-2. Wichtige abgeleitete Einheiten und weitere Einheiten mit eigenen Namen und Einheitenzeichen.

Größe[a]	Größen-symbol	abgeleitete Einheit	Einheiten-Symbol	Beziehung zu Basiseinheiten	anderen Einheiten
Aktivität[b]	A	Becquerel	Bq	s^{-1}	
Elektrizitätsmenge, elektrische Ladung	Q	Coulomb	C	A s	
Celsius-Temperatur	Θ	Grad Celsius[c]	°C	K	
elektrische Kapazität	C	Farad	F	$m^{-2}\,kg^{-1}\,s^4\,A^2$	C/V
Induktivität	L	Henry	H	$m^2\,kg\,s^{-2}\,A^{-2}$	Wb/A
Frequenz eines periodischen Vorgangs	ν, f	Hertz	Hz	s^{-1}	
Energie, Arbeit, Wärme, Moment einer Kraft, Drehmoment	E, W	Joule	J	$m^2\,kg\,s^{-2}$	N m, W s
Lichtstrom	Φ	Lumen	lm	cd sr	
Beleuchtungsstärke	E	Lux	lx	$cd\,sr\,m^{-2}$	lm/m^2
Kraft	F	Newton	N	$m\,kg\,s^{-2}$	
elektrischer Widerstand	R	Ohm	Ω	$m^2\,kg\,s^{-3}\,A^{-2}$	V/A
Druck, mechanische Spannung	p	Pascal	Pa	$m^{-1}\,kg\,s^{-2}$	N/m^2
ebener Winkel, Winkel	α, β, γ	Radiant	rad	m/m	
elektrischer Leitwert	G	Siemens	S	$m^{-2}\,kg^{-1}\,s^3\,A^3$	A/V
Äquivalentdosis	H	Sievert	Sv	$m^2\,s^{-2}$	J/kg
Raumwinkel	Ω	Steradiant	sr	m^2/m^2	
magnetische Flussdichte (magnetische Induktion)	B	Tesla	T	$kg\,s^{-2}\,A^{-1}$	Wb/m^2
elektrische Spannung, elektrisches Potential	U	Volt	V	$m^2\,kg\,s^{-3}\,A^{-1}$	J/C
Leistung, Energiestrom, Wärmestrom	P	Watt	W	$m^2\,kg\,s^{-3}$	J/s
magnetischer Fluss	Φ	Weber	Wb	$m^2\,kg\,s^{-2}\,A^{-1}$	V s

[a] Alphabetisch angeordnet nach den zugehörigen *Einheitensymbolen*.
[b] Aktivität einer radioaktiven Substanz, auch Radioaktivität genannt.
[c] Genau genommen ist das Grad Celsius keine abgeleitete Einheit.

Physics; IUPAP 1981) übereinstimmt. Die eigentliche internationale Autorität in Fragen der *Metrologie,* um die es hier geht, ist aber die CGPM. Die genannten Publikationen leiten sich von der 11. CGPM ab, die 1960 stattfand und in der Verabschiedung des SI gipfelte (vgl. auch Tab. 6-1 in Abschn. 6.1.1).

Der Bedarf an Größen in den Naturwissenschaften ist unbegrenzt, und nur einige hundert der wichtigsten haben bislang „offizielle" Namen und Größensymbole zugewiesen bekommen (HAEDER und GÄRTNER 1980, DRAZIL 1983, FISCHER und VOGELSANG 1993). DIN 1304-1 (1994) führt allein für ungefähr dreihundert physikalische Größen in den Bereichen Mechanik, Elektrizität und Magnetismus, Thermodynamik und Wärmeübergang, Physikalische Chemie und Molekularphysik, Licht und elektromagnetische Strahlungen, Atom- und Kernphysik sowie Akustik *allgemeine Formelzeichen* ein, zu denen in den spezielleren Fachbereichen (in Folgeteilen der Norm) *zusätzliche Formelzeichen* treten.

Mit Sicherheit werden weitere hinzukommen. Diese Namen und Symbole bilden einen wichtigen Bestandteil der naturwissenschaftlichen *Terminologie.* Die international vereinbarten Namen sollen – mit nationalsprachlichen Abwandlungen, wo erforderlich – überall verwendet werden. Viele Fachdisziplinen entwickeln noch darüber hinaus ihre speziellen Terminologien, die oft auch Gegenstand der Arbeit nationaler Normenausschüsse sind.

Es ist interessant, die fünfte Spalte von Tab. 6-2 näher zu betrachten. Die dort notierten Einheiten spiegeln die mathematischen Verknüpfungen, die mit den zugrunde liegenden Basisgrößen durchgeführt worden sind, und sind somit Verifikationen von Gl. (6-2).

- Die den abgeleiteten Größen zugrunde liegende mathematische Operation ist immer eine Multiplikation oder Division.

Betrachten wir unter einem semantischen Gesichtspunkt die in Anhang B unter „mechanische Größen" verzeichnete *Dichte.* Deren Einheit kg m^{-3} lässt erkennen, dass die Dichte der Quotient aus Masse und Volumen ist, da kg die Einheit der Masse und m^3 die Einheit des Volumens ist. Man sollte sich dann einer entsprechenden Ausdrucksweise auch tatsächlich bedienen: „Dichte ist Masse dividiert durch Volumen". Sagt man hingegen „Dichte ist die Masse pro Volumeneinheit" (oder ähnlich), so hat man sich von der Definition bereits entfernt und gibt eine Interpretation. Es sind sprachliche Nuancen dieser Art, die bei unscharfem Gebrauch dem Lernenden oft das Verständnis erschweren. Wir kommen darauf bei unserer weiteren Behandlung der Einheiten in Abschn. 6.3.1 zurück.

- Größen lassen sich auch durch andere mathematische Operationen als die Multiplikation und Division abwandeln und werden dadurch miteinander zu *Funktionen* verknüpft.

Ein Beispiel ist die in Anhang B enthaltene *Gibbs-Funktion* $G = H - TS$. Ein anderes ist der pH, der als negativer Logarithmus des Zahlenwerts der molaren Wasserstoffionen-Konzentration (angegeben in mol/L) definiert ist.

Von den Größen der Tab. 6-2 ist eine, die *Celsius-Temperatur*, keine abgeleitete Größe im engeren Sinne, sondern eine Funktion. Dies ist schon deshalb zu vermuten, weil sie durch dieselbe Einheit gemessen wird wie die *thermodynamische Temperatur*, das Kelvin. Tatsächlich handelt es sich um die Funktion ϑ, die in 1 °C (Grad Celsius) = 1 K (Kelvin) gemessen und durch

$$T/K = \vartheta/°C + 273{,}15 \tag{6-4}$$

definiert wird. (Statt des griechischen Buchstabens ϑ wird oft auch t geschrieben.)

- Die international vereinbarten *Größensymbole* sind große oder kleine Buchstaben des lateinischen oder des griechischen Alphabets.

Nur in wenigen Fällen sind Zwei-Buchstaben-Symbole zugelassen. Es handelt sich vor allem um bestimmte *Kenngrößen* des Massen- und Energietransports wie die Reynolds-Zahl. Wie alle anderen Größensymbole sollen auch sie – sie sind nicht wirklich „Zahlen", sondern Größen mit der Dimension 1 – kursiv geschrieben werden. Zur Verdeutlichung wird empfohlen, sie in Klammern zu setzen, z. B. *(Re)*.

- Durch Hinzufügen von hoch- oder tiefgestellten *Nebenzeichen* an die Größensymbole lassen sich Größen weiter spezifizieren.

Nebenzeichen werden wenn möglich in kleinerer Schrift geschrieben als die *Grundzeichen*. Sie können Buchstaben oder Ziffern sein, aber auch *Sonderzeichen* wie ', " (Strich, Strich-Strich), ^, *, †, ~, °, die mit Namen wie Dach, Stern, Kreuz, Tilde, Grad belegt sind. Null (0) und das Unendlich-Zeichen (∞) sind Beispiele *mathematischer Symbole*, die als Nebenzeichen verwendet werden. Diese Zeichen dürfen rechts oder links vom Grundzeichen hoch oder tief oder auch direkt darüber oder darunter gestellt werden. Je nachdem spricht man von *Hoch-* und *Tiefzeichen* (auch: *Superskript* bzw. *Subskript*), *Über-* und *Unterzeichen*. Anwendungsbeispiele sind etwa T_0, R_∞, U_*, a^*, m'', $\dot{V}$, $\bar{u}$. Das Zeichen „0", das für „Nullgröße", „Bezugsgröße", „Standardzustand" u. ä. steht, wird oft (nicht korrekt) durch den kleinen Buchstaben o (nicht null) wiedergegeben, manchmal auch durch das Grad-Zeichen.

Die *Chemie* macht von diesen „Indikatoren" in wiederum genormter Weise (DIN 1304-1; IUPAC 1979, IUPAC 1993a) Gebrauch. An Elementsymbolen ist das „Hochzeichen links vom Grundzeichen" die *Nukleonenzahl* (*Massenzahl*, Summe aus Protonen- und Neutronenzahl), während das Zeichen links unten die *Protonenzahl (Ordnungszahl)* angibt, z. B. in $^{14}_{6}C$. Rechts oben steht die *Ladungszahl* in der Form $n+$ oder $n-$, rechts unten wird die Anzahl der Atome angegeben, z. B. wie in $^{32}_{16}S_2^{2+}$. (Es handelt sich hierbei um ein doppelt ionisiertes Molekül aus zwei Schwefelatomen, von denen jedes die Ordnungszahl 16 und die Massenzahl 32 hat.)

- Für die seitliche Hoch- wie Tiefstellung stehen in den meisten Textverarbeitungsprogrammen Kurzbefehle zur Verfügung; meist ist auch eine „Punkt"-genaue Positionierung möglich.

Zeichen können – zur Verwendung als Hoch- oder Tiefzeichen – in nahezu allen Textverarbeitungsprogrammen um eine bestimmte Strecke, z. B. 3 Punkt, hoch- oder tiefgestellt werden. Einige *diakritische Zeichen*[7] – wie die *Tilde* (~) oder das *Dach* (^) – sind darüber hinaus in „üblichen" Kombinationen mit bestimmten Grundbuchstaben in den meisten Textverarbeitungsprogrammen verfügbar, z. B. ã, û, å, é. Um aber beliebige Zeichen übereinander zu setzen (z. B. - über u zu $\bar{u}$), wird es in der klassischen Textverarbeitung umständlich. Besser eignen sich für solche Zwecke im Textverarbeitungsprogramm integrierte *Formeleditoren*: Sie arbeiten schnell und führen zu typografisch sauberen Lösungen (mehr dazu und zu Formelsatzprogrammen s. Abschn. 6.7). In den am weitesten verbreiteten Layoutprogrammen (PAGEMAKER, XPRESS und INDESIGN) lassen sich Formeln nicht direkt generieren; aber man kann sie (ähnlich wie in Textverarbeitungsprogrammen) als Objekte einbetten oder als Bilder importieren.

Einige z. B. in der *Theoretischen Chemie* verwendete Index-Zeichen wie † (*engl.* dagger, „Degen") und ‡ (*engl.* double dagger) lassen sich in den gängigen Zeichensätzen der Textverarbeitung darstellen, weil sie im englisch-amerikanischen Schrifttum auch als Fußnotenzeichen verwendet werden (Abschn. 3.4.5); mit anderen in Forschung und Lehre gebräuchlichen Zeichen geraten Sie rasch in Schwierigkeiten, die sie auch mit dem *mathematischen Zeichensatz* der Sonderschrift „Symbol" nicht bewältigen können. Die beginnen bei den schon erwähnten diakritischen Zeichen und setzen sich bei anderen „Überzeichen" fort wie dem übergesetzten Strich, der verwendet wird, um den *arithmetischen Mittelwert* von Größenwerten anzuzeigen, dem übergesetzten Punkt für die *Ableitung* einer Größe nach der Zeit ($\dot{H}$ = dH/dt) und dem übergesetzten Pfeil für Vektoren.

Besonders häufig werden Tiefzeichen rechts vom Grundzeichen angewendet. Sie heißen *Indizes* (Einzahl *Index*) und bieten viele Möglichkeiten , die betrachtete Größe näher zu bezeichnen. Solche Indizes können aus mehreren Buchstaben (und anderen Zeichen) bestehen, die vielleicht sogar durch Beistriche und Klammern gegliedert sind. Norm DIN 1304-1 (1994) bietet in einer Tabelle 10 zahlreiche Beispiele für bevorzugt zu verwendende Schreibweisen wie „r" für relativ, „id" für „ideal", „nom" für „nominal" (Nennwert).

6.1.3 Weiteres über Symbole und ihre Darstellung

Die Buchstaben des lateinischen und griechischen Alphabets, auf die sich die international akzeptierte Symbolik von Größen und Einheiten stützt, reichen nicht aus, um für alle Bereiche der Naturwissenschaften eindeutige Zuordnungen zu schaffen. Gerade hierin liegt ein wesentlicher Grund, Größensymbole *kursiv* zu schreiben:

---

[7] Ursprünglich waren diakritische Zeichen „Betonungszeichen oder Akzente auf oder unter Buchstabenbildern", wie es in einer fachlexikalischen Definition heißt. Das nächst der *Tilde* (wie in ñ, z. B. in „el niño" für „ el nigno") wohl bekannteste Beispiel ist die *Cedille,* meist unter dem „c" wie in „garçon" verwendet um anzuzeigen, dass hier [s] zu sprechen ist, anstatt [k] wie sonst für „c" vor a, o, u üblich. – Enttäuschend: DIN 5008 (2005) *Schreib- und Gestaltungsregeln für die Textverarbeitung* nimmt dazu nicht Stellung. Die Naturwissenschaften haben in dieser treudeutschen Norm überhaupt keinen Platz, und Spezifisches für die Textverarbeitung konnten wir nicht entdecken.

- Durch einen zweiten Schriftstil – *kursiv* – neben der senkrechten Grundschrift ist das Zeichenreservoir verdoppelt und eine Unterscheidung zwischen Größen und Einheiten sichergestellt.

Beispielsweise steht m für (die Einheit) Meter, *m* für (die Größe) Masse; g für Gramm, *g* für die Standard-Gravitationsbeschleunigung.[8)] Dennoch mussten viele Buchstaben des Alphabets mehrfach belegt werden. So kann *M* die molare Masse, die magnetische Quantenzahl, das Kraftmoment, die Magnetisierung oder die spezifische Lichtausstrahlung bedeuten.

- Nicht-Eindeutigkeit und Unvollständigkeit allgemeiner Vereinbarungen sind der Grund, weshalb man oft naturwissenschaftlich-technischen Texten ein *Verzeichnis der Symbole* voranstellt.

In dieses Verzeichnis (auch *Liste der Symbole, Symbolliste*) sollten Sie alle Symbole, die in Ihrem Text verwendet werden, mitsamt Indizes aufnehmen, gleichgültig ob es sich um „gängige" oder für den Text charakteristische Zeichen handelt. Es empfiehlt sich, die verwendeten (oder gedachten) Einheiten zu nennen oder auf Bestimmungsgleichungen oder Definitionen im Text hinzuweisen. In der elektronischen Textverarbeitung können Sie anhand einer Symbolliste prüfen, ob alle verwendeten Zeichen von einem anderen Textverarbeitungssystem übernommen werden können. Ein Beispiel einer Symbolliste in Maschinen-geschriebener Form zeigt Abb. 6-1.

a	Oberfläche, geteilt durch das Volumen des gepackten Bettes, m^{-1}
C	molare Konzentration des Absorbens in der flüssigen Bulk-Phase, $mol\ m^{-3}$
C_F	spezifische Wärme der flüssigen Phase, $J\ kg^{-1}\ K^{-1}$
D_{ax}	axialer Flüssigkeitsdispersions-Koeffizient, $m^2\ s^{-1}$
D_p	Teilchendurchmesser des Absorbens, m
h_p	Wärmeübergangskoeffizient (fest-flüssig), $W\ m^{-2}\ K^{-1}$
$-\Delta H$	Absorptionswärme, $J\ mol^{-1}$
k_F	Wärmeleitfähigkeit der Flüssigkeit
(Nu)	$= h_p D_p / k_F$, Nusselt-Zahl
R	Teilchenradius, m
R_C	Radius der Kolonne, m
T_A^*	definiert in Gl. (11 a), K s
α_{ax}	axialer thermischer Flüssigkeitsdispersions-Koeffizient, $m^2\ s^{-1}$
ε	mittlerer quadratischer Fehler, definiert in Gl. (23)

Abb. 6-1. Beispiel für eine Symbolliste.

---

[8] *g* (oder streng g_n) ist eine Naturkonstante, nach IUPAC vom Wert 9,80665 $m\ s^{-2}$; die Biochemiker sollten also nicht bei „5000 g" zentrifugieren, sondern bei „5000 *g*".

- Verbinden Sie in Symbollisten (Bildlegenden usw.) Symbole und erklärende Texte nicht mit dem *Gleichheitszeichen*.

Dieses mathematische Symbol ist der Verwendung als *Relationszeichen* in mathematischen Formeln vorbehalten. Oft wird diese Regel in naturwissenschaftlich-technischen Texten nicht beachtet. Wie man es richtig macht, zeigt Abb. 6-1; dort ist das Gleichheitszeichen (=) nur an einer Stelle verwendet worden, nämlich bei der Nusselt-Zahl, die nicht durch Worte erklärt, sondern durch ihre Definitionsgleichung erläutert wird. (Die Symbolliste darf – das versteht sich – kein Alibi für das ordnungsgemäße Einführen von Begriffen und Symbolen im Text abgeben.)

Dem zuerst in Abschn. 6.1.1 angesprochenen Prinzip der *Kursivschreibung* physikalischer (und mathematischer) Größen in Texten, Gleichungen und Formeln ist unter typografischen Gesichtspunkten noch weiterhin Aufmerksamkeit zu schenken. Im *Formelsatz* gedruckter Dokumente sowie in der modernen Textverarbeitung bereitet es keine Schwierigkeiten, kursive Buchstaben darzustellen.

- In einem konventionellen maschinengeschriebenen Typoskript müssen Größensymbole für den Satz *ausgezeichnet* werden.

Dies ist notwendig, da der Setzer nicht erkennen kann, welche Zeichen in einer Gleichung Größensymbole sind.

- Die gängige *Kursivauszeichnung* in Typoskripten für den *Formelsatz* besteht darin, kursiv zu setzende Zeichen durch untergezogene grüne Striche zu markieren.

Die untergezogene Wellenlinie, die innerhalb von Texten zum Hervorheben oft verwendet wird – oder wurde –, eignet sich für Formeln nicht, da man unter einen einzelnen Buchstaben wie „i" nicht gut eine Wellenlinie zeichnen kann. Der kurze gerade Strich ist schneller angebracht, und durch die grüne Farbe (die allerdings in Fotokopien verloren geht) hebt er sich gut vom „Hintergrund" ab, ist also für den Setzer leicht zu erkennen.

- Die Kursivauszeichnung soll alle in Frage kommenden Zeichen nicht nur im Text und in Gleichungen erfassen, sondern auch in Abbildungen, Tabellen und anderen Sonderteilen.

Besonders soll sie sich auch auf Indizes erstrecken. Hat ein Index selbst die Bedeutung einer *Größe* oder *Variablen* wie in C_p für die Wärmekapazität bei konstantem Druck p bzw. x_i für i-tes Glied der Folge $x_1, x_2, ...$, so soll er kursiv stehen. Bedeutet er aber einen Hinweis oder eine Abkürzung (wie in C_B für die Wärmekapazität der Substanz B), so bleibt der Index steil.

Als Buchautor sollten Sie sich mit ihrem Verlag rechtzeitig abstimmen, wie die Kursivschreibung herbeigeführt werden soll und wer ggf. das Auszeichnen vornimmt. (Bei Beiträgen für Zeitschriften beachten Sie deren Richtlinien.) Das Auszeichnen ist nicht schwierig und erfordert wenig Zeit – Sie können die Aufgabe nebenbei erledigen, wenn Sie bei der Schlussdurchsicht eines Manuskripts einen grünen Bleistift zur Hand haben. Wenn Sie ein modernes Textverarbeitungssystem einsetzen, werden Sie die Zeichen gleich im richtigen „Stil" zu Papier bringen; allerdings liegt es an Ihnen sicherzustellen, dass die Zeichen von etwaigen Mitbenutzern der digitalen Aufzeichnung auch „verstanden" werden.

- Kursiv erscheint im Formelsatz alles, was „variabel" ist.

Dazu gehören, wir sagten es schon, die Variablen der Mathematik ebenso wie die Größen der Physik, weiter auch Zeichen wie f für eine allgemeine (nicht näher bestimmte) Funktion oder die *Laufzahlen* i und n für beliebige Zahlenwerte. Eine „Ausnahme" bilden *Naturkonstanten* wie die allgemeine Gaskonstante R oder das Plancksche Wirkungsquantum h, die ebenfalls kursiv zu setzen sind. Der Grund ist, dass diese „Konstanten" durchaus den Charakter von physikalischen Größen haben. (Bis zu ihrer Bestimmung hatten sie ihn sicher, und sie können auch heute noch neu festgelegt werden.)

Um das Problem von der anderen Seite einzugrenzen, sei auch gesagt, was in naturwissenschaftlich-technischen Texten, Formeln und Gleichungen *senkrecht* zu stehen hat:

- In senkrechter (steiler) Grundschrift erscheinen neben Einheiten alle *Zahlen*, *spezielle Funktionen* und mathematische *Operatoren*.

Spezielle Funktionen sind exp, ln, lg; die trigonometrischen Funktionen sin, cos, tan, cot; cosh usw., aber auch Funktionen wie die Hermiteschen Polynome, $H_n(x)$, und die Gammafunktion $\Gamma(x)$. Zu den *mathematischen Operatoren* zählen Zeichen wie Δ, ∂, D und der *Differentialoperator* d (schreiben Sie also dx!). Auch die *Imaginärzahl* i und die Basis der natürlichen Logarithmen, e – die *Eulersche Zahl* oder *Napiersche Zahl* –, sowie die *Kreiszahl* π werden steil geschrieben.

Eine besondere Klasse von physikalischen Größen bilden die *Vektoren*. Sie werden während des Vortrags an der Hörsaaltafel gerne durch den übergezogenen *Pfeil* gekennzeichnet (z. B. $\vec{F}, \vec{E}$). Im Satz hat sich dieses Verfahren als wenig handlich erwiesen:

- Vektoren werden in Druckerzeugnissen durch fett-kursive Typen gekennzeichnet.

Das Zeichen für die Kraft beispielsweise ist danach **F**, für die elektrische Feldstärke **E**, sofern man deren Richtungscharakter meint. F und E hingegen bedeuten den – richtungsunabhängigen – *Betrag* (Größenwert, d. h. Zahlenwert mal Einheit) der beiden vektoriellen Größen.

Ein Wort noch über Indizes. Manche Größen bedürfen einer so ausführlichen „Indexierung" (Kennzeichnung, Spezifizierung), dass es mit *einem* kurzen hoch- oder tiefgestellten Zeichen nicht getan ist (s. Abschnitte 6.2 und 6.5.3). Es hat sich eingebürgert, längere „Kommentare" zu einer Größe dieser in Klammern auf der Schreibzeile anzufügen. Besonders häufig macht man davon in der *Chemie* Gebrauch, indem man beispielsweise von den beiden Alternativen

$$c_{H_2SO_4} \quad \text{und} \quad c(H_2SO_4)$$

die zweite wählt. Sie hat den Vorteil, dass man keinen Index zum Index (doppelte Tiefstellung, also drei Schreibebenen und Schriftgrade!) setzen muss, was zu kaum mehr lesbar kleinen Indizes führen könnte; durch das Weiterschreiben in der Zeile ist dem abgeholfen.

- Der „Index" einer Größe kann dem Größensymbol in Klammern nachgestellt werden.

Aus dem genannten Grund hat es sich in einigen Gebieten der Chemie (z. B. bei thermodynamischen und kinetischen Betrachtungen) eingebürgert, Konzentrationen in noch anderer Weise darzustellen: [H_2SO_4] für c_{H2SO4}.

6.1.4 Quantitative Ausdrücke

Die Naturwissenschaften werden als „exakte Wissenschaften" bezeichnet, und doch sind manche ihrer Ausdrucks- und Schreibweisen in Vorträgen und Publikationen bei näherer Betrachtung ungenau, manchmal sogar irreführend. Wir lesen:

3 kg Schwefelsäure
3 kg Schwefelsäure/kg Natriumhydroxid
10^{12} Neutronen/s

Nun ist ein Kilogramm (kg) ein Kilogramm, und es gibt kein besonderes „Kilogramm Schwefelsäure". Wohl aber können Sie spezifizieren, dass die Masse einer Stoffportion Schwefelsäure 3 kg beträgt, $m(H_2SO_4) = 3$ kg.

- In Gleichungen und Ausdrücken dürfen Wörter nicht mit Zahlen, mathematischen Operatoren und Einheiten vermengt werden.

In den angeführten Beispielen ist das geschehen. Als mathematischer Operator tritt in den letzten beiden Beispielen der schräge Bruchstrich (/) auf. Kann man Schwefelsäure gegen Natriumhydroxid „kürzen"? Natürlich nicht. Ungereimtheiten dieser Art haben dazu beigetragen, die *Stöchiometrie* (die „Mengenlehre" der Chemie) zu einem schwer lehrbaren (und schwer lernbaren!) Gegenstand zu machen.[9] Wenn wir als Naturwissenschaftler so sorglos mit unserer eigenen „Sprache" umgehen, brauchen wir uns über einen Journalisten nicht zu mokieren, der die Bevölkerung mit der Nachricht erschreckt, im Speisesalz sei Chlor gefunden worden.

Um auf das Beispiel mit den Neutronen zurückzukommen: Hier handelt es sich um eine *Zählrate*. Dass Neutronen Gegenstand der Zählung sind, ist sekundär. Richtig wäre die Ausdrucksweise: „Der Neutronenfluss betrug 10^{12}/s". Ähnlich sollte man in der Klinischen Chemie nicht von „5000 Leukozyten/mm^3" sprechen (oder schreiben!), sondern von der „Leukozytenzahl" 5000/mm^3 oder noch besser (s. Abschn. 6.2.3): $5{,}0 \cdot 10^9$/L).[10]

---

[9] Wenn es nicht um Stöchiometrie geht, dürfen Sie sich einer laxeren Ausdrucksweise bedienen; beispielsweise ist gegen die Bestellung von 3 kg Schwefelsäure auf einem Auftragsschein nichts einzuwenden.

[10] Die *American Chemical Society* ist in diesem Punkt weniger streng und lässt den schrägen Bruchstrich (/, *engl.* slash) nicht nur zu, sie schreibt ihn sogar vor (*ACS style guide* 1997, S. 165): „When the first part of a unit of measure is a word that is not itself a unit of measure, use a slash (/) before the final abbreviated unit." Beispiel: 10 counts/s. Die slash-Notation ist sogar zulässig, wenn am Ende ein

Während eines Vortrags lasen wir auf einem projizierten Bild „12 g N/kg Trockenmasse". Gemeint war nicht die zusammengesetzte Einheit „g N/kg", sondern der Vortragende benutzte „N" als „Abkürzung" für „Stickstoff" – warum nicht unmissverständlich sagen und schreiben „Stickstoffanteil in der Trockenmasse 12 g/kg"?

In einem anderen Falle müsste man „der Gehalt war 20 mg Cantharidin/kg" ersetzen durch „der Massenanteil an Cantharidin, bezogen auf Trockenmasse, betrug 20 mg/kg". Wenn Ihnen das zu umständlich wird, dann nehmen Sie lieber Zuflucht zu rein verbalen Aussagen und ersetzen das „/kg" durch „pro Kilogramm". An der Achse eines Diagramms wäre der Vermerk „Anzahl Nematoden pro Gefäß" einem zwar kürzeren, aber doch ziemlich unsinnigen „Nematoden/Gefäß" vorzuziehen. Die Zellkonzentration können Sie wahlweise angeben als z. B. „$3 \cdot 10^6$ Zellen pro Milliliter" oder „$3 \cdot 10^6$ mL^{-1}".

Manche Fachgebiete erfinden eigene „Einheiten". *Biochemiker* zentrifugieren bei „1800 rpm" – warum nicht bei (einer Drehzahl von) 1800 min^{-1}? Dann bräuchte sich der clubfremde Leser nicht zu quälen, bis er dahinter kommt, dass rpm für „rotations per minute" steht. *Molekulargenetiker* messen die Sequenzlängen ihrer Nucleinsäuren in bp mit 1 bp = 0,34 nm. Aber bp ist nur eine Abkürzung für das Wort „Basenpaar" („base pair"). Dessen ungeachtet werden daraus auch noch kbp („Kilobasenpaare") und Mbp („Megabasenpaare") gemacht – ungeheuerlich! Hier werden Einheitenvorsätze an Zahlen gehängt, denn dieses „bp" ist nichts anderes als eine Zählrate, eine Größe mit der Dimension 1. Angemessen wäre stattdessen eine Darstellung wie „Bakteriophage ΦX 174 (NP 5375)", mit NP für „number of pairs".

- Die Naturwissenschaften sind auf höchste *Abstraktion* ebenso wie auf genaueste *Präzisierung* angelegt. Sie bedienen sich dazu einer *dualen Notation*.

Je nachdem können Sie Sachverhalte mehr so oder so notieren (IUPAC 1979), ohne Fehler oder Zugeständnisse zu machen. Hier zwei Beispiele:

$$K_c = \prod_i (c_i)^{n_i}$$

α(589,3 nm, 20 °C, 10 g dm^{-3} in Wasser, 10 cm) = 66,47°

Der erste Ausdruck ist sehr abstrakt, eine mathematisch verdichtete Form des „Wesens" einer Gleichgewichtskonstante. Die Gleichung ist so gehalten, dass sie auf beliebig viele Gleichgewichtssysteme angewandt werden kann. Ähnlich abstrakt war auch unsere Gl. (6-2) in Abschn. 6.1.1.

Umgekehrt ist der zweite Ausdruck eine sehr spezifische und genaue Angabe über den Drehwert einer bestimmten optisch aktiven Verbindung, der laut Messung bei einer vorgegebenen Wellenlänge, Temperatur, Konzentration und Schichttiefe 66,47° beträgt.

Beide Gleichungen sind richtig und erfüllen ihren Zweck. Auch die zweite bietet keinen Grund zur Beanstandung, obwohl darin verbal „in Wasser" vermerkt wird; aber

---

Wort steht: „0.8 keV/channel", doch wird auch „0.8 keV per channel" akzeptiert. Wir würden uns nicht gerne zwingen lassen, durch Kanäle zu dividieren.

diese Notation steht an der richtigen Stelle, nämlich in einer der Größe α nachgestellten Klammer, die die Bedeutung eines Index oder einer Erklärung hat (s. Abschn. 6.1.3).

Abschließend sei nochmals darauf hingewiesen, dass das *Gleichheitszeichen* (=) nur in mathematischen Kontexten, nicht in *Erklärungen*, verwendet werden soll. Auch die Angabe etwa eines Schmelzpunkts durch „Schmp. = − 10 °C" ist nicht zulässig, da „Schmp." eine Abkürzung und kein Größensymbol ist. Somit liegt eine Erklärung und nicht eine „Gleichung" im mathematischen Sinne vor. Korrekt ist deshalb nur die Schreibweise „Schmp. − 10 °C". Allerdings können Sie die Schmelztemperatur t_m einführen und dann formulieren: $t_m = -10$ °C

6.2 Einheiten

6.2.1 SI-Einheiten

Wir haben das SI schon in unserer einführenden Betrachtung über Dimensionen, Größen, Einheiten und Einheitensysteme in Abschn. 6.1.1 vorgestellt (s. Tab. 6-1).

- Zu jeder Basisgröße gehört eine *Basiseinheit*.
- Die sieben Basiseinheiten des SI sind das *Meter*, das *Kilogramm*, die *Sekunde*, das *Ampere*, das *Kelvin*, das *Mol* und die *Candela*.

Sie messen die Basisgrößen *Länge, Masse, Zeit, Stromstärke, Temperatur, Stoffmenge* und *Lichtstärke*. Eine Besonderheit ist das Kilogramm (kg), weil es ein Vorsatzzeichen (s. Abschn. 6.2.3) enthält. Warum hier nicht das Gramm (g), das noch in früheren Einheitensystemen (*CGS*, Zentimeter-Gramm-Sekunde) die Basiseinheit der Masse war, gewählt worden ist, hat historische Gründe.[11] Wir wollen hierauf ebenso wenig eingehen wie auf die *Definitionen* der Basiseinheiten. Für Eichzwecke muss es überall auf der Welt verifizierbare Festlegungen geben, was ein Meter usw. ist; wir verweisen dazu auf die Spezialliteratur (z. B. IUPAP 1981; IUPAC 1979, IUPAC 1993a; auch in DIN 1301-1 sind die Definitionen enthalten).

- Zusammen mit den Definitionen und Namen ist jeder Basiseinheit des SI ein Symbol *(Einheitensymbol, Einheitenzeichen)* beigeordnet worden, das in Verbindung mit Zahlen zu verwenden ist.

Während die Namen der Einheiten *(Einheitennamen)* von Sprache zu Sprache etwas verschieden buchstabiert werden können (z. B. mètre statt Meter), sind die Symbole unveränderbar weltweit eingeführt. In quantitativen Ausdrücken werden sie nach einer *Leertaste (Leerzeichen, Spatium, Satzzwischenraum)* den Zahlen nachgestellt, z. B.

---

[11] Erstaunlicherweise verlor auch das Zentimeter seinen Stammplatz unter den Basiseinheiten (an das Meter), aus dem CGS-System wurde so das *MKS*-System: Meter-Kilogramm-Sekunde. 1948 war dieses zunächst durch Aufnahme des Ampere zum *MKSA*-System erweitert worden, wodurch die „systematische" Messung aller elektrischen und magnetischen Vorgänge möglich wurde.

„2,4 mg". In verbalen Aussagen verwenden Sie die Symbole *nicht,* vielmehr ihre Namen, z. B. „drei Meter hoch". Hinter einem Einheitenzeichen steht kein Punkt, da es sich um ein Zeichen und keine Abkürzung handelt! Wortabkürzungen für Einheiten (wie „Sek." statt Sekunde oder s) sind unbedingt zu vermeiden.

Auch für die Potenz von Einheiten können Sie Namen verwenden wie Kubikmeter (m^3) oder Quadratmillimeter (mm^2). Eine ausführliche Anmerkung war dem Deutschen Institut für Normung noch die Frage des bei Einheiten stehenden Artikels wert, d. h. des grammatischen Geschlechts. Es heißt dort (DIN 1301-1, Abs. 8.1):

- Die Namen der Einheiten sind sächlich (z. B. das Meter).

Allerdings werden 14 Ausnahmen aufgelistet (von „die Sekunde" über „die Tonne" bis „der Grad Celsius"), aber der Name für das ehrwürdige „m" ist nicht dabei, er wird ja als Beispiel für die Sprachregelung „sächlich" eigens erwähnt. An „das Meter" (statt „der Meter"), „das Zentimeter", „das Liter" usw. muss man sich gewöhnen![12] Freuen wir uns unterdessen über *die* Stunde und *den* Tag!

In der Norm heißt es in Abs. 8.2 weiter:

- Einheitenzeichen werden mit Großbuchstaben geschrieben, wenn der *Einheitenname* von einem Eigennamen abgeleitet ist, sonst mit Kleinbuchstaben (Ausnahme: L).

In Tabelle 3 der Norm werden allerdings *zwei* Einheitenzeichen für das Liter angeführt, l und L, mit einem Fußnotenvermerk, dass beide Zeichen gleichberechtigt seien.[13]

Im Zusammenhang mit den abgeleiteten Größen haben wir in Abschn. 6.1.2 auch schon den Begriff der *abgeleiteten Einheiten* eingeführt. Es sind dies Einheiten, die sich multiplikativ aus den Basiseinheiten zusammensetzen lassen. Einige von ihnen haben *besondere Namen* bekommen wie „Newton" für $kg\, m\, s^{-2}$ (vgl. Tab. 6-2 und Anhang B). Andere benutzt – und spricht! – man ungeachtet ihrer zusammengesetzten Natur wie ein Wort, z. B. als „Voltampere" für V A; für V s, „Voltsekunde", dürfen Sie allerdings auch „Weber" sagen und schreiben, für „Sekunde hoch minus eins" „Hertz".

Manchmal wird der Begriff „abgeleitete Einheit" nur für solche Einheiten benutzt, die einen eigenen Namen bekommen haben. Die anderen sind dann *zusammengesetzte Einheiten* im engeren Sinn; Beispiele hierfür wären die „namenlosen" Einheiten C m für das elektrische Dipolmoment und $S\, m^2\, mol^{-1}$ für die molare Leitfähigkeit,

---

[12] Ursprünglich war die Norm nicht so streng in diesem Punkt, wenngleich es schon in der früheren Ausgabe der DIN 1301 (Teil 1 von 1985)„das Meter" heißt. Doch lautete die Eintragung im *Rechtschreib-Duden* noch 1991: „**Meter**, *der, schweiz. nur so, auch das ...*". Inzwischen ist das Genus *n* (Neutrum) in der deutschen Rechtschreibung sanktioniert, das *m* (Maskulin) wird unter *ugs.* (umgangssprachlich) geführt und für den Gebrauch in der Schweiz „freigegeben". *Wahrig: Die deutsche Rechtschreibung* (2005) widmet dem Gebrauch von Meter (Liter ...) als Maß- und Mengenangabe einen eigenen Informationskasten.

[13] Wir haben schon in der 1. Auflage 1990 dieses Buches für die Schreibweise L plädiert und freuen uns, dass der von verschiedenen Seiten aus Gründen der unmissverständlichen Lesbarkeit vorgebrachte Änderungsvorschlag – bislang war ja nur „l" normgerecht – aufgegriffen wurde. Im *ACS style guide* 1997 (Table 5 „Other Units", S. 169) wird als Volumenmaß das „liter" ohne Kommentar mit dem Symbol L und der Bestimmungsgleichung $1\, L = 1\, dm^3 = 10^{-3}\, m^3$ aufgeführt.

die Sie „Coulomb Meter" bzw. „Siemens Meter quadrat Mol hoch minus eins" sprechen können.

Einheiten mit der Hochzahl −1 können als „reziproke Sekunde" (s^{-1}), „Reziprokmeter" (m^{-1}) oder dergleichen bezeichnet werden.

Es gibt noch eine andere Unterteilung der abgeleiteten Einheiten.

- Abgeleitete Einheiten, die aus den Basiseinheiten ohne einen zusätzlichen von 1 verschiedenen numerischen Faktor gebildet werden, heißen *kohärente abgeleitete Einheiten*.

Ein Beispiel wäre die Einheit mol kg^{-1}. Auch die Einheit der Kraft, das Newton (1 N = 1 kg m s^{-2}), ist eine kohärente abgeleitete Einheit, desgleichen die Druckeinheit Pascal (1 Pa = 1 kg m^{-1} s^{-2}). Es ist ein Verdienst des SI, so aufgebaut zu sein, dass man bei Maßangaben ohne numerische Faktoren *(Zahlenfaktoren)* auskommt. Noch in anderer Hinsicht kann man den abgeleiteten Einheiten eine gewisse Praxisnähe nicht absprechen; das „Newton" hat schon wegen seiner Kürze als Kraftmaß (auch als Drehmoment, in „Newtonmeter", z. B. bei Schraubendrehern mit Drehmomentbegrenzer) schnell Eingang in die Werkstattsprache gefunden. Wer allerdings in einem sonst recht zivilisierten Land anders als in „gallons" und „miles" Auto zu fahren versuchte, liefe Gefahr, mit der jüngsten Landung eines Unbekannten Flugobjekts in Verbindung gebracht zu werden.

- Einheiten, die aus Basiseinheiten *und* Zahlenfaktoren zusammengesetzt sind, werden als *nicht kohärente abgeleitete Einheiten* bezeichnet.

Ein Beispiel einer nicht kohärenten abgeleiteten Einheit ist das *Bar* (1 bar = 10^5 kg m^{-1} s^{-2}; der Faktor ist immerhin eine Potenz von 10, insoweit noch *metrisch*). Aber auch die Konzentrationseinheit mol/L ist nicht kohärent, da das Liter (L) keine SI-Basiseinheit ist.

- Zusammengesetzte Einheiten werden mit *Zwischenraum* (Leertaste auf der Schreibmaschine oder entsprechendem Satzäquivalent, Leerzeichen) oder mit Malpunkt zwischen den einzelnen Einheitensymbolen geschrieben.

Sie haben also die Wahl zwischen der Schreibweisen „0,3 N m" und „0,3 N · m" (von denen die zweite weniger gebräuchlich ist). Wenn Sie sich in einem Manuskript einmal festgelegt haben, sollten Sie die gleiche Schreibweise für alle zusammengesetzten Einheiten beibehalten – auch in Abbildungen und Tabellen.

Ein Zwischenraum wird auch verlangt zwischen Zahlenwert und Einheit, worauf wir schon hingewiesen haben (s. „Zwischenräume, Ausschlüsse" in Abschn. 5.5.2).

- Statt mit negativen Hochzahlen lassen sich zusammengesetzte Einheiten auch mit dem schrägen Bruchstrich schreiben; zweckmäßig werden dann alle Einheiten, die im Nenner stehen, hinter dem Bruchstrich in Klammern zusammengefasst.

Schreiben Sie also z. B. J/(K mol) oder J/(K · mol) und nicht J/mol K oder J/mol · K (für J K^{-1} mol^{-1}). Allerdings hält die IUPAC in ihrem „Grünen Buch" (IUPAC 1993a) auch die Schreibweise ohne Klammern für zulässig, unterstellend, dass die

Multiplikation stärker „klammert" als die durch den Schrägstrich symbolisierte Division. Wir sehen hier ein Element der Doppeldeutigkeit und empfehlen in Übereinstimmung mit DIN 1301-1, die Bruchstrich-Schreibweise zu verwenden oder die Klammern unbedingt anzuzeigen (vgl. Abschn. 6.5.5).

Abzulehnen sind in jedem Falle ungeklammerte Ausdrücke mit zwei Bruchstrichen vom Typ a/b/c, worauf wir in Abschn. 6.5.5 zurückkommen werden.

Sie können sich also bei zusammengesetzten Einheiten zwischen der Bruchstrich- (Schrägstrich-) und der Hochzahlschreibweise entscheiden. Wenn Sie sich auf eine Schreibweise festgelegt haben, sollten Sie im gesamten Schriftstück einheitlich verfahren.

Nicht mehr empfohlen werden Namen wie „Kilogramm pro Kubikmeter" oder „Kilogramm je Kubikmeter" für kg m^{-3}. Stattdessen sollten Sie, einer Empfehlung des Normenausschusses Einheiten und Formelgrößen im DIN folgend, sich der Sprechweise „Kilogramm durch Kubikmeter" oder „Kilogramm Meter hoch minus drei" (s. vorige Beispiele) bedienen, um die mathematische Natur der zusammengesetzten Einheit zum Ausdruck zu bringen. Wir haben dieses Anliegen, das entsprechend auch für die Namen zusammengesetzter Größen gilt, schon einmal berührt (s. Abschn. 6.1.2).

Wie ein Blick auf Tab. 6-2 oder Anhang B zeigt, tragen einige der abgeleiteten SI-Einheiten, die einen besonderen Namen bekommen haben, diesen zu Ehren eines berühmten Wissenschaftlers. Eine davon ist das schon erwähnte Newton (im Englischen als Einheitenname klein zu schreiben: „newton"); weitere sind u. a. das Watt (W), das Volt (V), das Pascal (Pa) und das Ohm (Ω).[14] Wie die Beispiele zeigen, bestehen diese Einheitenzeichen aus einem lateinischen (im Falle des Ohm, Ω, einem griechischen) Großbuchstaben oder aus einem Großbuchstaben gefolgt von einem Kleinbuchstaben. Die anderen Einheitenzeichen werden aus einem oder zwei kleinen Buchstaben des lateinischen Alphabets gebildet, ausgenommen das Zeichen L für Liter und das Zeichen mol für das Mol, die Einheit der Stoffmenge. Ungewöhnlich ist im letzten Fall außer der Verwendung von drei Buchstaben die Tatsache, dass Einheitenzeichen und Name der Einheit in der Buchstabenfolge übereinstimmen. (Auch einige der im folgenden Abschnitt zu besprechenden „zusätzlichen Einheiten" bestehen aus drei Buchstaben: min, bar; es gibt daneben noch einen exotischen Buchstaben-Rekordhalter, mmHg („Millimeter-Quecksilbersäule", zur Messung des Blutdrucks).[15]

---

[14] Eine nützliche, unterhaltsame Lektüre dazu ist *Mein Name ist Becquerel* (SCHWENK 1992). Zwei Naturwissenschaftler haben es mit ihren Namen bis in die Oberliga der SI-Basiseinheiten geschafft: der französische Physiker André Marie AMPÈRE, Begründer der Theorie des Magnetismus, und der englische Physiker William Thomson, später Lord KELVIN; er hatte die thermodynamische Temperatur, die man heute in seinem Namen misst, erst „erfunden", und damit auch den absoluten Nullpunkt. – 1 Becquerel ist definiert worden als die Aktivität einer radioaktiven Strahlungsquelle, bei der sich im zeitlichen Mittel von 1 Sekunde 1 Atomkern eines Nuklides umwandelt: 1 Bq = 1 s^{-1}; es ist die Maßeinheit der *Radioaktivität*. (Ein Spötter merkte einmal an, die Einführung dieser Einheit sei so unnötig gewesen wie die Umbenennung einer Durchflussgeschwindigkeit von 1 Liter pro Sekunde in 1 Falstaff; nach Tschernobyl ist uns dieser Spaß vergangen.)

[15] Sollten Sie selbst eine Einheit einführen wollen, fragen Sie den *Hartmannbund* – Verband der Ärzte Deutschlands –, wie man das macht. Auf mögliche Tote beim Verwenden bisher ungewohnter Einhei- →

6.2.2 Zusätzliche Einheiten

● Es gibt einige weitere Einheiten, die im Rahmen des SI zugelassen sind; sie werden als *zusätzliche Einheiten* bezeichnet.

Die meisten davon (s. Tab. 6-3) beziehen sich auf Messungen in den Dimensionen Länge und Zeit. Beispiele sind a (Ar) und ha (Hektar) als Flächenmaße; L (Liter) als Raummaß; min (Minute), h (Stunde), d (Tag) und a (Jahr) als Zeitmaße. Trotz der unglücklichen doppelten Vergabe des Buchstabens „a" (für Ar und Jahr) beginnt sich dieses Zeichen als Einheit für Zeitmessungen durchzusetzen. (Wir haben archäologische Arbeiten gesehen, die Zeiträume in ka, also in „Kilojahren", maßen.)

Tab. 6-3. Zusätzliche Einheiten.

Größe	Größensymbol	SI-Einheit	Andere Einheiten und deren Namen
ebener Winkel	α, β, χ	rad	Grad (°), $1° = (\pi/180)$ rad Minute ('), $1' = 1°/60$ Sekunde ("), $1" = 1'/60$
Fläche	A	m²	Hektar, 1 ha = 10^4 m² Ar (a), 1 a = 100 m²
Volumen	V	m³	Hektoliter (hL), 1 hL = 10^{-1} m³ Liter (L oder l), 1 L = 10^{-3} m³ Centiliter (cL), 1 cL = 10^{-5} m³ Milliliter (mL), 1 mL = 10^{-6} m³
Zeit	t	s	Tag, (d), 1 d = 24 h Stunde (h), 1 h = 60 min Minute (min), 1 min = 60 s
Druck	p	Pa	Bar (bar), 1 bar = 10^5 Pa = 10^2 kPa = 1,019 72 kp/cm²
Aktivität (eines Radionuklids)	A	Bq	Curie (Ci), 1 Ci = $3{,}7 \cdot 10^{10}$ Bq
Einwirkung von Radioaktivität	X	C kg⁻¹	Röntgen (R), 1 R = $2{,}58 \cdot 10^{-4}$ C/kg

Die schon mehrfach angesprochene Norm DIN 1301-1 (2002) weicht in der Einteilung und in mehreren Einzelheiten von dieser Darstellung ab. Die nützliche Unterscheidung zwischen „kohärenten" und „nicht kohärenten" abgeleiteten Einheiten ist entfallen, die Begriffe tauchen an dieser Stelle nicht auf. Stattdessen werden drei Ar-

---

ten müssten Sie allerdings verweisen können. – Die (oder das?) „Millimeter-Quecksilbersäule" ist ein Abstrusum; Sie weist mehr auf ein veraltetes Messverfahren hin als auf das zu Messende.

ten *abgeleiteter SI-Einheiten* vorgestellt, die erste in einer Tabelle 2 „Abgeleitete SI-Einheiten mit besonderem Namen und mit besonderem Einheitenzeichen". Diese Tabelle umfasst 21 Einheiten, die alle durch Beziehungen definiert werden wie

$$1\,\text{V} = \frac{\text{J}}{\text{C}} = 1\,\frac{\text{m}^2 \cdot \text{kg}}{\text{s}^3 \cdot \text{A}}$$

Zehnerpotenzen oder gar andere Faktoren kommen hier nicht vor, d. h. es handelt sich um die kohärenten Einheiten. Von ihnen tragen 16 die Eigennamen von Wissenschaftlern, an welch' illustre Reihe noch der „Grad Celsius" gefügt werden darf. Die restlichen Einheiten in dieser Tabelle sind Radiant, Steradiant, Lumen und Lux.

Einige der oben angeführten „zusätzlichen Einheiten" werden in der Norm sodann einer Tabelle 3 „Allgemein anwendbare Einheiten außerhalb des SI" zugeordnet, nämlich die für (ebene) *Winkel* (mit °, ', "), *Volumen* (hier als einziger Repräsentant das *Liter*), *Zeit* (mit min, h, d), *Masse* (hierhin hat es neben der Tonne das *Gramm* verschlagen) und *Druck* (hier hat das *Bar* überlebt). Das Ar und das Hektar für die Messung von Flur- und Grundstücken ist in eine weitere Tabelle „Einheiten außerhalb des SI mit beschränktem Anwendungsbereich" verwiesen worden.

Dort finden sich des weiteren noch die *atomare Masseneinheit* u, das *Elektronvolt* eV und einige spezielle Einheiten wie das *Barn* (b) der Atomphysiker zur Messung von Atomquerschnitten, die *Dioptrie* (dpt) der Optiker und die schon erwähnte Millimeter-Quecksilbersäule (mmHg) der Ärzte. Es gibt weitere kleine Neuerungen, die wir der Norm zu entnehmen bitten.

Vieles hiervon sind Zugeständnisse an überkommene Maße, die streng genommen im SI keinen Platz mehr haben. Das Bar hat wohl bis jetzt nur überlebt, weil es mit geringem Fehler die alte „Atmosphäre" (atm) ersetzen kann. (Über die vorhin genannte „Säule" haben wir unseren Sarkasmus schon ausgegossen.)

Die erwähnte *atomare Masseneinheit* ist durch

$$1\,\text{u} = 1{,}6605402 \cdot 10^{-27}\,\text{kg}$$

definiert. In der *Biochemie* wird sie oft als Dalton (Da; Kilodalton, kDa, z. B. „das 34-kDa-Protein") bezeichnet.[16] Die in atomaren Masseneinheiten ausgedrückte Masse eines Atoms oder Moleküls ist in ihrem Zahlenwert identisch mit der *relativen Teilchenmasse* (s. Abschn. 6.3.2) und insoweit entbehrlich. Deshalb haben wir „u" auch nicht in Tab. 6-3 aufgenommen. Manchmal wird diese „Einheit" gar nicht als solche, sondern als eine Naturkonstante m_u, *atomare Massenkonstante*, verstanden.

---

[16] Das Dalton ist eine – im SI nicht verankerte, aber auch vom DIN nicht „kassierbare" – Konzession an die *Biochemiker* und *Molekularbiologen*, eine Zähleinheit, die molekulare Massen in Vielfachen der Masse des Wasserstoffatoms angibt. Hier wie schon bei den „Basenpaaren" („bp") ist eine formale wie inhaltliche Paralle zum „K" für das „Kilobyte" der *Informatiker* zu sehen. Wir hielten es für angemessen, den Informationswissenschaften eine eigene Einheit „Byte" (oder „bit", oder beide) zu gönnen, die ähnlich wie letztlich das „u" oder auch das „mol" der Chemiker als Zähleinheit zu verstehen wäre. Durch eine entsprechende Erweiterung des SI könnte dem gemeinsamen Wesen aller „exakten" Wissenschaften Rechnung getragen und der Leitwissenschaft am Beginn des neuen Jahrtausends gehuldigt werden. (Wir sprechen diesen Punkt in Abschn. 6.3.1 noch einmal an.)

Als „besondere Einheiten" kann man auch das *Prozent* (%) und einige verwandte Angaben (Symbole) auffassen. Sie können für „Größenarten relativer Natur" verwendet werden, doch wird ihre Verwendung im Rahmen des SI nicht empfohlen. Vielmehr sollten diese Angaben durch Zahlen ersetzt werden.

- Das Prozent (%) ist ein mathematischer Operator mit der Bedeutung „multipliziere mit 0,01".

Somit ist beispielsweise 50 % = 0,5, wie sich ergibt, wenn man die 50 auf 100 „bezieht" (50/100 = 0,5). Ähnliches gilt für das *Promille* (‰), ppm *(parts per million)*, ppb und ppt *(parts per billion* bzw. *parts per trillion*, wobei die amerikanische „billion" für Milliarde, 10^9, und „trillion" für Billion, 10^{12}, stehen). Die entsprechenden Umrechnungsfaktoren seien aufgelistet:

%	‰	ppm	ppb	ppt
10^{-2}	10^{-3}	10^{-6}	10^{-9}	10^{-12}

Dass bei *relativen* Größenangaben immer nur Gleiches auf Gleiches bezogen werden kann, sei in Erinnerung gerufen. Eine Teilchenzahl in einem Volumen können Sie also mit diesen „Einheiten" nicht ausdrücken, hier hätte die Anzahlkonzentration einzutreten. Das Zeichen ‰ ist praktisch nur in Kontinentaleuropa geläufig, es sollte daher in wissenschaftlichen Publikationen nicht verwendet werden. Für Prozentangaben im laufenden Text empfehlen wir, dem Gebrauch bei Zeitungen zu folgen und nicht das %-Zeichen zu verwenden, sondern das Wort „Prozent" auszuschreiben.

Hinsichtlich der Schreibweise dieser Zeichen gibt es unterschiedliche Vorstellungen. Manche Fachleute wollen das *Prozentzeichen* wie eine Einheit verstanden wissen, dann muss zwischen Zahl und Zeichen ein Leerzeichen gesetzt werden (wie nach Regel 8.7 in DIN 5008, 2005). Andere[17] sehen z. B. im Prozentzeichen eine „Besonderheit" und wollen auf einen Leerraum verzichten. Hier scheinen sich ästhetische gegen formale Gesichtspunkte durchzusetzen, die auf einen „kleinen Zwischenraum" (Duden-Taschenbuch *Satz- und Korrekturanweisungen*, S. 49) hinauslaufen. Auch uns gefällt ein „15,5 %" besser als „15,5%" oder „15,5 %" (s. Abschn. 6.5.6). In Zusammensetzungen soll der Zwischenraum nach *Duden* ganz entfallen, z. B. in „30%ige Schwefelsäure" (vgl. § 41 RW), „2%-Toleranz".

6.2.3 Vorsätze, Dezimalzeichen und andere Schreibweisen

Angesichts der Mächtigkeit der Dimensionen in der Natur – denken Sie an die Dimension Länge, die atomare Abstände ebenso wie galaktische Entfernungen einschließt – wäre es unhandlich, nur die in den Tabellen 6-1, 6-2 und 6-3 oder in Anhang B aufgeführten Einheiten benutzen zu können.

- Durch *Vorsätze (Präfixe)* wird die Reichweite von Einheiten erweitert.

---

[17] So stellt das *Style manual* des AMERICAN INSTITUTE OF PHYSICS (1978, S. 16) fest: „Some exceptional symbols are not spaced off from the number", und nennt als Beispiele %, ° und °C.

6.2 Einheiten

Diese Vorsätze dienen dazu, die Einheiten in Größenordnungen von 10 zu modifizieren, d. h., sie können den „Wert" der Einheit in Zehnersprüngen *vergrößern* oder *verkleinern*. Um sie mit Einheitenzeichen zu verknüpfen, werden die Vorsätze zu *Vorsatzzeichen* abgekürzt, die aus einem Buchstaben des lateinischen Alphabets bestehen – mit zwei Ausnahmen: für das Zehnfache („deka") ist das Vorsatzzeichen „da" vereinbart worden, und für den millionsten Teil („mikro") wird ein griechischer Buchstabe, μ, verwendet. Vorsatzzeichen, die die Größenordnung 10^6 und höher signalisieren, sind Großbuchstaben, alle anderen Kleinbuchstaben (s. Tab. 6-4).

● Die für die Vorsätze vereinbarten Zeichen dürfen nie *alleinstehend* als Substitute für Zehnerpotenzen verwendet werden.

Die Verwendung des Vorsatzzeichens „da" kann nicht empfohlen werden – wer hätte schon „1 das" für 10 s geschrieben? Auch einige der anderen in Tab. 6-4 aufgeführten Vorsatzzeichen werden zunehmend vermieden. Die Tendenz geht dahin (Norm DIN

Tab. 6-4. Vorsätze. – Die Zeichen derjenigen Vorsätze, die bevorzugt benutzt werden sollen, sind hier zur Hervorhebung halbfett gesetzt. Die Vorsätze in den ersten und letzten beiden Zeilen sind vor kurzem von der CGPM beschlossen worden.

Zahlenwert, mit dem die Einheit multipliziert wird	Vorsatz	Vorsatzzeichen
1 000 000 000 000 000 000 000 000 = 10^{24}	Yotta	**Y**
1 000 000 000 000 000 000 000 = 10^{21}	Zetta	**Z**
1 000 000 000 000 000 000 = 10^{18}	Exa	E
1 000 000 000 000 000 = 10^{15}	Peta	P
1 000 000 000 000 = 10^{12}	Tera	**T**
1 000 000 000 = 10^{9}	Giga	**G**
1 000 000 = 10^{6}	Mega	**M**
1 000 = 10^{3}	Kilo	**k**
100 = 10^{2}	Hekto	h
10 = 10^{1}	Deka	da
1 = 10^{0}		
0,1 = 10^{-1}	Dezi	d
0,01 = 10^{-2}	Zenti	c
0,001 = 10^{-3}	Milli	**m**
0,000 001 = 10^{-6}	Mikro	**μ**
0,000 000 001 = 10^{-9}	Nano	**n**
0,000 000 000 001 = 10^{-12}	Pico	**p**
0,000 000 000 000 001 = 10^{-15}	Femto	f
0,000 000 000 000 000 001 = 10^{-18}	Atto	a
0,000 000 000 000 000 000 001 = 10^{-21}	Zepto	**z**
0,000 000 000 000 000 000 000 001 = 10^{-24}	Yokto	**y**

1301-1), Größen nur in „Sprüngen von 1000" darzustellen. Die Empfehlung bezieht sich sowohl auf die Verwendung von Vorsätzen als auch auf die Angabe von Zehnerpotenzen.

- Die Verwendung der Vorsätze Hekto (h), Deka (da), Dezi (d) und Zenti (c) wird nicht empfohlen.

Statt 32 cm wäre also 0,32 m (oder 320 mm) zu verwenden, für 70 cL entsprechend 0,7 L oder 0,70 L. Für 30 cm kommt nur 0,30 m in Frage; 300 mm würde eine zu hohe Genauigkeit signalisieren.[18]

Wir haben die Kurzzeichen derjenigen Vorsätze, denen der Vorrang zu geben ist, in Tab. 6-4 durch Fettdruck hervorgehoben. Unsere Anmerkung oben führt zu der Konsequenz, die auch von DIN 1301-1 (2002) im Sinne einer Empfehlung unterstützt wird:

- Bei der Angabe von Größenwerten wählen Sie die Einheitenvorsätze vorzugsweise so, dass die Zahlenwerte zwischen 0,1 und 1000 liegen.

Schreiben Sie beispielsweise 30 µL und nicht 0,030 mL.

- Vorsatzzeichen werden immer unmittelbar vor die Einheit geschrieben, zu der sie gehören. Wenden Sie niemals zwei Vorsätze auf eine Einheit an.

Um Verwechslungen zwischen dem Vorsatzzeichen m (milli) und der Einheit m (Meter) zu vermeiden, schreiben Sie das Einheitenzeichen für das Meter in zusammengesetzten Einheiten immer an den Schluss: N m (Newtonmeter), aber mN (Millinewton).

- Bei abgeleiteten Einheiten sollen Vorsätze nur im Zähler und nicht im Nenner verwendet werden.

Diese Empfehlung hat beispielsweise in der Klinischen Chemie zur Folge, dass eine Hämoglobin-Konzentration nicht mehr als (beispielsweise) „15,5 g/100 mL" angegeben wird, sondern als „155 g/L". – Die Empfehlung gilt *nicht* für die Basiseinheit kg.

6.3 Besondere Einheiten der Chemie

6.3.1 Die Stoffmenge und das Mol

Die 11. CGPM (s. Abschn. 6.1.2) hat die Abzählbarkeit einer aus vielen Einzelteilen bestehenden Menge – der *Chemie* zuliebe – als Dimension in das Maßsystem der Naturwissenschaften eingeführt und die zugehörige Größe *Stoffmenge* genannt, ihre Einheit *Mol*.

- Das Mol (Einheitenzeichen mol) ist diejenige Stoffmenge eines Systems, die so viele Elementareinheiten enthält wie 0,0120 kg Kohlenstoff-12.

---

[18] Nicht, dass Längenangaben auf drei Stellen genau nicht möglich wären – die Compton-Wellenlänge des Protons ist auf acht Stellen festgelegt. Aber 300 mm sollte als Äquivalent zu 30,0 cm stehen, nicht für 30 cm. Dass der oben formulierte Bannstrahl auch das *Zentimeter* trifft, mag man bedauern, doch wird dieses nach unserer Erwartung seinen Platz im deutschen Wortschatz noch lange behaupten. Auch im fachlichen Bereich wird man auf die Einheit cm nur ungern verzichten.

Die „Elementareinheiten" (im englischen Originaltext „entities"; vgl. IUPAC 1993a) können Atome, Ionen, Moleküle oder andere „Bausteine" – Chemiker bevorzugen den Begriff „Teilchen" – der Natur sein, selbst nicht-materielle wie Photonen. Tatsächlich kann man mit dem Stoffmengenbegriff in der *Fotochemie* Anregungsvorgänge und ähnliches beschreiben. Grundsätzlich könnte man auch Galaxien im Sinne der Definition als „Systeme" ansehen und in Mol messen, wenn man die einzelnen Sterne als „Elementareinheiten" gelten lässt.

Die oben gegebene Definition des Mol – neben dem Becquerel (s. Abschn. 6.2.1) die einzige Definition einer Einheit, die wir in diesem Buch vorstellen – schließt sich an das Atomgewichtskonzept der Chemie an. Durch sie ist die Atom-„Hypothese" zu einem Gegenstand der internationalen Normung geworden, also ihres Schleiers des Hypothetischen endgültig entkleidet worden; denn ohne die Existenz elementarer Einheiten gibt es keine Abzählbarkeit. Atome sind Gegenstände wie Schrauben und Briefumschläge und tausend andere.

- Die Zahl der in einem Mol enthaltenen elementaren Bestandteile ist die *Avogadro-Zahl* (früher Loschmidt-Zahl), $6{,}022 \cdot 10^{23}$.

Oft fasst man diese Zahl mit der Einheit mol zu einer *Naturkonstanten*, der Avogadro-Konstanten N_A, zusammen:

$$N_A = 6{,}022 \cdot 10^{23} \text{ mol}^{-1}$$

Angesichts der ungeheuren Größe der Zahl 10^{23} ist es in der Praxis mit der Abzählbarkeit von Stoffmengen nicht weit her. Bekanntlich (s. die Lehrbücher der *Allgemeinen Chemie*) behelfen sich die Chemiker mit der exakten Bestimmung – z.B. mit dem Massenspektrometer – der Massen einzelner Teilchen einerseits und dem Massenvergleich von Stoffportionen andererseits. Wenn man weiß, dass eine Schraube 1,0 g wiegt und die zugehörige Mutter 0,50 g, dann braucht man nicht zu zählen, um sicher zu sein, dass 1 kg Schrauben und 0,5 kg Muttern gleich viele „Teilchen" enthalten.

Das Wort „Stoffmenge" für die neue Größe ist kritisiert worden (ebenso auch das englische „amount of substance"), weil „Menge" in der Mathematik und umgangssprachlich schon zu stark belegt ist. Um wenigstens in der Chemie Verwechslungen zu vermeiden, wurde der (oben schon verwendete) Begriff der *Stoffportion* eingeführt. Man kann also sagen: „Diese Portion Glucose hat die Stoffmenge 1 mol."

Eine noch weiter reichende Kritik geht dahin, dass es des Begriffs „Stoffmenge" überhaupt nicht bedurft hätte, da es sich um eine Zähleinheit (ähnlich dem „Dutzend") handle.[19] Wir halten jede Erörterung darüber heute für nicht mehr angebracht und plädieren dafür, das jetzt zur Verfügung stehende Vokabular konsequent anzuwenden.

---

[19] Ähnlich existieren in den Informationswissenschaften die Einheit *Bit* (Einheitenzeichen: bit; von *engl.* binary digit) für die Anzahl der Binärentscheidungen und *Byte* für eine Folge von (acht) Binärzeichen. Die Binärentscheidungen spielen hier dieselbe Rolle wie die Teilchen in der materiellen Welt, sie sind die „Atome" der Informatik. Wie wir schon in Abschn. 6.2.2 zum Ausdruck gebracht haben, müsste das Bit als achte Basiseinheit in das SI aufgenommen werden; in der *Molekulargenetik* könnte man Stoffmengen von mol (oder Anzahl Basenpaaren) in bit umrechnen. – In der Informatik verwendet man die Vorsätze K (statt k für „Kilo"), M usw. abweichend vom SI (vgl. Abschn. 5.2.1).

Ausdrücke wie „Molzahl" (für Stoffmenge) sollten in der Literatur nicht mehr auftauchen – es kommt auch niemand auf die Idee, die Länge „Meterzahl" zu nennen.

6.3.2 Molare Größen, Mischungen von Stoffen

Angesichts der Bedeutung des Stoffmengenbegriffs für die *Chemie* wundert es nicht, dass davon weitere Begriffe abgeleitet worden sind. Wir halten die daraus sich ergebenden Konsequenzen, die immerhin eine von sieben Basiseinheiten betreffen, auch für eine breitere naturwissenschaftliche Leserschaft für so wichtig, dass wir uns hier kurz darüber auslassen wollen.

- Eine besondere Bedeutung haben auf die Stoffmenge *bezogene* extensive Größen; sie werden als *molare* Größen bezeichnet.

Das Mol ist somit die einzige Einheit, von der ein Adjektiv gebildet worden ist (wenn man einmal von der „dreiminütigen Verspätung" und dem „hochohmigen Widerstand" absieht). Molare Größen sind intensive Größen (s. Abschn. 6.1.1). Sie werden durch den tiefgestellten Buchstaben m gekennzeichnet und lassen sich allgemein durch

$$G_m = G/n \tag{6-5}$$

charakterisieren. Dabei mag das allgemeine Größensymbol G für die Masse, das Volumen, die Wärmekapazität oder irgendeine andere Extensivgröße einer Stoffportion stehen und n für ihre Stoffmenge. Die Einheiten molarer Größen enthalten immer den Faktor mol^{-1}.

- Der Zahlenwert der auf die Stoffmenge bezogenen Masse ist identisch mit der *relativen Teilchenmasse*.

Die Größe selbst, die *molare Masse*, hat die Einheit $g\ mol^{-1}$. Wir weisen darauf hin, dass die alten Begriffe „Atomgewicht" und „Molekulargewicht" heute nicht mehr empfohlen werden (IUPAC 1993a). (Tatsächlich hat es sich nie um Gewichte gehandelt, messtechnisch allenfalls um Massen, und als reine Zahlen waren sie weder das eine noch das andere.) An ihrer Stelle werden die Begriffe *relative Atommasse* („relative atomic mass") bzw. *relative Molekülmasse* („relative molecular mass"), M_r, bevorzugt.[20]

Daneben gibt es auf die *Masse* bezogene extensive Größen; sie werden als *spezifische* Größen bezeichnet. Ein Beispiel ist die spezifische Wärmekapazität c, die auch massenbezogene Wärmekapazität heißt und in $J/(kg\ K)$ gemessen wird. Doch wollen wir uns einem wichtigeren Anliegen zuwenden, nämlich der korrekten Beschreibung von *Stoffgemischen*.

Der Stoffmengenbegriff kann im Prinzip immer nur auf Teilchen der selben Art angewendet werden, da man Unterschiedliches nicht zusammenzählen kann (es sei denn, man macht aus „Apfel" und „Birne" ein „Stück Obst"). In einem Gemisch meh-

---

[20] Aus der Bevorzugung ist inzwischen ein bindender Bestandteil der Norm DIN 1304-1 *Formelzeichen: Allgemeine Formelzeichen* geworden. M_r wird dort „relative Molekülmasse eines Stoffes" genannt, weil daneben noch A_r eingeführt wird als „relative Atommasse eines Nuklids oder eines Elementes".

rerer Substanzen kann man aber die Stoffmenge jeder einzelnen Substanz bilden und diese addieren. Setzt man die Stoffmenge einer der enthaltenen Substanzen in Relation zur Gesamtstoffmenge, so bekommt man den *Stoffmengenanteil,* eine Zahl < 1. Das Symbol des Stoffmengenanteils ist κ, z. B. κ_B oder $\kappa(B)$ für die Substanz B (s. Anhang B). Das Hundertfache davon gibt an, wie viele von je 100 Teilchen der Mischung der betreffenden Stoffart angehören, wofür früher die (nicht mehr zulässige) Notation „Mol-%" oder, wenn von Atomen die Rede ist, „Atom-%" verwendet wurde. (Auch die Bezeichnung „Molenbruch" für den Stoffmengenanteil ist veraltet und steht nicht mehr zur Diskussion.)

Unzulässig sind des weiteren analog gebrauchte Bezeichnungen wie „Gew.-%" und „Vol.-%": Man kann nicht einen mathematischen Operator (%) mit dem abgekürzten Namen einer Größe verbinden, um eine Einheit zu bekommen! Bezeichnungen wie „% (g/g)", „% (v/v)" sind weniger anstößig – und in ihrer Kürze praktisch –, da die Klammern als nachgestellte Erklärungen aufgefasst werden können. Die exakten Darstellungsweisen sind beispielsweise

$\kappa = 0{,}50 = 0{,}50$ mol/mol = 50 %
$\omega = 0{,}50 = 0{,}50$ g/g = 50 %
$\varphi = 0{,}50 = 0{,}50$ L/L = 50 %,

wobei wir der Einfachheit halber angenommen haben, dass jeweils gerade die Hälfte (der Gesamtstoffmenge, der Masse, des Volumens) auf eine Komponente entfalle.

- Eine weitere in der Chemie nützliche Größe ist die *Stoffmengenkonzentration,* der Quotient aus Stoffmenge einer gelösten Substanz und Volumen der Lösung.

Diese Größe hat das Symbol c und die Einheit mol L^{-1}. Für eine Komponente B kann man c_B oder $c(B)$ schreiben, wofür manchmal als Ersatz [B] tritt (s. auch Abschn. 6.1.3). Anstelle der korrekten Bezeichnung Stoffmengenkonzentration hält sich auch noch die Bezeichnung „molare Konzentration", die aber aufgegeben werden sollte, nachdem das Wort „molar" anders belegt ist (s. oben). Auch von dem Buchstaben M als Substitut für mol L^{-1} („0,1 M HCl") sollte man sich lösen, desgleichen von N für „normale" (auf die Äquivalentmasse statt Molekülmasse bezogene) Lösungen. Die Fachdisziplinen sollten sich keine eigenen Einheiten oder Ersatzeinheiten schaffen, zudem hat „0,1 M HCl" die Qualität von „3 kg Schwefelsäure", womit wir uns schon in Abschn. 6.1.4 kritisch auseinandergesetzt haben. Zugegeben, „2 mL einer Lösung, c (1/5 KMnO$_4$) = 0,1 mol/L" ist länger als „2 mL 0,1 N KMnO$_4$", dafür ist die erstgenannte Schreibweise allgemeiner verständlich und Lernenden leichter vermittelbar. (Wir stützen uns mit dieser Aussage auf Erfahrungen bei der Laborantenausbildung und hoffen, dass es bald gelingen wird, das M, N, mM, µM usw. vollends zu verdrängen.) Kein Zweifel, die exakte Schreibweise erleichtert stöchiometrisches Rechnen – auch ein Computer kann mit „M" und „N" an der Stelle nichts anfangen. Reagenzetiketten werden vom Hersteller zunehmend nach den neuen Empfehlungen beschriftet.[21]

---

[21] Lehrbuchautoren (wie MERKEL 1980) ebenso wie Reagenzienhersteller hatten diesen Weg eben eingeschlagen, da kam mit DIN 1304-1 (1994) neues Ungemach auf sie zu; denn als Einheit der Stoffmengen-
→

6.4 Zahlen und Zahlenangaben

Nachdem so viel von Zahlenwerten, Kennzahlen und Zählbarkeit die Rede war, wollen wir uns noch kurz mit *Zahlen* selbst und ihrer Schreibweise sowie im Zusammenhang damit mit einigen *mathematischen Notationen* befassen, die in naturwissenschaftlichen Texten häufig gebraucht – und oft falsch verwendet – werden.

- Im Text gibt man Zahlen von 1 bis 12 – einer alten Buchdruckerregel zufolge – üblicherweise als Wort wieder, von 13 an in *Ziffern*.

Selbstverständlich werden Sie Dezimalzahlen oder Brüche normalerweise in Ziffern schreiben, z. B. „2,5 Liter" oder „$1^1/_2$-fach" (für eineinhalbfach, anderthalbfach).

- Vermeiden Sie Zahlen am Satzanfang und -ende.

Die Regel, die ersten zwölf ganzen Zahlen durch ihre Namen und nicht als Ziffern wiederzugeben, müssen Sie nicht streng handhaben. Ziffern im Fließtext fallen stärker ins Auge als ein Wort, so dass Sie sich dieser Wirkung bedienen können, wenn den Zahlen eine besondere Bedeutung zukommt oder wenn schon andere Zahlen aufgetreten sind (z. B. „insgesamt wurden 14 Elemente untersucht, davon 9 nichtmetallische und 5 metallische").

Für Quotienten sind Schreibweisen wie 3/19 oder $^3/_{19}$ mit *Schrägstrich* („schrägem Bruchstrich") sowie $\frac{3}{19}$ mit *Bruchstrich* zulässig. Die Schreibweisen $5\frac{1}{4}$ (Beispiel), 5 1/4 oder 5 $^1/_4$ – die eigentlich 5 + 1/4 bedeuten – verwenden Sie nur, wenn keine Missverständnisse möglich sind.[22]

- In Verbindung mit Einheitenzeichen und dem Prozentzeichen (%) verwenden Sie immer Ziffern. Schreiben Sie also 2 %, 2,0 g, aber „zwei Prozent" (im Fließtext vorzuziehen), „zwei Gramm".

- Zahlen, die aus mehr als vier Ziffern links oder rechts vom Dezimalzeichen bestehen, werden unter Verwendung der Leertaste in *Dreierblöcke (Dreiergruppen, Triaden)*, ausgehend vom Dezimalzeichen, zusammengefasst *(Dreierblockgliederung)*.

Schreiben Sie also 9950 und 1,6606, aber 10 520 und 1,660 565 (vgl. Regel 9.2 in DIN 5008). Allerdings ist in Tabellen eine andere Regel wichtiger: die Ausrichtung auf Dezimalen und das *Dezimalzeichen* in der Vertikalen *(Kolonnensatz)*.

---

konzentration soll jetzt mol m^{-3} verwendet werden, wodurch die Zahlenwerte der Konzentrationen 1000-mal größer werden als bei Verwendung der bisherigen Einheit (mit L für das Volumen). Wir überblicken noch nicht, ob oder wieweit sich die Verwendung des Kubikmeters hier durchsetzen kann.

[22] In DIN 1333 (1992) heißt es dazu (Zeile 3.1.9 in Tabelle 2): „Der Schrägstrich ‚/' sollte nicht zur Gliederung mehrerer Zahlen- oder Größenangaben verwendet werden. Welche der drei Schreibweisen zu bevorzugen ist, hängt vom Kontext ab: Die erste ist z. B. für Einzeilendrucker, die letzte für Formeln geeignet." – Brüche von der Art „5 1/4" werden in Zeile 3.1.10 als *gemischte Brüche* bezeichnet; es wird auf die Gefahr der Verwechslung hingewiesen, die bei Verwendung des schrägen Bruchstrichs für solche Brüche gegeben ist. Statt „5 plus 1/4" (5,25 in dezimaler Darstellung) könnte auch „5 mal 1/4" gemeint sein, also 1,25. Fehlt ein Zwischenraum oder ist er zu klein, könnte man auch 51/4 lesen und das als „51 durch 4" (in unserem Beispiel) interpretieren.

- In *Tabellenspalten (Kolonnen)* sind Zahlen, die miteinander verglichen werden sollen, so untereinander zu schreiben, dass gleiche Dezimalstellen auf einer Vertikalen zu liegen kommen.

Im Beispiel oben würde sich somit ergeben:

    9 950 1,660 6
  10 520 1,660 565

Für die vertikale Ausrichtung nach dem Komma steht in der Textverarbeitung ein eigener Tabulator zur Verfügung, der die Anordnungen „linksbündig", „rechtsbündig" und „mittig" (in einer Spalte) ergänzt. Dieser *Dezimaltabulator* erweist sich vor allem im *Tabellensatz* als nützlich.

In der Textverarbeitung können Sie einen geringen Abstand hervorbringen, indem Sie das *Leerzeichen* auf „schmal" stellen, es gegenüber dem normalen Leerzeichen z. B. um 1,5 Punkt weniger breit sein lassen (worauf die Norm nicht eingeht, obwohl sie sich *Schreib- und Gestaltungsregeln für die Textverarbeitung* nennt). Mit dem schmalen Leerzeichen gewinnen Sie einen Vorteil: Ist als Absatzformat *Randausgleich* eingestellt, so nimmt Ihr Programm – dasselbe gilt für professionelle Satzprogramme – diese Räume von der *Zeilenjustierung* aus![23]

Optisch auf Distanz halten kann man zwei Zeichen nicht nur durch das Einfügen von „Zwischenraum" in Form eines Leerzeichens,[24] sondern auch durch Wahl einer

---

[23] Die Leertaste bewirkt, dass die Zahlen nicht mehr als geschlossene Zeichenfolgen, als „mathematische Wörter", gewertet werden. An einem Zeilenende oder vor einem Tabulator könnten sie – etwa auch in den einzelnen Zellen oder Spalten einer Tabelle – getrennt (umbrochen) werden, was nicht erwünscht sein kann. Das wird vermieden, wenn Sie auf die Eingabe eines Leerzeichens verzichten und stattdessen die Ziffer vor dem nächsten Dreierblock *sperren*, also breiter machen. Im Formelsatz bieten schon einfache Formeleditoren die Möglichkeit, Zwischenräume in der gewünschten Breite einzutasten, durch die Ziffernfolgen *nicht* unterbrochen werden. Tatsächlich liegt hier keineswegs ein typografisches Problem vor: Das Einfügen von Zwischenräumen mit der Leertaste *verhindert*, dass Summen in Tabellen (etwa mit Hilfe des Untermenüs „Formel …" im Menü „Tabelle" von WORD) korrekt gebildet werden! Gemessen an diesen Komplikationen erscheint die Einlassung „Zur Gliederung längerer Ziffernfolgen in Dreierblöcke (Blöcke zu je drei Ziffern) vom Komma aus, bei natürlichen Zahlen von rechts, können Zwischenräume verwendet werden" in DIN 1333 (1992) *Zahlenangaben* recht sorglos. Es heißt dort noch: „Die Verwendung von Punkten zur Gliederung ist wegen der verschiedenen Verwendung von Komma und Punkt im europäischen bzw. amerikanischen Bereich als Gliederungszeichen nicht zulässig." Als Ausnahme wird der Punkt als *Gliederungszeichen (Füllzeichen)* bei Geldbeträgen zugelassen. – In Regel 9.2 von DIN 5008 (2005) *Schreib- und Gestaltungsregeln für die Textverarbeitung* fällt dieser Gegenstand unter „Gliederung von Zahlen", als Gliederungsmerkmal wird auch dort (wie in DIN 1333) das *Leerzeichen* vorgestellt.

[24] Das Leerzeichen, das Sie durch Drücken der *Leertaste* verlangen, bewirkt üblicherweise einen *veränderlichen* Zwischenraum, dessen Breite sich (im Blocksatz) der Belegung der Zeilen mit anderen Zeichen anpasst. In vielen Programmen stehen aber fixierte Leerzeichen zur Verfügung, die man mit Anweisungen wie „En-Abstand einfügen" oder „Em-Abstand einfügen" an die gewünschte Stelle bringen kann. Die Bezeichnungen rühren daher, dass die von diesen „Zeichen" eingenommenen Zwischenräume etwa die Breite der Buchstaben n bzw. m haben. Sie sind normalerweise am Bildschirm der Textverarbeitung nicht oder (wie die normalen Leerzeichen) nur als *verborgener Text* sichtbar und fungieren – ähnlich wie die *Tabstoppzeichen* – als (nicht ausdruckbare) Abstandshalter. – Das Einfügen von „Zwischenraum" heißt in der Setzersprache *Spationieren*; das Wort leitet sich von den „Spatien" genannten Metallstücken ab, die man früher im Bleisatz zwischen die Lettern steckte, um sie auf Abstand zu halten.

größeren *Breite*[25)] für das vordere Zeichen. Diese Maßnahme ist als *Sperren* bekannt, sie ist die Umkehrung des Schmal-Setzens (wofür das Wort *Dicktenreduzierung* existiert).

- Das Sperren von Zeichen können Sie dazu verwenden, um z. B. dem Prozentzeichen einen angemessenen Platz zuzuweisen.

Diese Möglichkeit haben wir schon in einer vorstehenden Fußnote im Zusammenhang mit dem Bilden von Dreierblöcken bei „langen" Zahlen hervorgehoben als bessere Alternative zur Verwendung des Leerzeichens.

Auf keinen Fall (vgl. den Bezug auf DIN 1333 in einer vorstehenden Fußnote) sollten Sie die Dreiergruppen „gegliederter Zahlen" in naturwissenschaftlich-technischen Texten durch ein Satzzeichen (Komma oder Punkt) anstelle des Spatiums voneinander absetzen – überlassen Sie das den Bänkern und Kaufleuten!

- Das *Dezimalzeichen* ist im deutschen Schrifttum das *Komma*, im englischen der *Punkt*.

Die IUPAC lässt tatsächlich beide, Punkt und Komma, als Dezimalzeichen zu (IUPAC 1988, S. 73) und hat sich darin mit anderen Organisationen (IUPAP, ISO) abgestimmt. Den deutschen Kulturkreis, in dem das Komma zuhause ist (vgl. Regel 9.1 in DIN 5008 unter dem Stichwort „dezimale Teilungen"), und den englischen (mit Punkt) auf *einen* Gebrauch festzulegen, ist bisher nicht gelungen. Wir könnten uns mit dem *Dezimalpunkt* auch im deutschen wissenschaftlichen Schrifttum anfreunden, schrecken aber vor einer dahingehenden Empfehlung zurück, weil Geldbeträge in Deutschland, wie gerade angemerkt, zunehmend mit dem Punkt nach Tausendern gegliedert werden; und einen Keil zwischen Naturwissenschaften und die Betriebswirtschaftslehre oder den allgemeinen (auch journalistischen) Gebrauch wollen wir nicht treiben. Es ist eine andere Sache, den Punkt zur Gliederung von Zahlen nicht zu gebrauchen, oder ihn für einen abweichenden Zweck zu verwenden.

Eine Einigung auf den *Dezimalpunkt* hätte naturwissenschaftlichen Verlagen, die häufig Abbildungen und Tabellen zwischen den beiden Sprachdomänen transferieren müssen, die Arbeit erleichtern können.[26)] Die Sache wird dadurch noch komplizierter, dass im englisch-amerikanischen Kulturkreis häufig das Komma zur Abtrennung von Tausendergruppen benutzt wird, Umkehrung der Dinge! Offenbar hat gerade das Elementare an diesem Anliegen einer bisher so dringend gebotenen Vereinheitlichung im Wege gestanden.

Immerhin hat die IUPAC sowohl dem Punkt als auch dem Komma als Zeichen für die Trennung von Dreiergruppen eine klare Absage erteilt: Die Trennung soll ledig-

---

[25] Ein Fachausdruck dafür ist *Dickte*; sie ist in Programmen der Textverarbeitung einstellbar – in Punkt und zehntel Punkt – als *Zeichenabstand*.

[26] Vom Gebrauch des Punkts als Dezimalzeichen auch im deutschen Schrifttum, dem wir in den ersten Auflagen dieses Buches gefolgt waren, sind wir wieder abgerückt: Wenn schon Deutsch als internationale Fachsprache ausgespielt hat, dann kann man ihm wenigstens seine Eigenheiten „für den Hausgebrauch" lassen.

lich durch einen kleinen Zwischenraum (wie in den Beispielen oben) bewirkt werden. Das Zahlenbabylon ist dadurch wenigstens etwas entschärft, jedenfalls dort, wo die internationalen Wissenschaftsorganisationen Gehör finden.

- Zahlen sollen nicht mit mehr Ziffern, als der *Genauigkeit* der Angabe entspricht, geschrieben werden.

Wenn 0,2 m gemeint sind, dann schreiben Sie 0,2 m und nicht 200 mm, weil dadurch eine nicht vorhandene Genauigkeit vorgetäuscht werden könnte (drei Ziffern statt einer; die links stehenden Nullen zählen nicht). Durch geeignete Wahl der Einheitenvorsätze oder ggf. durch das Zufügen von Zehnerpotenzen können Sie hierfür immer eine Lösung finden.

- *Zehnerpotenzen* bei Zahlenangaben sowie *Einheitenvorsätze* zu verwenden hilft, Zahlen und Messwerte rationell darzustellen.

Dabei sollten Zehnerpotenzen und Vorsätze so eingesetzt werden, dass möglichst kurze Formulierungen entstehen. So ist 1,245 mm der Angabe $1{,}245 \cdot 10^{-3}$ m oder gar $1{,}245 \cdot 10^{3}$ μm vorzuziehen – die Vorsätze von Einheiten wurden ja eigens dafür geschaffen, um Reichweiten abzustecken.

- Zehnerpotenzen können den Zahlenwerten mit dem üblichen Multiplikationszeichen, dem schwebenden Punkt (· , „Malpunkt", *Multiplikationspunkt*), oder mit dem *Multiplikationskreuz* (×; nicht dem Buchstaben x) angefügt werden.

Die letzte Schreibweise mit dem „liegenden Kreuz", z.B. $6{,}022 \times 10^{23}$, ist im englischen Sprachraum bindend (vgl. *ACS Style Guide* 1997, S. 147), im deutschen aber nicht erwünscht (DIN 1333, 1992; vgl. auch Abschn. 6.5.4).

- Beim Umrechnen quantitativer Angaben von einer Einheit auf eine andere lassen Sie sich durch die Genauigkeit, mit der ein *Umrechnungsfaktor* bekannt ist, nicht zu Notationen verleiten, die eine nicht vorhandene Messgenauigkeit vortäuschen.

Es macht keinen Sinn, aus „6 inch" 152,4 mm zu machen, nur weil sich das rechnerisch so ergibt. Die Angabe „15 cm" oder – noch korrekter (vgl. Abschn. 6.2.3) – „0,15 m" wäre angemessen, zumal wenn die Genauigkeit der Zollangabe auf ± 1/4 inch lautet oder vermutet werden kann.

- Der *Toleranzbereich* quantitativer Angaben (in der Messtechnik *Vertrauensbereich* des Mittelwerts) wird durch das „Plus-Minus-Zeichen" (±) angedeutet.
- Bei Zahlenwerten, die mit einer Einheit verbunden sind, wird das Einheitenzeichen hinter die Klammer geschrieben, die *Bezugswert* und *Grenzabweichungen* umschließt.

Korrekt ist die Angabe der *Grenzabweichungen* als (24 ± 0,3) mm für den Toleranzbereich 23,7 mm (*Mindestwert*, unterer Grenzwert) bis 24,3 mm (*Höchstwert*, oberer Grenzwert); hingegen ist eine Angabe wie 24 ± 0,3 mm falsch, da die Einheit für den Bezugswert fehlt (DIN 1333, *Zahlenangaben*). Schreibweisen dieser Art werden noch häufig im wissenschaftlichen und technischen Schrifttum angetroffen, doch sollten wir ihnen ein Ende bereiten: Gewohnheit rechtfertigt Fehler nicht.

Im Sinne der Norm DIN 1319-3 (1996) steht bei Größenangaben der Art

$$y = \bar{x}_E \pm u$$

hinter dem ±-Zeichen die Messunsicherheit u, deren „Zufallskomponente" sich aus der *empirischen Standardabweichung* s, der Zahl der Messwerte und dem sog. *t*-Faktor errechnen lässt. $\bar{x}_E$ ist der ggf. um eine systematische Abweichung korrigierte *Mittelwert*, y ist das Messergebnis. Der Faktor t hängt seinerseits von der Zahl der Messwerte und vom verlangten „Vertrauensniveau" ab (*t*-Verteilung nach STUDENT).[27] Normalerweise berechnet man die Messunsicherheit für ein Vertrauensniveau von 95 % Sicherheit (oft als $p < 0,05$ angegeben), was bedeutet, dass der wahre Wert mit 95 % Sicherheit innerhalb des durch ± u abgegrenzten *Vertrauensbereichs* liegt.

● Verwenden Sie andere Messunsicherheiten als für das Vertrauensniveau 95 %, oder nennen Sie lediglich die empirische Standardabweichung s (die als mittlerer quadratischer Fehler der Einzelbeobachtungen berechnet wird), so geben Sie dies zusammen mit den Messergebnissen an.

Der geeignete Ort hierfür sind oft Tabellenfußnoten. Weitergehende Hinweise auf die verwendeten statistischen Auswerteverfahren gehören in den Experimentellen Teil oder unter „Ergebnisse".

Wir bitten Sie, Näheres hierzu einschlägigen Lehrbüchern (z. B. LOZÁN 1992, WERNER 1992, SACHS 1996) zu entnehmen. Wer im Besitz eines *Statistikprogramms* ist, kann die statistische Auswertung seiner Messungen dem Computer überlassen. Dies rechtzeitig zu tun kann sehr heilsam sein, sehen Sie doch, wie weit Sie Ihren Ergebnissen schon vertrauen können oder ob es ratsam ist, die Anzahl der Einzelmessungen oder den Umfang der *Stichproben* noch zu erhöhen.

Erstreckungsbereiche werden oft durch einen Gedankenstrich wiedergegeben, z. B. 800–1000 bar.[28] In naturwissenschaftlichen Texten ist auch dies missverständlich, da der Strich das *Minuszeichen* bedeuten könnte. Wir empfehlen stattdessen die Notation[29]

800…1000 bar

oder den Ersatz durch das Wort „bis". Das aus drei Punkten bestehende *Erstreckungssymbol* wirkt wie eine Klammer, die Einheit wird nur einmal angeschrieben.[30] Erfreu-

---

[27] Der bei der Guinness-Brauerei angestellte William GOSSET fand eine neue Zufallsverteilung, die man nach seinem Pseudonym STUDENT die *(Student)-t-Verteilung* nennt. Ein Hoch der Braukunst!

[28] Nach *Duden: Rechtschreibung* wird der „Strich für ‚bis'" *kompress* (d. h. ohne Zwischenraum) gesetzt. DIN 5008 (Regel 7.5) empfiehlt vor und nach dem Zeichen einen Leerschritt.

[29] „…" („Punkt, Punkt, Punkt") ist in DIN 1302 (1999) als fünftes pragmatisches Zeichen aufgeführt. In einigen Programmen und Tastaturen steht dafür ein Kurzbefehl zur Verfügung, durch dessen Verwendung das Symbol tatsächlich zu *einem* Zeichen wird. In Formeln wird es mit oder ohne vor- und nachstehende Leerzeichen geschrieben.

[30] In dieser Verwendung wird das Zeichen zu einem *Auslassungszeichen,* da es für alle „Werte" zwischen den beiden Grenzen der Erstreckung steht, die *Grenzwerte* selbst eingeschlossen. In diesem Sinne ist es vergleichbar mit dem „Punkt, Punkt, Punkt", das in Texten (z. B. Zitaten) benutzt wird, um

licherweise folgen mehr und mehr Autoren diesem Gebrauch, was vor allem in Tabellen dazu beitragen kann, Unklarheiten zu beseitigen. Die hier empfohlene Verwendung, etwa in der Form „11-7.20…11-7.25", findet sich beispielsweise in ISO 31-11 (1992).

In Ergänzung dessen merken wir an: Das Drei-Punkt-Zeichen wird auch in Datenbanken verwendet, nämlich zum Suchen nach Werten in einem *Bereich*. Dafür stehen die drei Punkte als eigenes *Bereichssymbol* zur Verfügung. Gewöhnlich werden bei einer solchen Abfrage die Grenzen vor und nach dem Symbol in die Suche eingeschlossen („inklusiver Bereich"), wie ja wohl jeder voraussetzen würde, der nach den Ereignissen „von Montag bis Mittwoch" fragte. Beispielsweise findet also eine Suchabfrage „12:30…17:30" alle Datensätze mit Uhrzeiten von 12:30 bis 17:30 inklusive in einem entsprechend eingerichteten Datenfeld. LaTeX bringt sogar noch unterschiedliche Darstellungen der drei Punkte zuwege: auf der Grundlinie oder erhöht „mittig", wie Sie auch selbst Ihrem Erstreckungssymbol mehr Gewicht geben können, indem Sie es fett setzen (**…**).

Der „bis"-Strich sollte auf jeden Fall bei Jahreszahl- oder Seitenzahlangaben weiterhin benutzt werden.

6.5 Mit Formeln und Gleichungen umgehen

6.5.1 Verbinden von Text und Gleichungen

Wir haben in Abschn. 5.5.1 unter „Überschriften, Absätze, Gleichungen, Listen" bereits kurz über Zeilenabstand und Einzug bei Gleichungen gesprochen (vgl. Abb. 5-4). Wann braucht man Gleichungen, wie soll man sie in den Text einbauen?

- *Gleichungen* mathematischer, physikalischer oder auch chemischer Art werden immer vom Text abgegrenzt und *freigestellt*.

Ausnahmen könnten allenfalls kurze Aussagen wie $x = 1$ oder $\alpha = 180°$ sein, von denen man annehmen kann, dass sie sich im laufenden Text noch gut integrieren lassen. Andererseits können schon längere *Ausdrücke*, also in Gleichungen vorkommende *Glieder (Terme)*, nach einer eigenen freigestellten Zeile verlangen.

Weglassungen anzuzeigen. Im Englischen ist dafür die Bezeichnung „ellipsis mark" gebräuchlich (*gr.* elleipsis, „Mangel", *Auslassung*). In manchen Programmen der Tabellenkalkulation taucht ein Zwei-Punkt-Symbol in gleicher Bedeutung auf, z. B. in „=SUMME (E4..E20)" (vgl. Abschn. 8.5.1). – Man sieht das Zeichen „…" zunehmend in der Literatur verwendet, wie hier beschrieben. Wir unterstützen diesen Gebrauch, obwohl wir uns bewusst sind, dass mit den drei Punkten ursprünglich ein etwas anderer Sinn verbunden war, nämlich ein pragmatisches Zeichen im Sinne von „und so weiter bis". Es kennzeichnet eine Auslassung, *die in bestimmter Weise* ergänzt werden muss, z. B. in $i = 1, …, n$. Wir halten diese geringfügig andere Sinngebung für unbedeutend gegenüber der Gefahr der Verwechslung von Erstreckung und Subtraktion vor allem in Tabellen. Diese Gefahr ist um so größer, als die Bindestrich-Taste im Rechenmodus vieler Programme *tatsächlich* als „minus", also als Subtraktionsbefehl, interpretiert wird!

- Aus mathematisch-physikalischen Symbolen bestehende *Ausdrücke* werden freigestellt, wenn sie nicht getrennt werden können und im fortlaufenden Text den Textaufbau stören würden.

Das gilt nicht nur in Bezug auf ihre Länge, sondern auch auf ihre Höhe. In der Vertikalen ist *eine* Hoch- und *eine* Tiefstellung (s. Abschn. 6.5.3) bei einem im doppelten Zeilenabstand geschriebenen Typoskript oder auch in einem gesetzten Text tolerierbar. *Bruchstriche* haben – einfache Brüche wie $\frac{1}{2}$ ausgenommen – in der Textzeile nichts zu suchen, hier können Sie sich manchmal mit dem *schrägen Bruchstrich* behelfen. In der Länge müssen etwa sechs Zeichen als kritische Grenze für solche Textglieder gelten. Ein Ausdruck wie $[-K_{\text{elim}}(t - t_0)]^k$, für den es keine „Silbentrennung" gibt, wäre also bereits aus dem Text herauszulösen.

- Freistellen von Gleichungen und Ausdrücken bedeutet: *eigene Zeile* und *Formeleinzug*.

- Gleichungen werden bevorzugt am Absatzende angeordnet. Um vom Text auf Gleichungen verweisen zu können, *nummeriert* man sie zweckmäßig und vereint, wo angängig, mehrere Gleichungen zu Blöcken.

- Die *Gleichungsnummern (Formelzähler)* stehen meist in runden Klammern am rechten Zeilenende.

Wenn Sie eine Publikation vorbereiten, erst recht, wenn Sie sich auf den DTP-Weg einlassen, kommen Sie an diesen Regeln nicht vorbei; lediglich in Ausnahmefällen nehmen Verlage auch heute noch getrennte *Formelmanuskripte* entgegen. Fragen der Platzierung und Abgrenzung entfallen dann (und nur dann) weitgehend. Sie sollten mit Ihrem Verlag darüber sprechen, wie viel Vorbereitung von Ihnen erwartet wird. Wenn Sie eine ordentliche Handschrift haben, gesteht man Ihnen vielleicht gar diese Lösung zu: Sie schreiben Ihre Formeln säuberlich von Hand auf eigene Blätter.

- Am meisten Mühe müssen Sie sich mit Formeln geben, wenn *Direktreproduktion* vorgesehen ist oder wenn Sie druckfertige digitale Daten (per DTP erstellt) abliefern.

Ist eine innige Verbindung von Text und „Formeln" (Ausdrücken, Gleichungen usw.) unumgänglich, z. B. im Zuge einer mathematischen Herleitung, so unterbrechen Sie den Text an der passenden Stelle im Satz, stellen die Formel frei, fahren am linken Schreibrand mit weiterem Text fort und wiederholen dies so oft wie erforderlich (s. Abschn. 3.4.2). Verwenden Sie dazu in der Textverarbeitung den Befehl „Neuer Absatz"! Die Gleichungen sind damit „umbaut" und Teile des laufenden Textes geworden.

Für freigestellte Gleichungen definieren Sie zweckmäßig Formatvorlagen, die den Abstand der Gleichungen zum Textkörper (oben und unten) festlegen. Allerdings können Sie auch hier daran denken, *Platzhalter* für die einzelnen Gleichungen und Ausdrücke einzusetzen.

Was wir hier über Gleichungen und Ausdrücke gesagt haben, gilt sinngemäß auch für *chemische Reaktionsgleichungen* und einzelne *chemische Formeln* (über die Nummerierung von Formeln chemischer Substanzen s. Abschn. 3.4.2).

- Chemische Reaktionsgleichungen werden nach dem Reaktionspfeil gebrochen; der Pfeil wird nicht wiederholt.

In Abb. 6-2 hätten unter den einzelnen Formeln, soweit sie in die Formelnummerierung einbezogen sind, noch die halbfetten Formelnummern zu stehen kommen können; stattdessen könnte der ganze Formelblock am rechten Rand eine Nummer tragen.

6.5.2 Aufgebaute und gebrochene Gleichungen

Als „aufgebaut" bezeichnet man Gleichungen, die sich nicht in *einer* Schreibzeile (mit ihren Hoch- und Tiefstellungen, s. nachstehend unter „Indizes") darstellen lassen, als „gebrochen" solche, deren Länge die Länge der Schreibzeile überschreitet.

- *Aufgebaute Gleichungen* bedürfen einer klaren Führung durch die wichtigsten in ihr vorkommenden mathematischen Zeichen.

Es sind dies das Gleichheitszeichen (=), Plus- und Minuszeichen (+, –) und der waagrechte *Bruchstrich*. Sie alle müssen in *einer* Höhe *(der Formelachse)* liegen. Das schließt nicht aus, dass in Zähler und Nenner eines *Bruches* weitere Zeichen dieser Art vorkommen. Was damit gemeint ist, zeigen die Beispiele in Abb. 6-3 (s. Abschn. 6.5.5).

Heute halten die meisten Textverarbeitungsprogramme für das Schreiben von Formeln besondere Programmteile bereit oder bieten kompatible Hilfsprogramme [„Formel-Editoren", hinfort in einem Wort *(Formeleditor)* geschrieben; s. Abschn. 6.7] an, die speziell dazu geeignet sind, mathematische Ausdrücke und Formeln zu erzeugen und auszugeben. Dort schaffen Sie auf dem Bildschirm über einen Maustastendruck auf ein entsprechendes Befehlssymbol, beispielsweise auf das Symbol für „Bruch",

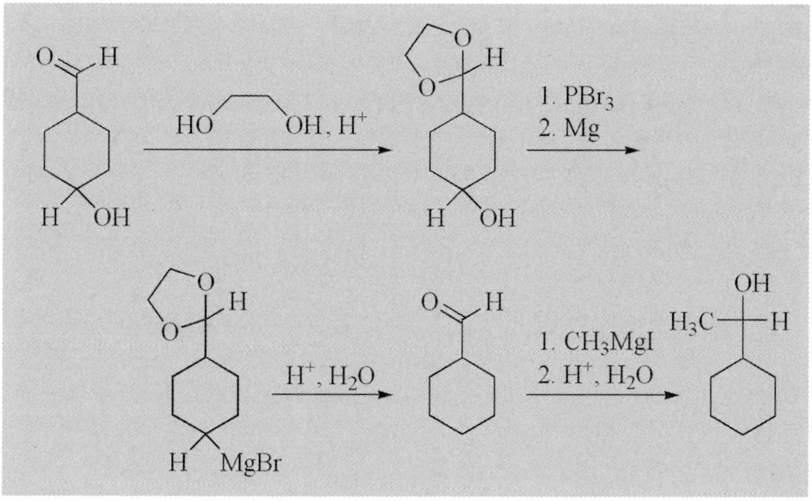

Abb. 6-2. Chemisches Reaktionsschema mit „gebrochener Zeile".

einen in der Schreibzeile bereits richtig angeordneten Bruchstrich mit zwei Fenstern in Zähler und Nenner, in die Sie die gewünschten Ausdrücke schreiben können – Ausdrücke, die selbst wieder aus Brüchen, Integralen, Summen, Matrizen usw. zusammengesetzt sein können. Ein Programm, mit dem man einen „normgerechten" und gefälligen Formelsatz im Rahmen der normalen Textverarbeitung hervorbringen kann, ist TEX nebst seiner benutzerfreundlichen Weiterentwicklung LaTEX (s. Abschn. 6.6).

- Wer wiederholt *gebrochene Gleichungen* am Computer schreiben will, braucht ein dafür eingerichtetes Spezialprogramm.

Doch zurück zu den Ergebnissen!

- Lange mathematische Ausdrücke sollen vor einem Plus- oder Minuszeichen getrennt werden, jedoch möglichst nicht in einem Klammerausdruck. Das Plus- oder Minuszeichen soll am Anfang der neuen Zeile stehen, jedoch weiter rechts als das letzte vorangehende Gleichheitszeichen.

$$L = E - U = 0{,}5\, l_1^2 f_1^2 (m_1 + m_2) + 0{,}5\, m_2 l_2^2 f_2^2 \\ + (m_1 + m_2)\, g\, l_1 \cos \delta_1 + m_2\, g\, l_1 \cos \delta_2$$

- Eine mit einem *Gleichheitszeichen* fortzusetzende Gleichung wird vor diesem Zeichen geteilt. Das weitere Gleichheitszeichen soll am Anfang der neuen Zeile unter dem entsprechenden vorangehenden stehen.

Eine solche Situation tritt häufig bei einer mathematischen Herleitung ein, z. B.:

$$\begin{aligned} x &= a_1 e_1 + a_2 e_2 \\ &= (x_{11} + x_{12}) e_1 + (y_{21} + y_{22}) e_2 \\ &= r (\cos \varphi_1 + \mathrm{i} \sin \varphi_2) \end{aligned}$$

[Ausführlich und sehr kompetent abgehandelt wird der Satz von mathematischen Ausdrücken und Gleichungen im Abschn. „Mathematischer Formelsatz" von FORSSMAN und DE JONG (2004, S. 203-233).]

6.5.3 Indizes

Mit der Schreibmaschine konnte man durch Hoch- und Tiefstellen der Walze Ergebnisse erzeugen wie dieses:

$$K_a^3 \qquad x_a^3 \qquad SO_4^{2-}$$

Oft kamen Sie damit beim Herstellen eines Typoskripts nicht aus. Schon mit einem Ausdruck wie $e^{-x}2$ gab es Probleme: War „$-x$" zweimal hochzustellen?

Sollte Ihnen kein modernes Instrumentarium zur Verfügung stehen, so können Sie die Formel – als Bild, mit Schablone oder sogar von Hand geschrieben – in einen Papierausdruck einkleben und den Rest der Kopier- und Satztechnik überlassen. Auch in der Textverarbeitung können Sie Formeln als „Bilder" *(Grafiken)* behandeln.

- Der anspruchsvolle mathematische *Formelsatz* sieht unterschiedliche Größen von Indizes je nach Rang vor.

Ein Zeichen im Index ist kleiner als in der Grundschrift (in der Regel 70 % von der Größe des Trägerzeichens), und der Index zum Index („dreistufiger Ausdruck") wird noch kleiner wiedergegeben (50 %).

Unabhängig davon können Sie versuchen, das Problem der „doppelten Indizes" auf andere Weise zu vermeiden. Im obigen Beispiel wäre das mit Hilfe der „exp"-Notation für die Exponentialfunktion als `exp(-x`$_2$`)` gelungen. Eine andere Vermeidungsstrategie besteht darin, Indizes in Klammern auf der Zeile nachzustellen (s. Abschn. 6.1.3).

- Gilt es zu vermeiden, dass sich Super- und Subskripte innerhalb der Schreibzeile zu nahe kommen, so können Sie sie seitlich versetzen.

Dabei wird der tiefgestellte Index *zuerst,* der hochgestellte *danach* geschrieben. Beispielsweise kann $m_i°$ das Potential des Stoffes *i* im Standardzustand (°) bedeuten. Superskripte, die einen *Exponenten* bedeuten, werden oft bewusst nachgestellt: $c_B{}^2$, das Quadrat der Stoffmengenkonzentration des Stoffes B. In Zweifelsfällen kann es angezeigt sein, die Größe samt Index einzuklammern und dann erst den Exponenten zu schreiben: $(c_i)^{n_i}$.

Die jüngste Fassung der DIN 1338 vom August 1996 empfiehlt das seitliche Versetzen nicht mehr, vielmehr: „Stehen an einem Grundzeichen außer einem Index noch Hochzeichen rechts (z. B. Exponenten), so sollen diese über dem ersten Indexbuchstaben bzw. über der ersten Indexziffer stehen oder an eine Klammer gesetzt werden. Das Satzbild wird sonst sehr unübersichtlich; außerdem besteht die Gefahr, dass der Exponent des Formelzeichens als Exponent des Index gelesen wird." Also soll beispielsweise v_{max}^2 oder $(v_{max})^2$ geschrieben werden, aber nicht $v_{max}{}^2$.

Dessen ungeachtet sollen in der Chemie Ladungszeichen seitlich versetzt werden, wenn unten ein *stöchiometrischer Index* steht (DIN 32 640, 1986; vgl. auch IUPAC 1990, IUPAC 2005):

$NH_4{}^+$, $NO_3{}^-$

Die Computer-gestützte Textverarbeitung bietet Vorteile, um diese Situationen zu bewältigen, indem sie verschiedene Darstellungsebenen und Abstufungen in der Schriftgröße von Indizes zulässt. Sie können Zeichen „nach Maß", d. h. um eine gewünschte Zahl von typografischen Punkten (oder Teilen von Punkten), hoch- oder tiefstellen (normal sind 3 Punkt bei einer 12-Punkt-Grundschrift), wie schon in Abschn. 6.1.2 angesprochen. (Man spürt bei solcher Gelegenheit, wie viel Metainformation in einer einfachen Formel steckt und warum wissenschaftliche Texte aufwändiger zu verarbeiten sind als der „Fließtext" eines Romans.)

Dass Sie in einem leistungsfähigen Textverarbeitungsprogramm mit Formeln wie mit *Grafiken* umgehen können, haben wir erwähnt. Hoch- und Tiefstellung verlieren dort ihren Sinn. Vielmehr bewegen Sie die Elemente, ähnlich wie beim Schreiben von Hand, dorthin, wo sie am besten passen und am „schönsten" aussehen. Aber auch das ist zeitraubend, erfordert Übung und ist nicht der Weisheit letzter Schluss.

6.5.4 Häufig vorkommende Sonderzeichen

Das Thema sei hier kurz unter schreibtechnischen Gesichtspunkten behandelt. Wir fragen beispielsweise nicht, was „Identität" erkenntnistheoretisch oder in der Mathematik bedeutet, sondern wie das *Identitätszeichen* aussieht. Auskünfte zu solchen Fragen – soweit es sich um Belange der *Mathematik* handelt – gibt vor allem die Norm DIN 1302 (1999) *Allgemeine mathematische Zeichen und Begriffe*. Sie gehörte früher eher in die Hände von Setzern als von Autoren, da ihr Anliegen die Ergebnisse waren, die sich in der professionellen Satztechnik erzielen ließen. Heute macht es vermehrt Sinn, wenn sich auch Autoren mit ihr befassen, vor allem dann, wenn sie gezwungen sind, Formeln selbst zu setzen. Wir können hier nur einige weitläufig gebrauchte Zeichen aus der Mathematik vorstellen, eine umfängliche Zusammenstellung von *Sonderzeichen* verschiedener Fachgebiete findet sich im Duden-Taschenbuch *Satz- und Korrekturanweisungen* und auch in FORSSMAN und DE JONG (2004).[31]

Manche mathematischen Notationen sind selbst mit den Standardschriften, mit denen jeder PC ausgestattet ist, zu erzeugen (exp, sin, lim u. a.), für andere müssen Sie mit einem dem Zweck dienenden Vorrat an *Sonderzeichen* ausgestattet sein. Von den gängigen Zeichensätzen der Textverarbeitung bietet vor allem „Symbol" einige für das Schreiben von Formelausdrücken nützliche Zeichen an, die Schrift wurde eigens dafür entwickelt. In manchen Programmen ist „Symbol" als Standard-Kurzbefehl angelegt.

- Das Zeichen für Gleichheit, das *Gleichheitszeichen*, ist =; es ist in den Tastaturen aller Textprozessoren enthalten.

Von den sog. *Relationszeichen,* auch *Vergleichsoperatoren* genannt, ist = das am häufigsten in *Gleichungen* vorkommende (die heißen nicht umsonst so). Es bedeutet Gleichheit im Sinne der Identität, d. h. des Übereinstimmens in allen Eigenschaften. Ein besonderes *Identitätszeichen* ist daneben nicht erforderlich. Das früher zur Kennzeichnung der Relation „identisch gleich" eingesetzte ≡ soll nicht mehr verwendet werden. (In der Zahlentheorie kommt es weiterhin als *Kongruenzzeichen* vor.) Hingegen kann die Relation „ist definitionsgemäß gleich" in besonderer Weise signalisiert werden.

---

[31] Der Begriff „Sonderzeichen" ist schwer zu fassen. Vielleicht deshalb verzichtet der „Satz-Duden" (Duden-Taschenbuch 5: *Satz- und Korrekturanweisungen*) ganz auf eine Definition, obwohl sich das Buch vorrangig damit befasst. Der „Große Brockhaus" bietet den kurzen Eintrag „... *graph. Gewerbe, Datenverarbeitung*: Zeichen, die weder Buchstaben noch Ziffern sind." DIN 5007 (1991) *Ordnen von Schriftzeichenfolgen* enthält eine Festlegung für *Schriftsonderzeichen,* die sehr weitreichend ist: „... Schriftzeichen, die neben Buchstaben und Ziffern bzw. Zahlzeichen (Schriftgrundzeichen) zur Textdarstellung dienen, z. B. Satzzeichen, Zeichen für Wörter, Einheitenzeichen (DIN 1301-1), Zahlensymbole, Rechenzeichen und das Leerzeichen." Diese Abgrenzung, nach der schon ein Geburtstagsgruß auf Sonderzeichen zurückgreifen müsste, deckt sich nicht mit den Denkschemata von z. B. Verlagsherstellern. Brauchbar für Fachleute ist hingegen die Begriffsbildung im *Lexikon der Satzherstellung* (DORRA und WALK 1990): „**Sonderzeichen** Besondere Zeichen, die außer den üblichen Schriftzeichen Verwendung finden und für die auch zum Teil spezielle Schriftbildträger lieferbar sind. Solche Sonderzeichen sind beispielsweise mathematische, biologische, meteorologische, physikalische und chemische Zeichen, Piktogramme, Musiknoten und Schachfiguren."

6.5 Mit Formeln und Gleichungen umgehen

- Wird eine Größe als gleichbedeutend mit einer anderen eingeführt, so kann dieser Sachverhalt mit dem Zeichen $=_{def}$ ausgedrückt werden.

Auch die Schreibweise $\underset{def}{=}$ und das Zeichen := sind zulässig (DIN 1302, 1999); die Norm ISO 31-11 (1992) empfiehlt $\overset{def}{=}$.

- Das Zeichen für *Ungleichheit* ist $\neq$ oder $\neq$.

Die International Union for Pure and Applied Physics lässt in Übereinstimmung mit ISO 31-11 *Mathematical signs and symbols for use in the physical sciences and technolgy* (1992) beide Zeichen zu. In der deutschen Norm DIN 1302 *Allgemeine mathematische Zeichen und Begriffe* wird $\neq$ empfohlen mit dem Vermerk, dass auch $\neq$ verwendet werden kann, „wenn es aus satztechnischen Gründen erforderlich ist".[32] – Im Zusammenhang mit Kalkulationsprogrammen und Datenbanken ist des weiteren das Zeichen <> für die Relation „ungleich" üblich und erlaubt.

Über die Zeichen für „höchstens" und „mindestens" sagt DIN 1302 (1999):

- Das Zeichen für „kleiner oder gleich" („höchstens gleich") ist ≤, das Zeichen für „größer oder gleich" („mindestens gleich") ist ≥.

Auch hier kann, wenn aus satztechnischen Gründen erforderlich, ⩽ bzw. ⩾ geschrieben werden (DIN 1302); ISO 31-11 merkt an, dass auch ≦ bzw. ≧ verwendet werden.

Für „plus minus" ist in den meisten Zeichensätzen der Textverarbeitung ein besonderes Symbol (±) vorgesehen. In manchen Zeichensätzen gibt es zusätzlich ein „minus plus"-Zeichen (∓).

- Neben den genannten Relationszeichen gibt es eine Reihe weiterer verwandter Symbole:

    ≈   „ist ungefähr gleich"
    ≪   „ist wesentlich kleiner als"
    ≫   „ist wesentlich größer als"
    ≙   „entspricht"

DIN 1302 (1999) ordnet diese nicht den mathematischen Zeichen „im eigentlichen Sinne" zu, da ihre Verwendung der Beurteilung, Präzisierung oder Interpretation durch den Benutzer bedarf. Für sie wurde der Ausdruck *pragmatische Zeichen* eingeführt.

Es ist nicht korrekt, die Beziehung „ist ungefähr gleich" durch ~ (die „Tilde") wiederzugeben: Dieses Zeichen hat die Bedeutung „ist proportional zu" (oder „ähnlich" in der Elementaren Geometrie). Entsprechendes gilt für das in manchen Zeichensätzen enthaltene ≅, das nur bei Funktionen im Sinne von „ist asymptotisch gleich" verwendet werden darf.

Den Relationszeichen schließen sich die *Verknüpfungszeichen* an.

- Die wichtigsten Verknüpfungszeichen sind das Plus- und das Minuszeichen.

Das *Pluszeichen* (+) ist auf jeder Schreibmaschinentastatur als eigenes Zeichen enthalten. Das *Minuszeichen* (−) wird durch den Gedankenstrich dargestellt, sofern dafür

---

[32] Das wird allerdings für den „Heimsetzer" der Fall sein: Wir haben das $\neq$ in keinem von über 25 Standard-Zeichensätzen gefunden!

kein eigenes Zeichen vorhanden ist. Ungeeignet ist der *Trennungsstrich* (-; bei Programmierern zunehmend *Trennstrich, fachspr. Divis, sprachw.* auch *Bindestrich*), da er zu kurz ist Der *Gedankenstrich* kann über eine geeignete Tastenkombination erzeugt werden, oder er steht über eine Sonderzeichentabelle zur Verfügung. Im Englischen heißt dieses Zeichen „en dash", weil es in einer Proportionalschrift etwa so breit ist wie der Buchstabe n. Dasselbe Zeichen wird oft auch zur Angabe von *Zahlenbereichen* benutzt, z. B. 800–1000 bar.[33] Aus der Verwechslungsgefahr des gleichen Zeichens einmal für *Subtraktion* und einmal für eine *Erstreckung* „von bis" resultiert der Vorschlag, für den zweiten Fall das Zeichen „..." als *Erstreckungssymbol* zu benutzen (s. auch am Ende von Abschn. 6.4).

In komplexen mathematischen Ausdrücken und Gleichungen ist es angeraten, vor und nach dem Minuszeichen je ein oder zwei Leerzeichen zu setzen, um so zur besseren Strukturierung beizutragen. Im professionellen Satz steht beiderseits von Plus- und Minuszeichen *immer* ein Zwischenraum.

Zu den häufigen Verknüpfungen von Zahlen und anderen „mathematischen Strukturen" gehört auch die *Multiplikation*.

- Als *Multiplikationszeichen* wird der schwebende Punkt verwendet.

In der gehobenen Textverarbeitung gibt es als Sonderzeichen den *Malpunkt* oder *Multiplikationspunkt*, eine einfache Schreibtaste ist aber dafür nirgends vorgesehen. Häufig kann man auf einen Malpunkt ganz verzichten:

- Zwei Größen gelten als miteinander multipliziert, wenn sie nebeneinander geschrieben werden.

RT bedeutet „Allgemeine Gaskonstante mal thermodynamische Temperatur". (Im anspruchsvollen Satz liegt zwischen R und T der *Produktausschluss*; s. Abschn. 6.5.6.) Es gibt ein weiteres Multiplikationszeichen, das *liegende Kreuz* oder *Multiplikationskreuz* (×). Rechenmaschinen und Computertastaturen warten oft noch mit einem dritten Zeichen (∗) auf, doch sollen beide in mathematischen Formeln nicht verwendet werden, außer in bestimmten Sondergebieten der Mathematik. Beispielsweise ist $\boldsymbol{a} \times \boldsymbol{b}$ als vektorielles Produkt der Vektoren $\boldsymbol{a}$ und $\boldsymbol{b}$ bekannt. Im englischsprachigen Schrifttum hat das Multiplikationskreuz noch einen Platz bei der Angabe von Zahlen in Potenzschreibweise; DIN 1338 (1996) schreibt aber auch hier z. B. $1{,}32 \cdot 10^6$. Ansonsten kommt es noch in Formatangaben vor (z. B. 9 m × 12 m; vgl. Regel 8.3 in DIN 5008, 2005). Das Multiplikationskreuz ist beispielsweise im Zeichensatz von „Symbol" enthalten.

Die Umkehrung der Multiplikation ist die *Division*.

---

[33] Der Name „en dash" ist also gleichartig gebildet wie der für ein bestimmtes Leerzeichen, den „En-Abstand", s. Abschn. 6.4. – Es gibt in der Textverarbeitung noch einen dritten Strich, der auf der gleichen Höhe liegt wie der Binde- und der Gedankenstrich, aber länger ist (*engl.* em dash). Im englisch-amerikanischen Schrifttum wird dieser Strich—so wie hier—(ohne Leerzeichen) als Gedankenstrich benutzt: Ein typografisches Detail, aber es kann nicht schaden, wenn der in Englisch publizierende deutsche Wissenschaftler das weiß.

- Das *Divisionszeichen* ist der *schräge Bruchstrich* (/), der bei größeren Ausdrücken und in freigestellten Gleichungen durch den *waagrechten Bruchstrich* ersetzt wird.

Auch hier gibt es weitere Möglichkeiten. Das von Computern gewohnte Zeichen (÷) soll in mathematischen Formeln nicht verwendet werden. DIN 1302 (1999) erteilt auch dem *Doppelpunkt* (:) als Divisionszeichen eine Abfuhr und schränkt seinen Einsatz auf das Schreiben von *Proportionen* sowie den Unterricht im Zahlenrechnen und das „bürgerliche Rechnen" ein.

6.5.5 Weitere Regeln für das Schreiben von Formeln

Stehen bei Brüchen mit schrägem Bruchstrich mehrere Zeichen im Nenner, also hinter dem schrägen Bruchstrich, so sind sie in Klammern einzuschließen, damit deutlich gemacht ist, wie weit der Bruchstrich wirkt:

$$1/(2\pi), \text{ mol}/(L\,s), \exp[E_a/(R\,T)]$$

Im wissenschaftlichen Schrifttum wird gegen diese Regel – in der Annahme, der Leser wisse schon, was gemeint ist – oft verstoßen, besonders im Zusammenhang mit zusammengesetzten Einheiten (zweites Beispiel oben; s. auch Abschn. 6.2.1).

- Keineswegs zulässig ist, zwei oder mehr schräge Bruchstriche in einem Ausdruck zu verwenden.

Versucht man, einen Ausdruck wie *a/b/c* „aufzulösen", so ist man nicht sicher, ob

$$a/(b/c) = a\,c/b \quad \text{oder} \quad (a/b)/c = a/(b\,c)$$

gemeint ist! Anhänger dieser unzulänglichen Schrägstrich-Notation wollen bei der Angabe zusammengesetzter Einheiten das zweite signalisieren.

Um der Quotientenschreibweise mit Bruchstrich zu entgehen, können Sie in naturwissenschaftlich-technischen Schriftsätzen auf die Schreibweise mit negativen Potenzen ausweichen.

Eine besondere Bedeutung in mathematischen Gleichungen und Ausdrücken kommt Klammern zu, da sie zum Strukturieren unerlässlich sind und erkennen lassen, wie weit eine Operation (z. B. eine Multiplikation) wirkt.

- Werden mehrere Klammern gebraucht, so sind sie in der Reihenfolge *runde Klammer*, *eckige Klammer*, *geschweifte Klammer* anzuwenden.

Am weitesten reicht die geschweifte Klammer, zu innerst liegt die runde Klammer:

$$\{[(\quad)]\}$$

Die (runde) Klammer hinter dem schrägen Bruchstrich verwendet man vor allem, wie soeben ausgeführt, bei zusammengesetzten Einheiten.

Dabei gilt für die Größe von Klammern:

- Klammern sollen stets so hoch sein wie die Ausdrücke, die sie umschließen, die *Operanden*.

Das gilt auch für weitere Symbole wie *Wurzel-*, *Summen-* und *Produktzeichen* und das *Integralzeichen*. Solche Zeichen in verschiedenen Größen hervorzubringen ist in der Textverarbeitung ein leichtes:

$$\iiint \quad \Sigma\Sigma\Sigma \quad \Pi\Pi\Pi \quad \text{usw.}$$

Wir verzichten darauf, weitere Sonderzeichen etwa aus der Mengenlehre und anderen Spezialgebieten der *Mathematik* oder spezielle Operatoren beispielsweise in der *Quantenchemie* anzuführen. Einfache Anwendungsbeispiele zeigt Abb. 6-3.

- Stehen Ihnen die entsprechenden Zeichen nicht zur Verfügung, so können Sie sie von Hand eintragen.

Das wird vor allem bei Typoskripten ausreichen, die gesetzt werden sollen. Schreiben Sie sorgfältig, verwenden Sie einen guten Filzstift mit punktförmiger Schreibspitze oder noch besser ein Tuscherohr und erklären Sie das Zeichen ggf. bei seinem ersten Auftreten durch eine Anmerkung in doppelten Klammern am Rande, z. B.:

((Theta))

Zu den Sonderzeichen, die in naturwissenschaftlich-technischen Texten häufig gebraucht werden, gehören auch die Buchstaben des kleinen und großen *griechischen Alphabets*. Man ist oft in Verlegenheit, wie ein bestimmter griechischer Buchstabe heißt und wie er aussehen soll. Wir haben daher in Tab. 6-5 das griechische Alphabet zusammengestellt. Großes und kleines griechisches Alphabet sind u. a. im Zeichensatz der Schrift „Symbol" enthalten.

Nach DIN 1338 (1996) sind von den in zwei Formen vorkommenden Kleinbuchstaben die Formen ϑ und φ vor θ und ϕ zu bevorzugen.

Wir erinnern nochmals daran, dass Ihnen Sonderzeichen wieder verloren gehen können, wenn nachträglich umformatiert werden muss.

$$x = \sum_{i=1}^{n} x_i^2 \qquad g(x) = \frac{e^x}{(x+1)(x-1)} \cdot \sin\sqrt{1-x^2} \qquad a = \cfrac{1}{1+\cfrac{1}{1+\cfrac{1}{1+\cfrac{1}{1+x}}}}$$

$$c(H_{n-i}A^{i-}) = \frac{c^{n-i}(H_3O^+) \cdot C(H_nA) \cdot \prod_{j=1}^{i} K_{Sj}}{\sum_{r=0}^{n}\left[c^{n-r}(H_3O^+) \cdot \prod_{j=1}^{r} K_{Sj}\right]} \quad (i = 0, 1, ..., n)$$

$$y = f(x) = ax^3 + bx^2 + cx + d$$

$$\frac{dc(A)}{dt} = -k \cdot c(A) \qquad \frac{\Delta y}{\Delta x} = \lim_{\Delta x \to \infty} \frac{h(x+\Delta x) - h(x)}{\Delta x} \qquad \sqrt{2a - \sqrt{\sqrt{a-1}+1}+1}$$

Abb. 6-3. Mathematische Formelausdrücke, erzeugt mit dem Formeleditor MATHTYPE.

Tab. 6-5. Das griechische Alphabet.

Name	Zeichen	Name	Zeichen	Name	Zeichen
Alpha	Α, α	Jota	Ι, ι	Rho	Ρ, ρ
Beta	Β, β	Kappa	Κ, κ	Sigma	Σ, σ, ς
Gamma	Γ, γ	Lambda	Λ, λ	Tau	Τ, τ
Delta	Δ, δ	My	Μ, μ	Ypsilon	Υ, υ
Epsilon	Ε, ε	Ny	Ν, ν	Phi	Φ, φ (ϕ)
Zeta	Ζ, ζ	Xi	Ξ, ξ	Chi	Χ, χ
Eta	Η, η	Omikron	Ο, ο	Psi	Ψ, ψ
Theta	Θ, ϑ (θ)	Pi	Π, π	Omega	Ω, ω

6.5.6 Leerräume, Ausschlüsse

Was die *Leertaste* zum Erzeugen von *Zwischenräumen* angeht, gibt es einige Regeln, die in der Norm DIN 5008 (2005) nachzulesen sind. An mehreren Stellen in diesem und dem vorangegangenen Kapitel wird auf die Bedeutung von Leerräumen in *Formeln* hingewiesen. Um Ihre Arbeit beim Schreiben zu erleichtern, stellen wir hier zusammen, wo ein *Leerzeichen* gebraucht wird (s. „Diskettensatz" in Abschn. 5.4.1):

— *vor* und *nach* dem Gleichheitszeichen, dem Plus- und Minuszeichen;
— *vor* allgemeinen oder speziellen Funktionszeichen (z. B. *f*, tan); *nach* Zeichen für Funktionen nur, wenn keine Klammer folgt;
— *vor* und *nach* dem Integral-, Summen- und Produktzeichen;
— *vor*, aber nicht nach Operatoren, z. B. dem Differentialoperator d;
— *zwischen* Zahl und Einheit;
— *zwischen* Zahl und Bruch (z. B. 3 $^1/_2$);
— *zwischen* Zahl und Prozentzeichen (z. B. 0,2 %);
— *innerhalb* zusammengesetzter Einheiten.

Ein *verringerter* (z. B. um 0,5 Punkt schmal gestellter) Zwischenraum steht zwischen einer Größe und ihrem Multiplikator (z. B. 4*x*) oder zwischen den Symbolen von Größen, die miteinander multipliziert werden (z. B. *a b c*).

Für den professionellen Satz gelten stärker differenzierte Absprachen. Unterschiedlicher *Ausschluss* zwischen Buchstabenfolgen für spezielle Funktionen (z. B. sin, ln), Zahlzeichen, Größensymbolen und mathematischen Zeichen soll Formeln gliedern und damit leichter lesbar machen. Dazu werden Formelteile, die durch mathematische Beziehungen enger miteinander verknüpft sind, auch näher aneinander herangeführt.

Gemäß DIN 1338 [Beiblatt 2 *Formelschreibweise und Formelsatz: Ausschluß in Formeln* (1996); vgl. auch DIN 1338 (1996)] beträgt beispielsweise der Produktausschluss drei Ausschlussmoduln, wobei die Ausschlussmoduln als 1/10 der Schriftgröße definiert sind (vgl. „Schriften, typografische Maße" in Abschn. 5.5.1). Die empfohlenen Ausschlüsse, jeweils angegeben in diesen Moduln, seien für einige Bestandteile von Formeln genannt:

zwischen Funktions- oder Operatorzeichen und Argument: 2
zwischen Faktoren eines Produkts: 3
vor und nach Plus- und Minuszeichen: 5
vor und nach Gleichheitszeichen: 6

Das Beiblatt gibt Beispiele dafür und vermerkt: „Ordnet man die verschiedenartigen mathematischen Ausdrücke so an, dass die rechnerische Bindung der Glieder vergleichsweise immer schwächer wird, so ergibt sich als allgemeine Regel nachstehende Reihenfolge vom Engen zum Weiten:

- Bindung der Funktions- und Operatorzeichen an ihre Argumente;
- Bindung der Glieder von Produkten und Quotienten aneinander;
- Bindung der Glieder von Summen und Differenzen aneinander;
- Bindung beider Seiten einer Gleichung.

Auch wird angemerkt, dass die Ausschlussmoduln im metrischen System zweckmäßig als Vielfache von 0,25 mm anzusetzen seien. Wenn Sie oft Formeln zu schreiben haben, sollten Sie sich die genannte Norm und ihre Beiblätter besorgen, um weitere Einzelheiten zu entnehmen, die wichtig sind, wenn Sie ein gutes – eben normgerechtes – Formelbild erzielen wollen. Doch weiter:

● In den meisten Textverarbeitungsprogrammen steht als *Zeichenformat* „Sperren" zur Verfügung.

Dort können Sie (in „Punkt") angeben, um wie viel der *Zeichenabstand* vergrößert werden soll, z. B.:

X–Y   X – Y   X – Y
ohne Leertaste   mit Leertaste   gesperrt 7 Pkt

Wenn Sie eine Formel zunächst wie sonst üblich eingetastet haben, können Sie die betreffenden Stellen markieren und die gewünschten Zeichenformate nachträglich einführen. Beispielsweise verwandeln Sie „*abc*" leicht in „*a b c*". Sie können sich vornehmen, solche oder kompliziertere Formelelemente als Textbausteine (s. „Textbausteine" in Abschn. 5.3.3 sowie Abschn. 6.2.2) festzulegen.

● Guter Formelsatz ist eine Kunst eigener Art, und nicht alles, was – beispielsweise als Desktop Publishing – das Licht der Welt erblickt, kann gefallen.

Duden-Taschenbuch *Satz- und Korrekturanweisungen* (S. 73) vermerkt ähnlich:

● Guter Formelsatz zeichnet sich durch Gliederung der Formeln aus. Durch entsprechenden Zwischenraum, geringer bis ganz entfallend, zwischen den Formelteilen wird eine Formel sinnvoll gegliedert.

Und weiter: „Ausschließen darf, insbesondere im Lichtsatz, nicht einheitlich und schematisch erfolgen, die sinnvolle Gliederung und die Wirkung auf das Auge haben Vorrang."

6.6 Umsetzung der Regeln mit einem Formelprogramm

6.6.1 LaTeX als Formelgenerator

In einer reinen „Textumgebung" bleiben alle Versuche Stückwerk, Formeln oder Formelbestandteile *(Ausdrücke)* korrekt einzubringen. Es gibt aber Programme, die mit Formeln hervorragend umgehen können, ohne den gängigen Programmen der Textverarbeitung im geringsten nachzustehen, was die Bearbeitung von „Fließtext" angeht – in mancher Hinsicht sind sie denen sogar überlegen. Davon handelt der nächstfolgende Abschnitt.

Die wohl bekanntesten und bedeutendsten Programme dieser Art sind TeX und LaTeX. Donald KNUTH,[34] der „Erfinder" von TeX, war Schriftsetzer: einer, der die Konventionen des Berufs kannte und darüber hinaus dachte. Die von ihm entwickelte Programmiersprache wurde zu einem Quasi-Standard der American Mathematical Society. TeX hat in der Tat viel mit Normung zu tun, mit „Spielregeln", die eben jeder gute Setzer in den Fingern hatte.[35] Um mit TeX arbeiten zu können, ist man am besten selbst Programmierer. Aber nicht jeder Anwender will das an der Stelle sein. So entstand LaTeX: ein auf TeX basierendes Makro-Paket, eine etwas leichter zu handhabende Variante von TeX, die zwar noch weit von dem entfernt ist, was man sich als „Normalanwender" unter „benutzerfreundlich" vorstellt, die aber an Hochschulen – vor allem bei Mathematikern und Physikern – viele Anhänger gefunden hat.

Als Benutzer verfügen Sie kraft der intelligenten Struktur dieses Programms über herausragende Möglichkeiten, komplizierte wissenschaftliche Texte unter Verwendung eines vorgefertigten Layouts reproreif zu setzen und auszugeben. In dem für Anfänger sehr zu empfehlenden Standardwerk *LaTeX, eine Einführung* (KOPKA 1996) heißt es allerdings: „Dies [die Nutzung des Programms] setzt voraus, dass der Anfänger die Standardformatierungen von LaTeX akzeptiert und nicht eigenwillige Sonderwünsche an den Anfang setzt." Hinter TeX und LaTeX steht die Philosophie, dass der Anwender sich ganz auf den Inhalt konzentrieren kann und soll und dass das Programm den gesamten „Rest", die professionell gestaltete Ausgabe, übernimmt. Dieser Ansatz ist prinzipiell gut zu heißen, wir haben ihn auch an anderen Stellen in diesem Buch vertreten; dort (siehe z. B. unter „Technische Voraussetzungen" in Abschn. 5.4.1) sind wir allerdings zu dem Schluss gekommen, dass sich entsprechend geschulte Menschen – und nicht Programme – um die Ausgabe kümmern sollten. Welch' andere „Denke" hinter TeX wie auch LaTeX steckt, wird an folgenden Formulierungen deutlich, die

---

[34] Donald E. KNUTH, Verfasser des 1984 bei Addison-Wesley erschienenen Buches *The TeXbook: Computers and Typesetting*, ist heute „Professor Emeritus of the Art of Computer Programming at Stanford University", wie wir seiner Homepage (www-cs-faculty.stanford.edu/˜knuth/) entnahmen.

[35] Eine gewisse, dem Amerikanischen nicht fremde Lust zu „normieren" und gleichzuschalten spielte dabei zweifellos eine Rolle. Man kann mit TeX auch Geburtstagsbriefen die „übliche" Form geben, oder Versen und Strophen. – Wir persönlich, die Verfasser dieses Buches, mögen *zu viel* Reglementierung *nicht*. Regeln und Normen sind gut, aber Fremdbestimmung darüber, was unseren eigenen Text angeht, verbitten wir uns.

ebenfalls aus dem Buch von KOPKA stammen. Es geht da um das Drucken der „Files", die mit TEX oder LATEX erzeugt werden: „Die Aufrufe für den Druckertreiber und die Eintragung in die Druckerwarteschlange sind vom jeweiligen Rechenzentrum zu erfragen, das die beiden letzten Prozeduren [Erzeugung von druckbaren Files] ggf. zu einer zusammengefügt hat. In einem Rechenzentrum sollten diese und weitere Informationen in einem TEX oder LATEX *Local Guide* zusammengefasst sein und allen Benutzern zur Verfügung stehen."

MIT TEX und LATEX lässt man sich am besten nicht ein, wenn man ganz auf sich allein gestellt sein sollte. Unterstützung durch andere TEX-Nutzer – Kollegen der Arbeitsgruppe, Mitarbeiter des lokalen Rechenzentrums oder Mitarbeiter des Physik- oder Mathematiklektorats in Verlagen – ist fast unabdingbar.

TEX und LATEX erfreuen sich bei *Mathematikern* und *theoretischen Physikern* und auch bei den einschlägigen Fachverlagen aus mehreren Gründen großer Beliebtheit: Autoren können, weil sie sich an strenge Regeln halten müssen, weniger Fehler beim Schreiben formellastiger Texte begehen. Die abgelieferten Daten sind, weil gut vorstrukturiert, von Verlagen und technischen Betrieben einfach weiterzuverarbeiten. Viele wissenschaftlichen Werke, die nur in kleiner Stückzahl aufgelegt werden, könnten aus Kostengründen heute nicht mehr publiziert werden, wenn sie nicht so gut vorbereitet wären, wie diese Programme es ermöglichen.

Für die Autoren ist der Aufwand eigentlich nur auf den ersten Blick größer als bei anderen Programmen. Wer sich an das Arbeiten mit TEX oder LATEX einmal gewöhnt hat, wird im Gegenteil bei komplizierten Formelwerken viel schneller zum Ziel kommen als mit irgendeinem Textverarbeitungs- oder Layoutprogramm. Wie so oft, ist alles eine Frage der Perspektive und des Abschätzens der eigenen Stärken sowie der Stärken der einzusetzenden Hilfsmittel – letzten Endes sind sämtliche Programme nichts anderes als Hilfsmittel auf dem Weg zur Veröffentlichung der Ergebnisse der eigenen Arbeit.

● Sich in TEX oder LATEX einzuarbeiten, erfordert Kraft und Zeit. Wer viel mit den Programmen zu arbeiten hat, wird diese Investition aber bald als lohnend bewerten.

Zu den Grundideen von TEX und LATEX gehört, dass man sich als Autor während der Eingabe und Bearbeitung eines Texts ausschließlich auf der ASCII-Ebene bewegt. Man sieht keinerlei Formatierung am Bildschirm, hat zunächst nur mit den *Zeichen* zu tun, die der ASCII-Code von 0 bis 127 zur Verfügung stellt. Befehle für bestimmte Formatierungen oder zum Schreiben von Formeln werden per Programmiercodes eingegeben, die aus mehreren Zeichen bestehen und meist durch ein spezielles Befehlszeichen „eingeläutet" werden (Näheres dazu sogleich).

Wir haben TEX und LATEX bisher in einem Atemzug genannt, weil LATEX auf TEX basiert und grundlegende Aussagen auf *beide* Programme zutreffen.[36] In LATEX sind

---

[36] TEX wird oft als *Plain TEX* bezeichnet. In LATEX gibt es viele Ur-TEX-Befehle. Die beiden Programme haben Pate gestanden für alles, was sonst noch, z. B. als „Appendix" zu Programmen der Textverarbeitung wie WORD, an einschlägiger „Dienstleistung" angeboten wird. – Mit TEX und LATEX befassen sich nationale „Fan-Clubs", in Deutschland *DANTE Deutschsprachige Anwendervereinigung TEX e.V.*

einige TeX-Befehle zu übergeordneten Befehlen zusammengefasst. Es existieren für dieses Programm benutzerfreundliche Editoren, also Eingabeoberflächen, die das Eintasten der richtigen Befehle erleichtern. Wer komplizierte Gestaltungsprobleme zu lösen hat, muss allerdings auf den Befehlsvorrat von Plain TeX zurückgreifen. Wir konzentrieren uns nachfolgend auf LaTeX, halten aber fest, dass viele Feststellungen auch für TeX gelten.

Die derzeit (März 2006) aktuelle Version ist LaTeX 2e. (Es gibt sie seit Juni 1994; die Bereitsteller überbieten sich leider in typographischer Raffinesse, z. B. L^{A}T$_E$X 2$_e$, die wir hier nicht imitieren wollen.) Eine vorzügliche Übersicht bieten die Schrift *LaTeX2e Kurzbeschreibung* (KNAPPEN et al. 1994) sowie das bereits erwähnte Buch von KOPKA.

Den tiefsten Einblick bietet natürlich das zugehörige Handbuch. Für deutschsprachige Anwender ist es wesentlich, dass sie über das „German packet" verfügen, mit dem sie über Besonderheiten des heimischen Sprach(und Kultur?)-Kreises hinaus sich artikulieren können, besonders mit *Umlauten* und dem scharfen „s" (Eszett, ß): Einzugeben sind „a für ä, „s für ß, z. B. sch"one Stra"se für „schöne Straße".

- LaTeX generiert Formeln, die nicht nur in jeder Hinsicht korrekt aufgebaut sind, sondern auch jene Ästhetik entfalten, die Formeln eigen ist.

Dieselben Befehle können in LaTeX aufgrund der eingebauten „Intelligenz" des Programms zu unterschiedlichen, aber korrekten Ergebnissen führen. So erkennt das Programm selbsttätig, ob ein mathematischer Ausdruck in einer *freigestellten* Formel oder *Gleichung* vorkommt oder im laufenden Text, und stellt sich darauf ein. Beispielsweise werden die Grenzen für eine Summenbildung automatisch oberhalb und unterhalb des Summenzeichens gesetzt, wenn die Gleichung frei steht, sie werden rechts neben dem Summenzeichen (Beispiele s. unten) angeordnet, wenn sich der Ausdruck in der fortlaufenden Zeile befindet.

Nicht freigestellte *(integrierte)* Formeln werden als *Textformeln* bezeichnet, und was darin geschrieben wird (kurze Ausdrücke, vielleicht nur ein oder wenige Zeichen) als *Formeltext*. Ein solcher Ausdruck wird allgemein durch

\begin{math} *formeltext* \end{math}

dargestellt. Da 32 Zeichen zur Codierung von vielleicht nur einem Zeichen ein etwas ungebührlicher Aufwand wären, wurde dafür gesorgt, dass es auch schneller geht – \[*formeltext*\] – oder noch schneller: $*formeltext*$.[37] Tippen Sie im einfachsten Fall x, und Sie bekommen „x" in der richtigen „Umgebung", kursiv (x, wie es sich für eine Variable oder Größe gehört).

Wie ersichtlich, kommen Sie z. B. mit \end{math} in den allgemeinen Textmodus zurück.

Sie können sich unter ftp.dante.de.direkt an diesen „Server" wenden. – In einer uns vorliegenden Schrift (KNAPPEN et al. 1994, S. 6) wurde TeX als „Setzer" beschrieben, LaTeX als „Buch-Designer".

[37] Für „Es sei x eine Primzahl, für die gilt: $y > 2x$" tasten Sie: Es sei x eine Primzahl, f"ur die gilt: $y>2x$. – Das *Dollarzeichen* als Befehlssymbol ist, wie viele andere Kommandos, von reversibler Wirkung, eine Art Umkehrschalter.

Hingegen werden freistehende Formeln und Gleichungen durch

\begin{displaymath} *formeltext* \end{displaymath}

oder durch

\begin{equation} *formeltext* \end{equation}

oder kürzer durch \ [(für Anfang der Formel) und \ ] (für Ende der Formel) signalisiert.

Müssen wir uns in diesem Buch mit *Mathematik* abgeben? Wohl schon, denn wo immer Naturwissenschaftler und Techniker ihre komplizierten Objekte quantifizieren, eine Sache mit einer vielleicht großen Zahl von Einflussgrößen durchrechnen oder überhaupt einen naturgesetzlichen Zusammenhang formulieren wollen, werden sie zu Angewandten Mathematikern. Um sich auf dieser Ebene ausdrücken zu können und zu Ergebnissen zu gelangen, müssen sie die Sprache und Symbolik der Mathematik beherrschen.

Gegeben seien zwei Zeichen, „g" und „2", jedem Alphabeten geläufig. Ob daraus in einer bestimmten Anwendung „2 g" oder „g^2" wird, ist nur aus dem Kontext zu beantworten und nicht mehr jedermanns Sache. Jedenfalls bedeuten die beiden Notationen, die sich lediglich in der Stellung und Schriftform derselben beiden Zeichen unterscheiden, ganz Unterschiedliches. Wer in dieser Weise mit Zeichen umzugehen hat, muss sich ihrer jeweiligen Bedeutung und Verwendung bewusst sein.

TEX bedeutet „Technik" – Naturwissenschaftler, Ingenieure und Techniker dürfen sich aufgerufen fühlen! Gerade für diese an Abstraktion gewohnte Zielgruppe war TEX geschaffen worden: Wir haben es mit einer Kommando-basierten Satzanweisung zu tun, die das *Wesen* einer Formel vor ihr *Aussehen* stellt.[38] Als Benutzer sagen Sie, was Sie brauchen – was der Sinn ist –, das Programm sorgt für das richtige Aussehen. Es kommt nicht darauf an, einen waagerechten Strich zunächst ungewisser Länge zu erzeugen, über dem irgendwo ein weiterer kürzerer angeordnet ist, jeweils mit etlichen Zeichen darüber und darunter; sondern (im Beispiel): „Es folgt ein Bruch. Für diesen *Term*[39] brauche ich einen Bruchstrich, und im Nenner des Bruchs kommt ein Ausdruck vor, der selbst ein Bruch ist, für den also ein weiterer Bruchstrich bereitgestellt werden muss." Es gilt, die benötigten Zeichen und Zeichenfolgen korrekt zu konstruieren.

Wir wollen uns das an einigen wenigen Beispielen ansehen. Mehr dazu finden Sie in KOPKA (1996), einem Buch, das – zur Beruhigung deutscher Nerven – in einem Institut der Max-Planck-Gesellschaft (MPI für Aeronomie in Katlenburg-Lindau) seinen Ursprung hat; des Weiteren sei aus der umfangreichen Literatur hervorgehoben *LATEX: A Document Preparation System,* das in deutscher Übertragung im Verlag des

---

[38] Man könnte TEX und Verwandte auch „sinnorientiert" nennen. Im Vergleich dazu sind die üblichen Programme der Textverarbeitung ebenso wie Grafikprogramme „sichtorientiert".

[39] „Term" bedeutet nach einer lexikalischen Definition eine „Folge von Zeichen in einer formalisierten Theorie, mit der oder dem eines der in der Theorie betrachteten Objekte dargestellt wird".

vorigen Buches erschienen ist (LAMPORT 1995). Der Verfasser dieses „Klassikers" gilt selbst als der Erfinder (1985) von LaTeX.[40]

Das wichtigste Kommando ist das Zeichen \, das wie ein nach links gespiegelter Zwilling des schrägen Bruchstrichs aussieht, des bekannten – und in gängigen Tastaturen enthaltenen – *Schrägstrichs /* (*engl.* slash). Für das neue Zeichen ist uns nur die treudeutsche Bezeichnung *Backslash* bekannt.

Andere von LaTeX für Befehle/Anweisungen benutzte Zeichen sind:

$ # % & _ ~ ^ [ ] { } < > „ |

Sollten Sie wirklich einmal z. B. ein Prozentzeichen als solches brauchen, müssen Sie das extra deklarieren. Dazu heben Sie die Befehlsbedeutung z. B. von % auf, und das geschieht wiederum mit dem Backslash: „\%" bewirkt, dass das Prozentzeichen als Text gedruckt werden kann.

Die eckigen und geschweiften Klammern in der kleinen Aufzählung oben werden benutzt um anzuzeigen, worauf ein Befehl wirkt und wie weit er reicht.

Unser Programm – TeX oder LaTeX – hat eine eigene Syntax, die lautet:

```
\Befehlsname[optionale Argumente]{zwingende Argumente}
```

Dabei kann es mehrere eckige und geschweifte Klammern geben. Die Befehlsnamen sind mnemotechnisch gebildet, wobei es erforderlich ist, auf Englisch umzuschalten. Beispielsweise bedeuten

```
\frac{z}{n}
\sqrt[n]{radi}
```

im ersten Fall, dass *z* und *n* als *Bruch (z/n)* darzustellen sei (frac für *engl.* fraction, Bruch), und im zweiten, dass von etwas *(Radikand)* die *n*-te *Wurzel* zu nehmen sei [mit sqrt, hier nicht ganz dem Zweck entsprechend, für *engl.* square root, Quadratwurzel; radi von *lat.* radix, Wurzel, mit *lat. math.* radizieren, die Wurzel (aus einer Zahl) ziehen]. Alles klar? Für unsere Leser gewiss. Trotzdem noch ein paar Beispiele:

Mit int_{a}^{b} erzeugen Sie im laufenden Text ein *Integralzeichen,* an dem unten und oben die Grenzen *a* und *b* rechts am Zeichen eingerückt erscheinen; in einer freistehenden Formel würden Sie eher die übliche Schreibweise sehen wollen, wofür Ihnen \int\ limits_{a}^{b} im Programm zur Verfügung steht.

$$\int_a^b f(x) \qquad \int\limits_a^b f(x)$$

Hoch- und Tiefstellungen – in einem weiteren Sinne, wie die Beispiele schon gezeigt haben – werden durch ^{...} bzw. _{...} angewiesen. Sie tasten

---

[40] Die beiden ersten Buchstaben in LaTeX sind eine Erinnerung an den Namen des Erfinders. Dass (*engl.* und *deutsch*) latex/Latex für den Milchsaft Kautschuk liefernder Pflanzen steht und die Suchmaschine Google den Adepten der Mathematik ungewollt auch zu gummielastischen Dessous führen würde, hatte Leslie LAMPORT, US-amerikanischer Mathematiker, Informatiker und Programmierer (geb. 1941), nicht bedacht. – Wir fühlen uns geehrt, dass die Übersetzerin Rebecca STIELS unser 1982 erschienenes Buch *Das naturwissenschaftliche Manuskript* (EBEL und BLIEFERT 1982) als eine von zehn Literaturangaben für die deutsche Ausgabe anführt.

```
x^2    a_{i,j,k}
```
und bekommen
$$x^2 \quad a_{i,j,k}$$
Wie das Ergebnis aussieht, ist nicht Ihre Sache – das Programm leistet die Formatierung des Gedankens „Hochstellen" oder „Tiefstellen" für Sie.

Dabei bereitet es keinerlei Schwierigkeiten, an einem Grundzeichen Hoch- *und* Tiefzeichen anzubringen: Sie werden in der Regel übereinander so angeordnet, dass sie sich gegenseitig nicht stören. Auch ein Index zum Index u. ä. ist ebenso schnell eingetastet wie dargestellt, das Programm wählt die erforderlichen Schriftgrößen selbst aus.

Man kann Befehle dieser Art auch mit Hilfe von *Klammern* ineinander *schachteln*, selbst „Abgrenzer" einer Art ineinanderlegen wie in { { } }. Beispiel: Sollte es einmal notwendig sein, in einer Wurzel eine Wurzel zu ziehen, dann gelingt dies, auch wenn die Anweisung für nicht mathematisch geschulte Ohren absurd klingt, in einem Beispiel wie folgt (das wenige an „Argument", worauf sich das Hexeneinmaleins bezieht, steht in den inneren Klammern):
```
\sqrt[3]{p+\sqrt{p^{2}+q^{2}}}
```
$$\sqrt[3]{p+\sqrt{p^2+q^2}}$$
Wenn man sich einmal daran gewöhnt hat, bereitet das Entschlüsseln eines solchen Ausdrucks keine großen Schwierigkeiten: Zuerst suchen Sie nach den Klammern; dann erkennen Sie am Beispiel, dass eine dritte Wurzel gezogen wird und dass unter dieser Wurzel noch eine weitere vorkommt, die, da nichts weiter gesagt ist, eine Quadratwurzel ist. Bitte werten Sie diese Anmerkung als Kommentar zum Stichwort „optionales Argument", d.h. die eckigen Klammern betreffend, darüber hinaus als Ermunterung, sich weiter mit LaTeX zu befassen.

So können Sie weitermachen, und das Programm hält mit. Schon im vorigen Beispiel haben Sie mehr erreicht, als Sie anderweitig zuwege bringen würden: Die innere Wurzel stellt sich etwas kleiner in die äußere, und die Länge der Balken beider Wurzeln richten sich nach dem, was darunter steht. Hier hatte eben ein Formelsatz-Erfahrener das Kommando. Das Programm fügt somit *Wurzelzeichen* ein, die in Größe und Länge genau zu den jeweiligen Argumenten passen. Die Wurzelzeichen liegen nicht irgendwo bereit, sie werden für den Einzelfall berechnet(!) – Ihnen kann das Zustandekommen gleichgültig sein.

- So leicht TeX-Ausdrücke bei einiger Übung zu lesen sind, so leicht sind sie zu schreiben.

Ähnlich wie bei den Wurzeln geht es mit den häufiger vorkommenden *Brüchen* zu, die alle auf den Befehl \frac hören. Man muss sich noch merken, dass das erste „zwingende Argument" nach dem Kommando den Zähler bedeutet, das zweite den Nenner. Einen Bruchstrich auf oder unter einem Bruchstrich erzeugen? Kein Problem:
```
\frac{\frac{a}{x-y}+\frac{b}{x-y}}{1+\frac{a-b}{a+b}}
```

Das liest sich geradezu flüssig. Jedenfalls steht es in *einer* Zeile, und das ist schon etwas! Und ausdrucken können Sie:

$$\frac{\dfrac{a}{x-y}+\dfrac{b}{x-y}}{1+\dfrac{a-b}{a+b}}$$

Wenn wir Zeit und Geduld (und Druckraum) hätten, würden wir Ihnen jetzt ein paar knifflige Ausdrücke und Gleichungen vorgeben, und Sie würden sich daran versuchen – richtige Lösungen im Anhang! Das ist hier aber nicht gegeben; KOPKA (1996) indessen bietet Beispiele dafür; ansonsten ist auf die einschlägigen Handbücher zu verweisen: Gehen Sie die Beispiele dort durch, experimentieren Sie weiter, und in kurzer Zeit werden Ihnen unglaubliche Dinge gelingen.

Mit diakritischen Zeichen – derer sich auch die Mathematik bemächtigt hat: *mathematische Akzente* – können Sie souverän umgehen, z. B.:

\tilde{a} $\tilde{a}$ \bar{a} $\bar{a}$ \dot{a} $\dot{a}$

Weitere Beispiele: Griechische Buchstaben werden buchstabiert: π heißt \pi und ∏ heißt \Pi. Noch andere Symbole stehen für Operatoren, Relationen und Negationen zur Verfügung, z. B.:

\nabla	∇	\times	×	\pm	±
\exists	∃	\in	∈	\perp	⊥
\cong	≅	\equiv	≡	\parallel	∥

Überall sind die Tastenkombinationen mnemotechnisch gebildet, kommen somit einem Engländer fast von allein in den Sinn.

Dass es in LaTeX mehr Sonderzeichen für den mathematischen Formelsatz gibt als beispielsweise in der Schrift „Symbol" der Textverarbeitung, versteht sich. Vieles nimmt das Programm dem „Formelsetzer" ab, z. B. geht es recht selbständig mit den *Leerzeichen* und deren jeweils in Formeln erforderlichen *Zeichenbreiten* um; denn einige der hier geltenden Regeln (Abstand am Gleichheitszeichen usw.) waren dem Programm leicht beizubringen.

Auf eine „Narrheit" des Programms sei aufmerksam gemacht: Es neigt dazu, alle im mathematischen Modus eingetasteten Buchstaben als *Größensymbole* aufzufassen. Das ist so weit hilfreich, als Sie sich um deren Kursivschreibung nicht zu kümmern brauchen. Es führt aber beispielsweise bei Namen von *Funktionen* wie „lim", „sin", „log" zu Schwierigkeiten: Beim normalen Eintasten würden alle drei Drei-Buchstaben-Folgen als Produkte aufgefasst werden, z. B. der Größen *l, o* und *g*. Um das zu verhindern, müssen Sie das allgemeine Befehlssymbol vorsetzen, z. B. wie in \log. Ähnlich ist bei *Einheitenzeichen* wie „cm" zu verfahren.

Zu allem, was wir hier exemplarisch vorgestellt haben, und dem größeren „Rest" können Sie sich Sonderbefehle, *Makros*, zulegen derart, dass bestimmte Zeichenfolgen der für Sie wichtigen Formelsprache mit kurzen Tastenkombinationen eingegeben werden können.

LATEX ist ein Kontrastprogramm zur „What you see is what you get"-Philosophie der meisten Textverarbeitungsprogramme. Deren WYSIWYG-Ansatz (Sie erinnern sich des Akronyms an anderen Stellen dieses Buches?) wurde einmal in leicht verächtlichem Unterton mit „Du bekommst nur, was Du siehst" übersetzt. Mit der Ablösung des *visuellen* Designs durch ein *logisches* hat TEX eine grundlegende Änderung gebracht. WYSIWYG müsste man für LATEX durch „What you intend is what you get" – „Du bekommst, was du dir vorgestellt hast" – ersetzen, wenngleich wir hier einem WYIIWYG nicht das Wort reden wollen.

Um mit diesem Programm arbeiten zu können, muss man umdenken. Denn auf dem Bildschirm sehen Sie bei der Eingabe des Textes zunächst – jedenfalls bei Formeln – vor allem die seltsamen Codes, von denen wir einige (aus einer Gesamtzahl von ungefähr 900)[41] vorgestellt haben, aber noch nicht, wie der Text nach dem Formatieren aussehen wird. Doch bedarf es nur weniger Tastendrücke (eines Befehls wie „Preview", *Druckansicht*), und Sie erkennen in der Tat, wie Ihr Ausdruck aussehen wird, ob alles seine Richtigkeit hat, kurz: ob die Formeln so sind, wie sie sein sollen.[42] Ist das nicht der Fall, haben Sie vermutlich beim Eintasten gegen die ehernen Regeln von (LA)TEX verstoßen und müssen Ihr Eingabe-File entsprechend korrigieren. Wieder können Sie in Sekundenschnelle eingreifen. Und beim Drucken erlangt die eingegebene Information allemal das gewünschte Aussehen.

6.6.2 *LATEX für Text – eine Frage des Layouts*

Bei LATEX ist alles programmiert und vorgegeben, nicht nur der Aufbau von Gleichungen. Letztlich wird der Text selbst zur Formel. Dass Sie für die automatische Nummerierung der im vorstehenden Absatz angesprochenen freigestellten Formeln und Gleichungen sorgen können oder für deren korrekte Abstände zum Fließtext, versteht sich. Mit kurzen Befehlen können Sie „gleitende Umgebungen" zur Aufnahme von Bildern schaffen. Auch wie ein Zitat zu „bringen" ist, ist vorgeschrieben – und so weiter.

Wenn man eine Weile in diesen Kategorien gedacht hat, kommt man sich vor wie seinerzeit Charlie CHAPLIN, der die Knöpfe einer sich ihm nahenden Bluse mit seinem (virtuellen, gerade nicht vorhandenen) Schrauber anziehen wollte, weil er das den ganzen Tag in der Maschinenfabrik mit Schrauben so praktiziert hatte. Nun gut! In naturwissenschaftlich-technischen Texten gibt es vieles zu schrauben. Die starke Normierung von allem und jeglichem kann zur Last werden: LATEX gestattet nur mit göẞerem Aufwand eine von den vorgesehenen Dokument-Layouts[43] abweichende Seitengestaltung. Wenn von vornherein klar ist, dass bei dem betrachteten Buchprojekt hohe künstlerische Anforderungen an das Layout gestellt werden, so scheidet also LATEX als Satzprogramm aus. Wenn dagegen eines der wirklich professionell gestalteten

---

[41] Von diesen sind etwa 300 Basisbefehle, der Rest sind *Makrobefehle* („Makros") mit z.T. frei wählbaren Parametern.
[42] LATEX ermöglicht eine echte Druckansicht, da Drucker- und Bildschirmtreiber technisch identisch sind.

Layouts aus den verschiedenen frei zur Verfügung stehenden oder auch kommerziell angebotenen Paketen den Ansprüchen genügt, dann kann LaTeX das Programm der Wahl sein. Der alles entscheidende Vorteil des Porgramms liegt im Formelsatz.

- Bei Projekten mit hohem Formelanteil führt fast kein Weg an LaTeX vorbei.

In den letzen Jahren hat noch eine ganz andere Entwicklung eingesetzt: die Integration der Formelsatzmöglichkeiten von Tex und LaTex in andere Programme. So gibt es Add-Ins oder Plug-Ins für QuarkXPress oder InDesign, die es gestatten, in diesen Programmen Tex- oder LaTex-Formeln direkt zu verarbeiten. Am weitesten fortgeschritten ist die Integration in dem Satzprogramm 3B2 (das seit 2005 zu ArborText gehört und nun ArborText Advanced Print Publisher heißt). Durch diese Integration sind alle Möglichkeiten gegeben, die Verlage und Autoren sich wünschen: Autoren können helfen, den aufwändigen Formelsatz korrekt vorzubereiten, und Profilayouter sorgen für die freie Gestaltung der Layouts, die auch ästhetisch hohen Ansprüchen genügt.

Darüber hinaus hat sich ein weiteres Programm zu einem ernst zu nehmenden Konkurrenten für Tex und LaTex gemausert, auf das wir im letzten Abschnitt eingehen.

6.7 MathType und MathML

In den 1980er Jahren, als DTP gerade in Mode gekommen war, gab es zahlreiche Versuche, DTP-gerechte *Formelsatzprogramme* zu entwickeln. Eines dieser Programme war von der Benutzerführung und den angebotenen Möglichkeiten her von Anfang an so überzeugend, dass Microsoft sich entschied, es in die zweite Version von Word für Windows zu integrieren. So wurde es als *Formeleditor* von Word bekannt; dahinter steckt aber das getrennt erhältliche Programm MathType. Auch andere Textverarbeitungsprogramme wie WordPerfect haben es als Formeleditor übernommen. Durch seine Fähigkeit zum *Object Linking and Embedding* (OLE) lassen sich MathType-Formeln in alle Programme einbinden, die OLE ebenfalls unterstützen (genannt seien beispielsweise PageMaker und FrameMaker). Es arbeitet aber im Prinzip mit allen Programmen zusammen, die eine Verknüpfung zu separat vorliegenden Dateien erlauben, was nichts anderes bedeutet, als dass die als eigene Dateien abgespeicherten MathType-Formeln sich in Form von Bilddateien in jedes Layoutprogramm (so auch QuarkXPress oder InDesign) einbinden lassen und – das ist der eigentliche Clou – hier automatisch aktualisiert werden können.

---

[43] Zu Beginn des Eingabe-Files muss die logische Struktur des Dokuments und damit sein Layout definiert werden. Dazu kommen als wichtigste *Dokumentklassen* in Frage `article` für Beiträge in Fachzeitschriften, Seminararbeiten, kürzere Berichte u. ä., `report` für längere Berichte, die aus mehreren Kapiteln bestehen, Master- und Doktorarbeiten u. ä., `book` für Bücher und `letter` für Briefe. – Durch beispielsweise `\documentclass{book}` wird das Standard-Layout eines Buches festgelegt; um weitere Einzelheiten der drucktechnischen Gestaltung braucht sich der Autor (fast) nicht zu kümmern.

Wenn man so will, lässt sich also jedes dieser Programme per MathType mit professionellem *Formelsatz* ausstatten. Anders als TeX konzentriert sich MathType ausschließlich auf das Schreiben von Formeln. Mit MathType ist praktisch keine Textverarbeitung (nur eine ganz rudimentäre) möglich. Dafür ist MathType beim schnellen, unkomplizierten Schreiben selbst der größten Formeln unschlagbar. Mit ihm können Formeln sowohl über Menüs und Paletten per Mausklick als auch vollständig über die Tastatur aufgebaut werden. Es stellt, besonders für Word, ausgeklügelte Makros zur Verfügung, mit denen u. a. Formelkonvertierungen, -nummerierungen und -referenzierungen vorgenommen werden können. Besonderer Gag: MathType-Formeln lassen sich auf Knopfdruck in TeX-Formeln konvertieren, sodass sich MathType als WYSIWYG-Editor für TeX einsetzen lässt.

Eine der wichtigsten Neuerungen der letzten Versionen ist die Möglichkeit, Formeln für die Publikation im Internet im Format MathML auszugeben. MathML, die *Mathematical Markup Language*, wurde von Design Science entwickelt, der Firma, die auch MathType auf den Markt gebracht hat. Welche Bedeutung MathML sehr schnell erlangt hat, wird daran deutlich, dass das *World Wide Web Consortium* (W3C) MathML im Februar 2001 zur offiziellen Auszeichnungssprache für mathematische Inhalte auserkoren hat. Es basiert auf XML (der *Extensible Markup Language*, der Internetvariante von SGML) und ermöglicht es, mathematische Formeln in hoher Qualität in einem Browser oder – in Multimedia-Umgebungen – auf einer CD darzustellen. Während zum Darstellen von Formeln über HTML „Bilder" der Formeln benötigt werden (die vorher zu erzeugen sind), wird mittels MathML die Darstellung aus der codierten Struktur erzeugt, d. h., Formeln passen sich automatisch den Gegebenheiten des Bildschirms oder des Browsers an – genauso wie die übrigen Inhalte. Darüber hinaus lässt sich MathML in klassische SGML-Umgebungen einbinden, was u. a. zur Konsequenz hat, dass MathType als Formeleditor für SGML-basierte Publikationen dienen kann! Mit Blick auf SGML und XML hat das MathType-MathML-Konzept gegenüber TeX also Vorteile.

7 Abbildungen

7.1 Allgemeines

7.1.1 Abbildung und Abbildungsnummer

Wir wollen im Folgenden unter *Abbildung* alles verstehen, was sich nicht mit den üblichen Mitteln der Textverarbeitung aus einem begrenzten Vorrat von Zeichen zusammensetzen lässt. Man benutzt dafür auch den Begriff *Grafik*, vor allem wenn es um die Rechner-gestützte Bildgewinnung geht. Neben Abbildung sind noch die Bezeichnungen *Illustration* und *Bild* (summarisch *Bildmaterial*) gebräuchlich.

Man kann zwischen Bild und Abbildung einen Unterschied konstruieren. Danach ist ein „Bild" jedes ganzheitlich zu verstehende, nicht *sequentiell* zusammengesetzte „Symbolsystem" (im Gegensatz zur Sprache, die ein sequentieller Code ist). „Abbildung" ist eine Untermenge davon: Die Abbildung stellt ein *reales* Objekt mit zeichnerischen, fotografischen oder anderen Mitteln dar, der Betrachter setzt eine Ähnlichkeit zwischen Objekt und Abbildung voraus. Den Abbildungen kann man auf dieser Ebene die *logischen* oder *analytischen Bilder* anschließen, die nicht sicht- oder greifbare „Abstrakta" (Prinzipien, Konzepte usw.) zum Gegenstand haben, z. B. Schemata und Diagramme. Verlagsleute nennen gewöhnlich alles, was nicht Text, Tabelle oder Formel ist, eine Abbildung.

Über die Bedeutung von Abbildungen für naturwissenschaftliche Dokumente haben wir schon in Abschn. 3.4.3 das Wichtigste gesagt, desgleichen über das Verbinden der Abbildungen mit dem Text.

- Damit man sich vom Text auf das Bildmaterial beziehen kann, trägt jede Abbildung eine *Abbildungsnummer*; auf jede Abbildung wird im Text (mindestens einmal) unter Angabe der Abbildungsnummer *verwiesen*.

Der *Verweis* erfolgt mit Hilfe des *Abbildungsbezeichners* (Abschn. 7.1.2) in der Form „Abb. 1" oder „Bild 2", ggf. in Verbindung mit „s." für „siehe". Ausnahmen davon werden selten zugelassen, am ehesten dann, wenn es sich um kleine vom Text umflossene Abbildungen handelt, die ein unmittelbares Zuordnen von Text und Abbildung auch unter den Gesichtspunkten einer anspruchsvollen Seitengestaltung im Druck gestatten. Von diesem Sonderfall abgesehen, tritt im Text zunächst die Abbildungsnummer als *Platzhalter* für die Abbildung selbst auf. Sie hat eine ähnliche Aufgabe wie die Zitatnummer, die die komplette Quellenangabe im Text ersetzt (s. Abschn. 9.3.1). Das Nummerieren verliert seinen Sinn, wenn ein Schriftstück nur *eine* Abbildung enthält; dann genügt ein Hinweis wie „siehe Bild". Aber selbst dann gilt in der Regel, dass keine Abbildung ohne Bezug auf einer Seite stehen soll.

- Abbildungsnummern werden in aufsteigender Folge nach der Erwähnung im Text vergeben; bei einem umfangreichen Dokument empfiehlt es sich, *Doppelnummern* zu verwenden.

Ein Beispiel einer solchen Doppelnummer ist „3-12". Darin bezieht sich die erste Zahl auf eine größere Gliederungseinheit des Dokuments, beispielsweise ein Kapitel eines Buches, die zweite auf die Bildzählung innerhalb der Gliederungseinheit. Innerhalb jeder Einheit wird mit 1 beginnend gezählt (z. B. „Abb. 4-1", „Bild 2-1"). Den Bindestrich (und nicht den Punkt) in Doppelnummern zu verwenden hat den Sinn, eine Verwechslung mit der Abschnittsbenummerung von Dokumenten zu vermeiden, die nach der Stellengliederung unterteilt sind (s. dazu Abschn. 2.2.5).

Doppelnummern helfen, hohen Zahlen zu entgehen, die Zugehörigkeit einer Abbildung zu einem bestimmten Teil des Dokuments anzuzeigen und die Mühsal des Umnummerierens zu mindern, wenn beispielsweise kurz vor Publikation noch eine Abbildung aufgenommen oder entfernt werden muss. Andererseits sollten Sie schwerfällige Nummern wie „4.5-1" vermeiden; beziehen Sie also den ersten Teil der Doppelnummer auf eine Einheit der *obersten* Gliederungsebene. Man spricht von „kapitelweiser Zählung" der Abbildungen.

- Es ist überflüssig, die Abbildungsnummer – gefolgt von einem Bildtitel – auf das Bild oder an den Fuß des Bildes in Bilderschrift zu „malen".

Dafür sind der Papierraum neben oder unter der Abbildung und die Verwendung einer Satzschrift besser geeignet (s. Abb. 7-1). Auch kann eine zu eng mit der Abbildung

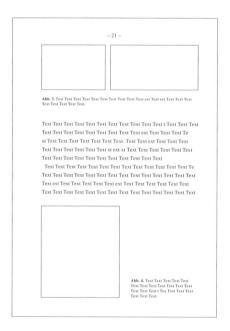

Abb. 7-1. Layout einer Druckseite mit Abbildungen und verschieden angeordneten Bildunterschriften.

verbundene Nummer den Einsatz desselben Bildes in einem anderen Schriftsatz erschweren.

In jedem Falle werden Sie dafür Sorge tragen, dass die Abbildung – die *Bildvorlage*, wenn später gedruckt wird – provisorisch durch die vorgesehene Abbildungsnummer identifiziert wird, bis sie mit der Bildunterschrift zusammengeführt ist und ihren festen Platz in dem Dokument gefunden hat. Soll die Abbildung einer Zeitschrift zur Publikation eingereicht werden, so ist es ratsam, auch den Namen des Autors oder Erstautors sowie einen (gekürzten) Titel des Beitrags, zu dem die Abbildung gehört, zu notieren. Dies kann beispielsweise mit einem weichen Bleistift auf der Rückseite oder außerhalb des Bildfeldes auf der Vorderseite (bei Fotos nur auf der Rückseite) geschehen. Manche Zeitschriften bitten, dafür Etiketten zu verwenden.

Im Falle von unbenummerten Abbildungen wird man mit einer *Hilfsnummer* oder mit Hinweisen arbeiten wie „((Ms. 35 oben))" – dass heißt: „gehört zu S. 35 oben des Manuskripts".[1]

7.1.2 Bildunterschrift

Abbildungstitel

- Als *Bildunterschrift (Abbildungsunterschrift)* bezeichnet man die unmittelbar zu einer Abbildung gehörende textliche Erläuterung; sie steht, wie der Name sagt, meist *unter* der Abbildung.

In gedruckten Werken wird sie oft auch unten oder oben *seitlich* neben der Abbildung angeordnet (s. Abb. 7-1, dort die untere Abbildung), um Druckraum zu sparen. Das kann dann der Fall sein, wenn in *einer* breiten Spalte gesetzt wird *(einspaltiger Satz)* und die Abbildung nur einen Teil der Satzspiegelbreite in Anspruch nimmt.

- Die Bildunterschrift beginnt mit dem *Abbildungsbezeichner*, der die *Abbildungsnummer* enthält.

Wie schon im vorigen Abschnitt erwähnt, kann dieser Teil die Form „Abb. XY." (seltener „Abb. XY:" oder „Bild XY." bzw. „Bild XY:") – im Druck meist fett **Abb. XY.** – annehmen, doch spricht nichts dagegen, das Wort „Abbildung" auszuschreiben. (Bei den Verweisen im Text wird die abgekürzte Form vorgezogen.)

Mit der Abbildungsnummer wäre die Abbildung schon „unterschrieben", da es (wenigstens) eine Verweisstelle im Text geben muss und der Leser die notwendigen Erklärungen dort finden wird. Den Leser damit allein zu lassen, läge nicht im Sinne einer raschen Rezeption des Dokuments.

- Der Leser soll eine Abbildung mit ihrer Bildunterschrift verstehen können, ohne den Text konsultieren zu müssen.

Dies ist nur möglich, wenn der Inhalt des Bildes in Worten wenigstens kurz erläutert wird. Die schönste elektronenmikroskopische Aufnahme nützt nichts, wenn man nicht

---

[1] Beachten Sie, dass wir wieder für Informationen für den Setzer oder Lektor das Verwenden von Doppelklammern empfehlen (s. auch Abschn. 3.4.3).

erfährt, was sie zeigt; erst mit dieser Information fängt das Bild für den Betrachter an zu „sprechen".

- Wesentlicher Bestandteil einer Bildunterschrift ist eine kurze verbale Beschreibung des Bildes in Form eines *Abbildungstitels*.

Er ist vergleichbar mit der Überschrift eines Kapitels oder Abschnitts oder dem Titel eines Berichts oder Buches – daher sein Name.

Typische Abbildungstitel lauten etwa:

> Aufbau eines Schlaufenreaktors, schematisch.
> Herstellung von Perlon, Fließschema.
> Korrosion durch Seewasser an Kohlenstoffstahl-Oberflächen (10fache Vergrößerung).
> Löslichkeit von Casein in Abhängigkeit vom pH.
> Mikroskopische Aufnahmen von Hefezellen während der Teilung.
> Perspektivische Schemazeichnung des Gerüsts des Zeoliths XY.
> Typische Verteilung der aromatischen Produkte bei der Umwandlung von Methanol in Benzin an einem Z-Katalysator.

Wie man sieht, enthalten diese Erläuterungen zum Teil Hinweise auf die *Abbildungstechnik*. Mitgeteilt wird in jedem Falle die Sache, die im Bild dargestellt ist. Die Form der Mitteilung ist auch für andere Titel typisch: Es werden *keine* Sätze gebildet.

„Die Kollektivlinse vor dem Spalt bildet die Lichtquelle auf die Blende ab"

wäre danach kein geeigneter Abbildungstitel, könnte aber in einer angehängten Erklärung (s. u.) durchaus verwendet werden.

Bei Bildern für die Projektion (Transparenten, Dias, E-Bildern) werden die Abbildungstitel meist als *Bildüberschrift* in das Bild gesetzt. Es kann manchmal sinnvoll sein, die Legenden als „Etiketten" in das Bild einzustrippen; doch gibt es auch hier das Mittel der Bildunterschrift (mehr dazu in EBEL und BLIEFERT 2005, Kap. 7). Man sollte, so meinen wir, im Regelfall das Bild und seinen Namen auseinander halten und dem Bild eine jeweils passende Bildunterschrift geben – ganz abgesehen davon, dass ein Bild bei Veröffentlichung in einer anderen Sprache ein anderes „Etikett" braucht.[2]

Bildlegende

Oftmals braucht der Leser über den Abbildungstitel hinaus weitere Erklärungen, um das Bild verstehen zu können; beispielsweise dann, wenn in der Abbildung Symbole verwendet werden, die entschlüsselt werden müssen. Auch kann es wünschenswert sein, die Aufmerksamkeit des Betrachters auf bestimmte Details zu lenken, die zu einer Messkurve gehörenden experimentellen Bedingungen zu nennen oder (z. B. bei einer Mikrofotografie) die Aufnahmetechnik zu erläutern. Vermeiden Sie möglichst Anmer-

---

[2] Heutzutage werden die meisten Grafiken mit dem Computer geschaffen und beschriftet, so dass solche Bildinschriften leicht(er) austauschbar geworden sind; das Argument oben ist also weniger zwingend, als es früher war. Dennoch empfehlen wir für Bilder in Manuskripten nachdrücklich (wie im Folgenden ausgeführt wird), möglichst wenige nicht-grafische Elemente – also nur die unbedingt erforderlichen Beschriftungen – in Ihre Abbildungen einzubauen.

kungen wie „Näheres siehe Text", da sie dem Prinzip zuwiderlaufen, dass Abbildung und Bildunterschrift zusammen aus sich heraus verständlich sein sollen.

- Die dem Abbildungstitel folgenden Erklärungen werden als *Bilderläuterung* oder *Legende (Bildlegende)* bezeichnet.

Die Legende (vgl. „Verbinden der Abbildungen mit dem Text" in Abschn. 3.4.3) gibt nach dem lateinischen Wortsinn an, wie das Bild „zu lesen ist".[3]

Auch kann es darum gehen, die durch *Symbole* (s. „Grafische Darstellung in Koordinatensystemen" in Abschn. 7.2.3) gekennzeichneten Messpunkte verschiedener Versuchsansätze zu erläutern, indem die jedem Ansatz – allgemein: jeder *Datenserie* – zugrunde liegenden Bedingungen genannt werden. Ein anderes Mal müssen im Bild verwendete Ziffern (z. B. für verschiedene Messkurven) oder Buchstaben (z. B. zur Kennzeichnung von Apparateteilen) entschlüsselt werden. In jedem Fall ist anzuraten, derartige Erläuterungen vom Abbildungstitel optisch abzutrennen.

- Erklärungen zu Einzelheiten des Bildes werden zweckmäßig nach einem Gedankenstrich (nach vorausgegangenem Punkt) geschrieben oder blockartig unterhalb des Abbildungstitels angeordnet.

Diese optische Abtrennung erleichtert dem eiligen Leser eines Schriftsatzes, den Artikel zu verarbeiten, da ihm für eine erste Orientierung die Abbildungstitel genügen. Er wird es also begrüßen, wenn diese nicht diffus in die Beschreibung von Einzelheiten übergehen. Manchmal werden größere Dokumente (z. B. Bücher) auch mit einem „Verzeichnis der Abbildungen" ausgestattet; auch dafür ist es erforderlich, dass die Abbildungen zunächst einmal einen kurzen und prägnanten Titel haben, der sich von zusätzlichen Erklärungen abkoppeln lässt. Leider werden diese Empfehlungen, die nicht mehr kosten als ein bisschen kommunikatives Bewusstsein und das Setzen eines Gedankenstrichs, in vielen Druckerzeugnissen nicht beachtet.

- Ausführliche Bildlegenden helfen, Beschriftungen in den Abbildungen *(Bildinschriften)* knapp zu halten.

Sie sollten Bilder so weit wie möglich von – letztlich wesensfremden – Schriftelementen frei halten! Dies ist auch eine Sache der Ökonomie. Es ist einfacher, eine Eintragung wie

    L   Lichtquelle
    1   Messstelle „Eingang"

in die Legende zu schreiben und an dem betreffenden Bilddetail nur den Buchstaben L oder die Ziffer *1* (kursiv, nicht senkrecht; s. „Qualitative und quantitative Darstellungen" in Abschn. 7.2.3) zu vermerken, als dort die ganzen Wörter zu erzeugen. Abgesehen davon bieten Abbildungen oft nicht genug freien Raum für lange Vermerke. Diese Argumente haben neuerdings, wie schon oben eingeräumt wurde, an Gewicht verloren: In vielen Programmen kann man Befehle wie „Diagramm ändern ..." aufrufen

---

[3] Manchmal wird das Wort „Legende" auch als Synonym für „Bildunterschrift" verwendet, also zur Bezeichnung von *allem,* was unter (oder neben) dem Bild steht.

und bestimmte „Etiketten" in das Bild an vorgezeichneten Positionen einfügen. Diese Etiketten lassen sich sprachlich oder in anderer Weise verändern. Der Aufwand ist gering gegenüber dem, den der Kommandeur einer Flotte von Tuschefüllern früher zu erbringen hatte, und es ist somit leicht geworden, ein Archiv von z. B. englisch inskribierten Abbildungen neben einem solchen in deutscher Sprache zu führen. (Im Englischen heißen *Bildinschriften* „inscriptions".)

- Verwenden Sie in der Zeichnung nach Möglichkeit keine grafischen Symbole oder Sonderzeichen, die nicht auch in der Schreib- und Satztechnik wiedergegeben werden können.

„Versuch 1", „Versuch 2" usw. (oder einfach *1, 2*) kann man in der Legende wieder aufnehmen und erläutern, nicht aber notwendigerweise „leere" und „gefüllte" Kreise, Dreiecke, Quadrate und ähnliche Merkmale. Wenn solche Symbole nicht zu vermeiden sind (s. „Qualitative und quantitative Darstellungen" in Abschn. 7.2.3), müssen sie entweder als eigene Fonts (z. B. ZAPF DINGBATS) eingesetzt oder mit Hilfe eines Grafikprogramms in einem geeigneten Datenformat (z. B. EPS, Encapsulated POSTSCRIPT) erzeugt und dann in das Textverarbeitungs-/Layoutprogramm importiert werden. (Sie werden kaum noch – wie in „alter Zeit" – die Symbole im Papiermanuskript von Hand in die Legenden eintragen.)

Die Erläuterung von Einzelheiten „vor Ort", also *im* Bild, wird vom Leser schneller rezipiert als die Erläuterung in der Legende. Auch hierin kann eine Ökonomie, diesmal zugunsten des *Lesers*, begründet sein. Sie werden je nach Art der Bebilderung und den erwarteten Lesegewohnheiten Kompromisse schließen müssen, wie viel Sie in die Legenden packen und wie viel in die Bilder selbst. Beispielsweise werden Sie bei *Lehrbüchern* eher eine umfangreiche Beschriftung *in* den Bildern wünschen als in *Fachpublikationen*.

Beispiele für gut gegliederte Bildunterschriften sind:

Abb. X-Y. Longitudinaler und transversaler Schnitt durch eine Röntgenröhre. – *1* Anode; *2* Kathode; *3* Spannungsgenerator; *4* Fenster; *5* Röntgenstrahlen.

Abb. Z. Trennung von XXX durch Temperatur-programmierte GC.
Säule: 5 m Methylpolysiloxan
Temperatur: 28...200 °C; 2 °C/min
Analysenzeit: 46 min
Trägergas: Wasserstoff
Detektor: FID

Ob eher die erste, fortlaufende Schreibweise unter Verwendung des Gedankenstrichs oder die zweite – blockartige – vorzuziehen ist, lässt sich nicht generell sagen. Die *Blockanordnung* im zweiten Beispiel erzeugt mehr Übersicht (braucht dafür allerdings mehr Druckraum) und würde sich besonders dann anbieten, wenn viele Gaschromatogramme (GC) abzubilden sind und ein möglichst rascher Vergleich der Versuchsbedingungen gewährleistet sein soll.

Weitere technische Aspekte

- Besteht eine Abbildung aus mehreren Teilbildern, so werden diese gewöhnlich mit a, b, c,… bezeichnet und in einer gemeinsamen Bildunterschrift erläutert.

Die Bildunterschrift kann dann eine der folgenden Formen annehmen:

>**Abb. Z.** Aufbau von Reglern **a** in Reihenschaltung, **b** mit Rückführung.
>
>**Abb. Z.** Aufbau von Reglern. – **a** Reihenschaltung; **b** mit Rückführung.
>
>**Abb. Z.** Aufbau von Reglern.
>**a** Reihenschaltung,
>**b** mit Rückführung.

- Die Bildunterschrift wird durch einen Punkt abgeschlossen.

Was für Zitate und Tabellenüberschriften – jedenfalls für die meisten Redakteure[4)] – gut ist, sollte auch hier gelten, doch wird diesem Detail oft wenig Aufmerksamkeit geschenkt. In jedem Fall ist innerhalb eines Schriftsatzes einheitlich zu verfahren.

- In Typoskripten, die für den *Satz* vorbereitet werden, schreiben Sie auch die Bildunterschriften (wie den übrigen Text) im doppelten Zeilenabstand und fassen sie in einem eigenen *Legendenmanuskript* zusammen.

Durch den weiten Zeilenabstand ist sichergestellt, dass der Setzer leicht zu arbeiten hat und dass ggf. vor dem Satz redaktionell ohne Erschwernis eingegriffen werden kann. Wie in Abschn. 3.4.1 begründet, gilt die Bitte um zweizeilige Schreibweise von Legenden (und anderen Sonderteilen ebenso wie vom Haupttext) auch für „Diskettenmanuskripte".

Wenn allerdings *Sie* das Manuskript selbst druckreif gestalten:

- Setzen Sie Bildunterschriften in *Petit-Schrift*.

Dies ist eine Schrift, die 15…20% kleiner ist als die Hauptschrift. (Man verwendet übrigens dieselbe Schriftgröße meistens auch für Tabellen; vgl. Abschn. 8.3.) Dadurch heben sich die Bildunterschriften besser vom übrigen Text ab.

Schließlich noch ein Wort zur *Anordnung* der Bilder im Text.

- Abbildungen und ihre Bildunterschriften sollten in einem Schriftsatz oder Druckerzeugnis immer in gleicher Weise angeordnet werden, z. B. alle *linksbündig* oder *rechtsbündig* oder alle *auf Mitte (zentriert)*.

Damit ist gemeint, dass jeweils die linke Bildkante mit der linken Begrenzungslinie des *Schreibfelds (Textfelds)* oder *Satzspiegels* übereinstimmen sollte oder die rechte mit der rechten Begrenzungslinie, oder dass die *Bildachse* mit der Mittelachse des Schreibfelds oder Satzspiegels zusammenfallen sollte. Entsprechendes sollte dann auch

---

[4] Der Schlusspunkt signalisiert „Ende der Durchsage". Er wird bei Quellenangaben (s. Abschn. 9.4.2) auch in der sonst mit Punkten geizigen Zitierweise nach der *Vancouver*-Konvention verwendet. Es gibt aber keinen einheitlichen Gebrauch, noch nicht einmal bei den verschiedenen Lektoraten und Redaktionen des Verlags dieses Buches. Ein „Opinion leader" (HUTH 1990) macht sogar einen bewussten Unterschied: Punkt am Schluss der Bildunterschrift, kein Punkt am Schluss der Tabellenüberschrift (offenbar, weil eine Überschrift auch sonst nicht mit einem Punkt abgeschlossen wird).

für die Bildunterschriften und für Tabellengelten, aus Gründen der Konsistenz und der Ästhetik zuliebe.

Juristische Aspekte – das Bildzitat

Wir benutzen die Gelegenheit der Besprechung von Bildunterschriften – für den Leser vielleicht überraschend – zu einem kurzen juristischen Exkurs. Wohl jedem publizierenden Naturwissenschaftler ist bewusst, dass er sich die Werke *anderer* schon aus ethischen Gründen nicht nach Belieben zu eigen machen kann. Durch ordnungsgemäßes Zitieren (s. Kap. 9) werden Sie dafür sorgen, dass fremdes geistiges Eigentum als solches erkennbar ist. Zu solchem „geistigen Eigentum" gehören in besonderer Weise Bilder. Wenn Sie in einer eigenen Publikation eine Abbildung aus fremder Quelle benutzen, handelt es sich im Sinne des *Urheberrechtsgesetzes* (UrhG) um ein Bildzitat. Hierauf ist in der Bildunterschrift besonders hinzuweisen.

- Ist eine Abbildung einer anderen Quelle entnommen und liegt eine *Reproduktionserlaubnis (Nachdruckgenehmigung)* vor, so sollte der Hinweis auf die Quelle Bestandteil des Abbildungstitels sein und vor etwaigen Erläuterungen stehen.

Korrekte Bildunterschriften lauten beispielsweise:

> **Abb. X.** Genealogie der Hefen (aus Müller [12], mit freundlicher Genehmigung).
>
> **Abb. Y.** Ansicht eines Kernspintomographen (Werkfoto, mit freundlicher Genehmigung der X-Gesellschaft mbH, Y-Stadt).

Ist die Abbildung nicht unmittelbar auf fotomechanischem Wege reproduziert, sondern bearbeitet und an den vorgegebenen Zweck angepasst worden, so genügt ein Hinweis in der Bildunterschrift wie

> ... (nach Schmitt et al. 2005).

Wir haben die Frage der Reproduktionserlaubnis an früherer Stelle (EBEL und BLIEFERT 1982, S. 158) wie folgt kommentiert und begründet:

> Abbildungen (Darstellungen) wissenschaftlicher und technischer Art, die in einem Schriftwerk enthalten sind, können in ein anderes Schriftwerk übernommen werden, wenn sie ausschließlich der Erläuterung des Inhalts dienen. Die Absicht der Ergänzung oder Vervollständigung ist keine Erläuterung. Wegen dieser Einschränkung ist es bei Abbildungen immer ratsam, die Reproduktionserlaubnis einzuholen.

Nun hat die so geschilderte Rechtsauffassung jahrzehntelang zu einem hohen Aufwand an Erlaubnis-Anfragen und -Erteilungen bei Autoren und Verlagen geführt, der eigentlich durch nichts gerechtfertigt war: Meist wurde die Reproduktionserlaubnis ohne finanzielle Auflagen erteilt, und selbst wo das nicht der Fall war, lohnte sich der Aufwand für diese Art von Rechtewahrnehmung nicht. Zahlreiche wissenschaftlich-technische Fachverlage sind daher in einer Initiative der International Group of Scientific, Technical and Medical Publishers (stm) übereingekommen, auf das Ritual der Nachdruckgenehmigungen in Zukunft zu verzichten *(STM Information Booklet 1988 -*

1989).[5] Im Besonderen wird Mitgliedern eindringlich nahe gelegt, stets automatisch ohne Kosten die Reproduktion von 3 Abbildungen aus einem Zeitschriftenartikel oder Buchkapitel oder 5 Abbildungen (Tabellen eingeschlossen) aus einem ganzen Buch und auch das Zitieren beschränkter Textmengen zu gestatten.

Ausgenommen von dieser „Liberalisierung" der Bildrechte sind weiterhin die Fälle, in denen massive wirtschaftliche Interessen berührt werden. Beispielsweise wäre es nach wie vor illegal, eine größere Anzahl von Abbildungen (die mit erheblichem Aufwand geschaffen wurden) von einem Lehrbuch ohne Genehmigung in ein anderes zu übernehmen. In Zweifelsfällen empfehlen wir Ihnen, den Rat Ihres Verlags einzuholen.

Neben diesen wirtschaftlichen Überlegungen gibt es leider noch ein moralisches Argument (im Urheberrecht *engl.* moral rights): Auch der Originalverlag etwa eines englischsprachigen Lehrbuchs, der eine Übersetzungslizenz vergeben will, kann selbst dort nicht ohne Weiteres von der Verfügbarkeit der Bilder ausgehen, wo von Geld gar keine Rede ist. Wenn ein Autor zu einer früheren Aussage nicht mehr steht oder neuere und bessere Daten hat, möchte er vielleicht die „alten Sachen" nicht zum x-ten Mal irgendwo publiziert sehen.

7.2 Strichzeichnungen

7.2.1 Was ist eine Strichzeichnung?

Unter Gesichtspunkten der technischen Verarbeitung sind zwei Arten von Abbildungen (im Druckwesen *Vorlagen*) – zu unterscheiden: *Strichzeichnungen* und *Halbtonabbildungen*. Die letztgenannten verbinden wir gewöhnlich mit dem Begriff „Foto", aber das trifft den Kern der Sache nicht: Auch eine Strichzeichnung kann man fotografieren, also in eine Fotografie umwandeln, und sie bleibt dennoch vom Typ „Strich". Der eigentliche Unterschied liegt darin begründet, dass Strichzeichnungen nur „Schwarz oder Weiß" („Farbe oder Nicht-Farbe") kennen, während bei Halbtonabbildungen kontinuierliche Übergänge von weiß nach schwarz, also *Grautöne (Grauwerte)*, vorkommen. Ein Halbtonbild enthält keine echten Grautöne, aber Stellen sehen wegen der Wirkung mehr oder weniger dicht zusammengesetzter schwarzer Punkte grau aus (s. Abschn. 7.4).

- Man unterscheidet bei den Vorlagen nach *Strichvorlagen* (ohne Grauwerte) und Halbtonvorlagen (mit Grauwerten und/oder Farbe).

---

[5] Es stehen *Permission Guidelines* zur Verfügung, die von Zeit zu Zeit auf den neusten Stand gebracht werden (letzte Version: März 2003), des Weiteren eine umfassende Liste der Unterzeichner-Verlage. Man kann sie über http://www.stm-assoc.org/committees/guidelines.php abrufen oder über STM Secretariat, POB 90407, 2509 LK Den Haag, Niederlande, erhalten. Der Aufforderung des ICMJE (2004), beim Einreichen eines Manuskripts an eine Fachzeitschrift Kopien der Reproduktionsgenehmigungen von „published material" beizulegen, wirkt danach überzogen, und man wird ihr auch kaum Nachdruck verleihen können.

Wir wollen uns in diesem Abschnitt zunächst mit Strichzeichnungen befassen und gehen auf Halbton- und Farbabbildungen kurz in Abschn. 7.4 ein. Dabei erwähnen wir noch die „klassischen" Arbeitsmethoden, wie sie sich etwa am Zeichenbrett vollzogen haben. Die neueren, von der Computertechnik angestoßenen Entwicklungen haben seit einiger Zeit das „Alte" ersetzt: Deshalb haben wir einen eigenen Abschnitt 7.3 über das Herstellen von Grafiken am *Bildschirm* eingeführt und „Zeichnen mit dem Computer" genannt. Ausführlicher dargestellt ist der Gegenstand in WOOD (1994), in RUSSEY, BLIEFERT und VILLAIN (1995) und in HODGES (2003).

Wahrscheinlich wird der glänzende, soeben dem Zeichenrohr des Tuschefüllers entquollene Strich auf dem Pergamentpapier bald nicht mehr als eine vage Erinnerung sein. Aber die neue *Zeichentechnik* hat sich wie die Schreibtechnik aus dem bis etwa 1980 Bestehenden entwickelt und fußt darauf in bewusster Übernahme von Namen und Ikonen. So blieben auch die Symbole für *Zeichnen* – ein Bleistift – und *Malen* – Pinsel und Farbeimer, Sprühdosen – oder die „Palette", fast ein Synonym für „Künstler", in einschlägigen Programmen erhalten, z. B. als „Linienmusterpalette". Und ein Rechteck und ein Kreis sind ohnehin geblieben, was sie waren.

- Bei Strichzeichnungen empfangen die einzelnen Flächenelemente Farbe, oder sie empfangen keine Farbe (bleiben also weiß); eine Farbabstufung gibt es nicht.

In den Natur- und Ingenieurwissenschaften reichen in 90 % (oder mehr) der Fälle Strichzeichnungen aus, um Sachverhalte bildhaft darzustellen. Für ihren stark abstrahierenden Ansatz ist die schematische Strichzeichnung („synthetisches Bild") der angemessene Ausdruck. In den stärker deskriptiven naturwissenschaftlichen Fächern, etwa in den Bio- und Geowissenschaften, kann man aber auf die Halbtonabbildung oder auf das Farbbild – das *Realfoto* – nicht verzichten, um Objekte wiederzugeben. Manchmal ist es erforderlich, einer Zeichnung durch Grauwert- oder Farbabstufungen Plastizität und Realität zu verleihen, wodurch sich das synthetische Bild in der Wirkung dem Realfoto nähert. Dafür gibt es verschiedene Techniken, die z. T. dem Malen näher stehen als dem Zeichnen (*engl.* continuous tone drawing).

Das Wort Strichzeichnung ist anfechtbar, da es keineswegs nur um die Wiedergabe von Strichen geht. Die Bereiche auf dem Papier, die Farbe empfangen, können auch *flächig* sein (z. B. aus Kreisflächen bestehen). Da aber der „Strich" ohnehin (wie der Punkt) eine mathematische Fiktion und als solche nicht darstellbar ist, hebt sich der Widerspruch auf: Wenn wir eine Linie auf das Papier drucken, erzeugen wir letztlich eine sehr schmale schwarze Fläche. Ein besserer Fachbegriff ist jedenfalls nicht geschaffen worden.

- Strichzeichnungen lassen sich problemlos kopieren, fotografieren und für den Offsetdruck verfilmen.

Dies sind unschätzbare Vorteile, die sie den Halbton- oder Farbabbildungen voraushaben. Da die modernen Techniken der *Xerografie* im Prinzip „Schwarzweiß-Malerei" sind, bereitet ihnen die Wiedergabe und das Vervielfältigen von Strichzeichnungen keine Probleme – es ist nicht erforderlich, „Grautöne" in der Kopie den Graustufen oder Farben der Vorlage zuzuordnen. Hingegen kennt jeder die unschönen Ergebnisse, die beim Versuch entstehen, Halbtonabbildungen auf einem Schwarzweiß-Kopierer „abzuziehen". Doch auch hier hat sich in jüngster Zeit durch höhere Auflösung die Qualität der Wiedergabe von Halbtonabbildungen durch Bild-abtastende Systeme verbessert; dazu zählen *Kopierer* (inzwischen auch *Farbkopierer*) und *Faxgeräte (Fernkopierer)* nebst anderen Komponenten der *Telekommunikation* ebenso wie *Scanner* (s. Abschnitte 7.3.1 und 7.4) und letzten Endes Bildschirme und *Drucker,* kurz alles, was sich in „dpi" messen lässt (dots per inch, Punkte pro Zoll).

Soll der Text für die Publikation – „klassisch"! – gesetzt werden, so hat es keinen Sinn, Abbildungen in das Textmanuskript zu montieren. Stellen Sie sie vielmehr zu einem eigenen *Abbildungsmanuskript* zusammen (s. „Verbinden der Abbildungen mit dem Text" in Abschn. 3.4.3).

- Für Publikationszwecke wird meist verlangt, dass ein Satz von Originalzeichnungen eingereicht wird oder in der moderneren Variante ein Satz von Dateien, die die Originaldaten der Zeichnungen enthalten, begleitet von einem Ausdruck dieser Daten.

Zusätzlich verlangen Zeitschriftenredaktionen häufig für die Begutachtung noch je eine oder zwei Kopien aller Abbildungen (und des Textes). Eine *Sicherheitskopie* guter Qualität werden Sie, der Autor, bei sich aufbewahren. Haben Sie überhaupt nicht auf Papier gearbeitet, so ist Ihr „Original" eine digitale („elektronische") Darstellung, die Sie am besten in einem eigenen *Bildarchiv* Ihres Computers aufbewahren. Davon sollte es, wie von anderen Dateien, an einem räumlich getrennten Platz (z. B. Labor, Büro) mindestens eine Sicherheitskopie geben.

Originalzeichnungen, meist im Format A4 ausgeführt (s. unter „Zubehör" in Abschn. 7.2.2), sollen nicht geknickt werden. Man legt sie zweckmäßig in geeignete Mappen oder Klarsichthüllen ein und gibt sie gut verpackt und durch feste Einlagekartons zusätzlich geschützt zur Post. Heute werden Dateien üblicherweise elektronisch (*E-Mail*, FTP; s. Abschn. 3.5.2) dem Verlag zugesandt, ggf. mit Sicherheitskopien auf Diskette[6] oder CD in geeigneten (gefütterten und versteiften) Versandhüllen auf dem Postweg.

- Als *Vorlagen* für die drucktechnische Verarbeitung von Strichzeichnungen dienen von Hand oder maschinell gezeichnete und ggf. beschriftete Darstellungen sowie Fotografien oder (gute) Kopien davon.

Wir werden im Folgenden Abschnitt auf das Zeichnen von Bildvorlagen näher eingehen. Noch ausführlicher haben wir das in *Vortragen in Naturwissenschaft, Technik und Medizin* (EBEL und BLIEFERT 2005) getan, weil dort auf handwerkliche Kunst noch weniger verzichtet werden kann: Beim Vorbereiten einer Publikation – vor allem eines Buches – können Sie, der Autor, sich des Rats erfahrener Verlagsmitarbeiter versichern, wenn Ihnen nicht sogar die Verantwortung für die Qualität der Reinzeichnungen teilweise (Beschriftungen!) oder ganz abgenommen wird.

---

[6] Die $3^1/_2''$-Diskette war lange Zeit das wichtigste Medium zum Transport von Dateien, ist aber heute „ausgestorben". Bei den neueren Computern gehören die dafür erforderlichen Laufwerke nicht mehr zur Standardausrüstung.

Anders beim Vortragenden: Bei dem Bildmaterial, das Sie zur Unterstützung Ihrer Rede einsetzen, sind Sie Ihr eigener Künstler. Gleichgültig, ob Sie sich selbst an das Zeichenbrett oder den Computer setzten oder ob Sie dabei freundliche Unterstützung z. B. im Arbeitskreis finden – was Ihre Zuhörer später als *Dias, Transparente* für die Overhead-Projektion oder *E-Bilder* für die Projektion über einen Datenprojektor (Beamer) zu sehen bekommen werden, ist unter Ihrer Regie entstanden.

Bevor wir mit der Erörterung beginnen, wie wissenschaftliche Bilder entworfen und angefertigt werden, möchten wir auf ein hervorragendes Buch aufmerksam machen, das ausschließlich diesem Gegenstand gewidmet ist: *A Researcher's guide to scientific and medical illustrations* (BRISCOE 1990, auch BRISCOE 1996). Die Autorin gibt darin eine Menge wertvoller, an guten und schlechten Beispielen belegter Ratschläge, die von der Bildplanung („Wie kann ich eine bestimmte Idee am besten visualisieren?") bis zu handwerklichen Kniffen reichen. Wer hierin Perfektion anstrebt, sei auf dieses Buch verwiesen. Ein weiteres, vielseitigen und hohen technischen Ansprüchen genügendes Standardwerk hat ein Fachausschuss des Council of Biology Editors herausgegeben (COUNCIL OF BIOLOGICAL EDITORS, SCIENTIFIC ILLUSTRATION COMMITTEE 1988). Ein Klassiker der wissenschaftlichen Illustration ist daneben noch das Buch von TUFTE (2004) *The visual display of quantitative information*. Sehr nützlich ist eine Neuerscheinung vom University Hospital in Lund, Schweden, in der sich eine größere Zahl von „graphs – poor, and redrawn for comparison" findet (GUSTAVII 2003).

7.2.2 Anfertigen von Strichzeichnungen

Zubehör

Früher mussten Naturwissenschaftler und Ingenieure ihre Strichzeichnungen manuell anfertigen. Sie benutzten dafür *transparentes Zeichenpapier* („Pergamentpapier"), Bleistifte zum *Vorzeichnen* und *Tusche* für das endgültige Bild. Man brauchte Lineale und Zeichendreiecke sowie eine Anzahl von *Zeichenschablonen* und *Kurvenlinealen*. Zum weiteren Werkzeug gehörten *Tusche* und *Tuschefüller* mit genormten *Stiften (Rohren)*, die nebst zugehörigen Schablonen in verschiedenen *Strichstärken (Linienbreiten)* zur Verfügung standen, z. B. 0,35 mm, 0,50 mm, 0,70 mm und 1,00 mm. Ohne eine *Zeichenplatte* oder ein *Zeichenbrett* konnte man nicht auskommen.

Beschriftet wurde – mühsam – von Hand mit Hilfe von Schablonen oder vorgefertigten (oft selbstklebenden) Buchstaben, und man brauchte einige Übung, wenn ganze Wörter oder Formelausdrücke gefällig, sauber und mit angemessenen Abständen aus Buchstaben und anderen Symbolen zusammengesetzt werden sollten. Bei Publikationen lieferte der Autor oft nur unbeschriftete Zeichnungen und dazu einen Satz Kopien mit seinen Beschriftungswünschen, die dann von einem Technischen Zeichner umgewandelt wurden: dies nicht nur, um eine hohe technische Qualität der Bilder sicherzustellen, sondern auch eine durchgehend einheitliche Beschriftung.

Technik und Material haben sich in den letzten Jahren grundlegend geändert: Heute werden Sie auf Schablonen und Tuschefedern kaum noch zurückgreifen. Für die meisten Zwecke verwendet man den *Computer* und ggf. einen Scanner, um eine Skizze in eine „digitale Vorlage" („elektronische Vorlage") umzuwandeln, dazu geeignete *Grafikprogramme*, und als Ausgabegeräte Drucker, Plotter oder Belichter (mehr zum Zeichnen mit dem Computer s. Abschn. 7.3). Die Programme zum Anfertigen von Zeichnungen sind inzwischen so bedienerfreundlich und leistungsfähig, dass Sie auch mit wenig Übung ansehnliche Grafiken schaffen können. Dennoch verlangen komplexere Bilder, wenn sie den Erwartungen anspruchsvoller Verlage genügen sollen, Talent und Fähigkeiten und z. T. die Erfahrung eines Fachmanns. Hervorragende *Beschriftungen* – früher noch ein Problem – liefern der Computer und die geeignete Software samt Drucker nahezu mühelos.

- Wählen Sie beim Arbeiten mit einem Zeichenprogramm für die Beschriftungen eine Serifenschrift, am besten Times.

Die manchmal ausgesprochene Empfehlung einer serifenlosen Schrift wie Arial, Helvetica oder Univers halten wir wegen deren schlechterer Lesbarkeit und der Verwechslungsgefahr von Zeichen wie 1, l, I für unglücklich (s. Abb. 7-2).

Abb. 7-2. Schriftzeichen in einer Schrift ohne Serifen (links: Helvetica) und mit Serifen (Times).

- Zeichnen Sie nach Möglichkeit alle Abbildungen im selben Format.

Im Allgemeinen kommen Sie mit Ausdrucken im Format A4 aus. Ausnahmen sind außer großformatigen Spektrogrammen usw. vor allem Ingenieurs- und Architekturzeichnungen und ähnliche Planunterlagen, die oft in erheblich größeren Formaten angelegt und ggf. gefaltet werden müssen.

- Auf einem Blatt kommt nur eine Zeichnung zu stehen.

Ein Problem für die weitere Verwendung in Schriftsätzen können die oft ungewöhnlichen und großen Formate beispielsweise von Spektrogrammen und Chromatogrammen bedeuten. Viele Aufzeichnungen von Messgeräte-Schreibern werden immer noch auf *Endlospapier* mit Randstreifen ausgegeben, so dass Sie nur Ausschnitte weiter verwenden können. Manche Messkurven werden von den *Plottern* der Messgeräte so blass ausgegeben, dass sie kaum abzulichten sind. Ein Nachzeichnen von Hand kann bei größeren Mengen an Bildmaterial sehr aufwändig werden und birgt die Gefahr, dass Sie Unregelmäßigkeiten der Linienzüge allzu großzügig unterdrücken – die Bilder sind dann nicht mehr authentisch. Gegebenfalls sollten Sie sich in einem gut geführten Copyshop beraten lassen und einen Kopierauftrag dorthin vergeben.

Die Regeln für korrektes Zeichnen haben besonders im Maschinenbau eine lange Tradition, und vieles, was im Folgenden zu Strichzeichnungen gesagt wird, knüpft daran an. An einschlägigen Normen für das Anfertigen von Zeichnungen vermerken wir hier die Normen DIN ISO 128-1 (2003) *Technische Zeichnungen – Allgemeine Grundlagen der Darstellung – Teil 1: Einleitung und Stichwortverzeichnis*, DIN EN ISO 128-20 (2002) *Technische Zeichnungen – Allgemeine Grundlagen der Darstellung – Teil 20: Linien, Grundregeln*; ferner DIN 461 (1973) *Graphische Darstellung in Koordinatensystemen* und DIN 6774-4 (1982) *Technische Zeichnungen – Ausführungsregeln – Gezeichnete Vorlagen für Druckzwecke*.

Zeichentechnik

In diesem Abschnitt wollen wir *Formate* von Bildern und *Bildelementen* ansprechen und gehen dazu wieder von der klassischen Zeichentechnik aus. Für das Zeichnen mit dem Computer (s. dazu Abschn. 7.3) setzen Sie die Angaben bitte entsprechend um.

- Wer reproreife Papiervorlagen von Strichzeichnungen direkt auf Papier hervorbringen will, zeichnet üblicherweise nicht in der gewünschten Endgröße, sondern in einem größeren Maßstab.

Das Zeichnen „in Vergrößerung" erleichtert die Arbeit und bietet dazu zwei Vorteile: Nicht zu vermeidende Unregelmäßigkeiten der Zeichnung verschwinden beim anschließenden Verkleinern mehr oder weniger; und die Bilder können – ggf. nach Einbau einer Bildüberschrift oder anderer Schriftelemente – später direkt als Vorlagen für Dias oder Transparente und auch *E-Bilder* für Vorlesungen oder Vorträge eingesetzt werden.

Es kommen verschiedene Verkleinerungsmaßstäbe in Frage, doch sollten Sie schon aus Rationalisierungsgründen alle Zeichnungen für einen Schriftsatz – möglichst sogar alle Zeichnungen eines Arbeitskreises – für dieselbe Verkleinerung vorsehen. (Die folgenden Angaben beziehen sich auf *eine* Dimension, man spricht auch von „linearer Verkleinerung"; 50 % Verkleinerung bedeutet, dass die seitlichen Begrenzungslinien halb so groß werden, die *Fläche* also auf 25 % zurückgeht. – Die korrekte Bezeichnung für die Angabe der Verkleinerung der Originalzeichnung in Prozent ist *Verkleinerungswert*.)

- *Beschriftungen* in Abbildungen *(Bildinschriften)* sollten so ausgeführt werden, dass sie nach Verkleinerung etwa die Größe der im Text verwendeten Schrift erreichen, also etwa 2 mm für Großbuchstaben.

Zeichnen Sie für eine Publikation, so verwenden Sie als *Hauptschrift* für die Beschriftung eines Bildes, das auf einem A4-Blatt Platz haben soll, zweckmäßig Buchstaben von etwa 5 mm Höhe, damit nach Verkleinerung auf etwa 40 % eine zum gedruckten Schriftbild passende Größe erreicht wird. Die Größe der Abbildung selbst lässt sich am Bildschirm numerisch vorgeben oder durch diagonales Ziehen an einem Eckpunkt des Diagramms verändern.

- Machen Sie von der Möglichkeit Gebrauch, Abbildungen aus kleinen Teilzeichnungen „zusammenzukleben" und vorgefertigte *Beschriftungen* einzufügen.

7.2 Strichzeichnungen

Diese Technik gestattet es Ihnen – auch bei E-Bildern! –, Teile früher verwendeter Zeichnungen in neue einzubauen. Auch können Sie beispielsweise *Bildinschriften* (z. B. kursive Hinweisziffern oder Schriftzeilen zur Kennzeichnung von Bildeinzelheiten) auf der Bildvorlage so verteilen, dass ein ansprechender Gesamteindruck entsteht. Sie können die Bildinschriften – etwas altmodischer – auch separat ausdrucken und dann in Ihr Papierbild einkleben. Angesichts der Leistungsfähigkeit moderner Reproduktionstechniken bestehen dagegen keinerlei Bedenken. Auf Fotografien und guten Kopien auf Papier oder Transparenten wird man den „Collagen"-Charakter des Originals nicht mehr erkennen.

Für solche Klebe-Arbeiten verwenden Sie vorzugsweise *Klebstoff* mit folgenden Eigenschaften: Zum einen soll er, bevor er fest wird, ein Verschieben und Positionieren der eingeklebten Stücke gestatten; zum anderen sollen Teile so miteinander verklebt sein, dass sie auch nach längerer Zeit, ohne Schaden zu nehmen, getrennt werden können. So lassen sich einmontierte Teile aus den Vorlagen wieder ablösen, neue Teile oder Beschriftungen einfügen.[7] (Ein Kleber, der diese Eigenschaften besitzt, ist der „elastische Montagekleber" FIXOGUM von Marabu.)

Früher pflegte man mit Bleistift einen *Vorentwurf* anzufertigen, um Fragen zu klären wie:
– Ist die Abbildung in der vorgesehenen Form aussagekräftig?
– Ergänzt die Bildinformation den Text in eingängiger Weise?
– Sind die einzelnen Bildelemente günstig über das Papier verteilt?
– Stimmen die Größenverhältnisse unter sachlichen und ästhetischen Gesichtspunkten?
– Erhält die Abbildung ein günstiges Format, oder wird sie zu breit oder zu schmal?
– Lässt sich alles auf der vorgesehenen Fläche unterbringen?
– Wirkt das Bild nicht überladen?
– Sind die Skalierungen bei Kurvendiagrammen angemessen?
– Welche Informationen müssen in die Bildlegende aufgenommen werden?
– Welche Beschriftungen werden benötigt?

Solche Vorentwürfe können auch heute im Zeitalter des CAD (*engl.* computer-aided design) und der digitalen Bildherstellung noch sinnvoll sein. Selbst wenn Sie sich sogleich an den Computer setzen, sollten Sie an diese Fragen denken.

Wir wenden uns im folgenden Abschnitt der grafischen Darstellung in Koordinatensystemen zu und stellen dabei weitere typische Bildelemente vor. Der Norm DIN 461 (1973), der wir uns zum Teil anschließen, können Sie weitere Einzelheiten entnehmen, die wir hier nicht alle ansprechen wollen.

---

[7] Auf diese Weise können Sie beispielsweise für einen in Englisch zu haltenden Vortrag von Ihren Bildern deutsche Bildbeschriftungen ablösen und durch englische ersetzen. – Bei der Herstellung der Bilder in Grafikprogrammen wie FREEHAND (von Macromedia), COREL DRAW (von Corel) oder ILLUSTRATOR (von Adobe) ist das Ändern der Beschriftung wenig aufwändig.

7.2.3 Kurvendiagramme

Grafische Darstellung in Koordinatensystemen

Von den Strichzeichnungen in den Naturwissenschaften dürften mehr als die Hälfte der Visualisierung *funktionaler Zusammenhänge* dienen. In ihnen werden Werte einer Größe (s. Abschn. 6.1) gegen die dazugehörenden Werte einer anderen Größe „angetragen", wofür verschiedene Darstellungsformen zur Verfügung stehen. Die einzelnen Punkte, durch *Kurvenstücke* verbunden, ergeben das Bild (den *Graphen*) einer stetigen mathematischen Funktion.

- Der am weitesten verbreitete Typ von Strichzeichnungen in den Naturwissenschaften ist das *Kurvenbild (Kurvendiagramm)*.

Oft setzen sich die Kurven aus einzelnen diskreten Messpunkten – allgemein *Datenpunkten* – zusammen, die mehreren *Datenserien* angehören können. *Diagramme* sind stark abstrahierte Darstellungen quantifizierbarer Zusammenhänge mit grafischen Mitteln. Ein Bild, das keine numerische Aussage enthält, ist ein *Schema*.

- Kurvendiagramme sind analoge Darstellungen im gleichen Sinne wie die Zeigerausschläge eines Messinstruments.

Tatsächlich kann man sie von Messanordnungen selbsttätig aufzeichnen lassen, wenn man die mit einer Messgröße verbundenen Signale nicht einem Zeiger, sondern einem Schreiber zuleitet, um sie als Funktion einer anderen Größe (z.B. der Zeit) wiederzugeben. Derartige *Messschreiber* werden heute oft *Plotter* genannt und auch in der Regel von Computern angesteuert. Durch eine gewollte Trägheit des Signalgebers und des damit verbundenen Schreibstifts kann man dafür sorgen, dass inhärente Unregelmäßigkeiten („Rauschen") und etwaige Diskontinuitäten der Anordnung ausgeglichen und glatte Kurvenzüge – z.B. Spektrogramme oder Chromatogramme – aufgezeichnet werden. Auch solche selbsttätig entstehenden Messprotokolle *(Plots)* sollen Gegenstand unserer Darstellung sein.

In manchen Computerprogrammen treffen Sie auf eine etwas andere Terminologie. Danach wäre ein Kurvendiagramm ein *XY-Liniendiagramm,* wobei das „XY" auf die angenommene funktionale Abhängigkeit hinweist. In einem solchen Diagramm legen Sie durch die Symbole für die zusammengehörenden Datenpunkte eine *Linie,* die keine *Diskontinuitäten* hat. Gibt es nur wenige Datenpunkte und wollen Sie bewusst den Eindruck einer kontinuierlichen Funktion vermeiden, so können Sie die einzelnen Punkte durch Geradenstücke verbinden, die sich zu einem gebrochenen *Linienzug* ergänzen.

- Das bekannteste *Koordinatensystem* zur Darstellung der funktionalen Abhängigkeit zweier Größen ist das kartesische.

Es hat zwei senkrecht aufeinander stehende *Achsen,* die *Abszisse* („x-Achse") zum Auftragen der *unabhängigen Veränderlichen (Variablen)* – in der Biomedizin auch *Einflussfaktoren* – und die *Ordinate* („y-Achse") zum Auftragen der *abhängigen Ver-*

änderlichen (Variablen) – in der Biomedizin *Zielgrößen*.[8] Wir werden im Folgenden von der horizontalen und vertikalen Achse sprechen. Auf das *Polarkoordinaten-System* wollen wir hier nicht eingehen.

Eine kontinuierliche Folge von zusammengehörenden Wertepaaren der beiden Veränderlichen erzeugt im Koordinatensystem eine Kurve im vorstehend diskutierten Sinn. Wenn man außerdem Punkte, die bestimmten diskreten Werten der beiden Veränderlichen entsprechen, durch horizontale und vertikale Linien – *Netzlinien (Gitterlinien)*[9] – verbindet, entsteht ein *Koordinatennetz*. Es dient dazu, das Ablesen von Stellen auf Kurven zu erleichtern. (Auch Millimeterpapier ist letztlich ein Achsenkreuz mit Koordinatennetz.)

Qualitative und quantitative Darstellungen

Bei „klassischen" grafischen Darstellungen in Koordinatensystemen lassen sich zwei Arten unterscheiden: die qualitativen und quantitativen Darstellungen. Bei beiden wird die Abhängigkeit einer Variablen von einer anderen aufgezeigt; aber bei den *qualitativen Darstellungen* tragen die Achsen keine Teilungen. Man geht in der Regel davon aus, dass der Schnittpunkt der beiden Achsen der Koordinatenursprung [der Punkt (0,0)] ist; und man versieht beide Achsen mit einem Pfeil (direkt an der Achse oder hinter bzw. über den Symbolen oder Namen der aufgetragenen Größen), um anzuzeigen, in welcher Richtung die jeweilige Größe wächst (s. Abb. 7-3).

● Meist werden zunehmende Werte der unabhängigen Veränderlichen nach rechts, zunehmende Werte der abhängigen Veränderlichen nach oben aufgetragen.

Auf *Pfeile* können Sie in qualitativen und halbquantitativen Darstellungen nicht verzichten; bei quantitativen Darstellungen mit skalierten Achsen oder Koordinatennetzen sind sie entbehrlich, da man die Richtung, in der die Veränderlichen jeweils wachsen, den Zahlen an den Strichmarken entnehmen kann.

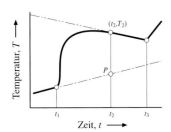 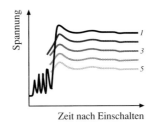

Abb. 7-3. Qualitative Darstellungen **a** mit Pfeilen an den Namen der angetragenen Größen und **b** mit Pfeilen an den Achsenenden.

---

[8] In manchen Tabellenkalkulationsmodulen oder -programmen werden dafür Begriffe wie *Rubrikenachse* bzw. *Größenachse* verwendet.
[9] Auch: *Gitternetzlinien*; in Zeichenprogrammen kann man diese Linien auf Befehl „einziehen" lassen, je nach Wunsch längs der einen oder anderen Achse oder beider Achsen.

Im Folgenden soll vor allem auf quantitative Darstellungen eingegangen werden, weil diese in naturwissenschaftlich-technischen Manuskripten am häufigsten vorkommen.

In solchen Diagrammen haben wir es mit drei Arten von Linien zu tun:

- Eine typische Darstellung in kartesischen Koordinaten besteht aus den beiden Achsen, einem Koordinatennetz und einer oder mehreren Kurven nebst den dazugehörenden Beschriftungen.

Die drei Arten von Linien – man kann ihnen noch *Hinweislinien* zugesellen – sind gemäß ihrer Bedeutung zu gewichten, was in der zeichnerischen Darstellung durch unterschiedliche *Linienbreiten* zum Ausdruck kommen soll. Was den Wissenschaftler eigentlich interessiert, sind die Kurven, sie haben den höchsten Wert. Hierauf folgen die Koordinatenachsen; und den Linien des Koordinatennetzes kommt, wie den Hinweislinien, nur eine Hilfsfunktion zu. DIN 461 (1973) empfiehlt für die zu verwendenden Linienbreiten das Verhältnis (s. Abb. 7-4):

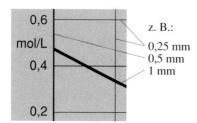

Abb. 7-4. Linienbreiten in Kurvendiagrammen (nach DIN 461, 1973).

- Netz zu Achsen zu Kurven wie 1 : 2 : 4.

Wer je Kurvendiagramme gezeichnet hat, wird sich bewusst sein, dass hier eine in der Tat sehr starke „Gewichtung" vorgenommen worden ist. Die Stärke der Kurve kann bei einer so ausgeführten Zeichnung an die Ablesegenauigkeit von Messwerten heranreichen. Es gibt daher auch andere Empfehlungen, die „gemäßigtere Verhältnisse" wie $1 : \sqrt{2} : 2$ vorschlagen; im Beispiel von Abb. 7-4 würde dies bedeuten: Linienbreiten 0,35 mm (anstelle von 0,25 mm) für Netz- und Hinweislinien, 0,5 mm für Achsen und Hauptschrift und 0,7 mm (anstelle von 1 mm) für Kurven. Wir überlassen es Ihnen, eine Entscheidung zu treffen. Auf jeden Fall sollen Netz- und Hinweislinien und Schraffuren nicht (durch gleiche Breite) die in den Kurven enthaltene Information „erschlagen". Und auf keinen Fall sollten Sie, nur um einer Norm Genüge zu tun, mit einem feinen Strich gezeichnete Diagramme (beispielsweise aus Messgeräten) „dick" zeichnen, wenn dadurch Information verloren geht.

Gelegentlich will man in einem Diagramm nicht nur *eine* Kurve darstellen, sondern mehrere, eine *Kurvenschar,* gewonnen beispielsweise aus einer Mehrzahl von

Datenserien.[10] Als Obergrenze gelten vier Kurven pro Diagramm: Darüber werden die Darstellungen unübersichtlich, vor allem, wenn sich die Kurven schneiden.

- An jede Kurve *(Kennlinie)* einer Schar wird ihr Parameter angeschrieben, oder die einzelnen Kurven werden mit schrägen *Hinweisziffern* (s. Abb. 7-3b) oder mit senkrechten *Hinweisbuchstaben* (s. Abb. 7-7) versehen.

Deren Bedeutung ist dann in der Legende der Bildunterschrift zu erläutern. Dass DIN 461 (1973) an dieser Stelle – entgegen sonstigem Gebrauch bei Zahlen! – *schräge* (kursive) Ziffern empfiehlt, hat seinen Sinn darin, dass eine Verwechslung mit numerischen Angaben z. B. in den Skalen vermieden werden soll.

- Werden über derselben unabhängigen Veränderlichen (z. B. der *Zeit*) mehrere abhängige Veränderliche aufgetragen, so kann, wenn die Übersichtlichkeit es zulässt, bei allen Kurven dieselbe *Linienart* angewendet werden. Wählen Sie unterschiedliche Linienarten, wenn das nicht der Fall ist.

Die Linienart zu wechseln ist vor allem erforderlich, wenn sich Kurven in spitzen Winkeln schneiden, damit sicher erkannt werden kann, welche Kurve wohin läuft. Alternativen zu der normalen durchgezogenen Linie sind die *Strichlinie,* die *Strich-Punkt-Linie* oder andere zusammengesetzte „Linien" (s. auch Tab. 7-1).

Manchmal werden Sie die Linien durch Messpunkte unterscheiden können, indem Sie für die Messpunkte, die zu den einzelnen Linien gehören, jeweils ein anderes Symbol wählen, z. B. (DIN 461, 1973):

Die Kurven (*Regressionsgeraden* oder andere Linien) werden durchgezogen und kurz vor und nach den Symbolen ausgesetzt, wenn sie diese treffen. Aus ästhetischen Gründen wählt man diese Symbole ungefähr von der Größe des Buchstabens „o" der

Tab. 7-1. Verschiedene Linienarten (nach DIN EN ISO 128-20, 2002).

Freihandlinie	～～～
Volllinie	———
Strichlinie	– – – –
Punktlinie	········
Strich-Abstandslinie	– – –
Strich-Strichlinie	—–—
Strich-Punkt-Linie	—·—·—
Strich-Zweipunktlinie	—··—··—

---

[10] Manche Zeichenprogramme bieten automatisch mehrere Serien (Kurven oder Balken unterschiedlicher Farbe) an. Die Kennzeichnung durch Farbe lässt sich am ehesten bei der Vorbereitung von Präsentationen verwenden, sie macht dann andersartige Kennzeichnungen und Hinweislinien überflüssig. Es versteht sich, dass die *Linienfarben* und -dicken sowie die Linienarten mit den „Werkzeugen" des Programms am Bildschirm ausgewählt werden können.

Hauptschrift. Wollen Sie darüber hinaus für die Messpunkte die Messgenauigkeit in Ordinatenrichtung angeben, so können Sie die Standardabweichung σ um jeden Messpunkt nach unten und oben abtragen (vgl. Abb. 7-5).

- Gelegentlich haben nicht nur die Kurven selbst, sondern auch von ihnen abgegrenzte Areale eine wissenschaftliche Bedeutung; man kann solche Flächenstücke durch *Schraffur* oder *Rasterung* hervorheben oder voneinander unterscheiden.

Man spricht in solchen Fällen manchmal auch von *Flächendiagrammen* (Beispiele s. Abb. 7-6). Auf Arten und Techniken der Rasterung kommen wir in Abschn. 7.2.4 zu sprechen.

Skalierung

Wie schon angedeutet, müssen für die Darstellung quantitativer Zusammenhänge *Zahlen* – meist in Verbindung mit *Einheiten,* also *Größenwerte* – an die Achsen geschrieben werden. Die Achsen werden durch eine solche *Teilung* „geeicht", sie werden zu *Skalen (Leitern).*

- Der Abstand zwischen den Strichmarken sollte so gewählt werden, dass der Leser/Betrachter die den Datenpunkten zugeordneten Werte gut abschätzen kann.

Die zu den Strichmarken gehörenden Zahlenwerte sollen unter der waagerechten und links neben der senkrechten Achse angeschrieben werden. Wenn die dargestellten

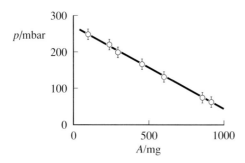

Abb. 7-5. Diagramm mit Angabe von Messgenauigkeiten.

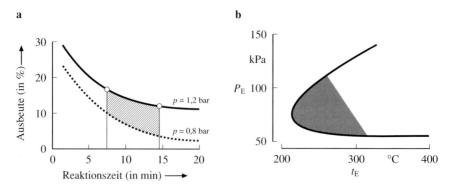

Abb. 7-6. Kurvendiagramme mit **a** schraffierter und **b** gerasterter Fläche.

Kurven – wie in *Nomogrammen* – Ableselinien sein sollen, werden Sie die Teilung der Achsen ggf. feiner wählen. Es ist jedoch auch dann nicht erforderlich, an jeden Achsenteilstrich (oder an jede Netzlinie) den zugehörigen Zahlenwert zu schreiben.

- Die Strichmarken *(auch Achsenteilungen, Unterteilungen, Skalierungsstriche, Teilstriche)* weisen in das *Innere* des Kurvendiagramms, d. h. von der horizontalen Achse nach oben und von der vertikalen Achse nach rechts.

Diese Anordnung wird verständlich, wenn man die Strichmarken als verkürzte Netzlinien versteht (s. Abb. 7-7). In der Praxis werden die Teilstriche entgegen der Normempfehlung (DIN 461) – wohl aus Furcht, sie könnten im „Inneren" des Kurvendiagramms mit den Kurven oder Datenpunkten kollidieren – oft nach *außen* gerichtet. Strichmarken können verständlicherweise dann nicht nach innen angetragen werden, wenn sie mit der im Diagramm darzustellenden Information, die möglicherweise selbst aus Linien besteht (z. B. bei Massenspektren), verwechselt werden können.

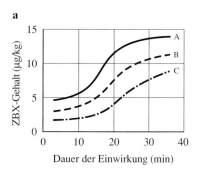 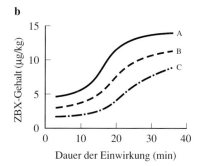

Abb. 7-7. Diagramm mit **a** Netzlinien und **b** Strichmarken.

Moderne *Grafikprogramme* bieten häufig beide Lösungen an.[11] Das COUNCIL OF BIOLOGY EDITORS (CBE) lässt in seiner sorgfältigen Anleitung *Illustrating science: Standards for publication* (1988) beide Möglichkeiten offen, während O'CONNOR (1991, S. 34, 36) innen liegende Skalierungsstriche für eine schlechte Lösung hält. Wichtiger als dieses technische Detail sind tatsächlich einige andere Ratschläge:

- Skalierungsstriche sind in einem Diagramm alle gleich lang; lediglich bei logarithmischen Skalen werden Anfang/Ende der (Zehner)Perioden durch längere Striche angezeigt.

Dabei wählen Sie die Abstände so, dass es – zusammen mit den angetragenen Zahlenwerten – noch möglich ist, einigermaßen verlässlich zu interpolieren.

- Die Achsenteilungen können zu einem *Koordinatennetz* ergänzt werden, wenn es um das leichte Ablesen von Werten geht.

---

[11] Wer Diagramme mit einem eigens dafür konzipierten Rechenprogramm erstellt, ist unter Umständen auf die Vorliebe der Programmierer angewiesen. In einigen Programmen können Sie allerdings frei wählen, ob die Unterteilungsstriche „innerhalb" oder „außerhalb" oder sogar in beiden Richtungen zu stehen kommen sollen.

Gerade darin liegt auch ein Grund, weshalb man bei einem einfachen x,y-Achsenkreuz die Teilungen gerne nach oben bzw. rechts weisen lässt: Sie erscheinen dann als Rudimente eines gedachten Koordinatennetzes. Nicht jeder Teilstrich muss in einer Netzlinie enden, wenigstens aber der jeweils letzte. Dadurch entsteht die für viele Kurvendiagramme charakteristische „Fensterwirkung".

An die Teilstriche werden die ihnen entsprechenden Zahlenwerte angeschrieben, und zwar unterhalb der horizontalen und links von der vertikalen Achse. Hier wird also dem Bedenken Rechnung getragen, dass die eigentliche Bildinformation nicht gestört werden darf.

- Die *Nullpunkte* der Abszissen- und Ordinatenachse werden beide je durch eine Null bezeichnet, auch wenn *beide* Nullpunkte zusammenfallen (s. beispielsweise Abb. 7-5 oder Abb. 7-6a).

Man gebe „gewohnte" Intervalle an, setze also die Strichmarken passend für Zahlenfolgen wie

$$
\begin{array}{cccccc}
0 & 5 & 10 & 15 & 20 & \ldots \\
0{,}0 & 2{,}5 & 5{,}0 & 7{,}5 & 10{,}0 & \ldots
\end{array}
$$

und nicht etwa

$$
\begin{array}{cccccc}
1 & 4 & 7 & 10 & 13 & \ldots
\end{array}
$$

- Erstreckt sich eine Achse in den *negativen* Größenbereich, so sind sämtliche (!) zugehörigen Zahlenwerte mit einem *Minuszeichen* zu versehen.

Es versteht sich, dass alle Zahlenwerte senkrecht (steil) und in normaler *Leserichtung* geschrieben werden. Die Zahlen an der vertikalen Achse dürfen also nicht auf der Achse stehend geschrieben werden, sie müssen vielmehr ohne Drehen des Bildes lesbar sein.

- Ist die Teilung zu einem Koordinatennetz erweitert worden, so werden die Zahlen vorzugsweise an den linken und den unteren Rand *außerhalb* des Netzes gesetzt, auch wenn das *Achsenkreuz* – beim Auftragen von positiven und negativen Werten – im *Innern* des Netzes liegt.

Bei großen, häufig zum Ablesen benutzten Diagrammen kann die Bezifferung am oberen und am rechten Rande des Koordinatennetzes wiederholt werden.

Sind, wie in Naturwissenschaft und Technik üblich, die Zahlenwerte bei Größenangaben mit *Einheiten* verbunden, so müssen auch die verwendeten *Einheitenzeichen* angegeben werden. (Wir verstehen im Folgenden unter „Einheitenzeichen" die Zeichen für einfache und zusammengesetzte Einheiten; vgl. Abschn. 6.2.1.)

- Eine Methode, Einheiten einzutragen, besteht darin, dass man die Einheitenzeichen in einer Reihe mit den Zahlenangaben an die Achse schreibt.

Und zwar stehen die Einheitenzeichen (vgl. Abschn. 6.1.1) am rechten Ende der horizontalen und am oberen Ende der vertikalen Achse jeweils zwischen den letzten beiden Zahlen der Skalen. Bei Platzmangel können Sie die vorletzte (evtl. auch die drittletzte) Zahl weglassen. Diese Anordnung entspricht den Empfehlungen der DIN 461 (1973).

Daneben gibt es eine Reihe anderer durchaus üblicher Vorgehensweisen, Größen und ihre Einheiten in Diagramme zu schreiben (s. dazu Beispiele in Abb. 7-8).

- Einheitenzeichen sollen nicht in eckige Klammern gesetzt werden; sie stehen immer steil.

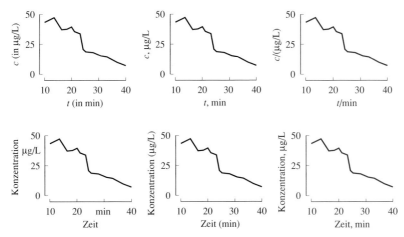

Abb. 7-8. Namen und/oder Symbole von Größen sowie Einheiten in Kurvendiagrammen. – Obere Reihe: Größensymbole, untere Reihe: Größennamen ausgeschrieben.

Akzeptabel ist (noch) das Anfügen der Einheit an den Namen oder das Symbol der Größe in runden Klammern, z. B. „Zeit (min)", „Zeit (in min)" oder „t (min)", „t (in min)".

- Einheitenzeichen dürfen mit Zehnerpotenzen verbunden werden.

Eine Angabe „10^{-9} N/m" an der Achse bedeutet, dass die betreffende Größe in der „Einheit" 10^{-9} N/m gemessen wird, der abgelesene Zahlenwert also mit 10^{-9} N/m multipliziert werden muss, um den Größenwert an der betreffenden Stelle zu erhalten.

Ähnlich wie die Zehnerpotenz der Einheit in diesem Beispiel werden auch die Zeichen für *Prozent* (%), *Promille* (‰), *Parts per million* (ppm), *Parts per billion* (ppb) und *Parts per trillion* (ppt) gewertet und wie Einheiten zwischen die Zahlen geschrieben.

Hingegen werden bei *Winkelangaben* die Zeichen für Winkelgrad (°), Winkelminute (') und Winkelsekunde (") *nicht* wie Einheiten behandelt, sondern direkt an jede Zahl der Achsteilung geschrieben. Der Grund ist offensichtlich: Sie würden sonst nur zu leicht „verloren" gehen.

Gelegentlich wollen Sie in *einem* Diagramm den Verlauf mehrerer verschiedenartiger Größen eintragen. Es ist dann erforderlich, für die Zahlenwerte jeder dieser Größen eine besondere Skala vorzusehen und sicherzustellen, dass jede Kurve des Diagramms unmissverständlich ihrer Skala zugeordnet werden kann. Beispielsweise können Sie nicht nur die linke (äußere) Seite einer Ordinate mit einer Skala versehen, sondern auch ihre rechte (innere), oder Sie bauen eine zweite Skala neben dem rechten Ende der Abszisse auf. Auch können Sie eine Hilfsachse mit einer weiteren Teilung zusätzlich neben die Hauptachse legen (s. Abb. 7-9).

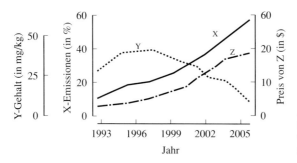

Abb. 7-9. Darstellung mehrerer Größen durch verschiedene Kurven in einem einzigen Diagramm mit Hilfe zusätzlicher Achsen.

Achsenbeschriftungen

Schon die Zahlen und Einheiten an den Achsteilungen lassen sich zu den *Achsenbeschriftungen* zählen. Im Folgenden wollen wir aber unter diesem Begriff die sonstigen Angaben ansprechen, die noch benötigt werden, um ein Kurvendiagramm „lesbar" zu machen. Es sind dies vor allem Namen oder Symbole für die aufgetragenen *Größen*.

- Die Größen, die an den Achsen aufgetragen werden, können in Form ihrer *Größensymbole* angeschrieben werden.

Die Größensymbole werden auch in Abbildungen in einer schrägen (kursiven) Schrift wiedergegeben (s. auch Abschn. 6.1).

Die Größensymbole werden an Achsen oft, wie schon unter „Qualitative und qualitative Darstellungen" weiter oben in diesem Abschnitt erwähnt, mit einem *Pfeil* verbunden; er zeigt an, in welche Richtung die Größe wächst. Die Pfeile entfallen, wenn die Achsen selbst Pfeilspitzen tragen. Bei Achsen mit Teilungen können die Pfeile entfallen, da der Verlauf der Größenwerte aus den angetragenen Zahlenwerten abgelesen werden kann.

- Bei Achsenbeschriftungen ist die Schreibweise von Größen und Einheiten in *Bruchform* möglich und wird empfohlen.

Der funktionale Zusammenhang bezieht sich dann nicht mehr auf Größenwerte, sondern auf Zahlenwerte [z. B. A/mg, p/mbar in Abb. 7-5 oder t/min, c/(μg/L) in Abb. 7-8; vgl. Abschn. 6.1.1], eben die an den Skalen eingetragenen.[12]

---

[12] Diese Notation leitet sich aus Gl. (1) in Abschn. 6.1.1 ab, die sich als „Größenwert durch Einheit gleich Zahlenwert" lesen lässt. Weil in dieser Sache auch die Redaktionen renommierter Zeitschriften ein erstaunliches „Beharrungsvermögen" an den Tag legen und sich bislang nicht von ihren Einheiten in eckigen Klammern trennen konnten, sei die IUPAC aus ihrem „Grünen Buch" (IUPAC 1988, S. 3) zitiert: „In tabulating the numerical values of physical quantities, or labelling the axes of graphs, it is

Es gibt noch eine weitere Möglichkeit, Einheiten ins Spiel zu bringen.
- Man kann die Einheiten, durch ein Komma abgetrennt (ggf. zusätzlich mit dem Wort „in"), hinter den Namen oder das Symbol der Größe schreiben. Beispiele hierfür (s. Abb. 7-8) sind „ t, min, „c, μg/L" oder „ t, in min, „c, in μg/L". Manchmal findet man die Einheiten auch in runden (!) Klammern hinter den Größensymbolen, also beispielsweise „ t (min), „c (μg/L)" oder „ t (in min), „c (in μg/L)".
- Sind für die Größen, deren Abhängigkeit in einem Kurvendiagramm dargestellt werden soll, keine Größensymbole eingeführt worden, so können die Begriffe selbst, gelegentlich auch ein mathematischer Ausdruck, an die Achsen geschrieben werden.

Beispiele finden sich in der unteren Reihe von Abb. 7-8. Längs der horizontalen Achse bereitet die Beschriftung keine Schwierigkeiten, wohl aber längs der vertikalen, weil hier – bei Anschreiben in der normalen Leserichtung – sehr schnell die Abbildung zu breit würde.
- Können ausgeschriebene Wörter oder lange Formeln an der vertikalen Achse nicht vermieden werden, dann schreiben Sie längs der Achse von unten nach oben, also so, dass die Schrift von *rechts* (oder nach Drehen der Abbildung im Uhrzeigersinn) lesbar ist.

Beispiele finden Sie in den Abbildungen 7-7 und 7-8. Wiederum können Sie das Einheitenzeichen, verbunden durch das Wort „in", anhängen (z. B. „Konzentration, in mmol/L"); auch längere Wortfolgen können Sie in dieser Weise anschreiben (z. B. „CO_2-Verbrauch pro kg Medium, in mmol"). Wir empfehlen allerdings, die in Rede stehenden Begriffe vom Text her gut vorzubereiten und durch geeignete Symbole wiederzugeben, und die Symbole in der Legende zu erläutern (z. B. „VC CO_2-Verbrauch in mmol, bezogen auf 1 kg Medium"), so dass die Diagramme nicht mit so langen Textstücken beschriftet werden müssen.
- Von *Wörtern* freie Diagramme sind „sprachneutral"; Sie können unverändert in Manuskripte in anderen Sprachen übernommen werden.

Dieses Anliegen besteht bei Abbildungen aller Art; besonders bei Halbtonabbildungen kann es mühsam sein, Beschriftungen auszuwechseln.

Beschriftungen sind auch an anderen Stellen als an den Achsen möglich. Von Hinweiszeichen abgesehen, sollten Sie solche Beschriftungen nach Möglichkeit *außerhalb* der von den Achsen aufgespannten Fläche anbringen, um die Aussagekraft und Übersichtlichkeit des Bildes nicht zu beeinträchtigen. Dies gilt vor allem für Kurvendiagramme mit Koordinatennetz. Ein Beispiel einer zusätzlichen Beschriftung ist das Hervorheben und Erläutern eines speziellen Punkts (beispielsweise eines Maximums)

---

particularly convenient to use the quotient of a physical quantity and a unit in such a form that the values to be tabulated are pure numbers." – Zehnerpotenzen können als Faktoren eingebracht werden; die Strichmarke „2" an einer mit „$10^{-3} \times$ NADH-Konzentration/(μmol L^{-1})" beschrifteten Achse bedeutet eine Konzentration von 2000 μmol L^{-1} = 2 mmol L^{-1} (vgl. „Umgang mit Einheiten" in Abschn. 8.4.2).

in einer Kurve. Verbinden Sie den betreffenden Bildpunkt oder Bildbereich und die außen stehende Beschriftung mit einer feinen *Hinweislinie*. Bei Spektren und Chromatogrammen finden Sie manchmal Bandenbezeichnungen, Strukturelemente oder ganze chemische Strukturformeln *in* die Abbildungen eingetragen, und solange dafür der Platz reicht, ist dagegen nichts einzuwenden.

Mehr zu Kurvendiagrammen – auch zahlreiche Abbildungen – finden sich in EBEL und BLIEFERT (2003).

Zum Abschluss ein Hinweis, der Sie bei der Beschriftung Ihrer Bilder leiten sollte:
- Verwenden Sie einheitlich in allen Bildern desselben Schriftstücks die gleiche Art der Beschriftung.

Die graphischen Elemente sollten – einheitlich – alle mit demselben Maßstab, derselben Schrift, derselben Schriftgröße und derselben Strichstärke gestaltet werden.

7.2.4 Histogramme, Balken- und Kreisdiagramme

- Beliebt in allen Untersuchungen mit statistischem Charakter sind *Histogramme*, *Balkendiagramme*, *Kreisdiagramme* und verwandte Darstellungen.

Unter einem *Histogramm* (auch *Treppenpolygon* genannt) versteht man die Darstellung einer Häufigkeitsverteilung, bei der die unabhängige Veränderliche in gleichgroße Abschnitte eingeteilt ist (Abb. 7-10a). Verzichten Sie darauf, die abhängige Veränderliche als geschlossenen Kurvzug darzustellen, so entsteht aus dem Treppenpolygon ein *Balkendiagramm*, auch *Säulendiagramm* genannt (Abb. 7-10b). Auch hiervon gibt es zahlreiche Varianten, von denen wir in Abb. 7-10b nur eine kleine Auswahl zeigen. Die Balken können isoliert oder verbunden stehen, senkrecht oder waagerecht; sie können zu Gruppen zusammengefasst und *gestapelt,* in Klassen eingeteilt oder in sich unterteilt sein, sie können positive und negative Werte (z. B. *Abweichungen* von Mittelwerten) annehmen oder *Erstreckungsbereiche* signalisieren. Wir wollen hierauf nicht näher eingehen, Ihrer Phantasie sind nahezu keine Grenzen gesetzt, den Darstellungsmöglichkeiten mit Mitteln der *Computergrafik* auch nicht. Für manche haben die vorgefertigten schönen Balken, die man mit dem Microsoft-Programm POWERPOINT oder auch mit dem Diagramm-Programmmodul von WORD/EXCEL leicht hervorbringen kann, in ihrer farbigen Plastizität Kultstatus erlangt. Nützlich ist auf jeden Fall die leichte Umwandlung von Zahlenkolonnen aus Tabellen in solche Balkendiagramme oder wahlweise auch eine der anderen Darstellungsformen, auf die wir gleich zu sprechen kommen werden.

Von den beiden Achsen eines Balkendiagramms bedeutet eine oft eine Zeitachse mit von links nach rechts fortschreitender Zeit (vgl. linkes Diagramm in Abb. 7-10b). Auf ihr stehen die Balken senkrecht und signalisieren durch ihre Höhe den Zahlenwert einer messbaren Größe zum jeweiligen Zeitpunkt oder in einem durch die Abszissenbeschriftung bezeichneten Zeitintervall.

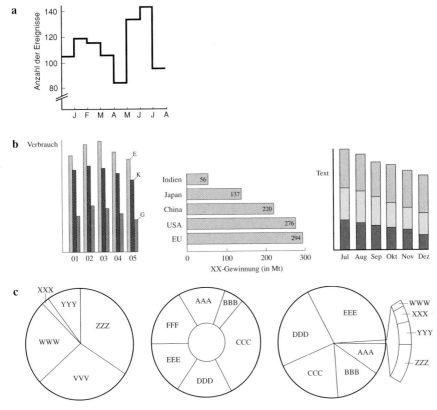

Abb. 7-10. Auswahl besonderer Formen der halbschematischen und schematischen Darstellung. – **a** Histogramm, **b** Balkendiagramme, **c** Kreisdiagramme.

Balken- und Kreisdiagramme lassen sich auch dort verwenden, wo keine funktionalen Zusammenhänge existieren. Wenn die Getreideernte in verschiedenen Ländern interessiert, ist die Darstellung im Koordinatennetz am Ende, da sich zwar die Ernte quantifizieren lässt, nicht aber die Länder. So gesehen sind Balkendiagramme entartete Kurvendiagramme, in denen eine Achse keine numerische Bedeutung haben muss oder hat. Man ordnet die Balken dann gerne waagerecht an (vgl. mittleres Diagramm in Abb. 7-10b), um sie von den zuvor beschriebenen Balkendiagrammen mit einer Zeitachse zu unterscheiden; die nichtnumerische Achse ist dann die vertikale.

Handwerklich stellt das Anfertigen derartiger Bilder keine besonderen Anforderungen; sie können, wie schon angedeutet, auf computergrafischem Wege erzeugt werden, ohne dass es überhaupt irgendwelcher Zeichenbefehle bedarf: Gute *Grafik*- und *Statistikprogramme* [wie MINITAB von Minitab Inc. (www.minitab.com) oder SPSS[13]]

---

[13] SPSS steht für das *Statistical Package for the Social Sciences*, das 1968 in der Umgebung der Stanford University, Kalifornien, entstanden ist, heute für ein Programmpaket von universeller Einsetzbarkeit →

oder Grafikmodule anderer Rechenprogramme liefern solche Bilder direkt aus den zugrunde liegenden, z. B. in einem *Rechenblatt* enthaltenen und dort schon mathematisch behandelten Daten in jeder gewünschten Darstellungsform, und sie können dieselben Daten und Sachverhalte oft auch als Tabellen (mehr dazu s. Kap. 8) ausgeben!

Von den zahlreichen Tabellenkalkulations- und anderen Rechenprogrammen ist EXCEL (im Office-Paket von Microsoft) am weitesten verbreitet; andere Programme dieses Typs sind WINGZ (von Informix, Lenexa), STARCALC (enthalten im Office-Paket STAROFFICE von Sun), LOTUS 1-2-3 (aus dem Office-Paket von SMARTSUITE von Lotus) sowie QUATTROPRO (von Corel). Aber auch einige einfachere Programme wie WORKS (von Microsoft oder Apple-Claris, APPLEWORKS) besitzen Tabellenkalkulationsfunktionen und sind heutzutage in der Lage, in Tabellenform angeordnete Informationen mit wenigen einfachen Befehlen in eine der geschilderten grafischen Darstellungsformen zu bringen. Diese Diagramme lassen sich verhältnismäßig frei und variabel beschriften, und die einzelnen Flächensegmente können Sie mit den gewünschten Rastern, Farben oder Schraffuren füllen. [Für anspruchsvolle Diagramme sollten Sie zu einem echten Zeichenprogramm (Illustrationsprogramm, Vektorgrafikprogramm) greifen, das auf die (wissenschaftlich korrekte) Präsentation von Daten spezialisiert ist, z. B. CORELDRAW (von Corel), ILLUSTRATOR (von Adobe), FREEHAND (von Macromedia), DESIGNER (von Micrografx) oder ORIGIN (von Microcal Software).]

Ähnliches gilt für die *Kreisdiagramme* (auch *Sektordiagramme, Tortendiagramme*), die man gerne verwendet, wenn Größenverhältnisse dargestellt werden sollen. Bei Kreisdiagrammen ist die eine verbliebene Achse zum Kreis aufgerollt, die Fläche eines jeden Kreissegments (Sektors) steht für eine darzustellende Größe. Die Zahlenwerte mehrerer Komponenten, die zusammen eine Ganzheit ergeben, werden also durch Kreissektoren dargestellt, als schnitte man eine Torte in ungleiche Stücke auf (s. erstes Beispiel in Abb. 7-10c). Solche Diagramme eignen sich besonders, um Gesamtheiten in ihre Anteile zu zerlegen. Wenn man den Umfang von 1 bis 100 skalierte – 1 % entspricht dann 3,6° –, könnte man direkt prozentuale Anteile, z. B. der einzelnen Länder an der Weltgetreideproduktion, ablesen.

Sollen mehr als sieben Größen dargestellt werden, versuchen Sie, die kleinsten Sektoren zusammenzufassen und separat darzustellen (vgl. rechtes Diagramm in Abb. 7-10c).

Derartige Darstellungen können an Aussagekraft gewinnen, wenn Sie verschiedene Flächen – z. B. die einzelnen Stücke einer solchen „Torte" – in unterschiedlicher Weise schraffieren oder rastern.

Grobe Muster dieser Art, z. B. *Schraffuren*, konnten Sie in der Tuschezeit mit eigener Hand erzeugen; doch war es sinnvoller, auf vorgefertigte Raster zurückzugreifen. Früher

---

und ein Softwarehaus mit weltweiten Aktivitäten. Im Internet kann man z. B. in einem Kurs beim Leibniz-Rechenzentrum der Bayerischen Akademie der Wissenschaften erfahren, welche Möglichkeiten diese Statistiksoftware bietet und wie sie funktioniert (www.lrz-muenchen.de/services/schulung/unterlagen/spss-einfuehrung/).

benutzte man dazu selbstklebende Folien; heute erzeugen Computer Grafiken aus entsprechenden Programmen heraus mit einer Vielzahl frei wählbarer Rasterflächen.

Denken Sie bei der Auswahl von Rastern oder Schraffuren daran, dass ein Flächenstück um so dunkler eingefärbt oder gerastert werden sollte, je kleiner es ist. Bei nebeneinander liegenden gerasterten Flächen sollten sich zur besseren Unterscheidbarkeit die Grauwerte jeweils um mindestens 20 % unterscheiden.

Durch feine Punktmuster lässt sich die Wirkung von *Grautönen* unterschiedlicher Tönung hervorbringen, obwohl technisch gesehen immer noch Strichabbildungen vorliegen. Die Rastertechnik der Halbtonreprografie (s. Abschn. 7.4) macht sich denselben Effekt zunutze, nämlich die Unfähigkeit des Auges, sehr feine Punktmuster noch als solche aufzulösen, um Grautöne (jetzt allerdings in gleitenden Übergängen) zu erzeugen.

- Wählen Sie bei Ihren Abbildungsvorlagen keinen zu feinen Raster, weil sonst beim Herstellen von Kopien oder im Offset-Druck – besonders bei Verkleinerung – Schwierigkeiten entstehen können.

In der Kopie könnten die Flächen je nach Einstellung weiß, schwarz oder verschmiert erscheinen. Bei einer Verkleinerung werden auch die Punkte kleiner und rücken näher zusammen, so dass die Rasterunterlegungen einer Abbildungsverkleinerung möglicherweise nicht mehr offsetfähig sind, obwohl vorher noch alles gut aussah![14]

Mit perspektivisch „aufgerüsteten" Kreis- und Balkendiagrammen, wie Sie sie beispielsweise aus Ihren *Tabellenkalkulationen* kennen, wollen wir uns allerdings zurückhalten und hier keine Beispiele anführen, ja eine Warnung damit verbinden. Zwar kommt die perspektivische Form der Vorstellungskraft des Betrachters entgegen, trägt aber nicht unbedingt zur Versachlichung bei. Manchmal weiß man nicht, ob nur die Höhe oder auch die Dicke der Balken gemeint ist, und da können Sinnestäuschungen falsche Eindrücke bewirken: Das schmale Tortenstück wirkt zufrieden stellender, wenn wenigstens die Torte hoch ist, aber es ist immer noch ein schmales Stück. Um noch einmal auf die Getreidesäcke zurückzukommen: Soll nun der doppelt so hohe Sack eine doppelt so hohe Getreideernte bedeuten oder, in der dritten Dimension, vielleicht eine 8-mal so hohe ($2^3 = 8$)? Wenn das Sinnbild für die abgefüllte Menge Getreidekörner auch dicker gezeichnet worden ist, vermutet man eher das letzte. Hier gilt es aufzupassen, damit es nicht am Ende heißt: „Ein Bild lügt mehr als tausend Worte."

Sie brauchen nicht große oder kleine Getreidesäcke oder Häuser oder anderes optisches Spielzeug anzubieten, Balken (Säulen) zur *Visualisierung* von Größen*verhältnissen* genügen.[15]

---

[14] Solche Vorbehalte gelten heute (fast) nicht mehr: Der Autor wählt für seine digitalen („elektronischen") Bilder die Rasterung, und die Dateien können im Satz meist problemlos weiter verarbeitet werden. Von zu feinen Rastern (z. B. 10 %) wird Ihnen aber auch heute noch abgeraten, weil solche Raster im Druck nicht „kommen".

[15] Als KRÄMER (2000) in seinem trefflichen Buch *So lügt man mit Statistik* den Satz oben formulierte, dachte er an das rasche Erkennen von Strukturen etwa im Sinne dessen, was man in der Informationstechnologie *Mustererkennung* (Zeichenerkennung, *Pattern Recognition*) nennt. Für den Statistiker sind →

7.2.5 Blockbilder

Kurven- und Balkendiagramme (s. Abschnitte 7.2.3 und 7.2.4) kann auch ein Computer zeichnen, wenn man ihn mit den erforderlichen Daten füttert. Das Entwerfen von *Schemata (Strukturbildern)* – dazu zählen wir *Blockbilder*[16] – hingegen erfordert Intuition; geht es doch darum,

Ordnung, Gestalt oder Ablauf

mit wenigen Strichen als Bild verkürzt sinnfällig zu machen. Zur Verfügung stehen *Linien* und *Pfeile* sowie einige *geometrische Figuren,* dazu in beschränktem Umfang *Schriftzeichen* oder Schrift.

Im Allgemeinen geht man bei solchen Blockbildern davon aus, dass der *Ablauf* von links nach rechts oder von oben nach unten (Befehlslauf in einem *Organigramm*) erfolgt. Aus Platzgründen ist es jedoch manchmal erforderlich, durch Pfeile eine geänderte Richtung anzuzeigen.

- Besonders anschaulich lassen sich Herstellungsverfahren, Verfahrensabläufe, Untersuchungsverläufe u. ä. als *Fließbilder (Fließschemas)* darstellen.

Darunter versteht man in der Verfahrenstechnik die „zeichnerische Darstellung des Ablaufs, Aufbaus und der Funktion einer verfahrenstechnischen Anlage oder eines Anlagenteils" mit Hilfe von grafischen Symbolen für Apparate und Maschinen sowie für Rohrleitungen und Armaturen (DIN EN ISO 10628, 2001). Am einfachsten sind die *Grundfließbilder* (engl. block diagrams): Sie haben den höchsten Grad der Abstraktion und sind mit einem Minimum an Einzelinformationen befrachtet. Beispielsweise stehen in Rechtecken, die mit Pfeilen für die Fließrichtung der Stoffe verbunden sind, nur Begriffe wie „Reaktion" oder „Rückgewinnung" (s. Abb. 7-11), ohne dass Einzelheiten der entsprechenden Anlagenteile angegeben sind. Verfahrens- oder gar RI-Fließbilder (Rohrleitungs- und Instrumentenfließbilder) enthalten mehr Detailinformationen (wie Bezeichnung der Apparate und Maschinen mit Angabe der charakteristischen Betriebsbedingungen und der Durchflüsse bzw. Mengen von Energie oder der Ein- und Ausgangsstoffe).

- In einem *Fließschema* kann man beispielsweise einen Arbeitsablauf oder einen organisatorischen Zusammenhang in oft stark abstrahierter Form mit einfachen Mitteln darstellen.

Hierzu bedarf es außer der Kunst des Entwerfens nur des Zeichnens von waagerechten, senkrechten und schrägen Linien sowie von quadratischen und rechteckigen Kästen,

---

Säulen, die für Zahlenwerte stehen, solche Muster. Sie werden also sehr schnell nicht nur gesehen, sondern fast ebenso schnell auch erfasst und gedeutet; näher etwa auf die *Sinnesphysiologie* des Auges einzugehen ist an dieser Stelle weder möglich noch erforderlich.

[16] Wir wollen alle Arten von Bildern, die als *geometrische Figuren* Dreiecke, Rechtecke, Rauten, Kreise o. ä. enthalten, unter dem Oberbegriff „Blockbilder" zusammenfassen; dazu zählen wir Organigramme, Blockschaltbilder, die Fließbilder der Verfahrenstechnik und die *Datenflusspläne* der Informatik. – In der Kartografie versteht man unter einem Blockbild (Blockdiagramm) die schematische Darstellung beispielsweise des geologischen Aufbaus eines blockförmigen Ausschnitts der Erdoberfläche. Manchmal werden auch dreidimensionale Säulendiagramme als *Blockdiagramme* bezeichnet.

7.2 Strichzeichnungen

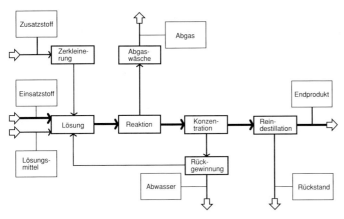

Abb. 7-11. Grundfließbild eines Verfahrensablaufs (nach DIN EN ISO 10 628, 2001).

Kreisen, Ellipsen und dergleichen. Einen Ausschnitt aus einem Fließschema – wir haben auf Beschriftung fast ganz verzichtet – zeigt Abb. 7-12. Darin haben die drei Arten von Figuren genormte Bedeutungen, nämlich

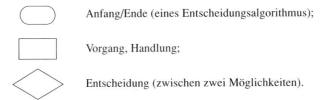

(Hinsichtlich Datenfluss- und Programmablaufplänen in der Datenverarbeitung verweisen wir auf die Norm DIN 66 001, 1983.)

7.2.6 Technische Zeichnungen

Vor allem im Ingenieurwesen, aber auch in Physik, Chemie und anderen Bereichen der Naturwissenschaften und speziellen Disziplinen der Medizin ist es häufig erforderlich, einen Apparat (oder eine Anlage) zu zeichnen, um einen Eindruck von seinem

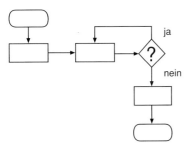

Abb. 7-12. Verkürztes Bild eines *Ablaufplans* (Entscheidungsalgorithmus) als Fließschema.

Aufbau und seiner Funktion zu vermitteln. In Bedienungsanleitungen werden zeichnerische Informationen an die Benutzer oder Betreiber weitergegeben.

Für manche Berufe wie Maschinenbauer, Bauingenieure und Architekten waren traditionell Zeichenbretter das wichtigste Handwerkszeug, in großen Konstruktionsbüros standen sie in Reih' und Glied an jedem Arbeitsplatz. Durch das Aufkommen des *Computer Aided Design* (CAD) hat sich hier vieles geändert; die Büros sehen anders aus, wie Computershops. Aber die Aufgabe ist dieselbe geblieben: Das Anfertigen technisch und wissenschaftlich einwandfreier, maßstabsgerechter Zeichnungen bleibt ein fester Bestandteil vieler Studiengänge.

- In der technischen Zeichnung soll mit möglichst einfacher Linienführung das Wesentliche eines technischen Gebildes aufgezeigt werden.

Wir können uns hier nicht vornehmen, in die Kunst der Anfertigung solcher Bilder – Technischer Zeichner ist ein eigener Beruf! – einzuführen, und verweisen lediglich auf DIN 6774-4 (1982). Oft ist der weniger geübte Zeichner oder Nutzer von Grafikprogrammen beim Herstellen solcher Bilder – sie entstehen oft in den Zeichenbüros von Firmen – überfordert. Als Autor tun Sie sich leichter, wenn Sie um eine Reproduktionserlaubnis nachsuchen. Ansonsten bleibt Ihnen – sofern eine Publikation vorgesehen ist –, eine saubere Handskizze zu entwerfen und es den Zeichnern des Verlags zu überlassen, daraus etwas Vorweisbares zu machen.

Manchmal entsteht ein realitätsnaher Eindruck von einem Gegenstand erst, wenn durch Zeichnen in einem (scheinbar) dreidimensionalen Koordinatenkreuz dem Gegenstand nicht nur Fläche, sondern auch Tiefe gegeben wird. Durch Anfertigen verschiedener Schnitte (Längsschnitt, Querschnitt; Aufsicht, Draufsicht) kann zudem Einblick in das Innere von Apparaturen gewährt werden.

- Wenn Sie nur gelegentlich vor der Aufgabe stehen, einen Gegenstand perspektivisch zu zeichnen, so lassen Sie sich von einem Fachmann beraten.

Es gibt z. B. Liniennetze, auf denen auch der Laie recht gut perspektivisch nach Norm zeichnen kann. Auch stehen Lineale zur Verfügung mit Maßstäben in den Winkeln 7° (für die y-Achse) und 41° (für die „nach hinten" weisende x-Achse), den Grundwinkeln des *dimetrischen Koordinatensystems* (die dimetrische Projektion wird angewendet, wenn eine Ansicht des darzustellenden Gegenstandes besonders wichtig ist, s. Abb. 7-13; mehr dazu s. DIN ISO 5456-3, 1998).

Vereinheitlichen Sie so weit wie möglich, z. B. durch einen allgemeinen Hinweis wie „alle Maße in cm", oder nennen Sie Maßstabsangaben wie

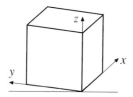

Abb. 7-13. Dimetrische Projektion eine Würfels.

„1 : 500" oder „1000fache Vergrößerung".

Manchmal genügt es, eine Maßstrecke (ähnlich wie auf einer Landkarte) mit einzuzeichnen (s. auch Abschn. 8.2).

Oft lassen sich nebeneinander Teilbilder mit zwei Zuständen wie

Vorher/Nachher, Alt/Neu oder Falsch/Richtig

gegenüberstellen. Man kann auch kompliziertere Zusammenhänge und Abläufe andeuten oder Einzelheiten stärker herausarbeiten, die in einem Übersichtsbild nicht alle Platz haben. Übersichtsdarstellung und Detail können auch in einem Bild vereinigt sein (s. Abb. 7-14). Durch Umrahmungen, Rasterunterlegungen, Farben oder Hinweislinien ist die Verbindung des Einzelnen mit dem Ganzen herzustellen. Die Vorgehensweise ist ähnlich wie bei Realbildern (s. Abschn. 7.4.2).

Schließlich sei auf die Möglichkeit verwiesen, ein Gerät in Gedanken in seine Bestandteile zu zerlegen und diese einzeln zu zeichnen. Solche Darstellungen werden drastisch als Explosionsbilder bezeichnet (s. Abb. 7-15).

7.2.7 Chemische Strukturformeln

Auch chemische *Strukturformeln* sind Strichzeichnungen. Dank der Tatsache, dass in zahllosen Molekülen bestimmte Strukturelemente immer wiederkehren, bot es sich früher an, solche Strukturelemente *Schablonen* einzuprägen, mit denen man dann Formeln nahezu beliebiger Komplexität zeichnerisch aufbauen konnte. Heute gibt es dafür leistungsfähige Spezial-Programme wie CHEMOGRAPH (von DigiLab Software),

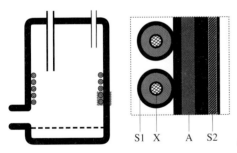

Abb. 7-14. Übersichtsdarstellung mit Detail.

Abb. 7-15. Explosionsbild. (Mit freundlicher Genehmigung der ITEDO Software GmbH, Siegburg.)

CHEMDRAW (von CambridgeSoft Corp.)[17], ISIS/DRAW (von MDL Informations Systems, einer Tochter von Elsevier, Inc.) oder CHEMWINDOWS (von Bio-Rad Laboratories), mit denen Sie selbst komplizierte Formeln reproreif am Bildschirm „zusammenbauen" können. Hier sind inzwischen Leistungen auf dem Schreibtisch zugänglich geworden, wie sie vor Kurzem nur im professionellen Bereich vorstellbar waren.

Wir brauchen hierauf im Einzelnen nicht einzugehen, denn gerade Chemiker pflegen sehr wohl zu wissen, wie ihre Formeln aussehen müssen (s. auch DIN 32 641, 1999, *Chemische Formeln*). Wie man mit entsprechenden Programmen arbeitet, ist den Bedienungsanleitungen zu entnehmen. Dennoch schien es uns angemessen, das Thema wenigstens anzusprechen und ein paar aktuelle – zufällig ausgewählte – Beispiele zu zeigen (Abb. 7-16).

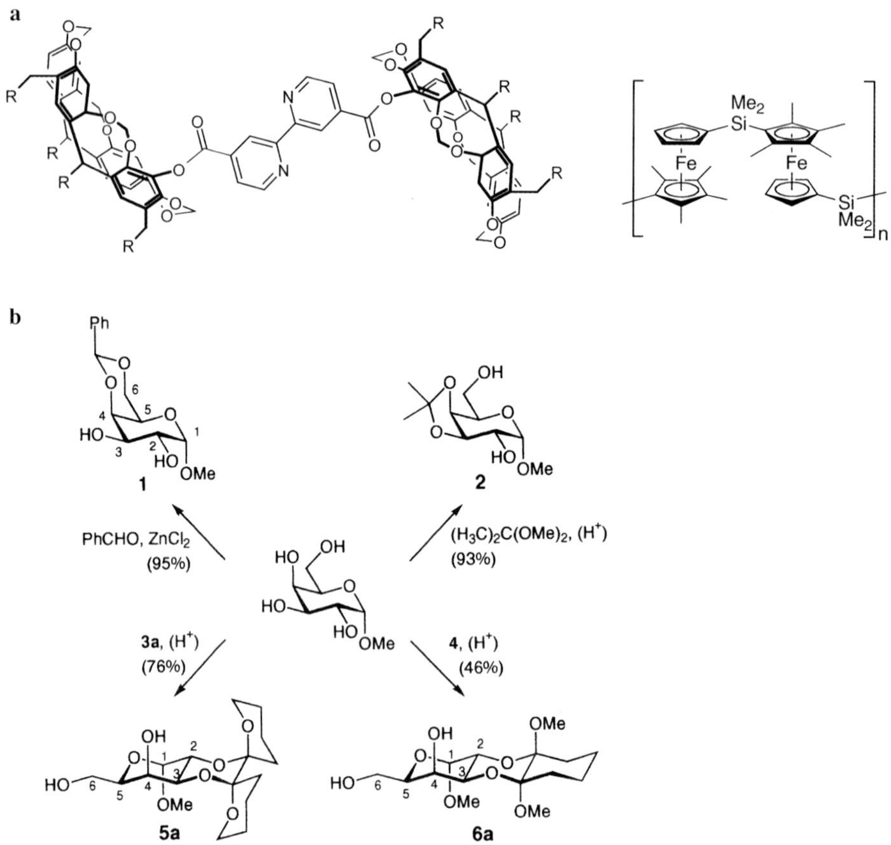

Abb. 7-16. a Strukturformeln mit 3D-Effekten [mit freundlicher Genehmigung von H. HOPF und R. GLEITER (Hrsg.), *Modern Cyclophane Chemistry*, Weinheim: Wiley-VCH, 2005]; **b** Formelschema (mit freundlicher Genehmigung von Wiley-VCH, Weinheim).

---

[17] Besonders dieses Softwarehaus hat über eine lange Zeit besonders viele ungewöhnlich kreative Produkte entwickelt (mehr dazu: www.cambridgesoft.com).

Zeitschriften, die häufig chemische Strukturformeln veröffentlichen, bieten Rat für das Zeichnen an. So bittet die Richtlinie von *Mol. Nutr. Food Res.* – nach der lapidaren Aufforderung „Structures should be produced with the use of a drawing program such as ChemDraw" – darum, die Formeln in Endgröße (100 %) zu zeichnen und für Elementsymbole und andere Beschriftungen die Schrift Arial oder Helvetica 10 pt zu wählen. Für *Reaktionsschemata (reaction schemes)* wird empfohlen, sie für eine Breite von wahlweise einer oder zwei Spalten (11,3 cm bzw. 23,6 cm) einzurichten. Und die Linien in Formeln müssen ausreichend dick sein, z. B. 1 pt (ca. 0,35 mm).

- Strukturformeln von Verbindungen werden (kapitelweise) fortlaufend nummeriert und mit **fetten**[18] Zahlen gekennzeichnet.

Die Formelnummern müssen im Fließtext verankert und auch dort fett formatiert sein.

- Zur einfacheren Handhabung fasst man gerne einzelne Formeln zu *Formelblöcken* oder *Schemata* zusammen, sofern sie nicht ohnehin in *Reaktionsgleichungen* miteinander verbunden sind.

Die Zeichnung wird auf eine separate Zeile gesetzt und darunter mit der fett formatierten Zahl gekennzeichnet, die fürs Erste die Formel im Textmanuskript auch *vertreten* kann.[19] „Sollten Sie die chemischen Formeln bereits in den Text integriert haben, so bitten wir Sie, uns dennoch einen Satz auf separaten Blättern einzureichen, da graphische Elemente und Text in verschiedenen Arbeitsgängen bearbeitet werden", heißt es in der *VCH-Autorenrichtlinie (Bücher)*. Sie geben dann die unverkleinerten Originale, zu einem *Formelmanuskript* zusammengestellt, an die Redaktion oder den Verlag (s. Abschn. 3.4.2). Zusätzlich erwartet man von Ihnen Dateien aller Formeln im EPS-Format Format (oder im „offenen" Format des Programms, mit dem Sie die Formeln erzeugt haben) – auch hier: Richten Sie sich nach den Hinweisen des Verlags oder der Zeitschriftenredaktion, wenn Sie einen ungestörten Arbeitsablauf erreichen wollen, und holen Sie sich ggf. direkten Rat ein.

---

[18] Im konventionellen Satz wurden zwei Schriftschnitte mit verstärkten Zeichen unterschieden, *halbfett* und *fett*. „Fett" wurde nur für Sonderzwecke (z. B. bei Plakaten) eingesetzt, ansonsten blieben diese Lettern gewöhnlich im Setzkasten. Die normale Hervorhebung war der halbfette Schriftschnitt. Er ist es auch, der im jüngeren angelsächsischen Schrifttum als „bold" bezeichnet wird und uns in vielen Programmen, die verschiedene Schriftschnitte verwenden, entgegentritt, in deutschen oder deutschsprachigen Programmen als „fett". Wir schließen uns diesem Gebrauch (der eine typografische Verarmung bedeutet) an.

[19] Die Formelnummer fungiert dann als *Platzhalter* für die Formel selbst. Der Platzhalter kann eine Form annehmen wie ((F-**25**)) für „Formel **25**".

7.3 Zeichnen mit dem Computer

7.3.1 Überblick und eine Einführung in die Vektorgrafik

Wer über einen leistungsfähigen *Rechner,* ein flexibles *Zeichenprogramm,* einen geeigneten *Drucker* und über ein wenig Erfahrung verfügt, kann ohne fremde Hilfe auf elektronischem Wege eindrucksvolle Bilder vom Typus *Zeichnung* generieren. Computerfreaks (verzeihen Sie bitte das Wort) verstehen sich auf das *Zeichnen* und *Malen* mit ihren Programmen und haben im professionellen Bereich eindrucksvolle Beispiele dafür geliefert, wie heute Autoren ganze Bücher mit selbst gefertigten molekularbiologischen oder anderen Motiven in professioneller Qualität – und selbstverständlich in *Farbe* – selbst ausstatten können. Dass Programme ebenso wie Drucker heute für anspruchsvolle Zwecke nicht mehr farbblind sein dürfen, versteht sich fast von selbst. Wir können auf alles das nur flüchtig eingehen.

Der Softwaremarkt wird, was das Herstellen und Bearbeiten von Strichzeichnungen und Grauton-Bildern angeht, von überraschend wenigen Programmen beherrscht. In Abschn. 7.5 werden wir einen kurzen Überblick über die zurzeit gängigen Grafik- und Zeichenprogramme geben. Im vorliegenden Abschnitt geht es[20] um Schwarzweiß-Bilder, wie sie zur Illustration naturwissenschaftlicher Sachverhalte in den meisten Fällen ausreichen. Doch haben – darauf sei schon hingewiesen – Software und Hardware auch bei Farbbildern inzwischen einen hohen Stand erreicht.

● Das Entwerfen von Bildern am Bildschirm bringt gegenüber der klassischen Arbeitsweise zahlreiche Vorteile.

Beispielsweise können Sie mit geringem Aufwand

- beliebige gerade Linien, im Besonderen *waagerechte und senkrechte Linien, Achsen* und *Netze* erzeugen;
- *Linien* in verschiedenen Strichstärken oder Darstellungen (z. B. gepunktet) in Bilder einfügen;
- *Skalierungen* und *Beschriftungen* in der gewünschten Schrift einführen;
- beliebig oft den *Maßstab* (die Größe) einer Zeichnung ändern;
- vorgefertigte *Bildelemente* einfügen;
- *Bild-* und *Textelemente* einfügen und an die Anforderungen des Formelsatzes anpassen;
- „perfekte" *geometrische Figuren* und *beliebige Kurven* zeichnen;
- *Ecken abrunden* und *Kurven glätten;*
- bestimmte *Punkte* durch *gerade Linien* oder *gekrümmte Kurvenstücke verbinden;*
- *Teilbilder* entfernen, vereinigen oder klonen;
- *grafische Elemente* verschieben, drehen, spiegeln, perspektivisch verzerren oder duplizieren;

---

[20] Mehr dazu s. in *Text and Graphics in the Electronic Age* (RUSSEY, BLIEFERT und VILLAIN, 1995), besonders Kap. 11.

- Figuren mit *Rastern unterlegen* oder mit *Rahmen einfassen;*
- *Reparaturen* ausführen, auch unter Verwendung einer elektronischen Lupe;
- *gescannte (Pixel-)Bilder* von *Papiervorlagen* bearbeiten;
- Bilder (Grafiken) *in Textdokumente einführen.*

Diese Aufzählung könnte fast nach Belieben fortgeführt werden. Sie werden dabei die eine oder andere Funktion besser ausführen können, je nachdem, welcher Software Sie sich bedienen, ob Sie beispielsweise ein Bildpunkt-orientiertes oder ein Kurven-orientiertes Grafikprogramm (*Pixel-* oder *Bitmap*-Darstellung gegenüber *vektorieller* oder *Objekt-orientierter* Darstellung) benutzen.

Gute *Mathematik-* und *Statistik*-Programme können mit Zahlenmaterial beispielsweise *Regressionsanalysen* durchführen und eine Bestgerade nach der *Methode der kleinsten Fehlerquadrate* durch eine Schar von Messpunkten legen. Diese Programme können ihr Ergebnis auch grafisch aufarbeiten und so Druckvorlagen oder zumindest gut weiter verarbeitbare (digitale) Vorlagen liefern.

● Bilder auf Papier lassen sich mit Hilfe von *Scannern* automatisch „einlesen".

Neuerdings ist die *digitale Fotografie* eine attraktive Alternative zum Scanner. Mit beiden Methoden erhalten Sie *E-Bilder* („elektronische Bilder") als Pixelgrafiken (Bitmap-Grafiken). Im Fall von Grauton- oder Farbabbildungen werden Sie die *Pixelgrafiken* für den Druck vielleicht weiter verwenden wollen.

Die weitere Bearbeitung kann darin bestehen, beim Scannen entstandene „Schmutzeffekte" zu beseitigen, die Farben nachträglich zu verändern, Bildgröße und Auflösung den Erfordernissen des späteren Druckprozesses anzupassen und vieles mehr. Beim Einscannen wird jede Bildvorlage – ob Foto oder Zeichnung – automatisch gerastert (die Rasterweite und die Rasterpunktgröße – letztlich die Auflösung; siehe auch Abschn. 7.4 – können üblicherweise im Scanprogramm voreingestellt werden), d. h., das digitale Bild ist *immer* eine Pixelgrafik. Bei Halbtonvorlagen ist das erwünscht, bei Strichzeichnungen jedoch keinesfalls. Daher muss man besonders bei Strichzeichnungen darauf achten, dass die Auflösung hoch ist (je höher, umso besser: mindestens 1200 dpi sind angebracht), denn sonst sind beim Drucken eventuell Stufen in einer Linie zu sehen, die eigentlich stetig verlaufen sollte.

Da dieses Problem nicht neu ist, gibt es bereits seit Jahren Spezialprogramme – *Vektorisierungsprogramme* genannt –, die in der Lage sind, aus Pixelgrafiken Vektorgrafiken zu erzeugen. In den neueren Versionen von bekannten Grafik- und Illustrationsprogrammen wie ILLUSTRATOR (von Adobe) ist die Funktion der Vektorisierung bereits eingebaut, sodass man nicht einmal das Programm wechseln muss; die Funktion nennt sich hier sinnigerweise „interaktiv abpausen". Die Pixelvorlage wird eingeladen und bildet eine Hintergrund-Vorlage für die zu erzeugende Vektorgrafik. (Mit dieser Technik der Hintergrundvorlage konnte in Illustrationsprogrammen schon immer gearbeitet werden, aber bisher war der Grafiker gezwungen, das Hintergrundbild von Hand nachzuzeichnen. Oder er musste eben eines der speziellen Vektorisierungsprogramme verwenden.) Beim *interaktivem Abpausen* sind nur noch einige wenige Einstellungen erforderlich, und das Pixelbild wird automatisch vom Programm in eine Vektorgrafik umgewandelt, die dann nach allen Regeln der Grafikerkunst weiterbearbeitet werden kann.

Ob Sie als Autor sich als ein solcher Grafiker verstehen und betätigen sollten, bleibt allerdings die Frage, denn die erwähnten „wenigen Einstellungen" müssen mit Bedacht und großem Grafik-Sachverstand gesetzt werden – überlassen Sie diese Arbeit besser den Experten und sorgen Sie für gute Hintergrundvorlagen: Liefern Sie gute Scans ab oder – noch einfacher – gute Zeichnungen auf Papier.

Das Ziel ist, wie gesagt, auf jeden Fall eine Vektorgrafik; diese benötigt deutlich weniger Speicherplatz als die ursprüngliche Pixelgrafik, und sie ist für die Ausgabe in hoher Qualität auf Laserdrucker oder -belichter besonders geeignet.

- Messwerte und -kurven lassen sich auch *direkt* von Messgeräten – oder von anderen Computern – „importieren".

Nehmen Sie dazu noch die Möglichkeiten jeglicher elektronischer Datenverarbeitung, nämlich Informationen nach Belieben auch über längere Zeiträume zu speichern, zu *archivieren* und abrufbereit zu halten, so werden Sie beipflichten, dass wir in einem neuen Bildzeitalter leben. Um seine Segnungen in der geschilderten Weise nutzen zu können, brauchen Sie allerdings einen Drucker oder Plotter ausreichender Qualität und Auflösung, der schräge Linien erzeugen kann, die nicht wie Treppen aussehen.

7.3.2 *Einfache Anwendungen*

Wir wollen wenigstens einige der genannten Punkte etwas näher ausführen, um den in diesen Dingen noch weniger Erfahrenen einen Eindruck zu vermitteln, welche Gestaltungsmöglichkeiten sich ihnen heute bieten – wenn sie das richtige Programm haben. Den „Newcomers" mag unsere Schilderung helfen, sich zu Beginn ihres Studiums oder vor Anfertigung der ersten größeren schriftlichen Arbeit für das Richtige zu entscheiden. Die Frage ist also auch: Wie viel „Grafik" werde ich in meinem Studium oder Beruf brauchen? Rentiert es, dass ich mich da engagiere? Die Antwort mag überraschen:

- Wer sich ein gutes Textverarbeitungsprogramm zulegt, ist schon auf dem Weg, sein eigener Grafiker zu werden.

Textverarbeitungsprogramme wie WORD bieten spezielle einfache Grafikfunktionen an. Damit können Sie zeichnen und das Ergebnis in das Textmanuskript einbauen. Oder Sie können mit Grafikprogrammen erzeugte Bilder importieren und in den Text einbauen.[21] In vielen Programmen kann dann das Bild wie ein Text weiterbehandelt

---

[21] Mehr zu Grafikdatei-Formaten s. RUSSEY, BLIEFERT und VILLAIN (1995). – Wenn Sie Bilder WWW-gerecht speichern wollen, werden Sie sich vielleicht mit Bilddatei-Formaten von Fotos beschäftigen. Für Farbbilder haben sich hier vor allem durchgesetzt das JPEG-Format (auch JPG; für Joint Photographic Expert Group, benannt nach einer Kommission, die das Verfahren zum Platz-sparenden Komprimieren und Speichern von Bild- und Videodaten festlegt) sowie GIF (für *engl.* Graphics Interchange Format, Grafik-Austausch-Format). Aktuelle Web-Browser können diese Bildformate ver-

werden: Sie können es im *Textfenster* aktivieren und danach an eine andere Stelle bewegen, es hoch- oder tiefstellen, es kopieren oder auch löschen; auch können Sie es in seiner Größe und Gestalt dem Textumfeld anpassen.

Die mit Grafikprogrammen am PC erzeugten digitalen („elektronischen") Bilder können auch zusammen mit ebenfalls elektronisch erfasstem und gespeichertem Text mit Hilfe von *Layoutprogrammen* zu fertigen Seiten eines Dokuments zusammengestellt werden (s. Abschn. 5.2.2). Haben Sie alles dieses am Bildschirm zur Zufriedenheit ausgeführt, so können Sie die Seiten auf Papier oder Folie – auch für die Overhead-Projektion! – ausgeben.

Über eine wichtige Hardware-Voraussetzung soll abschließend noch gesprochen werden: die *Speicher*.

- Besonders hoch aufgelöste Bilder mit Tonabstufung (zu diesen Pixelgrafiken zählen auch *Farbbilder*), benötigen sowohl für ihre Verarbeitung im Arbeitsspeicher (RAM) als auch zur Archivierung auf einer Festplatte oder einer CD verhältnismäßig viel Platz.

Bei Vektorgrafiken ist die Situation ein wenig anders: Als großen Vorteil lässt sich für sie verbuchen, nur eine geringe Speicherkapazität beanspruchen, um sie zu archivieren. Sobald jedoch eine Textverarbeitungs- oder Layoutdatei, die eine oder mehrere Vektorgrafiken enthält, in hoher Auflösung gedruckt werden soll, zeigt sich ihr „Verarbeitungs-Speicherhunger": Werden komplizierte Vektorgrafiken (mit vielen Linien) dazu auf die Festplatte gespeichert (um eine POSTSCRIPT- oder PDF-Datei zu erzeugen), so entstehen schnell Dateien mit einer Größe von mehreren zig oder gar hundert Megabyte. Um diesen Speicherbedarf zu decken, sollte ihr Rechner (Stand: Anfang 2006) über nicht weniger als 512 MByte Arbeitsspeicher verfügen, und Ihre Festplatte sollte mindestens 80 GByte Speicherplatz besitzen.

Zum Verschicken großer Layout-, Bild-, Grafik- und POSTSCRIPT- oder PDF-Dateien kommen vor allem die *optischen Speicher* in Betracht, also CDs und DVDs (s. Abschn. 5.2.1).

7.4 Halbton- und Farbabbildungen

7.4.1 Realbilder

Die Welt stellt sich auch für den Farbblinden nicht in Schwarz und Weiß dar, sondern in Grauabstufungen. Das *Realbild* (Realaufnahme nach DIN 19045-3, 1998) ist in der Regel eine Halbton- oder Farbabbildung mit fließenden Übergängen zwischen Schwarz und Weiß oder beliebigen Farben und Farbabstufungen. Die Herstellung von Real-

---

arbeiten. Ein wichtiges, ohne Informationsverlust komprimierbares Datenformat, das von den meisten Grafik- und auch Textverarbeitungs- sowie Layoutprogrammen „verstanden" wird, ist TIFF (für *engl.* Tag Image File Format).

bildern, also die Konservierung visueller Eindrücke der Wirklichkeit, ist erst durch die *Fotografie* (Schwarzweißfotografie, Farbfotografie) möglich geworden. Die klassische fotografische Technik ist bis zu außerordentlichen Leistungen der Lichtempfindlichkeit, Auflösung und Farbechtheit entwickelt worden und wird auch neben anderen Bildtechniken Bestand haben; vor allem ihr Auflösungsvermögen ist unübertrefflich. [Wir notieren das in einer Zeit, in der immer mehr Labors für das Entwickeln von (Farb)Filmen angesichts des Vormarschs der Digitalkamera wohl für immer ihre Pforten schließen müssen, mit wehmütigem Rückblick.][22)]

- Setzen Sie Realbilder ein, wo Gegenstände der Natur oder Technik wirklichkeitsgetreu wiedergegeben werden müssen.

Geeignete Objekte für Forschung und Entwicklung gibt es häufig in der Medizin und den deskriptiven Naturwissenschaften (z. B. *Bio-* und *Geowissenschaften*) sowie in der Technik (z. B. *Werkstofftechnik*, *Apparatebau*). Für viele Wissenschaftler ist daher die Kamera – heute in vielen Fällen eine *Digitalkamera* – ein unentbehrliches Werkzeug. Zur „normalen" Fotografie kommen Spezialanwendungen wie die *Mikrofotografie* oder die Fotografie mit Lichtwellen außerhalb des sichtbaren Bereichs (z. B. mit Röntgenlicht).

Die Fotografie ist darüber hinaus eine hervorragende Reproduktionstechnik. Deswegen kann sie auch im Bereich des Sachbilds, also der Strichzeichnung, eingesetzt werden. Allerdings sind Realbilder in Schwarzweiß oder in Farbe aufwändiger zu bearbeiten als Strichzeichnungen. Deshalb:

- Prüfen Sie, ob Sie ein Realbild tatsächlich brauchen.

Es mag manchmal wünschenswert sein, ein neues Gerät im Bild zu sehen, um sich einen Gesamteindruck zu verschaffen. Für Wissenschaftler und Techniker ist es wichtiger zu wissen, wie das Gerät funktioniert. Das vermittelt am besten eine Schemazeichnung, zumal ein Foto oft nicht mehr als das Gehäuse zeigen kann. Der Zeichner dagegen kann in beliebigen Schnitten das Innenleben des Geräts bloßlegen – in Gedanken jedenfalls.

7.4.2 Technische Aspekte

Der moderne *Offsetdruck*, ein Flachdruckverfahren, kann – ähnlich wie die *Xerografie* der Trockenkopierer – nur schwarz drucken, also nur Schwarz (Farbe) oder Weiß (keine Farbe) erzeugen. („Farbe" heißt hier oft *Toner*.) Deshalb ist es notwendig, eine graue Fläche durch ein Netz mehr oder weniger großer Punkte darzustellen, die darüber hinaus mehr oder weniger dicht angeordnet sein können. Durch die kontinuierliche Abstu-

---

[22] Diesem Satz aus der 4. Aufl. 1998 müssen wir sieben Jahre später den Todesgesang einer Weltmarke anfügen: „Am 26. Mai 2005 stellte die AgfaPhoto GmbH überraschend beim Amtsgericht Köln den Antrag eines Insolvenzverfahrens wegen Zahlungsunfähigkeit ... Laut Presseberichten war dem Film- und Fotopapierhersteller die Konkurrenz der Digitalfotografie zum Verhängnis geworden." (*Wikipedia* Stand 13.8.2005)

fung der Punktstärken und/oder eine varriierende Punktdichte[23] entstehen fließende Übergänge von „Halbtönen". Die typische *Halbtonabbildung* ist eine schwarzweiße Fotografie eines realen Gegenstands, ein *Realfoto,* oder ein Gemälde, und das Verfahren zu seiner drucktechnischen Reproduktion heißt *Rasterung (lat.* rastrum, Rechen).

Um gerasterte Bilder zu erzeugen, gibt es zwei Verfahren: die „klassische" fotografische Belichtung von *Offsetfilmen* mit speziellen Kameras *(Reprokameras)* und ein zweites, das sich der Hilfe von Scanner, Computer und Laserbelichter bedient (vgl. dazu UEBEL 1996). Im ersten Verfahren fügt man beim Fotografieren der *Vorlage* zwischen Kameraobjektiv und lichtempfindliche Platte ein Gitter ein, den *Raster (Rasterfolie),* der das Bild in das gewünschte Punktmuster zerlegt. Der Raster[24] besteht aus sich rechtwinklig kreuzenden schwarzen Linien, die eine Vielzahl kleiner Lichtfenster bilden. Je nachdem, wie viel Licht vom Objekt her durch ein solches „Fenster" tritt, entsteht auf der lichtempfindlichen Schicht ein kleinerer oder größerer Punkt. Die Rasterung ist notwendig, da die *Offsetdruckplatte* nur nicht belichtete (druckende) oder belichtete (nicht-druckende) Partien zulässt. Jede Rasterung macht sich die Eigenschaft des menschlichen Auges zunutze, viele kleine eng nebeneinander liegende Licht*punkte* als *Fläche* wahrzunehmen.[25]

Bei der zweiten Methode benutzt man *Graustufen-* oder *Farbscanner* mit Auflösungen von wenigstens 300 dpi (dots per inch, Punkte Pro Zoll; 300 dpi entsprechen ca. 120 Punkten pro Quadratmillimeter). Sie können jedem Punkt einer Vorlage nicht nur die Farbinformation „Schwarz" oder „Weiß" zuordnen, sondern einen eigenen *Grauwert* (er entspricht beim klassischen Verfahren der Punktstärke). Die Anzahl der möglichen Grauwerte liegt bei leistungsfähigen Geräten zwischen 16 und 256; man spricht dann oft von einer „Farbtiefe"[26] von 4 Bit ($16 = 2^4$) bzw. 8 Bit ($256 = 2^8$). Über solche Scanner gewonnene digitale Bilder werden im Computer als Punktmatrix gespeichert und können mit *Laserdruckern* oder mit *Laserbelichtern* hoher Auflösung zum fertig gerasterten Bild auf *Papier* bzw. *Film,* Fotopapier oder fotoempfindliche *Druckplatte* („computer-to-plate technology")[27] ausgegeben werden.

---

[23] Eine Variation der Punktdichte wird großtechnisch erst eingesetzt, seit digital gerastert werden kann. – Man unterscheidet heute die amplituden- und die frequenzmodulierte Rasterung (AM- bzw. FM-Rasterung). Die *AM-Rasterung* entspricht dem alten (analogen, eben *nicht* digitalen) Verfahren, Halbtöne durch unterschiedliche Punktstärken zu simulieren, wobei der Abstand der Rasterpunkte konstant bleibt (beim Zeitungsdruck wird auch heute noch fast ausschließlich mit AM-Rasterung gearbeitet); bei der *FM-Rasterung* wird mit konstanter Punktstärke, aber variablem (fast stochastisch verteiltem) Punktabstand gearbeitet. Das modernste Vorgehen ist die Kombination beider Verfahren.
[24] Es heißt zwar *(fachspr.) der* Raster, aber in Zeiten des DTP hat es hier eine Aufweichung gegeben: Heute ist auch – in Anlehnung an die Alltagssprache – *das* Raster erlaubt (s. dazu auch unter „Blick in das Zeughaus der Sprache" in Abschn. 10.1.1).
[25] Im Auge entsteht durch Mischung schwarzer und weißer Lichtpunkte (Rasterpunkte) grau. Schwarz wird dabei als „Un-Licht" gewertet. Auch die *Farbmischung* erfolgt in dieser Weise, sowohl was die Rastertechnik im *Vierfarbdruck* als auch was die Sinnesphysiologie angeht: Aus vielen dicht beieinander liegenden gelben und blauen Punkten entsteht beim Betrachter der Eindruck von Hellgrün.
[26] Die *Farbtiefe* ist die Anzahl der jedem Bildpunkt zugeordneten Farben oder Grauwerte, angegeben meistens in *Bit.*
[27] Zwischen Computer und z. B. dem Laserbelichter muss dazu noch ein *Raster Image Processor* (RIP)
→

Heute wird die Reprokamera so gut wie gar nicht mehr eingesetzt, d. h., es ist üblich, die Bildvorlagen einzuscannen und mit den Daten anschließend den Film oder – noch einen Schritt weiter – direkt die Druckplatte per Laserstrahl zu belichten.

- Gelungene Belichtung von Film oder Druckplatte ist selbst schon ein Stück gelungener Kommunikation.

Wenn Sie eine Halbtonabbildung in Ihr Manuskript übernehmen möchten, sollten Sie sich daran erinnern:

- Das Herstellen einer *Rasteraufnahme* ist ein besonderer Vorgang, dem Halbtonabbildungen praktisch immer unterzogen werden.

Bei Strichzeichnungen muss das nicht automatisch so sein. Allerdings haben wir oben gesehen, dass auch sie eingescannt und somit zu Rasterbildern gemacht werden können, aus denen dann in einem zweiten Arbeitsgang *Vektorgrafiken* entstehen.

Dieser Unterschied hat für Sie als Autor vor allem dort eine Konsequenz, wo Manuskripte für die fotomechanische Direktreproduktion eingereicht werden:

- Halbtonabbildungen dürfen in Typoskripte, auch wenn sie für die Direktreproduktion vorgesehen sind, nicht eingeklebt werden.

Die Vorlage zu einer Halbtonabbildung ist eben nicht – wie Text und Strichzeichnungen – „kamerafertig", sie muss auf jeden Fall erst noch gerastert werden!

Soviel zur Reproduktionstechnik. Über das Herstellen guter Halbtonaufnahmen (Fotografien oder *Mikrofotografien*) von Objekten wollen wir uns hier nicht verbreiten. Eine Publikation, die sich ausführlich mit dem Erzeugen, Bearbeiten und der Wiedergabe von Halbtonabbildungen in den Naturwissenschaften befasst, ist das schon erwähnte Buch *Illustrating science: Standards for publication* des COUNCIL OF BIOLOGY EDITORS (1988). Auch BRISCOE (1996) geht auf den Gegenstand ausführlich ein, bezeichnenderweise ebenfalls aus biowissenschaftlicher Sicht. Von besonderem Interesse für Immunologen und Molekularbiologen dürften darin die Hinweise sein, wie man elektrophoretische Blots („gels") optimal für eine Publikation oder auch für ein Vortragsdia „ablichtet" und indiziert: Sollen etwa die Streifenmuster und Bandenstrukturen bei der Folien-Elektrophorese mit Polyacrylamid-Gel, die heute in der Gentechnologie eine so große Rolle spielen, auch im Druck noch zu erkennen sein und nicht zu amorphen Flecken verschwimmen, bedarf es besonderer Umsicht.

Besonders in den deskriptiven Naturwissenschaften kann auf *Farbabbildungen* oft nicht verzichtet werden. Um eine gute Farbwiedergabe zu erreichen, müssen jetzt *vier* Rasteraufnahmen hergestellt und im *Vierfarbdruck*[28] vereinigt werden. Das ist ein

---

eingeschaltet werden, der dafür sorgt, dass die Computerdaten in höchstmöglicher Auflösung ausgegeben werden (s. auch „Drucker" in Abschn. 5.2.1).

[28] Drucker arbeiten nach dem CMYK-Farbmodell, bei dem die einzelnen Farbtöne aus den vier Grundfarben Türkis (*C*yan), Pink (*M*agenta) und Gelb (*Y*ellow) sowie Schwarz (Blac*k*) zusammengesetzt werden. Farbbilder auf dem Bildschirm hingegen werden nach dem RGB-Farbmodell dargestellt, wobei Licht der drei Grundfarben *R*ot, *G*rün und *B*lau additiv gemischt werden; Scanner arbeiten ebenfalls nach diesem Modell.

teures Verfahren, so dass Farbbilder in Publikationen oft nur zugelassen werden, wenn der Autor einen Druckkostenzuschuss dazu leistet. Hier sollten Sie rechtzeitig mit dem Verlag Rücksprache nehmen.

Im Folgenden gehen wir noch etwas näher auf den auch im Zeitalter digitaler Kommunikation häufig vorkommenden Fall ein, dass Sie als Autor Papiervorlagen Ihrer Halbtonabbildungen an den Verlag einsenden. Zum Schluss beschäftigen wir uns kurz mit digitalen, also in Dateiform abgelieferten Halbtonabbildungen.

In das Foto können Sie ggf. *Größenmaßstäbe,* Hinweislinien, Pfeile oder andere Markierungen eintragen. Vor dunklem Hintergrund kleben Sie weiße Ausschnitte mit den entsprechenden Beschriftungen oder Markierungen ein. Die Größe eines Bilddetails z. B. in der Mikro- oder Makrofotografie entzieht sich oft der unmittelbaren Vorstellung. In solchen Fällen ist ein Streckensymbol wie

5 mm   Durchmesser von Cl⁻   Abstand Sonne—Erde

in das Realbild zu zeichnen, sofern Sie es nicht vorziehen, einen bekannten Gegenstand wie ein Streichholz dazu zu kopieren. Die Mikrowelt der Chemiker ebenso wie die Makrowelt der Astronomen und Astrophysiker ermangelt freilich solcher Anschauungsmittel.

Aber diese Arbeiten, also das Anbringen von *Beschriftungen* oder das Einziehen von *Hinweislinien,* überlassen Sie besser dem Verlag und den angeschlossenen technischen Betrieben, wenn Sie das Foto nicht selbst mit Hilfe von Scanner und Bildbearbeitungsprogramm in die druckreife Form umwandeln wollen oder können.

- Bearbeitungen aller Art, die vor Drucklegung noch durchzuführen sind, können Sie auf Kopien oder transparenten *Deckblättern* vermerken.

Ebenso können Sie verfahren um anzuzeigen, dass von einem Foto nur ein *Ausschnitt* gebraucht wird oder welche Details noch zu erkennen sein müssen. Die Deckblätter befestigen Sie zweckmäßig über die Kanten mit Klebefolie auf den Rückseiten der Fotos.[29]

- Fotos dürfen nicht geknickt und müssen vor Beschmutzung oder Beschädigung gut geschützt werden. Sie sollen nicht (etwa auf A4-Bögen) aufgeklebt werden.

Schon zum Schutz empfiehlt es sich, jedes Foto mit einem Blatt Einlagepapier zu versehen, das über die Kante auf der Rückseite befestigt wird.

- *Nummern* oder andere zum Einordnen benötigte Kennzeichnungen tragen Sie mit weichem Bleistift auf der Rückseite ein.

Wenn Zweifel bestehen könnten, was in einem Bild oben und unten ist, geben Sie auch das auf der Rückseite an.

---

[29] Alle diese Ratschläge sind natürlich nur dann relevant, wenn Fotos als Vorlagen dienen sollen – was nicht einfach unterstellt werden darf: Wir kennen Verlage, die kategorisch darauf bestehen, dass *alle* Bilder in digitaler Form eingereicht werden müssen. In solchen Fällen müssen Sie ggf. rückfragen.

Wenn Sie wie beispielsweise bei einer Master- oder Bachelorarbeit nur wenige Exemplare des Dokuments benötigen und diese nicht durch Fotokopieren herstellen oder auf die Dienste eines professionellen Druckers verzichten wollen, können Sie zur Ausgabe einen guten Drucker (z.B. einen Laserdrucker mit einer Auflösung ≥ 300 dpi) verwenden. Sollen in diesem Fall Fotografien aufgenommen werden, ist es oft am einfachsten, die Fotos in jedes Exemplar Ihrer Arbeit zu kleben.

Als wissenschaftlicher Autor stehen Sie oft vor der Versuchung, ein bereits an anderer Stelle veröffentlichtes Foto in Ihrer Arbeit wiederzugeben. Die rechtliche Seite lässt sich durch einen Brief schnell klären (s. auch „Juristische Aspekte – das Bildzitat" in Abschn. 7.1.2), nicht die technische: Die Halbtonabbildung ist für den Druck bereits einmal gerastert worden, so dass erneutes Fotografieren und Rastern nur zu einem schlechten Ergebnis führen kann. Die Reproduktion wird verschmiert und unscharf aussehen und möglicherweise schlierenartige Interferenzzonen aufweisen.[30]

- Wollen Sie bereits einmal veröffentliche Halbtonabbildungen in eine eigene Arbeit übernehmen, so fragen Sie (außer ggf. nach der Genehmigung) nach der Originalvorlage oder einem Rasterfilm.

Was ist zu beachten, wenn Sie nicht ein „klassisches" oder allenfalls kamerafertiges, sondern ein satz- oder sogar druckfertiges Manuskript abliefern sollen und wollen? *Satzfertig* bedeutet, dass Ihr elektronisches Manuskript von der Setzerei in ein Layoutprogramm übernommen wird.

- Bei satzfertigen Manuskripten sollten die digitalen Abbildungen (Halbtonabbildungen, und auch Strichzeichnungen) immer als separate Dateien abgeliefert werden, also *keinesfalls* in der Textdatei integriert sein.

Druckfertig dagegen heißt, dass Ihre Daten – gegebenenfalls nachdem sie noch formal überarbeitet wurden – zum Drucken verwendet werden, dass Sie als Autor also das Layout (nach den Vorgaben des Verlags) selbst anlegen. Während noch bis vor wenigen Jahren beispielsweise die Manuskripte zu Tagungsbänden dem Verlag kamerafertig („camera-ready") zu übergeben waren, ist es heute üblich, dass Tagungsband-Autoren dem Verlag (mehr oder weniger) druckfertige Dateien – meist auf der Basis des Texverarbeitungsprogramms WORD – übermitteln.

- Bei druckfertigen Manuskripten sollten (evtl. nach Rücksprache mit dem Hersteller im Verlag) sämtliche Abbildungen in der Textdatei enthalten sein.

Digitale Halbtonabbildungen werden Sie in der Regel nicht am Bildschirm (in einem „Malprogramm") erzeugen, sondern Sie werden Papiervorlagen (Fotos) einscannen. Dabei muss vor allem die Auflösung stimmen: Die meisten Druckereien erwarten (aus technischen Gründen), dass digitale Halbtonabbildungen eine Auflösung von mindestens 250 dpi besitzen.

---

[30] Durch Überlagerung mehrerer Raster kann es bei ungünstiger Rasterwinkelung zu einer störenden Musterbildung kommen, die als *Moiré-Effekt* bezeichnet wird.

- Die Angabe einer Auflösung gilt immer nur in Verbindung mit der Bildgröße.

Wenn beispielsweise ein Schwarzweiß-Bild mit einer Breite von 6 cm und einer Höhe von 5 cm eine Auflösung von 300 dpi hätte, dann würde die Auflösung für das gleiche Bild mit einer Höhe von 9 cm und einer Breite von 7,5 cm nur noch 200 dpi betragen. Bildgrößenberechnungen in Abhängigkeit von der Auflösung und der Zahl der Farben sind nicht trivial. Leistungsfähige Bildbearbeitungsprogramme (wie PHOTOSHOP von Adobe) bieten aber Umrechnungshilfen an.

Eine wichtige Lehre aus diesen Betrachtungen:

- Scannen Sie Bilder immer mit hoher Auflösung ein; ein Bild später zu verkleinern ist kein Problem; aber einer Vergrößerung sind schnell Grenzen gesetzt, denn zum Drucken muss ein Halbtonbild eine Auflösung von mindestens 250 dpi besitzen.

Und ein weiterer Ratschlag:

- Wenn Sie farbige Vorlagen haben und die spätere Druckqualität ein entscheidender Faktor ist, so halten Sie Rücksprache mit dem Hersteller des Verlags, ob Sie die Bilder tatsächlich selber einscannen oder ob Sie diesen Arbeitsgang nicht besser den Experten im Verlag oder in einem spezialisierten technischen Betrieb überlassen sollten.

Auf das Herstellen von Bildern für Vorträge gehen wir hier nicht ein und verweisen stattdessen auf EBEL und BLIEFERT (2005).

7.5 Übersicht über Grafik- und Bildbearbeitungsprogramme

Die folgende Übersicht (Tab. 7-2) soll denjenigen unter Ihnen, die keine oder wenig Erfahrung mit der elektronischen Verarbeitung von Bildern haben, eine Orientierungshilfe sein; Anspruch auf Vollständigkeit wird nicht erhoben.

Tab. 7-2. Grafik- und Bildbearbeitungsprogramme (Übersicht).

Programm	Hersteller (Internet-Adresse)	Hauptmerkmal	Typischer Einsatzbereich	Betriebssystem	Geeignet für Anfänger (A) und/oder Profis (P)
AUTOCAD	Autodesk (www.autodesk.de)	CAD-Programm	Erstellung komplexer zwei- und dreidimensionaler Zeichnungen	Windows	P
CORELDRAW	Corel (www.corel.de)	Illustrationsprogramm	Erstellung und Bearbeitung von Vektorgrafiken aller Art: von technisch bis künstlerisch	Windows, Mac OS	A, P
DESIGNER	Corel (www.corel.de)	Illustrationsprogramm	Erstellung und Bearbeitung von Vektorgrafiken vor allem technischer Art	Windows	A, P
EXCEL	Microsoft (www.microsoft.com/office/excel)	Kalkulationsprogramm	Kalkulationen aller Art (Grundlage: Zellen auf Arbeitsblatt); auch geeignet zur Datenanalyse und zum Entwurf von einfachen Diagrammen	Windows, Mac OS	A
FREEHAND	Macromedia (neuerdings zu Adobe gehörend: www.adobe.de)	Illustrationsprogramm	Erstellung und Bearbeitung von Vektorgrafiken aller Art: von technisch bis künstlerisch	Windows, Mac OS	A, P
IGRAFX FLOWCHARTER	Igrafx (zu Corel gehörend; www.igrafx.de)	Flussdiagrammprogramm	Erzeugung von Flussdiagrammen mithilfe von vorgegebenen Mustersymbolen	Windows	P
ILLUSTRATOR	Adobe (www.adobe.de)	Illustrationsprogramm	Erstellung und Bearbeitung von Vektorgrafiken aller Art: von technisch bis künstlerisch	Windows, Mac OS	A, P
LABVIEW	National Instruments (www.ni.com)	Mess- und Automatisierungsprogramm	virtuelle Instrumente: grafische Wiedergabe von Messgeräten, Prozessabläufen usw.	Windows	P

7.5 Übersicht über Grafik- und Bildbearbeitungsprogramme

Tab. 7-2. (Fortsetzung)

Programm	Hersteller (Internet-Adresse)	Hauptmerkmal	Typischer Einsatzbereich	Betriebssystem	Geeignet für Anfänger (A) und/oder Profis (P)
MAPLE	MapleSoft (www.maplesoft.com/)	wissenschaftlich-mathematisches Computerprogramm	Computeralgebra: Berechnung und Darstellung von mathematischen Funktionen	UNIX, Windows, Mac OS	P
MATHEMATICA	Wolfram Research (www.wolfram.com)	wissenschaftlich-mathematisches Computerprogramm	Computeralgebra: Berechnung und Darstellung von mathematischen Funktionen	UNIX, Windows, Mac OS	P
ORIGIN	OriginLab (www.originlab.com)	Datenanalyse-programm	Erzeugung aller Arten von Diagrammen auf der Basis von Datenreihen	Windows	P
PAINTSHOP PRO	Corel (www.corel.de)	Bildbearbeitungs-programm	Bearbeitung von Pixelgrafiken, insbesondere von digitalen Halbtonabbildungen	Windows, Mac OS	A, P
PHOTOSHOP	Adobe (www.adobe.de)	Bildbearbeitungs-programm	Bearbeitung von Pixelgrafiken, insbesondere von digitalen Halbtonabbildungen	Windows, Mac OS	A, P
VISIO	Microsoft (www.microsoft.com/office/visio)	Flussdiagramm-programm	Erzeugung von Flussdiagrammen mithilfe von vorgegebenen Mustersymbolen	Windows	A, P

8 Tabellen

8.1 Zur Logik von Tabellen

In Abschn. 3.4.4 haben wir uns schon kurz über *Tabellen* verbreitet, und in Abschn. 3.4.3 haben wir die Frage „Abbildung oder Tabelle?" angeschnitten. Dort wurden Tabellen als „digitale Darstellungen" gekennzeichnet. Das sind sie in der Tat oft, und im Vergleich mit Kurvendiagrammen war die Beschreibung zutreffend. Es gibt aber Tabellen, auf die sich diese Begriffsbildung nicht anwenden lässt. Wir wollen die Sache jetzt etwas gründlicher angehen. Was sind Tabellen – man spricht auch von *Tafeln* – wirklich, und wie legt man sie an?

- Tabellen sind geordnete Zusammenstellungen von *verbalen* und/oder *numerischen* Informationen; sie können auch grafische Elemente enthalten.

Unsere Leser wissen im Prinzip, was Tabellen sind. Einige Hinweise dürften dennoch angebracht sein.[1] In vielen Veröffentlichungen findet man Tabellen, die in Funktion und Ästhetik nicht ausreichend sind. Kollegen, die sich von Berufs wegen mit dem Publizieren beschäftigen – Herausgeber, Redakteure und Lektoren wie auch Mitarbeiter in der Produktion – beklagen sich über wenig sorgfältig aufbereitete Tabellen. Es gab tatsächlich eine Zeit, in der das Anfertigen einer guten Tabelle als eine Kunst angesehen wurde, die nur den begabtesten Setzern anvertraut wurde.

In einer Tabelle lassen sich in kompakter Form Informationen systematisch darstellen.

- Die Ordnung kommt zustande, indem Informationen in *Spalten* und *Reihen (Tabellenzeilen)* gestellt werden.

In den letzten Jahren sind Computerprogramme mit Funktionen der *Tabellenkalkulation* eine wichtige Unterstützung beim Herstellen von Tabellen geworden. Auch aus der üblichen *Textverarbeitung* heraus kann man mit leistungsfähigen Programmen (wie WORD) per „Klick" eine Leer-Tabelle mit dem gewünschten Aussehen in den Text integrieren, mit Daten füllen und fast nach Belieben weiter ausgestalten oder nach eigenen Vorstellungen zeichnen, wozu besondere Programmteile – Menü „Tabelle" – zur Verfügung stehen. Dennoch tun sich viele Autoren weiterhin schwer damit, zufrieden stellende Tabellen abzuliefern. Der Grund: Die Werkzeuge sind da, aber kein Programm-Handbuch oder Manual gibt Auskunft darüber, wie man diese Werkzeuge einsetzen, was man eigentlich erzielen soll. Auch keine Online-Hilfe tut einem den Gefallen, man muss selbst wissen oder sich kundig machen, was – in einem wissen-

---

[1] Das Anfertigen von Tabellen ist auch Gegenstand einiger Normen, z. B. DIN 2331 (1980) *Begriffssysteme und ihre Darstellung* und DIN 55301 (1978) *Gestaltung statistischer Tabellen.*

schaftlichen Textumfeld etwa – in bestimmten Situationen jeweils gebräuchlich oder erwünscht ist.

Das Muster in Abb. 8-1 kann als Prototyp einer Tabelle angesehen werden; es wurde mit einem Tabellenkalkulationsprogramm (hier: EXCEL) gewonnen.[2] Diese Tabelle hat eine *Tabellenüberschrift* – „**Tab. XX.** Messergebnisse für die Größen A bis F an den Messstellen 1 bis 5." – und eine Zusammenstellung von Daten in Spalten und Reihen sowie, zwischen die Tabellenüberschrift und das eigentliche *Tabellenfeld* als waagrechter Balken gelagert, eine Erläuterung (hier mit hellgrauem Raster unterlegt). Man nennt diese den *Tabellenkopf (*auch *Leitzeile)*, die einzelnen Eintragungen darin die *Spaltenköpfe (Kolonnenköpfe, Kolonnentitel, Spaltentitel, Spaltendeskriptoren)*. In manchen Programmen der Text- und Datenverarbeitung heißt sie schlicht *Spaltenüberschrift*.

Tab. XX. Messergebnisse für die Größen A bis F an den Messstellen 1 bis 5.

	A	B	C	D	E	F
1	A1	B1	C1	D1	E1	F1
2	A2	B2	C2	D2	E2	F2
3	A3	B3	C3	D3	E3	F3
4	A4	B4	C4	D4	E4	F4
5	A5	B5	C5	D5	E5	F5

Abb. 8-1. Beispiel einer Tabelle.

- Im Tabellenkopf werden die Eintragungen in den Spalten erläutert.

Beschäftigen wir uns mit der vertikalen, ebenfalls grau unterlegten Spalte links. Die dort eingetragenen Informationen weisen auf die rechts daneben stehenden Begriffe in der jeweiligen Reihe genauso hin wie die Begriffe im Tabellenkopf auf die darunter stehenden Eintragungen in der jeweiligen Spalte: Sie sind *Zeilendeskriptoren (Reihendeskriptoren)* oder – in der Sprache der Programmierer – *Reihentitel* oder *Reihenüberschriften*.[3] Wir können jetzt in *zwei* Richtungen durch die Tabelle blicken.

- Tabellen sind zweidimensionale Ordnungsschemata.

---

[2] Tabellenkalkulationsprogramme fanden zuerst in den frühen 1990er Jahren Beachtung und machten unter der *(engl.)* Bezeichnung *spreadsheet* Furore (s. Abschn. 8.5.1). Sie wurden nicht nur von Buchhaltern begeistert aufgenommen, sondern auch von einfallsreichen Naturwissenschaftlern, die schnell erkannten, welch wertvolle Beiträge diese Programme bei der täglichen Arbeit leisten können.

[3] Die letzte Bezeichnung vermag sprachlich nicht zu überzeugen, denn eine Überschrift sollte nicht seitlich daneben stehen. Bei der Gelegenheit müssen wir zugestehen, dass die Eintragungen in einigen „Zeilen" auch mehrzeilig geschrieben werden können, ein Grund wohl, weshalb die Bezeichnung „Zeilentitel" – im Gegensatz zu „Reihentitel" – wenig gebräuchlich ist.

8.1 Zur Logik von Tabellen

Nehmen wir an, es gehe darum, sechs physikalische Größen A, B, ... F an fünf verschiedenen Messstellen 1, 2, ... 5 zu messen und die Ergebnisse in geordneter Form darzustellen. Wir *tabellieren* die Messergebnisse dazu wie in Abb. 8-1 geschehen. – In dem gedachten Beispiel sehen wir in der einen (senkrechten) Richtung die Messergebnisse jeweils einer bestimmten Größe an den Messstellen 1 bis 5, in der anderen (waagerechten) die gemessenen Werte der Größen A bis F an jeweils einer bestimmten Messstelle. Wir hätten die Anordnungen und Blickrichtungen auch vertauschen, d. h. die Tabelle „stürzen" oder *transponieren* können.

Das dunkel gerasterte Quadrat in Abb. 8-1 kann als Koordinatenursprung der geordneten Darstellung angesehen werden. Man könnte es beschriften wie in Abb. 8-2a, wobei X auf die zu messenden Größen der Tabelle hinweisen würde, Y auf die Messstellen, wie die Pfeile im Beispiel das noch zusätzlich deutlich machen. Da sich lange Wörter in dem Feld schlecht unterbringen lassen und niemand Lust hat, nur aus Platzgründen sich auf eine Symbolik wie in Abb. 8-2a einzulassen, wählt man meist eine Schreibweise wie in Abb. 8-2b, den Verlust des rudimentären X,Y-Achsenkreuzes hinnehmend. Man gibt ein wenig Logik und Transparenz auf, doch bleibt auch so ersichtlich, wie das gemeint ist.

a

$X \rightarrow$
$Y \downarrow$

b

Mess-stelle	Messergebnis					
	A	B	C	D	E	F
1	A1	B1	C1	D1	E1	F1
2	A2	B2	C2	D2	E2	F2
3	A3	B3	C3	D3	E3	F3
4	A4	B4	C4	D4	E4	F4
5	A5	B5	C5	D5	E5	F5

Abb. 8-2. Die Tabelle als X,Y-Feld. – **a** „Koordinatenursprung" (das Quadrat hier zeigt die dunkelgraue Zelle oben links in der Tabelle von Abb. 8-1); **b** übliche Darstellungsweise.

Die linke Spalte hätte wegen ihrer besonderen Natur einen Namen verdient, doch sind uns nur die Begriffe „reading column" und „stub" im Englischen geläufig. Es handelt sich um die „Lesekolonne", die anzeigt, wie man die Zeilen zu „lesen" hat. Die Norm DIN 55 301 (1978) *Gestaltung statistischer Tabellen* bietet die Bezeichnung *Vorspalte* an. (Man hätte auch *Reihentitelspalte* dazu sagen können.)

Die „Kreuzungen" der Reihen und Spalten bilden die einzelnen *Tabellenfächer*, auch *Zellen* genannt. Die Reihen- und Spaltentitel ordnen jeder Zelle eindeutig einen alphanumerischen *Zellendeskriptor* zu (z. B. E4). Diese Deskriptoren dienen der Orientierung (wir kommen darauf in Abschn. 8.4.3 zurück), und in einem Programm wie EXCEL werden sie dazu verwendet, um gewünschte arithmetische Operationen zu formulieren: Wenn Sie beispielsweise einer bestimmten Zelle, sagen wir C3, die Symbolkette „=C2+A3+B3" zuordnen, dann würde dieser neue, durch Summation gebildete Wert in der Zelle mit dem Namen C3 erscheinen.

- In einer Tabellenkalkulationsumgebung sind Zellen mehr als nur reine Speicherplätze für Information: Sie können auch zum „Denken" gebracht werden.

Was bei unserer Beschreibung einer Tabelle noch fehlt, ist die Angabe ihrer Bedeutung oder ihres Zwecks in einer *Tabellenüberschrift*, etwa in der Form „Messergebnisse ...", zusammen mit der *Tabellennummer*, z. B. „Tab. XX" (vgl. Abb. 8-1). Wir werden darauf in Abschn. 8.4.1 zu sprechen kommen.

Man kann zwei Arten von Tabellen unterscheiden. Das Periodensystem der Elemente etwa ist eine *Merkmalträgertabelle* (*Merkmalträgertafel*; Norm DIN 2331, 1980, *Begriffssysteme und ihre Darstellung*). Es nennt die Namen der Elemente, die zu bestimmten Gruppen- und Periodennummern gehören. Allgemein beschreibt jede einzelne Zelle im *Tabellenfeld* den Träger zweier Merkmale. Die Beschreibung selbst besteht in der Nennung des Namens des Merkmalträgers, vermehrt vielleicht um die Angabe einiger seiner Eigenschaften.[4]

Häufiger in den Naturwissenschaften sind *Merkmaltabellen (Merkmaltafeln)*, bei denen die Rollenverteilung zwischen „Feld" und „Achsen" umgekehrt ist. Eine Schmelzpunkttabelle ist eine zweispaltige Merkmaltafel. Längs der senkrechten Tabellenachse stehen die Namen der Merkmalträger, z. B. einer Reihe chemischer Substanzen. Im Spaltenkopf der daneben stehenden Spalte steht „Schmelzpunkt". In den Tabellenfächern stehen die Merkmale, z. B. 0 °C. Daneben können weitere Spalten für Siedepunkte, Dichten usw. angeordnet werden. Das Merkmal „0 °C" gehört zu Wasser und Schmelzpunkt, das Merkmal „78,5 °C" zu Ethanol und Siedepunkt. Die meisten Tabellen im *Handbook of Chemistry and Physics* und in anderen Tabellenwerken sind von dieser Art: Sie tabellieren Eigenschaften (Merkmale). Von der Form her werden beide Arten von Tabellen als (zweistellige) *Kreuztafeln* bezeichnet. Damit wird auf das „Achsenkreuz" angespielt, das allen diesen Tabellen zugrunde liegt.

8.2 Zur Bedeutung von Tabellen

Bevor wir in den folgenden Abschnitten auf formale Dinge eingehen, wollen wir kurz ein Loblied auf Tabellen singen. Tabellen begleiten uns durch unser ganzes Leben, nicht nur durch unser berufliches. Wir haben mit Steuertabellen zu tun, wir lesen Börsenkurse – alles in Tabellen. Auch der Jahreskalender an der Wand des Küchenschrankes ist eine Tabelle. Es überrascht nicht, dass das Substantiv, das den Begriff beschreibt,

---

[4] Beispielsweise steht in dem Fach des Periodensystems, das zu den Merkmalen „Gruppe Ia" und „Periode 3" gehört, „11 Na Natrium 22,9898". Man hätte noch weitere Attribute des Merkmalträgers „Natrium" in das Tabellenfach schreiben können.

zu Adjektiven und Verben weiterentwickelt worden ist (tabellarisch, tabellieren),[5)] ähnlich wie dies mit Bild geschehen ist (bildhaft, abbilden).

Tabellen tauchen in allen Arten von Berichten, Artikeln und Büchern auf, ja es gibt ganze Buchreihen, die fast nur aus Tabellen bestehen *(Tabellenwerke)*. Auch die Logarithmentafeln, mit denen sich Schüler früherer Generationen plagten, sind Tabellen. Heutzutage ist vieles von dem, was früher in gedruckten Tabellenwerken nachgesehen wurde, in *Datenbanken* gespeichert und mit Hilfe des Computers zugänglich. Das Tabellieren ist zur Leidenschaft geworden. Denn Computer haben für das Ordnen und Sortieren von Dingen einen sechsten Sinn, und sie können auch leichter, als dies früher im *Tabellensatz* möglich war, mit der Ordnung im Raum umgehen, d. h. Dinge „auf Spalte" setzen *(Spaltensatz)*, Spalten und Reihen umordnen, im Querformat drucken und mehr. Wer Erfahrungen mit modernen leistungsfähigen und bedienerfreundlichen Textverarbeitungsprogrammen hat, weiß, wie einfach sich auch komplizierte Tabellen am Bildschirm für den Satz vorbereiten lassen – kein Vergleich mit dem mühsamen und zeitaufwändigen „Tabellensatz" der Schreibmaschinenzeit!

Vor allem aber hat es sich herausgestellt, dass man den rechnerischen Sachverstand von Computern dazu benutzen kann, aus numerischen, in Tabellenform zusammengestellten Daten neue zu berechnen oder aus vorhandenen Tabellen neue, ja sogar Abbildungen, zu generieren. Erinnert sei dabei an *Tabellenkalkulations-* und an *Datenbankprogramme*, die ja beide mit Tabellen arbeiten (mehr dazu s. Abschn. 8.5).

Es wundert nicht, dass Begriffe der Datenverarbeitung an dieser Stelle Einzug in die Fachsprache der Schreib- und Satztechnik gefunden haben. Man nennt neuerdings die Eintragungen im Tabellenkopf *Definitionen*, die in der „Lesekolonne" Adressen. Die Zelle wird zur *Zelladresse*, der Tabellenkopf zum *Spaltenbeschreibungsvektor*, die Lesekolonne zum *Zeilenbeschreibungsvektor*, und die Eintragungen in den Zellen (Tabellenfächern) sind unabhängig von ihrer Natur (Text, Zahlen, Grafik, Funktionen) einfach *Daten*.

Manche Autoren verwenden Tabellen so gerne in ihren Publikationen, dass Redaktionen eine Warnung aussprechen müssen: Wenn das Verhältnis von Tabellen zu Text ein bestimmtes Maß überschreitet, wird es schwierig, die Publikation zu setzen, weil der Umbruch nach Seiten und Spalten kaum mehr gelingen will. Tabellen sollten im Satz, wenn irgend vermeidbar, ebenso wenig „umbrochen" werden wie eine Abbildung. (Dies gilt natürlich nicht für reine Tabellenwerke. In diesem Fall wird der Tabellenkopf so oft wie nötig wiederholt: So wird sichergestellt, dass das Datenmaterial auf jeder Seite „verständlich" bleibt.)

Tatsächlich sollte man die Dinge nicht überziehen. Eine Tabelle wie die in Abb. 8-3 mag eindrucksvoll aussehen, aber eigentlich war sie der Mühe nicht wert. Sie passt vielleicht in den Anhang einer Dissertation, würde aber in einer Publikation allenfalls mit den Worten aufgegriffen:

---

[5] Vom Synonym *Tafel* einiger Hüter der deutschen Sprache ließe sich „tafeln" ableiten, doch ist dieses Wort anderweitig belegt.

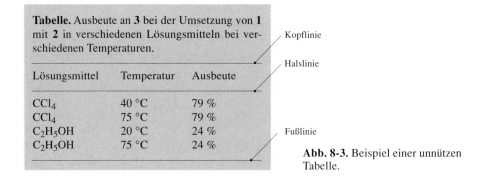

Abb. 8-3. Beispiel einer unnützen Tabelle.

Verbindung **3** wurde in 79%iger Ausbeute durch Reaktion von **1** mit **2** in Tetrachlormethan gewonnen. Bei 40 °C und 75 °C wurden dieselben Ergebnisse erzielt. Beim Übergang auf Ethanol fiel die Ausbeute auf 24 %, wiederum unabhängig von der Temperatur (Testansätze bei 20 °C und 75 °C).

- Tabellen sollen Informationen *verdichten*.

Was sie naturgemäß nicht können, ist Daten *interpretieren:* Aus Tabellen muss der Betrachter seine Schlussfolgerungen immer erst herauslesen. Dies vermag aber ein Text; wenn er dazu noch zu einer dichteren Aussage führt, verdient er den Vorzug.

Auch aus ökonomischen Gründen sind Sie gut beraten, das Prinzip „Tabelle" nicht überzustrapazieren.

- Tabellen sind immer schwieriger herzustellen als Fließtext.

Dies gilt sowohl für die Arbeit am Schreibtisch der Autoren, d. h. für Ihre, als auch für die Satzbetriebe. Am Schreibtisch sind die Dinge freilich einfacher geworden, nachdem viele Textverarbeitungsprogramme auch Hilfen für den „Tabellensatz" geben. Beispielsweise können Sie das gewünschte Tabellenformat, z. B. „3×4-Tabelle", eingeben: In ein Tabellenraster ähnlich wie in Abb. 8-4 können Sie dann die gewünschten Zeichen eintragen.

Reihen und Spalten lassen sich in einem solchen Tabellenraster schmaler oder breiter machen, und in alle Zellen können Sie schreiben. Wird dabei der Rahmen der Zelle gesprengt, so wird der Text automatisch – wenn man es denn so eingerichtet hat – in Folgezeilen geschrieben, also in der Zelle umbrochen, und die neu sich ergebende *Zellenhöhe* wird auf die ganze Tabellenzeile übertragen. Nachträglich können Sie nach Bedarf Reihen und Spalten hinzufügen oder entfernen. Selbstverständlich können Sie

Exp. No.	Δh	Δx	Δy
1	0.35	0.11	0.54
2	0.37	0.09	0.51

Abb. 8-4. Eine 3×4-Tabelle mit Tabellenraster aus einem Textverarbeitungsprogramm.

jede einzelne Zelle, Reihe oder Spalte mit besonderen *Rahmen* versehen oder für die Eintragungen spezielle Schriftstile und -größen – z. B. für den Text des Tabellenkopfes und der Vorspalte – verlangen, um nur einige Möglichkeiten anzuzeigen (wir kommen auf darauf in Abschn. 8.4.3 zurück).

Sollte Ihnen der Umgang mit den Tabellenfunktionen Ihres Textverarbeitungsprogramms zu kompliziert erscheinen, können Sie Ihre Tabellen natürlich auch „konventionell" schreiben. Aber beachten Sie:

- Nur in Ausnahmefällen werden Sie das *Leerzeichen* verwenden, um Zeichen geeignet anzuordnen.

Schreiben Sie zuerst die gesamte Tabelle, indem Sie nur die *Tabulatortaste* betätigen, um die in verschiedenen Spalten stehenden Einträge voneinander zu trennen. Am einfachsten markieren Sie dann den ganzen Tabellentext, setzen und verschieben die *Tabulatoren*[6] (s. „Tastaturen" in Abschn. 5.2.1) so, bis die einzelnen Spalten ausreichend weit voneinander entfernt stehen, das Ganze in den Satzspiegel „passt" – und Ihnen die Anordnung gefällt. Manche Richtlinien empfehlen, Text in Textspalten linksbündig zu setzen, also mit dem Text immer am linken Rand der Tabellenfächer zu beginnen. Hingegen werden Zahlen (sofern sie vergleichbar sind!) „auf Komma" gesetzt, die Zahlen also nach *Dezimalwertigkeiten* ausgerichtet. Für die Linien (meist nur Kopf-, Hals- und Fußlinie, vgl. Abschnitte 8.4.2 und 8.4.3) lassen Sie jeweils eine Zeile frei und setzen in deren Mitte später durchgehende feine Linien geeigneter Länge.

8.3 Zur Form von Tabellen

Die Fortschritte der Text- und Datenverarbeitung haben bewirkt, dass heute jeder seine Tabellen setzen kann, wie es ihm gefällt: Man kann beispielsweise die Höhe von Zeilen in Bruchteilen von Millimetern oder in „Punkt" einstellen – um die alte „Walzeneinrastung" der Schreibmaschine als Richtschnur kümmert sich niemand mehr (vgl. Abb. 8-5a).

Aber wie gestaltet man eine Tabellen „am besten"? Wir orientieren uns bei den folgenden Empfehlungen am klassischen Buchdruck. Tabellen in Zeitschriftenartikeln und Büchern werden fast stets in einer *Petit-Schrift* gesetzt, einer Schrift, die 15…20 % kleiner ist als die Hauptschrift (s. auch „Weitere technische Aspekte" in Abschn. 7.1.2). Dies geschieht nicht zuletzt, um mit Problemen der Anordnung besser fertig zu werden: Bei einer kleinen Schrift bringt man mehr in einer Spalte unter und muss seltener in Zeilen brechen.

- Setzen Sie Ihre Tabellen in *Petit-Schrift*.

---

[6] „Tabs" in der Textverarbeitung sind einstellbare Markierungen im *Textlineal*. Es gibt verschiedene Arten (rechts- und links-orientierte, zentrierte, am Dezimalkomma orientierte), die durch verschiedene Symbole dargestellt werden.

a

Tab. 7. Molare Massen M(X) einiger natürlicher Elemente X.

X	Element	M(X) g/mol	X	Element	M(X) in g mol^{-1}
Ag	Silber	107,87	Eu	Europium	151,96
Al	Aluminum	26,98	F	Fluor	19,00
Ar	Argon	39,96	Fe	Eisen	55,85

b

Tab. 2. Elementaranalysen der Verbindungen $CH_3SO_2N(R^1)OR^2$ (R^1, R^2 = H, CH_3).

R^1	R^2	Summenformel	C ber.	C gef.	H ber.	H gef.	N ber.	N gef.
H	H	CH_5NO_3S	10,8	10,73	4,51	4,52	12,61	12,31
H	CH_3	$C_2H_7NO_3S$	19,20	19,16	5,64	5,71	11,19	11,27
CH_3	H			19,35		5,66		11,20
CH_3	CH_3	$C_3H_9NO_3S$	25,89	25,53	6,52	6,64	10,06	10,36

Abb. 8-5. Beispiele von Tabellen. – **a** Zweizeilig geschriebene Tabelle (für ein Manuskript, das gesetzt werden soll); **b** gesetzte Tabelle (für Berichte, Prüfungsarbeiten oder Publikationen in Direktreproduktion; 10p/13p vor Verkleinerung).

Wenn Sie beispielsweise für Ihr Manuskript eine 12-Punkt-Schrift gewählt haben mit 16…18 Punkt Zeilenabstand, sollten Sie Ihre Tabellen in 10 Punkt setzen und einen Zeilenabstand von 13…14 Punkt einstellen (s. Abb. 8-5b).

Die Empfehlung gilt allerdings nicht, wenn ein Manuskript nachträglich für die Publikation neu gesetzt werden soll Dann bitten die Schriftleitungen in ihren Richtlinien meistens darum, auch Tabellen (wie normalen Text) in der Grundschrift zu schreiben, und zwar doppelzeilig wie den Haupttext und jeweils auf einem eigenen(!) Blatt, also *nicht* fortlaufend im Text (vgl. Abschn. 3.4.4). „Type or print each table with double spacing on a separate sheet of paper", heißt es beispielsweise in den *Uniform Requirements for Manuscripts Submitted to Biomedical Journals* des International Committee of Medical Journal Editors (ICMJE; www.icmje.org/index.html).

Zur Form gehört auch das Format.

● Fragen des *Tabellenformats* sollten Sie schon beim Planen von Tabellen Aufmerksamkeit schenken: Eine ungünstig angelegte Tabelle lässt sich möglicherweise nicht ordnungsgemäß zu Papier bringen.

Die *Breite* ist durch die Breite des Schreib- oder Satzspiegels begrenzt, es stehen also nicht mehr als etwa 16 cm auf einem A4-Blatt im *Hochformat* zur Verfügung. Reicht dies nicht, so kann im *Querformat* geschrieben werden, so dass die Tabellen von *rechts* oder nach Drehen des Blattes im Uhrzeigersinn um 90° zu lesen sind. (Die Tabelle in Abschn. 7-5 kann als Beispiel dienen.) Die Zeilen sind jetzt in der üblichen Laufrichtung von links nach rechts längs der *langen* Kante des Papierblatts orientiert. In Ihrem Textverarbeitungsprogramm können Sie „per Tastendruck" einen Text, auch eine Tabelle, beliebig im Hoch- oder Querformat darstellen.

Eine sehr *schmale* Tabelle mit vielleicht nur zwei oder drei engen Spalten würde seitlich Platz verschwenden und unproportioniert wirken. Hier hilft *Brechen,* was bedeutet: Sie brechen die Spalten ab und beginnen rechts davon, unter Wiederholung des Tabellenkopfes, noch einmal oben (Abb. 8-6).

Tabelle 8. Einfluss der Temperatur bei der Bildung von **1** nach Gl. (12).

Temperatur °C	Ausbeute %	Temperatur °C	Ausbeute %
10	5	60	84
20	12	70	83
30	25	80	79
40	51	90	62
50	76	100	32

Abb. 8-6. Beispiel einer gebrochenen Tabelle.

Eine *breite,* kurze Tabelle – die wie ein Band über die Seite läuft – können Sie durch „Vertauschen der Achsen" in eine schmale hohe verwandeln, die Sie dann brechen.

- Tabellen lassen sich „umklappen" („stürzen", *transponieren*), indem Reihen in Spalten verwandelt werden und umgekehrt.

Tabellen sind wegen des grundsätzlich gleichen Rangs beider Richtungen immer transponierbar. In welcher Anordnung liest sich die Tabelle besser? In welchem Format sieht sie gefälliger aus? Probieren Sie es aus! Dazu ein Wink: Anordnungen lassen sich in der Waagerechten besser überblicken als in der Senkrechten. Dies können Sie leicht überprüfen, indem Sie einen kurzen Satz zum einen in der üblichen Weise schreiben und zum andern die Wörter untereinander in eine Spalte. Welcher Satz ist leichter zu lesen? Unsere Augen sind das Lesen von links nach rechts gewöhnt, und die Linien am Tabellenkopf zwingen sie fast in diese Richtung. Haben wir uns den Überblick verschafft, können wir allerdings schnell eine Spalte hinauf- und hinunterschauen und z. B. nach der größten Zahl unter vielen sehen.

- Ist die Publikation in einer *Zeitschrift* vorgesehen, so sollten Sie versuchen, deren Seitenlayout zu berücksichtigen.

Das bedeutet nicht notwendig, dass sich Tabellen bei mehrspaltigem Satz der Spaltenbreite anpassen müssten. Vielmehr bevorzugen manche Redaktionen Tabellen, die über die ganze Breite des *Satzspiegels* laufen. Generell gilt es beim Vorbereiten einer Publikation, die Gepflogenheiten der Zeitschrift zu beachten, in der das Manuskript erscheinen soll: Wie viele Tabellen darf ein Beitrag enthalten, wie groß sind die Tabellen üblicherweise? Wie werden Einheiten in Tabellenköpfen angegeben? Wie werden Tabellenfußnoten gehandhabt, wie viele experimentelle Details dürfen sie enthalten? Dieser und der folgende Abschnitt versuchen, darauf einige Antworten zu geben – Lösungsvorschläge, die immer dann greifen können, wenn keine anderen Vorschriften dagegen stehen.

8.4 Bestandteile von Tabellen

8.4.1 Tabellenüberschrift

Man könnte nun versucht sein, eine Typologie der Tabellen vorzustellen, um Hinweise auf mögliche Darstellungsformen zu geben, doch ist uns eine solche (über den Ansatz von Abschn. 8.2 hinaus) nicht bekannt. Zu vielfältig sind die Lösungsansätze und Lösungen je nach Situation. Statt dessen wollen wir die wesentlichen *Bestandteile* (Merkmale) von Tabellen und ihre Ausgestaltungen nacheinander durchgehen und aufzeigen, wie man mit ihnen umgehen kann.

Wir beziehen uns dabei auf die in Abb. 8-7 vorgestellten Tabellen, die wir als „vollständig" bezeichnen wollen. Sie enthalten in der Tat alle üblicherweise vorkommenden Merkmale, wenngleich in einfacher Form. Beginnen wir mit der Überschrift.

- Die *Tabellenüberschrift* beginnt mit der Angabe der Tabellennummer und wird mit dem Tabellentitel fortgeführt.

Die *Tabellennummer* wird meist in der Form „**Tab. X.**" oder auch ausgeschrieben „**Tabelle X.**" („**Tafel X.**") eingebracht[7] und durch einen Punkt abgeschlossen. Dieser Eintrag, der *Tabellenbezeichner*, wird in Druckerzeugnissen oft halbfett gesetzt. In größeren Werken können *Doppelnummern* – z. B. „**Tab. 5-3.**" – verwendet werden, wie wir das schon mehrfach auch in Bezug auf Abbildungen (zuletzt in Abschn. 7.1.1) angemerkt haben.

Die Tabellennummer ist dazu da, dass man sich vom Text auf die Tabellen beziehen kann; auf *jede* Tabelle muss im Text (mindestens einmal) unter Nennung der

---

[7] Die *VCH-Autorenrichtlinie* empfiehlt, vor der Tabellennummer ein *geschütztes (festes) Leerzeichen* aus der Textverarbeitung zu verwenden, um den Tabellenbezeichner z. B. an einem Zeilenende untrennbar zu machen. Der Trick besteht im gleichzeitigen Drücken von Leertaste und Wahltaste („alt" für *engl.* alternative) und empfiehlt sich für viele ähnliche Fälle.

a

Tabelle 1. Vergleich einiger Europäischer Urwörter.

Begriff	Deutsch[a)]	Englisch	Französisch	Latein
Elter ♀	Mutter	mother	mère	mater
Elter ♂	Vater	father	père	pater
Geschwister ♂	Bruder	brother	frère	frater

[a] Im Gegensatz zu den anderen europäischen Sprachen beginnen Substantive im Deutschen immer mit Großbuchstaben.

b

Tab. 2-5. Relative Elementzusammensetzung (in Stoffmengenanteilen) trockener Pflanzenmasse, bezogen auf Phosphor als Einheit. – Die mit einem Stern gekennzeichneten Elemente werden als Hauptnährelemente bezeichnet.

Hauptbestandteile		Spurenelemente	
Element	Anteil	Element	Anteil
H	470	Cl	0,66
C	250	S	0,53
O	170	Si	0,31
N*	9,1	Na	0,20
K*	3,5	Fe	0,12

Abb. 8-7. Beispiel vollständiger Tabellen. **a** Tabelle mit Fußnote, **b** Tabelle mit Erläuterungen im Tabellentitel und mit gegliedertem Tabellenkopf.

Tabellennummer verwiesen werden. Genauso haben wir in Abschn. 7.1.1 unter dem Stichwort „Verankern im Text" für Abbildungen formuliert, wir wollen hier keine Einzelheiten der Verweismodalität wiederholen.

Dem Tabellenbezeichner schließt sich nach Punkt und Leerzeichen – hier empfiehlt sich das Einfügen von „en-Abstand" oder „em-Abstand" – der *Tabellentitel* an. Ihm kann, ähnlich wie bei Abbildungen dem Abbildungstitel, noch eine erläuternde *Legende* folgen. Man könnte solche nachgestellten Erklärungen als „Tabellenlegende" bezeichnen, doch ist dieser Terminus nicht gebräuchlich. Wichtig scheint uns, dass solche Erklärungen vom eigentlichen Tabellentitel optisch abgetrennt werden (vgl. die Tabelle in Abb. 8-7b).

- *Erläuterungen* zum Verständnis der Tabelle werden in der Tabellenüberschrift dem eigentlichen Tabellentitel, durch Punkt und Gedankenstrich abgetrennt, nachgestellt.

Ein Unterschied besteht zu den Abbildungen: Sind dort *alle* Erläuterungen in der Legende unterzubringen, so haben wir bei den Tabellen noch eine andere Möglichkeit für spezielle Vermerke, die *Tabellenfußnoten* (s. Abschn. 8.4.4).

- Spezielle *Anmerkungen* zu Einzelheiten der Tabelle werden in Form von Fußnoten angefügt.

8.4.2 Tabellenkopf

Einfache Tabellenköpfe

Der *Tabellenkopf* ist der oberste Teil der eigentlichen Tabelle.

- Um den Tabellenkopf optisch von der darüber stehenden Überschrift und dem Inhalt der Tabelle darunter zu trennen, steht er zwischen zwei waagerechten Linien.

Diese beiden Linien führen in Redaktionen und Verlagen die einsichtigen Bezeichnungen *Kopflinie* und *Halslinie*. Man kann sie in den üblichen Tabellen-Menüs der Textverarbeitung oder im Arbeitsblatt der Tabellenkalkulation hervorbringen und mit besonderen Merkmalen ausstatten: Linienbreite und -farbe im Falle der Linien, Schriftstil (z. B. „fett") und -größe im Falle der Schrift.

- Die Eintragungen im Tabellenkopf kündigen den Inhalt der Spalten an; sie müssen kurz sein, damit die zur Verfügung stehende Schreibbreite nicht überschritten wird.

Ein Buch wie das vorliegende bringt auf der *Satzspiegelbreite* etwa 80 bis 90 Zeichen unter, was bei einer mittleren Wortlänge von 8 bis 9 Buchstaben etwas mehr als zwölf[8] Wörter bedeuten würde. Verlangt man, dass zwischen jedem Wort ein Zwischenraum für wenigstens 3 Buchstaben liegt, so reduziert sich das Platzangebot auf acht Wörter. Reicht das nicht aus, weil Sie noch mehr Spalten unterbringen wollen, so können Sie die Wörter trennen und in zwei oder mehr Schreibzeilen unterbringen. Vermeiden Sie ungewöhnliche Abkürzungen als Alternative, z. B. „Kalk." für Kalkulation. Wenn sich Kürzungen nicht vermeiden lassen, erwartet der Leser eine Erklärung in den Tabellenfußnoten. Am ehesten eignen sich aus Großbuchstaben bestehende *Initialkürzungen* (es wird nur der erste Buchstabe eines Wortes verwendet) wie „Ü" für „Überdruckventil", „HV" für „Hauptventil", „V1" für „Ventil 1" (wenn Sie z. B. die Wartungstermine der Ventile und anderer Apparateteile oder dort gemessene Drucke aufführen wollen). Diese Forderung gilt auch für Abkürzungen, die schon im Haupttext eingeführt wurden, denn:

- Jede Tabelle muss – wie auch jede Abbildung – ohne Rückgriff auf den eigentlichen Text verständlich sein.

Vermeiden Sie also Anmerkungen wie „Näheres siehe Text".

Vielleicht gelingt es Ihnen, die Tabelle zu entlasten, indem Sie Spalten wegnehmen. Eine Spalte mit vielen gleichen Eintragungen können Sie entfallen lassen, wenn

---

[8] Die Verwendung kleinerer Schrift als die Hauptschrift in Tabellen (Petit-Schrift; vgl. Abschn. 8.3) erhöht die Anzahl der Zeichen geringfügig, aber unsere Verallgemeinerung bleibt im Prinzip gültig.

Sie auf die wenigen Abweichungen in den Tabellenfußnoten hinweisen. Auch auf die Tabellierung von Zahlen, die sich auf einfache Weise aus Zahlen einer anderen Spalte errechnen lassen, können Sie unter Umständen verzichten. Des Weiteren lassen sich manchmal zwei Spalten Platz sparend vereinigen, beispielsweise durch

>Ausbeute (in %)
>ohne/mit X

für eine Reihe von Versuchansätzen.

- Häufig stehen anstelle von Wörtern oder Abkürzungen im Tabellenkopf *Symbole*, besonders *Größensymbole*.

Nun hat es keinen Zweck, sich nur nach der erforderlichen Breite der einzelnen Eintragungen im Tabellenkopf zu richten: Es kommt ja auch darauf an, was darunter stehen soll!

- Stimmen Sie die Breite der einzelnen Spalten nach dem Raumbedarf von Spaltenköpfen *und* Spalten ab.

Konkret heißt das, dass Sie den Inhalt einer Tabelle vor sich liegen haben müssen, bevor Sie anfangen, sie zu gestalten. Zweckmäßig orientieren Sie sich an den breitesten Eintragungen, um dann Tabulatoren („Tabs") nach den Erfordernissen zu setzen. Ein *Tabulator* ist eine Einrichtung in Schreibmaschinen, Buchungsmaschinen, Textverarbeitungsprogrammen und Setzmaschinen, die das Schreiben besonders von Tabellen – in der Satztechnik den *Tabellensatz* – erleichtert. Tabulatoren sorgen dafür, dass sich auf Ihrem Bildschirm bei Betätigung der *Tabulatortaste* die Einfügemarke immer nur bis zu der gewünschten Stelle der skalierten Schreibzeile bewegt. Solange die Tabulatoren gesetzt sind, beginnt man in allen Zeilen mit dem Schreiben immer an der richtigen Stelle. In der Computer-gestützten Tabellen-Umgebung wird die Tabulatortaste zu einem Befehl, der die Einfügemarke von Zelle zu Zelle springen lässt.

Im Tabellen-Menü (z. B. von WORD) können Sie stattdessen *Rahmen-* oder *Gitternetzlinien* verschieben.[9] Wenn Sie die Tabelle am Bildschirm anlegen, können Sie so die Spaltenbreite ohne Aufwand noch nachträglich den Erfordernissen anpassen, ohne irgendetwas neu schreiben oder eintasten zu müssen (vgl. am Ende von Abschn. 8.2).

- Alle Eintragungen in einer Spalte sollen in der Vertikalen aufeinander und auf den jeweiligen Spaltenkopf ausgerichtet sein.

Text wird in Spalten meist *linksbündig* gesetzt, doch kann man die Inhalte der Spalten auch am rechten Rand anschlagen lassen, sie „auf Mitte" – *Ausrichtung* „zentriert" – stellen oder, im Falle von Zahlen, am *Dezimalzeichen* auszurichten.

Umgang mit Einheiten

Doch kommen wir zu Fragen der Wissenschaft zurück! Stehen *Größen* im Tabellenkopf, so sind auch die zugehörigen *Einheiten* (vgl. Abschn. 6.2) und ggf. *Zehnerpotenzen* anzugeben.

---

[9] Auch steht ein Befehl „AutoAnpassen" zur Verfügung,, der das automatische Anpassen von Spaltenbreiten und -höhen an den Raumbedarf unterstützt.

● Einheiten schreiben Sie zweckmäßig unter das Größensymbol, wo erforderlich zusammen mit einer Zehnerpotenz.

Wenn beispielsweise unter einer Größe U das Einheitenzeichen V steht und in der Spalte darunter eine Eintragung mit der Zahl 0,25 zu finden ist, so lesen wir 0,25 V als *Größenwert* der Spannung U in dem betreffenden Fach ab. Die Eintragung 10^{-10} m unter einem Größensymbol r und der tabellierte Zahlenwert 1,54 bedeuten (s. Abb. 8-8), dass der Größenwert $1{,}54 \cdot 10^{-10}$ m des Radius r gemeint ist.

r 10^{-10} m	$r \times 10^{10}$ m	$10^{10}\, r$ m	~~$\dfrac{r}{\text{m} \times 10^{-10}}$~~	$\dfrac{r}{10^{-10}\text{ m}}$
1,54	1,54	1,54	1,54	1,54
(korrekt, empfehlenswert)	(korrekt, weniger gut)	(korrekt, empfehlenswert)	(mißverständlich)	(korrekt, empfehlenswert)

Abb. 8-8. Angabe von Einheiten und Zehnerpotenzen in Tabellenköpfen. – Im Beispiel hat die Größe r den Größenwert $1{,}54 \cdot 10^{-10}$ m.

Wer das allein stehende „V" für zu unauffällig hält, kann das Wörtchen „in" davor schreiben oder das Einheitenzeichen – als beigefügte Erläuterung – in runde Klammern setzen, z. B. in der Form

Körpergewicht   Ausbeute
(g)   (%)

Nicht korrekt ist es, die Einheitenzeichen in eckige Klammern zu setzen (vgl. die Diskussion in Abschn. 6.1.1). Dennoch findet man diesen Gebrauch nach wie vor häufig in chemischen, biochemischen und biomedizinischen Publikationen – wie wir einräumen müssen, auch in Zeitschriften des Verlages dieses Buches.

Unerwünschte Notationen wie

$$\Delta \varepsilon_J^{s \in F} \text{ (rel.) [eV]}$$

lassen zwar ahnen, was gemeint ist; doch sind sie nicht in Einklang mit nationalen und internationalen Empfehlungen. [Auch der in diesen Dingen penible COUNCIL OF BIOLOGY EDITORS (1994) lässt statt der eckigen nur die runde Klammer zu; vgl. auch HUTH 1990, S. 155, und LIM 2004, S. 11.]

Die Angabe von *Zehnerpotenzen* 10^x in Tabellenköpfen hat – wie auch in Achsenbeschriftungen von Abbildungen – schon oft zu Verwirrungen geführt, da nicht immer klar war, ob das 10^x-fache der Größe den Zahlenwert nebst Einheit ergeben würde oder ob der Zahlenwert mit 10^x zu multiplizieren sei. Die hier genannten Schreibweisen sind unmissverständlich und sollten Zweifelhaftigkeiten dieser Art ein Ende bereiten. Korrekt wäre es – im Beispiel oben – auch gewesen, hinter die Größe (also r)

„· 10^{10}" zu schreiben und die Einheit m darunter, was als $r \cdot 10^{10} = 1,54$ m, also ebenfalls richtig gelesen werden muss. Noch besser, Sie stellen die Zehnerpotenz *vor* („10^{10} *r*"), weil hier noch weniger wahrscheinlich ist, dass jemand falsch abliest. In beiden Fällen haben Sie allerdings den Leser in Gedanken dazu gezwungen umzurechnen.

Bei den Anordnungen des Tabellenkopfes in den ersten vier Spalten von Abb. 8-8 haben die jeweils unter dem Größensymbol stehenden Eintragungen den Charakter einer Erläuterung; sie sagen – wenn auch in der 4. Spalte schwer verständlich –, was man an die tabellierten Zahlen beim Ablesen noch anhängen muss. Man hätte diese Erläuterungen auch in Klammern setzen können. [Jeder würde einen Spaltentitel „Umsatz (DM)" mit darunter stehenden Zahlen richtig interpretieren.]

Wenn es um Größen und Größenwerte geht, hätten Sie noch anders verfahren und sich der Schreibweise von Größen in *Bruchform* bedienen können. Wir brauchen nur einen Bruchstrich zwischen Größensymbol und der darunter stehenden Einheitenangabe einzuziehen (letzte Spalte von Abb. 8-8), und das Ergebnis ist wieder richtig – abgelesen wird jetzt ein *Zahlenwert*. Diese Lösung, die wir ähnlich für Achsenbeschriftungen von Abbildungen empfohlen haben (vgl. „Achsenbeschriftungen" in Abschn. 7.2.3), verdient, vorrangig benutzt zu werden. Für die Norm BS-4811: 1972 ist sie die einzig richtige mit dem Argument, dass es schließlich Aufgabe solcher Tabellen ist, *Zahlen* zu ordnen.[10]

Gegliederte Tabellenköpfe

Manchmal wollen Sie die Eintragungen im Tabellenkopf gliedern, um die engere Zusammengehörigkeit einzelner Spalten anzudeuten.

- Durch waagerechte und senkrechte *Linien* können einzelne Eintragungen im Tabellenkopf optisch von anderen abgegrenzt werden.

Mit *senkrechten* Linien – die sich dann üblicherweise in den Spalten fortsetzen – trennen Sie voneinander ab. Mit einer *waagerechten* Linie verbinden Sie eher und schaffen einen Tabellenkopf im Tabellenkopf. Fachsprachlich heißt eine solche Linie *Kopfunterteilungslinie* (*engl.* straddle line); auf ihr steht der *Gruppenbezeichner*, darunter finden sich die *Untergruppenbezeichner*.

Ein Beispiel für die letztgenannte Vorgehensweise zeigt Abb. 8-9a. Wir sind darin bei einer Situation geblieben, in der es um die Tabellierung von Größen geht – viele Tabellen in den Naturwissenschaften sind von dieser Art. Die gleichzeitige Verbindung von senkrechten und waagerechten Linien zeigt Abb. 8-9b (mehr zur Verwendung senkrechter Linien in Tabellen vgl. Abschn. 8.4.3).

8.4.3 Tabelleninhalt

Was sich unterhalb des Tabellenkopfes anschließt, also die eigentliche Information, können wir den Inhalt der Tabelle oder *Tabelleninhalt,* auch *Tabellenfeld,* nennen.

---

[10] Auf diese Weise lassen sich auch logarithmische Größen korrekt tabellieren, z. B. mit der Notation „ln (p/Pa)" in einem Spaltenkopf; vgl. LIM 2004, S. 11.

a
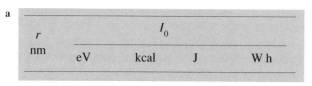

b

Abb. 8-9. Gegliederte Tabellenköpfe. – **a** mit waagerechten Linien; **b** mit waagerechten und senkrechten Linien.

- Durch die tatsächliche oder inhärente Zweidimensionalität von Tabellen ist jedem Eintrag im Innern der Tabelle ein bestimmter Platz zugeordnet, der durch zwei Koordinaten angegeben werden kann.

Man nennt diese Plätze *Tabellenfächer* (vgl. Abschn. 8.1), in der Sprache der Programmierer *Zelladressen* oder, mehr unter Gesichtspunkten des Tabellenlayouts, *Zellen* oder *Felder*.[11] Wenn man in Gedanken – oder in manchen Programmen *de facto* – die Spalten von links nach rechts mit großen *Buchstaben* und die Zeilen von oben nach unten mit *Ziffern* kennzeichnet, dann kann ein solches Fach, vergleichbar den Planquadraten eines Stadtplans, mit Bezeichnungen wie B4 belegt werden (vgl. Abb. 8-1; Näheres s. Abschn. 8.5.1).

Manche Autoren neigen dazu, alle Fächer „einzuzäunen", indem sie zwischen allen Reihen und Spalten Linien einziehen. Wir meinen, eine Vielzahl solcher Linien verwirrt eher, als dass sie Ordnung schaffte; auch sehen so aufgerüstete Tabellen einem vergitterten Fenster ähnlich, was wenig ästhetisch anmutet. Senkrechte Unterteilungen in Tabellen verbessern die Übersichtlichkeit meistens nicht – lassen Sie überflüssige „Gefängnisgitterlinien" einfach weg![12] Erfreulicherweise stimmen neuerdings die meisten Richtlinien mit dieser Empfehlung[13] überein.

- Die einzelnen Fächer der Tabelle werden im Allgemeinen nicht durch Linien, sondern durch leer bleibende – durch die Vorgaben an das Schreibsystem entstehende – Streifen voneinander getrennt.

---

[11] Zu „Feld" gehören in Datenbankprogrammen noch Begriffe wie *Feldformat*, Feldtyp, Feldwert, Feldrahmen. (Wir benutzen „Tabellenfeld" in einem abweichenden Sinn als Name für den ganzen „Körper" unter der Halslinie.)

[12] In der Textverarbeitung kann man Linien und die *Rahmen* von einzelnen Fächern oder Feldern nach Belieben ganz oder teilweise zum Verschwinden bringen und dafür *Gitternetzlinien* sichtbar machen. Diese Netzlinien sind nicht druckbar, helfen aber am Bildschirm, die Tabelle anzulegen.

[13] *VCH-Autorenrichtlinie* rigoros (S. 13): „Verwenden Sie nur drei waagerechte (keine senkrechten) Linien: eine Kopflinie (nach der Tabellenüberschrift), Halslinie (nach den Spaltenüberschriften) und Fußlinie (am Tabellenende)." Auch die *Mustertabellen* (*engl.* templates), die manche Verlage für das elektronische Einreichen von Manuskripten bereit halten, sind so angelegt.

8.4 Bestandteile von Tabellen

Wir stoßen hier an die spezielle Umsetzung einer Maxime, die für das ganze Manuskript gilt:

- Typografische Elemente, die nicht zu einer besseren *Lesbarkeit* des Textes beitragen, sind zu vermeiden.

Zwar haben moderne Laser- oder Kathodenstrahlbelichter und die von PCs ansteuerbaren Drucker keine Angst vor vertikalen Linien, weshalb es auch keine aufregende Frage mehr ist, ob eine Tabelle im Hoch- oder Querformat ausgegeben werden soll. Den modernen Textverarbeitungs- und Tabellenkalkulationsprogrammen ist es gleichgültig, ob sie ein Objekt mit oder ohne Linien am Bildschirm darstellen oder auch ausdrucken sollen. Die Programme stehen sogar bereit, einzelne Felder oder Bereiche einzurahmen und dafür ggf. unterschiedliche *Rahmen* oder auch *Rasterunterlegungen* (oder Farbe) anzuwenden. Sparsam eingesetzt, können solche Mittel der Übersichtlichkeit dienen – dennoch:

- Verwenden Sie in Tabellen möglichst nur waagerechte Linien, und zwar nur je eine Kopf-, Hals und Fußlinie (vgl. Abb. 8-3), ggf. noch vermehrt um *Unterteilungslinien*.

Mit *Fußlinie* ist hier eine waagerechte Linie gemeint, mit der man den *Tabellenkörper* (das *Tabellenfeld*) gemeinhin unten abschließt; unter ihr können noch Fußnoten stehen. Im Tabellen-Modus unseres WORD-Programms ist ein *Tabellenformat* nur mit Hals- und Kopflinie als „Einfach 1" programmiert, die dritte von den drei „körperbetonten" Linien kann man nach Bedarf dazuzeichnen. Dieser Bedarf besteht immer, wenn Fußnoten in der Tabelle vorkommen. Dass die Halslinie entfällt, wenn die Tabelle keinen „Kopf" hat – wie in Abb. 8-10 –, versteht sich.

Die Fächer einer Tabelle müssen nicht alle belegt sein. Bei größeren Eintragungen in einem Fach ist darauf zu achten, dass die Grenzen oder *Rahmen* der einzelner Fächer (Zellen) nicht überschritten werden. An manchen Stellen werden Sie die Eintragung „brechen", die Reihe also mehrzeilig – mit *Zeilenumbruch*[14] – schreiben, oder das Programm besorgt das für Sie.

- In Manuskripten, die gesetzt werden sollen, lassen Sie zwischen den einzelnen Reihen der Tabelle jeweils einen doppelten Zeilenabstand; innerhalb einer Reihe kann mit kleinerem Zeilenabstand geschrieben werden.

Ob eine solche Differenzierung im Satz vollzogen wird, ist eine andere Frage; man wird dort mit gleichförmigen Zeilenabständen arbeiten, solange die Übersicht nicht darunter leidet.

Zur Ausrichtung in der Vertikalen wurde schon im Zusammenhang mit dem Tabellenkopf das Notwendigste gesagt. Hier muss noch etwas nachgetragen werden:

- *Zahlenkolonnen* schreiben Sie so, dass die *Dezimalzeichen* untereinander stehen.

---

[14] Damit ist nicht „neuer Absatz" *(Return-Taste)* gemeint, sondern „im selben Absatz neue Zeile vorne beginnen", hier im Tabellenfach; der Befehl dafür ist gewöhnlich „Umschalt- + Return-Taste".

Hier können Spalten entstehen, die sowohl links als auch rechts „flattern", aber das ist gerade erwünscht: Die Ausrichtung nach dem Komma will ja mit einem Blick erkennen lassen, was große und was kleine Zahlen sind *(Kolonnensatz)*.

12,4	12,4	12,4
8,7	8,7	8,7
1120	1120	1120
0,85	0,85	0,85
richtig	falsch	

Wenn Sie links- oder rechtsbündig „auf Kante" schreiben, geht diese Übersicht verloren, und man kann füglich von „richtig" und „falsch" sprechen. Allerdings:

- Haben die Zahlen keinen Vergleichswert, so sollten Sie sie auch nicht nach dem Dezimalzeichen ausrichten.

Ein Beispiel wäre eine Kolonne mit Kenndaten für ein chemisches Element (s. Abb. 8-10). Die einzelnen Zahlenwerte – für Siedepunkt, kritischen Druck usw. – haben nichts miteinander zu tun: Sie sind nicht nur mit unterschiedlichen Einheiten verknüpft, sondern auch mit unterschiedlichen Zehnerpotenzen oder Präfixen, so dass Sie eine Vergleichbarkeit im obigen Sinne *nicht* suggerieren und die Zahlen deshalb *nicht* rechtsbündig oder „auf Komma" stellen sollten.

Tabelle XY. Ausgewählte Eigenschaften von Fluor.

Siedetemperatur	85,0 K
Kritischer Druck	52,2 bar
Kritische Temperatur	– 129 °C
Kritisches Volumen	$1{,}74 \cdot 10^{-3}$ m^3/kg
Dichte bei 77,8 K	1562 kg/m^3

Abb. 8-10. Tabelle mit voneinander unabhängigen und nicht vergleichbaren Größen.

In einer *Zahlentafel* sollen nach DIN 55 301 (1978) keine Fächer frei bleiben. Hat eine Größe den Wert null, so tragen Sie „0" in das entsprechende Tabellenfach ein. Die Norm lässt den Strich (–) für „nicht(s) vorhanden" in statistischen Tabellen zu, doch wird sonst meist davon abgeraten, dieses Zeichen zu verwenden, da es als Minuszeichen aufgefasst werden könnte. HUTH (1987, S. 32) empfiehlt, Fächer leer zu lassen, wenn keine Angabe beigebracht werden kann, weil das im Spalten- oder Reihenkopf genannte Merkmal nicht zutrifft („nicht anwendbar", engl. „not applicable");[15] dagegen soll in Fächern, für die lediglich kein Mess- oder Beobachtungswert vorliegt, das Auslassungszeichen „..." (*Ellipse*; „nicht vorhanden" oder „nicht gemessen", *engl.* „not available") eingetragen werden.

---

[15] Die Norm sieht hier das Zeichen „x" („Tabellenfach gesperrt", „Aussage nicht sinnvoll") vor; im Zweifelsfall erläutern Sie die Zeichen in einer Tabellenfußnote.

8.4 Bestandteile von Tabellen

Abschließend hierzu wollen wir uns der Frage stellen, wie sonst noch die Inhalte von Tabellen – über das monotone Reihen-Spalten-Muster hinaus – gegliedert werden können.

- Sie können Tabellen nicht nur vom Tabellenkopf, sondern auch von der linken Spalte her untergliedern.

Dazu genügt es, die „Adressen" in der linken Spalte zu Gruppen zusammenzufassen, Zwischenüberschriften einzuziehen oder die einzelnen Gruppen stärker räumlich zu isolieren. Selbst innerhalb der Tabellenfächer können Sie strukturieren, indem Sie mehrere Zeilen durch Zwischenüberschriften zusammenfassen (Abb. 8-11). Hierdurch können Sie die Übersicht verbessern und ggf. zusätzlich die Breite der Tabelle verringern.

A (Europa)	000	000
A (USA)	000	000
A (Japan)	000	000
B (Europa)	000	000
B (USA)	000	000
B (Japan)	000	000
C (Europa)	000	000
C (USA)	000	000
C (Japan)	000	000

unübersichtlich

Europa		
A	000	000
B	000	000
C	000	000
USA		
A	000	000
B	000	000
C	000	000
Japan		
A	000	000
B	000	000
C	000	000

übersichtlich

Abb. 8-11. Tabellen **a** ohne und **b** mit Zwischenüberschriften.

Insgesamt mag sich durch derartige Maßnahmen ein Aussehen wie in Abb. 8-12 ergeben. Beispiele kompliziert angelegter Tabellen finden sich im Anhang von DIN 55 301 (1978).

8.4.4 Tabellenfußnoten

Einzelheiten der Tabelle können Sie in *Tabellenfußnoten* erläutern.

- Tabellenfußnoten sind feste Bestandteile von Tabellen, sie werden unterhalb der Fußlinie geschrieben.

Die üblichen Verweiszeichen sind senkrechte, hochgestellte kleine *Buchstaben* mit Nachklammer, die im Tabellenfuß – meistens ohne Klammer – wiederholt werden (s. Abb. 8-7a). Ziffern vermeidet man hier, um keine Verwechslung mit den Daten der Tabelle und mit Literaturzitaten oder Fußnoten zum Text zu provozieren.

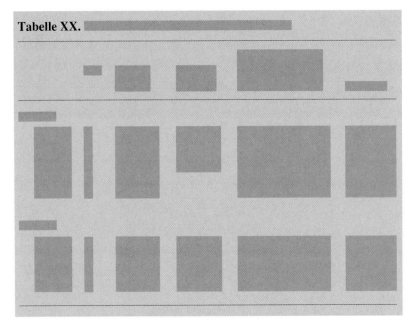

Abb. 8-12. Beispiel einer gegliederten Tabelle, schematisch. – Die dunkler grauen Felder, in die die Definitionen, Adressen und Daten eingetragen werden, können noch durch helle Bänder durchzogen gedacht werden als Abgrenzer der einzelnen Zeilen.

Tabellenfußnoten können in allen Teilen der Tabelle, nicht aber im Tabellentitel verankert sein: an Definitionen und Adressen in Tabellenkopf und linker Spalte ebenso wie an den Daten in den einzelnen Tabellenfächern. Sie können unter anderem dazu benutzt werden, unübliche Abkürzungen oder Akronyme in der Tabelle zu erläutern oder die „Werte" in einzelnen Fächern zu kommentieren.

8.5 Tabellenblätter, Listen, Datenbanken

8.5.1 Tabellenkalkulation mit Tabellenblättern

Wenn es darum geht, bestimmte *Zahlen* (allgemein *Daten*) in einer Tabelle nach einer *Formel* ineinander umzurechnen oder auch „Textelemente" zu verwalten, empfiehlt es sich, ein *Tabellenblatt (engl.* spreadsheet; *Arbeitsblatt, Rechenblatt, Kalkulationstabelle)* im Rahmen der *Tabellenkalkulation* anzulegen. Ein Anlass, Mittel der Tabellenkalkulation in einem naturwissenschaftlichen Umfeld einzusetzen, könnte z. B. gegeben sein, wenn Sie eine bestimmte Größe in mehreren Einheiten – die durch konstante *Umrechnungsfaktoren* ineinander übergehen – ausgeben (vgl. Abb. 8-9a) oder wenn Sie aus vielen Daten einen gemeinsamen *Wert* errechnen wollen.

8.5 Tabellenblätter, Listen, Datenbanken

Weit verbreitete Tabellenkalkulationsprogramme sind EXCEL[16] (von Microsoft), LOTUS 1-2-3 (von Lotus Development Corp.) und QUATTROPRO (von Corel). Daneben gibt es andere Programme, die – meist neben der Textverarbeitung – die Tabellenkalkulation als Programm-Modul anbieten, z. B. WORKS[17] (von Microsoft) oder APPLEWORKS (von Apple). Einfache Anwendungen gelingen auch in WORD.

Ein Tabellenblatt zeigt ein *Raster* von Linien,[18] die das Blatt in neben- und untereinander liegende Kästchen, die *Zellen* unterteilen. Über den Spalten – hier beginnt das Neue gegenüber gewöhnlichen Tabellen – stehen *Spaltentitel* A, B, C, ..., Z, AA, AB, ..., links neben den Reihen *Reihentitel* 1, 2, 3, ... Man wird diese Titel in der Regel nicht mit dem eigentlichen Tabelleninhalt ausdrucken wollen (was durch eine einfache Anweisung bezüglich des *Druckbereichs* verhindert werden kann), aber als Hilfsmittel während der Arbeit am Bildschirm sind sie unentbehrlich:

- Spalten- und Reihentitel weisen jeder Zelle eine Notation, die *Zelladresse*, zu.

Beispielsweise steht B3 für die Zelle in der 2. Spalte (B ist der 2. Buchstabe im Alphabet, die Vorspalte haben wir nicht mitgezählt) und 3. Zeile (vgl. am Anfang von Abschn. 8.4.3): Mit solchen Adressen können Sie rechnen! Die Eingabe von *Formeln* wie

„=C2+C3" oder „=SUMME(E4..E20)"

in das Feld C4 würde bedeuten, dass in C4 die Summe der Inhalte der beiden darüber stehenden Zellen bzw. der Zellen E4 bis E20 zu stehen kommt. Die in der Formel enthaltene, durch das Gleichheitszeichen (=) eingeleitete Anweisung *(Funktion)* „bilde die Summe von ..." wird vom Programm automatisch ausgeführt.

Sind bei den beiden Beispielen oben die Einträge in den Spalten *Zahlen,* so wird das Programm unter Berücksichtigung der *Vorzeichen* im mathematischen Sinn *addieren*. Auch die anderen mathematischen Grundoperationen *Subtrahieren, Multiplizieren* und *Dividieren* sind möglich. Hinzu kommen zahlreiche Funktionen wie *Potenzieren, Logarithmieren* zur Basis 10 ($\log_{10}$, lg) oder e (ln), *Winkelfunktionen* (wie sin, cos, tan) usw. und Funktionen aus der *Statistik* wie solche zur Berechnung von *Mittelwerten, Standardabweichung, Korrelationskoeffizienten* oder zur *Regressionsanalyse*.[19] Doch die Einträge in Zellen können auch aus Text bestehen, für den es gleichfalls Operationen gibt, u. a. „Suchen und Ersetzen" und „Sortieren". Diese wenigen Hin-

---

[16] EXCEL-Dateien werden als *Arbeitsmappen* bezeichnet. In einer solchen Mappe befinden sich wie in jeder anderen Arbeitsmappe eine unterschiedliche Anzahl von Blättern. Die Arbeitsblätter können unterschiedliche Inhalte haben (Tabellen, Grafiken, Text usw.).

[17] WORKS ist ein Vielzweckprogramm. Das darin enthaltene *Tabellenkalkulations-Modul* reicht für viele Aufgaben aus. Auch andere integrierte Programme enthalten solche Module. In WORKS ist die „Datenbank-Umgebung" ein von der „Tabellenkalkulations-Umgebung" getrennter Programmteil: Im einen Fall steht das Ordnen, im anderen das Rechnen im Vordergrund (vgl. Abschn. 8.5).

[18] In dem Ausdruck in Abb. 8-1 sind die meisten Linien unterdrückt.

[19] Einigermaßen anspruchsvolle statistische Berechnungen sollte man allerdings nicht der Tabellenkalkulation überlassen: „Be sure you take advantage for this purpose of true *statistical* software (e.g., SPSS, Minitab), not the notoriously less reliable functions offered by spreadsheet programs (e.g., Microsoft Excel)." (RUSSEY, EBEL und BLIEFERT 2006, S. 133)

weise mögen genügen, um die Leistungsfähigkeit von Tabellenkalkulationsprogrammen bewusst zu machen.

Bei alledem können Sie die meisten in „normalen" Tabellen üblichen Bearbeitungen und Formatierungen auch hier durchführen, wie:

- Die A/1-Notationen der Titelleisten beim Ausdrucken berücksichtigen oder weglassen;
- wirkliche Spalten- und Reihentitel ergänzend einfügen;
- Kopf-, Hals- und Fußlinien einziehen, einzelne Zellen mit *Rahmen (Umrandungen)* versehen und die Tabellen zudem – für den Fall, dass sie über mehrere Seiten gehen – mit Kopfzeilen versehen;
- Text innerhalb von Zellen automatisch umbrechen;
- für einzelne Zellen, Spalten oder Zeilen besondere Schriftarten oder -größen verlangen und für linksbündige, rechtsbündige oder zentrierte *Ausrichtung* der Eintragungen sorgen;
- Ergebnis sowohl in Hoch- als auch in Querformat darstellen;
- Text oder Daten auch aus anderen Dokumenten einfügen;
- Arbeitsblätter in Text-„Umgebungen" integrieren.[20]

Was Sie erhalten, ist eine Tabelle, der man ihr Entstehen als Arbeitsblatt nicht ansieht, die aber unter Inanspruchnahme von viel mathematischer und sonstiger Intelligenz eines Programms hergestellt wurde. Wegen weiterer Einzelheiten sei auf die Benutzerhandbücher der Programmhersteller verwiesen.[21] Auf eine wichtige Anwendung sei aber noch abgehoben:

● *Numerische* Ergebnisse in Tabellenblättern lassen sich auch *grafisch* darstellen.

Was gerade in den Naturwissenschaften immer wieder gebraucht wird, ist die Abhängigkeit einer Größe (in der Biomedizin *Zielgröße*, bei EXCEL-Diagrammen auf der *Größenachse* angetragen) von einer anderen Größe (einem *Einflussfaktor*, bei EXCEL auf der *Rubrikenachse* angetragen). Es genügt, zwei miteinander korrelierende Spalten im Tabellenblatt zu markieren und einen entsprechenden Befehl auszulösen, um die Daten als Diagramm darzustellen, das Diagramm zu beschriften, mit Legenden (z. B. für verschiedene Messreihen) zu versehen und auf Wunsch in den Text zu integrieren. Wie zuvor per Dialog mit dem Programm verlangt, kann dies ein *Balken-, Flächen-, Kreis-, Streu- oder Liniendiagramm* sein (s. Kap. 7). Als aufzutragende Größe auf der horizontalen Achse mag eine Versuchsnummer (für „unabhängige Variable" oder „Rubrik") genügen, als Korrelat auf der vertikalen Achse jede in einer Spalte durch Zahlen dargestellte dazu gehörende Größe. In Liniendiagrammen werden die einzelnen Daten-

---

[20] Integrieren hier: *Arbeitsbereich* auf Arbeitsblatt markieren, als EXCEL-Datei in die WORD-(o. a.)-Datei einfügen und ggf. dort weiter bearbeiten.

[21] Es gibt zahlreiche Bücher zum Thema, von denen SCHWENK, SCHUSTER und SCHIECKE (2005) besonders authentisch sein dürfte. Man kann auch Schnellkurse am heimischen Computer absolvieren, z. B. in www.fh-fulda.de/dvz/wbild/excel1/inhalt.htm, womit man sich immerhin einen Überblick über die Anwendungen verschaffen kann. Die Suchmaschine *Google* lieferte uns (im April 2006) unter der Abfrage „Excel Einführung" 1 780 000 Treffer!

punkte einer *Serie* durch gerade Linien zu einem *Linienzug* verbunden, auf Wunsch durch eine *Gerade* oder eine optimal geglättete *Kurve*. Das Programm leistet hier, was man früher nur mit Kurvenlinealen zuwege brachte. Die Linien (Kurven) können auch weggelassen werden, wie dies in *Streudiagrammen* geschieht.

Dass sich die Diagramme vor der Ausgabe in bestimmten Bereichen – z. B. bei der Beschriftung der *Achsen* – am Bildschirm verändern und mit (weiteren) Text- und Grafikelementen versehen lassen, versteht sich. So variabel, wie sich Naturwissenschaftler das wünschen würden, sind diese Programme dennoch oft nicht: Die Ausgabe entspricht nicht immer den Erfordernissen, die zu stellen wären, besonders was Strichdicken, Anordnung von Skalierungsstrichen oder den Eintrag von Einheiten betrifft. Näheres darüber ist in Abschn. 7.2.3 nachzulesen.

Davon abgesehen ist es fast magisch, wie sich Zahlen unter der Hand in Bilder verwandeln, sich *visualisieren*. Einem forschenden Wissenschaftler mag die Bildwerdung seiner Daten selbst ein Erkenntnisgewinn sein, längst bevor er das betreffende Diagramm in einen Bericht einblendet oder veröffentlicht.

8.5.2 Datenbanken

Wenn man „Datenbank" sagt, so bedeutet das nicht sofort, dass ein Datenbankprogramm gemeint ist. Auch die viel stärker verbreiteten Tabellenkalkulationsprogramme (wie EXCEL) bieten heute ausgereifte Datenbankfunktionen. In einem Arbeitsblatt von EXCEL können Sie bestimmte Merkmale – Zeichen, Texte, Zahlen – mit Hilfe einer *Suchfunktion* ausfindig machen und „anspringen", sie können Daten sortieren, und es lassen sich sogar Fundstellen *selektieren* („filtern") und Datensätze zu neuen Listen zusammenstellen. Dies alles sind „echte" Datenbankfunktionen, und die Handhabung ist sehr benutzerfreundlich. Im Unterschied zu einer richtigen Datenbank stößt man bei der Datenverwaltung aber schnell an Grenzen: So lassen sich in einer Tabellenkalkulation beispielsweise Tabellenblätter nur eingeschränkt miteinander verknüpfen, das Anlegen von komplexen Eingabemasken ist nicht möglich und das Erzeugen von Berichten auf der Basis bestimmter Filterkriterien ist sehr umständlich. Sind solche Aufgaben angesagt, so sollten Sie für das betreffende Dokument *Datenblätter* in einem Datenbankprogramm[22] anlegen.

Typische Datenbankanwendungen finden sich beispielsweise im häuslichen Bereich, etwa beim Verwalten von Anschriften, Telefonnummern usw. Die einzelnen Felder können dabei Namen, Städten, Ländern, Geburtstagsdaten, Telefonnummern u. ä. zugeordnet sein. Aus einer solchen Datenbank können Sie dann Unterlisten mit allen Adressen von Kollegen und Freunden in den USA extrahieren oder Tagungen und andere längerfristige Termine im Juni usw.

---

[22] Bekannte Datenbankprogramme (oft auch als *Datenbanksystem, Datenbankmanagement-* oder *-verwaltungssysteme* bezeichnet) für PCs sind ACCESS (Microsoft), DBASE (dBase, Inc.), ORACLE (Oracle Corp.) und DB2 (IBM). In der Macintosh-Welt sind FILEMAKER (FileMaker, Inc.) und PANORAMA (proVUE Development) von Bedeutung. Viele kommerzielle Online-Datenbanken basieren auf INFORMIX (Informix Software, Inc.).

Für Sie als Wissenschaftler wird es besonders wichtig sein, dass sich auch Beobachtungs- und Messdaten mit einer Datenbank verwalten und analysieren lassen. So können Sie z. B. Beobachtungen und Messungen an Probanden in einer biomedizinischen Untersuchung nach Geschlecht, Alter, Raucher/Nichtraucher oder dergleichen von solchen mit anderen Merkmalen separieren und gesondert zusammenstellen, vorausgesetzt immer, dass Sie die betreffenden Merkmale vorher in der Datenbank geeignet niedergelegt haben. Abweichende Messwerte in den einzelnen Gruppen werden so vielleicht erstmals sichtbar.

Welches sind die typischen Elemente und Eigenschaften einer Datenbank? Fangen wir im Kleinen an.

- Daten, die zusammengehören, werden im Allgemeinen zu einer Einheit zusammen gefasst, die man als *Datensatz* (*engl.* record) bezeichnet.

In einer Literaturdatenbank könnte dies beispielsweise eine bibliografische Beschreibung sein (vgl. Abschn. 9.2.2).

In einem Datenbank-Dokument können Sie, ähnlich wie im Tabellenblatt der Tabellenkalkulation, *Felder* für verschiedene Datentypen definieren, z. B. für Text, Zahlen oder für Datum/Zeit.

- Jeder Datensatz ist aus mehreren *Feldern* aufgebaut.

Die Gesamtheit von Feldern und Datensätzen bildet eine Datenbanktabelle.

- Im Besonderen sind in *relationalen Datenbanken* die Daten in verschiedenen Tabellen organisiert, die sich ihrerseits miteinander verknüpfen lassen.

Die Felder müssen definiert werden; sie erhalten einen *Namen*, ihnen wird ein *Datentyp* (auch *Feldtyp, Feldart*) zugewiesen und ein bestimmtes *Format* (z. B. für Zahlen die Darstellung „000,0"); die *Feldgröße* wird angegeben (z. B. 256 Zeichen). Zusätzlich lassen sich Bedingungen angeben, die erfüllt sein müssen, damit ein Datensatz gespeichert werden darf (z. B. „eindeutig" oder „nicht leer" für ein Feld).

Datenbanken heben sich in einer Hinsicht von allen anderen Programmarten besonders ab: Sie sind auf *Sicherheit* programmiert. Es können nicht nur, wie gerade beschrieben, Eingaben in Feldern sofort überprüft werden, sondern es lässt sich auch verhindern, dass Daten aus Versehen gelöscht oder überschrieben werden. Dazu wird meistens mit Passwörtern gearbeitet, die dem jeweiligen Passwortinhaber den Zugriff auf nur bestimmte Funktionen gestattet. Weitere Sicherheitsmerkmale sind:

– Im Mehrbenutzerbetrieb (eigentlich der typische Fall, wenn Datenbanken in Firmen oder Instituten eingesetzt werden) wird automatisch verhindert, dass zwei Benutzer gleichzeitig auf einen Datensatz zugreifen.

– Wenn mehrere Tabellen miteinander verknüpft sind, muss sichergestellt werden, dass nach dem Löschen eines Datensatzes in der einen Tabelle alle damit verknüpften Datensätze in anderen Tabellen ebenfalls gelöscht oder einem anderen Datensatz zugeordnet werden – diese sehr wichtige Datenbankeigenschaft wird *Referenzintegrität* genannt.

- Häufig wird auf eine Datenbank nicht nur über ein Netzwerk (lokal, Internet) zugegriffen, sondern es ist notwendig, mit verschiedenen Versionen auf unterschiedlichen Rechnern gleichzeitig zu arbeiten – man spricht auch von einer *verteilten Datenbank*. Irgendwann werden dann die Datenbestände zusammengeführt. Wie kann dabei sichergestellt werden, dass die von der einen Person eingegebene Information nicht durch die veraltete Eingabe einer anderen Person überschrieben wird? Hier kommt das Konzept der *Replikation* zum Einsatz, das automatisch einen Abgleich der Daten vornimmt, im Prinzip nach dem Motto „Die guten ins Töpfchen, die schlechten ins Kröpfchen". Beispiele für replizierfähige Datenbankprogramme sind ACCESS (von Microsoft) und LOTUSNOTES von IBM.

Die meisten Datenbankprogramme sind so flexibel, dass Sie die Tabellendefinition nachträglich ohne größeren Aufwand ändern können: Sie können beispielsweise Felder einfügen oder löschen, sie umbenennen oder ihren Typ ändern. Aufwändig wird es allerdings immer, wenn Sie relational arbeiten: Dann muss genau überlegt werden, welche Auswirkungen solche Operationen an Feldern haben (unter Umständen kann z. B. nach dem Löschen eines Felds auf bestimmte verknüpfte Tabellen nicht mehr zugegriffen werden usw.)

Datenbanken bestehen, allgemein betrachtet, aus zwei Bestandteilen: einem System, das (selbst sehr große) Datenbestände auf Ihrer Festplatte verwaltet, und einer Benutzeroberfläche, der Schnittstelle zwischen Ihnen, dem Anwender, und dem Datenbestand.

- Die den meisten Datenbanken inhärente Ansicht ist die Tabellen- oder Listendarstellung. Sie lässt sich besonders einfach erzeugen.

Zur Benutzeroberfläche einer Datenbank gehört auch, dass Sie *Masken* (auch *Formulare* genannt) erstellen können. Diese erleichtern Ihnen das Eingeben von Daten und gestatten, Rechercheergebnisse ansprechend auszugeben und zu präsentieren. Während in der Listenansicht immer mehrere Datensätze, aber oft nur bestimmte Felder auf dem Bildschirm zu sehen sind, zeigt die Formularansicht immer einen Datensatz, diesen dafür aber – wenn nötig – mit allen Feldern.

- Es ist auf Knopfdruck möglich, zwischen den verschiedenen Tabellen- und Formularansichten umzuschalten.

Wertvolle Bestandteile für Berichte oder Publikationen entstehen „auf Tastendruck" – vorausgesetzt, Sie haben die Datenbank schon zu Beginn sorgfältig geplant und die Merkmale tatsächlich aufgenommen, die im Lauf Ihrer Untersuchung relevant werden könnten.

Wenn Sie einen Befehl wie „Suchen" aktivieren, gelangen Sie zu speziellen Abfragefenstern, und in das Feld, das durchsucht werden soll, geben Sie ein *Suchkriterium* ein – man spricht auch von „Query by Example". Jetzt können Sie alle Datensätze auflisten lassen, die dieses Kriterium erfüllen: Sie haben eine *Suchabfrage* durchgeführt. Aus der Gesamtheit der Datensätze haben Sie so eine bestimmte Menge *selektiert*.

- Solche Abfrageergebnisse haben wieder den Charakter einer Tabelle.

Sie können zunächst ablesen, wie viele „Treffer" (*engl.* hits) Ihre Abfrage aus der Gesamtzahl der durchsuchten (recherchierten) Datensätze erbracht hat. Die Suchabfrage können Sie nun wiederholen, indem Sie ein zweites Kriterium oder weitere eingeben und die Abfrage nur auf die „aktuellen" Datensätze, d. h. die schon getroffene Vorauswahl, anwenden.

- Die Frage wird durch zusätzliche Suchbegriffe weiter eingeengt.

Auch können Sie zwei oder mehrere Kriterien *gleichzeitig* vorgeben: Dann bekommen Sie sogleich eine Auswahl der Datensätze, die alle diese Kriterien (Kriterium 1 *und* Kriterium 2 *und* ...) erfüllen. Im Sinne der *Booleschen Algebra* haben Sie jetzt eine logische UND-Verknüpfung vorgenommen. Interessiert hingegen, welche Datensätze entweder Kriterium 1 oder Kriterium 2 oder ... erfüllen (ODER-Verknüpfung), so bedeutet das, dass mehrere unabhängige Suchabfragen durchgeführt werden. Deren Ergebnisse lassen sich mit einem Befehl wie „Neue Abfrage" so verbinden, dass alle Datensätze aufgerufen werden, die eines der Suchkriterien erfüllen. Ferner können Sie Datensätze ausschließen („ausblenden"), die ein bestimmtes Merkmal enthalten, das in der Selektion *nicht* enthalten sein soll.

Für spezielle Abfragen stehen *Operatoren* zur Verfügung, mit denen Sie die Suche weiter unterstützen können; sie lassen sich auf Daten vom Typ Zahl, Datum oder Zeit anwenden. Beispielsweise könnten Sie alle Messungen oder Beobachtungen herausziehen, die morgens zwischen 8 und 10 Uhr durchgeführt worden sind oder in denen eine Messgröße einen bestimmten Zahlenwert überschritten hat. Schließlich können Sie überall Auswertungsfelder einfügen, in denen das Programm aus der vorliegenden Datenmenge beispielsweise *Summen* oder *Mittelwerte* berechnet.

Auf diese Weise lassen sich durch Abfragen gezielt Untermengen des Datenbestands – Tabellen! – erzeugen. Jede dieser Tabellen können Sie nach weiteren Merkmalen durchsuchen oder durch einen Befehl wie „Sortieren" in eine neue Abfolge bringen. Und natürlich können Sie alle Tabellen in Berichte oder andere Dokumente am Bildschirm einbauen und entsprechend ausdrucken.

Der Datenaustausch zwischen zwei Datenbanken oder einer Datenbank und anderen Programmen (z. B. einem Textverarbeitungsprogramm) geschieht meist über die Import- und Exportfunktion auf der Basis von reinen ASCII-Daten, heute zum Teil auch schon über spezielle Software-Schnittstellen (Stichwort ODBC, Open Database Connectivity).

- Bei Datenbanken geht es immer in erster Linie um die Inhalte selbst, nicht um die Form der Inhalte.

Datenbankinhalte, die in Word oder auch ein Layoutprogramm eingefügt wurden, müssen typografisch gestaltet werden, d. h., Sie kommen nicht umhin, Kursiv- oder Halbfettschrift, Hoch- oder Tiefstellungen, Rechts- oder Linksausrichtungen, Einzüge usw. von Hand zuzuweisen.

Vielleicht haben Sie aber schon vom „Publizieren aus der Datenbank" (*engl.* Database Publishing) gehört? Gerade in Zeiten des Internet und des „Web Publishing" wird es für alle Publizierenden, auch für Sie als einzelnen Autor, immer wichtiger, die

8.5 Tabellenblätter, Listen, Datenbanken

Grundlagen des Datenbank-Publizierens zu verstehen. Wir wollen jetzt nicht in die Tiefen von HTML (Hypertext Markup Language) und XML (Extensible Markup Language; s. auch Abschn. 5.4.1) einsteigen – nur soviel sei gesagt: Der wesentliche Schritt besteht darin, beim Exportieren der Daten aus der Datenbank sämtliche Formatierungsinformationen hinzuzufügen, sodass die entstehende ASCII-Datei nicht nur die Inhaltsdaten, sondern auch die Codes für die gewünschte Formatierung enthält. Dazu muss die Datenbank entsprechend programmiert werden – bei modernen Datenbanken kein grundsätzliches Problem, der Programmierer muss nur genau wissen, was wie formatiert werden soll und wie die zugehörigen HTML- oder XML-Befehle lauten. Auch wenn das Ziel nicht die Veröffentlichung im Internet ist, sondern ein auf Papier gedrucktes Werk, so ist der Ablauf im Prinzip derselbe; es müssen lediglich die Formatierungsbefehle für das Textverarbeitungs- oder Layoutprogramm mit übergeben werden. Übrigens: Eine einfache Form des Datenbankpublizierens wird Ihnen sogar vertraut oder zumindest nicht fremd sein: das Erzeugen von Serienbriefen! Dabei greifen Sie auf eine WORD-interne Datenbank (sogar in WORD sind Datenbankfunktionen eingebaut!) oder eine externe Datenbank (z. B. eine EXCEL- oder ACCESS-Tabelle) zu und fügen deren Felder als „Platzhalter" für die Inhalte in Ihr WORD-Dokument ein. Sie können jedes Feld als Ganzes formatieren (mit den WORD-üblichen Mitteln) und dann die Inhalte per Knopfdruck automatisch drucken lassen.

Mehr zu Datenbanken können Sie z. B. SAUER (2003) und MATTHIESSEN (1998) entnehmen oder den Anleitungen und der Literatur zu Ihrem Datenbankprogramm. Eine gut verständliche Einführung in das Datenbank-Publizieren im Web bietet LANGER (1998), speziell für das Datenbank-Publizieren mit QUARKXPRESS und INDESIGN empfiehlt sich zur Übersicht *InBetween* (2005).

9 Das Sammeln und Zitieren der Literatur

9.1 Informationsbeschaffung

9.1.1 Lesen und Bewerten der Fachliteratur

Um Bezüge zu fremden Arbeiten herstellen und Quellen zitieren zu können, müssen Sie die einschlägige Literatur kennen und sie zur rechten Zeit zur Hand haben. Der Auswertung der Fachliteratur einerseits und ihrer Integration in die eigene Arbeit andererseits werden oft getrennte Abhandlungen gewidmet; doch haben wir uns vorgenommen, beide Gegenstände im Zusammenhang darzustellen. Dem entspricht auch die Tendenz neuerer Software-Entwicklungen, *Literaturverwaltung* und *Literatursuche (Recherche)* – Online-Recherchen in externen Datenbanken eingeschlossen – mit dem Verarbeiten der Zitate im Text *(Zitierung)* in *einem* Programm zu vereinen. Dabei wollen wir uns nicht auf formale Aspekte einer geplanten Publikation beschränken, denn bei der Recherche [von *frz.* rechercher, suchen, (wieder) auffinden] geht es gleichermaßen um das Beziehen der benötigten Sachinformation wie um das korrekte Beschreiben der benutzten Quellen, das *Bibliografieren.*

• Vor jedem Dokumentieren steht das Lesen und Sichten der Literatur.

Wenn Sie sich als Leiter oder Mitglied eines Arbeitskreises oder als Doktorand aktiv am Forschungsprozess beteiligen wollen, müssen Sie in der Lage sein, aus der riesigen Zahl von Zeitschriftenpublikationen die für Sie wichtigen zunächst zu finden, um sie dann für Ihre Zwecke abzusondern und griffbereit zu halten. Wir können die Methodik des Literaturerschließens – die eine Kenntnis der inneren Strukturen des *Informations- und Dokumentationswesens* (IuD) eines Faches voraussetzt – an dieser Stelle nicht ausführlich und systematisch darlegen. Darüber sind einige fachspezifische Abhandlungen erschienen (vgl. auch Abschn. 9.1.2), z. B. *How to Find Chemical Information* (MAIZELL 1987), *Chemical Information: A Practical Guide to Utilization* (WOLMAN 1988), *Chemical Information Management* (WARR und SUHR 1992), *Information Sources in the Physical Sciences* (STERN 2000) und *Wie finde ich Normen, Patente, Reports* (BRESEMANN, ZIMDARS und SKALSKI 1995). In allen Ländern und allen Fächern werden fast täglich, beflügelt durch die nicht endenden Fortschritte der *Telekommunikation,* neue Entwicklungen und noch modernere Methoden der Informationsbeschaffung angestoßen, und was heute gilt, wird morgen vielleicht schon belächelt. Dennoch wollen wir auf einige auch aus der eigenen Erfahrung und Praxis abgeleitete Hinweise nicht ganz verzichten.

Dabei soll uns zunächst die „laufende Informationsbeschaffung" (*engl.* current awareness) beschäftigen.

- Wer über die Fortschritte auf einem Fachgebiet informiert sein will, kommt nicht umhin, eine Auswahl wichtiger Fachzeitschriften regelmäßig zu lesen und weitere Zeitschriften auf Randgebieten systematisch nach Relevantem durchzusehen.

Möglicherweise kommt die eine oder andere Zeitschrift „per Umlauf" auf Ihren Schreibtisch, oder Sie haben sich den Luxus geleistet, eine oder mehrere Zeitschriften selbst zu abonnieren; vielleicht sind Sie auch befugt, aus den Neueingängen des Instituts Hefte für ein paar Tage an den häuslichen Arbeitsplatz mitzunehmen.

Oder sind Sie bei einem der „alerting sevices" für Ihr Fach oder Ihre Teildisziplin eingeschrieben? So können Sie sicher sein, viele neue relevante Literaturstellen mitgeteilt zu bekommen. Zu diesen Diensten gehören *ISI Discovery Agent* von Thomson-ISI (www.isinet.com) und die Dienste *Infotrieve* und *Ingenta*. Eingeschränkte Leistungen können Sie von einigen Zeitschriftenverlagen erhalten [z. B. Elesevier (www.sciencedirect.com) und Wiley (www3.interscience.wiley.com)] und auch von wissenschaftlichen Organisationen oder deren Publikationen wie im Falle der American Chemical Society (http://pubs.acs.org/journals/asap/index.html). Indem Sie sich solcher Einrichtungen bedienen, leisten Sie freilich der zunehmenden Abgrenzung und Aufteilung der Fächer in immer kleinere „Gehege" Vorschub; es ist gut, wenn Sie sich dessen bewusst sind und vielleicht gelegentlich auch einmal über die selbst gezogenen Zäune hinwegblicken.

Noch vor einiger Zeit erwartete man von jedem ernsthaften Forscher, dass er gewissenhaft und genau jeden Band mindestens der wichtigsten Zeitschriften seines Arbeitsgebietes durchblätterte und viele Artikel davon tatsächlich *las*. Das ist heute für klassische Disziplinen wie die Organische Chemie oder gar die gesamte Chemie nicht mehr zu leisten.

Wie – im vorgegebenen Rahmen – soll man Fachzeitschriften lesen? Wir halten nicht viel davon, sich dafür die verlorene Zeit in öffentlichen Verkehrsmitteln oder gar im Autostau vorzunehmen.

- *Lesen* heißt in unserem Zusammenhang: Lesearbeit.

Diese Arbeit erfordert Zeit, Geduld und Konzentration. In Bus oder Straßenbahn will es nicht gelingen, Einzelheiten zu vertiefen oder zu vergleichen, Anmerkungen zu notieren. Deshalb empfiehlt es sich, ausreichend *Lesezeit* im Tagesablauf einzuplanen.

Um publizierte Untersuchungsergebnisse und ihre Bedeutung aufnehmen und für sich selbst verarbeiten zu können, bedarf es einer gewissen Abschirmung – oder dürfen wir sagen Muße? Wie sich der Autor einer Publikation mit methodischen Angelegenheiten auseinandergesetzt hat, muss kritisch nachvollzogen werden. Weiter gilt es, die Bedeutung der Ergebnisse zunächst im Sinne des Autors nachzuvollziehen, um sie dann mit dem eigenen Wissen und Verständnis zu vergleichen. JASPERS' Forderung an den Leser philosophischer Texte verdient auch in den Naturwissenschaften Beachtung (JASPERS 1953, S. 143):

> Bei der Lektüre ist zunächst eine Grundhaltung erforderlich, die aus dem Vertrauen zum Autor und aus der Liebe zu der von ihm ergriffenen Sache erst einmal

liest, als ob alles im Text Gesagte wahr sei. Erst wenn ich mich ganz habe hinreißen lassen, dabei war und dann gleichsam aus der Mitte der Sache wieder auftauche, kann sinnvolle Kritik einsetzen.

Lesen ist ein komplexer Vorgang, da es ja darum geht, aus *Zeichen* den von den Verfassern intendierten *Sinn* zu rekonstruieren, das Gelesene zu verstehen. Forschende Naturwissenschaftler müssen besonders viel lesen und stehen dabei unter Zeitdruck, sie müssen also jeweils eigene, den persönlichen Begabungen und Gegebenheiten wie auch den gestellten Forderungen angepasste Lesegewohnheiten entwickeln. Dass sie dabei zu Schnell-Lesern werden, ist unvermeidlich.

- Das Verarbeiten wissenschaftlicher Literatur verlangt nach einer Leseökonomie, die die Kunst einschließt, zwischen *relevant* und *irrelevant* zu unterscheiden.

Im Sinne von JASPERS systematisch gelesen werden fast nur noch Zeitschriften mit einem übergeordneten Informationsziel, die eher der Sekundär- als der Primärliteratur zuzuordnen sind (s. Abschn. 3.1.2): Zeitschriften mit „Review"-Charakter, mit fachdidaktischer oder übergreifend naturwissenschaftlicher Zielsetzung; Fach- oder Branchen-umfassende Zeitschriften. Manche von ihnen führen das Wort „Nachrichten" oder *(engl.) News* im Titel, oder ihr Titel signalisiert – wie bei *Nature* oder *Science* – die große Zielsetzung.

9.1.2 Nutzung der Fachbibliothek

Bewährtes und Gültiges

Nehmen wir an, als forschender Naturwissenschaftler oder an grundlegenden Entwicklungen interessierter Ingenieur haben Sie direkten Zugriff auf eine Zeitschrift der „übergreifenden" Art, dazu vielleicht noch auf eine Fachzeitschrift auf dem eigenen Spezialgebiet: Das ist gut, reicht aber nicht aus! Bei wöchentlichen, jeweils wenigstens zweistündigen Gängen in Hochschul- oder Firmenbibliothek werden Sie als Angehörige(r) dieser Gruppe weitere Fachzeitschriften regelmäßig durchsehen und von den Artikeln, die für Ihre eigene Arbeit wichtig – relevant – sind, die bibliografischen Merkmale und vielleicht Inhalte in Stichworten notieren wollen. Um auf dem Laufenden zu bleiben, müssen Sie dafür werktäglich (!) nach unserer Schätzung etwa 5 bis 10 Publikationen in irgendeiner Form für sich „festhalten", d. h. *dokumentieren*.[1] Sie werden vielleicht für jede interessierende Publikation einen Datensatz anlegen. Wie das im Einzelnen geschehen kann, wollen wir anschließend (Abschn. 9.2) besprechen.

- Bibliotheksarbeit ist ohne die Benutzung von Fotokopierern kaum mehr vorstellbar.

Sie werden also die Artikel, die besonders wichtig für Ihre Arbeit erscheinen, kopieren, um sie am Arbeitsplatz verfügbar zu machen. „Denn, was man schwarz auf weiß be-

---

[1] Manche F+E(*Forschung und Entwicklung*)-Abteilungen in der Industrie scheinen wenig Ehrgeiz zu entwickeln, diesem Ziel nahe zu kommen oder ihre Mitarbeiter dazu anzuhalten. Bibliotheksarbeit wird manchmal sogar kritisch gesehen („Der hat wohl nichts zu tun!"). Es steht jeder Firma frei, ihr Budget für Fehlinvestitionen auf diese Weise zu erhöhen.

sitzt, kann man getrost nach Hause tragen."[2] Wahrscheinlich genügt es für das spätere Wiederauffinden zu Hause, nur die erste Seite des Artikels zu kopieren; denn immer mehr achten die Zeitschriften darauf, dass man dieser Erstseite sämtliche bibliografischen Angaben über den betreffenden Beitrag einschließlich der Bandnummer der Zeitschrift entnehmen kann. Damit ist die Möglichkeit gegeben, den Artikel nachher vom Internet auf den eigenen Rechner herunterzuladen[3] und in der einzigen Form zu speichern, die zeitgemäß ist: digital.

Das *Fotokopieren* in Bibliotheken ist billig geworden, es entlastet den Leihverkehr. Allerdings birgt es eine Gefahr: *Weil* es so bequem und billig ist, werden zu viele Kopien gezogen. ECO (1990) spricht in diesem Zusammenhang von einem „Sammelrausch", einem „Neukapitalismus der Information". Das vergeudet Papier und Geld, denn nicht immer ist sichergestellt, dass die Kopien jemals ausgewertet werden. Schlimmer noch ist ein psychologischer Effekt, der dem Sammelwütigen ein Gefühl scheinbaren Gewinns beschert, wenn er nur viele Kopien „nach Hause tragen" kann. Das zu früh sich einstellende Erfolgserlebnis hindert ihn vielleicht daran, sich mit den Kopien auch auseinanderzusetzen.

Über rechtliche Probleme, die mit dem Kopieren zusammenhängen, wollen wir an dieser Stelle nicht mehr sprechen: Die Bibliotheken und andere Betreiber zahlen aus den erhobenen Gebühren Tantiemen an die „Verwertungsgesellschaften", leisten somit Tribut an die Urheber und Rechteinhaber der Information.

Die Technik des Kopierens wird heute ergänzt und zum Teil verdrängt durch die des *Scannens,* die ein „elektronisches Kopieren" – also eine *digitale* Nachzeichnung mit OCR-Unterstützung[4] – ist und für die weitere Verarbeitung des Materials eine neue Dimension erschließt.

- Den Zugang zur älteren Originalliteratur vermitteln *Übersichtsartikel* und *Monografien.*

Die Organisation einer Bibliothek

Die Aufstellung der *Bücher* in der *Bibliothek* unterliegt einem eigenen Ordnungssystem, das hier ebenso wenig wie das Benutzen der Kataloge erläutert werden muss. Welche Bücher in der *Freihandbibliothek* greifbar sind, richtet sich nach dem dort zur Verfügung stehenden Raum; eine Fachbereichs- oder Institutsbibliothek wird andere Organisationsformen haben als eine Universitätsbibliothek. Eine große Bibliothek kann nie alle Bestandteile ihrer Sammlungen gleichzeitig frei zugänglich, d. h. lesebereit, halten. Was in ihrem *Archiv (Magazin)* vorhanden ist, wird aber meist rasch beschafft. Danach können Sie das Buch im Lesesaal studieren – auch hier erweist sich die Allgegenwart von Fotokopierern als nützlich –, oder Sie können es ausleihen. Ist es bereits ausge-

---

[2] Mit diesen Worten im *Faust* ist J. W. VON GOETHE zum Vordenker der Reproduktionstechnik geworden; wir weisen allerdings darauf hin, dass er den Ausspruch einem Schüler in den Mund gelegt hat.

[3] Wir übersetzen das (engl.) *download* so, auch wenn es nicht schön klingt; „downloaden" wollen wir nicht.

[4] OCR: *Optical Character Recognition*, Optische Zeichenerkennung.

liehen, so können Sie sich vormerken lassen und werden benachrichtigt, sobald es wieder verfügbar ist.

- Wichtige *Nachschlagewerke* werden nur im Lesesaal der Bibliothek bereitgestellt; in der Regel werden sie nicht ausgeliehen.

Von den *Zeitschriften* finden Sie in der Bibliothek die Hefte des laufenden Jahrgangs sowie die gebundenen Jahrgänge eines überschaubaren Zeitraums. Ältere Jahrgänge müssen wieder aus dem Archiv besorgt und im Lesesaal studiert werden, sie werden im Allgemeinen nicht aus der Bibliothek ausgeliehen.

Über die Möglichkeiten der *Fernleihe* von Artikeln in Zeitschriften, die in der Bibliothek nicht geführt werden, ggf. auch über Wege der *Eilbestellung* und der Zustellung durch *Telekopie* (Fax) sowie die damit verbundenen Kosten lassen Sie sich am besten durch die Fachkräfte der Bibliothek beraten. Einige Methoden der Besorgung sind grundsätzlich neuartig und werden nachfolgend unsere Aufmerksamkeit erlangen.

Wenn Sie sich mit diesen recht zufälligen Methoden der *Informationsbeschaffung (Literaturbeschaffung)* nicht zufrieden geben wollen, können Sie sich dem *Profildienst* eines der großen öffentlichen Dokumentationssysteme anschließen. Dazu ist es erforderlich, die besonderen Interessen innerhalb eines größeren Fachgebiets „anzukreuzen", um daraufhin regelmäßig die aus der Weltliteratur extrahierten Originalarbeiten, die genau in dieses Interessen-„Profil" passen, nachgewiesen zu bekommen. Sie können versuchen, Ihren individuellen Informationswunsch gemeinsam mit der Bibliotheksleitung zu verwirklichen, und sich dort beraten lassen.

Neuerdings macht diese Methode auch im World Wide Web (WWW) des Internet als *Push-Technologie* von sich reden. Man „zieht" (*engl.* pull) die Information nicht mehr aus dem Netz, indem man die wichtigen Info-Lieferanten „abklappert", sondern lässt sie sich von den Service-Betreibern auf den Bildschirm „drücken" (*engl.* push).

In jüngerer Zeit sind zahlreiche Datenbanken auf den Medien CD-ROM und DVD zugänglich geworden, so dass Sie Ihre Recherchen bequem in der Instituts- oder Universitätsbibliothek „offline" durchführen können.

Wir können hier nicht versuchen, für alle naturwissenschaftlichen Fachgebiete die entsprechenden *Informationsanbieter* und ihre Selektionsmöglichkeiten zu nennen.[5] Es sei Ihnen überlassen, sich nach einer Lösung für Ihre spezifischen Belange zu erkunden und entsprechend zu handeln. Eine Hilfe wollen wir dazu noch anbieten, indem wir auf die Reihe *Guides to Information Sources* im Verlag Bowker-Saur (München;

---

[5] Das weltweite Angebot an Online-Datenbanken im Bereich Naturwissenschaft/Technik/Patente lag Anfang 1994 bei über 1300; dabei machte der Datenbanktyp mit bibliografischen Hinweisen (*bibliografische Datenbank*, auch *Referenz-* oder *Hinweisdatenbank* genannt) mit 600 Datenbanken den größten Anteil aus. Insgesamt entfielen auf Biowissenschaften/Medizin/Pharmazie 277, auf Patente/Warenzeichen 95, auf Geowissenschaften 82, auf Chemie/chemische Verfahrenstechnik/Stoffdaten 67 und auf Physik/Mathematik/Informatik 40 (SCHULTE-HILLEN 1994). Zehn Jahre später ist das Angebot kaum mehr fassbar, doch finden sich im Internet wertvolle Übersichten (vgl. www.ub.fu-berlin.de/literatursuche/datenbanken/internet/db_fachlich/naturwiss.html (FU Berlin), http://dbs.ub.uni-giessen.de/links/dbs_fachuebersicht.php?fach=C (Uni Gießen), http://libweb.uoregon.edu/guides (University of Oregon, USA) und andere.

eine Tochter von Gale/Thomson Learning) hinweisen. Hierin sind eine größere Zahl von Bänden erschienen, die Titel tragen wie *Information Sources in the ... Sciences*. Alle Bände sind von Bibliothekswissenschaftlern und Experten der jeweiligen Fächer mit großer Sorgfalt zusammengetragene Werke, von denen viele in Neuauflagen aktualisiert worden sind. Behandelt wurden bis zum Zeitpunkt dieser Bestandsaufnahme (2005) u. a. die Geowissenschaften (WOOD, HARDY und HARVEY 1989), die Chemie (BOTTLE und ROWLAND 1993), die Physik (SHAW 1994) und die Biowissenschaften (WYATT 1997).

Fachbibliothek 2000

Vieles ist in den wenigen Jahren seit Erscheinen der 4. Auflage dieses Buches anders geworden. Wir beobachten die Entwicklungen fasziniert und nutzen sie selbst. Mit aller Vorsicht geben wir hier einen Zwischenbericht.

- Die Bibliothek der Zukunft – etwa auf dem Campus der Hochschule – wird in hohem Maße eine *virtuelle Bibliothek* sein.

Das heißt, sie gerät mehr und mehr zur Dienstleistungseinrichtung, die berät und Information vermittelt, und sie behält immer weniger von ihrer ursprünglichen Aufgabe, Aufbewahrungsort der Information zu sein. Selbst von dem, was in der Bibliothek vorhanden ist, werden Sie vieles nicht wahrnehmen: Schon heute halten gut organisierte Hochschulbibliotheken hunderte von CD-ROMs, die dem Inhalt von tausenden von gedruckten Bänden entsprechen, an zentraler Stelle zur Einsichtnahme bereit – nur: Selbst mit Händen fassen werden Sie diese „Medien" nie. Für Sie greift ein Roboter den gewünschten *Informationsträger* aus einer „Jukebox" heraus und schlägt ihn an Ihrem Bildschirm auf. Der Ort, an dem sich die Scheibe (CD-ROM, *engl.* compact disk read-only memory) für Sie dreht, kennt keinen Publikumsverkehr. Ein Campus-weites oder Firmen-internes *Intranet* schafft die technischen Voraussetzungen. „Online" sind Sie vielleicht – indirekt jedenfalls – mit einem Offline-Produkt verbunden, nichts ist unmöglich.

Das Besondere an den neuen *Informationsdiensten* ist, dass alles mit allem verbunden scheint. Sie können sich bei Ihrer Informationssuche von einer „Website" zu einer anderen, von einem Anbieter zu einem weiteren über *Links (Hyperlinks)* – auf dem Bildschirm hervorgehobenen Informationen – „weiterklicken". Der Vorgang ist vergleichbar dem „Zappen" durch die Fernsehkanäle, für den Wissenschaftler macht er durchaus Sinn und ist gewohnt: Nichts anderes war ja frühere „Bibliotheksarbeit" als das Vordringen von einer Quelle zu einer anderen, hier wird es nur technisch perfektioniert. Allein innerhalb einer einzigen Quelle wie *Ullmann's Encyclopedia of Industrial Chemistry, Fifth Edition on CD-ROM* gibt es 140 000 (!) solcher „Links". Sie entsprechen hier den früheren „Querverweisen" auf einen anderen Artikel oder Band, mit dem Unterschied, dass Sie *diesen* Verweisen gerne nachgehen werden, weil das in kürzester Zeit zu bewältigen ist.

- Die Bibliothek wird kleiner und dabei leistungsfähiger.

9.1 Informationsbeschaffung

Es werden noch einige Zeitschriften ausliegen, und es wird weiterhin Bücher – besonders grundlegende Lehrbücher und Nachschlagewerke – in der Bibliothek geben. Doch die körperlich vorhandenen, auf Papier gedruckten und gebundenen Bestände werden nur die Stammwürze sein für den weiter reichenden Prozess des Versorgens mit Information. Als regelmäßiger Bibliotheksbesucher werden Sie sich elektronisch ausweisen und die Bücher, die einen Strichcode tragen werden, selbst ausleihen (und sich selbst in Rechnung stellen). Vieles davon ist heute schon Wirklichkeit. Wenn Sie dem besonderen Fluidum nachtrauern, das von den Wänden und Regalen einer Bibliothek hernieder wehte, dann mag Sie trösten, dass die neue Einrichtung Ihnen das Wissen der *Welt* zu Füßen legt. (Und nebenbei, dass sie wahrscheinlich länger geöffnet sein wird, als das zuvor üblich war.)

Buch- und Zeitschriftenbestände werden regional und länderweit erfasst und zentral geführt werden und – auch wenn sie nicht körperlich vorhanden sind – in Lehr- und Forschungseinrichtungen zur Verfügung stehen. Besonders eindrucksvoll hat sich die Besorgung von Zeitschriftenliteratur entwickelt. Der gewünschte *Artikel* wird einer der Bibliotheken gemeldet, die über die Zeitschrift verfügen. Der Artikel kann dort optoelektronisch erfasst *(gescannt)* werden und steht Ihnen vielleicht noch am selben Tag als *Fax* oder *E-Mail* zur Verfügung, sonst wenig später als Postsendung: *Fernleihe* neuer Art. In dem Maße, wie die Verlage ihre Zeitschriften selbst elektronisch anbieten, wird auch das Einscannen von Artikeln für den geschilderten Zweck außer Mode geraten, und die interessierten Wissenschaftler suchen sich den Zugang zu der gewünschten Literatur selbst direkt vom E-Journal (s. dazu auch an mehreren Stellen in Kap. 3, besonders Abschn. 3.1.2). Aus *Bibliothekaren* sind dann endgültig *Informationsvermittler* geworden. Schon heute trifft man in wissenschaftlichen Bibliotheken zunehmend EDV-Fachleute an, die nicht aus dem klassischen Bibliothekswesen hervorgegangen sind, vielleicht aber aus einem der betreuten Fachgebiete.

Vor dem Bestellen steht das Ausfindigmachen, das eigentliche Recherchieren. Natürlich stehen *Suchmaschinen* zur Verfügung, um die interessierenden Artikel z. B. nach Stichwörtern zu identifizieren, wenn ihre bibliografischen Daten noch nicht bekannt sind.[6] Für Bücher haben die wissenschaftlichen Bibliotheken Hochschul-übergreifende Nachweissysteme bereitgestellt. Es sind elektronische Einrichtungen entwickelt worden oder sind im Aufbau, in denen Informationen *strukturiert* zusammengetragen werden, was besonders für Informationssuchende von Wert ist, die nicht täglich mit URLs und http-Adressen umzugehen gewohnt sind.[7] Die Adressen sind ja meist nicht sinngebend,

---

[6] Vielseitige und äußerst leistungsfähige Suchmaschinen im Internet sind einer breiten Öffentlichkeit bekannt unter den Namen *Yahoo* und *Google*. Auch im professionellen Umfeld kann man mit ihrer Hilfe wertvolle Quellen (neben viel Ballast) aufstöbern, doch braucht man für das gezielte Suchen in den Sphären der Wissenschaft speziell dafür eingerichtete Systeme und Strategien. Erwähnt sei hier WORLDCAT, der Katalog der größten „Universitätsbibliothek" der Menschheit (vgl. unter „Archivierbarkeit und Recherchierbarkeit" in Abschn. 3.1.2) und das darauf basierende Suchsystem FIRSTSEARCH (vgl. http://www.oclc.org/firstsearch).

[7] URL steht für engl. *Uniform Resource Locator*; es handelt sich um ein Darstellungsverfahren für den Zugriff auf unterschiedliche Internet-Dienste innerhalb des WWW. In Verbindung mit „://" ist www

→

ändern sich auch oft. Wie also soll der Einzelne wissen, wo was zu finden ist? Hier setzen speziell für Belange der Forschung und Lehre an Hochschulen entwickelte Suchhilfen ein, die Wege zu den einzelnen Datenbanken weisen. Erschlossen werden hier *Informationsquellen,* nicht einzelne *Dokumente.* Ein bedeutendes Beispiel ist das von zwölf Fachhochschulen des Landes Nordrhein-Westfalen entwickelte Nachweissystem FINT, Fachinformation im Internet.[8]

Wer Zugang zum Internet hat, kann die Arbeit des Suchens und Identifizierens, ja auch des Orderns oder Abonnierens weitgehend am eigenen Schreibtisch bewältigen, wodurch die Kolleginnen und Kollegen in der Bibliothek entlastet werden und sich auf ihre Rolle als Informationsberater konzentrieren können, beispielsweise, indem sie Ihnen helfen, *Recherchestrategien* zu entwickeln.

- Besonders wertvolle Dienste im Internet leistet das *World Wide Web* für die Wissenschaft.

Der persönlichen Informationsbeschaffung leistet eine Entwicklung Vorschub, die von Verlagen und anderen IuD-Partnern[9] unterstützt wird, nämlich die kostenlose Bereitstellung der *Titel* von Zeitschriftenartikeln, meist in Verbindung mit der jeweiligen Zusammenfassung *(Abstract),* in zahlreichen Informationssystemen. Dafür reicht ein *Personal Computer,* seinem Namen gerecht werdend, aus. Und es ist nicht unbedingt erforderlich, sich an die großen Datenbanken des Fachs oder an „Server" im „Netz" zu wenden: Es gibt Hinweise auf die Inhalte von Zeitschriften selbst auf den Homepages von Forschungsinstituten oder einzelnen „Colleges". Wenn Sie erst einmal auf die Arbeiten an einem bestimmten Institut aufmerksam geworden sind, kann es sein, dass Sie die dort interessierenden oder ausstehenden Zeitschriften „mitblättern" und nach Stichwörtern oder Autoren durchsuchen können. Nur an die Volltexte der Beiträge kommt der wissenschaftliche Websurfer und Internaut gewöhnlich nicht heran – außer über Kreditkarte oder sonst ein Zahlungsverfahren.

---

eine Art Präfix einer URL. http ist die allen Web-Nutzern aus zahllosen Web-Adressen geläufige Abkürzung für das *HyperText Transport Protocol,* das den Datenaustausch im WWW steuert und die Kommunikation zwischen „Server" und „Client" definiert (vgl. „Das ‚offene' Journal" in Abschn. 3.1.2). – An dieser Stelle seien die schon mehrmals zitierten „Z39.50 standards" genannt, die als grundlegende Richtlinien für das elektronische Zitieren im Allgemeinen gelten. „Z39.50" kann als Synonym verstanden werden für die Norm ANSI Z39.50-1995, *Information retrieval (Z39.50) application service definition and protocol specification.*

[8] Der Begriff *Fachinformation* wurde Anfang der 1970er Jahre geprägt. Er umfasste Text- und numerische Informationen, die von Firmen, Forschungseinrichtungen, Referatediensten und besonderen Fachinformationszentren bereitgestellt wurden und werden, um fachliche Aufgaben in Beruf, Wissenschaft und Forschung sowie in der Wirtschaft und Verwaltung bewältigen zu helfen. Angesichts der jüngeren Entwicklungen der Informationsspeicherung auf leistungsfähigen Datenträgern (wie CD-ROM) und der Infomationsfernübermittlung über das Internet versteht man unter *elektronischer Fachinformation* neuerdings *alle* für Lehre, Forschung, Verwaltung und Wirtschaft relevante fachbezogene Information gleich welcher Natur *und* die Methoden, sie zu beschaffen und zentral oder dezentral bereitzustellen.

[9] IuD (Information und Dokumentation), ein in den 1970er und 1980er Jahren stark gefördertes Entwicklungsprogramm der Bundesrepublik Deutschland.

Instituts- oder Arbeitskreisleiter werden häufig benötigte Datenbanken vielleicht für den „offline"-Eigenbedarf beschaffen, als CD-ROM. Diejenigen Quellen, die *nach* dem letzten „Update" (Aktualisierung) in die Datenbank aufgenommen worden sind, werden per *Differenzrecherche* „online" preiswert herbeigebracht.[10] Und niemand in Deutschland wird die eben benutzten englischen Wörter mehr in Anführungszeichen schreiben, weil sie (in Ermangelung von Alternativen aus deutschen Landen) zu Bestandteilen der Gemeinsprache geworden sind.[11]

9.2 Der Aufbau einer eigenen Literatursammlung

9.2.1 Die konventionelle Autorenkartei

Wer über die Fortschritte auf bestimmten Gebieten gründlich und systematisch informiert sein will, kommt nicht umhin, sich eine eigene *Literatursammlung* – oder persönliche „Literaturdatenbank" – aufzubauen. Was wir hier zunächst betrachten wollen, ist die „konventionelle" Methode zum Aufbau einer solchen Sammlung. Wie man in der modernen Datenbank-Umgebung mit den von Alters bewährten Konzepten umgehen kann, ist Gegenstand des nächsten Abschnitts (Abschn. 9.2.2). Der Weg zu den relevanten, für die eigene Arbeit als wichtig erachteten Dokumenten soll im Augenblick nicht über das hinaus interessieren, was wir vorstehend schon besprochen haben. Sie werden Ihren eigenen Stil im Umgang mit der Literatur entwickeln und herausfinden, wie Sie mit Ihren Lesegewohnheiten und dem gesamten Arbeitsrhythmus und Tagesablauf am besten zurechtkommen.

- Korrektes Zitieren setzt eine leistungsfähige Dokumentation voraus.

Unter *Dokumentation* – eingangs des Kapitels als „Literaturverwaltung" eingeführt – wollen wir das Sammeln und Bereitstellen von Dokumenten[12] (*Berichten*, Abschn. 1.2, 1.5; *Publikationen*, Abschn. 3.1.1) in einer für die weitere Verwendung geeigneten Form verstehen. Dabei denken wir zunächst nicht an die großen nationalen und internationalen Dokumentationssysteme und Literaturdatenbanken, sondern an die

---

[10] Wollen Sie sich regelmäßig über neue Publikationen bestimmter Themenbereiche auf dem Laufenden halten, können Sie dies auch über die SDI-Dienste der Hosts abwickeln (SDI für *engl.* Selective Dissemination of Information): Ihre im *Host* gespeicherte Suchstrategie wird regelmäßig abgearbeitet, und Sie erhalten die Dokumente, die seit der letzten Suche hinzugekommen sind, z. B. per E-Mail. Man spricht in dem Zusammenhang auch von *Abonnementsrecherche*. Es handelt sich um eine Push-Technologie, wie schon angesprochen.

[11] Diese Entwicklung ist inzwischen (2005) eingetreten. Alle drei Wörter sind Bestandteile der deutschen Rechtschreibung *(Duden, Wahrig)* geworden, z. B. als Eintrag „**1. off|line** <Adv.> [*engl.*; eigtl. = ohne Verbindung, aus: off (→off) u. line = (Verbindungs)linie, ...", den verschämten Hinweis „engl." enthaltend.

[12] DIN 1504 (1973) definiert dazu: „Dokumente kommen üblicherweise in der Form von Büchern, Zeitschriftenaufsätzen, Forschungsberichten, Patentschriften usw. vor. Ganz allgemein sind jedoch alle Informationseinheiten, die unter dem zweifachen Gesichtspunkt des Inhalts und der Form zusammengehören, als Dokumente zu betrachten."

Sammlung des Autors – an Ihre *eigene* Literatursammlung: Sie ist es, die aufgebaut und ständig fortgeführt werden muss, damit die Entwicklungen des speziellen Arbeitsgebiets jederzeit darin ihren Niederschlag finden und für Ihre eigenen Publikationen herangezogen werden können. Der Dokumentation entnehmen Sie die Daten für die Kennzeichnung der im *Literaturverzeichnis* Ihrer Arbeit zitierten Dokumente, vielleicht auch einzelne Inhalte.

- Form und Inhalt der Literaturverzeichnisse von Publikationen sind Ausdruck der Sorgfalt, mit der Autoren zu Werke gehen.

Die Dokumente, die es zu sammeln und bereitzuhalten gilt, sind für den forschenden Wissenschaftler in erster Linie Quellen der *Primärliteratur*, also in *Fachzeitschriften* publizierte Artikel. Bücher dienen eher der Vermittlung von Überblicken oder neuen Einsichten, sofern sie nicht als „Anleitungsliteratur" oder zum Nachschlagen bestimmter Daten benutzt werden.

- *Dokumentieren* umfasst alle Maßnahmen, die geeignet und erforderlich sind, um „Informationseinheiten" (Dokumente) in der wissenschaftlichen Literatur über Stichwörter oder andere *Deskriptoren* auffindbar oder wieder auffindbar zu machen.

Dokumentieren hat also immer etwas mit Orten und Inhalten zu tun, mit *Lokalisieren* und *Identifizieren* von Dokumenten ebenso wie mit ihrer inhaltlichen Erschließung. Noch einem weiteren Wort begegnet man an der Stelle: Bibliografieren. *Bibliografische Angaben* (von gr. biblios, Buch) sind die Kennzeichnungen eines Dokuments, die es jedermann gestatten, das Dokument aufzuspüren, sofern es ein Bestandteil der *Literatur* (*lat.* littera, Buchstabe) geworden ist. Das Feststellen und Festhalten dieser Merkmale, eben das Bibliografieren, ist eine eigene Kunst (s. Abschn. 9.3).

Wie Sie das Erschließen betreiben soll(t)en, lässt sich gegenwärtig kaum in eine allgemein taugliche Empfehlung zwängen. Verlassen Sie sich auf Ihr eigenes Wollen! Der eine liest gern ein paar Zeitschriftenhefte am Wochenende durch und macht „den Rest" – eben das Bibliografieren und Dokumentieren – später, ein anderer hält es umgekehrt und sammelt zunächst einmal, um erst bei anderer Gelegenheit genauer anzusehen, was er zusammengetragen hat. Zu solchen individuellen Faktoren ist ein anderer getreten, dem sich kein Wissenschaftler und keine Wissenschaftlerin entziehen kann, und gerade das macht für den einzelnen die Entscheidung schwer, wie heute zweckmäßig vorgegangen werden kann:

- Seit Datenbanken für alle Disziplinen weltweit und jederzeit zugänglich geworden sind, ist die Bedeutung des persönlichen Dokumentierens in den Hintergrund getreten.

Selbst dokumentieren oder nicht, ist das die Frage? Wir wissen nicht, wie sich unsere Kolleginnen und Kollegen „mehrheitlich" entscheiden werden oder entschieden haben, und wir kennen keine Untersuchung, die diese Frage zum Gegenstand hätte. Sicher scheint zu sein: Ein Wissenschaftler kann heute auch *ohne* eigene Dokumentation erfolgreich forschen. Was Sie gerade brauchen, holen Sie aus dem Internet: Als *Browser* bezeichnete Programme[13] sorgen für die richtige Logistik, und über den nahen Einwählpunkt eines *Providers* (Internet Service Provider, ISP) gelangen Sie ins World Wide Web und nutzen die Informationsangebote von tausenden von *Servern*, d.h., Sie telefonieren sich die Information bei Bedarf herbei. Selbst werden Sie dabei zum *(engl.) Client*, zum Bezieher der Information oder Kunden, und dabei müssen Sie für viele Angebote nicht einmal etwas bezahlen.

Wir persönlich können uns ein Forscherleben ohne *eigene* Literatursammlung allerdings nicht vorstellen. Schließlich wollen wir nicht für alles, was wir eigentlich zur Hand (wenn schon nicht im Kopf) haben sollten, unsere Zeit im Internet vertun. Wir gehen also für das Folgende davon aus, *dass* Sie sich ein maßgeschneidertes Nachweissystem zulegen wollen. Die überkommene *Autorenkartei* bietet dafür noch immer einen brauchbaren Hintergrund, den wir auch in dieser 5. Auflage, wenngleich in verkürzter Form, noch darstellen wollen. Denn manche Wesenszüge des Bibliografierens und Dokumentierens gelten fort, auch wenn sich die technische Umsetzung geändert hat: Computerprogramme orientieren sich am „klassischen" Zugang über Karteikarten (s. hierzu z.B. *Duden-Taschenbuch* 21,1988).

Dabei spielt auch die Frage eine Rolle, ob und wann es sinnvoll ist, *Kopien* der Dokumente bei sich aufzubewahren. In der Regel haben Sie nicht die Möglichkeit, alle interessierenden Dokumente an Ihrem Arbeitsplatz zu sammeln. Selbst wenn Sie das anstreben, bedarf der rasche und gezielte Zugriff auf die Dokumente eines *Ordnungssystems*. Es ist dieses Ordnungssystem, das wir hier die Literatursammlung des Wissenschaftlers nennen.

- Die traditionelle Literatursammlung besteht aus einer *Kartei*, in der jedem Dokument eine *Karte* zugeordnet ist: ein Dokument – eine Karte.

Eine so aufgebaute Sammlung heißt *Literaturkartei* oder, wegen der meist verwendeten Struktur, Autorenkartei (wie schon vermerkt). In traditioneller Form waren bevorzugte Kartenformate A5 und A7, vor allem aber A6 (Postkartenformat). Das manuelle Registrieren von Dokumenten auf Karten kommt heute am ehesten noch für Diplomanden oder Doktoranden in Frage, deren Interesse sich – zunächst jedenfalls – auf das Thema ihrer Dissertation beschränkt. Ein Doktorand der Naturwissenschaften wird etwa 500 Dokumente (Publikationen) lesen müssen, von denen sie/er dann vielleicht 100 zitiert. Das Erfassen einer solchen Zahl an Dokumenten auf Karteikarten von Hand erscheint zumutbar und ist zweifellos das billigste Verfahren der Dokumentation. Allerdings fahren Sie als Rechner-gestützte Privatperson mit einem Datenbankprogramm (s. Abschn. 8.5.2) weitaus besser, und das aus mehreren Gründen: Ihr Zugriff zu den einzelnen Dokumenten ist schneller und wirkungsvoller, und Sie können Daten aus den einzelnen „Karten" – die jetzt zu *Datensätzen* geworden sind – per Mausklick in Ihren aktuellen Bericht übernehmen.

---

[13] Das „Herumstöbern" im Netz wird Browsen (*engl.* browse, im ursprünglichen Sinne abgrasen, abfressen, äsen; übertragen: in einem Buch schmökern) genannt, was inzwischen so sehr als alltäglich empfunden wird, dass es sich im Deutschen zu „Brausen" abzuschleifen beginnt.

- Erst die neuen Techniken haben eine wirksame Möglichkeit eröffnet, Dokumente in ihrer Ganzheit, d. h. im *Volltext,* abzuspeichern.

Das kann auf dem Wege der *Digitalisierung* beispielsweise durch Einscannen oder durch Herunterladen von einer öffentlichen Datenbank geschehen. Das früher so beliebte Beiziehen und Sammeln von *Sonderdrucken* verliert an Bedeutung, Speicherplatz an der „Bücherwand" spielt jetzt keine Rolle mehr.

Seit es zum guten Stil eines Arbeitskreises gehört, dass auch die Mitarbeiter jederzeit Zugang zu den aufgestellten Rechnern haben – von denen vermutlich einer oder wenigstens einer ständig „am Netz hängt" –, kommen Karten und Karteikästen mehr und mehr außer Mode, und mancher schöne Büroschrank mit Ablagen in Rollfächern mag auf dem Sperrmüll gelandet sein.

Lassen Sie uns dennoch für ein paar Augenblicke bei der „guten alten" Kartei verweilen! In die konventionelle Literatursammlung wird jeweils eine „Karte" (ein Datensatz) als Platzhalter für das eigentliche Dokument aufgenommen. Sagt man „Die Kartei hat so und so viele Dokumente", so ist das im übertragenen Sinn gemeint. Die Dokumente selbst sind nicht in der Kartei enthalten – sie wären auch auf einer Bücherwand nicht unterzubringen, wenn es denn gelänge, sie alle an einem Ort zu vereinen.

Eine Karte trägt mindestens, und zwar meist in dieser Reihenfolge, Angaben über:

1. *Name* des Autors oder der Autoren,
2. *Titel* des Dokuments,
3. weitere *bibliografische* Merkmale,
4. *inhaltliche* Merkmale,
5. *Standort* des Dokuments,

sowie als weitere Kennzeichnungen

6. *Ablagenummer,*
7. *Registriernummer*.

Beim Gestalten und Entwickeln Ihrer Kartei sollten Sie sich stets vor Augen halten, was Ihr Hauptziel ist: Jedes Dokument, das Ihnen während Ihrer Forschung begegnet, wollen Sie leicht wieder finden können! Dazu muss die Kartei alle Informationen enthalten, die nötig sind, um die Quellen eindeutig zu beschreiben und sie auch für andere „steckbrieflich" ausschreiben, nämlich einwandfrei zitieren zu können.

- *Vollständigkeit* der Angaben ist eine Voraussetzung für das erfolgreiche Arbeiten mit einer Kartei.

Man kann die betreffenden Angaben auf den Karten in sich immer wiederholenden Feldern *(Karteifeldern)*[14] anordnen – ja man muss es, soll nicht alles „wie Kraut und Rüben" durcheinander fahren. Das erste Feld in der Aufzählung, das die Angaben über die Autoren (1) aufnimmt, ist dann das *Autorenfeld*. Es dient über die Beschreibung

---

[14] Der Terminus *Feld* ist ein Schlüsselbegriff auch bei den modernen „Karteien", den *Datenbanken* (vgl. Abschn. 8.5.2). Auf Karteikarten müssen die Felder nicht wirklich eingezeichnet oder vorgedruckt sein, ein paar Linien von Hand oder sich wiederholende Anordnungen mögen genügen.

eines wichtigen Dokumentmerkmals hinaus der Einordnung innerhalb der Kartei: Geordnet wird die Kartei üblicherweise in der alphabetischen Reihenfolge der *Namen der Erstautoren*. Da (bei westlichen Autoren) dafür der Nachname maßgeblich ist, setzen Sie die Vornamen – Initialen genügen – hintenan. Zweckmäßig verfahren Sie so nicht nur bei den Erstautoren, sondern bei allen Autoren.

Keinesfalls ist der *Erstautor* immer derjenige, der den Hauptbeitrag zum Dokument geliefert hat, was – ehedem, fügen wir hinzu – die Notwendigkeit nach sich zog, für die anderen Autoren *Verweiskarten* anzulegen.

- Bei herausgegebenen Werken treten an die Stelle des Autors (oder der Autoren) der oder die *Herausgeber*, bei Patenten der oder die *Erfinder*, bei Dokumenten ohne Verfasser oder Herausgeber die Behörde, Institution oder Firma, in der das Dokument erschienen ist.

Bei anonymen Dokumenten bleibt das Autorenfeld leer, in Zitaten (Quellenbelegen) nimmt der Titel des Dokuments selbst den Platz ein, der sonst der Nennung der Autoren gedient hätte.

- Sind mehrere Arbeiten eines Autors in die Kartei aufzunehmen, so werden die Karten in derselben Reihenfolge aufgestellt, in der auch Literaturverzeichnisse im Namen-Datum-System angelegt werden, nämlich chronologisch innerhalb von Gruppen.

Näheres dazu bitten wir Abschn. 9.3.3 zu entnehmen.

Der *Titel (Sachtitel)* (2) des Dokuments, z. B. des Beitrags in einer Zeitschrift, ist *vollständig* einzutragen, selbst wenn er nach den Wünschen mancher Redaktionen nicht in die Literaturlisten *(references)* ihrer Zeitschriften übernommen werden kann. Fremdsprachige Aufsätze oder Bücher werden in der Originalsprache zitiert. Ist ein Dokument übersetzt worden, so geben Sie den Übersetzungstitel, bei Büchern ggf. noch den Namen des Übersetzers an; zusätzlich sollten dann auch noch der Titel der Originalfassung und deren Erscheinungsdaten notiert werden.

Unter *bibliografischen Daten* (3) versteht man diejenigen Informationen, die erforderlich sind, um ein Dokument letztlich unter Abermillionen anderer Dokumente zu finden, es zu „lokalisieren". Bei einem *Zeitschriftenartikel* genügt im Prinzip die Angabe des Titels und Jahrgangs der Zeitschrift sowie der Seiten, auf denen der Beitrag abgedruckt wurde. Da Dokumentationsfachleute auch *Verfassernamen* und *Sachtitel* zu den bibliografischen Angaben zählen (s. Abschn. 9.5.1), haben wir in unserer Aufzählung oben korrekt von „weiteren bibliografischen Angaben" gesprochen. Das soll nicht heißen, dass die hierher gehörenden Angaben fakultativ seien, im Gegenteil: Man findet einen Beitrag in einer Zeitschrift über Band- und Seitennummern auch ohne Kenntnis der Verfasser oder des Themas. Umgekehrt müsste man erst Verzeichnisse bemühen, um zu dem Artikel vorzudringen, wenn nur Angaben über Autor(en) und Titel der Arbeit vorlägen.

- Die Titel von *Zeitschriften* kürzen Sie in der üblichen Weise ab, benutzen also die offiziellen *Zeitschriftenkurztitel*, wie sie beispielsweise in den Titellisten der Referateorgane zu finden sind.

Zeitschriftenkurztitel sind nach der Norm ISO 4:1997 *(Information and documentation, rules for the abbreviation of title words and titles of publications)* international einheitlich festgelegt. Es ist gut, wenn Sie für den eigenen Gebrauch eine Liste der von Ihnen am häufigsten benutzten Zeitschriften samt Kurztitel und Signatur in der Bibliothek besitzen.[15]

- Bei einem *Buch* zählen neben Autorenname(n) und Buchtitel die Auflagenbezeichnung, das Erscheinungsjahr sowie Ort und Name des Verlags zu den bibliografischen Angaben.

Darüber hinaus sollten Sie heute die *International Standard Book Number* (ISBN) notieren. Sie wird zwar (noch) nicht zu den „üblichen" bibliografischen Angaben gezählt und folglich oft nicht in die Quellenangaben von Literaturverzeichnissen übernommen,[16] erweist sich aber als hilfreich, wenn Sie das Buch über den Bibliotheksleihverkehr oder im Buchhandel – oder am Bildschirm – besorgen wollen.

- Wichtig bei jeder Art von Dokumenten sind *Seitenzahlangaben*.

Bei einem Zeitschriftenartikel notieren Sie Beginn *und* Ende – ohne Ziffern zu unterschlagen[17] – des Artikels, bei einem Buch den Gesamtumfang (z. B. in der Form „378 S.") und ggf. weitere Seiten, auf denen bestimmte Informationen zu finden sind. Wir gehen auf diese Dinge in Abschn. 9.3 unter dem Blickwinkel des Zitierens erneut und ausführlicher ein.

Das nächste Feld *(Inhaltsfeld)* (4) steht für nähere Angaben zum Inhalt zur Verfügung, „näher" deshalb, weil schon der Titel des Dokuments eine Information über seinen Inhalt ist. Gewöhnlich wird den Inhaltsangaben der größte Teil der Fläche auf den Karten zugeschlagen, dieses Feld heißt deshalb auch *Hauptfeld*. Dennoch lässt der zur Verfügung stehende Raum nur verkürzte, unter den subjektiven Gesichtspunkten des Dokumentierenden ausgewählte Angaben zu. Das Hauptfeld wird deshalb auch „Feld für persönliche Eintragungen" genannt. Das soll Sie aber nicht daran hindern, hier nach Bedarf Passagen im Wortlaut des Originals zu notieren, Auszüge also, die keineswegs „persönlich" sind.

Um sie als Bestandteile des Dokuments auszuweisen, setzen Sie sie in Anführungszeichen. Solche Angaben wie auch die Übernahme von Zahlen (allgemein: *Daten*) aus dem Dokument – die in gewisser Weise ebenfalls „wörtliche Zitate" sind – bedürfen besonderer Sorgfalt, damit Sie die Stellen später nicht noch einmal aufsuchen müssen,

---

[15] Von den Homepages vieler Datenbanken ausgehend können Sie Zeitschriftenlisten (mit Titel, Kurztitel, Erscheinungsweise und einigen weiteren Kenndaten zahlreicher Periodika) im Internet finden. Beispielsweise gelangen Sie von MEDLINE zu allen Zeitschriften medizinischen oder biomedizinischen Inhalts. Eine sehr umfangreiche und zahlreiche Fachgebiete überstreichende Zusammenstellung von Zeitschriften und anderen „Sources" findet sich des weiteren im *Chemical Abstracts Service Source Index* (CASSI) der American Chemical Society. Auch manche Zeitschriften selbst halten in ihren Autorenrichtlinien Listen der wichtigsten Periodika auf dem betreffenden Fachgebiet bereit, um einheitliches Zitieren durch die Autoren zu unterstützen.

[16] Bedauerlicherweise gilt dieser Satz, den wir vor einigen Jahren formuliert haben, noch immer; wir haben jetzt lediglich „nicht" durch „oft nicht" ersetzt.

[17] Bitte *nicht*: 1243-92, sondern 1243-1292.

wenn Sie die Daten fehlerfrei weiterverwenden wollen. Auch hier der Hinweis: Grundsätzlich können Sie in einer elektronischen „Autorenkartei" Volltexte, d. h. komplette Dokumente, abspeichern.

Je nachdem, wie ausführlich Sie diese Inhaltsangaben gestalten wollen, werden Sie ein kleineres oder größeres Kartenformat.

- Nähere Angaben zum Inhalt *(Exzerpte)* und eigene Anmerkungen *(Kommentare)* lassen sich in nummerierten und paginierten *Literaturheften* unterbringen.

Dies gilt besonders im Zusammenhang mit der konventionellen Autorenkartei. (Deuten Sie die folgenden Anmerkungen bitte entsprechend um, wenn Sie „digital" arbeiten.)

In Literaturheften lässt sich der Raum kompakt nutzen. Sie werden jeweils auf den Karten vermerken, wo die betreffenden Ausführungen zu finden sind, z. B. durch „L III, 17-21". Umgekehrt beginnen die Eintragungen in den Literaturheften (L) mit einer Kurzbibliografie, damit Sie von dort zurück zu den Karten finden. Auch mehrere Exzerpte (z. B. aus unterschiedlichen Bearbeitungszeiträumen) können auf diese Weise angefertigt und griffbereit gehalten werden. Grundsätzlich können Sie Ihre eigenen Notizen auch in ein Feld „Kommentare" eines Datenblatts schreiben, aber ob Sie am Bildschirm immer die angemessene Kreativität dafür entfalten können, ist eine andere Frage.

Manche Wissenschaftler – sofern sie tatsächlich noch mit Karten arbeiten – ziehen es vor, eine im Dokument gefundene *Zusammenfassung* der Arbeit zu kopieren und in das Hauptfeld der Karte einzukleben. Den Artikeln entnommene oder andere *Schlagwörter*[18] auf das Feld zu schreiben hat wenig Sinn außer dem, dass man dadurch über eine den Titel ergänzende Charakteristik des Dokuments verfügt. Für Suchzwecke verwenden können Sie die Schlagwörter der – konventionellen! – Literaturkartei nicht, es sei denn, Sie legten ein zusätzliches Schlagwortverzeichnis an.

Die vollständigste „Inhaltsangabe" ist das komplette Dokument. Erscheint es Ihnen wünschenswert, eine wichtige Arbeit im vollen Wortlaut (d. h. als *Volltext*) bei sich aufzubewahren, so werden Sie eine Kopie oder einen *Sonderdruck* des Dokuments archivieren (sofern Sie nicht elektronisch speichern). Aber das führt uns zum nächsten und übernächsten Punkt.

Der *Standort* (5) des Dokuments ist wichtig, weil sich im Laufe Ihrer Arbeit die Notwendigkeit ergeben kann, Einzelheiten nachzuschlagen. Handelt es sich um ein Buchwerk der eigenen Handbücherei, so mag in dieser Zeile der Vermerk „vorhanden" genügen. Ähnlich können Sie verfahren, wenn Sie über die betreffenden Jahrgänge einer Zeitschrift selbst verfügen. Steht das Buch in einer Bibliothek, so können Sie diese benennen und die dort verwendete *Signatur* (die auf dem Buchrücken zu finden ist) notieren.

---

[18] Unter *Schlagwort* im engen Sinn versteht man einen den Inhalt eines Dokuments beschreibenden, von außen zugeordneten Begriff, unter *Stichwort* ein Wort aus dem Titel, der Zusammenfassung oder dem Text des Dokuments (s. Abschn. 3.3.1).

Einige Worte mehr brauchen wir, um ein empfehlenswertes *Ablagesystem,* und damit die Verwendung einer *Ablagenummer* (6) für jedes Dokument, zu beschreiben. Es geht jetzt um die körperliche Aufbewahrung von kleineren Dokumenten oder von Teilen oder Kopien solcher Dokumente zur Ergänzung der Kartei. Die Ablage ist das Archiv oder „Magazin" der häuslichen Bibliothek. Um darin etwas zu finden, muss alles nummeriert sein. Die jeweilige *Ablagenummer* wird auf der Karteikarte und dem zu verwahrenden Stück vermerkt, abgelegt wird nach aufsteigenden Nummern. Das Feld für die Ablagenummer auf der Karteikarte bleibt leer, wenn im Feld darüber ein Standorthinweis steht, das Dokument also nicht in der eigenen Ablage verwahrt wird.

Der Bürobedarfshandel bietet dafür Faltschachteln und Schuber an, die sich ähnlich wie Ringordner in Regalen aufstellen lassen. Entnehmen Sie ein Belegstück daraus in einen Projektordner, um dort für einen bestimmten Zweck – z.B. zur Vorbereitung einer Publikation – alles Material beisammen zu haben, so kann eine Karte mit einem entsprechenden Vermerk als „Lückenbüßer" dienen.

Sie können auch Ringordner verwenden, in die Sie die Kopien und Sonderdrucke „ablochen". Vornehmer, aber teurer, sind für diesen Zweck gelochte Klarsichthüllen zum Einhängen (Prospekthüllen), in die die Materialien eingeschoben werden. Bei dieser Art der Verwahrung können Sie auch lose Blätter mit Kommentaren beifügen und auf das Führen von Literaturheften möglicherweise verzichten.

Schließlich kann eine *Registriernummer* (7) vermerkt werden. Wollen Sie mit solchen Nummern arbeiten, so müssen Sie für *jedes* in die Literatursammlung aufgenommene Dokument eine Nummer vergeben. Die Nummer ist auf der Karte in dem dafür vorgesehenen Feld einzutragen. Desgleichen sind die Belegstücke in der Ablage und ggf. die Einträge in den Literaturheften entsprechend zu kennzeichnen.

Die Registriernummer ist ein unabhängiges, verschiedenen Zwecken dienendes Ordnungsmittel, sie heißt daher auch *Ordnungsnummer.* Sie wird fortlaufend in dem Augenblick vergeben, wenn ein Dokument neu in die Sammlung aufgenommen wird. Wenn Sie mit Registriernummern arbeiten, können Sie auf Ablagenummern verzichten. In Ihrer Ablage fehlen dann eben all die Nummern der anderswo archivierten Dokumente: Registriernummern in Verbindung mit Standort-Angaben genügen.

Da die Karteikarten selbst nach einem anderen Kriterium aufgestellt werden, nämlich der alphabetischen Namensfolge der Autoren, tragen die Registriernummern nur mittelbar zur inneren Ordnung der Sammlung bei. Ihr Wert liegt in der eindeutigen Identifizierung der Dokumente, unabhängig vom Ort ihrer Aufbewahrung oder Aufstellung. Daneben lassen Registriernummern, da sie chronologisch (nach Fortgang der Arbeit an der Sammlung) vergeben werden, erkennen, wann die betreffenden Dokumente in die Sammlung aufgenommen worden sind. Registriernummern haben etwa dieselbe Bedeutung wie die Nummern auf Personalausweisen, die man – neben Anschrift und Telefonnummern – braucht, um eine Person identifizieren und erreichen zu können. Wie Personalausweise erfordern sie einen Verwaltungsaufwand: Man muss eine Hilfsliste anlegen, die zu den Autorennamen und damit zum Stand der Karten in der Kartei führt.

9.2 Der Aufbau einer eigenen Literatursammlung

- Als Kennzeichen eines Dokuments kann die Registriernummer in vielfältiger Weise benutzt werden, z. B. für Verweise innerhalb der Sammlung oder als momentaner Ersatz für die Quellenangabe bei der Vorbereitung von Publikationen.

Doch damit genug! Wie lassen sich solche Grundvorstellungen des Organisierens und Bibliografierens einer Literatursammlung zeitgemäß verwerten?

9.2.2 Die Rechner-gestützte Literatursammlung

Die Aufgabe, eine eigene Literatursammlung aufzubauen, ist wie geschaffen für den Computer.

- Jedes Rechnerprogramm mit *Datenbankfunktion* ist zur Verwaltung einer Literatursammlung geeignet.

Es macht keinen Unterschied, ob man die Artikel mit bestimmten Merkmalen und Preisen, die ein Lieferant zu liefern vermag, mit einem solchen Programm verwaltet, oder die „Artikel", die ein Autor über bestimmte Gegenstände verfasst hat. Aus der elektronischen Lieferantenkartei wird bei der hier vorgesehenen Anwendung eine elektronische Autorenkartei, die im Prinzip genauso aufgebaut sein kann wie die im vorigen Abschnitt beschriebene konventionelle Autorenkartei.

- Das *Datenbankprogramm* sieht für die Eintragung der Merkmale *Felder* vor.

Diesen Feldern – im Ansatz gab es sie schon auf den Karteikarten – können verschiedene Eigenschaften zugeordnet werden, z. B. *Textmodus* oder *Zahlenmodus*. Eine frühere Unterscheidung zwischen „Schlüsselfeldern" (in denen man nach Schlüsselwörtern, engl. *keywords*, suchen konnte) und „anderen" Feldern ist heute obsolet: In einem Datenbankprogramm (*Dateiprogramm;* vgl. Abschn. 8.5.2)[19] können Sie in *jedem* Feld *Volltextrecherche* betreiben, also nach beliebigen *Zeichenfolgen* (ganzen Sätzen, Wörtern oder Teilen davon; es können auch Joker-Zeichen zur Suche verwendet werden) suchen. In Feldern mit Zahlenmodus können Sie Zahlen suchen oder Zahlen, die in bestimmte Grenzen fallen. Wenn Sie ein *Datumsfeld* entsprechend angelegt haben, stehen Ihnen auf kurze Anweisung z. B. alle Publikationen seit Juli 1998 zur Verfügung.[20]

- Datentechnisch wird die „Literaturkarte" zum *Layout* in einem Datenbankprogramm. Die Informationskategorien einer Karte werden sichtbar zu *Feldern,* die ausgefüllte Karte selbst zu einem *Datensatz.*

Das Layout der Datei, d. h. die Festlegung der Felder und letztlich die räumliche Gestaltung der einzelnen „Karten", ist Ihnen als Benutzer überlassen, sofern Sie sich keines kommerziellen *Literaturverwaltungsprogramms* (s. unten) bedienen wollen. Vor irgend-

---

[19] Die Unterscheidung macht wenig Sinn. Eine *Datenbank* könnte als eine Einrichtung verstanden werden, in der mehrere *Dateien* aufgelegt sind. Korrekt müssten wir hier von „Dateiprogramm" sprechen.
[20] Diese spezielle Art der Recherche lässt sich besonders einfach in einem Datenfeld der Form JJJJ-MM-TT (J Jahr, M Monat, T Tag) durchführen. Dann steht „19980214" (für den 14. Februar 1998) in einem Zahlenfeld richtig *vor* „19980310" (dem 10. März 1998), obwohl der 14. in einem Monat nach dem 10. rangiert.

welchen Festlegungen sollten Sie sich vergegenwärtigen, wie gut sich die angestrebten Dokumentationsziele durch die vorgesehene Programmstruktur erreichen lassen.

- Nachträgliche Systemänderungen müssen die gesamte Datei erfassen und lassen sich meist nur mit großem Aufwand durchführen.

Um sich die Möglichkeit offen zu halten, bestimmte Zusammenstellungen von Literatur auszudrucken (z. B. zur Verteilung in einem Seminar), werden Sie das Layout[21] Ihrer „Literaturkarten" so trimmen, dass Sie gerade zwei, drei (und mehr) oder auch nur eine „Karte" auf eine Seite A4 drucken können. Auch nachdem Sie die einzelnen Felder definiert haben, was u. a. eine Größenbeschränkung durch den jeweiligen *Feldrahmen* impliziert, bleibt Ihnen als „Verwalter" der Datei eine Beruhigung: Sie können die Feldrahmen überschreiten – oder überschreiben –, d. h. mehr Zeichen eingeben, als in den Feldrahmen passen, und der Text wird trotzdem gespeichert und bleibt recherchierbar! In vielen Programmen stellt der optisch wirksame Rahmen für einzelne Felder keine wirklichen *Feldgrenzen* dar, man kann mehr hineinpacken, als auf einen Blick sichtbar zu machen ist: Die Feldgrenzen sind „dehnbar". Ein warnendes „Tütü" des Computers, wenn mehr als so und so viele Zeichen in das Feld eingegeben sind, gibt es meist nicht mehr.

Die sieben Felder für die Eintragungen auf Literaturkarten (vorstehender Abschnitt), vermehrt noch um ein Feld für Schlagwörter, können wir jetzt also der Bildschirmdarstellung (Maske) zugrunde legen und die einzelnen Eintragungen mit leicht zu memorierenden Kürzeln versehen wie AUT, TIT, BIB usw. für Autor, Titel, Bibliografie, Kommentar, Standort, Ablage (Kopie), Registriernummer und Schlagwörter (Schlüsselwörter). Die Reihenfolge ist im Prinzip beliebig; beispielsweise könnten die Schlagwörter auch weiter vorne stehen. In jedem Fall muss das *Dateiprogramm* so beschaffen sein, dass in der Datei in allen Feldern nach den jeweiligen Inhalten (Daten) gesucht werden kann.

Das Programm lässt die Suche nach mehreren Merkmalen *(Suchbegriffen)*, die mit den logischen Operatoren UND, ODER oder NICHT verknüpft sein können, gleichzeitig zu (vgl. Abschn. 8.5.2). Beispielsweise führt die Anweisung (in den entsprechenden Feldern)

Suche „Autor X" UND „ab 1995" UND „Arbeitsgebiet Y"

dazu, dass nach allen Arbeiten des Autors X gesucht wird, die ab 1995 erschienen sind und das Arbeitsgebiet Y behandeln. Nicht mehr und nicht weniger dürfen Sie als Ergebnis einer solchen Recherche erwarten.

Aber Sie können Ihre Suche in der eigenen Datei (wie in jeder anderen) in Schritte zerlegen. Wenn Ihnen – auf den Befehl „Suchen" im Autorenfeld – z. B. die 17 Arbeiten mit K. H. Meyer zuviel sind, können Sie die mit einer Zeitbegrenzung im Datumsfeld durch eine Suche in der vorigen Sektion auf die 4 Arbeiten seit 1997 einschränken.

---

[21] Das aus dem Englischen kommende Wort *Layout* hat im Druckwesen und in der Elektronik Bedeutung als Sammelbegriff für die Art, wie etwas – hier also eine elektronische Literaturkarte – „ausgelegt" (formatiert) ist.

9.2 Der Aufbau einer eigenen Literatursammlung

Bei den meisten Programmen können Sie sich zuerst die Zahl der gefundenen Dokumente nachweisen lassen, bevor Sie diese am Bildschirm aufrufen oder auf Papier ausgeben.

- Eine zu große Zahl nachgewiesener Dokumente bei einer ersten Abfrage können Sie reduzieren, indem Sie mit weiter einschränkender Fragestellung erneut eine Suche starten, also das gleichzeitige Zutreffen von mehr *Suchbegriffen* verlangen.

Was Sie jetzt durchführen, ist eine *Recherche*. Das Reduktionsverfahren heißt *Einengung* der Recherche. Es sind dies Strategien, die den Benutzern von öffentlichen *Literatur-* und *Faktendatenbanken* geläufig sind (vgl. SAUER 2003). Die moderne, auf einem Personal Computer liegende private Literatursammlung *ist* beides.

- Die Gegenstände, über die ein Dokument handelt, können durch vorher festgelegte *Schlagwörter* oder frei gewählte *Stichwörter* oder durch Text beschrieben werden.

Schlagwörter (*engl.* keyword, Schlüsselwort) taugen nur bedingt. Als Suchender wissen Sie nachher selbst nicht mehr, wie Sie einen Artikel „verschlagwortet" haben – es sei denn, Sie gehen nach dem veröffentlichten Schlagwortverzeichnis (*engl.* keyword index) Ihrer bevorzugten Datenbank vor oder benutzen die in den offiziellen Bibliografien der Artikel mitveröffentlichten „Keywords". Das zweite Verfahren ist heikel, da Sie nicht sicher sind, ob die angegebenen Schlüsselwörter wirklich einem für den Zweck definierten Vokabular entnommen sind.[22]

Mit Unterstützung eines Datenbankprogramms können Sie Schlagwörter als Suchbegriffe auch selbst vergeben, wozu Sie zweckmäßig das betreffende Feld, das den Namen KEY tragen mag, als *Nachschlagfeld* anlegen und die ständige Ergänzung der Nachschlagliste erlauben. Noch flexibler arbeiten Sie, wenn Sie eine zweite Tabelle nur für die Schlagwörter anlegen und diese Tabelle mit der eigentlichen Literaturtabelle relational verknüpfen – dann ist der Zahl der Schlagwörter zumindest vom Programm her keine Grenze gesetzt (inhaltlich wird es eine Grenze geben). Ob Nachschlagfeld oder relationale Verknüpfung: Sie können auf jeden Fall die Liste der Schlagwörter jederzeit ändern und sich die Suche in Ihrer Datenbank erleichtern, indem Sie beim Starten der Suchabfrage auf die angebotenen Begriffe zurückgreifen. So können Sie beispielsweise alle Dokumente mit dem Merkmal „Elektrophorese" und/oder alle mit dem Merkmal „Nucleotide" auflisten (wobei das „und" so gemeint ist, dass beide Merkmale gleichzeitig in einem Dokument vorkommen, während „oder" so verstanden werden soll, dass es gleichgültig ist, welches der beiden Merkmale zutrifft).

- Elektronische Datenbanken lassen sich in vielfältiger Weise sortieren.

Frühere Skrupel, ob man eine Dokumentation nach Autoren oder nach Sachgebieten anlegen soll, sind damit obsolet. Aus *einer* Datei können Sie per Mausklick unter-

---

[22] Für den Bibliothekar/Dokumentar bildet „eine geordnete Zusammenstellung von Begriffen und ihren (vorwiegend natürlichsprachigen) Bezeichnungen, die in einem Dokumentationsgebiet zum Indexieren, Speichern und Wiederauffinden dient" (DIN 1463-1, 1987), einen *Thesaurus* (von *gr.* thesauros, Schatz, hier also Wortschatz). Eine Mindestforderung für die Recherche nach Schlagwörtern ist, dass die Suchbegriffe dem Thesaurus, ggf. Ihrem eigenen, entnommen sind.

schiedliche *Sortierungen* erzeugen, je nach Bedarf „aufsteigend" (z. B. im Alphabet nach Autoren oder Sachgebieten) oder „absteigend" (z. B. nach Datum).

Wichtiger in bestimmten Situationen sind Wortbestandteile, die tatsächlich vorkommen – „live", gewissermaßen; die etwas benennen, das *Sie* gerade interessiert. Beispielsweise können Sie den Nachweis aller Dokumente verlangen, die im Titel oder in einer Zusammenfassung die Buchstabenfolge *ionoph* enthalten, ohne dass *Ionophorese*, *ionophoretisch* oder *Ionophoretogramm* vorher als Schlagwörter festgelegt sein mussten.[23] Oder Sie verlangen, für den Augenblick Ihre Datenbank verlassend, z. B. „transmitter" und „neuro science" im Internet. Sie werden eine Antwort erhalten mit so und so vielen „Hits" – ihre Zahl mag zwischen null und unbrauchbar hoch liegen –, die Sie sich als Liste darstellen und ausdrucken lassen können. Sie können die Gelegenheit benutzen, „Treffer" in Ihre Datei aufzunehmen.

Spezielle für die *Literaturverwaltung* geschaffene Programme (*Literaturverwaltungsprogramme* wie ENDNOTE und PROCITE sowie REFERENCEMANAGER von The Thomson Corp. und ISI ResearchSoft)[24] haben darüber hinaus einen dokumentarischen und bibliografischen Sachverstand, d. h., sie können mit Quellenangaben umgehen; und sie haben Textverarbeitungsfunktionen.

- Die nachgewiesenen Dokumente müssen in beliebigen *Sortierungen* ausgegeben, zu *Literaturverzeichnissen* zusammengestellt und an entstehende Publikationen „angehängt" werden können.

Ein Literaturverwaltungsprogramm (mehr dazu s. Abschn. 9.4.2) übernimmt auch die automatische Nummerierung von Quellenverweisen und Literaturstellen oder deren Alphabetisierung und gibt die Zitate in verschiedenen *Formaten* aus – z. B. nach den Gepflogenheiten einer bestimmten Zeitschrift oder nach einer allgemeinen Konvention –, wobei auch an die Verwendung mehrerer Schriftarten oder -auszeichnungen oder an die Umwandlung von Beifügungen (z. B. „Hrsg" in „ed") gedacht worden ist. Den Anforderungen, die an ein solches System gestellt werden können, sind nur wenige Grenzen gesetzt: vor allem durch die *Rechnerleistung* Ihres Computers. Daten können aus einem solchen Literaturverwaltungsprogramm technisch auf unterschiedliche Weise ausgegeben werden: Man kann eine separate Datei erzeugen, die die Literaturliste im Format eines Textverarbeitungsprogramms enthält; dazu muss das Textverarbeitungsprogramm nicht geöffnet sein. Oder aber – und das ist ein sehr großer Vorteil – man nutzt die Möglichkeit aus, beide Programmtypen direkt zusammenarbeiten und sich austauschen zu lassen. Mit anderen Worten: Literaturverwaltungsprogramme können

---

[23] Die – z. B. von WORD geläufige – Möglichkeit, nach Zeichenketten *innerhalb* von Wörtern zu suchen, steht nicht in allen Datenbankprogrammen zur Verfügung. Dagegen ist eine Suche nach Wort*anfängen* fast immer möglich, d. h., man darf bei der Eingabe des Suchbegriffs hintere Wortteile „abschneiden", ein Vorgang, der als *Trunkieren* bezeichnet wird. Unter „Schwefel" bekommt man dann alle Datensätze, die in dem betreffenden Feld Schwefel oder auch Schwefelsäure, schwefelhaltig, schwefeln u. a. enthalten.

[24] Vergleichsdaten für diese drei Programme können unter http://www.thomsonisiresearchsoft.com/compare/ eingesehen werden.

beim Verfassen eines Textes parallel mitlaufen, und man kann ihnen die gesamte Verwaltung der anfallenden Literatur überlassen. Solche Programme nehmen also die Literaturdaten auf, nummerieren automatisch alle Zitatstellen im Textdokument durch und erstellen auf Knopfruck am Ende des Dokuments eine Literaturliste im gewünschten Format.

- Von öffentlichen Datenbanken können Sie selektierte Nachweise direkt in die „private", auf dem Personal Computer verwaltete Literatursammlung herunterladen.

Der Terminus technicus dafür ist *(engl.) Down Loading*. Große Referatedienste wie *Chemical Abstracts Service*, MEDLINE (Medical Literature Analysis and Retrieval System Online), BIOSIS (darin enthalten u. a. *Biological Abstracts*) oder INSPEC (große bibliografische Datenbank im Bereich Physik, Elektrotechnik u. a., herausgegeben von der Institution of Electrical Engineers, IEE) stellen ihre Literaturdatenbanken zunehmend auf CD-ROM zur Verfügung. Von dort oder unmittelbar von der Datenbank können Sie also die von anderer Hand bereitgestellten Dokument-Beschreibungen in Ihr System einspeichern. Die technische Seite des Vorgangs ist bald bewältigt, über die Copyright-relevante klärt Sie das System wahrscheinlich auf.

Anforderungen und installierte Leistung können in weitem Rahmen schwanken. Dies und die Vielfalt des in Frage kommenden Programmangebots machen es schwer, Empfehlungen auszusprechen. Die Entscheidung für das eine oder andere System ist weitreichend, Sie sollten sich ggf. von Fachleuten der Computer- und Softwarebranche oder von Kollegen beraten lassen.

9.3 Technik des Zitierens

9.3.1 Zitat und Zitierung

Schon in Teil I wurde wiederholt (z. B. in den Abschnitten 1.2 und 2.2.11) auf die grundsätzliche Bedeutung des *Zitierens* für die wissenschaftliche Arbeit hingewiesen, so dass wir uns hier sogleich formalen und technischen – und auch einigen terminologischen – Fragen zuwenden können.

Im Deutschen wird das Wort „Zitat" in doppeltem Sinne verwendet: Man kann damit eine *Aussage in* einer bestimmten Literaturstelle (oder *Quelle*) oder einen *Hinweis auf* eine solche meinen. Im einen Falle „zitiert" man einen Autor mit seinen Worten, im anderen deutet man eine Aussage nur an und begnügt sich damit, die Quelle zu nennen: Wer es genau wissen will, kann dort nachlesen. Im Englischen gibt es hierfür zwei Wörter; im ersten Falle handelt es sich um eine *quotation*, im zweiten um eine *reference*. Im Deutschen entspricht dem zweiten der *Beleg (Zitatbeleg)* oder die *Quellenangabe*.

- Das *wörtliche Zitat* ist unter Nennung des Urhebers in *Anführungszeichen* zu setzen.

In naturwissenschaftlichen Texten wird selten wörtlich zitiert. Hier ist ein Unterschied zu den Geisteswissenschaften und den Rechtswissenschaften zu erkennen, wo es oft auf den genauen Wortlaut einer Quelle ankommt. In den Naturwissenschaften sprechen eher *Fakten* und *Daten,* die keiner wörtlichen Wiedergabe *(Anführung)* bedürfen. Eine aus einem anderen Dokument geborgte Zahl ist mit einem entsprechenden Hinweis (in Verbindung mit einer Quellenangabe) ausreichend zitiert; niemandem wäre damit gedient, sie in Anführungszeichen zu setzen.

Die Verbindung eines wörtlichen Zitats mit einer Quelle kann etwa die Form annehmen:[25]

> … Die Aussage von Meier et al. [23], dass „… diese Reaktion nur in Gegenwart von Schwermetallspuren abläuft", kann nach den vorliegenden Untersuchungen nicht bestätigt werden.

Im Beispiel ist die Angabe vor dem ersten Komma nicht die Beschreibung der Quelle selbst, sondern ein Stellvertreter für diese Beschreibung, eine Quellenangabe *(auch Quellenverweis, Kurzbeleg* oder *Kurzzitat).* Norm DIN 1505-2 (1984) spricht allgemein von einem „Hinweis im Text". Im Englischen gibt es dafür den Begriff „in-text reference" und eine Erklärung in der internationalen Norm ISO 690-1987 *Documentation – Bibliographic references – Content, form and structure,* dass es sich dabei um die *Kurzform* einer Quellenangabe handle, die in den laufenden Text „in Klammern" („parenthetically") eingefügt ist. Als Terminus technicus kommt noch die *Verweisung* in Frage, die nach Norm DIN 1422-1 (1983) definiert ist als „Hinweis von einer Textstelle auf eine andere im gleichen oder in einem anderen Text".

Zweck des Kurzbelegs ist es, den Text von den technischen Details der Quellenangabe zu befreien.

- Die Einführung von Quellenverweisen (Kurzbelegen) in den Text erfolgt auf eine von zwei Weisen: nach dem *Namen-Datum-System* oder nach dem *Nummernsystem.*

Im ersten dieser beiden *Verweissysteme* tritt stellvertretend für die vollständige Quellenangabe der Name des Autors und das Jahr der Publikation *(Publikationsjahr)* ein, im zweiten, dem Nummernsystem, eine *Zitatnummer.* (Wenn wenig zitiert werden muss, kann das Namen-Datum-System zu einem Namensystem verkümmern.) Auf Einzelheiten der Handhabung gehen die beiden folgenden Abschnitte ein. Im Augenblick soll noch die Frage interessieren, *wo* die vollständigen Quellenangaben erfolgen.

- Der Ort für vollständige Quellenangaben sind Fußnoten oder eine eigene Liste Literatur (*Literaturverzeichnis,* Schriftenverzeichnis, Schrifttum).

Wegen der Mühsal der „Verwaltung" von Fußnoten (s. Abschn. 3.4.5) ist es üblich geworden, die Quellenangaben in eigenen Listen zusammenzustellen, also die zweite Alternative zu wählen. Das Literaturverzeichnis steht am Ende des Dokuments

---

[25] Während im Englischen das „schließende Anführungszeichen" *(Schlusszeichen)* immer *nach* einem anderen Satzzeichen wie Punkt oder Komma steht, wird das im Deutschen nur so gehandhabt, wenn die Satzzeichen zur wörtlichen Rede oder Anführung gehören. In allen anderen Fällen steht das Satzzeichen (auch Frage- und Ausrufezeichen) nach dem Schlusszeichen. Unsicherheit besteht manchmal, wie zu verfahren ist, wenn eine Zitatnummer unmittelbar mit der Anführung zusammenstößt. Hier ist die Antwort mit einem Beispiel:
Die Norm spricht von einem „Hinweis im Text".[21]

(Zeitschriftenartikels usw.) – woraus sich der Name ENDNOTE für eines der bekannten Programme der Literaturverwaltung ableitet – oder, bei umfangreichen Dokumenten (Büchern), am Ende von *Kapiteln*.

Manchmal verzichtet man beim Literaturverzeichnis auf eine Überschrift und fügt die Zitate einfach dem Text an, wobei eine kleinere Schrift für die gedankliche Trennung sorgen kann. Die letzte Vorgehensweise empfiehlt sich dann, wenn sich hinter den Nummern im Text nicht nur Quellenverweise, sondern auch ergänzende Sachinformationen *(Anmerkungen)* verbergen. Eine Überschrift „Literatur" wäre dann nicht mehr angemessen, sie müsste allenfalls durch „Anmerkungen und Literatur" ersetzt werden (vgl. Abschn. 3.4.5). Ob eine solche Vermischung von Sachinformationen und Quellenangaben in einer Zeitschrift zugelassen ist, entnehmen Sie den Richtlinien.

Auch bei reinen Literaturverzeichnissen kann es nützlich sein, Umfang und Zielsetzung der *Bibliografie* schon im Titel deutlich werden zu lassen, z. B. durch „Benutzte Literatur" in einer Seminararbeit oder durch „Deutschsprachige Veröffentlichungen zur XY-Problematik" in einer Untersuchung.

Was das Schreiben von Literaturverzeichnissen angeht, geben wir eine Empfehlung von DIN 1505-2 (1984) weiter:

- In Literaturverzeichnissen rückt man bei mehrzeiligen Zitaten die Folgezeilen der einzelnen Zitate jeweils um einige Spatien (Leertasten) ein.

In umfangreicheren Dokumenten wünscht man manchmal, Literatur anzugeben, ohne sie mit bestimmten Textstellen zu verbinden. Derartige Literaturzusammenstellungen, die man vor allem in Lehrbüchern antrifft, tragen Bezeichnungen wie *Weiterführende Literatur*.

- Der Autor sollte die Literatur, die er zitiert, selbst eingesehen haben.

Die Forderung klingt trivial, und doch wird sie oft nicht befolgt. Manchmal gibt es dafür einen Grund: Fakten, die in schwer zugänglicher Literatur mitgeteilt worden sind, sind Ihnen über die Sekundärliteratur (s. Abschn. 3.1.2) bekannt geworden. Vielleicht sind sie in einer Sprache verfasst, die Sie nicht lesen können. Sollen Sie deshalb auf die Zitierung verzichten? Gewiss nicht. Das würde nur den Trend fördern, alles totzuschweigen, was nicht routinemäßig auf den Schreibtisch des Wissenschaftlers kommt. Die *Zitierehrlichkeit* verlangt aber einen Hinweis, dass Sie die betreffende Information aus „zweiter Hand" haben – für andere vielleicht Ansporn genug, sich die ursprüngliche Quelle anzusehen. Hinweise dieser Art können Formen annehmen wie:

    … ; zitiert in [3]
    … ; zitiert bei Braun (1989)
    … ; *Chem. Abstr.* 1966, 64:4953 a

Und schließlich:

- Ergebnisse, die nicht publiziert sind, gehören nicht in die zitierte Literatur (eher in einen Abschnitt „Anmerkungen").

Dazu gehören „persönliche Mitteilungen" und solche Prüfungsarbeiten, die nicht öffentlich zugänglich sind.[26] Das Literaturverzeichnis soll dem Leser die Informationen an die Hand geben, mit denen er die Bedeutung fremder Quellen überprüfen kann, was bei Nicht-Veröffentlichtem in der Regel nicht möglich ist.

9.3.2 Das Nummernsystem

Das Zitieren mit Hilfe von Nummern (Nummernsystem) ist das im vorigen Abschnitt an zweiter Stelle genannte, tatsächlich aber ist es das in den Natur- und Ingenieurwissenschaften am weitesten verbreitete Verweissystem.

- Die zu zitierenden Quellen werden in der Reihenfolge, wie sie im Text gebraucht werden, nummeriert. Im Text selbst stehen meist nur die *Zitatnummern* als Kurzbelege („Platzhalter").

Zitatnummern *(Zitiernummern, Literaturnummern, Verweisnummern)* können im Text auf eine von drei Arten eingeführt werden, nämlich als *hochgestellte Zahlen* oder mittels eckiger oder runder *Klammern* auf der Zeile:[27]

    … Text,[7] …   … Text,[7,8] …   … Text,[4,7-10] …
    … Text [7], …   … Text [7,8], …   … Text [4,7-10], …
    … Text (7), …   … Text (7,8), …   … Text (4,7-10), …

Die eckigen Klammern können Sie, falls sie auf Ihrer Schreibmaschine oder in Ihrem Textprozessor nicht vorhanden sind, in Manuskripten, die gesetzt werden sollen, durch den schrägen Strich ersetzen, z. B. / 3 /.

- Die hochgestellten Zahlen stehen *nach* einem Satzeichen, die Klammern – vom letzten Wort des Textes durch einen Zwischenraum getrennt – *vor* dem Satzeichen.

Nur wenn das Satzeichen, das in den Beispielen durch ein Komma vertreten ist, ein *Gedankenstrich* ist, steht die hochgestellte Zitatnummer *davor*.

- Die Zitatnummern werden an den Textstellen angebracht, die jeweils den engsten Bezug zu der Aussage haben, um deren Zitierung es geht.

Folglich werden Sie nicht einfach am Satzende zitieren, sondern Verbindung mit dem Wort (oder der Wortfolge) im Text suchen, von dem der Bezug ausgeht:

    … wie kürzlich[6] gezeigt werden konnte …
    … geht aus Spinkopplungs-Experimenten[7] und …
    … wurde erstmals von Schmidt und Müller[8] untersucht …

Wie das letzte Beispiel zeigt, schließt das Nummernsystem der Zitierung keineswegs die Nennung von *Autorennamen* (die für das alternative Namen-Datum-System charakteristisch ist, s. nächster Abschnitt) aus.

---

[26] Die meisten Diplom-, Bachelor-, Master- und Staatsexamensarbeiten sind – im Gegensatz zu Dissertationen und Habilitationsschriften – Teil der Prüfungsunterlagen des Verfassers und nicht öffentlich (z. B. über die Hochschulbibliothek) zugänglich.

[27] Die Schreibweise in der ersten der nachfolgenden Zeilen entspricht u. a. den Gepflogenheiten in ACS-Journalen (vgl. *ACS style guide* 1997). Manche Redaktionen ziehen es vor, auch die hochgestellten Zitatnummern in eckige Klammern zu setzen, um Verwechslungen mit Hochzahlen zu vermeiden.

- Das Zitieren mit Klammern auf der Zeile hat den Vorteil, dass den Zitatnummern noch eine Angabe zur *Lokalisierung* der bezogenen Stelle im *Quellendokument* angefügt werden kann.

Damit ist ein Hinweis darauf gemeint, wo genau in einem längeren Dokument die Information zu finden ist, auf die sich der Quellenverweis bezieht, z. B.:

... in einer kürzlich veröffentlichten Übersicht [4, S. 512] ...

... in der Literatur (z. B. [2], Abschn. 3.4) ...

Sie können entsprechende Angaben auch in der Literaturliste anbringen, indem Sie sie nach einem Satzzeichen dem Zitat anfügen. Norm DIN 1505-2 sieht als Satzzeichen an dieser Stelle das Komma vor, gefolgt zunächst von „S." (für „Seite") oder einem ähnlichen Vermerk; die Vancouver-Konvention (s. Abschn. 9.4.2) den Doppelpunkt. Von den beiden Möglichkeiten, die Stelle innerhalb des Quellendokuments anzugeben, ist der Hinweis im Text vorzuziehen, wenn auf dieselbe Quelle mehrfach – in jeweils anderem Kontext – Bezug genommen wird.

Das *Hochstellen* von Zitatnummern bedeutet in der Textverarbeitung keinen zusätzlichen Mausklick, wenn Sie sich der *automatischen Fußnotenverwaltung* bedienen, wohl aber kann es für den Satz einen zusätzlichen Aufwand bedeuten. Deshalb wird darauf zunehmend zugunsten der runden Klammern auf der Zeile verzichtet. In der Textverarbeitung können Sie diesem Trend folgen, indem Sie für das *Fußnotenzeichen* ein entsprechendes Druckformat definieren.

Die Vergabe der Zitatnummern nach „aufsteigender" Erwähnung der Quellen im Text *(sequentielles Nummernsystem)* hat eine Implikation, die Mühe verursachen kann. Werden während der Arbeit an einem Manuskript Umstellungen vorgenommen, so müssen auch die Nummern geändert werden. Bei größeren Schriftsätzen kann der damit verbundene Aufwand erheblich sein, und die Chance ist groß, dass sich Fehler einschleichen und irgendwo Zitat und Nummer nicht mehr zusammenpassen. Deshalb ziehen es manche Autoren vor, bis zur Reinschrift nur mit den *Registriernummern* der Literatursammlung (s. Abschn. 9.2.1) zu arbeiten und diese erst am Schluss in die Zitatnummern des neuen Dokuments umzuwandeln. Doch gerade hier bietet die Textverarbeitung eine wertvolle Hilfe, die solche Strategien entbehrlich macht: *Fußnotenzeichen* und *Fußnotentext* hängen untrennbar zusammen, wie von Ihnen einmal vorgegeben, und das aufsteigende Zählen nach Vorkommen im Text nimmt Ihnen das System ab.

- Die Gefahr, falsch zu zählen, ist gebannt, wenn Sie sich für das numerische System mit automatischer *Fußnotenverwaltung* entschieden haben.

Wenn Zitate von *Tabellen* oder *Abbildungen* ausgehen, wissen Sie beim Anfertigen eines für den Satz vorgesehenen Manuskripts nicht, wo genau im Druck diese Teile stehen werden. Solche Zitate fügen Sie daher an der *Stelle der ersten Erwähnung* der Tabelle oder Abbildung im Text in die Nummerierung ein.

- In langen Dokumenten, besonders Büchern, wird die Literatur zweckmäßig nicht durch das ganze Dokument nummeriert, sondern *kapitelweise*.

Die erste Zitatnummer in einem Kapitel lautet also immer „1". Durch diese Maßnahme können Sie Probleme mit dem *Umnummerieren* entschärfen. Außerdem vermeiden Sie hohe (womöglich drei- oder gar vierstellige) Nummern. Ein gemeinsames Literaturverzeichnis ist dennoch am Schluss eines Buches denkbar, wenn Sie durch deutliche Zwischenüberschriften anzeigen, wo jeweils die Literatur zu einem neuen Kapitel anfängt. Sonst müssen Sie Doppelnummern verwenden, oder Sie müssen am Ende eines jeden Kapitels ein Literaturverzeichnis bringen, was aber den Nachteil hat, dass der Leser diese Teilverzeichnisse nicht leicht findet.

9.3.3 Das Namen-Datum-System

In den Geisteswissenschaften, in denen Autoritäten eine so große Rolle spielen, ist das *Namen-Datum-System* („First-element-and-date-Methode" in ISO 690, 1987) beheimatet. Es hat aber auch in anderen Disziplinen eine zunehmende Zahl von Anhängern, so in den Biowissenschaften.

- Der Quellenverweis (Kurzbeleg) im Namen-Datum-System besteht aus *Autorenname(n)* und *Publikationsjahr* (Jahr der Veröffentlichung, *Veröffentlichungsjahr*).

Hinsichtlich der Art der Einführung von Namen und Publikationsjahr in den Text ist man frei, wie die folgenden Beispiele zeigen; von ihnen ist das erste Beispiel ein *integrierter* Kurzbeleg:

> Schmidt (1991) und Peterson (1993) berichteten, dass ...
> Wie kürzlich durchgeführte In-vitro-Untersuchungen (Smith und Johnson 1998) ergeben haben, ...
> Bekanntlich (Weise 1995, S. 100) sind ...
> Tatsächlich liegt der Wert um etwa 15 % höher (Klugmann et al. 1998).

Genannt wird in der Regel nur der Familienname des Autors, es sei denn, man muss unterscheiden (z. B. zwischen Schmidt, J., und Schmidt, R.S.). Wie das letzte Beispiel zeigt, tritt bei mehreren – mehr als drei, in manchen Zeitschriften schon bei mehr als zwei – Autoren das „et al." (*lat.* et alii, „und andere") für alle Namen außer dem des *Erstautors* ein.[28] Das früher übliche „und Mitarbeiter" kann in einer Zeit, in der weniger hierarchisch gedacht wird, nicht mehr verwendet werden. Der Seniorwissenschaftler (Doktorvater, Arbeitskreisleiter, Dienstvorgesetzte), der sich in alphabetischer Folge oder als letzter nennen lässt, wird sonst zum „Mitarbeiter" seiner jüngeren Kollegen. Außerdem ist „u. Mitarb." international nicht verständlich.

Das dritte Beispiel oben zeigt, wie die *Lokalisierung* einer Aussage des zitierten Dokuments im laufenden Text vorgenommen werden kann.

„Datum" im Namen-Datum-System bedeutet eine Jahresangabe. Hat ein Autor in einem Jahr mehrere Arbeiten veröffentlicht, die zitiert werden sollen, so fügen Sie zur

---

[28] In den Quellenangaben selbst nennt man üblicherweise *alle* an der Publikation beteiligten Autoren. Die Vancouver-Konvention hat dem allerdings bei sechs Autoren eine Grenze gesetzt: Bis zu sechs Autoren werden aufgeführt; hat die Arbeit mehr als sechs Autoren, so werden die ersten drei in Verbindung mit „et al." genannt.

Unterscheidung der Jahreszahl kleine Buchstaben an in der Reihenfolge der Zitierung, z. B. in der Form

> Wie zuerst kinetische (Beckman 1985a) und spektroskopische (Beckman 1985b) Untersuchungen gezeigt haben, ...

Beim (sequentiellen) Nummernsystem bedarf es keiner Erläuterung, in welcher *Reihenfolge* die Quellennachweise im Literaturverzeichnis aufzuführen sind – sie ist durch die Zitatnummern vorgegeben. Anders beim Namen-Datum-System. Die nachstehenden Ausführungen gehen auf die Arbeit der Commission of Editors of Biochemical Journals[29] in der International Union of Biochemistry (IUB) zurück und sind im *Biochemical Journal* 1973: 135 veröffentlich worden; sie sind aber schon länger als Bestandteile des sog. *Harvard-Systems* bekannt gewesen.

- Im Literaturverzeichnis werden die Quellenangaben in einer teils *alphabetischen,* teils *chronologischen* Ordnung aufgeführt.

Höchsten *Ordnungswert* hat der Name des Autors oder Erstautors. Ginge es nur darum, so wäre die Liste ähnlich wie ein Telefonbuch zu lesen. Durch Mitautorschaften und mehrfache Autorschaft werden die Dinge komplizierter. Hat ein Autor allein und zusammen mit anderen publiziert, so werden zuerst die Arbeiten aufgeführt, die er *allein* publiziert hat, und zwar in chronologischer Folge: die älteste Arbeit zuerst, die jüngste zuletzt. Danach folgen die Arbeiten mit *einem* Zweitautor, wobei Zweitautoren mit einem im Alphabet frühen Anfangsbuchstaben vor denen mit einem späten Anfangsbuchstaben rangieren. Ist das Alphabet als Ordnungskriterium ausgeschöpft, tritt wieder_ die chronologische Ordnung ein. Arbeiten mit *mehr als einem Coautor* (d. h. mit mehr als zwei Autoren) werden nur noch chronologisch geordnet, aber ausgeschrieben werden drei, in manchen Zeitschriften bis zu sechs Namen, bevor auch da das *et al.* eintritt. Überall wird die „a, b, c ..."-Differenzierung bei Jahreszahlen als zusätzliches Ordnungsmittel benutzt.

- Jahreszahlen in einem Namen-Datum-Verzeichnis sollten unmittelbar hinter den Namen der Autoren erscheinen.

Sie werden ja benötigt, um eine bestimmte Arbeit eines Autors zu finden. Leider entsprechen einige Leitlinien und Literaturverwaltungsprogramme der Forderung nicht und rücken das Publikationsjahr auch bei Quellenangaben im Namen-Datum-System – ziemlich absurd – in die sog. Impressumgruppe (s. Abschn. 9.5.1) gegen das Ende der Angabe.

- Die Namen werden immer *invertiert,* d. h., der für Dokumentationszwecke wichtige Familienname steht vorne.

---

[29] Die Kommission nahm später den Namen Council of Biology Editors (CBE) an, vgl. Abschn. 3.3.1. Zitierweisen nach diesen Empfehlungen – heute sind sie mit dem Namen International Committee of Medical Journal Editors (ICMJE) verbunden – kann man beispielsweise unter der Website http://www.nlm.nih.gov/bsd/uniform_requirements.html einsehen.

Anders zu verfahren, mag im Nummernsystem tolerierbar sein, nicht im Namen-Datum-System; hier muss darauf bestanden werden, dass der für die Alphabetisierung wesentliche Namensteil tatsächlich vorne steht.

Bei der Alphabetisierung werden Adelstitel und andere *Namensvorsätze* wie „von" oder „de" in der Regel[30] als nicht zum Familiennamen gehörig betrachtet und zusammen mit den *Initialen* des Vornamens dem Familiennamen nachgestellt („Hoikstra, C. de").[31] „Mc" wird gewöhnlich als zum Familienname gehörig und wie „Mac" buchstabiert gewertet. Bei den Angehörigen mancher Nationalitäten (z. B. der chinesischen) steht der Familienname *vor* dem Eigenname, so dass hier die Inversion wie in „Schmidt, J." nicht vorgenommen werden darf. (Orientieren Sie sich an der Schreibweise des Autors in den Referateorganen.)

Für die alphabetische Einordnung der Umlautbuchstaben ä, ö und ü werden in den „ABC-Regeln" DIN 5007 (1991) *Ordnen von Schriftzeichenfolgen* zwei „Anwendungen" vorgeschlagen. Beim „allgemeinen Gebrauch" (z. B. für Register, Wörterbücher) werden die Umlaute wie die entsprechenden Grundbuchstaben a, o und u behandelt (s. auch „Register" in Abschn. 5.3.3). Hingegen sollen in *Namensverzeichnissen* die Umlaute in Gedanken „ausbuchstabiert", also wie ae, oe oder ue eingeordnet werden. In der englischsprachigen Literatur, so auch in *Chemical Abstracts*, wird ä sogar als ae *geschrieben*, also ein Autor Bäder als Baeder.[32]

Die Ordnung des Literaturverzeichnisses im Namen-Datum-System sei an einem Beispiel verdeutlicht:[33]

    Schmidt, J. (1995)
    Schmidt, W. (1989)
    Schmitt, H.-P. (1994)
    Schmitt, H.-P. (1996)
    Schmitt, H.-P., Hinz, A. (1995)
    Schmitt, H.-P., Kunz, P. (1993)
    Schmitt, H.-P., Kunz, P. (1996)
    Schmitt, H.-P., Kunz, P., Hinz, A. (1990)

---

[30] Unter dem Stichwort „Names with particles" notiert *The Cicago Manual of Style* (1982, S. 543): „Family names containing particles often present a perplexing problem to the indexer. Both the spelling and the alphabetizing of these names should follow the personal preference of, or accumulated tradition concerning, the individual..." Eine Beispiel-Liste enthält u. a.: Braun, Wernher von • D'Annunzio, Gabriele • de Gaulle, Charles • de Kooning, Willem • De Vries, Hugo • Gogh, Vincent van • Hindenburg, Paul von • Lafontaine, Henri • La Fontaine, Jean de ...

[31] Mit ihrer Empfehlung, Adelstitel und andere Namenspräfixe beim Familiennamen zu lassen, und mit dem Verlangen, *einen* Vornamen auszuschreiben, hebt sich die Norm DIN 1505-2 (1984) vom internationalen Gebrauch ab.

[32] In welcher Ordnung Namen – allgemein Eintragungen – in alphabetischen Bibliothekskatalogen und in Bibliografien stehen sollen, interessiert auch Bibliotheken; so gibt es eigene „Regeln für die alphabetische Katalogisierung" für wissenschaftliche Bibliotheken (HALLER und POPST 1991). Auch diese Vorschriften fordern die oben an zweiter Stelle genannte Anordnung.

[33] Das Komma nach dem Nachnamen wird zunehmend weggelassen; und die Initialen der Vornamen werden ohne Punkt und – im Falle von mehreren Vornamen – ohne Bindestrich und sogar ohne Zwischenraum geschrieben (mehr dazu s. „Die Vancouver-Konvention" in Abschn. 9.4.2).

Schmitt, H.-P., Hinz, A., Fischer, B. (1996a)
Schmitt, H.-P., Albert, K., Fischer, B. (1996b)
Schmitt, H.-P., et al. (1997)
Schmitt, H.-P., et al. (1998)

Die mit 1996a und 1996b belegten Zitate verdanken ihre Stellung in der Liste nur der Tatsache, dass die Arbeit von Schmitt mit Hinz und Fischer im Text vor der mit Albert und Fischer zitiert worden ist.

Bei herausgegebenen Werken tritt der Name eines Herausgebers als „author name" („first element") auf; im Literaturverzeichnis sollten Sie zwischen Herausgebername und Jahreszahl dann noch einen Vermerk „(Hrsg.)" oder, bei englischsprachigen Werken, „(ed.)" einschieben, z. B.:

Smith, J. (ed.) (1992)

Tritt keine natürliche Person, sondern beispielsweise eine Behörde als Urheber auf („körperschaftlicher Urheber"), so wird deren Name für die alphabetische Einordnung benutzt. (Weitere Sonderfälle s. in Abschn. 9.5.1.)

9.3.4 Vergleich der Verweissysteme

Beide zuvor beschriebenen *Verweissysteme* müssen Vorteile und Nachteile haben, sonst könnten sie nicht miteinander wetteifern.

- Der Hauptvorzug des Nummernsystems besteht in der *Kürze* der Verweise, der des Namen-Datum-Systems in seiner größeren *Aussagekraft*.

Je nachdem wird eher das eine oder das andere System bevorzugt. Eine Zeitschrift, die Übersichtsartikel bringt, zieht wahrscheinlich das Nummernsystem vor, weil die große Fülle zu zitierender Literatur den Text sonst ungebührlich aufblähen würde. Eine Zeitschrift, deren Beiträge nur auf eine überschaubare Zahl anderer Arbeiten zu verweisen pflegen, wird sich eher für das Namen-Datum-System entscheiden. Ähnlich ist es bei Büchern.

Als *Leser* hat man von der Namen-Datum-Zitierung den Vorteil, sofort zu sehen, ob es sich um eine ältere oder neuere Arbeit handelt. Auch lässt sich oft mit dem Namen des Autors etwas verbinden, und man kann den Verweis entsprechend einordnen, ohne das Zitat nachgesehen zu haben – Ersatz für die aus den Fußnoten in das Literaturverzeichnis verbannten Quellenangaben! Andererseits unterbrechen die Zitate den Text stärker als im Nummernsystem, so dass je nach Lesegepflogenheiten eher das eine oder das andere System als „besser" empfunden wird. Vergleichen Sie etwa:

Wie durch IR-[8], UV-[9] und NMR-spektroskopische[10] Untersuchungen gezeigt werden konnte, ...

Wie durch IR- (Arniaud 1992), UV- (Miller 2001) und NMR-spektroskopische (Rossini 1996) Untersuchungen gezeigt werden konnte, ...

Ein Nachteil des Namen-Datum-Systems besteht darin, dass man nicht vom Literaturverzeichnis „rückwärts" arbeiten kann: Da die Quellenangaben alphabetisch angeordnet sind und nicht in der Folge der Nennung im Text, ist es schwer, die *Verweisstelle* (den *Zitierort*) und damit den gedanklichen Zusammenhang zu finden. Dies mag durch den Vorteil, Arbeiten eines Autors im Verzeichnis überblicken zu können, aufgewogen werden.

Manche Autoren verweisen während der frühen Fassungen ihrer Manuskripte nach Art des Namen-Datum-Systems und verwandeln die Verweise erst später in Zitatnummern um, falls nach dem Nummernsystem zitiert werden soll.

In einigen Fachzeitschriften hält sich, wie hier am Rande vermerkt sei, noch ein drittes Verweissystem: Dabei werden die Quellenangaben wie im Namen-Datum-System (alphabetisch-chronologisch) angeordnet, dann aber in der erzielten Reihenfolge durchnummeriert und aus dem Text mit Hilfe dieser Nummern zitiert. Wir halten dieses „gemischte" System – leider lassen es sowohl die Vancouver- als auch die CBE-Konvention (s. Abschn. 9.4.2) zu – für nicht sinnvoll, da es weniger die Vorteile als vielmehr die Nachteile beider Systeme – sequentiell-numerisch bzw. Namen-Datum – vereinigt. Beispielsweise bleibt die Alphabetisierungsproblematik im „gemischten System" ebenso erhalten wie die Unmöglichkeit, die Verweisstelle im Text rasch zu finden.

Schließlich sei angemerkt, dass auch die *direkte* Angabe von Quellen im laufenden Text möglich ist. Hier entfällt jegliche Verweisproblematik.

9.4 Die Form des Zitats

9.4.1 Allgemeine Qualitätskriterien

An die Art der Zitierung und damit an die Form der *Quellenangaben (Quellenbelege)* sind einige Anforderungen zu stellen, damit der Zitierzweck erfüllt wird.

● Eine Quellenangabe besteht aus einer Anzahl von *bibliografischen Bestandteilen*.

Die Auswahl der Bestandteile bestimmt die Prägnanz der Quellenangabe, die Art ihrer Aufeinanderfolge und Verknüpfung die Form.

● Die Quellenangabe soll *verständlich* sein.

Allein diese Forderung verlangt nach einem hohen Maß an *Standardisierung,* damit Literaturlisten keine Rätsel aufgeben, was jeweils gemeint ist und wo in einer Quellenangabe welche bibliografische Information zu finden ist.

● Die Quellenangabe soll *eindeutig* sein.

Beispielsweise sollte klar zu erkennen sein, ob es sich um ein verfasstes oder herausgegebenes Buch handelt, ob ein Buch gemeint ist oder ein Artikel *in* einem Buch; ob von dem Vortrag auf einer Konferenz die Rede ist oder von dem Beitrag in einem Konferenzband.

● Die Quellenangabe soll *vollständig* sein.

„Cambridge" ist eine unvollständige Angabe für einen Verlagsort, weil erst ein Zusatz (UK) oder (Massachusetts, MA) erklärt, welche Stadt gemeint ist. Wenn bei einem

Buch, das durch mehrere Auflagen gegangen ist, die Auflagenbezeichnung fehlt, nützt eine Seitenzahlangabe nichts.

Eine oft erörterte Frage ist, ob für Publikationen in Zeitschriften jeweils der Titel der Arbeit aufgeführt werden muss. Manche halten ein Zitat ohne Nennung des Artikels für unvollständig – zu Recht. In den Erläuterungen zu DIN 1505-2 (1984) wird dazu vermerkt: „Über die eindeutige Identifikation hinaus sollte beim Zitieren auch daran gedacht werden, dem Leser Informationen zu geben, die sachlich für ihn notwendig oder interessant sind, gegebenenfalls auch zur Negativ-Auslese, d. h., damit er feststellen kann, welche Dokumente er nicht zu lesen braucht. Aus diesem Grunde sollte stets der Sachtitel der zitierten Arbeit genannt werden, eine Forderung, die im geisteswissenschaftlichen, medizinischen und technischen Bereich fast immer erfüllt wird, in den Naturwissenschaften z. Z. jedoch nur selten." Hier sind die Naturwissenschaften – auch nach unserer Meinung – gefordert!

- Ein Zitat soll so *kurz* wie möglich sein.

Ökonomische Zwänge und das Bemühen, Publikationen nicht unnötig aufzublähen, rechtfertigen diese Forderung zur Genüge. Ein Schritt, der erheblich zur Kürzung von Zeitschriftenzitaten beigetragen hat, war die Einführung von international vereinbarten *Zeitschriftenkurztiteln* (s. dazu „Bücher und Zeitschriften" in Abschn. 9.5.2). Auch die Tendenz, Konjunktionen und Satzzeichen in Quellenangaben wegzulassen oder Verlagsnamen verkürzt anzugeben, kommt dieser Forderung entgegen.

Andererseits dürfen Verständlichkeit, Eindeutigkeit und Vollständigkeit unter dem Imperativ der Kürze nicht leiden. Letztlich geht es darum, dass das zitierte Dokument *identifizierbar* sein muss, so dass man es über den Buchhandel bestellen, in der Bibliothek nachschlagen oder ausleihen, von einer Behörde oder Firma anfordern oder in einer Datenbank aufrufen kann.

Dem ist noch eine weitere Forderung hinzuzufügen:

- Die Quellenangabe soll dem Zitierzweck *angemessen* sein.

Es macht keinen Sinn, eine spezielle Aussage mit einem längeren Artikel oder einem Buch zu belegen, weil man sie dort nicht finden kann (so lange nicht alle unsere Quellen als digitale Dateien vorliegen). Je nachdem muss eine Seite in dem Dokument oder sogar eine Abbildung auf dieser Seite angegeben werden, während in einem anderen Fall der gewünschte Zusammenhang zwischen Text und Quelle mit Angabe eines Kapi_tels in einem Buch hergestellt ist. Man spricht an dieser Stelle von der *Zitiertiefe*, erreicht wird die richtige Zitiertiefe durch das Mittel der *Lokalisierung* (s. Abschn. 9.3.2).

Angemessenheit bedeutet letztlich, dass Sie nicht immer und für alle Zwecke in gleicher Weise zitieren müssen. Vielmehr gibt es neben solchen Bestandteilen von Zitaten *(Zitatelementen)*, die unverzichtbar scheinen, auch solche, die Sie ggf. weglassen können. Oft wird an dieser Stelle zwischen *obligatorischen*, *empfohlenen* und *ergänzenden* Angaben unterschieden.

Wir können im Folgenden noch aus einigen anderen Begriffen des Bibliotheks- und Dokumentationswesens Nutzen ziehen:

- Körperlich oder bibliografisch selbständige Dokumente werden als *unabhängige (oder selbständige) Publikationen,* darin enthaltene Untereinheiten als *abhängige (unselbständige) Publikationen* bezeichnet.

„Selbständig" darf hier wörtlich genommen werden. Es meint alles, was – z. B. in einem Regal der Bibliothek – als Einzelstück stehen kann. Unabhängige Publikationen („selbständig erschienene bibliographische Einheiten" im Wortlaut der Norm DIN 1505-2, 1984) sind demgemäß in erster Linie Bücher, Patente, Normen, Behörden- oder Firmenschriften. Dissertationen, Forschungsberichte und ähnliche Schriften können Sie anschließen, wenn Sie den Begriff „Publikation" weitherzig auslegen. Auch eine Zeitschrift ist eine unabhängige Publikation, im Speziellen der (gebundene) Jahrgang der Zeitschrift.

Abhängige (unselbständige) Publikationen hingegen sind beispielsweise Artikel *in* Zeitschriften oder einzelne Beiträge oder Kapitel *in* Büchern.

- Abhängige Publikationen sind in unabhängigen enthalten.

Zur Unterscheidung können Sie die Titel unabhängiger Publikationen in gedruckten Werken in *Kursivschrift* setzen, während Sie die Titel abhängiger Publikationen immer steil schreiben. In dieser Weise verfährt beispielsweise die Norm DIN 1505-2 (1984), ohne allerdings eine dahingehende Vorschrift auszusprechen.

Neuerdings kommen Schrifthervorhebungen in Literaturverzeichnissen mehr und mehr außer Gebrauch. Das gilt auch für die früher im gehobenen Schriftsatz gerne verwendeten KAPITÄLCHEN für die Namen von Autoren. Grund für diese Entwicklung, die aus typografischer Sicht zweifellos eine Verarmung ist und zu Lasten der *Lesbarkeit* von Literaturverzeichnissen geht, sind Rationalisierungsbestrebungen. Die Norm ANSI Z39.29-1977 *American National Standard for bibliographic references* empfiehlt denn auch den einheitlichen Gebrauch der Grundschrift in Zitaten „for the sake of simplicity and convenience", lässt freilich die Verwendung besonderer Schriften zu, um einzelne bibliografischer Elemente hervorzuheben.

Wir haben die Kursivschreibung der Titel unabhängiger Publikationen im Schrifttum dieses Buches eingesetzt; in den Beispielen von Anhang A hingegen, die einen empfehlenden Charakter haben, verzichten wir darauf.

Abhängige Publikationen spielen eine Gastrolle in einer unabhängigen Publikation. Im Englischen spricht man von einer Wirt-Gast-Beziehung (mit dem Terminus *host document* für die die Gastgeberrolle spielende unabhängige Publikation). Außerdem gibt es den Begriff des „bibliografischen Niveaus", etwa in der Folge Sammelwerk – Band in einem Sammelwerk – Kapitel in einem Band – Seite in einem Kapitel. (Im Englischen entsprechen dem die „collective", „monographic" und „analytic" genannten Niveaus.)

- Angemessenes Zitieren heißt, diese Ebenen bis zu der gewünschten – und zwar in umgekehrter Folge, also von „unten" nach „oben" – zu nennen.

9.4.2 Standardisierung im Zitierwesen

Hintergrund

Leider ist man von einer durchgreifenden Standardisierung auf diesem Gebiet noch immer weit entfernt. Vielmehr machen Autoren nach wie vor die Erfahrung, dass ein mit Sorgfalt nach dem Muster der Zeitschrift A zusammengestelltes Literaturverzeichnis nicht zu brauchen ist, wenn der Beitrag in Zeitschrift B publiziert werden soll. Das hat schon viel Unmut erzeugt und Redakteuren, Lektoren und letztlich den Wissenschaftsverlagen den Vorwurf der Uneinsichtigkeit und der Unfähigkeit, für ein drängendes Problem eine Lösung zu finden, zugezogen. Indessen:

- Es gibt viele Gründe, die bisher einer Zitiereinheitlichkeit entgegengestanden haben.

Sie wurzeln in den Wissenschaften selbst. Jede der großen Domänen pflegt ihre Denkweisen und Arbeitsmethoden, und dazu gehört auch das Bibliografieren und Zitieren. Was z. B. in der Rechtsprechung gut und nützlich ist, mag in den „life sciences" unbrauchbar oder irrelevant sein. Man würde wohl des Guten zuviel tun, würde man allen Disziplinen *eine* Norm aufnötigen. Erschwerend wirken die Komplexität der Aufgabe, die aus der Artenvielfalt von Dokumenten rührt, und die Internationalität der wissenschaftlichen Literatur.

In jüngerer Zeit sind noch die Forderungen des *Informations- und Dokumentationswesens* (IuD) hinzugekommen, so dass jeder Lösungsansatz auch die Gesichtspunkte der Elektronischen Datenverarbeitung berücksichtigen muss. Vielleicht können die Dinge gerade von hier gefördert werden, sind doch Computerfachleute gewöhnt, über die nationalen Grenzen hinaus zu denken.

- Eine Zitiernorm müsste, sollte sie greifen, umfassend und international anerkannt sein.

Sicher wirkt als Hemmschuh, dass zu viele Institutionen mitreden wollen, von denen keine die Macht zur Durchsetzung hat. Ein Interesse an der Sache nehmen außer Verlagen und Verbänden die wissenschaftlichen Gesellschaften und nationale und internationale Normenausschüsse. Normenausschüsse sind die Gralshüter jeglicher Standardisierung, und sie sind auch nicht untätig geblieben; doch haben viele Länder viele Normen entwickelt (beispielsweise DIN 1505-2, 1984; DIN 1505-3, 1995; ANSI Z39.29-1977;[34] BS-5261: Part 1: 1975), und nicht immer ist dabei Praktikables herausgekommen. Es gibt auch eine internationale Norm mit vielen vernünftigen Ansätzen, die Norm ISO 690-1987. Naturgemäß kann sie, wie alle internationalen Normen, nur einen Rahmen abstecken, so dass eine Vielfalt im Detail bestehen bleibt.

---

[34] Von besonderer Bedeutung für Autoren, die in amerikanischen Zeitschriften publizieren, ist die Arbeit des *Subcommittee Z39 on Standardization in the Field of Library Work, Documentation, and Related Publishing Practices*, die speziell der „Preparation of Scientific Papers" gewidmet ist. Das Committee Z39 hat bisher mehr als 50 Normen hervorgebracht.

- In jüngerer Zeit kamen wirkungsvolle Anstöße zur Vereinheitlichung von den Herausgebern und Redakteuren des wissenschaftlichen Verlagswesens.

Wer sich in der Szene auskennt, kann darüber nicht überrascht sein.[35] Schließlich ist es gerade diese Gruppe, deren Arbeit durch mangelnden Konsens in Zitierangelegenheiten erschwert wird. Die Literaturverzeichnisse von Autoren „umschreiben" oder Manuskripte wegen Unstimmigkeiten beim Zitieren zurückweisen zu müssen, waren immer unerfreuliche Maßnahmen. Übereinstimmung in formalen Fragen des Schreibens und Publizierens macht die Arbeit in Redaktionen und Lektoraten effizienter, und daran besteht ein erhebliches Interesse.

- Zwei wichtige Initiativen sind in Empfehlungen eingemündet, die unter den Bezeichnungen *CBE-Konvention* und *Vancouver-Konvention* bekannt geworden sind.

Unter dem Kürzel CBE verbirgt sich das Council of Biology Editors, Inc., seit 2000 Council of Science Editors (CSE) mit Sitz in Reston, Virginia.[36] Die von dort ausgehenden Empfehlungen sind in einer Publikation des Councils nachzulesen, dem *CBE Style Manual* (5th ed. 1983; 6th ed. 1994)[37]. Diese Konvention, der sich inzwischen mehr als 6000 (!) biowissenschaftliche Zeitschriften angeschlossen haben, lässt Zitierungen nach dem Namen-Datum-System, nach dem sequentiellen Nummernsystem und nach dem „gemischten System" mit der Vergabe von Zitatnummern nach alphabetischer Ordnung der Quellen (vgl. Abschn. 9.3.4) zu.

Die Vancouver-Konvention

Die Vancouver-Konvention – ihre Anfänge lassen sich bis auf das Jahr 1968 zurückverfolgen – trägt ihren Namen nach einem Treffen von Redakteuren, das im Januar 1978 in Vancouver stattfand. Ihre Ergebnisse haben in einem Buch (HUTH 1987, 1990) ihren Niederschlag gefunden, dessen Verfasser auch maßgeblich an der amerikanischen Norm ANSI Z39.29-1977 mitgewirkt hatte und zudem Vorsitzender des Council of Biology Editors (CBE) war. Auch sind die Zitierweisen weitgehend die einer großen Datenbank, des *Index Medicus* der National Library of Medicine (NLM), und somit informationstechnisch „in Ordnung". Wir machen daher sicher keinen Fehler, wenn wir (besonders in Anhang A) die Vancouver-Zitierweisen in den Vordergrund rücken. In wesentlichen Punkten stimmen die Empfehlungen von Vancouver und die des CBE sowie die ANSI-Norm ohnehin überein.

---

[35] Schon 1929 einigten sich die Beauftragten von etwa 30 deutschen geologischen, mineralogischen, paläontologischen und zoologischen Zeitschriften in Bonn auf einheitliche „Anweisungen für die Verfasser naturwissenschaftlicher Arbeiten", in denen auch für das Zitieren detaillierte Empfehlungen ausgesprochen wurden. Diese „Bonner Anweisungen" wurden 1971 von 21 Schriftleitern geowissenschaftlicher Publikationsorgane unter Mitverwendung von DIN-Normen zu den *Richtlinien für die Verfasser geowissenschaftlicher Veröffentlichungen* (1976) weiterentwickelt und liegen jetzt in überarbeiteter Form vor (HORATSCHEK und SCHUBERT 1998).

[36] Vgl. http://www.councilscienceeditors.org/commerce/pubs_orderform.cfm. – Die Vorläufer-Organisation wurde 1957 von der National Science Foundation und dem American Institute of Biological Sciences gegründet.

[37] Die 6. Aufl. 1994 ist zum Zeitpunkt der Bearbeitung des vorliegenden Buches (2005) nicht mehr lieferbar, eine stark überarbeite 7. Aufl. ist in Vorbereitung.

Informationen über die Vancouver-Konvention sind auch auf der Web-Seite des International Committee of Medical Journal Editors (www.icmje.org) unter der Überschrift *Uniform Requirements for Manuscripts Submitted to Biomedical Journals: Writing and Editing for Biomedical Publication* (URM) zu finden.

Zitate sollen möglichst *sprachneutral*, also international austauschbar, und Computer-gerecht sein.

- *Satzzeichen* werden sparsam und im Wesentlichen zur Abtrennung der bibliografischen Elemente und Gruppen verwendet.

Die Satzzeichen werden als logische Deskriptoren *(Deskriptionszeichen)* verwendet und damit ihrer sonst üblichen Bedeutung und Verwendung weitgehend entkleidet. In der Sprache der Programmierer sind sie *Strukturcodes* mit abgrenzender Wirkung (*engl.* delimiter). Vor allem gilt (nicht so in DIN 1505-2!):

- Der *Punkt* trennt bibliografische Gruppen (auch: analytischen Titel und Sammeltitel, s. Abschn. 9.5.1), *Komma* oder *Strichpunkt* trennen Elemente innerhalb der Gruppen voneinander ab.

Ein Punkt steht auch am Ende des Zitats. Als Abkürzungssymbol steht der Punkt damit nicht mehr zur Verfügung. Wie sich das im Einzelnen auswirkt, zeigen die Beispiele in Anhang A, Spalte A. Vermerkt sei noch, dass auch der *Zwischenraum* bei korrekter Handhabung ähnlich wie ein Satzzeichen als strukturierendes Merkmal eingesetzt werden soll.

Aus dem Gesagten folgt unter anderem:

- Die Initialen von Vornamen werden ohne Punkt unmittelbar hintereinander, vom Familiennamen durch einen Zwischenraum getrennt und nachgestellt, geschrieben.
- Abkürzungen in Zeitschriftenkurztiteln werden ohne Punkt geschrieben.

Außer dem Punkt kommen in Quellenangaben nach der Vancouver-Konvention vor: Komma, Strichpunkt, Doppelpunkt, Gedankenstrich, runde und eckige Klammer sowie Zwischenraum.

- Das *Komma* wird zur Abtrennung *gleichwertiger* Bestandteile innerhalb einer bibliografischen Gruppe verwendet, der *Strichpunkt* (Semikolon) zur Abtrennung *ungleichwertiger* Bestandteile.

Nicht zu den „zugelassenen" Satzzeichen gehört das *Anführungszeichen*. Die früher häufig anzutreffende Setzung des *analytischen Titels* (z. B. des Titels einer Arbeit in einer Fachzeitschrift) in Anführungszeichen kann danach nicht mehr empfohlen werden.

- Besondere Schriftarten innerhalb der Zitate sind nicht vorgeschrieben, so dass diesbezüglich den Gebräuchen von Zeitschriften und Verlagen ein Spielraum gelassen ist.

Schließlich bleibt anzumerken, dass verbindende Wörter, besonders die Konjunktion *und,* soweit wie möglich vermieden werden. Dadurch wird die Notwendigkeit der Übersetzung *(and, et)* von einer Sprache in eine andere vermieden. Gänzlich sprachneutral lassen sich Literaturlisten allerdings nicht halten, da man auf Bezeichnungen wie Bd

(Vol), Hrsg (ed) – beachten Sie bitte die Schreibweise ohne Punkte! – nicht ganz verzichten kann. Moderne Computerprogramme wie ENDNOTE (s. Abschn. 9.2.2) nehmen einem die Mühe der Übersetzung erfreulicherweise ab.

- Ziel ist es, Quellenangaben für das Rechner-gestützte Bearbeiten, Selektieren und Sortieren durch *Literaturverwaltungsprogramme* und für die Recherche in *Literaturdatenbanken* besser zu strukturieren.

Ausblick

Im Vergleich dazu scheinen uns die Empfehlungen der DIN 1505-2 zu eng, zu kompliziert, zu national und zu wenig auf die Bedürfnisse der Datenverarbeitung abgestimmt zu sein, als dass wir sie hier näher berücksichtigen wollten. Wahrscheinlich wird es eine Überarbeitung und Harmonisierung ebenso geben wie bei der amerikanischen Norm ANSI Z39.29, an deren Vervollkommnung – besonders im Hinblick auf das Zitieren audiovisueller Materialien, von Computerprogrammen und Datenbanken – gearbeitet wird. [Hiermit ist ein Komitee der National Information Standards Organization (NISO) befasst.]

Chemiker haben an den Entwicklungen der letzten Jahre keinen großen Anteil genommen. Vielleicht hängt die Zurückhaltung der Chemie-Editoren damit zusammen, dass die Chemie als großes Fach keine Notwendigkeit zur Abstimmung mit anderen (kleineren) Fächern sah. Möglicherweise spielt auch die herausragende Stellung der American Chemical Society (ACS) mit ihren weit verbreiteten, viel gelesenen und damit auch viel zitierten Zeitschriften sowie ihrem beherrschenden Referateorgan, *Chemical Abstracts,* eine Rolle. Diese große wissenschaftliche Gesellschaft hat sich selbst „ihre Normen" gesetzt und auch veröffentlicht, und zwar unter dem Titel *The ACS style guide: A manual for authors and editors* (1997). Chemiker und chemische Fachzeitschriften kommen an diesem „Style Guide" nicht vorbei (vgl. Anhang A).

- Fragen des Zitierens sind auch deshalb von aktuellem Interesse, weil sich ihrer die moderne Textverarbeitung angenommen hat.

Literaturverwaltungsprogramme wie ENDNOTE und MANUSCRIPT MANAGER (s. Abschn. 9.2.2) haben die Vancouver- und die CBE-Empfehlungen in ihre Literaturverwaltung „einprogrammiert", so dass Literaturstellen wahlweise im einen oder anderen „Format" automatisch ausgegeben werden können. Da derartige Programme zum Teil auch noch Zitierweisen wichtiger Zeitschriften berücksichtigen, die außerhalb dieser Konventionen liegen, ist nicht abzusehen, ob von hier ein Zwang zur Vereinheitlichung ausgeht oder eine Festschreibung der Vielfalt („der Computer macht das schon!"); wir fürchten, das zweite ist der Fall.[38]

Wir wollen uns im folgenden Abschnitt noch mit den *Bestandteilen* von Quellenangaben für die wichtigsten Arten von Dokumenten befassen. Wer Aufschluss darüber sucht, was ein Zitat im Einzelfall „verständlich, eindeutig, vollständig, kurz und ange-

---

[38] Die Programme scheinen einen Stolz dareinzusetzen, möglichst viele – z. B. über tausend! – Zitierweisen „anbieten" zu können. Und für das Zitieren nach eigenem Gusto lassen sie auch noch Platz.

messen" (vgl. Abschn. 9.4.1) macht, wird sich zunächst mit diesen Elementen befassen müssen. Wenn Sie lediglich an der endgültigen Form interessiert sind, schlagen Sie Anhang A auf.

9.5 Bestandteile von Quellenangaben

9.5.1 Allgemeines

Die Bestandteile von Quellenangaben lassen sich zu *bibliografischen Gruppen* zusammenfassen, die wir im Folgenden in verkürzter Form vorstellen wollen (vgl. ANSI Z39.29-1977).

- Man kann *sieben* bibliografische Gruppen unterscheiden.

Verfasser-Gruppe: Namen von Autoren, Herausgebern oder Organisationen; in dieser Gruppe finden sich auch Hinweise auf die Rolle der betreffenden Urheber, beispielsweise durch dem Vermerk „Hrsg" („ed") für Herausgeber. Organisationen (auch: Verbände, Behörden, Firmen u. a.) sind dabei *körperschaftliche Urheber* im Sinne der DIN 1505. Bei anonymen Quellen entfällt die Verfasser-Gruppe.

Titel-Gruppe: Hier kann man Titel auf drei bibliografischen Ebenen unterscheiden. Der Titel *(Sachtitel)* eines Zeitschriftenartikels, eines Buchkapitels oder einer anderen abhängigen (unselbständigen) Publikation wird als *analytischer Titel* bezeichnet (vgl. am Ende von Abschn. 9.4.1). Der Titel einer unabhängigen Publikation wird je nachdem als *monografischer Titel* (Buchtitel) oder *Sammeltitel* (eines *Sammelwerks*, z. B. einer Zeitschrift) bezeichnet. Manchmal können Sie zwischen einem Haupttitel und einem (oder sogar mehreren) Untertitel(n) unterscheiden und beide durch Doppelpunkt voneinander trennen. Gehört ein Dokument zwei oder allen drei Ebenen an, so werden die Titel nacheinander genannt, z. B. in der Reihenfolge

    Beitrag in einem Band – Band in einer Reihe – Reihe.

Auflagen-Gruppe: Bezeichnung der Auflage (Auflagennummer; in DIN 1505-1, 1984: *Ausgabebezeichnung)* sowie Hinweise auf Personen, die an der Auflage (Ausgabe) mitgewirkt haben, z. B. Übersetzer. Eine Auflagenbezeichnung wie „3rd ed" (Vancouver: kein Punkt!) wäre deutsch durch „3te Aufl" wiederzugeben.

Impressum-Gruppe: Hierunter (in DIN 1505-1: *Erscheinungsvermerk)* versteht man Angaben über Erscheinungsort (Sitz des Verlags, Verlagsort), Name des Verlags, Erscheinungsdatum, Band- oder Heftnummer (bei Zeitschriften), Berichtsnummer. Erscheinungsort und Name des Verlags – diese Reihenfolge der Nennung ist heute weiter verbreitet als die umgekehrte – bilden dabei die *Verlagsangaben*. Der Verlagsname wird in der kürzest möglichen Form genannt, Zusätze wie „GmbH", „Ltd" entfallen. Von mehreren Verlagsorten brauchen Sie nur einen anzugeben. Tritt ein „körperschaftlicher Urheber" auch als Verleger auf, so sollten Sie seine Anschrift angeben, weil sonst das Dokument nicht besorgt werden kann.

Merkmal-Gruppe: Hier können Sie Angaben über die Beschaffenheit und ggf. Verpackung der Quelle (z. B. Umfang, Format, Anzahl der Abbildungen) sowie über die physikalische Natur (z. B. CD-ROM, DVD, Videokassette) machen; in DIN 1505-1 entspricht dem in etwa der *Kollationsvermerk*. Zunehmend erscheinen solche Angaben in eckige Klammern gesetzt, z. B. als „[CD-ROM]" oder nachgestellt etwa in der Form „Available from: http://www.nap.edu/books/0309074029/html/" im Falle eines elektronischen Buches. Häufig wird der Umfang eines Buches im Anschluss an den Verlagsnamen genannt, z. B. in der Form „300 S" („300 p" oder „300 pp", von *lat.* pagina, e*ngl.* page, pages); dies entspricht der Mitteilung von erster und letzter Seite bei einem Zeitschriftenartikel.

Serien-Gruppe: An dieser Stelle können Sie die Zugehörigkeit einer Publikation (Quelle) zu einer Reihe, z. B. die Bandnummer eines Buches in einer Reihe und den Reihentitel, vermerken. (Solche Angaben werden auch als zur Titel-Gruppe gehörend betrachtet, sie stehen in der Regel tatsächlich dort, d. h. vor der Impressum-Gruppe.)

Ergänzende Angaben: In einer letzten bibliografischen Gruppe lassen sich Hinweise über Bezugsmöglichkeiten u. ä. vermerken. Hier können Sie beispielsweise die ISBN eines Buches, die Projektnummer eines Forschungsberichts oder den Ladenpreis eines Werks notieren. Auch die *Lokalisierung* einer Stelle innerhalb des Dokuments wird an dieser Stelle vorgenommen, z. B. in einer der folgenden Formen:

: 78   : 78-84   ; S 78   ; Kap 5   ; chap 5   ; (p 523, table 2).

Die bibliografischen Gruppen innerhalb der Quellenangaben sichtbar zu machen ist Ziel allen Ringens um rationelle, einheitliche Zitierweisen. Als Mittel dazu werden Satzzeichen und Zwischenräume eingesetzt. Die Satzzeichen werden so zu Deskriptionszeichen *(Deskriptoren)*, die ausschließlich der Strukturierung der Quellenangabe dienen, wie schon im vorangegangenen Abschnitt unter „Die Vancouver-Konvention" ausgeführt.

In vielen Kommissionen beschäftigt man sich gegenwärtig mit der Frage, wie „elektronisches Material" zu zitieren ist. Einige grundsätzliche Feststellungen dazu haben wir bereits im Zusammenhang mit dem elektronischen Publizieren von Zeitschriften (Abschn. 3.1.2) getroffen: Was entwickelt werden muss, ist ein standardisiertes System von *Digital Object Identifiers* (DOIs). Anstrengungen in dieser Richtung unternimmt u. a. die *Text Encoding Initiative* (TEI, www.tei-c.org).

Beispiele vom International Committee of Medical Journal Editors, ICMJE empfohlener Zitierweisen für Dokumente im Internet (noch *ohne* DOIs) finden sich in http://www.nlm.nih.gov/bsd/uniform_requirements.html. Eine Quellenangabe daraus liest sich so:

> American Medical Association [homepage on the Internet]. Chicago: The Association; c1995-2002 [updated 2001 Aug 23; cited 2002 Aug 12]. AMA Office of Group Practice Liaison; [about 2 screens]. Available from: http://www.ama-assn.org/ama/pub/category/1736.html.

Hier wird (in der zweiten eckigen Klammer) ein Versuch unternommen, der Flüchtigkeit Rechnung zu tragen, die vielen Websites anhaftet, und das Zitat auf ein bestimmtes Datum festzulegen (s. auch Beispiele in Anhang A): „An dem Tag haben wir es so auf dem Bildschirm gehabt." Damit schwellen die Quellenangaben aber ungebührlich an. Wir selbst haben uns in diesem Buch damit begnügt, die URLs von Websites zu nennen, oft im laufenden Text unter Verzicht der Aufnahme in das Literaturverzeichnis. Das Bemühen, die Seite (wieder) auf den Bildschirm zu holen, kann fehlschlagen: Vielleicht hat sich die Internet-Adresse samt Name des Servers geändert, oder sie existiert gar nicht mehr. Die Organisation, die hinter der Information steht, kann nächstes Jahr anders heißen, wie es nur allzu oft geschieht, doch muss das nicht das Ende des Versuchs sein, die Quelle zu finden. In solchen Fällen hilft oft der Rückgriff auf eine Suchmaschine wie GOOGLE[39] weiter.

9.5.2 Die verschiedenen Formen von Quellen

Bücher und Zeitschriften

Ein besonderes Anliegen ist uns nach wie vor die Umwandlung einer Quellenangabe mit „hinten" stehender Jahreszahl in eine Quellenangabe nach dem Namen-Datum-System mit der Jahreszahl unmittelbar hinter den Autorennamen. Ein typisches Buchzitat aus Anhang A, und zwar das Beispiel aus der Spalte B, „CBE", Reihe 1, wird dabei (unter Weglassung des überflüssigen „Inc.") zu:

>Osler, A.G. (1976). Complement: mechanism and functions. Englewood Cliffs, NJ: Prentice Hall.

In der noch rigoroseren Vancouver-Manier lassen Sie die Klammer um die Jahreszahl weg, z. B.:

>Eisen HN. 1974. Immunology: an introduction. 5th ed. New York: Harper and Row; 215.

Dabei könnte die Lokalisierung der Quelle am Schluss ggf. entfallen und nach „Row" ein Punkt gesetzt werden. Genauso haben wir im vorliegenden Buch selbst zitiert, wobei wir lediglich zur besseren Lesbarkeit die Buchtitel kursiv gesetzt und zusätzlich den Umfang des Buchs (Anzahl der Seiten mit „S") angegeben haben. Insofern kann unsere eigene zitierte Literatur als weitere Beispielsammlung dienen. – Beachten Sie bitte die Schreibweise in englischsprachigen Titeln: Außer beim *ersten* Wort und bei Namen wird in Quellenangaben üblicherweise die Kleinschreibung verwendet.

Ein entsprechendes Zeitschriftenzitat lautet:

---

[39] GOOGLE ist die Internet-Suchmaschine der Firma Google Inc. mit Sitz in Mountain View, Kalifornien. Die Firma wurde 1998 von Larry PAGE und Sergej BRIN gegründet. Im September 1999 ging die Suchmaschine offiziell ans „Netz", ihre ungewöhnliche Erfolgsstory ist bekannt. GOOGLE ist als Suchmaschine so populär geworden, dass das Verb *googeln* 2004 in den *Duden* aufgenommen wurde. (Diese Anmerkungen haben wir dem Web-Lexikon *Wikipedia* entnommen, dem ein ähnlich „einmaliger" Erfolg beschieden ist. Mit unserem aktuellen Problem teilt *Wikipedia* das Moment der Flüchtigkeit.)

> Bynum WF, Heilbron JL. 1988. Eighteen eighty eight and all that.
> Nature. 331: 27-30.

Wie schon in Abschn. 9.4.1 erwähnt, werden die Titel von Zeitschriften in Literaturverzeichnissen nicht ausgeschrieben, sondern in abgekürzter Form wiedergegeben.

- Die Verwendung von *Zeitschriftenkurztiteln* soll den Schreibaufwand beim Zusammenstellen von Quellenangaben senken und Druckraum sparen helfen.

Damit die verwendeten Abkürzungen[40] – auch international – verstanden werden können, ist Standardisierung hier in besonderem Maße angezeigt. Den Maßgaben der Norm ISO 4-1997 haben sich *Chemical Abstracts*, *Biological Abstracts* und *Index Medicus* verpflichtet, drei der größten Referatedienste unserer Zeit. Auch im Bereich der Physik [Institute of Physics, London; American Institute of Physics (AIP), New York, nebst ihren Referatediensten *Physics Abstracts* und *Physics Briefs*] ist uns kein abweichender Gebrauch bekannt. Naturwissenschaftler sind damit auf dieses System festgelegt. AMERICAN INSTITUTE OF PHYSICS (1978) gibt in seinen *Notes for Authors* den Rat:

- Wenn Sie sich der korrekten Abkürzung eines Zeitschriftentitels nicht sicher sind, schreiben Sie den Titel zweckmäßig aus.

Wir können uns diesem Rat anschließen, empfehlen dann aber, den Redakteur oder Lektor durch einen Hinweis wie

((Kurztitel ?))

am Rande des betreffenden Zitats auf den Umstand hinzuweisen.

Verschiedene Schriftsachen und Quellen

Zu den Quellen, die seltener zitiert werden, gehören *Normen*. Erstaunlicherweise gehen drei der vier Quellen, die in Anhang A herangezogen wurden, auf Normen überhaupt nicht ein, so als gäbe es sie nicht; nur die Normen selbst haben für sich ein Wort übrig. DIN 1505-2 (1984) macht es gründlich und schlägt vor, der Quellenangabe jeweils das Wort „Norm" voranzustellen. In einer englischsprachigen Publikation müsste an die Stelle dieses Wortes „Standard" treten.

- Die wesentlichen Elemente im Quellenbeleg für eine Norm sind die Kurzbezeichnung des Regelwerks oder der herausgebenden Organisation (z. B. DIN, VDI-Richtlinie, ANSI, BS, ISO, EN), die *Normnummer* und das *Ausgabedatum*.

Dazu sollte sich zweckmäßig noch der Sachtitel der Norm als empfohlene Angabe gesellen. Als Ausgabedatum genügt meist das Jahr der Ausgabe. Zwei Beispiele finden sich in Anhang A.

Patentzitate sind ähnlich wie Zeitschriftenzitate aufgebaut. An die Stelle des Titels der Zeitschrift tritt eine Länderbezeichnung in Verbindung mit einer Angabe der *Art*

---

[40] Auflistungen von „Journal Titles and Abbreviations" sind beispielsweise über http://www.public.iastate.edu/~CYBERSTACKS/JAS.htm oder http://www.library.uiuc.edu/biotech/j-abbrev.html zu finden.

des Dokuments. Den Angaben, die zur Identifizierung und Lokalisierung eines Artikels in einer Zeitschrift führen, entspricht eine *Veröffentlichungsnummer.*

Die folgende Darstellung lehnt sich an die Norm DIN 1505-2 (1984) an. Sie umfasst nicht nur die Titelangaben von Patenten in ihren verschiedenen *Veröffentlichungsstufen* (*Patentliteratur* im engeren Sinn), sondern auch von *Gebrauchsmustern.* Patente und Gebrauchsmuster sind – neben *Geschmacksmustern* und *Warenzeichen* – Schutzrechte, und die Norm sieht vor, die Titelangabe mit einem entsprechenden Hinweis zu beginnen.

- Das Patentzitat beginnt mit dem Wort „Schutzrecht".

Ein Ersatz für das Wort „Schutzrecht" für eine englische oder anderssprachige Literaturliste ist uns nicht bekannt.

Der *Schutzrechtshinweis* soll Zitate von Schutzrechten deutlich von denen anderer Dokumente abheben, die ähnliche Buchstaben- und Zahlenkombinationen enthalten (z. B. von Normen und Forschungsberichten).

Das erste Identifikationsmerkmal nach diesem Hinweis ist das *Land,* in dem das Schutzrecht erteilt wurde. Man verwendet dafür zunehmend einen international vereinbarten Code, der den Zeitschriftenkurztiteln vergleichbar ist.

- Für die Titelangabe von Patentschriften und anderen Schutzrechten hat sich der internationale *Zweibuchstaben-Ländercode* eingeführt.

Diese Codes sind offiziell in Norm ISO 3166-1:1997 *Codes for the representation of names of countries and their subdivisions – Part 1: Country codes* definiert. Das Zeichen für die Bundesrepublik Deutschland ist darin nicht D, wie von den Kraftfahrzeug-Kennzeichen geläufig, sondern DE (wie in Web- und E-Mail-Adressen). In anderen Fällen stimmen die Bezeichnungen im Zitier- und Verkehrswesen überein; beispielsweise stehen US für United States, CH für die Schweiz, GB für Großbritannien. Weitere Zweibuchstaben-Ländercodes finden Sie im Internet (country_digraphs. html" http://www.theodora.com/ country_digraphs.html). Europapatente tragen die Kurzbezeichnung EP.

Als nächstes Identifikationsmerkmal schließt sich die *Schutzrechtsnummer* (speziell bei Patenten: die *Patentnummer*) an. Da die Patentämter nicht nur Patente erteilen, reicht eine Nummer allein noch nicht aus. Vielmehr muss auch die Art des Dokuments angegeben werden. Auch dies geschieht zunehmend in codierter Form.

Zur weiteren Identifizierung wird der Schutzrechtsnummer ein ein- oder zweistelliger Code mit Bindestrich angehängt. Dieser Code besteht aus einem großen Buchstaben oder einem großen Buchstaben und einer Ziffer. Beispielsweise ist das Zeichen für eine bundesdeutsche *Offenlegungsschrift* der Buchstabe A, für eine *Auslegeschrift* oder *Patentanmeldung* B und für eine *Patentschrift* – das eigentliche Patent – C. Diese Bezeichnungen werden international unter Berücksichtigung der jeweiligen nationalen Traditionen vereinbart. Bei älteren Schutzrechtsdokumenten, die diese Bezeichnungen nicht tragen, ist ihre Verwendung nicht ohne weiteres möglich; DIN 1505-2 (1984) gibt für die verschiedenen Schutzrechtsarten in den wichtigsten Industrieländern einen tabellarischen Überblick über die gültigen Codes; ein komplette Liste solcher Codes ist, vom *Chemical Abstracts Service* zusammengestellt, unter http://www.cas.org/EO/patkind.html zu finden. Es bleibt aber weiterhin unbenommen, den vollen Namen des beanspruchten Schutzrechts zu nennen. Typische Zitierweisen nach deutscher Norm sind beispielsweise:

>Schutzrecht DE 1268486-B2.
>Schutzrecht DE 1268486 Auslegeschrift.

Als weiteres obligatorisches Identifikationsmerkmal wird schließlich das Datum erachtet. Als Datum gilt der Tag der Erteilung oder der Bekanntmachung, je nachdem auch das Datum der Auslegung oder Offenlegung.

- Das *Veröffentlichungsdatum* wird den Codes und Nummern in der Notation Jahr-Monat-Tag nachgestellt.

Wir zeigen dies an einem Beispiel, das auch noch eine *frühere* Priorität zusätzlich nennt:

>Schutzrecht EP 2013-B1 (1980-08-06). Bayer.
>Pr.: DE 2751782 1977-11-19.

Darin steht „ Pr." für *Priorität*. Das Beispiel enthält noch ein weiteres Element, nämlich die Kurzbezeichnung des *Inhabers (Anmelders)* des Schutzrechts. Es handelt sich hierbei um eine ergänzende Angabe, die nicht zwingend geboten ist. Weitere ergänzende Angaben bei Schutzrechten betreffen den oder die *Erfinder*, den *Sachtitel* der Patentschrift (allgemein: des Schutzrechts) und seine Zugehörigkeit zu einem bestimmten Gebiet der Wissenschaft oder der Technik. Die Erfindernamen stehen, wie die Namen der Autoren von Zeitschriftenartikeln und anderen Dokumenten, am Anfang der Titelangabe, gefolgt vom Sachtitel.

Die Sachkennzeichnung erfolgt durch einen *Klassifikationscode*, der beispielsweise

>Int. Cl.^{2} C 06B 1/02

heißen kann und am Schluss des Zitats steht. Eine verständliche Liste der internationalen Klassifikations-Codes für Patente kann auf der Web-Seite der World Intellectual Property Organization (WIPO), http://www.wipo.int/classifications/en/, gefunden werden.

Wir schließen mit einer Empfehlung, die in keiner Norm steht:

- Für den Leser einer wissenschaftlichen Arbeit ist es eine Hilfe, wenn Patentzitate durch die Angabe der Referate in den gängigen *Referateorganen* ergänzt werden.

Programme, CD-ROMs und andere „Medien" pflegt man ähnlich wie Bücher zu zitieren. An die Stelle der Verlage können *Softwarehäuser* oder andere Einrichtungen oder Personen treten, an die Stelle der *Auflagenangabe* tritt die Nennung der betreffenden *Version* (des Programms usw.). Besondere Bedeutung kommt hier den Angaben in der Merkmal-Gruppe der Quellenangabe zu: Es sollte ersichtlich sein, ob beispielsweise ein Programm oder ein Handbuch zu einem Programm gemeint ist, oder beides. Häufig tragen solche Produkte heute eine ISBN und können folglich über den Buchhandel bestellt werden. Wo das nicht der Fall ist, sind *Lieferanschriften* oder Kontaktadressen – ggf. im *Internet* – hilfreich.

Für einige besondere Dokumente haben wir in Anhang A Quellenangaben aufgelistet, u. a. für elektronische Zeitschriftenartikel, Computerprogramme, CD-ROMs und *Web-Seiten*.

Internet-Quellen aller Art sind in diesem Zusammenhang zu Recht wegen der ihnen innewohnenden Flüchtigkeit Gegenstand besonderen Interesses, denn traditionelle Print-Medien mögen in *einer* Bibliothek verloren gehen, aber kaum vollständig verschwinden. Mehrere wichtige Initiativen wurden unternommen, sich dieses Sachverhalts anzunehmen, aber es ist noch zu früh, über endgültige Lösungen zu sprechen. Für interessierte Leser seien die Web-Seiten von JSTOR (http://www.jstor.org/about/) und das *Internet Archive* (http://www.archive.org) mit ihren Links empfohlen.

Dürfen wir diesen Teil unseres Buches mit der Abwandlung einer klassischen Maxime[41] beschließen?

- Quidquid scribis, prudenter scribas, et respice finem.

Verabschieden wollen wir uns damit von Ihnen noch nicht, empfehlen vielmehr zuerst noch Kap. 10 zu Lektüre.

---

[41] Einige Leser der ersten Auflagen haben sich geärgert, weil ihnen der Sinn unserer Beschwörungsformel verborgen blieb. Das wollen wir natürlich nicht. Wir reichen die Übersetzung nach:

Was immer du schreibst, schreibe es klug und bedenke, was daraus wird.

Die Urfassung der alten Römer hieß „Quidquid agis, prudenter agas, et respice finem" – mit agere, tun, statt scribere, schreiben. Dieser Satz gilt für manche als das um 2000 Jahre vorweggenommene Leitmotiv der Qualitätssicherung (TQM 1990).

> Stoßen Sie sich nicht daran, wenn manches pedantisch und magistral klingen sollte; die Hauptsache ist, daß es, wenn auch nur in Kleinigkeiten, Ihre Aufmerksamkeit auf stilistische Dinge erhöht.
>
> Chr. MORGENSTERN, An einen jungen Schriftsteller

10 Die Sprache der Wissenschaft

10.1 Die Sprache als Mittel der wissenschaftlichen Kommunikation

10.1.1 Deutsch als Wissenschaftssprache
Blick in das Zeughaus der Sprache

Naturwissenschaftler und Ingenieure teilen sich auf mehrere Weisen mit: durch das gesprochene und geschriebene *Wort*, durch *Zahlen, Formeln* und durch *Bilder*. Wir sind in den vorangegangenen Kapiteln auf prozedurale und technische Aspekte der wissenschaftlichen Kommunikation eingegangen und haben uns dabei ausführlich der Darstellung von „Daten" (Zahlen, Größenwerten), mathematischen Ausdrücken und Abbildungen gewidmet. Auslassungen über die *Sprache,* die doch am Anfang steht, haben wir weitgehend vermieden.

Dies hat seinen Grund: Der rechte Umgang mit der Sprache ist eine Kunst an sich, in der wir alle gefordert sind. Dazu muss man nicht Naturwissenschaftler oder Ingenieur sein. Beispiele guter wie schlechter Sprache hören wir in der Predigt ebenso wie in der politischen Rede, in Vorträgen, Debatten und Geschäftsbesprechungen; und wir nehmen täglich das geschriebene Wort aus Zeitungen, Büchern und aus anderem „Gedruckten" auf. Deshalb sind Sprache und Spracherziehung Aufgabe und Bestandteil unserer Allgemeinbildung. Wir lernen in Elternhaus, Freundeskreis und Schule, mit der Sprache umzugehen. Wo sie zur Wissenschaft wird, fällt sie den *Linguisten* anheim. Für uns also ausreichend Grund, uns mit ihr *nicht* auseinanderzusetzen?

Vielleicht doch nicht ganz. Zum einen ist überall ein Niedergang der Sprachkultur zu beklagen,[1)] dem man entgegenwirken sollte, wo immer sich eine Gelegenheit bietet. Zum anderen stellen *Naturwissenschaften* und *Technik* – das liegt in ihrem Wesen

---

[1] Es geht uns mit dieser Einlassung nicht – altväterlich-nörglerisch – darum, Veränderungen beim Umgang mit der Sprache als solche anzuprangern. Sprache muss veränderbar und lebendig bleiben, sie muss sich anpassen können. Das darf gerade der verlangen, der sich ihrer täglich als „Handwerkszeug" zu bedienen hat. Aber das ist nicht der Punkt. Vielmehr beunruhigt uns die Beobachtung, die viele Professoren, Redakteure, Lektoren und Personalchefs immer wieder machen müssen, dass nämlich immer mehr Menschen immer größere Probleme mit dem Schreiben haben. Wie sollte es auch anders sein – ist nicht zu fürchten, dass uns die Kunst des *Lesens* abhanden kommen wird, dass selbst die vormals

→

begründet – besonders hohe Ansprüche an die klare, unmissverständliche Ausdrucksweise, an den korrekten Gebrauch der Sprache.[2)] Hier scheint eine Unterstützung besonders vonnöten – wer wollte schließlich über die Ergebnisse einer „exakten" Wissenschaft ungenau berichten?

- Wem es beim Schreiben gelingt, der Sprache auch in einem Fachtext den Atem ihrer ursprünglichen Kraft und Schönheit zu lassen, der hat etwas für unsere gemeinsame Kultur getan, in die wir alle eingebettet sind.

Wir können weder ein Repetitorium der *Wort-* und *Satzlehre* noch eine *Stilkunde* anbieten, wollen aber – gewiss willkürlich – mehrere Publikationen nennen, die sich eben solches vorgenommen haben. Über das „Gemeinsprachliche" hinaus wollen wir das auch für den Bereich *Fachsprache* so halten, wobei wir freilich verstärkt an Grenzen stoßen: Gibt es doch nicht nur *eine* Fachsprache, sondern deren mindestens so viele wie es „Fächer" gibt! Dennoch werden wir im Laufe unserer Erörterung wenigstens einige Quellen nennen, von denen wir annehmen, dass sie einem Teil unserer Leserschaft nützliche Anregung sein können. Dass wir dabei nur exemplarisch, fast zufällig vorgehen, ist nicht zu vermeiden. Wenn wir bei unserer Auswahl noch dazu etwas chemielastig sind, so bitten wir um Nachsicht und Absolution für unsere „déformation professionelle".

Neben dem vertrauten *Duden: Die deutsche Rechtschreibung* (jüngste Ausgabe 2004) seien zunächst angeführt *Duden: Die Grammatik* und weitere Werke der Reihe *Der Duden in 12 Bänden*; sie sind im Literaturverzeichnis unter „Duden" zu finden.[3)] Auch in der Reihe *Duden-Taschenbücher* stehen einige wertvolle Ratgeber zur

---

gepflegte Kunst des *Briefeschreibens* in der Unbekümmertheit und Laxheit der *E-Mails* dieser Tage untergeht?

[2] Um dahin zu gelangen, bedarf es des Bewusst-Machens. Aus diesem Grunde hatten wir uns für die 1. Auflage dieses Buches (1990) vorgenommen, ein „Sprachkapitel" zu verfassen. Mehr konnte es damals nicht sein als ein Versuch, dieses Bewusst-Machen zu fördern; als ein Bemühen, die eine oder andere Unsicherheit auszuräumen zu helfen und auf einige häufig in Manuskripten anzutreffende Ungereimtheiten und Mängel hinzuweisen. Die Sprache, zumal die deutsche, ist voller Tücken. „Den Rätseln ihrer Regeln, den Plänen ihrer Gefahren nahe zu kommen, ist ein besserer Wahn als der, sie beherrschen zu können" (Karl KRAUS).

Die kleine Abhandlung, Kap. 10 unseres Buches, erfreute sich in der Folge bei vielen Lesern einer wohlgefälligen Aufnahme, was uns Mut machte, sie bis zur 3. Auflage (1994) noch weiter auszubauen. Doch vier weitere Jahre später, für die 4. Auflage, entschlossen wir uns, das Kapitel zu streichen – nicht ganz ersatzlos zwar, aber die sechs gerafften Seiten „Hinweise zur Sprache" in Abschn. 1.4 konnten den Verlust nicht wirklich vergessen machen, wie uns wohl bewusst war. Veranlasst war unsere Maßnahme damals durch den vermehrten Platzbedarf für Ausführungen an anderen Stellen, bedingt durch die zahllosen technischen Neuerungen am Computer-Schreibtisch. Wie sich erweisen sollte, waren Rezensenten und Leser aber wenig geneigt, diese Entschuldigung gelten zu lassen, sie sahen das Buch um einen wichtigen Bestandteil gebracht. Der anhaltende Erfolg unseres Bemühens insgesamt und das freundliche Wohlwollen des Verlags machen es uns jetzt zu unserer eigenen Freude möglich, das alte Kapitel in ungefähr der ursprünglichen Form zu neuem Leben zu erwecken. Hier ist es wieder!

[3] „Duden" ist eine Wörter-Galaxie geworden, in der man auch im Internet navigieren kann (www.duden.de). Die meisten der Nachschlagewerke sind zusätzlich zu den Papierformaten als E-Bücher aufgelegt und werden außerdem mit CD-ROMs geliefert, was sehr schnelle und gezielte Zugriffe auf

10.1 Die Sprache als Mittel der wissenschaftlichen Kommunikation

Verfügung (Näheres s. „Literatur"). Wir werden das zuerst genannte Standardwerk, für manche der „Rechtschreib-Duden" (um ihn von den anderen Bänden der Reihe abzuheben) oder „der Duden" schlechthin, im späteren Verlauf verkürzt als *Duden: Rechtschreibung* zitieren, wo erforderlich in Verbindung mit einer Jahreszahl, die auf eine bestimmte Ausgabe hinweist; ähnlich halten wir es mit *Duden: Grammatik* und mit *Wahrig: Rechtschreibung* aus einem anderen Verlag (s. unten).

- Man sollte sich nicht genieren, gelegentlich den Rechtschreib-*Duden* zur Hand zu nehmen.

Er nennt nicht nur die korrekte *Schreibweise*, sondern auch *Genus, Beugung (Flexion)* und *Silbentrennung* und gibt zudem in vielen Fällen kurze Bedeutungserklärungen. Niemand kann das für 125 000 Wörter im Kopf haben. Oder sind Sie sicher, ob es das Modul oder der Modul heißt? [Gleichgültig, wofür Sie sich entscheiden, Sie liegen nicht richtig; denn es gibt *beides*: in der Mathematik „den" und in der Elektrotechnik „das" Modul. Selbst so einfache Wörter wie „Teil" und „Raster" fordern uns; normalerweise sagt man „der Teil", aber die Ingenieure sagen – und *Duden* erlaubt es ihnen – bei Maschinen „das Teil". Der Reprotechniker benutzt *den* Raster, um ein Bild in Rasterpunkte zu zerlegen, und der technische Zeichner kennt *das* Raster zur Auslegung von Flächen; *Duden Deutsches Universalwörterbuch* erwähnt beide (so nahe beieinander liegenden) Anwendungen und lässt beide zu – den Philosophen kümmern sie wenig, wenn er Gedanken in Kategorien einrasten lässt (*philos.* das Raster).]

Der im Dudenverlag (Mannheim•Leipzig•Wien•Zürich) erscheinende „Duden" hat Konkurrenz aus dem Hause Bertelsmann bekommen in Form des „Wahrig". *Wahrig: Die deutsche Rechtschreibung* – manchmal auch „der kleine Wahrig" genannt – lehnt sich schon im Titel und in seiner Einbandgestaltung an jene ältere Rechtschreiblehre *(Duden: Die deutsche Rechtschreibung)* an, beide verstehen sich als aktuelle Standardwerke des Deutschen und seines Wortschatzes.[4] Wir benutzen neuerdings auch die

---

enorme Datenmengen am heimischen Schreibtisch erlaubt – bis hin zu audiovisuellen Informationen. Durch das Portal *Duden-Suche* fanden wir beispielsweise per Mausklick:
    googeln <sw.V.; hat> [zu: Google® = Name einer Suchmaschine]: Internetrecherchen mithilfe einer Suchmaschine durchführen: …

[4] Über den „Erfinder" des „Duden", den deutschen Gymnasiallehrer Konrad DUDEN (1829-1911), braucht man keine Worte zu verlieren. Weniger bekannt ist, wer hinter „dem Wahrig" steht: Es war der Mainzer Sprachwissenschaftler und deutsche Lexikograph Gerhard WAHRIG (1923-1978), der durch seine Arbeiten über Semantik, Grammatik und Lexikographie zu seinem Hauptwerk *Deutsches Wörterbuch* (1. Auflage 1966, 7. Auflage 2005) – „der große Wahrig" – gelangte. Darauf aufbauend entstanden *Wahrig: Die deutsche Rechtschreibung* – der oben schon erwähnte „kleine Wahrig" (aktuelle Auflage 2005) – und ein *Fremdwörterlexikon* (1. Auflage 1974, 7. Auflage 2004). Längst stehen hinter diesen monumentalen Werken – dasselbe gilt für „den Duden" und die Dudenredaktion – ganze Teams von Sprachwissenschaftlern und anderen Fachleuten, die bei ihrer Arbeit durch riesige Datenbanken unterstützt werden. Im Falle des „Wahrig" umfasst die Datenbank zum Zeitpunkt dieser Niederschrift etwa 800 Mio. Wortbelege, die aus überregionalen Zeitungen und Zeitschriften ständig ergänzt werden und eine digitale Dokumentation der deutschen Sprache bilden. Für jemanden, der viel zu schreiben hat, wird sich die Anschaffung der genannten Bücher lohnen, eigentlich noch über die eigene „schriftstellerische" Arbeit hinaus. Eine lesenswerte Besprechung „Rechtschreibung: Der ‚Wahrig' ist mehr als ein Wörterbuch – er ist eine Institution: Der Sprachberater" von B. MOGGE-STUBBE findet sich über

→

(im Vergleich zu *Duden: Rechtschreibung*) nach Seiten etwas stärkere *Wahrig: Rechtschreibung* gerne, die besonders durch ihre übersichtliche Anordnung – Stichwortblöcke sind in Einzelstichwörter aufgelöst – für sich einnimmt. So oder so: verlässliche Helfer stehen zur Verfügung.

- Vor allem angesichts der vielen neuen Wörter, die aus dem *Englischen* – oft über Fachsprachen wie die der Computer-Branche – in rascher Folge ins Deutsche eindringen, ist es gut, eine *jüngere* Ausgabe einer „Rechtschreibung" zur Hand zu haben.

In dem Zusammenhang bewährt es sich besonders, dass es hier in den beiden genannten Werken nicht nur um *Rechtschreiben (Orthografie)* geht, sondern auch um *Rechtsprechen* (in einem linguistischen Sinne), also um *Phonetik*: Für viele Wörter, die eigentlich einer fremden „Zunge" angehören, wird die Aussprache mit Hilfe der Aussprachezeichen des Internationalen *phonetischen Alphabets* mitgeteilt, und das kann manchmal sehr hilfreich sein.

Ganz ohne *Grammatik*, Sprachlehre, geht es aber nicht. Wir meinen, ein Minimum an Ausstattung aus der Rüstkammer der deutschen *Sprachlehre* sollte man als Schreibender zur Hand haben, um davon gelegentlich Gebrauch machen zu können. Ohne eine Grundkenntnis des Vokabulars, das in dieser Rüstkammer bei der Erklärung der einzelnen Schaustücke verwendet wird, kommt man nicht einmal in der angeschlossenen Abteilung „Wörter" zurecht, kann mit Wörterbüchern (der Rechtschreibung) nicht richtig umgehen. Was würde eine Eintragung (aus *Wahrig: Rechtschreibung*) wie „intr. 148, nur im Infinitiv und Partizip II" bei einem bestimmten Wort ohne dieses Grundverständnis nützen?

> Die Sprache besteht aber nicht aus einer einfachen Aneinanderreihung von Wörtern, und die Bedeutung eines Satzes ist nicht eine Summe von Wortbedeutungen. Das Wort ist stets nur ein Teil eines größeren Zusammenhangs, Teil einer sprachlichen ... Äußerung, ein Element im System der Sprache, die es dem Menschen ermöglicht, seinen Mitmenschen eine fast unendliche Fülle von Gedanken mitzuteilen. Dieses System ist nach bestimmten – von Sprache zu Sprache verschiedenen – Regeln aufgebaut und würde ohne diese Regeln im Chaos enden. Deshalb ist dem *Deutschen Wörterbuch* ein „Lexikon der deutschen Sprachlehre" vorangestellt, damit es dem Benutzer möglich wird, die Bausteine des eigentlichen Wörterbuches sinnvoll zu verwenden.

So schrieb Gerhard WAHRIG im Vorwort zur Neuausgabe seines Hauptwerkes 1975, drei Jahre vor seinem Tode. Dieses Lexikon ist vor allem für den hilfreich, der schon ein grammatisches Weltbild in sich trägt, die Terminologie von *Wortlehre* und *Satzlehre (Syntax)* einigermaßen beherrscht. Sich darin festigen, sich Grundzüge der deutschen Sprachlehre systematisch erarbeiten, das kann man allerdings eher – als mit diesem Lexikon – mit Hilfe von *Duden: Grammatik der deutschen Gegenwartsspra-*

---

das Archiv des *Rheinischen Merkur* (www.merkur.de) in der Ausgabe Nr. 49 vom 8.12.2005 dieser Wochenzeitung.

che (Bd. 4 in *Der Duden in 12 Bänden*).[5] Dort findet sich eine „Umfassende Darstellung des Aufbaus der deutschen Sprache vom Laut über das Wort zum Satz; mit zahlreichen Beispielen, übersichtlichen Tabellen und Registern", wie es auf dem Einband der 4. Aufl. 1984 heißt.[6] (Inzwischen ist das Werk in der 6. Auflage 1998, darin musste der neuen Rechtschreibung – s. Abschn. 10.1.2 – Genüge getan werden.)

Ein Buch, das sich in der Tradition der Duden-Grammatik sieht, ist die *Neue deutsche Grammatik* von Maria Theresia ROLLAND (1997), doch haben wir den Eindruck, dass sich diese Publikation in ihrem stark methodischen Ansatz eher für Fachleute der Sprachverarbeitung und *Logotechnik* – die vielleicht an Programmen für die computerisierte Sprachübersetzung arbeiten – eignet als für den normalen Sprachbenutzer. Für unsere Leser interessant sein mag, von welchem Begriff die Autorin ausgeht: von der *Valenztheorie*.[7] Dazu heißt es (S. 4, hier leicht verkürzt):

> Im folgenden werden zunächst die wichtigsten Elemente der Valenztheorie dargestellt. TESNIÈRE gilt als der erste, der den Begriff der Valenz *(Wertigkeit)* in Anlehnung an die Wertigkeit des Atoms in den Bereich der Sprachforschung eingebracht hat. Er wird damit zum Begründer der Dependenzgrammatik. Unter Valenz ist zunächst die Fähigkeit des Verbs zu verstehen, als Zentrum des Satzes bestimmte Stellen für sog. Aktanten zu fordern, die syntaktisch und semantisch zu ihm passen ...

In der Schule lernte man Grammatik am besten – nicht im Fach Deutsch, sondern in *Latein*, so jedenfalls unsere Erinnerung.[8] (Die wird von vielen geteilt, die noch das Glück hatten, sich für Latein als erste oder zweite Fremdsprache entscheiden zu können.) Wer sich einmal durch ein Kapitel von *De bello Gallico* gekämpft und versucht hat, „Passendes" zusammen zu fügen, erkennt leicht in den Aktanten (oder *konstituti-*

---

[5] Früher hieß diese Reihe *Der Duden in 10 Bänden*, aber da sind noch zwei weitere hinzugekommen: 11. *Redewendungen* (2. Aufl. 2002) und 12. *Zitate und Aussprüche* (2. Aufl. 2002). Von den anderen, die Sie auch im Einbanddeckel von *Duden: Rechtschreibung* nachsehen können, ist für uns vor allem noch 7. *Herkunftswörterbuch* unentbehrlich. Nicht zu verwechseln sind diese 12 (früher 10) Bände mit „dem großen Duden", der sich bibliografisch richtig *Duden: Das große Wörterbuch der deutschen Sprache* nennt. Tückischerweise besteht auch dieses Werk – es umfasst über 200 000 Stichwörter auf zusammen 4800 Seiten – aus zehn Bänden, Bd. 1 z. B. geht von A-Barm.

[6] Fern jeglichem Versuch, unseren Lesern für den Zweck „Bestgeeignetes" empfehlen zu wollen, erlauben wir uns einen Hinweis. Sollten Sie, vielleicht während eines Wellness-Urlaubs, einmal Lust auf ein geistbekömmliches Fitnessprogramm haben, empfehlen wir *Das Grammatische Varieté* von Judith MACHEINER (1991) zur Lektüre. Das Buch ist in einer von Hans Magnus ENZENSBERGER herausgegebenen Reihe *Die andere Bibliothek* erschienen und beweist, dass selbst Linguisten sich über die (deutsche) Sprache elegant und leichtfüßig verbreiten können. Eher geeignet als Liegestuhl-Lektüre ist *Deutsch müßte man können! Ein Sprachquiz für jedermann* (HALLWASS 1989).

[7] Einer der Autoren dieses Buches stieß erstmals auf diese Anleihe der Linguistik bei den Naturwissenschaften anlässlich der Arbeit an einem Beitrag für das Sammelwerk *Handbücher zur Sprach- und Kommunikationswissenschaft/Handbooks of linguistics and communication science/Manuels de linguistique et des sciences de communication* (HSK) des Verlags de Gruyter (EBEL 1998).

[8] Wir müssen uns, das liegt in der Sache, in diesem Kapitel, immer wieder selbst mit unserer Meinung und Erfahrung einbringen; dafür bitten wir um Nachsicht und hoffen, geneigte Leserinnen und Leser, dass Sie selbst sich dadurch am besten angesprochen und einbezogen fühlen, auch wenn wir kaum erwarten können, dass Sie in jedem Punkt genauso urteilen wie wir.

ven *Gliedern*) die *Satzglied*er wieder, die den Satz formen wie die Atome das Molekül: *Subjekt*, verschiedene Arten von *Objekten* und *adverbialen Bestimmungen*.

Deutsch oder Englisch

Wir sind gefragt worden, warum wir uns überhaupt mit *Deutsch* als Fachsprache beschäftigten, wo doch der fortschrittliche Wissenschaftler in *Englisch* publiziere und selbst die deutschen Wissenschaftsverlage ihn dazu zwängen, so zu verfahren, indem sie ihre traditionsreichen Fachzeitschriften zunehmend auf Englisch als *Publikationssprache* umstellten.[9] Das alles ist richtig (auch der Verlag dieses Buches kann sich dieser Entwicklung nicht entziehen) – und nicht wahr zugleich:

- Deutsch ist die am meisten *gesprochene* Muttersprache in Europa, und noch nie haben so viele Menschen außerhalb des deutschen Sprachraums Deutsch gelernt wie zum Zeitpunkt des Erscheinen dieses Buches.

Im September 2005 veröffentlichte die Europäische Kommission in Brüssel das Ergebnis einer Untersuchung zur Verbreitung der Sprachen in Europa. Danach hat Deutsch als *Fremdsprache* in der Europäischen Union den zweiten Platz nach dem Englischen eingenommen. Französisch rückt damit auf den dritten Platz, seitdem im vergangenen Jahr zehn neue Mitgliedstaaten der EU beigetreten sind, in denen Deutsch als *Fremdsprache* teilweise eine starke Stellung hat. Von 30 000 Befragten antworteten 34 %, dass sie neben ihrer Muttersprache auch Englisch sprechen, 12 % gaben Deutsch und 11 % Französisch an. Bei den *Muttersprachen* steht Deutsch an erster Stelle: Es wird von 18 % der 455 Millionen EU-Bürger gesprochen, dann erst folgen Englisch (13 %) und Französisch (12 %).[10] In Labors in Deutschland, Österreich und in Teilen der Schweiz wird Deutsch gesprochen, und wer sich in diesen Ländern verständlich machen will, muss Deutsch können. Als Kommunikationsmittel der Naturwissenschaften ist Deutsch mehr als nur eine geschichtliche Erinnerung. Und schließlich publizieren wir Wissenschaftler nicht nur, sondern wir schreiben auch Gutachten und Anträge (an heimische Organisationen) und anderes, gelegentlich sogar einen Brief.

Für uns kommt dazu noch etwas Weiteres:

- Sprache ist – als Kulturgut – international.

Im Grundsatz gilt alles, was hier über „Die Sprache der Wissenschaft" gesagt wird, auch für den, der auf Englisch publiziert (oder vorträgt). Wir waren gerade jetzt wieder,

---

[9] Wie weit Deutsch als Fachsprache international abgewirtschaftet hat, wurde uns in folgendem (ironisch gemeintem) „Rat" an englischsprachende Autoren bewusst: „*The Article:* If the title and the footnotes have the ‚right look', almost any text will do. Probably no one will read it, but here are some general hints just in case. It is central to success to make the article as difficult to read as possible as soon as possible. One tactic is to begin with a 30- to 40-line quotation in a foreign language. German script is exellent for this purpose if your editor will agree" (WEBER 1992, S. 130).– Als eine gründliche Analyse der derzeitigen Situation sei (aus zahlreichen anderen) genannt *Sprache in Not? Zur Lage des heutigen Deutsch* (MEIER 1999), ein Buch, an dem das Fragezeichen im Titel noch Trost verheißt.

[10] Im Januar 2006 hielt der österreichische Bundeskanzler Wolfgang SCHÜSSEL seine Antrittsrede als neuer Ratsvorsitzender der EU, traditionsgemäß in seiner Muttersprache. Die nachfolgenden Redner aus allen 25 EU-Mitgliedstaaten antworteten bis auf eine Ausnahme alle – in Deutsch!

anlässlich der Vorbereitung unseres Buches *How to Write a Successful Science Thesis* (RUSSEY, EBEL und BLIEFERT 2006), erstaunt, wie ähnlich sich Fragen eines guten (oder schlechten) „Writing Style" (Unit 4 in der genannten Publikation) im Englischen und Deutschen stellen. Diesen Eindruck teilen wir z. B. mit Peter RECHENBERG [in *Technisches Schreiben (nicht nur) für Informatiker* 2003, S. 214]. Schon früher hatte Robert SCHOENFELD (1985) in einem eigenen Kapitel „Amazing revelations: English scientists secretely practise German vice!" höchst lesenswerte Reflexionen darüber angestellt.

Stil: Ein Paradigma

Bis zur Grammatik, also von der *Lautlehre* über die *Wortlehre* zur *Satzlehre*, könnte man die Beschäftigung mit Sprache noch als *Handwerk* ansehen. Irgendwann wird auch in der Sprache aus Handwerk Kunsthandwerk und am Ende *Kunst*, wie das in einem Buchtitel *Vom ABC zum Sprachkunstwerk* (SÜSKIND 1996) sehr schön zum Ausdruck kommt. Dies ist dann die Sphäre des *Stils*. Mit ihr beschäftigen sich Großteile dieses Kapitels, doch seien ein paar Anmerkungen und Literaturhinweise vorausgeschickt.

● Stil ist von Grammatik nicht streng abzugrenzen.

Manche *Stilblüten* sind nichts weiter, so eine Kurzdefinition, als „sprachliche Missgriffe" (die vielleicht komisch wirken), schlechter Stil oft nicht mehr als mangelhafte Beherrschung der Grammatik. Wir wollen aber auf einer etwas anspruchsvolleren Ebene immer wieder auch Situationen ansprechen, in denen nichts (grammatisch) „falsch" ist und trotzdem von einem schlechten Stil gesprochen werden kann oder muss.

● Die Grammatik gibt Regeln vor, den *Stil* macht aus, was eine(r) aus den Regeln macht.

Insofern ist Stil[11)] eine sehr persönliche Angelegenheit. „Le style c'est l'homme même", sagte der Naturforscher G. L. BUFFON[12)] in seiner Antrittsrede vor der Académie Française. Ist Stil somit so etwas wie Geschmack, über den sich angeblich nicht streiten lässt? Nicht ganz, der nachhaltige Erfolg einiger Bücher, die sich gerade eine Erörterung des *Schreibstils* vorgenommen haben, belegt es anders. Als deutscher „Klassiker" gilt ein kleines Buch von Ludwig REINERS. Es erschien erstmals 1951, ist seitdem durch zahlreiche Auflagen und Ausgaben (C. H. Beck, dtv) gegangen und erfreut sich weiterhin großer Beliebtheit. Sein Titel *Stilfibel: Der sichere Weg zum guten Deutsch* ist Programm. Für manche – so in einem Internet-Forum – ist die *Stilfibel* zwar „ganz nett", aber der „wahre Schmöker" sei ein anderes Buch aus derselben Feder: *Stilkunst: Ein Lehrbuch deutscher Prosa* (1991).[13)]

---

[11] „Das Wort ‚Stil' ist in früherer Zeit aus dem Lateinischen entlehnt worden. Dort heißt *stylus* ‚Griffel' oder ‚Stengel'; daher stammt auch unser Wort Stiel. Schon im Lateinischen bedeutet das Wort auch die Schreibart; man konnte sagen, jemand schreibe einen hohen oder niederen *stylum*" (MACKENSEN 1993, S. 118). – Es darf auch „eine gute Feder" sein, die zu schreiben Sie sich vorgenommen haben!

[12] G. L. BUFFON (1707-1788), Zoologe in Paris, ein Wegbereiter der DARWINschen Evolutionstheorie.

[13] Dieses größere Werk, aus dem sich die „Fibel" ableitet, hatte Ludwig REINERS schon 1943 herausgebracht – mitten im Krieg!

Auf dieser Fährte weiter schreitend hat sich der Journalist und langjähriger Leiter der Hamburger Journalistenschule, Wolf SCHNEIDER, mit mehreren Büchern einer großen Leserschaft bekannt und fast unentbehrlich gemacht; seine wichtigsten Titel sind *Deutsch für Kenner: Die neue Stilkunde* (1989) und *Deutsch für Profis: Wege zum guten Stil* (1983).[14)] Uns besonders ans Herz gewachsen sind weiter SÜSKIND (1996) *Vom ABC zum Sprachkunstwerk*, zuerst erschienen im Kriegsjahr 1940, und SÜSKIND (1973) *Dagegen hab' ich was: Sprachstolpereien*.[15)]

Mit dem *Stilwörterbuch* (Bd. 2 in *Duden in 12 Bänden*) haben wir selten gearbeitet. Man kann da einiges über die Verwendungen von Wörtern lernen, über deren sprachliches Umfeld; und erfahren, ob ein Wort oder eine Wendung als umgangssprachlich

(„ugs."), bildungssprachlich, derb, *Amtsdeutsch*, Papierdeutsch oder dergleichen eingestuft wird, aber das Wissen darüber macht noch keinen guten Stil. Der lässt sich eher durch

- Die drei „K" – Klarheit, Kürze, Klang

einfangen: Sie markieren Leitmotive oder Grundwerte, das unveränderlich Gültige *(Paradigma)* des guten Stils, so zuletzt – und sicher nicht zuletzt – bei RECHENBERG (2003).[16,17)] Drei Wörter also sollten uns beim Schreiben begleiten und leiten, vergleichbar den vieren im Wahlspruch „Frisch Fromm Fröhlich Frei" der deutschen Turnerbewegung – vielleicht sollten wir die Tastatur unseres PC als Reckstange sehen (oder wenigstens als Bodenmatte) und aus unseren drei **K** ein Wappen formen, um es als Fähnchen auf den Schreibtisch stellen zu können.[18)]

---

[14] Wir nennen in unserer Literatur am Ende des Buches die 4. Aufl. 1989 bzw. die 12. Aufl. 1984, beide bei Gruner+Jahr, weil sie auf unseren Regalen stehen. Beide Titel existieren in jüngeren Ausgaben und haben nach unserer Kenntnis Auflagenstärken von 100 000 überschritten. Auch das jüngste Buch dieses Autors – *Deutsch! Das Handbuch für attraktive Texte* (SCHNEIDER 2005) – wird nicht bei einer Auflage stehen bleiben.

[15] „W. E. Süskind" – sein Vater war Tierzuchtinspektor im Bayerischen – entwickelte schon früh eine auffallende Sprachbegabung. In seiner Münchner Zeit nahm sich Thomas MANN des jungen Talents an. Später war „WES" lange Jahre Redaktionsmitglied der *Süddeutschen Zeitung*.

[16] Den Satz „Naturwissenschaftlich-technische Fachtexte sind sehr stark nicht nur vom Zwang zur *Klarheit* geprägt, sondern auch vom Zwang zur *Kürze*" hatten wir schon früher an prominenter Stelle in unserem Sprachkapitel hervorgehoben. Dem „Klang" sind wir damals einiges schuldig geblieben, und dabei wird es auch in dieser Neuauflage bleiben müssen. Dieses Merkmal ist von den dreien am schwersten zu fassen, und wir sind nicht als Lyriker angetreten. Das Klingen des Geschriebenen meinen wir aber, wenn wir eingangs auf den Atem und die Kraft und Schönheit der Sprache abheben, die es zu bewahren gilt; oder wenn wir daran erinnern, dass Sätze einen Spannungsbogen haben und Sprache Rhythmus, oder wenn wir vor unbeabsichtigten *Klangwiederholungen* warnen („Wiederholungen" in Abschn. 10.2.3). Dass man seinen Text am besten einmal laut liest, bevor man ihn freigibt, haben wir schon unter „Verbesserte Fassung – Hinweise zur Sprache" in Abschn. 1.4.2 hervorgehoben.

[17] Viel gegeben hat uns Lutz MACKENSEN mit einem kleinen Kapitel „Klang und Rhythmus", aus dem wir wenigstens ein paar Stichwörter nennen wollen: „Klang der Wörter", „Der Satz als Klanggefüge", „Der Rhythmus der deutschen Sprache", „Rhythmische Spannung", „Der Spannungsbogen im Satz" (MACKENSEN 1993, S. 128-132).

[18] In Internet-Foren und E-Mails entwickelt sich ein anderer Stil, den man mit drei „S" kennzeichnen könnte: schnell, salopp, szenig – ein Paradigmenwechsel! Wir müssen uns an dieser elektropostalischen Neusprache – sie ist *Netspeak* oder *Weblish* genannt worden (SCHNEIDER 2005, S. 32) – nicht beteiligen.

10.1 Die Sprache als Mittel der wissenschaftlichen Kommunikation

Weit mehr als im deutschen Sprachraum hat man sich im englischen schon immer mit Formen und Anforderungen des guten Schreibens befasst, nicht zuletzt auch des *Scientific Writing*.[19] Die Bücher darüber sind Legion. Die Suchmaschine *Google* hat dazu soeben 118 Mio. Nachweise geführt![20] Begnügen wir uns mit dem Hinweis auf ein einziges Buch: *The Elements of Style* von William STRUNK (und WHITE 1999, erstmals erschienen 1918 in Ithaca, NY, USA).[21] Das nur 105 Seiten starke Buch hat eine Berühmtheit erlangt, die jene von REINERS *Stilfibel* noch überstrahlt. Was man mit Stil auf einer höheren Ebene alles verbinden kann, sei hiermit kurz angedeutet:

> Make definite assertions. Avoid tame, colorless, hesitating, non-committal language.
>
> <u>Rule 12</u> William STRUNK, Jr.

Zwei Vokabeln kommen in solchen Umgebungen besonders häufig vor: *clear* und *concise*. Klar und konzis (kurz und bündig) soll man schreiben! Zwei bescheidene „C" versehen im Englischen die Dienste der drei „K".[22] Viele Anregungen verdankt eine breite deutsche Leserschaft darüber hinaus dem Germanisten und Anglisten und langjährigen *Zeit*-Redakteur Dieter E. ZIMMER. Erwähnt seien hier sein *Deutsch und anders: Die Sprache im Modernisierungsfieber* (1998) und *Redensarten: Über Trends und Tollheiten im neudeutschen Sprachgebrauch* (1986). Beide sind locker gestrickt, verraten aber den Überblick und Einblick von jemandem, der sich beruflich dauernd mit der lebenden Sprache auseinander zu setzen hat. (Tatsächlich bewegt sich ZIMMER in den *beiden* Sprachen sicher, die heute in Deutschland gesprochen werden, Deutsch und Englisch,[23] auch dort, wo es ins Fachsprachliche geht.) Aus dem zweiten der genannten Bücher hier eine Kostprobe (S. 32):

---

[19] Es ist keineswegs ungewöhnlich, dass Hochschulen Seiten im Internet einrichten, die mit *A Guide to Writing in the Biological Sciences: The Scientific Paper* o. ä. überschrieben sind. (Im Beispiel: Department of Biology der George Mason University in Fairfax, Virginia, USA; s. http://classweb.gmu.edu/biologyresources/writingguide/ScientificPaper.htm). Von hier kann man sich zum *Writing Center* oder auch zum *Writing Lab* weiterklicken, man findet Links zu „Further Readings", „Instructions for Authors" oder zu Spezialkursen wie „English as a Second Language", und man kann sich auch gleich zu einem Sprachtest anmelden. Davon sind wir in Deutschland noch ziemlich weit entfernt, obwohl sich löbliche Ansätze auch hierzulande finden lassen. „Deutsch als Zweitsprache" gibt es tatsächlich nicht nur am Goethe-Institut, sondern beispielsweise auch an der Universität Bremen oder an der Fachhochschule Münster. Nur „Deutsch als Erstsprache" wird nirgends angeboten, oder höchstens unter schulpädagogischen Prämissen oder als Angebot für Deutsche, die sich für die Sprache des Nachbarlandes, Französisch, einschreiben wollen (so an der Universität des Saarlandes in Saarbrücken).

[20] Es sind rund 713 000 Nachweise, wenn man nach „Scientific Writing" fragt, also die Anführungszeichen bei der Suche mitverwendet (Stand: Mai 2006).

[21] William STRUNK jr. hatte eine Professur für Englisch an der Cornell University inne und dachte sich nicht allzu viel dabei, als er ein paar Quintessenzen seiner Vorlesungen (zuerst als Privatdruck) herausbrachte.

[22] Das ist nicht apodiktisch gemeint, natürlich nehmen sich „Stilisten" das Recht, den Kanon der Grundwerte zu verlängern, so Michael ALLEY um *precise*, *forthright* (direkt), *familiar*, *fluid* (in seinem lesenswerten Buch *The Craft of Scientific Writing*, ALLEY 1996); von diesen kommt „fluid" – flüssig, fließend – dem „Klang" der drei „K" am nächsten (vgl. *Rhythmus*).

[23] Das hat er in seinem jüngsten Buch *Die Wortlupe* (ZIMMER 2006) erneut bewiesen. Hier sein alarmierender Kommentar unter dem Stichwort „Denglisch" (S. 48): „Die deutsche Sprache macht seit etwa 1970 den wahrscheinlich größten Veränderungsschub ihrer Geschichte durch. Sein Ende ist nicht abzusehen, und in einigen Jahrzehnten wird den folgenden Generationen das Deutsch des zwanzigsten →

Teils aus Renommiersucht, teils aus Begriffsverlegenheit werden die Namen einzelner Wissenschaften verwendet, wo höchstens von den möglichen Gegenständen der zuständigen Wissenschaften die Rede ist. Die Pathologie ist die Lehre von den Krankheiten; aber ein *pathologischer Geiz* soll nicht etwa der Geiz der Pathologen sein, noch nicht einmal der Geiz als Gegenstand der Pathologie, sondern schlicht ein krankhafter Geiz. *Wirtschaft ist Psychologie* soll nicht heißen, Wirtschaft sei Seelenkunde; es bezieht sich auf Phänomene wie *Verstimmung am Markt* oder *nervöse Börsenkurse* und hieße eigentlich „Wirtschaft ist Psyche" … Die Technologie ist eigentlich eine Theorie der Techniken, es sind nicht die Techniken selbst. Unter dem Einfluss des Englischen hat das Wort allgemeiner auch die Bedeutung „Technik auf wissenschaftlicher Grundlage" übernommen. Von *zukunftsweisenden Technologien* zu sprechen, ist dennoch oft bloße Hochstapelei …

Spräche jemand, fügen wir hinzu, von *Biotechnik*, wo das doch Biotechnologie heißt, trüge er geradezu zur Abwertung einer zentralen Technik unserer Tage – sie schließt immerhin die *Gentechnik* ein – bei.

Großen Gewinn haben wir auch aus *Gutes Deutsch in Schrift und Rede* (MACKENSEN 1993) gezogen.

Ergänzend sei wenigstens auf zwei Bücher hingewiesen, die nützliche Hilfen für das Schreiben in Technik und Naturwissenschaften anbieten. Hier sei an erster Stelle *Das technische Manuskript: Ein Handbuch mit ausführlichen Anleitungen für Autoren und Bearbeiter* von LANZE (1983) genannt, eine Anleitung, die für ihre ausgewählte Leserschaft gleichfalls zum Klassiker geworden ist. (Bedauerlicherweise ist sie über die zitierte 3. Auflage nicht hinausgeführt worden.) Ihr am nächsten kommt heute aus unserer Sicht das schon bei früherer Gelegenheit erwähnte Buch von RECHENBERG, *Technisches Schreiben (nicht nur) für Informatiker*. Als nützlich erscheint uns noch das *Handbuch für technische Autoren und Redakteure* von HOFFMAN, HÖLSCHER und THIELE (2002).

Wir wollen also in diesem Kapitel nicht nur auf Anliegen der sprachlichen Form und Norm eingehen, sondern auch auf den Gebrauch, den wir von der Form machen, und die Ausdruckskraft, die wir dabei erreichen – mit anderen Worten: auf Angelegenheiten des *Stils*. Ist denn – um die schon zu Eingang dieses Abschnitts gestellte Frage mit etwas anderen Worten aufzugreifen – ist denn guter Stil lehrbar? Wir wissen uns mit vielen anderen darin einig, dass die Antwort hierauf ein beherztes „in Grenzen, ja" ist. Wenn Sie überzeugt sind – könnten Sie als Naturwissenschaftler oder Ingenieur es *nicht* sein? –, dass Form und Norm erlernbar und somit auch lehrbar sind, dann müssen Sie unserem beherzten Ja zustimmen, denn die Grenzen von da zum Stil sind fließend, wie die zwischen Handwerk und Kunstwerk.

Jahrhunderts genauso fremd sein wie uns das Deutsch der Luther-Zeit. Das offensichtlichste Charakteristikum dieses Wandels ist die Anglisierung: der Import von immer mehr englischen Wörtern und Wendungen, die nur zu einem kleinen Teil irgendwie assimiliert, nämlich der deutschen Lautung, Schreibung, Wort- und Satzgrammatik gefügig gemacht werden und sich darum nur eingeschränkt in Sätzen verwenden lassen, die nach der Grammatik des Deutschen gebaut sind."

10.1 Die Sprache als Mittel der wissenschaftlichen Kommunikation

Einer der Rezensenten der 1. Auflage vorliegenden Buches [D. GAARZ in *Börsenblatt des deutschen Buchhandels* (1991) 43: 1881] nahm Anstoß schon an unserem in Abschn. 1.1 angeführten Satz „Sprachempfinden mag tatsächlich nur beschränkt lehrbar sein; man bildet den guten Stilisten nicht aus, eher kommt einer mit Stilgefühl zur Welt", den wir damals formuliert hatten. Schließlich sei, so die Vorhaltung, beispielsweise Journalismus ein *Lehr-* und *Ausbildungsgegenstand*! Es ist wohl wie mit allem menschlichen Tun: Den Rahmen dafür bekommen wir in die Wiege gelegt; wie wir ihn ausfüllen, liegt an uns. Psychologen und Personalchefs haben dafür die Formel gefunden „Leistung ist Talent mal Motivation". Wir verändern das zu:

- Stil ist das Ergebnis von Begabung und Bemühen.

Unsere Anmerkungen dazu werden für manche vielleicht vergröbernd oder gar grob wirken. Das eine ist unvermeidlich, das andere würden wir bedauern. Es gibt viele Stile, wir wissen es. Uns geht es nicht um Lyrik, Reportage, Geschäftsbriefe oder noch anderes, sondern um Sachtexte in den *Naturwissenschaften* und ihrer Parallelwelt *Technik*. Die Alternative zu richtig ist nicht immer falsch, sondern ein anderes Richtig, und richtig ist nicht unbedingt gut. Manche „Zweifelsfälle der deutschen Sprache"[24] lassen sich in unserem Rahmen nur verkürzt darstellen, so dass Übergänge und Grenzsituationen unberücksichtigt bleiben müssen. Über kleine Wörter wie „auch", „noch" und „schon" können sich Fachleute seitenlang verbreiten – und dabei Erstaunliches zutage fördern –, doch ist dafür und für vieles mehr hier nicht der rechte Ort.

Die Sprache, um die es hier zunächst geht, heißt in einschlägigen Erörterungen *Gemeinsprache*. An eine „gemeine" Sprache im Sinne von *Vulgärsprache* ist dabei nicht gedacht, sondern an die Sprache, derer sich eine *Sprachgemeinschaft* „gemeinhin" bedient: die „allgemeine Umgangssprache" (so die knappe Begriffsbildung in *Wahrig: Deutsches Wörterbuch*). *Allgemeinsprache* wäre vielleicht vorzuziehen gewesen, aber die verkürzte Form ist die bevorzugte Notation in der einschlägigen Literatur.

Formalistisch könnte oder konnte man (bis 1995) sagen, der Wortschatz der deutschen Gemeinsprache sei die Summe der Wörter, die in *Duden: Rechtschreibung* Aufnahme finden. Aber das verschiebt nur die Frage zu der nächsten: Was findet dort Aufnahme? Eine Antwort darauf gibt „Duden" selbst (unter „Auswahl der Stichwörter"):

> Der Duden erfasst den für die Allgemeinheit bedeutsamen Wortschatz der deutschen Sprache. Er enthält Erbwörter, Lehnwörter und Fremdwörter der Hochsprache, auch umgangssprachliche Ausdrücke und landschaftlich verbreitetes Wortgut, ferner Wörter aus Fachsprachen, aus Gruppen- und Sondersprachen, z. B. der Medizin oder Chemie, der Jagd oder des Sports.

---

[24] Wir haben den Titel von Band 9 des *Duden in 12 Bänden* zitiert, dem noch ein zaghaftes „Wörterbuch der sprachlichen Hauptschwierigkeiten – Klärung grammatischer, stilistischer und rechtschreiblicher Zweifelsfragen" angefügt war. Dieser Band erschien mit seiner 2. Auflage 1972 in einer Zeit, in der alles in Zweifel stand, alles im Umbruch war. Bemerkenswerterweise heißt die 3. Auflage 1985 anders, entschlossener (s. Literaturverzeichnis), nämlich *Richtiges und gutes Deutsch: Wörterbuch der sprachlichen Zweifelsfälle*. Man muss die beiden Titel nebeneinander halten, um den Wandel zu begreifen.

Ein anderes Wort, *Standardsprache*, darf wohl als deckungsgleich angesehen werden, als Synonym. Günther DROSDOWSKI dazu im Vorwort der von ihm herausgegebenen *Duden: Grammatik der deutschen Gegenwartssprache* (4. Aufl. 1984):

> Gegenstand der Duden-Grammatik ist die gesprochene und geschriebene deutsche Standardsprache (Hochsprache) der Gegenwart. Mit „Standardsprache" ist die überregionale und institutionalisierte Verkehrs- und Einheitssprache gemeint, die den Interessen der ganzen Gesellschaft dient ...

10.1.2 Rechtschreibung – ein Thema?

Hintergrund

„In Deutschland schon", muss man die in der Überschrift gestellte Frage beantworten.

Bekanntlich hat es in der Bundesrepublik Deutschland eine *Rechtschreibreform* gegeben. Bis dahin galten für das richtige Schreiben in Deutsch gesetzliche Bestimmungen aus dem Jahr 1901/1902,[25)] ansonsten war „richtig", was die *Dudenredaktion* im Laufe der Jahre daraus machte. Sprachen leben, neue Wörter kommen auf und wollen einheitlich möglichst von allen „Sprachteilhaberinnen und Sprachteilhabern" (Diktion des *Regelwerks* von 1996)[26)] verwendet und gegebenenfalls, wenn sie aus einer anderen Sprache übernommen sind, *integriert*, werden. Das Deutsche Reich, in dem die alten Regeln zu Anfang des letzten Jahrhunderts erlassen worden waren, gab es 16 Jahre später nicht mehr, ein anderes „Reich" betrat die Bühne und versank bald darauf wieder in den Abgründen der Geschichte. Dann existierten zwei Länder 40 Jahre lang auf deutschem Boden mehr gegen- als nebeneinander, um schließlich doch wieder zusammen zu finden. Von *Wissenschaft* und *Technik* ausgelöste Neuerungen fast unvorstellbaren Ausmaßes änderten das Leben nicht nur der Menschen in Deutschland, sondern in der Welt. Neue Regeln, wie Deutsch korrekt zu gebrauchen oder wenigstens zu schreiben sei, waren unabdingbar.

Doch die Art, wie die Aufgabe angepackt und gelöst (?) wurde, war manchmal schwer zu verstehen oder zu ertragen, und auch im Nachhinein werden wir manches ungute Gefühl nicht los. So viel ist unbestritten:

● Sprache ist ein ureigenes Gut aller Menschen; wird in ihre Substanz eingegriffen, sollten möglichst viele dazu gehört werden.

Wir wollen auf einige der Ziele und Inhalte der Rechtschreibreform und auch auf einige der von ihr ausgelösten Widerstände eingehen, nicht zuletzt deshalb, weil Naturwis-

---

[25] Auf Einladung des preußischen Ministeriums des Inneren fanden im Juni 1901 in Berlin „Beratungen über die Einheitlichkeit der deutschen Rechtschreibung" statt, die im Jahr darauf in die „Regeln für die deutsche Rechtschreibung nebst Wörterverzeichnis" einmündeten und unter diesem Titel in der Weidmannschen Buchhandlung (Berlin, 1902) veröffentlicht und für das damalige Deutsche Reich und für Österreich zum amtlich-verbindlichen Regelwerk erklärt wurden.

[26] Das Regelwerk, das wir hier und im Folgenden mit RW abkürzen – *Deutsche Rechtschreibung. Regeln und Wörterverzeichnis* (veröffentlicht 1995 im Narr-Verlag, Tübingen, als *Deutsche Rechtschreibung – Regeln und Wörterverzeichnis. Vorlage für die amtliche Regelung*) – basiert auf einem Vorschlag gleichen Namens mit Aktenbezeichnung RS Nr. 322/95 vom 12.6.1995. Das RW – es handelt sich *nicht* um ein Gesetz, wohlgemerkt – ist in *Duden-Taschenbuch* Bd. 28 (1997) abgedruckt.

senschaftler sich kaum an der Auseinandersetzung beteiligt haben und manche Leser von uns eine Stellungnahme erwarten werden. Wenn Sie dem Thema kein Interesse abgewinnen können, überschlagen Sie bitte die Seiten bis zum Beginn des nächsten Abschnitts (Abschn. 10.1.3).

Viele empfanden die vorgeschlagenen (und auch beschlossenen) Änderungen als substanziell und sahen sich angesichts dessen nicht ausreichend dazu befragt, also übergangen. Die „Jahrhundertreform" wurde in der Tat von Fachleuten in ziemlich geschlossenen Zirkeln ausgedacht und dann auf dem Amtsweg verkündet und nach zweijähriger Erprobung in Kraft gesetzt. Auf dem Weg dahin gab es Verdruss, und für viele ist „Die neue amtliche Rechtschreibung" nicht ausreichend legitimiert.

Manche, darunter Philologen, aber auch Schriftsteller und andere sahen oder sehen mit dieser Reform die Welt untergehen.

- Kritiker machten unter anderem geltend, dass unsere Sprache durch die Reform verarme, dass viele feine Ausdrucksmöglichkeiten verloren gingen.

Exemplarisch trete dieser Verlust bei der Frage der *Getrennt- oder Zusammenschreibung* von Wörtern zutage (oder „zu Tage"?). „Sie können sitzen bleiben" („behalten Sie doch bitte Platz"), „wenn der Schüler so weiter macht, wird er sitzenbleiben" („nicht versetzt werden"), da konnte man bisher differenzieren. Jetzt wird nach § 34 E3 (6) RW, den Fall *Verb + Verb* betreffend, in beiden Fällen „sitzen geblieben", in zwei Wörtern; es gibt danach also kein Verb „sitzenbleiben" mehr [wohl aber das Substantiv „(das) Sitzenbleiben"].[27] Da wurde, so die Kritik der Reformgegner, vieles „platt gemacht" oder eher noch komplizierter als vorher. Wir räumen ein, dass wir solchen und Dutzenden anderer Einwendungen nicht allzu weit nachgegangen sind, weil *wir* – mit dem Schreiben doch einigermaßen verhaftet – uns in keiner Weise niedergewalzt oder unserer Ausdruckskraft beraubt oder in der Anwendung überfordert fühl(t)en. Indessen:

Literaten verkündeten, dass sie nicht bereit seien, die neuen Schreibweisen „mitzumachen", Zeitungen scherten aus der Sprachgemeinschaft aus und erklärten, dass sie „beim Alten" bleiben wollten. Im Internet fochten Foren (www.rechtschreibreform.de und andere) Glaubenskriege aus, Vereine wie der *Verein für deutsche Rechtschreibung und Sprachpflege e.V.* (www.vrs-ev.de) nahmen sich der Sache an oder wurden eigens dafür gegründet, und es wurde unendlich viel publiziert,[28] nicht immer sachkundig.

- Ein Teil der Presse weidete sich an dem Tumult und frohlockte über (vermeintliche) Siege der Reformgegner.

Ist das offenkundige Verlangen, Bestehendes zu bewahren (egal wie bewahrenswert es ist), nicht übertrieben? Verbarg sich nicht hinter pfleglichem Umgang mit Sprache

---

[27] Das „getrennt schreiben" ist ein Fall für § 34 E3 (4) RW, *Partizip + Verb* betreffend. Hier wird stets getrennt geschrieben. Ähnlich „gefangen nehmen". Eine „gefangen Nahme" lässt sich daraus nicht ableiten, ebenso wenig (*früher:* „ebensowenig" – warum nur?) wie ein Umkehrschluss, die „Gefangennahme" müsse „gefangennehmen" nach sich ziehen.
[28] Auf Breitenwirkung bedacht war beispielsweise *Die neue deutsche Rechtschreibung: Überblick und Kommentar – Darstellung, Kommentierung und Anwendung des neuen amtlichen Regelwerks* von Hermann ZABEL (1997).

eher die Unfähigkeit zur Neuerung? In einer Zeit, die so gerne „Flexibilität" und „lebenslanges Lernen" als Tugenden propagiert, muss das so lautstark zur Schau gestellte Beharrungsvermögen Kopfschütteln hervorrufen. GOETHE schrieb in *Die Metamorphose der Pflanzen* (Gotha, 1790) noch über die „Theile" und das „Wachsthum" der Pflanzen. Und da geht die Welt unter, wenn jetzt neben „Thunfisch" als bevorzugte Schreibweise „Tunfisch" treten soll? (Manche sollen auf Zoo-Besuche verzichtet haben, seit die Gefahr besteht, dass sie dort einem Delfin begegnen.)

Wahrscheinlich ging es hinter den Kulissen zum Teil um andere Dinge als Kultur, nämlich um Einfluss, Macht und – Geld. Manchen war das Privileg, das die Kultusminister der Dudenredaktion verliehen hatten,[29] und damit die monopolartige Stellung des Dudenverlags schon lange ein Dorn im Auge. Der Dorn ist jetzt gezogen, das Privileg ist abgeschafft; eigentlich kann jetzt jeder „sein Standardwerk" der deutschen Rechtschreibung herausgeben, das ist die wenig erfreuliche Konsequenz.[30] Ja, nach dem *Rechtschreiburteil* des Bundesverfassungsgerichts vom 14. Juli 1998 kann eigentlich auch jeder seine privaten Schreibweisen pflegen oder weiter pflegen, fast wie er will.[31] Nur Lehrer und ihre Schüler sowie Staatsbeamte gelten noch als in die Pflicht genommen. So heißt es in der Entscheidung des hohen Gerichts:

> Soweit dieser Regelung rechtliche Verbindlichkeit zukommt, ist diese auf den Bereich der Schulen beschränkt. Personen außerhalb dieses Bereichs sind rechtlich nicht gehalten, die neuen Rechtschreibregeln zu beachten und die reformierte Schreibung zu verwenden. Sie sind vielmehr frei, wie bisher zu schreiben.

---

[29] Schon 1880 hatte Preußen die amtliche Orthographie auf Grundlage des Wörterbuchs von Konrad DUDEN geregelt. Dudens Wörterbuch blieb maßgeblich, als der Bundesrat 1902 für das gesamte Deutsche Reich verbindliche „Regeln für die deutsche Rechtschreibung nebst Wörterverzeichnis" erließ, denen sich Österreich und die Schweiz alsbald anschlossen.
In den folgenden Jahrzehnten wurde die deutsche Rechtschreibung *de facto* von der Redaktion des „Duden" weiterentwickelt. Nach dem 2. Weltkrieg wurde diese Tradition in Leipzig und in Mannheim doppelt fortgeführt (Ost- und West-Duden). In Westdeutschland griffen zu Beginn der 1950er Jahre einige Verlage das faktische Dudenmonopol an, indem sie Wörterbücher mit abweichenden Schreibweisen herausbrachten. Daraufhin erklärten die Kultusminister der westdeutschen Bundesländer den Duden per Beschluss vom November 1955 in allen orthographischen Zweifelsfällen für verbindlich. Im Jahre 2006 gilt diese Verbindlichkeit nicht mehr, das *Duden-Privileg* ist aufgehoben. Zuständig für die Weiterentwicklung ist durch Kultusminister-Beschluss jetzt der *Rat für deutsche Rechtschreibung*, der sich am 17. Dezember 2004 in Mannheim – Heimstatt sowohl des *Instituts für Deutsche Sprache* als auch des *Dudenverlags* – konstituierte.
[30] Erwähnt sei neben den beiden „Rechtschreibungen", die mit den Namen DUDEN und WAHRIG verbunden sind, eine weitere, für die Lutz MACKENSEN Pate stand; sie teilt mit den beiden vorgenannten in trauter Eintracht Titel und Aufmachung: *Mackensen: Die deutsche Rechtschreibung* (2002).
[31] Uns liegt eine Analyse *Die Ergebnisse der Rechtschreibreform auf einen Blick* vor, darin eingeflochten Hinweise der Chefredaktion einer bedeutenden deutschen Wochenzeitung, welche Regeln der neuen Orthografie innerhalb der Redaktion angewendet werden sollen und welche nicht. Anstößig ist daran – zunächst – nichts, denn es werden (fast) nur die Spielräume ausgenützt und gefüllt, die das RW durch zahlreiche *Kannbestimmungen* und Optionen *(Schreibvarianten)* schon von sich aus angeboten und gelassen hatte. Ähnlich pragmatisch haben sich die deutschsprachigen Nachrichtenagenturen verhalten und eine Rahmenempfehlung ausgegeben, die man sich unter www.dpa.de besorgen kann. Anders das Verhalten der *Frankfurter Allgemeine Zeitung*: Als sie im Sommer 2000 erklärte, zur alten Rechtschreibung zurückkehren zu wollen, eröffnete sie einen Kulturkampf.

10.1 Die Sprache als Mittel der wissenschaftlichen Kommunikation

Ungeachtet des sich formierenden Widerstandes war am 1. Juli 1996 in Wien die *Zwischenstaatliche Absichtserklärung zur Neuregelung der deutschen Rechtschreibung* von Vertretern Deutschlands, Österreichs, der Schweiz und mehrerer Staaten mit deutschsprachigen Bevölkerungsanteilen unterzeichnet worden. Doch damit war die Sache nicht ausgestanden: In Deutschland wurde, wie schon vorweggenommen, das *Bundesverfassungsgericht* eingeschaltet. Immerhin machte das Karlsruher Urteil schließlich den Weg frei für die Neuregelung, indem es die Einführung der neuen Rechtschreibung per Kultusministererlass für rechtmäßig (verfassungsrechtlich unbedenklich) erklärte. Daraufhin wurde (zum 1. August 1998) die Rechtschreibreform in Deutschland – im schon angedeuteten Rahmen – „amtlich", ungeachtet des Ausgangs eines noch ausstehenden Volksentscheids im Bundesland Schleswig-Holstein.[32] Über die Geschichte der Rechtschreibung des Deutschen wie auch der Rechtschreibreform informieren prägnant mehrere gut miteinander verlinkte Stichwort-Artikel in *Wikipedia*.

Schwierig war das Unterfangen allein aus politischen Gründen, weil in Deutschland Kultur *(Kultus)* und Bildung – dazu zählt schließlich Sprache – Ländersache sind, und schon von daher musste um Konsens erst gerungen werden. Außerdem sollte, ja durfte das Ganze kein deutscher Alleingang sein: Deutsch wird nicht nur in Deutschland gesprochen, sondern auch in Österreich und Teilen der Schweiz sowie auch, von kleineren Bevölkerungsgruppen, in weiteren (mittel)europäischen Ländern, darunter Belgien und Italien (Südtirol!). Deshalb wurde die Reform von Anfang an über den nationalen Rahmen hinausgetragen, die erwähnte Absichtserklärung wurde nicht in einer deutschen Stadt unterzeichnet, sondern in Wien.

Das RW ist schon wegen seiner krausen Gliederung in drei Teile, von denen der Regelteil (Teil I) in die sechs Bereiche

- A Laut-Buchstaben-Zuordnungen
- B Getrennt- und Zusammenschreibung
- C Schreibung mit Bindestrich
- D Groß- und Kleinschreibung
- E Zeichensetzung
- F Worttrennung am Zeilenende

zerfällt, nicht eben leicht zu lesen. Unter den Teilbereichen A bis F zieht sich eine immer wieder bei Null ansetzende Dezimalgliederung mit zusammen 112 Paragraphen hin, wobei die Paragraphen häufig noch mit E (für Erläuterung) gekennzeichnete Anmerkungen enthalten. Teil I der „amtlichen Regelung der deutschen Rechtschreibung" wurde in *Duden: Rechtschreibung*, 21. Aufl. 1996, getreulich abgedruckt, dann erneut in Duden-Taschenbuch Bd. 28 *Die neue amtliche Rechtschreibung* (1997), hier noch vermehrt um das ca. 10 000 Wörter umfassende Wörterverzeichnis (Teil II des RW).[33]

---

[32] Der Volksentscheid wurde noch im selben Jahr (1998) durchgeführt und brachte eine deutliche Mehrheit für die Beibehaltung der alten Schreibweisen, doch wurde das „Volksgesetz" bereits ein Jahr später durch den Kieler Landtag aufgehoben und so ein norddeutscher Alleingang verhindert.

[33] Teil III ist ein Register.

Die Dudenredaktion hat es verstanden, das Regelwerk schnell und minutiös umzusetzen, und hat so ein Stück Zukunftsbewältigung auch in eigener Sache erbracht. Neuerungen bis hin zur veränderten Silbentrennung wurden quer durch das Wörterbuch durch Rotdruck hervorgehoben. Dem Wörterbuch vorangestellt wurden Richtlinien R1 bis R136, in denen die Redaktion nach schon früher geübter Manier den Inhalt des RW in einer leichter zu handhabenden Form dem Benutzer näher bringt, nämlich nach Art eines alphabetisch angeordneten Glossars. Ähnlich sorgfältig vorgegangen ist die Wahrig-Redaktion in *Wahrig: Rechtschreibung*. Dort erscheinen uns zwei Sonderteile „Die neuen Regeln auf einen Blick" (12 Seiten) und eine 14-seitige „Grammatik im Überblick" als besonders wertvoll.

Der Teufel steckt im Detail

Es hilft nichts: Wir müssen uns mit einigen Einzelheiten näher auseinandersetzen.

- Ein wichtiges Motiv für viele Änderungen im Regelwerk ist das *Stammprinzip*.

Im sprachwissenschaftlichen Sinn versteht man unter dem Stamm die *Wortwurzel* (das *Basismorphem*), die den Wörtern einer *Wortfamilie* zugrunde liegt. (Es gibt noch eine etwas andere Begriffsbildung, die wir hier außer Acht lassen können.) Der Begriff Stammprinzip selbst taucht im amtlichen Regelwerk nicht auf, wohl aber ist von *Stammschreibung* die Rede (Abschn. 2.2 im Vorwort des RW):

> Die deutsche Rechtschreibung bezieht sich nicht nur auf die Lautung, sondern sie dient auch der grafischen Fixierung von Inhalten der sprachlichen Einheiten, das heißt der Bedeutung von Wortteilen, Wörtern, Sätzen und Texten. So wird ein Wortstamm möglichst gleich geschrieben, selbst wenn er in unterschiedlicher Umgebung verschieden ausgesprochen wird. Man spricht hier von Stammschreibung oder Schemakonstanz.

- Im Rahmen der neuen Rechtschreibung wurde der *Wortstamm* stärker in den Blickpunkt gerückt.

Nach dem Stammprinzip sollen Inkonsequenzen bei der Schreibung desselben Stamms vermieden werden, mehr *Schemakonstanz* wird eingefordert. Ist das verwerflich?

Nach diesem Grundsatz wurden z. B. eine Reihe von Umlautschreibungen eingeführt. Aus „behende" wurde „behände" (vgl. Hand); entsprechend etwa:

> aufwändig (Aufwand), überschwänglich (Überschwang), Stängel, Quäntchen, belämmern (Lamm) …

„Warum war das nicht immer so?", könnte die Frage lauten. Warum schrieb man „numerieren" und „plazieren", aber „Nummer" und „Platz"? Manchmal veranlasst einen das Stammprinzip, über die Bedeutung von Wörtern noch einmal nachzudenken. Dann kommen Wortfamilien in den Sinn, und man schreibt (fast) von allein richtig nach den neuen Regeln, also „nummerieren" und „platzieren" oder:[34]

---

[34] Manchmal kommt Amüsantes dabei heraus, so im Falle des „Stillebens". Jemand erinnerte sich, dass hier eigentlich eine sinnentstellende Fehlschreibung, ja *Verballhornung* vorliegt; mit Stil hat diese

10.1 Die Sprache als Mittel der wissenschaftlichen Kommunikation

> Blinddarm (blinder Darm), Vergissmeinnicht (vergiss-mein-nicht!),
> Schifffahrt (Schiff-Fahrt) ...

Freilich, man kann beim Erkennen von Wortverwandtschaften an seine Grenzen stoßen oder Schiffbruch erleiden. Wir sind schließlich nicht alle Etymologen.[35] Das Stammprinzip hätte beispielsweise dazu verleiten können, aus schleusen/Schleuse jetzt schleußen/Schleuße machen zu wollen, um an „schließen" anzuschließen. Dabei hätte man aber einen Fehler gemacht, denn das Wort leitet sich nicht daraus ab, sondern aus *lat.* excludere, und daraus ist über (Ex)Clusion und *(niederl.)* sluise Schleuse geworden.

Irgendwo gab es ohnehin Grenzen.[36] Im Wörterverzeichnis des RW war beispielsweise nie vorgeschlagen worden – wie gelegentlich unterstellt oder als futuristisches Horrorszenario an die Wand gemalt –, die „Eltern" künftig (wegen alt) als „Ältern" zu schreiben oder „voll" durch „foll" (von „füllen") zu ersetzen, den Kuchen mit „Mähl" (von „mahlen") zu backen statt mit „Mehl". Dass der reformerische Ansatz sich nicht beliebig weit treiben lässt, tut diesem keinen Abbruch.

Die *Konsonantenverdoppelung* nach kurzem Vokal lässt sich, neben ihrer phonetischen Begründung,[37] gleichfalls vom Stammprinzip herleiten.

> Ass (Asse), Messner (Messe), Tollpatsch (tollen), Stopp, Tipp ...

Früher musste das „Stop" und „Tip" heißen wie im Englischen, von wo die Wörter gekommen sind. Von dieser engen Bindung an den Ursprung hat man sich also in etlichen Fällen befreit – keineswegs immer, vgl.

> fit, topfit, Flop, Pop (aber poppig), Slip ...

wiederum Zugeständnisse!

In der *Lautung* wie auch in der Schemakonstanz begründet ist des Weiteren die Tendenz, das scharfe stimmlose „s" nach *kurzem* Vokal *generell* als ss zu schreiben, nicht manchmal als ß:[38]

> Fluss (vgl. Flüsse); ich muss, du musst, er muss, wir müssen;
> Fass (fassen, Fässer) ...

Gattung von Bildern nichts zu tun, mögen die Maler das auch bedauern. Vielmehr handelt es sich um „stille" Motive, unbewegte: die Vase am Fenster zum Beispiel. Folglich wird heute Stillleben bevorzugt, aber das Stilleben *(alt)* hat auch noch seinen Platz in der deutschen Rechtschreibung (und Malerei); sonst könnte der Verdacht aufkommen, die Redaktionen in Mannheim oder Leipzig oder Gütersloh hätten etwas vergessen.

[35] *Etymologie* (gr. etymos, wahrhaft, und logos, Rede, Kunde), Herkunftsgeschichte eines Wortes, *Wortforschung*.

[36] Für ganze Fallgruppen ließ die Kommission, auf deren Arbeit die „Absichtserklärung" beruhte, Ausnahmen zu, betonte das sogar [§ 4 (5) RW]:
> Brand (trotz *brennen*), Spindel (trotz *spinnen*), Geschwulst (trotz *schwellen*);
> beschäftigen/Geschäft (trotz *schaffen*); gesamt/sämtlich (trotz *zusammen*).

Pragmatisch ließ sie das Stop-Schild ein Stop-Schild sein, weil es international so bekannt ist.

[37] § 2 RW: „Folgt im Wortstamm auf einen betonten kurzen Vokal nur ein einzelner Konsonant, so kennzeichnet man die Kürze des Vokals durch Verdopplung des Konsonantenbuchstabens."

[38] Die Schreibweise „dass" (nicht wie bisher „daß") für unsere so gerne und häufig gebrauchte Konjunktion – eine nicht veränderbare (flektierbare) Partikel – ist einfach phonetisch begründet (§ 2 RW).

Warum man vorher „Fluß", „ich muß" schrieb, war einem Ausländer nie zu vermitteln gewesen (uns selbst auch nicht). Wir finden es großartig, dass mit solchen Absurditäten durch die Reform aufgeräumt worden ist. Aber:

- Das scharfe (stimmlose) „s" muss nach §25 RW – unabhängig vom Stammprinzip – weiterhin als ß geschrieben werden, wenn es auf *lang* gesprochenen Vokal oder Doppellaut (Diphthong) folgt.

Also bleibt es beispielsweise, ungeachtet der „Flüsse", bei fließen, ungeachtet von „messen" bei Maß. Hier musste sich ein grammatischer Leitgedanke der Phonetik[39] fügen. Warum sich mit dem „dass" ein Teil der Bevölkerung hat aufschrecken lassen, bleibt uns unerfindlich. Nach unserer Meinung hätte man das ß ganz über Bord gehen lassen sollen, doch wagen wir das nur hinter vorgehaltener Hand zu sagen. Dann gäbe es ja nichts mehr zu rätseln, wie dieser typisch deutsche Buchstabe im späten Mittelalter aus alten Frakturschriften als Ligatur (feste Verbindung) von s und s oder s und z entstanden ist! Einige Literaturbeflissene gar würden die Kultur zusammenbrechen sehen, wenn eine neue Generation (deshalb?) „den Goethe" nicht mehr läse! Dabei müssten sie sich belehren lassen, dass Johann Wolfgang von GOETHE in seinem Urfaust neben dem Docktor, Freyer, Thür, thun, ahndungsvoll (aus einer einzigen Seite der Szene „Marthens Garten", s. auch schon weiter vorne) gar das „dass" in der Feder führte. Er oder sein Drucker kannten anscheinend zum Zeitpunkt der Abfassung des Urfaust das ß gar nicht oder verwendeten es jedenfalls nicht.[40] – Man braucht es auch nicht, wie das Beispiel Schweiz zeigt. Als letzte Tageszeitung der Schweiz beschloss die Neue Zürcher Zeitung schon 1974, auf das ß zu verzichten, was sie nicht hindert, eine der besten Zeitungen des deutschsprachigen Raumes zu sein.[41]

Wenn Sie im Internet nach ß suchen, bekommen Sie eher eine gängige Abkürzung für „Sommersemester" angeboten oder die Waffen-SS, als dass Sie auf Einträge zum „Eszett" stießen. Denn diesen Namen trägt das typografische Kunstgebilde, neben anderen wie „scharfes S", „Dreierles-Es" und noch lächerlicheren Bezeichnungen. Dass man in der Telekommunikation Ärger mit dem ß bekommen kann, weiß jeder Surfer und jeder E-Mailer. Und ein versales („großes") ß gibt es ohnehin nicht!

- Das *Eszett*, das außer den Deutschsprachigen niemand kennt oder braucht, muss dem Ausländer fremdartig, ja provinziell erscheinen.

Die Wirkung deutscher Texte auf Leser im *Ausland* ist bei der ganzen Rechtschreibreform-Diskussion zu wenig beachtet worden, insofern war diese selbst für unseren Geschmack provinziell. Über die ß/ss-Neuregelung in der weiter oben vorgestellten milden Form gibt es allerdings jetzt (fast) keine Diskussion mehr. Immerhin!

---

[39] Phonetik ist die Lehre von der Art und Erzeugung der Laute und vom Vorgang des Sprechens.
[40] *Urfaust:* „es fliest" (nicht: „fließt" und auch nicht „fliesst"!).
[41] Zu demselben Ergebnis kam Dieter E. ZIMMER. Seine Betrachtung „Die Abschaffung des Eszett: Über einen entbehrlichen Buchstaben" (ZIMMER 1998, S. 360-365) schließt mit den Worten: „Verteidigen wir also dieses Kulturgut nicht mit unseren Klauen und Zähnen. Bringen wir es Europa dar. Man setze ein Zeichen! Man setze zwei Zeichen, und zwar ss!"

10.1 Die Sprache als Mittel der wissenschaftlichen Kommunikation

- Die meisten Kopfzerbrechen und Beschwerden ranken um die Themen *Getrennt- oder Zusammenschreibung* und *Groß- oder Kleinschreibung*.

Zum zweiten Thema, Teilbereich D des RW, haben wir vorhin unter der Hand – und wahrscheinlich unbemerkt – ein Beispiel gegeben: „des Weiteren" – und nicht mehr: „des weiteren" – schrieben wir an einer Stelle. In diesem Beispiel soll das zweite Wort jetzt großgeschrieben werden, weil hier ein mit bestimmtem Artikel garniertes *Substantiv* „das Weitere", in den Genitiv gesetzt, verwendet wird; und Substantive werden im Deutschen nun einmal mit großem Anfangsbuchstaben geschrieben (§ 55 RW). Früher war die Kleinschreibung damit begründet, dass „des weiteren" im Satz die Rolle einer adverbialen Bestimmung (ähnlich „außerdem") zu übernehmen pflegt, die ursprüngliche substantivische Bedeutung also „verblasst", „adverbial abgeschliffen" sei. Aber wer beschließt, ob das der Fall ist? Der Vorreform-Duden hielt „das Weitere hierüber folgt alsbald", „Weiteres findet sich bei", „alles Weitere für (einzig) richtig. Hier sahen *wir* Willkür, konnten keine klare Linie erkennen! Ausländer konnten kaum verstehen, was da gespielt wurde: Sie hatten vielleicht gerade stolz die Genitivform des bestimmten Artikels Neutrum in unserer Fügung entdeckt und hielten vergeblich Ausschau nach dem zugehörigen Substantiv. Die Neuerung mag formalistisch sein, aber das Ergebnis ist nachvollziehbar.

Den ersten Problemkreis, Teilbereich B des RW: *Getrennt- oder Zusammenschreibung*, hatten wir an den Anfang unserer Betrachtung gestellt („sitzen bleiben"). Soeben hatten wir mit „großgeschrieben" ein weiteres Beispiel eingeschleust. Das Wörterverzeichnis des RW unterscheidet zwischen „großschreiben" (mit großem Anfangsbuchstaben schreiben) und „groß schreiben" (in großer Schrift schreiben), bietet hier also *zwei* Lösungen an. Der Unterschied rührt daher, dass im ersten Fall ein Adjektiv und ein Verb zu einem neuen *Begriff* zusammengewachsen sind (Großschreiben, *Großschreibung*), im zweiten nicht, wie schon daraus zu erkennen ist, dass man das Adjektiv hier steigern kann [§ 34 (2.2) RW]: Man kann, z. B. für ein Poster, noch *größer* schreiben, sagen wir im Schriftgrad 24 Punkt! Sieht so Plattmacherei (der Reformer) aus? Wohl kaum.

- Die Bereitschaft, ja das Bedürfnis, in zwingenden Fällen zu *differenzieren*, war von Anfang an im neuen Regelwerk zu erkennen.

Gelegentlich ermuntert das RW den Schreibenden ausdrücklich, selbst seine Wahl zu treffen, so im Falle der Wortverbindungen vom Typ *Adjektiv + Verb* [§ 34 E4 RW]:

> Lässt sich in einzelnen Fällen ... keine klare Entscheidung für Getrennt- oder Zusammenschreibung treffen, so bleibt es dem Schreibenden überlassen, ob er sie als Wortgruppe oder als Zusammensetzung verstanden wissen will.

Zum Glück (für den ratsuchenden Schreiber) gibt es aber auch bei Zweifelsfällen Entscheidungshilfen. So geht das RW auf die *trennbaren Zusammensetzungen* näher ein; die können gebildet werden aus Präpositionen, Adverbien, Adjektiven und Substantiven einerseits und *Verben* andererseits. Verbindungen vom Typ *Partikel + Verb* werden grundsätzlich getrennt geschrieben, es sei denn es handelt sich um bestimmte Ausnahme-Partikel. Im RW findet sich eine Liste der Ausnahme-Partikel [s. § 34 (1) bis (3)], und für diese Fälle gilt, dass im Infinitiv, Partizip I und Partizip II *zusammengeschrieben* wird [s. dazu § 34, besonders § 34 (2.2) RW]! Eine dieser Ausnahme-Partikel ist „zusammen" (daher: zusammensetzen, zusammenschreiben usw.). Eine systematische Darlegung des Sachverhalts kann nicht unsere Aufgabe sein, doch lassen Sie uns einige weitere Beispiele anführen.

Eine trennbare Zusammensetzung – in der Sprachlehre an der Stelle besser *Fügung* – ist beispielsweise „maßhalten". „Er kann nicht maßhalten", aber „ich halte maß", jetzt also getrennt (nicht: „ich maßhalte"). So war es bisher. Die Neuregelung sieht hier „Maß halten vor", und aus solchen Anlässen entstand der deutsche Kulturkampf. Warum die Neuerung? „Maß" ist ein Substantiv (Typ *Substantiv + Verb*)! Schon vor 1995 war eingeräumt worden

aber: das rechte Maß halten.

Wahrig: Rechtschreibung (2005) hält für die neue Schreibweise einen seiner mit Recht gelobten Informationskästen bereit:

> **Maß halten:** Im Gegensatz zum untrennbaren Verb *maßregeln*, bei dem das Substantiv *Maß* nicht in seiner ursprünglichen Bedeutung erkennbar ist, wird die Fügung *Maß halten* stets getrennt und mit großem Anfangsbuchstaben geschrieben: *Er konnte noch immer nicht Maß halten.*

Ganz ähnlich:

> **Maschine schreiben:** Die Fügung aus Substantiv und Verb wird getrennt geschrieben: *Sie kann jetzt Maschine schreiben; er besteht darauf, weiterhin Maschine zu schreiben.* § 34 E3 (5)
> In Österreich gilt Zusammenscmibung: *maschinschreiben.* §33 (1)

Für uns sieht „maschineschreiben" inzwischen alt aus. – Einer gewissen Komik entbehrte nicht ein Leserbrief, der unter der Überschrift „,Maß geschneiderte' Reform?" veröffentlicht wurde. Der Leser beklagte sich darin bitter, eine solche Schreibe sei doch absurd. Der Pfiff dabei war: Der Leserbrief ließ erkennen, dass der Verfasser gut informiert war. Er wusste, dass die Reform diese Schreibung gar nicht empfohlen hatte! Der Eintrag in *Wahrig: Rechtschreibung* (2005) beispielsweise lautet:

> **maßschneidern** nur im Infinitiv und Partizip II; ich habe mir einen Anzug maßschneidern lassen; der Anzug ist maßgeschneidert.

Warum dann die Aufregung? Weil die Zeitung, der er seinen Brief schickte, etwas von einer „Maß geschneiderten Hose" geschrieben hatte. Wenn schon die Redakteure nicht wissen, wie zu schreiben ist, dann taugen die Regeln nichts, schloss der Leser.

Zur Beruhigung sei noch ein Fall angeführt, der unstrittig ist (*Wahrig: Rechtschreibung* 2005):

> **maßregeln** *tr. 1* ich maßregele, maßregle ihn, habe ihn gemaßregelt

Warum unstrittig? Weil hier das Substantiv „Maß" nicht mehr in seiner ursprünglichen Bedeutung erkennbar ist; es wird ja hier kein Maß geregelt. Da wird doch auch von den Reformern ziemlich gut Maß gehalten! Es gelingt uns nicht, hier Abgründe von Dummheit oder eine Versündigung an unserer Kulturseele zu erkennen. Dürfen wir zur Erholung einen Begriff aus der Technik – „schmiedehämmern" – einfließen lassen? Niemand kam je auf die Idee zu sagen „Das Werkstück wird Schmiede gehämmert". Es heißt „… wird schmiedegehämmert". Warum? Weil der Vorgang, von dem die Rede ist, mit *einem* Begriff verbunden ist, dem „Schmiedehammer". Es wird ja auch nicht die Schmiede gehämmert, sondern es wird *mit* einem schweren Hammer *zum* Schmieden an einem Werkstück gearbeitet. Es handelt sich um ein Verfahren der Umformtechnik. Ähnlich hält die Technik viele Fachausdrücke parat: „windsichten", „kaltwalzen" … Jemand, der sich mit solchen Vorgängen befasst, kommt gar nicht auf die Idee, da etwas im „Duden" nachzuschlagen, allenfalls würde er sich an der Norm DIN 2330 *Begriffe und Benennungen: Allgemeine Grundsätze* oder VDI-Richtlinie VDI 3771 *Zusammengesetzte Substantive in den technischen Fachsprachen: Determinativ composita* orientieren. Dem entspricht, dass es ein Verb, das den Vorgang beschreibt, in der deutschen Rechtschreibung gar nicht gibt. Dort hat es nur bis zum „Schmiedehammer" (nach „Schmiedeeisen" und „schmiedeeisern") gereicht. Gottlob! Wir kommen auf die Sache in Abschn. 10.3.1 noch einmal zu sprechen.

● Bei Verbindungen von einem Verb mit einem weiteren Verb wird Getrenntschreibung verlangt.

Wir wollen nicht, dass unser Sohn sitzen bleibt, das hatten wir schon weiter vorne. Wir wollen beim bisher Erreichten auch nicht stehen bleiben, können diese Sache aber jetzt auf sich beruhen lassen. Vom rauen Umgangston „stehenbleiben, oder ich schieße!" früherer Tage wollen wir nichts wissen. (Bis zur 20. Auflage 1991 des „Duden" ist die Uhr tatsächlich „stehengeblieben".) Dass wir die Maschine zum Stehen bringen müssen, wenn Qualm aus dem Achslager steigt, versteht sich.

Beim Versuch, zu *vereinheitlichen* und zu vereinfachen – Beispiel: wenn „Auto fahren", dann auch „Rad fahren" (und nicht, wie bis dato, „radfahren")! –, wurde das Kind manchmal mit dem Bad ausgeschüttet. Denn „Eis laufen" oder gar „Schlange stehen" [§ 34 E3 (5)] wollte niemand. Jetzt dreht der *Rat für deutsche Rechtschreibung* das Rad wieder ein wenig zurück. Ein Techniker, der in Regelkreisen denken kann, findet das normal.

Grundsätzlich halten wir das Ziel, mehr Wörter wieder in die Bestandteile zu zerlegen, aus denen sie zusammengefügt worden sind, für sinnvoll, weil so das eine oder andere lange Wort vermieden werden kann und der Blick wieder verstärkt auf die „Elemente" unserer Begriffe gelenkt wird. Nebenbei erleichtert man doch so die Wörterbücher um Tausende von Einträgen, um die es meist wirklich nicht schade ist! Beides kommt dem Bemühen zugute, Deutsch für Ausländer vielleicht ein wenig „lesbarer" zu machen. Schon Mark TWAIN ärgerte sich in seinem *Bummel durch Europa* (1990, S. 457)[42)] halbtot über die Sucht der Deutschen, Wörter nach Belieben zusammenzusetzen, nein, er lachte sich halbkrank. Von einem Durchschnittssatz in einer deutschen Zeitung sagte er:

---

[42] Das Buch entstand im Anschluss an eine Europareise des amerikanischen Schriftstellers 1878/79.

Er ist hauptsächlich aus zusammengesetzten Wörtern gebaut, die der Schreiber an Ort und Stelle konstruiert hat und die in keinem Wörterbuch zu finden sind – sechs oder sieben in eines zusammengepresste Wörter ohne Naht oder Saum – das heißt ohne Bindestriche.

Auf einen „nicht wiedergutzumachenden Schaden"[43] können auch wir verzichten. Warum sprechen wir nicht einfach vom „nicht wieder gut zu machenden Schaden"? Sollte dieser schlichte Ansatz auf Bedenken stoßen, fordern wir im Gegenzug die Einführung einer neuen Schadensklasse, die der *nichtwiedergutzumachenden* Schäden.

Wir sprachen eben von Tausenden von Einträgen – muss es nicht „tausende" heißen? Wenn Sie einen kleinen Gedankensprung gestatten (wir bleiben beim größeren Thema): Die erste Schreibweise ist schon richtig, neuerdings. Früher galt die zweite, aber die ist nicht für falsch erklärt worden, bislang jedenfalls nicht. Das RW ist auch hier eher *permissiv* denn diktatorisch. Wir benutzen die Gelegenheit, an die Zahlen ein paar Worte zu verlieren. Schließlich kommen die in naturwissenschaftlich-technischen Texten vor, auch in Worten, nicht nur in Ziffern und Zahlzeichen. Für unseren Beispielsfall hat *Wahrig: Rechtschreibung* (2005) einen Informationskasten eingerückt:

> **tausend:** Das Zahlwort wird kleingeschrieben: *(ein)tausend Menschen, tausend gute Wünsche*. Bestimmte Zahlwörter schreibt man zusammen; *zweitausend, viertausendfünfhundert(und)ein Euro, mit (ein)tausend(und)einem Kilogramm Gewicht*.
> Unbestimmte Mengenangaben werden klein- oder großgeschrieben: *ein paar tausend/Tausend, tausende und abertausende/Tausend(e) und Abertausend(e) Blumen; mehrere/viele tausende/Tausende von Schülern; das geht in die tausende/Tausende; zu tausenden/Tausenden flohen die Menschen*. § 58 E5

Also: neben Tausenden von Wörtern, die aus den Wörterbüchern verschwunden sind oder nur noch als Erinnerung ihr Dasein fristen, gibt es wohl auch ein paar Dutzend (oder Hundert?) neue. Ein Beispiel könnte „zurzeit" sein, das man doch früher als „zur Zeit", abgekürzt „z. Z.", schrieb. Dazu wiederum *Wahrig: Rechtschreibung* (2005):

> **zurzeit:** Mehrteilige Adverbien schreibt man zusammen, wenn die Wortart, die Wortform oder die Bedeutung der einzelnen Bestandteile nicht mehr deutlich erkennbar ist, so auch: zurzeit (= augenblicklich). § 39 (1)
> Anders: *zur Zeit Nietzsches*. § 39 E2 (2.3)

Aber das *ist* kein neues Wort, denn für „zur Zeit" (als eigenen Eintrag) verbrauchte schon der Vorreform-Duden sieben Zeilen![44]

Zum Teil herrscht Wahlfreiheit, Toleranz wohin man blickt:

> **zugunsten/zu Gunsten:** Bei einigen festen Fügungen aus Präposition und Substanztiv bleibt es den Schreibenden überlassen, ob sie zusammen- oder getrennt schreiben. Bei Getrenntschreibung ist das Substantiv großzuschreiben. ... § 39 E3 (3), § 55 (4)

---

[43] So gelesen in einem Roman, Baujahr 1986, in Einklang mit damaliger Duden-Rechtschreibung.
[44] Ob man jetzt aus „z. Z." ein „zz" machen soll, ist noch nicht endgültig geklärt. Das wäre das Letzte (im Alphabet)!

[Wenn Sie wollen, beachten Sie den Bindestrich nach „zusammen". Dieses Wort gehört zu denen, die in Zusammensetzungen – früher wie heute – nicht getrennt werden, daher „zusammenschreiben", egal, ob Sie „die beiden Wörter werden zusammengeschrieben" sagen oder „er hat viel Unsinn zusammengeschrieben"; dagegen: „getrennt schreiben" – zwei Wörter (Partizip + Verb!). Zugegeben, das ist nicht leicht zu durchschauen, aber Sprache ist nun einmal so kompliziert wie das Leben selbst und schwer zu regeln.]

- Ein eigener Anwendungsbereich des RW ist der *Schreibung mit Bindestrich* gewidmet.

Dieser Bereich (C) ist mit den beiden vorigen der Sache nach verwandt, wird aber in der Gemeinsprache weniger wahrgenommen und ist daher weniger dramatisch in der Wirkung. Wir kommen darauf in Abschn. 10.3.1 zurück.

Es gibt, um abschließend noch ein weiteres Thema anzusprechen, einen pathologischen Fall, den man als *Spaghetti-Syndrom* bezeichnen kann. Während der Reform-Diskussion erwies sich dieses als hochgradig infektiös und suchte das ganze Land heim. Sahen doch die Empfehlungen vor, neben Spaghetti die Schreibweise Spagetti zuzulassen! Grund: Den Verfassern des RW war es schon im Regelteil A unter 0 Vorbemerkungen (3.1) ein Anliegen, zur *Integration* von Wörtern fremdsprachigen Ursprungs ins Deutsche beizutragen:

> Fremdwörter unterliegen oft fremdsprachigen Schreibgewohnheiten ... Ihre Schreibung kann jedoch – und Ähnliches gilt für die Aussprache – je nach Häufigkeit und Art der Verwendung integriert, das heißt dem Deutschen angeglichen werden ... Manche Fremdwörter werden sowohl in einer integrierten als auch in einer fremdsprachigen Schreibung verwendet (z. B. Fotograf/Photograph).

Dem galt es, fanden viele, entgegenzutreten! Warum nur? Handelt es sich nicht vielmehr um ein Bemühen, das unser aller Unterstützung wert sein sollte? Gleichwie es unser Anliegen sein muss, Zuwanderer in die Gesellschaft aufzunehmen und keine Parallel- oder Subkulturen entstehen zu lassen, so sollten wir es doch auch mit den Wörtern halten, die in unsere Sprache – ob wir das begrüßen oder nicht – in großer Zahl einwandern! Wenn wir schon ständig Begriffe aus dem *Englischen* verwenden, weil wir glauben, uns damit wichtig machen zu können oder weil uns nicht rechtzeitig etwas Eigenes eingefallen ist, dann sollten wir diese Wörter wenigstens „eindeutschen", so gut es geht, und auch in das deutsche *Beugungssystem* aufnehmen. Lassen Sie uns also unbeschwert managen, fighten, scrollen, downloaden, googeln, uns unserer Handys – nicht Handies – bedienen und einen Wagen mit Airconditioner (früher: Air-conditioner) kaufen. Warum sollten wir es nicht? An solchen Anpassungen liegt es nicht, wenn unser gutes altes Deutsch immer mehr zu *Denglisch* verkommt. Als undeutsch haben wir uns schon vorher *geoutet*, als wir an fremden Ufern angeln gingen.

In einem Fall ist der jetzt vollzogene Wechsel in unserem früheren Sprachkapitel (EBEL und BLIEFERT 1994, S. 463) als wünschenswerte Maßnahme im Sinne einer verbesserten Integration eines *(engl.)* Begriffs angemahnt worden. Wir wären damals schon mit Air-Conditioner (statt Air-conditioner) zufrieden gewesen. Jetzt ist also [nach § 37

(1) RW] aus der *fremdsprachigen Substantivverbindung* [vgl. *Wahrig: Rechtschreibung* (2005) bei „Timesharing"] das Wort Aircondition geworden (vgl. etwa auch Airbag) – noch besser! Darüber, dass der Raum „airconditiont" ist, wagt sich noch niemand schriftlich zu freuen, aber das wird kommen, so gut wie „gemanagt" und „getimt".[45)]

- Neuartig ist das sprachliche Aufsaugen fremder Einflüsse keineswegs, und unbedingt schädlich ist es auch nicht.

Kann es doch bis zu dem Punkt führen, an dem der externe Ursprung von Wörtern kaum noch oder nicht mehr zu erkennen ist, weil die Wörter längst „eingebürgert" sind. Dann ist ja alles wieder gut! Aus Fremdwörtern werden so *Lehnwörter*. Das Deutsche machte seit den Zeiten, in denen der Limes erbaut wurde, in großem Umfang Anleihen aus dem *Latein* (porta, Pforte; fenestra, Fenster; cellarium, Keller usw.). Später gab es Phasen, da man in Teilen Deutschlands – so in Berlin (Hugenotten, napoleonische Besatzung!) – fast besser *Französisch* sprach als Deutsch. Wer weiß heute noch, dass der Polier, der auf dem Bau das Sagen hat, tatsächlich für *frz.* parleur, Sprecher, steht? Ähnlich:

proper/propre, adrett/adroit, gewieft/vif, Klamauk/clameur, todschick/tout chic ...

„Wir in Berlin haben früher, ma chère, französische Brocken ins Gespräch gestreut, und heute streuen wir englische, my darling. Wir müssen immer etwas haben, woran wir uns hinauffranken. Wir sind nicht. Wir geben an." Wir erschraken fast, als wir diese Stelle jetzt noch einmal lasen.[46)] Heute also ist es *Englisch*, von dem wir uns überschwemmen lassen.[47)] Doch wenn wir das Eindringen der vielen fremden Wörter schon nicht verhindern können, sollten wir wenigstens versuchen, die Eindringlinge zu *assimilieren*, zu *integrieren* (s. oben und am Anfang dieses Abschnitts). Das war schon vorher ein gültiges Prinzip, das die Dudenredaktion in ihrer Regel R33 so festhielt:

---

[45] Das letzte Wort zumal verdient, zugegeben, die Note „scheußlich". Denn man soll es wegen seiner Herkunft wie „geleimt" sprechen, was in der deutschen *Laut-Buchstaben-Zuordnung* für „i" aber nicht vorgesehen ist. Das RW hat sich in §20 die Mühe gemacht, auf die Situation einzugehen, und bietet unter „Spezielle Laut-Buchstaben-Zuordnungen für Fremdwörter" für „i" die Lautung [ai] an z. B. in Lifetime, Pipeline, Copyright, Starfighter, high. Ein Deutscher, der nicht Englisch kann, hat eben Pech gehabt! Aber wenn unser Sprachvermögen es uns nicht gestattet hat, zum Substantiv „Zeit" rechtzeitig ein Verb „zeiten" zu erfinden, wie das im Englischen geschehen ist [time, *v. t.* (do at correct ~], dann muss man eben umständlich „zeitlich abstimmen" sagen – „zeitlich gut abgestimmt" statt „gut getimt" –, oder man muss die Kröte schlucken. Für i-Fans gibt es zum Ausgleich genug Buchstaben und Buchstabenkombinationen, die wie [i] oder [i:] gesprochen werden dürfen, dafür aber kein „i" brauchen: Baby, City, Lady, sexy; Beat, Dealer, Hearing, Jeans, Team; Evergreen, Spleen, Teenager. (In der Zeit, als aus Backfischen erst Teenager wurden, fragte einmal jemand, warum die Teenager Tee nagen.) Für bedauerlich mag man halten, dass nicht, einem Stammprinzip folgend, „gemanaget" und „getimet" geschrieben werden soll/darf.

[46] „Gespräch auf einem Diplomatenempfang", Kurt TUCHOLSKY alias Kaspar Hauser (1930!).

[47] Diese Sprache ist selbst Weltmeister im Aufnehmen von Wörtern aus anderen Sprachen, seine heutige Weltgeltung hat zweifellos damit zu tun. „Englisch ist eine einfache, aber schwere Sprache. Es besteht aus lauter Fremdwörtern, die falsch ausgesprochen werden", ließ Kurt TUCHOLSKY in einem seiner Sprachschnipsel (in *Sprache ist eine Waffe*) Peter Panter sagen (1931).

- Häufig gebrauchte Fremdwörter, vor allem solche, die keine dem Deutschen fremden Laute enthalten, können sich nach und nach der deutschen Schreibweise anpassen.

In diesen Fällen sind oft sowohl die eingedeutschten als auch die nicht eingedeutschten Schreibweisen korrekt [§ 20 (2), § 32 (2) RW]. „Man sollte aber innerhalb eines Textes auf eine einheitliche Schreibung achten", fährt *Duden: Rechtschreibung* (21. Aufl. 1996, S. 31) fort. Nehmen wir als Beispiel gleich das Wort *Orthographie*, den sprachwissenschaftlichen Terminus für „Rechtschreibung". Ihm hat *Wahrig: Rechtschreibung* (2005) einen Informationskasten gewidmet:

> **Orthographie/Orthografie:** Dieses aus dem Griechischen entlehnte Wort gehört zu einer Reihe von Fremdwörtern, für die zwei mögliche Schreibungen existieren, eine fremdsprachige (*Orthographie*) und eine eingedeutschte (*Orthografie*).
> § 32 (2)
> Der Wortbestandteil *graph* kann in jedem Fall auch *graf* geschrieben werden: *Biografie/Biographie, Choreograf/Choreograph, lithografisch/lithographisch.*

Das ist doch alles vernünftig! Das fand schon TUCHOLSKY so, der Sprachkenner und scharfzüngige Sprachkritiker, der gerade auf Verfremdungen des Deutschen jeder Art empfindlich reagierte; dem *Sprachreinheit* so wichtig war wie körperliche Reinlichkeit; der wohl als Erfinder des Wortes *Neudeutsch*[48] zu gelten hat, mit dem man sich heute gerne als Verfechter von mehr *Sprachhygiene* auszuweisen versucht, nur um im nächsten Augenblick selbst der Sucht zu verfallen: Er schrieb schon um 1930 „Fotografie" und „Telefon". Als pathologisch empfinden wir deshalb die Häme, mit der Teile der Bevölkerung (z. B. in Leserbriefen an ihre Heimatzeitungen) über Vorschläge wie „Spagetti" hergefallen sind. Und deshalb haben wir oben für dieses „Syndrom" einen linguomedizinischen Fachausdruck gemünzt.

Den ferneren rechtschreiblichen Konsequenzen der Reform wollen wir an dieser Stelle nicht nachgehen, werden aber auf die *Fremdwörter* später noch einmal zu sprechen kommen („Fremdwörterei", „Denglisch" in Abschn. 10.3.3) und wenigstens einige Aspekte aus dem Teilbereich E „Zeichensetzung" des RW beleuchten (Abschn. 10.2.2). Für uns „Sprachteilhaber" genügt es zu wissen, was heute der Tastatur anvertraut werden soll und was nicht, das Eifern über die Gründe überlassen wir anderen. Wer die erwähnten Standardwerke der Rechtschreibung zu seinen fast täglich benutzten Werkzeugen zählt, wird gut fahren, wenn er den Schreibtisch gegen den Desktop[49]

---

[48] Sprachglosse „Neudeutsch" ganz vorne in TUCHOLSKY: *Sprache ist eine Waffe*, gezeichnet mit „Peter Panter (1918)". 1918!

[49] Das RW – und damit *Duden: Rechtschreibung* – hat in seinem Wörterverzeichnis ein Plätzchen für das „Desktop-Publishing" übrig, nicht aber für den *Desktop* – Diktat des Datenbank-verwalteten *Textkorpus*. Der Wahrig-Textkorpus ist zu demselben Ergebnis gekommen. Wir setzen uns darüber hinweg und benutzen *die* Wörter, die unsere Leser im fachlichen Umfeld brauchen. Wie jeder Computer-Anwender weiß, ist mit *Desktop* in Programmen beispielsweise der Textverarbeitung der Hintergrund der Benutzeroberfläche am Bildschirm gemeint. Um Fachbegriffe nachschlagen zu können, greift man zu Speziallexika und Fachwörterbüchern wie – im Beispiel – *Der Brockhaus: Computer und Informationstechnologie* (2003). Dort ist ein Artikel zu dem genannten Stichwort zu finden, mit Links zu anderen Artikeln.

austauscht, sich eines der Wörterbücher als CD besorgt und die in sein CD-ROM-Laufwerk schiebt. Sobald die Datei geöffnet ist, lässt sich der Inhalt elektronisch auswerten. Noch komfortabler:[50]

- Benutzen Sie einen *Rechtschreibprüfer (Spelling Checker)* auf Ihrem Rechner, wenn Sie die Rechtschreibung automatisch während oder nach der Texteingabe kontrollieren wollen.

Der Reform-Auseinandersetzung sei attestiert, dass sie geholfen hat, einige Neuerungen zurückzunehmen, die von allzu vielen als Auswüchse empfunden worden waren. Gleichzeitig, auch das muss man sehen, hat sie zu einer Verunsicherung beigetragen, die jetzt vor allem Lehrer und Schüler ausbaden müssen – am besten kaufen die den *Schüler-Duden: Rechtschreibung und Wortkunde* (2005)[51] jedes Jahr neu –; und sie steht mit in der Verantwortung, wenn das vormals einheitliche Bild der deutschen Sprache jetzt zu zerfasern droht.[52]

Wir müssen unsere Erörterung der Thematik und Problematik abschließen – eigentlich abbrechen – und wollen dies gerne mit dem Hinweis auf eine Entwicklung tun, die gefallen kann:

- Die Rechtschreibreform hat das Interesse an Sprache außerordentlich gesteigert.

Das war wohl nicht ihr eigentliches Ziel, war eher als Nebeneffekt abzusehen gewesen. Wenn daraus der Haupteffekt geworden sein sollte – gut! Wir haben oben schon ein Forum erwähnt, das aktiv in die Auseinandersetzungen eingegriffen hat. Ein anderes rankt sich um Kürzel wie FAQ (frequently asked questions), FAQ-Listen (http://faql.de),[53] http://faql.de/usenet.html#desd. Hier ist die Welt der deutschen Sprache,

---

[50] Gelobt in der Fachpresse wird beispielsweise der *Duden Korrektor PLUS3.5: Die Rechtschreibprüfung*. Es handelt sich um ein Programm für Microsoft OFFICE und Microsoft WORKS, das der Benutzer jederzeit online aktualisieren kann. Das ist benutzerfreundlich und wird der permanenten Reform der Rechtschreibreform sicher Auftrieb geben!

[51] Aus einer Beschreibung des Verlags: „Der Schülerduden enthält rund 25 000 Stichwörter in alter und neuer Rechtschreibung. Alle neuen Schreibweisen werden, auch in den zahlreichen Anwendungsbeispielen, durch Rotdruck hervorgehoben. Die wichtigsten Regeln der neuen Rechtschreibung, Worttrennung und Zeichensetzung sind in einem separaten Teil in allgemein verständlicher Form zusammengestellt. Das Kapitel Wortkunde behandelt in schülergerechter Weise die Themen Wortbildung, Wortfamilien, sinnverwandte Wörter etc. und führt in die Geschichte unseres Wortschatzes ein."

[52] Es gibt sehr verantwortungsbewusste und kompetente Fachleute, Linguisten also, die anders denken als wir mit *unserem* oben vorgetragenen Plädoyer. Einer davon, dessen Arbeit auch uns beeindruckt, ist Theodor ICKLER, der als einer der schärfsten Gegner der Rechtschreibreform gilt. Er ist Verfasser eines eigenen Rechtschreibwörterbuchs (ICKLER 2000), das die FAZ in einer Besprechung „Das wohltemperierte Wörterbuch" nannte. Die Rezension („Das wohltemperierte Wörterbuch – Einfach weise: Theodor Icklers sanft reformierte Orthographie" von Horst Haider MUNSKE in *Frankfurter Allgemeine Zeitung*, 11.9.2000, S. 50) ist lesenswert! ICKLER – Sprachwissenschaftler an der Universität Erlangen, den der Rezensent schon als den „DUDEN des 21. Jahrhunderts" sieht – wirkte kurze Zeit im *Rat für deutsche Rechtschreibung* an der Reform der Reform mit, schied aber im Februar 2006 unter Protest aus dem Gremium aus.

[53] Eine Übersetzung davon ist mit „S̲ammlung h̲aeufig r̲egistrierter A̲nfragen" gleich mitgeliefert worden und hat in einem eigenen Projekt SAHARA ihren Niederschlag gefunden. Man kann seine Fragen auch an die *Duden-Suche* im Internet richten, die man über die Homepage www.duden.de erreicht.

säuberlich gegliedert nach allen möglichen Anwendungsgebieten, vor den interessierten Augen ausgebreitet, im Internet, versteht sich. Wer über die beruflichen Erfordernisse hinausgehend am Phänomen Sprache Spaß gefunden hat, findet hier zahllose Anregungen und auch Antworten bis hinein in die Ausgrabungsfelder der Etymologen, die Geschichte der deutschen Sprache, Anglizismen und Übersetzungsfallen, Stilfiguren, Sprachlisten aus dem Maus-Netz oder „Dummdeutsch".[54] Auch auf handfeste Informationen kann man in dieser Umgebung stoßen. Eine Fundgrube für jeden Terminologen und an *Technikgeschichte* Interessierten ist beispielsweise ein mehrere Webseiten langer Artikel „Das ‚Handy': Englisch oder nicht englisch?" von Walter KOCH (www.u32.de/handy.html).

10.1.3 Fachsprachen

Sprachmodelle

Der ungeheure Zuwachs an Wissen, den gerade die *Naturwissenschaften* ständig hervorbringen, und die Vielzahl neuer Apparate und Produkte, die täglich aus allen Bereichen der *Technik* auf den Markt dringen, verlangen nach einem Benennungssystem, nach leistungsfähigen *Fachbegriffen*. In allen Disziplinen sind *Fachsprachen* entstanden (vgl. ICKLER 1997), die wachsen und sich weiter ausgestalten müssen, um mit den Entwicklungen Schritt zu halten. Fachsprachen stellen sicher, dass die Fachleute untereinander den kommunikativen Prozess fortführen können und dass auch über die Fachgrenzen hinaus eine Verständigung möglich bleibt.

- Wissenschaft und Technik schreiten nur in dem Maße fort, wie sich ihre sprachlichen Ausdrucksmittel fortentwickeln.

In zahlreichen Gremien, Ausschüssen, Verbänden und Institutionen leisten Fachleute *Terminologiearbeit* (FELBER und BUDIN 1989),[55] damit die Aufgabe gelöst werden kann. Wer die Bemühungen beispielsweise des *DIN Deutsches Institut für Normung* kennt oder selbst an Ausschusssitzungen dort teilgenommen hat, weiß, mit welcher Sorgfalt um die Bildung, Erklärung und Abgrenzung von Fachbegriffen gerungen wird. Wer an diesem sprachschöpferischen Prozess mitwirkt, muss ein guter Naturwissenschaftler oder Ingenieur sein. Zusätzlich muss er sich ein Verständnis für die Strukturen und Gesetze der Sprache sowie die Logik von Begriffssystemen erarbeiten.

Aus der Arbeit des Normenausschusses (früher: Fachnormenausschuß) Terminologie (NAT) des DIN ist ein eindrucksvolles, leider nicht mehr lieferbares Dokument *Fachsprachen: Terminologie, Struktur, Normung* hervorgegangen. Wir zitieren diese

---

[54] „Die aufgenommenen Aeusserungen sollen besonders flachsinnigen Umgang mit der deutschen Sprache durch ihre Verwender/innen dokumentieren."

[55] Der Band ist erschienen in einer Reihe *Forum für Fachsprachen-Forschung*, herausgegeben von H. KALVERKÄMPER im Gunter Narr Verlag, Tübingen. Der Interessierte wird hier mit weiteren wichtigen Titeln fündig, darunter *Die Disziplinierung der Sprache: Fachsprachen in unserer Zeit* (ICKLER 1997) und *Interkulturelles Technical Writing: Fachliches adressatengerecht vermitteln. Ein Lehr- und Arbeitsbuch* (GÖPFERICH 1998).

Schritt im Folgenden verkürzt nach einem der Herausgeber als „BAUSCH 1976" und erläutern hier zunächst die Arbeit des Ausschusses mit einer Selbstdarstellung aus dem Internet (www.normung.din.de):

> Das DIN nimmt als technischer Regelsetzer im Rahmen der technischen Sachnormung auch eine Ordnungsfunktion für die Terminologie der technischen Fachsprachen wahr. Für diese Aufgabe ist jeder Normenausschuss auf seinem Arbeitsgebiet, in Grundsatzfragen der Normenausschuss Terminologie (NAT) zuständig. Die Arbeit des NAT richtet sich sowohl auf die grundlegende Bedeutung der Fachsprachen für die gesamte Normung als auch auf die Werkzeuge der Terminologiearbeit, Übersetzungspraxis und Lexikographie. Die wesentlichen Arbeitsbereiche sind die folgenden Schwerpunkte: Grundsätze der Begriffs- und Benennungsbildung, Erarbeitung und Gestaltung von Fachwörterbüchern, … Lexikographie.

Die genannte Publikation, Heft 4 einer Reihe *Normungskunde* des DIN, verdient Interesse überall da, wo es um das Beziehungsfeld Sprache–Fachsprache geht. Die Schlusspassage aus dem Geleitwort möge das belegen:

> Die hier vorgelegte Veröffentlichung scheint uns ein erster geeigneter und begrüßenswerter Schritt auf dem Wege … zu sein. Wünschenswert wäre es …, wenn diese Beiträge, die von Fachleuten des DIN Deutsches Institut für Normung e.V., des Vereins Deutscher Ingenieure und des Instituts für deutsche Sprache zusammengestellt wurden, neue Impulse ausgehen könnten für eine verstärkte Förderung und eine vertiefte, möglichst interdisziplinär angelegte Auseinandersetzung mit den Gegenständen Fachsprache und Terminologie.

Aus der Arbeit des Ausschusses, der damals die Bezeichnung „Ausschuß Terminologie (Grundsätze und Koordination)" trug, ist die Norm DIN 2330 (1979) *Begriffe und Benennungen: Allgemeine Grundsätze* hervorgegangen, die schon als Vornorm große Aufmerksamkeit erregte. Sie ist in der Tat Ausweis einer außerordentlich gründlichen Auseinandersetzung – kein Wunder, haben an ihrer Entstehung doch außer Experten der unterschiedlichsten technischen Fachrichtungen auch Sprachwissenschaftler und Philosophen mitgewirkt!

> DIN 2330 ist der Versuch der Systematisierung all jener Grundsätze und Regeln, die beim Festlegen von Begriffen und deren Definitionen sowie beim Prägen einwandfreier, eindeutiger Benennungen beachtet werden müssen. Ursprünglich war zwar nur daran gedacht, diese Grundsätze vornehmlich für die besonderen Zwecke der Normung nutzbar zu machen. … Aber schon während des Entstehens der zahlreichen Ausarbeitungen … zeigte es sich, wie weit man sich – auch außerhalb des DIN und seiner Ausschüsse – für diese Arbeiten interessierte …

(BAUSCH 1976, S. 156). Im Folgenden beziehen wir uns mehrfach auf diese *Normungskunde*, ohne einen Versuch, einzelne Stellen zu belegen oder den einzelnen Verfassern zuzuordnen. Hier seien lediglich ein paar Gedanken daraus vorgestellt, zuerst dieser (S. 152):

> Der „homo faber" unseres Jahrhunderts verlangt der Sprache, seinem wichtigsten Kommunikationsmittel, bestimmte Leistungen ab, die ihm die Bewältigung technischer Probleme entweder erst ermöglichen, mindestens aber erleichtern sollen. Zugleich steigert die Flut der technischen Neuentwicklungen den Bedarf an neuen Wörtern in einem Maße, daß sogar schon von der „Wortnot" des Technikers

10.1 Die Sprache als Mittel der wissenschaftlichen Kommunikation

gesprochen wird, und wenn man der Meinung L. Mackensens zustimmen will, dann hat „noch nie ein Leistungsbereich des Menschen von der Sprache soviel gefordert wie die Technik".

Wortnot wird hier zum Appell an die wortschöpferische Kraft des Homo Faber! In Abschn. 10.1.2 haben wir versucht festzulegen, was *Gemeinsprache* (Standardsprache) ist. Was ist *Fachsprache*? In der Einleitung zu BAUSCH 1976 (S. 11) findet sich folgende Definition:

- Insgesamt können wir den Begriff der Fachsprachen zunächst beschreiben als die Gesamtheit der grammatischen und lexikalischen Sprachmittel, die zur Verständigung in einem Fach verfügbar sind und in schriftlicher oder mündlicher Form verwendet werden.

In unserer „häuslichen Hochschulbibliothek", dem Internet, fanden wir eine Stelle in einer Diplomarbeit am Fachbereich Angewandte Sprach- und Kulturwissenschaft der Johannes-Gutenberg-Universität Mainz, die uns gut gefallen hat. Der Begriff des *Kreismodells* der Sprache darin ist wert, in Erinnerung behalten zu werden. Wir geben die Stelle hier wieder, ohne ihre Ursprünge im Einzelnen ergründet zu haben:[56]

> Gemeinsprache wird definiert als „im ganzen Sprachgebiet gültig, allen Angehörigen der Sprachgemeinschaft verständlich, zum allgemeinen – nicht fachgebundenen – Gedankenaustausch". Fachsprache wird definiert als „sachgebundene Kommunikation unter Fachleuten". Fachsprache und Gemeinsprache, auch Gesamtsprache genannt, sind nicht völlig voneinander getrennt sondern überlappen sich. Fachsprache muß sich zahlreicher Elemente aus der Gemeinsprache bedienen. Ein Fachtext besteht nicht ausschließlich aus Fachwörtern. Die Gemeinsprache steht der Fachsprache außerdem als „Reservoir" zur Bildung neuer Termini zur Verfügung.
>
> Es gibt verschiedene Modelle zur Einteilung von Sprache. Sprache kann vertikal in verschiedene Sprachebenen von Gemeinsprache bis Fachsprache eingeteilt werden, wobei es innerhalb dieser Ebenen noch Abstufungen gibt. Eine horizontale Einteilung erfolgt in einzelne Gebiete wie Wirtschaft, Recht, Medizin, Technik etc. Diese können dann noch enger unterteilt werden, so daß z. B. das Gebiet Medizin in verschiedene Disziplinen wie Zahnheilkunde, Augenheilkunde, Psychiatrie, Orthopädie etc. unterteilt wird, innerhalb derer sich je eine eigene Fachsprache entwickelt.
>
> Gemäß dem Modell nach Baldinger kann Sprache in einem Kreis dargestellt werden. Der innere Kreis stellt die Gemeinsprache dar, der mittlere Kreis beinhaltet den der Gemeinsprache zugewandten Teil des Fachwortschatzes, d. h., Fachwörter (Termini), die auch von Nichtfachleuten verstanden werden. Im äußeren Kreis befindet sich der der Gemeinsprache abgewandte Fachwortschatz.
>
> Die o.g. horizontale Einteilung in Fachgebiete, die immer weiter verfeinert werden kann, teilt den Kreis in Sektoren ein, in denen sich die jeweilige Fachsprache befindet.

---

[56] Das im Text erwähnte *Kreismodell* geht auf Kurt BALDINGER zurück, Romanist an der Universität Heidelberg.

Fallstudie: Nomenklatur und Terminologie der Chemie

Lassen Sie uns am Beispiel der *Chemie* einen Versuch unternehmen, die – im Kreismodell konzentrische – Schnittfläche zwischen *Gemeinsprache* und einer *Fachsprache* zu beschreiben. Wir lehnen uns dabei an den Beitrag „Die neuere Fachsprache der Chemie unter besonderer Berücksichtigung der Organischen Chemie" im Band *Fachsprachen – Languages for Special Purposes* eines bei de Gruyter in Berlin erschienenen Handbuchs an (EBEL 1998). Die *Nomenklatur* der Chemie ist ein in ihrer Art einzigartiges Regelwerk zur Benennung von Substanzen – molekularen „Individuen" – nach einem System. Danach muss ein Fachmann aus der *Formel* – gemeint ist hier fast immer seine *Strukturformel* – den *systematischen Namen* einer Verbindung ableiten können und umgekehrt: Schreiben Sie einem Chemiker eine Strukturformel hin, so ist er (im Prinzip) in der Lage, die betreffende Substanz zu benennen, selbst wenn es sie (noch) gar nicht gibt – eine Aufgabe, die auch Computerprogramme übernehmen können. Die Formel darf nur die Baupläne der Natur (Vierbindigkeit der Kohlenstoffatome usw.) nicht verletzen, dann gibt es eine – oft eindeutige – Lösung. Zugegeben, die Regeln sind so kompliziert, wie die denkbaren Strukturen auch, dass nur wenige Chemiker sie beherrschen und man selbst in herausragenden Chemie-Fachzeitschriften froh sein kann, wenn ein Redaktionsmitglied darin niet- und nagelfest ist.

Die Regeln wurden und werden nach bestimmten einheitlichen Gesichtspunkten von der internationalen Chemikergemeinschaft erarbeitet und ständig weiterentwickelt. Diese Arbeit fließt zusammen in der *International Union of Pure and Applied Chemistry* (IUPAC) mit Sitz heute in Research Triangle Park, NC 27709, USA. Ihr sind die nationalen Vertretungen von derzeit 45 Ländern beigetreten, viele weitere Länder sind assoziiert. Die IUPAC hat mehrere Standardwerke herausgebracht und die Einbände als Farbmarker benutzt (s. Literaturverzeichnis unter IUPAC; das „Spektrum" reicht noch über die in unserem Verzeichnis vertretenen Farben Gold, Grün, Rot und Blau[57)] hinaus, z.B. mit Purpur für die Nomenklatur der *Makromolekularen Chemie*, Silber für die der *Klinischen Chemie*).

Zwischen diesem gewaltigen Nomenklatur-Gebäude und der Verwendung chemischer Begriffe in der Gemeinsprache scheinen Welten zu liegen. Und doch ist das nicht der Fall, und das am Beispiel darzutun ist uns ein Anliegen. Im Jahre 2003 brachte der Dudenverlag ein Spezialwörterbuch *Duden: Das Wörterbuch chemischer Fachausdrücke* heraus, oft kurz der „Chemieduden" genannt (s. Literaturverzeichnis unter NEUMÜLLER 2003).[58)] In diesem Nachschlagewerk – es ist halb Wörterbuch, halb

---

[57] Die im Literaturverzeichnis zitierte *Nomenklatur der Organischen Chemie: Eine Einführung* ist eine Adaption der offiziellen IUPAC-Richtlinien für organische Verbindungen; sie wurde von den IUPAC-Kommissionen der deutschsprachigen chemischen Gesellschaften autorisiert und entspricht inhaltlich dem englischen Original. Neu hinzu gekommen ist ein Anhang mit weiteren wertvollen Hinweisen aus früheren, inzwischen vergriffenen IUPAC-Veröffentlichungen.

[58] Otto-Albrecht NEUMÜLLER war jahrelang Herausgeber und Chefredakteur des heute 6-bändigen *Römpp Chemie Lexikon* im Thieme-Verlag (früher bei Franckh'sche Verlagshandlung, beide Stuttgart), das einmal als skeptisch belächeltes wissenschafts-literarisches Unterfangen eines schwäbischen Gymnasial-

Lexikon – geht es nicht nur um die Nomenklatur, also die Namengebung chemischer Substanzen, sondern überhaupt um die *Terminologie* der Chemie und ihrer Grenzgebiete. Bei der Erstellung des Nachschlagewerks wurden die terminologischen Standards der IUPAC *(IUPAC-Regeln)* sowie anderer Normungsgremien konsequent angewandt. Angeführt sind über 20 000 Begriffe und Wortbestandteile von Verbindungen, Verfahren, Geräten und Gesetzmäßigkeiten. Informiert wird jeweils nicht nur über chemisch-wortkundliche Aspekte (wie Rechtschreibung und Herkunft der chemischen Fachwörter), sondern auch über chemisch-inhaltliche. An einem Beispiel sei angedeutet, wie diese „Verständigungshilfe für naturwissenschaftlich Tätige und Interessierte" (aus dem Vorwort des Herausgebers) helfen kann, sich im „Dschungel chemischer Fachbegriffe sicher zu bewegen".

Das Element mit der Ordnungszahl 20, Elementsymbol Ca, heißt *(engl.)* calcium, deutsch Calcium. In *Duden: Rechtschreibung* finden sich Einträge (hier ohne die vertikalen Striche für die Silbentrennung geschrieben) „**Ca** = *chem. Zeichen für Calcium* (vgl. Kalzium)", „**Calci**... usw. *vgl.* Kalzi... usw." sowie „**Kalzium**, *chem. fachspr.* Calcium, das; -s (chem. Element, Metall); *Zeichen* Ca)". Hiermit ist mit „chem. fachspr." die Schreibweise in den deutschen Ausgaben der *IUPAC-Regeln* gemeint. In NEUMÜLLER (2003) gibt es im Buchstaben K nur den kurzen Vermerk „Kalz... siehe Calc...", und an diesem Verweisort findet sich ein Artikel von elf Zeilen, der so beginnt:

> Calcium [↑Calc-, ↑-ium (1)], das; -s; Symbol: Ca; GS: Kalzium:
> chem. Element aus Gruppe 2 des PSE, Protonenzahl 20, AG 40,078 ...

Hier wird der Eintrag „chemisch", wir brechen ihn an der Stelle ab. Im Hinweis „GS" (für *Gemeinsprache*) haben wir den linguistischen Brückenschlag zwischen Welt und Fachwelt, Sprache und Fachsprache, wie vorher schon im „*chem. fachspr.*" des *Duden: Rechtschreibung* in umgekehrter Richtung. Die Information im eingerückten Text ist ein Nanosegment der gesuchten Schnittfläche.

Vom Wesen der Technikersprache

Ähnlich dem im vorstehenden Abschnitt erwähnten „Chemieduden" existiert schon länger *Duden: Das Wörterbuch medizinischer Fachausdrücke* („Medizinduden"), doch wollen wir unsere Aufmerksamkeit noch einmal kurz in andere Richtung lenken, die Sprache der *Technik*. Wenden wir uns wieder der Normungskunde des DIN zu!

- *Terminologie* ist der fachspezifische Schatz von Wörtern für Dinge, Handlungen, Abläufe und Eigenschaften, die entweder im Verlauf der Entwicklung gebräuchlich geworden oder aber ausdrücklich vereinbart worden sind.
- *Begriffe* müssen als Glieder von Begriffssystemen verstanden werden. Es muss geklärt werden, wie sie mit anderen Begriffen *(Ober-* und *Unterbegriffen)* zusammenhängen, wie sie zu definieren und kurz auszudrücken sind.

---

lehrers, Hermann RÖMPP, unscheinbar angefangen hatte und sich längst eines hohen Ansehens in Fachkreisen erfreut, heute auch auf CD-ROM und online.

Von neuen *Fachausdrücken* wird u. a. verlangt, dass sie *klar* und möglichst *einprägsam* sind, sich nach *Schriftbild* und *Lautform* möglichst unauffällig in die Gemeinsprache einfügen und sich leicht *aussprechen* lassen. Ohne eine enge Zusammenarbeit mit der Angewandten Sprachforschung sind diese Ziele nicht zu erreichen.

- Man kann drei Arten („Schichten") von *Fachsprachen* unterscheiden: die wissenschaftliche Fachsprache, die Werkstattsprache („Laborjargon") und die Verkäufersprache.

Die *wissenschaftliche Fachsprache* ist die Schicht, in der der höchste Grad fachsprachlicher Abstraktion erreicht wird. In der *Werkstattsprache* ist eine saloppere Ausdrucksweise erforderlich und auch vertretbar, da die jeweilige Situation, das Arbeitsumfeld, sprachliche Ungenauigkeiten aufwiegt und den Gesprächsteilnehmern zu Hilfe kommt. In der *Verkäufersprache* schließlich treten starke Anlehnungen an die Gemeinsprache und suggestive Elemente hinzu.

- Wenn man will, kann man die *Gemeinsprache* selbst anschließen, in der Fachsprachen jeglicher Art wurzeln und auf der sie aufbauen.

Die Technik ist noch stärker als die Naturwissenschaften darauf angewiesen, dass ihre Ergebnisse umgesetzt und korrekt in der Gesellschaft angewendet werden. Der Zwang, verständlich und „sprechfähig" zu sein, ist Technikern und Ingenieuren schon lange bewusst, ist für sie Tradition. Tatsächlich lässt sich leicht nachweisen, dass die heutige wissenschaftliche Fachsprache des *Ingenieurs* aus der Werkstattsprache hervorgegangen ist, die ihrerseits dem *Handwerk* entsprungen ist. Diese Fachsprache trägt in vieler Hinsicht geradezu anthropogene Züge. Es gibt kaum einen Teil des menschlichen Körpers oder der menschlichen Erfahrungswelt, dessen Benennung nicht in technische Begriffe Eingang gefunden hätte, z. B.:

Finger (Kühlfinger)	Mantel (Ummantelung)
Kopf (Zylinderkopf)	Glied (Stellglied)
Zahn (Zahnrad)	Gelenk (Gelenkwagen)
Zunge (Bimetall-Zunge)	Haar (Haarriss)
Backe (Bremsbacke)	Knie (Rohrknie)
Arm (Hebelarm)	Flügel (Flügelschraube)
Mutter (Schraubenmutter, Mutterlauge)	

Im Englischen wird bei elektrischen Steckern ungeniert zwischen „male plugs" und „female plugs" unterschieden (im Französischen: „prises mâles" und „prises femelles").

Auch Tätigkeitswörter der Gemeinsprache (schleudern, sitzen → Schleudersitz) oder aus dem Handwerk finden über die Werkstattsprache Eingang in das technische Fachidiom. Beispielsweise wurde „Bördeln" zu „Rollbördeln" weiterentwickelt, einem besonderen Arbeitsverfahren des „Umformens von Randflächen zur Bildung beliebig geformter Ränder" (dies ist ein stanzereitechnischer Normbegriff).

Auch die Chemiker benutzen – neben ihrer systematischen und wenig anschaulichen IUPAC-Nomenklatur – zahllose *Trivialnamen* und sehr gegenständliche Begriffe, beispielsweise um die Formen ihrer Moleküle zu beschreiben (wie Kette, Band, Gitter, Sessel, Wanne, Boot, Faltblatt).

- Viele Begriffsbezeichnungen in Naturwissenschaft und Technik sind bildhaft *(metaphorisch)*, sie sind als *Sprachbilder* geschaffen worden.

Auch dies ist ein Grund, weshalb wir uns später recht ausführlich mit Metaphern befassen (s. „Wortbedeutungen und Metaphern" in Abschn. 10.2.3).

Die Terminologie eines Fachs besteht nicht nur im Gebrauch von Einzelbegriffen, sondern auch aus deren Kombinationen zu *Fachwendungen*. Vor allem neu geschaffene *Substantive* und *Verben* müssen aufeinander „abgestimmt" werden. Wir sagen heute wie selbstverständlich, dass ein Gerät eingeschaltet, eine Spannung angelegt, eine Schwingung angeregt, eine Größe gegen eine andere aufgetragen wird (konstant bleibt, abfällt), dass der Strom fließt, der Leistungsfaktor sinkt, der Motor leerläuft. Alle diese Wendungen mussten sich „einspielen" und schließlich durchsetzen, manchmal mit Unterstützung des Normenwerks. Sätze wie

> Der Verstärker hebt den Spannungspegel auf den geforderten Wert.
> Der Schwingkreis steht mit einem anderen in Resonanz.
> Dem Z-Isomer wird hierbei die Form zugeordnet, die sich durch die tieffeldige Lage des Hydroxylprotons auszeichnet.

bestehen praktisch nur aus vorgefertigten Fachwendungen, die zunehmend auch in Fachlexika oder in *phraseologischen Wörterbüchern* oder auch in Normen und Richtlinien geprüft, gesammelt, klassifiziert und festgeschrieben werden.

Das Schablonenhafte, das die Sprache der Wissenschaft und der Technik dadurch annimmt, ist *gewollt* und zur raschen und unmissverständlichen Verständigung unerlässlich. Das ist ein Merkmal, in dem sich Fachsprachen von der Prosa eines Heinrich HEINE, Rainer Maria RILKE oder Thomas MANN unterscheiden.

Ein anderer Unterschied besteht hierin:

- Naturwissenschaftlich-technische Fachtexte sind sehr stark nicht nur vom Zwang zur *Klarheit* geprägt, sondern auch vom Zwang zur *Kürze*.

Hier begegnen sie uns wieder, unsere früheren Leitmotive (vgl. „Stil: Ein Paradigma" in Abschn. 10.1.1)!

Ein Mittel, das in großem Umfang zur Verdichtung der Sprache beiträgt, ist die Bildung von *Komposita*, in der das Deutsche Unübertreffliches zu leisten vermag. Wenn es um echte Fachbegriffe geht, muss man seine Abneigung gegen „Bandwurmwörter" (s. Abschn. 10.3.1) zurücknehmen.

- In der Technik vor allem braucht man formelhaft kurze Benennungen, die *Prägnanz* mit *Griffigkeit* verbinden.

Man braucht Benennungen, die man in der Werkstatt nachsprechen, die man in Bedienungsanleitungen und auf Warenlisten schreiben kann. Genauigkeit und Bequemlichkeit wurden die „Gütepole" eines Terminus genannt. Fachleute sind froh, wenn man auch Verben und Adjektive auf dem Wege der Zusammensetzung präzisieren kann.

Gäbe es nicht „kalthärtend", dann müsste man dafür „in der Kälte hart werdend" sagen oder einen Nebensatz bilden wie „... das in der Kälte hart wird". „Gesenkschmieden" ist handlich und insofern auch nützlich, weil man sonst „im Gesenk schmieden" sagen müsste. Und das Wort Transistor ist ein aus *(engl.)* „transfer" und „resistor" gebildetes *Kunstwort*. Daraus kann man „transistorisieren" und „transistorisiert" machen. Dieses Eigenschaftswort steht für die umständliche Wendung „für alle elektrische Funktionen mit Transistoren ausgerüstet". Sind nicht *alle* Funktionen so ausgestattet, kann man „teiltransistorisiert" sagen. Der Werbemann erhöht „transistorisiert" noch zu „volltransistorisiert", was hier nicht nur als Schwulst abgetan werden kann; vielmehr liegt ein Hinweis vor, dass tatsächlich *alle* Funktionen auf Transistoren umgestellt worden sind. Hier zählen Fragen der Sprachökonomie wie auch der erwünschten Wirkung neben solchen der Sprachästhetik.

Das Wort „Manschettendichtung", aus dem alten Erbwort „dicht" und der Bezeichnung für ein Kleidungsstück („Manschette", aus *lat.* manus, Hand, manica, Ärmel; *frz.* manchette, Handkrause) sinnfällig abgeleitet, bezeichnet eine „ringförmige Berührungsdichtung an gleitenden Flächen, die durch ihre Form und zum Teil auch durch Federdruck an den Gleitflächen anliegt" (so die Definition der Norm *Dichtungen – Benennungen*) und dadurch in die große Zahl der Dichtungen systematisch eingeordnet wird.[59]

- An die technischen Fachsprachen wird von außen, von ihren Benutzern, das Verlangen nach exakter und unmissverständlicher Kommunikation herangetragen. Dabei soll gleichzeitig der benötigte sprachliche Aufwand möglichst gering bleiben.
- Die Tendenz, den Verständigungsprozess zu ökonomisieren, die latent in jeder zwischenmenschlichen Kommunikation enthalten ist, ist im Bereich der fachlichen Kommunikation zum verpflichtenden Prinzip, zu einer kommunikativen Verhaltensnorm erhoben.

Wer jetzt die Kultur zusammenbrechen sieht, sei daran erinnert, dass es ein Altphilologe (Wolfgang SCHADEWALDT) war, der die Technik mit allem, was dazugehört, ein „Urhumanum" genannt hat.[60]

Wir müssen uns also eines eigenen „Grundgesetzes" der Fachsprachen bewusst bleiben, wenn wir uns in den folgenden Abschnitten vorwiegend allgemeinsprachlichen Maximen und deren Ästhetik zuwenden. Auf spezifisch Fachsprachliches kommen wir in Abschn. 10.3 zurück.

---

[59] Die beiden nachstehenden Leitsätze sind abgeleitet aus BAUSCH 1976, S. 129 und S. 152.
[60] Neben zahllosen anderen haben sich Theodor ADORNO und Friedrich von WEIZSÄCKER mit Themen wie „Technik und Humanismus" und „Technik im Dienst humaner Zwecke" befasst, Vorlesungen wie „Technik und Ethik – Verantwortung im Ingenieurberuf" sind vielerorts Bestandteile von Lehrplänen an den Hochschulen.

10.2 Kriterien des sprachlichen Ausdrucks

10.2.1 Klarheit der Sprache

Verständlich – Missverständlich

Wir haben einige Merkmale einer eingängigen, verständlichen Schriftsprache ganz zu Anfang in Abschn. 1.4.2 genannt. Dann sind wir in Abschn. 10.1.1 unter „Stil: Ein Paradigma" näher an die Ziele herangerückt, die uns beim Schreiben vor Augen stehen sollten. Wir wollen das anhand von Beispielen lebendig machen und greifen dazu den Faden mit einer trivial klingenden Empfehlung wieder auf:

- Denken Sie nach und – schreiben Sie, was Sie denken! Überdenken Sie dann, was Sie geschrieben haben.

Vielleicht lesen Sie in Ihrem Entwurf

> Die Zusammensetzung der Lymphe unterscheidet sich vom Depotfett …,

obwohl Sie „… von der des Depotfetts" meinten. (Auch „Die Lymphe unterscheidet sich in ihrer Zusammensetzung vom Depotfett" wäre gegangen.) Oder, etwas tiefsinniger:

> Das Wasserstoffatom an C-3 erscheint im 1H-NMR-Spektrum bei …
> (*statt:* Das Signal des …)
>
> Der Peak wird eluiert
> (*statt:* „Die Substanz von Peak X wird eluiert).

Jetzt sollten Sie eingreifen.

- Es genügt nicht, verständlich zu schreiben; vielmehr kommt es darauf an, so zu schreiben, dass man nichts *miss*verstehen *kann*.

Dies ist in der Tat eine scharfe Anforderung an die Qualität des Sich-Mitteilens. Sie soll zum ersten Mal von Quintilian, einem römischen Rhetoriker, erhoben worden sein. Eine Steigerung auf Preußisch fügte der Generalfeldmarschall Moltke hinzu bei einem Vortrag vor seinen Offizieren: „Ein Befehl, der missverstanden werden kann, *wird* missverstanden." Gemessen daran müsste vieles, was geschrieben steht, dem Rotstift zum Opfer fallen.

Chemiker haben keine Mühe sich vorzustellen, wie Kollege K. „zwei Moleküle 1-Brom-2-aminoanthrachinon in Gegenwart von Cu-Salzen der Selbstkondensation unterwarf"; wer nicht zur Zunft gehört, fragt sich freilich vergeblich, wie das wohl geschah.

Man könnte die Beispiele oben als lässliche Sünden, geboren aus dem Drang zur Kürze, auch in einer Publikation noch hinnehmen. (In einem informellen Bericht wären sie kaum zu beanstanden.) Immerhin waren die Aussagen prägnant, zumindest die Fachkollegen hätten sie so aufgenommen, wie sie gemeint waren. Aber es gibt auch die schrecklich verworrenen Sätze, über deren Sinngehalt alle nur Mutmaßungen anstellen können.

Betrachten wir einen noch „leichten" Fall (aus einer Zusammenfassung):

> Um X zu bestimmen, wurde eine enzymatische Methode vorgeschlagen.

Fast klingt es so, als hätte sich die Methode oder der Vorschlag eine Bestimmung vorgenommen. Das finale „um zu" und das Passiv passen nicht zueinander, davon einmal abgesehen, dass auch ein aktives „Um X zu bestimmen, schlagen wir vor …" nicht richtig wäre: Das Bestimmen – nämlich das enzymatische – ist nicht Zweck, sondern Gegenstand des Vorschlags! Worauf der Vorschlag hinaus will, ist die Einführung einer besonderen Bestimmungsmethode; das Ganze hätte etwa so heißen müssen: „… schlagen wir vor (oder: schlugen Maier und Müller vor), X enzymatisch zu bestimmen." Jetzt ist die im Umstandswort „enzymatisch" steckende besondere Methode das eigentliche Ziel (Objekt) des Vorschlags, die falsche Zweckbestimmung ist weg. Auch „Für die Bestimmung von X wurde eine enzymatische Methode vorgeschlagen" wäre angegangen

Schwierig? „Um ungestört arbeiten zu können, schlage ich vor, die Fenster zu schließen." So hätte man – richtig – gesagt. Der Vorschlag läuft auf das Schließen (wie vorhin auf das enzymatische Bestimmen) hinaus, und der mit dem Vorschlag verbundene Zweck wird gesondert (in dem mit „um" beginnenden finalen Nebensatz) angegeben.[61]

Vielleicht halten Sie das im Augenblick für spitzfindig, schwer nachvollziehbar oder unnötig, *Sie* hätten jene Zusammenfassung verstanden. Und doch – es sind Ungereimtheiten dieser Art, die das Verständnis von Gedrucktem oft so schwer machen. Der eigentliche Sinn muss erst erraten werden, und das kostet Zeit und Nerven.

Manche Autoren erwecken den Eindruck, als seien sie beim Schreiben nicht ganz bei der Sache. Sie nehmen eine Fährte auf, wechseln dann aber auf eine andere. Gelegentlich überspringen sie einen Gedanken. Was dann herauskommt, heißt in der Sprachwissenschaft *Verkürzung* oder *Raffung*, wenn ganze Gedanken weggelassen werden auch *Auslassung (Ellipse)*. Hier ein Beispiel:

> Unsere Gruppe wird alles vermeiden, dass der Eindruck entsteht …

Wir sind alle ein wenig sprunghaft. Beim Lesen gehen wir mit Zeitraffermethoden vor – da fällt das Unstimmige vielleicht gar nicht auf. Hätte es vielleicht heißen müssen „… dass *nicht* der Eindruck …"? So richtig stimmt der Satz eh' nicht, da kommt es auf die Verneinung auch nicht mehr an. Eigentlich hätte es im Beispiel heißen müssen:

> Unsere Gruppe wird alles vermeiden, was dazu führen könnte, dass der Eindruck entsteht …

Jetzt wird der Gedanke korrekt ausgeführt, aber der Satz fängt an, unhandlich zu werden. So ist das mit der Sprache: Nicht immer gibt sie sich mit einer kurzen Streicheleinheit zufrieden.

Wir beeilen uns hinzuzufügen, dass Verkürzungen in den *Fachsprachen* fast zum guten Ton gehören. Ingenieure haben für eine bestimmte Art von Schraubenschlüs-

---

[61] Im vorigen Beispiel hätte die Zweckbestimmung z. B. lauten können „Um mit weniger Probengut auszukommen, …". Umgekehrt hätte der eingangs geschriebene Satz so weitergehen können: „Um X zu bestimmen, wurde … (das und das) gemacht" oder kürzer „Zur Bestimmung von X wurde …"; s. dazu „Die lieben Verben" in Abschn. 10.2.3.

seln, die in England entwickelt worden waren, die Kurzbezeichnung „Engländer" eingeführt: Jeder Spengler weiß damit etwas anzufangen. Chemiker haben aus *(nlat.)* alcoholus dehydrogenatus „Aldehyd" gebildet und damit eine neue Substanzklasse benannt. Verbreitet sind *semantische Verkürzungen* von der Art Leitungswasser und Rohrzucker, die eigentlich „Wasserleitungswasser" und „Zuckerrohrzucker" (Wasser aus der Wasserleitung, Zucker aus Zuckerrohr) heißen müssten. Wenn ein Elektrotechniker sagt oder schreibt „Der Tiefpass lässt hohe Frequenzen nicht durch", so formuliert er einen *Raffsatz*. Sein Kollege versteht, dass er sagen wollte: „Der Tiefpass lässt Ströme hoher Frequenzen nicht durch."

Man mag dieses verkürzte Denken und Schreiben nicht pauschal verdammen, hat doch sonst gerade in Deutschland *Weitschweifigkeit* eine besondere Tradition. In einem Gutachten (Carl v. Savignys) zur Vorbereitung des ersten Preußischen Urheberrechtsgesetzes wurden die Auslassungen Hegels zu diesem Gegenstand mit „viel Gutes, höchst unklar gesagt" kommentiert; die Arbeiten eines anderen namhaften Gelehrten zogen sich die Kritik „manches Gute, unerträglich weitschweifig" zu. Die *Reden* (Fichtes) *an die Deutsche Nation* erschienen Jakob Grimm so schwerfällig, dass er sie ins Deutsche übersetzte (!) – an der Sprache liegt es offenbar nicht, sondern an denen, die sie handhaben. Wie treffsicher die deutsche Sprache tatsächlich sein kann, zeigt das Wort „weitschweifig" selbst an; es führt das gelehrte Gebaren auf das Bild eines Vierbeiners zurück, der seinen Schweif unablässig im Kreis dreht.

Es muss einen Hemmmechanismus geben, der beim Schreiben oftmals daran hindert, klare Sachverhalte ohne Umschweife zu Papier zu bringen. Dieser Mechanismus tritt tatsächlich eher beim *Schreiben* als beim *Sprechen* auf. Kein Wunder: beim Sprechen sind wir ungezwungen und geübter. Tausendmal haben wir bewusst oder unbewusst beobachtet, wie unsere Worte bei anderen „ankommen". Wir haben uns entsprechend selbst geschult – und sei es beim Witze-Erzählen.

Im Vergleich zur Ungezwungenheit des Alltags wirkt die Situation des Schreibens auf viele ungewohnt, künstlich oder sogar bedrohlich. Doch Kummer und Furcht sind fehl am Platze.[62)]

- Schreiben Sie *natürlich*; schreiben Sie ähnlich, wie Sie es auch gesagt hätten! Schreiben Sie kein *Papierdeutsch*!

Der Unbekümmertheit darf die Sorgfalt folgen. Beim Sprechen kann man schon einmal einen Satz falsch zu Ende bringen – das merkt meistens niemand. Beim Schreiben wird man dann aber doch zusehen, dass zu dem Satzgegenstand auch eine Aussage, zum Hauptwort ein Tätigkeitswort tritt, dass ein einmal begonnener Satz zu Ende geführt wird. Sorgfalt indessen ist nichts, wovor sich ein Naturwissenschaftler oder Ingenieur fürchten muss.

Manche Ausdrucksschwächen sind wohl die Folge eines mehr oder weniger bewussten Nicht-Ernst-Nehmens nach dem Motto „Die wissen schon, was ich meine".

---

[62] Uns kommen wieder die vier F des Turnerbundes in den Sinn (vgl. unter „Stil: Ein Paradigma" in Abschn. 10.1.1): Frisch, fromm, fröhlich, frei.

Das geht bis zum Hinnehmen des Falschen selbst in Lehrbüchern. Fast überall wird der pH-Wert als negativer dekadischer Logarithmus der Wasserstoffionen-Konzentration „verkauft", obwohl die Konzentration eine Einheit hat und der Logarithmus nur von Zahlen gebildet werden kann (s. Abschn. 6.1.1). Für nachdenkliche Studenten kann das sehr bedrückend sein, und sie beginnen – zu Unrecht –, an *ihrem* Verstand zu zweifeln.

Es handelt sich hier um eine Verbalisierung einer falschen Mathematik. Doch kehren wir zur Sprache in ihrer eigenen Schuld oder Unschuld zurück.

- Verwenden Sie keine zu langen und zu komplizierten *Sätze* mit mehrfach ineinander gefügten *Satzteilen*!

Auch beim Sprechen packt man immer nur eine Aussage in einen „Satz" und kommt zum Ziel. In einem Aufsatz über Messefilme war zu lesen: „Jede Information verdient einen eigenen Satz." Das gilt ebenso für Vorträge, und beim Schreiben sollte man sich der Regel gelegentlich erinnern. Das soll freilich nicht heißen, dass Satzgefüge keine Berechtigung hätten. Um komplexe Zusammenhänge wiederzugeben, sind sie oft unentbehrlich – auf das rechte Maß kommt es an! (Mehr dazu unter „Hauptsätze, Nebensätze, Schachtelsätze" in Abschn. 10.2.2.)

- Ein Wechsel von kürzeren und längeren Sätzen bringt Rhythmus und Spannung in die Sprache.

Klang!

Begriffe, Benennungen

Zur Klarheit der Fachsprache gehört die *eindeutige* Ausdrucksweise, die im unbeirrt gleichen Gebrauch *eines* Wortes für eine Sache besteht. Bei der Übertragung eines Fußballspiels kann der Reporter aus dem Schiedsrichter oder Schiri zur Abwechslung einen Unparteiischen, Referee, Pfeifenmann oder Schwarzkittel machen – das klingt lustig, und die Botschaft bleibt verständlich. In einem naturwissenschaftlich-technischen Text können Sie so nicht vorgehen, schon um Textstellen *indexieren* und später wieder finden zu können: Beides ist ohne ein standardisiertes *Vokabular* nicht möglich. Nennen Sie also eine Größe, die Sie (und andere) mit x zu symbolisieren pflegen, nicht einmal Kohärenzlänge und ein andermal Kohärenzabstand! Eine geschulte Leserschaft wittert hier einen Unterschied, den es aber nicht gibt. Ihre Leser wollen auch nicht erst darüber rätseln müssen, ob mit einer bestimmten Dosisrate und Dosisleistung, mit magnetischer Flussdichte und (magnetischer) Induktion jeweils dasselbe gemeint ist, denn das wäre Vergeudung „sprachlicher Energie".

Fachbegriffe müssen „sitzen". Es hat in einem naturwissenschaftlich-technischen Text keinen Sinn, im Bereich der Terminologie um sprachliche Vielfalt zu ringen.[63)]

---

[63] Terminologie ist eine „geordnete Menge von Begriffen eines Fachgebietes mit den ihnen zugeordneten Begriffszeichen" (FELBER und BUDIN 1989, S. 5). Der *Terminus* hat eine definitorische Funktion, sein Begriffsinhalt und -umfang sind durch Konvention der Fachleute festgelegt. Daneben gilt es, bestimmte Dinge – z. B. chemische Elemente und Verbindungen, Pflanzen oder Mikroorganismen – je

10.2 Kriterien des sprachlichen Ausdrucks

Wenn dieselbe Sache gemeint ist, muss derselbe Name dafür verwendet werden, auch wenn die Häufung monoton wirkt. In Fachtexten wäre jede Form einer solchen *Synonymitis* (SCHNEIDER 2005, S. 168) lebensbedrohlich.

- Variantenreichtum bei der *Wortwahl*, sonst ein Zeichen guten Stils, ist zu vermeiden, wenn es um Fachbegriffe geht.

Wir wiederholen hier den Appell an die terminologische Strenge in Abschn. 1.4.2 („Verbesserte Fassung") mit den Worten der Norm DIN 1422-1 (1983):[64]

- Eingeführte *Benennungen*, *Abkürzungen* oder *Bezeichnungen* sind konsequent in der gleichen Bedeutung zu benutzen; das Verwenden von *Synonymen* ist zu vermeiden.

Weiter heißt es an dieser Stelle:

- Bei der *Wortwahl* ist darauf zu achten, dass nur allgemein bekannte Wörter und solche *Fachwörter* verwendet werden, deren Verständnis beim Leser gesichert erscheint.

Weniger verbreitete oder neu eingeführte Begriffe und Benennungen sollen also definiert werden, ggf. in einem *Glossar*.

- Machen Sie es sich zur Pflicht, das Fachvokabular Ihrer Disziplin korrekt einzusetzen.

Außer Normen und Glossaren wissenschaftlicher Gesellschaften können Sie Fachwörterbücher und -lexika heranziehen, um sich hier kundig zu machen. Wir haben unter „Fallstudie: Nomenklatur und Terminologie der Chemie" (Abschn. 10.1.3) mit dem „Chemieduden" ein Beispiel dafür gegeben, wie sich auch der ausgewiesene Fachmann der Gültigkeit oder Akzeptanz seiner Schreibweisen noch vergewissern kann. Fachlexika existieren glücklicherweise auf vielen Gebieten, fast muss man ein Fachgebiet bedauern, das nicht über solche Hilfsmittel verfügt. Oft handelt es sich tatsächlich eher um *Lexika*, also Nachschlagewerke, bei denen es primär um inhaltliche Information

---

mit einem *Nomen* (lat. für Namen) zu belegen. Die Summe der Nomen bildet die *Nomenklatur,* die in der Terminologie des Fachs enthalten ist.

[64] *Synonymie* (gr. syn, zusammen, onyma, Name; also das Zusammenfallen von Namen) bedeutet sprachw. die „inhaltliche Übereinstimmung von zwei oder mehr sprachlichen Ausdrücken": verschiedene Wörter für dieselbe Sache! Wir sollen also nicht 'mal so und 'mal so sagen oder schreiben, wenn wir dasselbe meinen. Die Umkehrung dieser Situation ist die *Homonymie,* die „Gleichheit der Ausdrucksform von Wörtern hinsichtlich Orthographie und Aussprache, jedoch bei unterschiedlicher Bedeutung" (Wahrig: *Deutsches Wörterbuch* 2005): *Mehrdeutigkeit (Ambiguität)*! Das können wir in einem wissenschaftlichen Text am wenigsten gebrauchen. Meistens sorgen das jeweilige Textumfeld einerseits und die strengen Begriffsbildungen gerade in Naturwissenschaft und Technik andererseits dafür, dass Zweifel – was bedeutet hier Bank, Bindung, Programm usw.? – nicht aufkommen können, die Verständlichkeit des Textes also nicht gefährdet ist. Der Vollständigkeit halber sei noch erwähnt: Außer dieser *semantischen* (d. h. in den Wörtern angelegten) Mehrdeutigkeit gibt es noch eine *syntaktische,* im Satzbau begründete. „Sie verfolgte den Mann im Nachthemd." Hier muss man raten, wer wohl das Nachthemd anhatte. Wir können dieser Art von Ambiguität nicht nachgehen, da würde sich ein zu großes Feld auftun. Sehen Sie selbst ihre Texte darauf durch, ob da nicht manchmal Wörter oder ganze Satzteile an einer ungünstigen oder falschen Stelle stehen und der Leser suchen muss, was wohin gehört?

geht. Unausweichlich haben solche Kompendien aber stets auch einen terminologischen Aspekt, geben also Hinweise auf den korrekten Gebrauch und die Schreibweise – oft in mehreren Sprachen, z. B. Deutsch und Englisch oder Deutsch/Englisch/Französisch – und auf die Herkunft von Termini.[65] Als ein beliebig gegriffenes – aktuelles – Beispiel sei das *Springer Handbook of Nanotechnology* (2004) genannt. Manche solcher Nachschlagwerke dienen vor allem der Übertragung von Wörtern von einer Sprache in eine andere, sind also „fremdsprachige Wörterbücher" im Sinne etwa der Langenscheidt-Sprachführer und -Wörterbücher. Aber auch im fachlichen Raum gibt es solche Werke. Genannt sei beispielsweise das *Großwörterbuch Chemie–Chemistry* in zwei Bänden (WENSKE 1994; etwa 150 000 Einträge aus der Chemie, der chemischen Verfahrenstechnik und angrenzenden Gebieten in jeder Sprachrichtung; mit CD-ROM, damit Sie die Ausdrücke gleich in ihren Text laden können).[66]

Manche Wissenschaftler setzen sich über die Vereinbarungen „anderer Leute" bewusst hinweg und sagen „Extinktionskoeffizient" noch 20 Jahre, nachdem dieser Terminus offiziell durch „Absorptionskoeffizient" ersetzt worden ist. Dabei laufen sie nicht nur Gefahr, eigenbrötlerisch oder gar uninformiert zu wirken; sie riskieren darüber hinaus, dass ihre Publikationen nicht richtig indexiert und recherchiert werden können.

● Auch Wörter der Gemeinsprache verdienen Ihre Aufmerksamkeit.

Sind Sie sich des Begriffsinhalts und der Anwendungsbreite kniffliger Wörter sicher? Können Sie Wörter wie

Rohr – Röhre	Fond – Fonds
biegsam – biegbar	formal – formell
fort – weg	funktional – funktionell
bisher – seither	maßgebend – maßgeblich
obwohl – trotzdem	anscheinend – scheinbar
schmerzlich – schmerzhaft	spezifisch – speziell
verschieden – unterschiedlich	vielfach – vielfältig
(un)glaublich – (un)glaubhaft	

auseinander halten? Sind Sie sicher (oder „gewiss"?), ob oder wo es „halbjährig" oder „halbjährlich" heißt? In solchen Fällen helfen die Bände 8 *(Das Synonymwörterbuch)* und 9 *(Richtiges und gutes Deutsch)* des *Duden in 12 Bänden* weiter. Das Paperback *Leicht verwechselbare Wörter* (MÜLLER 1973, Duden-Taschenbuch Bd. 17) können

---

[65] Dass umgekehrt viele *Wörterbücher* mit Begriffsbestimmungen usw. ins Fachliche hineinreichen, haben wir an früheren Beispielen schon dargetan, gerade im Falle von *Duden: Das Wörterbuch chemischer Fachausdrücke* (NEUMÜLLER 2003; „Chemieduden"). Eine strikte Grenze zwischen *Fachwörterbuch* und *Fachlexikon* gibt es nicht.

[66] Das Werk enthält zahlreiche Hinweise auf Synonyme und Anwendungsgebiete. Auf IUPAC-Bezeichnungen wird besonders Bezug genommen, veraltete oder seltene Bezeichnungen sind gekennzeichnet. Wer anglo-amerikanische Fachtexte der Chemie und ihrer Grenzgebiete (Physikalische Chemie, Biochemie, Ökologie ...) übersetzen oder auch nur lesen will – und welcher deutsche Fachmann wollte das nicht –, wird im „Wenske" eine große Hilfe haben.

Sie mit in den Urlaub nehmen – Sie werden staunen.[67] Nützlich mit seinen vielen Anwendungsbeispielen – 14 000 Wörter und Wendungen sind in Gruppen gegliedert, mit Erläuterungen und Hinweisen zur Stilschicht und einem Wortregister versehen – ist auch der Schüler-Duden *Die richtige Wortwahl* (1990). Den Profis stehen umfangreichere Werke wie WEHRLE-EGGERS (1993) zur Verfügung.

Christian MORGENSTERN, der wie wenige andere mit der deutschen Sprache umzugehen wusste, hat vor alles Schreiben seine eigene „Norm" gesetzt:

> Im Augenblick des Hinschreibens mag man in jeden Satz verliebt sein, hinterher aber muß diese „Affenliebe" des Verfassers der anspruchsvollen und verwöhnten Strenge des Lesers weichen.

Die Anmerkung findet sich in dem Brief *An einen jungen Schriftsteller* und wird dort noch wie folgt ergänzt: „Nicht nur aber sein erster und bester, sondern auch sein unnachsichtigster Leser zu sein, halte ich für ein Grundprinzip jedes Schriftstellers."

10.2.2 Gliederung der Sprache

Das (unterdrückte) Komma

Die deutsche Sprache ist ihrem Wesen nach „konstruiert". Sie gestattet zwar eine sehr genaue Ausdrucksweise, doch nur, wenn man sich ihrer Regeln richtig bedient. Zu diesen Regeln gehört die *Satzzeichengebung,* und hier ist vor allem das *Komma* von Bedeutung. Es wird im Deutschen streng dem *Satzbau,* der *Syntax,* folgend gesetzt – im Gegensatz zum Englischen, das dabei eher dem Wortfluss nachlauscht als einer strengen Logik. Im Deutschen können sich, je nach den Erfordernissen des Satzbaus, *Vorsilben* und ganze Wortbestandteile wie in

> bereithalten → halte ... bereit;
> instandsetzen/in Stand setzen → setze ... instand/in Stand

auf eigentümliche Weise vom Stamm eines Tätigkeitsworts ablösen und an eine andere Stelle des Satzes – meist das Satzende – wandern (s. das Stichwort „Umklammerung" in „Hauptsätze, Nebensätze, Schachtelsätze" weiter hinten in diesem Abschnitt).[68] Nur bei korrekter Zeichensetzung ist die „Zerreißung" eines Verbs möglich; ein Satz wie „Halten Sie für den Fall, dass die Gasentwicklung zu stürmisch werden sollte, ein Kühlbad bereit, und geben Sie ..." ist ohne Kommas nur schwer verdaulich.

Auf ein Komma mehr oder weniger kommt es doch nicht an, scheinen sich manche zu sagen – und haben damit *nicht* Recht. „Der Lehrer erlaubte mir nicht mitzuschreiben" ist ungefähr das Gegenteil von „Der Lehrer erlaubte mir, nicht mitzuschreiben."

---

[67] In der genannten Publikation des *Bibliographischen Instituts/Dudenverlags* finden Sie weitere Bändchen der Taschenbuchreihe aus Mannheim – derzeit sind es insgesamt ungefähr 30 – angezeigt. Wir haben einige davon unter *Duden-Taschenbücher* in das Literaturverzeichnis aufgenommen; s. auch Literaturhinweise in Abschn. 1.1.
[68] Die Rede ist von den *trennbaren Verben,* § 34 RW.

Juristische Texte sind ohne korrekte Kommasetzung unbrauchbar. Und über ein Sinnveränderndes Komma in einem Staatsvertrag soll fast ein Krieg ausgebrochen sein.[69]

- Schließen Sie einen *Nebensatz (Gliedsatz)*, der durch ein Komma eingeleitet wurde, mit einem weiteren Komma (oder anderen Satzzeichen) ab.

Es ist erstaunlich, wie häufig gegen diese Regel verstoßen wird. Ähnlich ergeht es auch einer anderen Regel aus der Deutschstunde:

- Vor *und* steht ein Komma, wenn in dem darauf folgenden *Hauptsatz* ein neues *Subjekt* steht.

Dasselbe gilt – nein: galt – für *oder*: „Das Komma steht, wenn ‚und' oder ‚oder' selbständige Sätze verbindet" (Regel R116 in *Duden: Rechtschreibung* 1991). So war es bis zur *Rechtschreibreform*, doch hat die Kommission, die mit der neuen amtlichen Rechtschreibung betraut war, hier einen Neuerungsbedarf gesehen: „Sind die gleichrangigen Teilsätze, Wortgruppen oder Wörter durch *und, oder, beziehungsweise* ... verbunden, so setzt man kein Komma" (§ 72 RW), schrieb die Kommission fest, weichte aber ihr Verdikt durch eine *Kannbestimmung* auf: „Bei gleichrangigen Teilsätzen, die durch *und, oder* usw. verbunden sind, kann man ein Komma setzen, um die Gliederung des Ganzsatzes deutlich zu machen" (§ 73 RW). Gegen kaum eine Bestimmung (vor allem in der rigorosen Form von § 72) des Regelwerks ist so Sturm gelaufen worden wie gegen diese. Man konnte bis dahin in der Einhaltung oder Nichteinhaltung der alten Schulregel in der Tat ein Kriterium sehen, ob jemand grammatisch zu denken vermochte oder nicht, denn immerhin setzt ihre Anwendung voraus, dass man *weiß*, was ein (selbständiger) Hauptsatz und ein Subjekt ist. Weil das Weglassen des Kommas an den besagten Stellen die *Lesbarkeit* eines Textes mindert, haben auch wir diese Neuregel von Anfang an für ein Unding gehalten, zumal sie einem strukturlosen Schreiben (und Denken!) Vorschub leistet. Tatsächlich hat sich der *Rat für deutsche Rechtschreibung* in seiner Sitzung am 25. November 2005 mit § 72/73 befasst, allerdings ohne etwas Neues zu sagen: Es bleibt bei der Kannbestimmung.[70]

Zu den vielfach misshandelten Satzteilen gehören auch die nachgestellten *Beifügungen (Appositionen)*, die in Texten häufig ohne abschließendes Komma gebracht werden, zudem oft in einem beliebigen Kasus statt in dem des *Bezugsworts*; das klingt dann so: „Mit dem Farbmoderator, ein Bestandteil des Farbcoders, ..." (statt „ ... , einem Bestandteil ...") oder „Die Begrünung der Meeresküste, einem Lebensraum, in dem ..." (richtig wäre gewesen: „ ... eines Lebensraums, in dem ..."). Der beide Male im falschen Fall stehende unbestimmte Artikel muss bei gesunden Reflexen zu Widerwillen führen. Leider grassiert eine Apathie gegenüber solcher Art von Sprach-

---

[69] Das gilt ähnlich für andere Satzzeichen, deren Funktion ja letztlich darin besteht, Betonungen, Stimmführung und Pausen der Sprechsprache im Gedruckten zu ersetzen. Lesen Sie die Überschrift eines Beitrags in der Zeitschrift *Eltern* einmal ohne und einmal mit Sprechpause an der durch Doppelpunkt bezeichneten Stelle: „So kriegen Sie Ihre Kinder (:) abends schnell ins Bett."

[70] Wichtiger wäre u. E. eine Neufassung von § 72 gewesen, doch wollen wir das hier nicht vertiefen. Wer will, kann sich (zur Zeit dieser Niederschrift) unter www.rechtschreibrat.com/ informieren.

verkümmerung selbst in unseren Zeitungen (weiter hierzu nach der nächsten Überschrift beim Stichwort „Kongruenz").

Grammatik bedeutet Sprachgesetzlichkeit. Wer die Gesetze der Sprache ignoriert, kann sich doppelt bloßstellen wie der Briefschreiber, der eine Bitte mit den Worten vortrug: „Als anerkannter Fachmann auf diesem Gebiet möchte ich Sie …". Hier zollt sich der Schreiber versehentlich selbst Anerkennung, statt dem anderen. (Richtig: „Als anerkannten Fachmann …".)[71] Ähnlich ist es mit dem Bezug bei Partizipialkonstruktionen. Das Zerr-Beispiel „Zuhause angekommen, brannte der Dachstock" hatte schon unser Deutschlehrer zur Hand, doch findet man solche Konstruktionen in vielen Manuskripten. Besonders „beliebt" sind sie in Geschäftsbriefen. „Beiliegend übersenden wir Ihnen unser Angebot" – als ob der Schreiber oder die ganze Firma in den Briefumschlag gepasst hätte! Vielleicht prüfen Sie in Zukunft noch strenger, ob in Ihren Texten nicht auch manchmal der Dachstock … (Richtig: „Anbei übersenden wir …", „Anbei finden Sie…"; nicht vollkommen richtig, aber auch nicht vollkommen falsch: „Beiliegend finden Sie unser Angebot." Dass der Angeschriebene sich nicht als beiliegend auffasst, dürfte klar sein. Am besten wäre es jedoch, auf „beiliegend" zu verzichten. Weitere Alternativen wären: „Mit diesem Brief übersenden wir …" oder „Hiermit übersenden wir …". Vielleicht schreiben Sie überhaupt anders: „Please find enclosed …")

Wortbezüge, Wortstellungen, Entsprechungen, Ansschlüsse

„Im Gegensatz zu Deutschland …" mag ein Satzanfang sein. Nun vermuten Sie sicher, dass eine Aussage über ein Land folgt, in dem etwas anders ist, „ … hat Frankreich kein Pentachlorphenol-Verbot erlassen". So ist die Aussage sprachlich richtig, die beiden Länder bilden einen Gegensatz. Wenn man stattdessen liest (und man liest dieses und Ähnliches) „Im Gegensatz zu Deutschland ist Pentachlorphenol in Frankreich weiterhin zugelassen", so versteht man zwar noch, was gemeint ist, aber richtig ist diese Konstruktion nicht. Deutschland und Pentachlorphenol sind nicht vergleichbar, sie können auch keinen Gegensatz bilden. Der Gegensatz besteht darin, dass die Substanz in dem einen Land hergestellt und in den Verkehr gebracht werden darf, im anderen nicht. Warum wurde das nicht so geschrieben? „Anders als *in* Deutschland ist Pentachlorphenol *in* Frankreich weiterhin zugelassen." Damit ist die Welt zwar noch nicht in Ordnung, aber wenigstens dieser Satz.

Manchmal ändert sich der Sinn allein durch die *Wortstellung*. In einer anderen Anordnung hätte der oben als falsch angeprangerte Satz Sinn gemacht: „Pentachlorphenol

---

[71] Der Satz oben hätte so weiter gehen können: „… möchte ich Sie bitten, …", ähnlich im Dativ: „Als anerkanntem Fachmann … möchte ich Ihnen gerne (z. B. eine Sache zur Kenntnis bringen, vortragen…)" oder „Ihnen als anerkanntem Fachmann …" oder, nach einer kleinen Umstellung: „Darf ich Ihnen als anerkanntem Fachmann … vortragen?" Die Kasus-Bezüge stimmen jetzt immer. In den letzten beiden Versionen steht zudem die kasusgleiche Beifügung genau dort, wo sie hingehört. Von diesen hat es eine („Ihnen …") geschafft, den Angesprochenen vor dem Verfasser des Briefs zu nennen, was als Ausdruck von Höflichkeit gelten kann. Der Adressat hat es freilich nicht unbedingt gern, so unvermittelt angegangen zu werden, aber das sind keine Fragen mehr der Grammatik, sondern des Stils – in einem sehr weiten Sinn.

ist in Frankreich – im Gegensatz zu Deutschland – weiterhin zugelassen." Jetzt steht der Gegensatz in der Nähe von „Frankreich" und „zugelassen", wohin er gedanklich gehört.

Ein Wort, das fast nur von seiner Stellung im Satz lebt, ist „auch", gewissermaßen der Antipode zum Gegensatz. „Cortison wirkt auch entzündungshemmend" ist eine andere Botschaft als „Auch Cortison wirkt entzündungshemmend": Im einen Fall denkt man an verschiedene Wirkungen des Cortisons, im andern an verschiedene entzündungshemmende Stoffe.

● Schenken Sie der Stellung von Wörtern im Satz Aufmerksamkeit!

Sehen wir uns noch ein Beispiel an. „Wir geben uns auch damit nicht zufrieden" sagt deutlich etwas anderes als „Auch wir geben uns damit nicht zufrieden". Wie steht es mit „Wir geben uns damit auch nicht zufrieden" und „Auch geben wir uns damit nicht zufrieden"? Hier bedürfte es schon einiger Worte, um die Unterschiede klarzumachen, obwohl das „auch" an unterschiedlichen Stellen im Satz steht. (Haben Sie bemerkt, dass es im letzten Satz noch eine weitere Wortumstellung gegeben hat?) Zugegeben, das sind knifflige Beispiele, *auch* ein Übersetzungsprogramm würde sich damit schwer tun.[72]

Manchmal sind es ganze Wortfolgen oder Satzteile, die in Manuskripten und „Gedrucktem" an falschen Stellen angetroffen werden, oder sagen wir: an ungünstigen. „Nach Prüfung wollen Sie uns das Muster bitte zurückgeben" ist soweit (von dem gestelzten „wollen" abgesehen) in Ordnung: Zuerst prüfen, danach zurückgeben. Bei „Nach Prüfung bitten wir das Muster zurückzugeben" stimmen Reihenfolge und Bezug (zuerst Prüfung, dann die Bitte?) nicht mehr. Man interpretiert den Satz zwar richtig, weil der Sinn schon festliegt, aber als Leser muss man dem Schreiber entgegenkommen, wo es doch umgekehrt sein sollte!

Bei Briefanschriften macht es einen Unterschied, ob man

> Herrn Frieder Gönnewein
> Müller, Maier und Co

oder an

> Müller, Maier und Co
> Herrn Frieder Gönnewein

adressiert. Wer darf den Brief öffnen? Die unterschiedliche Anordnung ist im Zusammenhang mit dem Briefgeheimnis rechtlich relevant. Beim Verfassen von Texten sollten wir uns gelegentlich daran erinnern.

● Fragen der *Wortstellung* sind so wichtig wie solche der *Wortwahl*.

---

[72] Im Englischen kämen vermutlich sogar andere Wörter ins Spiel, z. B.: „We too are not happy with this solution" und „We are not happy with this solution either". – Der Anordnung der *Konstituenten* von Sätzen, auch im Vergleich des Deutschen und Englischen, widmet Judith MACHEINER (1991) höchst lesenswerte Betrachtungen.

Schreiben ist suchen und finden, aber vor allem ordnen. Was beim Sammeln und Gliedern des Stoffes einmal als unser Anliegen begonnen hat, setzt sich bis in den letzten Satz fort, in welchem jedes Wort seinen angemessenen Platz haben will.

Der einfachste Bezug ist die (grammatische) *Kongruenz* von Satzgliedern oder Teilen von Satzgliedern. Kongruente Teile werden i. A. nach Genus, Numerus und Kasus aufeinander abgestimmt, sagt die Grammatik. Ein besonderer Fall einer Kongruenzbeziehung ist die *Apposition* („substantivisches Attribut"), auf die wir unter „Das (unterdrückte) Komma" schon kurz eingegangen sind. Es gibt weitere Beziehungen, die oft Schwierigkeiten bereiten, die „als- Beziehung" und die „wie-Beziehung". „Die Würdigung HEISENBERGs als (eines) Wegbereiter(s) der Quantentheorie" – was ist hier richtig, die Formulierung ohne oder mit Genitiv-s? Nach strenger Logik muss im „appositionellen Glied mit als" der Genitiv stehen, wenn das *Bezugswort* (hier: HEISENBERG) im Genitiv steht. Dennoch macht selbst *Duden: Grammatik* hier Zugeständnisse und findet sich damit ab, dass die *Kasusangleichung* heute oft unterlassen wird, wenn es sonst zu fremdartig wirkenden Genitivformen kommt.

Mit den anderen Fällen sollte man weniger kompromissbereit sein. Erinnern Sie sich an den aufregenden Film „An einem Tag wie jeder andere"? Der Film war schon deshalb aufregend, weil er die Linguisten auf den Plan rief: Eigentlich muss es „... wie jedem anderen" heißen! Für den Nominativ in diesem Beispiel, dies sei zugestanden, lässt sich eine wissenschaftliche Erklärung beibringen: Es handelt sich danach um eine Sprachverkürzung *(Ellipse)*, ausführlicher sei zu denken „An einem Tag, der wie jeder andere war". Verkürzung hin oder her, wir empfehlen nicht, solches nachzuahmen.

Wenn eine Apposition von ihrem Bezugswort getrennt und vorangestellt wird, gilt die *Kasusentkopplung* und die Verwendung eines „absoluten Nominativs" als zulässig (Regeln R1180/1181 in *Duden: Grammatik* 1984; dort mehr über Grenzfälle). Ein Satz wie „Mit allen chromatografischen Methoden erfahren, betraute man ihn mit ..." klingt für unsere Ohren dennoch scheußlich.

Es gibt den Begriff der *Entsprechung (Analogie)* auch in der Sprache. „Einmal (gilt dieses)" ist mit „zum andern (gilt jenes)" nicht richtig fortgeführt:

● Entsprechung in der Funktion verlangt nach einer Entsprechung auch in der Form.

Das „einmal" hätte mit „ein anderes Mal" aufgegriffen werden müssen, dann wäre der Bezug der beiden Aussagen aufeinander zu *hören* gewesen. „Zum andern" wäre mit „zum einen" richtig vorbereitet worden. Auch die Sprache hat ihre Symmetriegesetze.

Es gibt nicht nur Wortbezüge, sondern auch *Satzbezüge*, in dem Zusammenhang auch *Anschlüsse* genannt: Ein Satz bezieht sich auf einen anderen, den vorangegangenen meist. Das ist ungemein wichtig, wie sollte sonst ein Gedankenfluss über mehrere Sätze hinweg entstehen? Aber da wird viel Unzulängliches produziert: Die Sätze beziehen sich nicht richtig aufeinander, vielleicht gar nicht: Sie stehen unvermittelt im Raum, wo ein kleines Wort geholfen hätte, den Satz so an den anderen zu hängen, wie es der

Schreibende gemeint hatte. Oder es werden die *falschen* Anschlüsse hergestellt. Auch Naturwissenschaftler, sonst in analytischem Denken geschult, produzieren da viel Unzulängliches, sagen nicht das, was sie eigentlich sagen wollten. Kaum etwas erschwert das Textverständnis mehr als diese falschen Bezüge. ZIMMER (2006, S. 18) hat dem Gegenstand „Anschlüsse" eine klitzekleine Abhandlung gewidmet, gerade eine Seite lang. Sie ist eine seiner 111 „Sprachglossen", die wie die Zugnummern eines Faschingszugs daher kommen. Die genannte ist so gut, dass wir zwei seiner Beispiele hierher nehmen wollen; sie zeigen, dass auch unsere Profi-Kommunikatoren nicht immer den richtigen Anschluss haben, und sollen uns als pars pro toto genügen:

> Der Schriftsteller und frühere DDR-Kulturminister Johannes R. Becher verbot „die eigenen frühen, weil expressionistischen Gedichte", hatte eine bedeutende deutsche Wochenzeitung geschrieben.
> Kommentar ZIMMER: „Aber diese Gedichte waren nicht früh, weil sie expressionistisch waren; allenfalls waren sie expressionistisch, weil sie früh waren, und gesagt werden sollte nur, dass Becher seine eigenen frühen Gedichte verbot, weil er sie für expressionistisch hielt."
>
> „Nicht weniger als achthunderttausend Menschen leiden in Deutschland an Schizophrenie, aber die Behandlung ist schwierig", hatte das ZDF gemeldet.
> Kommentar ZIMMER: „Als wäre eigentlich zu erwarten, dass die Behandlung einer Krankheit umso leichter ist, je mehr Menschen daran leiden."

Hauptsätze, Nebensätze, Schachtelsätze

Wir verstehen einen *Satz* gewöhnlich als die Einheit eines geschriebenen Textes, die auf einen Punkt folgt und mit einem Punkt endet. Die *Satzlänge* ist nur bedingt ein Maß für die Komplexität eines Satzes. Manche *Satzgefüge* sind einfach – z. B. aus einem *Hauptsatz* und einem *Nebensatz (Gliedsatz)* – aufgebaut und daher ohne Schwierigkeit aufzunehmen. Zwischen zwei Punkten können auch zwei (oder mehr) Hauptsätze stehen, die – gewöhnlich, müssen wir einschränken [vgl. „Das (unterdrückte) Komma" weiter vorne in diesem Abschn.] – durch Komma oder Strichpunkt, seltener durch Doppelpunkt oder Gedankenstrich von einander getrennt werden. Auch mit solchen Sätzen hat man meist keine Mühe.

Kritischer sind Konstruktionen, bei denen *Satzteile* nach dem Muster

$$A_1\text{-}A_2\text{-}A_3 \ldots A_n \ldots A_3'\text{-}A_2'\text{-}A_1'$$

ineinander gefügt sind. Man nennt solche komplexen Satzgefüge[73] anschaulich *Schachtelsätze*: Eine Schachtel mit den Wänden (1) umschließt eine mit den Wänden (2) und diese eine … usw. Sie haben eine Vorstellung von Schachtelsatz und können mit unserer Formel dafür umgehen. In ihr bedeutet n den *Verschachtelungsgrad*: je größer n,

---

[73] „Eine Verknüpfung von Haupt- und Gliedsätzen ergibt ein Satzgefüge, d.h. ein oder mehrere Glieder des Hauptsatzes werden durch Gliedsätze ausgedrückt. … Auch Glieder innerhalb der Gliedsätze können wiederum als Gliedsätze, nunmehr 2. Grades, auftreten; die Kette lässt sich fortsetzen und ergibt dann komplizierte Satzgefüge, die auch als Periode bezeichnet werden." (*Wahrig: Deutsches Wörterbuch* 2000, S. 106). Solche „Ketten" sind für das Verständnis weniger problematisch als die „Schachteln", urteilen Sie selbst: „Ich hoffe, dass du uns bald besuchst, damit wir uns in aller Ruhe erzählen können, was wir erlebt haben, während du auf der großen Reise warst" (ebenda).

desto stärker verschachtelt ist der Satz. Dürfen wir Sie dazu ermuntern, die Formel mit Beispielen zu belegen und Texte, die Ihnen unterkommen, danach zu analysieren? Nach unseren Beobachtungen finden sich die höchsten n-Werte in der *Philosophie*, kurz gefolgt von der *Germanistik*. Soll jemand, dem Deutsch nicht als Muttersprache zu Gebote steht, *Ihren* Text lesen können, dann halten Sie darin $n \leq 2$.

- Eine „moderne Sachlichkeit" verlangt in naturwissenschaftlich-technischen Texten kurze Sätze.

„Modern" oder „postmodern"? Wir wollen uns darüber nicht streiten, einigen wir uns auf „zeitgemäß"! Jedenfalls: Die Angelsachsen können uns Deutschen in puncto Satzlänge meist als Vorbilder dienen. Wir wollen hier keine „mittlere freie Satzlänge" definieren. Aber Ihrem Leser zuliebe sollten Sie immer wieder lange Sätze in kürzere zerlegen und „einmal einen Punkt machen". Auch der umgekehrte Fall kann freilich eintreten, und die Verbindung kleinerer Sätze kann einen besseren gedanklichen Fluss bewirken. Wichtig ist Abwechslung – *variatio delectat!* Ein Wechselspiel von langen und kurzen Sätzen wirkt lebhaft, erregt Aufmerksamkeit und hält den Leser gefangen – setzen Sie dieses Mittel ein! Und lassen Sie auf zwei Hauptsätze, vor allem wenn sie kurz sind, einmal einen Hauptsatz mit Nebensatz folgen.

- Es kann sich als nützlich erweisen, den Text einmal laut zu lesen, ihn tatsächlich „klingen" zu lassen.

Dabei werden Sie leichter gewahr, wie weit Sie sich in Ihren Formulierungen von der gesprochenen Sprache – von dem, was Sie eigentlich gemeint haben – entfernt und wie kompliziert Sie formuliert haben, wie verschachtelt und lang Ihre Sätze sind.

- Stellen Sie das Verb oder den Rest des Verbs nicht zu weit an das Satzende!

Schreiben Sie lieber (a) als (b):

> (a) ... wurde die Versuchsanordnung entsprechend modifiziert, die schon den Untersuchungen von NN. zugrunde gelegt hatte.
>
> (b) ... wurde die Versuchsanordnung, die schon den Untersuchungen von NN. zugrunde gelegt hatte, entsprechend modifiziert.

Die zweite Variante ist zwar logischer – der Relativsatz gehört zur „Versuchsanordnung" – aber weniger kommunikativ: Wer möchte so lange warten, bis er erfährt, was aus dem „wurde" wurde?[74] Da hat sich in jüngerer Zeit ein Wandel des Empfindens vollzogen, vielleicht unter dem strengen Blick der internationalen Sprachgemeinschaft. Auch wir mussten uns an diesen Wandel erst gewöhnen und achten jetzt stets darauf, das Verb möglichst früh sprechen zu lassen. Das macht Sinn.

---

[74] Über die Länge von Einschüben hat SCHNEIDER (1994, S. 71) sich ausgelassen: Der Schreiber möge sich hüten, das „logisch, psychologisch, lesetechnisch Zusammengehörige um mehr als 12 Silben auseinanderzureißen, wie es die Grammatik durchaus erlaubt, ja häufig nahe legt ... Vor allem dies gehört zusammen: Der Hauptsatz (Warnung vor eingeschobenen Nebensätzen); Artikel und Substantiv (Warnung vor zu vielen Attributen); Subjekt und Prädikat; die beiden Hälften des Verbums". – Seine Faustzahl „12 Silben" (ca. 5 Wörter) wird man bei naturwissenschaftlich-technischen Texten wohl manchmal überschreiten müssen.

- Stellen Sie in Satzgefügen unmissverständliche *Bezüge* her!

Ein mit „die" beginnender Relativsatz wankt in seinem Sinnbezug, wenn soeben im Satz mehrere Substantive mit weiblichem grammatischem Geschlecht vorangegangen sind. Bitte ersparen Sie uns Beispiele, schlagen Sie ersatzweise Zeitungen auf (oder *Fachzeitschriften,* denn auch dort werden Sie fündig): Beispiele für unklare Bezüge werden Sie schnell entdecken.

- Komplizierten Satzgefügen wohnt die Tendenz inne, trennbare Verben weit auseinander zu reißen.

Mit zusammengesetzten – trennbaren und nicht trennbaren – Verben hatten wir schon im Zusammenhang mit der Rechtschreibreform zu tun („Der Teufel steckt im Detail" in Abschn. 10.1.2). Der Gegenstand verlangt an dieser Stelle nochmals unsere Aufmerksamkeit. In einem *zusammengesetzten Verb* ist einem Tätigkeitswort, wie es uns sonst auch *solo* entgegentritt, etwas „vorgeschaltet", ein *Präfix*. Präfixe, mit denen man Verben besonders gut zusammenbringen kann, sind beispielsweise *er-* und *ver-,* die beide als eigenständige Wörter nicht vorkommen. Von solchen (echten) Präfixen kann man die *Halbpräfixe* unterscheiden. Sie haben außer dem Umstand, dass sie auch als selbständige *Morpheme* auftreten können (z. B. *aus-,* aus), noch eine andere Eigenheit: In *finiter* Form verwendet, spalten sie sich gewöhnlich vom Verb (dem *Wortstamm*) ab, d. h., so zusammengesetzte Wörter sind *trennbar*. Die Erscheinung, die gerade dem Deutschen eigen ist, wird *Tmesis* (zu *gr.* temnein, schneiden, zerteilen) genannt. Wir können uns beim besten Willen nicht erinnern, davon in der Schule gehört zu haben. Und doch ist die Sache wichtig und verdient unsere Aufmerksamkeit.

Es handelt sich um eine ziemlich deutsche Spracheigenheit, wie im Beispiel angedeutet sei:

	deutsch	englisch	französisch
infinit	zurückkommen	(to) return (to) *come back*	revenir
finit	sie ist zurückgekommen, sie kam zurück sie kam allein zurück	she (has) returned she *has come* back she *came back* alone	elle est revenue elle revenait elle revenait seule

Mit „Trennung" war oben nicht Silbentrennung gemeint, die kann man unabhängig von dieser grammatischen Frage durchführen. Nein: in der einen Form, *zurückgekommen* im Beispiel, hat sich die für die Partizip-Bildung charakteristische Silbe *ge-* mitten in das zusammengesetzte Wort geschoben, Halbpräfix und Verb voneinander trennend. Noch aber ist das Ganze *ein* Wort (auch in den neuen Schreibweisen). Im Präteritum „kam zurück" ist das zusammengesetzte Verb aber gänzlich auseinander gebrochen, Verb und (Halb)Präfix haben gar ihre Plätze getauscht! Und zwischen *kam* und *zurück* können sich im Satz fast beliebig viele Wörter schieben – für Ausländer ist das sehr schwer zu vermitteln (siehe Beispiel oben: *sie kam allein zurück* und das englische Pendant *she came back alone*; im Englischen bleiben zusammengesetze Verben auch in den gebeugten Formen beisammen!).

Den letzten Merksatz (●) – nennen wir ihn (a), das zusammengesetzte (etwas altmodische) „innewohnen" kam absichtlich – hätte man auch so schreiben können:

> Komplizierten Satzgefügen wohnt die Tendenz, trennbare Verben weit auseinander zu reißen, inne. (b)

Der *Infinitivsatz* wäre dann an der genau richtigen Stelle gestanden, aber der Sprachfluss wäre dahin gewesen: Der Leser wäre zu einem Gedankensprung gezwungen gewesen und hätte erst am Ende des Satzes die zweite Hälfte des Verbs gefunden und damit eine Erklärung, warum die „Satzgefüge" am Anfang des Satzgefüges im Dativ stehen (oder ist es ein Akkusativ?).

Man nennt solche spät in den Satz eingebrachten Wörter oder Wortteile *Nachschlag* – das Verb vom Anfang bekommt noch einen „Nachschlag" – oder „Nachklapp". Der Vorgang selbst, das Dazwischen-Schieben ganzer Sätze zwischen die Bestandteile eines zusammengesetzten Verbs, heißt *Umklammerung*, weil die Einschiebung – in unserem Beispiel ein Infinitivsatz – von den Verbhälften umklammert wird. Hier liegt eine wichtige (Un)Stil-bildende Situation vor, auf die Sie achten sollten. Für Ausländer sind die deutschen *Klammerkonstruktionen* eine Katastrophe.[75] Mark TWAIN hat sich über diese Eigenart des Deutschen, die er für eine Narretei hielt, lustig gemacht.[76] Gehen Sie also Situationen wie oben (b) möglichst aus dem Weg![77]

● Hüten Sie sich vor Schachtelsätzen! Schreiben Sie keine Galgenlieder!

Meist weiß der Leser, wenn er bei A_1' (in unserer Formel weiter oben) ankommt, nicht mehr, wie die Sache bei A_1 angefangen hat. Rednern, die sich mit Schachtelsätzen versuchen, geht es oft genau so, und sie gelangen nicht zum richtigen Ende. „Der Reaktor, in den das Thermometer, das zur Kontrolle der Temperatur dient, bereits eingeführt ist, wird mit dem Zulauf verbunden" (A-B-C-B'-A'). Besser wäre hier gewesen: „Der Reaktor wird mit dem Zulauf verbunden, nachdem das zur Kontrolle dienende Thermometer eingesetzt worden ist" oder noch einfacher „Man setzt zur Kontrolle ein Thermometer ein und verbindet dann den Reaktor mit dem Zulauf."

---

[75] Peter RECHENBERG (2003, S. 52) führt dazu ein schönes Beispiel an. An einen Amerikaner (der halbwegs Deutsch spricht) richten deutsche Kollegen die Frage: „Nehmen Sie an der Weihnachtsfeier teil?" Der Amerikaner hört „Weihnachtsfeier", damit kann er etwas anfangen. Dass der Deutsche „der Feier" sagte und nicht „die", steckt er als gottgegeben weg. Aber „nehmen", was gibt das für einen Sinn? Take a Christmas ceremony? Nein, natürlich nicht, zu dem Verb gehört sicher noch etwas Weiteres: „an". Aber „annehmen"? „Assume a Christmas ceremony"? Jetzt erinnert sich der Geplagte, dass man deutsche Sätze am besten von hinten liest, da wird alles klar: *teilnehmen*. „Yes, sure", war dann (hoffentlich) die Antwort.

[76] Der amerikanische Schriftsteller verzweifelte fast an der Sucht der Deutschen, zusammengesetzte Verben zu bilden, um sie alsbald zu trennen und die eine Hälfte irgendwo hinten an das Satzende zu stellen, nachzulesen in „Die schreckliche deutsche Sprache" („The Awful German Language"), Anhang D von *Bummel durch Europa* (TWAIN 1990).– Das Wort „Nachklapp" (im Text oben für „Nachschlag") geht auf Kurt TUCHOLSKY zurück (Glosse „Neudeutsch" in *Tucholsky: Sprache ist eine Waffe*).

[77] Niemand hat die Aufgeblasenheit eines falschen Gelehrtenstils und den deutschen Hang zur Schachtelung von Sätzen treffender karikiert als Christian MORGENSTERN im Vorwort zu seinen *Galgenliedern* (MORGENSTERN 1985).

Berüchtigt sind auch die Schachtelsätze, die durch mehrfaches Ineinanderfügen mit „dass" beginnender Nebensätze entstehen *(Dass-Kette)*: „Es ist kaum anzunehmen, dass die Tatsache, dass …" Ähnlich unschön sind ineinander geschachtelte Relativsätze: „Die, die die, die die Blumen gestohlen haben, zur Anzeige bringen, erhalten eine Belohnung." („Wer die Blumendiebe anzeigt, wird belohnt"; s. auch nachstehend unter „Hauptwörterei".)

Das Bilden kurzer oder nur geringfügig „gefügter" Sätze ist von den einen als *Kurzsätzigkeit* zur Kenntnis genommen oder begrüßt, von anderen als „Wauwau-Stil" (auch: *Asthma-Stil*) diffamiert worden. Tatsache ist: Kamen noch in den Schriften, die das Bildungsbürgertum des vorletzten Jahrhunderts produzierte, Sätze mit einer Länge bis zu 150 Wörtern vor, so bewegt sich die „mittlere Wortlänge" von Sätzen in deutschsprachigen wissenschaftlichen Texten heute bei 17 bis 22 Wörtern (E. BENEŠ in BAUSCH 1976, S. 89). Die Tendenz geht zum einfachen, d. h. ungegliederten Satz, der dafür reichlich ausgefüllt, amplifiziert und gestaffelt aufgebaut ist.

- Manche mit „dass" beginnenden Sätze lassen sich auf ein einziges Wort reduzieren.[78]

> Es ist bekannt, dass … (bekanntlich)
> Es steht zu vermuten, dass … (vermutlich)
> Daraus folgt, dass … (folglich)
> Es ist kaum anzunehmen, dass … (kaum)
> Hierbei ist jedoch zu berücksichtigen, dass … (allerdings)
> Es ist erforderlich, dass … (muss …, müssen…)

Mit den in Klammern stehenden Wörtern hat man jeweils ein paar unnütze Floskeln und ein Komma gespart, und man gewinnt noch etwas Weiteres: Die eigentliche Aussage, die vorher durch „dass" eingeleitet wurde, rückt vom Nebensatz in den Hauptsatz.

- Wichtige Aussagen gehören nach Möglichkeit in *Hauptsätze*.

Die Hauptsachen in Nebensätze zu verbannen, die durch wesenlose Hauptsätze – „Vorreiter" genannt – miteinander verbunden werden, ist eine verbreitete Sprachschwäche. Lassen Sie gleich die schwere Kavallerie aufziehen und nicht erst Reservisten auf klapperdürren Gäulen! Es gibt noch weitere Möglichkeiten, „dass-Sätze" zu vermeiden. Vergleichen Sie selbst:

> Aus Gl. 1 folgt durch Integration, dass $y = x^2$.
> Wie aus Gl. 1 durch Integration folgt, ist $y = x^2$.
> Wir haben gezeigt, dass … ist
> Wie wir gezeigt haben, ist …
> Es wurde bereits erwähnt, dass … gilt
> Wie bereits erwähnt, gilt …
> Es sei darauf hingewiesen, dass … gilt, wenn …
> … gilt – worauf besonders hingewiesen sei –, wenn …
> (oder einfach: … gilt, wenn …)

---

[78] Manche „dass" lassen sich sogar in Luft auflösen: „Er schrieb, dass er in einigen Tagen kommen werde" → „Er schrieb, er werde in einigen Tagen kommen".

Als *Relativpronomen* (am Anfang von Relativsätzen) sind die einfachen Wörtchen „der, die, das" und ihre deklinierten Formen dem „welcher, welche, welches" vorzuziehen. Vor allem die Kombination „derjenige, welcher" ist schwerfällig – glücklicherweise begegnet man ihr nur noch selten.

Es gibt Streitfälle, in denen sich Laienprediger des guten Deutsch[79] und Sprachprofis in den Haaren liegen mögen. Die Sache mit den Haupt- und Nebensätzen ist einer davon. Woher wisse man, was wichtig und unwichtig ist? In der Tat: Wenn der Bundespräsident sagt „Ich bin zuversichtlich, dass ...", so ist die Aussage, die hinter dem „dass" steht, nicht wichtiger als die Zuversicht des Präsidenten. Es kommt auf die Situation an, wir wollen hier nichts niederwalzen.

Das Phänomen der Schachtelung trifft man nicht nur in *Satzgefügen* an, sondern auch in einfachen Sätzen oder *Phrasen*.[80] In einer philosophischen Schrift fanden wir den „Ablauf der aus in Beziehungsgefüge strukturiert eingefügten differenzierten Einzelgebilden bestehenden Realität", doch bevor wir uns dafür interessieren konnten, wie denn dieser Ablauf „erfolge", fiel uns etwas anderes ein: „Si tacuisses, philosophus mansisses!" (oder: O hättest Du doch geschwiegen ...!).

Die Sache ist vertrackt. Was wir bisher gesagt haben, reicht nicht aus um zu analysieren, was *Lesbarkeit* und *Verständlichkeit* eines Textes ausmachen. Das ist die Erfahrung: Manche Veröffentlichungen und andere Beispiele „wissenschaftlicher Prosa" verstehen wir – als *Fachleser* – leicht, obwohl die behandelten Sachverhalte komplex sind und von einem aufs höchste spezialisierten Vokabular Gebrauch gemacht wurde. Andere Texte erschließen sich uns nur mühsam, ohne dass auf Anhieb ersichtlich wäre, woran das liegt. Jeder Satz in diesem zweiten Fall mag in sich schlüssig gebildet worden sein: aus den richtigen Wörtern und nach allen Regeln des Satzbaus. Und dennoch fällt es uns schwer, die Gedanken des Autors nachzuvollziehen, die „Botschaft" aufzunehmen.

- Lesbarkeit und Verständlichkeit eines wissenschaftlichen Textes entstehen auf einer höheren Ebene als der grammatisch erfassbaren. Erst die Abfolge *(Sequenz)* der Sätze entscheidet darüber, ob die übermittelte Botschaft gut und – im Sinne des vom Autor Beabsichtigten – richtig aufgenommen, d. h. tatsächlich mitgeteilt werden kann.

Wir können auf diesen Sachverhalt, der Gegenstand einer sich zaghaft entwickelnden „Wissenschaft des wissenschaftlichen Schreibens" ist,[81] an dieser Stelle nicht näher eingehen und müssen uns mit wenigen Andeutungen begnügen.

---

[79] Der Verfasser der einflussreichsten deutschen Stilkunde, die je geschrieben wurde – Ludwig REINERS (1896-1957) –, war promovierter Jurist, Textilkaufmann und Industrieller und nebenher ein ungewöhnlich vielseitiger und erfolgreicher (Sachbuch)Autor und Herausgeber. – Eine Ehrenrettung der Linguistik gelang der Sprachwissenschaftlerin Judith MACHEINER (1991) mit ihrem schon in Abschn. 10.1.1 („Blick in das Zeughaus der Sprache") erwähnten Buch *Das grammatische Variété oder die Kunst und das Vergnügen, deutsche Sätze zu bilden*, einem lesbaren und gelungenen Versuch, Grammatik und Stil miteinander zu versöhnen.

[80] Phrase *(sprachw.)*: aus mehreren, eine Einheit bildenden Wörtern bestehender Satzteil.

[81] GOPEN GD, SWAR JA. 1990. The Science of Scientific Writing. *American Scientist*. 78: 550-558. –

→

- Beim Schreiben kommt es darauf an, die einzelnen Aussagen sprachlogisch richtig und ohne Gedankensprünge miteinander zu verknüpfen.

Erst, wenn uns das gelingt, entsteht aus Gedanken ein *Gedankenfluss*. Wirksam gebildete Sätze haben einen Spannungsbogen, ihr Höhepunkt liegt in der Nähe des *Satzendes*. Dort steht auch im Deutschen oft das Verb. Aufgabe des *Satzanfangs* hingegen ist es, eine neue Sache zu nennen und dadurch zunächst einmal die Aufmerksamkeit des Lesers zu erwecken.

- Der Satzanfang soll möglichst nahtlos aus dem Ende des voran stehenden Satzes hervorgehen, sich aus ihm ergeben; Konjunktionen und adverbiale Bestimmungen helfen, die Art der Verknüpfung zu klären.

(Dieser Satz enthält neben einem Partizip fünf Verben, von denen vier am Ende des jeweiligen Satzteils stehen.)

- Innerhalb eines Absatzes soll die Richtung des Gedankenflusses nicht unnötig geändert werden. An den Satzanfängen sollen möglichst oft die gleichen Sachen (Personen, Handlungen usw.) stehen.

Wenn beispielsweise von Pollen die Rede ist, fügt sich die (passivische!) Formulierung „Pollen wird von Bienen verbreitet" besser ein als „Bienen verbreiten den Pollen" mit umgekehrter Blickrichtung.

Es wäre nun erforderlich, durch Textkritik anhand von Beispielen darzulegen, was damit im Einzelnen gemeint ist. Wir müssen darauf verzichten und wagen stattdessen den Versuch, unser Anliegen anhand eines Gedichtes zu verdeutlichen:

> Zum Kampf der Wagen und Gesänge,
> Der auf Korinthus' Landesenge
> Der Griechen Stämme froh vereint,
> Zog Ibykus, der Götterfreund.
> Ihm schenkte des Gesanges Gabe,
> Der Lieder süßen Mund Apoll;
> So wandert' er, an leichtem Stabe,
> Aus Rhegium, des Gottes voll.

Am Anfang des ersten Satzes erkennen wir sofort die Umgebung, in der die Geschichte spielt: im alten Griechenland. Als Vollzug der so begonnenen Aussage erfahren wir, am Schluss des ersten Satzes, wer der Held ist. Er wird am Anfang des zweiten Satzes durch das Pronomen „ihm" wieder aufgenommen und uns als Sänger vorgestellt. Im dritten Satz (nach dem Strichpunkt) wird, durch „so" mit dem vorigen Satz verbunden, das Wandern als neuer Sachverhalt eingeführt. Dieser letzte Satz, der Schluss des ersten Verses einer Ballade von SCHILLER „Die Kraniche des Ibykus", bringt uns dann zu dem Punkt, dass wir uns die Szene genau vorstellen können. Wir erkennen, woher der Wanderer kommt, wohin er eilt und was sein Anliegen ist.

Ein Buch, das unseren Vorstellungen dazu nahe kommt und von Nobelpreisträger Roald HOFFMANN als „germ" bezeichnet wurde, ist *Science as Writing* von David LOCKE. Der Autor ist Anglist mit starkem naturwissenschaftlichem Hintergrund und arbeitet eng mit der American Chemical Society zusammen.

Gedankliche Verbindungen lassen sich meist durch Wörter schaffen wie

>dadurch, dabei, dies, diese, ...
>hierzu, deshalb, aus diesem Grund, zu diesem Zweck, ...

Ein Beispiel möge dies verdeutlichen; die „verbindenden" Wörter haben wir kursiv gesetzt:

> ... Ziel *dieser* Arbeit ist es herauszufinden, ob und wie stark sich die historische Nutzung des Waldes im Boden widerspiegelt. In einem ersten Schritt wird *hierzu* die Landnutzungsgeschichte erfasst und räumlich/zeitlich systematisiert. *Dabei* wird auf vorhandene historische Karten zurückgegriffen. *Diese* Quellen reichen bis ca. 1830 zurück. Endziel *dieser* Untersuchungen sind ...

So wie in dem SCHILLER-Gedicht erzählt man Geschichten, so sollten wir auch unsere wissenschaftlichen Texte verfassen! Leider sind viele Texte weit von diesem Ziel entfernt. Das beginnt oft schon bei den Zusammenfassungen, die uns eine Reihe von Tatsachen überbringen wollen, aus denen wir aber nicht klug werden, weil sie unverbunden – vielleicht sogar in unlogischer Reihenfolge – nebeneinander stehen. (Über Informationswerte, *Infomationshierarchien* und Informationsschwerpunkte gemeinsprachlicher Texte s. sehr lesenswert in dem schon erwähnten Buch von MACHEINER 1991, 1. Teil.)

Doch schwingen wir uns von diesem dichterischen Höhenflug wieder herab auf eine mehr am Grunde liegende Ebene, die der Wörter!

10.2.3 Guter und schlechter Umgang mit Wörtern

Hauptwörterei und Hohlwörterei

Zu den (als *Nominalstil* bezeichneten) Übeln einer gestelzten, unnatürlichen Ausdrucksweise – die man im geschriebenen, seltener im gesprochenen Wort antrifft – gehören mehrteilige substantivische Wendungen *(Substantivierung)* anstelle einfacher Tätigkeitswörter *(Verben)*. Hier einige Beispiele, die alle nach dem Motto „Warum einfach, wenn es auch umständlich geht" gebildet zu sein scheinen (in Klammern stehen jeweils die verdrängten Verben):

>zur Anwendung bringen (anwenden)
>zum Abschluss kommen (abschließen)
>in Zusammenhang stehen (zusammenhängen)
>der Meinung sein (meinen)
>zur Auslieferung kommen (geliefert werden)
>zur Anwendung kommen (angewendet werden)
>Bezug nehmen auf (sich beziehen auf)
>Verwendung finden (verwendet werden)
>die Rücksendung vornehmen (zurücksenden)
>einer Prüfung unterziehen (prüfen)
>den Nachweis erbringen (nachweisen)
>zur Verteilung gelangen (verteilt werden)

„Bringen", „kommen" usw. sind hier ihrer ursprünglichen Bedeutung weitgehend entkleidet, sie sind zu *Funktionsverben* geworden und geraten in die Nähe von *Hilfsver-*

ben. Man muss ihnen ein oder zwei andere Wörter beifügen, um etwas auszusagen (nicht „um zu einer Aussage zu gelangen"). Es ist die „Direktheit" eines Ausdrucks, die ALLEY mit „forthright" meint und an der Stelle (und in anderen Zusammenhängen) anmahnt, uns daran erinnernd, dass die *(med.) Substantivitis* nicht nur in Deutschland verbreitet, sondern ähnlich dem Rinderwahnsinn (Bovine Spongiforme Encephalopathie, BSE) pandemisch ist. In seinem schon in Abschn. 10.1.1 („Stil: Ein Paradigma") erwähnten Buch führt er Beispiele von „weak verb phrases" vor, die den vorstehenden verblüffend ähneln (ALLEY 1996, S. 104, in Klammern wieder das jeweils zu bevorzugende „strong verb"):

>made the arrangement for (arranged)
>made the decision (decided)
>made the measurement of (measured)
>performed the development of (developed)
>...
>is dependend on (depends)
>is following (follows)
>...

Für den Fall, dass Sie Ihre nächste *writing obligation* gar nicht auf Deutsch abwickeln werden, sondern auf Englisch, hier noch einmal ALLEY (eigene Beispiele folgen):

>The human immune system not only identifies foreign molecules, but also immobilizes, neutralizes, and destroys those molecules.

So hätte es heißen können (oder sollen!), schlägt unser amerikanischer Kollege vor; stattdessen war zu lesen gewesen:

>The human immune system is responsible not only for the identification of foreign molecules, but also for actions leading to their immobilization, neutralization, and destruction.

Diese Art von *Hauptwörterei* – die Beispiele ließen sich nach Belieben vermehren – ist eine Form des Wortschwulsts. Ihre massivste Häufung findet man im Behörden- und Kaufmannsdeutsch *(Kanzleideutsch)*. Charakteristisch für viele dieser Wortfolgen ist, dass die Substantive auf das *Suffix* „-ung" enden (Anwendung, Mitteilung, Durchführung usw., „Verungung"; mehr dazu s. unten). Sie sind von Verben abgeleitet. Warum lassen wir die Verben nicht selbst sprechen?

● Ein Text wird durch Tätigkeitswörter lebendiger.

Wir sollten versuchen – nicht „den Versuch unternehmen" –, uns von überflüssigen Hauptwörtern fernzuhalten. Solchen Verben wie „durchführen" und „erfolgen", die zwangsläufig eine Nominalform nach sich ziehen („die Trennung wird durchgeführt", „die Belegung erfolgt"), wollen wir möglichst aus dem Weg gehen.

Die Kritik an diesem umständlichen Gebrauch hat indessen ihre Grenzen. „In Erfahrung bringen" ist nicht ganz dasselbe wie „erfahren", „unter Beweis stellen" nicht dasselbe wie „beweisen". In einer Wendung wie „in Wut bringen" ist eine Verdrängung durch ein Vollverb nicht mehr möglich. Man kann jemanden zwar erbosen oder erzürnen, aber nicht erwüten oder verwüten. Wir müssen sogar einräumen:

- Grenzen hat die verbale Ausdruckform vor allem in ausgeprägt fachtextlichen Zusammenhängen.

„Kurzschließen" ist nicht „einen Kurzschluss hervorrufen". In der Techniksprache ist der Gebrauch sinngeschwächter oder sinnentleerter Verben wie „bilden", „dienen", „entsprechen", „bestehen" – sie machen 75 Prozent der überhaupt vorkommenden Verben aus! – offenbar kaum zu vermeiden.

> Für die Bezeichnung bestimmter Denkbeziehungen wie Identifizierung, Kausalität, Finalität usw. haben sich in der Fachsprache Denkschablonen ausgebildet, in denen man sie nominal ausdrückt. Da man sie auch sonst, z. B. in einer Disposition, für rubrizierende Tabellen usw. nominal ausformuliert, lassen sie sich ohne weiteres als variable Größen in verschiedene feste Verbformen einsetzen, in Identifizierungssätze ebenso leicht wie in Sätze, die einen Verklausulierungskonnex usw. bezeichnen.
>
> (E. BENEŠ in BAUSCH 1976, S. 91)

Die Dosis macht das Gift, wäre dem hinzuzufügen. Wofür wir uns hier – wie viele vor uns – engagiert haben, ist,[82] in fachsprachlich weniger stark geprägten Situationen möglichst viele Verben zu gebrauchen.

Kehren wir also zurück zu den gemeinsprachlichen Komponenten unseres Textes, zum „Erdreich Muttersprache", in dem alle Fachsprachen wurzeln!

Ein Rezensent – selbst Mitglied der schreibenden Zunft – ließ uns wissen, unsere Auslassungen über Hauptwörterei (Schachtelsätze und einiges andere) seien überflüssig, weil sie nur allgemein Bekanntes oder Bewusstes wiederholen. Wäre es doch so! Dann gäbe es nicht ganze Traktate, die sich so lesen (Originalzitat, Quelle unter Verschluss):[83]

> … Zu den fundamentalen Voraussetzungen aber gehört, daß Verständigung mittels Zeichen auf deren strukturell-funktionaler Anordnung in einem transphrasischen, thematisch einheitlichen Zeichenkomplex beruht, eine Eigenschaft, die wir in der modernen Terminologie „Textualität" nennen und deren Kriterien wie Kohäsion, Kohärenz, Intentionalität, Akzeptabilität, Informativität, Situationalität und Intertextualität die zeitgenössische Textlinguistik zu ihrem Thema gemacht hat.

Verzeihen Sie unsere Bosheit, dieses Satzmonstrum aus dem *geistes*wissenschaftlichen Bereich ausgewählt zu haben; das Beispiel hat uns geärgert, ist doch darin von Verstän-

---

[82] Immerhin lassen Physiker und Elektrotechniker den „Strom fließen" – sie hätten auch die „Bewegung von Ladungsträgern erfolgen" lassen können. In der schon genannten Schrift (BAUSCH 1976) zitiert A. WARNER Lutz MACKENSEN: Noch bevor der Ingenieur seine Erfindung benenne, versuche er klarzumachen, was „das Ding" leiste und wie es arbeite. „Ehe er das schwere Wort ‚Rundumverglasung' (einer Allsichtkanzel im Kran) bildet, muß er das Verb ‚rundum verglasen' erfahren haben, wie er von einer ‚Ummantelung' nur sprechen kann, wenn er kühn genug das Zeitwort ‚ummanteln' gebildet hat. Wer hineinhorcht, hört, daß es die Kühnheit der Exaktheit ist, die hier Sprache bildet. Alles hängt davon ab, das, was geschieht, genau zu sagen. Darum setzt die sprachliche Energie des Technikers beim Verb an." (Dieser Text ist selbst ein Beispiel einer schönen, an kräftigen Verben reichen Sprache.)

[83] Eine Voraussetzung sollte – man setzt ja auf sie! – immer fundamental sein, die „fundamentale Voraussetzung" ist eine *Leerformel*. RECHENBERG (2003, S. 61) reiht herrliche Beispiele auf und nennt einen Wissenschaftsstil, der sich vieler solcher „Formeln" bedient, schlicht *Schaumschlägerei*.

digung die Rede! Wir glauben, dass auch BENEŠ sich für einen solchen Satz nicht erwärmt hätte, und TUCHOLSKY[84] hätte gewiss einen seiner Pfeile darauf abgeschossen.

Wir wollen auch so einfache Wörter wie „haben", „sein" und „werden" nicht gänzlich in das Ghetto von Hilfsverben verbannen, sondern sie Vollverben sein lassen, wo sie es verdienen („Es werde Licht!"). Sätze wie „Das Becken stellt einen Baukörper von kreisrunder Außenbemaßung dar" oder „Die Lösung zeigt eine violette Farbe" bringen auch nicht mehr als die schlichten Aussagen „Das Becken ist rund" und „Die Lösung ist violett", sie sind ziemlich hohle *Phrasen*. „Daß eine Fliege immer Beine *hat* und auch sonst ganz Fliege *ist*, erscheint dem Laien selbstverständlich; doch …" schrieb Walter FRESE (kursiv durch uns) sehr schön im *MPG-Spiegel* (6/92) in einem Aufsatz über bahnbrechende Erkenntnisse der Entwicklungsbiologie. Was lesen wir stattdessen immer wieder? Annoncen-Stil, etwa so: „…Sie verfügen über Durchsetzungsvermögen und Kommunikationsfreude"; nicht eindrucksvoll genug wäre für den Personalchef offensichtlich der Inserattext gewesen: „Sie sind offen für das Gespräch, können sich aber auch durchsetzen."

● Hüten wir uns vor *Hohlwörterei*.

Hohl oder abgedroschen klingt manches allein durch zu häufigen Gebrauch. Hier wären noch Wörter zu nennen, die mit *-sektor*, *-bereich*, *-ebene* und ähnlichen Anhängseln gebildet werden und nach Amtsstube riechen. Statt „das gehört in meinen Zuständigkeitsbereich" und „das wurde auf Geschäftsführungsebene beschlossen" kann man „dafür bin ich zuständig" und „das hat die Geschäftsführung beschlossen" sagen.

Es gibt auch Adjektive, die ähnlich schablonenhaft wirken, z. B. „labortechnisch", „gerätemäßig" (s. auch „Ein deutsches Laster" in Abschn. 10.3.1).

Manchmal kann man einen Gedanken besser zu Ende spinnen, indem man Substantive miteinander verknüpft, von denen das eine oder andere für eine Tätigkeit steht. Die deutsche Sprache hält dafür das Mittel der *Substantivierung (Nominalisierung)* bereit: „das Schreiben", „das Publizieren". Weiter weg vom Verb in das Reich der Substantive führen die auf „-ung" gebildeten Wörter,[85] daher:

● Ziehen Sie substantivierte Verben den Substantiven mit dem *Suffix* „-ung" vor.

Sprechen Sie lieber vom „Nachjustieren" eines Geräts – das ist eine Tätigkeit, Sie sind dabei aktiv! – als von der „Nachjustierung". Selbst in der Nominalform wirkt ein Verb noch kräftiger als ein Substantiv, und „das Zeichnen" meint etwas anderes als

---

[84] „Jede Betätigung auf dieser Kugel hat sich eine Wissenschaft als Dach gebaut, darunter ist gut munkeln. Und die Pfaffen aller dieser Wissenschäftchen sind munter am Werke, die deutsche Sprache zu einem Monstrum zu machen; dies Deutsch mit seinen vielen Fremdwörtern klingt, wie wenn einer die Stiefel aus dem Morast zieht: quatsch, quatsch, quatsch, platsch, quatsch …" (TUCHOLSKY 1932 in *Tucholsky: Sprache ist eine Waffe*, S. 190). – Ende der 1960er Jahre brachte ein findiger Verlag eine aus mehreren Ringen bestehende Drehscheibe auf den Markt, mit deren Hilfe man Flugblätter und Ansprachen aus einem begrenzten Vorrat an wohlklingenden Wörtern mit nicht näher definiertem Inhalt mühelos zusammensetzen konnte.

[85] Ein Wort auf -ung ist ziemlich aktuell: Schreibung, kurz für Schreibweise. 1995 wollten einige „die neue Schreibung" zum „Unwort des Jahres" wählen, wird gemunkelt.

„die Zeichnung". Die Angelegenheit ist so wichtig, dass sich damit eine Richtlinie, die VDI-Richtlinie 2271 (1964), befasst. Es heißt dort: „Wörter auf -ung sind in der Umgangssprache und in den Fachsprachen häufig; sie werden aber keineswegs immer zweckmäßig verwandt. Kurz aufeinander folgend wirken sie unschön, weil sie den lebendigen Fluss der Sprache erstarren lassen." Und weiter: „Soll nichts anderes als die unbegrenzt fortlaufende Tätigkeit, der Vorgang, ausgedrückt werden, ist nach Möglichkeit statt des Wortes auf -ung der substantivierte Infinitiv zu wählen" (z. B. „beim Schweißen des Stahls" statt „bei der Schweißung des Stahls"). Oftmals kommt man weiter mit dem Verbalisieren, indem man einen Nebensatz bildet, z. B. „Wird der Wagen gebremst, dann …" (für „Beim Bremsen des Wagens …"). Die Richtlinie bietet dafür ein schönes Beispiel, indem sie

> Zur Erhöhung des Ertrags werden wir eine stärkere Einwirkung auf die Zulieferfirmen vornehmen und außerdem die Ausnutzung unserer eigenen Einrichtungen in Erwägung ziehen.

wie folgt ins Deutsche überträgt:

> Um einen höheren Ertrag zu erzielen, werden wir auf die Zulieferfirmen stärker einwirken und außerdem erwägen, unsere eigenen Anlagen auszunutzen.

Der Vollständigkeit halber seien noch die in der Technik beliebten *Scheinsubstantivierungen* erwähnt wie „Kaltpressschweißen", die höchstens noch rudimentär verbalisiert werden können („kaltpressgeschweißt").

Die Tendenz zum Schwulst, über die wir uns hier ausgelassen haben, kommt auch im gesprochenen Wort – bei Vorträgen und Reden – vor, wenngleich meist nicht in so überzogener Form. Das Reden ist insoweit natürlicher als das Schreiben. Was man als Zuhörer am ehesten bemängeln muss, beispielsweise wenn Wissenschaftler im Radio sprechen, sind dort zu lange Sätze und zu viele Fremdwörter (*Gelehrtenstil*, s. auch „Fremdwörterei" später in diesem Abschnitt). Dennoch, das Phänomen existiert auch hier und wurde schon sehr früh auf die Hörner genommen – von ARISTOTELES. Im Buch III, 3. Kapitel, seiner *Rhetorik* nannte er diese Art von Rede „frostig" (*lat.* frigidum) und prangerte zuerst die zusammengesetzten Wörter an, z. B. „engwegiges Ufer", der „Nicht-Falschschwörende"; sodann die fremden, nicht heimischen, ungebräuchlichen oder schwallenden Wörter, die er mit dem Ausdruck „Provinzialismus" belegte. Vielleicht dachte er dabei auch an Fachausdrücke, die ja immer einer bestimmten wissenschaftlichen oder technischen „Provinz" angehören. Jedenfalls: nichts Neues auf Erden![86]

Die lieben Verben

Wir müssen uns mit den Verben um ihrer selbst willen noch etwas ausführlicher beschäftigen. Von einem *Reflexivverb* beispielsweise lässt sich kein *Passiv* und kein *Partizip Perfekt* (2. Partizip, Partizip II) bilden. Wenn Sie die Grammatik dazu nicht im

---

[86] Erfreulicherweise kann man die *Rhetorik* in einer vorzüglich übersetzten und kommentierten deutschen Ausgabe in der Reihe UTB lesen; s. *Aristoteles: Rhetorik* [1993], S. 174-176.

Kopf haben, brauchen Sie nicht zu erröten: Die Grammatik der deutschen Sprache *ist* sehr kompliziert. Aber müsste man nicht *hören*, dass der folgende Satz nicht „geht"?

> Auf diese Weise wird der sich schon seit Jahrzehnten eingeschlichene Fehler immer weiter fortgepflanzt.

Von vielen *intransitiven* Verben lässt sich kein Passiv bilden. „Gestern hat eine Vortrag stattgefunden", aber da der Vortrag nicht „stattgefunden wurde", können wir auch nicht vom „stattgefundenen Vortrag" sprechen.[87] „Nach stattgefundener (erfolgter) Durchmischung" ist nicht nur sprachlich falsch, sondern auch überflüssig: „Nach der Durchmischung" tut es auch. Wollen Sie etwas Besonderes betonen, wäre beispielsweise „Nach vollständiger Durchmischung" oder „Unmittelbar nach der Durchmischung" angebracht.

Das Thema Verben ist unerschöpflich. „Erhält" das Werkstück „eine Schicht aus X", oder wird es nicht besser „mit X beschichtet"? Wie ist es, wenn wir statt Schicht Schutzschicht sagen? „Beschutzschichten" kann man nicht – aber man könnte „zum Schutz mit X beschichten". Es gilt abzuwägen. Fingen wir doch nur damit an, statt einfach etwas hinzuschreiben! Um unseren Stil zu verbessern, müssen wir eigentlich nur mitdenken (*nicht:* Zur Verbesserung unseres Stils bedarf es unseres Mitdenkens).

Auch die *Konjugation* der Verben hat es in sich. „Wir wurden umstellt", aber „die Uhr wurde um*ge*stellt". Eine Verkehrsinsel wird umfahren, aber die Ampel wird um*ge*fahren! Woher kommt das? Achten Sie auf die *Betonung* im Infinitiv: Im einen Fall heißt es umf<u>a</u>hren, im anderen <u>u</u>mfahren.[88] In chemischen Laborberichten wird ein entsprechender Fehler täglich gemacht. „Die Substanz A wird in Substanz B überführt"

---

[87] Man muss bis *Duden: Grammatik* (1998, S. 193) vordringen, um dem Einwand „Was soll denn daran falsch sein?" entgegentreten zu können: „Nicht wie ein Adjektiv können in der Regel gebraucht werden: 1. Die 2. Partizipien derjenigen intransitiven Verben, die mit haben verbunden werden: ‚Das Kind hat geschlafen/gespielt'. *(Aber nicht:)* ‚Das geschlafene/gespielte Kind'. Die gelegentliche Verwendung dieser Partizipien wie attributive Adjektive ist nicht korrekt. *Also nicht:* ‚die stark zugenommene Kälte', ‚der aufgehörte Regen', ‚die stattgefundene Versammlung', ‚die überhand genommene Unordnung'. 2. Die 2. Partizipien derjenigen intransitiven Verben, die mit sein verbunden werden und imperfekt sind: ‚das Kind ist gelaufen/geschwommen'. *(Aber nicht:)* ‚das gelaufene/geschwommene Kind'." [Es folgt dann noch ein Fall (3), der sich auf *reflexive* Verben bezieht: ‚die (sich) geärgerte Mutter', ‚die sich dargebotene Gelegenheit'.] – *Duden: Grammatik* verfügt über ein Register, das sowohl Fachausdrücke als auch (in Kursivsatz) „Wörter und Zweifelsfälle" enthält, z. B. Einträge wie „stattgefundene Versammlung". Dadurch erlangt das Werk einen hohen Gebrauchswert.

[88] *Wahrig: Rechtschreibung* (2005) bietet tatsächlich zwei getrennte Einträge an für zwei Wörter, die sich ausschließlich in der Betonung unterscheiden, nicht in der Buchstabenfolge. Das eine, mit dem Ton auf der ersten Silbe, heißt **umfahren** und ist ein transitives *(tr.)* Verb mit der Bedeutung „beim Fahren umwerfen; fahr mich nicht um; er hat den Pfahl umgefahren". (Das Präfix „um" trägt unter dem Vokal einen Punkt, der eine *kurz* gesprochene betonte Silbe anzeigt.) Das andere, **umf<u>a</u>hren**, ist ebenfalls ein *tr.* Verb, aber mit der Bedeutung „(um etwas) herumfahren; er umfährt die Insel, hat sie umfahren". (Ein Strich unter dem **a** bedeutet, dass die zweite Silbe betont und der Vokal lang gesprochen wird; der Strich wie im vorigen Fall der Punkt sind *Betonungszeichen*, man braucht fast eine Lupe, um sie zu entdecken.) Im Englischen sind das tatsächlich zwei verschiedene Wörter, so in *Duden-Oxford Großwörterbuch Englisch*: **umfahren** = knock over *or* down; und **umf<u>a</u>hren** = drive *or* go round. Die beiden deutschen Wörter sind *zusammengesetzte Verben*, aber nur das erste ist trennbar im Sinne von § 34 (1) RW. – Bemerkenswert, wie souverän, instinktiv richtig man doch gewöhnlich mit solchen Raffinessen umgeht: Wir sind alle Sprachgenies!

(statt über*ge*führt). Dabei werden nur Verbrecher und Särge überführt! Der Lauttest gibt auch hier wieder den richtigen Hinweis.

- Man sollte beim Schreiben nicht nur *mitdenken*, sondern manchmal auch *mitsprechen*.

Der Ton macht die Musik. Dem können wir in unserem Kontext jetzt schon anfügen:

- Verben sind von allen Wörtern die lebendigsten, vielseitigsten und leider auch schwierigsten.

Duden: Grammatik braucht 100 Seiten, um die Arten und Formen des Verbs vorzustellen, davon fast 20 Seiten, um die Bedeutung und Verwendung des *Konjunktivs* zu erklären. Wir können auf alles das hier nicht eingehen und wollen nur an wenigen Beispielen zeigen, wie schnell man sich vertun kann.

Knüpfen wir dazu an den vorletzten Satz an. Er endete auf einen *Infinitiv*, die Grundform eines Verbs: erklären. Kann man denn mit einer Grundform etwas falsch machen? In Verbindung mit „um – zu" beschreibt der Infinitiv einen Zweck; wir haben oben einen *finalen* Nebensatz gebildet (wo*zu* braucht man die 20 Seiten?). Fragwürdig ist hingegen „Der Druck stieg an, um kurz darauf wieder zu fallen": Der Druck hatte nicht die Absicht, später wieder zu fallen. Das Satzgefüge hat *konsekutiven* Charakter – zuerst geschah das eine, dann das andere –, und dafür eignet sich die *Um-zu-Konstruktion* nicht; also wäre besser gewesen: „Der Druck stieg an, und kurz darauf fiel er wieder". (*Duden* ist an dieser Stelle zu Zugeständnissen bereit, „soweit die Sätze nicht als Finalsätze verstanden und missdeutet werden können"; wir berufen uns lieber auf QUINTILIAN und halten das eingebaute Missverständnis in naturwissenschaftlich-technischen Texten für nicht akzeptabel; wir würden an einer solchen Stelle den Rotstift ansetzen.)

Und doch trifft man diese Verwendungsform immer wieder an. LANZE (1983, S. 149) hat dafür das Beispiel „Das Gußstück wurde an den Kran gehängt, um gleich darauf herunterzufallen" zur Hand, das er mit den Worten kommentiert: „Das käme einem Sabotageakt der Transportkolonne gleich!" (Vielleicht erinnern Sie sich unseres Beispiels mit der enzymatischen Bestimmungsmethode am Anfang von Abschn. 10.2.1.) Ähnlich fragwürdig[89] ist die kausale Verwendung der *temporalen* Konjunktion „nachdem" wie in „Nachdem die Planeten die Sonne auf elliptischen Bahnen umkreisen, …" (besser: „Nachdem klar ist, dass die Planeten …") oder die Verwendung des konditionalen „wenn" in Sätzen wie „Wenn wir die Abbildung genauer betrachten, so zeigt sie …" (sie tut das auch, wenn wir sie nicht betrachten; besser: „Wenn wir die Abbildung genauer betrachten, so erkennen wir …") Aber das führt vom Thema weg.

- Schon das *Tempus*, d.h. die *Zeitform*, in der wir ein Verb verwenden, ist eine schwierige Sache.

---

[89] *Duden Deutsches Universalwörterbuch* lässt den Gebrauch bedingt („landschaftlich") zu, wenn kausaler und temporaler Sinn zusammenkommen.

Sie ist so schwierig, dass ganze Tempora am Aussterben sind. Kaum jemand sagt mehr – im *Futur* – „Ich werde morgen kommen", sondern „Ich komme morgen" oder „Ich bin um 3 Uhr da". Von „Futur II" *(Futurum exactum)* oder *Plusquamperfekt* haben die meisten nur blasse Vorstellungen. Was menschlicher Sprachgenius einmal geschaffen hat, schleift sich ab als zu schwierig oder zu umständlich. Wir können diesen Prozess ebenso wenig aufhalten wie die Erosion der Alpen. Aber auf eine Sache wollen wir noch hinweisen, die Verwendung der beiden Vergangenheitsformen *Präteritum*[90] und *Perfekt*. Im Präteritum werden in der Vergangenheit abgelaufene Vorgänge oder abgeschlossene Handlungen berichtet („Ich ging im Walde so für mich hin"), im Perfekt solche Vorgänge oder Handlungen, die aus der Vergangenheit in die Gegenwart hereinreichen („Der Mai ist gekommen", singt man im Mai). Linguistische Äquivalente in Fachtexten sind etwa „wurde dekantiert", „war somit ausgeschlossen", „gelang nicht" bzw. „ist somit erstmals schlüssig nachgewiesen worden".

● Versuchen Sie, Perfekt und Präteritum gezielt und korrekt einzusetzen.

Damit geht oft ein bestimmter Gebrauch von *Temporaladverbien* einher: Auch er sollte nicht dem Zufall überlassen bleiben. „Wir begannen diese Untersuchung vor zwei Jahren" ist ebenso korrekt wie „Wir haben uns seit zwei Jahren mit dieser Sache befasst". Hingegen passen Verbform und Adverb in „Wir sind seit kurzem mit dieser Untersuchung betraut worden" nicht zusammen (es muss „vor kurzem" – oder „vor Kurzem" – heißen). Ähnlich muss – etwa in einem biografischen Text – ein „Seit 1990 forschte er ..." ersetzt werden durch „Ab 1990 forschte er". (Das „seit" impliziert „bis zum heutigen Tag", was nicht in die Biografie passt.) Auch beim Präteritum ist also auf die richtige Kombination von Verb und Temporaladverb zu achten.

Dass Verben in naturwissenschaftlichen (und anderen) Texten nicht so recht zum Zug kommen, hat einen Grund. Gerade Naturwissenschaftler und Techniker denken in dinglichen oder abstrakten Begriffen, die über 95 Prozent der Terminologie ausmachen. Neue fachbezogene Verben werden gewöhnlich aus ihnen abgeleitet: hydrieren, kristallisieren, chromatografieren. Aber muss man deshalb „der Hydrierung unterwerfen" oder „zur Kristallisation bringen"? Auch wenn man nur Hauptwörter in ein Register aufnehmen wollte, würde es einem Indexer und auch einem Computer keine Schwierigkeit bereiten, bei Haupt- und Tätigkeitswort den gleichen Wortstamm zu erkennen. Niemand hindert einen Autor daran, „Hydrierung" in das Register zu schreiben, wenn „hydrieren" im Text steht.[91]

Dem Bemühen zu verbalisieren sind freilich Grenzen gesetzt. Aus Chromatografie kann man chromatografieren machen, aber „ ... wurde dünnschichtchromatografiert" wird man kaum sagen, soviel Dünnschichtchromatografie (DC; *engl.* thin layer

---

[90] Das Synonym *Imperfekt* (für Präteritum) war sprachlogisch falsch gebildet und wird deshalb immer weniger verwendet. Wir haben es für diesen Text abgeschafft.

[91] Techniker scheinen glücklichere Menschen zu sein als die von der Theorie gebleichten Naturwissenschaftler. Wir lasen (in BAUSCH 1976, S. 104): „Die Maschine tut, was der Mensch tut; sie geht, sie arbeitet, läuft, drückt, schiebt, hebt, preßt, zieht; sie springt, spreizt, klammert, knetet usw."; vgl. auch das Beispiel „ummanteln – Ummantelung" in einer Fußnote des vorigen Unterabschnitts.

chromatography, TLC) auch getrieben wird. Es gibt einen Weg, hier noch weiter zu kommen:

- Wenn sich ein komplizierter Vorgang nicht verbalisieren lässt, besteht die Möglichkeit, ein geläufiges Verb durch ein Adjektiv (das dadurch zum *Adverb* wird) näher zu bestimmen.

Im Beispiel entstünde so „ ... wurde dünnschichtchromatografisch identifiziert (getrennt, nachgewiesen, bestimmt)", sicher eleganter als „Die Identifikation von ... erfolgte mit Hilfe der Dünnschichtchromatografie". Da es von manchen Begriffen aus dem Methodenarsenal der Naturwissenschaftler und Techniker zwar Adjektive gibt, aber keine Verben, kann man so tatsächlich noch etwas bewirken. „Elektrophoretieren" kann man nicht, wohl aber kann man eine Aufgabe „elektrophoretisch lösen".[92] Bei zusammengesetzten Begriffen und Akronymen scheitert in der Regel auch dieser Versuch (s. „Ein deutsches Laster" in Abschn. 10.3.1): Man kann beispielsweise weder „NMRen" noch „(ein Signal) NMRlich zuordnen", sondern nur „ein NMR-Spektrum aufnehmen/interpretieren".

Dass Zusammenfassungen von Dokumenten fast nur aus Substantiven bestehen, ist eine andere Sache: Dort lässt sich das kaum vermeiden. Aber ein Abstract ist eine Übung in Prägnanz und kompakter Information, nicht in Stil.

Um das Verb brandet ein Dauerstreit, nämlich der um seine beiden Anwendungsformen *Aktiv* und *Passiv*. Die Kontroverse entzündet sich gerade an naturwissenschaftlichen Texten, da hier Passivformen außerordentlich häufig vorkommen. Während in der geschriebenen Gemeinsprache nur ungefähr 7 Prozent der Verbformen im *Genus Passiv* stehen, erreichen die Passivformen in manchen Experimentellen Teilen z. B. in der Chemie und Pharmakologie Anteile von weit über 50 Prozent. Das hat die „Aktivisten" auf den Plan gebracht, die hier geradezu eine Enthumanisierung der Sprache wittern. Sie haben nicht einmal Unrecht, denn der Grund für das Phänomen liegt in der objektbezogenen Sicht der Naturwissenschaftler begründet. Wenn der Experimentator nicht dauernd mit „ich ..." selbst in das Geschehen eingreifen will, bleibt ihm nichts übrig, als die Handlungen an den Objekten geschehen zu lassen, und das führt zwangsläufig zum häufigen Verwenden des Passivs.

- Vermeiden Sie das Passiv, wenn es geht – aber es geht keineswegs immer!

Die Dominanz der passivischen Verbform in naturwissenschaftlichen Texten ist keineswegs typisch deutsch. Aber in den USA wird stärker als im deutschen Kulturraum für eine Änderung plädiert. Wer das Passiv vermeiden will, muss sich selbst und seine Mitarbeiter oder Kollegen in der 1. Person einbringen („Ich tat dieses", „wir taten jenes"). In bestimmten Zusammenhängen scheuen wir – wie dieser Satz zeigt – uns nicht, „persönlich" in unserem Text aufzutreten. Doch für Versuchsbeschreibungen u. ä. raten wir von der aktiven „Ich-Form" ab (vgl. EBEL und BLIEFERT 2003). Die Begrün-

---

[92] Was wir oben vorgestellt haben, sind Adverbialgruppen mit adjektivischem Unterglied. Es ist vorgeschlagen worden, Adjektive, gleichviel ob sie einem Nomen oder Verb (dann als Modaladverb) beigestellt sind, als *Artwörter* zu bezeichnen.

dung dafür wollen wir einem Terminologen (E. BENEŠ in BAUSCH 1976, S. 92) überlassen:

> Auch die bekannte Vorliebe der Fachsprache für das Passiv ist funktional bedingt: Sie entspricht der Tendenz, den Satz nicht als „agens + actio", sondern als „Thema + darauf bezogenes Geschehen" zu formulieren. Das Passiv als merkmalhaftes Korrelat zum merkmallosen Aktiv ermöglicht, einen Sachverhalt statt in Form eines Handlungssatzes in Form eines Vorgangssatzes zu stilisieren, die Zahl der „Mitspieler" zu reduzieren und das Agens abzuschwächen oder vollends zu verschweigen. So kann durch das Passiv der Tatbestand selbst oder auch das Ziel und Ergebnis einer Handlung besonders hervorgehoben, ohne Erwähnung des Agens dargestellt werden. Das Passiv erlaubt uns, das Thema bei entsprechendem Bedürfnis als Subjekt auszudrücken, es erleichtert oft die sprachliche Kondensierung der Sachverhalte, z. B.:
>
> Das gepreßte Papier wird auf Maß geschnitten, sorgfältig von restlichen Quellmitteln gereinigt, getrocknet und geglättet.
>
> [...] Somit ist die passivische – sowohl verbale als auch nominal-verbale – Ausdrucksweise ein unentbehrliches, funktionsgerechtes Ausdrucksmittel der Fachsprache.

Nicht nur im Deutschen, fügen wir nochmals hinzu.[93)]

Adverbien

Zum Verb gehört das *Adverb*, wie wir soeben gesehen haben. Es bestimmt die näheren Umstände – die „Weise" – einer Tätigkeit und heißt daher auf Deutsch *Umstandswort*, z. B. „singen" – „schön singen". Ob die Frau schön *ist* oder schön *singt*, macht von der Sprachform her keinen Unterschied. Das ist eine der wenigen Stellen, an denen das Englische stärker differenziert als das Deutsche (vgl. beautiful, Adjektiv; beautifully, Adverb).

So weit, so gut. Nun gibt es Wörter, die nur als Adverb auftreten, also nicht auch als Adjektiv verwendet werden können, wie „möglicherweise" und alle die anderen Wörter auf *-weise*. Heute Abend wird es möglicherweise regnen, aber einen möglicherweisen Regen gibt es nicht, auch keinen „probeweisen Zweifel" (oder „lediglichen Zweifel") und keine „kürzliche Untersuchung" (sondern nur eine „kürzlich durchgeführte Untersuchung").

● Gehen Sie den Adverbien nicht auf den Leim!

Adverbien gehören, wie ihr Name sagt, zu *Verben*, nicht zu Substantiven! Heikel sind in der Hinsicht die Wörter auf *-weise*. Sie geben sich zwar selbst als Wörter der „(Art und) Weise" oder der „(näheren) Umstände" einer Handlung oder eines Geschehens zu erkennen, werden aber dessen ungeachtet oft fälschlich[94)] adjektivisch verwendet,

---

[93] In *European Science Editing* (1993) 48:14 fanden wir in einem von S. M. MACLAB gezeichneten Artikel „Reader energy and reader expectations" die folgende Anmerkung: „The sentence ‚Pollen is distributed by bees' (passive) may be more appropriate than ‚Bees distribute pollen' (active) if the passage focuses on pollen rather than on bees."

[94] „fälschlich" ist ein von „falsch" abgeleitetes Adverb in der Bedeutung von „falscherweise"; ein Wort „fälschlicherweise", auf das man hier verfallen könnte, gibt es nicht.

also zu Hauptwörtern gestellt. „Gebietsweise Nebelfelder" sollte es demnach nicht geben, höchstens „gebietsweise auftretende Nebelfelder", die sind schlimm genug. Doch jetzt wird es schwirig! Gegen die „teilweise Rückführung" und den „schrittweisen Abbau" kann man nämlich nichts einwenden. Woher rührt das? Von der stark in einem Geschehen begründeten Natur dieser Substantive! Das reicht bis zum „stoßweisen Atmen" oder „stoßweisen Atem". Wenn also das Substantiv selbst Tätigkeit ausstrahlt, ein *Aktionshauptwort* – vielleicht ein substantiviertes Verb – ist, dann kann man auch ein Adverb dazu stellen.

Umgekehrt muss die Endung *-lich* im Deutschen nicht (wie gewöhnlich im Englischen das *-ly*) immer ein Adverb signalisieren (wie im Falle „kürzlich"); „seitlich" ist (auch) ein Adjektiv![95]

Das ist grässlich kompliziert, zumal Adverbien (anders als das Wort suggeriert) nicht nur zu Verben, sondern auch zu Adjektiven (vgl. „grässlich kompliziert") und anderen Adverbien („lieber jetzt als nachher") gestellt werden können und wie man sieht, eben auch – bedingt – zu Substantiven. Aber von einem „dummerweisen Zögern" würden wir glücklicherweise nicht sprechen, auch ohne einen Blick in die Grammatik geworfen zu haben.

Auf adverbiale Satzglieder wollen wir uns hier nicht einlassen.

Fremdwörterei

Ein Sprachwissenschaftler schrieb: „Man setze sich durch Fremdwortgebrauch nicht der Gefahr des Missverstandenwerdens oder gar der Fehlerhaftigkeit aus." Soll man also Fremdwörter gebrauchen oder nicht? Ein anderer Sprachwissenschaftler schrieb zu dieser Anmerkung:[96] „Dieses nominale Prachtstück ist weder klar noch knapp konstruiert. Und überdies ist es falsch, ‚fehlerhaft' nicht auf den ‚Gebrauch', sondern auf ‚man' zu beziehen"; und schlägt als Lösung des Falles vor:

● Man verwende nur Fremdwörter, die der Leser und man selbst versteht.

(Der eine ist Germanist, der andere Anglist – macht das den Unterschied? Doch zurück von dieser Rangelei – die beiden Fachleute wollen dasselbe – zur Sache.)

● „Natürlich" schreiben heißt auch, den Wortschatz der Muttersprache benutzen – soweit es geht.

Man muss nicht

   akkurat, eruieren, konstatieren, inkommodieren, Novität, Perspektive

sagen, wenn

   genau, erkunden, feststellen, belästigen (bemühen), Neuheit, Aussicht

---

[95] Zu „kürzlich" und „seitlich" gibt *Duden: Rechtschreibung* keine Wortform an. Das ausführlichere *Deutsche Universalwörterbuch* lässt „kürzlich" nur als Adverb zu, „seitlich" hingegen auch als Adjektiv („der seitliche Wind") und Präposition („seitlich des Wegs"); der adverbiale Gebrauch (z.B. „seitlich versetzt") ist unabhängig davon in Ordnung.

[96] T. STEMMLER. Ist Stil lehrbar? *Die Zeit* (4. Dez. 1992) 50: 48.

zur Verfügung stehen. Hingegen sind „argumentieren" und „diskutieren" nur unzulänglich ersetzbar, und an „destillieren" führt kein Weg vorbei. Das zuletzt genannte Wort gehört der *Fachsprache (Terminologie)* an und hat als *Fachwort (Fachbegriff)* eine ganz bestimmte Bedeutung, die beispielsweise durch „abtropfen" nicht ausgedrückt werden kann. Die „Perspektive" (dazu: „perspektivisch") hat als Begriff der darstellenden Geometrie ihren festen Platz. Auch „akkomodieren" als Fachbezeichnung eines (sinnes)physiologischen Vorgangs muss man gelten lassen. „Inkommensurabel" mag in eine philosophische Schrift passen, für den Naturwissenschaftler genügt hingegen ein schlichtes „nicht vergleichbar". Wenn man aber liest, etwas sei „weitaus differenzierter distribuiert" und „durch eine größere usuelle Frequenz charakterisiert", dann hört der Spaß auf, und das wissenschaftliche Gehabe wird zum Ärgernis (s. TUCHOLSKY in einer der Fußnoten unter *Hauptwörterei und Hohlwörterei*).

Wir wollen hier keiner Deutschtümelei das Wort reden und aus „Explosionsmotor" keinen „Zerknalltreibling", aus „Indikator" keinen „Anzeiger", aus „Koagulation" keine „Ballung" und aus „Osmose" keinen „Wandausgleich" machen. (Die Beispiele sind nicht frei erfunden; entsprechende Vorschläge gab es einmal.) Aber um Augenmaß darf gebeten werden.[97]

● Verwenden Sie *Fremdwörter* nach Möglichkeit nur dort, wo sie schwer ersetzbar oder terminologisch eindeutig belegt sind.

Auch auf *lateinische* Ausdrücke, die sich zum Teil von früher in Abkürzungen gerettet haben, sollte man verzichten und beispielsweise „usw." (und so weiter) statt „etc." (et cetera), „d. h." (das heißt) statt „i. e." (id est), „einschl." (einschließlich) statt „incl." oder „inkl." (inklusive) sagen und schreiben. Wiederum: das „i. v." der Ärzte für *lat.* intra venam, „intravenös", kann man nicht hinweg dekretieren, sowenig wie die zahllosen Abkürzungen und Akronyme der Naturwissenschaften.

An dieser Stelle sei auch kurz auf Grenzfälle der Rechtschreibung eingegangen, die sich aus der Tendenz zur *Eindeutschung* (c – z oder k; ph – f) ergeben. Heißt es Photo oder Foto, codieren oder kodieren? Muss man das Kongresszentrum in ein neumodisch-altmodisches Congress-Centrum umwandeln? Verbindliche Regeln oder Normen hierzu gibt es nicht. *Duden: Rechtschreibung* macht oft einen Unterschied zwischen *gemeinsprachlich* und *fachsprachlich,* z. B. zwischen Kalzium, Karbid, Azetat, Silikat einerseits und Calcium, Carbid, Acetat, Silicat (chemische Fachsprache) andererseits (vgl. „Fallstudie: Nomenklatur und Terminologie der Chemie" in Abschn. 10.1.3); das „Azetylen" hat er sogar gänzlich aussterben lassen.[98] Um die „Oxidation"

---

[97] Es hat viele Versuche gegeben, dem Anliegen schon im Wortgebrauch Rechnung zu tragen. Danach wären die in den Fachsprachen definierten und unverzichtbaren Termini *Fachwörter* (Fachbezeichnungen, Fachbegriffe), die aus fremden Sprachen in die eigene *Gemeinsprache* eingedrungenen Wörter *Fremdwörter* in einem engeren Sinn. Die Kontroverse ließe sich dann auf die Forderung „Fachwörter ja, Fremdwörter nein" zuspitzen, aber so einfach geht das nicht – schon deshalb nicht, weil so viele Wörter als (griechisch, lateinisch, englisch oder sonstwie klingende) Fachwörter anfangen und sich allmählich in der Gemeinsprache einnisten. Wer wollte da Richter sein? Wir kommen in Abschn. 10.4 auf das Dilemma Fachsprachen/Gemeinsprache zurück.

[98] In der 20. Aufl. 1991 des „Duden" fand sich kein Eintrag „Azetylen" mehr, ebenso wenig in der 21.

als *fachspr.* Ablösung von „Oxydation" (Oxyd usw.) haben Wissenschaftsverlage (wie der Verlag dieses Buches) mit dem Dudenverlag lange gerungen – sie haben sich durchgesetzt.[99]

Oft muss man sich selbst entscheiden oder die Richtlinie einer Zeitschrift oder Behörde beachten. Wichtig ist hier wie in anderen Fällen:

- Verwenden Sie Schreibweisen innerhalb eines Schriftstücks *einheitlich*.
- Legen Sie beim Abfassen längerer Dokumente *Hilfslisten* mit besonderen Schreibweisen an oder setzen Sie Ihre Textverarbeitung ein, um einheitliche Schreibweisen zu gewährleisten *(Buchstabierkontrolle)*.

Bei größeren Druckwerken merkt man spätestens beim Anfertigen des Registers, ob Begriffe einheitlich *(konsistent)* geschrieben sind, z. B. auch, was den Bindestrich bei zusammengesetzten Wörtern angeht.

Auch die *Konsequenz* sollte nicht zu kurz kommen. „Fotographie" wäre nicht das Richtige (entweder „Photographie" oder „Fotografie"). Wenn man sich einmal festgelegt hat, sollte man bei Wörtern mit ähnlichem Wortstamm bei der gewählten Schreibweise bleiben, also neben „Fotografie" auch „Grafik", „Reprografie", „Monografie", „Chromatografie" usw. schreiben.

Denken Sie manchmal an das Stil-Paradigma in Abschn. 10.1.1? Hier ist Gelegenheit zu einer Erweiterung unserer Wertvorstellungen:

- Den drei elementaren K des guten Stils – Klarheit, Kürze, Klang – lassen sich zwei weitere K hinzufügen: Konsistenz und Konsequenz.

Die beiden neuen K stehen für Qualitätsmerkmale vor allem von *Fach*texten – hier allerdings sind sie Desiderate![100]

Aufl. 1996. In beiden Fällen bot das alphabetische Umfeld nur noch „Azetat usw. vgl. Acetat usw." an, und auch die *Duden-Suche* im Internet lieferte (2006) unter „Azetylen" 0 Treffer. (Wohl findet sich ein 17 Wörter umfassender Eintrag unter „Acetylen" im „Großen Duden".) Die Rechtschreibreform hat allerdings z. B. im Falle von „Acetat" und, weiteres Beispiel, „Calcit" auch die stärker integrierten (eingedeutschten) Schreibungen Azetat bzw. Kalzit (wieder) zugelassen [§ 32 (2) RW], wobei in der den Regeln beigegebenen Wörterliste „Azetat" sogar den Haupteintrag bildet mit dem Hinweis „*fachspr.* Acetat", während das „Acetat" weiter vorne im Alphabet einen Siehe-Hinweis („*s.* Azetat") trägt. Ähnlich verhält es sich mit Calcit/Kalzit und Calcium/Kalzium. Wohl deshalb haben die „deutschen" z/k-Schreibweisen wieder Eingang in *Wahrig: Rechtschreibung* (2005) gefunden. Unabhängig davon müssen gesunde wie Kranke z. B. „Calcium-Antagonist" in *Knaurs Großem Gesundheitslexikon* unter C nachschlagen. Der Chemiker wird sich mit dem Dilemma – z/k versus c/c – abfinden ebenso wie der Arzt in seinen Fachgebieten. [In der *Medizin* haben sich Ärzte wie Patienten längst daran gewöhnt, dass man bei Wörtern wie Kardiologie/Cardiologie, Karzinom/Carcinom(a) oftmals Verweisen auf einen Eintrag an anderer Stelle nachgehen muss.] Für besonders glücklich halten wir die von der Reform ausgehende Tendenz in diesen und tausend anderen Fällen nicht, weil sie einer zunehmenden Entfremdung von Gemeinsprache und Fachsprache Vorschub leistet. Man wird damit leben müssen, unter einen Hut bringen kann man die beiden Sprachwelten ohnehin nicht. Im Zweifel muss ein Naturwissenschaftler bedenken, für welches Publikum er schreibt (vgl. Abschn. 10.4).

[99] Es ging nicht nur um die Anpassung an internationalen Gebrauch, sondern auch um eine Art chemisches Stammprinzip: Wenn Sulfid, warum dann Oxyd? Heute werden z. B. in *Wahrig: Rechtschreibung* (2005) „Oxydation" usw. nicht mehr als eigene Einträge geführt, doch findet man sie noch hinter den entsprechenden Wörtern mit *id*.

[100] *(lat.)* Desiderat: das unbedingt Erwünschte, Erhoffte, das man keinesfalls missen möchte.

Doch von diesem kurzen Höhenflug wieder zurück zu unserm aktuellen Problem: Der Freizügigkeit beim Festlegen sind Grenzen gesetzt! Zwischen „Grafiker" und „Graphiker" kann man auswählen. Der *Graph* der Mathematik aber lässt sich nicht in einen „Grafen" verwandeln, und Phon ist Phon (und nicht Fon): Als Name der Einheit des Lautstärkepegels steht dieses Wort unter gesetzlichem Schutz!

- Keineswegs sollten Sie Fremdwörter nur um des Eindrucks willen verwenden („sonst klingt das nicht wissenschaftlich").

Wer Gespür für Zwischentöne hat, wird aus einer gestelzten Rede oder „Schreibe" eher schließen, dass ein Mangel an wissenschaftlicher Substanz verdeckt werden soll. Auch sollte man in einer Zeit, in der die einzelnen Disziplinen immer weiter auseinanderdriften und ihr Abstand zum *Laien* immer größer wird, alles vermeiden, was die Verständigung unnötig erschwert (mehr dazu s. Abschn. 10.4).

Neue wissenschaftliche Konzepte verlangen nach neuen Wörtern. Solange bahnbrechende Arbeiten vorrangig von Englisch sprechenden Gruppen ausgedacht und in Englisch publiziert werden, haben alle anderen Wissenschaftssprachen einen ständigen Übersetzungsbedarf. Was wir täglich beobachten, kommt aber einer Weigerung gleich, sich dieser Notwendigkeit zu stellen. Manchmal werden die englischen Ausdrücke übernommen und in Anführungszeichen gesetzt wie zur stillen Erinnerung daran, dass hier eine eigene Wortschöpfung noch aussteht:

> das „stunned" Myokard, das „hibernating" Myokard.

Die fremden Beugungsendungen (*-ed*, *-ing*) sollten Anlass genug sein, dass sich jemand den Mut nimmt, auf der nächsten Tagung oder in der nächsten Publikation deutsche Äquivalente vorzuschlagen, z. B. kurz- bzw. langfristig regenerierbares Myokard.[101] Damit wäre man die fremden Endungen mitsamt den Gänsefüßchen los, nur – wer hängt der Katze die Glocke um? Früher wandte sich schon einmal ein Naturwissenschaftler an einen Humanisten mit der Bitte um Beratung, und dann kamen so schöne Wörter zustande wie „Ion".

- Das Deutsche Institut für Normung, die Terminologieausschüsse der wissenschaftlichen Gesellschaften, Lektoren und Redakteure, Fachübersetzer und letztlich alle Naturwissenschaftler und Ingenieure sind aufgerufen, an der Fortentwicklung einer schreib- und sprechbaren deutschen Fachsprache mitzuwirken!

Denglisch

Vertiefen wir diesen Gegenstand noch ein wenig. Überreich gesegnet mit solchen aus dem Englischen eindringenden Fachbegriffen *(Anglizismen)* ist die Sprache der Computer-Fachleute, die oftmals zu einem deutsch-englischen, von zahllosen Akronymen durchsetzten Kauderwelsch gerät. Es ist wohl kein Zufall, dass gerade von da ein Anstoß zu mehr Sprachvernunft gekommen ist (RECHENBERG 2003). Immerhin gibt es auch hier Zeichen der Besinnung. Wir müssen nicht Screen, Drive, Keyboard und RAM

---

[101] Die unterschiedlichen Denkstrukturen würden es einem deutschen Fachmann wahrscheinlich schwer machen, von einem „überwinternden Myokard" zu sprechen.

sagen, sondern können auf Bildschirm, Laufwerk, Tastatur und Arbeitsspeicher zurückgreifen. Die E-Mail verschickt man nicht mit einem Attachment, sondern mit einer Anlage, das ist sogar kürzer. Leider hat sich für „Bootprogramm" niemand einen deutschen Namen einfallen lassen. (Der Begriff hat nichts mit dem deutschen Wort „Boot" zu tun, sondern kommt vom Englischen „boot", Stiefel, und muss demgemäß ausgesprochen werden; man sollte wenigstens Boot-Programm schreiben.)

Gänzlich unnötig war, um auf ein anderes Gebiet zu wechseln, beispielsweise das „Recycling" (als Begriff der Umwelttechnik): Wir hatten längst die „Rückführung" und – mit noch genaueren Abgrenzungen – Begriffe wie „Wiederverwendung" und „Wiederverwertung". Mit Recht wird die unkritische Übernahme von Wörtern wie Recycling abwertend als *Neudeutsch* eingestuft. Stille Missbilligung hilft freilich nicht. Wenn keiner bei dem Unfug mitmachte, gäbe es ihn nicht. Wirklich hilfreich ist allenfalls das „Recyclat"; warum man „recyclet" oder „recycelt" schreibt und nicht – wenn man den fremden Wortstamm denn verwenden will – die eingedeutschte Form „recycliert" benutzt, ist unerfindlich.

In diesem Sinne hatten wir in der 3. Auflage dieses Buches (1994, S. 435) Stellung bezogen. Heute findet sich in *Wahrig: Rechtschreibung* (2005) ein Informationskasten dazu:

> **Recyceln/recyclen:** Für dieses aus dem Englischen entlehnte Verb (engl. *to recycle*) stehen zwei unterschiedlich stark ans Deutsche angepasste und daher leicht differierende Schreibungen nebeneinander.
> Aus den verschiedenen Grundformen der Verben leiten sich auch verschieden konjugierte Verbformen ab: ich recyc(e)le/recycle … er recycelt/recyclet …

Das Wort „recyclieren" gibt es dort tatsächlich, wenngleich nicht als eigenen Eintrag, also nur dem „recyceln" untergeordnet mit der Bedeutung „dem Recycling zuführen". Brave new world!

- Benutzen Sie deutsche Fachwörter anstelle englischer, wo immer angängig.

Schreiben Sie „Gefriertrocknung" und nicht „Freeze Drying". Und übernehmen Sie nicht einfach „Exploitation", nur weil Sie sich genieren, von „Ausbeutung" zu sprechen, und weil Ihnen sonst kein Wort einfällt. Dass niemand für die „Patienten-Compliance" ein vernünftiges Wort bereithielt, ist ein Armutszeugnis. Betrachten Sie die Sache einmal aus umgekehrter Richtung: Bei unseren Nachbarn ist deutscher Wortschatz für nicht viel mehr gut als „Blitzkrieg", „Heimat", „Sauerkraut", „Gemütlichkeit", „Rucksack", „Zeitgeist", „Waldsterben" und „Befindlichkeit", in den Naturwissenschaften vielleicht noch vermehrt um „dreifuß", „gegen ion" und „eigen value".

Die Sprache besteht nicht nur aus ungebeugten Hauptwörtern.

- Fremdsprachige Bestandteile widersetzen sich der Beugung und Abwandlung, und spätestens dann stößt die Fremdwörterei an Grenzen.

Man kann „gefriergetrocknet" sagen, aber bei „freeze-gedryed" oder „gefreeze-dryed" und „upgedated" oder „geupdated" hört es endgültig auf. Das Überstülpen deutscher Beugungsendungen („gemanagt", „airconditiont", „relaxt") macht die Sache auch nicht schöner. Kommt Ihnen das Beispiel „freeze-drying" an den Haaren herbeigezogen vor? Die Computer-Leute haben es mit dem „Time Sharing" oder „Time-sharing" – neuerdings integriert zu „Timesharing" –, und *Duden: Rechtschreibung* bietet unter dem Tätigkeitswort „timen" den „gut getimten Ball" an.[102] (Wer nicht Englisch kann, hat Pech gehabt und verspricht sich an dieser Stelle bestimmt, es sei denn, er sieht die *Aussprache* nach, die die Wörterbücher gerade angesichts der vielen Fremdwörter zunehmend anbieten.) Werden wir also den „timegesharten" Mehrprogrammbetrieb auf unseren Rechner bekommen? Vielleicht sollten wir die Sache gründlicher angehen und „getaimt", „taimgeschärt" schreiben! Für viele scheint sich das Problem aber nicht zu stellen, weil sie ohnehin mit Hauptwörtern und ein paar Aushilfstätigkeiten auskommen; für sie wurde der Ball durch „gutes Timing bewirkt".

Noch ein Verweis auf *Wahrig: Rechtschreibung* (2005)[103]: „updaten" ist ein deutsches Verb geworden, es wird schwach gebeugt nach dem Konjugationsmuster 2 wie „baden", also: „ich update", „du updatest" ... „geupdated". Das „upgedated" von oben ist damit ausgestanden. In eckigen Klammern findet sich an der genannten Stelle neben der Notation zur *Aussprache* noch der Hinweis „engl.", und zuletzt wird mit „aktualisieren" eine Wortdeutung angeboten. Warum man es nicht bei diesem älteren Wort gelassen hat, muss offen bleiben. Zumindest als Substantiv gibt das neue Wort schon etwas her (Update), das muss man einräumen: Es ist kurz, und neben dem Download nimmt sich Update gut aus.

Ein weiteres Beispiel für die Eindeutschung eines englischen Begriffs ist „layouten". Wir haben dieses Wort im vorliegenden Buch selbst sehr oft verwendet, weil es einfach „gängig" ist. Nach *Duden* kann ein Text tatsächlich [ge]layoutet werden. Wie der Klammerhinweis zeigt, sind beide Formen der Beugung möglich: die starke und die schwache ([ge]).

Ähnlich wie mit dem „Bootprogramm" verhält es sich mit dem „Personalcomputer": Da wurde vergessen, etwas zu übersetzen, und jetzt hat man im Deutschen eine falsche – leider auch vom Rechtschreib-*Duden* gebilligte – Gedankenverknüpfung. Der genannte Computer scheint dem Personal zur Verfügung zu stehen, vielleicht wird er aber auch dazu benutzt, das Personal zu berechnen. Schreiben und sagen wir lieber „Personal Computer" mit englischer Aussprache (*engl.* personal, persönlich), oder einfach PC; das ist wenigstens nicht irreführend.[104]

---

[102] *Note added in proof:* In einer seiner Glossen geht Bastian SICK unter dem Titel "Er designs, sie hat recycled, und alle sind chatting" der Frage nach, wie englische Wörter in deutscher Schriftsprache dekliniert und konjugiert werden können/sollen (SICK 2005, S. 145). Er hat anscheinend im *Duden* „getimed" gefunden, das wäre eine vernünftige Entwicklung. (Vielleicht blättert der Autor die in Vorbereitung befindliche 24. Auflage von *Duden: Rechtschreibung* mit? Die soll am 22.7.2006 ausgeliefert werden; sie wird die neuesten, ab dem 1. August 2006 verbindlichen Rechtschreibregeln enthalten.)

[103] Dort gibt es für die *Konjugation* „regelmäßiger" und „unregelmäßiger" Verben Tabellen im Anhang. Im lexikalischen Teil wird jedem Verb eine Ziffer beigeordnet, die auf das *Konjugationsschema*, eines der insgesamt 188(!) Beugungsmuster, hinweist. Das Hilfsverb „sein" hat das Schema Nr.137.

[104] Genau so, wie 1994 von uns formuliert, ist der Begriff jetzt in *Wahrig: Rechtschreibung* eingegangen, der Hinweis „engl." und die Aussprache sowie die Übersetzung „persönlicher Computer" werden

Vor Kurzem kam ein Brieföffner auf den Markt, der die Briefe mit einem Motor-getriebenen Schneidewerkzeug aufschneidet statt aufschlitzt. Seitdem heißt diese High-Tech-Facility „Letter opener". Die Deutschen – ein Volk von Nachahmern? Wenn wir nicht allen Ernstes ein *Euro-Esperanto* wollen, wird es Zeit, uns zu besinnen. Wir blicken voll Bewunderung und ein wenig Neid auf unsere westlichen Nachbarn, die nicht einmal aus einem „Computer" einen „computeur" oder etwas Ähnliches gemacht haben und die auch nicht von „Software" (im Deutschen: „Weichware"?) und E-Mail sprechen, sondern eigene Wörter geschaffen haben: „ordinateur", „logiciel", „courriel".

Das *Verhunzdeutschen* – das kauzige Wort hat ein Physiker erfunden, raten Sie wer? –, das Verunstalten und Verfremden also geht bis zum Nachahmen der Sprachform, etwa beim Genitiv-s. Aber *Uncle Tom's Cabin* sollte *Onkel Toms Hütte* bleiben, den Genitiv-Apostroph setzt man normalerweise nicht. Achten Sie einmal darauf, wie häufig in Zeitungen, Briefen, Werbesprüchen und neuerdings auch in Fachtexten hiergegen verstoßen wird *(med. Apostrophitis)*, wohl durch das englische Vorbild inspiriert.[105]

● Im Deutschen ist der *Apostroph* (') als Auslassungszeichen zuhause.

Nur wenn ein *Genitiv-s* unterdrückt wird, weil das zu beugende Wort schon auf s (ss, ß) endet wie in „Karl Kraus' (Grass', Voß') Einfluss auf die deutsche Literatur", ist der Apostroph zulässig. „Goethe's Werther" oder „Brecht's Dramen" wollen wir dagegen nicht lesen. Inzwischen hatte selbst Kaiser's ein Einsehen und schreibt sich jetzt Kaisers Kaffee-Geschäft AG. Etwas vertrackter ist die „Besitzanzeige" mit der Endsilbe *-sch*. Eigentlich möchten wir uns eine Boole'sche Algebra oder einen Faraday'schen Käfig nicht andrehen lassen; besser aus unserer Sicht wären *Boolesche Algebra, Faradayscher Käfig* oder *Faraday-Käfig*. Aber: die Rechtschreibkommission ist hier weich geworden. Sie versteht in solchen Fällen (Namen) den Apostroph nicht als Auslassungszeichen, sondern als Zeichen der Verdeutlichung der Grundform eines Eigennamens (Regel K 16) und lässt zu:

> Grimm'sche Märchen (*neben* grimmsche Märchen), Ohm'scher Widerstand (*neben* ohmscher Widerstand), Boole'sche Algebra (*neben* boolesche Algebra).

Das müssen wir hinnehmen und darüber hinaus akzeptieren, dass bei Weglassung des Apostrophs *klein* geschrieben wird (im Unterschied zu der von uns bevorzugten Schreibweise).[105a]

Manche schreiben auch das englische *Plural-s* hinter das Auslassungszeichen, nicht nur bei Akronymen (PC's statt richtig: PCs), sondern auch bei Wörtern: Jawohl Fan's, das gibt es!

Was an der einen Stelle zuviel ist, fehlt an einer anderen: Auch das willkürliche Weglassen des Bindestrichs ist wahrscheinlich eine Folge davon, dass man so viele englische Texte (in denen Bindestriche selten sind) liest (mehr dazu unter „Bindestriche" in Abschn. 10.3.1).

---

mitgeliefert; allerdings gilt die Zusammenschreibung „Personalcomputer" als bevorzugt.
[105] Das Wort „verhunzdeutschen" oben hat sich Georg Christoph LICHTENBERG einfallen lassen.
[105a] Dass die Kommission den Apostroph auch für den „gelegentlichen Gebrauch zur Verdeutlichung der Grundform eines Personennamens vor der Genitivendung -s" zulässt wie in „Carlo's Taverne" (§ 97E →

Deutsch ist auch im Alltag – etwa in der Werbung oder in der Popszene – im Begriff, zu einer englisch-deutschen Mischsprache zu verkommen. Dafür ist der Begriff *Denglisch* geprägt worden, den wir schon an früherer Stelle (in „Der Teufel steckt im Detail" in Abschn. 10.1.2) benutzt haben. Neuerdings kommt das Wort *Engleutsch* dafür auf, was dasselbe meint.[106] Es gibt eine Reihe von Autoren, die sich der Entwicklung entgegenstemmen: beherzt, mit bissigem Humor und der erforderlichen Sachkenntnis, deren es auch hierfür bedarf (z. B. LUBELEY 1993; PAULWITZ und MICKO 2000). Ja, in Vereinigungen wie dem *Verein für Sprachpflege*[107] und dem *Netzwerk deutsche Sprache* bündelt sich ein Widerstand, der Unterstützung verdient. Wenn wir hier dazu beitragen konnten, auf die Sprachnot aufmerksam zu machen und Auswege zu finden, würden wir uns freuen.

Die ganze Anbiederung nützt nichts. Deutschsprachige wissenschaftliche Texte gelten englischen Rezensenten weiterhin als schwerfällig, konfus, weitschweifig und chaotisch, wie uns Sprachteilhabern immer wieder, z. B. auf Jahrestagungen des Instituts für deutsche Sprache in Mannheim, ins Stammbuch geschrieben wird. Schade.

Füllwörterei und die ungeliebten Adjektive

„Viele Worte machen" ist eine abschätzige Redewendung für „nicht zur Sache kommen" – im beruflichen Umfeld fast ein Todesurteil. Sparen wir also Wörter, ersparen wir die überflüssigen unseren Lesern! Manche Texte fließen über von entbehrlichen Wörtern. Sie wirken wie ein schlecht zusammengefügtes, mühsam verstopftes Mauerwerk – dabei kann man ganz ohne Mörtel „Zyklopenmauern" errichten. (Muss man dazu einäugig sein?)

Kürze: ein Leitmotiv des guten Stils (s. „Stil: Ein Paradigma" in Abschn. 10.1.1). Viele haben sich dazu geäußert, die (rhetorische) Kürze ist sogar Bestandteil des Volksmunds („Der langen Rede kurzer Sinn" u. a.). Dabei ist es nicht eigentlich die *Kürze* eines Textes, die ihn gut klingen oder wirkungsvoll sein lässt, sondern sein Freisein von Ballast, die Abwesenheit von Unnötigem. „Große Kunst ist dann erreicht, wenn man nichts mehr weglassen kann", sagt ein chinesisches Sprichwort. Das Wort *konzis* trifft diese Sicht, wo es um Sprachform geht, besser als *kurz*. Eine Wörterbuchdefinition dafür ist *bündig*, und auch hierfür hat der Volksmund mit „kurz und bündig" eine Redewendung hervorgebracht. Das englische *concise* wird mit „kurz und prägnant, knapp, konzis" wiedergegeben.[108] Im Folgenden wollen wir Kürze im Sinne von *Prägnanz* verstehen – doch wie kommen wir dahin?

RW), halten wir für gar nicht gut und bleiben bei unserem oben formulierten „dagegen". [Vgl. dazu „Deutschland, deine Apostroph's" in Sicks (nicht: Sick's!) herrlichem „Wegweiser" (SICK 2004).]

[106] Warum benutzt man nicht das ältere Wort *Kreolisch*? Es würde den Kern der Sache treffen (aus *Wahrig: Deutsches Wörterbuch* 2000): „**Kreolsprache** ... *zur Muttersprache gewordene Mischsprache aus einer Eingeborenensprache u. einer übernommenen europäischen Sprache, z. B. auf Hawaii.*"

[107] Der Verein gibt eine eigene Zeitschrift *Deutsche Sprachwelt* (www.deutsche-sprachwelt.de) heraus.

[108] Man staunt, was alles das Umfeld von *prägnant* in einem etymologischen Wörterbuch hervorbringt. Das Verb *prägen* gehört dazu (Münzprägen: prägen im Sinne von eingravieren!), das Adjektiv *einprägsam* und schließlich Bedeutungen bis „inhaltsschwer" (vgl. engl. pregnant) Vielleicht sollten wir länger schwanger gehen mit unseren Gedanken, bevor wir sie zu Papier bringen.

- Wägen Sie jedes Wort ab und prüfen Sie, ob es gebraucht wird! In der Kürze liegt die Würze.

Leichter gesagt als getan! Wer beim Abfassen eines wissenschaftlichen Textes selbst noch mit dem Begreifen seiner Begriffe ringt, tut sich schwer, die kürzeste mögliche Form zu finden, sich kurz zu fassen. Das etwa steckt in Georg Christoph LICHTENBERGs oft zitiertem „Es ist keine Kunst, etwas kurz zu sagen, wenn man etwas zu sagen hat." Der Göttinger Gelehrte war Mathematiker, Geodät, Physiker und einiges mehr, er wusste, wovon er sprach.

Doch um die eleganteste – kürzeste – Form der Darlegung eines schwierigen Sachverhalts geht es oft gar nicht, Anstoß wird auf einer Etage tiefer erregt: Da werden Wörter abgestellt wie Müll. Wer der Bösewicht war, der zum ersten Mal „in etwa" statt „etwa" („ungefähr", „nahezu") sagte, ist glücklicherweise nicht überliefert. Wir wissen nur, dass er viele Nachahmer hatte und noch hat – warum nur? Manchmal verfolgen Sprachfüllsel wohl den Zweck, sich nicht klar ausdrücken und sich somit auch nicht festlegen zu müssen, etwa wenn jemand beim Interview sagt „ich würde sagen", „ich möchte annehmen" oder gar „ich würde meinen wollen". Von da bis zum Geschwätz – SCHNEIDER (2005, S. 17) spricht von der „professionellen Fernseh-Dampfplauderei" – und zum Kneipengeplapper ist es nur noch ein Schritt.

- Sprache, die sich dauernd an sich selber reibt, wird schartig und stumpf.

Viele *Adjektive* und *Adverbien* (hier speziell: *Modaladverbien*), die betonen oder steigern sollen, bewirken in der Häufung eher das Gegenteil. Zu *Füllwörtern* geworden, ermüden sie und werden nicht ernst genommen. Beispiele sind

> außerordentlich, ungewöhnlich, höchst, zutiefst, grundsätzlich, überaus, glattweg, schlechterdings, sehr, ganz.

„Ganz offensichtlich" sagt nicht mehr als „offensichtlich", und vielleicht hätte man auch dieses Wort weglassen können. Die Sprache scheint sich dieser Problematik bewusst zu sein. Einige der angeführten Wörter erheben nicht nur, sie werten auch ab, vgl. „die Aufführung war ganz hervorragend" und „die Aufführung war ganz schön". Hier herrscht *Ambivalenz*, Übersteigern und Vernebeln gehören zusammen.

Überlassen Sie es dem Leser zu entscheiden, ob er die Ausbeute Ihrer Synthese als „hervorragend" ansehen möchte. Wenn es Ihnen darauf ankommt, Aufmerksamkeit auf die Ergiebigkeit der Synthese zu lenken, hätten Sie besser eine quantitative Angabe wie „... in hoher Ausbeute (> 98 %)" beigefügt. (Von *höchst*gereinigtem Silicium verlangt man, dass es nicht mehr als 0,000 000 3 % Verunreinigungen enthält, das ist *definiert* worden!)

Einige Wörter signalisieren selbst, dass man sie nicht braucht, und doch besiedeln sie manche Texte – zum Schaden des Schreibers. Zählen wir „selbstverständlich" und „natürlich" dazu! Warum sollte etwas, das sich von selbst versteht, gesagt oder geschrieben werden? Dankbarer wären wir dem Verfasser, wenn er uns Dinge mitteilte, über die nachzudenken sich noch lohnt. Wird die Natur als höhere Instanz angerufen, oder soll mir als Leser mit dem „natürlich" vorgehalten werden, dass jedes Kind das begreifen kann (nur ich nicht)? Wahrscheinlich nichts von alledem, nur Nachlässigkeit.

- Ausschmückende *Adjektive* gehören nicht in einen naturwissenschaftlich-technischen Text.

Verbreiten allzu viele schöne „Beiwörter" (wie Adjektive auf Deutsch heißen) nicht einen Geruch nach Schüleraufsatz? Ein berühmter Redakteur soll einem jungen Kollegen gesagt haben, er dürfe alles schreiben, aber Adjektive seien dem Chef vom Dienst zur Genehmigung vorzulegen.[109]

Marktschreierisch („blütenweiß", „kuschelweich", „keimfrisch") will ein wissenschaftlicher Text nicht sein. Für seinen Zweck genügt „erneuern" – „runderneuern" tritt im werblichen Umfeld auf, und auch dort wird es nicht jedem Werbetexter gefallen. (In der Reifenindustrie hat das „Runderneuern" eine besondere technische Bedeutung.) Das Horoskop wird auch dadurch nicht wahrer, dass es als „persönlich" oder „ganz persönlich" verkauft wird.

- Schreiben Sie nicht wie ein Boulevard-Blatt!

Wir wollen gewiss die Adjektive nicht in Sippenhaft nehmen. (Wir haben selbst eine Reihe von Adjektiven in das Register dieses Buches aufgenommen.) Wo sie etwas zur näheren Bestimmung eines Begriffes beitragen können, sind sie willkommen, ja unentbehrlich. Was wäre ein Pflanzenbestimmungsbuch ohne Adjektive? Eine einkeimblättrige Pflanze ist keine zweikeimblättrige. „Rauchende" Schwefelsäure ist etwas anderes als Schwefelsäure oder verdünnte oder 2-prozentige Schwefelsäure. Die alten Bundesländer unterscheiden sich in der einen oder anderen Hinsicht von den neuen, und sobald niemand mehr einen Unterschied zwischen beiden sehen wird, werden die Adjektive von dieser Stelle verschwinden. Manchmal möchte man die Adjektive gar unter Artenschutz stellen, da auch ihnen – durch Anhängen von Suffixen wie -heit/-keit – die Gefahr der Nominalisierung droht:

> Auffällig ist die häufige Zweikernigkeit der Zellen
> (für: Die Zellen sind auffallend oft zweikernig).

Gerade in den Fachsprachen wird den Adjektiven oft der Garaus gemacht. Vielleicht ist es doch schade um sie? Schon unsere Altvorderen machten aus „saurem Kraut" „Sauerkraut". Die Verkürzung hat etwas Fachsprachliches an sich. Da unterhalten sich zwei Bürger über ein „großes Feuer", das es gegeben hat, aber der Branddirektor macht daraus ein „Großfeuer" und beruft sich auf die „Großfeuerbekämpfungsverordnung". Am liebsten würde ein anderer Fachmann aus der „rauchenden Schwefelsäure" eine „Rauchschwefelsäure" oder „Rauchendschwefelsäure" machen; dann könnte er von

---

[109] TUCHOLSKY empfahl in seiner Glosse *Die letzte Seite* folgenden Schluss für einen erfolgreichen Unterhaltungsroman: „Dann schritten sie miteinander über das abendlich dämmernde Feld, auf dem sich der würzige Geruch der jungen Kartoffeln mit dem süßen Duft der Rosen mischte." (Gefunden in *Tucholsky: Sprache ist eine Waffe*). – Unser Freund, der seine Art von Deutschsein mit dem Leben bezahlt hat, sprach an anderer Stelle von den „geschwollenen Adjektiven, denen man kalte Umschläge machen sollte" (*Die Essayisten*, dieselbe Quelle).

der „Rauchschwefelsäureproduktion" sprechen, und das wäre ja noch besser als eine „rauchende Schwefelsäureproduktion".[110]

Auch Verben kann man durch steigernde Zusätze entwerten: „bewusst verzichten", „noch einmal wiederholen", „wieder zurückschicken". Selbst bei Adverbien trifft man derlei Gebrauch an – eigentlich sagt man zweimal dasselbe (s. unter „Doppelt gemoppelt" weiter unten) – wie in

> bereits schon, ausschließlich nur, wieder von neuem, überdies noch,

ein Gebrauch, den man besser unterließe. Oder wie gefällt Ihnen „Diese Ansicht ist inzwischen aber doch auch schon wieder überholt"? Hand aufs Herz: Wir alle neigen zu solchen gedankenlosen Formulierungen und ertappen uns dabei, wenn wir einen Textentwurf anderntags erneut lesen.

● Werfen Sie aus Ihrem Text hinaus, was überflüssig ist! Auch Saft wird durch Eindicken wertvoller – und haltbarer.

Einige Wörter wirken schon ohne Zusätze aufgeplustert und sollten durch einfachere ersetzt werden. Genannt seien das Verb „darstellen" in der falschen (ihm nicht zukommenden) Bedeutung von „sein" und die Konjunktion „bzw.". Wenn ein bestimmter Apparateteil ein Sicherheitsventil *ist*, dann sollten wir nicht sagen, er stelle ein Sicherheitsventil dar. (Spielt er nur die Rolle eines solchen, ist er gar nur eine Attrappe?) Und „beziehungsweise" (bzw.) ist meist durch „und" oder „oder" zu ersetzen, weil sich da gar nichts bezieht; auch hier also falscher Schwulst.

Dann gibt es noch die harmlosen kleinen Wörtchen, *Füllwörter* genannt, wie

> ja, nun, doch, wohl, gewiss, übrigens, nur, aber, besonders, vor allem, auch, einfach, so, vielleicht, irgendwie, ziemlich, eher, nachgerade, geradezu, eigentlich, praktisch

ohne besondere Bedeutung. Ist das nun dasselbe oder eigentlich nur praktisch dasselbe? Solche Wörter – einige davon waren TUCHOLSKY (wie „nur" und „eigentlich") in *Sprache ist eine Waffe* eigene Glossen wert – erinnern an die monotone Rollensprechweise, durch die man als Jugendlicher ging, und werden – echt ätzend – auch von manchen Autoren „irgendwie" über ihre Manuskripte verteilt, mit der Streudose anscheinend. In ihrer Häufung nehmen sie den Texten jede scharfe Kontur – lassen wir die meisten von ihnen weg! Vermutlich wird man nichts vermissen, *auch* wenn in anderen Fällen auf sie nicht verzichtet werden kann („Ich aber sage euch …", „Auch du, Brutus!").

Sprache ist eine Waffe? Ja, ein geschätzter Kollege (ZIMMER 2006, S. 5) fasste die Parole TUCHOLSKYs so: „Es zeigt sich, dass manche Ausdrücke nicht so unschuldig sind, wie sie tun, dass ein Wort beschönigen, verbrämen, vertuschen, denunzieren, in die Irre führen, uns für dumm verkaufen oder schlicht lügen kann."[111] Die Wörter,

---

[110] Unter dem Diktat der Kürze macht die (Techniker-)Sprache wahre Luftsprünge. Der „Kaltstart" ist kein „kalter Start", sondern ein „Start in der Kälte".
[111] Manche Wörter sollte man in Sicherheitsverwahrung nehmen oder als Unwörter aus dem Verkehr ziehen. Dass *ein* Wort, Herrenmensch oder Ungläubiger etwa, ganze Völkerschaften aufeinander hetzen und auslöschen kann, rufen wir nur schaudernd in Erinnerung.

um die es uns im Augenblick geht – Füllwörter –, wollen am ehesten für dumm verkaufen. Harmlos sind sie nicht und wirken bei massiertem Auftreten wie ein Angriff mit Nebelwerfern und Blendgranaten. So schlimm ist das nun aber doch wohl auch wieder nicht?

- Neben der Füllwörterei gibt es noch eine *Füllsilberei* – das eine ist so unerwünscht wie das andere.

Ganz heimlich fängt das Unheimliche an. Wir lesen „abklären" und „anraten", wo es „klären" und „raten" getan hätten (es heißt ja auch „ratsam" und nicht „anratsam"). Wieder ist der Hang zur Steigerung im Spiele. Wenn etwas birst, ist es kaputt; aber manche lassen es zur Sicherheit „zerbersten", wo „zer-" nochmals *Zerfall*, *Zerstörung* ausdrückt.

Auch das grässliche „beinhalten" wäre hier zu erwähnen, das im *Duden* mit Recht als Papierdeutsch angeprangert wird. (Wem „enthalten" nicht genügt, könnte es einmal mit „zum Inhalt haben" versuchen.) Die Reihe lässt sich fortsetzen. Zum letzten der nachstehenden *Plusterwörter* heißt es im *Duden* „veraltend":

> abändern, absenken, absinken, abmildern, abspeichern, absichern,
> herabmindern, vorplanen, zuwarten;
> insbesondere, solchermaßen, jedweder.

Noch ein paar Jahre, und wir geben ein Kleid in die Abänderungsschneiderei und gehen die Abspeichertreppe hinauf.[112]

Manchmal möchte oder muss man die Sprache tatsächlich als Waffe führen, aber dann bitte nicht als Totschläger, sondern als Florett, da klingt wenigstens das Wort noch nett.[113]

Steigerungen

Adjektive lassen sich – außer durch *Zusätze* wie „sehr" oder „mehr" – auch durch Abwandlung der Form steigern. Die *Vergleichsformen* neben der Grundstufe sind der *Komparativ* und der *Superlativ*. Für das eine wie das andere gilt:

- Setzen Sie *Steigerungen* sparsam ein!

Einen Gefühlsüberschwang, wie er vor allem in der Jugendsprache zutage tritt – „unwahrscheinlich hell", „wahnsinnig schnell" –, können wir hier nicht brauchen. Die dafür benötigten Zusätze kommen in jeder Saison neu in Mode und wirken schnell abgeschmackt. Nun können Sie mit Recht sagen, dass kein Kollege auf derlei in einem Fachtext verfallen werde. Aber wie steht es mit „wirklich", „unbedingt", „tatsächlich", „absolut" (z.B. „absolut richtig"), „vollkommen" („vollkommen ausgelastet")? Das

---

[112] Nach dieser Schärfung des Bewusstseins (und bevor wir uns Ihren oder anderen Widerspruch zuziehen), räumen wir schnell ein, dass sich die Begriffsinhalte solcher Wörter ohne und mit *Vorsilbe (Präfix)* keineswegs immer im vollen Umfang decken. (Nehmen Sie nur „decken" und „abdecken".) Wie MÜLLER (im Schülerduden *Die richtige Wortwahl*, 1990) nachweist, sind beispielsweise „sterben" und „versterben" nur bedingt austauschbar, da sie nicht *genau* dasselbe bedeuten.

[113] Von *ital.* Floretto, *frz.* fleuret, kleine Blume, nach dem knospenähnlichen Schutz, der bei Fechtübungen auf die Spitze der Waffe gesteckt wurde.

klingt doch sachlich und wirkt auch in einem beruflichen Umfeld vertraut! Dennoch: was gesprochen hier noch angehen mag, ist geschrieben – vor allem in der Häufung – nicht geheuer.

In Wörtern wie „allerbeste" kommt Verschiedenes zusammen: Hang zur *Steigerung*, *Hohlwörterei* und *wiederholendes Lallen* (wenn Sie verzeihen). Der „allerbeste Opa" mag sich auf einem Geburtstagsgruß nett ausnehmen. Wer aber in einem wissenschaftlichen Kontext von den „allerbesten Voraussetzungen" (oder auch nur den „besten") für die Durchführung des Feldexperiments spricht, übersieht zweierlei: Die „besten" sind schon die besten unter allen vergleichbaren, „aller" bringt nichts mehr; höchstens den Verdacht, dass der Autor sich seiner Sache so sicher nicht ist. Und in einer Beobachtungsperiode im nächsten Jahr können sich vielleicht doch noch bessere Voraussetzungen einstellen, dann war die Aussage hinfällig oder falsch. Also bescheiden wir uns lieber gleich mit „guten Voraussetzungen".

Eine ähnliche Warnung gilt für Zusätze, die mindern statt steigern, etwa „kaum" (vgl. sehr bekannt – bekannt – kaum bekannt – unbekannt). Bei manchen Wörtern weiß man nicht, was sie bewirken sollen. Wenn jemand *sagt* „Es ist ziemlich kalt", sieht man an seiner Nasenspitze, wie kalt es ist; geschrieben in einem Fachtext gäbe diese Wendung keinen Sinn. (Auf die manchmal zwielichtige Rolle von Modaladverbien sind wir schon oben unter „Füllwörterei und die ungeliebten Adjektive" zu sprechen gekommen.)

Eine unsinnige Steigerung ist der „Erstere" und der „Letztere", ob man das nun großschreibt oder nicht. Glücklicherweise wird das zunehmend so empfunden, und statt der „letzteren Möglichkeit" sagt man „die zweite" oder „die zuletzt genannte" oder einfach „die letzte" oder „diese".[114] Auch dass sich „optimal", „maximal", „vollkommen", „einzig", „meisten", „zuunterst" u. ä. nicht steigern lassen, hat sich herumgesprochen. Oder doch nicht ganz; es gibt (die) „allermeisten" und „zuallerunterst", und *Duden* muss sie ebenso gelten lassen wie „allererst" und „allerletzt". Aber solche Wörter gehören in den sprachlichen Alltag, z. B. zur Aufgeregtheit beim Rucksackpacken, nicht in einen wissenschaftlichen Text.

„Im wahrsten Sinne des Wortes" – wer so sagt, scheint davon auszugehen, dass alles mehr oder weniger gelogen ist, sonst bräuchte er „wahr" nicht zu steigern. Wenn Sie anfangen, sprachpuristisch – oder puritanisch – zu denken, werden Sie auch nicht mehr von den „verschiedensten Zusammensetzungen" sprechen: Wenn sich die Zusammensetzung von A in mehr Merkmalen unterscheidet als die von B, werden Sie das erläutern; ansonsten genügt der Hinweis auf die Verschiedenheit. Sie haben dann allerdings strengere Maßstäbe angelegt als *Duden*, der beispielsweise die „verschiedensten Interessen" zulässt; das ist eher eine Frage des Stils als der Grammatik. BISMARCK jedenfalls untersagte seinen Mitarbeitern den Gebrauch des Superlativs. (In Titel und Anrede des Kaisers drängten sich dafür die allerhöchsten Prädikate.)

---

[114] Wir wundern uns, dass z. B. *Wahrig: Rechtschreibung* (2005) für „letztere(r, -s)" noch einen Eintrag übrig hat und „die letztere Variante" für salonfähig hält; für uns ist sie es nicht.

- Wenn verglichen wird, dann wüsste man in einem wissenschaftlichen Text gerne, womit.

„Größere Schwierigkeiten bereitete ..." am Anfang eines Absatzes wäre nur gerechtfertigt, wenn vorher schon von anderen (weniger großen) Schwierigkeiten die Rede war. Nur als Floskel sollten wir auch diese Wendung nicht zulassen und „größere" durch „einige" oder „erhebliche" ersetzen – oder weglassen: Dann wird dem Leser geradezu angst vor den plötzlich auftauchenden Schwierigkeiten.

Kann man auch von Verhältnis- und Umstandswörtern Steigerungsformen (auf, aufer, am aufsten) bilden? Doch wohl nicht. Dennoch liest man „vermittelst" und „zuvörderst", „vollinhaltlich" und „letztendlich" – das hält selbst säurefreies und chlorfrei gebleichtes Papier auf die Dauer nicht aus! Es muss auch „weitgehendst" nicht ertragen, jedenfalls nicht als Adverb. Uns genügt es, wenn Sie sich unseren Ausführungen weitgehend anschließen können; was brächte da die Steigerung „weitgehendst", wenn doch nichts verglichen wird? Zum letzten Wort oben gibt es einfache Alternativen: „letztlich", „zum Schluss", „schließlich".

Anders ist es bei der Verwendung von „weitgehend" als Adjektiv. *Duden* lässt neben „weitergehend" und „weitestgehend" auch „weitgehender" und „weitgehendst" gelten, tatsächlich lässt sich feststellen: „Dies ist der weitgehendste Antrag." Es ist ähnlich wie mit der „bestmöglichen" Lösung: Sprachlich ist sie zwar keine gute Lösung, aber solange sie nicht zur bestmöglich*sten* wird, kann man ihr nicht viel vorwerfen. Schöner allerdings als „bestmöglich", „größtmöglich" (usw.) sind „möglichst gut", „möglichst groß".[115]

Spektroskopiker haben es mit dem langwelligen Licht zu tun. Wie nun, wenn ein Signal bei noch längeren Wellen liegt – ist es dann längerwellig oder langwelliger? Streng genommen beides nicht, denn das Signal *hat* keine Wellen, es entsteht nur bei Erregung mit einer bestimmten Wellenlänge. Wir wollen aber unseren Kollegen die etwas verkürzte Denkweise nicht ausreden. Von den beiden Alternativen scheint uns langwelliger (langwelligst) als die bessere, weil dieses Adjektiv seine zusammengesetzte Natur fast verloren hat. (Selbst *Duden Deutsches Universalwörterbuch* setzt sich mit dem Dilemma nicht auseinander und lässt es ungesteigert bei „langwellig".)

Manche Wörter tragen das „Letztgültige" der zweiten Steigerungsstufe (*lat. Superlativ*, Höchststufe) schon in sich, z. B. das Wort „nie". Ist „nie" das Endglied der Steigerung manchmal – selten – nie? Vielleicht sollten wir bei unseren Superlativen, die leicht etwas autoritär klingen („höchstpersönlich"), gelegentlich an den Spruch denken: „Sag nie ‚nie'!". Dann wird uns auch wieder bewusst, dass beschleunigter Puls noch kein Herzrasen, nicht jeder Schnupfen eine Grippe und nicht jedes Kopfweh eine Migräne ist.

---

[115] „Schnellstmöglich" lässt sich am ehesten adverbial verwenden, man sollte also nicht „zum schnellstmöglichen Eintritt" sagen oder annoncieren; die neue Kraft soll ja nicht möglichst schnell sondern möglichst bald in die Firma eintreten. Eher taugt „schnellstmöglich eine Sache erledigen"– aber warum nicht „schnellstens"?

10.2 Kriterien des sprachlichen Ausdrucks

Vor Verirrungen wie „optimaler" (als Steigerung von „optimal") können Sie sich bewahren, auch ohne Großes Latinum. Denn „optimal" heißt „bestmöglich", und eine *Höchst*form können Sie auch in der Sprache nicht steigern, wenn Ihre Sprache ernst genommen sein will. Manche Adjektive lassen sich gar nicht steigern – man muss dabei nicht an „tot" oder „schwanger" denken: Ganze *Klassen* von Adjektiven, die in technischen Berichten vorkommen – wie alle auf „-los" und „-frei" (problemlos, keimfrei) –, sind von dieser Art.

- Adjektive oder Adverbien, die mit *un-* beginnen oder mit *-frei* oder *-los* enden, lassen sich nicht steigern.

Der „Dichter-Kollege" TUCHOLSKY darf sich seinen „unnachsichtigsten Leser" nennen (s. unser Zitat am Ende von Abschn. 10.2.1), und bei einer Fußballreportage darf der Sprecher von den „kompromisslosen Angriffen der Mannschaft B" begeistert sein. Aber wir halten „uneingeschränkteres Forschen", „CO_2-freiere Luft" oder „harmlosere Produkte" für – sagen wir – ziemlich unmöglich![116]

So können wir Sprache als Waffe bestimmt nicht lange benutzen. Da setzt sie Rost an und wird stumpf.

Doppelt gemoppelt

Eine andere Gefahr geht von *Pleonasmen* und *Tautologien* aus. Beide Wörter, die schon in der griechischen Rhetorik eine Rolle spielten, bedeuten Sinn-Verdoppelung. Berühmt ist der „weiße Schimmel": Der Schimmel ist definitionsgemäß ein weißes Pferd, also ist die Beifügung des Eigenschaftswortes „weiß" entbehrlich, *redundant*.[117] Nun ist die Redundanz hier so offensichtlich, dass der „weiße Schimmel" wohl eher ein warnendes Konstrukt als gelesene Wirklichkeit ist.

- Verhüllt treten Pleonasmen in vielen Texten auf.

LANZE (1983) nennt die „quantitative Zahlenangabe", den „kritischen Einwand" und die „zwingende Notwendigkeit". Die Notwendigkeit ist schon zwingend genug, wir schöpfen durch das „zwingend" eher Verdacht, dass die ganze Sache doch nicht so notwendig war. Hier ließen sich viele weitere Beispiele anfügen. Oft steckt die überflüssige Verdoppelung schon in *einem* Wort, in „Zukunftsperspektive" (oder „Zukunftsprognose") etwa. Da „Perspektive" (*fig.*, figürlich, im übertragenen Sinn) schon „Zukunftsaussicht" bedeutet, bekommen wir es hier mit der „Zukunftszukunftsaussicht" zu tun. So bergen viele Wörter, die es gar nicht geben sollte, den Pleonasmus

---

[116] Was das Präfix *un-* angeht, mag jemand für sich in Anspruch nehmen, dass er noch unglücklicher dran sei als ein anderer. Unser Verdikt oben gilt in einem eher technischen Kontext: unlegiert, unbar beispielsweise. Unbarer bezahlen kann man schlecht. – Der „Adjektivbildung mit ...los und ...frei", dem „sprachlichen Ausdruck für die Abwesenheit", hat der Verein Deutscher Ingenieure eine eigene Richtlinie gewidmet (VDI 2270). Wir müssen zugeben: „bügelfrei" ist wichtig, und das Wort „drahtlos" hat die Welt verändert.

[117] Christian MORGENSTERN allerdings wusste – in *Der Apfelschimmel* – Erstaunliches zu berichten:
Es war einmal ein Schimmel,
der war so weiß, daß man ihn gar nicht sah.
[...]

schon in sich, wie die „Glasvitrine", die „Rückantwort", das „Grundprinzip" (das eine Grundgrundlage ist) und der „Testversuch". Töricht sind auch „schlussendlich" – sind denn Schluss und Ende nicht dasselbe? – und „letztendlich": „schließlich" hätte es für beide getan. Bei Licht betrachtet braucht man auch keine Aufgaben- und keine Fragestellung, keine Zielsetzung: Aufgabe, Frage, Ziel erfüllen den Zweck, nur besser.

Manche Modaladverbien wie „vielleicht", „vermutlich" oder „möglicherweise" sind überflüssig, wenn die besonderen Umstände schon anders ausgedrückt worden sind; beispielsweise bedarf es bei „... soll erstmals hergestellt worden sein" keines „vermutlich" mehr.

Dürfen wir Ihnen noch eine kleine Liste zur stillen Versenkung anbieten?

reiche Vielzahl   überwiegende Mehrheit   statistisches Mittel
vollkommene Übereinstimmung   letztes Ultimatum   weibliche Eizelle
emotionale Gefühle   unwiederbringliche Vergangenheit   analytische Zerlegung
akribische Genauigkeit   genaue Analyse   vollkommen ausgefüllt   neu renoviert
eindeutig bewiesen   ganz entscheidend   vorprogrammieren   einzig und allein
elektrisch galvanisieren   wieder zurückgewinnen   spekulativ vermuten
schätzungsweise etwa ...

Auch hier steht oft der Wunsch im Hintergrund, durch Steigerung zu beeindrucken. Zwei Beispiele dieser Art – „noch einmal wiederholen" und „wieder zurückschicken" – hatten wir schon unter der Zwischenüberschrift „Füllwörterei und die ungeliebten Adjektive" genannt. Gewiss kann man etwas noch einmal wiederholen, aber dann tut man es mindestens schon zum dritten Mal, was meistens nicht gemeint ist. Entsprechend genügt es im zweiten Beispiel, etwas zurückzuschicken oder wieder zuzuschicken.

Auch *Wendungen* wie „wie zum Beispiel", „ z. B. ... usw." und „immer größer und größer" sind redundant.[118] Selbst das geläufige „widerspiegeln" ist streng genommen ein Pleonasmus; „spiegeln" würde genügen. Schließlich moppelt doppelt auch, wer „sog." mit einer Anführung verbindet: die Anführungszeichen sagen ja schon, dass etwas so genannt wird, also z. B.

der „Murphy-Effekt" *oder* der sog. Murphy-Effekt.

Auch in den reinen Fachsprachen lauert die Gefahr der Redundanz, d. h. der Wiederholung – vor allem für den, der eine schwammige Beziehung zur *Terminologie* (nicht: *Fach*terminologie!)[119] hat. Die „Intensität des Strahlungsflusses" ist ein Pleonasmus, da der in Watt gemessene Strahlungsfluss schon eine Intensitätsgröße ist. [Also bitte „Intensität der Strahlung" oder, unmissverständlicher, einfach „Strahlungsfluss" oder noch deutlicher „der Strahlungsfluss (Φ_e)".] Bei Akronymen sollte man sich erinnern, was sie bedeuten, um der „KSZE-Konferenz" oder dem „SI-System" (SI Système International) zu entgehen. Zur Not können Sie aus LIMS ein LIM-System machen. Von

---

[118] Unsere Sprache ist nicht immer logisch. Sie verlangt „Nachfolger", einen „Folger" hat sie nicht vorgesehen. Aber warum „nach" – haben Sie schon von einem „Vorfolger" gehört?

[119] Terminus ist ein Synonym für *Fachausdruck*, also wäre Fachterminologie die Fachfachsprache. Wohl aber kann man von der Terminologie eines bestimmten Faches sprechen, oder, gedanklich etwas verkürzend, beispielsweise von der *chemischen Terminologie*.

der Datei sagen sie lieber, dass sie „im Format PDF" vorliege als „im PDF-Format", denn das wäre ein „Portable-Document-Format-Format".

Wiederholungen

Es gibt eine Stilschwäche, die sich manchmal zur Unart auswächst, aber sich nicht in der Verwendung *falscher* Wörter, Fügungen oder Gefüge manifestiert, sondern schlicht in deren übermäßigem, bis zum Überdruss ausgedehntem Gebrauch. Wir sprechen von *Wiederholungen* und erinnern uns an ein Zeichen am Rande unserer Aufsatzhefte in der Schule: W. Der Lehrer pflegte dieses Zeichen an Stellen zu setzen, an denen er dem Schüler zu verstehen geben wollte „Da wiederholst du dich, das hast du vorher schon gesagt" oder „Du gebrauchst zu oft dieselben Wörter oder Wendungen". Im letzten Fall zeigten oft ein paar hingeworfene Striche unter bestimmten Partien die Stellen an, die den Anlass zur Kritik gaben. Nachher sagte man sich als Urheber des Traktats: „Recht hat er, das hätte ich vermeiden können." Verbessert waren die Stellen dann meist schnell.

Wir sprechen also nicht mehr, wie im vorstehenden Abschnitt, von den (pleonastischen) Wörtern und Wendungen mit eingebauter Wiederholung, sondern von deren *Repetition*,[120] d.h. ihrem mehrfachem Gebrauch.

● Machen Sie aus Ihrem Schreibgerät kein Repetiergewehr!

Erstaunlicherweise ist uns Repetition als Begriff der Linguistik selten begegnet, und auch in den Abhandlungen über „gutes Schreiben" bringt es das Wort (oder sein Äquivalent Wiederholung) kaum irgendwo zur Würde eines Registereintrags, geschweige denn zu einem Platz auf den Rängen eines Inhaltsverzeichnisses. Am besten lassen wir einen Naturwissenschaftler ausdrücken, worum es geht (ALLEY 1996, S. 74):

> Many scientific papers read slowly because the sentences have no variety. The sentences begin the same way. They have the same length. They have the same arrangement of nouns, phrases, and verbs. In any type of writing, whether it be a poem or feasibility report, there are rhythms. Rhythms determine the energy of the writing. Writing that uses the same rhythms over and over is dull reading. Imagine a piano piece with only two or three different notes. Not very exciting, huh? But that is the way many scientists write – two or three sentence patterns repeated again and again. The result is stagnation.

Der Autor – es ist wohl kein Zufall, dass wir bei einem Englisch sprechenden „Sprachteilhaber" gelandet sind – führt das Thema in einem 4-seitigen Abschnitt aus, den er „Varying sentences" nennt und dem er noch eine kurze Betrachtung „Varying paragraphs" folgen lässt. Das Thema „Varying words" ist ihm der Mühe nicht wert. Schließlich kann jeder selbst darauf achten, dass er nicht dasselbe Wort ohne Not – wir kommen darauf zurück! – mehrfach in eine kurze Textpassage einfließen lässt, und kann für Abhilfe sorgen, wenn das doch geschehen ist.

---

[120] *(lat.)* repetere besteht aus der Vorsilbe re (für zurück, wieder, noch einmal) und petere, was eigentlich anstreben bedeutet. Angestrebt wird in unserem Fall meist gar nichts außer der Erfüllung des Wunschs, beim Schreiben seine Ruhe zu haben und sich nicht ständig etwas Neues einfallen lassen zu müssen.

- Ständige Wiederholung führt zur *Monotonie*, dem Ende des Wohlklangs.

Wörter oder Wortkombinationen in kurzem Abständen in einem Text wieder und wieder lesen zu müssen wirkt langweilig, ermüdet. Andererseits lässt sich Wiederholung gezielt zur *Betonung (Hervorhebung)* und zur besseren *Verständlichkeit* einsetzen. Wo liegt das rechte Maß?

- Beim Gebrauch von gemeinsprachlichen Wörtern sollten wir auf Abwechslung achten. Dadurch wird ein Text lebendiger.

Dass sich dieser Hinweis nicht auf den Bereich der *Terminologie* erstrecken kann, haben wir an früherer Stelle („Begriffe, Benennungen" in Abschn. 10.2.1) wohl ausreichend deutlich gemacht; die Einschränkung der Regel auf *gemeinsprachliche* Wörter soll an früher Gesagtes erinnern. Hier besteht eine Wesensverschiedenheit zwischen Sprache und Fachsprache, die keine Stilbetrachtung der Welt aufheben kann oder darf.

- Als Mittel der Betonung oder als Verständnishilfe kommt bewusste Wiederholung in Fachtexten weniger in Betracht.

Einsatzgebiete dieser „Stilmittel" sind eher die populärwissenschaftliche Kommunikation (Abschn. 10.4) oder der Vortrag (EBEL und BLIEFERT 2005) als die Fachpublikation oder – allgemeiner – der naturwissenschaftlich-technische Bericht.

Zu den häufigsten Wiederholungsfehlern in solchen Texten gehört die ständige Verwendung von Passivkonstruktionen.

>Die Analyse kann durchgeführt werden.

Für sich allein betrachtet muss dieser Satz nicht beanstandet werden. In der Wissenschaft „kann aber sehr viel ... werden", und die Beschreibung dieser Vorgänge nach immer demselben Muster innerhalb eines Textabsatzes könnte äußerst langweilig werden. Wie wäre es zur Abwechslung mit einer der folgenden Varianten?

>Die Analyse lässt sich durchführen.
>Die Analyse ist durchführbar.
>Man kann die Analyse durchführen.
>Wir können die Analyse durchführen.
>Die Analyse gelang.

Die letzten Varianten zeigen, wie sich aus einer Passivkonstruktion ein Aktivsatz erzeugen lässt. Auch Konstruktionen mit „man" sollte man nicht zu häufig in den Text einstreuen, das wäre wieder monoton; zudem wirkt das „man" durch seine Unpersönlichkeit immer „trocken". Aber das heißt nicht, dass man *man-Konstruktionen* ganz vermeiden müsste (oder: dass wir sie ganz vermeiden müssten, oder: dass sie ganz zu vermeiden seien).

- Beim Lesen arbeitet nicht nur der Verstand und forscht nach den Inhalten, die da mitgeteilt werden – auch die Ohren lesen mit!

Erstaunlich, aber Sie können das an sich selbst verifizieren. Hier liegt auch der Grund, warum man als Schreiber seine Texte selbst lesen – vielleicht wirklich laut lesen – sollte (vgl. „Verbesserte Fassung – Hinweise zur Sprache" in Abschn. 1.4.2), bevor man sie aus der Hand gibt: möglichst „am Stück" und in einer abgeschirmten Umge-

10.2 Kriterien des sprachlichen Ausdrucks

bung. Es kommt nämlich nicht nur oder nicht immer zuerst auf das an, *was* die Wörter sagen, sondern darauf, *wie* sie es sagen, wie sie *klingen*!

- Wer seinen Lesern Langeweile oder gar Unwohlsein ersparen will, vermeide beim Schreiben nicht nur *Wortwiederholung*, sondern auch *Klangwiederholung*.

Während die Augen eines geübten Lesers über den Text huschen, vollbringt sein Gehirn eine Höchstleistung an *Zeichenerkennung*, Optical Character Recognition (OCR), hinter der sich auch der leistungsfähigste *OCR-Scanner* schamhaft verstecken muss. Die aufgenommenen Signale werden entschlüsselt und zu Information zusammengesetzt, diese wird mit bereits Bekanntem verglichen und an geeigneten Stellen gespeichert (oder auch nicht gespeichert). Und während alles dieses abläuft, wird der Text auch noch *intoniert*, lautmalerisch in Szene gesetzt! Schließlich war das Gehirn ursprünglich auf das *Hören* als Methode des Informationsempfangs ausgerichtet, und von diesem Können macht es ohne besonderen Auftrag weiterhin Gebrauch, auch wenn es jetzt sehr oft die Augen sind, die zum Aufnehmen von Information eingesetzt werden.

So kommt es, dass letztlich *alle* Bücher (auch) Hörbücher sind, dass schon die zufällige Wiederholung des gleichen *Klanges* den Leser stört. In REINERS' *Stilfibel* (1990, S. 28)[121] finden sich folgende Beispiele von Sätzen, die der Autor als unschön empfindet und umgeschrieben hätte (wir auch):

> Habt Ihr ihr ihre Tasche zurückgegeben?
> Diesen Baum muss er auf jeden Fall fällen.
> Heute findet in der Stadt ein Ball statt.
> Es wird sich sicherlich eine bessere Lösung finden lassen.

Bewusst haben wir soeben von der *zufälligen* Wiederholung gesprochen. Dass Wiederholungen mit großer Wirkung *gezielt* eingesetzt werden können, steht auf einem anderen Blatt (wahrlich auf einem Notenblatt, denn die Verse in „Wallensteins Lager", aus denen die beiden folgenden Zeilen stammen, sind vertont worden („Reiterlied"):

> Und setzet ihr nicht das Leben ein,
> Nie wird euch das Leben gewonnen sein. (SCHILLER)

Wir müssen beim Schreiben *Vermeidungsstrategien* entwickeln, die gegen Wiederholung sind besonders wichtig. Leser können gegenüber den Schwächen eines Textes sehr empfindlich sein, ihnen bereitet nicht nur *ständiges* Wiederholen Verdruss: Schon eine einzige vermeidbare Wiederholung kann sie stören, eine *Wort-Verdoppelung* also, *eine!* REINERS nennt in einem Atemzug damit die *Bedeutungs-Verdoppelung*, wie sie

---

[121] REINERS formuliert ein „Stilverbot 2" ganz weit vorne in seiner Fibel so: „Wiederholen Sie ein Wort nicht innerhalb einiger Zeilen! Vermeiden Sie auch zufälligen *Gleichklang*! Nur wenn ein Wort besonders betont ist, dürfen Sie es wiederholen." Für diesen Autor gibt es nur noch eine größere Sünde beim Schreiben als die Gleichklingerei, sein „Stilverbot 1" lautet: „Vermeiden Sie das Wort ‚derselbe'! Lassen Sie es ganz weg oder ersetzen sie es durch ‚er, sie, es' oder durch sinnverwandte Wörter! Bisweilen kann man auch das ursprüngliche Wort wiederholen." [Auf diesen Punkt haben wir keine Kraft verwendet, das Problem hat sich inzwischen im allgemeinen Sprachgebrauch weitgehend erledigt. Die Sache mit „derselbe" hängt übrigens mit der vorigen zusammen, wen wundert's; schließlich hat fast alles in der Sprache mit Klang zu tun. Wollte jemand in der zweiten Zeile aus dem Reiterlied (oben, nachstehend) „das Leben" durch „dasselbe" ersetzen, könnte er Brechreiz auslösen.]

uns im Pleonasmus entgegentritt (s. „Doppelt gemoppelt" in Abschn. 10.2.3). Beiden fügt er also an der bezeichneten Stelle noch die Wiederholung (oder Verdoppelung) des Klangs hinzu. Dabei hat er das Wort Klangwiederholung sicher nicht erfunden, aber er hat ihm an einer kleinen Stelle seiner Stilkunde einen Platz eingeräumt. (Ähnlich auch RECHENBERG 2003, S. 36.)

Mit Klangwiederholung beschäftigen sich Musiker, dort gehört sie praktisch zum Geschäft. Doch auch im Reich der Wörter, der Literatur, spielt der Begriff eine weitläufigere Rolle, als man auf den ersten Blick vermuten möchte. Schließlich geht es in der Dichtung oft gerade darum, Klangwiederholungen z. B. am Ende von Verszeilen bewusst herzustellen, und eine Lust am Gleichklang kennzeichnet die alten *Stabreime* („Haus und Hof", „Kind und Kegel") ebenso wie den *Volksmund* unserer Tage („Einmal ist keinmal", „doppelt gemoppelt").[122] Ein weites Feld tut sich auf, aber wir müssen uns mit den paar Hinweisen begnügen. Es gäbe viel zu tun – lassen wir's ruhn.[123]

Verhältniswörterei

Verhältniswörter (Präpositionen) sind gut und nützlich und in der Sprache ebenso wenig entbehrlich wie Plus- und Minuszeichen in der Mathematik. Es sind meist kleine Wörter wie „in", „auf", „seit"; und weil sie so klein sind, lassen sie sich leicht nebeneinander stellen und mit anderen kleinen Wörtern *(Artikeln, Partikeln, Pronomen)* zu Wortketten auffädeln („Auch für die bei der …"). Aber das ist wider ihre Natur: Sie gehören zu Hauptwörtern, zu denen sie eine örtliche, zeitliche oder sonstige Beziehung herstellen sollen.[124]

● Vermeiden Sie das Aneinanderreihen von Verhältniswörtern und Artikeln.

Auch ein Wald nur aus Schlingpflanzen kann nicht wachsen, ein paar Bäume gehören schon dazu. Was gemeint ist, zeigen die Beispiele:

> *Durch aus von uns bislang nicht* erkannter Ursache eintretende Rauchentwicklung wurde …
> *Aus den von uns seit* 1989 durchgeführten Untersuchungen …
> *Wenn an eine in die* Stichprobe fallende …

Hier hilft nur, Nebensätze zu bilden, z. B.: „Aus den Untersuchungen, die wir seit 1989 durchgeführt haben, …" oder noch kürzer „Aus unseren 1989 begonnenen Untersuchungen …". Nicht immer lässt sich eine solche Wortkette leicht zerlegen, zumal man

---

[122] Klangphänomene zählen zu den klassischen *rhetorischen Figuren*: *Alliteration*, gleicher Anlaut aufeinanderfolgender Wörter; *Anadiplose*, Wiederholung des letzten Gliedes eines Syntagmas (auch Verses) zu Beginn des folgenden; *Anapher* und *Epipher*; Wiederholung eines Wortes (bzw. Syntagmas) zu Beginn bzw. am Ende mehrerer aufeinanderfolgender Syntagmen (bzw. Sätze, Absätze), oft gepaart mit Parallelismus; *Paronomasie*, Wortspiel mit Klangwiederholung und geänderter Wortbedeutung. – Hier mag noch das Fachwort *Syntagma* interessieren. Aus der Begriffsbildung im „Lexikon der deutschen Sprachlehre" in *Wahrig: Deutsches Wörterbuch*: „Syntagma, … Kette von strukturierten sprachlichen Ausdrücken, die in einem Zusammengehörigkeitsverhältnis stehen."

[123] Esso-Slogan: „Es gibt viel zu tun, packen wir's an!" – *Sie* werden die Sache von oben sicher nicht auf sich beruhen lassen, sondern Ihre Aufmerksamkeit vermehrt darauf lenken.

[124] Auch der folgende Merksatz enthält eine *Vermeidungsstrategie*; zudem greift er das Thema „Wiederholungen" des vorigen Unterabschnitts an einem speziellen Fall wieder auf.

Gefahr läuft, statt ihrer Schachtelsätze zu produzieren. Versuchen wir es dennoch! Kaum etwas klingt so fad und technokratisch wie diese Folgen von Wörtern, die für sich allein nichts taugen.

SÜSKIND hat die Präpositionen ein „munteres Volk von großer Beweglichkeit" genannt und sie mit den agilen Schleppern verglichen, die die großen Kähne im Hafenbecken hin- und herbugsieren; in *Vom ABC zum Sprachkunstwerk* hat er ihnen eine kleine Liebeserklärung geschrieben (SÜSKIND 1996, S. 103-110).

Dennoch, unersetzlich sind Präpositionen nicht. Versuchen Sie es einmal mit „voll(er) Zuversicht" anstelle von „mit Zuversicht". Das ist sprachlich stärker, sagt mehr aus; wohl deshalb, weil an die Stelle eines Verhältniswortes ein Eigenschaftswort getreten ist. Der unnachsichtigste Analyst der deutschen Sprache, den wir kennen, hat einmal dem „mit" eine eigene Glosse gewidmet. Die Wendung „mit am meisten" („X hat mit am meisten dazu beigetragen ...") kommentierte er so: „Es ist ganz und gar abscheulich: ‚mit' ist eine Präposition oder Suffix eines Verbums – so aber, wie es sich da im Satz herumtreibt, ist es gar nichts, ein elendes Wrack vom Schiffbruch eines deutschen Satzes" (gefunden in TUCHOLSKY: *Sprache ist eine Waffe*, S. 29).

Verhältniswörter, die eher abstrakte Beziehungen herstellen wie

> hinsichtlich, infolge, zufolge, ungeachtet, unbeschadet

werden immer seltener gebraucht, was eigentlich schade ist. [Um „mittels", „zwecks", „betreffs" und „behufs" ist es weniger schade, aber „angesichts" ziehen wir – da es kürzer ist – einem „in Anbetracht des (der)" vor.] Vielleicht liegt das daran, dass sie den *Genitiv* nach sich ziehen, dem die meisten aus dem Wege gehen.[125]

- Grundsätzlich hat die nominal geprägte Fachsprache einen hohen Bedarf an Wörtern, die einzelne Nomina in Beziehung zueinander setzen, ihr gegenseitiges Verhältnis beschreiben.

Die „klassischen" Präpositionen reichen ihr dafür oft nicht aus, so dass sie auf Wortgruppen mit präpositionaler Wirkung ausweicht wie

> mit Hilfe von, im Verlauf von, auf Grund von.

„Auf Grund" verschmilzt zunehmend zu „aufgrund", während man „im Verlauf von" zu „im weiteren Verlauf von" erweitern kann. An der Stelle holt uns wieder einmal die Rechtschreibung ein, wir zitieren einen Informationskasten aus *Wahrig: Rechtschreibung* (2005):

> **Aufgrund/auf Grund:** Bei Fügungen in präpositionaler Verwendung bleibt es dem Schreibenden überlassen, ob er sie als Zusammensetzung oder als Wortgruppe verstanden wissen will. Beide Schreibweisen sind also möglich. Ebenso: *anstelle/an Stelle, aufseiten/auf Seiten ...zulasten/zu Lasten, zurate/zu Rate* usw.

Manchmal werden Präpositionen sinnwidrig verwendet. „Aufgrund der Diskussion ist erwiesen, dass die Methode verlässlich ist." Ist die Diskussion der Grund des Erwie-

---

[125] Gönnen Sie sich Zeit für *Der Dativ ist dem Genitiv sein Tod* (Taschenbuch, inzwischen zwei Bände) von Bastian SICK (2004, 2005); der Autor ist durch seine vielgelesene Kolumne „Zwiebelfisch" im *Spiegel* bekannt geworden.

sen-Seins oder der Verlässlichkeit? „Aufgrund dieser Ergebnisse schlagen wir vor, …" ist hingegen richtig gebildet: Der Vorschlag lässt sich mit den Ergebnissen begründen. Im Beispiel mit der Diskussion bleibt nur „nach (gemäß, laut) der Diskussion" oder „der Diskussion zufolge" oder eine Umschreibung: „Wie die Diskussion erwiesen (ergeben, bestätigt, sichergestellt) hat, ist die Methode verlässlich." Geradezu unsinnig ist „Zwecks großen Andrangs haben wir gleich drei Fax-Nummern" (so gelesen!), auch hier hilft nur Umschreibung: „Um den erwarteten großen Andrang bewältigen zu können, haben wir drei Fax-Nummern eingerichtet."[126] Wir kommen hiermit zu einem Thema, das uns besonders wichtig erscheint, dem sinngemäßen Gebrauch von Wörtern.

Metaphern und Redewendungen

Ein subtiler Mangel, der häufig in Manuskripten auftaucht, besteht in der unpassenden Verwendung von *Metaphern*. Eine Metapher ist ein sprachliches Bild, das dadurch entsteht, dass ein Wort oder eine Wortgruppe aus ihrem ursprünglichen Sinnzusammenhang auf einen anderen übertragen wird. Die Sprache ist voller versteckter Bilder, ohne dass wir uns immer dessen bewusst sind. Beispielsweise sprechen wir davon, dass eine Sache eine andere „spiegelt", ohne dass ein Spiegel in dem Zusammenhang eine Rolle spielte. Es ist der Vorgang des Spiegelns, der wegen seiner *Vergleichbarkeit* mit einer bestimmten Situation als Sprachbild, als *Metapher*, herangezogen wird.

Die Sprache ist unendlich reich an Sprachbildern. Aber manche Texte lesen sich, als sei beim Malen dieser Bilder der Farbtopf ausgelaufen. „Das haut dem Fass den Boden ins Gesicht!", sagte ein Witzbold und vermengte die Redensart „Das haut dem Fass den Boden aus" mit „jemandem ins Gesicht springen" („eine Wut auf ihn haben"). Texte, die wir täglich lesen, sind voll solcher missglückter Bilder (das Fass hat schließlich kein Gesicht), aber selten entstehen sie durch Witz, fast immer aus Tollpatschigkeit.

● Metaphern müssen stimmen!

Beim falschen Zusammenstellen von Sprachbildern begeht man „Bildbruch" *(gr. Katachrese)* oder entfaltet eine *Stilblüte*. Dann entstehen Sätze wie der schon genannte oder wie „Ich kann nicht zwei Fliegen auf einmal dienen" oder „Das Kind geht zum Brunnen, bis es bricht" (das letzte aus „Das Kind ist in den Brunnen gefallen" und „Der Krug geht zum Brunnen, bis er bricht" falsch zusammengestellt).[127] Angesichts dessen sollte man niemanden und nichts „über den grünen Kamm scheren" und nicht mit „zweischneidigen Münzen (oder Medaillen)" um sich werfen.

---

[126] Die in der Fachsprache beliebten *Infinitivsätze* mit „um – zu" fallen im Zuge einer weiteren Verdichtung oft einer *Nominalisierung* zum Opfer, so dass im Beispiel „Zur Bewältigung des …" übrig bleibt.

[127] Manchmal wird es ungewollt komisch. Der Satz „Der deutsche Eisenbahner steht mit einem Bein im Grab, mit dem anderen nagt er am Hungertuch" soll sich tatsächlich einer erregten Gewerkschafterbrust entrungen haben.

10.2 Kriterien des sprachlichen Ausdrucks

Aber welcher Naturwissenschaftler spricht schon in *Sprichwörtern*, werden Sie fragen. Vielleicht tut es doch einer, und dann wird die Blitzlichtfotolyse ins Auge gefasst, das Waldsterben ist in aller Munde (statt: „die Rede vom ..."), die Fullerene schlagen Wellen, die kalte Kernfusion erhitzt die Gemüter, und ein Phänomen löst sich aus dem Schatten des absoluten Nullpunkts. (Mit weiteren köstlichen Beispielen dieser Art wartet u. a. LOBENTANZER 1992 auf.)

- Achten Sie auf die *Bildhaftigkeit* der Sprache. Fügen Sie zusammen, was zusammenpasst.

Die Gefahr der Missbildung liegt näher, als man vermutet. Sie erfasst auch die häufigen *Redewendungen* und *Redensarten*, deren sich unsere Sprache bedient.

- Vorsicht bei der Verwendung *idiomatischer Ausdrücke*!

Auch mit Idioms[128] kann man hereinfallen. Man liest dann „Darüber bin ich mir bewusst" (aus „Darüber bin ich mir im Klaren" und „Dessen bin ich mir bewusst" falsch zusammengestellt), „Die Methode hat viele gute Seiten für sich" (... hat viele gute Seiten + ... hat viel für sich), „Was hat das zu besagen?" (... besagt das + ... hat das zu sagen), „meines Wissens nach" (... meines Wissens + ... nach meinem Wissen), „strotzt voller Fehler" (... strotzt vor Fehlern + ... ist voller Fehler). Die Reihe lässt sich nach Belieben fortsetzen.

Die Rutschgefahr beginnt beim freien Zusammenstellen von Sprachbildern. Wir lesen dann etwa „der von uns vorgenommene Weg", wobei der „Weg" im übertragenen Sinne gebraucht wird. Aber einen Weg nimmt man nicht vor (höchstens ein Ziel), man begeht oder beschreitet ihn, schlägt ihn ein, verfolgt ihn oder wählt ihn.[129] Um also im Bild zu bleiben, hätte der Autor besser formuliert: „Der von uns beschrittene (eingeschlagene, verfolgte, gewählte) Weg". Wie kommt eine Wendung wie die vom „vorgenommenen Weg" zustande? Derselbe Autor hat vielleicht an anderer Stelle richtig (wenn auch nicht schön) „die von uns vorgenommene Nachprüfung" geschrieben; dann kam das Bild des Weges in den Sinn, aber es wurde versäumt, das Verb anzupassen.

Oft besteht der Fehltritt in einer Kleinigkeit, z. B. der Wahl einer zum Verb nicht passenden Präposition. „Ich habe mich zur Mitarbeit an diesem Projekt entschieden" ist nicht gut; entweder muss es „für die ... entschieden" heißen oder „zur ... entschlossen".[130]

---

[128] *Idiom* ist definiert als „Redewendung, deren Gesamtbedeutung nicht aus der Bedeutung der Einzelwörter erschlossen werden kann". Man sagt eben so und nicht anders.
[129] Man kann *sich* vornehmen, einen bestimmten Weg zu gehen oder zu fahren, aber von dem reflexiven „sich vornehmen" lässt sich kein „vorgenommener" – oder „sich vorgenommener"? – Weg ableiten. (Die Situation erinnert ein wenig an den „sich eingeschlichenen Fehler" in „Die lieben Verben", Abschn. 10.2.3.)
[130] Präpositionale Wendungen gehören zu den gefährlichsten Fallgruben der Sprache. Im Munde eines Ausländers können sie bei falschem Gebrauch erheitern, z. B. „Ich lache auf Dir" (statt „... über Dich"). Als Deutsche produzieren wir beim Schreiben oder Publizieren in Englisch genau an der Stelle die meisten Fehler. Woher soll man auch immer wissen, was richtig – weil „eingeschliffen" – ist?

- Der Unterschied zwischen dem richtigen und einem beinahe richtigen Wort ist derselbe wie zwischen dem Blitz und einem Glühwürmchen.

[Dieser Satz stammt nicht von uns, wir haben ihn auch nicht ausgegraben: Er geht nach SCHNEIDER (1989, S. 75) auf Mark TWAIN zurück.] Tatsächlich ist es manchmal schon das einzelne Wort, das Unverträgliches in sich vereint. RECHENBERG (2003, S. 59) zählt „vorwiegend" dazu und sieht darin einen Bastard, hervorgegangen aus der unehelichen Verbindung von „überwiegend" (einem kräftigen, an „Übergewicht" erinnernden Wort) und „vorherrschend". Recht hat er, und macht uns nachdenklich.

Tatsächlich rufen schon einzelne Wörter bestimmte Bilder, Szenarien hervor, in die andere Wörter passen, wieder andere nicht. Welcher Art diese *Szenarien* sind, wird Ihnen deutlich, wenn Sie sich auf den „ursprünglichen Sinn" der einzelnen Wörter besinnen. Ein neuer Pleonasmus? Wohl schon, denn *Sinn* ist immer ursprünglich; aber die Verstärkung ist hier gewollt (sonst würden wir vielleicht nicht verstanden). Sie soll dazu ermutigen, etwas zu tun, was wir alle zu selten tun: uns besinnen; überdenken, was wir da sagen (und schreiben!). Hat man einmal angefangen, sich analytisch mit Wörtern in diesem Sinn zu befassen, verbessert man zwangsläufig seinen Wortschatz – und wird viel Spaß dabei haben!

- Jedes Wort hat eine *Aura* um sich, löst bestimmte Assoziationen aus, die es zu beachten gilt.

Was wir eben „Aura" genannt haben, hat Dieter E. ZIMMER (2006) mit „Hof" angesprochen und schon im Vorwort seines jüngsten Buches (mit dem treffenden Titel *Die Wortlupe*) herausgestellt, dabei betonend, dass es hier nicht nur um eine Frage des Stils geht, sondern wenigstens ebenso um eine des klaren Denkens – aber das ist wohl fast dasselbe:

> Die Begriffe, die uns die Sprache mit ihren Wörtern zur Verfügung stellt, sind nämlich oft viel mehr als die kahlen Bedeutungskerne ihrer Wörterbuchdefinitionen. An ihnen haften die Denkzusammenhänge, denen sie entstammen. Sie haben einen Hof von schwer fassbaren Assoziationen um sich. Sie ordnen, beeinflussen und lenken unser Denken, und oft tun sie das fast unmerklich. Sie bestimmen auch, ob wir über eine Sache genauer oder ungenauer denken. Verschwommene Begriffe führen zu unscharfem Denken. Manche Begriffe sind geradezu Einladungen zur Dummheit.

Das genannte Buch, dessen Anliegen damit umrissen ist, empfehlen wir zur Lektüre – doch lassen Sie uns zu unseren „Denkzusammenhängen" zurückkehren: Wir lassen „steigende Temperatur" gelten und benutzen dabei das Verb „steigen" auch in metaphorischem Sinn. Das Sprachbild ist wohl von der Quecksilbersäule abgeleitet, die in der engeren Wortbedeutung nach oben steigt, wenn es heißer wird. Ähnlich kann „fallende Temperatur" verstanden werden. „Steigende Hitze" wäre weniger gut, und gegen „fallende Kälte" sträubt sich unser Sprachempfinden. Statt dessen sprechen wir lieber von „zunehmender Hitze" und „zunehmender Kälte".

Wo von „Steigen" die Rede ist, passen auch die Eigenschaftswörter „hoch" und „nieder". Daraus leiten sich Wendungen wie „hohe Temperatur" und „Temperaturerhöhung" sowie „niedere (niedrige) Temperatur" und „Temperaturerniedrigung" ab oder sehr schön – an eine Senke im Gebirge erinnernd – „Temperatursenkung". Dagegen würden wir „Temperaturvermehrung" oder „Temperaturminderung" nicht gelten lassen. Anders beim Druck, *Druckminderung* ist ein technischer Begriff. Offenbar macht die Sprache hier sehr feine Unterschiede: Temperatur kann man nicht addieren oder subtrahieren, wohl aber Drücke. (Es gibt den *Partialdruck*, aber keine Partialtemperatur; vgl. auch den Unterschied zwischen extensiven und intensiven Größen in Abschn. 6.1.1.)

- Manche Wörter sind wie durch Ritual miteinander verbunden, ohne dass es dafür immer eine Erklärung geben muss.

Es heißt zwar oberer und unterer Neckar, aber Oberrhein und Niederrhein (nicht Unterrhein). Die Niederländer wollen auch keine Unterländer sein. Und in der einen Sprache wird anders empfunden als in der anderen: *erinnern* (jmd. *an* etw.) heißt englisch *remind* (sb. *of* sth.).

Wir sprechen von großen und kleinen Massen, aber hohen und niedrigen Konzentrationen und hoher und geringer (nicht: niedriger) Reinheit. Etwas kann sich mit großer oder hoher (auch: überhöhter) Geschwindigkeit bewegen, aber man sagt nicht Größtgeschwindigkeit, sondern Höchstgeschwindigkeit. Es gibt hohe (helle) und tiefe (dunkle) Töne. Man kann den Ton erhöhen, aber nicht erhellen, vertiefen oder verdunkeln. In naturwissenschaftlichem Kontext würde man von der Erhöhung und Erniedrigung der Tonfrequenz sprechen oder, wenn etwas anderes gemeint ist, von der Erhöhung (nicht: Vergrößerung) und Senkung (Reduzierung) der Lautstärke. Man nähert sich hier den *Fachwendungen*, denen wir schon in Abschn. 10.1.2 begegnet sind.

Weil wir gerade bei Geschwindigkeit sind: Das Wort passt zu Auto oder Flugzeug oder Licht. Das Auto beispielsweise kann ein langsames oder schnelles Fortbewegungsmittel sein. Kann eine Zone langsam oder schnell sein? Sie kann schmal, breit oder diffus sein – und sie kann langsam (oder schnell) wandern. Dennoch findet man die „langsame Zone" (statt: langsam wandernde) in vielen chromatografischen Arbeiten.

Auch von einer „schnellen Zugriffszeit" bei einem Datenträger sollte man sich nicht verführen lassen, nur von einer „kurzen Zugriffszeit" oder von einer „schnellen Zugriffsmöglichkeit". Warum? Es mag eine schnelllebige Zeit geben, und im Stadion läuft jemand „eine schnelle Zeit". Aber als physikalischer Begriff ist Zeit eine Größe, zu der die Qualitäten „kurz" oder „lang" passen.

Es ist wohl nicht nur mangelnde Sprachsensibilität, die solche Wendungen – den eluierten Peak hatten wir schon eingangs – entstehen lässt. Der Zwang zur Kürze tritt hinzu und leistet Formulierungen Vorschub, von denen man weiß, dass sie nicht richtig sind. Vielleicht könnten wir uns so einigen:

- In einem Experimentellen Teil sind Verkürzungen und andere sprachliche Ungenauigkeiten – als *Laborjargon* – zu akzeptieren, in ordentlicher Prosa sollten wir die Dinge zu Ende denken (und formulieren).

Noch mehr Wortbedeutungen

Die hohe Geschwindigkeit und die hohe Spannung sind ebenso wenig „hoch" wie die „goldenen Locken" aus Gold bestehen. Es handelt sich um bildhafte Übertragungen, um Metaphern.

- Achten Sie darauf, dass die miteinander verbundenen Haupt-, Tätigkeits- und Eigenschaftswörter in ihrer Sinnfälligkeit zusammenpassen.

Nur GOETHE konnte es sich leisten, Mephistopheles sagen zu lassen: „Grau, teurer Freund, ist alle Theorie, und grün des Lebens goldner Baum." Das war eben teuflisch. Doch trauen auch Sie sich, gelegentlich mit dem Feuer zu spielen!

- Gehen Sie nicht aus Sorge, einen Fehler zu machen, einer sinnfälligen Ausdrucksweise aus dem Wege.

„Die Überhitzung trat ein" ist sprachlich stärker als „die Überhitzung ergab sich" oder „die Überhitzung kam zustande": Man sieht förmlich eine Tür aufgehen, und die Überhitzung ist da. Nirgends ist das Vergnügen an Sprachbildern und an der Musik der Sprache so greifbar wie in *Redewendungen* und *Sprichwörtern*. Von ihnen kann man lernen.

Es ist reizvoll, dem Bildhaft-Sinnfälligen in unserer Sprache nachzugehen. Hier noch ein Beispiel: Man kann „Gründe" aufdecken, erhellen, erkennen, darlegen, einsehen oder auch einfach sehen – ist es nicht jedes Mal, als ob etwas vom Grund des dunklen Brunnens ans Tageslicht gebracht würde? Oder wenn wir Gründe klären, aufklären und erklären – drängt sich da nicht das Bild einer Trübe auf, die wir absitzen lassen, damit wir durch den Überstand hindurch sehen können und nichts länger „unklar" bleibt?

Zur abstrakteren „Ursache" passen eher Wörter wie verstehen (ein Verb, dem seine Ursprünglichkeit weitgehend abhanden gekommen ist) oder analysieren. Was man sicher nicht kann, ist die Ursache zurückführen. Die Ursache *ist* das Zurückgeführte. Statt „Die Untersuchung ergab, dass die Ursache der Qualitätsschwankung auf einen Rohmaterialfehler zurückzuführen ist" muss es daher (kürzer) heißen „…, dass die Qualitätsschwankung auf einen Rohmaterialfehler zurückzuführen ist". Der Materialfehler ist die Ursache, *auf* die man etwas zurückführen kann. Manche Leute treiben Ursachenbewältigung, aber keine Grundbewältigung: Hier wird sprachlich richtig empfunden, dass man einem Grund keine Gewalt antun kann, wohl aber einer Sache.

Wenn man einmal angefangen hat, sich Wörtern in dieser Weise zuzuwenden, wird man besser mit ihnen umgehen.

- Mit der Sprache ist es wie mit der Natur: Wer mit offenen Augen durch sie geht, wird viel Freude an ihr haben.

Uns hat vor allem *Duden: Das Herkunftswörterbuch* (2001; früher: *Duden Etymologie – Herkunftswörterbuch der deutschen Sprache*) den Blick geschärft. Dort erfährt man, aus welchen Wurzeln unsere Wörter hervorgegangen und was ihre ursprünglichen Bedeutungen sind. Man erlebt dabei Überraschendes. [131]

Dass viele Wörter der Technikersprache die Metapher schon in sich tragen – man denke nur an den „Hebelarm" – haben wir schon in Abschn. 10.2.2 besprochen. Fachsprachlichem wollen wir uns jetzt noch einmal kurz zuwenden.

10.3 Besonderheiten der wissenschaftlich-technischen Sprache

10.3.1 Zusammengesetzte Wörter und Aneinanderreihungen

Ein deutsches Laster

Auf Unterschiede zwischen Fach- und Gemeinsprache sind wir schon in Abschn. 10.1.2 gestoßen. Wir wollen jetzt den dort gefundenen Ansatz anhand einiger Besonderheiten und weiterer Beispiele noch ausbauen.

Die deutsche Sprache ist „Weltmeister" in der Bildung zusammengesetzter Wörter *(Wortzusammensetzungen, Komposita)*. In naturwissenschaftlich-technischem Kontext ist die Neigung, zusammengesetzte Hauptwörter zu bilden, besonders ausgeprägt; dem widmen wir uns deshalb in diesem Abschnitt.

Man kann fast alle Arten von Wörtern miteinander verbinden, um neue zu bilden: Verhältniswörter *(Präpositionen)*, z. B. Zufluss, Mitarbeiter, Nachwort; Eigenschaftswörter *(Adjektive)*, z. B. Hochspannung, Blaulicht; Tätigkeitswörter (Zeitwörter, *Verben)*, z. B. Schreibarbeit, Pipettiervorrichtung; Umstandswörter *(Adverbien)*, z. B. Eingang, Jetztzeit, Mehrbelastung; Zahlwörter *(Numerale)*, z. B. Zweitschrift, Sechseck; *Namen*, z. B. Dieselmotor, Röntgenlicht; *Kurzformen*, z. B. Radargerät, Laserdrucker; und selbstverständlich Hauptwörter *(Substantive)*.

Nicht nur Hauptwörter lassen sich in dieser Weise konstruieren, sondern auch Vertreter anderer Wortarten, z. B. Verben und Adjektive wie in „wiederverwenden", „hochspannungsseitig". Auch die Unzahl von Verben mit Vorsilben *(Präfixen)* wie „auf", „be", „ein", „zu" lassen sich hier anführen.

---

[131] Für uns gehören des Weiteren Wörterbücher und Nachschlagewerke wie *Duden: Das Bedeutungswörterbuch* (2003) und *Duden Deutsches Universalwörterbuch* (aus demselben Verlag, hier ohne bibliografische Angaben) oder *Wahrig: Deutsches Wörterbuch* (2005) zum unverzichtbaren Handwerkszeug. – Die Semasiologie ist ein Teilgebiet der Sprachwissenschaft, das sich mit den Wortbedeutungen und ihren (historischen) Veränderungen befasst. Ihr verwandt ist die Semantik, die allgemein der Bedeutung sprachlicher Zeichen und Zeichenfolgen nachgeht (gr. sema, Zeichen, Merkmal). Wir wurden hierauf erstmals vor vielen Jahren auf einem Seminar aufmerksam, an dem auch Nicht-Naturwissenschaftler teilnahmen. Bei einer fachdidaktischen Übung kam die Formulierung „rascher Druckabfall längs der Kapillaren" auf. Wie sich herausstellte, war damit ein Orts-, kein Zeitgradient gemeint und „rasch" nicht als „schnell" zu verstehen, sondern als „über kurze Entfernung". Alle waren plötzlich sprachbetroffen, doch ein Theologe entschied weise, dass dies nur ein semantisches Problem sei (Beispiel einer *semantischen Blockade*).

Man kann Wörter auch mehrfach zusammensetzen, im Prinzip unbegrenzt. Es entstehen dann die „Feuerwehrhauptmannsgattin" und andere *Bandwurmwörter* (so die anschauliche Benennung solcher Wortungetüme). Mit der Begriffsverknüpfung in Benennungen haben sich mehrere Normen und Richtlinien befasst, besonders DIN 2330 (1979) *Begriffe und Benennungen: Allgemeine Grundsätze*, VDI-Richtlinie VDI 3771 (1977) *Zusammengesetzte Substantive in den technischen Fachsprachen: Determinativkomposita* und VDI-Richtlinie VDI 2272 (1966) *Der Bindestrich: Schriftzeichen bei Wortzusammensetzungen.*

- In zusammengesetzten Wörtern steht die Benennung des *Ausgangsbegriffs*, das Grundwort, am Ende; der Platz des *Bestimmungsworts* oder der Bestimmungswörter ist vorne.

Die „Feuerwehrhauptmannsgattin" ist eine Gattin und kein Mann; aber auch keine „Wehrgattin" und keine „Hauptgattin". Innerhalb der mehrfach zusammengesetzten Benennungen besteht ein Beziehungsgeflecht, das nur dann interpretiert werden kann, wenn einzelne Bestandteile bekannt oder geläufig sind wie „Feuerwehr" und „Hauptmann". Wo dies nicht der Fall ist, können Begriffsverknüpfungen missverständlich oder mehrdeutig werden. Mehrdeutigkeit aber hat in einem naturwissenschaftlich-technischen Text keinen Platz.

Uns Deutschen ist eine Art Narrenfreiheit eingeräumt, Wörter selbst nach Bedarf zusammenzusetzen, oder wir haben sie uns genommen. So sah es jedenfalls Mark TWAIN (s. in „Der Teufel steckt im Detail", Abschn. 10.1.2). Doch Vorsicht!

- Üben Sie im Hinblick auf die Lesbarkeit und Verständlichkeit auch für ein internationales Publikum beim Bilden zusammengesetzter Wörter Zurückhaltung!

Der Ausländer mit eingeschränkten Deutschkenntnissen hat gerade mit zusammengesetzten Begriffen seine liebe Not, da für ihn die einzelnen Wortbestandteile *nicht* geläufig sind. Er muss die oben bemühte Feuerwehrhauptmannsgattin buchstabenweise, aus 25 Buchstaben im Beispiel, entschlüsseln. (Beim „Computerformelmanipulationsprogramm" – wir lasen das Wort wahrhaftig – kamen wir gar auf 35 Buchstaben.)

Die Eigentümlichkeit des Deutschen, die Hauptsache an den Schluss zu stellen, erleichtert die Dechiffrierarbeit nicht. Andere Sprachen – wie das Französische, vgl. „Hochschule"/„Ecole Supérieure" und „Scheibenbremse"/„frein à disque" – gehen umgekehrt vor!

Wie SCHOENFELD (1989, Kap. 6) nachweist, ist das deutsche „Laster" der Begriffsverknüpfung auch im Englischen verbreitet, nur dass dort die Wörter nicht in einem Stück geschrieben werden – immerhin eine Erleichterung beim Lesen (*drill point thinning machine*, Spiralbohrerausspitzmaschine).[132]

---

[132] Ein Kollege rief kürzlich (mit sarkastischem Unterton) zu einer „The reprehensible desk editor work load reduction evaluation conference" auf; schon früher sah der Chemiker SCHOENFELD (1989, S. 19) in Sequenzen wie *cyclic ligand planar nitrogen array* deutliche Ähnlichkeiten mit einer Polypeptidkette: Deren Reihung lässt sich mit viel Scharfsinn aufklären, aber das sagt noch nichts über ihre Funktion. – Im Deutschen geht das Auseinanderschreiben nicht ohne Weiteres, man würde bohrende Fragen herausfordern wie: Latschen Kiefern? Steppen Wölfe? Spuren Elemente?

- Die zusammengesetzten Hauptwörter sind traurige Gesellen – sie lassen sich nicht in Tätigkeitswörter umwandeln!

Das Beispiel mit der Schutzschicht hatten wir früher schon (vgl. „Die lieben Verben" in Abschn. 10.2.3). Was wird aus der Wasserdampfdestillation in aktiver Forscherhand? „Ich wasserdampfdestilliere" oder „ich destilliere Wasserdampf" kann man nicht sagen, das führt zu Unfug und klingt wie „ich bell' in Zona" (aus: Bellinzona).

Manchmal bieten sich passable Verbalisierungen an, und alle sind froh darüber. Wir müssen nicht „ein Sandstrahlgebläse zum Einsatz bringen", wir können (das Gebäude) „sandstrahlen". *Duden: Rechtschreibung* ergänzt den entsprechenden Eintrag durch „gesandstrahlt, *(fachspr.* auch:) sandgestrahlt"; und wenn man bis zu *Duden Deutsches Universalwörterbuch* vordringt, findet man den weiteren interessanten Vermerk: nur im Infinitiv und 2. Partizip gebräuchlich. Ein Verb also, das erst das Laufen lernen will.

- Adjektivische Bestimmungen von zusammengesetzten Hauptwörtern beziehen sich auf das (hinten stehende) Grundwort.

Gewarnt durch die Komik der „reitenden Kavalleriekaserne" und des „dreiköpfigen Familienvaters", über die wir früher einmal lachten, würden wir also nicht vom paläontologischen Institutsleiter sprechen, sondern vom Leiter des paläontologischen Instituts. Dennoch stießen wir kürzlich in einer pharmakologischen Arbeit auf das „neugeborene Kalbsserum", da holte uns das Lachen wieder ein. Was gemeint ist, heißt auf Englisch „newborn calf serum"; hätte man daraus ein „Neugeborenes-Kalb-Serum" gemacht, wäre es angegangen, da in *Koppelwörtern* jeder Teil nur am nächsten hängt und seine Fernwirkung auf das hinten stehende Grundwort durch den Bindestrich unterbrochen ist (s. dazu weiter hinten unter „Kopplungen"); auch „Neugeborenen-Kälberserum" oder „neonatales Kälberserum" sind korrekt gebildet – die letzte Form, weil natal nicht geboren heißt, sondern „die Geburt betreffend".

Lasterhaftes trifft man auch und vor allem bei zusammengesetzten Adjektiven an. Indem man Wörter wie „leicht", „freundlich", „fähig", „technisch", „mäßig" an andere anhängt (d. h. als *Anhängewörter* benutzt), kann man beetweise neue (Eigenschafts) Wörter keimen lassen:

> pflegeleicht, trageleicht ..._
> bügelfreundlich, benutzerfreundlich ..._
> gerätetechnisch, abrechnungstechnisch ..._
> verwaltungsmäßig, ingenieurmäßig ...

- Halten Sie sich mit dem willkürlichen Anhängen von Eigenschaftswörtern an andere Wörter zurück.

Muss man wirklich, wie es in einer lebensmittelanalytischen Publikation hieß, eine bestimmte Aufgabe „screeningmäßig bewältigen"? Man muss nicht, man kann sie mit Hilfe von Screening-Verfahren lösen, auch wenn man dafür ein paar Buchstaben mehr braucht. Und statt „das ist benutzerfreundlich" könnte man sagen „das kommt dem Benutzer entgegen". Ja, man könnte. Stattdessen trafen wir den „insulinpflichtigen Typ-

I-Diabetes", an dem man versterben kann (statt: „sterben", vgl. das Stichwort „Füllsilberei" unter „Füllwörterei" in Abschn. 10.2.3). Wie ist das nur? Man kann sich eine Unterhaltspflicht und eine Schulpflicht vorstellen, somit auch einen unterhaltspflichtigen Vater und ein schulpflichtiges Kind. Aber Insulinpflicht? Wer wird hier in die Pflicht genommen, der Diabetes? In solche Zwangsjacken sollte man die Sprache nicht stecken. Dann werden es eben ein paar Wörter mehr, und man könnte von dem Diabetes sprechen, bei dem Insulin gegeben werden muss. (Es gibt auch „harnpflichtig"; wir sind gegenwärtig dabei zu erkunden, wer hierbei wozu verpflichtet wird, und hoffen in der nächsten Auflage Näheres berichten zu können.)

- Manche Wortbildungen wirken wie Modeschmuck, der vielleicht schon nächstes Jahr wieder verschwindet und anderem Flitter Platz macht.

Zusammensetzungen wie „hautsympathisch", „klangobjektiv", „geruchsneutral" sind *Wortblüten* für eine Saison, wenigstens abbaufreundlich. Leider schon recht lange halten sich Komposita auf „-mäßig" (Beispiel: „verwaltungsmäßig"), das sich doch von Maß ableitet: Was, bitte, ist das Maß der Verwaltung? Zudem wird dieses Anhängewort oft mit einem anderen vom gleichen Stamm verwechselt, mit „-gemäß". Es heißt „ordnungsgemäß" (nicht „ordnungsmäßig") – am besten lassen wir sie alle weg.

LANZE (1983) nennt viele Möglichkeiten, wie diesen Auswüchsen zu entgehen ist, z. B. durch „klischierbar" für „klischierfähig", „archivierbar" für „archivfähig". Wenn Sie allerdings „kauffähig" in „käuflich" übersetzen, liegen Sie nicht unbedingt richtig. Kürzlich sprach ein Werbetext ein „kauffähiges Publikum" an und meinte damit Leute mit viel Geld in der Tasche. Diese Wörter sind nicht nur künstlich und willkürlich, sie sind auch missverständlich und dadurch für uns nicht „konsensfähig".

Wir haben hiermit einige Missbräuche auf den Spieß genommen und wissen uns bei unserer Kritik mit vielen einig, die sich um Sprachstil Gedanken machen. Was manche „Stilfibel" allerdings nicht ausreichend würdigt, sind die besonderen Zwänge, unter denen Fachsprachen stehen, so dass noch etwas nachzutragen bleibt.

- Vor allem Techniker kommen nicht umhin, Komposita zu bilden, wenn sie ihre Produkte kurz und griffig benennen wollen.

Deutsch wäre, wenn es nur darum ginge, *die* Wissenschafts- und Technikersprache schlechthin.

> Von besonderer Wichtigkeit für die Syntax der deutschen Fachsprache ist die Tatsache, dass die deutsche Sprache über wortbildende Mittel verfügt, mit deren Hilfe eine ungeheure sprachökonomische Konzentration der Sachverhalte möglich ist: Mit Hilfe einer Zusammensetzung kann manchmal das ausgedrückt werden, wozu man andernfalls eine Wortgruppe oder einen ganzen Nebensatz benötigen würde.
> (E. BENEŠ in BAUSCH 1976, S. 95).

Die Spiralbohrerausspitzmaschine oben war ein Beispiele dafür, aber auch adjektivische Komposita lassen sich hier anführen. Auch wir haben uns in diesem Buch technischer Ausdrücke bedient wie „bildpunktorientiertes Grafikprogramm" (Abschn. 7.2.6). „Bildpunktbar" oder „bildpunktiell" kann man nicht sagen, und alles andere wäre umständlicher. Ähnlich kann man das „schadstoffarme Verfahren" unter solchen Gesichtspunkten rechtfertigen, wenn man noch die etwas seltsame Anwendung von arm auf ein „Ungut" – Schadstoffe – nachsieht.[133] So geht es uns am Ende wie dem Hotelier, der sein „kinderfreundlich" in einem Touristikprospekt unterbringen und am liebsten ein „Kinderfreundlichkeitsgütezeichen" in Anspruch nehmen will.

Bindestriche

Im Deutschen besteht die Möglichkeit, Begriffsgruppen innerhalb zusammengesetzter Wörter durch *Bindestrich* voneinander abzutrennen.

- Setzen Sie einen Bindestrich, wo dies zur besseren Lesbarkeit oder Eindeutigkeit beitragen kann!

Regel R34 in „Richtlinien zur Rechtschreibung, Zeichensetzung und Formenlehre in alphabetischer Folge" (in *Duden: Rechtschreibung* 1991) erklärte dazu:

- Einen Bindestrich setzt man in *unübersichtlichen Zusammensetzungen* aus mehr als drei Gliedern.

Die Regel – wir beziehen uns im Augenblick auf die 20. Auflage des „Duden" – war nicht so kategorisch gemeint, wie sie klang; es blieb ja ein Ermessensspielraum zu entscheiden, was unübersichtlich ist.[134] In naturwissenschaftlich-technischen Texten empfehlen wir, an „Übersichtlichkeit" einen strengen Maßstab anzulegen. In Publikationen des Verlags dieses Buches werden beispielsweise Wörter, die einen chemischen Namensbestandteil enthalten, gewöhnlich mit Bindestrich geschrieben: „Essigsäure-Molekül", und sogar „Nitrat-Ion" („Nitration" würde zu sehr wie „Titration" klingen). Auch hier sind Zugeständnisse möglich (z. B. „Wasserentsalzung"). Wichtig ist *einheitlicher* Gebrauch in einem Dokument!

Die Richtlinie VDI 2272 (1966) präzisiert:

- Bei *Vier-* und *Mehrgliedzusammensetzungen* wird im allgemeinen der Bindestrich gesetzt, und zwar an der Stelle, an der bei deutlichem und sinngemäßem Sprechen der Einschnitt entsteht, d. h. zwischen mehrgliedrigem Bestimmungswort und mehrgliedrigem Grundwort.

Beispiele:

Dreiphasen-Drehstrommotor, Fußnoten-Hinweiszeichen.

---

[133] Glücklicherweise gibt es neben krankheitsarmen Patienten auch Gesunde.
[134] Im Gefolge der Rechtschreibreform waren die Regeln teilweise neu zu formulieren und zu nummerieren. In der 21. Aufl. 1996 heißt es, mit Bezug auf §45 (2) RW, zum Stichwort *Bindestrich* unter „Bindestrich zur Hervorhebung": „Einen Bindestrich kann man in unübersichtlichen Zusammensetzungen setzen" (R24 Zusammengesetzte Wörter). Und: „Unübersichtlich ist eine Zusammensetzung zum Beispiel dann, wenn nicht deutlich ist, wo die Haupttrennfuge liegen soll. Diese wird dann durch den Bindestrich festgelegt." Gleich das erste von drei Beispielen betrifft ein technisches Gerät: „Quecksilberdampf-Lampe" (*neben:* Quecksilberdampflampe)." Insgesamt umfasst das Thema „Bindestrich" in der 21. Aufl. 1996 eine längere Passage (R23-R28) – mit „Bindestrich zur Ergänzung (Ergänzungs[binde]strich)", „Bindestrich zur Hervorhebung" und „Bindestrich zur Aneinanderreihung" –, die zu lesen sich lohnt. Gerade in diesem Bereich ist vieles rot gedruckt zum Hinweis auf Neuerungen der Rechtschreibreform.

Der Bindestrich soll vor allem helfen, Missverständnisse zu beseitigen. Er kann schon bei dreigliedrigen Zusammensetzungen eintreten. „Gummi-Schuhsohlen" sind Schuhsohlen aus Gummi, „Gummischuh-Sohlen" sind Sohlen für Gummischuhe; das „Kleinst-Abhörgerät" ist kein „Kleinstab-Hörgerät".

Handelt es sich nicht um ein (zusammengesetztes) Substantiv, sondern um ein Adjektiv oder Verb, so werden substantivische Bestandteile großgeschrieben, auch wenn das hinten stehende Grundwort mit einem kleinen Buchstaben beginnt:

> Hydogencarbonat-haltig, Radiokohlenstoff-markiert.

In dem Zusammenhang hat *Duden: Rechtschreibung* (1996) in die technische Trickkiste gegriffen (vgl. schon die vorstehende Fußnote) und bietet zu seiner Regel „Bindestrich zur Aneinanderreihung" (R28) unter vielen anderen Beispielen an: „Chrom-Molybdän-legiert", „Vitamin-C-haltig", „ABC-Waffen-frei".

- Der Bindestrich ist sowohl auf der Schreibmaschine als auch im Satz identisch mit dem *Trennungsstrich*, der zur Silbentrennung benutzt wird; er führt in der Druckersprache die Bezeichnung *Divis* (*engl. hyphen*).

Daneben kann man noch (außerhalb der *Duden*-Legalität) den *Gedankenstrich* einsetzen, um bestimmte Bestandteile als stärker aneinander gebunden zu kennzeichnen, z. B. in

> p–V-Diagramm, C–H-Bindung, Diels–Alder-Reaktion
> (*aber:* Karl-Fischer-Reagenz).

Wir führen an der Stelle noch weitere Regeln aus dem *Duden* an.

- Ein Bindestrich steht in Zusammensetzungen mit *einzelnen Buchstaben* und *Formelzeichen*.

Als Beispiele seien angeführt (vgl. R25 in *Duden: Rechtschreibung* 1996):

> n-fach, 2π-fach, n-tel, x-te, 5-mal, 98-prozentig, 17-jährig, die 17-Jährige,
> n-Eck, γ-Strahlen, α-Brompropionsäure, 3-Tonner, das n-Fache.

Hierzu gibt es ein „Aber": „Vor Nachsilben steht nur dann ein Bindestrich, wenn sie mit einem Einzel*buchstaben* verbunden werden." Deshalb:

> 3fach, der 68er, 32stel, 5%ig.

„fach", „stel" usw. sind Nachsilben *(Suffixe)*, als selbständige Wörter begegnen sie uns nicht. Bei „prozentig", „jährig" wird das anders gesehen (s. oben), bei „mal" auch, weil es immerhin als eigenes Wort existiert. Ziemlich spitzfindig, finden wir. Naturwissenschaftler und Techniker sind offenbar zu dieser Festlegung nicht gefragt oder gehört worden, da wäre der Rechtschreib-Kommission sicher empfohlen worden, Zahlen von gemeinsprachlichen Bestandteilen *generell* zu trennen. Vom „10^9fachen" wird ein Angehöriger der naturwissenschaftlich-technischen Disziplinen nichts wissen wollen, nur vom „10^9-Fachen". Im Zweifel richtet er sich nach internationalen Gepflogenheiten, und da wird *(engl.)* „20-fold" geschrieben – das in einer Sprache, die sich sonst mit dem Bindestrich sehr zurückhält! Der folgenden Instruktion aus einer der vielen englischsprachigen „Style Guides" (*ACS Style Guide: A Manual for Authors and Editors* 1997, S. 42) dürfen Sie auch in einem deutschen Fachtext sinngemäß folgen:

> Use words and do not hyphenate adjectives formed with the suffix „fold" if the number ist less than 10. Hyphenate such adjectives and use a numeral when the number is 10 or above and when the context is primarily mathematical rather than narrative: twofold *but* 20-fold.

Doch zurück nach Mitteleuropa!

- Ein Bindestrich steht in Zusammenhang mit *Abkürzungen*.

  Rh-Faktor, pH-Wert, UV-Messung, HbA1c-Bestimmung, p,V-Diagramm.

  Im letzten Beispiel klammert das Komma (wie der Gedankenstrich, s. oben) p und V zusammen: es handelt sich um ein Diagramm beider Größen.

- *Namen* werden, außer in sehr geläufigen Verbindungen („Bunsenbrenner"), mit Bindestrich abgetrennt.

  Saytzeff-Eliminierung, Boudouard-Gleichgewicht, Clausius-Clapeyron-Gleichung.

  Namen in solchen Zusammensetzungen werden in *Grundschrift* geschrieben, auch wenn allein stehende Namen in dem Dokument in Kapitälchen gesetzt werden. Am Rande: Statt Einstein-Gleichung sagt man auch Einsteinsche (einsteinsche, Einstein'sche) Gleichung, entsprechend Abelsche (abelsche, Abel'sche) Gruppe, Raoultsches (raoultsches, Raoult'sches) Gesetz, Foucaultsches (usw.) Pendel (heute bevorzugt mit *Apostroph*; wir sind hierauf schon unter „Denglisch" in Abschn. 10.2.3 kurz zu sprechen gekommen).

Kopplungen

Einmal ist keinmal? Einmal ist vielmal!

- In einer *Aneinanderreihung* aus einem Grundwort und mehreren Bestimmungswörtern zu einem *Koppelwort* werden *alle* Wörter durch Bindestriche verbunden. Aneinanderreihungen mit Zahlen in Ziffern werden immer durch Bindestriche verbunden.

Gegen dieses Prinzip der *Durchkopplung* wird häufig verstoßen. Es heißt:

> Johann-Wolfgang-von-Goethe-Straße
> (*nicht:* Johann Wolfgang von Goethe-Straße)
> DIN-A4-Blatt (*nicht:* DIN A4-Blatt)
> 2-L-Kolben (*nicht:* 2L-Kolben oder 2 L-Kolben)
> 75-kW-Motor

Wir wollen ja ganz sicher sein, dass beispielsweise von einem Zweiliterkolben und nicht von zwei Literkolben die Rede ist: Die „Durchkopplung" erklärt den Sachverhalt. Die Schweizer-Käse-Produktion ist etwas anderes als die Schweizer Käse-Produktion, und die Warschauer Pakt-Staaten hat es nie gegeben.

Analog sind dann Wörter mit Buchstabenkürzeln und Zahlen zu koppeln, an denen vor allem die Biochemie reich ist:

Vitamin-C-reich, Antithrombin-IgM-Antikörper, Interleucin-2-Nachweis,
I-131-Therapie, ^{13}C-NMR-Spektroskopie, ß$_2$-Mikroglobulin-Bestimmung.

Das Kopplungsgebot wird in der Fachliteratur öfter missachtet als beachtet. Die Texte werden dadurch nicht lesbarer. Vernünftiger wäre es, die langen Güterzüge auseinander zu rangieren, wenn die vielen Kopplungen nicht gefallen; schließlich kann man z. B. aus dem „Glucose-6 -… Mangel" einen „Mangel an Glucose-6-…" machen.

In den Fachdisziplinen ging die Tendenz schon früh dahin, bei Koppelwörtern, die *englische* Wortbestandteile enthalten, alle substantivischen Bestandteile in Anlehnung an das Deutsche groß-, alle übrigen kleinzuschreiben; der erste Buchstabe ist immer ein Großbuchstabe, wenn das Koppelwort ein Substantiv ist. Beispiele:

Random-Walk-Theorie, Steady-State-Konzentration, Pull-down-Menü,
Out-of-Plane-Schwingung, Just-in-Time-Lieferung.

Koppelwörter, die nur deutsche Bestandteile enthalten, werden ebenso behandelt: „Und-oder-Verknüpfung", und solche mit lateinischen Wörtern lassen sich anschließen („A-priori-Wahrscheinlichkeit", „De-novo-Synthese"). Allerdings wird man nicht „In-Vitro-Untersuchung", sondern „In-vitro-Untersuchung" schreiben, obwohl *lat.* vitrum, Glas, ein Substantiv ist: Zu oft hat man das unverbundene „in vitro" gelesen! (Von daher wären auch „in-vitro-Untersuchung", „a-priori-Wahrscheinlichkeit", „in-situ-Hybridisierung" usw. gerechtfertigt, aber bitte nicht – wie man es oft liest – „in vitro-Untersuchung".) Dieser Empfehlung ist die deutsche Rechtschreibung inzwischen gefolgt, und das ist gut so. Sonst könnten wir auch nicht „Operations Research", „Case Study" (wenn schon nicht „Fallstudie") und „Corporate Identity" sagen. Manchmal löst sich das Problem von selbst, indem die Wortfolge zu *einem* Wort zusammenwächst (z. B. on-line zu online, Online-Recherche). Und so ist aus dem Air-Conditioner ein Airconditioner geworden, vergleichbar dem Airport und dem Airbus.

10.3.2 Abkürzungen

Naturwissenschaftliche und technische Texte kommen ohne *Abkürzungen* nicht aus. Abkürzungen helfen, die Wiederholung langer Wörter z. B. in einer Arbeitsvorschrift zu vermeiden und Druckraum zu sparen. Besonders von Tabellen und Abbildungsbeschriftungen geht ein Zwang zur Kürze aus. Manche Abkürzungen (wie DNA für deoxyribonucleic acid) sind auch für das Sprechen bequemer als die Ausgangsform und finden wie selbstverständlich Eingang in geschriebene Dokumente.

Vor zu häufigem Gebrauch von Abkürzungen sei dennoch gewarnt. Ein Satz wie „MPTP wird durch MAO-B in MPP$^+$ umgewandelt, das die SNPC-Nervenzellen über das DA-System erreicht" ist eher unter Geheimschrift als unter Sprache einzustufen und sollte vermieden werden. Allerdings klingen viele Passagen in „Experimentellen Teilen" so ähnlich, das ist kaum zu umgehen und dort auch nicht so schlimm.[135]

---

[135] Wenn wir im Anzeigenteil einer Zeitung den Wohnungsmarkt studieren, kommen wir auch mit „Dipl.-Phys. u. Stud.ref.in, NR, su. 2-3 ZKB od. App." zurecht, weil wir schon vorher wissen, was das heißen kann. Auch Hieroglyphen-Inschriften funktionieren so.

- Verwenden Sie nicht mehr Abkürzungen als unbedingt nötig; erläutern Sie weniger gebräuchliche Abkürzungen bei ihrem ersten Auftreten im Text oder in einer eigenen *Abkürzungsliste*!

Das Erläutern einer Abkürzung an der ersten Textstelle gehört zu den eisernen Regeln auch des Journalismus. In naturwissenschaftlich-technischen Texten können Abkürzungen mit Symbolen – insbesondere den Symbolen für physikalische Größen – in einer Liste vereinigt werden. Viele Zeitschriften geben Listen von (vielleicht hundert) Abkürzungen bekannt, die ein Autor *nicht* bei seinem Artikel aufführen und entschlüsseln muss, wenn er den Beitrag dieser Zeitschrift einreicht.

- Für die Erläuterung verwenden Sie bitte nicht das Gleichheitszeichen.

Schreiben Sie also nicht „ABS = Antiblockiersystem", denn eine Gleichheit im mathematischen Sinn liegt nicht vor; MAK bedeutet für einen Immunologen etwas anderes als für einen Toxikologen (Monoklonaler Antikörper bzw. Maximale Arbeitsplatzkonzentration). ABS könnte auch Abscisinsäure bedeuten, und PET ist nicht unbedingt das Kurzzeichen für Polyethylenterephthalat, sondern steht vielleicht für *positron emission tomography*. Einfache Nachstellung, getrennt durch Doppelpunkt, Komma oder (in einer Liste) Zwischenraum, genügt. Im Text fügt man die ausgeschriebene Form der Abkürzung (oder umgekehrt) in Klammern bei.

- Je grundlegender ein Text ist und je weiter sein Leserkreis, desto weniger Abkürzungen sollte er enthalten.

Vor allem in Titeln von Dokumenten sollten Sie auf Abkürzungen – außer den gängigsten – verzichten. Vermeiden Sie auch das beliebige Kürzen von Wörtern in Tabellen mit dem einzigen Ziel, ein Wort in eine Spalte zu quetschen.

Dessen ungeachtet verlangen chemische Fachzeitschriften, um Platz zu sparen, dass Formeln oder Namen von Verbindungen im laufenden Text durch Nummern ausgedrückt werden, und Sätze wie „**3** bildet sich aus **1a** und **2** in Anwesenheit von **5** (mit R = CH_3)" sind keine Seltenheit.

- Um mit Abkürzungen richtig umgehen zu können, sollte man sich der verschiedenen Formen der Kürzung bewusst sein.

Ein umfassender Begriff für alle Zeichen und Zeichenfolgen, die nicht Wörter sind, ist *Kurzform* (DIN 2340, 1987, *Kurzformen für Benennungen und Namen: Bilden von Abkürzungen und Ersatzkürzungen – Begriffe und Regeln*). Als Kurzformen stehen neben den Abkürzungen im gewohnten Sinne noch die *Ersatzkürzungen*, bei denen ein Wortteil durch eine Zahl oder ein Zeichen ersetzt ist (2-teilig, $-Kurs, γ-Strahlung).

Abkürzungen im engeren Sinne entstehen auf verschiedene Weise. Bei der *Abbrechkürzung* wird der Schlussteil eines Wortes – wenigstens zwei Buchstaben – weggelassen und durch einen Punkt ersetzt. Beispiel:

      Abb.   Abbildung
    (Kurzform) *(Langform)*

Bei der *Klammerkürzung* werden der Anfangsbuchstabe und weitere Buchstaben des ausgeschriebenen Wortes unter Überspringen anderer Buchstaben zusammengezogen *(Kontraktion)*. Beispiele:

        Kfz. ↔ Kraftfahrzeug, Aküfi. ↔ Abkürzungsfimmel.

Bei der *Initialkürzung* wird nur der erste Buchstabe eines Wortes verwendet:

        u. ↔ und, s. ↔ siehe.

Alle drei Kürzungsformen können einfach oder mehrfach auf ein Wort oder eine Wortgruppe angewendet werden. Mehrteilige Abbrechkürzungen sind beispielsweise „Dipl.-Ing." (für: Diplom-Ingenieur) und „Priv.-Doz." (für: Privatdozent).

Wenn Abkürzungen nicht für ein Wort stehen, sondern für eine stereotype *Wortfolge*, so werden sie mit *Leerzeichen* (Leertaste, Leerschritt, Spatium) geschrieben:[136]

        z. B. ↔ zum Beispiel, z. T. ↔ zum Teil, m. a. W. ↔ mit anderen Worten).

Die berühmteste Abkürzung dieser Art ist eine Ausnahme: usw. (DM für Deutsche Mark, sFr für Schweizer Franken wären weitere Ausnahmen, sofern man hier nicht lieber von „Symbolen" sprechen möchte.)

Kurzwörter brechen ein Wort erst nach mehreren Buchstaben ab; sie werden nicht (mehr) als Abkürzungen empfunden und ohne Punkt geschrieben. Gerade die Technik hat viele Kurzwörter hervorgebracht: Auto, Akku, Trafo, in der Schweiz Velo; auch Uni und Labor sind Kurzwörter.

Eine besondere Klasse von Abkürzungen bilden die Akronyme.

- Eine Kurzform ist ein *Akronym*, wenn sie wie ein selbständiges Wort gebraucht wird.

Auch hier kann man Abbrechakronyme, Klammerakronyme und Initialakronyme unterscheiden. Mehrteilige Initialakronyme sind beispielsweise NMR, PC, RTF. Diese Kurzformen werden als solche gesprochen und verwendet, ohne dass die ursprünglichen Wörter, an deren Stelle die Initialbuchstaben getreten sind, noch im Bewusstsein sein müssen. Nur manchmal muss man auf die Urform zurückgreifen, wenn man sich für das *Genus* des Akronyms entscheiden soll. Dann wird aus PC „der PC", wenn man das nützliche Gerät auf dem Schreibtisch meint (weil man „der Computer" sagt), oder „die PC", wenn man von der Physikalischen Chemie spricht. Manchmal muss man erst Übersetzungsarbeit leisten; dann ergibt sich für die schon erwähnte DNA „die DNA" (weil es *die* Säure heißt, vgl. DNS).

- Kurzformen stehen für alle Flexionen des abgekürzten Wortes.

Soll, um Missverständnisse zu vermeiden, eine Beugungsform zum Ausdruck gebracht werden, so kann das in der Form geschehen:

        Jh. (Jahrhundert), Jh.e (Jahrhunderte), Jh.s (Jahrhunderts)
        Hr. (Herr), Hrn. (Herrn)
        Bd. (Band), Bde. (Bände)

---

[136] Durch ein *geschütztes Leerzeichen* kann man dafür sorgen, dass eine mehrteilige Abkürzung nicht am Zeilenende auseinander gerissen wird.

PC (Personal Computer), PCs *(Mehrzahl davon)*
GmbH (Gesellschaft mit beschränkter Haftung), GmbHs *(Mehrzahl davon)*
AGs (Arbeitsgemeinschaften; *nicht:* AGen oder AG.en)

Häufig benötigt wird hiervon das „englische" Plural-s; es wird nicht – wie man oft liest – hinter den *Apostroph* (PC's) gestellt! Gelegentlich wird ein Plural auch durch Verdoppelung des letzten Buchstabens ausgedrückt: ff (viele folgende Seiten), Hrsgg. (Mehrzahl von Hrsg., Herausgeber).

- In den Fachsprachen wird zunehmend auf den *Punkt* am Schluss von Kurzformen verzichtet; Akronyme werden nie mit Punkt geschrieben.

Entwurf DIN 2340 (1987) sagt dazu ohne Umschweife: „Kurzformen werden ohne Punkt gebildet. Für das Setzen des Punktes im nicht-fachlichen Bereich gelten die Regeln im *Duden* (Rechtschreibung)."

Dass die Vancouver-Konvention für Quellenangaben rigoros mit dem Punkt als Abkürzungszeichen gebrochen hat, haben wir in Abschn. 9.4.2 erwähnt.

Von besonderer Bedeutung für den Naturwissenschaftler sind Abkürzungen von Zeitschriften und anderen Periodika, die *Zeitschriftenkurztitel*. Mit ihnen befasst sich die DIN 1502 (1984). Die offiziellen Abkürzungen aller in der Chemie und ihren Grenzgebieten existierenden Periodika kann man dem *Chemical Abstracts Service Source Index* (CASSI) der American Chemical Society entnehmen. Die Regeln für das Kürzen von Wörtern in Titeln und für das Kürzen der Titel von Veröffentlichungen sind an die internationale Norm ISO 4 (1997) *Information and documentation: Rules for the abbreviation of title words and titles of publications* angelehnt.

10.4 Wissenschaft und Öffentlichkeit

Durch Rezensenten und bei anderen Gelegenheiten sind wir aufgefordert worden, etwas darüber zu sagen, wie der Naturwissenschaftler mit der *Öffentlichkeit* kommunizieren, sich ihr mitteilen soll. Die Antwort lautet: *verständlich*. Aber was kann man tun, um verstanden zu werden? Können Laien einen komplizierten naturwissenschaftlichen Sachverhalt überhaupt verstehen?

Lassen wir dazu einen Kronzeugen zu Wort kommen, Gottfried Wilhelm LEIBNIZ (zitiert nach GOERTTLER 1965, S. 218):

> Da es also sicher ist, daß es schlechthin nichts gibt, was mit Ausdrücken der Volkssprache nicht deutlich gemacht werden kann, es ferner ebenso gewiß ist, daß jede Rede umso verständlicher ist, je mehr ihre Ausdrücke der Volkssprache entnommen sind, so ist offenbar, daß Regel und Maß für die Auswahl der Ausdrücke möglichst knappe und treffende Volkstümlichkeit […] sein (muß).

Daran gefällt uns vor allem die Prämisse, die Überzeugung, *dass* Wissenschaft auch Laien vermittelbar sei. Nur wenn wir daran glauben, können wir hoffen, die richtigen Ausdrucksmittel zu finden. Es gibt in allen Ländern Naturwissenschaftler, die es hervorragend gut verstehen, „ihre" Wissenschaft einem breiten Publikum vorzustellen: im Fernsehen oder Hörfunk, in Vorträgen. Einige verfassen *Sachbücher*, mit denen sie oft eine überraschend große und interessierte, ja begeisterungsfähige Leserschaft erreichen. Glücklicherweise gibt es sie auch in Deutschland.[137] In einer denkwürdigen Festrede[138] kam der Physiker Walther GERLACH vor einem halben Jahrhundert zu einem weitreichenden Schluss (Zitat):

- Die Fachsprache kann nicht – und braucht auch nicht – allgemein verständlich zu sein.

Er fährt (an der bezeichneten Stelle, S. 32) mit den prophetisch klingenden Worten fort:

> Es besteht aber das dringende Bedürfnis, die Ergebnisse der Wissenschaft der Allgemeinheit bekannt zu machen, zu „popularisieren", wenn sie reif sind, in die geistige Entwicklung und in das tägliche Leben einzugehen – und beides gilt in hohem Maße für die Physik. Die hierfür erforderliche Sprache wird sich besonders der Bilder, der Analogien und Gleichnisse bedienen unter Verwendung von gebräuchlichen Wörtern für Sinneseindrücke, um so vom Handgreiflich-Vorstellbaren zum Geistig-Vorstellbaren zu führen. Es ist eine schwierige pädagogische Aufgabe, die Modellvorstellung nur als das Hilfsmittel, nicht als das Reale verstehen zu lassen – keinesfalls aber kann und darf sie damit gelöst werden, daß physikalische Kunstausdrücke zu Schlagworten gemacht oder erzwungen verdeutscht werden, um so eine Allgemeinverständlichkeit vorzutäuschen. Wenn wir die Fachsprache als das Mittel bezeichneten, neu gefundene Begriffe eindeutig zu formulieren, so muß die populäre Fachsprache dazu dienen, die wissenschaftlichen Begriffe begreifbar zu machen.

Was also tun, wenn Sie von Ihrer Hochschulzeitschrift um einen Beitrag gebeten werden oder wenn Sie einen Abendvortrag halten wollen, der vielleicht anderntags in der Zeitung steht; wenn Sie von einem Journalisten[139] interviewt werden, eine Presse-

---

[137] Stellvertretend für viele sei hier Harald LESCH genannt, Astrophysiker in München, Träger – „für seine herausragenden Leistungen bei der Vermittlung wissenschaftlicher Forschung an die Öffentlichkeit" – des Communicator-Preises (2005) der Deutschen Forschungsgemeinschaft (DFG) und des Stifterverbandes für die Deutsche Wissenschaft. Der Öffentlichkeit bekannt geworden ist LESCH vor allem als Moderator der Alpha-Centauri-Sendungen im Bayerischen Fernsehen und als Autor populärwissenschaftlicher Publikationen wie *Kosmologie für Fußgänger* (mit Jörn MÜLLER) und *Physik für die Westentasche*.

[138] GERLACH, W. (1953). *Physik und Sprache: Festrede gehalten in der öffentlichen Sitzung der Bayerischen Akademie der Wissenschaften in München am 9. Dezember 1952.* München: Verlag der Bayerischen Akademie der Wissenschaften (in Kommission bei der C. H. Beck'schen Verlagsbuchhandlung München). – Die Schrift ist (oder war?) beim Buchantiquariat Robert Wölfle, Amalienstr. 65, D-80799 München, erhältlich.

[139] Es gibt den Beruf des *Wissenschaftsjournalisten*. Aber die Chance, dass Sie einem Medienvertreter mit naturwissenschaftlicher Ausbildung begegnen, ist nicht allzu groß – leider! In der ganzen Schweiz, einem Hochtechnologie-Land, gibt es nur etwa 20 Vollzeit-Wissenschaftsjournalisten. Wir sehen darin ein bedrückendes Beispiel für die Widersprüchlichkeit in unserer Gesellschaft. Die Max-Planck-Gesellschaft, seit Jahren mit Erfolg um gute Öffentlichkeitsarbeit bemüht, bietet jetzt ihren Wissenschaftlern Journalismus-Kurse an in der Hoffnung, so zur Überwindung des Widerspruchs beitragen zu können. An anderen Stellen wird das Hospitieren von Wissenschaftlern bei den Medien, und umgekehrt, gefördert – wie man hört, zu beiderseitigem Gewinn (Ciba Foundation 1991). – Dieser etliche Jahre alten Anmerkung können wir heute erfreut anfügen, dass nach unserem Eindruck die Berichterstattung in den

mitteilung formulieren oder Bürgern erklären sollen, was in Ihrem Labor oder in Ihrer Firma vor sich geht; wenn Sie etwas *Populärwissenschaftliches* schreiben wollen?

- Benutzen Sie möglichst wenige Fachbegriffe; erläutern Sie die wenigen, die Sie einsetzen.

Bedenken Sie dabei, dass manche Wörter wie „Arbeit", „Leistung", „Empfindlichkeit" oder „Zuverlässigkeit" umgangssprachlich anders belegt sind als in den Naturwissenschaften. Nur zu leicht redet man da aneinander vorbei. Die mangelnde Akzeptanz der Naturwissenschaften in der Bevölkerung hat sicher in Sprachproblemen eine ihrer Ursachen.

Niels BOHR soll sich einmal auf einer Almhütte mit Geschirrspülen versucht haben. Dabei wunderte er sich, dass man schmutziges Geschirr in schmutzigem Spülwasser mit schmutzigen Küchenlappen sauber bekommen kann. Wolf SCHNEIDER, der diese Episode bei HEISENBERG gefunden hatte, kommentierte sie in seinem Buch *Unsere tägliche Desinformation* (1990) mit den Worten (S. 31): „Umgangssprache kann mit Umgangssprache präzisiert, die präzisierte Sprache mit präzisierter Sprache weiter präzisiert werden, und so fort. Schiefe Abbilder einer nicht exakt definierten Wirklichkeit lassen sich durch andere Abbilder korrigieren, auch wenn diese wiederum den Anforderungen einer strengen Wissenschaft nicht genügen." (Die Assoziation Spülen–Sprache hatte schon der berühmte Physiker selbst.)

- Vorsicht beim Umgang mit dem Fachwort!

Die laiengerechte Umschreibung – und Vermeidung – von Termini, die nur dem Fachmann geläufig sind, spielt bei den Beipackzetteln von Medikamenten eine besondere Rolle. Damit haben sich Verbände, EG-Kommissionen und der Gesetzgeber befasst. Heraus kam beispielsweise die Empfehlung, die Überschrift „Kontraindikationen" (und selbst das deutsche „Gegenanzeigen") zu ersetzen durch „Sie dürfen das Arzneimittel nicht einnehmen bei …". Das Beispiel, das hier zur Nachahmung empfohlen sei, zeigt etwas deutlich: Der Experte kann sich, wenn er ein paar Worte mehr gebraucht als im Kollegengespräch, vielen Menschen verständlich machen.

In unserem in Strukturen geordneten Denken und Wissen erkennen wir Gegenstände an den Merkmalen wieder, die wir ihnen zugeordnet haben, wir können sie in Beziehung zu anderen setzen. Was aber sind die „wesentlichen" Eigenschaften eines – vielleicht abstrakten – Objekts der Naturwissenschaft? Mit dieser Frage beschäftigten sich schon die griechischen Philosophen der Antike, und ihre Unterscheidung zwischen den Gegenständen selbst und unseren Ideen von ihnen trägt noch heute.

- Gegenstände haben *viele* Eigenschaften, aus denen man Begriffsmerkmale bilden kann, die zusammen erst den Begriffsinhalt ausmachen.

Medien über „Welt und Wissen" vorangekommen ist. Es gibt eine Reihe von glänzend moderierten Sendefolgen auf mehreren deutschen Fernseh-Kanälen, von denen sich einige tatsächlich hoher Popularität bei wissensdurstigen Mitbürgerinnen und -bürgern erfreuen. Offenbar trägt das Bemühen einiger Förderorganisationen Früchte. An vorderer Stelle darf hier die *Bertelsmann-Stiftung* genannt werden, der guter *Wissenschaftsjournalismus* ein besonderes Anliegen ist.

Beispielsweise kann man den Kreis in verschiedener Weise beschreiben und damit begrifflich und letztlich terminologisch festlegen (als Linie aller Punkte, die von einem Ort den gleichen Abstand haben; als geschlossene Kurve mit überall gleicher Krümmung u. a.). Eine Schwierigkeit der Kommunikation besteht nun darin, dass nicht alle Eigenschaften eines Gegenstands für die Betrachtung von einem bestimmten Gesichtspunkt aus gleich wichtig sind.[140] Deshalb wird beispielsweise der Terminus „Eisen" für einen Historiker, Kristallografen, Metallurgen oder Mediziner jeweils anders „belegt" sein. Ein und demselben Gegenstand werden von den einzelnen Disziplinen unterschiedliche Begriffsmerkmale zugeordnet. Das ist bei der Verständigung der Fachleute untereinander zu berücksichtigen, noch mehr aber bei dem Versuch der Fachleute, sich mit Laien zu verständigen.

Manchmal bilden sich die Fachleute von einem einzigen Gegenstand nicht nur unterschiedliche Begriffe – sie verwenden dafür sogar verschiedene Namen (Termini). Und der Laie soll das verstehen? Da spricht einer von Cerussit, ein anderer von Bleiweiß, ein dritter von Plumbum carbonicum – und alle meinen dasselbe, nämlich die Substanz, die ein vierter Blei(II)-carbonat genannt hätte. Es kommt eben darauf an, ob der Fachmann Mineraloge, Experte auf dem Gebiet der Anstrichstoffe und Pigmente, Pharmazeut oder Chemiker ist.

- Zwischen dem zu Bezeichnenden, dem *Denotat*, und dem dafür verwendeten *Begriffszeichen*, der *Notation*, besteht keine *eineindeutige* (d.h. in beiden Richtungen eindeutige) Beziehung.

Ein Grund mehr, beim Gebrauch von Fachwörtern gegenüber Laien besonders vorsichtig (und einsichtig) zu sein! [141,142]

- Letzten Endes *sind* Wörter nicht die Gegenstände, die uns beschäftigen, sie stehen nur für sie.

---

[140] Wir fanden dazu eine herrliche Stelle bei LEMMERMANN (1992, S. 26): „... eine Sache oder ein Wort zu erklären, [...] ist gar nicht so leicht, wie man meint. Wer beispielsweise den Menschen definiert als ‚federlosen Zweifüßler', trifft zwar *etwas* Richtiges, aber nicht das *Wesentliche* des Menschen. Er wirft mit dieser ‚Definition' den Menschen mit einem gerupften Huhn, einem Känguruh oder einer Springmaus in einen Topf."

[141] Notation: *lat.* nota, Kennzeichen, Merkmal, Note; vgl. Musiknote. – Manchmal versteht man unter „Notation" nicht nur das Zeichen, sondern den Begriffsinhalt selbst, allerdings den vom Sprecher gemeinten. Dazu gesellt sich die *Konnotation*, die *(lex.)* „gefühlsmäßige, wertende Nebenbedeutung eines sprachlichen Zeichens (Wortes)", mit *Konnotat* als „vom Sprecher bezeichneter Begriffsinhalt (im Gegensatz zu den entsprechenden Gegenständen in der außersprachlichen Wirklichkeit)". – Das Anliegen reicht über das Sprachliche hinaus und durchzieht wie ein roter Faden schon wenigstens zweieinhalbtausend Jahre Erkenntnistheorie. Vielleicht blitzt es auch in Ihren Gedanken bei der nächsten Gelegenheit auf, oder Sie haben sich längst, vielleicht unbewusst, die richtigen Gedanken dazu gemacht.

[142] Das Wort „Gegenanzeige" (s. oben) kann als Beispiel dienen. Wer nicht Mediziner ist, denkt dabei zunächst an eine aufregende Sache bei der Polizei oder an einen ungewöhnlichen Vorgang im Anzeigenteil der Zeitung. Selbst ein deutscher Fachbegriff wie „Schwebstoff" müsste erklärt werden dahin, dass man hier nichts herumschweben sieht, weil die Schwebstoffteilchen vielleicht nur einige hunderttausendstel Millimeter groß sind.

10.4 Wissenschaft und Öffentlichkeit

Wie eine Landkarte kein verkleinertes Modell einer Landschaft ist, sondern sich bestimmter Symbole zur Kennzeichnung wichtiger Merkmale der Landschaft bedient, so auch die Sprache; sie benutzt Wörter als Zeichen für die Strukturen der Landschaft, durch die sich unser Geist bewegt. Wer die Bedeutung der Zeichen nicht kennt, findet sich mit dieser „Landkarte" nicht zurecht.

- Erklären *Sie* genau, was Sie unter einem bestimmten Begriff verstehen, und weisen Sie auf mögliche andere Festlegungen hin.

Mediziner sind es – als Ärzte – gewöhnt, mit Patienten Fachliches ohne Fachidiom zu besprechen. Für jeden Körperteil, für jede Krankheit haben sie zwei Ausdrücke zur Verfügung: Den einen benutzen sie im Patientengespräch, den anderen schreiben sie auf das Attest oder die Überweisung. Auch der Laien-Patient hat es leicht, dem Arzt hinter die Schliche zu kommen – er braucht nur im „Medizinduden" nachzuschlagen *(Duden: Das Wörterbuch medizinischer Fachausdrücke*; noch kürzer ist das Duden-Taschenbuch 10, *Wie sagt der Arzt?)*. Der Mediziner kann die dort aufgeführten Übersetzungen (z. B. *Glandula parotis* – Ohrspeicheldrüse) und Erklärungen (Definitionen) heranziehen, um sich verständlich zu machen.[143]

Nun sind Sie aber Physiker, Chemiker oder Biologe – nichts zu machen? Doch, in der Reihe „Schülerduden" stehen auch für diese Fachgebiete (und einige mehr) Bände zur Verfügung – bedienen Sie sich ihrer! (Die Reihe umfasst gegenwärtig über 30 Titel, wir verzichten auf einen Einzelnachweis.)

- Benutzen Sie ein Vokabular nicht über dem Niveau eines höheren Schulabschlusses.

Die Vorstellung, sich an *Schüler* zu wenden, ist genau richtig. Auch der Experte vom Institut nebenan ist Ihnen gegenüber Schüler. Seien Sie ein guter Lehrer. Sprechen Sie von „Verschmutzung" statt von „Kontamination", von „erdnahen Luftschichten" statt von „unterer Troposphäre", von „Zähflüssigkeit" statt von „Viskosität" und von „flammloser Verbrennung" anstelle von „katalytischer Niedertemperatur-Oxidation".

Viele Wörter der Gemeinsprache sind – wie vorhin angemerkt – in die Natur- und Ingenieurwissenschaften übernommen, dort aber mit spezifischen Begriffsinhalten ausgestattet worden. Wer an einem künstlichen Schifffahrtsweg wohnt, verbindet mit „Kanal" bestimmte Assoziationen. Das können Sie für Ihre Bildersprache ausnutzen, falls Sie in einer Stadt wie Minden oder Panama über Ionenkanäle sprechen wollen. [Das Wort „Kanal" selbst ist über das Italienische aus dem Lateinischen (*lat.* canalis, Röhre, Rinne) in unsere Sprache übernommen und da als *Lehnwort* heimisch geworden; vgl. „Kanalisation", „dunkle Kanäle", „sich den Kanal volllaufen lassen".]

Sollten Sie allerdings ein so verrücktes Wort wie Tricyclodecan verwenden, dann müssen Sie damit rechnen, dass andere Leute sich etwa anderes darunter vorstellen als Sie, oder gar nichts.

- Sagen Sie nicht „Es-o-zwei", wenn Sie SO_2 meinen.

---

[143] Leider gibt es keine Bücher vom Typ „Wie sagt der Chemiker?" oder „Wie sagt der Physiker?". Die würden auch niemanden interessieren, außer wenn irgendwo etwas „daneben" gegangen ist.

Sprechen Sie besser von Schwefeldioxid oder einer „Verbindung von Schwefel mit Sauerstoff". Dann kann es nicht passieren, dass Sie am Tag nach Ihrem Interview in der Zeitung lesen: „Waldsterben durch weniger Esso-II gestoppt?"

Die oben erwähnten Lexika und andere Werke der Dudenredaktion kommen alle aus der Stadt, die auch das *Institut für Deutsche Sprache* beherbergt, aus Mannheim. Die Gralshüter des Deutschen können aber das immer größer werdende Feld – der deutsche Wortschatz einschließlich der Fachidiome wird auf 10 bis 20 Millionen Wörter geschätzt, von denen auch der Bildungsbürger nur ca. 15 000, also 1 Promille, kennt – nicht allein bestellen. Eine Reihe anderer Verlage, so auch der Verlag dieses Buches, bieten Fachlexika für nahezu jedes naturwissenschaftlich-technische Arbeitsgebiet an; legen Sie sich im Hinblick auf die hier geschilderte Verwendung als Sprach- und Interpretationshilfe einige davon zu!

All das wird Ihnen aber nicht helfen, wenn Sie einen ganz neuen Sachverhalt darlegen wollen, der begrifflich und sprachlich noch gar nicht aufbereitet ist.

- Umschreiben Sie, verwenden Sie Bilder, vergleichen Sie mit Bekanntem, nennen Sie *Parallelen* und *Analogien*, um etwas begreiflich zu machen.

Nicht zuletzt deshalb haben wir oben so ausführlich über *Sprachbilder* gesprochen. Setzen Sie lieber zwei Bilder ein als keines. Auch die *Bibel* spricht an einigen der sprachlich eindruckvollsten Stellen in *Gleichnissen*. Beleuchten Sie die komplizierte Sache von mehreren Seiten – nicht nur Gegenstände, auch Begriffe schaut man am besten von mehreren Seiten an, um ihre Ganzheit zu erfassen.

- Verwenden Sie einer Laienzielgruppe gegenüber das Mittel der *Redundanz*.

Unterdrücken Sie also eine Fähigkeit, die Sie sich für Fachpublikationen anerzogen haben, nämlich Dinge so knapp und so genau wie möglich und nur einmal zu sagen – wiederholen Sie! Selbst in der Rede vor einem Fachpublikum (EBEL und BLIEFERT 2005) ist Redundanz ein unverzichtbares Mittel, um die einzige Aufgabe jeglicher Mitteilung zu lösen, nämlich die, verstanden zu werden.

- Ersparen Sie sich und Ihren Lesern (oder Zuhörern) das Detail.

Vermeiden Sie eine zu hohe *Informationsdichte*, die überfordern und ermüden oder gar den Eindruck erwecken könnte, es käme Ihnen in erster Linie darauf an, alles auszubreiten, was Sie geleistet haben. Es kommt – wie bei jeder Kommunikation, die erfolgreich sein will – nicht auf den Sender der Botschaft – auf Sie – an, sondern auf die anderen, die die Botschaft aufnehmen sollen!

Ein Laienpublikum ist nicht an tausend gedanklichen Verknüpfungen oder experimentellen Einzelheiten interessiert; es will wissen, warum bestimmte Untersuchungen (Entwicklungen) durchgeführt werden, was dabei herauskommen kann oder schon herausgekommen ist und welche Konsequenzen das für die Allgemeinheit hat. „Die Öffentlichkeit interessiert sich weder für das wissenschaftliche Ethos noch für die Motivation des Wissenschaftlers. Der Bürger will gar nicht wissen, was Ehrgeiz in der Forschung bedeutet oder warum Forschung glücklich macht. Aber er will sicher sein, dass die Wissenschaft ‚objektiv' und ‚verlässlich' ist und ihm möglichst preiswert dabei hilft, seine eigenen Probleme zu lösen" (H. MOHR in FLÖHL und FRICKE 1987, S. 59).[144]

Um ein Beispiel zu geben, wie Sie besser nicht schreiben sollten:

> Die früher beobachtete zweijährige Periodizität scheint damit verlorengegangen zu sein zugunsten eines rein chemischen (durch FCKW bestimmten) Ozonverlusts. Neue Analysen der langjährigen Trends zeigen in den Frühjahrsmonaten starke Ozonabnahmen (bis zu 8 % pro Dekade) in mittleren Breiten der Nordhemisphäre (Abbildung 1). Die Verstärkung eines Ozonverlustes in diesen Breiten und zu dieser Jahreszeit ist eine neue Erkenntnis, die vorläufig als eine indirekte Auswirkung einer aktivierten, anthropogen induzierten Chemie über dem Nordpol im Winter zu deuten ist.

In einer Glosse in *Nachr Chem Tech Lab.* 1992. 40: 463 unter der Überschrift „Wissenschaftsdeutsch" schlug K. ROTH dafür folgende Übertragung ins Deutsche vor:

> Durch FCKW wird das Ozonloch immer größer, und Deutschland ist jetzt mittendrin.

Vielleicht sollte man tatsächlich die Kunst, komplizierte naturwissenschaftliche Sachverhalte „auf gut Deutsch" ausdrücken zu können, in jedem Studiengang der Naturwissenschaften verankern. Mehr Kommunikation mit der Öffentlichkeit, am Ende gar mehr Konsens, könnten die Risiken mindern helfen, in die unsere Gesellschaft treibt (JUNGK 1989). Dies würde auch den Naturwissenschaftlern gut bekommen.

- Auch der „historische" Hintergrund interessiert immer – knüpfen Sie an Bekanntes an.

Und noch etwas Wichtiges:

- Seien Sie besonders vorsichtig beim Umgang mit *Zahlen*!

In der Öffentlichkeit sind die *Einheiten-Präfixe* nur zum Teil geläufig; was Mega, Tera oder Nano und Femto bedeuten, muss man erklären. Mit der Zehnerpotenz-Notation können die meisten Nicht-Naturwissenschaftler nichts anfangen, und zu ppm, ppb und ppt haben sie nur verschwommene Vorstellungen. Manches Missverständnis beispielsweise in der Öko-Diskussion rührt letztlich daher.

- Machen Sie Zahlenangaben, die außerhalb des normalen Sprachgebrauchs liegen, und ungewöhnliche Einheiten anschaulich!

Gelungene Beispiele sind etwa:

> Eine Nanosekunde verhält sich zu einer Sekunde wie eine Sekunde zu 32 Jahren. Eine Pikosekunde, das sind 10^{-12} Sekunden, eine Zeit, in der das Licht gerade 0,3 mm zurücklegt und das Überschallflugzeug Concorde einen Atomdurchmesser weiter kommt.

---

[144] Rainer FLÖHL, Chemiker, war lange Zeit Leiter der Redaktion Natur und Wissenschaft der *Frankfurter Allgemeine Zeitung*, Träger des Preises der Gesellschaft Deutscher Chemiker für Journalisten und Schriftsteller. Jochen FRICKE, Professor für Experimentelle Physik, war viele Jahre Schriftleiter der Fachzeitschrift *Physik in unserer Zeit* im Verlag dieses Buches und ist Träger der Medaille für naturwissenschaftliche Publizistik der Deutschen Physikalischen Gesellschaft.

> Die Grundbelastung unseres Erdreichs liegt bei 1 Pikogramm Dioxin je Gramm getrockneten Bodens. Das entspricht einem Sandkorn in einem 100 m langen Strandabschnitt von 10 Meter Breite und 1 Meter Tiefe.

Naturwissenschaftler sind die einzigen Menschen, die mit solchen Zahlen umgehen. Sie mögen Nanostrukturen schaffen und Femtokinetik betreiben, aber sie dürfen nicht erwarten, dass andere ihre Ergebnisse nachvollziehen können, ohne dass jemand versucht, sie ihnen zu erklären.

- Wer Zahlen in Richtung Presse äußert, sollte doppelt vorsichtig sein.

Journalisten haben ein Faible für Zahlen, vielleicht weil dadurch ihre Artikel informativ, gründlich recherchiert o. ä. wirken. Aber nur wenige Journalisten können die Niederschlagsmenge von „mm Wassersäule" umrechnen auf Liter pro Quadratmeter oder Liter im Kubikmeter, wie einer aus der Zunft freimütig einräumte. Bieten Sie also Umrechnungen selbst an, wenn das die Sache erhellen oder eher gewohnte Vorstellungen ins Spiel bringen kann.

- Bei allem Bemühen, ein Laienpublikum mit Ihren Botschaften zu „erreichen", sollten Sie nicht der Neigung verfallen, Ihre Leser oder Zuhörer für dumm zu verkaufen.

Eine solche Neigung ist im heutigen Journalismus, auch dem Wissenschaftsjournalismus, weit verbreitet. Dieter E. ZIMMER (2006, S. 10) hat unerschrocken mit dem Finger auf die verbreitete *Abhol-Attitüde* – „es gilt, die Menschen abzuholen, wo sie sind" – gewiesen und ihr eine Abfuhr erteilt. „Es ist die Attitüde der krampfhaften Anbiederung, hinter der die Sorge um schrumpfende Quoten und Leserzahlen steht". Bloß keine Wörter, die nicht jeder auf Anhieb versteht? Bloß keine Sachverhalte, die dem hypothetischen Leser fremd sind? Bloß nichts, was seinen alltäglichen Erfahrungshorizont überschreitet? Das kann es auch nicht sein, stimmen wir ZIMMER zu, denn an dem Punkt fängt man an, einzulullen statt zu informieren – und „die anderen" vielleicht doch gehörig zu unterschätzen.

So dürfen, nein sollen Sie schreiben:

> Eine Forschergruppe an der Hautklinik der Universität Tübingen hat ein Bildanalyseprogramm entwickelt, mit dem sich gutartige Pigmentmerkmale von bösartigen unterscheiden lassen,

und nicht so:

> Waltraud M., 53, runzelte die Stirn. Sie sah besorgt auf die dunklen Pickelchen an ihrem Unterarm …

Auf solche – Verzeihung: blöden – „Aufhänger" dürfen Sie getrost verzichten. Sie sind ohnehin fingierter Unsinn, denn die „Waltraud M., 53," gibt es nicht, und niemand hat ihr beim Stirnrunzeln zugesehen. Man lenkt so ab, verschafft eine Art Ersatzbefriedigung. Ein paar Personen mögen zwar das Gefühl gewinnen, jetzt etwas erfahren zu haben und dabei einbezogen worden zu sein (Pickelchen haben sie selber auch); aber man kann sich schnell, wenn man selbst einmal auf der Laienseite steht, nicht ernst genommen fühlen. Uns geschieht das ärgerlich oft. Allgemeinverständlichkeit vorzutäuschen, wovor schon GERLACH gewarnt hat, kann nicht Ihr Ziel sein, wenn Sie sich an die Öffentlichkeit wenden.

- Der Umgang mit Öffentlichkeit und Medien ist nicht nur eine Sache der richtigen Sprache, sondern auch eine der Moral.

Wenn nun ein Wissenschaftler gar nicht richtig verstanden werden *wollte*, wenn er beispielsweise mit Zahlen *absichtlich* nebulös umginge – was dann? „Warum sollte er das tun?", werden Sie dagegen fragen. Nun, nicht Menschen, sondern Gelegenheiten machen den Dieb. Es gibt Situationen, in denen Naturwissenschaftler Vorteile für sich gewinnen, wenn sie bei der Weitergabe ihrer „Ergebnisse" hart am Rande der Lüge jonglieren.[145)] Wir haben das schon lange bei manchen Nachrichten gewittert, die aus Forschungslabors in die Presse lanciert werden – wahrscheinlich besteht der Verdacht zu Recht.

„Bemühte Forscher entdecken mit akribischen Methoden in eigens geschaffenen Instituten immer mehr Schädliches und Bedrohliches; im Falle von allzu geringen Befunden lässt sich zumindest eine Zuwachsrate ermitteln, die bei Zugrundelegung ungünstiger Annahmen zur Fürchterlichkeit ‚hochgerechnet' werden kann. Falls auch dieses noch nicht genügt, können die Toleranzgrenzen nach Belieben gesenkt werden, so daß jede Tatarennachricht mit wissenschaftlichem Anspruch verkündet werden kann." (E.-O. MAETZKE, „Lüstern auf Tataren-Nachrichten", in: *Frankfurter Allgemeine Zeitung* 21.12.1983)

„Natürlich überlegen sich viele Wissenschaftler, welche Strategie sie befolgen müssen, um an Forschungsmittel heranzukommen. Wenn sie aus der grauen Masse ihrer Kollegen herausragen wollen, dann ist es nützlich, mit den Medien zusammenzuspielen, sich der Medien-Gesetzlichkeit anzupassen: Die Medien suchen die Sensationen und nicht die Normalität." (H. OBERREUTER, zitiert nach SCHNEIDER 1990, S. 208)

- Vergessen Sie nie, dass Sie Wissenschaftler sind; bleiben Sie seriös!

„Daß sich Häresien in der Öffentlichkeit besser durchsetzen als die Wahrheit, liegt – von der Gunst bei Publikum und Medien abgesehen – mit daran, daß die angeblichen Experten und Scharlatane viel stärker in die Öffentlichkeit drängen als die seriösen Forscher." (R. FLÖHL in *Nach Chem Tech Lab.* 1993; 41: 1019)

- Unterscheiden Sie zwischen Theorie und Tatsachen, Tatsachen und Meinungen!

Der unkritische Laie ist schnell verwirrt oder verführt. Er soll erkennen können, wann Sie *ex cathedra* sprechen und wann als Bürger oder Bürgerin (da dürfen Sie meinen, was Sie wollen). Machen Sie klar, was auch Sie nicht wissen und wo Missverständnisse entstehen oder andere Folgerungen gezogen werden können. Dann werden Sie auch nicht falsch interpretiert.

---

145 Einen Einblick in Geschichte und Wissenschaft des Wissenschaftsbetrugs liefert ein kurz vor der vorliegenden Publikation erschienenes Buch *Fälscher, Schwindler, Scharlatane: Betrug in Forschung und Wissenschaft* von Heinrich ZANKL (2006).

Die Öffentlichkeit hat zu großen Teilen gerade in Deutschland gegenüber Naturwissenschaft und Technik ein gespaltenes Bewusstsein: Sie beargwöhnt beide und erwartet von ihnen gleichzeitig Heilswunder. Sie will nicht akzeptieren, dass Naturwissenschaftler und Techniker auf der Suche nach dem Neuen sich irren und Fehler machen können. Tragen Sie durch Ihr sachliches und selbstkritisches Verhalten dazu bei, dass den Naturwissenschaften ihre humane Dimensionerhalten bleibt oder, wo sie abhanden gekommen ist, zurückgegeben wird!

Anhänge

Anhang A
Zitierweisen

Nachstehend sind „Standardzitate" für die wichtigsten Arten von Dokumenten nach vier verschiedenen Richtlinien tabelliert. Durch die Gegeneinanderstellung werden Ähnlichkeiten wie Unterschiede sichtbar. Eine „letzte Autorität" gibt es derzeit nicht, und es bleibt jedem überlassen, nach Erfordernissen zu zitieren.

Die vier als besonders wichtig erachteten und der Tabelle zugrunde gelegten Richtlinien sind:

1. Die Vancouver-Konvention, ausgewertet nach HUTH (1987);
2. die CBE-Richtlinien, ausgewertet nach *CBE Style Manual* (COUNCIL OF BIOLOGY EDITORS 1983);
3. die Empfehlungen der American Chemical Society, ausgewertet nach *ACS Style Guide: A Manual for Authors and Editors* (1997);
4. die Norm DIN 1505-2 (1984) des Deutschen Instituts für Normung.

Alle vier berufen sich auf die internationale Norm ISO 690 (1987) *Documentation – Bibliographic references: Content, form and structure*, weichen aber doch in ihren „Ausführungsbestimmungen" erheblich voneinander ab. Wer nähere Erläuterungen wünscht, sei auf Abschn. 9.5 verwiesen. [Keineswegs alle Empfehlungen finden unseren Beifall. Bei der Angabe von Seitenumfängen nach dem Muster (Beispiel) „457-72" wird am falschen Ende gespart.]

In der Tabelle werden die genanten vier Quellen kurz durch Vancouver, CBE, ACS und DIN charakterisiert. Die Zitierbeispiele sind aus diesen Quellen mit geringfügigen (und für das Zitieren unerheblichen) Änderungen übernommen worden. Für Schriftenverzeichnisse im Namen-Datum-System können die Jahreszahlen weiter nach vorne, hinter das „first element" (also in der Regel die Verfassernamen) gezogen werden (s. Abschn. 9.5.2).

Die linke Spalte nennt die jeweilige Art des Dokuments und weist in Klammern auf einige Besonderheiten hin. Die Nummern der rechten Spalte dienen dem Vergleich.

(Fortsetzung auf Seite 606)

Anhang A Zitierweisen

Dokument	Vancouver A	CBE B
Buch		
mit einem Autor[a] (Auflage, Lokalisierung, ergänzende Angabe)	Eisen HN. Immunology: an introduction. 5th ed. New York: Harper and Row; 1974: 215-17.	Osler, A.G. Complement: mechanism and functions. Englewood Cliffs, NJ: Prentice Hall, Inc.; 1976.
mit mehreren Autoren (Besondere Merkmale)	Rowzon KEK, Rees TAL, Mahy BWJ. A dictionary of virology. Oxford: Blackwell; 1981. 230 p.	Eason, G.; Coles, C.W.; Gettingby, G. Statistics for the bio-sciences. West Sussex, England: Ellis Horwood Ltd.; 1980.
mit Herausgeber[a] (Beitrag im herausgegebenen Werk)	Daussert J, Colombani J, eds. Histocompatibility testing 1972. Copenhagen: Munksgaard; 1973: 12-8.	Wood, R.K.S., editor. Active defense mechanisms in plants. New York: Plenum Press; 1982.
Kapitel im herausgegebenen Buch[b] (Lokalisierung, Serienangabe)	Weinstein L. Invading microorganisms. In: Sademan WA Jr, Sademan W, eds. Pathologic physiology. Philadelphia: WB Saunders; 1974: 457-72.	Kirkpatrick, C.H. Chronic candidiasis. In: Safai, B.; Good, R.A., eds. Immunodermatology. New York: Plenum; 1981: p. 495 - 514. (Good, R.A. Comprehensive immunology; vol. 7).
Monografie in einer Reihe (Serienangabe, Lokalisierung)	Hunninghake GW, Gadek JE, Szapiel SV et al. The human alveolar macrophage. In: Harris CC, ed. Cultured human cells. New York: Academic Press; 1980: 54-6. (Stoner GD, ed; Methods and perspectives in cell biology; vol 1).	(kein Beispiel)
Band in mehrbändigem Werk (Band- und Auflagenbezeichnung)	Cowie AP, Mackin R. Volume 1: Verbs with prepositions and particles. In: Oxford dictionary of current idiomatic English. London: Oxford University Press; 1975.	(s. Beispiel 4B)
Mehrbändiges Werk (Bearbeiter-Vermerk)	(kein Beispiel)	Colowick, S.P.; Kaplan, N.O. Methods in enzymology. New York: Academic Press; 1955-1963. 6 vol.

ACS	C	DIN	D	Nr.
Stothers, J.B. *Carbon-13 NMR Spectroscopy*; Academic: New York, 1972; Chapter 2.		METZGER, Wolfgang: *Gesetze des Sehens*. 3. Aufl. Frankfurt. Kramer, 1975 (Senckenberg-Buch 53). – ISBN 3-7829-1047-8		1
Littmann, M.; Yeomans, D.K. *Comet Halley: Once in a Life-time*; American Chemical Society: Washington, DC, 1985; p 23.		GRAWFORD, Claude C.; COOLEY, Ethel G.; TRILLINGSHAM, C.C.; STOOPS, Emery: *Biologie der Erkenntnis*. 3. Aufl. Berlin: Parey, 1981. – ISBN 3-489-61084-2		2
Golay, M.J.E. In *Gas Chromatography*; Desty, D.H., Ed.; Butterworths: London, 1958; p 36.		KAEMMERLING, Ekkehard (Hrsg.): *Ikonographie: Theorien – Entwicklung – Probleme*. Köln: DuMont, 1979 (Bildende Kunst als Zeichensystem 1) (DuMont Taschenbücher 83)		3
Geacintov, N.E. In *Polycyclic Hydrocarbons*; Harvey, R.G., Ed.; ACS Symposium Series 283; American Chemical Society: Washington, DC, 1985; pp 12-45.		FRANKE, Herbert W.: Sachliteratur zur Technik. In: RADLER, Rudolf (Hrsg.): *Die deutschsprachige Sachliteratur*. München: Kindler, 1978 (Kindlers Literaturgeschichte der Gegenwart), S. 654-676		4
Jennings, K.R. In: *Mass Spectroscopy*; Johnstone, R.A.W., Senior Reporter; Specialist Periodical Report; The Chemical Society: London, 1977; Vol. 4, Chapter 9.		(s. Beispiel 3D)		5
(kein Beispiel)		NEUMÜLLER, Otto-A.: *Römpps Chemie-Lexikon*. Bd. 1. 8. Aufl. Stuttgart: Franckh, 1979		6
(kein Beispiel)		FRUTIGER, Adrian: *Der Mensch und seine Zeichen / Heiderhoff*, Horst (Bearb.). Bd. 1-3. Echzell: Heiderhoff, 1978-1981		7

Anhang A Zitierweisen

Dokument	Vancouver A	CBE B
Buch		
Werk ohne Autor/ Herausgeber	Webster's standard American style manual. Springfield, Massachusetts: Meriam-Webster; 1985. 464 p.	American men and women of science. 15th ed. Jacques Cattell Press, ed. New York: R.R. Bowker Co; 1982. 7 vol.
Kongressband (Beitrag in, ergänzende Angaben)	DuPont B. In: White HJ, Smith R, eds. Proceedings of the third annual meeting of the International Society for Experimental Hematology. Houston: International Society for Experimental Hematology; 1974: 44-6.	Giesey, J.P., editor. Microcosm in ecological research. DOE Symposium series 52; 1978 November 8-10; Augusta, GA. 1110 p. Available from: NTIS, Springfield, VA; CONF-781101.
(Hinweis auf Sonderheft)		
Zeitschrift		
Beitrag mit bis zu 6 Autoren[c] (mit und ohne Titelangabe; Lokalisierung)	You CH, Lee KY, Chey RY, Menguy R. Electrogastrographic study of nausea patients. Gastroenterology. 1980; 79: 311-4.	Steele, R.D. Ethionic metabolism. J. Nutr. 112: 118-125; 1982.
(mit mehr als 6 Autoren oder körperschaftlischem Autor)	Brickner PW, Scanlan BC, Conanan B, et al. Homeless persons and health care. Ann Intern Med. 1986; 104: 405-9.	The Committee on Enzymes. Recommended method for the determination of ATPase in blood. Scand. J. Clin. Lab. Invest. 36: 119-125; 1976.
(mit heftweiser Paginierung)	Seaman WB. The case of the pancreatic pseudocyst. Hosp Pract. 1981; 16 (Sep): 24-25.	Interferon: preparing for wider clinical use. Med. World News 23 (9): 51-54; 1982.
(angenommen und nicht erschienen)	Overstreet JW. Semen analysis. Infertility in the male. Ann Intern Med. [In press].	
ohne Bandzählung[d]	Nussknacker H, Suite F. Neue Inhaltsstoffe von Juglans regia. Liebigs Ann Chem. 1992: 194-205.	

ACS	C	DIN	D	Nr.
(kein Beispiel)		„Houben-Weyl" *Methoden der Organischen Chemie.* Bd. 13/1. Stuttgart: Thieme, 1970		8
Baisden, P.A. Abstracts of Papers, 188th National Meeting of the Chemical Society, Philadelphia, PA; American Chemical Society: Washington, DC, 1984; NUCL 9.		CID (Veranst.): Chemie, Physik und Anwendungstechnik für grenzflächenaktive Stoffe (4. Int. Kongreß für grenzflächenaktive Stoffe Brüssel 1964). Sect. A, Vol. 1. London: Gordon & Breach, 1967		9^1
		Progress in radiology (11. Int. Congress of radiology Rome 1985). – Preprints. Teilw. in: *Medica mundi* (1966) Nr. 1		9^2
Fletcher, T.R.; Rosenfeld, R.N. *J. Am. Chem. Soc.* **1985**, *107*, 2203-2212.		VERKADE, P.: Etudes historiques sur la nomenclature de la chimie organique. Tl. IV; V. In: *Bull. Soc. Chim. France* 1969, S. 3877-3881; 4297-4307		10^1
(kein Beispiel)				10^2
Stinson, S.C. *Chem. Eng. News* **1985**, *63* (25), 26.		SCHMIDT, Hans: Aufbruch in Hongkong. In: *Spiegel* 37 (1983-03-14), Nr. 11, S. 172-182		10^3
				10^4
Nussknacker, H.; Suite, F. *Liebigs Ann. Chem.* **1992**, 194-205.				10^5

Anhang A Zitierweisen

Dokument	Vancouver	A	CBE	B
Forschungsbericht *(ergänzende Angaben)*	Ranofsky AL. Surgical operations in short-stay hospitals: United States – 1975. Hyattsville, Maryland: National Center for Health Statistics; 1978; DHEW publication no (PHS) 78-1785.		Zavitkowski, J., editor. The Enterprise, Wisconsin, radiation forest: radioecological studies. Oak Ridge, TN: Energy Research and Development Administration, Technical Information Center; 1977; 211 p. Available from: NTIS, Springfield, VA; TID-26113-P2.	
Behördenschrift *(ergänzende Angaben)*	National Center for Health Services Research. Health technology assessment reports, 1984. Rockville, Maryland: National Center for Health Services Research; 1985; DHHS publication no (PHS) 85-3373. Available from: National Technical Information Service, Springfield, UA 22161.		World Health Organization, WHO Expert Committee on Specifications for Pharmaceutical Preparations. 28th rep. WHO Tech. Rep. Ser. 681; 1982. 33p.	
Dissertation	Cairns RB. Infrared spectroscopic studies of solid oxygen [Dissertation]. Berkley, California: University of California; 1965. 156 p.		Spangler, R. Characterization of the secretory defect present in glucose intolerant Yucotan ministructure swine. Fort Collins: Colorado State Univ.; 1980. Dissertation.	
Firmenschrift *(Besondere Merkmale)*	(kein Beispiel)		Eastman Kodak Company. Eastman organic chemicals. Rochester, NY: 1977; Catalog No. 49. 180 p.	
Patent *(Erfinder, Inhaber; Verweis auf Referateorgan)*	(kein Beispiel)		Harred, J.F.; Knight, A.R.; McIntyre, J.S., inventors; Dow Chemical Co., assignee. Epoxidation process. U. S. Patent 3,654,317. 1972 April 4. 2 p. Int Cl C 07 D 1/08, 1/12.	

ACS	C	DIN	D	Nr.
Schneider, AB Technical Report No. 1234-56, 1985; ABC Company, New York. Morgan, M.G. "Technological Uncertainty in Policy Analysis"; final report to the National Science Foundation on Grant PRA-7913070; Carnegie-Mellon University: Pittsburgh, PA, 1982.		DUELEN, G.; PRAGER, K.-P.: Mathematische Grundlagen für die Bahnsteuerung von Industrierobotern / Fraunhofer-Institut für Produktionsanlagen und Konstruktionstechnik. Karlsruhe: Kernforschungszentrum Karlsruhe, 1982 (KfK-PFT-E6). – Forschungsbericht. BMFT-Förderprogramm Fertigungstechnik, Projektträger Humanisierung des Arbeitslebens DFVLR-HdA, Identifikation 01-VC 028		11
Interdepartmental Task Force on PCBs. *PCBs and the Environment*; U. S. Government Printing Office: Washington, DC, 1972; COM 72.10419.		(kein Beispiel)		12
Kanter, H. Ph. D. Thesis, University of California at San Fransisco, Dec. 1984.		THIELE, Angelika: *Die Belastung des Steinbachs durch toxische Metalle.* Münster, Universität, Fachbereich 23, Diss., 1982		13
(kein Beispiel)		DEGUSSA:Aerosol. Frankfurt, 1969 (RAG-3-8-369 H). – Firmenschrift		14
Norman, L.O. U. S. Patent 4 379 752, 1983.		Schutzrecht EP 2013-B1 (1980-08-06). Bayer. Pr. DE 2751782 1977-11-19		15[1]
Lyle, F.R. U. S. Patent 5 973 257, 1985; *Chem. Abstr.* **1985**, *65*, 2870.		Schutzrecht DE 2733479-A1 (1979-05-15). Henkel. Pr.: DE 2733479 1977-07-25. – Zusatz zu DE 2556376-A1		15[2]

Anhang A Zitierweisen

Dokument	Vancouver A	CBE B
CD-ROM (**Buch**)	(kein Beispiel)	(kein Beispiel)
Norm	(kein Beispiel)	(kein Beispiel)
E-Zeitschriften-artikel	Morse SS. Factors in the emergence of infectious diseases. Emerg Infect Dis [serial online] 1995 Jan-Mar [cited 1996 Jun 5]; 1(1):[24 screens]. Available from: URL: http:/www.cdc.gov/EID/eid.htm	Browning T. 1997. Embedded visuals: student design in Web spaces. Kairos: A Journal for Teachers Writing in Webbed Environments 3(1). <http://www.aa.ttu.edu/kairos/2.1/features/browning/ index.html>. Accessed 1997 Oct 21.
Computerprogramm	Hemodynamics III: the ups and downs of hemodynamics [Computer program] 2nd ed. Version 2.2. Orlando (FL): Computerized Educational Systems; 1983.	(kein Beispiel)
Persönliche Homepage	(kein Beispiel)	Pellegrino J. 1999 May 12. Homepage. <http:www.english.eku.edu/pelligrino/default.htm>. Accessed 1999 Nov 7.

[a] Als Autoren können auch *körperschaftliche Urheber* wie Behörden, Firmen oder Organisationen auftreten. Der körperschaftliche Urheber (z.B. die World Health Organization, WHO) ist möglicherweise auch Verleger und tritt dann im Zitat an den betreffenden Stellen zweimal auf, vgl. Beispiel 12A.

[b] Das Kapitel in einem Buch oder der Beitrag in einem Kongressband müssen nicht zitiert werden; ggf. genügt, die Kapitelnummer zu nennen.

Nicht alle in den Quellen zu findenden Arten von Dokumenten wurden berücksichtigt. Beispielsweise wurden Magazine, Zeitungen, Gesetze und Sendungen des Hör- und Sehfunks weggelassen. Auf der anderen Seite zeigen die mehrfachen Hinweise „(kein Beispiel)", dass die Zusammenstellung in mancher Hinsicht vollständiger ist als die einzelnen Quellen.

ACS	C	DIN	D	Nr.
The Merck Index, 12th ed. [CD-ROM]; Chapman & Hall: New York. 1996		(kein Beispiel)		16
(kein Beispiel)		Norm ISO/DIS Draft 1977-05-24		
		Norm BS 5605: 1978. *British Standard Recommendations for Citing publications by bibliographic references*		17
Tunon, I.; Martins-Costa, M. T. C.; Millot, C.; Ruiz-Lopez, M. F. *J. Mol. Model.* [Online] 1995, *1*, 196–201.		(kein Beispiel)		
BCI Clustering Package, versions 2.5 and 3.0; Barnard Chemical Information: Sheffield, U.K., 1995		Space Invaders. – Spiel; BASIC-Programm. In: Hewlewtt-Packard: 2647 A Program Tape. File 4. – Magnetband-Kassette Typ 3M für Grafik-Terminal HP 2647 A		
ChemCenter Home Page. http//www.chemcenter.org. (accessed Dec 1996).		(kein Beispiel)		

[c] Als Autor kann auch ein Autorenteam auftreten, z.B. The Royal Marsden Hospital Bone-Marrow Transplantation Team. – Nichtgezeichnete Artikel werden mit [Anonym]. (*engl.* [Anonymous].) eingeführt. DIN 1505-2 befindet allerdings: „Gibt es keine Verfasser, so werden wichtige beteiligte Personen (z.B. Herausgeber) und körperschaftliche Urheber angegeben." Ist auch das nicht möglich, beginnt das Zitat in DIN 1505-2 mit dem Titel des Dokuments.
[d] Der Fall ist in den benutzten Quellen nicht vorgesehen. Die beiden Beispiele in dieser Reihe sind erfunden.

Nicht alle vorkommenden Situationen konnten für alle vier Richtlinien dargestellt werden. Der Leser wird bestimmte weniger alltägliche Dokumentbeschreibungen durch Kombination aus den vorhandenen selbst „erfinden" müssen.

Anhang B
Ausgewählte Größen, Einheiten und Konstanten

Name der Größe[a]	Symbol[b]	SI-Einheit[c]	Name der Einheit	Andere Einheiten
Raum und Zeit				
Länge*	l	m	Meter	
Breite, Weite	b	m	Meter	
Höhe, Tiefe	h	m	Meter	
Radius, Halbmesser	r	m	Meter	
Dicke, Schichtdicke	d, δ	m	Meter	
Fläche, Oberfläche, Flächeninhalt	A, S	m^2	Quadratmeter	a (Ar) h (Hektar)
Volumen, Rauminhalt	V	m^3	Kubikmeter	L, l (Liter)[d]
Ebener Winkel	$\alpha, \beta, \gamma,$ ϑ, φ	1, rad	Radiant " (Sekunde)	° (Grad) ' (Minute)
Raumwinkel	ω, Ω	1, sr	Steradiant	
Wellenlänge	λ	m	Meter	
Wellenzahl	σ	m^{-1}	Reziprokmeter	
Zeit*, Zeitspanne, Dauer	t	s	Sekunde	min (Minute) h (Stunde) d (Tag) a (Jahr)
Frequenz, Periodenfrequenz	ν, f	s^{-1}	Reziproksekunde	Hz (Hertz)[e]
Relaxationszeit	τ	s	Sekunde	
Geschwindigkeit	$\boldsymbol{u}, \boldsymbol{v}, \boldsymbol{w}, \boldsymbol{c}$	m s^{-1}	Meter durch Sekunde	km/h
Beschleunigung	$\boldsymbol{a}$	m s^{-2}	Meter durch Sekundenquadrat	

[a] SI-Basisgößen sind mit einem Stern gekennzeichnet (*).
[b] Von der IUPAC empfohlen.
[c] SI-Basiseinheiten und abgeleitete sowie zusätzliche Einheiten sind aufgeführt; alle können – wenn erforderlich – mit Vorsätzen (Präfixen) benutzt werden.
[d] 1 L = 10^{-3} m^3.
[e] 1 Hz = 1 s^{-1}.

Anhang B Ausgewählte Größen, Einheiten und Konstanten

Name der Größe[a]	Symbol[b]	SI-Einheit[c]	Name der Einheit	Andere Einheiten
Mechanik				
Masse*	m	kg	Kilogramm	g (Gramm)
				t (Tonne)[f]
Dichte	ρ	kg m^{-3}		g/cm^3
Impuls, Bewegungsgröße	p	kg m s^{-1}		
Drehimpuls, Drall	L	kg m^2 s^{-1}		
Kraft	F	N	Newton[g]	
Kraftmoment, Drehmoment	M	N m	Newtonmeter	
Gewicht	G, W	N	Newton	
Druck	p	Pa	Pascal	bar (Bar)[h]
Energie	E, W	J	Joule	W h (Wattstunde)[i]
				eV (Elektronvolt)[j]
Arbeit	W, A	J	Joule	
Leistung	P	W	Watt	J/s, V A[k]
Molekülphysik und Thermodynamik				
Thermodynamische Temperatur*	T, Θ	K	Kelvin	°C (Grad Celsius)[l]
Celsius-Temperatur[l]	ϑ, t			°C
Teilchenzahl	N			
Avogadro-Konstante[m]	N_A, L			
Boltzmann-Konstante[n]	k			
Plancksches Wirkungsquantum[o], Planck-Konstante	h			
(molare) Gaskonstante[p]	R			
Wärme, Wärmemenge	Q	J	Joule	
Entropie[q]	S	J K^{-1}	Joule durch Kelvin	
Innere Energie[q]	U	J	Joule	
Enthalpie[q]	H	J	Joule	
Wärmekapazität[q]	C_p, C_V	J K^{-1}	Joule durch Kelvin	

[f] Früher metrische Tonne; 1 t = 10^3 kg.
[g] 1 N = 1 kg m s^{-2}.
[h] 1 bar = 10^5 Pa.
[i] 1 W h = $3{,}6 \cdot 10^3$ J.
[j] 1 eV = $1{,}602\,189 \cdot 10^{-19}$ J.
[k] 1 W = 1 J/s = 1 V A.
[l] s. Gl. (6-3) in Abschn. 6.1.2.
[m] $N_A = 6{,}022\,136\,7 \cdot 10^{23}$ mol^{-1}.
[n] $k = 1{,}380\,658 \cdot 10^{-23}$ J K^{-1}.
[o] $h = 6{,}626\,075\,5 \cdot 10^{-34}$ J s.
[p] $R = 8{,}314\,510$ J mol^{-1} K^{-1}.
[q] Molare Größen können von den Größen eines Systems unterschieden werden, indem man den Index m anhängt, z. B. ist die molare Innere Energie U_m, in J mol^{-1}.

Anhang B Ausgewählte Größen, Einheiten und Konstanten

Name der Größe[a]	Symbol[b]	SI-Einheit[c]	Name der Einheit	Andere Einheiten
Helmholtz-Funktion,[q] (Helmholtz) Freie Energie, Helmholtz-Energie	F, A	J	Joule	
Gibbs-Funktion,[q] (Gibbs) Freie Energie, Gibbs-Energie	G	J	Joule	
Physikalische Chemie, Atom- und Kernphysik				
Stoffmenge*	n	mol	Mol	
relative Atommasse	A_r	1		
relative Molekülmasse	M_r	1		
Teilchenzahl, Anzahl der Teilchen	N	1		
atomare Massenkonstante	m_u	kg	Kilogramm	u (atomare Masseneinheit)[r]
Masse (eines Stoffes B)	$m_\mathrm{B}, m(B)$	kg	Kilogramm	g (Gramm)
molare Masse (eines Stoffes B)	$M_\mathrm{B}, M(B)$	kg mol^{-1}	Kilogramm durch Mol	
(Stoffmengen-)Konzentration (eines Stoffes B)	$c_\mathrm{B}, c(B)$	mol m^{-3}	Mol durch Kubikmeter	mol/L
Stoffmengenanteil[s] (eines Stoffes B)	$\kappa_\mathrm{B}, \kappa(B)$	1		
Massenanteil (eines Stoffes B)	$\omega_\mathrm{B}, \omega(B)$	1		%, ‰, ppm, ppb
Volumenanteil (eines Stoffes B)	$\varphi_\mathrm{B}, \varphi(B)$ $\phi_\mathrm{B}, \varphi(B)$	1		%, ‰, ppm, ppb
Massenkonzentration	β	kg m^{-3}		g/L
Molalität	b, m	mol kg^{-1}	Mol durch Kilogramm	mmol/kg
Volumenkonzentration[t]	σ	1		
molares Volumen	V_m	m^3 mol^{-1}	Kubikmeter durch Mol	L/mol
molare Wärmekapazität	C_m	J mol^{-1} K^{-1}		

[r] 1 u = 1,660 565 5 · 10^{-27} kg, s. Abschn. 6.2.2.
[s] früher: Molenbruch.
[t] σ bezieht sich auf das Volumen eines Gemischs, während der Volumenbruch φ das Volumen einer Substanz mit den Volumina verschiedener Komponenten vor der Mischung in Beziehung setzt.

Anhang B Ausgewählte Größen, Einheiten und Konstanten

Name der Größe[a]	Symbol[b]	SI-Einheit[c]	Name der Einheit	Andere Einheiten
molare Leitfähigkeit	Λ_m	S m^2 mol^{-1}		
Faraday-Konstante[u]	F			
Aktivität einer radioaktiven Substanz	A	Bq	Becquerel	s^{-1} [v]

Elektrizität, Magnetismus, Licht

Elektrizitätsmenge, elektrische Ladung	Q	C	Coulomb	
elektrisches Potenzial	φ, Φ, V	V	Volt	
elektrische Potenzialdifferenz, elektrische Spannung	U	V	Volt	
elektrisches Dipolmoment	p	C m	Coulombmeter	
elektrische Stromstärke*	I	A	Ampere	
elektrische Feldstärke	E	V m^{-1}	Volt durch Meter	
magnetische Feldstärke	H	A m^{-1}	Ampere durch Meter	
magnetischer Fluss	Φ	Wb	Weber	V s [w]
(elektrischer) Widerstand, Resistanz	R	Ω	Ohm	
(elektrischer) Leitwert, Konduktanz	G	S	Siemens	Ω^{-1} [x]
Strahlungsenergie, Strahlungsmenge	Q, W	J	Joule	
Lichtstärke*	I	cd	Candela	

[u] $F = 9{,}648\,530\,9 \cdot 10^4$ C mol^{-1}.
[v] 1 Bq = 1 s^{-1} = 3,703 · 10^{-11} Ci; Ci ist das Symbol für die Einheit Curie.
[w] 1 Wb = 1 V s.
[x] 1 S = 1 Ω^{-1}.

Diese Tabelle wurde unter Verwendung von DRAZIL (1983) und den folgenden Quellen zusammengestellt: DIN 1304-1 (1994) und *Abbreviated List of Quantities, Units and Symbols in Physical Chemistry* (von K. H. HOMANN im Auftrag der IUPAC zur Publikation vorbereitet); diese Liste kann von Blackwell Scientific Publications, Osney Mead, Oxford OX2 OEL, UK, bezogen werden.

Literatur

Wir haben in diesem Literaturverzeichnis nur diejenigen Schriften zusammengestellt, auf die im Text Bezug genommen wird. Über die zitierte Literatur hinaus weiteres Schrifttum, das zum geistigen und wissenschaftlichen Arbeiten oder zum Schreiben und zum Publizieren in den natur- und Ingenieurwissenschaften und der Medizin anleiten will, haben wir, um Druckraum zu sparen, nicht aufgenommen.[1] In diesem Abschnitt sind alle Normen mit dem Vorsatz „Norm" versehen worden und entsprechend in die alphabetische Auflistung eingestellt; innerhalb dieses Blocks wird nach Namen und Nummern der Normen sortiert.

ACS style guide: A manual for authors and editors (Dodd JS, ed). 1997 (1te Aufl 1986). Washington, DC: American Chemical Society. 460 S.
Adamski S. 1995. Das Manuskript auf Diskette: Zwischen Euphorie und Enttäuschung (in: Plenz R, Hrsg. 1995 f. *Verlagshandbuch: Leitfaden für die Verlagspraxis*). Hamburg: Input-Verlag.
Adler J, Ernst U. 1988. *Text als Figur.* 2te Aufl. Weinheim: VCH. 336 S.
Alley M. 1996. *The Craft of Scientific Writing.* 3te Aufl. New York: Springer. 282 S.
American Institute of Physics, Hrsg. 1978. *Style manual for guidance in the praparation of papers for journals published by the American Institute of Physics and its member societies.* 3te Aufl. New York: American Institute of Physics. 56 S.
Aretin K, Wess G, Hrsg. 2005. *Wissenschaft erfolgreich kommunizieren*. Weinheim: Wiley-VCH. 172 S.
Bär S. 2002. *Forschen auf Deutsch: Der Machiavelli für Forscher – und solche, die es noch werden wollen*. 3.Aufl. Frankfurt: Harri Deutsch. 208 S.
Aristoteles: Rhetorik [1993]. *Rhetorik* (übersetzt mit einer Bibliographie, Erläuterungen und einem Nachwort von Sievecke FG; Uni-Taschenbücher 159). 4te Aufl. München: Fink.
Baur EM, Greschner M, Schaaf L. 2000. *Praktische Tipps für die medizinische Doktorarbeit.* 4te Aufl. Berlin: Springer. 167 S.
Bausch KH, Scheve WHU, Hrsg. 1976. *Fachsprachen: Terminologie, Struktur, Normung.* Im Auftrag des Deutschen Instituts für Normung eV. Berlin: Beuth. 168 S.
Bayerische Staatsbibliothek, Hrsg. 1994. *Bestandserhaltung in wissenschaftlichen Bibliotheken.* Berlin: Deutsches Bibliotheksinstitut. 266 S.
Bliefert C, Villain C. 1989. *Text und Grafik: Ein Leitfaden für die elektronische Gestaltung von Druckvorlagen in den Naturwissenschaften* (Bliefert C, Kwiatkowski J, Hrsg. *Datenverarbeitung in den Naturwissenschaften*). Weinheim: VCH. 316 S.
Bock G. 1993. *Ansätze zur Verbesserung von Technikdokumentation – Eine Analyse von Hilfsmitteln für Technikautoren in der Bundesrepublik Deutschland* (Knilli F, Bock G, Noack C, Hrsg. *Technical Writing – Beiträge zur Technikdokumentation in Forschung, Ausbildung und Industrie*). Frankfurt/Main: Peter Lang. 247 S.

---

[1] Zwei Zusammenstellungen englischsprachiger Literatur finden Sie unter www.lib.umich.edu/taubman/eres/data/about/pubguide.html und www.library.adelaide.edu.au/guide/sci/Generalsci/sciwrit.html. Einige Hinweise auf wichtige Quellen im Internet haben wir mit der jeweiligen URL im laufenden Text angeführt, ohne sie in dieses Literaturverzeichnis zu übernehmen.

Bornmann L, Enders J. 2002. „Was lange währt, wird endlich gut: Promotionsdauer an bundesdeutschen Universitäten". *Beiträge zur Hochschulforschung* 24/1. S 52-72; der Artikel lässt sich im Internet unter dem Stichwort „Promotionsdauer" finden und als PDF-Datei speichern.

Bosshard HR. 1980. *Technische Grundlagen zur Satzherstellung.* Bern: Verlag des Bildungsverbandes Schweizerischer Typographen BST. 296 S.

Bramann KW, Plenz R, Hrsg. 2002. *Verlagslexikon.* Hamburg: Input-Verlag. 400 S.

Bresemann HJ, Zimdars J, Skalski D. 1995. *Wie finde ich Normen, Patente, Reports: Ein Wegweiser zu technisch-naturwissenschaftlicher Spezialliteratur* (Heidtmann F, Hrsg. *Orientierungshilfen,* Bd 12). 2te Aufl. Berlin: Berlin Verlag Arno Spitz. 283 S.

Briscoe MH. 1990. *A researcher's guide to scientific and medical illustrations.* New York: Springer. 210 S.

Briscoe MH. 1996. *Preparing scientific illustrations: A guide to better posters, presentations, and publications.* 2te Aufl. New York: Springer. 204 S.

Council of Biology Editors, Hrsg. 1983. *CBE style manual.* 5te Aufl. Bethesda (USA): Council of Biology Editors. 704 S.

Council of Biology Editors, Hrsg. 1994. *Scientific style and format: The CBE manual for authors, editors, and publishers.* 6te Aufl. Cambridge (MA): Cambridge University Press. 841 S.

Council of Biology Editors, Scientific Illustration Committee, Hrsg. 1988. *Illustrating science: Standards for publication.* Bethesda (USA): Council of Biology Editors. 296 S.

Cobb GW. 1998. *Introduction to design and analysis of experiments.* New York: Springer. 795 S.

Daniel HD. 1993. *Guardians of science: Fairness and reliability of peer reviews.* Weinheim: VCH. 188 S.

Davies G. 1995. *Beruf: Lektor.* Friedrichsdorf: Hardt & Wörner. 240 S.

Day RA. 1998. *How to write and publish a scientific paper.* 5te Aufl. Phoenix, AZ: Oryx Press. 296 S.

Detig, C. 1997. *Der LaTeX Wegweiser.* Bonn: International Thompson Publishing. 236 S.

Dorra M, Walk H. 1990. *Lexikon der Satzherstellung* (Golpon R, Hrsg. *Lexikon der gesamten grafischen Technik,* Bd 2). Itzehoe: Verlag Beruf + Schule. 336 S.

Drazil JV. 1983. *Quantities and units of measurement: A dictionary and handbook.* London: Mansell; Wiesbaden: Brandstätter. 314 S.

Der Duden in 12 Bänden (Dudenredaktion, Hrsg; Mannheim: Bibliographisches Institut); Bände aus der Reihe:

1 *Duden – Die deutsche Rechtschreibung* („Rechtschreib-Duden"). 2004 (21te Aufl 1996). 23te Aufl. 1152 S (mit 125 000 Stichwörtern; CD-ROM-Version auch für Macintosh- und Linux-Nutzer).

2 *Duden – Das Stilwörterbuch.* 2001. 8te Aufl. 980 S.

4 *Duden – Die Grammatik.* 2005. 7te Aufl. 1344 S. [*Duden Grammatik der deutschen gegenwartssprache* (Drosdowski G). 1984. 4te Aufl. 804 S.]

5 *Duden – Das Fremdwörterbuch.* 2005. 8te Aufl. 1104 S.

6 *Duden – Das Aussprachewörterbuch.* 2005. 6te Aufl. 864 S.

7 *Duden – Das Herkunftswörterbuch.* 2001. 3te Aufl. 960 S.

8 *Duden – Das Synonymwörterbuch.* 2004. 3te Aufl. 1104 S.

9 *Duden – Richtiges und gutes Deutsch.* 2001. 5te Aufl. 984 S. (*Duden Richtiges und gutes Deutsch: Wörterbuch der sprachlichen Zweifelsfälle.* 1985. 3te Aufl. 804 S.)

10 *Duden – Das Bedeutungswörterbuch.* 2002. 3te Aufl. 1104S.

11 *Duden – Redewendungen.* 2002. 2te Aufl. 960 S.

12 *Duden – Zitate und Aussprüche.* 2002. 2te Aufl. 960 S.

Duden-Taschenbücher (Mannheim: Bibliographisches Institut); Bände aus der Reihe:
1 *Komma, Punkt und alle anderen Satzzeichen* (Reuter F). 2002. 4te Aufl. 224 S.
2 *Wie sagt man noch? Sinn- und sachverwandte Wörter und Wendungen* (Müller W). 1968. 220 S.
5 *Satz- und Korrekturanweisungen.* 1986. 5te Aufl. 282 S.
6 *Wann schreibt man groß, wann schreibt man klein?* (Mentrup W). 1981. 2te Aufl. 252 S.
7 *Wie schreibt man gutes Deutsch? Eine Stilfibel* (Seibicke W). 1969. 164 S.
9 *Wie gebraucht man Fremdwörter richtig?* (Ahlheim KH). 1970. 368 S.
10 *Wie sagt der Arzt? – Kleines Synonymwörterbuch der Medizin* (Ahlheim KH). 176 S.
14 *Fehlerfreies Deutsch, Grammatische Schwierigkeiten verständlich erklärt* (Berger D). 1982. 2te Aufl. 156 S.
17 *Leicht verwechselbare Wörter* (Müller W). 1973. 334 S.
21 *Wie verfaßt man wissenschaftliche Arbeiten? Ein Leitfaden vom ersten Studiensemester bis zur Promotion* (Poenicke K). 1988. 2te Aufl. 216 S.
27 *Schriftliche Arbeiten im technisch-naturwissenschaftlichen Studium: Ein Leitfaden zur effektiven Erstellung und zum Einsatz moderner Arbeitsmethoden.* (Friedrich C). 1997. 176 S.
28 *Die neue amtliche Rechtschreibung: Regeln und Wörterverzeichnis nach der zwischenstaatlichen Absichtserklärung vom 1. Juli 1996.* 1997. 281 S.
Duden-Bibliothek für den Schüler (Mannheim: Bibliographisches Institut; „Schülerduden")
   Schülerduden – Rechtschreibung und Wortkunde. 2005. 7te Aufl. 576 S.
   Die richtige Wortwahl: Ein vergleichendes Wörterbuch sinnverwandter Ausdrücke (Müller W). 1990. 2te Aufl. Mannheim: Dudenverlag. 553 S.
   Schülerduden – Fremdwörterbuch (Drosdowski G) 2002. 4te Aufl. 552 S.
   Schülerduden – Grammatik. (Gallmann P, Sitta H). 4te Aufl. 552 S.
   Schülerduden – Bedeutungswörterbuch (Müller W) 2000. 3te Aufl. 496 S.
Duden-Oxford Großwörterbuch Englisch: englisch-deutsch; deutsch-englisch (Dudenredaktion, Hrsg). 1990. Mannheim: Dudenverlag. 1696 S.
Duden – Das Wörterbuch medizinischer Fachausdrücke (Kaeppel V, Weiß J; „Medizinduden"). 2004. 7te Aufl. Mannheim: Bibliographisches Institut. 864 S.
Duden – Satz und Korrektur: Texte bearbeiten, verarbeiten und gestalten (Witzer B). 2002. Mannheim: Bibliographisches Institut. 432 S.
Duden – Das Wörterbuch der Abkürzungen (Steinhauer A). 2005. 5te Aufl. Mannheim: Bibliographisches Institut. 480 S.
Ebel HF. 1997. Wissenschaftsverlage als Informationsvermittler: Beispiele eines erfolgreichen Werte-Managements. (Bammé A, Kotzmann E, Marhenkel H, Hrsg. *Technik – Text – Verständigung: Werte-Management in der Technik-Kommunikation*). München-Wien: Profil. S 309-334.
Ebel HF. 1998. Die neuere Fachsprache der Chemie unter besonderer Berücksichtigung der Organischen Chemie (in: Hoffmann L, Kalverkämper H, Wiegand HE, Hrsg. *Fachsprachen: Ein internationales Handbuch zur Fachsprachenforschung und Terminologiewissenschaft*, Halbband 1). Berlin: Walter de Gruyter. S 1235-1260.
Ebel HF, Bliefert C. 1982. *Das naturwissenschaftliche Manuskript: Ein Leitfaden für seine Gestaltung und Niederschrift.* Weinheim: Verlag Chemie. 216 S.
Ebel HF, Bliefert C. 1994. *Schreiben und Publizieren in den Naturwissenschaften.* 3te Aufl. VCH: Weinheim. 564 S.
Ebel HF, Bliefert C. 1995. Begriffe „Scanner", „Layout" (Fachwörter-Lexikon zum Thema „Verlagswesen" in: Plenz R, Hrsg. 1995 f. *Verlagshandbuch: Leitfaden für die Verlagspraxis*). Hamburg: Input-Verlag.
Ebel HF, Bliefert C. 1998 1te Aufl 199; 3te Aufl 1994). *Schreiben und Publizieren in den Naturwissenschaften.* 4te Aufl. Wiley-VCH: Weinheim. 552 S.

Ebel HF, Bliefert C. 2003. *Diplom- und Doktorarbeit: Anleitungen für den naturwissenschaftlich-technischen Nachwuchs.* 3te Aufl. Weinheim: VCH. 192 S.

Ebel HF, Bliefert C. 2005. *Vortragen in Naturwissenschaft, Technik und Medizin.* 3te Aufl. Weinheim: Wiley-VCH. 328 S.

Ebel HF, Bliefert C, Avenarius HJ. 1993. *Schreiben und Publizieren in der Medizin.* Weinheim: VCH. 525 S.

Ebel HF, Bliefert C, Kellersohn A. 2000. *Erfolgreich kommunizieren: Ein Leitfaden für Ingenieure.* Weinheim: Wiley-VCH. 348 S.

Ebel HF, Bliefert C, Russey WE. 2004. *The art of scientific writing: From student reports to professional publications in chemistry and related fields.* 2te Aufl. Weinheim: Wiley-VCH. 596 S.

Eco U. 1990. *Wie man eine wissenschaftliche Abschlußarbeit schreibt: Doktor-, Diplom- und Magisterarbeit in den Geistes- und Sozialwissenschaften* (Uni-Taschenbücher 1512). 3te Aufl. Heidelberg: Müller. 272 S.

Erker G. 2000. Ist die Habilitation für eine Berufung noch notwendig?. *Nachr Chem.* 48:841-843.

Felber H, Budin G. 1989. *Terminologie und Praxis.* Tübingen: Narr. 315 S.

Fischer R, Vogelsang K. 1993. *Größen und Einheiten in Physik und Technik.* 6te Aufl. Berlin: Verlag Technik.

Flöhl R, Fricke J. 1987. *Moral und Verantwortung in der Wissenschaftsvermittlung: Die Aufgabe von Wissenschaftler und Journalist.* Mainz: v Hase und Koehler. 150 S.

Forssman R, de Jong R. 2004. *Detailtypografie – Nachschlagewerk für alle Fragen zu Schrift und Satz.* 2te Aufl. Mainz: Hermann Schmidt. 408 S.

Funk W, Dammann V, Donnevert G. 1992. *Qualitätssicherung in der Analytischen Chemie.* Weinheim: VCH. 214 S.

Garfield E. 1972. Citation analysis as a tool in journal evaluation. *Science.* 178: 471-479.

Göpferich S. 1998. *Interkulturelles Technical Writing: Fachliches adressatengerecht vermitteln – Ein Lehr- und Arbeitsbuch.* Tübingen: Narr. 521 S.

Goerttler V. 1965. *Vom literarischen Handwerk der Wissenschaft: Eine Plauderei mit Zitaten und Aphorismen.* Berlin: Parey. 284 S.

Goossens M, Mittelbach F, Samarin A. 1995. *Der LaTeX-Begleiter.* Bonn: Addison-Wesley. 556 S.

Gore A. 1992. *Wege zum Gleichgewicht: Ein Marshallplan für die Erde.* Frankfurt/Main: S Fischer. 384 S. (Amerikanische Originalausgabe *Earth in the balance: Ecology and human spirit.* Boston: Houghton Mifflin. 1992)

Greulich W. 2000. Registererstellung heute (in: Plenz R, Hrsg. 1995 f. *Verlagshandbuch: Leitfaden für die Verlagspraxis*). Hamburg: Input-Verlag.

Greulich W. 2004. Modernes technisches Handwerkszeug im Lektorat - Teil II: Textbearbeitung mit Dokument- und Formatvorlagen (in: Plenz R, Hrsg. 1995 f. *Verlagshandbuch: Leitfaden für die Verlagspraxis*). Hamburg: Input-Verlag.

Greulich W. 2006. *Techniken der Registererstellung* (in: Plenz R, Hrsg. 1995 f. *Verlagshandbuch: Leitfaden für die Verlagspraxis*). Hamburg: Input-Verlag.

Greulich W, Plenz R. 1997. *Das Manuskript auf Diskette.* Hamburg: Input-Verlag. 40 S.

Gulbins J, Kahrmann C. 2000. *Mut zur Typographie: Ein Kurs für Desktop-Publishing.* 2te Aufl. Berlin: Springer. 430 S.

Gulbins F, Obermayr K. 1999. *Desktop Publishing mit FrameMaker.* 3te Aufl. Berlin: Springer. 638 S.

Gustavii B. 2003. *How to write and illustrate a scientific paper.* Cambridge (Mass, USA): Cambridge University Press. 152 S.

Haeder W, Gärtner E. 1980. *Die gesetzlichen Einheiten in der Technik.* 5te Aufl. Berlin: Beuth. 268 S.

Haller K, Popst H. 1991. *Katalogisierung nach den RAK-WB – Eine Einführung in die Regeln für die alphabetische Katalogisierung in wissenschaftlichen Bibliotheken.* 4te Aufl. München: Saur. 303 S.

Hallwass E. 1989. *Deutsch müßte man können! Ein Sprachquiz für jedermann.* 3te Aufl. Bad Wörishofen: Holzmann. 268 S.

Heinold WE. 2001. *Bücher und Büchermacher – Verlage in der Informationsgesellschaft.* 5te Aufl. Heidelberg: C.F. Müller. 456 S.

Heisenberg W. 1973. *Der Teil und das Ganze.* München: Deutscher Taschenbuch Verlag. 288 S.

Hesse J, Schrader HC. 2005. *Das Bewerbungshandbuch.* Frankfurt: Eichborn. 510 S.

Hillig HP, Hrsg. 2003. *Urheber- und Verlagsrecht (UrhR)* (dtv Taschenbuch 5538). München: Beck. 533 S.

Hodges ERS, Hrsg. 2003. *The Guild handbook of scientific illustration.* 2te Aufl. Hoboken (NJ): Wiley. 640 S.

Hoffmann W, Hölscher BG, Thiele U. 2002. *Handbuch für technische Autoren und Redakteure: Produktinformation und Dokumentation im Multimedia-Zeitalter.* Erlangen: Publicis, und Berlin: VDE Verlag. 436 S.

Hoffmann W, Schlummer W. 1990. *Erfolgreich beschreiben; Praxis des Technischen Redakteurs: Organisation, Textgestaltung, Redaktion.* Erlangen: MC & D Marketing-Communication und Design. 232 S.

Horatschek S, Schubert, T. 1998. *Richtlinie für die Verfasser geowissenschaftlicher Veröffentlichungen – Empfehlungen zur Manuskripterstellung von Text, Abbildungen, Tabellen, Tafeln, Karten.* Stuttgart: Schweizerbart, 51 S.

Huth EJ. 1987. *Medical style and format: An international manual for authors, editors, and publishers.* Philadelphia: ISI Press. 356 S.

Huth EJ. 1990. *How to write and publish papers in the medical sciences.* 2te Aufl. Baltimore: Williams & Wilkins. 252 S.

Huth EJ, Hrsg. 1994. *Scientific style and format: The CBE manual for authors, editors, and publishers.* 6te Aufl. Cambridge University Press. 841 S.

Ickler T. 1997. *Die Disziplinierung der Sprache: Fachsprachen in unserer Zeit.* Tübingen: Narr. 438 S.

Ickler T. 2000. *Das Rechtschreibwörterbuch: Sinnvoll schreiben, trennen, Zeichen setzen – Die bewährte deutsche Rechtschreibung in neuer Darstellung.* St Goar: Leibniz. 519 S.

ICMJE. 2004. http://www.icmje.org/index.html

Ihlenfeldt WD. 1996. Chemische Information für das nächste Jahrhundert. *Nachr Chem Tech Lab.* 44 (9): 892-895.

InBetween GmbH. 2005. *InBetween 3.0* (Übersicht). Stuttgart. 2 S. (Kann von der Homepage des Anbieters heruntergeladen werden: www.inbetween-gmbh.de)

IUPAC International Union of Pure and Applied Chemistry, Hrsg. 1979. Manual of symbols and terminology for physicochemical quantities and units. Oxford: Pergamon Press. 41 S.

IUPAC International Union of Pure and Applied Chemistry (Rigaudy J, Klesney SP, Hrsg). 1979. *A guide to IUPAC nomenclature of organic chemistry* („The Blue Book"). Oxford: Pergamon Press.

IUPAC International Union of Pure and Applied Chemistry (Leigh GJ, Hrsg). 1990. *Nomenclature of inorganic chemistry – recommendations 1990* („The Red Book"). 3te Aufl. Oxford: Blackwell Scientific Publications. 234 S.

IUPAC International Union of Pure and Applied Chemistry (Mills I, Cvitas T, Homann K, Kallai N, Kuchitsu K, Hrsg). 1993a (1te Aufl 1988, 134 S). *Quantities, units and symbols in physical chemistry* („The Green Book"). 2te Aufl. Oxford: Blackwell Scientific Publications. 176 S. – Deutsche Fassung: *Größen, Einheiten und Symbole in der Physikalischen Chemie.* 1996. Weinheim: Wiley-VCH. 176 S.

Literatur

IUPAC International Union of Pure and Applied Chemistry (Panico R, Powell WH, Richer JC, Hrsg). 1993b. *A guide to IUPAC nomenclature of organic compounds – recommendations 1993* („The Blue Book (Guide)"). Oxford: Blackwell Scientific Publications. 208 S. – Deutsche Fassung: *Nomenklatur der Organischen Chemie: Eine Einführung*. 1997. (IUPAC/Kruse G, Hrsg). Weinheim: Wiley-VCH. 208 S.

IUPAC International Union of Pure and Applied Chemistry (Gold V, Loening KL, McNaught AD, Shemi P, Hrsg). 1997. *Compendium of chemical terminology – IUPAC recommendations* („The Gold Book"). 2te Aufl. Oxford: Blackwell Science. 464 S.

IUPAC International Union of Pure and Applied Chemistry (Connelly NG, Damhus T, Hartshorn RM, Hutton AT, Hrsg). 2005. *Nomenclature of inorganic chemistry – IUPAC recommendations 2005* („The Red Book"). Cambridge (UK): RSC Publishing. 366 S.

IUPAP International Union of Pure and Applied Physics, Hrsg. 1981. *Symbole, Einheiten und Nomenklatur in der Physik* (deutsche Ausgabe von *Symbols, units and nomenclature in physics*). 2te Aufl. Weinheim: VCH/Physik-Verlag. 78 S.

Jaspers K. 1953. *Einführung in die Philosophie*. München: Piper. 164 S.

Jean G. 1991. *Die Geschichte der Schrift* (Reihe *Abenteuer Geschichte*, Bd 18). Ravensburg: Ravensburger Taschenbücher. 215 S.

Kipphan H, Hrsg. 2000. *Handbuch der Printmedien – Technologien und Produktionsverfahren*. Heidelberg: Springer. 1274 S.

Knappen J, Partl H, Schlegl E, Hyna I. 1994. *LaTex 2e-Kurzbeschreibung* (Abrufbar bei ftp://ftp.dante.de/tex-archive/documentation/latex2e-Kurzbeschreibung/).

Knuth DE. 1987. *The TeXbook* (Serie *Computers & Typesetting*, Bd 2). 11te Aufl. Reading: Addison-Wesley und American Mathematical Society. 484 S.

Kopka H. 1996 (1te Aufl 1991). *Latex: Eine Einführung*. 2te Aufl. Bonn: Addison-Wesley. 528 S.

Krämer W. 2000. *So lügt man mit Statistik*. 8te Aufl. München: Piper. 206 S.

Kruse O. 2004. *Keine Angst vor dem leeren Blatt: Ohne Schreibblockaden durchs Studium*. 10te Aufl. Frankfurt: Campus. 269 S.

Lamport L. 1995. *Das Latex-Handbuch*. Bonn: Addison-Wesley. 325 S.

Lamprecht J. 1992. *Biologische Forschung: Von der Planung bis zur Publikation*. Hamburg: Parey. 159 S.

Langer, M. 1998. *Database publishing with FileMaker Pro on the web*. Berkeley: Peachpit Press. 419 S.

Lanze W. 1983. *Das technische Manuskript: Ein Handbuch mit ausführlichen Anleitungen für Autoren und Bearbeiter*. 3te Aufl. Essen: Vulkan. 242 S.

Lemmermann H. 1992. *Lehrbuch der Rhetorik: Redetraining mit Übungen*. 4te Aufl. München: Olzog. 240 S.

Lim KF. 2004. *The chemistry style manual*. 2te Aufl. Geelong (Victoria 3217, Australien): Deakin University. ISBN 0-7300-2569-1. 195 S. (www.deakin.edu.au/~lim/KFLim/books/Style_Manual_2004.pdf)

Lippert H, Hrsg. 1989. *Die medizinische Dissertation: Eine Einführung in das wissenschaftliche Arbeiten für Medizinstudenten*. 3te Aufl. München: Urban & Schwarzenberg. 257 S.

Lobentanzer H. 1992 *Jeder sein eigener Deutschlehrer*. 10te Aufl. München: Ehrenwirth. 289 S.

Locke D. 1992. *Science as writing*. New Haven: Yale University Press. 237 S.

Lozán JL. 1992. *Angewandte Statistik für Naturwissenschaftler*. Hamburg: Parey. 240 S.

Lubeley R. 1993. *Sprechen Sie Engleutsch? Eine scharfe Lanze für die deutsche Sprache*. Isernhagen: Verl. Gartenstadt. 374 S.

Neter J, Kutner MH, Nachtsheim CJ, and Wasserman W. 1996. *Applied linear statistical models*. 4te Aufl. Chicago: Irwin. 720 S.

Macheiner J. 1991. *Das Grammatische Varieté oder die Kunst und das Vergnügen, deutsche Sätze zu bilden*. Frankfurt: Eichborn. 406 S.

Mackensen L. 1993. *Gutes Deutsch in Schrift und Rede*. München: Orbis. 416 S.
Mackensen: Die deutsche Rechtschreibung: Das umfassende Nachschlagewerk; mit den neuen Regeln und Schreibungen. 2002. Bindlach: Gondrom. 640 S.
Maizell 1987. *How to find chemical information: A guide for practicing chemists, teachers, and students.* 2te Aufl. New York: Wiley. 402 S.
Matthiessen G. 1998. *Relationale Datenbanken und SQL: Konzepte der Entwicklung und Anwendung.* Bonn: Addison-Wesley. 305 S.
Maurer B, Lehmann C. 2006. *Karl Culmann und die graphische Statik: Zeichnen, die Sprache des Ingenieurs.* Berlin: Ernst und Sohn. 208 S.
Meier C, Hrsg. 1999. *Sprache in Not? Zur Lage des heutigen Deutsch.* Göttingen: Wallstein. 112 S.
Merkel E. 1980. *Die SI-Einheiten in der chemischen Praxis: Die SI-Einheiten und das Rechnen mit Größengleichungen in der Chemie.* Köln: Aulis. 56 S.
Morgenstern C (Schuhmann K, Hrsg). 1985. *Ausgewählte Werke* (2 Bde). Hanau: Müller & Kiepenheuer; Bd 2, S 268-269.
Mulvany NC. 2005. *Indexing Books.* 2te Aufl. Chicago: University of Chicago Press. 320 S.
Neumüller, OA (Hrsg). 2003. *Duden: Das Wörterbuch chemischer Fachausdrücke: Der Schlüssel zur chemischen Fachsprache; für Schule, Studium und Beruf* („Chemieduden"). Mannheim: Dudenverlag. 755 S.
Neter J, Kutner MH, Wasserman W, Nachtsheim CJ. 1996. *Applied linear statistical models.* 4te Aufl. New York: McGraw-Hill/Irwin. 1408 S.
Norm ANSI/NISO Z39.14-1997. *Guidelines for abstracts.*
Norm ANSI Z39.16-1979. *American National Standard for the preparation of scientific papers for written and oral presentation.*
Norm ANSI Z39.29-1977. *American National Standard for bibliographic references.*
Norm ANSI Z39.50-1995. *Information retrieval (Z39.50) application service definition and protocol specification.*
Norm BS-4811: 1972. *Specification for the presentation of research and development reports.*
Norm BS-4812: 1972. *The Presentation of theses.*
Norm BS-5261: Part 1: 1975. *Copy preparation and proof corrections: Recommendations for preparation of typescript copy for printing.*
Norm DIN 461. 1973. *Graphische Darstellung in Koordinatensystemen.*
Norm DIN 476-1. 1991. *Schreibpapier und bestimmte Gruppen von Drucksachen; Endformate A- und B-Reihen.*
Norm DIN 1301-1. 2002. *Einheiten; Teil 1: Einheitennamen, Einheitenzeichen.*
Norm DIN 1302. 1999. *Allgemeine mathematische Zeichen und Begriffe.*
Norm DIN 1304-1. 1994. *Formelzeichen: Allgemeine Formelzeichen.*
Norm DIN 1313. 1998. *Größen.*
Norm DIN 1319-3. 1996. *Grundlagen der Messtechnik; Auswertung von Messungen einer einzelnen Meßgröße, Meßunsicherheit.*
Norm DIN 1333. 1992. *Zahlenangaben.*
Norm DIN 1338. 1996. *Formelschreibweise und Formelsatz.*
Norm DIN 1338 Beiblatt 1. 1996. *Formelschreibweise und Formelsatz; Form der Schriftzeichen.*
Norm DIN 1338 Beiblatt 2. 1996. *Formelschreibweise und Formelsatz; Ausschluß in Formeln.*
Norm DIN 1421. 1983. *Gliederung und Benummerung in Texten; Abschnitte, Absätze, Aufzählungen.*
Norm DIN 1422-1. 1983. *Veröffentlichungen aus Wissenschaft, Technik, Wirtschaft und Verwaltung; Gestaltung von Manuskripten und Typoskripten.*
Norm DIN 1422-2. 1984. *Veröffentlichungen aus Wissenschaft, Technik, Wirtschaft und Verwaltung; Gestaltung von Reinschriften für reprographische Verfahren.*

Norm DIN 1422-4. 1986. *Veröffentlichungen aus Wissenschaft, Technik, Wirtschaft und Verwaltung; Gestaltung von Forschungsberichten.*
Norm DIN 1426. 1988. *Inhaltsangaben von Dokumenten; Kurzreferate, Literaturberichte.*
Norm DIN 1451-1. 1998. *Schriften; Serifenlose Linear-Antiqua; Allgemeines.*
Norm DIN 1463-1. 1987. *Erstellung und Weiterentwicklung von Thesauri; Einsprachige Thesauri.*
Norm DIN 1502. 1984. *Regeln für das Kürzen von Wörtern in Titeln und für das Kürzen der Titel von Veröffentlichungen.*
Norm DIN 1504. 1973. *Schrifttumskarten.*
Norm DIN 1505-1. 1984. *Titelangaben von Dokumenten; Titelaufnahme von Schrifttum.*
Norm DIN 1505-2. 1984. *Titelangaben von Dokumenten; Zitierregeln.*
Norm DIN 1505-3. 1995. *Titelangaben von Dokumenten; Teil 3: Verzeichnisse zitierter Dokumente (Literaturverzeichnisse).*
Norm DIN 2330. 1979. *Begriffe und Benennungen – Allgemeine Grundsätze.*
Norm DIN 2331. 1980. *Begriffssysteme und ihre Darstellung.*
Norm DIN 2340. 1987. *Kurzformen für Benennungen und Namen; Bilden von Abkürzungen und Ersatzkürzungen; Begriffe und Regeln.*
Norm DIN 5007. 1991. *Ordnen von Schriftzeichenfolgen (ABC-Regeln).*
Norm DIN 5007-2. 1996. *Ordnen von Schriftzeichenfolgen: Ansetzungsregeln für die alphabetische Ordnung von Namen.*
Norm DIN 5008. 2005. *Schreib- und Gestaltungsregeln für die Textverarbeitung.*
Norm DIN 6774-4. 1982. *Technische Zeichnungen; Ausführungsregeln; Gezeichnete Vorlagen für Druckzwecke.*
Norm DIN 16 500. 1979. *Drucktechnik (Technik des Druckens); Grundbegriffe.*
Norm DIN 16 507-1. 1998. *Drucktechnik; Schriftgrößen, Maße und Begriffe; Teil 1: Bleisatz und verwandte Techniken.*
Norm DIN 16 507-2. 1999. *Drucktechnik; Schriftgrößen; Teil 2: Digitaler Satz und verwandte Techniken.*
Norm DIN 16 518. 1964. *Klassifikation der Schriften.*
Norm DIN 31 630-1. 1988. *Registererstellung; Begriffe, Formale Gestaltung von gedruckten Registern.*
Norm DIN 32 640. 1986. *Chemische Elemente und einfache anorganische Verbindungen: Namen und Symbole.*
Norm DIN 32 641. 1999. *Chemische Formeln.*
Norm DIN 55 301. 1978. *Gestaltung statistischer Tabellen.*
Norm DIN 66 001. 1983. *Informationsverarbeitung; Sinnbilder und ihre Anwendung.*
Norm DIN EN 292-2. 1991. *Sicherheit von Maschinen; Grundbegriffe, allgemeine Gestaltungsleitsätze, Teil 2: Technische Leitsätze und Spezifikationen.*
Norm DIN EN 414. 1992. *Sicherheit von Maschinen; Regeln für die Abfassung und Gestaltung von Sicherheitsnormen.*
Norm DIN EN 28 879. 1991. *Informationsverarbeitung; Textverarbeitung und -kommunikation; Genormte Verallgemeinerte Auszeichnungssprache (SGML).*
Norm DIN EN 62 079. 2001. *Erstellen von Anleitungen: Gliederung, Inhalt und Darstellung.*
Norm DIN EN ISO 128-20. 2002. *Technische Zeichnungen; Allgemeine Grundlagen der Darstellung; Teil 20: Linien, Grundregeln.*
Norm DIN EN ISO 216. 2002. *Schreibpapier und bestimmte Gruppen von Drucksachen; Endformate; A- und B-Reihen.*
Norm DIN EN ISO 10 628. 2001. *Fließschemata für verfahrenstechnische Anlagen; Allgemeine Regeln.*
Norm DIN EN ISO/IEC 17 025. 2005. *Allgemeine Anforderungen an die Kompetenz von Prüf- und Kalibrierlaboratorien.*

Norm DIN ISO 128-1. 2003. *Technische Zeichnungen; Allgemeine Grundlagen der Darstellung; Teil 1: Einleitung und Stichwortverzeichnis.*
Norm DIN ISO 5456-3. 1998. *Technische Zeichnungen; Projektionsmethoden; Teil 3: Axonometrische Darstellungen.*
Norm EN 45 001. 1989. *Allgemeine Kriterien zum Betreiben von Prüflaboratorien*
Norm ISO 4-1997. *Information and documentation: Rules for the abbreviation of title words and titles of publications*
Norm ISO 31-11: 1992. *Quantities and units: Mathematical signs and symbols for use in the physical sciences and technology.*
Norm ISO 214-1976. *Documentation: Abstracts for publications and documentation.*
Norm ISO 690-1987. *Documentation – Bibliographic references: Content, form and structure.*
Norm ISO 3166-1:1997. *Codes for the representation of names of countries and their subdivisions – Part 1: Country codes.*
Norm ISO 5966-1982. *Documentation: Presentation of scientific and technical reports.*
Norm ISO 7144-1986. *Documentation: Presentation of theses and similar documents.*
Norm ISO 8879-1986. *Standard generalized markup language (SGML).*
Norm VDI 2270. 1963. *Adjektivbildungen mit ...los und ...frei: Sprachlicher Ausdruck für die Abwesenheit.*
Norm VDI 2271. 1964. *Wörter auf –ung: Sprachlicher Ausdruck für ablaufende und abgelaufenen Vorgänge.*
Norm VDI 2272. 1966. *Der Bindestrich: Schriftzeichen bei Wortzusammensetzungen.*
Norm VDI 3771. 1977. *Zusammengesetzte Substantive in den technischen Fachsprachen: Determinativkomposita.*
Norm VDI 4500 Blatt 1, Entwurf. 2004. *Technische Dokumentation; Begriffsdefinitionen und rechtliche Grundlagen.*
O'Connor M. 1978. *Editing scientific books and journals: an ELSE – Ciba Foundation guide for editors.* London: Pitman. 218 S.
O'Connor M. 1986. *How to copyedit scientific books and journals.* Philadelphia: ISI Press. 150 S.
O'Connor M. 1991. *Writing successfully in science.* London: Harper Collins Academic. 229 S.
Parker CP, Turley RV. 1986. *Information sources in science and technology: A practical guide to traditional and online use.* 2te Aufl. London: Butterworth. 328 S.
Paulwitz T, Micko S (Hrsg). 2000. *Engleutsch? Nein danke! Wie sag ich's auf deutsch? Ein Volks-Wörterbuch.* 2te Aufl. Erlangen: Verein für Sprachpflege 132 S.
Plate J. 1996. *Internet kompakt.* München: Pflaum. 140 S.
Plenz R, Hrsg. 1995 f. *Verlagshandbuch: Leitfaden für die Verlagspraxis.* Hamburg: Input-Verlag. Loseblattwerk.
Plenz R. 1995. DTP: Gewinner und Verlierer (in: Plenz R, Hrsg. 1995 f. *Verlagshandbuch: Leitfaden für die Verlagspraxis*). Hamburg: Input-Verlag.
Queisser H. 1985. *Kristallene Krisen: Mikroelektronik – Wege der Forschung, Kampf um Märkte.* München: Piper. 350 S.
Rechenberg P. 2003. *Technisches Schreiben (nicht nur) für Informatiker.* 2te Aufl. München: Carl Hanser. 224 S.
Reibold H. 1997. *Der eigene Web-Server.* München: TLC Tewi Verlag. 158 S.
Reiners L. 1990. *Stilfibel: Der sichere Weg zum guten Deutsch.* 3te Aufl. München: Beck. 239 S
Reiners L. 1991. *Stilkunst: Ein Lehrbuch deutscher Prosa.* München: Beck. 542 S
Rheingold H. 1994. *Virtuelle Gemeinschaft: Soziale Beziehungen im Zeitalter des Computers.* Bonn: Addison Wesley. 392 S.
Riehm U, Böhle K, Gabel-Becker I, Wingert B. 1992. *Elektronisches Publizieren: Eine kritische Bestandsaufnahme.* Heidelberg: Springer. 440 S.

Römpp Chemie Lexikon (Falbe J, Regitz M, Hrsg; 6 Bde). 1999. 10te Aufl. Stuttgart: Thieme.
Rolland MT. 1997. *Neue deutsche Grammatik: Wort, Wortarten, Satzglieder, Wortinhalt, Wortschatz, Baupläne, Satz, Text*. Bonn: Dümmler. 371 S.
Röhring HH (Vollständig überarbeitet und aktualisiert von Bramann KW). 2003. *Wie ein Buch entsteht: Einführung in den modernen Buchverlag*. Darmstadt: Primus Verlag. 176 S.
Roth, K. 1992. Der Fall des Nobelpreisträgers David Baltimore („Fälschung in der Wissenschaft"). *Nachr Chem Tech Lab*. 40: 303-308.
Russey WE, Bliefert C, Villain C. 1995. *Text and graphics in the electronic age: Desktop publishing for scientists*. Weinheim: VCH. 359 S.
Russey WE, Ebel HF, Bliefert C. 2006. *How to write a sucsessful science thesis*. Wiley-VCH: Weinheim. 223 S.
Sachs L. 1996. *Angewandte Statistik: Anwendung statistischer Methoden*. 8te Aufl. Heidelberg: Springer. 848 S.
Sauer H. 2003. *Relationale Datenbanken: Theorie und Praxis*. 5te Aufl. München: Addison Wesley. 310 S.
Schickerling M, Menche B. 2004. *Bücher machen: Ein Handbuch für Lektoren und Redakteure*. Frankfurt: Bramann. 395 S.
Schneider M. 2002. *Teflon, Post-it und Viagra: Große Entdeckungen durch kleine Zufälle*. Weinheim: Wiley-VCH. 220 S.
Schneider W. 1984. *Deutsch für Profis: Wege zum guten Stil*. München: Goldmann. 269 S.
Schneider W. 1989. *Deutsch für Kenner: Die neue Stilkunde*. 4te Aufl. Hamburg: Gruner + Jahr. 400 S.
Schneider W. 1990. *Unsere tägliche Desinformation*. 4te Aufl. Hamburg: Gruner + Jahr. 308 S.
Schneider W. 1994. *Deutsch fürs Leben – Was die Schule zu lehren vergaß*. Reinbeck: Rowohlt. 224 S.
Schneider W. 2005. *Deutsch! Das Handbuch für attraktive Texte*. Reinbek: Rowohlt. 316 S.
Schnur H. 2005. *Zusammenschreiben: Eine Anleitung für die Naturwissenschaften, die Psychologie und die Medizin*. Berlin: Lohmann. 96 S.
Schoenfeld R. 1989. *The chemist's English with "say it in English, please!"*. 3te Aufl. Weinheim: VCH. 195 S.
Schulte-Hillen Scientific Consulting. 1994. *Handbuch der Datenbanken für Naturwissenschaft, Technik, Patente*. Darmstadt: Hoppenstedt. 384 S.
Schulz M. 1993. *Sicherheitshinweise richtig formulieren und gestalten: Ein Leitfaden für die Praxis des technischen Redakteurs*. 2te Aufl. Aalen: Matthias Schulz Verlag. 95 S.
Schumann L. 1995. *Professioneller Buchsatz mit TeX*. 3te Aufl. München: Oldenbourg. 366 S.
Schwenk E. 1992. *Mein Name ist Becquerel: Wer den Maßeinheiten die Namen gab*. Frankfurt/Main: Hoechst. 216 S.
Schwenk J, Schuster H, Schiecke D. 2005. *Microsoft Office Excel 2003: Das Handbuch*. 2te Aufl. Unterschleißheim: Microsoft Press. 1350 S (mit CD-ROM).
Seeger OW (Arbeitgeberverband der Metallindustrie, Hrsg). 1993. *Betriebsanleitungen, Betriebsanweisungen: Instrumente der Gesundheitsvorsorge, der Arbeitssicherheit und des Umweltschutzes* (Teil 1). Köln: Arbeitgeberverband der Metallindustrie. 71S.
Shaw DF, Hrsg. 1994. *Information sources in physics* (Serie *Guides to information sources*). 3te Aufl. London: Bowker-Saur. 475 S.
Sick B. 2004. *Der Dativ ist dem Genitiv sein Tod – Ein Wegweiser durch den Irrgarten der deutschen Sprache*. Köln: Kiepenheuer & Witsch. 240 S.
Sick B. 2005. *Der Dativ ist dem Genitiv sein Tod – Folge 2: Neues aus dem Irrgarten der deutschen Sprache*. Köln: Kiepenheuer & Witsch. 224 S.
Springer handbook of nanotechnology (Bhushan B, Hrsg). 2004. Heidelberg: Springer. 1222 S, mit CD-ROM.

Stern D. 2000. *Information sources in the physical sciences.* Westport (CT, USA): Libraries Unlimited. 227 S.

Stix, G. 1995. Publizieren mit Lichtgeschwindigkeit. *Spektrum Wiss.* 3: 34-39.

Strunk W Jr, White EB. 1999. *The elements of style.* 4te Aufl. New York: Longman. 116 S.

Süskind WE. 1973. *Dagegen hab' ich was: Sprachstolpereien.* München: dtv. 214 S.

Süskind WE. 1996. *Vom ABC zum Sprachkunstwerk.* Zürich: Epoca. 240 S.

Szillat H. 1995. *SGML: Eine praktische Einführung.* Bonn: International Thomson Publishing. 226 S.

The Chicago manual of style: The essential guide for writers, editors and publishers. 2003. 15te Aufl (13te Aufl 1982). Chicago: University of Chicago Press. 984 S.

Tschichold, J. 1987. *Ausgewählte Aufsätze über Fragen der Gestalt des Buches und der Typographie.* 2te Aufl. Basel. Birkhäuser. 214 S.

Tucholsky K (Hering W, Hrsg). 1992. *Sprache ist eine Waffe: Sprachglossen.* Reinbeck: Rowohlt. 185 S.

Tufte ER. 2004. *The visual display of quantitative information.* 2te Aufl. Cheshire (CT, USA): Graphics Press. 197 S.

Twain M (Brock AM, Übers). 1990. *Bummel durch Europa.* Zürich: Diogenes. 507 S.

Uebel JF. 1996. Laserbelichtung von Offsetfilmen (in: Plenz R, Hrsg. 1995 f. *Verlagshandbuch: Leitfaden für die Verlagspraxis*). Hamburg: Input-Verlag.

Ulmer E. 1980. *Urheber- und Verlagsrecht.* 3te Aufl. Berlin: Springer. 610 S.

Unruh PS, Zeller H-W. 1996. *CE-Kennzeichnung von Medizinprodukten.* Berlin: VDE-Verlag. 198 S.

Wahrig: Die deutsche Rechtschreibung. 2005. Gütersloh: Wissen Media. 1200 S.

Wahrig: Deutsches Wörterbuch – mit einem Lexikon der deutschen Sprachlehre. 2005. 7te Aufl. Gütersloh: Wissen Media. 1452 S.

Wahrig: Fremdwörterlexikon (1te Auflage 1974). 2004. 7te Aufl. München: dtv (dtv-Taschenbuch Bd 34136). 1056 S.

Warr WA, Suhr C. 1992. *Chemical information management.* Weinheim: VCH. 261 S.

Weber RL. 1992 *Science with a smile.* Bristol: Institute of Physics Publishing. 452 S.

Wehrle-Eggers. 1993. *PONS Deutscher Wortschatz: Ein Wegweiser zum treffenden Ausdruck.* 16te Aufl. Stuttgart: Klett. 821 S.

Wenske G. 1994. *Wörterbuch Chemie. Deutsch-Englisch/Englisch-Deutsch* (2 Bde). Weinheim: VCH. 3595 S (mit CD-ROM).

Werner J. 1992. *Biomathematik und Medizinische Statistik: Eine praktische Anleitung für Studierende, Ärzte und Biologen.* 2te Aufl. München: Urban & Schwarzenberg. 326 S.

Willenberg HP, Forssman F. 1997. *Lesetypographie.* Mainz: Herman Schmidt. 332 S.

Wolman Y. 1988. *Chemical information: A practical guide to utilization.* Chichester: Wiley. 292 S.

Wood DN, Hardy JE, Harvey AP, Hrsg. 1989. *Information sources in the earth sciences* (Serie *Guides to information sources*). 2te Aufl. London: Bowker-Saur. 524 S.

Wood P. 1994. *Scientific illustration: A guide to biological, zoological, and medical rendering techniques, design, printing, and display.* 2te Aufl. Hoboken (NJ): Wiley. 168 S.

Wyatt HV, Hrsg. 1997. *Information sources in the life sciences* (Serie *Guides to information sources*). 4te Aufl. London: Bowker-Saur. 250 S.

Zabel H. 1997. *Die neue deutsche Rechtschreibung: Überblick und Kommentar – Darstellung, Kommentierung und Anwendung des neuen amtlichen Regelwerks.* Gütersloh: Bertelsmann. 318 S.

Zankl H. 2006. *Fälscher, Schwindler, Scharlatane: Betrug in Forschung und Wissenschaft.* Weinheim: Wiley-VCH. 286 S.

Ziethen W. 1990. *Gebrauchs- und Betriebsanleitungen: direkt, wirksam, einfach, einleuchtend.* Landsberg/Lech: Verlag Moderne Industrie. 219 S.

Zimmer DE. 1986. *Redensarten: Über Trends und Tollheiten im neudeutschen Sprachgebrauch.* Zürich: Haffmann. 220 S.

Zimmer DE. 1998. *Deutsch und anders: Die Sprache im Modernisierungsfieber.* 4te Aufl. Reinbek: Rowohlt. 382 S.

Zimmer DE. 2006. *Die Wortlupe: Beobachtungen am Deutsch der Gegenwart.* Hamburg: Hoffmann und Campe. 223 S.

Register

Dieses Register enthält Einträge auf zwei Ebenen: Begriffe und Unterbegriffe. Auf eine weitere hierarchische Untergliederung wurde verzichtet. Um den Leser möglichst schnell an den Zielort seiner an das Register gestellten Frage zu führen, haben wir die Begriffspaare häufig invertiert, z. B.

        Auflösung
           Beamer

und

        Beamer
           Auflösung

Es rentiert, das Register unter mehreren Suchbegriffen zu konsultieren!

Seitennummern sind dann fett gesetzt, wenn ein wichtiger Begriff definiert oder erstmals erläutert oder wenn er auf der betreffenden Seite in mehreren Kontexten behandelt wird. Beispielsweise sind die Seitennummern zu Einträgen aus Überschriften häufig fett gesetzt. Die Reichweite eines Eintrags haben wir nicht durch Angabe einer Anfangs- und Endseite gekennzeichnet; vielmehr setzen wir hinter die Seitennummer ein „f" oder „ff", wenn der Begriff auch auf der folgenden Seite bzw. auf mehreren Folgeseiten behandelt wird (wir sind uns beim Vergeben dieser Zeichen einer gewissen Subjektivität bewusst und wollen den Leser nicht davon abhalten, das jeweilige Text-umfeld selbst abzusuchen).

Die Einträge sind streng alphabetisch sortiert, d. h., die Umlaute ä, ö, u werden wie a, o, u sortiert, Leerstellen und Bindestriche werden beim Sortieren ignoriert (Beispiel: „ANSI" steht vor „Ansicht", und dies steht vor „ANSI-Code"). Was die Präpositionen in Untereinträgen angeht, so haben wir uns bewusst dafür entschieden, sie mitzusortieren (Beispiel: „Abkürzungen, in Zusammensetzungen" steht vor „Abkürzungen, Liste").

-bereich 544
-ebene 544
-frei 565
-freundlich 579
-gemäß 580
-leicht 579
-los 565
-mäßig 544, 579f
-prozentig 582
-sektor 544
-technisch 579
-ung **542ff**
-weise 550
.dot 267

1
1. Person 67, 549
2. Partizip 545, 579
20-fold 582
2-spaltig 135
3 1/2-Zoll-Diskette 198, 379
3B2 154, 250, 310
   Formelsatz 367
3D-Grafikkarte 102
5-mal 582

A
AAAS
   siehe American Association for the Advancement of Science
Abbild, schiefes 589
Abbildung **133ff, 369ff**
   als Blickfänger 137
   Anzahl 482
   Beschriftung 151
   Bewertungskriterien **383**
   Breite 136
   Einscannen 77
   Format 482
   Größe 135
   Platzhalter 135
   Platzierung 135, 161
   Textelement 137
   Umfang 482
   Verbinden mit dem Text 134f
   Zitat 469
   siehe auch Bild
Abbildungsbezeichner **369ff**
Abbildungsmanuskript 134, 190, 196, 379
Abbildungsnummer 136, 190, **369ff**
Abbildungstechnik 372
Abbildungstitel **372f**
Abbildungsunterschrift **371f**
Abbildungsverkleinerung 397
Abbildungsvorlage 190, 196
Abbrechkürzung **585**

Abfassen, naturwissenschaftliches Manuskript 179
Abfragefenster 441
Abgabedatum 42
abgeleitete Einheiten **320ff**, 332
   siehe auch Einheiten
abgeleitete Größen **320ff**
Abgrenzen
   Textteil 308f
   von Gleichungen 348
Abgrenzer 364
abhängige Veränderliche 384
Abhol-Attitüde 594
Abkürzungen 527, **584ff**
   in Dokumenttiteln 55
   in Tabellen 139, **428**
   in Zusammensetzungen 583
   Liste der 182, 223, 585
   mehrgliedrige 292
   Zeitschriftentitel 484
   siehe auch Akronyme
Abkürzungsverzeichnis 223
Abkürzungszeichen 587
Ablagenummer 456, 460
Ablagesystem 460
Ablauf 398
   Buchherstellung 176
Ablaufplan 399

Ablehnung, Fachbeitrag 145, 149
Ablehnungsquote 117, 145
Ableitung
   mathematische 71
   nach der Zeit 324
Ablesefehler 160
Ableselinien 389
Ablichtung 312
Abonnementsrecherche 453
Abrunden, Ecken 404
Absatz **306ff**
   erster Satz 35
   Gliederungseinheit 60
   kurzer
   Länge 36
   letzter Satz 35
Absatzabstand 35, 308
   exakte Einstellung 262
Absatzanfang 161, 308
   in Gliederungsansicht 274
Absatzbefehl 237
Absatzbildung 35, 253
Absatzende 161, 348
Absatzformat 35, 253, **261ff**, 266, 308
Absatzformatvorlage 267, 270
Absatz-Klon 259
Absatzmarke 253, 259f, **291**
Absatzschalter 238

Register

Absatzschutz 291
Absatztaste 254, 261
Absatzwechsel 308
   Korrekturlesen 161
Abschlussarbeit 41, 78
Abschlussbericht, Gliederung 34
Abschlussdatum 76
Abschnitt
   Formatierung **59**
   Gliederungseinheit **58**
   in der Textverarbeitung 59
   Länge 64
Abschnittsende 310
Abschnittsnummer **58ff**, 62ff, 123, 184, 189, 370
   für Querverweise 188
Abschnittstitel 57, 62
Abschrift 184
Absorptionskoeffizient 528
Abstand
   Absatz 35
   bei Überschriften 307
   Gleichungen 310
Abstandsfunktion 292
Abstract **121ff**
   im Internet 87, 97
   in Sammelliteratur 107
   Nominalstil 549
   Zeitschriftenartikel 452
   siehe auch Zusammenfassung
abstracts journal 107
Abstraktion, in den Naturwissenschaften 329
Abstürzen 248
Abszisse **384**, 390
Abtasten, Bildvorlage 241
Abtastverfahren 200
Abwechslung, im Satzbau 535
Abwesenheit 565
Abzug 151
   korrigierter 152
   siehe auch Korrekturabzug
Academic Press 97, 100
Access 439, 441
Access-Tabelle 443
Achsen **384ff**, 404
   mit Pfeilspitzen 392
Achsenbeschriftung 137, 319, **390ff**
Achsenkreuz 390
   einer Tabelle 420
Achsenteilstriche 389
Achsenteilung 385, 389
Acidititätskonstante 31
acquisition editor 105, 176
ACROBAT 135, **154ff**
   DISTILLER 154, 157
   READER 157, 203
   Vollprogramm 203
ACS *siehe* American Chemical Society
ACS-Journal 468
ACS Style Guide 328, 331, 345, 582
Addieren 437
Add-In 367
Adjektiv + Verb **507**
Adjektive 550f, **558ff**
   ausschmückende 560
   geschwollene 560
   Häufung 559
   zusammengesetzte 579

zusammengesetztes 582
Zusammensetzung mit Verb 507
   siehe auch Eigenschaftswörter
adjektivische Bestimmung 579
ADOBE ACROBAT
   siehe ACROBAT
ADOBE PHOTOSHOP
   siehe PHOTOSHOP
Adobe Systems Inc. 174, 245f, 250, 285, 383, 396
Adorno 522
Adressen, Tabelle 421
adverbiale Bestimmung 507, 573
Adverbialgruppe 549
Adverbien 550
   Häufung 559
   Kombinationsmöglichkeiten 551
   Zusammensetzung mit Verb 507
   siehe auch Umstandswörter
advisor 29
affiliation 145
Agens 550
AGFA Compugraphic 300
AgfaPhoto GmbH 408
AI, ADOBE ILLUSTRATOR 135
Airbus 45
Air-Conditioner 511
Airport 584
akademischer Grad 43, 49
akademischer Titel 50
Akku 586
Akquisition 85
Akribie 17
Akronyme 139, 549, **586f**
   Liste 223
   siehe auch Abkürzungen
Aktant 493
Akte 257
Aktionshauptwort 551
Aktiv 549
aktives Fenster **257**
Akustik 322
Akzent 324
   von Buchstaben 275
Akzeptanz, elektronisches Publizieren 90
Aladdin Systems 198
Alchymie 17
Aldehyd 525
Aldus Corporation 8, 134
Allerhöchst 563
allerletzt 563
Alles ersetzen 277
Alley 497, 542, 567
allgemeine Funktion 318, 327
allgemeine Gaskonstante 327
Allgemeines (als Überschrift) 63
Allgemeinheit 588, 592
Allgemeinsprache 499
Allgemeinverständlichkeit 588, 594
Alliteration 570
Alphabet, griechisches 300, 323f
   (Tabelle) **356f**
   siehe auch griechisches Alphabet
Alphabet, lateinisches 300,

323f
Alphabetisieren 472
Alpha-Centauri 588
alphanumerisch 138, 268
ALPSP *siehe* Association of Learned and Professional Society Publishers
als-Beziehung 533
alt (alternative) **236**, 426
   alternate key 236
Altphilologie 522
Alt-Taste **236**
Amazon 169
Ambiguität 527
Ambivalenz 559
American Association for the Advancement of Science 90
American Chemical Society (ACS)
   CASSI 458, 480, 587
   Publikationen 446
   Referateorgane 107
   slash-Notation 328
   Wissenschaftssprache 540
   Zitierweise 599ff
American Institute of Physics (AIP) 336
American Mathematical Society (AMS) 131, 359
American National Standards Institute 17
   siehe auch ANSI
American Psychological Association 100
American Standard Code for Information Interchange 130
   siehe auch ASCII
amerikanisches Format 302
amount of substance 339
Ampere **317**, 330, 612
Ampère 333
AM-Rasterung 409
analoge Darstellung 384
Analogie 588, 592
   grammatische 533
Analogtechnik 151
analytic 476
Analytik 21, 25
analytische Indikation 369
analytischer Titel 481
Anapher 570
Anbiederung 594
Änderung ablehnen 162
Änderung annehmen 162
Änderungen verfolgen 194, **280**
Änderungsvorschlag 280
Aneinanderreihung 570, 577, 583
   mittels Bindestrich **581**
Anfangsbuchstabe
   großer 507
   in Kürzungen 586
Anfertigen
   Beitrag (für Fachzeitschrift) **125ff**
   Bericht **34ff**
   Buchmanuskript **182**, **184ff**
   Dissertation **73ff**
   Grafik *siehe* Grafik
   Register **265**, **274f**

Anführung 466
Anführungszeichen 566
   im Englischen 466
   Vancouver-Konvention 479
   Zitat 465
Angewandte Chemie und Angewandte Chemie International 149
Anglisierung **498**
Anglist 551
Anglizismen **554ff**
Angst vor dem leeren Blatt 61, 74
Anhang 42, **71**
Anhängen 579
Anhängewort 579
Anhängsel 544
Anlage 9, 399
   Verfahrenstechnik 398
   zu E-Mail 146, 203
Anleitung 45
Anleitungsbuch 171
Anleitungsliteratur 34, **171**, 454
Anmelder 486
Anmerkungen 52, 139
   bei der Korrektur 152
   nicht veröffentlichte Ergebnisse 467
   Teil der Dissertation 72
   und Literatur 467
Annahme, Revision 147
Annoncen-Stil 544
Annotation *siehe* Bildinschrift
Anonym 607
Anonymität, Revisionsverfahren 147
Anpassen
   einer Tabelle 429
   Textverarbeitungsprogramm **262f**
Anschläge, Manuskriptumfang 197
Anschluss **533f**
Anschrift 27, 43
ANSI 268, 476f, 480, 484
   Digital Object Identifier 100
   siehe auch American National Standards Institute
Ansicht
   am Bildschirm **272f**
   WORD-Menü 75
ANSI-Code 288
ANSI-Format 269
anthropogen 520
Antike, Philosophen der 589
Antiqua-Schriften 317
Antivirus-Programm 240
Antrag
   Ablehnung 43
   Paginierung 39
Antragsformular 43f
Antragsteller 43
Antragstellung 44
Anweisungen
   an Rechner 236
   System-immanente 284
Anwendungsdaten 239
Anwendungsprogramm 287
Anzahl der Seiten 39
Anzahlkonzentration 336
Apostroph 557

Register

Apostrophitis 557
Apparat 20, 33, 66, **398f**
   Zeichnung 133
Apparatebau 408
Apparateteile 373
Apple-Betriebssystem 232, 235
Apple-Claris 396
Apple Computer, Inc. **235**, 285
Apple Macintosh 195, 245
   Betriebssystem Palm OS 27
   ChemPhysChem 128
   DTP **8**, 206, 252
   Konkurrenz zu Windows 132, **235**
   Mac OS *siehe* Mac OS
   POSTSCRIPT 285
Apple-Rechner **232**
   siehe auch Macintosh-Rechner
APPLEWORKS **396**, 437
   siehe auch WORKS
Apposition **530**, 533
   siehe auch Beifügung
appositionelles Glied 533
a-priori-Wahrscheinlichkeit 584
Ar 334, 609
Arbeit, Größe 610
Arbeitsabauf, Standardisierung 28
Arbeitsablauf 23
Arbeitsanweisung 45
Arbeitsblatt 28, 428, **436ff**
Arbeitsdatei 259, **266**
Arbeitsfenster **257**
Arbeitsgebiet, Stand des Wissens 68
Arbeitsgruppe 53, 111
Arbeitshypothese 53
Arbeitskreis 26, **42**, 53, 186, 445, 453
   Netzwerk 30
   Organisation 29
   Web-Seite 290
Arbeitskreisbericht
Arbeitskreisleiter 16, 42, 50, 113
Arbeitsmappe **437**
Arbeitsmarkt 44
Arbeitsmethoden, moderne 16
Arbeitsplatz
   häuslicher 186
   Naturwissenschaftler **7**
Arbeitsplatzerweiterung 235
Arbeitsplatzrechner 97, 232
Arbeitsraum 184
Arbeitsschutz 47
Arbeitssitzung 183, 186, 280
Arbeitsspeicher 102, 184, 232
   Speicherbedarf für Bilder 407
   Speicherkapazität 260
Arbeitstitel 178
   Dissertation 54
Arbeitsvorbereitung 183
Arbeitsvorschrift 125
   Abkürzungen 584
Arbeitszeit 185
Arbeitszimmer 125
ARBORTEXT 367
Arbortext Advanced Print Publisher 310

Architekt 400
Architekturzeichnungen 381
Archiv 448
   elektronisches 113
   selbstextrahierendes 198
Archiv der Pharmazie 33, 104, 128, 153
archivfähig 580
Archivierbarkeit **91f**
Archivierung 230
   digitale Daten 89
Argwohn 596
Arial 129, 245, 287, **381**
   in Strukturformeln 403
Aristoteles 5, 545
arithmetische Operationen, Excel-Tabelle 419
arithmetischer Mittelwert 324
Armatur 398
article 367
Artikel
   Einscannen 451
   gesetzter 114
   in Zeitschrift 106, 140
   ling. 570
   Scannen 451
   unbestimmter 530
   siehe auch normaler Artikel
Artikelkopf 113
Artwort 549
Arzneimittel 24
Arzt 591
ASCII **268f**
   siehe auch American Standard Code for Information Interchange
ASCII-ANSI-Format 287
ASCII-Code
   erweiterter 269
   (Tabelle) **269**
ASCII-Datei *siehe* Nur-Text-Datei
ASCII-Ebene 360
ASCII-Norm 269
ASCII-Zeichen 96, **130**, 268
Assimilation, von Fremdspracheinflüssen 498
Assistent 4
   Testat 40
Association of Learned and Professional Society Publishers 94
Assoziation 73, 574
asterisk 140
Asthma-Stil 538
Astronomie 17
Astrophysik 588
Atmosphäre 335
Atomabstand 316
atomare Masseneinheit **335**, 611
atomare Massenkonstante 335, 611
Atome 339
Atomgewicht 340
Atomkraftwerk 46
Atommasse 611
Atomphysik 322, 335
   Größen und Einheiten 611
Atomquerschnitt 335
attachment 555
Attribut
   eingeschobenes 535
   substantivisches 533

siehe auch Beifügung
auch 532
Audio 153
Audiomaterial 80
Audio-Technologie 165
auditiv 6
auditives Medium 164
Aufbaufehler 75
Aufbaustudiengang 41
Aufbewahrung, Laborbuch 33
Auffächerung (eines Begriffs) 214
aufgrund 571
Aufhänger **594**
Aufklappen 257
Aufklapp-Menü **257**, 261
auf Komma gesetzt 423
Auflage
   Ausgabe-Bezeichnung 174, 222
   Druckquote **169**
Auflagenangabe 486
Auflagen-Gruppe 481
Auflistung **309f**
Auflösen, der Blockaden 202
Auflösung **243f**, **405f**, 408f
   beim Scannen **409**
   Drucker/Plotter 244, 406
   Halbtonbild 413
   im XML-Workflow 158
   Laserbelichter 284
   Scanner 412
Auflösungsvermögen 408
Aufmerksamkeit 535
Aufmerksam-Machen 84
Aufnahme, elektronenmikroskopische 371
Aufnahmeeinrichtung 4
Aufnahmetechnik 372
aufrecht (Schriftschnitt) 297
Aufsicht 400
Auftragen, einer Veränderlichen gegen eine andere 384
Auftragsbearbeitung 176
Auftragsschein 328
Aufwand, experimenteller 25
Aufzählung 35, 60, 64, **309**
Aufzählungszeichen 309
Aufzeichnung
   authentische 18
   digitale 89
Auge, Kommunikationsmittel 173
Augenführung 128
Aura **574**
Ausbaustufe 184
Ausbeute 28
   theoretische 31
Ausbildung 41, 49, 173
Ausbildungsrichtlinien 50
Ausblenden 442
Ausblick 42, 69
Ausdruck (mathematischer) **315ff**, **347ff**, **359ff**
   Trennungsschutz 292
   siehe auch Formel, mathematisch-physikalische
Ausdruck (sprachlicher) **190**, 527
   idiomatischer 573
   Kriterien **523ff**
Ausdruck (umgangssprachlicher) 499
Ausdruck (vom Computer)

184, **243f**
Buchmanuskript 192
Fahnenabzug 129
Ausdrucksform 527
Ausdruckskraft 501
Ausdrucksmittel 515, 587
   funktionsgerechtes 550
Ausdrucksschwäche 525
Ausdrucksweise
   eindeutige 526
   nominal-verbale 550
   passivische 550
   sinnfällige 576
Auseinanderschreiben 578
Ausformulieren 189
Ausgabe, seitengerechte 128
Ausgabebezeichnung 481
Ausgabedatum, Norm 484
Ausgabegerät 239, 242, 246
Auflösung 245
Ausgangsbegriff 578
Ausgangsstoffe 20, 28
ausgeblendeter Text **291**
Aushänger 224
Auslandaufenthalte 72
Ausländer 578
Auslassung 347, 524
Auslassungszeichen 346, 434, 557
Auslegeschrift 485f
Ausreißer 24
Ausrichten
   am Dezimalzeichen 342
   nach Dezimalwertigkeiten 423
   Text in Tabellen 429
Aussage 540
Aussageblock 35
Aussagekraft, Titel 57
Ausschließen **279**
   im Formelsatz 358
Ausschluss, DIN Formelschreibweise **357f**
Ausschlussmodul **357f**
Ausschneiden 38, 256, 260
Ausschnitt (Foto) 411
Außenmitarbeiter 199
Aussprache **556**
Austausch, Autor-Redakteur 126
Austauschformat 285
Auswählen, Registerbegriffe 220
Auswahlfeld 261
Auswertung 69
   der Befunde 123
   statistische 148
Auswertungsfeld 442
Auszeichnen 129, **304f**
   siehe auch Hervorheben, Markieren, Schriftauszeichnung
Auszeichnung, akademische 49
Auszeichnungssprache 289
Authentizität 24, 89
   Mitteilung 30
automatische Nummerierung **188**
Autor
   Anschrift 222
   Familienname 470
   Schreibfertigkeit 38
   verantwortlicher 111

Register

Vorname 222
siehe auch Buchautor
Autor-Diskette 245
Autorenanleitung 286
 siehe auch Autorenrichtlinie
Autorenfeld 456f
Autorenfragebogen 177
Autorengruppe 90, 167
Autorenkartei 455
 elektronische 459
 konventionelle **453**
Autoren-Kollektiv 112
Autorenname 120, 222, 456
 Kapitälchen 476
 Namen-Datum-System 468, 470
Autorenreferat 122
Autorenregister 207, 221
Autorenrichtlinie 14, 112
 digitales Manuskript 181
 Letters-Zeitschrift 116
 siehe auch Autorenanleitung
Autorensatz 194f, 231, 282f, 295
 siehe auch Satz
Autorenvertrag **167**
Autorenverzeichnis 223
Autorkorrektur 152
Autor-Redakteur-Austausch 126f
Autorschaft 103f, 111
Autor-Verlag-Beziehung 170, 175
AutoText 190
AutoText-Eintrag 271
AutoWiederherstellen 184
Avant Garde 245
Avogadro-Konstante 339, 610
Avogadro-Zahl **339**
Azetat 553
Azetylen 552

B
Bachelor 49
Bachelorarbeit 412, 468
Bachelorstudiengang 41
Backslash 363
Backspace-Taste 237
Baldinger 517
Balken 394
Balkendiagramm 133, **394f**, 438
 Perspektive 397
Ballast 558
Baltimore-Affäre 20, 23
Band, Buchreihe 166
Bandbezeichnung 222
Bandnummer 222, 481
 Bericht 42
Bandwurmwort 521, 578
Bar 610
 Druckeinheit 332
Barcode 241
Barn 335
Basenpaare 329, 335
Basic Input/Output System 233
Basisbefehl 366
Basiseinheit 316
Basisgröße 316
Basismorphem 504
Bauelement 66
Bauingenieur 400

Bauingenieurwesen 6
Baumstruktur 74
Bauzeichnung 100
Bayer 16
Bayerische Akademie der Wissenschaften 396
Bayerisches Fernsehen 588
Bd 479
Bde. 586
Beamer **242**, **380**
Bearbeiten, Quellenangaben 480
Bearbeiter 280
Bearbeitervertrag 167
Bearbeitungsablauf **201ff**
Bebilderung 374
Beckmesserei 142
Becquerel 319, 333, 612
Bedeutungs-Verdoppelung 569
Bedienungsanleitung **45**, 400
bedingter Trennstrich **291**
Befehl 235
 Beginn- 283
 Druck- *siehe* Druckbefehl
 Ende- 283
 Formatierungs- *siehe* Formatierungsbefehl
 HTML- 289
 Kurz- *siehe* Kurzbefehl
 Makro- 366
 Menü- *siehe* Menübefehle
 Sammel- 271
 TEX- 360
Befehlen 254
Befehlsaufruf 237
Befehlslauf 398
Befehlsliteratur 171
Befehlstaste **236f**
Befehlszeichen 360
Befund 17, 25, 66, 69, 123
Beginn-Befehl 283
Begleitschreiben 145
begreifbar 588
Begrenzungslinie 375
Begriff-Cluster 216
Begriffe **208ff**, **519**, **578**, 588
 allgemeine Grundsätze 516
 verschwommene 574
 versteckte 210
 zusammengesetzte 213, 549, 578
Begriffsart 215
Begriffsblock 216
Begriffsebene 213
Begriffsgruppe 216
Begriffshierarchie **210f**
Begriffsinhalt 526, **589ff**
Begriffsliste 211
Begriffsmerkmal **589**
Begriffspaar 216, 219
Begriffssystem **515**, **519**
Begriffsumfang 526
Begriffsverknüpfung **578**
Begriffsverlegenheit 498
Begriffszeichen 590
Begriffszerlegung **213f**
Begutachtung 48, 89, 146
 Buchprojekt 178
Begutachtungsverfahren 104f, 147, 149
 Transparenz 149
Behörde 542
Behördendeutsch 542

Behördenschrift 457
 selbständige Publikation 476
 Zitierweise 604
Beifügung
 kasusgleiche 531
 Registereintrag 213
 siehe auch Apposition, Attribut
beinhalten 562
Beipackzettel 294, 589
Beitrag, Authentizität 152
Beitrag (für Fachzeitschrift) 106, 114
 Ablehnung 145
 Anfertigen **125ff**
 Aufbau 145
 bibliografischer Teil 120
 Gegenlesen 112
 Gliederung 143
 Hauptteil 123
 Länge 148
 Niederschrift 114
 Revision 145
 Schriftauszeichnung 143
 Titelwahl 119
 Überarbeitung 144
 Zitierweisen 143
Beiwort 560
Belegmaterial 71
Belichter, Bildausgabe 381
Belichtung 247
Belichtungsdienstleister 246
Belichtungsmaschine 135
Belichtungsstudio 151
Belletristik 170
Benennungen 527, **578**, 585
 Allgemeine Grundsätze 516
Benennungssystem **515**
Benes 543, 550, 580
Benummerung, Textsegmente 60
benutzerfreundlich 579
Benutzerführung 248
Benutzerhandbuch **45**, 47, 229, 249, 252
Benutzerinformation 45, 47
Benutzername 314
Benutzeroberfläche 235, 267, 513
Benutzerschnittstelle 243
Benutzerwörterbuch 160, 275
Beobachtung 17, 69
Beobachtungsreihe 25
Beratung **56**
Berechnungen
 statistische 437
 stöchiometrische 29
Bereichssymbol **347**
Bericht
 Abfassen 4ff
 Abgabedatum 42
 Anfertigen **34ff**
 Archivierung 279
 Aufbau **35**
 Aufbewahrung 15
 Ausblick 15
 Datum 15
 Empfänger 14f
 Ergebnisse 15
 Erscheinungsbild 14
 Form **14**
 Geheimhaltungsvermerk

15
 Gliederung **34**
 handschriftliche Form 40
 Identifikationsnummer 42
 Identifizierung 15
 Inhalt 14
 Komponenten 34
 Methoden 15
 naturwissenschaftlichtechnischer **230ff**, 568
 Normalgliederung 34
 Rohfassung **35**
 Sicherheitskopie 15
 Sprache **14**
 Struktur 34
 studentischer 35
 Verfasser 15, 35
 Verkleinerung 41
 Veröffentlichung 14
 Verteiler 42
 Vortrag 4
 Zusammenhang 14
 Zweck und Form **13ff**
 siehe auch Laborbericht, Zwischenbericht
Berichte der deutschen chemischen Gesellschaft 11
Berichterstattung 69
Berichtsnummer 39, 42, 481
Berner Konvention 102
Berners-Lee 99, 289
Bertelsmann 491
Bertelsmann-Stiftung 589
Beruf
 naturwissenschaftlicher 49
 technischer 49
Berufsweg 44
Berufung 48, 105, 114
Berührungsdichtung 522
Beschleunigung 609
Beschreibung der Versuche 52
Beschreibungsingenieur **44**
Beschriften, E-Bilder 383
Beschriftung 404
 Abbildungen 372
 Computer-gestützte 381
 doppelseitige 39
 Foto 411
 Halbtonabbildung 393
 Kurvendiagramm 393
Beschutzschichten 546
Besorgung, Buch 223
Bestätigungsschreiben 146
Bestgerade 405
Bestimmungswort **578**
bestmöglich 564
Beteiligungshonorar 168
Betonung 37, 546, **568**
Betonungszeichen 324, 546
Betrag (einer vektoriellen Größe) 327
Betreuer **50**, 54, 64, 67
Betriebsanleitung 252
Betriebsanweisung 238
Betriebsbedingungen 398
Betriebssystem 9, 198, 206, **232**
 große Datenmengen 102
Betriebssystemwelten 232, 235
Beugung 575
Beugungsendung 555
Beugungsmuster **556**
Beugungssystem 511
Bewegungsgröße 610

Register

Bewerbungsschreiben 44, 72
Bewertung 11
  Ergebnisse 68
Bewilligungsbehörde 42
Bewilligungsstelle 43
Bezeichnungen **208ff**, 527
Beziehung 17
Bézier-Kurve 244
Bezug
  auf Abbildung 369
  Gedanken 37
Bezugsgröße 323
Bezugsquellen 70
Bezugswert 345
Bezugswort 530, **533**
Bibel 592
Bibliografie 71, 120, 467
Bibliografieren 445, 454
bibliografische Angaben 48, 454, 457
bibliografische Beschreibung 440
bibliografische Daten 457
bibliografische Ebenen 481
bibliografische Gruppe 479, 481f
bibliografische Merkmale 187, 456
bibliografischer Bestandteil 474
bibliografische Recherche 166
bibliografisches Niveau 476
bibliographic references 466, 476, 599ff
Bibliothek 27, 65
  Lagerplatz 91
  Magazin 91
  Mediothek 164
  Organisation **448**
  virtuelle 450
  wissenschaftliche 451
  siehe auch Hochschulbibliothek
Bibliothekar 451, 463
Bibliotheksarbeit 447, 450
Bibliotheksetat 96, 165
Bibliotheksexemplar 79
Bibliotheksserver 165
Bibliothekswesen 85
Bibliothekswissenschaftler 89
Bild **369**
  bewegtes 80, 173
  digitales 133, 153, 397, **405ff**, 412
  farbiges *siehe* Farbbild
  für die Projektion 372
  für Overhead-Projektion 407
  Halbton- *siehe* Halbtonabbildung
  im Internet 100
  Informationsdichte 101
  Klonen 404
  mehrteiliges 375
  Verschlagwortung 211
  siehe auch Abbildung
Bildachse 375
Bildanordnung **375**
Bildarchiv, Computer 379
Bildauflösung, Ausgabegerät 246
Bildaufzeichnung, digitale 101
Bildbearbeitung 206, 293
  im Textfenster 407

Bildbearbeitungsprogramme 135, 249
  Übersicht **414f**
Bildbeschriftung 371ff
  siehe auch Bildinschrift
Bildbreite 136
Bildbruch 572
Bilddateien 234
  in Textmanuskript einbauen 406
  Versand 379
Bilddaten 158
Bilddetail 372, 401
  Kennzeichnung 373
Bildelement 252
  Einfügen 404
Bilderläuterung 136, **372ff**
Bildfeld 371
Bildfläche 241
Bildgestaltung 202
Bildgröße 404f, 413
Bildhaftigkeit 588
  Sprache 573
Bildherstellung, digitale 383
Bildinschrift **372f**
  Größe 382
Bildkennzeichnung 371
Bildlauf 258
Bildlegende 136, 372ff
  als HTML-Tag 289
Bildmaterial **369**, 380
  Dissertation 80
  im Internet 91
Bildpunkt 160, 244
bildpunktorientiert **405**
Bildpunktzerlegung 133, 243
Bildrechte **377**
Bildschirm **7**, 232, **242ff**, 256, 513
  Bildauflösung 102
  Diagonale 9
  Lesen am 128
  Überarbeiten am 38
  Zeilenfall 57
  siehe auch Monitor
Bildschirm-Animation 173
Bildschirmdarstellung 246, 462
  Zeichen 245
Bildschirmgröße 242
Bildschirmkorrektur 126, 184, 255
Bildschirmschrift 242, 244
Bildschirmtechnik 242
Bildschirmtreiber 366
Bildseite (Layout-Beispiel) **370**
Bildsequenz 173
Bildtitel *siehe* Abbildungstitel
Bildüberschrift 372
Bildung 503
Bildungsbürger 592
Bildungsindustrie 230
Bildungsinstitut für Technische Kommunikation 45
Bildunterschrift 135f, 138, 209, 370ff
  (Beispiele) **374**
  Schlusspunkt 375
  Strukturierung 373
Bildverarbeitung 229, 234
Bildverweis 136
Bildvorlage 134, 200, 405
  Abtasten 241
  Beschriftung 371

Bildzählung 370
Bildzitat **376f**
binär **268**
Binärcode **286**
Binärentscheidung, „Atom der Informatik" 339
Binden 39
Bindestrich 190, **291**, **354**, **581ff**
  einheitliche Verwendung 553
  einheitlicher Gebrauch 202
  in der neuen Rechtschreibung **511ff**
  in Kopplungen 579
  Taste für 582
  Wortzusammensetzungen 578
  siehe auch Divis
Bindewort 37
Bindung, Glieder in Formel 358
Bindungslänge 316
Biochemie 325, 329, 335, 583
B<small>IO</small>D<small>RAW</small> 131
Biologe, Verständigung 591
Biologie 26, 50, 100, 173
Biomedizin 52, 124, 384
Bio-Rad Laboratories 131, 402
BIOS *siehe* Basic Input/Output System
BIOSIS 465
Biotechnik 498
Biotechnologie 498
Biowissenschaften 17, 50
  Datenbanken 449
  Halbtonabbildungen 410
  Informationsbeschaffung 450
  Internethypertextbuch 173
  Namen-Datum-System 470
  Realbilder 408
  Software 131
  Strichzeichnungen 378
  Zeitschriftenwesen 106
Bismarck 563
bis-Strich 347
Bit **268**, **339**
Bit-Code 269
bitmap 244
Bitmap-Darstellung 405
Bitmap-Grafik 134, 405
Bitmap-Schrift 244
Bitmuster 241, **245f**, **268**
blank 261
  siehe auch Leerzeichen
Blatt
  beidseitig beschriebenes 39
  Rand 55
Blättern, am Bildschirm 95
Blattkante 39
Blau 410
Bleisatz 263, 343
Bleistift 7, 378, 380
Blickfangpunkt 309
Blickkontakt 37
Blindschreiben 183
Blitzlichtfotolyse 573
Blockade 201, 206
Blockanordnung, Legende **373f**

Blockbild **398ff**
block diagram 398
Blockdiagramm 398
Blockform 136
Blocksatz 76, 261, 263
Blockschaltbild 398
Blog 98
Blogosphäre 99
Blot 410
Blutdruck 333
Bohr, Niels 589
bold 305, 403
boldface 129, 132, 289
Boltzmann-Konstante 610
book 367
book editor 105
Bookman 245
Boolesche Algebra 442, 557
Booten 240
Boot-Fähigkeit 240
Bootprogramm 555
Börsenverein des Deutschen Buchhandels **167**
Botanik 173, 221
Botanik Online 173
Botschaft
  elektronische 7
  Empfänger 5
  Sender 5
  Übermittlung 9
  verständliche 539
  Verständlichkeit **10**
Boulevard-Blatt 560
Brainerd 8, 206, 252
Brechen (einer Tabelle) 425
Brechungsindex 318
Breite 609
Brennen (von Discs) 88
Briefeschreiben 490
Briefkorrespondenz 5
Briefwechsel 4
British Computer Society 100
Broschur 224
Browsen 455
Browser 95, 158, 314, 454
Brüche 310, 342, 350, 363
  gemischte 342
  in LaTex 364
Bruchform-Notation **392**
Bruchstrich 348ff, 355
  Länge **364**
  schräger 328, 332, 342, 348, **355**
  waagerechter 130, 431
Bruchstrich-Notation 333, **431**
Brutto 22
BS 484
BU *siehe* Bildunterschrift
Buch 48, **163ff**
  als Verlagsprodukt 163
  Arbeitstitel 178
  auf CD-ROM 163
  Auflage 223
  Ausgabe 223
  Ausstattung 169
  Beschaffenheit 164
  Elektronifizierung 175
  elektronisches 91, 164, 171 *siehe auch* E-Buch, Werk
  geistiges Eigentum 103
  im Cyberspace 163
  Informationsvermittlung 4
  Kulturgut 47

Register

Ladenpreis **168**
Mängel 48
naturwissenschaftlich-
technisches 169
Schreiben *siehe*
Buchmanuskript, *siehe*
Buchschreiben
Seitenzahl 39, 182
selbständige Publikation
476
Urheber 224
Vancouver-Zitierung 483
Werbung **177**
wissenschaftliches **83**
Zerriss 47
Zielgruppe 48, **178**
Zielsetzung **179**
Zitierweise 483ff, 600ff
Zweckbestimmung 164
Buchautor 105, 163, **167**, 177
Autor-Lektor-Beziehung
38
Selbstdarstellung 179
siehe auch Autor
Buchbesprechung **47f**
Buchbestellung 166, 223
Buchbinderei 176
Buchdeckel 222
Bücherschreiben 175
Buches, Umfang 182
Buchgestaltung 176
Buchhandel 223, 486
Buchhandelsinformation 225
Buchhandelsrabatt 168
Buchhändler-Vereinigung 165
Buchherstellung 169, 176
Buchkalkulation **169**
Buchland 223
Buchland-EAN 223
Buchlesen 165
Buchliteratur 108
informierende 175
naturwissenschaftlich-
technische 170
Buchmanuskript
als interaktiver Prozess
179
Anfertigen **182ff**
Bestandteile **196**
druckreifes 201
elektronisches 181
Fertigstellungstermin 185
Freigabe 181
Konfektionierung **313**
Korrektur 191
korrigiertes Textstück
(Beispiel) 193
mehrere Fassungen 184
Originaldatei 202
redaktionelle Bearbeitung
192
Umfang 200
Buchnummer 223
Buchplan **178**
Buchplaner 176
Buchplanungsgruppe 176
Buchpreisbindungsgesetz 168
Buchprojekt **178**
Buchpublikation 177, 179
Planung **178ff**
stm 166
Zeitplanung 185
Buchredakteur 176, 199
Buchschreiben

Arbeitsvorbereitung 183
Vorgehensweise 189
Buchstabe 130
als Bitmuster 264
als Fußnotenzeichen 311
als Größensymbole 323
beliebiger 277
entbehrlicher 506
Interpreter 286
Kontur 244
mit Akzent 269, 275
selbstklebender 380
Buchstabenabstand **292**
Buchstabenbreite 263
Buchstaben-Joker 277
Buchstabentasten 236
Buchstabierkontrolle 553
Buchthema 170
Buchtitel **178**, 223
Buchumfang 178, 182
Buch- und Zeitschriftenhandel
85
Buchungsmaschine 429
Buchverlage
siehe Verlag
Buchwerk 103
Buffon 495
bullet 309
bulletin board 83, 87
Bundesminister für Forschung
und Technologie 231
Bundesrat 502
Bundesverfassungsgericht 502
Bürettenablesung 22
Bussystem 232
Byte 234, 239, **268**, **339**
bzw. 561

C
CAD (Computer-Aided Design)
383, **400**
Calcium 552
CambridgeSoft Corporation
28f, 131, 402
Cambridge University Press
100
camera ready 205, 294, 412
Campus 101
Campusbibliothek 94
Campus-Lizenz 165
Candela **317**, 330, 612
carriage return 253
CAS *siehe* Chemical Abstracts
Service
CASSI *siehe* Chemical Ab-
stracts Service Source
Index
CBE *siehe* Council of Biology
Editors
CBE-Konvention 478
Zitierweise 599ff
CBE Manual 119
CD (Compact Disc) **89**, 160
Einreichen einesBeitrags
145
Rechnerlaufwerk 181
Speichervermögen **239**
Textspeichermedium 89
Versand 198
CD/DVD-Brenner **239**
CD/DVD-Laufwerk 232, 239
CD-Brennen 314
CD-Brenner 239
CD-Laufwerk 232

CD-ROM **65**, 482
Compact Disc Read-Only
Memory **160**
Datenbanken 449
Informationsspeicherung
452
ISBN 223
Literaturdatenbank 465
Manuskripttransfer 158
als Publikationsmedium
281
Quellenangabe 487
Zitierweise 486, 606
Cedille 269, 324
CE-Kennzeichnung 46
Celsius-Temperatur 323, 610
central processing unit siehe
CPU
CERN 8, 99, 289
CGPM *siehe* ConfÈrence
GÈnÈrale des Poids et
Mesures
CGS, Zentimeter-Gramm-
Sekunde 330
Chaplin 366
character set 268
Charakterisierung von Stoffen
28
Checkmarke 278
Chefredakteur 142ff
Autorenteam 280
Chem • Art 131
CHEMDRAW 29, 131, 402
Chemical Abstracts 107, 472,
484
Chemical Abstracts Service
(CAS) 107, 465, 486
Chemical Abstracts Service
Source Index (CASSI) 85,
458, 587
Chemie 17, 450
Atomgewichtskonzept **339**
besondere Einheiten 338ff
Datenbanken 449
Fachsprache 499
Informationstechnologie 8
Mengenlehre 328
methodischer Ansatz 53
Nomenklatur und
Terminologie **518ff**
Publikationswesen 107
Referateorgane 107
technische Zeichnungen
399
Umgang mit Indizes **327**
und
Informationstechnologie
101
Zeitschriftenwesen 106
Chemie-Duden 518, 527f
Chemie-Ingenieur-Technik,
Zeitschrift 117
Chemikalien 20
Chemikaliengesetz 23
Chemiker 17, 100, 590f
Denken in Strukturen 402
CHEMINTOSH 131
chemische Literatur,
Sonderregister 221
chemisches Formel 315
chemische
Reaktionsgleichungen 348
chemische Struktur *siehe*
Formel, chemische

chemische Strukturformel
siehe Formel, chemische
chemische Substanz 124
chemische Synthese 25
Chemisches Zentralblatt 107
chemische Verbindung,
Strukturformel 403
CHEMOffice 29
Chemograph 401
ChemPhysChem 120, 129, 134
CHEMWINDOWS **131**, 402
Chicago 300
Chicago Manual of Style 209
Chromatogramme 28, 381, 384
Chrom-Molybdän-legiert 582
Ciba Foundation 588
Cicero 299
CIE-Standard 246
Client 95, 99, 452, 455
Cluster 63
CMYK 285, **410**
Coautor 471
Codenummer 268
Codevereinbarung 283
Codezeichen 283
Codierung
Metainformation 289
per Mausklick 284
collaboration 112
collective 476
COM *siehe* Computer Output
on Microfilm
COM-Microfiche 102
Commissioning Editor 176
Commission of Editors of
Biochemical Journals 471
Committee of Medical Journal
Editors 482
communication 4, 114, 129
communication revolution 7
Compact Disc *siehe* CD
*compact disc read-only memory
siehe* CD-ROM
compact disk read-only memory
450
Compuskript 230
Computational Chemistry 101
Computer
Bildarchiv 379
Peripherie 238
tragbarer 18
computer-aided design (CAD)
383
Computerarbeitsplatz 184
Bibliotheksserver 165
Computerausdruck 126
Computer-Fachsprache 554
Computergrafik 394f
Computer-Kultur 235
Computer Output on Microfilm
102
Computerprogramm
Benutzerhandbuch 45
Quellenangabe 487
Zitierweise 606
zum Buch 164
Computerprotokoll 71
Computerschrift 191
Computersprache **286**
Computertastatur 354
Computertechnik 231
Frühzeit 268
Computertechnologie **8**
computer-to-plate 151, **409**

Register

Computer-to-Plate-Technik 134
Computerwelt 12
Concorde 593
Conférence Générale des Poids et Mesures 316, 322, 338
Content Management 30
Content-Management-System 5, **159**
 elektronische Publikation 158
continuous tone drawing 378
copy 237
Copy Editing 147, 200f
Copy Editor 105, 195, 202, 205
Copyright 102, 167
Copyright Transfer Agreement **104**, 145
Copyright-Vermerk 222
Copyshop 79
Corel Corp. 248, 383, 396, 437
COREL DRAW 383, 396
Cornell University 113
Corporate Identity 584
Corporate Index 121
Coulomb 612
Coulombmeter 332, 612
Council of Biology Editors
 Autorenrichtlinien 119
 Manuskriptbearbeitung 200
 OJCCT **90f**
 Tabellen 430
 wissenschaftliche Illustrationen **380**, 389
 Zitieren 471, 478
 siehe auch CBE
Council of Science Editors 199
Courier 9, 197, 245, 297
cover letter 96, 145
CPU (Central Processing Unit) **232f**
cross reference 218
CSE *siehe* Council of Science Editors
ctrl, control 236
Culmann 101
Curie 334, 612
current awareness 445
Current Contents 119
Cursor 255
Cursortaste 238, 255
customized publishing 87
cut and paste 204
c versus z/k 552
Cyan 610
Cyan-Magenta-Yellow-Black *siehe* CMYK

D
Dach 323
Dachstock 531
dagger 140, 324
Dalton 335
Danksagung 42, 52, 303
 Beitrag 111
 Dissertation 56
DANTE 131, **360**
 darstellen 561
Darstellende Geometrie 552
Darstellung
 qualitative 385
 quantitative 385

Darstellungsmittel 84
dass-Kette 538
dass-Sätze 538
Database Publishing **279**, **442**
 siehe auch Datenbank-Publizieren
Datastar 64
Datawatch Corp. 240
Dateiaustauschformat 285
Dateien **229**, **257**
 Ausdrucken 156
 Dokumente 257
 Umfang 234
 vordefinierte 266
Dateifenster 257
Dateiformat 134
Dateiname **258**
Dateiprogramm 461f
Daten
 abgeleitete 31
 Archivierung 89
 bibliografische 457
 digitale 89
 im Internet 101
 Tabelle 421
Datenaufzeichnung, Flexibilität 264
Datenaustausch 235, 241
 Rechner–Drucker 243
 Schreib-/Satztechnik 284
Datenautobahn 98, 102, 115
Datenbank 421, 461
 arbeitskreiseigene 26
 Bereichssymbol 437
 bibliografische 165
 bibliografische 449
 Biowissenschaften 449
 CD-ROM 449
 Chemie 449
 DVD 449
 elektronische 463
 externe 64, 239, 445
 Geowissenschaften 449
 Informationspool 3
 interne 65
 Liste aus 439
 Literatur *siehe* Literaturdatenbank
 Nutzungsrechte 103
 Online- 165, 449
 Referenzintegrität 440
 relationale 439
 Replikation 441
 Terminologie 208
 verteilte 441
 Volltext- 91
 Word-interne 443
Datenbankanbieter, Dialog 64
Datenbankanwendungen **439ff**
Datenbankdokument **440ff**
Datenbankfeld 238, 456
 als Platzhalter 443
Datenbankfunktion 461
 Excel 439
Datenbankinhalt 442
Datenbankmanagement 281
Datenbankprogramme 29, 73, 187, 251, 421
 Layout 461
 Literatur 455
 Literaturverwaltung 461
 replizierfähige 441
Datenbank-Publizieren **443**

siehe auch Database Publishing
Datenbankumgebung 437
Datenbankverwaltung 234
Datenblatt 251, 439
Dateneingabe 239
Datenfeld 461
Datenfernübertragung 247
Datenkompression 153, 198, 239
Datenkonvertierung **286f**
Datenmaterial
 strukturiertes 279
 umfangreiches 66
Datenprojektor **380**
Datenpunkte 384
Datenrecherche 91
Datensatz 251, 440, 455
Datenserie 373, 384
Datenstruktur, elektronisches Laborbuch 29
Datentechnik 81, **89**
 Standardisierung 285
 Textverarbeitungssystem **243**
Datenträger 8, 239
Datentransfer, Sonderzeichen 127
Datentypen 440
Datenübernahme, Satztechnik 284
Datenübertragungsprotokoll 314
Datenverarbeitung **230ff**, 421
Datenverarbeitungsanlage 197
Datenverlust 248
Datenvisualisierung **439**
Datum
 der Einreichung (Dissertation) 55
 Einstempeln 156
 Kopfzeile 303
Datumangabe,
 Versuchsbeschreibung 31
Datumsangabe,
 Trennungsschutz 292
Datumsfeld 461
Dauer 609
DB2 439
dBase 439
Deaktivieren, verborgener Text 274
Debatte 5
Deckblatt, für Foto 411
Dedicated Indexing 220
Definitionen
 Fachausdrücke 591
 Tabelle 421
definitionsgemäß gleich 352
de Gruyter 518
deka 337
Deklination 556
Denglisch **497**, 511, **554ff**
Denkzusammenhang 574
Denotat 208, **590f**
derselbe 569
Designer 396
Design Science, Inc. 368
Desinformation 589
Deskriptionszeichen 482
deskriptive
 naturwissenschaftliche Fächer 378, 408ff
Deskriptor 454, 482

Desktop **513**
 Lesen und Schreiben 9
 siehe auch Schreibtisch
Desktop Processing 293
Desktop Publishing 8, **205f**, 251, **293ff**, 513
 siehe auch DTP
DeskWriter 245
Detail 592
Determinativkomposita **578ff**
Deutsch 122, 512
 als Fachsprache 494
 als Wissenschaftssprache **489ff**
 als Zweitsprache 497
 für Ausländer 509
 Genauigkeit 529
 Übersetzungsbedarf 554
 siehe auch deutsche Sprache
Deutsche Bibliothek 222
Deutsche Forschungsgemeinschaft (DFG) 48, **90**, 588
Deutsche Physikalische Gesellschaft (DPG) 10, 593
Deutsche Rechtschreibung **500ff**
deutscher Sprachraum 497
deutscher Wortschatz 91
Deutsches Institut für Normung *siehe* DIN
Deutsches Netzwerk der Indexer (DNI) 208
deutsche Sprache **496ff**
 Grammatik **546ff**
 siehe auch Deutsch
Deutsches Universalwörterbuch 551
Deutsches Wörterbuch 491
deutsche Turnerbewegung 496
Deutschland 494, 503
Deutschsprachige Anwendervereinigung TEX *siehe* DANTE
Deutschtümelei 552
dezimale Teilung 344
Dezimalgliederung 58
Dezimalklassifikation 58
Dezimalkomma, beim Korrekturlesen 159
Dezimaltabulator 343
Dezimalwertigkeit 423
Dezimalzahlen 342
Dezimalzeichen 342, **344**
 Kolonnensatz 429
DFG *siehe* Deutsche Forschungsgemeinschaft
Dia 372, 380
Diagonale, Bildschirm 9
Diagramm 66, 133, 137, 247, 369, **384ff**
 Achsenbeschriftung 319
 aus Arbeitsblatt-Daten 438
diakritische Zeichen
 LaTex 365
 siehe auch Zeichen, diakritische
Dialog 5
 Datenbankanbieter 64
 gesprochener 37
 virtueller 13
Dialogfeld 257
 Programmanpassungen 262

Register

zu Grafiken 135
Dialogfenster 237, 257
　Suchen und Ersetzen 276
Diaprojektor 242
Dichte 319, 610
　als Quotient 322
　elektronisch gespeicherter Daten 266
Dichtung (Werkstück) 522
Dicke 609
Dickte 344
Dickenreduzierung 344
Didaktik 172
Didot-Punkt 298
Dienstanschrift 27, 145
Dienststelle 43, 186
Dienstzeit 185
Differentialoperator 327
　Zwischenraum 357
Differenzrecherche 453
DigiLab Software 401
Digiset Publishing 279
digit 290
Digitaldruck 134
digitale Aufzeichnung 230
digitale Daten, Dichte 266
digitale Evolution **94ff**
digitale Fotografie 405
digitaler Produktionsprozess 181
digitales Manuskript 115, **281ff**
　Auszeichnen 305
　Buchherstellung 201
　Buchmanuskript 191, **196ff**
　Einbinden von Abbildungen **134ff**
　E-Journal **158f**
　Gestaltungsrichtlinien **313ff**
　Korrekturgänge 161
　Redaktion 145
　Satz **290ff**
　Schreibtechnik **230ff**
　Zeitschriften 126
digitale Vorlage 405
　Strichzeichnung 381
Digitalisierung 98, **153**, 456
　Information 96
　von Text durch Scannen 160
Digitalkamera 15, 233, 236, **408**
　Dokumentsicherung 27
Digital Object Identifier (DOI) **100**, 482
Digital Subscriber Line 101
Digitaltechnik 151
digital versatile disc siehe DVD
DIMDI 64
Dimension 315
Dimension 1 318
Dimensionsbetrachtung 319
dimensionslos 318
Dimensionssymbole 317
dimetrische Projektion **400**
DIN 317, 333, 340, 484
　Begriffe und Benennungen **516**, 578
　Begriffssysteme 420
　Fachpublikationen 527
　Formelsatz 354

Koordinatenbeschriftung 320
Koordinatensysteme 383
Kurzformen 585
Messtechnik 346
Normenausschuss
　Terminologie 515
Normungskunde 519
Realaufnahmen 407
Tabellensatz 417
Technische Zeichnungen 382, 400
Terminologieausschuss 277
Terminologieausschüsse **554**
Textverarbeitung 324
Zahlenangaben 345
Zeitschriftenkurztitel 587
Zitierweise 599ff
DIN A4 196
DIN-A4-Blatt 129
DIN-A5-Blatt 40
DIN Formelschreibweise **357f**
Dioptrie 335
Diphthong 506
Dipl.-Biol. 41
Dipl.-Ing. 41
Diplom **41**, **49f**
Diplomand 49
Diplomarbeit 33, 41f, **49f**
　Prüfungsunterlagen 468
Diplomingenieur 41
Direct-to-Plate-Technik 134, 151
Direktbelichtung 134
Direktreproduktion **114**, 197, 348
　fotomechanische 134, 410
Disc 160
　Brennen 88
　Lebensdauer 239
　siehe auch CD
DISKDOUBLER 198
Diskette 86, 181
　3 1/2-Zoll 198, **239f**
　Speicherkapazität **160**
Diskettenlaufwerk 232
Diskettensatz 195, 231, 282
Diskontinuität 384
Disk Operating System *siehe* DOS
Diskurs 5
Diskussion 52, **68ff**, 123
　Bericht 34
　Meinung des Verfassers 68
　neue Einsichten 68
Diskussionsforum 90
Diskussionsvortrag 82
Disposition, Buch **178**
Dissertation 12, 33, **49ff**
　Anfertigung **73ff**
　Arbeitstitel 54
　Archivexemplare 78
　Aufbewahrung 78
　Aufnahme in Titellisten 78
　aussagekräftige Ergebnisse 51
　Ausstattung 78
　Beschaffenheit 78
　Besorgen 80
　Bestandteile **52**
　Betreuer 51, 78, 81
　Bibliotheksexemplar 79

Bildmaterial 80
Binden 78
　chemische 53
Danksagung 56
Datum der Einreichung 55
Dauer 51
digitale Aufzeichnung 80
Diskussion 82
Druckqualität 77, 79
Einführung 82
elektronische *siehe* elektronische Dissertation
Endfassung 77
Fakultätsrichtlinie 55
Form 51
Format 79
Fragestellung 53
Gestaltung 61, 79
Gliederung **34**, 60, 73
Gutachter 56, 81
Hilfe 56
Hilfsmittel 72
Hochschulrichtlinien 55, 78
klassische Einteilung **61**
Kopiervorlage 78
kritische Durchsicht 77
Leihverkehr 78
Literaturarbeit 64
Literaturverzeichnis 64
　medizinische 52
　methodischer Ansatz 64
Mikroverfilmung 78
Musterseiten 79
naturwissenschaftliche **34**
Niederschrift 54, 65
Papiersorte 79
Prüfungsunterlagen 468
Reinschrift **73ff**
Schlussfolgerungen 82
selbständige Publikation 476
Spannungsbogen 53
Titelblatt 52
Umfang 49, 51
„ungewöhnliche"
Gliederung 62
Unterstützung 56
Verfasser(in) 55, **72**
Verkünden einer These 68
Vorwort 56
Wesen und Bestimmung **49ff**
Widmung 72
Zeitpunkt 51
Zitierweise 604
Zusammenfassung **56**, 121
　siehe auch Prüfarbeit
Distanz Verfasser-Empfänger 33
Distribution, einer Publikation 85
Disziplin,
　naturwissenschaftlich-technische 18, 172
Dividieren 437
Divis **354**, **582**
　siehe auch Bindestrich
Division **354**
　Größe durch Einheit 320
　von Größen 322
Divisionszeichen **355**
DNA 584, 586
DNI *siehe* Deutsches Netzwerk

der Indexer
DOI *siehe* Digital Object Identifier
DOI-Kennzeichnung 100
Doktorand 50, 81, 101, 445
　kritisches Urteil 69
Doktorarbeit 33, **49**
　elektronische 79
　Verteidigung 82
　Vortrag 82
　siehe auch Dissertation
Doktorgrad 50
Doktorhut 41
Doktormutter 54
Doktorprüfung 81
Doktorvater 54
Doktorvater-Doktorand-Beziehung 111
Dokument **229**, **257**
　angekettetes 95
　anonymes 457
　Ästhetik 35
　Auffindbarkeit 85
　Beschreibung 71
　Besorgen 85
　bibliografische Merkmale 456
　digitales 95
　elektronisch aufbewahrtes 279
　Fundstelle 276
　großes 184
　Herunterladen aus Internet 188
　Identifizierbarkeit 85
　Identifizieren 454
　inhaltliche Merkmale 456
　Inhaltsverzeichnis 57
　Kennzeichen 461
　Kopien 455
　Lokalisieren 454
　ohne Herausgeber 457
　ohne Verfasser 457
　Publizieren gespeichertes 89
　Rand 39
　Recherchierbarkeit 279
　Reichweite **33**
　Seitenzahl 39
　Seitenzahlangabe 458
　Standort 456, 459
　Veröffentlichung 14
　Zitieren 85
　Zusammenfassung 459
Dokumentar 463
Dokumentation
　eigene 454
　leistungsfähige 453
　private 279
Dokumentationsblatt 42
Dokumentationssystem 111, 453
Dokumentationswesen 86
Dokument-Beschreibungssprache 289
Dokumentende 310
dokumentenecht 18
Dokumentfenster 75, 257
Dokumentieren 454
　persönliches 447
Dokumentklassen 367
Dokumentlayout 266
　in LaTex 366
Dokumentname 258

Register 633

Dokumentstruktur 58, 64
Dokumenttitel 54f, **258**, 456
  siehe auch Titel (Dokument)
Dokumentvorlage **266ff**, 302
  elektronische 295
Dollarzeichen 182
  als Befehlssymbol **361**
Doppelklammer 204, 278
Doppelklicken 254
Doppellaut 506
Doppelnummer 370
  für Tabelle 426
Doppelpublikation 110
Doppelpunkt
  als Dvisionszeichen 355
  Satztrennung 534
  Vancouver-Konvention 469
Doppelseite, Laborbuch 31
doppelseitig 39
doppelte Indizes 351
doppelter Zeilenabstand,
  Legendenmanuskript 375
doppelte Tiefstellung 327
doppelt gemoppelt **565f**
DOS (Disk Operating System) **234**
DOS-ASCII 270
Dosisrate 526
dots per inch siehe dpi
double dagger 140, 324
download 448, 556
Down Loading 465
Dozent 50
  betreuender 54, 64
DPG *siehe* Deutsche Physikalische Gesellschaft
dpi (dots per inch) **244**, 379, 409
Dr.-Ing. 41
Dr. rer. nat. 41
Drall 610
Draufsicht 400
DREAMWEAVER 158
Drehen 404
Drehimpuls 610
Drehmoment 332, 610
Drehwert 329
Drehzahl 329
drei „K" **496**
drei „S" **496**
Dreieck, Blockbild 398
Dreierblock 342
Dreierblockgliederung 342
Dreiergruppe 342
  bei Zahlen **344**
Dreierles-Es 506
Dreiphasen-Drehstrommotor 581
Drei-Punkt-Symbol **347**
Drei-Tasten-Kombination 237
Drittmittel 43
Drittmittelförderung 44
drive 554
Dropdown-Liste 258
Dropdown-Menü **257**
Drosdowski 500
Druck 335, 610
Druckansicht 273
  Formel 366
Druckbefehl 247, 262
Druckbild 151, **243**
  am Bildschirm 273

Druckdaten 157
Druckeinheit 332
Drucken 255
  auf die Festplatte 154, 246
  formatiertes 187
Drucker 7, 154, **233**, 239, **242ff**
  Bildausgabe 381
  PostScript-fähiger 246
  Rechner-gesteuerter 197
Drucker-Ausdruck 243f
Druckerei **151**, 176, 205
  FTP-Bereich 314
Druckerkabel 233
Druckerspeicher 242
Druckertinte 184
Druckertreiber 57, 154, **233**, 245f, 366
Druckerzeugnis 231, 281
druckfertig 412
Druckfilmbelichtung 134
Druckform 151, 304
  Herstellung 169
Druckformat 135, 249, 251, 270
  Fußnotenzeichen 469
  Tabelle **432**
  siehe auch Formatvorlage
Druckfreigabe 155, 207
Druckkostenzuschuss 169
Drucklegung **152**
Druckmaschine 157
Druckmenü 246
Druckminderung 575
Druckplatte 151, **409**
  Direktbelichtung 200, 205, 246
  Filmbelichtung 134
Druckqualität 293
Druckquote 174
druckreif 205
Druckschrift, Größe 312
Druckseite, mit Abbildungen
  (Beispiel) **370**
Druckseitenzahl **197**
Drucktechnik 96, **134**, 150
  und Textverarbeitung 181
Druckträger 151
Druckvorgang **157**, 246
Druckvorlage
  Bilder 405
  Dissertation 78
  DTP 282, 293
  klassisch 114, 151
  Korrekturzeichen 192
  Musterkapitel **181**
Druckvorstufe 153, **157**
  digitale 246
Druckvorstufenbetrieb 205, 285
Druckwerk, Bemaßung 251
Druckwesen
  Standardisierung 180
  Veränderung durch PDF 285
DSL (Digital Subscriber Line)
  Bilddaten 101
  Manuskriptversand 314
DSL-Geschwindigkeit 314
DSL-Modem 247
DTP 245
  Kompatibilitätsprobleme **181**
  Umgang mit Gleichungen

348
  siehe auch Desktop Publishing
DTP-Betrieb 286
DTP-Programm **251ff**, 282f
  Dokumentvorlage 266
DTP-Software **249ff**
duale Notation 329
Duales System 97
Duden 91, 95
  Satzanweisungen **352**
Duden, Konrad 491
Duden Chemische
  Fachausdrücke 518
Duden Grammatik **490**, 500, 546
Duden Herkunftswörterbuch 493, 576
Duden Korrektor PLUS3.5 514
Duden-Privileg 502
Duden Rechtschreibung **490**, 519, 556, 582
Dudenredaktion **500ff**, 504, 512, 592
Duden Redewendungen 493
Duden-Suche 553
Duden Universalwörterbuch 491, 577
Dudenverlag 491, 502, 553
Duden Zitate und Aussprüche 493
Dummdeutsch 515
dünnschichtchromatografiert 548
dünnschichtchromatografisch 549
Dünnschicht-Transistor 242
Durchkopplung 583
Durchschuss **298ff**
  frei wählbarer **307**
Durchstreichen 194
Dutzend 339
DVD (Digital Versatile Disc) 65, **165**, **239**, 407, 482
  Datenbanken 449
  Kompatibilität 181
  Manuskripttransfer 158
  Rechnerlaufwerk 181
DVD-Brennen 314
DVD-Laufwerk 239

E
EAN *siehe* European Article Number
EASE *siehe* European Association of Science Editors
eBay 168
Ebenen
  bibliografische 481
  elektronische 181
  Gliederungsansicht **273**
  Redigieren 143
  Überschrift **58**, **61ff**
ebener Winkel 334
Eberhard 295
E-Bild 372, **380**, 405
  Beschriften 383
e-book 171
E-Buch **171**, 231
  siehe auch Buch
Echtzeit 102
  Laborbucheintragung 18
eckige Klammer 320

Alternativen bei
  Achsenbeschriftung 391
  im Formelsatz 355
  in LaTex 363
E-Commerce 97
ed 480
E-Datei 246
editor-in-chief 105
EDV (Elektronische Datenverarbeitung) 197
EEPROM 241
Effizienz, Recherche 92
Ehrlichkeit 24
Eigennamen 305, 557
  als Einheitenname 331
Eigenschaftswörter
  in Zusammensetzungen 577
  siehe auch Adjektiv
Eigenständigkeit 110
Einband 222, 224
Einbandgestaltung 224
Einband-Rückseite 225
Einband-Vorderseite 225
Eindeutigkeit 581
Eindeutschung 552f
eineinhalbfach, Zahlenangabe 342
eineinhalbzeilig 39, 301f
Einengen (Suchabfrage) 442
Einengung 463
Einflussfaktor **384**, 438
Einflussgröße 17
  siehe auch Variable
Einfügemarke **238ff**, 255
  im Tabellen-Modul 429
Einfügen 38, 162, 256, **264**
  Bildelement **404**
Einfügen Sonderzeichen 268
Einführung **42**, 52, 66
  Bericht **34**
  Paginierung 39
  siehe auch Einleitung
Eingabe 255
Eingabe-Ausgabe-System 233f
Eingabegerät 236
Eingabeoberfläche **361**
Eingabetaste **237**
Eingangsbestätigung 146
Eingangsdatum 106, 146
Einheiten
  (Tabelle) 609ff
  abgeleitete (Tabelle) **321**
  an Achsen **388**
  Angabe bei Größen und Größensymbolen 320
  besondere 335
  im Formelsatz 327
  Messwesen 316
  Umrechnung 319
  zusätzliche (Tabelle) **334**
  siehe auch abgeleitete Einheiten, SI, zusammengesetzte Einheiten, zusätzliche Einheiten
Einheitengleichung 319
Einheitennamen 316f, 331, 609ff
Einheiten-Präfixe 593
Einheitensymbole **316f**, **321**, 609ff
Einheitenvorsätze 337, 345
Einheitenzeichen **316f**, 342
  an Koordinatenachsen **390f**

Register

in Tabellen 429f
Verbindung mit Zehnerpotenzen 391
Einheitlichkeit 143, 180
Einheitslänge 316
Einkleben
 Bildinschriften 383
 Foto 412
Einklicken 95
Einklinken 95
Einleitung **64ff**
 Dissertation 64
 Ergebnisse 65
 siehe auch Einführung
Einlesen 160
 Bilder 405
Einlinken 95
Einreichen, Beitrag (für Fachzeitschrift) 145
Einrichtungskosten 169
Einrücken 308
Einrückung
 Registereintrag 213
 Strukturierung von Registern 219
eins 268
Einscannen 77, 151, **405**
 Foto 412
 von Artikeln 451
Einschiebung 537
Einschübe 535
einseitig beschrieben 196
einspaltig 59, 261, 295
Eintasten 192, 255
Eintrag 211
 dokumentenechter 18
 handschriftlicher 18
 Laborbuch 31f
Einwaage 22
Einzahlzahlform, Registereinträge 215
Einzeilendrucker 342
Einzelbeobachtung 25
Einzelblatteinzug 247
Einzelbuchstaben, in Zusammensetzungen 582
Einzeldarstellung 174
Einzelplatzrechner 232
Einziehen 308
Einzüge 262, 283, 308
 als Druckformate 284
 falsch getastete 284
Einzugsmarke 308
EJOC *siehe* European Journal of Organic Chemistry
e-journal 87, 451, **87ff**, 97, 115
 Kurzgeschichte 93
 Manuskripteinreichung 128
 Produktionsablauf 150
 Publikationsvorbereitung **158ff**
 Volltext 93
E-LAB NOTEBOOK **28f**
E-Learning 173
electronic journal *siehe* E-Journal, Elektronische Zeitschrift
Electronic Journals Library / Elektronische Zeitschriftenbibliothek (EZB) 93

Electronic Press Ltd. 100
Electronic Publishing *siehe* elektronisches Publizieren
Electronic Theses and Dissertations (ETD) 81
elektrische Feldstärke 327, 612
elektrische Ladung 612
elektrischer Widerstand 612
elektrische Spannung 612
elektrisches Potenzial 612
Elektrizität 322, 330
 Größen und Einheiten 612
Elektrizitätsmenge 612
elektromagnetische Strahlung 322
Elektronifizierung, Enzyklopädien 175
Elektronik 95
elektronische Ebene 181
elektronische Botschaft 90
elektronische Datenverarbeitung *siehe* Datenverarbeitung
elektronische Dissertation **79ff**
 Datenformat 79
 Vorteile 80
elektronische Ebene 181
elektronische Kommunikation 27
elektronische Lupe 405
elektronische Mitteilung, Verfassen 96
elektronischen Basar 87
elektronische Pinnwand 87
elektronische Post *siehe* E-Mail
elektronische Publikation 171
 siehe auch elektronisches Publizieren
elektronische Redaktion **195f**, 296
elektronische Revolution **18**, 229
elektronisches Bildformat 406
elektronisches Buch *siehe* E-Buch
elektronische Schreibmaschine 184
elektronisches Laborbuch 18, **27ff**
 Charakterisierung von Stoffen 28
 chemisches Laboratorium 28
 Datenstruktur 29
 Standardisierung von Arbeitsabläufen 28
 Vernetzung 29
elektronisches Lektorat 296
elektronisches Manuskript 89, **134ff**, 145, **281ff**
 Ablieferung 197f
 Bezeichnung **230**
 Produktionsprozess Buch 181
 siehe auch digitales Manuskript
elektronisches Publizieren **8**, 102
 Absprachen **305**
 Akzeptanz 90
 Arbeitsablauf **154ff**
 Content-Management 158
 digitale Evolution **94**
 im Internet **290**

Schreibtechnik **229ff**, **281ff**
 Terminologie 229
 Urheberrecht 104
 Web-Formate 158
 Wissenschaftskommunikation **89ff**, 93
 Zeitschriften **86ff**
elektronisches Schaltelement 268
elektronische Textverarbeitung *siehe* Textverarbeitung
elektronische Wandtafel 83
elektronische Zeichentafel 236
Elektronische Zeitschrift **83**, 86, 91ff, **97ff**
 siehe auch E-Journal, Online-Journal
Elektronvolt 335, 610
Elektrophorese 102
elektrophoretischer Blot 410
elektropostalisch 496
Elektrotechnik 6, 46
Element 340
Elementareinheit 339
Elementarformel 131
Elementsymbol **323**, 519
 in Strukturformeln 403
Elesevier 446
eLibrary 100
Eliteschule 41
Ellipse 434, 524, 533
ellipsis mark 347
Elsevier 97, 402
Em-Abstand **343**, 427
E-Mail 8, 96, 256
 Anlage 146, 203
 Empfänger 10
 grafisches Material 379
 Kapazitätsgrenzen 203
 Manuskripttransfer 158
 Übermittlung von Forschungsergebnissen 5
 Zeitschriftenartikel 451
E-Mail-Adresse 8, 112
 Autor 145
E-Mail-Anhang **203**
E-Mail-Provider 89
E-Mail-Versand, digitales Manuskript 313
embedded **220**
Embedded Indexing 220
em dash 354
E-Medium 90
Empfänger
 Anspruch 38
 Botschaft 5
 Distanz 33
 Informationsbedürfnis 14
 Nachricht 10
 Empfehlungen 42
EN 484
En-Abstand **343**, 427
Encapsulated PostScript 134, 246, 374
Encyclopedia of Applied Physics 175
en dash 354
Ende-Befehl 283
Endfassung, Dissertation 77
Endlospapier 247, 381
Endlostext 35
Endnote 140, 187, 467, 480
Endprodukt der Forschung 3

Endstriche 317
Energie 610
Energietransport 323
Engineering Index 107
Engleutsch 558
Englisch 122, 180, 199, 492, 536
 Dominanz in Wissenschaftssprachen 554
 Rechtschreibkontrolle 160
 Schreiben auf 51
E-Notebook **21**, **27ff**, 53
 Logbuch des Chemikers **29**
Enter-Taste 237
Entfernen **264**
Entferntentaste 237f
Enthalpie 610
entity 339
Entpacken 198
Entropie 610
Entscheidung (Ablaufplan) 399
Entscheidungsalgorithmus 399
Entsprechung **533**
entspricht 353
Entwerfen 73
 Blockbild 398
Entwicklungsbiologie 53, 544
Entwurf, erster 189
Enzensberger 493
Enzyklopädien 175
 kooperative 159
 siehe auch Lexika, Wikipedia
EP *siehe* Elektronisches Publizieren
Epipher 570
EPS *siehe* Encapsulated PostScript
EPS-Datei 246
EPS-Format, chemische Formeln 403
Epson Corp. 244
e-publishing siehe elektronisches Publizieren
equation 130
Erbwort **499**
Erfinder 486
Ergänzen 279
Ergänzungsbindestrich 581
Ergebnisfindung 68
Ergebnisprotokoll 22
Ergebnisse 42, **66ff**
 analysieren 68
 Bedeutung 56
 Bericht **34**
 bewerten 68
 Deutung 67
 Dissertation 65
 Fälschen 23
 fremde 64
 Gliederung 67
 in Zusammenfassung 122
 Interpretation 148
 irrtümliche 109
 kommentieren 68
 manipulierte 24
 nicht publizierte 70, 467
 vergleichbare 66
 Verständnis 66
 Vorspiegeln 23
Ergebnisse–Diskussion–

Register

Experimenteller Teil 61
Ergonomie, beim Schreiben 262
Erkenntnistheorie 590
Erklärung
  Bilddetail 373
  Fachausdruck 591
  in Dissertation 72
Erlaubnis-Anfrage 376
Erlaubnis-Erteilung 376
Ernährungsstatus 70
Eröffnungssatz 312
Ersatz (Synonym) 278
Ersatzkürzung 585
Erscheinungsbild, Text 261
Erscheinungsdatum 481
Erscheinungsfrequenz 108
Erscheinungsjahr 222
Erscheinungsort 481
Erscheinungsvermerk 481
Erschließen, Literatur 454
Ersetzen
  in der Tabellenkalkulation 437
  Suchen/Ersetzen 264, **276ff**
Erstautor 457, 470
Erstbuchstabe 26
erste Fassung 38
erster Entwurf 125
Ersterer 563
Erstfassung **38**
Erstreckung 347, 354
Erstreckungsbereich 346
Erstreckungssymbol **346f, 354**
Erstveröffentlichung 106
Erstzeileneinzug 262, 308
erweiterter ASCII-Code 269
Erweiterung, im Blocksatz 292
Erweiterungsfeld 258
esc, escape 236
Escape-Taste 238
ESE *siehe* European Science Editing
Es-o-zwei 592
Eszett 506
  in LaTex 361
et al. 470
etc. 552
ETD *siehe* Electronic Theses and Dissertations
Ethik 23, 522
Ethikkommission 20
Ethologie 25
Etikett, in Bild 374
Etymologie **505**, 576
Eulersche Zahl 327
Euro-Esperanto 557
Europäische Gemeinschaft 47
Europäische Kommission 168, 494
European Article Number (EAN) **223**
European Association of Science Editors (EASE) 93, 199
European Journal of Chemical Physics and Physical Chemistry *siehe* ChemPhysChem
European Journal of Organic Chemistry (EJOC) 86
European Science Editing (ESE) 93

exakte Wissenschaften 328
ex cathedra 595
EXCEL
  als Karteikartenersatz 73
  Datenbankfunktionen 439
  Diagrammerzeugung 396, 414
  Filter 286f
  Laborbuch 28f
  Ordnungsmittel 73
  Tabellenerzeugung 418
  Tabellenkalkulation **437ff**
Exkurs 72
Experiment 12, **20ff**, 26
  Abgrenzung 24
  Aufbau und Messmethodik 52
  Beschreibung (Beispiel, Bild) **36**
  Datum 18
  Einführung 20
  Einheitslänge 25
  Erkenntnisgewinn 16
  Nacharbeiten 33
  neues 18
  Ort der Untersuchung 20
  Planung 5, 24
  Protokoll 20, 31
  Reproduzierbarkeit 33
  Versuchsbedingungen 17
  Zufall 16
  siehe auch Versuch(s)
Experimentalarbeit 34, 40
  Chronologie 68
  Verfasser 67
Experimental Section 123
Experimentaluntersuchung 34
Experimentator 17, 30f
experimenteller Teil 33, **42**, 52, 66, **69f**
  Abkürzungen 584
  Bericht **34**
  Einordnung 54
  Protokollbögen 53
  Zwischenüberschriften 70
Experimentelles 52, 66
  Bericht 34
experimentelles Detail 33
experimentelle Wissenschaften 17
Experimentnummer 30
Explosionsbild 401
exp-Notation 351
Exponent 140, 318, 351
Exponentialfunktion 351
Exportfilter **286**
Exportieren 442
expression 315
Extensible Markup Language (XML) 92, 158, **290**, 368, 443
  siehe auch XML
extensive Größe 319, 340
Exzerpt 187, 459
EZB *siehe* Electronic Journals Library/Elektronische Zeitschriftenbibliothek
E-Zeitschriftenartikel, Zitierweise 606

F
f (folgende Seite) **218**
F+E *siehe* Forschung und Entwicklung

Fach, naturwissenschaftlich-technisches 40
Fachartikel
  Aufmerksamkeit 12
  im Internet 100
  in den Speicher laden 88
Fachausdruck 77, **208**, 591
  Kriterien **520**
  Rechtschreibkontrolle 275
Fachbegriff **515**, **552**
  erläutern 589
Fachbereich, im Internet 87
Fachbezeichnung **552**
Fachbibliothek 450
  Nutzung **447**
Fachblatt 141
Fachdisziplinen
  methodische Ansätze 53
  Normenausschüsse 322
  zusammengesetzte Begriffe 584
Fachgebiet 12
  naturwissenschaftlich-technisches 18
Fachgebietskatalog 178
Fachhochschule 6, 13, 41
Fachhochschule Druck 295
Fachidiom 591f
Fachinformation 84, 107
  elektronische 452
  Internet 452
Fachinformationszentrum *siehe* FIZ
Fachjournalistik 24
Fachleser 539
Fachleute 517, 590
  Kreis der 51
Fachlexika 521, 527f, 592
Fachliteratur 70
  Auswertung **445**
  Bewerten **445**
  Lesen **445**
  siehe auch Literatur
Fachsprache 490, 499, **515ff**, **552ff**
  Denkschablonen **543**
  Desiderate **553**
  Entfremdung 553
  nominal geprägte 571
  populäre 588
  Schichtenmodell 520
  technische 578
  Vermittlungsinstanz 4
  Verständlichkeit **588**
Fachsprache/Gemeinsprache-Dilemma 552
Fachsprachen-Forschung 515
fachsprachlich 552
Fachtext 77, 141, 517
  Adressatenkreis 4
  Konsistenz **277**
  Rechtschreibkontrolle 160
Fachübersetzer 554
Fachverlag 171
Fachvokabular 527
Fachwendung 521, **575**
Fachwort 552
Fachwörter 517
  deutsche 555
Fachwörterbuch 528
Fachwortschatz 517
Fachzeitschrift **11**, 34, 71, **83ff**
  elektronische 83
  elektronische Ausgabe 88

Fachbibliothek 447
  forschender Wissenschaftler 454
  Jahresregister 208
  siehe auch Zeitschrift
Fadenheftung 164
Faden verlieren 186
Fähnchen 278
Fahne 147, **152ff**, 201
Fahnenabzug 152f
Fahnenkorrektur 152, 161f, 201
Fahnenstadium 152, 155, 161
Faktendatenbank 463
Faktoren
  eines Produkts 358
  Mathematik 358
Fakultät 54, 72, 81f
  Promotion 54
Fall *siehe* Kasus
Fallbeschreibung 123
Fälschen, Ergebnisse 23
Falschfehlermeldung 277
fälschlich 550
fälschungssicher 19
Falstaff 333
Familie 185
Familienname 470
Faraday-Käfig 557
Faraday-Konstante 612
Farbabbildung 133, 378, 410
Farbabstufung 378, 407
Farbbild 241, 378, 401, 404, 406f
Farbe 377, 396, 408
Farbechtheit 408
Farbeimer 378
Farbfilm 408
Farbfläche (Schattierung), zur Hervorhebung 304
Farbfotografie 408
Farbkopierer 379
Farbmanagement 157
Farbmetrik 246
Farbraum 246
Farbscanner 241, 409
Farbtiefe 409
Fassung (Manuskript) 184
fastlane management 44
Fax 379
Federhalter 7
Fehlbedienung 46
Fehlerbreite 66
Fehlschlag 42
Feinarbeit, Manuskript 125, 189
Feld 238, **440f**, 461
  Datenbank 456
  einer Tabelle 432
Feldarbeit 52, 123
Feldart 440
Feldformat 432
Feldgrenze 462
Feldgröße 440
Feldname 440
Feldrahmen 432, 462
Feldstärke 612
Feldtyp 432, 440
Feldversuch 24
Feldwert 432
Femtokinetik 594
Fenster **256ff**
  aktives 238
Fensterrahmen 257

Register

Fenstertechniken 258f
Fensterteilung 258f
Ferber-Software 187
Fernbuchhandel 168
Fernkopierer 379
Fernleihe 449, 451
Fernleitung 239
Fernseh-Dampfplauderei 559
Fernsehen 4, 88, 588
Fernuniversität 173
Fertigstellungstermin 185
Fertigungsanlage 45
Fertigungsunterlagen 45
Festbreitenschrift 263
fester Zeilenabstand 302
Festhonorar 168
Festplatte
   als PC-Bestandteil **232ff**
   Drucken auf 154, 157
   grid computing 89
   im Vergleich zu
     Wechselmedien 239f
   PostScript-Datei auf 246
   Sicherheitskopie 314
   Speicherbedarf für Bilder 407
   Speichern auf 256f
Fettdruck 129
   Seitenzeiger 219
fetter Punkt 37, 309
Fettschrift 253, **305**, **403**
   serifenlose 317
Feuerwehrhauptmannsgattin 578
ff (folgende Seiten) **218**
Fichte 525
file 138, 257
FILEMAKER 259, 439
File Transfer Protocol 203, **314**
   Bilddateien 379
   siehe auch FTP, Übertragungsprotokolle
Filmbelichtung 151, 246
Filmmontage 151
Filter, Import/Export **286**
Filtern, Fundstellen 439
finaler Nebensatz 524
Finalsatz 547
finit 536
FINT 452
Firewire 240
Firma
   finanzielle Unterstützung
     durch 56
   Sprecher 42
   Vorstand 42
   Zugehörigkeit zu 145
Firmenbibliothek 447
Firmendrucksache 294
Firmenlogo 135
Firmenschrift
   selbständige Publikation 476
   Zitierweise 604
First-element-and-date-Methode 470
FirstSearch 451
Fixkosten, Buchherstellung 169
FIZ Technik 64, 452
Flachdruckverfahren 408
Fläche 316, 609
   Füllfarbe 249
   schraffierte/gerasterte

   (Bild) **388**
Flächendiagramm 388, 438
Flächenelement 378
Flächengewicht 196
Flächeninhalt 609
Flächenmaße 334
Flächenrasterung 249
Flächensegment 396
Flächenstück 397
   Diagramm 388
Flatterrand 263
Flattersatz 261
Flexibilität 502
   in der Textverarbeitung 264
Flexion, eines Akronyms 586
Flickstelle 38
Fließbild **398**
fließende Texteingabe 283
Fließschema 71, 398
Fließtext 125, 133, 351
Flitter 580
Flöhl, Rainer 593
Floppy 160, 239
floppy disc 160, 239
Floskeln, unnütze 538
Fluss 612
Flüssig-Kristall-Anzeige 242
FM-Rasterung 409
Folien-Elektrophorese 410
font format 244
Fonts 9, 129, **244f**, 268
Förderorganisationen 589
formale Mängel 199
Format
   elektronische Publikationen 158
   Literaturverwaltungsprogramm 464
   Schrift **244f**
   Schriftmerkmal 278
   Suchen/Ersetzen 276
   Zitat 464
Format A4, Abbildungen 379
Format A5 40
Formatangaben 354
Formatanweisungen 271
Formataustausch, Macintosh-Windows 285
Formateigenschaften 259
Formatieren **250ff**, **261ff**
   Absatz 35
   Autorenfehler 288
   digitaler Textdateien **305**
   konsistentes 289
Formatierung 129
   Abschnitt 59
   Tabelle 138
Formatierungsanweisung 282
Formatierungsbefehl 246, 249, 261f, 270
Formatierungsfehler 313
Formatierungsinformation 443
Formatierungsleiste 135, 300
Formatierungsmerkmal 267
Formatierungsprogramm 130
Format-Menü 237
Formatvorlage 251, 260, **270ff**, **322**
   Absatz **308**
   für Gleichungen 348
   Überschrift 57
   umdefinieren 292
   Verwendung im EP **305**

   siehe auch Druckformat
Formel **130ff**
   Abgrenzung 309
   als Grafik 350f
   Anfang/Ende 362
   Ästhetik **361**
   chemische 129ff, 206, **348f**, **401ff**
   Druckansicht 366
   freigestellte 35, **361**, 366
   gleitende Umgebung 366
   Gliederung 358
   Herstellungsweg 200
   in Textumgebung **359**
   integrierte 361
   Layout 324
   mathematisch-physikalische **130ff**, 195, 206, 295, **315ff**
   Schutz vor Trennung 292
   Textverarbeitung 77
   Wesen 362
   siehe auch Gleichung, mathematische Formel
Formelachse **349**
Formelausdruck 352
   Beispiele **356**
Formelbestandteil 359
Formelblock 403
Formel-Datei 403
Formeleditor 196
   diakritische Zeichen 324
   Gleichungen **349f**
   Kursivschreibung 317
   MATHTYPE **356**, **367f**
   Zwischenräume 343
Formeleinzug 310, 348
Formelelement, Textbaustein 358
Formelgenerator **359**
Formelmanuskript 131, 196, 348, 403
   Schriftauszeichnung 326
Formelnummer 132, 349, 403
Formelsatz 130, 315, **317ff**, 350
   Dissertation 77
   Gleichungen **349f**
   guter **358**
   im Manuskript 195
   in der Textverarbeitung **367**
   Kursivauszeichnung 326f
   MATHTYPE **367**
   mit LATEX **359ff**
   TEX 290, 295
   Zwischenräume 343
Formelsatzprogramme, DTP-gerechte **367f**
Formelschreibweise **317ff**
Formeltext 361
Formelzähler 348
Formelzeichen 130, 182, **316**, 340, **402f**
   in Zusammensetzungen 582
   Kursivschreibung 317
   zusätzliche 367
Formelzeichenprogramm 132
Formel-Zeichenschablone 131
Formular 441
Formularansicht 441
Formularblock 251
Forschen

   als Kunst des Fragens 53
   Berichten 13
   Ergebnisse 13
   Vorbereitung 13
Forscher, Homepage 8
Forschung
   Betrug in 595
   Hochschule 12
   Mitteilung 3
   und Entwicklung 6f, 447
Forschungsantrag **43**, 48
   Dienststelle 43
Forschungsbericht
   Aufbau **43**
   Form **42**
   offizieller **43**
   Projektnummer 482
   selbständige Publikation 476
   Zitierweise 604
Forschungseinrichtung 452
Forschungsergebnisse 43
   Austausch 5
   Reproduzierbarkeit 10
   Verbreitung 86
   Weitergabe **12**
Forschungsförderung 42f, 48
Forschungsinstitut 88
   Homepage 452
Forschungsliteratur 93
Forschungsmittel 595
Forschungsprojekt 42
Forschungsprozess 445
Forschungsvorhaben 44
Fortschritt,
   naturwissenschaftlicher 15
Fortsetzungsreihe 121
Foto 371
   Kennzeichnung 411f
Fotobelichter, Bitmuster 245
Fotochemie 339
Fotografie **408ff**
Fotographie 553
Fotokopieren, Bibliothek 447f
Fragenkomplex 53
Fragestellung 53, 65
Fraktur 300
Frakturschrift 506
FRAMEMAKER 206, 221, 250, 288, 367
Frankfurter Allgemeine Zeitung 502
Französisch 122, 494, 512, 536
FREEHAND 383, 396
Freeware 240
Freie Energie 611
freies Assoziieren 73
Freilandversuch 25
Freistellen (Gleichung) **348**
Fremdreferat 122
Fremdsprache 493f
Fremdwörter **499**
   Gebrauch und Missbrauch **552ff**
   Integration 512
   Silbentrennung 263
Fremdwörterei **551ff**, **555ff**
Fremdwortgebrauch **551**
Frequenz 319, 609
Frese, Walter 544
Fricke, Jochen 593
FRONTPAGE 92
FTP *siehe* File Transfer Protocol

Register

ftp:// 314
FTP-Bereich 314
FTP-Programm 314
FTP-Server **203**, 314
FTP-Verfahren 203
FTP-Versand 314
Fügung (ling.) 508
Führungslinie 62
full paper 114
Füllsilberei 562
Füllwort 559
Füllwörterei **558ff**
fully refereed 147
Füllzeichen 343
Fundstellen
   Dokumentsuchlauf 276
   in Datenbank 439
   Register *siehe* Registereinträge
fünf „K" **553**
Funk-Kolleg 173
Funktion 365, 437
   einer Anlage 398
   Mathematik 327
   spezielle, im Formelsatz 327
   spezielle, Zwischenraum 357
   funktionaler Zusammenhang **384**
Funktionseichen 358
Funktionsrahmen 258
Funktionsverb **541**
Fußlinie 423, 432f
Fußnoten **139ff**, **310ff**
   Arbeitsökonomie 141
   in Layout übernehmen 288
   Literatur 466
   Suchen in 276
   Umbruch 161
Fußnotendatei 311
Fußnotenfunktion 310
Fußnotenhinweis, Umbruch 161
Fußnotenmanuskript 311
Fußnotennummerierung 74, 139f, 310
Fußnotentext 139, 265, 310, 469
Fußnotenverwaltung **265**, 310, 466
   automatische 469
   in Layout übernehmen 288
Fußnotenverweis 310f
Fußnotenzeichen **139f**, 265, 271, **310f**
   Druckformat 469
Fußnotenziffer 139
Fußzeilen 39, 129, 276
Futur II 548
Futurum exactum 548

G
Galaxien 339
Galgenlieder 537
galley 153
galley proof 153
gallon 332
Gammafunktion 327
Gänsefüßchen 554
Ganzes Wort 276
Ganzsatz 530
Garfield 117
Gaskonstante 610

Gates 234
Gattung 20
GdCH *siehe* Gesellschaft Deutscher Chemiker
Gebrauchsanweisung 46f, 294
Gebrauchsmuster 485
Gedächtnis 18
Gedankenfluss 37, 533, **540**
Gedankensprung 537
Gedankenstrich 309, **354**
   als Erstreckungssymbol 346
   bei Seitennummer 39
   im amerikanischen Schrifttum 354
   in Zusammensetzungen 582
   Satztrennung 534
   Zitatnummern 468
   zur Strukturierung 136, **373f**, 427
Gefriertrocknung 555
Gefühlsüberschwang 562
Gegenlesen 112
Gegensatz 531
Geheimhaltungsvermerk 15
Geisteswissenschaften 50, 465, 543
geistige Landschaft 591
geistiges Eigentum 103, 376
Geistig-Vorstellbares 588
Gelb 410
Gelehrtenstil 545
Geleitwort, Bericht 39
gemanagt 555
Gemeinschaftsarbeit 141
Gemeinsprache **499**, 591
   Schnittfläche zur Fachsprache 519
gemeinsprachlich 552
Genauigkeit 345
Geneva 300
Genitiv 571
Genitiv-Apostroph 557
Genitiv-s 557
Gentechnik 498
Gentechnologie 149, 410
Genus 533
   eines Akronyms 586
Genus Verbi 549
Geologie 100
geometrische Figuren 398, 404
Geowissenschaften
   Datenbanken 449f
   Dissertation 52
   Laborbuch 17, 25
   Rolle von Bildern 173, 378, 408
Geradenstück 384
Gerät
   Gebrauchsanweisung 47
   Spezifikation 71
Gerätebeschreibung 44
Gerätehersteller 33
Gerätejustierung 22
Gerätemittel 43
Geräteschnittstelle 243
Gerlach, Walther 588
Germanist 551
Germanistik 535
Gesamtmanuskript 184f
Gesamtseitenzahl 39
Gesamtsprache 517
Geschäftsbrief 531

Geschmacksmuster 485
geschützter Trennstrich **291**
geschütztes Leerzeichen **291f**, 304, 426
Geschwätz 559
Geschweifte Klammer
   im Formelsatz 355
   in LaTex 363
Geschwindigkeit 575
   Größe 609
Gesellschaft 24
Gesellschaft Deutscher Chemiker (GdCH) 20, 593
Gesellschaft für technische Kommunikation (TEKOM) 44
Gesetzgeber 589
gesperrt (Tabellenfach) 434
Gespräch 4
Gesprächsform 5
gestaffelte Anordnung 273
Gestalt 17
Gestalten *siehe* Formatieren
Gestaltungsrichtlinien 295
   naturwissenschaftlich-technische Manuskripte **296ff**
Gesundheitslexikon 553
Getreidesack 397
Getrenntschreibung 202, 501, **507ff**
Gew.-% 341
Gewicht 610
Gibbs-Energie 611
Gibbs-Funktion 322
Gigabyte 234, 407
Ginsparg, Paul H. 113
Gitterlinien 385
Gitternetzlinien 385, 429, 432
Glasvitrine 566
Glätten (Kurven) 404
Glaubwürdigkeit 24
Gleichgewichtskonstante 329
Gleichheit 352
Gleichheitszeichen 326, 330, 349f, **352**, 585
   in der Tabellenkalkulation 437
   Zwischenraum **357f**
Gleichnis 588, 592
Gleichung **130ff**, 195, **347ff**
   Abgrenzung **309f**
   aufgebaute **349f**
   freigestellte **361**, 366
   gebrochene **350**
   Gliederung **357f**
   mathematische 330
   mathematisch-physikalische 77
   siehe auch Formel
Gleichungsblock 309
Gleichungs-Editor 195
   siehe auch Formeleditor
Gleichungsnummer 318, 348
Gleiter, Rolf H. 402
Glied (einer Gleichung) 347, 358
Gliedern 73, **264**
   Tabelle 435
   Text 188
Gliederung **272f**
   Bericht 34

Dissertation 57, 61, 73
Erstellen 273
Experimentalarbeit 124
fünfstufige 60
gestaffelte Anordnung 273
"klassisch" 61
Nummernfolge 63
Originalmitteilung 124
Text **60**
Gliederungsansicht 63, 74f, 185, 259, **272ff**
   Ebenen 273
Gliederungsaufbau 34
Gliederungsebene 57f, 61, 75, 307
Gliederungseinheit **188f**
Gliederungsentwurf 73, 125, 188
   Bericht **34**
   Originalmitteilung 34
   Unstimmigkeiten 35
Gliederungsfunktion 74
Gliederungshierarchie 61
Gliederungsmerkmal 343
Gliederungsnummer 74
Gliederungsprogramm 74
Gliederungspunkte 34, 273
Gliederungsüberschrift 265
Gliederungszeichen 343
Gliedsatz 530, 534
Globalisierung **9**
   Information 8
Glossar 42, 527
GLP *siehe* Gute Laborpraxis
GmbH 481
Goethe 448, 502, 506, 576
Goethe-Institut 497
Goldene Regel der Mechanik 12
Google 92, 107, 363, 451, 483
Gorbatschow 99
Gore 190
Gößengleichung 316
Gosset, William 346
gotisch 300
Grad
   akademischer 49
   Winkelmaß 334
Grad Celsius 321, 331, 610
Graduiertenstudium 41
Gradzeichen 323
Grafik 133, 157, 229, 243, 247, **369**
   Abschlussarbeit 41
   auf Web-Seiten einbinden 290
   digitale *siehe* Grafikdatei
   Einscannen 7
   Herstellungsweg 134
   im Internet 91, 100
   siehe auch Strichzeichnung, Zeichnung
Grafik-Austausch-Format 406
Grafikbearbeitung 206
Grafikdatei 153, 245, 406
Grafikfunktion 249, 406
Grafikkarte 102, 232
Grafikmodul 396
Grafikprogramme 245, **248f**, 404
   Diagramme 396
   Strichzeichnungen **381ff**
   (Übersicht) **414f**
   Vektorgrafiken **404ff**

Zeitschriften 134f
siehe auch Zeichenprogramme
Grafikprozessor 233
Grafik-RAM 232
Grafiksoftware 249
Grafikverarbeitung 285
  Kostenaspekt 169
grafisches Element 41
Gramm 325, 330, 610f
Grammatik 199, **492**, **531ff**, **546ff**
  nicht-deutsche 498
  programmierte Prüfung 160
Graph 277, 554
Graphentheorie 277
graphics interchange format
  siehe GIF
Graphische Statik 101
Grau 408
Graue Literatur, Zugänglichkeit 43
Graustufenscanner 241, 409
Grauton 378
Grauton-Bild 404
Grauwert 397, 409
Grauwertabstufung 378
Gravitationsbeschleunigung 325
Grenzabweichung 345
Grenzwert 345
Grid Computing 89, 102
griechisches Alphabet 130
  Verwendung in Dokumenttiteln 55
Griffigkeit, Fachtext 521
Grimm 525
Großbuchstaben 28, **298f**, 305
  griechisches Alphabet 130
  verkleinerte 305
  siehe auch Großschreibung
Größen
  (Tabelle) 609ff
  Bruchform-Notation 392
  extensive 575
  im Formelsatz 327
  intensive 319, 340
  logarithmische 431
  molare 325, **340f**, 610f
  Name 609ff
  physikalische **316ff**
  Schreibweise in Bruchform 431
  spezifische 340
Größenachse 385, 438
Größenangaben, in Abbildungen und Tabellen 319
Größenart 319
Größenkalkül 316
Größenmaßstab 411
Größennamen, an Koordinatenachsen 391
Größenordnungen, von Einheiten 337
Größensymbole 190, **316ff**, 365, 609ff
  Achsenbeschriftung 392
  an Koordinatenachsen 391
  Darstellung **323f**
  im Tabellenkopf 429
  in Tabellen 429f
Größenverhältnisse, Visualisierung 397

Größenwerte **316**, 327, 338, 392
  an Achsen **388**
  größer oder gleich 353
Großfeuer 560
Großgerät 112
Großschreibung 91, **507ff**
  Titel (Dokument) 120
  und Kleinschreibung beachten 276
  siehe auch Großbuchstaben
Großwörterbuch Chemie 528
Grotesk-Schrift 317
Grün 410
Grund 576
Grundabstand 299
Grundbewältigung 576
Grundfließbild **399**
Grundlinie 298f
Grundschrift 262, 583
  senkrechte 317
Grundstrich 305
Grundwort **578f**
Grundzeichen 323, 351
grüner Strich, zur Kursivauszeichnung 326
Grünes Buch 332
Gruppenbezeichner 431
Gruppennummer 420
Gruppensprachen 499
Guidelines for Abstracts 121
Guidelines for Authors 119
Gültigkeitsgrenzen 67
Gummi-Schuhsohlen 582
Gutachten **48**, 147, **149**
  Käuflichkeit 48
  Promotionsverfahren 54
Gutachter 14, 48, 81, 143, 145
  Dissertation 56
  Forschungsantrag 44
  Manuskriptannahme 111, 118
  Missbrauch durch 149
  Unabhängigkeit **149f**
Gute Laborpraxis (GLP) 23
Gutenberg-Preis 206

H
Habilitation 48, 82
Habilitationsschrift 49, 82, 468
halber Leerschritt 292
halbfett 305, 403
Halbmesser 609
Halbpräfix 536
Halbtonabbildung 133, 241, **377**, **409f**
  Beschriftung 393
  Verhalten bei Reproduktion 412
Halbtonreprografie 397
Halslinie 423, **428**, 432f
Haltungsbedingungen 20
Haltungsform 70
HAMMURABI 89
Handbook of Chemistry and Physics 420
Handbuch **175f**
handcodiert 283
Handcodierung 305
Handelsname, Substanz 30
Handheld 27, 232
Handkorrektur 38, 162
Handlung 550
  Ablaufplan 399

Handlungsanweisung 171
Handlungssatz 550
Handschrift 300
  Laborbuch 18
  Praktikumsbericht 40
Handy 515
Hardcopy 191, 242
  Korrekturgang 203
Hardcover 172, 224
hard disk 234
Hardware 230
Hardware-Konfiguration 248
Hardware-Schnittstelle 243
Hardwaretechniken, Literatur **171**
harnpflichtig 580
Harrassowitz GmbH 93
harter Trennstrich 291
Hartmannbund 333
Harvard-System 471
hash 140
Häufigkeitsverteilung 394
Hauptachse 392
Hauptbegriff 212
Haupteingang 211
Haupteintrag 210f, 220
Hauptfeld 458
Hauptfundstelle 219
Hauptgliederungseinheit 123
Hauptplatine 232
Hauptprozessor 232
Hauptsatz 530, 534
Hauptschrift 382
Hauptspeicher *siehe* Arbeitsspeicher
Hauptteil **42**, 52
  Beitrag (für Fachzeitschrift) **123ff**
Haupttext 77, 139, 307
Haupttitel 54, 222
Haupttitelblatt 224
Haupttitelseite 222
Hauptwörter 525
  und Präpositionen 570
Hauptwörterei **541f**
Hawaii 558
Header 92
Heftnummer 481
Heilswunder 596
Heine 521
Heisenberg 589
Heißleim 79
Hektar 334, 609
Held 540
Hell-Dunkel-Information 241
Helmholtz-Energie 611
Helvetica 129, 287, **381**
  in Strukturformeln 403
Hemmmechanismus 525
Henry 319
Herausgeber 103, 457, 478
  als Informationsvermittler 105
  Druckfreigabe-Hoheit 207
  Name 222
  Vielautorenwerk 167
  wissenschaftliche Zeitschrift 142
Herausgebergremium 145
Herausgebervertrag 167
Hermiteschen Polynome 327
Herstellungsabteilung 144, **151f**, **176f**

Produktionsablauf 200
Herstellungskosten **169f**
Herstellungsverfahren 398
Herstellungsweg 131
  Grafik 134
  Text 134
Hertz 609
Herunterformatieren 282
Herunterladen
  Dokumente aus Internet 187
  von Information 88
Hervorheben 129, 259
  siehe auch Auszeichnen, Schriftauszeichnung
Hervorheben-Werkzeug 156
Hervorhebung **304f**, **568**
Hewlett-Packard 134, 244ff
Hierarchie
  Register 217
  Überschriften 61
Hieroglyphen 584
Hilfe-Funktion 260
Hilfsachse 392
Hilfsnummer 371
Hilfsprogramm 100, 130
Hilfsverb 541, 544
Hintergrund 63
Hintergrundvorlage 405
Hinweisbuchstaben 387
Hinweisdatenbank 449
Hinweislinien 386, 394, 401
  in Fotos 411
Hinweisziffern 387
Hinzufügen 194, **264**
Histogramm **394f**
historischer Hintergrund 593
hit 442
Hit-Liste 91
Hochenergiephysik 8, 112
Hochformat 425, 433
Hochladen 89
Hochleistungskopierer 312
Hochleistungs-Setzmaschine 285
Hochschulbibliothek 64, 80, 165, 447, 449f, 468
Hochschulcampus 80
Hochschule 12, 49
  Ausbildungsrichtlinien 50
  Berufung 48, 114
  Lehrkörper 81f
  Praktika 40
  Promotionsrecht 50
  Prüfungsordnung **50**
  Prüfungsverfahren 48
  Rektorat 81
  Studienabschluss 41
  Zusammenarbeit mit Industrie 50
Hochschulforscher 43
Hochschulinstitut 142
Hochschullehrer
  nicht-habilitierter 81
  Testat 40
Hochschulnetz 8
Hochschulpolitik 41
Hochschulrichtlinien 55, 78
Hochschulverband 54
Hochschulzeitschrift 588
Hochsprache **499**
Hochstellen **350**
Hochstellung 323, 348
  Satzrechner 195

Register

höchstens gleich 353
höchstgereinigt 559
Höchstgeschwindigkeit 575
Höchstwert 345
Hochzahlen 130
    negative 332
Hochzahl-Schreibweise 333
Hochzeichen 128, **323**, 351, 364
    Musterdruck 182
    Raumbedarf in Zeile 302
Hoffmann, Roald 540
Hofmann, Albert 16
Höhe 609
höherer Schulabschluss 591
Höheres Lehramt 50
Hohlphrase **544**
Hohlwörterei 541, **544ff**, **563f**
home 7
Homepage 8, 92, 452
    von Datenbanken 458
    Zeitschrift 127
    Zitierweise 606
Homonym 208
Homonymie 527
Honorar 168
Hopf, Henning 402
Hörbuch 164, 569
Hören 569
Hörfunk 588
Hörsaal 5
Host 64, 100, 281, 453
host document 476
HOTMETAL 92
hot plug and play 233
Hrsg 480
HTML *siehe* Hypertext Markup Language
HTML-Befehl 289
HTML-Editor 92, 289
HTML-Seite 158
HTML-Tag 289
HTTP *siehe* Hypertext Transfer Protocol
http:// 314
HTTP-Standard 99
Humanismus 522
Humanist 554
Huth, Edward J. 90, 119
Hydepark für Wissenschaftler 90
Hyperlink **95**, 98, 290, 450
Hypertext 80, 173
Hypertextbuch 173
Hypertext Markup Language 92, 289, 443
    siehe auch HTML
Hypertext-Nachschlagewerk 175
Hypertext Transfer Protocol **99f**, **314**
    siehe auch HTTP, Übertragungsprotokolle
hyphen 582

I
IBM 441
IBM-Computer **232**
IBM-kompatible PCs 232
Ibykus 540
Ich 67
Ich-Form 549
Ickler, Theodor 514
ICMJE *siehe* International Committee of Medical Journal Editors
Ideen-Karte 73
Identifier, im Internet 100
Identifikationsnummer 42
Identifizierbarkeit 89
    Dokument 475
Identifizierung
    Periodikum 85
    von Dokumenten 454
identisch gleich 352
Identität 352
Identitätszeichen 352
Idiom **573f**
idw *siehe* Informationsdienst Wissenschaft
IEE *siehe* Institution of Electrical Engineers
Illustration 369
Illustrationsprogramm 405
    siehe auch Grafikprogramme
ILLUSTRATOR 383, 396, 405
iMac 235
Imaginärzahl 327
Immunologie 124, 410
Impact-Faktor 117
Imperfekt 548
Importfilter **286**
Importieren 442
    Messwerte 406
Impressum 141, **222f**
Impressumgruppe 471, 481
Imprimatur 206
Impuls 610
IMRAD **34**, 53, 124
Inauguraldissertation 79
inch 242, **298**
indented index 219
INDESIGN
    Datenbankpublizieren 443
    Formelsatz 324, 367
    Fußnotenverwaltung 310
    Konvertierung **287f**
    Registererstellung 221
    Schreibtechnik 250
    Workflow Buchlayout 206
    Zeitschriften 154
Index 130
    als Kommentar auf Zeile 327
    Tiefzeichen 324, **350ff**
    zum Index 351
    siehe auch Register, stöchiometrischer Index
Index Chemicus 121
Indexcode 274
Indexeintrag
    WORD 220
    siehe auch Registereintrag
Indexer 207
Indexfeld 220f
Indexieren 208, 526
    Computer-gestütztes 265
    Indexierung **327**
Indexing
    Dedicated 220
    Embedded 220
Indexmarkierungen, in Layout übernehmen 288
Index Medicus 107, 478, 484
indikatives Referat 56
individual license 94
Indizieren 208

Induktivität 319
Industrie 84
in etwa 559
infinit 536
Infinitiv 508, **536**, 579
    substantivierter 545
Infinitivsatz 537, 572
Infobroker 165
Infomationsfernübermittlung 452
Informationshierarchie 541
Informatik **339**, 498
    Datenbanken 449
Informatiker 75, 230
Information
    Akquisition 85
    Aufbewahrungsort 92
    authentische 18
    Bezieher 455
    Digitalisierung 96
    Distribution *siehe* Informationsvermittlung, Informationsverteilung
    gedruckte 71
    magnetisch gespeicherte 239
Information Broker 93
information retrieval 452
information revolution 7
Informationsbeschaffung 86, 166
    laufende 445
    siehe auch Literaturbeschaffung
Informationsdichte 31, 101, 592
Informationsdienst 450
Informations-Dienstleister 95
Informationsdienst Wissenschaft 41
Informationsebene, hinter dem Text 291
Informationseinheit 239, 454
Informationsempfang 569
Informationsflut 106
Informationsindustrie 98, 230
Informationskasten 508
Informationsmarkt 86, 119, 175
Informationsmehrwert
Informationsnetz 110
Informationsnutzer 87
Informationspolitik 24
Informationsprozess 45
Informationsquelle 452
Informationsreservoir 71
Informations-Revolution 71
Informationsschwerpunkt 541
Informationsspeicherung 452
Informationstechnologie (IT)
    in der Medienbranche 165
    Laborbuch 27
    Schreibtechnik **230**
    Umwälzung 7
    und Chemie 101
    Verlagshersteller 177
    Wissenschaftskommunikation **3**, **7**
    Zeitschriften 86
Informationsträger 450
Informationstransfer 86
Informationsüberflutung 147
Informationsübermittlung 4
    per Telefonleitung 9

telekommunikativ 8
Informationsübertragung 231
Informationsuchende(r) 208
Informationsumwandlung 231
Informations- und Dokumentationswesen (IuD) 445, 477
Informationsverarbeitung 231
Informationsvermittler 451
Informationsvermittlung
    als Informationsvermittler 105
    formalisierte 4
    nichtverbale 133
    organisierte 4
Informationsverteilung 85
Informationswert **541**
Informationswissenschaften 189, 335
Informationszeitalter 166
Information und Dokumentation 452
informatives Referat 56
Informieren 86
Informiertsein 91
Informix 439
Informix Software, Inc. 439
Infotrieve 446
Ingenieur 6, 100
    als Angewanter Mathematiker 362
    als Sprachgestalter 554
    Ausbildung 41
    Logistik 18
    Norm-Verständnis 498
    Schreibarbeit 229
    Sprachbewusstsein 520
    Terminologiearbeit 515
Ingenieurberuf, Verantwortung im 522
IngenieurIn 7
Ingenieurszeichnungen 381
Ingenieurwesen, technische Zeichnungen 399
Ingenieurwissenschaften
    Illustrationsbedarf 378
    Sich-Mitteilen 591
Ingenta 446
Inhaber 486
Inhalt **42**, 52, 57, 223
    Laborbuch **20ff**
    Tabelle 435
    siehe auch Inhaltsverzeichnis
    inhaltliche Mängel 199
    inhaltlichen Erschließung.,
    inhaltlichen Erschließung 454
Inhaltsfeld 458
Inhaltsverzeichnis **57ff**
    als Metainformation 291
    Anordnung 61
    automatische Erstellung **265**
    automatisches Erstellen 196
    Bericht **39**
    Buch 223
    Computer-generiertes 57
    Diplomarbeit (Beispiel) 58
    Dokument 57
    erstellen 273
    Laborbuch 19f
    Seitenzählung 39

Register

Struktur **58f**
Textverarbeitung 249
siehe auch Inhalt
Inhaltsverzeichniseintrag 265
Inhouse-Datenbank 65
Initiale 264
Initialkürzung **586**
inkjet 196
inklusiver Bereich 347
Inkompatibilität 248
in-line note 141
Innere Energie 610
Input-Verlag 167
inscription 374
INSPEC 465
Inspiration 183
Installations-CD 249
Installationsdaten 239
Installieren 252
Instandsetzungsarbeiten 23
Institut, Homepage 8
Institute for Scientific Information (ISI) 117
Institut für Deutsche Sprache 502, **516**, 558, 592
Institution, Zugehörigkeit zu 145
Institution of Electrical Engineers (IEE) 465
Institutsadresse 8
Institutsanschrift 27
Institutsbibliothek 449
Institutsdirektor 111
Institutslogo 135
Instructions to Authors 117, 119
Instrument, Abschalten 18
Instrumentenfließbild 398
Insulinpflicht 580
INTECOM *siehe* International Council for Technical Communication
Integrale 350
Integralzeichen 130, **356f**, 363
Integrated Services Digital Network (ISDN) 101
Integration (ling.) **511**, 553
Integrieren (von Fremdwörtern) 500
Integrität, Datenbank 440
Intensität 566
Intensitätsgröße 566
Interaktion 3
interaktives Abpausen 405
Interferenzzonen 412
International Article Number 223
International Committee of Medical Journal Editors (ICMJE) 124, 192, 200, 377, 424, 471, 479
International Council for Technical Communication (INTECOM) 45
Internationales phonetisches Alphabet 492
International Group of Scientific, Technical & Medical Publishers 84, 376
siehe auch STM
International Organization for Standardization 85
siehe auch ISO Interna-

tional Serial Data System (ISDS) 85
International Standard Book Number 43, 85, 222, 458, 482, 486
siehe auch ISBN
International Standard Serial Number 42, 85, 115
siehe auch ISSN
International Union of Biochemistry (IUB) 471
International Union of Pure and Applied Chemistry *siehe* IUPAC
International Union of Pure and Applied Physics *siehe* IUPAP
Internet **8**, 71, 99
als Publikationsmedium 281
Bibliografien im 225
Boom 5
elektronische Zeitschriften 83
Fachinformation 452
Fernuniversität 173
Literatursammlung 65
Manuskripttransfer 115, 125
Metainformation 92
Netztechnologie 8
Preprints 112
Software aus dem 240
Suchmaschinen 451
Übertragungsweg 9
Verlags-Homepage 177
Veröffentlichung im 92, 442f
Wissenstransfer 86
Internetadresse 97, 483
Internet Archive 487
Internet-Enzyklopädie 159
siehe auch Wikipedia
INTERNET EXPLORER 289, 314, 95
Internethypertextbuch 173
Internetquelle 71
Quellenangabe 487
Internetseite 95, 100
Header 92
Kopfzeile 92
Interpretation 66
Interpreter **286**
Intonation **569**
Intranet **8**, 101
Campus 166
Firmen-internes 450
intransitiv 546
Inverkehrbringer 46
in-vitro-Untersuchung 584
Ionen 339, 554
Ionenkanal 591
IP *siehe* TCP/IP
ISBN *siehe* International Standard Book Number
ISBN-10 223
ISBN-13 223
ISDN *siehe* Integrated Services Digital Network
ISDN-Karte 247
ISDS *siehe* International Serial Data System
ISI *siehe* Institute for Scientific Information

ISI Discovery Agent 446
ISIS/Draw 402
ISO 344, 347, 484
Digital Object Identifier 100
siehe auch International Organization for Standardization
ISSN *siehe* International Standard Serial Number
IT *siehe* Informationstechnologie
Italien 503
IUB *siehe* International Union of Biochemistry
IuD *siehe* Informations und Dokumentationswesen
IUPAC (International Union of Pure and Applied Chemistry) 325
abgeleitete Größen **320ff**
Dezimalzeichen 344
Größen und Einheiten 609, 612
Grünes Buch 392
molare Größen 340
Nomenklatur **518ff**
SI-Einheiten **330ff**
IUPAC-Bezeichnungen 528
IUPAC-Regeln 519
IUPAP (International Union of Pure and Applied Physics) **320**, 344

J

JACS *siehe* Journal of the American Chemical Society
Jahr 334
Einheit 609
Jahresangabe 470
Jahresregister, Fachzeitschrift 208
Jahreszahlangaben 347
JAVA 101
jedweder 562
Jh.s 586
Jobs, Stephen 235
John Wiley & Sons 97, 100
siehe auch Wiley
Joker **277**, 461
Joule 319, 610, 612
journal editor 105
Journalismus 24, 499, 585, 594
Journal of Chemical Research 115
Journal of the American Chemical Society (JACS) 116
JPEG (Joint Photographic Expert Group) 406
JPEG-Format 406
JPG-Format 406
JSTOR 487
Jugendsprache 561f
juristische Person 103
Justierung 23

K

Kaiser 563
Kalender 31
Kalibrierung 23
Kalkulation, eines Buches 176
Kalkulationstabelle 436
kalthärtend 521

Kaltpressschweißen 545
Kaltstart 561
kaltwalzen 509
Kalverkämper, Hartwig 515
Kalzium 552
kamerafertig 410, 412
Kameraobjektiv 409
Kanal 591
Kanalisation 591
Kandidat 50f, 81
Erklärung 72
Kannbestimmung 502, 530
Kanzleideutsch **542**
Kapazität, Arbeitsspeicher 233
Kapitälchen 28, **305**, 583
Autorennamen 476
Kapitel-Kurzbezeichnung 184
Kapitelnummer 59, 64
Kapitelüberschrift **58**, 303
kapitelweise Zählung 370
Kardiologie 553
Karriereentscheidung 105
Karriereplanung 170
Kartei, Literatursammlung 455
Karteifeld 456
Karteikarte 187, 221, 455
Ablagenummer 456
als Datenblatt 251
bibliografische Merkmale 456
Ordnungsmittel 73
Registriernummer 456
kartesisch *siehe* Koordinatensystem
kartoniert 224
Kaspar Hauser 512
Kasseler Promoviertenstudie 50
Kästner 7
Kasuistik 123
Kasus 530, 533
siehe auch Fall
Kasusangleichung 533
Kasus-Bezug 531
Kasusentkopplung 533
Katachrese 572
Katalogisierung 472
Kathodenstrahlbelichter 244, 433
Kathodenstrahlröhre 242
Kaufmannsdeutsch 542
kaum 563
Kegelhöhe 299
Kelvin **317**, 323, 330, 610
Kenndaten 434
Kenngrößen 323
Kennlinie 387
Kenntnisstand 52
Kennzeichnung, Bilddetail 373
Kernphysik 322
Kernphysik (Größen und Einheiten) 611
Kernquadrupolmoment 319
Kettensatz **534**
keyboard 554
keyword 64, 120, 461
keyword-in-context 219
keyword index 463
Kfz. 586
Kilobasenpaare 329
Kilobyte 335
Kilodalton 335
Kilogramm **317**, 328, 330, 610f

Register

Kilogramm pro Kubikmeter 333
Kilogramm Schwefelsäure 328
Klammerkonstruktion 537
Klammerkürzung 586
Klammern
 eckige (bei Einheitenzeichen) 430
 Grenzabweichung 345
 hinter dem Bruchstrich 332
 im Formelsatz **355**
 im Index 351
 runde (bei Einheitenzeichen) 430
 Zitatnummern 468
Klang **10**, 496, 526, 569
 Sprache 37
 Wort 37
Klangphänomene 570
Klangwiederholung 496, **569f**
Klappentext 225
Klarheit 10, 496
 Fachtext 521
Klassifikationscode, Patente 486
Klassifikationsebene 58
klassifikatorisches Niemandsland 63
klassischer Weg 152f
 Redaktions-Workflow **155f**
Klebebindung 164, 313
Kleinbuchstaben, griechisches Alphabet 130
Kleiner-als-Zeichen 278
kleiner oder gleich 353
Kleinoffset-Betrieb 313
Kleinschreibung **507ff**
Kleinstcomputer 232
Klicken 254
Klinik 88, 142
Klinikchef 111
Klinische Chemie 328, 338, 518
klinischer Test 148
Klonen, Bilder 404
Knoten, im Internet 87
Knuth, Donald E. 250, 359
Koch, Walter 515
kohärente abgeleitete Einheiten 332
Kohärenzlänge 526
Kohl, Helmut 99
Kollationsvermerk 482
Kolonne *siehe* Tabellenspalte
Kolonnenkopf 418
Kolonnensatz 342, 434
Kolonnentitel 418
Kolumnentitel 161, 188, 267, 303
 als Metainformation 291
 Leserfreundlichkeit 202
Komma **529ff**
 als Dezimalzeichen 344
 als Gliederungszeichen 343
 Satztrennung 534
 Vancouver-Konvention 479
Kommandointerpreter 234
Kommandotasten 237
Kommentar 75, 195, 280, 459
 im Internet 90

Kommunikation **3ff**
 auditive 6
 Begriffsumfang **4**
 direkte 4f
 elektronische 88
 globale **7**
 in den Naturwissenschaften **3ff**, 7ff
 indirekte 4
 Kunst der **46**
 mit der Öffentlichkeit **590ff**
 mündliche 5
 naturwissenschaftlich-technische 83
 Organisation **5**
 organisierte 4
 sachgebundene 517
 wissenschaftliche 3ff, **10ff**, 118
Kommunikationsbedürfnisse 106
Kommunikationskunst 10
Kommunikationsmittel 83, 173
Kommunikationsnetz 86
Kommunikationsplatz 8
Kommunikationsprodukt **9**
Kommunikationsprozess **6**, 12, 45
 wissenschaftlicher 47
Kommunikationssoftware 266
Kommunikationstechnik 251
Kommunikationstechnologie 7
kommunikatives Verhalten **7ff**
kommunikative Verhaltensnorm 522
Kommunikator 14
 Selbstdarstellung 10
Komparativ 562
kompatibel 234
Kompatibilität **181**, 234, **248**
 Schreib-/Satztechnik **284f**
Kompatibilitätsprobleme 285f
Komposita 521
 bei der Registererstellung 214
 in der Technikersprache **577ff**
kompress 346
Komprimierungsformat 153
Komprimierungssoftware 198
 siehe auch Archiv
Konditionierung 70
Konduktanz 612
Konfigurieren 252
Kongress 110
Kongressband, Zitierweise 602, 606
Kongruenz, grammatische 531, **533**
Kongruenzzeichen 352
Konjugation 546, 556
Konjugationsschema **556**
Konjunktion 37, 505, 547
Konjunktiv **547f**
Konnotat 590
Konnotation 590
Konsekutivsatz 547
Konsens 593
Konsequenz **553**
Konsistenz 143, **180**, 199, **553**
 durch Formatvorlagen 271
 von Fachtexten **277**
Konsistenzprüfung 202

Konsonantenverdoppelung 505
Konstanten (Tabelle) 609ff
Konstituenten 532
Konstitutionsformel 131
Kontaktadresse 487
Kontext **209ff**
Kontraindikation 589
Kontraktion 586
Kontrolle der Kontrolleure 145
Kontrollkästchen 258
Kontur, Buchstabe 244
Konturschrift 244
Konverter 285
Konvertieren **286f**
 Web-Seite 289
Konvertierungsprogramm 285
Konvertierungstabelle 286
Konzentration 575, 611
 eines Bestandteils 341
 Gehaltsangabe 328
konzis 558
kooperative Promotion 81
Koordinatenachse
 siehe Achsen, Abszisse, Ordinate
Koordinatenbeschriftung 320
Koordinatenkreuz, dreidimensionales 400
Koordinatennetz 385, **389**
Koordinatenschreiber 247
Koordinatensystem 133
 dimetrisches **400**
 Fensterwirkung 390
 kartesisches **384ff**
Koordinatenursprung 385
 einer Tabelle **419**
Kopflinie 423, **428**, 432
Kopfunterteilungslinie 431
Kopfzeile 39, 129
 Datum 303
Kopie, elektronische 80
Kopieren 38, 256
 elektronisches 448
 Strichzeichnung 378
Kopierer 243
Kopierpapier 38
Kopiervorlage 78
Koppelwort **579f**, 583
Kopplung **583ff**
körperschaftlicher Urheber 481
 Zitierweise 606
Korrektor 159
Korrekturablauf **200ff**, 206
Korrekturabzug 146f, 151
 siehe auch Abzug
Korrekturanweisungen 140, 203
Korrekturaufwand, Buchmanuskript 313
Korrekturen 191
 am Bildschirm 280
 Ausführung 194, 203
 seitenneutrale 204
 Umfang 155
 Umfeld 162
 siehe auch Zeilenkorrektur
Korrekturflüssigkeit 38
Korrekturgang 159, 162
Korrekturkosten 204
Korrekturlesen 152, **155f**, **159ff**, 200f, 233
 im PDF-Workflow **157**, 162
 Zahlen 161

Korrekturpapier 38
Korrekturstelle 162, 195
 Umfeld 204
Korrekturstift 194
Korrekturvorschlag 280
Korrekturvorschriften 162
Korrekturzeichen **162**, 192, 203
 unleserliche 204
Korrekurhinweis 203
Korrelationskoeffizient 437
Korrespondenzautor 112, 147
Korrigieren, Bildschirm 280
Kosmologie 588
Kosten, Buchherstellung 169
Kostenarten 43
Kostendisziplin 152
Kraft 327, 332, 610
Kraftmaß 332
Kraftmoment 325, 610
Kraus, Karl 490
Kreis 398
Kreisdiagramm **394f**, 438
 Perspektive 397
Kreisfläche 378
Kreisfrequenz 319
Kreismodell, der Sprache 516
Kreissegment 396
Kreiszahl 327
Kreolisch 558
Kreuz 323
Kreuztafel 420
kritische Lektüre 77
Kroto 18
KSZE-Konferenz 566
Kubikmeter 331, 609
Kugelschreiber 7
Kulturkampf 502
Kultus 503
Kultusminister 502
Kunst des Lesens 489
Kunst des Schreibens **49**
Kunstwort 522
Kuratorium 145
Kurrent 300
Kurs 40
kursiv 245, 253
Kursivauszeichnung, für Formelsatz 326
Kursivsatz 304
Kursivschreibung
 Formelzeichen 317
 in Tiefzeichen 326
 mathematisch-physikalischer Größen 326
 Symbole 191
Kursivschrift 305
 Größensymbole 317
 Titel von Publikationen 476
Kurve 385, 439
Kurvenbild 384
Kurvendiagramm **384ff**
 (Bild) **386f**
 Inneres 389
 zusätzliche Achsen (Bilder) 392
Kurvenlineal 380
kurvenorientiert 405
Kurvenschar 386
Kurvenschreiber 247
Kurvenstück 404
Kurvenzug 394
Kurzbefehl **236ff**, 253, **262**

Register

Kurzbeleg 466
  Namen-Datum-System 470
Kurzbericht, Praktikum 40
Kürze 10, 496, **558ff**
  Fachtext 521
Kürzen, Beitrag (für Fachzeitschrift) 144
Kurzfassung 106
Kurzform **585**
  in Zusammensetzungen 577
  Schlusspunkt 587
kürzlich 550
Kurzmitteilung 109, 114
Kurzreferat **56**
Kurzsätzigkeit 538
Kurzschließen 543
Kurzschrift 183
Kurztitel 121
Kurzwort 586
Kurzzitat 466
kuschelweich 560
KWIC-Register 219

L
Label 80
Labor *siehe* Laboratorium
Laboratorium 17, **21ff**
  virtuelles 21
  zentrale Registratur 21
laboratory notebook 18, 28
Laborbank 14, 18
Laborbericht 230
  Datum 15
  Form 4
  Kommunikationsform 4
  siehe auch Bericht
Laborbuch **16ff**, **21ff**, **27**
  Aufbewahrung 33
  Authentizität 16, 18
  Begriff **17**
  Datensicherung 21
  dokumentarischer Wert 17
  Doppelseite 31
  Eigentum 16
  elektronisches **18**
  Gliederung 24
  handschriftliche Einträge 18
  Inhaltsverzeichnis 19
  Lesbarkeit **33**
  Planungsinstrument 26
  Seitenzahl 26
  Sicherung 27
  Transparenz 21
  und Dissertation 70
  Unmittelbarkeit 18
  Unverwechselbarkeit 16
  Verfasser 26
  vorgedrucktes 19
  Zugriffsberechtigung 21
  siehe auch elektronisches Laborbuch, Protokollbuch
Laborbucheintragung **31f**
  fälschungssichere 19
  Form 31
  historisches (Beispiel) 19
  unbeanspruchte Fläche 18
  unmittelbare 22
  Unmittelbarkeit 18
  Unterschrift 19
Laborcomputer 22
Laborhandschuhe 30

Laborjargon 22, 520
Labororganisation 26
Laborplatz 51, 230
Laborprüfung 23
Laborroboter 21
Labortagebuch *siehe* Laborbuch
Laborversuch 24
Laden, in den Speicher 88
Ladenpreis 168f, 482
Ladung 612
Ladungszahl 323
Ladungszeichen 351
Lagerplatz 165
Laie 554, 587, 590
Laien-Patient 591
Laienzielgruppe 592
Lamport, Leslie 363
LAN *siehe* Local Area Network
Länderbezeichnung 484
Landkarte 591
Landschaft 591
Länge 316f, 330, 609
Langenscheidt-Sprachführer 528
längerwellig 564
Längsschnitt 400
language polishing 143, 180
Lanze, Werner 498, 565
Laptop 27, 29, 232
Laserbelichter 244, 285, 293, 406, 409, 433
  Datenübernahme 284
Laserdrucker 77, 200, **243f**, 406, **409**
  POSTSCRIPT-fähiger 284
Laserlichtstrahl 151
Laser Physics Letters 115f
Laserstrahl 160, 239, 244
  Wellenlänge 239
Laser-Technologie 160
Latein 493, 512, 552, 591
lateinische Schreibschrift 300
LATEX 77, 130, 350, **359ff**, 363
  Bereichssymbol 347
LATEX-Bearbeitung 9
LATEX-Editor 131
laufender Text 361
Laufweite 304f
Laufwerk 238
Laufzahl 327
Laufzeichen **255**
Laut 506
Laut-Buchstaben-Zuordnung 512
Lautform 520
Lautlehre 495
Lautmalerei **569**
Lautstärke 575
Lautstärkepegel 554
Lautung 498, 505
layout 250, **151ff**, **202**, 229
  Datenbankprogramm 461
  Druckwesen 462
  professionelles 284
  Seite mit Bildern 370
  siehe auch Seitengestaltung
Layoutanweisung 283
Layoutdatei 147
Layoutdaten 151, 156
Layouten 151ff, 202, 251

  mit LaTex 366
Layouter 151, **156f**, 188, 201f, 251
layoutet 556
Layoutfunktion 249
Layoutmerkmal 287
Layoutmuster 295
Layoutprogramme 8, **248ff**
  digitale Bilder 407
  druckreife Manuskripte 206
  Formeln 324
  Fußnotenverwaltung 310
  Inhaltsverzeichnis 196
  Manuskriptumwandlung 194
  Nummerierungsfunktion 188
  PDF-Workflow 157
  Raster Image Processor 245
  Registeranfertigung 274
  Übernahme von Indexeinträgen 221
  Web-Fähigkeit 290
  Zeitschriften 154
LCD **242f**
LCD-Bildschirm 242
LCD-Monitor 242
leading 299
learning by doing 248
Lebenslauf **44**, 72
Lebensmittelanalytik 579
Leerformel 543
Leerraum 292
  Prozentzeichen 336
  Zeilen 301
Leerschritt **236**
  falsch verwendeter 284
Leer-Tabelle 417
Leertaste 77, **236**, 343, 357
  Dreierblockgliederung 342
  Literaturverzeichnis 467
Leerzeichen
  ASCII-Code 269
  bei Einheiten 330ff
  Breite 278
  Dissertation 77
  doppeltes 278
  Erkennen 263
  geschütztes **291f**, 586
  in Formeln **357**
  in LaTex 365
  Markieren 260f
  Registeranfertigung 275
  Suchen/Ersetzen **278**
  Vermeidung im Tabellensatz 423
  Zahlenangaben **343**
  Zeitschriften 129
  siehe auch Zwischenraum
Leerzeile 35, 307
Legende 136, **372f**
  bei Kurvendiagrammen 393
  Tabelle 427
Legendenmanuskript 137, 190, 196, 375
Lehnwort **499**, 591
Lehrbuch 47, 163, **172f**
  Bildrechte 377
  Vorreiter 63
Lehrbuchautor 174
Lehrer 591

Lehrkörper 82
Lehrmittelmarkt 173
Lehrveranstaltung 172
Leibniz 587
Leibniz-Rechenzentrum 396
Leisten
  in Computerprogrammen **256ff**
  siehe auch Menüleisten, Symbolleisten
Leistung 610
Leitatz 34
Leitern 388
Leitfähigkeit 612
Leitsatz 34, 37
Leitwert 612
Lektor 11, **105**, **176ff**
  als Sprachgestalter 554
  freier 195
Lektorat **176**
  Außenmitarbeiter 199
  Manuskriptbearbeitung **198ff**
Lektoratsassistent 176
Lesbarkeit 530, 539, 581
  Bildbeschriftung **381**
  Literaturverzeichnis 476
Lesch 588
Lesearbeit 446
Lesegewohnheit 374, 447, 453
Lesekolonne 419
Lesekultur 9
Lesemodus-Ansicht 272
Lesen **9**
  als Schreibübung 37
  am Bildschirm 91
  bewusstes **38**
  lautes 568
  Zeitraffermethode 524
Leseökonomie 447
Leserforum 11
Leserichtung, bei Achsenbeschriftung 393
Leserkreis 585
Leserzahlen 594
Lesezeit 446
letter 367
Letters-Zeitschrift **114**, 197, 294
  Autorenrichtlinie 116
letztendlich 564
letztere 563
Leuchtdiode 160
Leuchtstofflampe 241
Leukozytenzahl 328
Lexika 527
  auf CD-ROM 173
  siehe auch Enzyklopädien
Lexikographie 516
Lexmark International 244
Libavius 17
Licht 322
lichtempfindliche Platte 409
Lichtempfindlichkeit 408
Lichtenberg 557, 559
Lichtmarke 254
Lichtpunkt 409
Lichtsatz 263
Lichtspur 247
Lichtstärke **317**, 330, 612
Lichtstrahl 243
Liebigs Annalen der Chemie 9
Lieferanschrift 487

Register

Lieferumfang 45
Lieferung 223
liegendes Kreuz 345, 354
Ligatur 506
lim 365
LIM-System 566
Lineal 308, 380
Linear-Antiqua 317
Linguistik 489
Linien 384
    Blockbild 398
    Darstellung 404
    DIN, in Kurvendiagrammen 387
    in Strukturformeln 403
    vertikale 433
Linienarten, (Tabelle) 387
Linienbreite 380, 387
    in Koordinatensystemen (Bild) 386
Liniendiagramm 438
Linienfarben 387
Linienführung 400
Liniengrafik 229
    siehe auch Strichzeichnung
Linienmusterpalette 378
Liniennetz 400
Linienraster 437
Linienzug 384, 439
Link 80, 95, 400
linksbündig 197, **307**, 375
    Text in Textspalten 423
links-orientiert, Tab 423
Linotype AG 285, 300
Linux 232
Liquid Crystal Display *siehe* LCD
Liste **309f**
    aus Datenbank 439
    der Originalpublikationen 170
    der Publikationen 43
    der Symbole 72, 139, 182, 190, 223, 325
    der Veröffentlichungen 105
Listendarstellung 441
Liter 331, 609
literarisches Werk 103
Literatur **42**, 52, 70
    angeführte 141
    angezogene 141
    Einbindung in E-NoteBook 29
    Erschließen 445, 454
    Etat 102
    Fußnote 466
    Lesen 445
    naturwissenschaftlich-technische 15f
    weiterführende 467
    Wiederauffinden 107
    Zitieren **445**
    zitierte 141
    siehe auch Fachliteratur
Literaturangabe, unterlassene 68
Literaturarbeit 117
    Dissertation 64
Literaturbeschaffung 449
    siehe auch Informationsbeschaffung
Literaturdatei **187ff**
    siehe auch Literaturdaten-

bank
Literaturdatenbank 92, **187ff**, 440, 453f, 463
    CD-ROM 465
    internationale 453
    nationale 453
    Recherche 480
    siehe auch Datenbank, Literatur, Literaturdatei
Literatur-Datensammlung 65
literature retrieval 107
Literaturheft 459
Literaturkarte, elektronische 462
Literaturkartei 455
Literaturnummern 468
Literaturpräparat 40
Literaturrecherche 108, 175
    in Datenbanken 107
Literatursammlung 186, 266, **445**
    Aufbau **453**
    des Wissenschaftlers 455
    eigene **453ff**
    elektronische 65
    Internet 65
    Kartei 455
    konventionelle 456
    Originalarbeiten 65
    Rechner-gestützte **461**
    traditionelle 455
    Übersichtsartikel 65
Literatursichtung 65, 445
Literaturstand 175
Literaturstelle 465
Literaturstudium **50**
Literatursuche 64f, 119, 445
    siehe auch Recherche
Literaturübersicht 71
Literaturversorgung, online 93
Literaturverwaltung 445, 453
Literaturverwaltungsprogramm 119, **187ff**, 461, 480
    Formate 464
Literaturverweisung 140
Literaturverzeichnis 64, **70f**, 454, 466, 478
    Lesbarkeit 476
    Namen-Datum-System 472
    Schreiben 467
    Schriftauszeichnung 191
    Untertitel 121
    Zusammenstellen 464
Literaturzitat 70f
    Nummerierung 469
    Verweiszeichen 435
Lizenzgewährung 103
Local Area Network (LAN) 8, 101
locator 218
Locke 540
log 365
Logarithmentafeln 421
Logarithmieren 318, 437
Logarithmus 318, 327
Logbuch **18**
Logik 37
    von Tabellen 417
logische Bilder 369
logischer Zusammenhang 41
logisches Design 366
logische Verknüpfung 166
Lokalisierung

(Beispiel) 600
    im Quellendokument 469, 482
    Namen-Datum-System 470
    Patente 485
    Quelle 475, 483
    von Dokumenten 454
Lord Kelvin 333
Los Alamos 112
Löschen 162, 194, **264**
Loschmidt-Zahl 339
Löschtaste **237f**, 256
Loseblattwerk 164, 175
Löslichkeitsversuch 31
Lösung 174
    Chemie 341
Lösungsmittel 20, 31
LOTUS 1-2-3 396, 437
Lotus Development Corp. 437
LotusNotes 441
Lotus Software 248
Ltd 481
Luftdruck 20
Lumen 335
Luther-Zeit 498
Lux 335

M
Mac **235**
Macheiner, Judith 493, 539
machina scriptoria 95
Macintosh-PDF-Datei 156
Macintosh-Rechner 132, 181, 232
    siehe auch Apple-Rechner
Macintosh-Tastatur 238
Mackensen, Lutz 496, 543
Mackensen Rechtschreibung 502
MacLuhan, Marshall 101
Mac OS, Kompatibilität 250
Mac OS X 102, 198, 235
    siehe auch Apple
Macromedia 383, 396
Macromind 158
Magazin 448
magnetische Feldstärke 612
magnetische Flussdichte 526
magnetische Quantenzahl 325
magnetischer Leitwert 319
Magnetisierung 325
Magnetismus 322, 330
    Größen und Einheiten 612
Magnetplatte 160
Maisonneuve 93
Makro **267**, **365f**
Makrobefehl 366
Makrofotografie 411
Makromolekulare Chemie 518
Malen **378**, 404
Malpunkt 345
man 568
managing editor 105
Manipulation 24
man-Konstruktion 568
Mann, Thomas 496, 521
Mannheim 502
Manschettendichtung 522
Manual 45, 171
ManuscriptManager 480
manuscriptXpress 127, 295
Manuskript **126ff**

Ablehnung 118
    auf CD 145
    Bearbeitungsphase 128
    codiertes,
    Weiterverarbeitung 284
    Computer-generiertes 126
    digitales *siehe* digitales Manuskript
    Eingangsdatum 106
    elektronisches *siehe* elektronisches Manuskript
    Entgegennahme 176
    Erscheinungsbild **38**
    erste Fassung 38
    Fertigstellung 186
    Form und Norm 142
    handschriftliches 75
    in Englisch 180
    Komplexität 38
    Maschine-geschriebenes 38, 126, 190
    mehrere Fassungen 38
    mit Formeln 130
    Muster *siehe* Mustermanuskript
    programmgesteuertes 284
    revidierte Fassung 146
    satzfertiges 412
    Schlussdurchsicht 326
    Schreibmaschine-geschriebenes 38, 126, 190
    Überarbeitung 76
    Umwandlung in Druckform 304
    Unzulänglichkeiten 199
    Veränderungen am 199
    Verbesserung 77
    verschiedene Versionen 126
Manuskriptannahme, Entscheidung in Redaktion 118
Manuskriptauszeichnung **301ff**
Manuskriptbearbeiter 192, 194, 199
Manuskriptbearbeitung 129
    formale **200**
    Lektorat 194, **198ff**
Manuskriptbegutachtung 89, 129
Manuskriptblatt 302
Manuskripteingang 88
Manuskripteinreichung 48, 127
    elektronisch 138
    Internet 125
    online 138
    Reibungsverluste 127
Manuskripterstellung, Programmunterstützung 76
Manuskriptfassung 38, 76, 184
Manuskriptgestaltung **301ff**
Manuskriptpapier 7, 196f
Manuskriptrevision 184
Manuskriptschablone 127
Manuskriptseite 197
    Muster (Bild) 306
Manuskripttransfer
    auf Datenträger 158
    via E-Mail **158**
Manuskriptübergabe, online **197**
Manuskriptversion 76
Manuskriptzufluss 143
Marginalie 308

Marginalspalte 295
Markenbezeichnungen 305
Marketing 176ff
Markieren 129, **254**, **259ff**, **304**
  siehe auch Auszeichnen, Hervorheben
Markierungen, in Fotos 411
Markt+Technik 171
marktschreierisch 560
mark-up 129, 304
Maschine 100, 398
Maschinenbau 6, 16, 46, **381**
Maschinenbauer 400
Maschinenschreiben 95
  Richtlinien 96
Maschinenschrift 183
Maske 441, 462
Maßangabe 331
Masse 575, 610f
  Basiseinheit 330
  Basisgröße **317ff**
  Einheit 330, 335
  in quantitativen Ausdrücken 328
  molare Größe 340
  Symbol 325
Massenanteil 329, 611
Massenkonzentration 319, 611
Massenspeicher 241
Massenspektrometer 339
Massentransport 323
Massenzahl 323
Maßstab, Zeichnung 404
Maßstabsangabe 400
Maßstrecke 401
Master-Abschluss 41, 49
Masterarbeit 41, **49f**, 412, 468
Mastergrad 41, 50
Master of Engineering 49
Master of Science 41, **49**
Material 66
Materialien 20
Material und Methoden 52, 66, 123
Mathematical Markup Language (MathML) 368
Mathematik 136, 277, 339, 352, 356
  Datenbanken 449
  Sprache der Naturwissenschaft 362
Mathematiker 77, 131, 359
Mathematik-Programm 405
mathematische Akzente 365
mathematische Funktion 133
mathematische Grundoperationen, in der Tabellenkalkulation **437**
mathematische Herleitung 348
mathematischen Notationen 342
mathematische Operation 182
mathematischer Ausdruck, als Achsenbeschriftung 393
mathematischer Formelsatz
  siehe Formelsatz
mathematischer Operator 328
mathematische Zeichen 182, 324, **352ff**
MATHML **368**
MATHTYPE 356, **367f**
Matrixdrucker 247
Matrixpunkt 244

Matrizen 350
Maus **232**, 235, **254**
Mausschalter 254
Maussteuerung **238**
Maustaste **237ff**, **255ff**, 259
Maustechniken **254ff**
Mausverfahren 260
Mauszeiger 253f, 259
Max-Planck-Gesellschaft 50, 362, 588
McAfee Corp. 240
McPhee, Derek 132
MDL Informations Systems 402
Mechanik 322
  Größen und Einheiten 610
  mediale Koexistenz 97
Medien 595
Medienbranche 165
Mediendidaktik 174
Medien-Gesetzlichkeit 595
Mediothek 165
Medizin 26, 553
  Datenbanken 449
  Fachsprache 499
  technische Zeichnungen 399
  Teilgebiete 517
  Zeitschriftenwesen 106
Medizin-Duden 519, 591
Mediziner 88, 170
  Verständigung 591
Medizinische Chemie 24
medizinische Forschung 24
medizinischer Fachausdruck 591
MEDLINE 64, 95, 458, 465
Megabyte 234, 314, 407
Mehrautorenwerk 186, 280, 286
  Revision 195
Mehrbenutzerbetrieb 440
Mehrdeutigkeit 20
Mehrzahlform, Registereinträge 215
Meinungen 68, 595
Meinungsäußerung 68
meistens 154
Memorystick **241**
Menge 339
Mengenangabe 331, 510
Mengenlehre 356
Menschenverständnis 46
Menü **257ff**
Menübefehle 237
  Anpassen 262
Menüleiste **257ff**
Mephistopheles 576
Merkmal-Gruppe 482
Merkmaltabelle 420
Merkmaltafel 420
Merkmalträgertabelle **420**
Merkmalträgertafel 420
Merkposten 75
Messanordnung 384
Messautomat 21
Messergebnisse 69, **346**
  in Tabellenform (Muster) 419
  unterdrückte 23
Messgenauigkeit 345
  in Kurvendiagramm (Bild) **388**
Messgerät 101, 239

Instandsetzung 23
  Verbindug mit E-NoteBook 29
Messgrößen 316
  Datenbankverwaltung 442
Messinstrument 14
Messkurve 372f
Messprotokoll 230, 384
Messpunkte 66, 137, 388
Messreihe 25, 67, 71
Messschreiber **384**
Messstelle 21
Messtechnik 316
Messung
  Fehlerbreite 66
  Reproduzierbarkeit 109
Messunsicherheit 346
Messwert 25, 316, 345
  Importieren 406
Messwertauswertung 230
Messwerterfassung 230
Metainformation 189, **291**
  Codieren 289
  Internet **92**
  Register 221
  Text 289
Metapher 521, **572ff**
Metazeichen 291
Meter **317**, 325, 330f, 609
Methode der kleinsten Fehlerquadrate 405
Methoden, verwendete 122
Methodik 12
Methodischer Teil 67
Metrologie 322
Metteur 202
Microsoft 92, 134, 174, 245, 441
Microsoft Corporation **234**
Microsoft OFFICE 396, 514
Microsoft OUTLOOK EXPRESS 266
Microsoft
  WORD 128
  WORKS 287, 514
  siehe auch WORKS
mikro 337
Mikrocomputer 234
Mikrofilm 164
Mikrofotografie 372, 408ff
Mikroorganismen 526
Mikroverfilmung 89, 102
mile 332
Milliliter 334
Millimeter-Quecksilbersäule 333
Millinewton 338
Mindestabstand 302
mindestens gleich 353
Mindestwert 345
mind mapping 74, 188
Mineraloge 590
Minireview 129
MINITAB 395
Minitab Inc. 395
Minolta-QMS 246
Minuszeichen **346f**, 349f, **353**, 570
  an Koordinatenachsen 390
  Zwischenraum 357f
Minute 334, 609
Mischsprache 558
Missverständlichkeit **523**
Missverständnisse 595

Mitarbeiter 470
Mitautor 111
  Mitverantwortung 113
  Nennung 113
Mitautorschaft **111**
Mitgliederzeitschrift 141
Mitteilung
  Authentizität 30
  Bewertung 11
  Endprodukt der Forschung 3
  Forschungsergebnisse 3
  Öffentlichkeit 12
  persönliche 468
  schriftliche **10ff**
Mittelachse 55, 303, 307, 375
Mittellänge 298
Mittelrahmen 43
Mittelwert 345f, 437, 442
mittig 303, 307
Mitverfasser 186
MKSA-System (Meter-Kilogramm-Sekunde-Ampere) 330
MKS-System (Meter-Kilogramm-Sekunde) 330
mm Wassersäule 594
Mnemotechnik 237
  in LaTex 365
Mobiltelefon 27
Modaladverb 549, 563
Modellbildung 52
Modellvorstellung 588
Modem 247
moderne Arbeitsmethoden 75
Mogge-Stubbe, Birgitta 491
Mohr, Hans 593
MoirË-Effekt 412
Mol **317**, 330, 333, **338**, 611
Molalität 611
molare Größen
  Konzentration 341
  Masse 325, 611
  Volumen 611
  siehe auch Größen, molare
Molecular Modelling 24
Molecular Nutrition & Food Research 122, 127, 139, 149
Molekül 101
Molekularbiologie 173, 335, 410
Molekulargenetik 329, 339
Molekulargewicht 340
Molekularphysik 322
Moleküle 339
Molekülform 520
Molekülformel 131
Molekülmasse 611
Molekülphysik (Größen und Einheiten) 610
Molekülstruktur 101
Molenbruch 341, 611
Moltke, Helmuth Graf von 523
Molzahl 340
Monaco 300
Monitor **242f**
  siehe auch Bildschirm
Monografie 47, **174f**, 182, 448
  Reichweite 33
  Zitierweise 600
monographic 476
Monotonie **568**
  der Kommunikation 6

Register

Monotonschrift 263
Montagekleber 383
Moral 595
moralisches Recht 103
moral rights 377
Morgenstern, Christian 489, 529, 537, 565
Morphem 536
Mosaik 68
MPG *siehe* Max-Planck-Gesellschaft
MS-DOS **234**
Müllverbrennungsanlage 46
Multimedia 165
Multimedia-Dokument 99, 159
Multimedia-Ereignis 173
multimedial 95
Multiplikation **354**
  von Größen 322
Multiplikationskreuz 345, 354
Multiplikationspunkt 345, 354
Multiplikationszeichen 354
Multiplizieren 437
Munske, Horst H. 514
Musiknoten 352, 590
Muster 278
Mustererkennung 278, **397**
Musterkapitel **179f**, 199
  Sonderzeichen 182
  technischen
    Schwierigkeiten 180
Mustermanuskript
  Zeilenabstände und Ränder **306**
  siehe auch Manuskript
Musterseite, in Layoutprogramm 267
Mustersuche 278
Mustertabelle **432**
  (Bild) **418**
Muttersprache 143, 199, 494, 535, **551**

N

Nachahmung 103
Nacharbeiten, Experiment 33
nachdem 547
Nachdruckgenehmigung **376**
Nachinstallieren, Schrift 287
Nachklammer 311
Nachklapp 537
Nachlieferung 175
Nachricht
  elektronische *siehe* E-Mail
Nachrichtenagenturen 502
Nachrichtenübermittlung, Qualitätsverlust 10
Nachrichtenverkehr 9
Nachschlag 537
Nachschlagen 207
Nachschlagewerk 165, 175
  Lesesaal 449
  Register 208
Nachschlagfeld 463
Nachsilbe 582
Nadeldrucker 191, 244
Namen
  Autor 120, 222, 456
  Einstempeln 156
  Erstbuchstabe 26
  Experimentator 30
  Funktion 365
  in Zusammensetzungen 583

Reihenfolge 113
  systematischer (in der Chemie) 518
  siehe auch Autorenname
Namenangabe, geschützte Leerzeichen 292
Namen-Datum-Modus 276
Namen-Datum-System 457, 466, **470**
  Aussagekraft 473
Namen-Nennung 113
Namensverzeichnis 275, 472
Namensvorsatz 472
Nanosekunde 593
Nanostrukturen 594
Napiersche Zahl 327
Nationalbibliothek 223
National Information Standards Organization (NISO) 480
National Library of Medicine 478
National Science Foundation (NSF) 44
Nature 149, 447
Naturkonstanten 325, 327
natürlich 559
natürliche Person 103
natürlicher Logarithmus 327
Natürlichkeit 525
Naturwissenschaften 84
  Akzeptanz 589
  deskriptive 17
  exakte 328
  Forschen und Schreiben **43**
  Frage nach dem Wieviel 315
  Größenarten 319
  Heilserwartung an 596
  Illustrationsbedarf 378
  Kommunikation **7ff**
  Leitsatz 3
  „reine" 6
  Sich-Mitteilen 591
  Sprachbedarf 489
  Technik und Medizin 84
Naturwissenschaftler **6f**
  als Angewandte Mathematiker 362
  als IT-Pioniere 8
  als Sprachgestalter 554
  am Schreibtisch **8ff**, 37
  Arbeitsplatz **7**
  Ausbildung 41
  Beobachter 16
  experimentierender 16
  Norm-Verständnis 498
  publizierender 170
  Schreibarbeit 229
  Terminologiearbeit 515
  und Öffentlichkeit 587
naturwissenschaftliche
  Erkenntnisse 84
Navigieren, im Internet 101
NDLTD *siehe* Networked Digital Library of Theses and Dissertations
near-print quality 79
Nebeneingang 211
Nebenfundstelle 219
Nebensatz 530, 534, 580
  eingeschobener 535
  finaler 547
Nebenzeichen 130, 323

Negation 365
negativer Einzug 308
negativer Größenbereich 390
Netscape Communications Corp. 266
Netscape Navigator 95, 266, 289
Netspeak **496**
Network, Local Area *siehe* Local Area Network
Networked Digital Library of Theses and Dissertations (NDLTD) 81
Netz
  globales 86
  siehe auch Internet, Intranet, Netzwerk
Netze (Grafik) 404
Netzlinien 385f
  in Diagramm (Bild) **389f**
Netztechnologie 8
Netzwerk 239
  Arbeitskreis 30
  bei Datenbanken 441
  lokales 101
  Rechnerintegration 250
  TCP/IP 8
  siehe auch Netz
Netzwerk deutsche Sprache 558
Netzwerkkarte 233
Neuartigkeit 110
Neudeutsch **513**, **555ff**
neue Abfrage 442
neuer Absatz 253
neue Zeile, Tastenkombination 433
Neuerscheinungsliste 177
Neue Zürcher Zeitung 506
Neumüller 518
Neusatz 162
Neuschreiben 184
Neusprache **496**
Neutronenfluss 328
new 237
Newton 332f, 610
Newtonmeter 319, 332, 338, 610
New York 300
n-fach 582
Nicht-Farbe 377, 408
nichtklassischer Weg 152f
  Redaktions-Workflow 155
Nicht-Layouter 157
Nicht-Naturwissenschaftler 593
nichtproportional 128
Nichtproportionalschrift 263, 296
Nicht-Text 75
Nicht-Veröffentlichtes 468
Niederländer 575
NISO *siehe* National Information Standards Organization
NMRen 549
Nobelpreis 105
  für Chemie 18
Nomenklatur 143f, 148, 190
  der Chemie **518f**
  Musterkapitel 179
Nominalform 544
Nominalisierung 544

Nominalstil 541
Nominativ, absoluter 533
Nomogramm **389**
Non-Print-Medium 165
Norm
  Ausgabedatum 484
  selbständige Publikation 476
  Zitierweise 606
normal (Konzentrationsmaß, veraltet) 341
Normalansicht, Dokument 272f
Normalbeitrag 114
Normbegriff, stanzereitechnischer 520
Normenausschüsse 322, 515
  Einheiten und Formelgrößen 333
Normenwerk 42
Normnummer 484
Normung, Einheitenwesen 316
Normungskunde 516
NortonAntivirus 240
Notabschaltung 259
not applicable 434
Notation 208, 590
not available 434
note 114
Note added in proof 152
Notebook 18, 232, 255
Notiz 114
Notizbuch 18, 27
Notiz-Werkzeug 156
NSF *siehe* National Science Foundation
NT, New Technology 235
Nucleinsäure 329
Nucleotid-Sequenz 149
Nukleonenzahl 323
Nuklid 340
null 268
Nullgröße 323
number sign 140
Numerale *siehe* Zahlwörter
Numerus 533
Nummer
  einstufige 58
  unübersichtliche 60
  zweistufige 58
Nummerierfunktion 74
Nummerierung **264**
  automatische 188, 265, 366
  Fußnoten 310
  Gleichungen 348
Nummernfolge 63
Nummernsystem 63, 466, **468**
  Kürze 473
Nur-Text-Datei 269, 282
  siehe auch ASCII
Nur-Text-Format 287
Nusselt-Zahl 326
Nutzungslizenz 94
Nutzungsrechte 103, 168

O

O'Connor, Maeve 119, 123
OA *siehe* Open Access
OA Publishing 98
Oberbegriff **212f**, **519**
Oberfläche 609
Oberlänge 298f
Object Linking and Embedding

(OLE) 367
objektorientiert 405
OCLC *siehe* Online Computer Library Center
OCR
siehe Optical Character Recognition
OCR-Scanner 256, 569
ODBC (Open Database Connectivity) 442
oder, Kommasetzung **530**
ODER-Verknüpfung 442
Offenes Journal **96f**
Offenlegungsschrift 485
Öffentlichkeit **12**, 83, 105, **587ff**, 595
wissenschaftliche 106, 109
office 7
Office-Software 132, 248, 396, 514
offline 453
Offline-Recherche 449
Offsetdruck 408
Strichzeichnung 378
Offsetfilm 151
Offset-Verfahren 205
Ohm 333, 612
OJCCT *siehe* Online Journal of Current Clinical Trials
Öko-Diskussion 593
OK-Schalter 237
OLE *siehe* Object Linking and Embedding
online 584
Literaturbesorgung 93
Literatursuche 93
Online Book
Online Computer Library Center (OCLC) 92
Online-Datenbank 165, 449
Online-Hilfe 249
Online ISSN 86
Online-Journal 102
siehe auch E-Journal, Elektronische Zeitschrift
Online Journal of Current Clinical Trials (OJCCT) 88, 95
Online-Publikation 203
Arbeitsablauf **158**
Online-Publishing 282
Online-Recherche 445, 453
Online-Richtlinie 128
online submission 104, 116
Online Union Catalog 93
open 237
open access 90
Open Access Journal 90, 93, 96
open access publishing 93
Open Choice 93
Open Database Connectivity
siehe ODBC
open journal 94, 98
Open Journal Project 99f
OPENOFFICE 248
Open-Source-Initiative 248
Operand 355
Operation, Computer-gesteuerte 102
Operatoren 365, 442
mathematische 327
Operatorzeichen 358

Optical Character Recognition **160**, 242, 448, 569
siehe auch OCR
Optik 335
Option (bei Rechtschreibung) 502
Optionsfeld 258
Optionstaste **236**
optische Mitte 55
optische Speicher 239, 407
Oracle 439
Ordentlicher Professor 82
Ordinate **384**, 390
Ordnen 73
als Teil der Schreibkunst 533
Ordner **257**
Ordnungsinstrument 26
Ordnungsnummer 460
Ordnungsschema 26
Ordnungssystem 455
Ordnungszahl 323, 519
Organigramm **398f**
Organisationsinstrument 29
organisch-chemische Synthese 53
Organische Chemie 16
Origin 396
Originalarbeit 104, 106, 108, 114
Reichweite 33
Originaldatei, Zeichnung 379
Originalität 148
Originalmitteilung **106**
Gliederungsentwurf **34**
Originalpublikation *siehe* Originalarbeit
Originalverlag 377
Originalvorlage **412**
Originalzeichnung, Teletransfer 379
Orthografie 159, 202, 275, **492ff**
orthografische Fehler 142
Orthographie/Orthografie, (Informationskasten) 513
Ost-Duden 502
Österreich 494, 502
outline 34
outline font 244
Outliner 74
Outline-Schrift 245
Outlook Express 266
outsourcing 176
outstanding 148
Overhead-Projektion 380
Oxford University Press 100
Oxyd 553
Ozonloch 593

P
page charge 93, 104, 119
page locator 218
PAGEMAKER 8, 206, 285, 367
Pagina 303
Paginierung 38
automatische 39, 303
römische 39, 224
Vorspann 224
siehe auch Seitennummer
Palette 378
Palm Pilot 27
Panama 591
Panorama 439

Paperback 224
Papier
als Informationsreservoir 71
schlechtes 160
Papierabzug, Korrekturlesen 156
Papierausdruck 76, 129, 154f, 233
einseitiger 197
Redigiervorlage 194
Papierdeutsch 525, 562
Papierformat 196, 298
A4 302
Papierkante 197, 302f
papierloses Büro 256, 296
Papiermanuskript **312ff**
Papierprotokoll 281
Papierqualität, holzfrei weiß 312
Papierrand 190
Papierstapel 183
Papierversand 157
Papiervorlage, Einscannen 412
Papierzuführung 247
Pappband 224
Papyrus 89
Paradigmenwechsel **496**
Paragrafzeichen 182, 292
paragraph 289
paragraph sign 140, 260
Parallelität 592
Parallelschnittstelle 233
Partialdruck 575
Partialtemperatur 575
Partikel 505
ling. 570
Zusammensetzung mit Verb **507**
Partizip + Verb **501**, **511**
Partizip I 508
Partizip II 508, 545
Partizipialkonstruktion 531
Partizip Perfekt 545
parts per billion 336
parts per trillion 336
Pascal 332f, 610
Passiv 524, 545, 549
Passivform, in naturwissenschaftlichen Texten 549, 568
Passwort 93, 171, 314, 440
Passwortinhaber 440
paste-up 204
Patent
Datenbanken 449
Erfinder 457
selbständige Publikation 476
Veröffentlichungsnummer 485
Zitierweise 604
siehe auch Patentschrift
Patentanspruch 110
Patentliteratur 485
Patentnummer 485
Patentschrift 485
Sachtitel 486
siehe auch Patent
Patentzitat 484f, 604
Patient 591
Patienten-Compliance 555
Patientengespräch 591
pattern recognition 397

Pauschalhonorar 168
PC *siehe* Personal Computer
PDA *siehe* Personal Digital Assistant
PDF 135, **153ff**, 246
PDF-Datei 81, 135, 154ff, 203, **285**, 407
Korrekturlesen 162
PDF-Korrektur 157
PDF-Seite 158
PDF-Versand 156
PDF-Weg 203
PDF-Workflow **154ff**, 206, **285**, 301
Peer 112
Peer Review 47, 89, 112, 147, 149
Perfekt 548
Perfektionismus 189
Pergamentpapier 378
Periodenfrequenz 609
Periodennummer 420
Periodensystem der Elemente 420
periodical 108
Periodikum 83, 108
Identifizierung 85
Peripherie, Computer 239
Peripheriegeräte 232
Permutation 219
Permuterm Subject Index 119
Permutieren 216
Personal Computer (PC) 29, **230**, 234, 268, 556f
Informationstransfer 86
Konfiguration 252
persönliche Informationsbeschaffung 452
Personal Digital Assistant (PDA) 27
Personalmittel 43
Personal Publishing 8, 85, 87, 98
Personenname 557
persönlich 549
persönliche Mitteilung 70
Persönlichkeitsrecht 103
Perspektive 552
perspektivisch 404
perspektivisches Zeichnen **400**
perspektivische Wirkung 397
Peter Panter 125, 512
Petit-Schrift
im Tabellensatz 423
Legende **375**
Tabellensatz 428
Pfeile
an Koordinatenachsen 385
Blockbild 398
in Fotos 411
übersetzte 324
Pfeilleiste 273
Pfeilspitzen, Achsen 392
Pfeiltasten 238, 255
Pflanzenbestimmungsbuch 560
Pflanzennamen 526
Pflanzennamen-Register 221
Pharmaindustrie 28
Pharmakologie 24
Pharmazeut 590
Pharmazie, Datenbanken 449
Philips 165
Philologen 501

Register

Philosophen 516
Philosophical Transactions of the Royal Society of London 11
Philosophie 12, 535, 552
Phon 554
Phonetik **492**, **506**
Photonen 339
PHOTOSHOP 413, 415
  Format 135
Phrasen 539
  kurze 31
Phraseologie, in den Fachsprachen 521
pH-Wert 318, 583
Physics Abstracts 107, 484
Physics Briefs 107, 484
Physics Letters 112
Physik 315, 588
  Datenbanken 449
  Informationstechnologie 8
  Modellbildung 53
  Preprint-Server 5
  technische Zeichnungen 399
Physikalische Chemie 322
  Größen und Einheiten 611
physikalische Eigenschaften 28, 209
physikalische Größe 182, **316ff**
Physiker 77, 112, 131, 359, 557, 589
  Verständigung 591
Pica 299
Pica Point 298
Piktogramme 352
Pink 410
Pinsel 378
Pixel **244**
Pixelbild 405ff
Pixel-Darstellung 405
Pixelgrafik **405ff**
p-journal 87
PKWARE, Inc. 198
Plagiat 68, 103
Plain TEX 361
Plakat 403
Planck-Konstante 610
Plancksches Wirkungsquantum 327, 610
Planungsinstrument 26
Platon 5
Plattformanbieter 181
Plattform-übergreifend konvertieren 288
Plattmacherei 507
Platzhalter
  für Abbildung 135, 369
  für Formeln 132, 403
  für Gleichungen 348
Platzhalterzeichen 278
Platzierung 135
  Bild auf Seite 370
  Fußnoten 311
  Seitennummer 39
  von Gleichungen 348
Plausibilitätscheck 127
Pleonasmus **565ff**
Plot **384**
Plotter 25, 242, 247, 381, **384**
  Bildausgabe 381
Plugin 100, 367
Plural, Registereinträge 215

Plural-s 557
Plus-Minus-Zeichen 345
Plusquamperfekt 548
Plusterwort 562
Pluszeichen 349, **353**, 570
  Zwischenraum 357f
Point 298
Pointe 37
Polarkoordinaten-System 385
poor 148
Popularisieren 588
Popularität 589
populärwissenschaftlich 589
Portable 91
Positionieren 307
Positionsrahmen 308
Post 8
Postanschrift 112
postdoctoral fellowship 50
Postdok 50
Postdoktorand 50
Poster 507
POSTSCRIPT 134, 151, 251, 287
POSTSCRIPT-Anweisung 246
POSTSCRIPT-Code 154
POSTSCRIPT-Datei 157, **245f**, **285**, 407
  Weiterverarbeitung 158
POSTSCRIPT-Schrift 245, 301
  siehe auch TRUETYPE-Schrift
Postweg 152
Potenzial 612
Potenzieren 318, 437
Potenzschreibweise 354
Power Mac 235
POWERPOINT 174, **394f**
ppb 391, 593
ppm 336, 391, 593
ppt 336, 391, 593
Präfix 536, 562, **577**
pragmatische Zeichen **346**, **353**
Prägnanz **558**
  Fachtext 521
Praktikum 40, 171
Praktikumsbericht **40**
Praktikumsbuch 171
Praktikumsleiter 40
präpositionale Wendung 573
präpositionelle Beifügung 213
Präpositionen 551, **570ff**
  in adverbialen Bestimmungen 573
  Verwendung in Registern 219
  Zusammensetzung mit Verb 507
  siehe auch Verhältniswörter
Präsens, Versuchsprotokoll 21
Präsentation 41, 242
  als Lehrgegenstand 13
Präsentationsprogramm 174
Präteritum 67, 536, 548
Präzisieren 589
Präzision, in der Naturwissenschaften 329
Preisbindung 168
Preprint, im Internet 112
Preprint-Server 5
Presse 594
Presserecht 105
Preußen 502
Preview 110
Primärliteratur 107f, 175, 447,

454
Primärzeitschrift **106**, 114
Print 102, 237
Print ISSN 86
print journal 87
Printmedium 83, 86, 90, 150, 164
  Vermittlungseinrichtung 4
Print-Version 115
Print-Zeitschrift 83
Prinzip der „virtuellen Verrückungen" 12
Priorität 105, 110, 118
Patent 486
Privatanschrift 27
Privatdozent 82
Probe *siehe* Substanzprobe
Probedruck 181
Probenahmeort 21
Probevorlesung 82
Problemstellung 52, 64
ProCite 187
Produktausschuss **354**
Produktbeschreibung **45**, 47, 294
Produktblätter 45
Produktdokumentation 45f
Produkthaftung 47, 98
Produkthaftungsgesetz 47
Produktinformation 45, 225
Produktionsablauf 151ff
  konventioneller **150ff**
Produktionsprozess, digitaler 153, 181
Produktredakteur **44**
Produktzeichen **356f**
Professionalität 109
professional publishing 87
Profildienst 449
Programmanbieter 249
Programme **247ff**
  Anpassen 262
  im Internet 101
  Installation 239
  Markenzeichen 28
  Schreibweisen 28
  sinn- und sichtorientierte **362**
  Speicherbedarf 240
  Zitierweise 486
  siehe auch Software
Programmentwickler 240
Programmformat 286
Programmhandbuch 231
Programmhersteller 229
Programmiercode 360
Programmieren 230
Programmiersprache 101, 359
Programmiertool 278
Programminstallation 252
Programmmenü 237
Programm-Modul 437
Programmsyntax 363
Programmunterstützung 76
Programmversion 486
project editor 105
Projekt 30
  Durchführbarkeit 43
  Zeitrahmen 43
Projektgruppe 42
Projektnummer 30, 42, 482
pro Kilogramm 329
Promille **336**, 391
Promotion 41, **48f**, 51

Promotionsausschuss 56, 72, 81
Promotionsdauer 51
Promotionsordnung **41**
  Ausführungsbestimmungen 54
Promotionsrecht 50
Promotionstermin 78
Promotionsthema 53
Promotionsverfahren 41, **81f**
Pronomen 67, 540, 570
Proportion 355
Proportionalschrift 263, 296
Protokoll
  entschlüsseltes 284
  Experiment 31
  Länge 25
  Paginierung 39
  Praktikum 40
  Übertragung
  siehe Übertragungsprotokolle
  siehe auch Versuchsprotokoll
Protokollbuch **17**
  siehe auch Laborbuch
Protokollführung 25
Protonenzahl 323
Provider 455
Provinzialismus 545
Prozent **336**, 391
Prozentzeichen 278, **336**, 342
  Abstand 344
  als mathematischer Operator 336
  geschütztes Leerzeichen 292
  Zwischenraum 357
Prozessor 232f, 245
Prüfbericht, 23
Prüfbit 269
Prüfung
  auf Richtigkeit 152
  mündliche 49
  schriftliche 49
Prüfungsamt 50
Prüfungsarbeit 28, **41**, 49
  Abschlussdatum 76
  Entstehungsgeschichte 76
  Gliedern 74
  Gliederung **61**
  mehrere Fassungen 76
  Methodologie 26
  nicht öffentlich zugängliche 468
  Reinschrift 76
  Rohschrift 76
  Schreibeffizienz 74
  Textverarbeitung 74
  Unterweisung 13
  siehe auch Dissertation
Prüfungsdauer 49
Prüfungskommission 82
Prüfungsordnung **41**, 50
Prüfungsstoff 172
Prüfungsverfahren 48
Prüfverfahren 146
PSD (Photoshop-Document) 134
Public-Domain-Software 240
Publikation 12, **84ff**
  Abfassen 125
  abhängige 476
  als Teil der Wissenschaft 12

Register

Endprodukt der Forschung 93
Ergiebigkeit 109
fehlerfreie 162
frühest mögliche 109
Herstellung 85
konventionelle 114
Kriterien 110
Mitautoren 111
richtiger Zeitpunkt 109
selbständige 164, 476
unabhängige 164, 476
unselbständige 476
Verbreitung 85
Zeitpunkt 108f
siehe auch Veröffentlichung
Publikationsfrist 86, 117
Publikationsgebühr 119
Publikationsjahr 466
Publikationskosten 43
Publikationsliste 43, 105
Publikationsorgan 84, 117, 187
Publikationspolitik 24
Publikationssprache 110, 118
Publikationswesen **11, 83ff**, 147
drängende Fragen 115
Kostensenkung 94
ökonomische Rahmenbedingungen 133
publish or perish 105
Publizieren **12, 83**, 86
für jedermann 85
im Internet 87
kostenloses 89
übereiltes 109
siehe auch digitales Publizieren, elektronisches Publizieren
publiziert *siehe* Publikation, Veröffentlichung
Punkt
als Abkürzungszeichen 587
Bildunterschrift 375
Codierungszeichen 59
als Dezimalzeichen 344
fetter 37
als Gliederungszeichen 343
Satzabgrenzung 534
Satzzeichen
schwebender 354
Tabellenüberschrift 375
typografisches Maß 35, **298**
übergesetzter 324
Vancouver-Konvention 479
Punkt, Punkt, Punkt 346
Punktabstand 409
Punktdichte *siehe* Auflösung
Punkte pro Zoll *siehe* dpi
Punktmatrix 37
Punktmuster 243f, 397, 409
Punkt-Punkt-Linie 404
Punktraster 243f
Push-Technologie 449, 453
P-Wert 148

Q

Quadratmeter 609
Quadratmillimeter 331
Quadratwurzel 363f
Qualität 315
Wissenschaftskommunikation **11**
Qualitätskontrolle 11
wissenschaftlicher Text 38
Qualitätskriterien 144, 147
Qualitätssicherung 23, 109, 147
Qualitätsverlust, Nachrichtenübermittlung 10
Quantenchemie 356
quantifizierbarer Zusammenhang 384
Quantität 315
quantitative Ausdrücke **328ff**
Quark Inc. 206
QUARK XPRESS 206, 367
Datenbankpublizieren 443
DTP 250f
Formelsatz 324
Fußnotenverwaltung 310
Konvertierung 288
Registererstellung 221
Zeitschriften 135
Quartalsbericht 42
QUATTROPRO 396, 437
Quecksilbersäule 574
Quellcode 80
Quelle
Authentizität 89
Datierbarkeit 89
Digital Object Identifier 100
Identifizierbarkeit 89
im Internet 71
in Bibliothek 89
Literatur **71**
Lokalisierung 483
verschiedene Formen 483
Quellenangabe **71**, 140f, 465
alphabetische Ordnung 471
angemessene 475
Bestandteile **481**
chronologische Ordnung 471
eindeutige 474
Form 474
kurze 475
Kurzform 466
Satzzeichen 482
Suchen im Dokument 276
verständliche 474
vollständige 474
siehe auch Zitatbeleg
Quellenbeleg 474, 457
siehe auch Zitat
Quellendokument 469
Quellenhinweis 141
Quellennachweis 174
Quellenvermerk 190
Quellenverweis 311, 466
Namen-Datum-System 470
Querformat 138, 425, 433
Querschnitt 400
Querverweis 188, 221, 278, 450
Quickinfo 194
Quintilian 523
quotation 71, 465
Quotienten 342

R

R&D 7
Radiant 335, 609
Radiergummi 238
Radikand 363
Radioaktivität 319, 333
Radius 609
Raffsatz 525
Raffung 524
Rahmen 308, 405
Bildschirmfenster **258**
Tabellenfach 433
Rahmenempfehlung 502
Rahmenlinien 429
RAM 102, 184, **232f**, 407, 554
Rand 39, 55, 129
flatternder 263
siehe auch Seitenrand
Randausgleich 262f, 304
Randkorrektur 192
Randmaß 303
random access memory siehe RAM
Randstreifen 381
Rang, Überschrift 58
Rangfolge 273
Ranking, Internetrecherche 92
Raster 405
Rasteraufnahme **410**
Rasterfilm **412**
Rasterfläche **397**
Rasterfolie 409
Raster Image Processor *siehe* RIP
Rasterpunkt 244
Rasterpunkt-Darstellung 247
Rastertechnik **397**
Rasterung 243, 388, 396, **409f**
Rasterunterlegung 397, 401, 433
Rasterwinkelung 412
Rat für deutsche Rechtschreibung 502, 509, 530
Ratgeberbuch 171
Raum 316
Größen und Einheiten 609
Raumaufteilung 250
Raumflug 7
Rauminhalt 609
Raummaße 334
Raumwinkel 609
Raute, Blockbild 398
reaction scheme 403
reading column 419
Reagenzetikett 341
Reagenzien 28f
Reagenzienhersteller 33, 341
Reaktion, chemische 101
Reaktionsgleichung 132, 403
Reaktionspfeil 349
Reaktionsprodukt 25
Reaktionsschema 132, 403
(Beispiel) 349
Realaufnahme 407
Realbild 401, 407f
Realfoto 378
Rechenberg, Peter 495f, 498, 537, 543, 554, 574
Rechenblatt 396, 436
Rechenmaschine 183
Rechenoperation 233
Rechenprogramm 396
Rechenschaftsbericht 68
Rechenzeichen 352
Rechenzentrum 9
Recherche 55, 119, **445**
Ballast 92
computergestützte 107
Effizienz 92
Einengung 463
elektronische 91
Literaturdatenbanken 480
Treffer **92**
siehe auch Literatursuche
Recherchestrategie 452
Recherchierbarkeit **91f**
Rechner
Betriebssystem 99
Integration in Netzwerke 250
nicht vernetzte 241
siehe auch Computer
Rechner-gestützt 480
Rechnerlaufwerk, Speichermedium 181
Rechnerleistung, Drucker 243
Rechnersystem 247
Rechteck, Blockbild 398
Rechteinhaber 103
Rechteübertragung 104
Rechtewahrnehmung 376
rechtsbündig 39, 307, 375
Rechtschreibfehler 199
Rechtschreibkontrolle 76, **275f**
reformierte 160
Rechtschreibprogramm 76, 160
Rechtschreibprüfung 202, 514
Rechtschreibreform 160, **500ff**, 530, 581
Rechtschreibregeln 556
Rechtschreibung
siehe Orthografie
Rechtschreiburteil 502
rechts-orientiert, Tab 423
Rechtsrand 190
Rechtswissenschaften 465
recyclen 555
Recycling 555
Recycling-Papier 312
Redakteur 11, **142ff**, 478
als DTP-Anwender 295
als Sprachgestalter 554
Manuskriptannahme 111, 118
regulierende Funktion **105f**
Redaktion
Arbeitsweise 150
Bewertungsarbeit 144
Buchmanuskript **192**
Management 116, 127
Manuskripteinreichung 48
Mitarbeiter 117
Qualitätssicherung 147
wissenschaftliche Zeitschrift **142ff**
Workflow **155f**
Zeitschrift 9
Zugang von Beiträgen **142f**
redaktionelle Änderungen 147
Redaktionsassistent 142
Redaktionsbericht 144
Redaktionscomputer 160
Redaktionspolitik 144
Redaktroniker 265
Rede 5f

Register

Redensarten 497, 573
Redewendung 558, **572f**, 576
Redigieren **143**, 201
   am Bildschirm 128
   am Papierausdruck 194
   Ebenen 143
   Teil des Workflows 147
Redigierfunktion **194**, **280ff**
Redigierrand 303
Redigiervorlage, Zeilenabstand, doppelter 128
Redundanz 592
   Register 216
Referat 56, 106
Referatedienst 120, 452
Referateorgan 106f, 111, 457, 486
Referatezeitschrift 107
ReferenceManager 187
references 71, 457, 465
Referent 81
Referenzausdruck 313
Referenzdatenbank 449
Referenzintegrität, Datenbank 440
Reflexivverb 545
Reformgegner 501
Regelstudienzeit 49
Regelwerk **500ff**, 507, 512, 530
   Gliederung 503
Register **207ff**
   als Buchstabierkontrolle 553
   Auszug (Beispiel) 212
   dreistufiges 218
   Nachbearbeitung 220
   Seitennummer 217
   übersichtliches (Beispiel) **219**
   Verschachtelung 218
   siehe auch Index
Registerbegriffe 274
   Ordnen 275
Registereintrag 207, 209f, 259
   Sortieren 210
Registererstellung **208ff**, **265**, **274f**
   Computer-gestützte **220ff**
   mit Layoutprogramm 275
Registerkarte 221, 257
Registermarkierung 220
Registerstichwort 210
Registerumfang 209
Registerwort, Kontext **210**
registerwürdig 208, 220
Registriernummer 187, 456, 460ff, 469
Regressionsanalyse 405, 437
Regressionsgerade 387
Reichweite, Dokument 33
Reihe 222
   einer Tabelle **417**, 422
Reihendeskriptor 418
Reihentitel 418, 437
Reihentitelspalte 419
Reihenüberschrift 418
Reiners, Ludwig 495, 539, 569
Reinheit 28
Reinheitsgrade 70
Reinschrift **38f**
   Beitrag (für Fachzeitschrift) 125
   Bericht 40

Buchmanuskript **191ff**
Prüfungsarbeit 76
   Seitennummer 38
   technische Vorgaben 196
   Verbesserung 77
Reinzeichnung 197
   Beschriftung 379
Reisekosten 43
Reiterlied 569
Rektorat 81
Relation 365
relationale Datenbank 440
Relationszeichen 326, **352**
relative Atommasse **340**
relative Größenangaben 336
relative Molekülmasse **340**
relative Teilchenmasse 335
Relativpronomen 539
Relativsätze 535
   geschachtelte 538
Relaxationszeit 609
Relevanz 92
Renommee, Zeitschrift 145
Renommiersucht 498
Reparaturhandbuch 45
Repetition 567
Replikation, Datenbank 441
Repositorium 18
Reproanstalt 200
Reproduktion, Abbildungen **412**
Reproduktionserlaubnis **376**, 400
Reproduktionstechnik **408ff**
   Bildverarbeitung 383
Reproduzierbarkeit 70, 109
   Forschungsergebnisse 10
Reprografie 79, 200, 243
Reprokamera 409
reproreif 205
Reproreif-Aufbereitung 206
Resistanz 612
Retrieval-Software 166
Return-Taste 237, 433
revidierte Fassung, Annahme 147
Review 108
review journal 108
Review-Literatur 108
Review-Zeitschrift 447
Revision 184
   Beitrag (für Fachzeitschrift) 145
   Manuskripteinreichung 144
   Transparenz 146, **194**
Revisionsvorschlag 146
Revolution
   am Schreibtisch 7
   elektronische 18, 229
Reynolds-Zahl 323
Rezensent 47
Rezension **47**
Rezensionsexemplar 169
Rezipient 14
Rezipieren 91
Reziprokmeter 332, 609
Reziproksekunde 319, 332, 609
RGB (Rot-Grün-Blau) 285
RGB-Farbmodell **410**
Rheingold 12
Rhetorik 545
rhetorische Figur 570

Rhythmus 37, **496**, 526
Rich Text Format *siehe* RTF
Richtlinie, Online-Submission 127
Rigorosum 82
Rilke, Rainer Maria 521
Rinderwahnsinn 542
RIP (Paster Image Processor) **245**, **409**
Ritual, sprachliches **575**
Robertson, Michael 94
Rohdaten 22
Rohfassung **37f**, 190
   Bericht **35**
   Buchmanuskript 189
Rohmanuskript 190
Rohrleitung 398
Rohrleitungsfließbild 398
Rohschrift, Prüfungsarbeit 76
Rollbalken 258
Rollbördeln 520
Rollboxen 258
Rollkugel 254
Rollpfeile 258
römische Paginierung 39, 224
römische Zahlen,
   Gliederungsmerkmal 60
römische Zahlzeichen 224
Römpp, Hermann 519
Römpp Chemie Lexikon 518
Röntgen 334
Röntgenlicht 408
Rot 410
Rot-Grün-Blau *siehe* RGB
Roth, Klaus 593
Royal Society of London 11
rpm 329
RTF (Rich Text Format) **285**, 287
Rubrik 144
Rubrikenachse 385, 438
Rückendrahtheftung 313
Rückgängig machen 260
Rücktaste 237
runde Klammer 132
   hinter Größensymbolen 393
   im Formelsatz 355
runderneuern 560
Rundfunk 88
Rundumverglasung 543
run-in index 219

S
Sachbild 408
Sachbuch 588
Sachgebiet 178
Sachregister 207
Sachtexte, in Naturwissenschaft und Technik 499
Sachtitel 457, 475, 481
   Patentschrift 486
Sachverhalte 540
   Einordnen komplexer 42
   wissenschaftlich-methodische Erschließung 51
Sachverzeichnis 207, 274
Sachwort 120
Sackgasse 68
SAFARI 95
SAHARA 514
Salami-Taktik 110
Sammelbefehl 271

Sammelliteratur 107
Sammeln, der Literatur **186ff**
Sammeltitel 479
Sammelverzeichnis 120
Sammelwerk 186, 222, 476
sandgestrahlt 579
Satz **534**
   Abfolge 539
   als Klanggefüge 496
   Gedankenfluss 35
   siehe auch Autorensatz
Satzanfang 531, 540
Satzanweisung **304**
   Kommando-basierte 362
Satzaussage 525
Satzbau *siehe* Syntax
Satzbezug **533f**
Satzdatei, korrigierte 205
Satzende 529f, 535, 540
Satzfehler 205
   Korrektur 161
Satzgefüge **526**, 534
Satzgegenstand 525
Satzgrammatik 498
Satzherstellung 304
Satzkette 534
Satzkolumne 251
Satzkosten 169, 204
Satzlänge **534ff**
Satzlehre *siehe* Syntax
Satzmonstren 543
Satzprogramm 130, 283f
   Formelsatz im 367
Satzprotokoll 194
Satzqualität 244
Satzrechner 195, 204, 283
   Sonderzeichen 313
Satzsequenz 539
Satzspiegel 138, 249, 251, 375
Satzspiegelbreite **428**
Satzstudio 284
Satzsystem 96, 130, 205
Satztechnik 96, 153, 315, 352, 421
   Blocksatz 263
   Kompatibilität mit Schreibtechnik 284
   professionelle 285
   und Textverarbeitung **181**
Satzteile 526
   Stellung im Satz 532
   Verkettung 534
   Verschachtelung 534
Satzzeichen 352
   als Metainformation 291
   bei Fußnotenverweisen 311
   Quellenangaben 482
   Vancouver-Konvention 479
   Zitat 469
   Zitatnummern 468
Satzzeichenfehler 199
Satzzeichengebung **529ff**
Säulendiagramm 394
save 237
Savigny 525
Scala 287
Scannen 160, 200, 448
   Fehlerquote 312
Scanner **160f**, 232, 236, **241**
Scanprogramm 405
Schablone 138, 401
Schachteln, in Formeln 364

Schachtelsatz **534**, 537, 571
Schadewaldt, Wolfgang 522
Schalter, beweglicher 254
Schaltfläche 254, **258**, 261
scharfes „s" 506
Schaumschlägerei 543
Scheinsubstantivierung 545
Schema 369, **384**, **398f**
Schemakonstanz **504**
Schemazeichnung 41, 100, 408
Schichtdicke 609
Schiedsrichter 526
Schiller 17, 540, 569
Schlagwort 92, 120, 211, 459, 462
 Literaturdatei 187
Schlagwortverzeichnis 463
schlanke Produktion 176
Schleswig-Holstein 503
Schließfeld 258
Schließfläche 258
Schlussbemerkungen, Bericht **34**
Schlüsselwort 64, 462
Schlussfolgerungen **42**, 52, 56, 68f, 109
 Bericht **34**
Schlussklammer 311
Schlusspunkt 64
schmal, Zwischenraum 357
Schmal-Setzen 344
Schmelzpunkt 31, 209
Schmelztemperatur 330
Schmiedehammer 509
Schmutztitel 222
Schneider, Wolf 128, 265, 496, 535, 559, 589
schnelle Zugriffszeit 575
Schnellhefter 183, 303
schnellstmöglich 564
Schnittstelle
 Autor–Redakteur 131
 Computer–Außenwelt **243**
 Parallel- **233**
 SCSI- 240
 USB- 240
Schoenfeld, Robert 495, 578
Schönheit der Sprache 490, 496
Schraffur 386, 388, 396
schräge Linien 406
Schrägstrich 100, 342, 363
Schrägstrich-Notation 355
Schrägstrich-Schreibweise 333
Schraubendreher 332
Schreib-/Lesekopf 234
Schreibarbeit 50, 75
 elektronische Revolution 229
Schreibbereitschaft 185
Schreibbreite, Tabellenkopf 428
Schreibcomputer 184, 232
Schreibebenen 327
Schreiben
 als Dialog 37
 als Kommunikationsform **3ff**
 als Teil der Studienordnung 13
 am Bildschirm **9ff**, 183
 auf Englisch 51
 Ergonomie 125, 262
 Fehler 38

Lehrveranstaltungen 13
 natürliches **525**
 raumgreifendes 189
 Sorgfalt 38
 Technik 13
 von Band 183
 siehe auch Schreibtechnik, wissenschaftliches
Schreibende(r), Schreibkontakt 37
Schreibfeld 375
Schreibfertigkeit 38
Schreibfläche 303
 Bildschirm 258
Schreibkontakt **37**
Schreibkopf 247
Schreibkraft 76
Schreibmaschine 75f, 184
 Arbeitsplatz 7
 elektrische 229
 elektronische 263
 Hervorbringen von Formeln 195
Schreibmaschinen-Look 115
Schreibmaschinenschrift 40, 197, 296
 Größe 312
Schreibpapier 196
Schreibplatz 239
Schreibprobe 179
Schreibrand 197
Schreibschwierigkeiten 489
Schreibspiegel 197, 251
Schreibstil 495
 Bericht **31**
 Versuchsprotokoll **31**
Schreibtasten 236
Schreibtechnik 183, **229ff**, 244, 378, 421
 Kompatibilität mit Satztechnik 284
 siehe auch Schreiben
Schreibtisch **230**
 siehe auch Desktop
Schreibung 498
 eingedeutschte 553
 fremdsprachige 511
 integrierte 511, 553
 mit Bindestrich **511ff**
Schreibvarianten 502
Schreibweise
 eindeutschende 91
 einheitliche 202
 Hilfslisten 553
 intergrierende 91
 Kontrolle 185
 korrekte 159
 Zahlen **342ff**
Schreibzeichen 236, 253
Schreibzeile 130, 301, **351**
 in Tabellen 428
 skalierte 429
 unterste 303
Schrift **268f**
 Darstellungsformat **244f**
 eingebundene 156f
 Geschichte 300
 Laufweite 304
 Nachinstallieren 287
 Warenzeichen-geschützte 300
Schriftart 59, 129, 244, 283
 Formatieren 261

interne Codes 286
 Probedruck 181
Schriftartendatei 9
Schriftauszeichnung 129, 283, 304
 als Metainformation 291
 Buchmanuskript 191
 siehe auch Auszeichnen, Hervorheben
Schriftauszeichnungssprache 289
Schriftbild 520
Schriftelement 373
Schriften, Nenngrößen (Bild) **298**
Schriftendiskette 245
Schriftenverzeichnis 466
Schriftfamilie **298f**
Schriftfarbe 304
Schriftformat 129, **245f**
Schriftformatvorlage 267
Schriftgrad 59, 129, **298f**, 507
 Formatieren 261
 gestufter 327
Schriftgröße 129, 244, **298f**
 in Formeln 364
 Probedruck 181
 Zeichnungen 382
Schriftleiter 142
 regulierende Funktion 105
Schriftleitung **142ff**, 147
 schriftliche Arbeiten **16**
Schriftmenü 300
Schriftmerkmal 55
 Ersetzen 278
Schriftmuster, Beispiele (Bild) **297**
Schriftsatz 9, 96, 151, **229**
 Buchmanuskript 181
 in Naturwissenschaft und Technik 229ff, **296ff**
 komplizierter 202
 Sonderzeichen 55
Schriftschnitt 9, 129, 244f, **297**, **300f**, 304f, 403
 Formatieren 261
 zur Hervorhebung 304
Schriftsetzer 153, 202, 206, 359
 siehe auch Setzer
Schriftsteller 17, 170, 501, 529
Schriftstil 59, 129, 305
 Ersetzen 278
Schriftstück 229
 Konsistenz 553
 Textbausteine 271
Schrifttum 59
 philosophisches 552
Schriftwechsel 300
Schriftzeichen 6, 244
Schriftzeichenfolge 275
 Ordnen 472
Schrittschaltung 263
Schüler 591
Schüleraufsatz 560
Schüler-Duden 529, 591
Schüssel, Wolfgang 494
Schützen 280
Schutzrecht 485
Schutzrechtsart 485
Schutzrechtshinweis 485
Schutzrechtsnummer 485
Schutzumschlag 224
Schutzvermerk 222

schwanger 565
Schwarz 377, 408, 410
Schwarzweiß-Bild 404
Schwarzweißfotografie 408
Schwarzweiß-Malerei 378
Schwebstoff 590
Schwefeldioxid 592
Schweiz 494, 502, 506
Schwulst 561
SCI siehe Science Citation Index
science 84, 447
Science Citation Index (SCI) 117, 119
Scientific, Technical and Medical Publishers siehe STM
scientific community 11, 110, 117
Scientific Illustration Committee **380**
SCI-Rankingliste siehe Science Citation Index
screen 554
screeningmäßig 579
scroll bar 258
Scrollen 91, **238**, **258**
SCSI-Schnittstelle 240
SDI 453
Seattle Computer Products 234
section sign 140
Seewesen 18
sehr 562
sein 561
Seite
 bebilderte **370**
 Raumaufteilung 250
Seitenansicht 273
Seitenbegrenzung 202
Seitenbenummerung 303
Seitenbereich **218**, 221
Seitenbeschreibungssprache 246, 251
Seitenende 140, 310
Seitengestaltung 151
Seitengestaltung 249ff, 283, 293
 Buch 204
 mit Bildern **370**
 siehe auch Layout
Seitengestaltungsprogramm siehe Layoutprogramme
Seitenlayout 135
Seitenlayout-Ansicht 273
seitenneutral 204
Seitennummer **39**, 258, 302
 Anschlagen 62
 auf Musterseite 267
 automatische Eingabe 129
 für Querverweis 188
 im Register 207
 Inhaltsverzeichnis 57
 Platzierung 39
 Register 217
 Reinschrift 38
 siehe auch Paginierung, Seitenzahl
Seitennummerierung 129
Seitenrand 140
 siehe auch Rand
Seitenverweis 188, 206f, 217f
 Inhaltsverzeichnis 57
Seitenwechsel 243
Seitenzahl 178, 182, 258, 303

Laborbuch 26
  siehe auch Paginierung,
    Seitennummer
Seitenzahlangaben 347, 458
Seitenzahl-Bandwurm 211,
  217
Seitenzählung 39
Seitenzeiger 218
seitlich 551
Sekretariatskraft 142
Sektor 396
Sektordiagramm 396
Sekundärliteratur 107, 447
Sekundärverleger 119
Sekunde 317, 330f, 609
selbständige wissenschaftliche
  Arbeit 49
Selbstdarstellung,
  Wissenschaftler 10
selbstextrahierendes Archiv
  198
selbstkritisch 69
Selective Dissemination of
  Information 453
Selektieren 480
  Fundstellen 439
Selektion 441
Semantik 142, 577
  Mehrdeutigkeit 527
semantische Blockade 577
semantische Verkürzung 525
Semasiologie 577
Seminar 40
Seminarbericht 40
Sender, Botschaft 5, 592
Sengbusch 173
senior scientist 12
senkrechte Schrift 297
  siehe auch steile Schrift
sentence outline 34
sequentieller Code 369
Sequenzlänge 329
Serial 85, 108
Serienangabe 600
Serienbrief 443
Serien-Gruppe 482
Serifen 317
  (Bild) 381
Serifenschrift 296
  Bildbeschriftung (Bild)
    381
Server
  E-Mail- 9
  FTP- 203, 314
  Internet- 95
  lokales Netzwerk 232
  Preprint- 5
  Web- 99, 452, 455, 483
Setzer
  Buchherstellung 192
  siehe auch Schriftsetzer
Setzerei 147, 151, 176, 205
Setzkasten 300
Setzverfahren 304
SGML
siehe Standard Generalized
  Markup Language
SGML-basierte Publikation,
  Formeleditor 368
SGML-File 81
Shakespeare, William 98
Shareholder 168
Shareware 198, 240
short communication 114

shortcut 262
SI (Système International
  d'Unités) 316ff, 322, 339
  siehe auch Einheiten, SI-
    Einheiten
SI-Basiseinheit 332
SI-Basisgrößen und -einheiten
  317
Sicherheit 346
Sicherheitshinweise 46
Sicherheitsinformation 46
Sicherheitskopie 15, 76, 184,
  312, 314
Sichern 237, 259
  siehe auch Speichern
sichtorientiert (Programm) 362
Sick 556, 571
siehe auch-Verweis 217, 221,
  274
siehe-Verweis 217, 221, 274
SI-Einheiten 330ff
  (Tabelle) 609ff
  siehe auch Einheiten, SI
Siemens 612
Signatur 459
Signet 222
Signifikanz 25, 110, 148
Silbenlänge 303
Silbentrennfehler 204
Silbentrennprogramm 160, 263
Silbentrennung 76, 154, 160,
  283, 304, 582
  automatische 263, 290
  falsche 162
  manuelle 290
Simmel 17
sin 365
Singular, Registereinträge 215
Sinnbildlichkeit, von
  Fachausdrücken 520
Sinneseindrücke, aus
  Sprachbildern 588
Sinnesphysiologie 552
Sinnfälligkeit 576
Sinngehalt 37
sinnorientiert (Programm) 362
Sinnverdoppelung 565
Sinnzusammenhang 572
SI-System 566
SIT-Datei 198
Sitzungsbericht 11
Skala, logarithmische 389
Skalen 388
Skalierung 137, 388ff, 404
Skalierungsstriche 389
Slash 100, 328, 363
slash notation 328
SO_2 592
Softcover 224
Soft Fonts 246, 301
soft hyphen 290
Softquad 92
Software 230, 248ff
  siehe auch Sichern
Softwarehaus 486
Softwaretechniken, Literatur
  171
sog. 566
Sonderdrucke 456, 459
  Liste der 43
  Veröffentlichung 187
Sonderprogramm 131
Sonderschrift 253
Sondersprachen 499

Sondertasten 236
Sonderteile 77, 91, 125, 152,
  190, 315
  Bericht 40
  Buchmanuskript 195ff
  Musterkapitel 179
Sonderzeichen
  beim Datentransfer 127
  Formeln 323, 352ff
  Gleichungen 130
  in Dokumenttiteln 55
  Korrekturlesen 161
  mathematische 182
  Musterkapitel 180
  Satzrechner 195, 313
  Titel 55
  Zeichenformate 268, 301
Sonett 53
Sorgfalt 525
  beim Schreiben 38
Sortieren 73, 264, 442, 464
  Datenbank 439
  in der Tabellenkalkulation
    437
  Literaturverwaltungspro-
    gramm 480
Sortierfeld 187
Sortierlauf 121
Sortierlerz-Syndrom 511
Spalten 138, 249
  einer Tabelle 422
  korrelierende, auf
    Arbeitsblatt 438
  siehe auch Tabellenspalte
Spaltenbeschreibungsvektor
  421
Spaltenbreite 138
  AutoAnpassen 429
Spaltendeskriptor 418
Spaltenkopf 418
Spaltensatz 138, 253, 263, 421
Spaltentitel 418, 437
Spaltenüberschrift 418, 432
Spannung 526
Spannungsbogen 496, 540
Spationieren 343
Spatium 467
Speicher
  Arbeits- *siehe* Arbeits-
    peicher
  Festplatten- *siehe* Fest-
    platte
Speicherbedarf 240
  Vektorgrafiken 407
Speicherbit 241
Speicherdichte 165, 239
Speichereinheit 268
Speicherformat 283, 285f
Speichergröße 234
Speicherkapazität 8, 165
  Disks 160
  Festplatte 407
Speicherkarte 241
Speichermedium 8, 234, 239
  virtuelles 89
Speichern 237, 259
  siehe auch Sichern
Speichern unter 267
Speicherplatz 76
  Pixelgrafik 406
Speicherstab 241
Spektren 28, 71
Spektren-Datenbank 102
Spektrensammlung 164

Spektrogramm 381, 384
Spektrometer 101
Spekulation 69
spelling checker 160, 514
Sperren 55, 343
  Zeichenformat 358
Spezialprogramm 77
spezielle Funktion 327
Spiegeln 404
Spiegelstrich 309
Spiralheftung 313
Sprachästhetik 522
Sprachbild 572ff, 588, 592
Sprachbilder
  fachsprachliche 521
  Zusammenstellen von 573
Sprachdomäne 223
Sprache 12
  allgemeine Hinweise 37f
  als Florett 562
  als sequentieller Code 369
  Betonung 37
  Bildhaftigkeit 573ff, 588
  Energie 526
  Entpersönlichung 549
  Feinheiten 38
  gesprochene 6
  Gliederung 529ff
  Kommunikationsmittel 4,
    516
  Logik 37
  Mängel 142, 199
  Musterkapitel 179
  präzisierte 589
  Stolpersteine 38
  Symmetriegesetze 533
  Ungenauigkeit 520
  Wiederholungen 37
  Wirkung 35ff
Sprache–Fachsprache,
  Beziehungsfeld 516
Sprachempfinden 12, 499
Spracherziehung 489
Sprachfüllsel 559
Sprachgemeinschaft 501, 517
  internationale 535
Sprachgesetze 515
Sprachgesetzlichkeit 531
Sprachkenntnisse 72
Sprachkultur 489
Sprachkunstwerk 495
Sprachlehre *siehe* Grammatik
sprachliches Zeichen 590
Sprachmelodie 37
Sprachmodelle 515f
Sprachnot 558
Sprachökonomie 522, 580
Sprachprobleme, der Natur-
  wissenschaften 589
sprachpuristisch 563
Sprachreinheit 513
Sprachrevision 180, 199
Sprachrhythmus 37
Sprachschatz 160
Sprachsensibilität 575
Sprachsexismus 7
Sprachszenarien 574
Sprachteilhaber 500
Sprachumgang, als Lehr- und
  Ausbildungsgegenstand
  499
Sprachverkürzung 533
Sprachvernunft 554
Sprachwerk 103

Sprachwissenschaft 577
Sprachwissenschaftler 516, 551
spreadsheet 418, 436
Sprechbarkeit, Fachausdruck 520
Sprechen 506
Sprecher 42
Sprichwort **573**, 576
Springer 173
Springer Open Choice 93
Sprühdose 378
Sprungmarke 80
SPSS (Statistical Package for the Social Sciences) **395**
Spuren Elemente 578
ß/ss-Neuregelung 506
Staatsexamen 49
Staatsexamensarbeit **49**, 468
staff editor 105
Stamm, beim Verb 529
Stammprinzip **504**, 512
Stammschreibung **504**
Standard *siehe* Norm
Standard-Abkürzungen 139
Standardabweichung 148, **346**, **388**, 437
Standard-Dokumentvorlage **267ff**
Standarddrucker 154
Standard-Druckertreiber 154
Standardeinstellungen, Anpassen 262
Standardfestplatte 234
Standardformatierung 359
Standard Generalized Markup Language (SGML) 92, 129, 220, 251, 271, 289
   siehe auch SGML
Standardisierung
   Arbeitsabläufe 28
   siehe auch Normung
Standard-Serifenlos-Schrift 287
Standard-Serifenschrift 287
Standardsprache 500
Standardzustand 323
Stand der Technik 110
Standort, Dokument 456, 459
Standort-Angabe 460
Stanzereitechnik 520
STARCALC 396
STAROFFICE 396
STARWRITER 248
state of the art 117
Statistical Package for the Social Sciences *siehe* SPSS
Statistik 25, 111, 148, 397
Statistiker 111
Statistiksoftware 148, **346**, **395**, 405
statistische Auswertung 148
statistische Versuchsplanung 25
Status-Bericht 44
Statusinformation 258
Steckkarte 233
Steckplatz **233**
Steigerung **562ff**
steil (Schriftschnitt) 253, 297
steile Grundschrift, im Formelsatz 327
Stellengliederung 58, 63, 123
   bei Querverweisen 188

Stellenklassifikation **58ff**
Stellplatz 165
Stemmler, Theo 551
Stempel, elektronischer 156
Stenoaufzeichnung 183
Stenografie 183
Steradiant 335, 609
Stern 323
Sternchen 140, 311
Steueroperation 233
Steuersignal 291
Steuertabelle 420
Steuerzeichen 268, 282f
Stichprobe 25, 346
Stichwort 120, 459, 463
   als Merkposten 75
   Gliederung 34
   Literaturdatei 187
Stichwort-Cluster 74
Stifterverband für die Deutsche Wissenschaft 588
Stiftungsfonds 56
Stiftungsorganisation 42
Stil
   als Paradigma **495**
   Bewusstwerden 38
   Mängel 199
   technischer Text **75**
Stilblüten 495, 572
Stilfibel 495, 569
Stilgefühl **12**, 499
Stilkunde 12, 490, 496
Stilkunst 495
Stilvorlage 270
   siehe auch Formatvorlage
Stimme 6
   Vermittlungseinrichtung 6
stimmloses „s" 506
STM 166, 376
   siehe auch Naturwissenschaften, Technik und Medizin
stm-Autor 200
stm-Bücher, Basisgestaltung 295
stm-Fachzeitschrift 121
stm publishing 84
STN International 64
Stöchiometrie 29, 328
stöchiometrischer Index 351
   siehe auch Index
stöchiometrisches Rechnen **341**
Stoffgemisch **340f**
Stoffmenge **317**, 328, 330, 333, **338ff**, 611
Stoffmengenanteil **341**, 611
Stoffmengenbegriff **340**
Stoffmengenkonzentration 341, 351, 611
Stoffportion **339**
Stolpersteine 38
straddle line 431
Strahlungsenergie 612
Strahlungsfluss 566
Strahlungsmenge 612
Streckensymbole, in Fotos 411
Streifenmuster 410
strenges Glück 185
Stress 125
Streubereich 148
Streudiagramm 438
Streudose 561

strg, Steuerung 236
Strich 378
   bei Registereinträgen 219
   übergesetzter 324
Strichcode 223
Strichgrafik *siehe* Strichzeichnung
Strichlinie 387
Strichmarken 385, 388
   in Diagramm (Bild) **389**
Strichpunkt 540
   Satztrennung 534
   Vancouver-Konvention 479
Strichpunkt-Linie 387
Strichstärke 247, 380, 404
Strichzeichnung 133, **377ff**, 404f, 408
   drucktechnische Verarbeitung **379**
   siehe auch Grafik
string 194
Stromstärke **317**, 330
Struktur 101
   Bericht 34
   chemische 30
   Dokument 58, 64
Strukturberechnung 101
Strukturbild **398**
Strukturcode, Vancouver-Konvention 479
Strukturelement 401
Strukturformel 77, 100, 130, 247, **518**
   Abschlussarbeit 41
   Zeichnen 29
   siehe auch Formel, chemische
Strukturieren 73f
   Textkörper **307**
Strukturmerkmal 251
Strukturzuordnung 109
Strunk 118, 497
stub 419
STUDENT-t-Verteilung **346**
Studienabschluss 41
Studienarbeit 51
Studiensemester 41
Studienwechsel 72
Studium, technisch-naturwissenschaftliches 75
STUFFIT 198
Stufigkeit, Register 218
Stunde 331, 334, 609
Stürzen, einer Tabelle 419, 425
style 245, 270
   Chicago Manual of 209
style sheet 251, 270
Subjekt 530
Subskript 128, 130, **323**, **351**
Subskription 97
Subskriptionsmodell 93
Substantive
   als Aktionsworte 551
   Kopplung 584
   Trennung vom Artikel 535
   zusammengesetzte 578f
   Zusammensetzung mit Verb 507
Substantivierung **541f**
   von Verben 544
substantivische Beifügung 213
substantivisches Attribut 533
Substantivitis **542f**

Substanz
   Charakterisierung 31
   Handelsname 30
   physikalische
      Eigenschaften 31
   Reinigung 31
   Struktur 30
Substruktur 30
Substanznamen-Register 207
Substanzprobe 21
Substruktur 30
Subtrahieren 437
Subtraktion 347, 354
Subtraktionsbefehl 347
Subtraktionsfehler 22
Suchabfrage 441
Suchbegriff 92, 462f
Suchen
   in Datenbank 441
   in der Tabellenkalkulation 437
   mehrdimensionales 166
   Suchen und Ersetzen **264**, **276ff**
Suchergebnis, Bewertung 92
Suchfunktion, Datenbank 439
Suchkriterium 166, 441f
Suchlauf 121, 185, 276
Suchmaschine 92, 451, 483
Suchstrategie 92, 453
Südtirol 503
Suffix 542, 544, **582**
SUITCASE 127
summa cum laude 81
summary 122
Summe 310, 350, 442
Summenzeichen 130, **356f**, 361
Sun Microsystems, Inc. 101, 248, 396
Superlativ 562f
Superskript 128, 130, **323**, **351**
Süskind 496, 571
Sütterlin 300
Sütterlinschrift 300
Symantec Corp. 198, 240
Symbol (Zeichensatz) 130, 245, 300, **324**, **352**, 356
Symbole 268
   in Abbildungen 373
   und Abkürzungen 585
   Liste der 139, 182, 325
   math.-phys. 300, 323
Symbolleiste 261
Symbolverzeichnis 223
Synonyme 208, 278
Synonymie 527
Synonymitis 527
Synonymwörterbuch 528
Synopse **115**, 122
   im Internet 86
Synopsen-Zeitschrift 115
Syntagma 570
Syntax 142, 199, 492, 529
   Mehrdeutigkeit 527
Syntheseprinzip 109
synthetisches Bild 378
System 339
Système International d'Unités *siehe* SI
Systemsoftware 252
Systemwechsel 250

Register

T
tab **423**, 429
Tabellen **133ff, 137ff, 417ff**
  als Text 138
  auf Web-Seiten einbinden 290
  aus Arbeitsblatt entwickeln 438
  AutoAnpassen 429
  elektronisches Einreichen **432**
  für Direktreproduktion (Bild) **424**
  gebrochene (Bild) **425**
  Gefängnisgitter-Look 432
  gegliederte **435f**
  in Layout übernehmen 288
  Leermuster 138
  Platzierung 161
  Raumaufteilung **265**
  Satzvorlage (Bild) **424**
  Umwandlung in Grafik **394**
  vollständige (Bilder) 427
  Zitat 469
Tabellenachsen 420
Tabellenbezeichner **426**
Tabellenblatt **437f**
Tabellenende 432
Tabellenfach 138, 432
  als Informationsspeicher **419ff**
  eingezäuntes 432
  leeres 434
  Rahmen **433**
Tabellenfeld 418, 420, **431ff**
Tabellenformat 138, **424**, **433**
  Verlust bei Weiterverarbeitung 284
Tabellenfunktion, Textverarbeitungsprogramm **423**
Tabellenfußnote **311**, **428**, **435f**
Tabellengenerator 249
Tabelleninhalt 431, 435
Tabellenkalkulation 397, 428, **436ff**
Tabellenkalkulations-Modul 437
Tabellenkalkulationsprogramme 29, **248**, 396, 418, 421
Tabellenkalkulationsumgebung 420, 437
Tabellenkopf 421, **428f**
  gegliederter **431f**
  Größenangaben 319
  (Muster) **430**
Tabellenkörper **433**
Tabellenlegende 139
Tabellenmanuskript 137, 196
Tabellen-Menü 429
  Textverarbeitung 428
Tabellenmuster 432
Tabellennummer 420, **426**
Tabellenraster **422**
Tabellensatz 343, **421f, 429**
Tabellenspalte **265**, 343
  siehe auch Spalte (einer Tabelle)
Tabellentabulator 265
Tabellentitel **426**
Tabellenüberschrift 138, 209, **418ff, 426f**, 432
  als HTML-Tag 289
Tabellenvordruck 432

Tabellenwerke 420
Tabellenzeiger 254
Tabellenzeile 417, 422
Tabellenzelle 238
Tabellieren **421**
  Messergebnisse (Muster) 419
Tablett 236
Tab-Sprung 429
Tabstopp 238
Tabstopp-Sprung 238
Tabulator 236f, 308, **423**, 429
Tabulatorpositionen, interne Codes 286
Tabulatortaste 238, 423, 429
Tafel **421**
Tag (Strukturmerkmal) 251
Tag (Zeitmaß) 331, 334, 609
Tagebuch
Tagebucheintrag 18
Tagged Image File Format (TIFF) 134, 407
Tagung 5, 110
Tagungsband 412
Taktgeber 233
Taktrate 233
Tara 22
Tastatur 7, 184, 232, **236ff**
  Blindschreiben 183
Tastaturbelegung 267
Tastenfeld 236
Tastenkombinationen **237ff**, 254
  in LaTex 365
Tastentechniken 252
Tastenverfahren 260
Tastenzuweisungen, Anpassen 262
Tataren-Nachrichten 595
Tätigkeit 550
Tätigkeitswörter 525
  in Zusammensetzungen 577
  siehe auch Verben
Tatsachen 595
tausend 510
Tausende 510
Tausendergruppen 344
Tautologie **565**
TCP/IP 8
  siehe auch Netzwerk, Übertragungsprotokolle
Team 30
Teamarbeitsfunktion 194
Teammitglied 280
Teamware 280
Technik 408
  als Urhumanum 522
  Heilserwartung an 596
  Sprachbedarf 489
  Sprechbarkeit 520
  Wortnot der 516
Technikautor **44f**
Technik des Schreibens **75f**
Technikdokumentation 44
Techniker **6**, 170
  als Angewandte Mathematiker 362
Technikersprache **519ff**, 543, 548, 561, 577, **580**
Technikgeschichte 515
Technikkenntnis 46
Technische Dokumentation **44**,

46
technische Fachsprachen, zusammengesetzte Substantive 509
Technische Hochschule 6, 50
technische Kommunikation
  Qualität **11**
  siehe auch Gesellschaft für Technische Kommunikation
Technischer Autor 44
Technischer Bericht 44
technischer Betrieb 152f
Technischer Redakteur **44f**
technischer Text, Stil **75**
Technischer Zeichner 200, 380, 400
technische Sicherheit 47
technisches Manuskript 498
Technisches Schreiben **75**, **515**
technische Zeichnung 382, **399ff**
TEI siehe Text Encoding Initiative
Teil, Gliederungseinheit 60
Teilbild 375, 404
Teilchen 339
Teilchenbeschleuniger 112
Teilchenmasse 340
Teilchenzahl 610f
Teilstriche 389
TEKOM siehe Gesellschaft für Technische Kommunikation
Telefonleitung 247
Telefonnummer 27
Telekommunikation 6, **8**, 83, 88, 102, 145, 445, 506
  Standardisierung 285
Tele-Operation 102
Temperatur **317**, 330, 610
Temperaturerhöhung 574
Template 127, 138, 432
  Dokumentvorlage 266
Temporaladverb 548
Temporalsatz 547
Tempus 547f
Terabyte 234
Term 315, 347, **362**
Terminologie
  der Chemie **518f**
  des elektronischen Publizierens 229
  Fachausdrücke 208
  Fachsprachen **515ff**, **526**, **552**, 566
  Formeln **322**
  Musterkapitel 179
  Registererstellung 217f
  Richtlinien 148
  Textentwurf 190
  Zeitschriftenredaktion 143
Terminologiearbeit 515
Terminologieausschuss 277
Terminologieausschüsse 554
Terminüberschreitung 186
Terminüberwachung 176
Terminus 208, 517
  Begriffsinhalt **526**
  Gütepole 521
Terminus technicus 208, 277
Test 69
Testat 40
Tetrahedron Letters 114
TEX 77, 130, 250, 350, **359ff**
  WYSIWYG-Editor 368

Text 59
  ausgeblendeter 291
  Blocksatz 76
  digitalisierter 153
  Eintippen 9
  Erscheinungsbild 261
  flatternder 76
  gegliederter 58
  gesetzter 36, 192
  Gliederung 60
  Gliederung und Benummerung 63
  Gliederungsansicht 272
  Hauptsegment 58
  Herstellungsweg 134
  in Tabelle umwandeln 138
  Kapazitätsgrenzen 6
  lebendiger 542
  Maschine-geschriebener 36
  Metainformation 289
  monotoner 6
  nachträgliche Änderung 152
  nachträgliche Digitalisierung 160
  naturwissenschaftlich-technischer **231ff**
  scharfe Kontur 561
  Strukturierung 272
  technische Qualität 7
  Transformieren 135
  Unterteilung 58, 60
  Verschlagwortung 211
  Verständlichkeit 539
  Wortfundstelle 92
  siehe auch wissenschaftlicher Text
Textabschnitt **259f**
  Formatieren 251
  formatierter 270
  Indexierung 274
  markierter 238, 256, 260
Textänderung 157
Textanordnung, Anordnung 59
Textausrichtung 429
Textauszeichnung 286
  interne Codes 286
Textbausteine 190, **267**, **271ff**
  Formelelemente 358
Textbeginn 63
Textbereich 303
Text-Bild-Integration 151
Textdatei
  Verarbeitung im Drucker 243
  siehe auch Nur-Text-Datei
Textelement 137
  Einfügen 404
Text Encoding Initiative (TEI) **100**, 482
Textende 140
Textentwurf **35**, 75, 189f
Texterfassung 151
Textfassung 75, 190
Textfeld 39, 303, 307, 375
  Buchmanuskript 192
Textfenster 407
Textformel 361
Textgestaltung 202, 231, 261
Texthintergrund 291
Textkörper 273, 307, 348
  Verschieben 74
Textkorpus 513

Textlineal 423
Textmanuskript
  als Teil des Buchmanuskripts 196
  klassischer Verarbeitungsweg 200
Textmarke 188, 221, 254
Textmodus 461
Textprogramm 245
Textprozessor **232**
Textrahmen 267, 308
Textsegment 57
Textsorte 40
Textspeichermedium 89
Textstück
  Ausschneiden 38
  Einfügen 38
  Kopieren 38
  markiertes 260
  Verkettung 95
  Verschieben 38
Textumfang 209
Textumfeld 138, 527
  unverändertes 162
Textumgebung 75, 359
Textverarbeitung **184f**, **229ff**
  Computer-gestützte 230
  Einführungskurs 249
  Evolution 96
  Formatierung 35
  Gestaltungsregeln 324
  Gliedern 74
  Kompatibilitätsprobleme 285
  Kostenaspekt 169
  Methoden **264ff**
  Prüfungsarbeit 75
  Redigierfunktion **280**
  Standardisierung 180
  Strukturieren 74
  Tabellen-Menü 428
  Tabellensatz **417**
  Teamware **280**
  Überarbeiten-Modus 162
  Umgang mit Formeln 315ff
  Zentrieren 55
Textverarbeitungsprogramme **248ff, 252ff**
  Anpassen **262**
  erste Fassung 38
  Erstellen von Tabellen **421**
  Formeln 351
  Online-Publikation **158**
  Registeranfertigung **274**
  Satzkompatibilität 284
  Tabellenfunktion **423**
  typografische Qualität 284
  Web-Fähigkeit 290
Textverarbeitungssystem 76, **96, 184ff**
  Datenaustausch 187
  Datentechnik **243**
  Kompatibilität 181
  Leistungsgrenzen 78
  Manuskripteinreichung 115
  Redaktion 151
  Reinschrift 38
  Rohfassung 38
  Standardschriften 300
  Zeichenvorrat 77, 130
  Zusatzprogramme 77
Textvorlage, Auszeichnen 304
Textzeile, oberste 303

t-Faktor **346**
TFT **242**
TFT-LCD-Technik 242
Theaterkritik 47
The Chicago Manual of Style 209
The Lancet 90
Themenheft 144
Themodynamik (Größen und Einheiten) 610
Theoretischen Chemie 324
Theoretische Physik 113, 360
Theoretischer Teil 52
Theorie 52
Thermobinden 79
Thermodynamik 319, 322
thermodynamische Temperatur 323
Thesaurus 120, 463
These, Verkünden einer 68
thesis 49
Thieme-Verlag 518
Thomson, William 333
Thomson Scientific 117
Tiefe 609
Tiefstellung 323, 348, **350**
  Satzrechner 195
Tiefzeichen 128, **323f**, 351, 364
  Musterdruck 182
  Raumbedarf in Zeile 302
Tierversuch 24, 70
TIFF *siehe* Tagged Image File Format
Tilde 269, 323
timen 556
Times 9, 287, 297, 300, **381**
Timesharing 556
Times New Roman 245, 287, 297
Tintenstrahl 243f
Tintenstrahldrucker 77, 196, **243f**
Tippfehler 184
Titel (Dokument) **54**, 456
  analytischer 479, 481
  Aussagekraft 55, 57
  Länge 120
  Recherche 55
  Sonderzeichen 55
  unabhängige Publikation 476
  des Werkes 222
  Wortwahl 120
  Zeitschriften 457, 484
  Zeitschriftenartikel 452
Titelangabe, Patentschriften
Titelblatt **42, 54**
  Bericht **39**
  Dissertation 52
  Vorname 55
  Zeilenstand 55
  Zentrieren 55
Titelei **221ff**
Titelgruppe 223, 481
Titelleiste **258**
Titelsammlung 55
Titelseite **42, 221f**, 303
  gesonderte 39
Titelverzeichnis 120
Titelwahl, Beitrag 119
Tmesis **536f**
Toleranzbereich 345
Toleranzgrenzen 595

Tollpatschigkeit 572
Ton 173
Tonabstufung 407
Toner 184, 408
Tonfrequenz 575
T-Online 145
Tonne 331, 335, 610
Tonsequenz, im Internet 100
topic outline 34
Tortendiagramm 396
Tortenstück 397
Touchpad 254
Trafo 586
tragbarer PC 232
Trägerzeichens **351**
Transistor **268**, 522
transistorisieren 522
transitiv 546
Transparent 372, 380
Transparenz 146
Transponieren, einer Tabelle 419, 425
Treffer 442, 464
  Recherche 92
Trennfuge 581
Trennstrich 263, **291, 354, 582**
  bedingter 290
Trennung **536**
  siehe auch Silbentrennung
Trennungsschutz 292
Treppen-Look 406
Treppenpolygon 394
Triade 342
trigonometrische Funktionen 327
Trivialnamen, der Chemie 520
Trockenkopierer 244, 408
Tröpfchenstrahl 244
trouble shooting 231
TRUETYPE-Schrift 245, 301
  siehe auch POSTSCRIPT, Seitenbeschreibungssprache
Trunkieren 464
Trunkierungszeichen 277
Tschernobyl 333
Tucholsky, Kurt 512f, 537, 544, 560, 571
Tusche 380
Tuschefüller 378, 380
Twain, Mark 509, 537, 574, 578
TypeManager 245
Typenhebelmaschine 229
Typenrad 300
typeset quality 244
typesetter 153
type size 299
Typografie 229, 293, **297ff**
Typografiekenntnisse 206
typografische Objekte, Messung 298
typografisches Element 137
typografisches Maßsystem, englisch-amerikanisches **298**
Typometer 298
Typoskript 190, 302

U
Überarbeiten-Funktion, Textverarbeitung 162, 194, **280f**
Überarbeitung 38
  Beitrag (für Fachzeitschrift) 144
  Prüfungsarbeit 76
überflüssig 216
Überschreiben 260
Überschrift **306ff**
  als auflockerndes Element 64
  Bericht 31
  Buchstaben zur Kennzeichnung 58
  Formatvorlage 57
  Größe 59
  Kapitel 58
  Kennzeichnungsmerkmal **58f**
  Laborbuch 31
  letzte 35
  Rang 58, 61
  Registereintrag 209
  Tabelle 138
  Textsegment **58**
  Typografie 61
  unbenummerte 60
  Ziffern zur Kennzeichnung 58
  Zusammenstellung aller 57
Überschriftebenen **58f, 61ff**
Überschriften-Cluster 63
Überschriftenhierarchie 61
Übersetzer 103, 222
  von Buchstaben 286
Übersetzervertrag 167
Übersetzung
  aus dem Englischen 172
  Fachsprache–Gemeinsprache 591
Übersetzungsbedarf 554
Übersetzungslizenz 377
Übersetzungsvorgang 9
Übersicht, am Bildschirm 38
Übersichtlichkeit 581
Übersichtsartikel 107f, 129, 186, 448
  Reichweite 33
Übersichtsbild **401**
Übersteigern 559
Überstülpen, von Beugungsendungen 555
Übertragen, von Sinnzusammenhängen 572
Übertragungseinrichtung 4
Übertragungsfehler 22
Übertragungsprotokolle 99
  FTP 203, 314
  HTTP 99f, 314
  TCP/IP 8
Übertragungstechnik 8
Überzeichen 323f
Übungsaufgabe 174
Ullmann 450
Ullmann's Encyclopedia of Industrial Chemistry 175
Ultrakurzzusammenfassung 57
Umbauen, von Gleichungen 348
Umbrechen **151, 293ff**
  als Kunstfertigkeit 202
  siehe auch Layouten
Umbruch 152, 154
  am Bildschirm 249
  siehe auch Layout
Umbruchabzug 152
Umbruchausdruck 205

Register

Umbruchkorrektur 152, **161**, 201, 203
Kosten 204
Umbruchseitenlayout 205
Umbruchstadium 188
umbruchunschädlich 204
Umbruchversion
erste 201, 204
zweite 203
Umbruchvorlage 295
umfahren 546
Umfang
Buchmanuskript 185
Dissertation 49
Umformatieren 128, **264**
Umformtechnik 520
Umgangssprache 589
Umgebung 540
Umgruppieren 73
UMI *siehe* University Microfilms, Inc.
Umkehrschalter 361
Umklammerung 537
Umklappen (einer Tabelle) 425
Umlaute
im Alphabet 275
in LaTex 361
Ummantelung 543
Umnummerieren 370
Umordnen 73
Umrahmung 401
Umrechnung 594
Umrechnungsfaktoren 345, 436
Umrechnungsgröße 22
Umrisslinien 244f
Umschalttaste 236
Umschlag 42, 222, **224f**
Bildmotiv 225
Umschlagdeckel 42, 223
Umschreibung 589
Umschweife 525
Umstandswörter 550
in Zusammensetzungen 577
Umstellung, von Passagen 189
Umwandlungsprogramm 285
Umwandlung Tabelle/Grafik 394
Umweltschutz 47
Umweltschutzdokument 45
Umwelttechnik 555
um zu 524
um–zu 572
un- 565
unabhängige Größe 316
unabhängige Veränderliche 384
Unbekümmertheit 525
uncodiert 282
und, Kommasetzung **530**
UND-Verknüpfung 442
unethische Handlung 23
unformatierte Textdatei *siehe* Nur-Text-Datei
ungefähr gleich 353
Ungenauigkeit, sprachliche 575
ungewöhnliche Gliederung 62
Ungezwungenheit 525
ungleich 353
UNICODE 270
UNICODE-Nummer 268
Uniform Resource Locator

(URL) 87, 100, 451, 483
United Nations 102
Universal Serial Bus *siehe* USB
Universität 6, 49
University Microfilms, Inc. 81
University of Chicago Press 209
Unix 232, **235**, 289
Unmittelbarkeit 22, 30
Unsinn 594
Unstimmiges, in der Sprache 524
Unterabschnitt 59
Unterbegriff 209ff, **519**
Unterbrechung 186
Untereintrag **210ff**, 274
Gewicht 214
Untereintragsebene 274
Untergliederung 58, 273
Unterlänge 298f
Unterliste 439
Untermenü 257
Unternehmensphilosophie 45
Unterordnen, Stichwörter 73
Unterschrift 19
Unterstreichung 194
doppelte 305
einfache 304
Ersetzen 278
gestrichelte 305
Untersuchung
Apparate 20
Aufwand 14
Bedeutung 14
Chemikalien 20
Datum 20
Design 148
einfallsreiche 66
Ergebnis 14
Lösungsmittel 20
Materialien 20
Messgeräte 20
Nummer 20
Ort und Zeit 20
Umfang 14
Verlauf 398
Ziel und Umfang 122
Untersuchungsgut 21, 51
biologisches 70
Unterteilung 58, 60
Unterteilungslinie 433
Untertitel 54, 222
Beitrag 121
Unterzeichen 323
untrennbarer Leerschritt 292
Update 453, 556
upgedated 556
Urfaust 506
Urheber 103, 167
körperschaftlicher 481
Urheberrecht 102ff, 167
Urheberrechtsgesetz 103, 167, 376
Urheberrechts-Gesetzgebung 102
Urheberschaft 105
UrhG *siehe* Urheberrechtsgesetz
URL *siehe* Uniform Resource Locator
Ursache 576
Ursachenbewältigung 576
USB (Universal Serial Bus)

233, **240f**
US-Briefformat 196
US-Standardformat 303
utility 130

V

Valenztheorie (der Sprachforschung) 493
Vancouver-Konvention 375, **478**, 587
Doppelpunkt. 469
et al. 470
Zitierweise 599ff
Variable **318**, 384
im Formelsatz 327
siehe auch Einflussgröße
VCH-Autorenrichtlinie 181, 197
chemische Formeln 403
Tabellen 426, 432
VCH Biblio 187
VDI **509**, 565
Begriffe und Benennungen 516
Mehrgliedzusammensetzungen 581
zusammengesetzte Substantive 578
siehe auch Verein Deutscher Ingenieure
VDI-Richtlinie 484
VDZ *siehe* Verband Deutscher Zeitschriftenverleger
Vektor 324, **327**, 354
Vektorgrafik 404ff, 410
vektoriell 405
vektorielle Darstellung 247
vektorielles Produkt 354
Vektorisierung 405
Vektorisierungsprogramm 405
Venia legendi 49
Verändern **264**
Verankern 136
chemische Formeln im Text 403
Fußnoten im Text 310
Veranschaulichung 134
Verantwortlichkeit 111
Verb + Verb **501**, **509**
Verbalisieren 526, 545, 579
Verballhornung 504
Verband der freien Lektorinnen und Lektoren (VFLL) 200
Verband Deutscher Zeitschriftenverleger (VDZ) 84
Verben 507
intransitive **546**
Konjugation **546**
regelmäßige und unregelmäßige 556
Substantivierung 544
transitive 546
trennbare **529**, **536**, 546
Ursprünglichkeit 576
Zerlegung 535
Zerreißen **529**
zusammengesetzte 536, 546
siehe auch Tätigkeitswörter
Verbessern, am Bildschirm 126
verbesserte Fassung 37

Buchmanuskript 191
Verbesserung 77
sprachliche **190**
Verbesserungswunsch 152
Verbhälften 537
Verbinden, Abbildungen mit Text 369
Verbindung
chemische 526
siehe auch chemische Verbindung
Verbindungsnummer 129
verborgener Text 221, **259f**, 291, 343
Registerbegriff 274
Verbraucherinformation 44
Verbrauchsmittel 43
Verbreitung der Sprachen 494
Verdana 9
Verein für deutsche Rechtschreibung und Sprachpflege 501
Verein für Sprachpflege 558
Verfahren, Gültigkeitsgrenzen 67
Verfahrensablauf 398f
Verfahrensmodifikation 69
Verfahrenstechnik 398
Datenbanken 449
Verfassen
elektronische Mitteilung 96
siehe auch Schreiben
Verfasser **103**
Anonymität 68
Bericht 15, 35
Buch *siehe* Buchautor
Dissertation 55
Distanz 33
eines Buches 170
elektronisches Laborbuch 29
Experimentalarbeit 67
Laborbuch 26
Name 26
siehe auch Autor
Verfassername 457
Vergangenheitsform 548
Vergleich 592
Vergleichbarkeit 531
von Sprachbildern 572
Vergleichsform **562**
Vergleichsoperator 352
Vergrößerung 401
Vergütung 168
Verhaltensforschung 25
Verhältniswörter
in Zusammensetzungen 577
siehe auch Präposition
Verhältniswörterei **570ff**
Verhunzdeutchen 557
Verkäufersprache 520
Verkettung 95
Verkleinern 312
von Originalzeichnungen 382
Verkleinerung 302
Bericht 40
Verkleinerungsmaßstab 382
Verkleinerungswert 382
Verknüpfungszeichen **353**
Verkürzung 524
semantische 525

Register

sprachliche **575**
Verlage **85**, **141**, **163**, 222
  als Wirtschaftsunternehmen **168**
  Buchverlage **167ff**
  Fachgebietskatalog 178
  Preiswettbewerb 168
  Repräsentation auf Tagungen 177
  Richtlinie zum Formelzeichnen 403
  Web-Seiten 225
  wissenschaftliche **170**
  siehe auch Wissenschaftsverlage
Verlagsangaben 481
Verlagsankündigung 179
Verlagsdesigner 10
Verlags-FTP-Bereich 314
Verlagshersteller 77, 177
Verlagsleiter **177**
Verlagslexikon 167
Verlagsmanagement 177
Verlagsmitarbeiter 177
Verlagsort 222, 481
Verlagsprogramm 177, 180
Verlagsrecht 105
Verlagssignet 222
Verlagssitz 222, 481
Verlagsvertrag **167f**, 176
  Terminüberschreitung 185
Verlagsverzeichnis 177
Verlagswesen **11**, 86, 281
  wissenschaftliches 478
Verlässlichkeit 110
Verlegen, mit anderen Mitteln 101
Verleger 177, 481f
Verlinkung 98
Vermeidungsstrategie **569f**
vermittelst 564
Vermittlung
  individuelle 4
  organisierte 4
Vermittlungseinrichtung 4
Vernebeln 559
Verneinung 524
Vernetzung 99, 101, 235
  Messgeräte 29
Veröffentlichen 83
veröffentlicht *siehe auch* Publikation, Veröffentlichung
Veröffentlichung 83f
  Bericht 14f
  Darstellungsmittel 84
  elektronische 106
  formale Kriterien **5**
  gleichzeitige 111
  Herstellung 88
  im Internet 158, 443
  Zeitablauf 88
  siehe auch Publikation
Veröffentlichungsdatum, Patent 486
Veröffentlichungsjahr, Namen-Datum-System 470
Veröffentlichungsnummer 485
Versalhöhe 298f
Versalien *siehe* Großbuchstaben
Versand, per E-Mail 203
Versandhülle 198
Versandweg 198

Verschachtelung 218
Verschachtelungsgrad: 534
Verschicken, Bilddateien 407
Verschieben 38, **264**
  Bildelement 404
Verschlagwortung 211
Versionen
  Manuskript 76, 126
  mehrere 184
  Programm 486
Verständigung 590
verständlich 587
Verständlichkeit **523**, 539
Verständnishilfe 568
Versuch 66
  siehe auch Experiment
Versuchsablauf 21
Versuchsanordnung 66
Versuchsbedingungen 15, 17, 374
Versuchsbeschreibung 23, **26**
  Darstellungsform **22**
  Datumangabe 31
  Eingangsbemerkung 31
  Einziehen von Linien 22
  häufige Passivform 549
  Informationsdichte 31
  Kürze 22
  Laborjargon 22
  Länge 25
  Praktikum **40**
  stichwortartige Formulierung 21
  Telegrammstil 31
  Umwandlung in einen Bericht **31ff**
  Unmittelbarkeit 22
  Zeitachse 25
  Zwischenüberschriften 22
  siehe auch Versuchsprotokoll
Versuchsnummer 26
Versuchsprotokoll 25, **31**, 70
  handschriftlich (Laborbuch, Bild) **32**
  Umwandlung in einen Bericht **32**
  siehe auch Versuchsbeschreibung
Versuchsreihe 66
Versuchstiere 20, 24
Verszeile 570
Verteiler 42
Verteilung *siehe* Distribution
Vertragsverhandlung 176
Vertrauensbereich 346
Vertrauensintervall 148
Vertrauensniveau 346
Vertreterrabatt 168
Verungung 542
Vervielfältigen, Abbildungen 378
Vervielfältigungsrecht 103
Vervielfältigungsverfahren 79
Verwaltung 84
Verwechslung, von Zeichen 160
Verweisfloskel 218
Verweiskarte 457
Verweisnummer 468
Verweisstelle 473
Verweissystem 466, 473
Verweisung 188
verweiswürdig 208

Verweiszeichen 139, 310f
  Tabellenfußnote 435
Verwertungsgesellschaft Wort **167**
Verzeichnis lieferbarer Bücher **165**
Verzerren 404
VFLL *siehe* Verband der freien Lektorinnen und Lektoren
VG Wort *siehe* Verwertungsgesellschaft Wort
Video 165
Videoclip 79
  im Internet 100
Videokassette 482
Vielautorenwerk 167, 172, 223
vier „F" 525
Vierfarbdruck 409
Virenschutzprogramm 184
Virex 240
virtuell 12
virtuelles Labor 21
virtuelle Zeichen **291**
VirusScan 240
Visualisieren, Daten 439
Visualisierung 134
  Größenverhältnisse 397
visuell 6
VlB *siehe* Verzeichnis lieferbarer Bücher
Vokabular 120
Vokabular, standardisiertes 526
Vokal, kurzer 505
Vol 480
Vol.-% 341
Volksentscheid 503
Volksmund 570
Vollständigkeitsprüfung 202
Volltext 93, 187, 456, 459
Volltext-Datenbank 91
Volltextrecherche 461
Volt 333, 612
Volumen 335, 609
  molares 340
Volumenanteil 31, 611
Volumenbruch 611
Volumenkonzentration 611
von bis 354
Vorbemerkung 63
Vorentwurf, Zeichnung **383**
Vorgang (Ablaufplan) 399
Vorgangssatz 550
Vorkalkulation 180
Vorlage
  digitale 134
  druckfertige 293
  Strichzeichnung 379
vorläufiges Vorwort 179
Vorlesung 173
Vorlesungsberechtigung 49
Vorname
  Autor 222
  Initialisierung 479
  Titelblatt 55
Vorreiter 63, 538
Vorsätze, mit Vorsatzzeichen (Tabelle) 337
Vorsatzpapier 222
Vorsatzzeichen **337f**
Vorsilbe 529, 562, 577
Vorspalte **419**
Vorspann **39**, 63, **223f**
Vorspiegeln (von Ergebnissen)

23
Vorstandsvorsitzende(r) 42
Vorstellungsgespräch 44
Vortrag 5, 568, 588
  Seminar 40
Vortragen 82
  Lehrveranstaltung 13
Vortragskunst 41
Vortragsmanuskript, Archivierung 279
Vorveröffentlichung 106
vorwiegend 574
Vorwort **42**
  Bedeutung der Ergebnisse 56
  Bericht **39**
  Buch **179**
  Dissertation **56**
  vorläufiges 179
Vorzeichen 437
Vorzeichnen 380
Votum informativum 81
Vulgärsprache 499

W

W3C *siehe* World Wide Web Consortium
Wahltaste **236f**
Wahrheit 595
Wahrig 91
Wahrig, Gerhard 491
Wahrig Rechtschreibung **491**, 504, 508, 546, 553, 556, 571
Wahrig-Redaktion 504
Wahrig Wörterbuch 491, 577
Wahrnehmen 17
Waldsterben 573
Wandtafel 18
  elektronische 87
Warenzeichen 485
  Datenbanken 449
Warenzeichenvermerk 222
Wärme 610
Wärmekapazität 340, 610f
Wärmemenge 610
Wartung 47
Wartungshandbuch 45
Wasserdampfdestillation 579
Wasserleitungswasser 525
Wasserstoffionen-Konzentration 318, 322, 526
Watt 333, 610
Wattstunde 610
Wauwau-Stil 538
Web *siehe* World Wide Web
Webadresse 87
Web-Browser 95, 406
Web-Dokument 289
Weber 612
Weblayout 272, 290
Weblayout-Ansicht 272
Web-Lexikon 483
Weblish **496**
Weblog 98
Webmaster 92
Web Publishing 442
Web-Seite
  Einrichten **290f**
  Konvertieren 289
  Quellenangabe 487
Website 8, 71, **87**
  URL 483
Wechselmedium 239

Register

Weglassen (von Daten) 23
weicher Trennstrich **290**, 304
Weiß 377, 408
weißer Schimmel 565
Weite 609
Weiterbildung 173
weiterführende Literatur 174
Weitschweifigkeit 525
Weizsäcker 522
Wellcome Trust 93
Wellenlänge 609
Wellenlinie 326
Wellenzahl 609
Weltgetreideproduktion 396
Weltzeit 102
Wendung 566
  substantivische **541f**
wenn 547
Wenske, Gerhard 528
Werbemittel 225, 293
Werbetext 225
Werdegang 44
Werk 103
  Anspruchsniveau 169
  mehrbändiges 600
  Zielgruppe 169
  siehe auch Buch
Werkschöpfer 103
Werkstattsprache 332, 520
Werkstofftechnik 408
Werktitel 222
Wert, repräsentativer 66
Wertemanagement 11f, 145
Wertepaare 133, 385
Westdeutsche
  Rektorenkonferenz 54
Westdeutschland 502
West-Duden 502
Westentaschen-Computer 18
widerspiegeln 566
Widerstand 612
Widmung 72, 223, 303
wie-Beziehung 533
Wiederauffinden 230
Wiedergabeeinrichtung 4
Wiederholbarkeit 70
Wiederholung **567ff**
  gezielte 569
  im Register 216
  unnötige 37
Wiederholungsfehler 568
Wie-gedruckt-Qualität 265
Wien 503
wie zum Beispiel 566
Wiki 159
Wikipedia 27, 71, **159**, 483
  siehe auch Enzyklopädien
wikiwiki 159
Wiley 446
  siehe auch John Wiley &
    Sons
Wiley InterScience 97, 175
WILEY PLUS 173
Wiley-VCH 97, 127, 149, 295,
    402
  siehe auch VCH-Autoren-
    richtlinie
Windows 102, 235
  Datenaustausch 287
  Kompatibilität 250
Windows-ASCII 270
Windows NT 235
Windows-PC 287
Windows-Programm 154

Windows-Rechner 156, 181,
    232, 235
Windows XP 102, 198, 235
windsichten 509
Wingz 396
Winkel 335, 609
Winkelangaben **391**
Winkelfunktionen 437
Winkelgrad 391
Winkelminute 391
Winkelsekunde 391
WINZIP 198
WinZip Computing 198
WIPO
  siehe World Intellectual
    Property Organization
Wirtschaftswissenschaften 50
Wissen 91
  aus dem Internet 107
Wissenschaft
  Glaubwürdigkeit 24
  Neugier 64
  und Gesellschaft 24
  Verständlichkeit 587
Wissenschaften
  deskriptive 25
  experimentelle 17
  Kommunikationsmittel 83
Wissenschaftler
  als Autor 103
  als Kommunikator **10**
  als Schreiber **3**
  Anerkennung 105
  angestellter 16
  Forschung und Lehre 142
  Karriere **149f**
  Kommunikationsbedürfnis
    170
  Leistungsnachweis 105
  publizierender 92
  Selbstdarstellung 10
Wissenschaftlerleben 49
wissenschaftliche Abhandlung
    103
wissenschaftliche Arbeit,
  Laboratorium 18
wissenschaftliche Fachsprache
    520
wissenschaftliche Fachzeitschrift *siehe* Fachzeitschrift
wissenschaftliche Gesell-
  schaften 11, 97, 141, 554
  im Internet 87
wissenschaftliche Publikation,
  Kulturgut 168
wissenschaftlicher Redakteur
  siehe Redakteur
wissenschaftlicher Text 139
  Qualitätskontrolle 38
  siehe auch Text
wissenschaftliches Buch 163,
    207
wissenschaftliches
  Publikationswesen 294
  ökonomischen Zwänge
    143
wissenschaftliches Schreiben
  12ff
  Anleitung 12
  Formen **14ff**
  siehe auch Schreiben
wissenschaftliche Zeitschrift
  103, 141

Qualitätskriterien 147
Wissenschaftsbetrug 595
Wissenschaftsjournalismus
    588, **594**
Wissenschaftskommunikation
    24, 89, 145
  Qualität 11
Wissenschaftskommunikator
    71
Wissenschaftssprache 554, **580**
Wissenschaftsverlage 175, 231
  siehe auch Verlage
Wissenspyramide 174
Witz 572
Witze-Erzählen 525
Wochenzeitung 502
WORD 92, 234
  Gliederungsansicht 63, 74
  Grafikfunktionen 406
  Indexeintrag 220
  Inhaltsverzeichnis 61
  Leistungsangebot 249
  Suchen 464
  Tabellen-Menü **429**
WORD/EXCEL **394**
WORD 2003 280
WORD 2004 287
WORD 98 287
WORD-Datei 154
  auf Macintosh 287
WORD-Dokument 154, 267
WORD-Dokumentvorlage 267
WORD-Formeleditor 367
WORD-Handbuch 208
WORD-Hilfe 267
WORD-Menü Tabelle 417
WORDPERFECT 188, 248, 287
  Formelsatz 367
WORDPRO 248
word processor 232
WORD-Umbruch 154
Workflow 134
work in progress 90
WORKS 195, 396
WORLDCAT 93, 451
World Intellectual Property
  Organization (WIPO) 102,
    486
World Wide Web **8**, 87ff, **99**,
    289, 449, 452
  Informationsangebote 455
  Rushhour 102
  siehe auch
WWW
World Wide Web Consortium
  (W3C) **368**
Wortabkürzungen, für Einheiten
    331
Wortabstand 263
Wortanfang 278
Wortbedeutung **576f**
Wortbestandteile 529
  englische 584
Wortbild 37
Wortbildung 580
Wortblüte 580
Wortende 278
Wörter
  als sprachliche Zeichen
    590f
  Aura 574
  entbehrliche 558ff
  fremdsprachigen Ursprungs
    511

geschriebene **6**
gesprochene 5f
Herkunftsgeschichte **505**
in Gleichungen und
  Ausdrücken 328
Indexierung 274
Klang 37
leicht verwechselbare 528
Schreibweise 76
Sinngehalt 37
Suchen 276
unverbundene 31
veraltende 562
verbindende 541
Wirkung 37
zusammengesetzte 577ff
  siehe auch Schlagwörter,
    Stichwörter
Wörterbücher 208, 492
  fremdsprachiges 528
  medizinischer
    Fachausdrücke 591
  phraseologische 521
  siehe auch Duden, Wahrig
Wortfamilie 504
Wortfindeliste 211
Wortfolge
  als Abkürzung 586
  Stellung im Satz 532
Wortforschung **505**
Wortfundstelle 92
Wortgrammatik 498
Wortgruppe 580
  mit präpositionaler
    Wirkung 571
Wortkette **570f**
Wortklang **496**
Wortlänge **428**
Wortlehre 492ff
wörtliches Zitat 458
Wortlupe 574
Wortschatz 208, 551, 574
  der deutschen Sprache 592
Wortschöpfung 554
Wortschwulst 542
Wortspiel 570
Wortstamm 277, **504**, 536
Wortstellung 531f
Worttrennung 263, 304
Wort-Verdopplung 569
Wortverwandtschaft 505
Wortwahl **532ff**, 562
  richtige 529
  Variantenreichtum 527
Wortwiederholung **569**
Wortzusammensetzungen **577**
  Bindestrich **578**
Wortzwischenräume 76
Wozniak, Stephen 235
Wurzel 310, 363f
Wurzelzeichen **356**, 364
WWW 289
  Open Journal Project 100
  siehe auch World Wide Web
WWW-Seite 95
WWW-Server 99
WYSIWYG **243**, 293, 366
WYSIWYG-Editor, TEX 368
WYSIWYG-PostScript-Editor
    154

X

x,y-Achsenkreuz 390
Xerografie 378, **408**

Register

Xerografiepapier 312
XML *siehe* Extensible Markup Language
XML-Datei 158
XML-Programm 158
XML-Workflow **158**
XP Professional 235
XPress 154, 287
XPRESS-Datei 157
XY-Liniendiagramm **384**
X-Y-Schreiber 247

Y
Yahoo 451

Z
z. Z. 510
z/k-Schreibweise 553
Zabel, Hermann 501
Zähleinheit 339
Zählen 309
Zahlen **342ff**
   an Achsen 388
   gegliederte 344
   hochgestellte 140
   im Formelsatz 327
   in Potenzschreibweise 354
   nebulöse 595
   Stand in Spalte 159
   Trennung von gemeinsprachlichen Bestandteilen 582
   siehe auch römische Zahlen
Zahlenangaben 593
   im Geldverkehr 343
Zahlenbereich 354
Zahlenfaktor 332
Zahlenkolonne 394, 433f
Zahlenmodus 461
Zahlensystem 268
Zahlentafel 434
Zahlentheorie 352
Zahlenwerte 133, 316, 392, 431
   als Suchkriterium 442
   an Achsen 388
   in Tabellen **430**
   und Einheitenvorsätze 338
Zählfunktion 265
Zählrate 319, 328
Zahlwörter
   in Zusammensetzungen 577
   (Informationskasten) 510
Zahlzeichen 268, 352
Zapf Dingbats 301, 374
Zehnerpotenzen **337f**, 345
   in Achsenbeschriftung **393**
   in Tabellen 429f
Zehnerpotenz-Notation 593
Zeichen 243
   alphanumerische 268
   Berechnung im Drucker 245
   Beweglichkeit 262
   Bildschirmdarstellung 245
   Codierung 268
   diakritische 269, 275, 324
   Fehlinterpretation 160
   Lesbarkeit 317
   mathematische 182
   nicht gesprochene 275
   nicht-linguistische 6
   pragmatisches 346

Übermittlung **4**
   unsichtbare 291
   Veränderbarkeit 262
   verstärkte 403
   Verwechslungsgefahr 381
   Wiedergabe 244
   Zahl der 182
Zeichenabstand **292f**, 344
Zeichenbreite 263
   in Formeln 365
Zeichenbrett 131, 260, 380
Zeichendreiecke 380
Zeichenerkennung 160, 397, 569
Zeichenfolge 275, 343, 577
   Recherche 461
   Suchen **276f**
Zeichenformate 260, 266, **268ff**, 278, **299ff**
Zeichengerät 247
Zeichenkette 194
Zeichenpapier 380
Zeichenplatte 380
Zeichenprogramme **381ff**, 404
   Koordinatensystem 385
   siehe auch Grafikprogramme
Zeichenreservoir 325
Zeichenrohr 378
Zeichensatz 268, **299ff**
   mathematischer 324
   Nachrichtenübermittlung 9
Zeichensatzverwaltung 127
Zeichenschablone 380
Zeichensetzung **513ff**
Zeichentasten **236**, 260
Zeichentechnik **378ff**, **382f**
Zeichenverlust 301
Zeichenverwechslung 160
Zeichenvorrat 77, 130, 268
Zeichenzahl 182, 197
Zeichnen 544
   Bildschirm **378ff**
   in Vergrößerung 382
   mit dem Computer **404ff**
   perspektivisches 400
Zeichnung 133, 247, 544
   digitale **379f**
   Maßstab 404
   maßstabsgerechte 400
   Plastizität 378
   siehe auch Grafik, Strichzeichnung
Zeile 130
   fortlaufende 361
   gebrochene 349
Zeilenabstand 39, **128**, 190, 283, **298ff**, 306
   doppelter (am Bildschirm) 128
   doppelter (Buchmanuskript) 197
   doppelter (elektronisches Manuskript) 128
   doppelter (Tabelle) 137
   eineinhalbfacher (Tabelle) 137
Einreichungsmanuskript 115
   erhöhter 128
   exakte Einstellung 262
   Formatieren 261
   in Tabellen 433
Zeilenanfang 255, 283

Zeilenausgleich 204
Zeilenbeginn 35, 197, 308
Zeilenbeschreibungsvektor 421
Zeilendehnung 304
Zeilendeskriptor 418
Zeilenende 253, 255, 283
   Korrekturlesen 161
Zeilenend-Marke 253
Zeilenfall 154, 290
Zeilenhöhe 138, **298ff**, 423
Zeilenjustierung 343
Zeilenkorrektur 191, 194
   siehe auch Korrektur
Zeilenlänge 253, 303
Zeilenschalter 236, 238, 253, 255, 261
Zeilenstand 55
Zeilentitel 418
Zeilentrennung 253
Zeilenumbruch
   im Tabellenfach 433
   in Zelle 422
Zeilenvorschub 254
Zeilenwechsel 243
   automatischer 291
Zeilenzwischenraum 302
Zeit **317**, 330, 335
   Größen und Einheiten 609
Zeitachse 25, 394
Zeitform 547
Zeitgradient 577
Zeitmanagement 51
Zeitmangel 109
Zeitmaße 334
Zeitplanung 185
Zeitplanungsinstrument 29
Zeitrahmen 43
Zeitschrift
   Akzeptanz 117
   Anzahl der Beiträge 117
   Bandnummer 481
   Eigentum 481
   elektronische *siehe* elektronische Zeitschrift
   Erscheinungsfrequenz 108
   Heftnummer 481
   Herstellung **144**
   Homepage 97, 127, 134
   internationale 118
   Jahrgang 91
   medizinische 84
   nationale 118
   naturwissenschaftliche 127
   Originalpublikationen 114
   pünktliches Erscheinen 152
   Redaktion *siehe* Redaktion
   Reputation 108
   Rubrik 144
   technische 84
   Themenheft 144
   Vermarktung 141
   wissenschaftliche **84**
   Zitierweise 483ff, 602
   siehe auch E-Journal, Fachzeitschrift, Journal, Print-Zeitschrift
Zeitschriftenartikel 38
   Abstract 452
   auf Dokumentvorlage 266
   Begutachtung 47
   Bestandteile **119ff**
   bibliografische Daten 457

   elektronischer 487
   E-Mail 451
   Gebühr 93
   Korrekturablauf 200
   Produktionsablauf **152**
   Rechteübertragung 104
   Seitennummern 458
   Titel 452
   Zusammenfassung 121, 452
Zeitschriftenautor, E-Journal **158**
Zeitschriften-Informationssystem 97
Zeitschriftenkurztitel 457f, 475, 484, 587
   Vancouver-Konvention 479
Zeitschriftenliste 458
Zeitschriftenmanuskript, Konfektionierung 313
Zeitschriftenredaktion
   Richtlinie zum Formelzeichen 403
   Umgang mit Bildmaterial 379
   siehe auch Redaktion
Zeitschriftentitel 457
   Abkürzung 484
Zeitschriftenverlag 103
Zeitschriftenverleger 104
Zeitschriftenwesen **106ff**
Zeitschriftenzitat 483
Zeitung 88, 501
Zeitungsschrift 300
Zeitwort 577
Zelladresse 421, 432, 437
Zellbiologie 173
Zelle 138
   einer Tabelle 138, **419**, 432
Zellendeskriptor 419
Zellenhöhe 422
Zenti 338
Zentimeter 330, 338
   in der Typografie 298
Zentrieren 307
   Titelblatt 55
zentriert 39, 307, 375
zerbersten 562
Zerknalltreibling 552
Zerlegen, Wortkette 570
Zettel 18
Ziehen 258
Zielgröße 385, 438
Zielgruppe 48, 169
   Buch 178
Zielsetzung 69
ziemlich 563
Ziffern 130, 290, 342
   beliebige 277
Ziffernfolge, ununterbrochene 343
Ziffern-Joker 277
Zimmer 149, 497, 506, 534, 561, 574, 594
ZIP-Archiv 198
Ziselieren 189
Zitatbeleg 71, 465
   siehe auch Quellenangabe
Zitate **71**
   Abbildung 469
   Anzahl der 117
   CD-ROM 486

Definition 465
Form **474**
Format 464
Programme 486
Satzzeichen 469
sprachneutrale 479
Tabelle 469
Verarbeiten 445
wörtliche 458, 465f
siehe auch Quellenbeleg
Zitatelement 475
Zitatnummer 140, 311, 369, 466, 468
Hochstellen 469
Satzzeichen 468
Umnummerieren 470
Zitierehrlichkeit 467
Zitiereinheitlichkeit 477
Zitieren 70, 376
angemessenes 476
korrektes 453
Literatur **445**
Literaturstelle 15
Zitierfähigkeit
im Internet 100
Zeitschriftenartikel 100
Zitiernorm 477
Zitiernummer 468
Zitierort 474
Zitierstelle 276
Zitiertechnik **465**
Zitierte Literatur 71
Zitiertiefe 475
Zitierung 445, **465**

Zitierweise 480
(Beispiele) 599ff
Zitierwesen, Standardisierung 477
Zoll **298**
Längenmaß 242
Zollzeichen 298
Zuchtstamm 70
Zufall 16
Zufallskomponente 346
Zugangsberechtigung 165
Zugangsprotokoll 100
Zurückblättern 91
Zusammenarbeit
Autor-Buchverlag **175ff**, 194f
Autor-Redaktion-Gutachter 127
Verlag-externe Betriebe 295
zwischen Programmen 74, 464
Zusammenbau 47
Zusammenfassung **42**, 57, **121ff**
Dateifeld 187
Dissertation 56
Dokument 459
Kürze 56
Nominalstil 549
Prägnanz 148
Zeilenabstand 56

Zeitschriftenartikel 452
siehe auch Abstract
zusammengesetzte Einheiten 332
siehe auch Einheiten
Zusammenhang, quantitativer 66
Zusammenschreibung 51, 202, 501, **507ff**
bei Registereinträgen 214
Zusammensetzungen
bei der Registererstellung 215
mit Buchstaben und Formelzeichen 582
trennbare **507f**
unübersichtliche 581
zusätzliche Einheiten **334**
siehe auch Einheiten
Zusatzprogramm 77
Zuschrift 114
Zuwendung, Danksagung 56
Zweckbestimmung 524
zwecks 572
Zweibuchstaben-Ländercode 485
Zweidimensionalität, von Tabellen 418, **432**
Zwei-Finger-Suchsystem 30
Zweikernigkeit 560
Zweiliterkolben 583
Zwei-Punkt-Symbol 347

zweiseitig beschrieben 196
zweispaltig 59, 138, 197, 261, 295
zweitausend 510
zweite Umbruchkorrektur 206
Zweitsprache 497
zweizeilig 301
Papierausdruck 197
Zwiebelfisch 571
Zwischenablage 256
Zwischenbericht 42, 68
Detailliertheit 33
Gliederung 34
siehe auch Bericht
Zwischenraum 236, **292**
fixierter 343
in zusammengesetzten Einheiten 332
Vancouver-Konvention 479
verringerter 357
Zeilen 301
siehe auch Leerzeichen
Zwischenspeicher 256
Zwischenspeicherung, von Laborbefunden 18
Zwischenstaatliche Absichtserklärung 503
Zwischenüberschrift 70, 124
Tabelle (Muster) **435**
zz 510

Anmerkungen zur Herstellung dieses Buches

Zum Erfassen und Bearbeiten des Textes haben wir das Programm WORD von Microsoft auf verschiedenen Windows- und Macintosh-Rechnern eingesetzt. Zum Umbruch standen uns die Programme PAGEMAKER und INDESIGN von Adobe zur Verfügung.

Wir haben den Haupttext auf dem Bildschirm und auf Papierausdrucken in Times 12 Punkt mit 16 Punkt Zeilenabstand gesetzt, Abbildungsunterschriften und die meisten Tabellen in Times 11/13 Punkt und die Fußnoten in Times 10/12 Punkt. Die Satzspiegelbreite betrug 149 mm vor der Verkleinerung auf 80%.

Die Daten wurden als PDF-Dateien (erzeugt mit Adobe ACROBAT 6.0 PROFESSIONAL, überprüft mit PITSTOP PROFESSIONAL 6.0) abgegeben. Ausgeschossen wurden die Seiten über die HEIDELBERG PRINECT SIGNA STATION (Auflösung 2400 dpi), die Belichtung der finalen Druckform erfolgte über einen HEIDELBERG SUPRA SETTER.

Das Register wurde nach der Methode des *Dedicated Indexing* erstellt. Grundlage bildeten die PDF-Umbruchseiten des Werkes. Gesammelt wurden die Begriffe zunächst in Apple WORKS, geprüft wurden sie in Microsoft EXCEL, zur Vorbereitung der Publikation diente das Programm QUINDEX (auf der Basis von FILEMAKER).